biologie
de la
lactation

biologie de la lactation

Jack Martinet
Louis-Marie Houdebine

Liste des auteurs

Jack Martinet

Laboratoire de biologie cellulaire
et moléculaire
INRA
78350 Jouy-en-Josas

Louis-Marie Houdebine

Laboratoire de physiologie
de la lactation
INRA
78350 Jouy-en-Josas

K.C. Bachman

Département des sciences
de l'élevage
Université de Floride
Gainesville, 32611-0701 Floride
(USA)

Véronique Barrois-Larouze

Lactarium de l'Institut
de puériculture
26, boulevard Brune
75014 Paris

Serge Bérot

Laboratoire de biochimie et
technologie des protéines
INRA
Rue de la Géraudière
44072 Nantes

Patricia Berthon

Laboratoire de pathologie porcine
INRA
37380 Nouzilly

Mina J. Bissell

Division de biologie moléculaire et
cellulaire
Laboratoire Lawrence Berkeley
Université de Californie
Berkeley, 94720 Californie (USA)

G. Bories

Laboratoire des xénobiotiques
INRA BP 3
180 Chemin de Tournefeuille
31931 Toulouse cedex

Monique Brossard-Le Grand

Psychiatre
8, quai de Stalingrad
92100 Boulogne

Nicole Chêne

Laboratoire du développement
embryonnaire
INRA
78350 Jouy-en-Josas

Yves Chilliard

Laboratoire de la lactation
INRA
Theix
63122 Ceyrat

Diana L. Clarke

Département de biochimie
Biologie moléculaire et cellulaire
North Western University
Evanston, 60208 Illinois (USA)

Michel Crépin

Institut d'oncologie cellulaire et
moléculaire humaine
Université Paris-Nord
129, route de Stalingrad
93000 Bobigny

J.A. Davis

Département de biochimie
North Western University
Evanston, 60208 Illinois (USA)

R. Deis

Larlac-Cryeyt
Mendoza (Argentine)

Michel Desmazeaud

Laboratoire de recherches laitières
INRA
78350 Jouy-en-Josas

Robert Ducluzeau

Laboratoire d'écologie microbienne
INRA
78350 Jouy-en-Josas

François Elvinger

Dairy Science Department
Université de Floride
Gainesville, 32611-0701 Floride
(USA)

Alain Enjalbert

INSERM U 159
Dynamique des systèmes
neuroendocriniens
Centre Broca
2 ter, rue d'Alésia
75014 Paris

François Grosclaude

INRA
Département de génétique
78350 Jouy-en-Josas

Jacques Guegen

Laboratoire de recherches laitières
INRA
78350 Jouy-en-Josas

Pierre Hainaut

INSERM U 145
Service de physiopathologie
endocrinienne
Faculté de Médecine
Avenue de Vallombrose
06034 Nice cedex

Herbert Head

Dairy Sciences Department
Université de Floride
Gainesville, 32611, 0701 Floride
(USA)

Denis Hemme

Laboratoire de recherches laitières
INRA
78350 Jouy-en-Josas

Graziella Jahn

Larlac-Cryeyt
Mendoza (Argentine)

Jacques Labussière

Laboratoire de recherches
sur la traite
INRA
65, route de Saint-Brieuc
35042 Rennes

Daniel I. Linzer

Département de biochimie
Biologie moléculaire et cellulaire
North Western University
Evanston, 60208 Illinois (USA)

Jacques Martal

Laboratoire du développement
embryonnaire
INRA
78350 Jouy-en-Josas

Jean-Claude Mercier

Département de génétique
INRA
78350 Jouy-en-Josas

Michèle Ollivier-Bousquet

Laboratoire de biologie cellulaire
et moléculaire
INRA
78350 Jouy-en-Josas

Françoise Peillon

INSERM U 223
Physiopathologie de l'hypophyse
105, boulevard de l'Hôpital
75013 Paris

Antoine Périer

Analytica
6, rue de Brague
75003 Paris

Pascal Poindron

Laboratoire du comportement animal
CNRS-INRA
37380 Nouzilly

Bernard Poutrel

Laboratoire de pathologie
de la reproduction
INRA
37380 Nouzilly

Pierre Raibaud

Laboratoire d'écologie microbienne
INRA
78350 Jouy-en-Josas

Pascal Raynard

Laboratoire de pathologie
de la reproduction
INRA
37380 Nouzilly

Bruno Ribadeau-Dumas

INRA
Laboratoire de recherches laitières
78350 Jouy-en-Josas

Xavier Rouau

Laboratoire de biochimie et
technologie des glucides
INRA
Rue de la Géraudière
44072 Nantes

Henri Salmon

Laboratoire de pathologie porcine
INRA
37380 Nouzilly

Laya Sawadogo

Laboratoire de biologie cellulaire
et moléculaire
Unité de différenciation cellulaire
INRA
78350 Jouy-en-Josas

H. Sepehri

Laboratoire de biologie cellulaire
et moléculaire
Unité de différenciation cellulaire
INRA
78350 Jouy-en-Josas

Jean-François Thibault

Laboratoire de biochimie et
technologie des glucides
INRA
Rue de la Géraudière
44072 Nantes

Max S. Wicha

Division d'hématologie
Simson Memorial Institute Michigan
Ann Arbor (USA)

Kathleen Young

Département de biochimie
Biologie moléculaire
North Western University
Evanston, 60208 Illinois (USA)

Lech Zwierzchowski

Département de biologie moléculaire
Institut de génétique et d'élevage
Académie polonaise des sciences
Jastrzebiec 05-551, Mrokow (Pologne)

Sommaire

Mammogenèse

Prolactine

Montée laiteuse et galactopoïèse

9. Physiologie et biochimie de la lactogenèse. Stimulation de la montée laiteuse par les antiprogestatifs R.P. Deis, G.A. Jahn, A. Périer ....

Système nerveux central et lactation

Génétique et synthèses protéiques

Immunologie et glande mammaire

18. Facteurs immunitaires des secrétions mammaires   P. Berthon, H. Salmon   389

19. Protection immunitaire de la glande mammaire   P. Rainard, B. Poutrel   415

Introduction

La lactation est l'une des dernières fonctions biologiques apparues au cours de l'évolution. Elle s'est imposée avec un succès tel qu'elle caractérise une classe entière d'êtres vivants, les mammifères. Elle constitue en effet une chance considérable pour le nouveau-né qui peut s'accorder assez bien d'un environnement plus ou moins hostile dans la mesure où son alimentation et sa protection contre des agents pathogènes sont assurées par le lait de sa mère. Cette stratégie de l'évolution n'est pas sans conséquence pour la mère qui doit payer le prix élevé de l'allaitement. La lactation peut être limitante bien qu'elle devienne de toute évidence une fonction biologique prioritaire pendant la période d'allaitement. La plupart des femelles de mammifères portent en effet souvent plus de fœtus qu'elles ne peuvent allaiter de petits, comme si le coût de la croissance d'un fœtus était faible en comparaison de celui de son allaitement ultérieur. La glande mammaire apparaît donc comme un organe plein de contraste : peu exigeante lorsqu'elle est au repos, elle dévie brusquement à son profit le métabolisme maternel à la parturition. Pour fonctionner, la glande mammaire doit d'abord subir une phase de croissance très intense, qui correspond à une véritable organogenèse puisqu'un tissu complexe comprenant différents types cellulaires, y compris des cellules nerveuses, s'élabore au cours de chaque gestation pour disparaître après le sevrage. A la parturition, une quantité considérable d'éléments nutritifs composant le lait commencent à être synthétisés pour une période plus ou moins longue. La lactation constitue donc un extraordinaire modèle biologique puisqu'elle permet d'étudier : l'organogenèse, les relations fonctionnelles entre différents types cellulaires, le rôle des matrices extracellulaires, les mécanismes de la différenciation cellulaire, les mécanismes de la sécrétion, la transduction des messages hormonaux — en particulier, celui de la prolactine —, les récepteurs hormonaux, le contrôle hormonal de l'expression génétique, la génétique moléculaire des gènes des protéines du lait, le métabolisme maternel, le comportement maternel, les mécanismes immunologiques de protection de la glande mammaire et du nouveau-né, ainsi que les processus de cancérogenèse. Le lait des animaux domestiques est, par ailleurs, une des nourritures essentielles de l'humanité, et il est lui-même l'objet d'études variées dont l'enjeu est considérable. Des travaux récents font même entrevoir la possibilité d'utiliser la glande mammaire d'animaux transgéniques comme productrice en masse de protéines de haute valeur ayant un intérêt clinique ou vétérinaire.

Les différents chapitres de cet ouvrage se proposent d'aborder l'essentiel de ces thèmes, en tentant de privilégier les aspects pédagogiques et prospectifs plutôt que de se livrer à une revue exhaustive des connaissances dans ce domaine.

1

Glande mammaire, mammogenèse, facteurs de croissance, lactogenèse

J. Martinet, L.-M. Houdebine

La lactation est une fonction qui a fait tardivement son apparition dans l'évolution des êtres vivants et qui est caractéristique des mammifères. Elle est intimement liée à la reproduction, elle prolonge la vie intra-utérine et assure la survie du jeune qui à sa naissance ne peut se nourrir que du lait maternel. La composition du lait apparaît de ce fait comme un facteur important dont la complexité est le gage de la survie du nouveau-né. La lactation est la fin du cycle de reproduction, elle peut être considérée comme un sous-produit de la gestation dans la mesure où il y a un fonds commun d'hormones qui président à la gestation et qui régulent la lactation.

La glande mammaire, comme le corps jaune ou le placenta, est un organe cyclique qui disparaît entre deux périodes de reproduction. Ces trois organes fugaces se contrôlent mutuellement pour assurer la permanence de l'espèce.

Ce sont les équilibres hormonaux de la gestation qui provoquent la croissance de la glande ou mammogenèse afin d'arriver à la maturité finale de l'organe lors de la parturition.

L'ensemble des processus de gestation-mammogenèse et de la parturition aboutira à l'organisation de cellules épithéliales mammaires différenciées qui sécréteront les composants du lait, protéines, lipides, lactose, eau, sels minéraux, vitamines, etc. Ces cellules disparaîtront lors du sevrage du jeune ou du tarissement de la sécrétion lactée (Fig. 1-1).

La domestication d'un certain nombre d'espèces de mammifères, essentiellement les bovins, ovins et caprins, accessoirement les camélidés et les équidés, élevés en vue de la production de lait et sélectionnés en conséquence, a prolongé la lactation par la traite, au-delà du sevrage du jeune, afin de fournir à notre alimentation quotidienne le lait frais ou fermenté, les produits fromagers et le beurre.

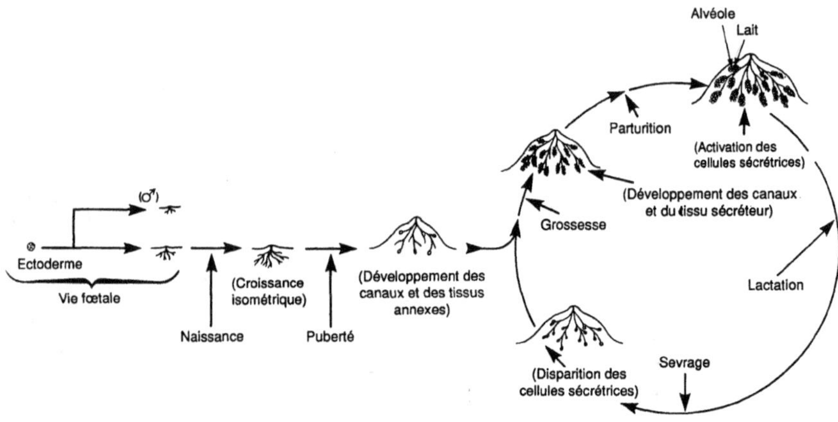

Fig. 1-1   Schéma général de l'évolution de la glande mammaire depuis l'embryon jusqu'à la fin de la première lactation. Le cycle mammogenèse-lactogenèse-galactopoïèse se reproduit à chaque lactation.

Développement de la glande mammaire
de l'embryon à la première gestation

Chez l'embryon

L'embryon présente précocement des ébauches mammaires provenant de l'ectoderme qui s'invagine en d'étroits tubules. Par dichotomie ils forment un début d'arborisation qui sera à l'origine des principaux canaux galactophores et du trayon proprement dit.

Étudié in vitro, le développement est faible si l'on se limite à cultiver les ébauches sur un milieu synthétique [36], l'addition de glucocorticoïdes, de prolactine et d'hormone de croissance (GH) abondante chez l'embryon, favorise leur développement, sans jamais les conduire jusqu'au stade des alvéoles sécrétoires.

Le dimorphisme sexuel est contrôlé par les androgènes fœtaux. Chez la souris au 15ᵉ jour de la gestation, chez l'embryon mâle, la testotérone induit une séparation irréversible du trayon et des ébauches des canaux galactophores [42, 74]. En effet, les tissus épithéliaux ou parenchyme [27, 104] déclenchent leur propre destruction en induisant, au contact des cellules du mésenchyme, l'apparition de récepteurs des androgènes [27] dans ces cellules (adipocytes et fibroblastes) [40]. Cette sensibilisation aux androgènes est suivie d'une nécrose du tissu épithélial. In vitro, dans des tissus mammaires prélevés sur un fœtus de rat de 17 jours, la croissance et la différenciation de l'arborisation canaliculaire sont obtenues en ajoutant au milieu de l'insuline, de la prolactine et de l'aldostérone. L'addition de testostérone au milieu de culture inhibe plus ou moins le développement de la glande, en relation avec la dose d'hormone ajoutée [11]. Il convient de noter toutefois que le dimorphisme sexuel n'existe pas au cours de la vie fœtale dans toutes les espèces. C'est le cas du lapin par exemple, chez qui le dimorphisme ne se manifeste qu'à la puberté.

Après la naissance

Après la naissance, la glande mammaire se développe d'une façon isométrique jusqu'à l'initiation de la puberté. A ce moment, les premières libérations cycliques d'œstrogènes par l'ovaire stimulent une croissance mammaire de ·type allométrique et qui s'arrête à des époques variables selon les espèces [87, 88].

Après la puberté, cette croissance concerne le système canaliculaire qui se développe à travers le tissu adipeux et conjonctif, lors de chaque cycle sexuel. Pour les animaux à cycle court (rat, souris) chez lesquels la phase progestéronique est très brève, ce développement se produit durant le prœstrus et l'œstrus, puis on observe une régression partielle au cours du metœstrus et du diœstrus. Globalement, le développement est allométrique, le logarithme de l'ADN mammaire croissant comme le logarithme de la surface corporelle.

Pour les mammifères à cycle long (primates, bovins, ovins, caprins) la croissance des structures épithéliales canaliculaires se produit durant la phase œstrogénique du cycle puis la régression est partielle. Sur une période allant de l'âge de 6 mois à 30 mois, chez un bovin pour lequel la puberté se situe environ à 6 mois, le tissu ductal se développe d'abord rapidement (3,5 fois plus vite que le poids du corps) puis de plus en plus lentement pour atteindre une croissance sensiblement isométrique vers l'âge de 12 mois. Jusqu'à la première gestation, seul le tissu épithélial ductal s'arborise au sein des tissus de soutien. Dès la fécondation, le tissu sécrétoire commence à se développer lentement aux extrémités des canaux préexistants, il va se multiplier jusqu'à former des alvéoles plus ou moins confluentes, constituant une vaste éponge dans laquelle le lait sera sécrété puis évacué par le trayon.

Morphologie microscopique

Gestation

Au début de la gestation [108], les cellules sécrétoires apparaissent s'organiser autour de la lumière, vide de sécrétion ; leur partie basale est ancrée sur une structure de collagène. Le noyau occupe la moyenne partie du cytoplasme, qui présente un appareil de Golgi peu réticulé et de rares mitochondries, les grains de sécrétion y sont exceptionnels (Fig. 1-2). Avec le développement de la gestation, le cytoplasme s'accroît considérablement, les cellules se dotent des structures caractéristiques d'une sécrétion qui se prépare : mitochondries nombreuses avec crêtes abondantes, ergastoplasme, appareil de Golgi proche du noyau, profondément réticulé et vésiculé, de nombreux grains de sécrétion protéiques et des gouttelettes lipidiques sont visibles à l'apex des cellules. Il y a peu ou pas de sécrétion dans la lumière des alvéoles.

Au cours de la période précédant la parturition, la lumière alvéolaire est encore petite bien qu'elle contienne un matériel protéique abondant, des lipides et du colostrum. Le cytoplasme est envahi par de nombreux globules lipidiques dont les plus gros sont au pôle apical, le noyau est rejeté vers l'extrémité basale de la cellule.

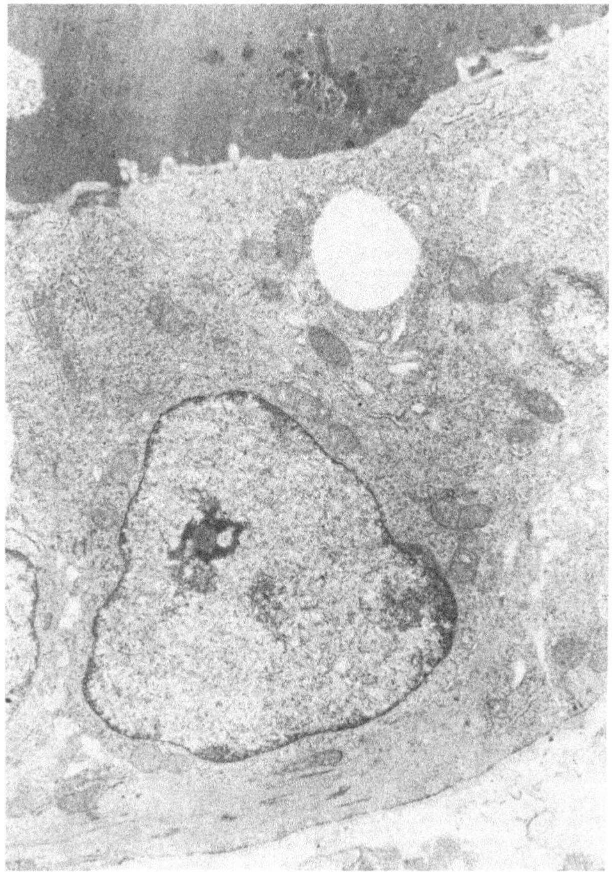

Fig. 1-2 Cellule épithéliale de mamelle de lapine au 12ᵉ jour de la gestation. Les cellules sont peu développées et faiblement polarisées par rapport à la membrane basale, la lumière alvéolaire est vide. Le noyau occupe la majorité du territoire cellulaire. L'appareil de Golgi est un peu développé et légèrement vacuolisé, le réticulum endoplasmique est visible et légèrement plus important que sur une glande au repos complet. Les stéroïdes ovariens et quelques facteurs de croissance sont seuls intervenus dans ce développement. On ne peut voir de produits de sécrétion dans les cellules, ni micelles de caséines ni gouttelettes lipidiques.

Au moment de la parturition

Au moment de la parturition, ou plus exactement de la montée laiteuse (selon les espèces, montée laiteuse ou lactogenèse et parturition ne sont pas forcément synchrones), il y a passage massif du matériel sécrétoire intracellulaire [108] vers la lumière de l'alvéole qui se distend, et les cellules épithéliales prennent un aspect étiré sous la pression des produits de sécrétion. La cellule a développé alors tout son potentiel de synthèse, les mitochondries sont très nombreuses, grosses et à crêtes marquées, le réticulum endoplasmique est très vacuolisé et enveloppe entièrement le noyau (Fig. 1-3 et 1-4).

· La polarisation de la cellule est alors particulièrement nette, le noyau est proche de la membrane basale sur laquelle la cellule est ancrée, elle-même voisine les capillaires sanguins. L'appareil golgien sécrétant certains composants du lait est alors proche du pôle apical.

Les produits de sécrétion sont visibles sous la forme de gouttelettes lipidiques et de granulations protéiques. Les lipides migrent vers le pôle alvéolaire de la cellule pour être excrétés au niveau de microvillosités de la membrane apicale dont des fragments les accompagnent. Les caséines synthétisées s'associent sous forme de micelles avec le lactose pour migrer ensuite vers l'apex de la cellule.

Durant ces phases de sécrétion, les connections entre les cellules sont assurées par des intrications étroites au niveau de jonctions serrées (*tight junctions*) parfaitement étanches. Ces jonctions sont suivies d'une zone de contact plus lâche (zona adhaerens et desmosome) laissant un espace libre de 20 nm entre les deux membranes cellulaires et contenant un matériel d'aspect homogène. Au moment des stases lactées, les *tight junctions* s'ouvrent et des circulations s'établissent dans les deux sens.

En dehors des cellules épithéliales qui constituent les canaux et les alvéoles, on rencontre dans la glande en activité des cellules myoépithéliales (Fig. 1-3, 1-4 et 1-5), cellules ramifiées dont les bras enserrent les alvéoles. Ces formations contractiles sont sensibles à l'ocytocine, hormone sécrétée par la glande post-hypophyse lors des stimulations du trayon à la traite (voir chap. 11). Dans la glande en lactation on trouve également, réduites et laminées, des cellules fibroblastiques et des adipocytes.

Involution mammaire

Lors d'un arrêt de la traite se produisent des stases lactées du fait de la non-évacuation de la totalité du lait sécrété. Ces stases lactées entraînent l'apparition de lysosomes abondants contenant des vacuoles protéiques et différents types de structures vacuolisées dont le rôle autophagique est de résorber les sécrétions engorgeant la cellule. Ainsi, du matériel sécrétoire dégradé est retrouvé dans les cellules et dans les espaces intercellulaires.

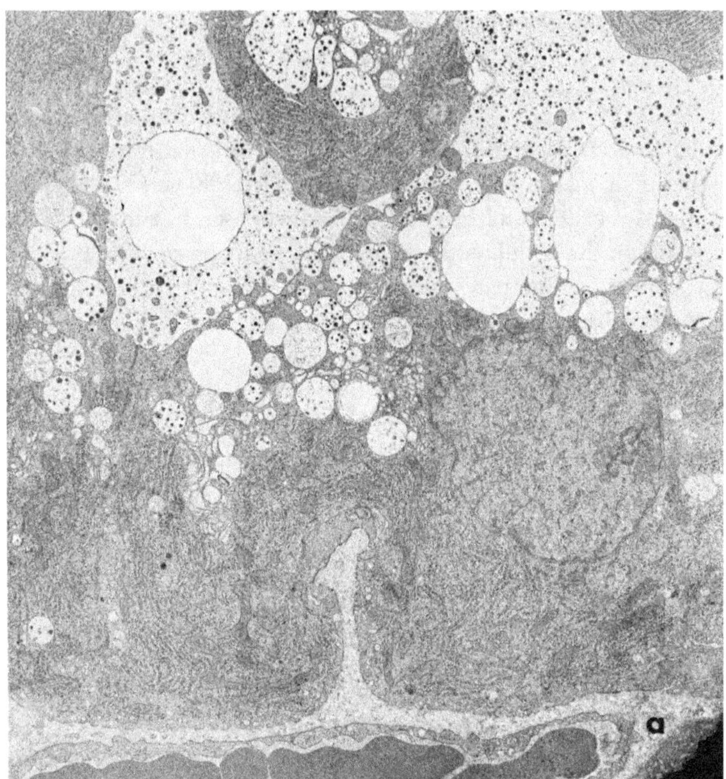

Fig. 1-3 Cellule épithéliale de rat en lactation (×7 500). (Cf. schéma fig. 1-4).

A la fin de la lactation, les cellules régressent avec l'interruption du processus sécrétoire. Celles des canalicules prennent l'allure de cellules au repos, celles des alvéoles se nécrosent. Les villosités des membranes disparaissent, le noyau se vésiculise et se fragmente en morceaux qui peuvent passer dans la lumière des alvéoles, la chromatine se disloque, l'ergastoplasme se déforme, puis se morcelle pour disparaître complètement. L'appareil de Golgi et les mitochondries perdent leur aspect dense et à crêtes pour devenir transparents, gonflés et lisses. Les structures lysosomiales et les vacuoles autophagiques deviennent alors nombreuses, comme lors d'une stase passagère. Elles assurent la destruction des débris, des sécrétions et des structures cellulaires devenues inutiles.

Ainsi la fin de la lactation se caractérise par la mort de ces cellules alvéolaires, dont les débris sont éliminés, par un processus d'autodigestion, soit vers les lumières alvéolaires et canaliculaires, soit dans les espaces interalvéolaires et conjonctifs. Ce processus est favorisé par les cellules myoépithéliales qui se contractent et dégénèrent. On observe à ce stade des monocytes et des macrophages de plus en plus nombreux, contenant des déchets cellulaires et des granules de caséines. Cette grande perte cellulaire se traduit par une forte décroissance du volume du parenchyme mammaire.

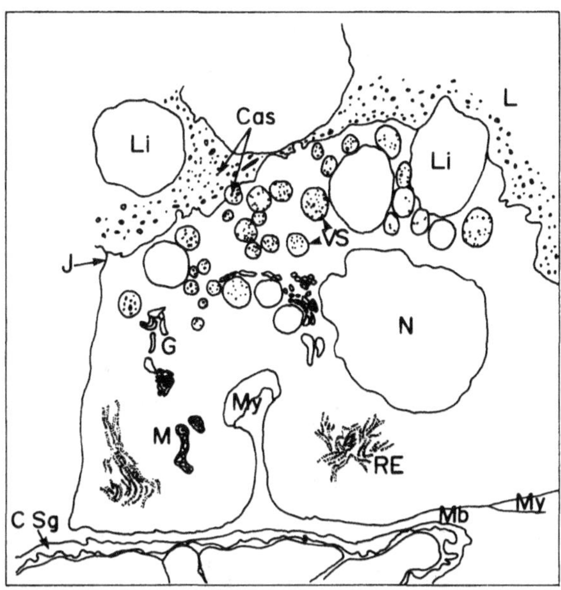

Fig. 1-4 Représentation schématique de la même cellule. Cas : micelles de caséines ; CSg : capillaire sanguin ; G : appareil de Golgi ; J : jonction étanche ; L : lumière de l'acinus ; Li : globule lipidique ; M : mitochondrie ; Mb : membrane basale ; My : cellule myoépithéliale ; N : noyau ; VS : vésicule sécrétoire ; RE : réticulum endoplasmique. La cellule est très fortement polarisée, le réticulum rugueux a proliféré et occupe toute la partie basale de la cellule sous le noyau. L'appareil de Golgi s'est développé et la taille des vacuoles golgiennes s'est accrue, elles sont plus ou moins remplies de micelles de caséines. Les mitochondries sont abondantes, les gouttelettes lipidiques sont de taille variable. L'importance de cette machinerie ultrastructurale qui assure les synthèses des caséines, des lipides et du lactose est en relation directe avec les quantités de lait sécrétées. La paroi cellulaire du côté acinus est très plissée et présente de nombreuses villosités. Lorsque la mamelle est en pleine lactation, comme celle-ci, les aspects microscopiques sont sensiblement les mêmes dans les différentes espèces de mammifères. Les études autoradiographiques montrent que le site primaire de synthèse des caséines est sur les ribosomes du réticulum rugueux, puis les acides aminés marqués passent dans les vacuoles de l'appareil de Golgi, les micelles terminées sont dans les vacuoles qui s'ouvrent sur la lumière de l'acinus. On peut voir que certaines vacuoles de l'ergastoplasme révèlent une membrane en collier granuleux qui serait la marque de la formation des premiers agrégats protéiques. Ils sont à l'origine des micelles de caséines trouvées à l'intérieur des vacuoles. La vitesse de formation du matériel protéique marqué est à peu près dix fois plus rapide que dans la thyroïde ou le pancréas.

Le calcium du lait se trouve associé aux micelles de caséines.

L'injection de palmitate ou d'oléate radioactif révèle que les premiers stades de la synthèse des lipides se situe dans la citerne du réticulum endoplasmique, puis les gouttelettes de lipides apparaissent bordées d'une ligne nette et unique, non membranaire. Ces gouttelettes, plus ou moins confluentes, migrent à travers le cytoplasme vers le pôle apical, elles sont excrétées dans la lumière de l'acinus, souvent enveloppées par du cytoplasme, et des fragments de l'appareil de Golgi.

On peut trouver dans le lait présent dans les acinus des fragments plus ou moins grands de cytoplasme, contenant même des mitochondries, du réticulum endoplasmique et de l'appareil de Golgi. On a démontré que ces fragments de cytoplasme présentent encore des capacités de synthèse (Christie et al. 1976) d'acides gras. On trouve également dans le lait des fragments de microvillosités de l'apex des cellules.

Le cycle sécrétoire est alors terminé jusqu'à la lactation suivante, adipocytes et fibroblastes se sont développés pour prendre la place du tissu épithélial disparu dans la glande au repos. C'est la période sèche des animaux laitiers. Cette période de repos doit être d'environ six semaines chez les bovins, faute de quoi la lactation suivante se trouve réduite parfois jusqu'à 50 %.

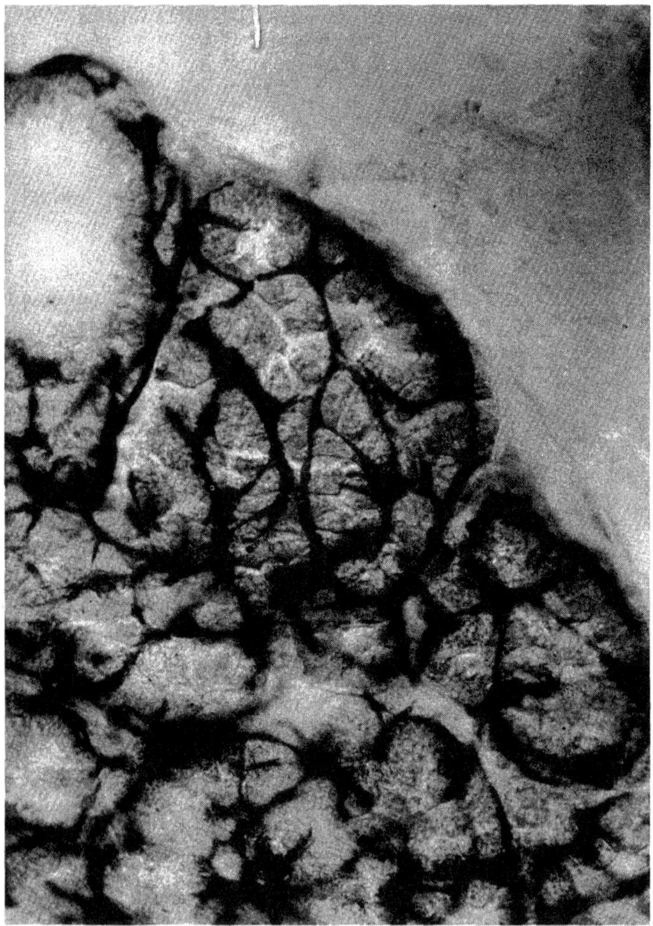

Fig. 1-5 Microphotographie de cellules myoépithéliales dans une glande en lactation révélées par la réaction de la phosphatase alcaline. Les cellules myoépithéliales sont de coloration foncée ; entre leurs prolongements rameux on peut apercevoir les cellules épithéliales. Cliché P. Gaye et R. Denamur.

Endocrinologie de la gestation

La mammogenèse ou croissance du tissu épithélial a été mieux connue avec les techniques de mesure de l'ADN [19, 53] qui ont permis de quantifier le tissu sécrétoire, car il est le seul à se multiplier dans la mamelle au cours de la gestation. Ces mesures montrent que la glande se développe pendant la majeure partie de la gestation, lentement au début puis avec une forte accélération vers la fin de celle-ci. Chez la brebis, les cellules alvéolaires absentes à 80 jours de gestation (sur 150) représentent 90 % de la glande au moment de la parturition. Chez la femme, l'apparition des premières alvéoles se produit vers le milieu de la grossesse.

Les hormones de la gestation assurent le maintien de cet état et organisent les interactions cellulaires au sein de la glande mammaire afin d'aboutir à un organe dont les cellules seront différenciées, prêtes à la sécrétion qui commencera lors de la parturition.

Progestérone

La progestérone est sécrétée par le corps jaune (CJ) ovarien issu de l'ovulation dont l'ovule a été fécondé (voir chap. 9). Dans certaines espèces le corps jaune est seul à sécréter de la progestérone (la ratte et la lapine par exemple), dans d'autres (comme la femme, la brebis), à partir du premier tiers de la gestation environ, le placenta devient la principale source de progestérone. Au début de la gestation, le corps jaune sécrète de la progestérone qui est présente dans le sang à la concentration de 2 à 6 ng/ml de plasma. Ce niveau peut augmenter jusqu'à 8 à 10 ng lorsque le placenta prend le relais du CJ ovarien. A l'approche de la parturition, le placenta et le CJ involuent plus ou moins rapidement et la sécrétion de progestérone diminue brutalement pour atteindre des niveaux non détectables dès la naissance du jeune.

Œstradiol

La gestation se caractérise par une sécrétion d'œstrogènes, faible d'abord puis croissante en fin de gestation. Ces œstrogènes sont d'origine fœto-placentaire, l'élévation du niveau des œstrogènes au cours de la deuxième moitié de la gestation chez la brebis accompagne le début de la croissance mammaire. Leur niveau ne cesse de s'élever jusqu'à la parturition puis décroît brutalement dès la mise-bas.

Prolactine

D'origine anté-hypophysaire, la prolactine reste à un niveau relativement bas durant les deux premiers tiers de la gestation pour augmenter ensuite progressivement et atteindre des taux très élevés (jusqu'au microgramme par ml de plasma chez la brebis) au moment de la parturition.

Hormone placentaire lactogène

On la trouve seulement dans certaines espèces, la brebis, les primates (femme, singe), les bovins, les caprins entre autres. Cette hormone a une double activité : de type prolactinique, et de type hormone de croissance ou somatotropine (GH). Elle reconnaît, à des degrés divers selon les espèces, les récepteurs mammaires de la prolactine, et les récepteurs hépatiques de la GH. Le niveau d'hormone placentaire lactogène s'élève à partir du premier tiers de la gestation pour atteindre un maximum environ deux semaines avant la parturition. Son niveau est proportionnel au nombre de fœtus. Elle disparaît de la circulation dès la naissance du jeune (voir chap. 2).

A ces hormones dont le profil de sécrétion est spécifique de la gestation s'ajoutent des hormones moins spécifiques mais qui jouent un rôle important dans la différenciation des cellules épithéliales comme les hormones surrénaliennes, l'hormone de croissance et l'insuline.

Mammogenèse, facteurs de croissance
et relations intercellulaires

De nombreuses expériences consistant à provoquer artificiellement une croissance mammaire ont amené une conception donnant aux stéroïdes sexuels et particulièrement œstrogènes et progestérone, dans des proportions variables selon les espèces, la capacité de déclencher une croissance après 10 à 20 jours de traitement. L'induction d'une lactation artificielle est possible chez une femelle vierge ou tarie, par injection d'œstrogènes accompagnés ou non de progestérone [39] (voir chap. 3).

In vitro, une séquence de traitement hormonaux commençant par œstradiol-progestérone est indispensable pour observer dans un tissu normal, un développement alvéolaire puis une synthèse de caséines [49].

Rôle de la progestérone

Les effets de la progestérone restent encore mal compris. On constate que la croissance se produit d'abord pendant la gestation, c'est-à-dire sous la dépendance de niveaux élevés de progestérone plasmatique, lorsque la glande ne sécrète pas de lait ; elle se poursuit au début de la lactation, plus ou moins longtemps et sans progestérone. On a constaté dans les études sur l'induction artificielle de lactation, qu'ajoutée aux œstrogènes dans la proportion de 1 à 10 chez la chèvre ou de 1 à 4 (et même jusqu'à 10 000) chez le rat, elle favorise l'action mammogène de l'œstradiol en terme d'augmentation de l'ADN [92]. Chez la lapine, la progestérone injectée après l'involution du corps jaune de pseudogestation empêche l'involution mammaire qui se produit normalement [3]. In vitro la progestérone fait partie de la séquence hormonale indispensable qui assure la multiplication des cellules épithéliales. Chez la souris vierge et castrée, l'œstradiol induit une augmentation de la synthèse d'ADN [28, 37, 38] ; les récepteurs de la progestérone qui sont présents dans les cellules épithéliales s'y multiplient sous l'action des œstrogènes mais seulement en présence de fibroblastes. Ces derniers sécrètent une substance qui sensibilise les cellules épithéliales.

De plus la progestérone est un frein puissant de la sécrétion lactée au cours de la gestation [49], favorisant ainsi la concentration de l'effort énergétique vers les phénomènes de croissance tissulaire (fœtus et mamelle) (voir chap. 12).

Rôle des œstrogènes

L'injection d'œstradiol marqué au tritium a permis de montrer que la radioactivité est concentrée dans les cellules épithéliales, point d'impact du stéroïde.

L'activité des œstrogènes est dissociée de celle de la prolactine, dont la sécrétion est stimulée par les œstrogènes. En traitant des brebis vierges simultanément avec un inhibiteur de la libération de prolactine (le CB 154 ou bromoergocryptine) et avec de l'œstradiol, l'activité mammogène de ce dernier n'est pas modifiée par la disparition de la prolactine. La prolactine est indispensable à l'hyperplasie et à l'hypertrophie mammaire après l'intervention des stéroïdes sexuels [18].

L'incorporation de thymidine tritiée dans la glande commence 12 heures après l'injection d'œstradiol. Toutefois, pendant les 24 premières heures, seuls les adipocytes se marquent, c'est plus tard que les cellules épithéliales incorporent la thymidine, ce qui laisse penser que l'information œstrogénique passerait par les adipocytes mammaires [84, 85].

D'autre part, les œstrogènes sont des inducteurs de récepteurs de la progestérone, ils élèvent donc la sensibilité des cellules épithéliales à cette hormone [28, 37, 38].

Facteurs de croissance

La découverte de nombreux facteurs de croissance a permis d'entrevoir les relais possibles des mécanismes d'action des œstrogènes.

Les expériences in vivo et in vitro [66] montrent que l'épithélium ne peut sécréter des protéines que si les cellules se polarisent en se développant sur une membrane basale. Les tissus mammaires, normaux ou tumoraux, qui fabriquent les protéines de la membrane basale contiennent des facteurs de croissance sécrétés par les cellules elles-mêmes.

MDGF I

Le MDGF I (*mammary derived growth factor I*) est un facteur de croissance autocrine trouvé et synthétisé dans les cellules mammaires normales des rongeurs et les cellules tumorales bien différenciées dont il a été isolé [59]. On le rencontre également dans le lait humain normal [94]. C'est un facteur mitogène [5] et qui amplifie la production de collagène IV, constituant essentiel de la membrane basale sur laquelle se développent les cellules épithéliales [61]. In vitro, la réponse cellulaire au MDGF I est positive (les cellules font du collagène IV) si elles sont cultivées sur du plastique ou sur collagène I. Il n'y a pas de réponse mitogène [51] ni de synthèse de collagène IV si elles sont cultivées sur leur support naturel, c'est-à-dire le collagène IV. Cette observation laisse penser à une autorégulation négative de l'activité du MDGF I.

La biosynthèse de collagène IV par les cellules épithéliales est nécessaire à leur survie, à leurs synthèses et à leur multiplication [66].

In vivo le MDGF I agit sur les cellules épithéliales qui, après avoir été désolidarisées de leur membrane basale, se multiplient. Puis il contribue à la synthèse d'une nouvelle membrane basale et à la reconstitution d'un tissu organisé et différencié après la stimulation proliférative [105].

Le MDGF I n'agit qu'en synergie avec les œstrogènes qui constituent la stimulation initiale. Les cellules privées d'œstrogènes sont insensibles au MDGF I.

Les cellules tumorales peu différenciées qui se multiplient anarchiquement sans membrane basale ne produisent pas de MDGF I.

TGFα

TGFα (*transforming growth factor α*) est un facteur de croissance autocrine mis en évidence dans les cellules mammaires tumorales de rongeur et d'humain [90, 91]. Sa présence a été démontrée également dans les cultures primaires de cellules de rongeur et d'humain ainsi que dans le lait humain normal [94].

Le TGFα est mitogène et a la capacité de stimuler la synthèse de collagène IV par les cellules épithéliales, il les sensibilise au facteur MDGF I [52]. Le TGFα est trouvé en abondance dans les cellules en multiplication, en absence de membrane basale dont il active la reconstitution.

La production de TGFα et la stabilisation des TGFα mARN est accrue in vitro et in vivo par les œstrogènes dans la majorité des lignées cellulaires. La croissance mammaire normale provoquée par les œstrogènes [24, 62] est en relation avec la synthèse autocrine de TGFα. La relation est claire : dans les tumeurs riches en TGFα, les récepteurs des œstrogènes et de la progestérone sont nombreux, et l'inverse est vrai. La castration et les anti-œstrogènes [2] arrêtent la synthèse de TGFα. TGFα agirait par la voie des récepteurs de l'EGF (voir paragraphe suivant).

Dans les tumeurs bien différenciées, avec canaux et alvéoles, la diminution de la synthèse de TGFα entraînerait la réduction de la synthèse de membrane basale puis la dislocation de celle-ci et le passage vers l'état de tumeur non différenciée et anarchique, plus agressive et métastasique dans laquelle on trouve peu de récepteurs des œstrogènes, peu de récepteurs de l'EGF donc peu sensibles au TGFα. TGFα ne semble donc pas être un facteur de croissance spécifiquement tumoral [101]. Le rapport TGFα/récepteurs EGF pourrait être un modulateur régulant la croissance mammaire normale et tumorale.

EGF

L'EGF *(epidermal growth factor)* est une hormone polypeptidique trouvée et synthétisée principalement dans les glandes salivaires [13]. La concentration plasmatique de ce facteur augmente durant la gestation lorsque la glande mammaire se développe [23]. L'EGF est maintenant connu pour être synthétisé par de nombreux organes, des précurseurs ont été trouvés dans la glande mammaire de souris et dans le lait [9]. Une synthèse de l'EGF par la glande mammaire n'a pas été formellement prouvée, sauf dans des cellules tumorales mammaires humaines.

In vitro l'EGF stimule la multiplication des cellules épithéliales, la formation des canaux et des alvéoles [99, 114], il induit la synthèse de collagène IV, il inhibe la synthèse des caséines et de l'α-lactalbumine agissant ainsi conjointement avec la progestérone durant la gestation [79, 95, 96].

Le signal in vivo de l'EGF (et du TGFα) est reçu par des récepteurs de haute affinité présents sur la membrane des cellules épithéliales normales ou tumorales primaires du sein et dans les fibroblastes [83, 89]. La synthèse de ces récepteurs est stimulée par les œstrogènes [60].

Les anticorps anti-EGF diminuent la croissance utérine provoquée in vitro par les œstrogènes [63], ils réduisent la multiplication des cellules cancéreuses mammaires humaines (MDA 468) et des cellules humaines mammaires normales en absence d'EGF et de TGFα ajoutés dans le milieu [32, 89].

TGFβ

Le TGFβ *(transforming growth factor β)* est un facteur transformant qui stimule la multiplication des fibroblastes mais inhibe la prolifération des cellules épithéliales mammaires normales ou transformées [76, 91]. Le taux de TGFβ est diminué par la présence d'œstrogènes [54]. Implanté dans une glande mammaire il induit un arrêt réversible localisé de la croissance des canaux mammaires [17]. Le TGFβ est autocrine, sécrété par les cellules épithéliales pour lesquelles il favorise la synthèse de collagène IV [33, 66], il participe de ce fait à la stabilisation du tissu après une vague de multiplications cellulaires. L'absence de TGFβ ou de ses récepteurs dans certaines tumeurs pourrait expliquer leur transformation vers des états proliférants.

Signal œstrogénique

Les principaux facteurs de croissance des cellules épithéliales MDGF I, TGFα et EGF sont à des titres divers contrôlés par les œstrogènes fœto-placentaires qui, après le deuxième tiers de la gestation, jouent un rôle primordial en particulier sur la croissance mammaire.

Le déroulement de l'action déclenchée par les œstrogènes peut se décrire comme suit :

Une stimulation hormonale œstrogénique entraîne une dégradation de la membrane basale (collagène IV) sur laquelle reposent les cellules mammaires. Cette dégradation est localisée et provoque des discontinuités évolutives dans la membrane basale observées histologiquement [105]. Cette dégradation dépolarise les cellules qui perdent le contact avec le collagène IV de la membrane basale. Elle induit la synthèse de TGFα qui sensibilise les cellules en augmentant le nombre des récepteurs du MDGF I, les récepteurs de l'EGF se multiplient [66]. Ces facteurs, tous mitogènes, induisent des multiplications des cellules qui envahissent les tissus voisins. Le facteur TGFß inhibiteur des divisions cellulaires est alors réduit dans le tissu mammaire.

Ces cellules en multiplication n'ont pas d'ancrage membranaire, elles synthétisent dès lors du collagène IV pour former une nouvelle membrane basale. L'accumulation de collagène IV rend alors les cellules insensibles au TGFα, à MDGF I et à l'EGF en réduisant le nombre de leurs récepteurs par autorégulation négative [66], et la croissance s'arrête jusqu'à une nouvelle stimulation stéroïdienne.

Les œstrogènes sont également à l'origine de la multiplication des récepteurs de la progestérone, ce qui contribue à accentuer la croissance et à inhiber les synthèses des protéines du lait.

Il convient toutefois de noter que ce modèle expliquant le mode d'action des œstrogènes a été établi essentiellement à partir d'expériences réalisées principalement avec des cellules issues de tumeurs mammaires. Divers résultats nous laissent percevoir que l'analogie avec les cellules normales est certaine, parfois seulement probable.

Ces phénomènes sont caractéristiques de la période de mammogenèse et ne sont pas observés chez les animaux allaitants [84].

Enfin les œstrogènes induisent la synthèse de facteurs de croissance de diverses cellules du rein, de l'utérus ou de l'hypophyse et des cellules de tumeurs mammaires par l'intermédiaire de médiateurs nommés œstromédines [47]. Toutefois on n'a pas de preuve que les œstromédines soient capables de migrer de ces tissus vers la mamelle.

Rôle des agents générateurs d'AMPc

L'AMPc est plus abondant dans la glande mammaire en gestation [71, 80] que durant la lactation [80, 81]. L'administration de toxine cholérique dans la glande mammaire [16, 86], substance augmentant la production d'AMPc, induit un développement intense de tissu sécrétoire [16]. On constate alors que l'activité de l'AMPc est surtout morphogénétique car ce sont essentiellement des canaux qui sont générés. L'AMPc pourrait agir en induisant la synthèse de hyaluronidate par les fibroblastes ; l'hyaluronidate, qui est un des composants de la membrane basale, pourrait être le véritable inducteur de la formation de canaux [86]. Toutefois aucune évidence n'a montré la réalité d'un mécanisme d'action in vivo du système AMPc au cours de la gestation.

Hormone de croissance

L'hormone de croissance (GH) dont le niveau circulant augmente en fin de gestation, faiblement présente dans la glande mammaire [67], ne semble pas indispensable à sa croissance, toutefois on peut augurer que son effet mammogène s'additionne à celui de l'hormone placentaire et procède du même mécanisme. Il a été montré qu'administrée après œstrogènes-progestérone lors d'une induction de lactation chez la brebis, la GH peut augmenter l'ADN mammaire et la lactation qui s'ensuit [70]. Sous l'influence de l'hormone de croissance la synthèse d'IGF1 (*insulin-like growth factor 1* ou IGF1 ou somatomédine) par la mamelle n'a pas été démontrée [26, 72]. Il a en revanche été prouvé que la GH augmentait, par l'intermédiaire des cellules hépatiques, le niveau de l'IGF1 circulant [67]. L'IGF1 est un facteur de croissance efficace de la cellule épithéliale mammaire [6, 48] qui a un pouvoir différenciateur sur ces cellules. De plus l'IGF1 stimule la production de lait en présence de prolactine. L'hormone de croissance ne semblait pas avoir de récepteurs dans la glande mammaire, ou très peu, en revanche les fibroblastes en possèdent et, par la voie de PGE2 (prostaglandines E2), activent la croissance (voir plus loin le rôle des PG). Toutefois des travaux récents ont détecté [35] dans de la glande mammaire de bovin, des ARNm codant pour deux types de récepteurs de la GH et pour un récepteur de l'IGF1. Ces observations laissent penser que la GH interagit directement sur les cellules épithéliales pour induire la production d'IGF1 qui à son tour interviendrait dans la régulation des fonctions de croissance et de sécrétion. Dans les cellules du stroma de la mamelle, les ARNm des récepteurs de la GH sont apparemment plus rares et relativement plus instables. L'existence de ces récepteurs jusqu'ici difficiles à détecter dans les préparations membranaires relance les études sur le mode d'action de l'hormone de croissance dans une de ses cibles privilégiées.

Insuline

L'insuline a longtemps été considérée comme un véritable facteur de croissance des cellules épithéliales in vivo [55] comme in vitro [29, 100]. Toutefois, les concentrations actives in vitro [44] sont supraphysiologiques (>500 ng/ml) ce qui laisse penser qu'aux doses utilisées, l'insuline occupe les sites des récepteurs de l'IGF1, qui a des homologies de structure avec l'insuline. L'action amplificatrice de l'insuline se produit à des niveaux physiologiques, seulement chez la souris et la ratte, et elle ne peut être remplacée par les somatomédines (IGF1) [26] ou le sérum de veau fœtal. Le rôle de l'insuline dans la mammogenèse ne semble donc pas clairement établi.

Prolactine

Cette hormone peut être considérée à la fois comme un facteur de croissance et comme indispensable à la montée laiteuse ou lactogenèse. Dans la majorité des espèces la gestation se déroule avec des niveaux de prolactine relativement modérés, ce n'est qu'à l'approche de la parturition qu'elle atteint des taux plasmatiques élevés. L'action mitogène de la prolactine ne peut se développer qu'après une stimulation par les œstrogènes [64]. La prolactine qui induit une croissance mammaire indiscutable in vivo [25] se révèle peu active sur la multiplication des cellules épithéliales in vitro [25, 28, 64]. Ce qui suggère que la prolactine agirait par l'intermédiaire d'un organe autre que la glande mammaire et qui sécréterait à son tour un ou plusieurs facteurs agissant sur la croissance de la glande.

Ainsi chez le rat, l'IGF1 est libéré par les cellules hépatiques stimulées par la prolactine. De même un autre facteur dont l'identification est incomplète et qui agit puissamment sur les multiplications cellulaires, la synlactine, est sécrété par le foie sous l'effet de la prolactine [65, 68].

Interactions cellulaires et stimulations autocrines

Un progrès important a été accompli avec les nouvelles approches des phénomènes de croissance qui intègrent les différents types de cellules constituant la glande mammaire ainsi que leurs interactions. Ainsi, Rudland et al. [77, 89] ont isolé et cloné, à partir d'une glande mammaire tumorale de rat, des cellules de type fibroblaste, des adipocytes, des cellules myoépithéliales et épithéliales. La culture de ces clones a permis de définir le rôle des facteurs de croissance sur un type particulier de cellule. On a pu constater que la prolactine et la GH, seules ou associées à d'autres facteurs, n'ont qu'un pouvoir mitotique limité sur les cellules épithéliales. Un facteur hypophysaire a en revanche une activité plus spécifique. Ce facteur extrait d'hypophyses d'homme ou de bovin [4] stimule la croissance des cellules épithéliales in vitro mais n'a pas été identifié.

Les fibroblastes mammaires peuvent se transformer en préadipocytes, sous l'influence de la GH, ils deviennent alors capables de sécréter un facteur mitotique puissant entraînant la multiplication des cellules épithéliales [77]. Ce facteur est la prostaglandine PGE2 [77]. Ce qui peut expliquer le fait que les cellules épithéliales ne peuvent se développer de manière intense in vivo que si elles sont réimplantées dans du tissu adipeux [20].

Signalons que des acides gras polyinsaturés (acide oléique, palmitique ou arachidonique) sécrétés par les adipocytes [57] sont également des facteurs de croissance des cellules épithéliales ; curieusement ces acides gras sont capables de remplacer les glucocorticoïdes pour induire une synthèse de lait en présence de prolactine et d'insuline.

Structures extracellulaires mammaires

Nous avons souligné, à propos du rôle des œstrogènes, du TGFα et de l'EGF, l'importance du collagène de la membrane basale dans laquelle sont insérées les cellules épithéliales [20]. Les cellules myoépithéliales et épithéliales synthétisent les protéines de la matrice extracellulaire constituée essentiellement [78] de collagène de type IV qui leur permet de percevoir le signal des hormones lactogènes [1] ; d'autre part, cellules épithéliales et fibroblastes synthétisent le collagène de type I et III, des glycoprotéines et des protéoglycanes. In vitro les cellules épithéliales mammaires peuvent être cultivées sur une structure constituée essentiellement de collagène I [58] ; dans ces conditions elles se multiplient dans les trois dimensions, se différencient et deviennent capables de synthèse des caséines [10, 31, 56, 75, 82, 109]. Ce collagène n'est actif que s'il est flottant et souple ; rigidifié par le glutaraldéhyde il devient inopérant. Le collagène I n'est toutefois efficace, pour permettre la différenciation des cellules mammaires, que si ces cellules sont cultivées un temps relativement court après leur isolement à partir de la glande mammaire. Dans tous les cas, une matrice extracellulaire et une membrane composée d'un extrait de tumeur Engelbreth-Holm-Swarm, riche en lamine, constituent le meilleur support pour permettre aux cellules épithéliales de s'organiser en alvéoles et de se différencier [1] (voir chap. 15).

L'inhibition expérimentale de la synthèse de collagène [105, 106], dans des explants de glande mammaire, s'oppose à la multiplication cellulaire et inhibe presque totalement l'induction de la synthèse de caséines stimulée par les hormones lactogènes [103].

Les matrices extracellulaires, selon leur origine [107], ont des qualités mitogènes différentes, le collagène ayant pour origine les cellules hépatiques est moins efficace que son homologue d'origine mammaire [30] ; d'origine fibroblastique, la matrice collagène est moins mitogène que celle d'origine épithéliale mammaire. Ces données sur les qualités différentes du tissu de support ont été complétées par Daniel et al. [16]. Du collagène (type I) a été injecté dans un coussinet adipeux. Au sein de ce collagène, ont été implantées des cellules épithéliales pures ainsi isolées des tissus voisins. Dans ces conditions, les cellules mammaires transplantées se multiplient dans le collagène en reproduisant des arborescences canaliculaires analogues à celles d'une glande normale. Ce n'est que lorsque ces canalicules arrivent au contact des cellules adipeuses [15], formant le coussinet, que des structures d'aspect alvéolaire se constituent à l'extrémité de ces canalicules.

Les cellules épithéliales semblent donc programmées pour former des canaux au contact de la matrice extracellulaire et au voisinage ou au contact des autres types cellulaires de la glande mammaire [17, 33]. La morphogenèse d'une glande en croissance est le résultat d'interaction avec la matrice pour la formation des canaux, avec les adipocytes et vraisemblablement les fibroblastes pour la formation des alvéoles.

La croissance et la différenciation de la glande mammaire peuvent donc se résumer dans la succession des phénomènes biologiques suivants :

• chez l'embryon, les interactions cellules épithéliales et mésenchyme organisent l'action des androgènes qui gèrent l'orientation sexuelle ;

• la sécrétion des œstrogènes constitue le signal hormonal initiateur, les cellules épithéliales commencent à dégrader le collagène de leur membrane basale, créent ainsi des discontinuités et rendent ces cellules sensibles au TGFα et au MDGF I, elles se multiplient alors activement ;

• sous l'influence de l'EGF elles synthétisent du collagène et les récepteurs du TGFα sont réprimés, la multiplication cellulaire cesse jusqu'à la prochaine stimulation par l'œstradiol ;

• les autres interventions hormonales connues qui favorisent les multiplications cellulaires sont celles de la prolactine, de l'hormone placentaire, de l'hormone de croissance (par l'intermédiaire de fibroblastes préadipocytes puis de la PGE2) enfin l'EGF qui stimule la multiplication et la progestérone qui s'oppose à la synthèse des caséines.

Toutes ces hormones présentes à des niveaux importants en fin de gestation participent à la croissance de la glande avant l'étape de transition vers la lactation que constitue la montée laiteuse ou lactogenèse.

Montée laiteuse ou lactogenèse

La montée laiteuse s'échelonne dans les différentes espèces sur des périodes variables autour de la parturition mais les séquences endocriniennes sont sensiblement les mêmes. Les niveaux d'œstrogènes augmentent progressivement lorsque la parturition approche, la sécrétion de progestérone par le corps jaune ou par le placenta devient moins stable et plus réduite ce qui entraîne l'apparition de pics de sécrétion de prolactine de plus en plus fréquents et élevés. Dans les quelques heures qui précèdent le part, tous ces phénomènes s'accentuent, la prolactine comme l'œstradiol 17β peuvent atteindre des niveaux plasmatiques très élevés. Il s'y ajoute des libérations importantes de glucocorticoïdes. La parturition porte à l'extrême ces variations hormonales et l'expulsion du jeune s'accompagne de la disparition de la progestérone plasmatique.

Les images histologiques montrent le début de l'hypertrophie des cellules épithéliales. Les structures sécrétoires cellulaires sont qualitativement déjà celles de la pleine lactation. Les micelles de caséines et les globules lipidiques sont déjà présents dans les cellules et surtout dans la lumière des alvéoles qui contiennent du colostrum.

Rôle des œstrogènes

Les œstrogènes ont au plus un rôle indirect dans la mesure où plus leur niveau est élevé plus la vague de prolactine qui accompagne la parturition est elle-même élevée, ce qui se traduit par une intensification de la montée laiteuse [50].

Rôle de la progestérone

La progestérone qui disparaît est le fait dominant qui libère tous les systèmes de synthèse et induit la sécrétion de la prolactine. La progestérone exerce au cours de la gestation un double rôle inhibiteur [46]. L'un de ces effets s'exerce au niveau hypophysaire en freinant la sécrétion de prolactine. L'autre s'exerce directement au niveau mammaire en empêchant le signal prolactinique de stimuler l'expression des gènes des protéines du lait (voir chap. 9).

Rôle de la prolactine

La prolactine joue un rôle essentiel dans la lactogenèse, chez toutes les espèces. Si le niveau de prolactine ne semble pas directement lié au taux de multiplication des cellules épithéliales, en revanche, il y a une relation directe entre l'amplitude de la vague de prolactine qui accompagne la montée laiteuse et l'intensité de la lactation qui la suit [50].

In vitro l'hypertrophie des cellules n'est jamais obtenue d'une manière aussi intense qu'in vivo par la prolactine endogène, ce qui laisse penser que d'autres facteurs doivent y contribuer.

Rôle des glucocorticoïdes

Les glucocorticoïdes stimulent la synthèse des caséines in vivo et in vitro. Ils sont essentiellement des amplificateurs des autres hormones du complexe lactogène, surtout de la prolactine [41]. Cet effet amplificateur joue particulièrement à l'égard d'une protéine du lactosérum : la WAP *(whey acidic protein)* [22, 73]. In vitro [46, 69], l'effet stimulant maximal est obtenu avec des doses légèrement supraphysiologiques ; in vivo [21, 34] les doses sont plus faibles car elles s'ajoutent aux glucocorticoïdes endogènes.

Cette dépendance de l'amplification de la réponse prolactinique à l'égard des glucocorticoïdes semble générale, mais d'importance variable selon les espèces. Chez la souris ils sont nécessaires in vitro lorsque la glande mammaire est prélevée sur des animaux vierges [34]. Chez la lapine, en revanche, les glucocorticoïdes n'augmentent que faiblement la réponse prolactinique [45]. La dépendance à l'égard des corticoïdes n'apparaît qu'après quelques jours de culture en leur absence, les tissus fraîchement prélevés semblent garder en mémoire l'information, à moins qu'ils stockent l'hormone elle-même [8].

In vivo, il a été constaté expérimentalement que le pic de glucocorticoïdes qui accompagne la parturition participe activement à l'induction de la synthèse de lait.

Séquence des événements accompagnant la lactogenèse

Des travaux ont montré que la libération des hormones accompagnant la parturition doit se faire dans un ordre précis. L'administration avant le part de bromoergocryptine (CB154), qui inhibe la sécrétion de la prolactine durant les quelques jours qui précèdent la mise-bas chez la brebis, entraîne l'absence totale de lactation, bien que les autres paramètres hormonaux soient inchangés.

En utilisant un modèle expérimental qui permet de réaliser artificiellement un environnement hormonal de parturition, on a montré que la disparition de la progestérone et la vague de prolactine doivent être synchrones pour assurer une intense montée laiteuse.

L'inhibition de la sécrétion de progestérone par le Trilostane (un inhibiteur compétitif de la 3β hydroxystéroïde-déshydrogénase) avant la parturition, sans avancer celle-ci, provoque une lactogenèse plus intense et une sécrétion lactée beaucoup plus importante au cours des huit premiers jours [50]. Avancer le déclin de la progestérone doit donc stimuler la montée laiteuse en augmentant l'intensité de la vague de prolactine, mais sans en changer la date d'apparition.

Inversement, prolonger le niveau de progestérone en l'injectant durant plusieurs jours après la parturition, sans modifier d'autres paramètres hormonaux, conduit à une lactogenèse nulle ou très faible, le verrou progestéronique jouant alors encore son rôle au niveau des synthèses mammaires (voir chap. 9).

L'effet amplificateur des glucocorticoïdes doit au moins se situer en même temps que la disparition de la progestérone, mais il peut encore être efficace s'il se prolonge durant les premiers stades de la lactation ; il est en relation directe avec la dose injectée.

L'ensemble de cette chronologie constitue une indication sur les modes d'action des diverses hormones qui interviennent lors de la lactogenèse :

● la progestérone inhibe la sécrétion de la prolactine et localement les synthèses des caséines et des autres composants du lait. Sa disparition est le phénomène essentiel ;

● l'œstradiol 17β stimule la sécrétion de la prolactine ;

● les glucocorticoïdes sont nécessaires au moment de la vague de prolactine pour amplifier son action au niveau des phénomènes sécrétoires mammaires ;

● à ce complexe s'ajoutent les hormones du métabolisme général, non spécifiques de la lactation comme les hormones thyroïdiennes et l'hormone de croissance (ou GH ou somatotropine, voir chap. 13).

Entretien de la lactation

Une fois la lactation lancée par le phénomène majeur de la lactogenèse, il suffit d'extraire le lait sécrété et de nourrir convenablement la mère pour qu'elle se poursuive durant des périodes variables selon les espèces.

Lors de la traite ou de la tétée, deux hormones sont sécrétées sous l'impulsion des stimulations nerveuses du trayon : la prolactine qui est libérée par l'hypophyse antérieure, dans ce cas sous contrôle nerveux, et l'ocytocine libérée par l'hypophyse postérieure. L'ocytocine par la voie sanguine parvient à la mamelle où elle provoque la contraction des cellules myoépithéliales qui enveloppent les acinus, chassant ainsi le lait qu'ils contiennent vers les gros canaux galactophores et vers le trayon. La libération de prolactine lors de la traite est de plus en plus faible avec l'avancement de la lactation. Le rôle de la prolactine au cours de la lactation n'est pas évident. La prolactine peut être réduite sans influencer considérablement l'intensité de la sécrétion de lait. L'ocytocine ne paraît jouer qu'un rôle purement mécanique sur l'évacuation du lait sécrété (voir chap. 11).

Les conditions hormonales nécessaires à l'entretien de la lactation peuvent être mises en évidence par l'expérience suivante qui a été réalisée sur la brebis laitière (Fig. 1-5). Si l'hypophysectomie totale est pratiquée au jour 15 de la lactation, et si l'on poursuit la traite normalement en extrayant le lait sécrété par la pression manuelle du trayeur, alors la sécrétion se réduit rapidement et se tarit en six à huit jours. Dans ce cas on attend cinq jours de sécrétion nulle, puis on tente de faire repartir la lactation par l'injection de diverses hormones. Il est alors nécessaire de traiter l'animal avec de l'œstradiol, de la prolactine, des glucocorticoïdes, au moins, et au mieux d'y ajouter de l'ocytocine et de l'hormone de croissance. On provoque dans ce cas une nouvelle lactogenèse, avec probablement « une nouvelle mamelle », et de ce fait une nouvelle lactation. En revanche, si l'on traite l'animal hypophysectomisé dans le début de la décroissance de sa courbe de lactation (Fig. 1-6), alors que les cellules épithéliales n'ont pas encore subi d'involution, dans ce cas un traitement par des glucocorticoïdes et de la thyroxine suffit pour maintenir la sécrétion du lait au niveau précédent l'opération. Ces deux hormones qui participent activement au maintien du métabolisme général et mammaire suffisent à l'entretien de la lactation.

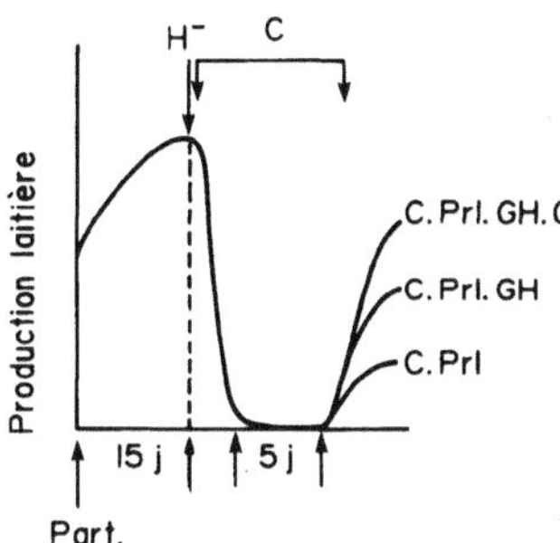
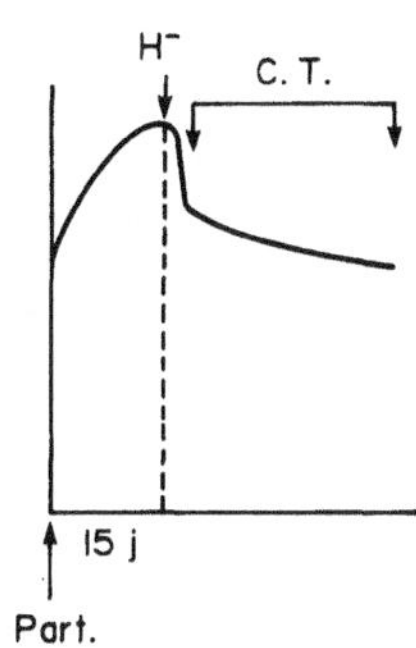

Fig. 1-6 Schéma de la supplémentation nécessaire pour obtenir une lactation après hypophy-sectomie chez la brebis en lactation. H : hypophysectomie faite au 15ᵉ jour de la lactation ; C : traitement quotidien avec corticoïdes ; PRL : injections multiples de prolactine ; GH : injections d'hormone de croissance ; O : injections d'ocytocine avant la traite ; T : traitement avec la thyroxine.

Les hormones thyroïdiennes

Le rôle des hormones thyroïdiennes dans l'entretien de la lactation est connu depuis long-temps ; injectées à des animaux en lactation elles augmentent sensiblement la produc-tion laitière. Cette action se produit par une élévation du métabolisme général de l'ani-mal, mais également par un effet direct sur le tissu mammaire comme cela a été montré sur des cultures de cellules épithéliales ; la triiodothyronine élève chez la souris la synthèse de l'α-lactalbumine et de l'ARNm correspondant [7, 77, 81], chez la lapine, l'hormone thyroïdienne augmente la synthèse des caséines [43].

Ces observations renforcent l'idée que les phases essentielles de la lactation sont la crois-sance du tissu épithélial ou mammogenèse, et l'ultime différenciation des cellules épithé-liales lors de la lactogenèse. L'expérimentation a bien confirmé que ces phases condi-tionnent la lactation qui va suivre. Cette dernière est alors principalement tributaire des conditions métaboliques générales réglées par des hormones non spécifiques comme l'insu-line, les corticoïdes, la thyroxine, l'hormone de croissance. La lactation est en consé-quence liée aux qualités de l'alimentation de la mère. Elle est enfin liée à la qualité des gestes qui conditionnent l'évacuation totale du lait sécrété (voir chapitre 11).

L'arrêt de la traite ou de la tétée entraîne une stase lactée et, s'il se prolonge, un tarisse-ment complet de la sécrétion. D'autre part, si la traite est poursuivie et que la femelle ne présente pas une gestation superposée à la lactation, cette dernière peut se prolonger plus ou moins selon les espèces.

Allaitement et reproduction

Au cours des siècles précédents, la diététique infantile préconisait l'allaitement prolongé. Ainsi des femmes, des nourrices, après l'allaitement de leur propre enfant, prenaient en charge l'allaitement de plusieurs bébés successifs, avec une lactation qui pouvait se prolonger plusieurs années. Cette pratique provoquait souvent une suspension des cycles sexuels chez les nourrices. Ce phénomène est appelé anœstrus de lactation. C'est un mécanisme de protection du jeune contre une nouvelle gestation qui le priverait de sa nourriture lactée.

Ce phénomène a bien été décrit chez les marsupiaux ; chez certains, l'arrivée d'un embryon dans la poche, c'est-à-dire au trayon, entraîne un arrêt des cycles sexuels chez la mère. Chez d'autres marsupiaux, les stimulations du jeune sur le trayon provoquent une modification de la libération des hormones gonadotropes par le système hypothalamus-hypophyse et un arrêt du développement embryonnaire. Cette diapause embryonnaire peut durer jusqu'à 200 jours dans certaines variétés de marsupiaux. Chez la ratte, fécondée lors de son œstrus post-partum, l'allaitement entraîne un retard de nidation dont la durée est en relation directe avec le nombre de petits allaités. Dans l'espèce humaine, l'allaitement intensif, pratiqué encore dans certaines régions du globe, suspend la fécondité de la mère.

La sédentarisation avec l'alimentation des bébés par du lait de vache ou de chèvre a provoqué une réduction de 30 à 40 % du délai séparant deux naissances. Dans les populations occidentales, les seins sont devenus un symbole sexuel érotique dont la fonction nutritionnelle s'est estompée. Ces modifications socioculturelles sont partiellement à l'origine de l'accroissement exponentiel de la population humaine du globe.

RÉFÉRENCES

1. AGGELER J, PARK CS, BISSEL MJ (1988) Regulation of milk protein and basement membrane gene expression : the influence of the extracellular matrix. *J Dairy Sci* **71** : 2830-2842

2. ARTEGA CL, CORONADO E, OSBORNE CK (1988) Blockade of the epidermal growth factor receptor inhibits transforming growth factor α-induced but not estrogen-induced growth of hormone-dependent human breast cancer. *Mol Endocrinol* **2** : 1064-1069

3. ASSARI L, DELOUIS C, GAYE P, HOUDEBINE LM, OLLIVIER-BOUSQUET M, DENAMUR R (1974) Inhibition by progesterone of the lactogenic effect of prolactin in the pseudopregnant rabbit. *Biochem J* **144** : 245-252

4. BAND V, SAGER R (1989) Distinctive traits of normal and tumor-derived human mammary epithelial cells expressed in a medium that supports long-term growth of both cell types. *Proc Natl Acad Sci USA* **86** : 1249-1253

5. BANO M, SALOMON DS, KIDWELL WR (1985) Purification of mammary-derived growth factor from human milk and human mammary tumors. *Biol Chem* **260** : 5745-5752

6. BAUMRUCKER CR, STEMBERGER GH (1989) Insulin and insulin-like growth factor-I stimulate DNA synthesis in bovine mammary tissue *in vitro*. *J Animal Sci* **67** : 3503-3514

7. BHATTARCHARJEE M, VONDERHAAR BK (1984) Thyroid hormones enhance the synthesis and secretion of α-lactalbumin by mouse mammary tissue *in vitro*. *Endocrinology* **115** : 1070-1077

8. BOLANDER FF, NICHOLAS KR, TOPPER YJ (1979) Retention of glucocorticoid by isolated mammary tissue may complicate interpretation of results from *in vitro* experiments. *Biochem Biophys Res Comm* **91** : 247-252

9. BROWN CF, TENG CT, PENTECOST BT, DI AUGUSTIN RP (1989) Epidermal growth factor precursor in mouse lactating mammary gland alveolar cells. *Mol Endocrinol* **3** : 1077-1083

10. BURWEN SJ, PITELKA DR (1980) Secretory function of lactating mouse mammary epithelial cells cultures on collagen gels. *Exp Cell Res* **126** : 249-262

11. CERIANI RL (1970) Fetal mammary gland differentiation *in vitro* in response to hormones. *Dev Biol* **21** : 506-529

12. CHRISTIE WW, VERNON RG, WOODING FBP (1976) Lipid metabolism in cytoplasmic droplets from freshly secreted milk. *Biochem Soc Trans* **4** : 242-243

13. COHEN S, SAVAGE CR Jr (1974) Recent studies on the chemistry and biology of epidermal growth factor. *Recent Prog Horm Res* **30** : 551-574

14. COLEMAN S, SILBERSTEIN GB, DANIEL CW (1988) Ductal morphogenesis in the mouse mammary gland : evidence supporting a role for epidermal growth factor. *Dev Biol* **127** : 304-315

15. DANIEL CW, BERGER JJ, STRICKLAND P, GARCIA R (1984) Similar growth pattern of mouse mammary epithelium cultivated in collagen matrix *in vivo* and *in vitro*. *Dev Biol* **104** : 57-64

16. DANIEL CW, SILBERSTEIN GB, STRICKLAND P (1984) Reinitiation of growth in senescent mouse mammary epithelium in response to cholera toxine. *Science* **224** : 1245-1247

17. DANIEL CW, SILBERSTEIN GB, VANHORN K, STRICKLAND P, ROBINSON S (1989) TGF-β1-induced inhibition of mouse mammary ductal growth : developmental specificity and characterization. *Dev Biol* **135** : 20-30

18. DELOUIS C (1988) Thèse Doctorat, Université Paris-Sud, n° 3399

19. DENAMUR R (1971) Reviews of the progress in dairy science. Physiology. Hormonal control of lactogenesis. *J Dairy Sci* **38** : 237-284

20. DEOME KB, FAULKIN LJ, BERN HA, BLAIR PB (1959) Development of mammary tumors from hyperplastic alveolar nodules transplanted into gland-free mammary fatpads of C3H mice. *Cancer Res* **19** : 515-520

21. DEVINOY E, HOUDEBINE LM (1977) Effect of glucocorticoids on casein gene expression in the rabbit. *Eur J Biochem* **75** : 411-416

22. DEVINOY E, HUBERT C, JOLIVET G, THEPOT D, CLERGUE N, DESALEUX N, DION M, SERVELY JL, HOUDEBINE LM (1988) Recent data on the structure of rabbit milk protein genes and on the mechanism of the hormonal control of their expression. *Reprod Nutr Dev* **28** : 1145-1164

23. DICKSON RB, HUFF KK, SPENCER EM, LIPPMAN ME (1986) Induction of epidermal growth factor-related polypeptides by 17β-estradiol in MCF 7 human breast cancer cells. *Endocrinology* **118** : 138-142

24. DICKSON RB, MCMANAWAY ME, LIPPMAN ME (1986) Estrogen-induced factors of breast cancer cells partially replace estrogen to promote tumor growth. *Science* **232** : 1540-1543

25. DJIANE J, HOUDEBINE LM, KELLY PA (1982) Correlation between prolactin-receptor interaction, down-regulation of receptors, and stimulation of casein and deoxyribonucleic acid biosynthesis in rabbit mammary gland explants. *Endocrinology* **110** : 791-795

26. DUCLOS M, HOUDEBINE LM, DJIANE J (1989) Comparison of insulin-like growth factor I and insulin effect on prolactin-induced lactogenesis in the rabbit mammary gland *in vitro*. *Mol Cell Endocrinol* **65** : 129-134

27. DURNBERGER H, KRATOCHWIL K (1980) Specificity of tissue interaction and origin of mesenchymal cells in the androgen response of the embryonic mammary gland. *Cell* **19** : 465-471

28. EDERY M, MCGRATH M, LARSON L, NANDI S (1984) Correlation between *in vitro* growth and regulation of estrogen and progesterone receptors in rat mammary epithelial cells. *Endocrinology* **115** : 1691-1697

29. EHMANN UK, PETERSON WD, MISFELDT DS (1984) To grow mouse mammary epithelial cells in culture. *J Cell Biol* **98** : 1026-1032

30. ELIAS JJ (1959) Effect of insulin and cortisol on organ cultures of adult mouse mammary gland (24995). *Proc Soc Exp Biol Med* **101** : 500

31. EMERMAN JT, ENAMI I, PITELKA DR, NANDI S (1977) Hormonal effects of intracellular and secreted casein in cultures of mouse mammary epithelial cells on floating collagen membranes. *Proc Natl Acad Sci USA* **74** : 4466-4470

32. ENNIS BW, VALVERIUS EM, BATES SE, LIPPMAN ME, BELLOT F, KRIS R, SCHLESSINGER J, MASUI H, GOLDENBERG A, MENDELSOHN J, DICKSON RB (1989) Anti-epidermal growth factor receptor antibodies inhibit the autocrine-stimulated growth of MDA-468 human breast cancer cells. *Mol Endocrinol* **3** : 1830-1838

33. ETHIER SP, VAN DEVELDE R (1990) Secretion of a TGF-β-like growth inhibitor by normal rat mammary epithelial cells *in vitro*. *J Cell Physiol* **1242** : 15-20

34. GANGULY R, MEHTA NM, GANGULY N, BANERJEE MR (1980) Glucocorticoid modulation of casein gene transcription in mouse mammary gland. *Proc Natl Acad Sci USA* **76** : 6466-6470

35. GLIMM DR, BARACOS VE, KENNELLY JJ (1990) Molecular evidence for the presence of growth hormone receptor in the bovine mammary gland. *J Endocrinol* **126** : R5-R8

36. HARDY MH (1950) *J Anat* **84** : 388-401

37. HASLAM SZ (1988) Progesterone effects on deoxyribonucleic acid synthesis in normal mouse mammary glands. *Endocrinology* **122** : 464-470

38. HASLAM SZ (1988) Local versus systemically mediated effects of estrogen on normal mammary epithelial cells deoxyribonucleic acid synthesis. *Endocrinology* **122** : 860-867

39. HEAD HH, DELOUIS C, TERQUI M, KANN G, DJIANE J (1975) Hormonal induction of lactation in sheep. *J Dairy Sci* **58** : 140

40. HEUBERGER B, FITZKA I, WASNER G, KRATOCHWIL K (1982) Induction of androgen receptor formation by epithelium-mesenchyme in embryonic mouse mammary gland. *Proc Natl Acad Sci USA* **79** : 2957-2961

41. HOBBS AA, RICHARDS DA, KESSLER DJ, ROSEN JM (1982) Complex hormonal regulation of rat casein gene expression. *J Biol Chem* **257** : 3598-3605

42. HOSHINO K (1965) Development and function of mammary glands of mice prenatally exposed to testosterone propionate. *Endocrinology* **76** : 789-794

43. HOUDEBINE LM, DELOUIS C, DEVINOY E (1978) Post-transcriptional stimulation of casein synthesis by thyroid hormone. *Biochimie* **60** : 809-812

44. HOUDEBINE LM, DJIANE J, KELLY PA, KATOH M, DUSANTER-FOURT I, MARTEL P (1984) The mechanism of action of prolactin on casein gene expression. Proc 7th International Congress of Endocrinology. Elsevier.

45. HOUDEBINE LM, DJIANE J, DUSANTER-FOURT I, KELLY PA, DEVINOY E, SERVELY JL (1985) Hormonal action controlling mammary activity. *J Dairy Sci* **68** : 489-500

46. HOUDEBINE LM, TEYSSOT B, DEVINOY E, OLLIVIER-BOUSQUET M, DJIANE J, KELLY PA, DELOUIS C, KANN G, FEVRE J (1990). In CW Bardin, E Milgröm, P Mauvais-Jarvis (eds) : *Progesterone and progestins*. Raven Press, New York, pp. 297-319

47. IKEDA T, DANIELDOUR D, SIRBASKU DA (1984) Characterization of sheep-pituitary derived growth factor for rat and human mammary tumor cells. *J Cell Biochem* **25** : 213-229

48. IMAGAWA W, SPENCER EM, LARSON L, NANDI S (1986) Somatomedin-C substitutes for insulin for the growth of mammary epithelial cells from normal virgin mice in serum-free collagen gel cells culture. *Endocrinology* **119** : 2695-2699

49. JEULIN-BAILLY C, DELOUIS C, DENAMUR R (1973) *CR Acad Sci Paris* (série D) **277** : 2525-2528

50. KANN G, CARPENTIER MC, FEVRE J, MARTINET J, MAUBON M, MEUSNIER C, PALY J, VERMEIRE N (1978) Lactation and prolactin in sheep, role of prolactin in initiation of milk secretion. *In* C Robyn et M Harter (eds) : *Progress in prolactin physiology and pathology*. Elsevier North Holland, Biomedical Press, pp. 201-212

51. KIDWELL WR, BANO M, SALOMON DS (1984). *In* D Barnes, D Sirbasku, G Sato (eds) : *Cell culture methods for molecular and cell biology*, Vol 2. Alan R Liss Inc, New York, 105-126.

52. KIDWELL WR, MOHANAM S, SALOMON DS (1987). *In* D Medura, W Kidwell, G Happner, E Anderson (eds) : *Cellular and molecular biology of breast cancer*, pp. 239-252

53. KIRKHAM WR, TURNER CW (1953) Nucleic acids of the mammary glands of rats (20284). *Proc Soc Exp Biol Med* **83** : 123-126

54. KNABBE C, LIPPMAN ME, WAKEFIELD LM, FLANDERS KC, KASID A, DERYNCK R, DICKSON RB (1987) Evidence that transforming growth factor-ß is a hormonally regulated negative growth factor in human breast cancer cells. *Cell* **48** : 417-426

55. KUMARASON P, TURNER CW (1965) Effect of insulin and alloxan on mammary gland growth in rats. *J Dairy Sci* **48** : 1378-1381

56. LEE EYH, PARRY G, BISSEL MJ (1984) Modulation of secreted proteins of mouse mammary epithelial cells by the collagenous substrata. *J Cell Biol* **98** : 146-155

57. LEVAY-YOUNG BK, BANDYOPADHYAY GK, NANDI S (1987) Linoleic acid, but not cortisol, stimulates accumulation of casein by mouse mammary epithelial cells in serum-free collagen gel culture. *Proc Natl Acad Sci USA* **84** : 8448-8452

58. LEVAY-YOUNG BK, HAMAMOTO S, IMAGAWA W, NANDI S (1990) Casein accumulation in mouse mammary epithelial cells after growth stimulated by different hormonal and non hormonal agents. *Endocrinology* **126** : 1173-1182

59. LEWKO WM, LIOTTA LA, WICHA MS, VONDERHAAR BK, KIDWELL WR (1981) *Cancer Res* **42** : 2855-2862

60. LINGHAM RB, STANCEL GM, LOOSE-MITCHELL DS (1988) Estrogen regulation of epidermal growth factor receptor messenger ribonucleic acid. *Mol Endocrinol* **2** : 230-235

61. LIOTTA LA, WICHA MS, RENNARD SI, GARBIASA S, KIDWELL WR (1980) Hormonal requirements for basement membrane collagen deposition by cultured rat mammary epithelium. *Lab Invest* **41** : 511-518

62. LIU SC, SANFILIPPO B, PEROTTEAU I, DERYNCK R, SALOMON DS, KIDWELL WR (1987) Expression of transforming growth factor α (TGF α) in differentiated rat mammary tumors : estrogen induction of TGF α production. *Mol Endocrinol* **1** : 683-692

63. MCLACHLAM JA, DI AUGUSTIN RP, NEWBOLD RR (1987) Estrogen induced uterine cell proliferation in organ culture is inhibited by antibodies to epidermal growth factor. 69th Annual Meeting of the Endocrine Society, Indianapolis, abst 313, p. 99

64. MARTEL P, HOUDEBINE LM (1982) Effect of various drugs affecting cytoskeleton and plasma membranes on the induction of DNA synthesis by insulin, epidermal growth factor in mammary explants. *Biol Cell* **44** : 111-116

65. MICK CCW, NICOLL CS (1985) Prolactin directly stimulates the liver *in vivo* to secrete factor (synlactin) which acts synergistically with the hormone. *Endocrinology* **116** : 2049-2053

66. MOHANAM S, SALOMON DS, KIDWELL WR (1988) Substratum modulation of epidermal growth factor receptor expression by normal mouse mammary cells. *J Dairy Sci* **71** : 1507-1514

67. MURPHY LJ, BELL G, FRIESEN HG (1987) Tissue distribution of insulin-like growth factor I and II messenger ribonucleic acid in the adult rat. *Endocrinology* **120** : 1279-1282

68. NICOLL CS, HEBERT NJ, RUSSEL SD (1985) Lactogenic hormones stimulate the liver to secrete a factor that acts synergistically with prolactin to promote growth of the pigeon crop-sac mucosal epithelium *in vivo*. *Endocrinology* **116** : 1449-1453

69. ONO M, OKA T (1980) The differential action of cortisol on the accumulation of α-lactalbumin and casein in mid-pregnant mouse mammary gland in culture. *Cell* **19** : 473-480

70. PERIER A, KANN G, MARTINET J (1987) *J Endocrinol Invest* **10** : Suppt 4, 52

71. PERRY JW, OKA T (1980) Cyclic AMP as a negative regulator of hormonally induced lactogenesis in mouse mammary gland organ culture. *Proc Natl Acad Sci USA* **77** : 2093-2097

72. Prosser CG, Sankaran L, Hennighausen L, Topper YJ (1987) Comparison of the roles of insulin and insulin-like growth factor I in casein gene expression and in the development of α-lactalbumin and glucose transport activities in the mouse mammary epithelial cell. *Endocrinology* 120 : 1411-1416

73. Puissant C, Attal J, Houdebine LM (1990) The hormonal control of ovine ß-lactoglobulin gene in cultured ewe mammary explants. *Reprod Nutr Dev.* 30 : 245-251

74. Raynaud A (1949) Nouvelles observations sur l'appareil mammaire des fœtus de souris provenant de mères ayant reçu des injections de testostérone pendant la gestation. *Ann Endocrinol* 10 : 54-62

75. Richards J, Hamamoto S, Smith S, Pasco D, Guzman R, Nandi S (1983) Response of end bind cells from immature rat mammary gland to hormones when cultured in collagen gel. *Exp Cell Res* 147 : 95-109

76. Roberts AB, Sporn MB (1985) *Cancer Surv* 4 : 685-705

77. Rudland RS, Twiston Davies AC, Tsao SW (1984) Rat mammary preadipocytes in culture produce a trophic agent for mammary epithelia-prostaglandin E2. *J Cell Physiol* 220 : 364-376

78. Salomon DS, Liotta LA, Kidwell WR (1981) Differential response to growth factor by rat mammary epithelium plated on different collagen substrata in serum-free medium. *Proc Natl Acad Sci USA* 78 : 381-386

79. Sankaran L, Topper YJ (1984) Prolactin-induced α-lactalbumin activity in mammary explants from pregnant rabbit. *Biochem J* 217 : 833-837

80. Sapag-Hagar M, Greenbaum AL (1974) Adenosine 3' ; 5' monophosphate and hormone interrelationships in the mammary gland of the rat during pregnancy and lactation. *Eur J Biochem* 47 : 303-312

81. Sapag-Hagar M, Greenbaum AL (1974) The role of cyclic nucleotides in the development and function of rat mammary tissue. *FEBS Lett* 46 : 180-183

82. Shannon JM, Pitelka DR (1981) The influence of cell shape on the induction of functional differentiation in mouse mammary cells *in vitro*. *In Vitro* 17 : 1016-1028

83. Shoyab H, Lavco JE, Todaro GJ (1979) Biologically active phorbol esters specifically alter affinity of epidermal growth factor membrane receptors. *Nature* 279 : 387-391

84. Shyamala G, Ferenczy A (1982) The non responsiveness of lactating mammary gland to estradiol. *Endocrinology* 110 : 1249-1256

85. Shyamala G, Ferenczy A (1984) Mammary fat pad may be a potential site for initiation of estrogen action in normal mouse mammary glands. *Endocrinology* 115 : 1078-1081

86. Silberstein GB, Strickland P, Trumpbour V, Coleman S, Daniel CW (1984), *In vivo*, c AMP stimulate growth and morphogenesis of mouse mammary ducts. *Proc Natl Acad Sci USA* 81 : 4950-4954

87. Sinha YN, Tucker HA (1969) Relationship of pituitary prolactin and LH to mammary and uterine growth of pubertal rats during the estrous cycle (34007). *Proc Soc Exp Biol Med* 131 : 908-913

88. Sinha YN, Tucker HA (1969) Mammary development and pituitary prolactin level of heifers from birth through puberty and during the estrous cycle. *J Dairy Sci* 52 : 507-512

89. Smith JA, Winslow DP, Rudland PS (1984) Different growth factors stimulate cell division of rat mammary epithelial myoepithelial and stroma cell lines in culture. *J Cell Physiol* 119 : 320-326

90. Sporn MB, Roberts AB (1985) Autocrine growth factors and cancer. *Nature* 313 : 745-747

91. Sporn MB, Roberts AB (1986) Transforming growth factor β : biological function and chemical structure. *Science* 233 : 532-534

92. Srivastava LS, Turner CW (1966) Experimental growth of mammary glands of male rats. *Endocrinology* 79 : 650-651

93. STAMPFER MR (1982) Cholera toxine stimulation of human mammary epithelial cells in culture. *In Vitro* **18** : 531-537

94. SWIEBEL JA, BANO M, NEXO E, SALOMON DS, KIDWELL WR (1986) *Cancer Res* **46** : 933-939

95. TAKETAMI Y, OKA T (1983) Epidermal growth factor stimulates cell proliferation and inhibits functional differentiation of mouse mammary epithelial cells in culture. *Endocrinology* **113** : 871-877

96. TAKETAMI Y, OKA T (1983) Biological action of epidermal growth factor and its funtional receptors in normal mammary epithelial cells. *Proc Natl Acad Sci USA* **80** : 2647-2650

97. TERADA N, OKA T (1982) Selective stimulation of α-lactalbumin synthesis and its mRNA accumulation by thyroid hormone in the differentiation of the mouse mammary gland *in vitro*. *FEBS Lett* **149** : 101-104

98. TEYSSOT B, HOUDEBINE LM (1980) Role of prolaction in the transcription of β-casein and 28S ribosomal genes in the rabbit mammary gland. *Eur J Biochem* **110** : 263-272

99. TONELLI QJ, SOROF S (1980) Epidermal growth factor requirement for development of culture mammary gland. *Nature* **285** : 250-252

100. TOPPER YJ, FREEMAN CS (1980) Multiple hormone interactions in the developmental biology of the mammary gland. *Physiol Rev* **60** : 1049-1106

101. VALVERIUS EM, BATES SE, STAMPFER MR, CLARK R, MC CORMICK F, SALOMON DS, LIPPMAN ME, DICKSON RB (1989) Transforming growth factor α production and epidermal growth factor receptor expression in normal and oncogene transformed human mammary epithelial cells. *Mol Endocrinol* **3** : 203-214

102. VONDERHAAR BK (1977) Studies on the mechanism by which thyroid hormones enhance α-lactalbumin activity explants from mouse mammary glands. *Endocrinology* **100** : 1423-1431

103. VONDERHAAR BK, SMITH GH, PAULEY RJ, ROSEN JM, TOPPER YJ (1978) A difference between mammary epithelial cells from mature virgin and primiparous mice. *Cancer Res* **38** : 4059-4065.

104. WASNER G, HENNERMANN I, KRATOCHWIL K (1983) Ontogeny of mesenchymal androgen receptors in the embryonic mouse mammary gland. *Endocrinology* **113** : 177-178

105. WICHA MS, LIOTTA LA, VONDERHAAR BK, KIDWELL WR (1980) Effects of inhibition of basement membrane collagen deposition on rat mammary gland development. *Dev Biol* **80** : 253-266

106. WICHA MS, LOWRIE G, KOHN E, BAGANDOSS P, MAHN T (1982) Extracellular matrix promotes mammary epithelial growth and differentiation *in vitro*. *Proc Natl Acad Sci USA* **79** : 3213-3217

107. WILDE CJ, HASAN HR, MAYER RJ (1984) Comparison of collagen gels and mammary extracellular matrix as substrata for studies of terminal differentiation of rabbit mammary epithelial cells. *Exp Cell Res* **151** : 519-532

108. WOODING FBP (1977) *In* M Peaker (ed) : *Comparative aspects of lactation*. Academic Press, pp. 1-38

109. YANG J, RICHARDS J, GUZMAN R, IMAGAWA W, NANDI S (1980) Sustaines growth in primary culture of normal mammary epithelial cells embedded in collagen gels. *Proc Natl Acad Sci USA* **77** : 2088-2092

2

Placenta et lactation

J. Martal, N. Chene

Introduction

Le placenta est connu depuis longtemps comme glande endocrine en raison de ses sécrétions de progestérone, d'œstrogènes ou de gonadotrophine chorionique dont les modalités de sécrétion varient considérablement selon les espèces.

Jusqu'en 1960, le ou les facteur(s) placentaire(s) de lactation étai(en)t mal connu(s). Sans faire un long historique, signalons que de nombreuses expériences entre 1933 et 1945, chez la rate et la souris gestantes, suggéraient l'existence d'une substance lactogène placentaire. En 1955, l'action du placenta était démontrée sur le jabot de pigeon, la glande mammaire et l'ovaire de rate. Puis, en 1960, le rôle lutéotrophique et mammotrophique d'extraits placentaires était montré chez la souris [6]. En 1962, Josimovich et MacLaren déclenchent une sécrétion lactée chez des lapines pseudogestantes[1] à l'aide d'extraits placentaires humains [31].

L'injection d'extraits placentaires humains au voisinage des glandes de jabot de pigeon[2] [27] est suivie d'une prolifération glandulaire et d'une augmentation de la taille et du nombre des globules gras du « lait » de jabot. Rappelons que le test du jabot de pigeon a longtemps servi à doser l'activité biologique in vivo des substances lactogènes.

L'hypophysectomie [18, 16], dès le 100e jour de gestation chez la brebis, provoque une involution de la glande mammaire nettement plus lente que celle produite chez une brebis hypophysectomisée au cours de la lactation, ce qui suggère l'existence d'un facteur fœtal ou placentaire ovin, mimétique de la prolactine ayant un rôle mammogène. La purification partielle d'une « prolactine » placentaire a permis de comparer son activité lactogène à celle des prolactines hypophysaires humaine ou ovine [21].

---

1 La lapine, femelle à ovulation provoquée, après la saillie par un mâle vasectomisé, entre en état de pseudogestation (présence de corps jaunes sans fœtus), équilibre gestatif qui dure environ quinze à seize jours, évoluant ensuite vers un état de non-gestation.

2 Test du jabot de pigeon : le jabot de pigeonneaux réagit à l'injection in vivo de substances lactogènes en provoquant une hyperplasie et la sécrétion d'un liquide : le lait de jabot. Mélangé à une nourriture végétale, il permet aux adultes de nourrir les oisillons [31].

Un développement mammaire ainsi qu'une production de lait, chez des lapines gestantes, sont obtenus par l'administration conjointe d'acétate de cortisol et de l'hormone lactogène placentaire humaine.

Enfin, les travaux de Turkington et Topper (1966) démontrent in vitro l'activité lactogène de l'hormone placentaire humaine. Comme la prolactine, cette hormone agit en synergie avec le cortisol et l'insuline, afin de stimuler la synthèse de caséines par des explants de glande mammaire de souris entre dix et douze jours de gestation.

La coculture d'explants lobuloalvéolaires de glande mammaire de souris à mi-gestation et de tissu placentaire cotylédonnaire de chèvre, brebis, vache et daim, a permis la détection d'une hormone à activité lactogène présente dans le placenta de ces ruminants [22].

Ces expériences rendent compte sans ambiguïté de l'activité lactogène du placenta de certaines espèces, activité due à la sécrétion d'hormones lactogènes placentaires (PL). Les *placental lactogen* (PL) ont été dénommées également somatomammotropine chorionique (CS) ou mammotropine chorionique (CM), car certaines d'entre elles présentent des propriétés biologiques proches de celle de l'hormone de croissance hypophysaire.

Isolement, purification
et caractérisation physicochimique
des hormones lactogènes placentaires

La liste des hormones placentaires connues jusqu'à présent, ainsi que les principaux auteurs ayant participé à leur purification, sont consignés dans le tableau 2-1. A cet égard, il semble utile de mentionner l'absence d'hormone lactogène placentaire chez la chatte, la chienne, la jument, la lapine et la truie.

Tableau 2-1   Hormones lactogènes placentaires (PL) ou somatomammotropines chorioniques (CS) selon les espèces.

Espèces		Références
Primates		
Femme	(hPL ou hCS)	Josimovich et McLaren, 1962
Singe	(mCS)	Shome et Friesen, 1971
Ruminants		
Brebis	(oCS)	Handwerger et al., 1974
Chèvre	(cCS)	Currie et al., 1977
Vache	(bCS)	Forsyth, 1973
Daim		Forsyth, 1973
Rongeurs		
Rat	(rCM ou rPL)	Robertson et Friesen, 1975
Souris	(mPL ou mCS)	Talamantes, 1975
Cobaye		Talamantes, 1975
Chinchilla		Talamantes, 1975
Hamster		Kelly et al., 1976

L'isolement d'une hormone lactogène placentaire s'effectue selon le tableau 2-2, à partir de placentas frais ou congelés. Pour une même espèce, il existe plusieurs variants de l'hormone lactogène placentaire basés sur des critères de poids moléculaire ou de point isoélectrique. C'est ainsi que l'hormone lactogène placentaire humaine (hPL ou hCS) présente divers variants isoélectriques. L'hormone lactogène placentaire ovine (oPL ou oCS) se présente sous deux formes : l'oPL-I et l'oPL-II, de points isoélectriques inégaux. L'hormone lactogène placentaire de souris [10], la mPL, a été identifiée par deux variants moléculaires : mPL-I (29-32 kDa) et mPL-II (36,5-42 kDa), ce dernier étant la résultante d'un complexe de cinq glycoprotéines de poids moléculaires différents. Chez la souris et la rate, on constate l'apparition de PL spécifiques d'un stade physiologique de gestation et dénommées mPL-I en phase de gestation précoce et mPL-II en phase tardive ; il en est de même pour la rPL-I et la rPL-II. L'hormone lactogène placentaire bovine (bPL ou bCS) montre à l'analyse une microhétérogénéité ; elle est composée respectivement de deux et de cinq variants en taille et en charge électrique. Les séquences de certaines hormones lactogènes ont été établies. L'hPL ou hCS fut la première de ces hormones dont la structure primaire a été trouvée. C'est une protéine non glycosylée de 191 résidus amino-acides. Elle ne possède que deux ponts disulfure contrairement aux prolactines qui en ont trois. L'hPL, l'hGH et l'hPRL proviennent d'un gène ancestral commun dupliqué au cours de l'évolution. L'hPL a une structure primaire proche de celle de l'hGH (85 % d'acides aminés identiques avec 96 % d'homologie) et de la prolactine humaine avec 67 % d'homologie. Les ADN complémentaires des hormones lactogènes placentaires de souris [29, 11], de rate [20], de vache [45] et de brebis [12] ont été clonés et séquencés. Par exemple, l'oPL présente 49 % d'homologie avec l'oPRL et seulement 28 % avec l'oGH. L'oPL présente aussi 67 % d'homologie avec la bPL et seulement 25 % avec l'hPL.

La plupart des PL sont des protéines de 20 à 22 kDa, poids moléculaire voisin de celui des prolactines et des hormones de croissance. La bCS, en revanche, avoisine les 30-32 kDa, tandis que la mPL-I rassemble un mélange de glycoprotéines dont les poids moléculaires s'échelonnent de 29 à 42 kDa. Les PL dont le poids moléculaire dépasse 22 kDa sont glycosylées.

En règle générale, deux résidus tryptophane au moins et six résidus cystéine entrent dans la composition en acides aminés des PL. Seule l'hPL possède un seul résidu tryptophane et quatre résidus cystéine engendrant la formation de deux ponts disulfure intracaténaires. Les points isoélectriques des hormones lactogènes placentaires présentent, selon les auteurs, un polymorphisme tel qu'il n'y a pas de généralisation possible.

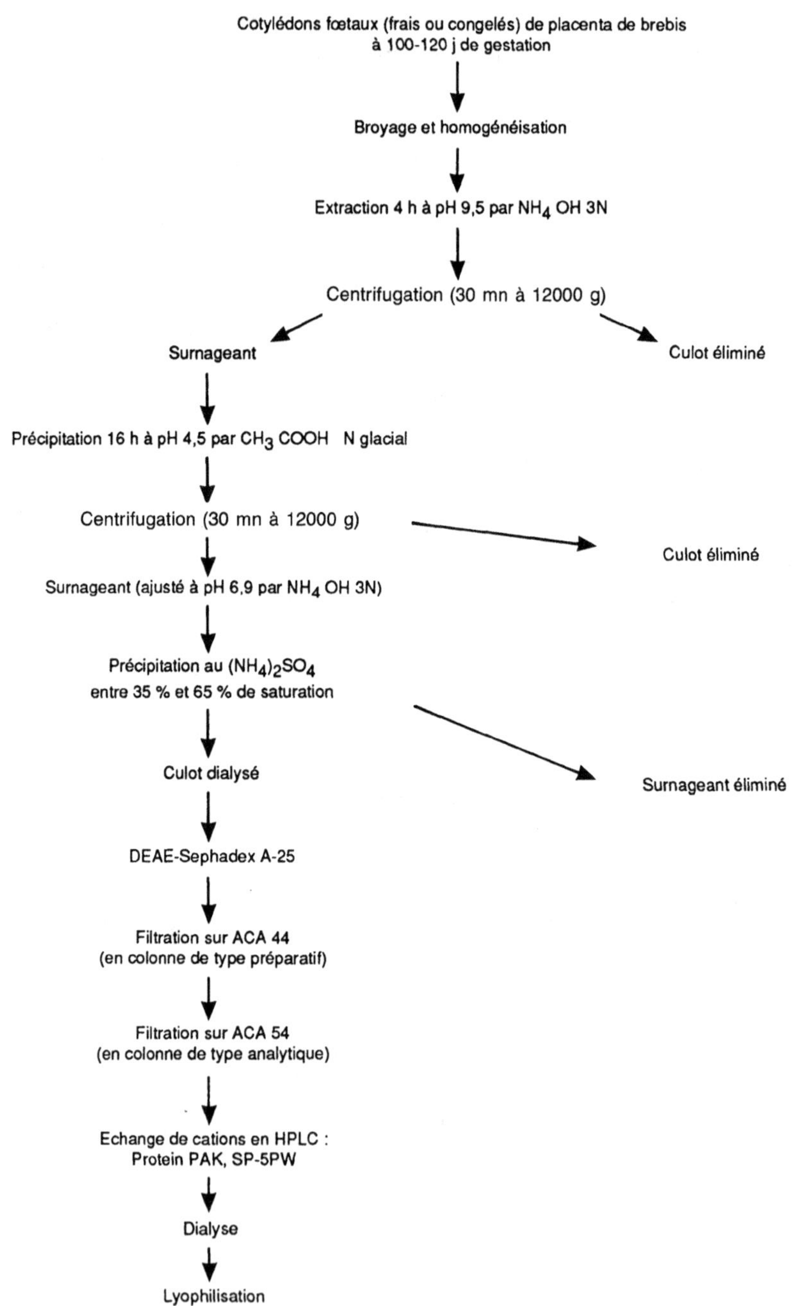

Tableau 2-2   Schéma de purification de l'oCS

Propriétés immunologiques et lieu de synthèse des PL

Les propriétés immunologiques relatives aux réactions croisées d'antisérums d'hormones placentaires, de prolactines ou d'hormones de croissance de différentes origines avec ces mêmes hormones sont résumées dans le tableau 2-3.

Tableau 2-3 Réactions immunologiques croisées entre différentes hormones.

Immunsérums	Hormones							
	hPL	bCS	oCS	mPL	rPL	hGH	bGH oGH mGH	bPRL oPRL mPRL
anti-hCS (hPL)	+		−			±	−	−
anti-bCS		+	±				−	−
anti-oCS	−	−	+			−	−	−
anti-mPL				+				
anti-rPL	−	−	−	−	+	−	−	−
anti-bPRL		−						
anti-oPRL	−		−					
anti-bGH		−	−					
anti-oGH			−					
anti-hGH	±							
anti-mGH				−				
anti-mPRL				−				

Contribution bibliographique : Martal, 1978 ; Colosi et al., 1982 ; Robertson et Friesen, 1981 ; Beckers et al., 1982.

En raison des particularités biologiques des placentas des espèces étudiées, il n'est pas surprenant que la localisation de la sécrétion des hormones lactogènes placentaires diffère considérablement. Dans l'espèce humaine, le placenta, de forme discoïdale, présente une structure hémochoriale. L'hormone lactogène placentaire humaine est sécrétée par le cytoplasme du syncytiotrophoblaste des villosités choriales [13], qui provient lui-même du cytotrophoblaste. L'hPL est détectable dans le sang, dès la 5e semaine d'aménorrhée [24]. Chez la brebis, l'utilisation d'immunsérums spécifiques anti-oCS a permis de localiser, dès le 16e jour de gestation, par immunofluorescence, les cellules productrices d'oCS. Elles sont dans les villosités placentaires qui s'enfoncent dans les cryptes cotylédonnaires maternelles. Ce sont de grandes cellules mono ou binucléées, colorées par le PAS (acide periodique-base de Schiff), situées au niveau de l'épithélium unistratifié des villosités choriales [37] (Fig. 2-1A et 2-1B).

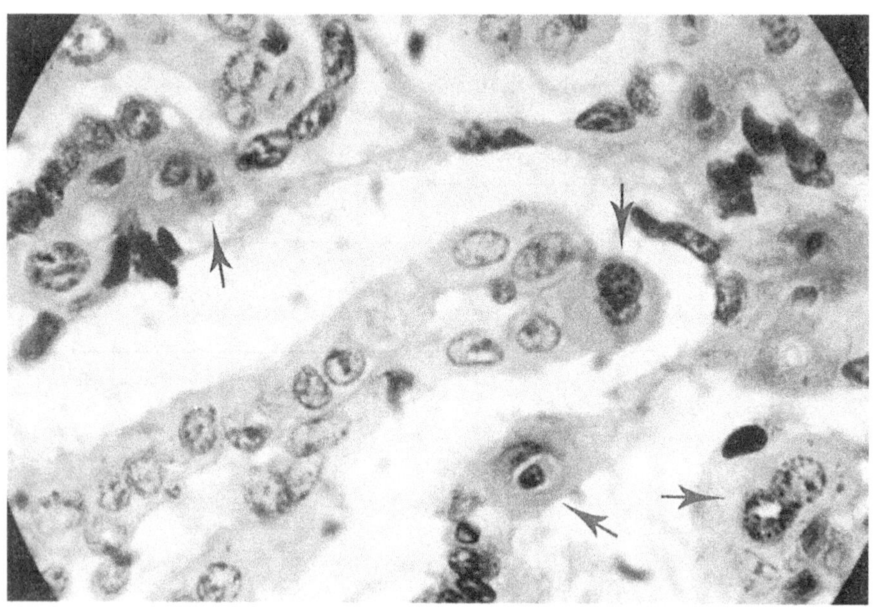

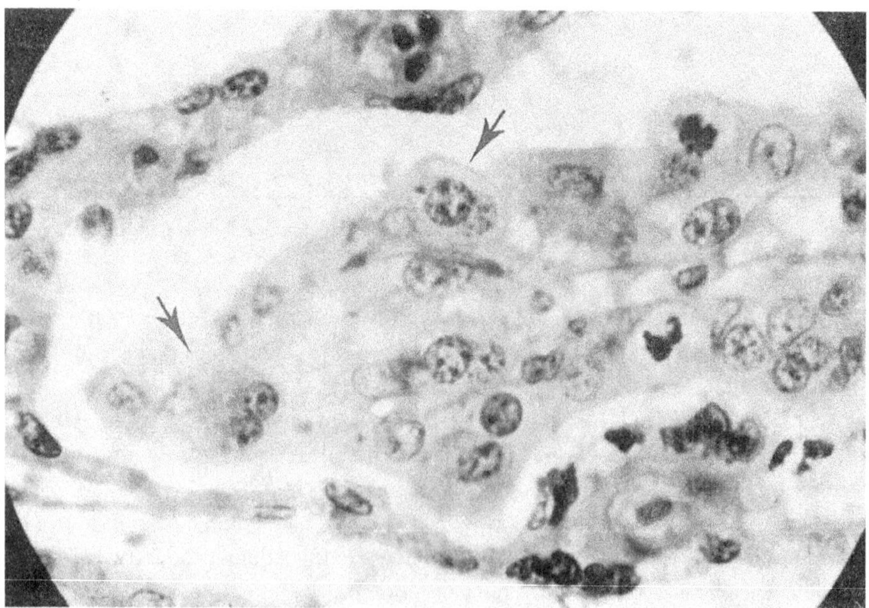

Fig. 2-1   **A :** Cellules binucléées PAS positives de placenta ovin.

La somatomammotropine chorionique bovine (bCS) est détectée par immunoréaction dans les cellules binucléées du trophectoderme et dans certaines zones des épithéliums fœtaux et maternels. Ces cellules binucléées ont la particularité de migrer du trophoblaste vers l'épithélium maternel, un syncytium résultant de la migration et de la fusion des cellules binucléées. Leur contenu est ensuite excrété par exocytose dans le sang maternel [52].

Le lieu de synthèse des hormones lactogènes placentaires de rongeurs n'a pas encore été déterminé.

Hormones lactogènes placentaires et lactation

L'exemple principal qui nous servira à décrire les relations hormone lactogène placentaire et lactation sera emprunté au modèle ovin.

Au cours de la première gestation, des bourgeons se forment à l'extrémité des canaux mammaires, puis le système lobuloalvéolaire envahit le tissu adipeux mammaire qui régresse. Chez la brebis primipare, la croissance mammaire correspond à environ 80 % de la croissance maximale.

L'apparition de l'activité sécrétoire des cellules épithéliales mammaires, ou lactogenèse, est caractérisée par une synthèse très importante des ARN totaux, par la synthèse spécifique d'un sucre : le lactose, et par celles de protéines sécrétées : caséines, α-lactalbumine et β-lactoglobuline. Les activités enzymatiques du tissu mammaire augmentent également, notamment celles de la lactose synthétase constituée par l'association galactosyltransférase-α lactalbumine. La sécrétion lactée intense qui précède la parturition est, en général, appelée montée laiteuse ou lactogenèse, terme réservé aux phénomènes d'initiation de la sécrétion lactée. Dans ce chapitre, nous parlerons également de lactogenèse lorsque la présence de lactose ou de caséines néoformées aura été décelée dans du tissu mammaire de gestation, sans qu'une synthèse massive soit obligatoirement présente.

Chez la brebis, la mammogenèse débute entre le 95e et le 100e jour de gestation [16] et la lactogenèse de gestation (présence de lactose) est décelable dès le 100e jour.

A la différence de ce qu'on a cru pendant longtemps, mammogenèse et lactogenèse ne sont donc pas antagonistes, mais associées. Toutefois, en cours de gestation, la mammogenèse est intense et la lactogenèse réduite à la simple présence de lactose dans les alvéoles sécrétoires. A la fin de la gestation, la croissance de la glande mammaire est pratiquement terminée chez la brebis, puisque la quantité totale d'ADN représente alors 95 % de sa quantité maximale. Les acteurs endocriniens de la mammogenèse sont particulièrement importants pendant la gestation car la croissance qu'ils contrôlent conditionne largement la future production laitière.

Hormone placentaire ovine (oCS) et mammogenèse

Les propriétés mammogènes de l'oCS ont été étudiées à la fois in vitro et in vivo.

En culture organotypique de tissu mammaire, la présence d'insuline est toujours nécessaire à la survie du tissu, quels que soient l'espèce et le stade gestatif considérés. L'examen histologique d'un fragment de tissu mammaire de brebis, au 30e jour de gestation,

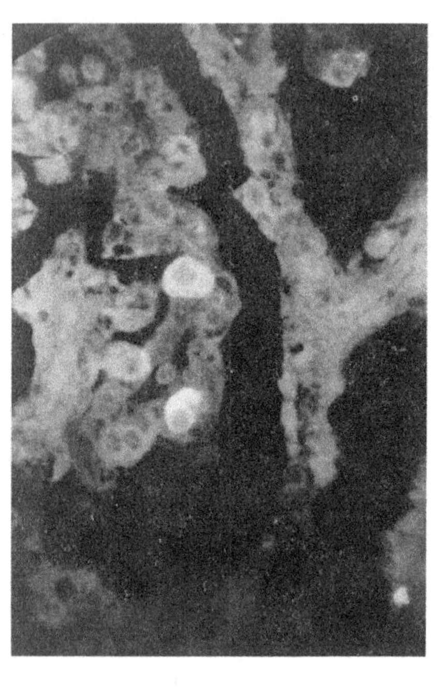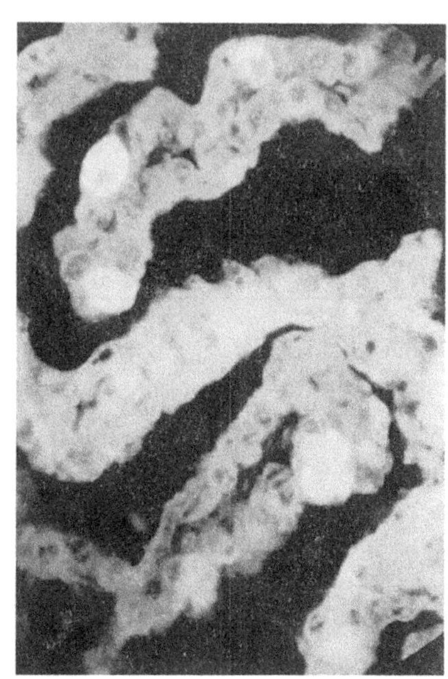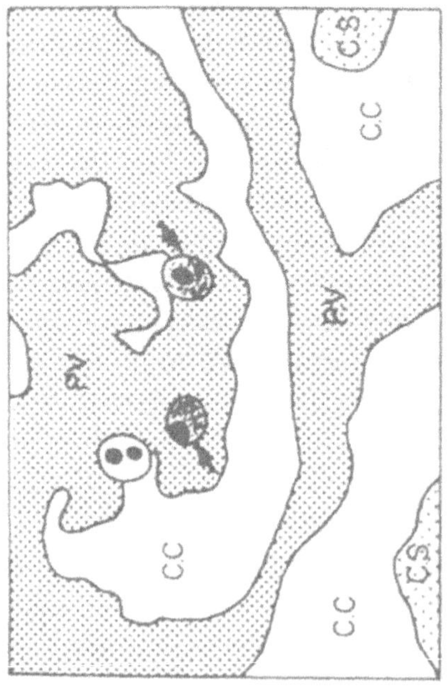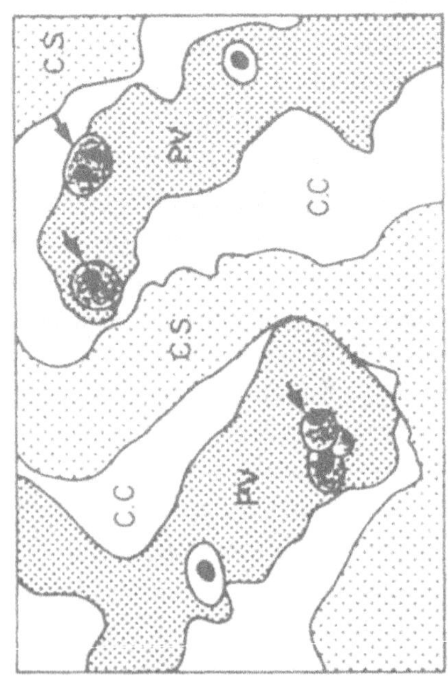

CS
CC
PV
PV
CC
CS
CC
CS
CS
PV
CC
CS
CC
PV

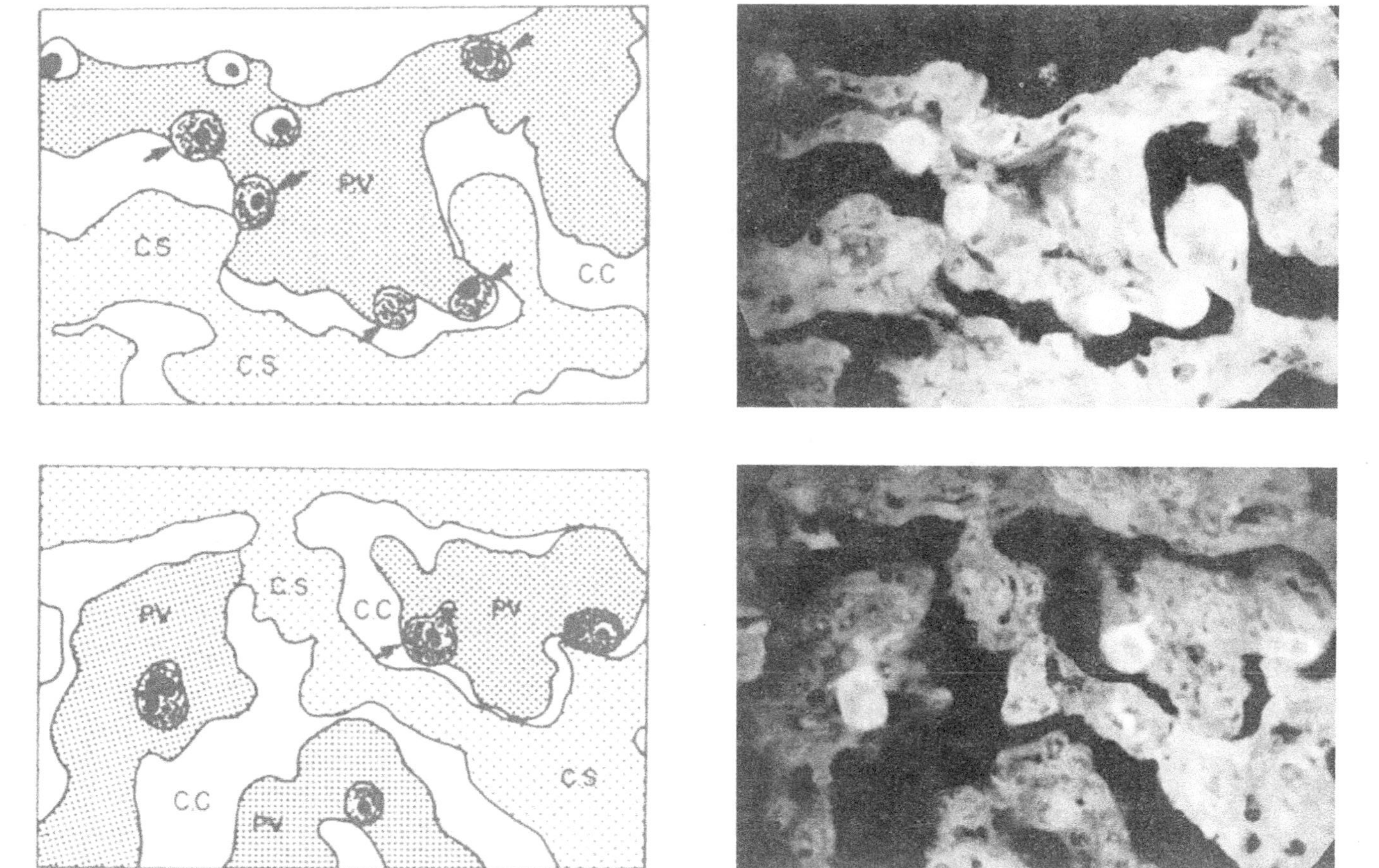

Fig. 2-1 B : Plusieurs aspects de la localisation immunocytologique de l'oCS dans le placenta ovin. A droite : reproduction photographique directe des coupes de tissus ×500. PV : villosité placentaire, CS : stroma cotylédonnaire, CC : cryptes cotylédonnaires, flèches : cellules à oCS. A gauche : détails histologiques redessinés à partir des coupes de tissus.

révèle des canaux mammaires peu ramifiés et des cellules épithéliales formant des épaississements à l'extrémité des canalicules. L'addition d'hydrocortisone à la culture d'explants mammaires permet la dilatation de la lumière des canaux, mais ne provoque pas le développement lobuloalvéolaire de l'épithélium. L'association insuline-cortisol-prolactine-GH (ICPS), ajoutée au milieu de culture pendant dix jours, ne permet pas de développement lobuloalvéolaire. Seules quelques sécrétions sont observées dans des canaux mammaires (Fig. 2-2A). En revanche, lorsqu'une incubation préalable de 48 heures avec l'association œstradiol 17 β-progestérone [30] (1 pour 1 000 respectivement) précède ce traitement (dont la durée est réduite à huit jours), un développement lobuloalvéolaire est

G X 50   G X 130

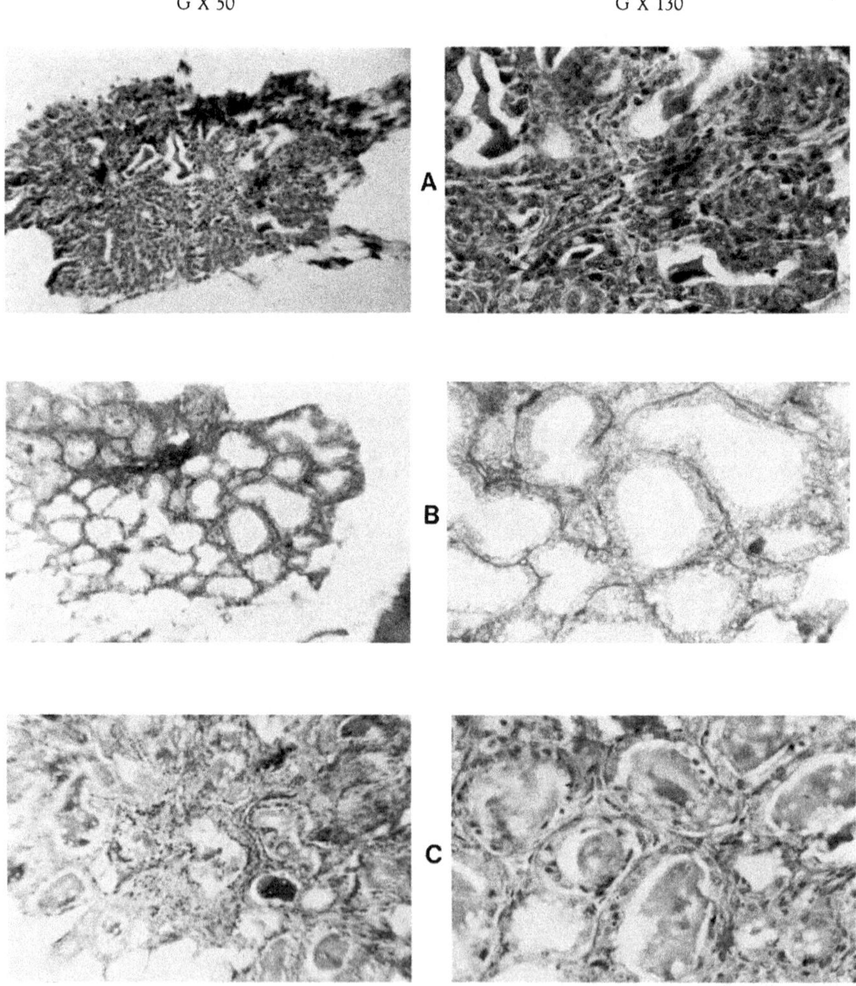

Fig. 2-2   Culture de tissu mammaire de brebis au 30ᵉ jour de gestation. A : ICPS (10 j) ; **B :** E₂ Pg ICPS (2 j) puis ICPS (8 j) ; **C :** E₂ Pg IC-oCS (2 j) puis IC-oCS (8 j). Coloration hématoxyline - éosine - vert lumière. I : insuline (5 μg/ml) ; C : cortisol (5 μg/ml) ; E₂ : œstradiol 17β (30 pg/ml) ; Pg : progestérone (30 ng/ml) ; P : prolactine ovine (5 μg/ml) NIH P-S9 ; S : hormone de croissance ovine (5 μg/ml) NIH GH-S10 ; oCS (5 μg équivalent prolactine/ml).

observé. Les produits de sécrétion protéiques et des globules lipidiques sont abondants dans la lumière des acini (Fig. 2-2B). Pour qu'une différenciation lobuloalvéolaire se produise en présence d'hormones lactogènes, il est donc nécessaire de faire précéder leur temps d'action par l'addition au milieu de culture, de deux stéroïdes ovariens : l'œstradiol 17β (E_2) et la progestérone (Pg) [30]. Ces hormones constituent également un prétraitement indispensable, qui, suivi par de l'oCS associée pendant huit jours à de l'hydrocortisone et de l'insuline, permet d'observer un développement lobuloalvéolaire comparable à celui provoqué par la prolactine et l'hormone de croissance[3] (Fig. 2-2C). Les acini sont très bien développés dans des explants stimulés par l'association E_2-Pg-insuline-cortisol-oCS (deux jours), puis insuline-cortisol-oCS (huit jours), comme chez les témoins à E_2-Pg-insuline-prolactine-GH (hormone de croissance)-cortisol. On peut en déduire que l'oCS remplace l'association prolactine-somatotropine (GH) (Fig. 2-2B et 2-2C). (Résultats non publiés, en collaboration avec C. Delouis).

L'oCS présente donc, in vitro, un pouvoir mammogène et lactogène identique à celui des hormones antéhypophysaires (prolactine+GH).

L'activité mammogène de l'oCS a été également mise en évidence, in vivo, après traitement de brebis gestantes par la bromocryptine (CB154 : inhibiteur de la sécrétion de prolactine) [36].

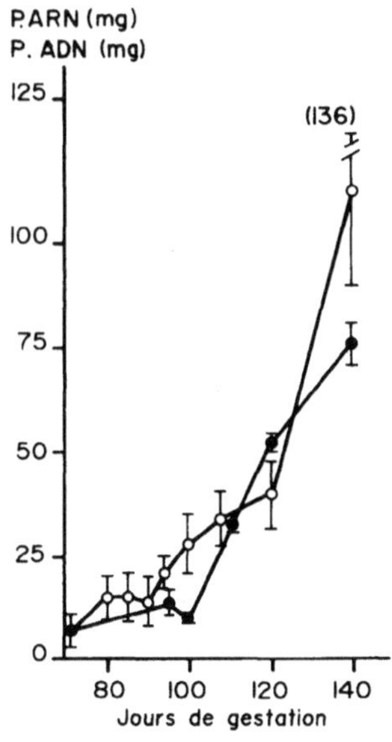

Fig. 2-3 **Évolution de la composition en ADN et en ARN des glandes mammaires durant la gestation chez des brebis traitées ou non par la bromocryptine** (2-bromo-α-ergocryptine, CB 154, Sandoz, 1 mg deux fois par jour à 12 h d'intervalle, par la voie sous-cutanée). Chaque point correspond à 4 animaux. (●) : Contrôles ; (○) : CB 154.

3 Hormone de croissance ou GH (*growth hormone*) ou somatotropine.

Les évolutions du contenu en ADN et du poids sec de la glande mammaire de brebis traitées à la bromocryptine (CB 154) sont pratiquement identiques à celles des animaux gestants témoins (Fig. 2-3). L'importante production d'oCS durant la gestation semble donc suffire à une multiplication normale des cellules épithéliales mammaires. Il est vrai que, jusqu'aux derniers jours de la gestation, le niveau de prolactine reste très bas (quelques mg) en présence de bromocryptine.

La figure 2-4 montre la proportionnalité entre le contenu en ADN des glandes mammaires et la concentration sérique d'oCS maternelle des glandes mammaires. L'évolution de la quantité d'ADN dans la glande mammaire indique que la croissance mammaire est faible pendant les cent premiers jours de la gestation, puis s'accélère durant le dernier tiers de la gestation [16]. C'est également pendant cette période qu'augmente la production d'oCS (Fig. 2-5) [35, 36].

L'évolution des ARN totaux n'est pas significativement différente entre des brebis gestantes traitées ou non par la bromocryptine (Fig. 2-3 ; l'évolution des ARN est la même que celle des ADN). Le fort accroissement des ARN totaux à partir du dernier tiers de la gestation accompagne une hyperplasie cellulaire avec d'importantes synthèses protéiques, notamment au niveau des protéines de structure. L'oCS peut donc assurer une hyperplasie cellulaire en l'absence de prolactine.

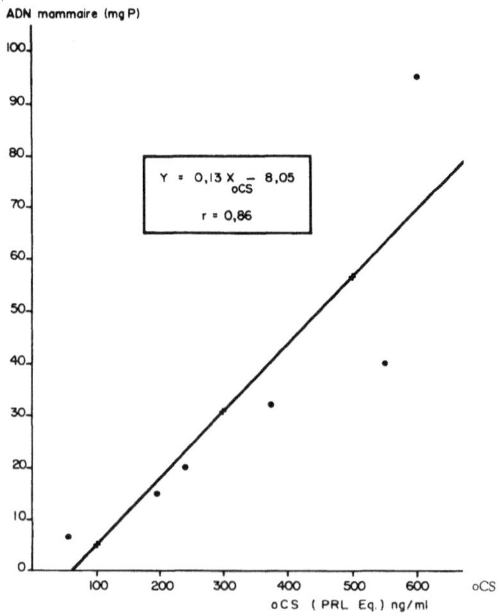

Fig. 2-4   **Régression linéaire entre le contenu en ADN des glandes mammaires et la concentration sérique d'oCS maternelle chez la brebis. (●) :** Moyenne de 8 animaux.

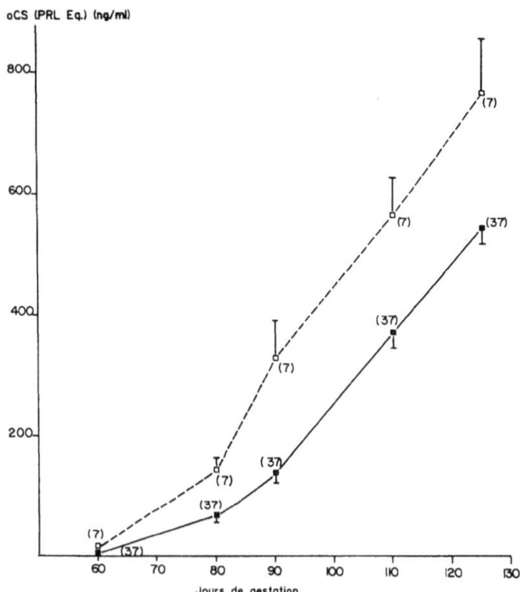

Fig. 2-5 **Contenu en oCS sérique chez la brebis au cours de la gestation.** (□) : deux fœtus ; (■) : un fœtus.

Bien que la croissance des ARN totaux soit sensiblement identique à celle de l'ADN pendant la gestation, elle ne correspond qu'à environ 50 % de l'accroissement maximal atteint pendant la lactation [16]. Seul, le poids frais du tissu mammaire est inférieur chez les brebis gestantes traitées à la bromocryptine comparé aux brebis témoins (Fig. 2-6).

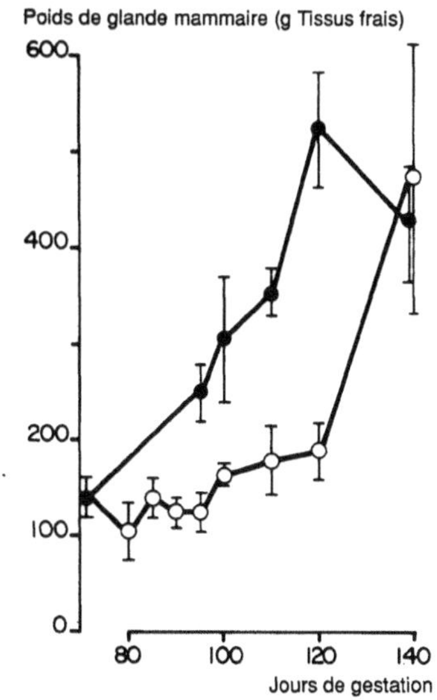

Fig. 2-6 **Variations comparées du poids frais de glande mammaire chez les brebis en gestation traitées ou non par la bromocryptine (CB 154).** Chaque point correspond à 4 animaux. (●) : Témoins ; (○) : CB 154.

Ces résultats suggèrent que la prolactine hypophysaire pourrait présenter un rôle tout à fait particulier dans le métabolisme hydrominéral de la glande mammaire, à la fin de la gestation, vers le 140e jour.

Chez la brebis normale (avant la phase d'hypertrophie cellulaire en fin de gestation au cours de laquelle le taux de prolactine devient de plus en plus élevé), la corrélation entre le poids frais de la glande mammaire et la concentration sérique d'oCS maternelle est élevée (r=0,95), la relation Y=0,56 X±147,53 où Y est le poids frais de la glande et X la quantité d'oCS plasmatique par ml. La relation est linéaire et significative. Chez les brebis hypoprolactinémiques, comme chez les normales, si l'on compare le poids frais des glandes mammaires des brebis entre 90 et 140 jours, on observe une augmentation de 47±18 % (n=4), dans le cas de gémellité (Fig. 2-5). La proportionnalité entre la sécrétion d'oCS et le nombre de fœtus est donc confirmée. Le développement mammaire ainsi que le poids et le volume de la glande ne sont donc pas affectés par l'absence de prolactine pituitaire, l'oCS assurant la mammogenèse (Fig. 2-7).

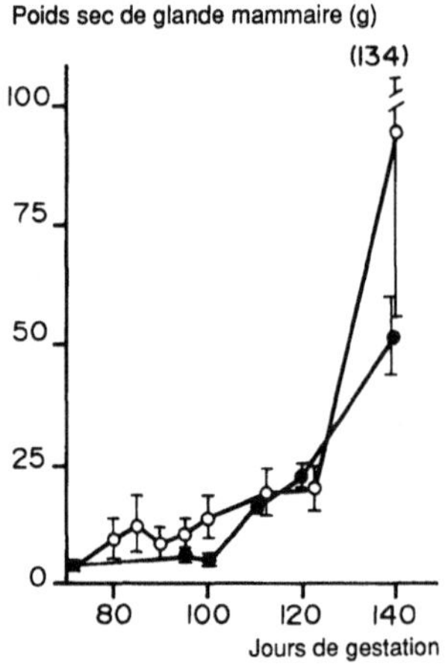

Fig. 2-7 Évolution du poids sec de glande mammaire chez des brebis en gestation traitées ou non par la bromocryptine (CB 154). Chaque point correspond à 4 animaux. (●) : Contrôle ; (○) : CB 154.

oCS et sécrétion de lactose et de caséines [34]

In vitro, en culture organotypique de glande mammaire de lapine et de brebis, l'activité lactogène de l'oCS a été mesurée par l'intensité de la synthèse du lactose et des caséines, immunoprécipitables. La figure 2-8 montre chez la lapine pseudogestante que l'oCS stimule les activités enzymatiques de la lactose synthétase et de la galactosyltransférase. L'activité enzymatique de la lactose synthétase est plus faible, probablement en raison de la quantité limitante d'α-lactalbumine dans les explants mammaires utilisés. Bien que l'activité enzymatique de la galactosyltransférase ne soit pas spécifique du tissu mammaire, elle y est néanmoins dépendante de l'oCS ou de la prolactine. A l'examen histologique (Fig. 2-9), l'activité lactogène de l'oCS se manifeste, chez la lapine, par la présence d'abondants produits de sécrétion dans la lumière des acini.

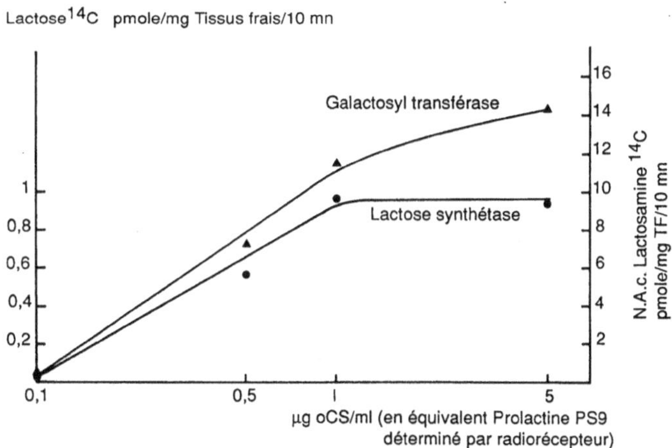

Fig. 2-8   Évolution de la galactosyl transférase et de la lactose synthétase en relation avec la concentration d'oCS in vitro sur des explants de glande mammaire de lapine pseudogestante (T.F. : tissu frais).

In vivo, chez la brebis normale, l'apparition du lactose dans le tissu mammaire à partir du 95-100e jour de gestation [16] coïncide avec l'élévation marquée du niveau sérique d'oCS (Fig. 2-5), alors que le taux de la prolactine sérique est très bas à ce stade gestatif (Tabl. 2-4).

Chez la brebis gestante rendue hypoprolactinémique par la bromocryptine, la forte augmentation des ARN totaux (Fig. 2-3) est accompagnée par un accroissement intense de l'ensemble des nucléotides acidosolubles. L'activité enzymatique de la galactosyltransférase s'élève normalement. La capacité de synthèse de protéines spécifiques du lait par le tissu mammaire est mise en évidence à 120 jours de gestation par la synthèse in vitro de caséines α et β à des taux équivalents à ceux obtenus à partir de tissu mammaire des animaux témoins. Chez l'animal à sécrétion de prolactine très inhibée (3 à 7 ng/ml) (Tabl. 2-4), on peut voir que l'oCS endogène permet une lactogenèse de gestation comparable à celle de l'animal normal.

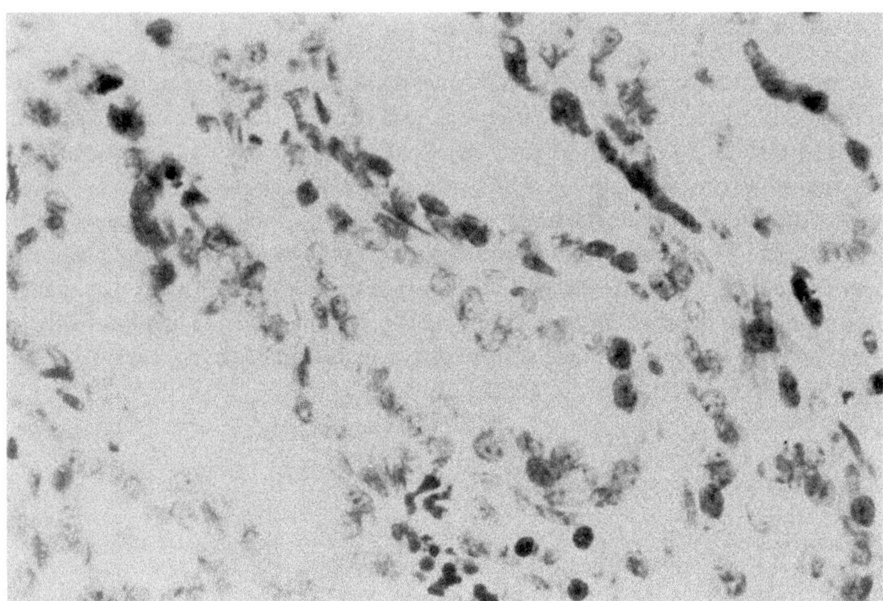

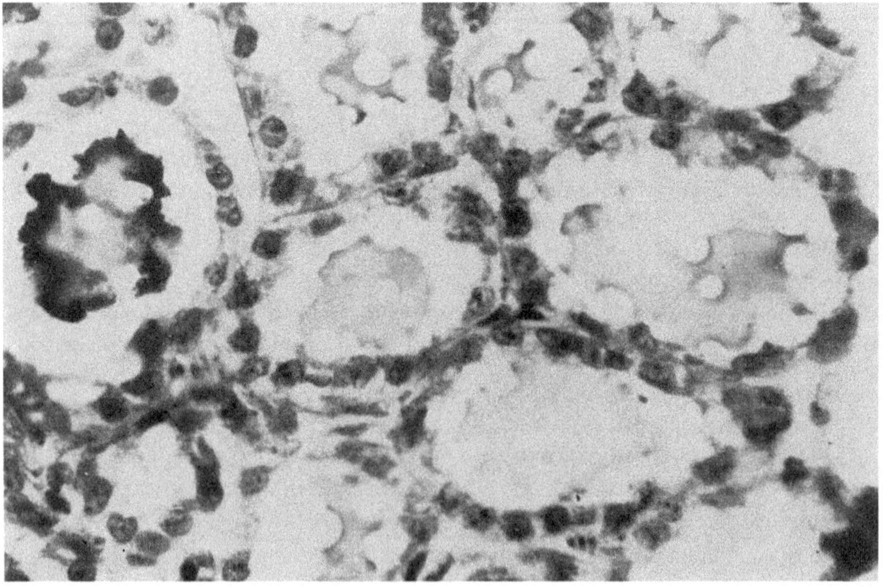

Fig. 2-9   Culture d'explants de glande mammaire de lapine au 12ᵉ jour de pseudogestation, en présence d'insuline (A) ou d'insuline +oCS (B) (5 μg de prolactine NIH équivalent par ml).

Tableau 2-4 Variations de la concentration sérique de prolactine maternelle et fœtale chez des brebis traitées par la bromocryptine.

Stade de gestation (jours)	Prolactine maternelle (ng/ml)			Prolactine fœtale (ng/ml)		
	Brebis témoins	Brebis traitées	Signification statistique[1]	Brebis témoins	Brebis traitées	Signification statistique
90−95	36±10[2] (10)	7±3 (7)	P<0,05	17±6 (10)	14±6 (7)	NS
110−120	39±7 (10)	3±1 (10)	P<0,001	35±10 (10)	11±7 (10)	NS

(1) Test t de Student pour les moyennes de deux groupes.
(2) Moyenne ± erreur standard. Le nombre d'animaux par groupe est entre parenthèses.

oCS et capacité d'induction d'une production laitière pendant la gestation [36]

La production d'hormones endogènes (ocytocine-prolactine) libérées par la traite, chez des brebis en cours de gestation, ne permet pas une sécrétion lactée (Lot IV, Fig. 2-10). En revanche, l'induction expérimentale d'une sécrétion lactée par le cortisol, chez des brebis gestantes traitées ou non par la bromocryptine, c'est-à-dire avec ou sans prolactine sérique, entraîne dans les deux cas une production laitière équivalente (lots I et II).

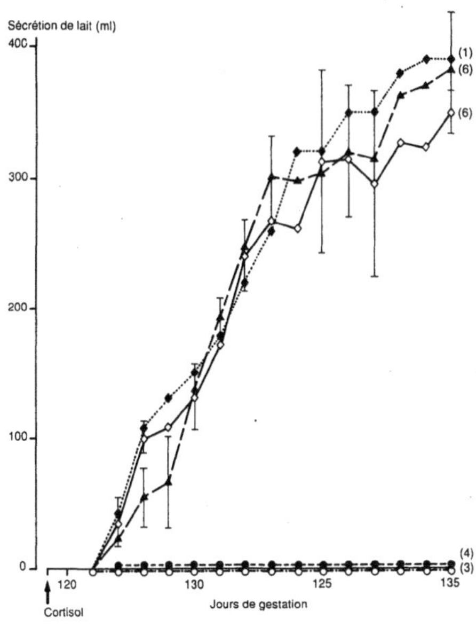

Fig. 2-10 **Courbes de production laitière de brebis gestantes en présence ou non d'oCS de prolactine et de cortisol** (à partir de 120 jours). (▲--▲) Bromocryptine+cortisol+T (traites) (lot I) ; (◇--◇) cortisol+T (lot II) ; (◆--◆) brebis avortée au 126ᵉ jour de gestation (lot III) ; (●--●) NaCl 9 ⁰/₀₀+T (lot IV) ; (○--○) hystérectomie+ergocryptine+cortisol+T (lot V).

Dans ce modèle expérimental, l'hormone lactogène placentaire est bien directement impliquée dans l'initiation de la lactation puisque chez des brebis hystérectomisées au 117e jour de gestation et traitées par la bromocryptine, le cortisol (Lot V, Fig. 2-10) injecté 48 heures après l'opération ne permet pas l'initiation d'une production laitière. Les traces de prolactine sont donc insuffisantes pour induire une montée laiteuse normale, même en présence de cortisol lorsque l'oCS est absente. L'hormone lactogène placentaire ovine est donc capable d'induire une montée laiteuse expérimentale, en présence de cortisol, chez la brebis gestante.

La montée laiteuse est déclenchée, soit dans le cas d'un avortement (Lot III, Fig. 2-10), soit à la parturition normale, lors de la disparition de la progestérone. L'inhibition de la montée laiteuse au cours de la gestation provoquée par la progestérone est levée par l'importante concentration sérique de cortisol (50 ng/j). Une quantité limitante de cortisol empêche donc l'expression de l'activité lactogène de l'oCS lors de la gestation normale.

Interrelations endocriniennes dans la régulation de l'expression des gènes des caséines chez la brebis (incorporation d'acides aminés dans les ARN polysomaux)

L'étude des rôles respectifs de l'oCS et de la prolactine dans l'induction de l'activité sécrétoire de la cellule mammaire a été étudiée par Gaye et Martal (INRA) en quantifiant les ARNm polysomaux des caséines dans les glandes mammaires de brebis gestantes.

Tableau 2-5 Contrôle hormonal de l'expression des gènes des caséines chez la brebis gestante. La bromocryptine a été injectée depuis le 70e jour de gestation. F : cortisol injecté pendant 5 jours à partir de 0 h, 24 h, 72 h, 5 j après l'hystérectomie totale au 115e jour de gestation et traite quotidienne. N : nombre de brebis ; ( ) nombre d'échantillons dosés.

Lot n° Traitement	N	ARNm (cpm×10⁻³ ³H-Leu/µg ARN polysomal)		oCS (ng/ml)		oPRL (ng/ml)
		αS1 S2	β	avant Hyst	après Hyst	
1 Hystérectomisées (Hyst)	3	21,8±1,0	20,3±0,2	360±140 (7)	0	339±83 (12)
2 Hyst+F (0h)	3	24,7±6,6	21,6±3,6	952±441 (6)	0	87±18 (16)
3 Hyst 1 Pg	3	4,3±1,1	4,7±1,4	581±64 (12)	0	114±44 (26)
4 Hyst+Bromocryptine	3	1,1±0,1	1,6±0,1	372±34 (8)	0	5,5±1,1 (12)
5 Hyst+Bromocryptine +F (0h)	3	17,4±3,1	16,9±3	650±96 (36)	0	0,9±0,2 (44)

Chez les brebis gestantes, qui ne reçoivent aucun traitement mais qui sont hystérectomisées et ovariectomisées à 115 jours de gestation, toutes abattues à 120 jours (Lot I, Fig. 2-11), les ARN messagers des caséines permettent une importante synthèse in vitro des caséines α et β, estimées arbitrairement à 100 %. Le lot I mime une lactogenèse normale après la parturition. Les taux moyens sériques d'oCS avant l'opération sont considérables (360 ng/ml) (Tabl. 2-5) ; 12 heures après l'hystérectomie, il n'y a plus d'oCS sanguine. A cette période de gestation (115-120 jours), la prolactinémie est peu élevée, mais la traite quotidienne, après hystérectomie, stimule la sécrétion de prolactine dans les quelques minutes qui la suivent et pour 2 heures environ (339 ± 83 ng/ml, n=12) (Lot I, Tabl. 2-5). L'hystérectomie, avec ovariectomie des animaux, supprime à la fois les sources de sécrétion placentaire et ovarienne de progestérone, et la lactogenèse est alors induite par le cortisol, la prolactine et l'hormone de croissance endogènes. Ces trois hormones constituent le complexe minimal de la lactogenèse chez les ruminants [16].

L'apport de cortisol, le jour de l'hystérectomie, n'entraîne pas d'augmentation significative des ARNm des caséines α et β (Lot 2, Tabl. 2-5, Fig. 2-11). Remarquons toutefois qu'une brebis de ce lot, portant 3 fœtus, présente une quantité particulièrement élevée d'ARNm mammaire ($33{,}2.10^3$ cpm ^{3}H-Leu/μg ARN polysomal et une concentration également très élevée en oCS : 1 800 ng/ml). En revanche, sa prolactinémie est identique à celle des autres animaux (87 ± 8 ng/ml, n=3). L'oCS pourrait être à l'origine des taux très élevés d'ARNm des caséines α_{s1}, α_{s2} et β observés.

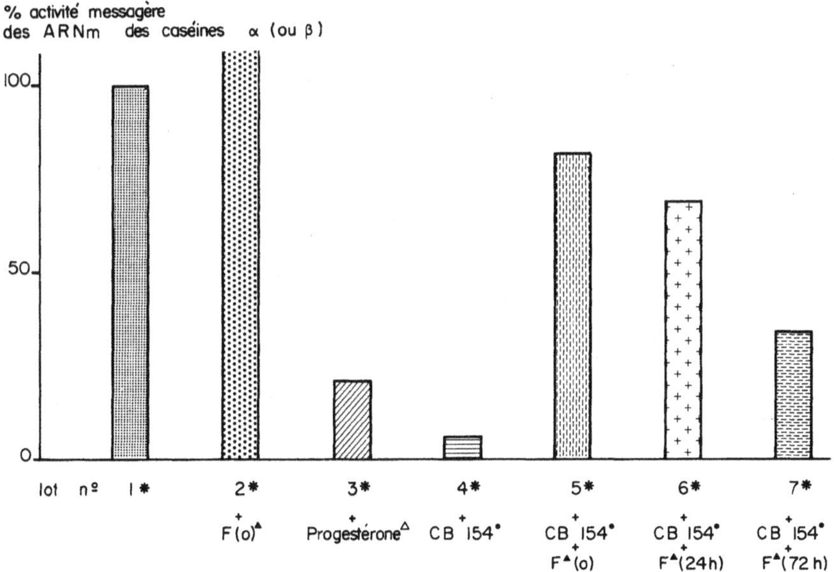

Fig. 2-11 Contrôle endocrinien de l'expression des gènes des caséines chez la brebis. * Hystérectomie à 110-115 jours de gestation ; (●) bromocryptine (CB 154) injectée depuis le 70ᵉ jour de gestation, interrompue le 3ᵉ et le 4ᵉ jour après l'opération ; (▲) cortisol injecté pendant 5 jours à partir de 0, 24 et 72 h après l'opération ; (△) progestérone injectée à partir de la veille de l'opération. Tous les animaux ont été abattus à 120 jours de gestation.

En revanche, si on injecte de la progestérone, depuis la veille de l'hystérectomie jusqu'à l'abattage des animaux, on constate une très forte diminution de la quantité d'ARNm des caséines ($4,5.10^3$ cpm ^{3}H-Leu/µg d'ARN polysomal) bien que les taux d'oCS (581 ng/ml) et de prolactine (114 ng/ml) soient considérables au début de ce traitement (Fig. 2-11, Lot 3, Tabl. 2-5), ce qui confirme le rôle inhibiteur de la progestérone au cours de la gestation. Avant la montée laiteuse, la progestérone inhibe environ 80 % de la synthèse des ARNm des caséines α et β.

Après hystérectomie et traitement par la bromocryptine (donc sans prolactine), la traite ne suffit pas à faire sécréter assez de prolactine pour induire une quantité importante d'ARNm des caséines ($1,3.10^3$ cpm ^{3}H-Leu/µg d'ARN polysomal) (Lot 4, Fig. 2-11). Ceux-ci correspondent à environ 5 % de ce qui est synthétisé par les brebis qui n'ont pas reçu de bromocryptine. Il s'ensuit qu'en l'absence d'hormone lactogène placentaire, la présence d'un niveau élevé de prolactine est indispensable à l'induction d'une lactogenèse. En effet, en dépit de la présence des hormones endogènes (cortisol, hormone de croissance) et de la disparition de la progestérone, des traces de prolactine ($5,5\pm1,1$ ng/ml) sont donc insuffisantes pour induire une montée laiteuse. Une sécrétion élevée de prolactine est indispensable à une montée laiteuse normale. En revanche, l'injection de cortisol dès le jour de l'opération, à des brebis hystérectomisées et traitées par la bromocryptine (Lot 5, Fig. 2-11), permet la synthèse d'environ 80 % d'ARNm des caséines α et β équivalente à celle du lot témoin I. Dans ce cas, l'administration de cortisol stimule d'environ 95 % la synthèse d'ARNm des caséines, en présence de traces de prolactine.

Lorsque le cortisol est administré 24 heures après le jour de l'hystérectomie (Lot 6, Fig. 2-11), la synthèse d'ARNm des caséines est nettement diminuée (70 %) et 72 heures après (lot 7), elle n'est plus que de 30 % (Tabl. 2-5).

Ces résultats suggèrent que la lactogenèse déclenchée par le cortisol ne dépend pas seulement de cette hormone. Puisque seul varie le moment de la première injection, cela signifie que le cortisol n'est pas directement responsable de l'augmentation des ARNm des caséines, mais qu'il joue un rôle amplificateur du signal lactogène. Ces résultats démontrent également que des traces de prolactine sont insuffisantes, même en présence de cortisol, pour induire une sécrétion lactée. Il reviendrait à l'oCS en cours de gestation une participation de 70 à 80 % dans l'induction des ARNm des caséines quand le cortisol est injecté le jour de l'hystérectomie. Ce rapport d'activité correspond sensiblement à celui des concentrations sériques de ces deux hormones.

En revanche, à la parturition, au moment de la montée laiteuse normale, l'induction des ARNm des caséines résulterait essentiellement de l'effet des niveaux élevés de prolactine qui précèdent la mise-bas, le cortisol endogène étant alors abondant et suffisant.

En conclusion, les fortes concentrations sériques d'oCS, précédant l'hystérectomie, expliquent le phénomène d'amplification de la synthèse d'ARNm par le cortisol en l'absence de prolactine. Sans oCS, mais en présence de prolactine, la lactogenèse est parfaitement possible. Si les niveaux sériques de prolactine sont faibles, il ne permettent pas au cortisol de déclencher une lactogenèse normale.

oCS et récepteurs

Il est établi que le message hormonal est transmis au génome par l'intermédiaire de récepteurs membranaires. Chez la brebis, l'hypothèse émise est qu'il existe deux espèces de récepteurs lactogènes : le récepteur prolactinique et le récepteur à l'hormone lactogène placentaire. En effet, l'hCS se lie aux membranes de tissu mammaire de brebis gestantes, mais très peu aux membranes de tissu mammaire en lactation. La localisation des sites spécifiques de liaison de l'oCS, chez la brebis gravide ou non, ainsi que chez le fœtus ovin et dans différents tissus, a été précisée [8]. Les organes cibles sont par ordre d'affinité croissante : le foie de brebis non gestante, le tissu adipeux, l'ovaire, le corps jaune, l'utérus et le foie fœtal. La présence d'un récepteur oCS de haute affinité dans le foie fœtal d'agneau [23] est en accord avec le rôle somatotrope probable de cette hormone chez le fœtus [36, 9]. Bien que l'oCS déploie, chez la lapine, une activité lactogène équivalente à la prolactine, il est surprenant qu'elle n'exprime qu'une activité lactogène réduite sur les explants de glande mammaire de brebis. Cette faible activité peut être en relation avec l'absence apparente de récepteurs oCS dans la glande mammaire ovine [40]. Dans le cas des expériences de cultures de glande mammaire de brebis en présence d'oCS, s'il est vraiment confirmé que le tissu mammaire de brebis gestante ne contient pas de récepteurs à l'oCS, l'action mammogène et lactogène de cette hormone pourrait emprunter les récepteurs PRL. On peut se demander également si l'action de l'oCS, qui stimule la sécrétion d'IGF (*insulin-like growth factor*) chez le rat [28] n'agirait pas indirectement, par ce facteur, sur la prolifération cellulaire mammaire.

L'hormone lactogène placentaire, comme la prolactine, pourrait encore stimuler la sécrétion, par le foie d'un médiateur : la synlactine qui agirait sur la croissance mammaire, par un effet mitogène [41].

Hormone lactogène placentaire caprine (cCS) et lactation

Grâce à des cocultures d'explants de glande mammaire de souris et de placenta de chèvre, prélevés entre 39 et 80 jours de gestation [22], l'activité lactogène du placenta caprin se manifeste en présence d'insuline et de corticostérone.

Hormone lactogène placentaire bovine (bCS) et lactation

La coculture d'explants de glande mammaire de souris et de tissu cotylédonnaire bovin, prélevés à 36, 178, 182 ou 270 jours de gestation, a été réalisée [5]. Une réponse lactogène significative est obtenue lorsque des villosités chorioniques bovines sont cultivées en association avec la glande mammaire de souris, tandis que les caroncules maternelles bovines demeurent sans effet lactogène.

Hormones lactogènes humaines et lactation

En présence d'insuline, l'hPL active la synthèse d'ADN du tissu mammaire humain, en culture organotypique de tumeurs bénignes [51].

L'activité lactogène de l'hPL a été démontrée de diverses manières [31]. Injectée par voie intramammaire, elle provoque une sécrétion lactée chez une lapine pseudogestante [48]. En culture organotypique de tissu mammaire de souris gestante, l'activité lactogène de l'hPL, associée à l'insuline et à l'hydrocortisone, produit la synthèse de caséines, d'α-lactalbumine et de β-lactoglobuline.

L'hPL exerce donc une double action tant mammogène que lactogène, d'où l'importance accordée à cette hormone au cours de la grossesse chez la femme.

Prolactine déciduale La présence d'une importante concentration de prolactine dans le liquide amniotique humain identique à la prolactine hypophysaire, selon des critères physicochimiques et immunologiques, a permis d'identifier la décidua comme le tissu responsable de la synthèse de cette prolactine [42]. Le rôle de la prolactine déciduale, au cours de la gestation, semble néanmoins restreint. Elle interviendrait surtout dans l'osmorégulation de l'unité fœto-placentaire [50].

Discussion et conclusion

Croissance mammaire et hormones lactogènes placentaires

L'activité mammogène de l'oCS a été mise en évidence in vitro en culture organotypique du tissu mammaire de brebis. Les stéroïdes ovariens seuls (œstradiol 17β et progestérone) ne provoquent qu'une très faible réponse du tissu mammaire ; en revanche, deux jours de stéroïdes ovariens (E_2 + Pg) suffisent à sensibiliser les cellules épithéliales à l'addition soit du complexe oCS-cortisone-insuline, soit prolactine-hydrocortisone-insuline conduisant à un développement lobuloalvéolaire de la glande mammaire de brebis [30]. In vitro, on observe l'interchangeabilité entre oCS et prolactine. Cependant, la prolactine, associée à l'hormone somatotrope, est nécessaire à un développement mammaire optimal. L'oCS seule, grâce à son activité somatotrope, paraît suffisante. In vivo, chez la brebis gestante, la multiplication des cellules épithéliales se produit normalement, même en l'absence de prolactine. L'activité mammogène du placenta, via l'oCS, a été indirectement impliquée dans les expériences d'hypophysectomie et de section de tige pituitaire chez la brebis à partir du premier tiers de la gestation, autorisant un développement mammaire d'environ 40 % [18]. Il en est de même chez la chèvre [4]. La différence de développement de la glande mammaire entre animaux hypoprolactinémiques et hypophysectomisés peut s'expliquer, chez ces derniers, par l'absence de GH et par l'atrophie des glandes surrénales.

L'activité mammogène de l'oCS explique l'observation zootechnique courante que la production laitière des brebis ayant deux agneaux est d'environ 30 % supérieure à celle des brebis à un seul agneau. Nous avons vu l'étroite corrélation existant entre la production d'oCS, le nombre de fœtus et la croissance mammaire. L'écart de production laitière entre mères ayant un ou deux agneaux n'est pas dû à des différences dans le nombre et le rythme des stimulations mammaires par les agneaux. Chez la brebis, comme chez la chèvre, on observe une relative proportionnalité entre la production de CS, le poids frais de la glande mammaire, la production laitière et le nombre de petits [26].

L'activité mammogène de l'oCS est en accord avec les données de l'endocrinologie comparée. En effet, des extraits placentaires stimulent la croissance mammaire chez diverses espèces. Chez la vache, la gestation (donc le placenta et la bCS) est indispensable pour obtenir une mammogenèse complète. Quels que soient les traitements hormonaux utilisés pour obtenir une lactation induite chez une génisse, les performances laitières restent inférieures à celles qui suivent une première gestation (60 % à 80 % de celles-ci) [15]. De plus, le niveau de l'hormone somatotrope (GH) sérique reste relativement réduit au cours de ces traitements de substitution. Or, la GH est une hormone galactopoïétique majeure chez les ruminants. Chez les rongeurs, l'hypophysectomie, à partir du 12e jour de gestation, ne perturbe pas la croissance des glandes mammaires de rate et de souris [1]. Nagasawa et Yanai [39] notent une bonne corrélation entre le nombre de placentas et les quantités d'ADN et d'ARN mammaires. Chez les primates, le placenta semble aussi contribuer au développement de la glande mammaire. Chez la femme normale, la croissance mammaire progresse tout au long de la grossesse. L'hypophysectomie de singe ou de femme (réalisée pour des raisons cliniques) laisse subsister un développement mammaire tout au long de la gestation et même une lactation transitoire. La mCS et l'hCS fournissent donc une composante mammogène importante pour le contrôle du développement mammaire. Bien que son activité n'ait été démontrée, le plus souvent, que dans des systèmes hétérologues, l'hCS, par exemple, stimule la synthèse de l'ADN dans des cultures d'explants mammaires de souris [49].

Hypertrophie cellulaire

Lorsque l'on considère l'ADN comme seul index de mammogenèse, la prolactine n'est pas indispensable, en présence d'oCS, au développement lobuloalvéolaire. Mais, lorsqu'on tient également compte de l'hyperplasie cellulaire dans l'estimation du poids du tissu frais, on constate que celui-ci est nettement inférieur chez les brebis hypoprolactinémiques. La présence de la prolactine hypophysaire paraît donc utile à une bonne hyperplasie cellulaire nécessaire à la lactogenèse, même en présence d'oCS.

Chez la chèvre gestante traitée par la bromocryptine, le poids frais de la glande mammaire est diminué de 50 % par rapport à celui des témoins [4].

Chez les téléostéens d'eau douce, les batraciens et les mammifères, la prolactine provoque la rétention du sodium sanguin. Très étudié chez les poissons, le rôle osmorégulateur de la prolactine est mal connu dans la physiologie de la glande mammaire. Une lactation implique le mouvement d'énormes quantités d'eau et d'électrolytes. Pour sa part, l'hCS stimulerait la sécrétion d'aldostérone, qui provoque notamment la rétention sodique au niveau du tubule rénal. Notons que les glandes surrénales de brebis sont riches en récepteurs à l'oCS et à la prolactine [8].

Lactogenèse et hormones lactogènes placentaires et hypophysaires

L'activité lactogène de l'oCS a été étudiée au moyen de tests variés, qualitatifs et quantitatifs, à la fois in vitro et in vivo.

In vitro, l'oCS est capable d'induire, dans des explants de tissu mammaire de lapine pseudogestante, la formation d'abondants produits de sécrétion, visibles à l'examen microscopique. L'étude de l'activité mammogène de l'oCS montre que la composante somatotrope de cette hormone remplace celle de l'hormone de croissance (GH) hypophysaire. Il est important de souligner que la présence de prolactine n'est pas nécessaire à l'activité lactogène de l'oCS, in vitro [34]. En revanche, la présence d'insuline est indispensable à la survie du tissu mammaire (toutefois in vitro à des doses supraphysiologiques).

In vivo, la forte augmentation du taux sérique d'oCS (Fig. 2-5) [36] coïncide avec l'apparition du lactose dans la glande mammaire à 95-100 jours de gestation [16]. L'injection de cortisol à partir du 100e et surtout du 120e jour de gestation induit expérimentalement, chez la brebis, une sécrétion lactée. En ajoutant de la bromocryptine aux injections de cortisol, ce qui inhibe la sécrétion hypophysaire de prolactine, nous obtenons des résultats identiques. Ainsi, in vivo, comme in vitro, la présence de la prolactine n'est pas indispensable, suggérant que l'oCS, dont les taux sanguins sont plus élevés que ceux de la prolactine à 100 jours de gestation, peut être responsable de l'apparition du lactose dans la glande mammaire au cours de la gestation. De plus, chez la brebis gestante hypoprolactinémique, on observe à partir du dernier tiers de la gestation une augmentation normale du contenu mammaire en ARN totaux et en nucléotides acidosolubles. Ainsi, le complexe lactogène minimal chez les ruminants [16] peut comprendre : trois hormones in vivo (PRL, GH, cortisol) et quatre in vitro, ce qui confirme l'existence de régulations hormonodépendantes de la transcription des ARN messagers des protéines spécifiques du lait.

Hormones lactogènes et progestérone

Chez la rate, l'action lactogène de la mammotrophine chorionique (rCM) semble être fortement inhibée par la progestérone. L'apparition tardive du lactose mammaire (20e jour de gestation) [16] peut s'expliquer par les faibles taux d'α-lactalbumine, protéine régulatrice de l'activité lactose synthétase [3]. Chez la lapine, qui ne possède pas d'hormone lactogène placentaire, l'activité lactogène de la prolactine est constante tout au long de la gestation, alors que le lactose apparaît durant le début du derniers tiers de la gestation [16], après la baisse précoce de la progestérone dont le rôle de verrou est bien décrit.

Chez la brebis hystérectomisée à 115 jours de gestation, nous avons vu que l'activité des ARNm des caséines α et β était considérablement réduite après injection quotidienne de progestérone à partir de la veille de l'opération. En conséquence, si la présence d'ARNm des caséines peut être observée très précocement dans le tissu mammaire, la progestérone paraît en réduire considérablement la quantité. Après le deuxième tiers de la gestation, donc en présence de grandes quantités d'oCS et de progestérone ovarienne et placentaire, il suffit d'injecter du cortisol pour induire une lactation. Dans ces conditions expérimentales, l'administration de bromocryptine permet encore cette montée laiteuse [36], et la forte quantité de progestérone endogène ne suffit cependant plus alors à inhiber la sécrétion lactée induite par l'association cortisol+oCS.

Nous avons donc analysé dans ce chapitre l'activité lactogène de l'oCS en la comparant à celle de la prolactine en rapport avec l'activité amplificatrice et permissive des glucocorticoïdes chez les ruminants, et évoqué l'activité inhibitrice de la progestérone sur la lactogenèse. Nous avons retrouvé, lors de la croissance mammaire, l'importance d'une séquence œstroprogestéronique pour sensibiliser la cellule épithéliale mammaire à l'action des hormones lactogènes. L'absence de lactogenèse pendant la gestation peut être imputée à deux causes : l'effet inhibiteur puissant de la progestérone et l'insuffisance d'hormone lactogène.

La différence fondamentale entre mammogenèse, lactogenèse de gestation et montée laiteuse semble être de nature plutôt quantitative que qualitative, la synthèse protéique étant plus ou moins débloquée au niveau du génome et les ARNm des lactoprotéines plus ou moins abondants. Néanmoins, la brebis montre la nécessité des séquences hormonales impératives : depuis l'imprégnation œstroprogestéronique jusqu'à la levée de l'inhibition progestéronique lors de la lactogenèse, en passant par l'action stimulatrice des hormones lactogènes, des glucocorticoïdes et de la GH. Un certain nombre de mécanismes d'action restent imprécis, mais nous avons vu que la prolactine et l'oCS stimulent les ARNm des lactoprotéines. Le cortisol semble agir surtout en favorisant la dérépression des gènes des lactoprotéines [19], en stabilisant leurs ARNm.

Seule la compréhension intime des mécanismes cellulaires et moléculaires permettra de répondre aux nombreuses interrogations encore posées par la régulation endocrinienne de la cellule épithéliale mammaire et par ses dérèglements pathologiques.

RÉFÉRENCES

1. ANDERSON RR (1974) Endocrinological control. *In* BL Larson, VR Smith (eds) : *Lactation - Vol. 1 : The mammary gland/development and maintenance.* Academic Press, NY, pp. 97-140

2. BECKERS JF, DE COSTER R, WOUTERS-BALLMAN P, FROMONT-LIENARD C, VAN DER ZWALMEN P, ECTORS F (1982) Dosage radioimmunologique de l'hormone placentaire somatotrope et mammotrope bovine. *Ann Med Vet* **126** : 9-21

3. BREW K, VANAMAN TC, HILL RL (1968) The role of α-lactalbumin and the A protein in lactose synthetase : a unique mechanism for the control of a biological reaction. *Proc Nat Acad Sci USA* **59** : 491-497

4. BUTTLE HL, COWIE AT, JONES EA, TURVEY A (1979) The contribution of placental hormones to the development of the mammary glands in goats. *J Endocrinol* **77** : 59 p

5. BUTTLE HL, FORSYTH IA (1976) Placental lactogen in cow. *J Endocrinol* **68** : 141-146

6. CERRUTI RA, LYONS WR (1960) Mammogenic activities of the mid-gestational mouse placenta. *Endocrinology* **67** : 884-887

7. CHAN JSD, NIE ZR, SEIDAH NG, CHRETIEN M (1986) Purification of ovine placental lactogen (oPL) using high performance chromatography. Evidence for two forms of oPL. *FEBS Lett* **199** : 259-264

8. CHAN JSD, ROBERTSON HA, FRIESEN HG (1978) Distribution of binding sites for ovine placental lactogen in the sheep. *Endocrinology* **102** : 632-640

9. CHENE N, MARTAL J, CHARRIER J (1989) Ovine chorionic somatomammotropin and foetal growth. *Reprod Nutr Dev* **28** : (6 B) 1707-1730

10. COLOSI P, MARR G, LOPEZ J, HARO L, OGREN L, TALAMANTES F (1982) Isolation, purification and characterization of mouse placental lactogen. *Proc Nat Acad Sci USA* **79** : 771-775

11. COLOSI P, TALAMANTES F, LINZER DIH (1987) Molecular cloning and expression of mouse placental lactogen I complementary deoxyribonucleic acid. *Mol Endocrinol* **1** : 767-776

12. COLOSI P, THODARSON G, HELLMISS R, SINGH K, FORSYTH IA, GLUCKMAN P, WOOD WI (1989) Cloning and expression of ovine placental lactogen. *Mol Endocrinol* **3** : 1462-1469

13. SCIARRA JJ, KAPLAN SL, GRUMBACH MM (1963) Localization of anti-human growth hormone serum within the human placenta : evidence for a human chorionic « growth hormone-prolactin ». *Nature* (Lond) **4893** : 1005-1006

14. CURRIE WB, KELLY PA, FRIESEN HG, THORBURN GD (1977) Caprine placental lactogen : levels of a prolactin-like and growth-hormone-like activities in the circulation of pregnant goats determined by radioreceptor assays. *J Endocrinol* **73** : 215-226

15. DELOUIS C, DJIANE J, KANN G, TERQUI M, HEAD HH (1978) Induced lactation in cows and heifers by short-term treatment with steroid hormones. *Ann Biol Anim Bioch Biophys* **18** : 721-734

16. DENAMUR R (1965) Les acides nucléiques et les nucléotides libres de la glande mammaire pendant la lactogenèse et la galactopoïèse. *In* Proc. 2nd International congress of endocrinology London 1964, Part I. I.C.S. N° 83. Excerpta Medica, Amsterdam, pp. 434-462

17. DENAMUR R, DELOUIS C (1972) Effects of progesterone and prolactin on the secretory activity and the nucleic acid content of the mammary gland of pregnant rabbits. *Acta Endocrinol* **70** : 603-618

18. DENAMUR R, MARTINET J (1961) Effets de l'hypophysectomie et de la section de la tige pituitaire sur la gestation de la brebis. *Ann Endocrinol* **22** : 755-759

19. DEVINOY E, HOUDEBINE LM, OLLIVIER-BOUSQUET M (1979) Role of glucocorticoïds and progesterone in the development of rough endoplasmic involved in casein biosynthesis. *Biochimie* **61** : 453-461

20. DUCKWORTH ML, KIRK KL, FRIESEN HG (1986) Isolation and identification of a cDNA clone of rat placental lactogen II. *J Biol Chem* **261** : 10871-10878

21. FLORINI JR, TONELLI G, BREWER CB, COPPOLA J, RINGLER I, BELL PH (1966) Characterization and biological effects of purified placental protein (human). *Endocrinology* **79** : 692-708

22. FORSYTH IA (1973) Secretion of a prolactin-like hormone by the placenta in ruminants. *In* R Denamur, A Netter (eds) : *Le corps jaune.* Masson, Paris, pp. 239-255

23. FREEMARK M, COMER M, KORNER G, HANDWERGER S (1987) A unique placental lactogen receptor : implications for fetal growth. *Endocrinology* **120** : 1865-1872

24. GASPARD U (1980) *Les hormones protéiques placentaires.* Masson, Paris, 364 p

25. HANDWERGER S, MAURER W, BARRETT J, HURLEY T, FELLOWS RE (1974) Evidence for homology between ovine and human placental lactogens. *Endocr Res Commun* **1** : 403-413

26. HAYDEN TJ, THOMAS CR, SMITH SV, FORSYTH IA (1980) Placental lactogen in the goat in relation to stage of gestation, number of fetuses, metabolites, progesterone and time of day. *J Endocrinol* **86** : 279-290

27. HIGASHI K (1961) Studies on the prolactin-like substance in human placenta (III). *Endocrinol Jpn* **8** : 288-296

28. HURLEY TW, D'ERCOLE AJ, HANDWERGER S, UNDERWOOD LE, FURLANETTO RW, FELLOWS RE (1977) Ovine placental lactogen induces somatomedin : a possible role in fetal growth. *Endocrinology* **101** : 1635-1638

29. JACKSON LL, COLOSI P, TALAMANTES F, LINZER DIH (1986) Molecular cloning of mouse placental lactogen cDNA. *Proc Nat Acad Sci USA* **83** : 8496-8500

30. JEULIN-BAILLY C, DELOUIS C, DENAMUR R (1973) Influence de l'œstradiol 17β et de la progestérone au cours de l'induction par la prolactine et l'hormone de croissance de la différenciation lobuloalvéolaire du tissu mammaire de brebis gestante : étude en culture organotypique. *CR Acad Sci Paris* **277** : 2525-2528

31. JOSIMOVICH JB, McLAREN JA (1962) Presence in the human placenta and term serum of a highly lactogenic substance immunologically related to pituitary growth hormone. *Endocrinology* **71** : 209-220

32. KELLY PA, TSUSHIMA T, SHIU RPC, FRIESEN HG (1976) Lactogenic and growth-hormone like activities in pregnancy determined by radioreceptor assays. *Endocrinology* **99** : 765-774

33. MARTAL J (1978) Propriétés immunologiques de la somatomammotrophine chorionique ovine. *CR Acad Sci Paris (série D)* **286** : 245-248

34. MARTAL J, DJIANE J (1975) Purification of a lactogenic hormone in sheep placenta. *Biochem Biophys Res Commun* **65** : 770-778

35. MARTAL J, DJIANE J (1977a) The production of chorionic somatomammotrophin in sheep. *J Reprod Fert* **49** : 285-289

36. MARTAL J, DJIANE J (1977b) Mammotrophic and growth promoting activities of a placental hormone in sheep. *J Steroid Biochem* **8** : 415-417

37. MARTAL J, DJIANE J, DUBOIS MP (1977) Immunofluorescent localization of ovine placental lactogen. *Cell Tissue Res* **184** : 427-433

38. MARTAL J, LACROIX MC (1978) Production of chorionic somatomammotrophin (oCS), fetal growth and growth of the placenta and the corpus luteum in ewes treated with 2-bromo α-ergocryptine. *Endocrinology* **103** : 193-199

39. NAGASAWA H, YANAI R (1971) Quantitative participation of placental mammotropic hormones in mammary development during pregnancy of mice. *Endocrinol Jpn* **18** : 507-510

40. N'GUEMA EMANE M, DELOUIS C, KELLY PA, DJIANE J (1986) Evolution of prolactin and placental lactogen receptors in ewes during pregnancy and lactation. *Endocrinology* **118** : 695-700

41. NICOLL CS, ANDERSON TR, HEBERT NJ, RUSSEL SM (1985) Comparative aspects of the growth-promoting actions of prolactin on its target organs : evidence for synergism with an insulin-like growth factor. *In* RM McLeod, MO Thoruner (eds) : *Prolactin : basic and clinical correlates*. Liviana Press, Padova, pp. 393-410

42. RIDDICK DH, KUSMIK WF (1977) Decidua : a possible source a amniotic fluid prolactin. *Am J Obstet Gynecol* **127** : 197-200

43. ROBERTSON MC, FRIESEN HG (1975) The purification and characterization of rat placental lactogen. *Endocrinology* **97** : 621-629

44. ROBERTSON MC, FRIESEN HG (1981) Two forms of rat placental lactogen revealed by radioimmunoassay. *Endocrinology* **108** : 2388-2390

45. SCHULER LA, SHIMOMURA K, KESSLER MA, ZIELER CG, BREMEL RD (1988) Bovine placental lactogen : molecular cloning and protein structure. *Biochemistry* **27** : 8443-8448

46. SERVELY JL, N'GUEMA EMANE M, HOUDEBINE LM, DJIANE J, DELOUIS C, KELLY PA (1983) Comparative measurement of the lactogenic activity of ovine placental lactogen in rabbit and ewe mammary gland. *Genet Comp Endocrinol* **51** : 255-262

47. SHOME B, FRIESEN HG (1971) Purification and characterization of monkey placental lactogen. *Endocrinology* **89** : 631-641

48. TALAMANTES F (1975) In vitro demonstration of lactogenic activity in the mammalian placenta. *Am Zool* **15** : 279-284

49. TURKINGTON RW, TOPPER YJ (1966) Stimulation of casein synthesis and histological development of mammary gland by human placental lactogen in vitro. *Endocrinology* **79** : 175-181

50. TYSON JE, MOWAT GS, MC COSHEN JA (1984) Stimulation of a probable biologic action of decidual prolactin on fetal membranes. *Am J Obstet Gynecol* **148** : 296-300

51. WELSCH CW, DOMBROSKE SE, MCMANUS MJ (1978) Effects of insulin, human placental lactogen and human growth hormone on DNA synthesis in organ cultures of benign human breast tumours. *Br J Cancer* **38** : 258-262

52. WOODING FBP (1982) Structure and function of placental binucleate (giant) cells. *Bibl Anat* **22** : 134-139

3

Contrôle hormonal de la division de la cellule mammaire et de la synthèse d'ADN

L. Zwierzchowski

Introduction

La croissance et le développement de la glande mammaire sont l'un des rares processus de développement qui a lieu chez l'adulte. Pendant la gestation, les cellules épithéliales mammaires sont soumises à une prolifération massive pour former des cellules filles qui plus tard se différencient pour synthétiser et sécréter les composants du lait. Cette prolifération massive des cellules est donc d'une importance vitale pour la future production de lait.

Au cours des vingt dernières années, le rôle des stéroïdes ovariens et des hormones peptidiques a été mis en évidence dans le contrôle du développement de la glande mammaire pendant la gestation. L'importance d'autres hormones comme l'insuline, l'hormone placentaire lactogène ainsi que des facteurs de croissance non hormonaux n'est pas encore clairement établie. Plusieurs aspects de la régulation hormonale du développement de la glande mammaire ont été étudiés [25]. Cette revue résume nos connaissances actuelles sur ce sujet avec une mention particulière sur les mécanismes connus ou possibles de l'action mitogène des hormones sur les cellules mammaires. Le rôle des différents facteurs de croissance agissant sur la multiplication des cellules épithéliales mammaires est résumé dans le chapitre 1.

Prolifération des cellules mammaires
et synthèse d'ADN pendant la gestation et la lactation

Le contenu du tissu en ADN est considéré comme un indicateur fiable de la croissance mammaire. Dans la glande mammaire l'ADN total augmente de manière intense à la fin de la gestation et après la parturition, pour atteindre son niveau maximal vers le milieu de la lactation. La synthèse d'ADN, mesurée par l'incorporation de [3H]-thymidine, est très faible dans la glande mammaire des femelles non gestantes mais elle augmente notablement peu après la fécondation. Deux pics de synthèse d'ADN, aux jours 4-5 et 12, sont observés pendant la gestation (21 jours) chez la souris [6, 38, 46]. A ces périodes, le taux de synthèse d'ADN et la division cellulaire sont considérablement accélérés. La durée moyenne du cycle cellulaire décroît de 64 heures dans la glande mammaire de souris vierge à 13 heures dans celles de souris gestante et la longueur de la phase de synthèse de l'ADN (la phase S du cycle cellulaire) se réduit respectivement de 20 heures à environ 8 heures [4, 7]. Une autre augmentation du taux de synthèse de l'ADN dans la glande mammaire de souris est observée juste après la parturition, entre les jours 1 et 3 de la lactation [37, 46] ou aux environs du 6e jour de lactation. L'augmentation de la synthèse de l'ADN pendant la gestation s'accompagne d'une élévation de l'indice mitotique des cellules épithéliales qui prolifèrent rapidement et remplacent progressivement le tissu adipeux.

Des examens par autoradiographie ont montré que dans la glande mammaire de souris vierge, l'incorporation de [3H]-thymidine marque presque exclusivement les cellules des bourgeons terminaux des canaux mammaires. En revanche, au cours de la gestation et au début de la lactation, les cellules de l'épithélium sécrétoire des bourgeons et des canaux sont toutes marquées [7].

• Chez le rat, l'index de marquage des cellules mammaires avec la [3H]-thymidine qui est élevé pendant la première partie de la gestation décroît ensuite graduellement jusqu'au début de la lactation [40]. Également dans cette espèce, on observe une brusque élévation de l'incorporation de [3H]-thymidine dans l'ADN nucléaire et une augmentation du nombre de division des cellules mammaires le premier jour de la lactation [33].

• Chez le lapin, le taux le plus élevé de synthèse d'ADN dans la glande mammaire est observé au 10e jour de la gestation (30 jours) [32, 47]. Une augmentation plus faible mais significative de la synthèse de l'ADN a été mise en évidence à mi-gestation (jour 20) et aussitôt avant et après la parturition (jours 1 et 2) (Fig. 3-1).

• Chez la souris et le lapin, entre autres, la croissance mammaire, l'intensité des synthèses d'ADN et les divisions cellulaires sont sous contrôle hormonal. Il semble que dans ces deux espèces, l'hormone mammogène essentielle au début de la gestation soit la progestérone dont le niveau sanguin s'élève juste avant l'augmentation de la synthèse d'ADN dans la mamelle. La prolactine, dont le taux augmente également dans le sang pendant la première partie de la gestation, pourrait également stimuler la synthèse d'ADN et la division des cellules mammaires (2e pic de synthèse observé chez la souris au jour 12).

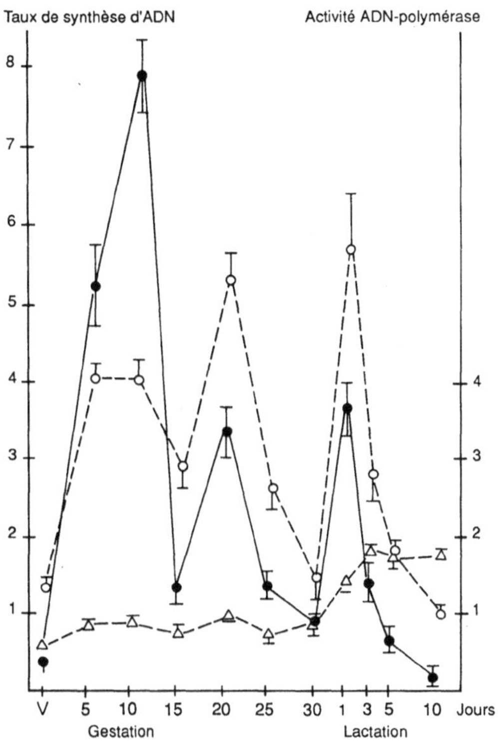

Fig. 3-1   **Changement du taux de synthèse d'ADN (●) et de l'ADN** polymérase α (○) et β (△) **dans la glande mammaire de lapine pendant la gestation et la lactation.** D'après [47].

L'élévation notable du niveau de la prolactine sanguine, observée juste avant et après la parturition, est probablement décisive pour induire un accroissement du taux de synthèse de l'ADN et son accumulation dans la glande lors de la lactogenèse et au début de la lactation.

Dans la seconde partie de la gestation, un rapide accroissement du contenu en ADN total de la glande mammaire reflète à l'évidence une augmentation de la croissance alors que simultanément s'élèvent les taux d'hormone de croissance et d'hormone placentaire lactogène. Shina et al. [29], en comparant la dynamique de la croissance mammaire avec les changements des niveaux de GH dans le sang, ont émis l'hypothèse que la principale hormone mammogène serait l'hormone de croissance. Sur la base d'investigations semblables, Inagaki et Kohmoto [15] ont mis en évidence l'importance des changements du niveau d'insuline dans le sang et le contenu en récepteur de l'insuline dans les cellules mammaires pour la synthèse d'ADN dans cet organe.

Induction expérimentale de la prolifération des cellules mammaires et de la synthèse d'ADN in vivo et in vitro

Sur la base d'expériences réalisées in vivo, une série d'hormones a été définie comme indispensable pour la croissance et le développement mammaire au cours de la gestation. Une augmentation du contenu en ADN de la glande mammaire est observée chez la souris et le lapin après des injections de combinaisons variées d'œstradiol, de progestérone, d'hormone de croissance, de prolactine, d'insuline, de glucocorticoïdes et de thyroxine [3,7,8,9,36].

Des injections d'œstradiol et de progestérone à des souris vierges normales ou ovariectomisées provoquent une augmentation de la synthèse d'ADN dans la glande mammaire. La progestérone elle-même induit la synthèse d'ADN dans les cellules mammaires des canaux galactophores, tandis que l'ADN augmente dans les alvéoles mammaires après l'administration des deux hormones ovariennes. Des injections de stéroïdes ovariens à des souris ovariectomisées réduisent la durée du cycle cellulaire des cellules épithéliales mammaires de 20 à 11 heures. La prolactine injectée avec l'œstradiol et la progestérone provoque une augmentation supplémentaire du taux de synthèse d'ADN dans la glande mammaire de souris castrée. Un effet semblable est obtenu lorsque la prolactine seule est injectée par voie intramusculaire à des souris normales vierges.

Des injections de prolactine et de progestérone conduisent à une élévation marquée de l'ADN dans la glande mammaire de rattes vierges [12, 47] (Tabl. 3-1) et de lapines pseudo-gestantes (avec corps jaunes maintenus durant environ 15 jours [2]. La prolactine administrée in vivo à des rates hypophysectomisées et ovariectomisées augmente très notablement l'index de marquage par la [^{3}H]-thymidine dans les cellules épithéliales et les cellules canaliculaires mammaires [34]. L'action de la prolactine est très fortement amplifiée par la progestérone. L'œstradiol agit également en synergie avec la prolactine, mais seulement sur la synthèse d'ADN dans les cellules des canaux mammaires.

Des injections d'hormone de croissance, de prolactine, d'œstradiol et de progestérone stimulent la synthèse d'ADN dans des fragments de glande mammaire de vache implantés dans des souris *nude* athymiques [43].

La progestérone et l'œstradiol stimulent in vivo l'activité de l'ADN polymérase dans la glande mammaire de souris ovariectomisées et normales. La prolactine et, à un moindre degré, la progestérone injectées à des souris ou des lapines vierges, stimulent l'activité ADN polymérase α de la glande mammaire (principale enzyme du complexe de réplication de l'ADN) [45, 47] (Tabl. 3-1). La bromocryptine (inhibiteur de la sécrétion de la prolactine), injectée à des souris ou des lapines gestantes, décroît le taux de synthèse de l'ADN mammaire et l'activité de l'ADN polymérase α. L'activité de la polymérase β, qui ne participe pas directement à la réplication de l'ADN nucléaire, est beaucoup moins modulée par les hormones (Tabl. 3-1).

Tableau 3-1 Effet des injections d'hormones sur la synthèse d'ADN et sur l'activité de l'ADN polymérase α et de l'ADN polymérase β dans la glande mammaire de lapine. Les lapines vierges sont injectées deux fois par jour durant deux jours avec 5 mg de progestérone et/ou 4 mg de prolactine bovine. Les lapines gestantes sont injectées avec 3 mg de bromocryptine 2 fois par jour durant 2 jours consécutifs à partir du jour 8 de la gestation. Les lapines sont tuées 14 heures après la dernière injection et l'activité ADN-synthèse, et les activités ADN polymérases sont mesurées dans les glandes mammaires.

Traitement	Synthèse d'ADN ([³H] thymidine incorporée en dpm/µg d'ADN	Activité de l'ADN polymérase (³[H] thymidine 5' monophosphate			
		Polymérase α		Polymérase β	
		pmol/mg protéine	pmol/mg ADN	pmol/mg protéine	pmol/mg ADN
Lapines vierges					
Contrôle (excipient)	1086±49	75,9±5,9	1437±44	39,3±1,8	838±26
Progestérone	3804±159*	91,7±9,7	2091±163	30,9±1,0	713±13
Prolactine	6549±305*	228,3±10,8*	5066±239*	51,7±1,8	1163±39
Progestérone +prolactine	8011±314*	321,4±18,3*	6910±428*	42,1±1,0	902±86
Lapines gestantes de 10 jours					
Contrôle	5600±183	455,9±42,4	9910±579	62,1±6,5	1347±135
Bromocryptine	1830±52*	61,9±4,4*	997±72*	54,7±1,9	882±30

* P ≤ 0,005 comparé aux contrôles (test de Student).

In vitro l'insuline s'est avérée comme un agent mitogène puissant. Dans les explants mammaires, elle stimule l'incorporation de [³H]-thymidine dans l'ADN et elle provoque une augmentation du contenu des tissus en ADN ainsi qu'une prolifération épithéliale. L'activité des ADN polymérases incluant l'ADN polymérase α responsable de la réplication [48] augmente également en présence d'insuline. Mais la plupart de ces effets sont obtenus lorsque la concentration d'insuline dans le milieu de culture est d'au moins 10^{-6}M, soit des valeurs très supérieures aux concentrations physiologiques. Curieusement, l'insuline stimule aussi la synthèse d'ADN dans des explants mammaires de souris à une concentration aussi faible que 10^{-12} ou 10^{-18}M [20].

A l'inverse de l'insuline, les hormones qui sont puissamment mammogènes in vivo (progestérone, œstradiol, etc.) n'agissent que faiblement ou pas du tout in vitro [25]. La prolactine a besoin de l'insuline pour stimuler la synthèse d'ADN dans des explants mammaires de souris, de lapin, de rat, de chèvre et d'homme. D'autres auteurs travaillant dans des conditions expérimentales semblables n'ont pas réussi à montrer un effet de la prolactine sur la synthèse d'ADN in vitro. Cette action de la prolactine nécessiterait la présence d'hydrocortisone ou d'autres hormones stéroïdes comme des androgènes, l'œstradiol ou la progestérone.

In vitro la prolactine stimule l'activité ADN polymérase dans la glande mammaire de souris et de lapine. Cette augmentation de l'activité ADN polymérase est due, au moins en partie, à une synthèse de novo de l'enzyme.

Quelques études ont décrit les effets stimulants in vitro d'autres hormones mammogènes sur la synthèse d'ADN mammaire :

• chez le rat, la progestérone et la prolactine agissant en synergie pour stimuler la division cellulaire ;

• chez l'homme et la souris, l'œstradiol et la progestérone stimulant la synthèse d'ADN mammaire ;

• chez la souris, l'hormone de croissance.

Dans d'autres études cependant, les mêmes auteurs ont parfois noté le manque d'effet stimulant des hormones mammogènes classiques, sauf pour l'insuline, la nature des associations reste donc fondamentale pour obtenir une croissance, spécialement in vitro.

Interrelation entre la croissance
et la différenciation de la glande mammaire

Des recherches conduites sur de nombreux types cellulaires et différents tissus ont démontré qu'après plusieurs cycles cellulaires de division, les cellules qui ont subi le phénomène de différenciation perdent, de manière définitive, la faculté de pouvoir se diviser. Division et différenciation cellulaires semblent être des processus mutuellement exclusifs.

Le contenu en ADN de la glande mammaire atteint son plus haut niveau au début de la lactation. Après la parturition chez la lapine et la souris, le gain d'ADN total dans la glande mammaire est encore de 20 à 40 %. On peut donc en déduire que dans le tissu mammaire fonctionnel, un certain nombre de cellules répliquent leur ADN et se divisent. Des examens microscopiques ont révélé la présence de quelques mitoses même dans les cellules qui synthétisent activement le lait [11]. Toutefois, des investigations basées sur l'incorporation de précurseurs radioactifs ont montré que pendant la lactation avancée, le taux de synthèse d'ADN tombe à un très bas niveau. Cela met en évidence le fait que des cellules complètement différenciées ne font progressivement plus partie de la population de celles qui se divisent. In vitro, dans les cellules mammaires de souris gestantes, la synthèse d'ADN a été observée seulement dans les cellules non différenciées qui ne contiennent pas de produits de sécrétion, caséines et lipides, dans leur cytoplasme [10].

Sur la base des expériences conduites avec des myoblastes et des chondroblastes, Abbott et Holtzer [1] ont proposé une hypothèse connue sous le nom de mitose critique. Ce nom évoque la division mitotique qui précède la différenciation pendant laquelle aurait lieu un réarrangement du génome, décisif pour le devenir des cellules. Cette hypothèse est confirmée expérimentalement par le fait que l'inhibition de la synthèse d'ADN s'oppose à la différenciation morphologique et fonctionnelle de nombreux types cellulaires. Cependant, on sait que d'autres types cellulaires comme les cellules érythroleucémiques de Friend se différencient alors que toute synthèse d'ADN est arrêtée. L'hypothèse de la mitose critique n'est donc pas généralisable et elle a désormais autant d'opposants que de supporters.

La différenciation fonctionnelle des cellules mammaires in vivo pendant la gestation et la lactation et, in vitro en culture d'organe, a toujours lieu après une période d'intense division cellulaire et de synthèse d'ADN. Le but évident des divisions cellulaires est d'augmenter le poids de la glande mammaire et le nombre des cellules épithéliales sécrétrices qui, ayant subi le processus de différenciation, synthétiseront et sécréteront les composants du lait. Des suggestions ont été cependant émises pour soutenir l'idée que la réplication de l'ADN et les divisions cellulaires pourraient être en étroite relation avec la différenciation cellulaire.

Dans les cultures in vitro de glande mammaire de souris vierge, des inhibitions de la synthèse d'ADN par la cytosine bêta-D-arabinofuraside (AraC) et par le 5-fluoro-2-déoxyuridine (FUdr) inhibent aussi la synthèse de caséine et d'α-lactalbumine induite par les hormones. Sur la base de ces expériences et selon l'hypothèse de la mitose critique, Vonderhaar et Topper [42] ont suggéré que la différenciation fonctionnelle des cellules mammaires doit être précédée d'une division mitotique particulière pendant laquelle ces cellules acquièrent la possibilité de se transformer en cellules sécrétrices produisant les composants du lait. Les auteurs situent cet événement critique au cours de la phase G1 du cycle cellulaire. Les cellules peuvent subir la mitose critique in vitro en culture d'organe ou in vivo pendant la gestation. Cela peut expliquer le manque d'effet de l'AraC et du FUdr in vitro sur les cellules provenant de souris gestantes ou non gestantes multipares. Nos travaux ont montré que chez la souris, ce moment critique a lieu entre le 5e et le 12e jour de la gestation (Fig. 3-2). Les explants de glande mammaire de

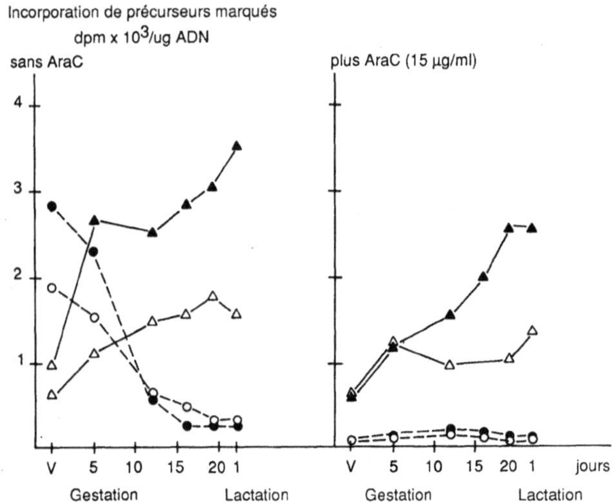

Fig. 3-2   Effet de l'AraC sur la synthèse d'ADN et la synthèse de caséine dans la glande mammaire de souris en culture. Les explants d'animaux vierges (V) gestants ou allaitants ont été cultivés pendant 2 ou 3 jours avec (▲, ●) ou sans (△, ○) prolactine (5 µg/ml). Les synthèses d'ADN (○, ●) et de caséine (△, ▲) ont été évaluées par l'incorporation de [³H]-thymidine dans l'ADN et de [³H]-leucine dans les protéines précipitées en présence de rénine et de Ca^{2+}. D'après [45].

souris au 5ᵉ jour de la gestation synthétisent des caséines in vitro sous l'influence de la prolactine seulement lorsque se poursuit la synthèse d'ADN. A partir du 12ᵉ jour de la gestation, l'induction de la synthèse des caséines a lieu in vitro indépendamment de la synthèse d'ADN, ainsi le premier pic de synthèse d'ADN dans la glande mammaire a lieu aux environs du 5ᵉ jour de la gestation, et dès lors, les cellules épithéliales sécrétrices deviennent compétentes pour subir le phénomène de différenciation.

La base moléculaire de ce phénomène est inconnue. L'hypothèse de la mitose critique dans le cas de la glande mammaire a été modifiée dans une certaine mesure par des résultats expérimentaux [30] qui ont montré que la période de réplication intense de l'ADN qui précède la différenciation ne se conclut pas forcément par une division. Cela est en accord avec ce que nous avons observé chez la souris et la lapine au cours de la première moitié de la gestation. Pendant cette période, l'augmentation du contenu en ADN total de la glande mammaire est plutôt faible alors que se produit une intense synthèse d'ADN. Il est malaisé d'expliquer le rôle de cette synthèse d'ADN dans la différenciation en cellules fonctionnelles et il est peu vraisemblable qu'une amplification de l'ADN ait lieu.

Une explication intéressante de la relation qui existe entre la réplication de l'ADN et la différenciation a été proposée [24] sur la base d'expériences réalisées à l'aide de noyaux isolés de cellules HeLa. Des protéines cytoplasmiques, au cours de la réplication de la chromatine, seraient incorporées dans cette structure, et pourraient changer les potentialités de différenciation de la cellule en exprimant des gènes particuliers. De même nos expériences sur des noyaux isolés ont montré que, dans la cellule mammaire, des facteurs protéiques cytoplasmiques peuvent participer à la réplication de l'ADN [18]. Toutefois, rien n'indique que ce phénomène est en relation avec la différenciation.

Il n'est pas simple, également, de définir quelle étape de l'expression des gènes des protéines du lait peut éventuellement être bloquée par l'action des inhibiteurs de la synthèse de l'ADN. Des expériences in vivo (lapines vierges traitées par la prolactine) [12] et in vitro [41] ont montré que l'inhibition des divisions cellulaires dans la glande mammaire par le cyclophosphamide inhibe également la synthèse des caséines sans affecter l'accumulation de leurs ARNm, ni les changements morphologiques cellulaires. Toutefois le produit final de la différenciation, les caséines, n'apparaît pas. Cela pourrait indiquer que l'expression des gènes est bloquée au niveau de la traduction ou des étapes suivant la transcription. Cependant, il a été montré [26] que dans la glande mammaire de souris, l'AraC inhibe l'accumulation des ARNm des caséines en plus de son action sur la réplication de l'ADN ; chez la lapine, in vitro au 5e jour de la gestation, l'AraC inhibe la synthèse des caséines induite par la prolactine (Tabl. 3-2) sans affecter l'accumulation des ARNm des caséines. Ces faits suggèrent que le blocage de la synthèse des caséines a lieu à des stades plus tardifs de l'expression génétique, pendant la traduction ou pendant les étapes post-traductionnelles de modification des protéines. L'AraC inhibe légèrement l'accumulation prolactine-dépendante de l'ARNm de la caséine β dans les explants de glande mammaire de lapine vierge. Notons cependant que dans la glande mammaire de femelle non développée, l'accumulation des ARNm des caséines ne conduit pas à une augmentation notable de la synthèse des caséines [12] (Tabl. 3-2). En revanche, dans des explants mammaires de lapine au 15e jour de gestation, la prolactine en présence d'AraC induit aussi bien la synthèse de caséine β que l'accumulation de son ARNm. Il paraît donc évident que les premiers stades de l'expression des gènes des caséines dans la glande mammaire (transcription et accumulation des ARNm) peuvent avoir lieu indépendamment de la synthèse d'ADN.

Mécanismes possibles et effecteurs de l'effet mitogène des hormones sur les cellules mammaires

Les œstrogènes, la progestérone, la prolactine et l'insuline sont des mitogènes connus. Le mécanisme d'action de ces hormones sur la prolifération des cellules mammaires serait indirect mais reste peu clair. Cette hypothèse s'appuie sur le fait que ces hormones stimulent la croissance mammaire in vivo mais n'ont qu'un faible effet mitogène in vitro. Un effet indirect via divers facteurs humoraux et médiateurs a été proposée [25]. Ainsi, les œstrogènes induisent dans l'hypophyse, le rein et l'utérus de rat, la synthèse de facteurs de croissance appelés œstromédines. Il a été proposé que les effets mitogènes des œstrogènes sur la glande mammaire soient transmis par les œstromédines [13].

La possibilité d'une action directe de la prolactine sur la prolifération cellulaire a été montrée [27] ; des injections de prolactine ou des incubations de tranches de foie avec de la prolactine induisent la synthèse ou la libération, à partir des cellules hépatiques,

Tableau 3-2   Effets de l'AraC sur l'ADN et la synthèse de caséines et sur l'accumulation de l'ARNm de la caséine-β dans la glande mammaire en culture. Explants provenant de glande mammaire de lapines vierges ou gestantes cultivés durant 2 à 3 jours soit avec de l'insuline et du cortisol (IC) ou insuline, cortisol et prolactine (ICP). L'ADN et la synthèse de caséine sont mesurés comme le décrit la figure 3-2. La quantité d'ARNm de la caséine-β est estimée dans l'ARN total isolé des explants par hybridation avec l'ADNc de la caséine-β.

	Synthèse d'ADN ([^{3}H] thymidine incorporée) ; en dpm/mg de tissus		Synthèse de caséine ([^{3}H] leucine incorporée) ; en dpm/mg de tissus		Accumulation de l'ARNm de la caséine-β (hybridation avec des sondes [32P] ADNc de la caséine-β ; cpm/5μg ARN)	
	IC	ICP	IC	ICP	IC	ICP
Lapines vierges						
Sans AraC	2154±452	6954±211*	202±23	357±36	352±18	1405±124*
Avec AraC (30μg/ml)	35±3	72±6	204±12	196±16	395±5	658±27*
Lapines gestantes de 5 jours						
Sans AraC	3453±222	6279±254*	711±60	1398±54*	495±28	1373±67*
Avec AraC (30 μg/ml)	335±20	419±54	551±61	639±10	527±37	1607±71*
Lapines gestantes de 15 jours						
Sans AraC	1104±76	2567±331	977±19	2216±120*	345±53	2505±81*
Avec AraC (30 μg/ml)	150±10	223±13	734±13	1299±36*	342±9	2373±112*

* P$\leq$0,01 comparé aux contrôles (test de Student).

d'un facteur de croissance qui a été appelé la synlactine. Ce facteur agit en synergie avec la prolactine en amplifiant l'action de l'hormone sur la prolifération de l'épithélium du jabot de pigeon. L'existence de la synlactine n'a cependant pas été prouvée. Il n'est pas certain que la synlactine puisse affecter d'autres organes sensibles à la prolactine telle que la glande mammaire pour la multiplication cellulaire. En effet, la prolactine elle-même stimule la synthèse d'ADN et la division cellulaire dans des explants et des cellules mammaires en culture dans des conditions où l'action des autres facteurs hormonaux est exclue. D'autres facteurs, synthétisés par l'hypophyse sous l'influence de la prolactine, ont été décrits [31].

L'insuline est mitogène pour la glande mammaire en culture. Cependant, le rôle physiologique réel de cette hormone dans la stimulation in vivo de la croissance mammaire reste discuté car in vitro des concentrations supraphysiologiques d'insuline (5 μg/ml, soit environ 10^{-6}M) sont nécessaires. Pour cette raison, certains auteurs ont supposé que l'insuline stimule la glande mammaire en se liant à des récepteurs de facteurs non hormonaux de type IGF. En effet, l'addition d'IGF$_1$ (*insulin-like growth factor* aussi appelé somatomédine C) stimule la synthèse d'ADN dans des explants de glande mammaire de vache allaitante [5] ou de brebis gestante [44]. De plus, l'IFG$_1$ à faibles concentrations élimine la nécessité d'utiliser l'insuline pour stimuler la croissance in vitro de l'épithélium mammaire [14].

L'effet d'un autre facteur de croissance, l'EGF (*epithelial growth factor*), a été démontré sur des cultures de glande mammaire de souris et de lapin [21, 35, 39]. Chez la souris, l'EGF stimule la synthèse d'ADN, mais inhibe les effets de la prolactine sur l'induction de la synthèse des caséines et sur l'accumulation de leurs ARNm.

La présence dans le sérum de divers animaux d'autres facteurs de croissance qui stimulent la prolifération des cellules mammaires in vitro a été également révélée, comme la phosphoéthanolamine qui stimule la multiplication des cellules mammaires de rat, normales et transformées [16].

Les données expérimentales rapportées par différents auteurs n'excluent pas la possibilité d'une action directe de l'insuline sur la prolifération des cellules mammaires. Dans un certain nombre d'expériences, l'effet de l'insuline sur la synthèse d'ADN dans des explants mammaires a pu être observé à des concentrations d'insuline voisines des niveaux physiologiques (5 pg/ml, soit 10^{-12}M ou moins), tandis que les facteurs de croissance non hormonaux connus tels que l'EGF, les somatomédines, le NGF (*nerve growth factor*), le FGF (*fibroblast growth factor*) produisent leur effet maximal à des concentrations supérieures de plusieurs ordres de grandeur [28, 35].

Par ailleurs, l'EGF et le sérum stimulent la synthèse d'ADN également en présence d'insuline, ce qui indique que cette hormone agit sur les cellules de la glande mammaire par des mécanismes différents de ceux des facteurs de croissance. Pour toutes ces raisons, le problème de l'importance de l'insuline pour la croissance mammaire reste une question ouverte.

Le mécanisme d'action des hormones sur la prolifération cellulaire reste également très peu connu. On suppose que, comme pour l'activation de l'expression des gènes, les hormones agissent au niveau du génome. Un des facteurs limitant dans le processus de la réplication de l'ADN peut être la concentration des ADN polymérases, et plus particulièrement de l'ADN polymérase α qui est impliquée dans la réplication. Il a été suggéré que la concentration de cette enzyme peut limiter le processus qui fait entrer les cellules dans la phase S du cycle cellulaire (phase de réplication de l'ADN cellulaire).

Les cellules mammaires, comme toutes les autres cellules des mammifères, contiennent au moins trois ADN polymérases : α, β et γ. Nous avons observé que pendant la gestation et la lactation comme pendant une stimulation in vivo par la prolactine chez des lapines vierges, les augmentations de l'activité de l'ADN polymérase α dans la glande mammaire sont étroitement corrélées (r=0,83) avec le taux de synthèse de l'ADN [46, 47] (Fig. 3-1 ; Tabl. 3-1). Après un fractionnement des composants des cellules mammaires, presque toute l'activité ADN polymérase β est retrouvée fermement liée aux noyaux isolés et à la chromatine. D'autre part, l'activité de l'ADN polymérase α a été retrouvée dans la partie soluble et dans les fractions particulaires des cellules essentiellement liée à la matrice nucléaire [19] ou à la chromatine [17, 47]. Les niveaux d'activité ADN polymérase α liée aux structures nucléaires — matrice et chromatine — changent en fonction de l'état physiologique de l'animal. Ces résultats indiquent que, dans la glande mammaire, la synthèse d'ADN et l'activité ADN polymérase α sont contrôlées par des hormones, en particulier par la prolactine. De plus la distribution des ADN polymérases entre les fractions libres et liées à la chromatine change dans les cellules mammaires sous l'influence des hormones. Ainsi, l'effet de la prolactine sur la synthèse d'ADN dans la glande mammaire peut, au moins en partie, être le résultat d'une augmentation de la concentration ou de l'activité de l'ADN polymérase α liée à la chromatine ou à d'autres structures nucléaires.

L'action directe des hormones sur la synthèse d'ADN et sur la division des cellules mammaires est démontrée par les expériences réalisées in vitro sur des explants mammaires de souris ; l'insuline stimule à la fois la synthèse d'ADN et l'activité ADN polymérase, y compris l'activité ADN polymérase α [48]. In vitro, l'insuline et la prolactine stimulent l'ADN polymérase α tandis que l'activité des ADN polymérase β et γ n'est que peu affectée [45]. Chez le lapin, les effets de la prolactine in vitro sur l'ADN polymérase α sont moins intenses et pas aussi reproductibles qu'in vivo, ce qui confirme la participation probable, in vivo, de facteurs humoraux à l'action mitogène de la prolactine.

Il est généralement admis que le signal mitotique des hormones polypeptidiques et des facteurs de croissance est déclenché après leur liaison à des récepteurs membranaires. Plusieurs voies ont été identifiées pour rendre compte des mécanismes de transduction des signaux mitotiques. L'une passe par l'AMP cyclique comme second messager, tandis qu'une autre utilise une combinaison de médiateurs : l'inositol 1, 4, 5-triphosphate, le diacylglycérol et les ions calcium. Plusieurs types de récepteurs (insuline, IGF, EGF...) possèdent une tyrosine kinase dans leur partie intracellulaire, activité enzymatique qui semble essentielle à la transduction du signal mitotique.

Les données expérimentales montrent que l'AMPc et les substances qui augmentent la concentration intracellulaire d'AMPc, telles que la toxine cholérique, les prostaglandines E_1 et E_2, augmentent la vitesse de division des cellules et le taux de synthèse d'ADN dans des cellules mammaires en culture (homme, lapin ou souris). L'AMP cyclique augmenté par la toxine cholérique in vivo stimule la synthèse d'ADN, ainsi que la croissance et la morphogenèse de la glande mammaire.

Des observations suggèrent que les ions calcium jouent un rôle déterminant dans la transduction du signal mitotique, en particulier dans l'action mitogène de l'insuline et de la prolactine. Une diminution des ions calcium dans le milieu de culture au-dessous de 0,1 mM inhibe presque complètement la prolifération des cellules mammaires in vitro [23], l'intensité maximum de prolifération étant observée à la concentration de 0,8 mM. Dans le cas des cellules mammaires humaines [22], une concentration de Ca^{2+} inférieure à 0,8 mM augmente la viabilité des cellules en culture et le nombre des divisions, tandis que des concentrations plus élevées en calcium semblent provoquer leur différenciation.

En étudiant l'effet des modulations des concentrations des ions calcium dans des cultures d'explants mammaires, nous avons vu que le niveau de synthèse de l'ADN et le taux de division cellulaire sont corrélés positivement avec la concentration en calcium dans le milieu de culture [48]. Un abaissement de la concentration en calcium dans le milieu par l'EGTA (un chélateur spécifique des ions calcium) ou l'utilisation de milieux sans calcium réduit de 80 à 90 % la synthèse d'ADN. Une addition de calcium à la concentration appropriée (1-2 mM) restaure la synthèse d'ADN à son niveau normal (Fig. 3-3).

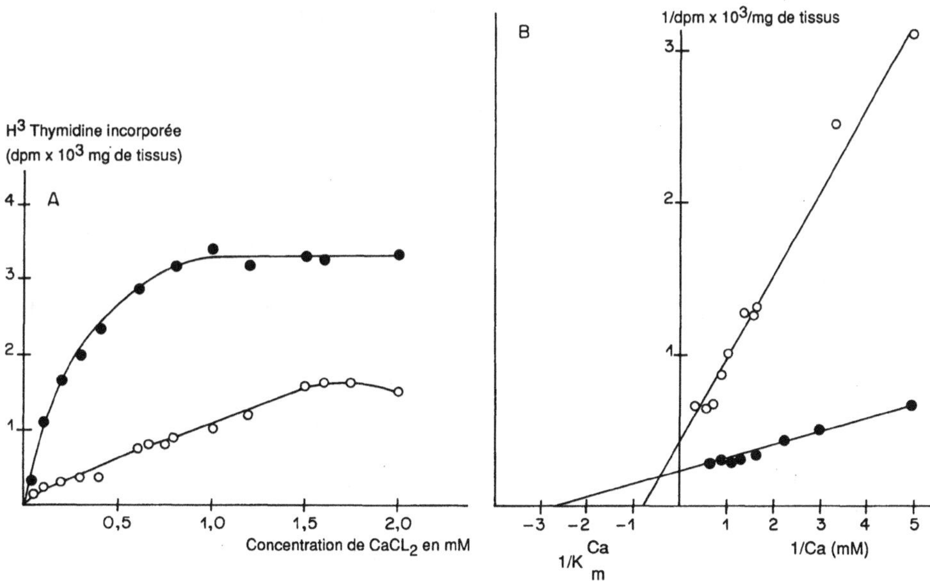

Fig. 3-3 Analyse des effets de l'insuline et de la concentration de Ca^{2+} sur la synthèse d'ADN dans des explants de glande mammaire de souris en culture. Les explants ont été cultivés pendant 3 jours dans du milieu 199 contenant différentes concentrations de $CaCl_2$ avec (●) ou sans (○) insuline (5 µg/ml). A : représentation directe ; **B** : représentation de Lineweaver-Burk des données montrées en A. Les valeurs de K_m^{Ca} calculées sont de $1,54 \times 10^{-3}$M et $0,32 \times 10^{-3}$M respectivement en absence ou en présence d'insuline. D'après [48].

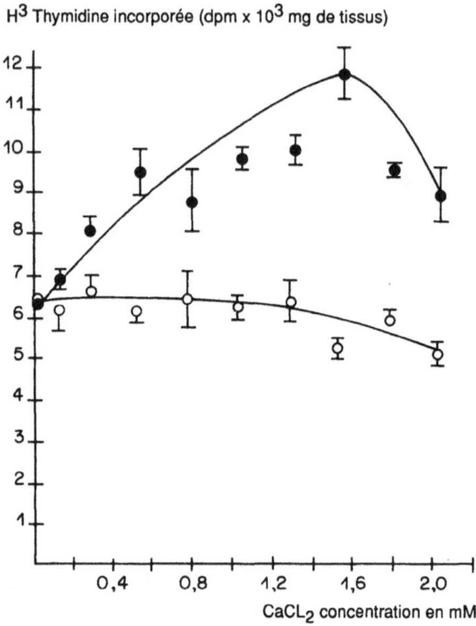

Fig. 3-4   Effet de la concentration de CaCl₂ sur la synthèse de base d'ADN (○) et sur la synthèse induite par la prolactine (●) dans la glande mammaire de souris en culture. D'après [45].

D'autres cations bivalents (Mg^{2+}, Mn^{2+}, Zn^{2+}, Co^{2+}) ne peuvent se substituer au calcium pour cet effet. Cette synthèse d'ADN calcium-dépendante est progressivement inhibée par la trifluopérazine (un inhibiteur de la calmoduline) à la concentration de 10 à 100 μM, ce qui indique que la calmoduline est impliquée. Par ailleurs, nous avons observé que l'insuline réduit de cinq fois la concentration en ions calcium qui permet d'obtenir la stimulation maximale d'ADN [48] (Fig. 3-3). L'insuline induit également un accroissement de l'accumulation d'ions $^{45}Ca^{2+}$ dans des explants mammaires en culture [45] (Fig. 3-3).

La stimulation par la prolactine de la synthèse d'ADN (Fig. 3-4), dans des explants mammaires de souris dépend également de la concentration de calcium dans le milieu de culture. En présence de 1,5 mM de calcium en observe la stimulation la plus élevée, de plus de deux fois. La synthèse d'ADN prolactino-dépendante est inhibée d'environ 35 % par 50 μM de trifluopérazine [45], ce qui confirme la participation de la calmoduline. Tous ces faits suggèrent que les ions calcium pourraient jouer un rôle de médiateur extracellulaire ou de modulateur de l'action mitogène de la prolactine et de l'insuline.

Conclusions

Chez la majorité des mammifères, la croissance de la glande mammaire a lieu surtout pendant la gestation et au début de la lactation sous l'influence d'une combinaison d'hormones peptidiques et stéroïdiennes. Pour cette raison, les changements du niveau de synthèse d'ADN et du taux de division cellulaire dans les différents stades physiologiques ont été discutés en détail. De plus, des résultats obtenus après stimulation de la mammogenèse in vivo et in vitro ont été montrés et décrits.

Les effets stimulants de ces hormones sur la synthèse d'ADN mammaire sont schématiquement décrits dans la figure 3-5. Les possibilités d'une intervention indirecte de quelques-unes de ces hormones ont été évoquées. Bien que la combinaison d'hormones qui induit la croissance mammaire soit connue depuis plusieurs dizaines d'années, la fonction de chaque hormone prise individuellement pendant la mammogenèse n'est pas claire. Les faits actuels font ressortir l'existence de mécanismes directs et indirects sur la division cellulaire. Il semble, en fait, que les deux mécanismes peuvent exister parallèlement et que divers facteurs de croissance non hormonaux, sécrétés par les cellules mammaires ou par leurs voisines, peuvent jouer un rôle de modulateurs ou d'amplificateurs de l'action hormonale.

Notre compréhension du mécanisme d'action des hormones est généralement limitée. Dans ce contexte, la régulation hormonodépendante de l'activité ou de la distribution de l'ADN polymérase α peut être considérée comme l'un des mécanismes possibles.

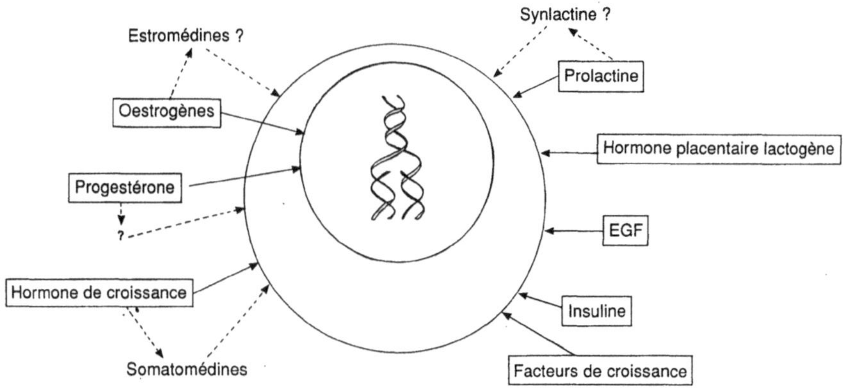

Fig. 3-5 Représentation schématique de l'effet des hormones mammogènes et des facteurs de croissance sur la prolifération des cellules mammaires et sur la synthèse d'ADN.

L'implication des mécanismes de transduction connus reste à étudier dans la glande mammaire. Les résultats préliminaires indiquent que l'AMP cyclique et les ions calcium agissent comme des médiateurs ou des modulateurs de petite taille sur la division cellulaire, encore que les preuves directes de leur intervention restent limitées. De la même manière, la possibilité de coopération entre les divers types cellulaires qui composent la glande mammaire reste à démontrer au niveau moléculaire.

Pour terminer, il doit être mentionné que cet article ne prétend pas être une revue complète de tous les faits expérimentaux se rapportant aux effets des hormones sur la croissance mammaire. Parmi les études les plus significatives qui n'ont été mentionnées que de manière marginale, on peut noter celles qui concernent les effets des hormones sur les différents types cellulaires de la glande mammaire, ainsi que celles faisant intervenir les cultures sur collagène, aussi bien que les interactions entre les diverses cellules constituant la glande mammaire.

RÉFÉRENCES

1. ABBOT J, HOLTZER H (1965) Critical number of mitoses and the differentiation of chondroblasts an myoblasts. *Anat Rec* **151** : 439-444

2. ASSARI L, DELOUIS C, GAYE P, HOUDEBINE LM, OLLIVIER-BOUSQUET M, DENAMUR R (1974) Inhibition by progesterone of the lactogenic effect of prolactin in the pseudo-pregnant rabbit. *Biochem J* **144** : 245-252

3. BANERJEE MR (1976) Responses of mammary cells to hormones. *Int Rev Cytol* **47** : 1-97

4. BANERJEE MR, WALKER RJ (1967) Variable duration of DNA synthesis in mammary gland cells during pregnancy and lactation of C3H/He mouse. *J Cell Physiol* **69** : 133-142

5. BAUMRUCKER CR (1986) Insulin-like growth factor I (IGF-1) and insulin stimulate DNA synthesis and milk production in vitro with lactating bovine mammary tissue. In Progr. 68th Annu Mtg Endoc soc (Abst) p. 171, n° 561

6. BORST DW, MAHONEY WB (1982) Mouse mammary gland DNA synthesis during pregnancy. *J Exp Zool* **221** : 245-250

7. BRESCIANI F (1971) In PO Hubinot et al. (eds) : *Basic action of sex steroids on target organs.* Karger, Basel, p. 130

8. CERIANI RL (1974) Hormones and other factors controlling growth in the mammary gland. A review. *J Invest Dermatol* **63** : 93-108

9. COWIE AT, FORSITH IA, HART IC (1980) In F Gros et al. (eds) : *Hormonal control of lactation.* Springer-Verlag, New York, p. 58

10. FELDMAN MK, DEOME KB (1975) Localization of casein-rich, fat-rich and DNA synthesizing cells in monolayer cultures of midpregnant mouse mammary epithelium. *Histochem J* **7** : 411-418

11. FRANKE WW, KEENAN TW (1979) Mitosis in milk secreting epithelial cells of mammary gland, an ultrastructural study. *Differentiation* **13** : 81-88

12. HOUDEBINE LM (1979) Role of prolactin in the expression of casein genes in virgin rabbit. *Cell Different* **8** : 49-59

13. IKEDA T, LIU QF, DANIELPOUR D, OFFICER JB, HO M, LELAND FE, SIRBASKU DA (1982) Identification of estrogen-inducible growth factors (Estromedins) for rat an human mammary tumor cells in culture. *In Vitro* **18** : 961-979

14. IMAGAWA W, SPENCER EM, LARSON L, NANDI S (1986) Somatomedin-C substitutes for insulin for the growth of mammary epithelial cells from normal virgin mice in serum-free collagen gel cell culture. *Endocrinology* **119** : 2695-2699

15. INAGAKI Y, KOHMOTO K (1982) Changes in Scatchard plots for insulin binding to mammary epithelial cells from cycling, pregnant and lactating mice. *Endocrinology* **110** : 176-182

16. KANO-SUEOKA T, COHEN DM, YAMAIZUMI Z, NISHIMURA S, MORI M, FUJIKI H (1979) Phosphoetanolamine as a growth factor of the mammary carcinoma cell line of rat. *Proc Nat Acad Sci USA* **76** : 5741-5744

17. KLECZKOWSKA D, ZWIERZCHOWSKI L (1984) In vitro rabbit mammary gland chromatin replication studied by micrococcal nuclease digestion. *Acta Biochim Polon* **31** : 307-316

18. KLECZOWSKA D, ZWIERZCHOWSKI L (1985) Effect of citosol on DNA synthesis in isolated mammary gland nuclei from rabbits during pregnancy and early lactation. *Acta Biochim Polon* **32** : 305-317

19. KLINGE CM, LIU DK (1986) Intranuclear dynamics of DNA polymerase α differs between the transplanted R3230AC mammary adenocarcinomas and the host mammary gland depending on lactation cycle. *Biochim Biophys Acta* **868** : 24-29

20. LINEBAUGH BE, RILLEMA JA (1982) Effect of insulin at dilution endpoint concentrations on macromolecular synthesis in normal mouse mammary and human breast cancer epithelial cells. *Biochim Biophys Acta* **720** : 346-355

21. MARTEL P, HOUDEBINE LM (1982) Effect of various drugs affecting cytoskeleton and plasma membranes on the induction of DNA synthesis by insulin epidermal growth factor and prolactin in mammary explants. *Biol Cell* **44** : 111-116

22. McGRATH CM, SOULE HD (1984) Calcium regulation of normal human mammary epithelial cell growth culture. *In Vitro* **20** : 652-662

23. MEDINA D, OBORN CJ (1980) Growth of preneoplastic mammary epithelial cells in serum-free medium. *Cancer Rec* **40** : 3982-3987

24. MUELLER GC, KAJIWARA K, KIM UH, GRAHAM J (1978) Proposed coupling of chromatin replication, hormone action and cell differentiation. *Cancer Res* **38** : 4041-4045

25. NANDI S, YANG Y, RICHARDS J, GUZMAN R, RODRIGUEZ R, IMAGAWA W (1980) *In* Ishii et al (eds) : *Hormones, adaptation and evolution*. Jpn Science Soc Press, Tokyo and Springer Verlag, Berlin, p. 145

26. NICHOLAS KR, BOLANDER FF, SANKARA L, TOPPER YJ, Desoxyribonucleic acid synthesis-dependent casein gene expression : species differences. *Endocrinology* **112** : 988-991

27. NICOLL CS, HEBERT NJ, RUSSEL SM (1985) Lactogenic hormones stimulate the liver to secrete a factor that acts synergistacaally with prolactin to promote growth of the Pigeon-crop sac mucosal epithelium in vivo. *Endocrinology* **116** : 1449-1453

28. PTASHNE K, HSUEH HW, STOCKDALE FE (1979) Partial purification and characterization of mammary stimulating factor, a protein which promotes proliferation of mammary epithelium. *Biochemistry* **18** : 3533-3539

29. SHINA YN, SELBY FW, VANDERLAAN WP (1974) Relationship of prolactin and growth hormone to mammary function during pregnancy and lactation in the C3H/ST mouse. *J Endocrinol* **61** : 219-229

30. SMITH GH, VONDERHAAR BK (1981) Functional differentiation in mouse mammary gland epithelium is attained through DNA synthesis, inconsequent of mitosis. *Dev Biol* **88** : 167-179

31. SMITH JA, WINSLOW DO, RUDLAND PS (1984) Different growth factors stimulate cell division of rat mammary epithelial myoepithelial and stroma cell lines in culture. *J Cell Physiol* **119** : 320-326

32. SOD-MORIAH UA, SCHMIDT GH (1968) Deoxyribonucleic acid content and proliferative activity of rabbit mammary gland epithelial cells. *Exp Cell Res* **49** : 584-597

33. STELLWAGEN RH, COLE RD (1969) Histone biosynthesis in the mammary gland during development and lactation. *J Biol Chem* **244** : 4878-4887

34. STOUDEMIRE GA, STUMPF WE, SAR M (1975) Synergism between prolactin and ovarian hormones on DNA synthesis in rat mammary gland (38770). *Proc Soc Exp Biol Med* **149** : 189-192

35. TAKETAMI Y, OKA T (1983) Possible physiological role of epidermal growth factor in the development of the mouse mammary gland during pregnancy. *FEBS Lett* **152** : 256-260

36. TOPPER YC, FREEMAN CS (1980) Multiple hormone interactions in the developmental biology of the mammary gland. *Physiol Rev* **60** : 1049-1106

37. TRAURIG HH (1967) Cell proliferation in the mammary gland during late pregnancy and lactation. *Anat Rec* **157** : 489-504

38. TRAURIG HH (1967) A radioautographics studiy of cell proliferation in the mammary gland of the pregnant mouse. *Anat Rec* **159** : 239-248

39. TURKINGTON RW (1968) Hormone-induced synthesis of DNA by mammary gland in vitro. *Endocrinology* **82** : 540-546

40. VAN MARLE J, LIND A, VAN WEEREN-KRAMER J (1979) Variations of the labelling index in vitro of rat mammary gland in pregnancy and early lactation. *Experientia* **35** : 1526-1527

41. VONDERHAAR BK, SMITH GH, PAULEY RJ, ROSEN JM, TOPPER YJ (1978) A difference between mammary epithelial cells from mature virgin and primiparous mice. *Cancer Res* **38** : 4059-4065

42. VONDERHAAR BK, TOPPER YJ (1974) A role of the cell cycle in hormone-dependent differentiation. *J Cell Biol* **63** : 707-712

43. WELSH CW, McMANUS MJ, DE HOOG JV, GOODMAN GT, TUCKER HA (1979) Hormone-induced growth and lactogenesis of grafts of bovine mammary gland maintained in the athymic « nude » mouse. *Cancer Res* **39** : 2046-2050

44. WINDER SJ, FORSYTH IA (1986) Insulin-like growth factor 1 (IGF 1) is a potent mitogen for ovine mammary epithelial cells. *J Endocrinol* **108** (supp) : 141 (abstr)

45. ZWIERZCHOWSKI L (1987) Dsc Thesis Ossolineum, Wroclaw Pologne

46. ZWIERWCHOWSKI L, KLECZKOWSKA D, NIEDBALSKI W, GROCHOWSKA I (1984) Variation of DNA polymerase activities and DNA synthesis in mouse mammary gland during pregnancy and early lactation. *Differentiation* **28** : 179-185

47. ZWIERZCHOWSKI L, NIEDBALSKI W, KLECZKOWSKA D (1987) Effect of prolactin, progesterone, pregnancy and lactation on DNA synthesis and DNA polymerase activities in rabbit mammary gland. *J Endocrinol* **114** : 139-145

48. ZWIERZCHOWSKI L, RYNCA J, GROCHOWSKA I (1984) Role of calcium in the insulin-dependent stimulation of DNA synthesis in mouse mammary gland in vitro. *Exp Cell Res* **152** : 105-116

4

Rôle de la matrice extracellulaire dans l'expression des gènes des protéines du lait et dans la sécrétion par les cellules épithéliales mammaires

M.J. Bissel et M.S. Wicha

La régulation multihormonale du développement de la glande mammaire et de la régulation de la sécrétion des protéines du lait a été observée et démontrée relativement tôt par les physiologistes et les biochimistes [13, 30, 45, 61]. Cela est en partie dû au fait que différentes glandes endocrines pouvaient être étudiées plus aisément in vivo qu'en culture d'organe. Étant donné les changements considérables de composition, de taille et de forme que subit la glande en fonction de l'âge et des périodes des cycles gestation-lactation-involution, il est peu surprenant de découvrir que d'autres facteurs peuvent également influencer de tels changements. L'importance de facteurs comme les interactions cellules-cellules et cellules-matrice extracellulaire n'a pu être perçue tant que n'ont pas été mises au point des cultures de cellules fonctionnelles.

Rôle du stroma
dans le développement de la glande mammaire

Les premières études de biologie du développement ont montré que le mésenchyme mammaire (le stroma non différencié) joue un rôle d'inducteur sur la morphogenèse mammaire normale. Quand le mésenchyme embryonnaire mammaire est reconstitué avec l'épithélium mammaire, la formation de structures ramifiées simples, typiques de la morphogenèse mammaire normale, a lieu. Lorsque le mésenchyme dérive des glandes salivaires, l'épithélium mammaire s'organise en structures ramifiées multiples associées à la glande salivaire [33]. Sakura et al. ont poussé cette étude plus loin [53, 54, 55], en montrant que, lorsque l'épithélium mammaire est remis dans son environnement in vivo, il peut encore synthétiser des protéines du lait. Daniel et al. ont grandement accru notre compréhension du rôle du stroma et de la matrice extracellulaire (MEC) dans le développement postnatal de la glande mammaire [11]. Le fait que la nature du stroma influence intimement la morphologie et la croissance de l'épithélium a été montré par une expérience ingénieuse réalisée par Daniel et al. [12]. Ces auteurs ont injecté du collagène de type I dans un coussinet adipeux et ils ont introduit un fragment de canal mammaire au centre du gel. Le canal s'est alors développé avec des excroissances de cellules épithéliales en forme de pointe tout à fait semblables à ce que d'autres ont pu observer avec des cultures lorsque les cellules sont à l'intérieur d'un gel de collagène flottant [50, 68]. Cependant, lorsque ces structures se sont développées au-delà du collagène et sont entrées au contact du tissu adipeux, des bourgeons terminaux ayant une forme semblable à celle que l'on observe in vivo sont apparus, mettant en évidence le rôle du stroma adipeux pour obtenir une morphogenèse correcte [12]. Il existe peu de faits qui montrent le rôle du stroma sur la différenciation fonctionnelle. Bartley et al. [2] ont montré que les cellules épithéliales influencent le métabolisme des cellules du stroma : les coussinets adipeux seuls gardent un taux élevé de glycogène pendant la lactation tandis que les coussinets mis en présence des cellules épithéliales, chez le même animal, en perdent une bonne partie, tout comme les cellules épithéliales elles-mêmes. Cette observation fait ressortir l'importance des interactions entre tissu in vivo.

A tous les stades du développement de la glande mammaire, les structures ductales et alvéolaires s'appuient sur une membrane basale. Il est possible que les interactions épithélium-stroma in vivo soient médiées par la nature et la composition de la matrice extracellulaire. Les glucosaminoglycanes (GAG) sont considérés comme importants pour la morphogenèse générale du tissu : des GAG sulfatés tels que l'héparine et la chondroïtine sulfatée semblent pouvoir remplacer l'acide hyaluronique GAG non sulfaté quand la croissance organotypique est initiée [3]. Silberstein et Daniel [58] ont mentionné qu'il y avait formation d'une couche basale riche en chondroïtine sulfatée au moment où les bourgeons terminaux se développent en canaux. La nature dynamique de la formation de la membrane basale au cours du développement de la glande a été décrite plus en détail par Williams et Daniel [67]. En règle générale, il est en réalité difficile de déterminer in vivo si la matrice nouvellement formée est le résultat ou la cause de la morphogenèse du tissu.

Rôle de l'interaction cellule-cellule

Les conséquences physiologiques des interactions cellule-cellule dans la glande mammaire ont été étudiées en culture dans quelques laboratoires. La conclusion générale est que les cellules du stroma jouent un rôle crucial dans la réponse aux hormones, pour la présence des récepteurs [25, 26, 41], pour la synthèse et la sécrétion des protéines du lait [37, 66] ainsi que dans la stimulation de la croissance [46]. Il reste à déterminer si de telles interactions sont le résultat de la formation de l'assise membranaire ou si des facteurs solubles jouent aussi un rôle.

Rôle de la matrice extracellulaire

Un aspect des interactions stroma-epithélium in vivo est la formation d'une matrice extracellulaire (MEC) organisée, incluant une assise membranaire là où les deux tissus se rencontrent. Au cours des dix dernières années, la compréhension de ce que sont la structure et la biochimie des macromolécules particulièrement complexes qui forment la MEC a beaucoup progressé [27, 32, 44]. De plus, il est devenu de plus en plus clair que la MEC n'est pas une structure inerte sur laquelle reposent les cellules, mais que, au contraire, elle communique et reçoit des informations structurelles et fonctionnelles qui ont des conséquences profondes sur le comportement normal ou anormal des cellules [5, 6, 7, 28, 31, 65]. En s'inspirant des travaux de Elsdale et Bard [16], de Michaelopoulos et Pitot [43], Emerman et Pitelka [17], puis Emerman et al. [20] ont utilisé du collagène de tendon de queue de rat, utilisé à l'état flottant, pour montrer que la matrice de stroma et un changement dans la forme des cellules provoquent une altération morphologique profonde des cellules épithéliales mammaires en culture. Ces expériences ont profondément influencé notre manière de penser en ce qui concerne la régulation de la croissance, de la morphogenèse et de l'expression des gènes chez les organismes supérieurs. La glande mammaire apparaît comme l'un des exemples les plus frappants de régulation de la différenciation et de la sécrétion des protéines dépendant de la MEC [6, 7, 62, 63, 64]. Au cours des dix dernières années, un certain nombre de laboratoires, y compris les nôtres, ont étudié le rôle des divers éléments de la MEC sur la morphogenèse, la synthèse et la sécrétion des protéines [1, 8, 9, 19, 23, 24, 34, 35, 36, 38, 42, 47, 48, 49, 51, 60, 64]. Les résultats obtenus chez la souris et le rat dans nos deux laboratoires sont résumés ci-dessous.

La MEC influence profondément :

• *Forme et cytostructure des cellules*   Emerman et Pitelka [17] ont obtenu des images de microscopie électronique à balayage et à transmission indiquant la manière dont le gel flottant de collagène de type I modifie la morphologie des cellules mammaires. Des changements aussi spectaculaires se produisent également lorsque les cellules sont cultivées sur des matrices reconstituées [5,38] (Fig. 4-1).

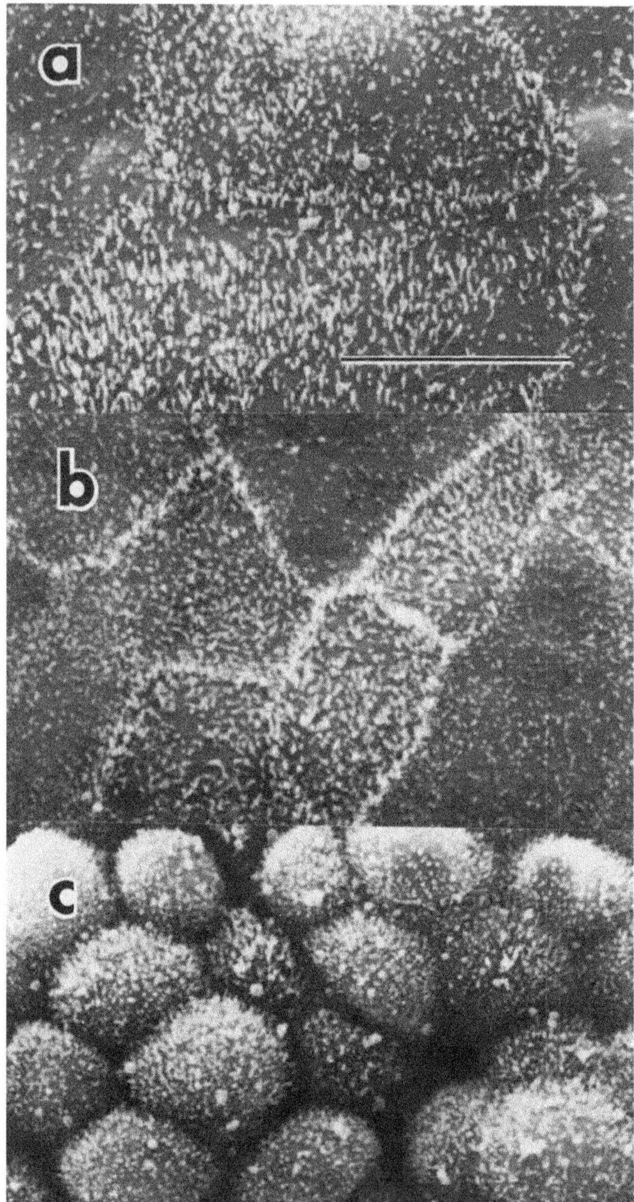

Fig. 4-1   Image en microscopie électronique à balayage des cellules mammaires épithéliales de souris cultivées sur une matrice reconstituée à partir de tumeur de Engelbreth-Holm-Swarm (EHS). Les cellules après 4 jours de culture ont été fixées et préparées pour l'observation. **a :** Sur plastique en présence des hormones lactogènes, les cellules sont plates avec de courtes microvillosités ; **b :** Sur matrice EHS sans hormone, les cellules sont légèrement moins plates (donc, de plus petite taille), mais néanmoins ressemblent aux cellules sur plastique en ce qui concerne la structure de la surface ; **c :** Sur matrice EHS et en présence des hormones, les cellules sont rondes et couvertes de microvillosités [5]. (Les photos a et c ont été publiées dans Li et al., [37] ; la photo b n'est pas publiée). Barre : 10 μm.

• *Attachement et croissance des cellules* Des cellules mammaires primaires de rat s'attachent préférentiellement à des matrices formées de collagène de type IV, plutôt qu'au collagène du stroma (Fig. 4-2a) [62]. Cet attachement est facilité par une glycoprotéine de la membrane basale, la laminine (Fig. 4-2b), qui interagit avec le collagène de type IV de la matrice. Le collagène de type IV facilite également la croissance des cellules mammaires primaires de rat in vitro [62]. Salomon et al. [56] ont montré que le collagène IV de la MEC réduit l'exigence qu'ont les cellules vis-à-vis de l'hydrocortisone et l'EGF en culture, tandis que les agents qui inhibent le dépôt du collagène bloquent la prolifération hormono-induite des cellules mammaires de rat. Ce phénomène se traduit in vivo par une involution du tissu mammaire [39]. Ainsi, la formation et le taux de renouvellement des composants de la MEC peuvent jouer un rôle important dans la croissance et l'involution du tissu mammaire.

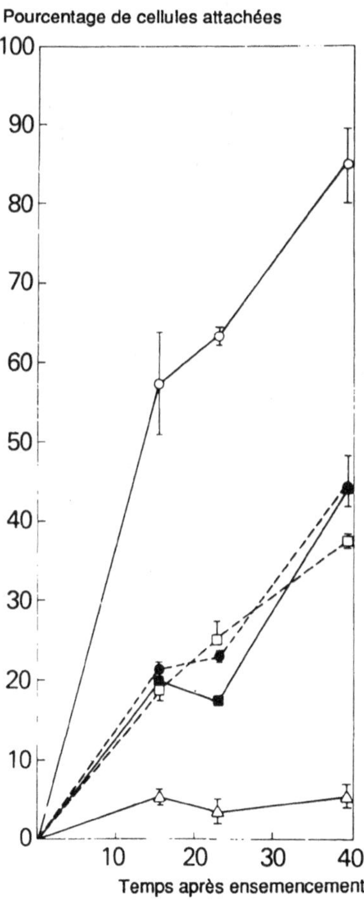

Fig. 4-2a Attachement des cellules mammaires épithéliales normales sur divers supports. Les cellules ont été ensemencées sur les supports indiqués. Le % des cellules attachées a été indiqué en fonction du temps. D'après [62]. Abscisse : temps après ensemencement (heures). (△) plastique bactériologique non traité ; (■) collagène de type I ; (□) collagène de type II ; (●) collagène de type III ; (○) collagène de type IV de tumeur murine.

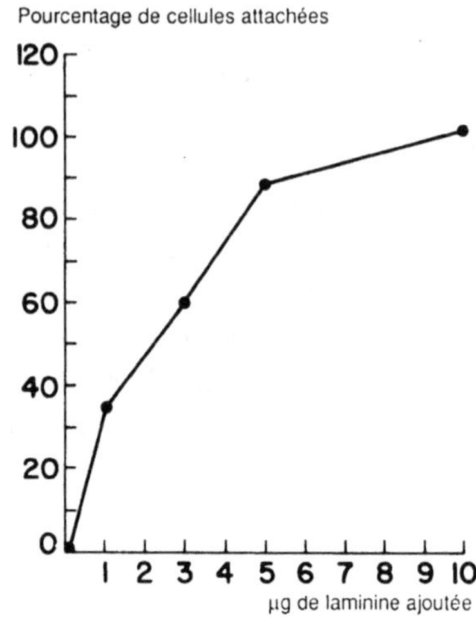

Fig. 4-2b   Effets de la laminine sur l'attachement des cellules mammaires de rat au collagène de type IV. Les boîtes de plastique ont été recouvertes par 10 µg de collagène de type IV et les cellules mammaires de rat ont été incubées pendant 2 heures dans du milieu sans sérum en présence des quantités indiquées de laminine. Le pourcentage d'augmentation de l'attachement est montré en fonction de la concentration de laminine (Wicha et al., non publié).

• *État du métabolisme cellulaire*   Emerman et al. [18] ont montré que la distribution des métabolites du glucose est caractéristique de chaque stade du développement (Fig. 4-3). Ils ont ensuite montré [19] que cette distribution change en fonction du substratum sur lequel sont fixées les cellules. Dans le cas du collagène flottant, elle ressemble à ce que l'on observe dans la glande d'un animal gestant (Tabl. 4-1).

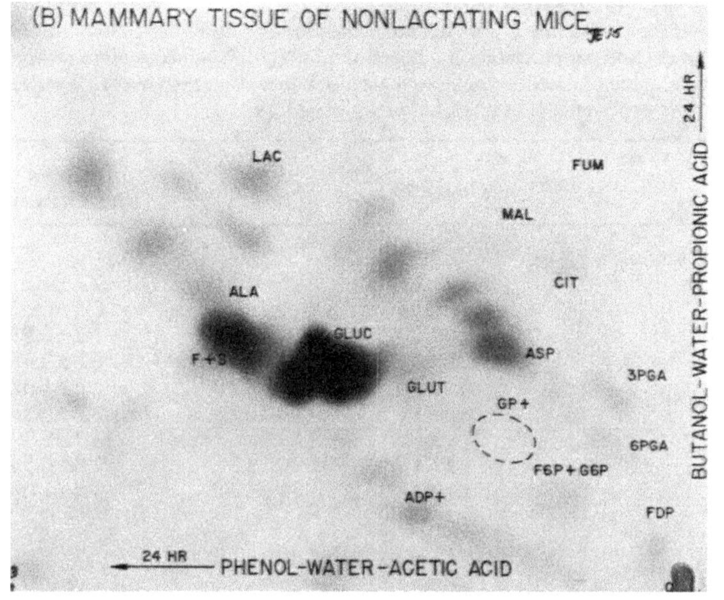

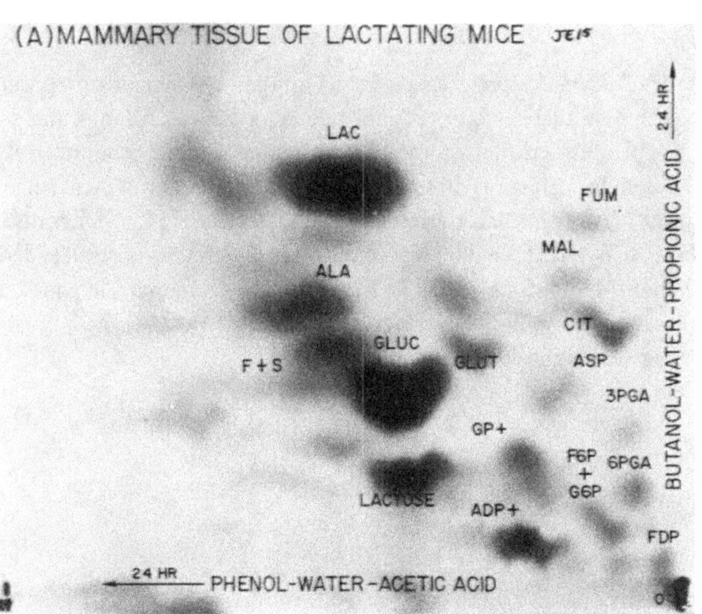

Fig. 4-3   Autoradiogramme des métabolites du glucose séparés par chromatographie sur papier en double dimension. Les cellules épithéliales mammaires d'un animal allaitant (haut) et non allaitant (bas) ont été incubées dans 0,5 ml de [U ^{14}C]-glucose (A.S. finale 30 Ci/mol) pendant 1 heure. O : origines ; FDP : fructose-1,6-disphophate ; HMP : hexose monophosphates ; 6 PGA : 6-phosphogluconate ; GP : α-glycérol phosphate ; 3-PGA : 3-phosphoglycérate ; GP : α-glycérol phosphate ; ASP : aspartate ; CIT : citrate ; MAL : malate ; FUM : fumarate ; GLU : glutamate ; GLN : glutamine ; GLUC : glucose ; S : sorbitol ; F : fructose ; ALA : alanine ; LAC : lactate. D'après [19].

Tableau 4-1 Incorporation de ^{14}C au (U-^{14}C)-glucose dans les métabolites de cellules épithéliales mammaires de souris gestantes et allaitantes cultivées sur gels flottants ou sur plastique (exprimée en n moles[14]C.mg^{-1}protéines.h^{-1}). Au cinquième jour de culture, les cellules sont séparées du gel de collagène et incubées pendant 1 à 2 heures avec le [U-^{14}C]-glucose ; les métabolites sont isolés par chromatographie bidimensionnelle sur papier. Chaque valeur représente la moyenne (±SEM) d'au moins trois expériences. D'après Emerman et al. [19].

Métabolites	Gestantes	Allaitantes	Plastique allaitantes[b]
Intermédiaires métaboliques			
Hexose monophosphate	7.9±1.0	6.4±2.0	2.1±1.7
3-Phosphoglycérate	3.0±1.4	1.4±0.2	0.4±0.3
α-Glycérol phosphate	6.8±1.3	4.8±2.4	1.2±0.8
6-Phosphogluconate	1.1±0.6	1.3±0.7	0.8±0.4
Citrate	8.1±0.5	13.7±2.1	2.2±1.0
Malate	16.7±5.6	8.7±1.4	1.8±0.5
Alanine	31.9±5.8	29.9±3.6	13.1±9.7
Glutamate	13.2±4.7	20.1±3.0	2.3±0.5
Aspartate	5.7±2.1	7.2±1.2	1.4±1.0
Produits métaboliques			
Glycogène	42.4±6.4	39.1±5.4	17±10.2
Lactose[a]	1.6±0.2	2.7±1.9	ND[c]
Lactate[a]	2,198±541	1,507±558	1,231±930

[a] Incluant les valeurs intracellulaires et extracellulaires.
[b] Résultats similaires obtenus avec les cellules de souris gestantes, cultivées sur plastique.
[c] ND : pas détectable.

• *Niveau d'équilibre des ARNm des protéines du lait* Un effet très net des supports sur lesquels sont cultivées les cellules, et en particulier de ceux riches en laminine, sur le niveau des ARNm des protéines du lait, a été observé dans nos deux laboratoires. Sur collagène flottant, les cellules primaires de souris induites synthétisent la β-caséine à un taux élevé, tandis que la WAP (*whey acidic protein*) reste indétectable [34, 35]. Les niveaux sont encore supérieurs (Fig. 4-4) si les cellules reposent sur une matrice reconstituée, dérivée de la tumeur de Engelberth-Holm-Swarm (EHS ; Matrigel). Sur ce support, lorsque l'intégrité des structures tridimentionnelles est préservée, l'ARN de la WAP et la protéine correspondante sont également induits [10].

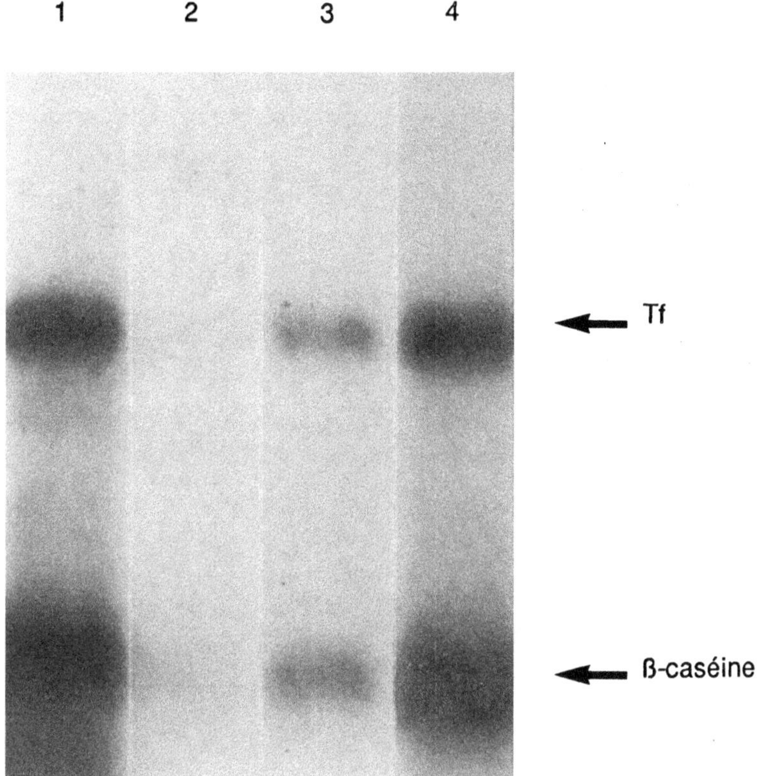

Fig. 4-4   Effet du support de culture sur l'expression des protéines du lait. Les cellules ont été isolées de glandes mammaires de souris gestantes et cultivées en présence des hormones lactogènes sur plastique (colonne 2) EHS (colonne 3) et EHS sur collagène flottant de type I (colonne 4). La colonne 1 contient de l'ARN isolé de glande mammaire de souris allaitante. Après transfert de Northern, le filtre a été sondé simultanément en présence des ADNc marqués par translation de coupure de transferrine (Tf) et de β-caséine. L'ARNm Tf était détectable dans la colonne 2 après une autoradiographie plus longue. D'après [10].

• *Taux de synthèse, stabilité et sécrétion des protéines du lait* L'influence du support sur la synthèse des protéines du lait de rat et sur leur sécrétion est montrée sur la figure 4-5. Le niveau faible de synthèse sur plastique est encore accentué par le fait que la β-caséine endogène (et probablement les autres protéines du lait) subissent une dégradation dans le compartiment intracellulaire [35]. Ainsi, le support sur lequel les cellules reposent affecte également le taux et la destruction des protéines destinées à la sécrétion.

• *Sensibilité aux hormones lactogènes* Il a été démontré dans le système murin que lorsque les cellules sont dans une configuration et un environnement satisfaisants, elles répondent de manière beaucoup plus intense (Fig. 4-6) [35].

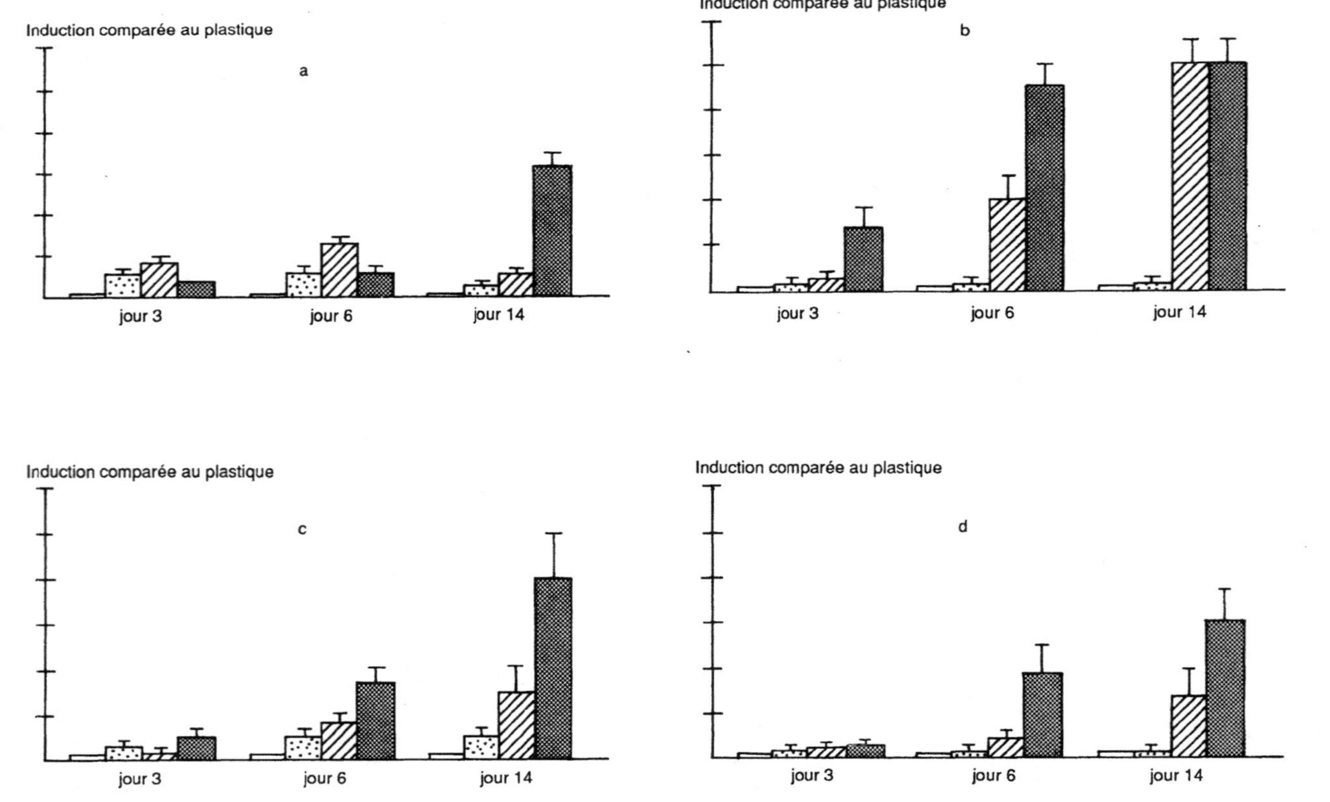

Fig. 4-5 Synthèse de caséine α et d'α-lactalbumine. La quantité moyenne de caséine α induite sur plastique sur les différents supports a été déterminée en intégrant les images des fluorogrammes de 2 à 6 expériences obtenues à partir du milieu **(a)** et des cellules **(b)**. La quantité moyenne d'α-lactalbumine dans le milieu **(c)** et dans les cellules **(d)** est rapportée au nombre de cellules. Les barres indiquent l'erreur standard à la moyenne.
□ : plastique ; ▣ : laminine ; ▨ : collagène flottant ; ▩ : matrice EHS. **a :** caséine-α sécrétée ; **b :** caséine-α dans les cellules ; **c :** α-lactalbumine sécrétée ; **d :** α-lactalbumine dans les cellules. D'après [38].

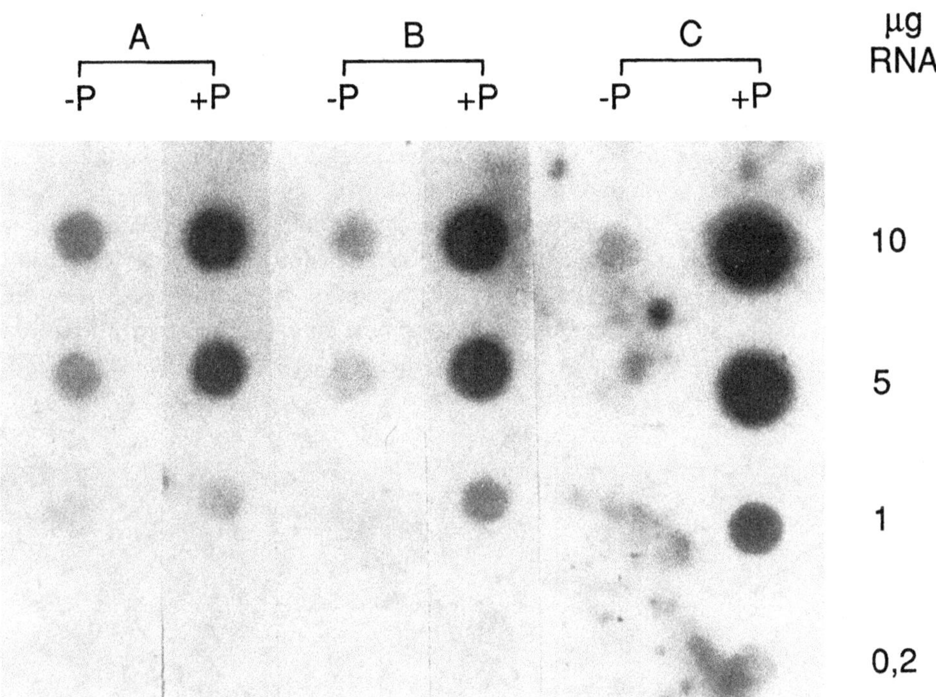

Fig. 4-6 Induction par la prolactine de l'ARNm de la caséine-β dans les cellules épithéliales mammaires de souris. Les cellules ont été cultivées à partir de glande mammaire de souris gestante en présence d'insuline et d'hydrocortisone sur différents supports. La prolactine (3 ng) a été ajoutée après 36 heures. L'ARN a été isolé et séparé selon la méthode décrite par Lee et al., [35]. **A,B,C :** respectivement, cellules sur plastique, sur gel de collagène plat et sur gel de collagène flottant. P : prolactine. En A, B et C, il y a une induction, respectivement de 10, 20 et 50 fois.

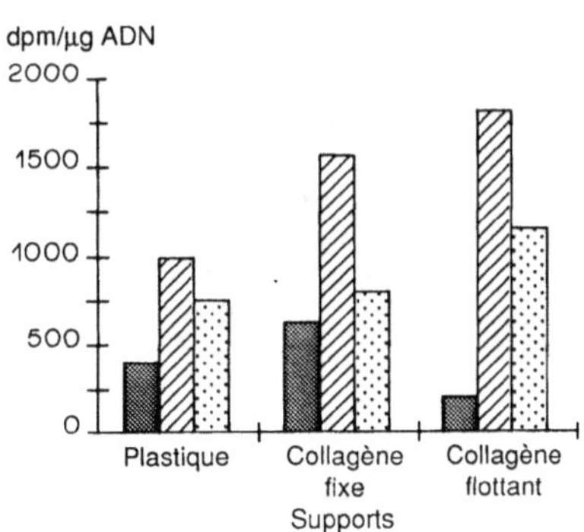

Fig. 4-7 Incorporation des glucosaminoglycanes dans la MEC par les cellules épithéliales mammaires cultivées sur différents supports. Les cellules ont été marquées par la glucosamine tritiée pendant 24 heures. Les glucosaminoglycanes (GAG) ont été extraits de différentes cultures (milieu, MEC, compartiment intracellulaire). Les GAG individuels ont été caractérisés par une chromatographie sur échange d'ions après une dégradation enzymatique sélective ainsi qu'une dégradation à l'acide nitreux. La proportion relative d'acide hyaluronique (HA) ■ rapportée au chondroïtine GAG sulfaté (CS) ◪ et au sulfate d'héparine (HS) ⊞ incorporée dans la MEC est plus élevée sur plastique et sur gel de collagène fixe (des conditions de culture moins fonctionnelles) que sur gel de collagène flottant. D'après [48].

• *Nature et compartimentalisation des glucosaminoglycanes (GAG), présence ou absence de matrice*   Les cellules cultivées sur plastique sécrètent une quantité plus importante d'acide hyaluronique que les cellules cultivées sur collagène flottant. D'autre part, une plus grande proportion d'héparane et de protéoglycanes à chondroïtine sulfaté sont incorporés dans la MEC dans le cas du gel flottant (Fig. 4-7) [48]. Une membrane basale endogène n'est formée que lorsque les cellules sont sur collagène flottant [17] ou sur une matrice préformée [1, 38]. Le dépôt de membrane basale coïncide avec l'accroissement de l'expression des gènes des protéines du lait et avec une diminution de la synthèse des ARNm des composants de la matrice. La membrane basale semble donc favoriser la synthèse et la sécrétion des protéines du lait, mais inhiber la formation de ses propres composants [59].

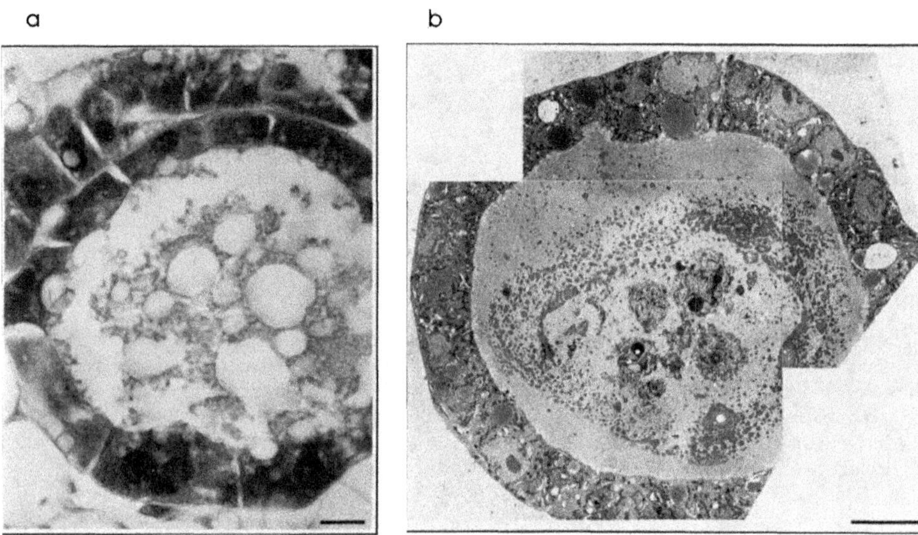

Fig. 4-8   Une matrice induit la formation d'une architecture dans les cellules épithéliales mammaires. a : section transversale à travers une alvéole dans la glande mammaire de souris (inclusion dans la paraffine colorée avec H et E) ; **b :** image en microscopie électronique à travers une structure formée par les cellules dissociées à partir de glande mammaire de souris mi-gestante et cultivées sur une matrice EHS. Barre : 10 μm.

Par ailleurs, sur une matrice de type EHS, les cellules peuvent reformer des structures alvéolaires (Fig. 4-8) et sécréter le lait de manière vectorielle dans la lumière des alvéoles (Fig. 4-9). Le mécanisme par lequel la MEC affecte autant de fonctions de la glande mammaire n'est pas bien compris et il est l'objet d'investigations. Les données acquises sont compatibles avec un modèle qui postule que la MEC exerce son influence via une interaction avec des protéines transmembranaires, qui ont elles-mêmes des connexions avec le cytosquelette et la matrice nucléaire [7, 65]. L'existence de telles protéines transmembranaires liées au cytosquelette a été démontrée par Daniloff et Wicha [40]. L'implication possible du cytosquelette dans la sécrétion du lait a été montrée en premier par Hou-

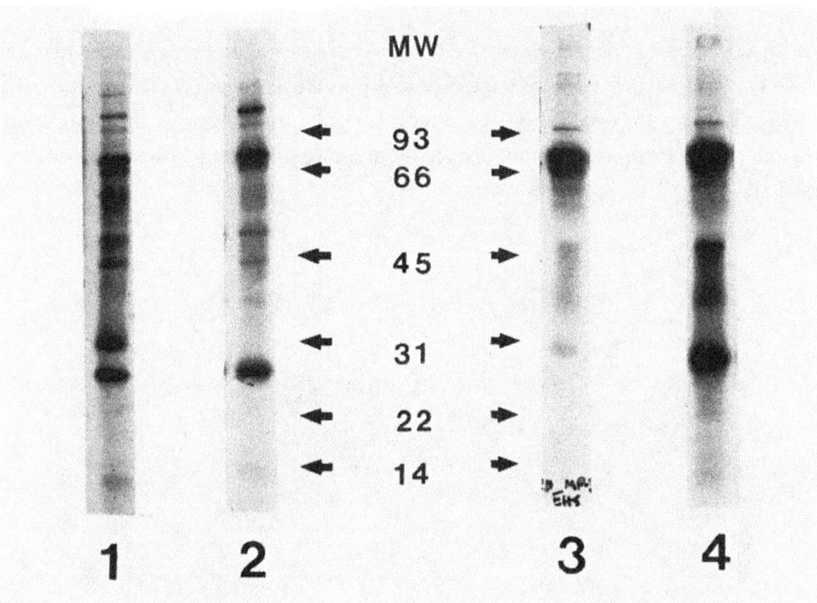

Fig. 4-9   Sécrétion vectorielle des protéines du lait par les cellules épithéliales. Les cellules ont été marquées par la [35S]méthionine. Le milieu et la fraction intra-alvéolaire obtenue par traitement des cellules par 1,2 mM EGTA ont été examinés à l'aide d'une SDS-PAGE électrophorèse. 1 : protéines totales du milieu ; 2 : protéines totales de la fraction intra-alvéolaire ; 3 : protéines du lait immunoprécipitées à partir du milieu ; 4 : protéines du lait immunoprécipitées à partir de la fraction intra-alvéolaire. La transferrine et la lactoferrine (région 66-93 kDa) sont sécrétées dans les deux compartiments tandis que les caséines (région 20-45 kDa) sont sécrétées préférentiellement dans la lumière des alvéoles. MW : poids moléculaire.

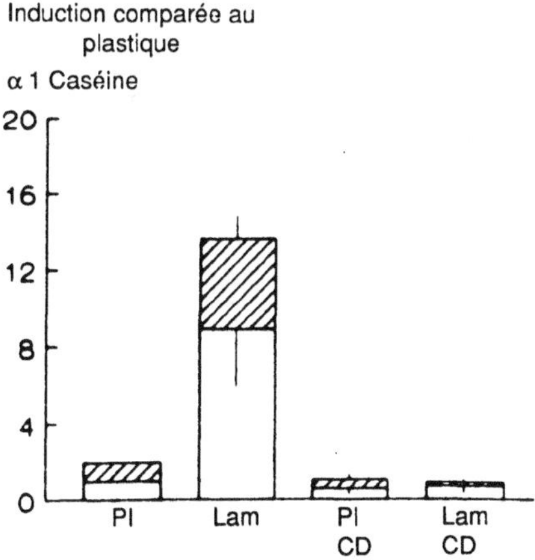

Fig. 4-10   Effet de la cytochalasine D (CD) sur l'expression de la caséine α en présence de laminine (Lam). L'induction moyenne de la caséine α en comparaison avec le plastique (Pl) est montrée en absence ou en présence de cytochalasine D (2 μM). (□) : cellules ; (▨) : milieu. D'après [8].

debine et al. [29, 30]. Des changements dans les protéines associées au cytosquelette en fonction de la composition de la matrice extracellulaire ont été mis en évidence par Hall et Bissel [22]. Plus récemment, Blum et Wicha [8] ont montré que la désagrégation des structures à actine et des microtubules affecte de manière différente la synthèse et la sécrétion du lait (Fig. 4-10 et 4-11).

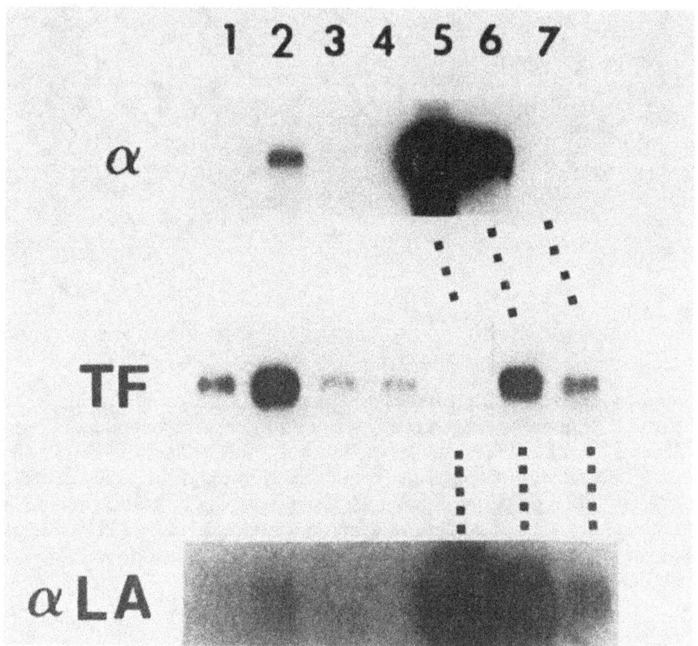

Fig. 4-11   Analyse par transfert de Northern des ARN isolés à partir des cellules mammaires primaires de rat cultivées sur plastique ou sur laminine en présence ou en absence des inhibiteurs du cytosquelette. Les ARN ont été séparés par leur taille sur gel d'agarose après dénaturation par le formol et transférés sur membrane de nitrocellulose. Les ARN ont été mis en évidence par des sondes ADNc spécifiques marquées au ^{32}P, correspondant à la caséine α de rat, la transferrine de rat et à l'α-lactalbumine de souris. Des quantités égales d'ARN (4 μg) ont été déposées dans chaque puits. Colonne 1 : plastique ; colonne 2 : laminine contrôle ; colonne 3 : plastique ; colonne 4 : laminine en présence de cytochalasine D ; colonne 5 : ARN de glande mammaire d'animal allaitant ; colonne 6 : ARN de glande mammaire d'animal traité par la perphénazine ; colonne 7 : ARN de glande mammaire d'animal vierge. D'après [3, 8].

Rosen et al. ont montré il y a quelque temps que la régulation de l'accumulation des ARNm des protéines du lait est essentiellement post-transcriptionnelle [21] bien que des données récentes obtenues à l'aide de lignées cellulaires fonctionnelles indiquent que la prolactine stimule les promoteurs des caséines [14]. La régulation exercée par la MEC est elle-même transcriptionnelle et post-transcriptionnelle avec un rôle majeur de cette dernière [10, 15, 69]. Ziegler et Wicha et Chen et Bissel [10] ont montré que les ARNm de la caséine α et β ainsi que la transferrine se trouvent seulement dans la fraction contenant le cytosquelette, ce qui suggère qu'il existe un lien entre les ARNm et le cytosquelette chez le rat et la souris. Ces auteurs ont de plus observé qu'un traitement par la cytochalasine D augmente très intensément le taux de renouvellement de l'ARNm de la caséine α (de 7 à 1,1 heures) (Fig. 4-12). Ces faits apportent des arguments supplémentaires à l'hypothèse que la stabilité de certains des ARNm des protéines du lait est fonctionnellement liée à la configuration du cytosquelette lorsque les cellules sont liées à une MEC.

En conclusion, il est clair que les hormones lactogènes seules sont insuffisantes pour déclencher la différenciation de la cellule mammaire et que l'association hormones plus MEC joue un rôle crucial dans ce processus. Ainsi, l'unité fonctionnelle dans les organismes

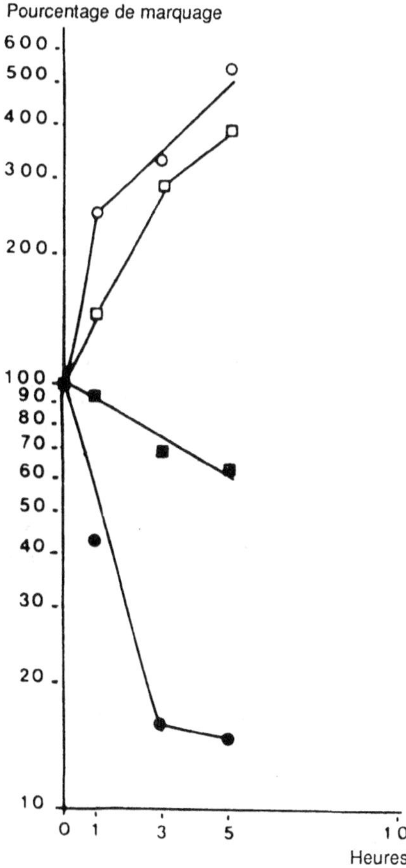

Fig. 4-12   Taux de renouvellement de l'ARNm de la caséine α en présence de cytochalasine D. Les ARN totaux ont été marqués par une incubation des cellules en présence de ^{3}H-uridine pendant 1 heure. La synthèse des ARN a alors été arrêtée par une addition d'uridine "froide" en excès et la culture a été poursuivie pendant plusieurs heures en présence ou en absence de cytochalasine D (2 mM). Les quantités des ARNm de la caséine α (et de l'ARN ribosomal 28S pris comme témoin) marqués ont été mesurées par hybridation avec des sondes spécifiques. (■) ARNm de la caséine α en absence de cytochalasine D ; (□) ARN ribosomal 28S ; (●) ARNm de la caséine α en présence de cytochalasine D ; (○) ARN ribosomal 28S.

supérieurs doit être considérée comme étant composée des cellules et leur MEC [6]. Le champ des interactions cellule-MEC est en expansion rapide. Dans le courant des dix prochaines années, nous devrions être capables de démontrer plus précisément les mécanismes par lesquels les signaux sont transduits à partir de la MEC pour réguler la morphologie et la fonction de la glande mammaire.

Remerciements   Le travail de M.J. Bissel a reçu le soutien financier de l'Office of Health and Environment Research of the US Department of Energy (contrat n° DE-AC03 76SF00098 avec l'Université de Californie) et le soutien financier de Monsanto Company. Le travail de M.S. Wicha a reçu le soutien financier des contrats GM - 37091 et F32HD - 06710 du National Institute of Health et du contrat BC-357 de l'American Cancer Society. Les auteurs remercient Cynthia Long pour son aide efficace de secrétariat.

RÉFÉRENCES

1. BARCELLOS-HOFF MH, AGGELER J, RAM TG, BISSEL MJ (1988) Functional differentiation coincides with alveolar morphogenesis in primary mammary epithelial cells cultured on a reconstituted basement membrane. *Development* (in press)

2. BARTLEY JC, EMERMAN JT, BISSEL MJ (1981) Metabolic cooperativity between mammary epithelial cells and adipocytes of mice. *Am J Physiol* **241** : C204-C208

3. BERNFIELD M, BANERJEE SD, KODA JE, RAPRAEGER AC (1984) Remodeling of the basement membrane as a mechanism for morphogenetic tissue interaction. *In* RL Trelstad (ed) : *The role of the extracellular matrix in development*. Alan R Liss, New York, pp. 545-572

4. BISSEL MJ (1981) The differentiated state of normal and malignant cells and how to define a normal cell in culture. *Int Rev Cytol* **70** : 27-100

5. BISSEL MJ, AGGELER J (1987) Dynamic reciprocity : how do extracellular matrix and hormones direct gene expression ?. *In* MC Cabot, WL McKeehan (eds) : *Mechanisms of signal transduction by hormones and growth factors*. Alan Liss, NY, pp. 251-262

6. BISSEL MJ, HALL HG (1987) Form and function in the mammary gland : The role of extracellular matrix ; *In* M Neville, C Daniel (eds) : *The mammary gland : development regulation and function*. Plenum Publish, New York, pp. 97-146

7. BISSEL MJ, HALL HG, PARRY G (1982) How does the extracellular matrix direct gene expression ? *J Theor Biol* **99** : 31-68

8. BLUM JL, WICHA MS (1988) Role of the cytoskeleton in laminin induced mammary gene expression. *J Cell Physiol* **135** : 13-22

9. BLUM JL, ZEIGLER ME, WICHA MS (1987) Regulation of rat mammary gene expression by extracellular matrix components. *Exp Cell Res* **173** : 322-340

10. CHEN LH, BISSEL MJ (1987) Transferrin mRNA level in the mouse mammary gland is regulated by pregnancy and extracellular matrix. *J Biol Chem* **262** : 17247-17250

11. DANIEL CW, SILBERSTEIN GB (1987) Postnatal development in the rodent mammary gland. *In* MC Neville, CW Daniel (eds) : *The mammary gland : development, regulation and function*. Plenum Publish, New York, pp. 97-146

12. DANIEL CW, BERGER JJ, STRICKLAND P, GARCIA R (1984) Similar growth patterns of mouse mammary cells cultivated in collagen matrix in vivo and in vitro. *Dev Biol* **104** : 52-64

13. DEMBINSKI TC, SHIU RPC (1987) Growth factors in mammary gland development and function. *In* MC Neville, C Daniel (eds) : *Mammary gland : development, regulation and function.* Plenum Publish, New York, pp. 335-381

14. DOPPLER W, GRONER B, BALL RK (1988) Prolactin and glucocorticoid hormones synergistically induce expression of transfected rat β-casein gene promoter constructs in a mammary epithelial cell line. *Proc Natl Acad Sci USA* **85** : (in press)

15. EISENSTEIN RSK, ROSEN JM (1988) Both cell substratum regulation and hormonal regulation of milk protein gene expression are exerted primarily at the post transcriptional level. *Mol Cell Biol* **8** : 3183-3190

16. ELSALE T, BARD J (1972) Collagene substrata for studies of cell behavior. *J Cell Biol* **54** : 626-637

17. EMERMAN JT, PITELKA DR (1977) Maintenance and identification of morphological differentiation in dissociated mammary epithelium on floating collagen membranes. *In Vitro* **13** : 316-328

18. EMERMAN JT, BARTLEY JC, BISSEL MJ (1980) Interrelationship of glycogen metabolism and lactose synthesis in mammary epithelial cells of mice. *Biochem J* **192** : 695-702

19. EMERMAN JT, BARTLEY JC, BISSEL MJ (1981) Glucose metabolite patterns as markers of functional differentiation in freshly isolated and cultured mouse mammary epithelial cells. *Exp Cell Res* **134** : 241-250

20. EMERMAN JT, ENAMI J, PITELKA D, NANDI S (1977) Hormonal effects on intracellular and secreted casein in cultures of mouse mammary epithelial cells on floating collagen membranes. *Proc Natl Acad Sci USA* **74** : 4466-4470

21. GUYETTE WA, MATURIK RK, ROSEN JM (1979) Prolactin mediated transcriptional and posttranscriptional control of gene expression. *Cell* **17** : 1013-1023

22. HALL HG, BISSEL MJ (1986) Characterization of the intermediate filament proteins of murine mammary gland cells. *Exp Cell Res* **162** : 379-389

23. HALL HG, FARSON DA, CHIN S, BISSEL MJ (1982a) Extracellular matrix and morphogenesis : Collagen overlay induces lumen formation by epithelial cell lines. *In* SP Hawkes, J Wang (eds) : *The extracellular matrix.* Academic Press, pp. 233-238

24. HALL HG, FARSON DA, BISSEL MJ (1982b) Lumen formation by epithelial cell lines in response to collagen overlay : A morphogenetic model in culture. *Proc Natl Acad Sci USA* **79** : 4672-4676

25. HASLAM SZ (1986) Mammary fibroblast influence on normal mouse mammary epithelial cell response to estrogen in vitro. *Cancer Res* **46** : 310-316

26. HASLAM SZ, LEVELY ML (1985) Estradiol responsiveness of normal mouse mammary cells in primary cell culture : association of mammary fibroblast with estradiol regulation of progesterone receptors. *Endocrinology* **116** : 1835-1841

27. HASSELL JR, LEYSHON WC, LEDBETTER SR, STYREE B, SUZUKI S, KATO M, KIMATA K, KLEINMAN HK (1985) Isolation of two forms of basement membrane proteoglycans. *J Biol Chem* **260** : 8098-8105

28. HAY ED (1981) *Cell biology of extracellular matrix.* Plenum Press, New York

29. HOUDEBINE LM, DJIANE J, DUSANTER-FOURT I, MARTEL P, KELLY PA, DEVINOY E, SERVELY JL (1985) Hormonal action controlling mammary activity. *J Dairy Sci* **68** : 489-500

30. HOUDEBINE LM, DJIANE J, TEYSSOT B, SERVELY JL, KELLY PA, DELOUIS C, OLLIVIER-BOUSGUET M, DEVINOY E (1983) Prolactin and casein gene expression in the mammary cell. *In* KW McKerns (ed) : *Regulation of gene expression by hormones*, pp. 71-92

31. INGBER DE, JAMIESON JD (1985) Cells as tensegrity structures : Architectural regulation of histodifferentiation by physical forces transduced over basement membrane. *In* LC Anderson, CG Gahmberg, P Ekblom (eds) : *Gene expression during normal and malignant differentiation.* Academic Press, Orlando (FL), pp. 13-32

32. KLEINMAN HK, McGARVEY ML, HASSELL JR, STAR VL, CANNON FB, LAURIE GW, MARTIN GR (1986) Basement membrane complexes with biological activity. *Biochemistry* **25** : 312-318

33. KRATOCHWILL K (1969) Organ specificity in mesenchymal induction demonstrated in the embryonic development of the mammary gland in the matrix. *Dev Biol* **20** : 46-71

34. LEE EYH, PARRY G, BISSEL MJ (1984) Modulation of secreted proteins of mouse mammary epithelial cells by the extracellular matrix. *J Cell Biol* **98** : 146-155

35. LEE EYH, LEE WH, KAETZEL CS, PARRY G, BISSEL MJ (1985) Interaction of mouse mammary epithelial cells with the collagenous substrata : Regulation of casein gene expression and secretion. *Proc Natl Acad Sci USA* **82** : 1419-1423

36. LEE EYH, BARCELLOS-HOFF MH, CHEN LH, PARRY G, BISSEL MJ (1987) Transferrin is a major mouse milk protein and is synthesized by mammary epithelial cells. *In Vitro Cell Dev Mol Biol* **23** : 221-226

37. LEVINE JF, STOCKDALE FE (1985) Cell-cell interactions promote mammary epithelial cell differentiation. *J Cell Biol* **100** : 1415-1422

38. LI ML, AGGELER J, FARSON DA, HATIER C, HASSELL J, BISSEL MJ (1987) Influence of a reconstituted basement membrane and its components on casein gene expression and secretion in mouse mammary epithelial cells. *Proc Natl Acad Sci USA* **84** : 136-140

39. LIOTTA LA, WICHA MS, FOIDART JM, RENNARD SI, GARBISA S, KIDWELL WR (1979) Hormonal requirements for basement membrane collagen deposition by cultured rat mammary epithelium. *Lab Invest* **41** : 511-518

40. MALINOFF HL, WICHA MS (1983) Isolation of a cell surface receptor protein for laminin from murine fibrosarcoma cells. *J Cell Biol* **96** : 1475-1479

41. McGRATH CM (1983) Augmentation of the response of normal mammary epithelial cells to estradiol by mammary stroma. *Cancer Res* **43** : 1355-1360

42. MEDINA D, LI ML, OBORN CJ, BISSEL MJ (1987) Casein gene expression in mouse mammary epithelial cell lines : Dependence upon extracellular matrix and cell type. *Exp Cell Res* **172** : 192-203

43. MICHAELOPOULOS G, PITOT HC (1975) Primary cultures of parenchymal liver cells or collagen membranes. *Exp Cell Res* **94** : 70-78

44. MILLER EJ, GAY S (1987) The collagens : an overview and update. *Meth Enzymol* **144** : 3

45. NEVILLE MC, NEIFERT MR (1983) An introduction to lactation and breast-feeding. *In* MC Neville, MR Neifert (eds) : *Lactation, physiology, nutrition and breast-feeding.* Plenum Press, New York, pp. 3-18

46. OKA T, YOSHIMURA M (1986) Paracrine regulation of mammary growth. *Clin Endocrinol Metab* **15** : 79-97

47. PARRY G, LEE EYH, BISSEL MJ (1982) Modulation of the differentiated phenotype of cultured mouse mammary epithelial cells by collagen substrata. *In* SP Hawkes, J Wang (eds) : *The extracellular matrix.* Academic Press, pp. 303-308

48. PARRY G, LEE EYH, FARSON D, KOVAL M, BISSEL MJ (1985) Collagenous substrata regulate the nature and distribution of glycosaminoglycans producted by differentiated cultures of mouse mammary epithelial cells. *Exp Cell Res* **156** : 487-499

49. PARRY G, CULLEN B, KAETZEL CS, KRAMER R, MOSS V (1987) Regulation of differentiation and polarized secretion in mammary epithelial cells maintained in culture : Extracellular matrix and membrane polarity influences. *J Cell Biol* **105** : 2043-2051

50. RICHARDS J, GUZMAN R, KONRAD M, YANG J, NANDI S (1982) Growth of mouse mammary end buds cultured in a collagen gel matrix. *Exp Cell Res* **141** : 433-443

51. ROCHA V, RINGO DL, READ DB (1985) Casein production during differentiation of mammary epithelial cells in a collagen gel culture. *Exp Cell Res* **159** : 201-210

52. ROSEN JM, RODGERS JR, COUCH CH, BISBEE CA, DAVID-INOUYE Y, CAMPBELL SM, YU-LEE LY (1986) Multihormonal regulation of milk protein gene expression. *In* R Hanson, A Goodridge

(eds) : *Metabolism regulation, application of recombinant DNA techniques*. New York Academy of Science, New York, **478** : 63-76

53. SAKURA T, NISHIZUKA Y, DAWE CJ (1976) Mesenchyme-dependent morphogenesis and epithelium specific cytodifferentiation in mouse mammary gland. *Science* **194** : 1439-1441

54. SAKURA T, NISHIZUKA Y, DAWE CJ (1979a) Capacity of mammary fat pads of adult C3H/HeMo mice to interact morphogenetically with fetal mammary epithelium. *J Natl Cancer Inst* **63** : 733-736

55. SAKURA T, SAKAGANI Y, NISHIZUKA Y (1979b) Persistence of responsiveness of adult mouse mammary gland to induction by embryonic mesenchyme. *Dev Biol* **72** : 200-210

56. SALOMON DS, LIOTTA LA, KIDWELL WR (1981) Differential response to growth factor by rat mammary epithelium plated on different collagen substrata in serum-free medium. *Proc Natl Acad Sci USA* **78** : 382

57. SHAPER JH, PARDOLL DM, KAUFFMAN SH, BARRACK ER, VOGELSTEIN B, COFFEY DS (1979) The relationship of the nuclear matrix to cellular structure and function. *In* G Weber (ed) : *Advances in enzyme regulation* (vol. 17). Pergamon Press, New York, pp. 213-248

58. SILBERSTEIN GB, DANIEL CW (1982) Glycosaminoglycans in the basal lamina and extracellular matrix of the developing mouse mammary duct. *Dev Biol* **90** : 215-222

59. STREULI CH, RAM TG, ALBARIAN DC, BISSELL MJ (1988) Basement membrane involvement in mammary gland differentiation. *J Cell Biol* **107** : 663a

60. SUARD YML, HAEUTPLE MT, FARINON E, KRAEHENBUHL JP (1983) Cell proliferation and milk protein gene expression in rabbit mammary cell cultures. *J Cell Biol* **96** : 1435-1442

61. TOPPER YJ, FREEMAN CS (1980) Epidermal growth factor requirement for developmental biology of the mammary gland. *Physiol Res* **60** : 1049-1106

62. WICHA MS, LIOTTA LA, CARBISA S, KIDWELL WR (1979) Basement membrane collagen requirements for attachment and growth of mammary epithelium. *Exp Cell Res* **124** : 181-190

63. WICHA MS, LIOTTA LA, VONDERHAAR BK, KIDWELL WR (1980) Effects of inhibition of basement membrane collagen deposition on rat mammary gland development. *Dev Biol* **80** : 253-266

64. WICHA MS, LOWRIE G, KOHN E, BAGAVANDON P, MAHN T (1982) Extracellular matrix promotes mammary epithelial growth and differentiation in vitro. *Proc Natl Acad Sci USA* **79** : 3213-3217

65. WICHA MS (1984) Interaction of rat mammary epithelium with extracellular matrix components. *In* (editor) : New approaches to the study of benign prostatic hyperplasia. Alan R Liss, New York, pp. 129-142

66. WIENS D, PARK CS, STOCKDALE FE (1987) Milk protein expression and ductal morphogenesis in the mammary gland in vitro : Hormone-dependent and independant phases of adipocyte-mammary epithelial cell interaction. *Dev Biol* **120** : 245-258

67. WILLIAMS JM, DANIEL CW (1983) Mammary ductal elongation : Differentiation of myoepithelium and basal lamina during branching morphogenesis. *Dev Biol* **97** : 274-290.

68. YANG J, RICHARDS J, GUZMAN R, IMAGAWA W, NANDI S (1980) Sustained growth in primary culture of normal mammary epithelial cells embedded in collagen gels. *Proc Natl Acad Sci USA* **77** : 2088-2092

69. YU-LEE LY, ROSEN JM (1988) A transfected α-casein mini-gene bypasses postranscriptional control by hormones, but retains cells-substratum regulation in mammary epithelial cells. *Mol Endocrinol* **2** : 431-443

5

Tumeurs mammaires et virus oncogènes MMTV

P. Hainaut, M. Crépin

Introduction

La mise en évidence par Bittner, en 1936, d'un facteur extrachromosomique transmis par le lait comme agent causal des tumeurs mammaires apparaissant chez la souris a doté l'oncologie d'un véritable fil d'Ariane pour cartographier au niveau moléculaire une pathologie caractérisée par l'implication de nombreux facteurs génétiques, hormonaux et environnementaux. Aujourd'hui, s'il est clair que la plupart des tumeurs du sein de la femme n'ont pas d'origine virale comparable à celle observée chez la souris, l'étude de la biologie du virus du cancer mammaire de la souris (MMTV) constitue une des voies d'approche les plus prometteuses pour comprendre comment une cellule mammaire peut échapper au réseau complexe des régulations dont elle fait l'objet pour s'engager dans la voie du processus cancéreux. De plus, ce virus, ou de très proches parents, a laissé des traces génétiques chez d'autres organismes que la souris, puisqu'il existe dans le génome de la plupart des mammifères, dont l'homme, des séquences provirales endogènes apparentées à MMTV et dont certaines au moins sont susceptibles de s'exprimer.

Enfin, la démonstration toute récente que le virus HIV, agent étiologique du SIDA, peut être transmis par le lait de la mère au nourrisson renforce l'intérêt du virus MMTV comme système-modèle pour l'approche expérimentale d'importantes pathologies humaines [51].

Virion

Organisation

Le principal obstacle à l'étude du MMTV est l'absence d'un test d'infectiosité in vitro approprié. Son implantation dans les cellules en culture est en effet très délicate à réaliser, ce qui reflète son tropisme sélectif et surtout l'impossibilité actuelle de propager in vitro la cellule-cible adéquate. La plupart des études structurales ont donc utilisé du virus produit in vivo principalement par des tumeurs.

Observés par contraste négatif, les virions apparaissent pléïomorphes et ont un diamètre moyen de 100-120 nanomètres (nm) (Fig. 5-1a). Cette forme irrégulière résulte des modifications que cette technique d'observation provoque au niveau de l'enveloppe lipoprotéique, à la surface de laquelle on observe un réseau serré de projections glycoprotéiques qui présentent une symétrie hexagonale [21].

Certaines particules virales sont pénétrées par l'agent contrastant : on y distingue le nucléoïde interne dont la structure est beaucoup plus régulière. En coupe ultrafine, il a un diamètre de 60 nm, est dense aux électrons, est entouré d'une fine structure plus claire ayant l'aspect d'une membrane et est localisé en position excentrique au sein de l'enveloppe virale. Sa symétrie est mal définie (Fig. 5-1b).

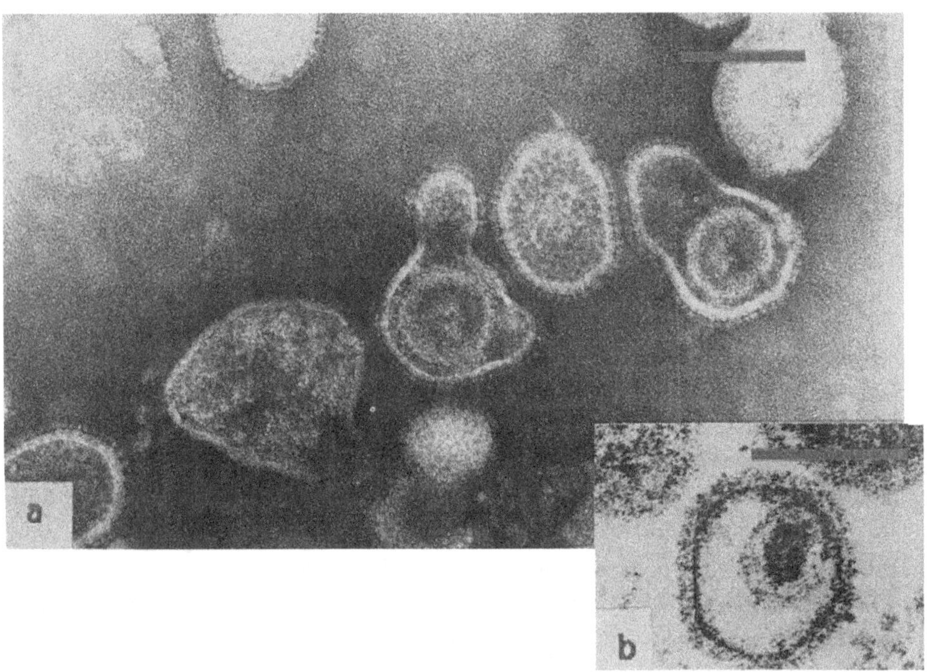

Fig. 5-1   Virions observés au microscope électronique après coloration par contraste négatif (a) et en coupe ultrafine (b). L'échelle représente 100 nm. (a) : cliché Dr Calberg-Bacq, Université de Liège ; (b) : cliché Dr Hageman, NCI, Amsterdam.

Quel que soit le matériel de départ, le virus peut être purifié par centrifugation isopycnique, généralement couplée à une centrifugation zonale [67]. La densité observée du matériel viral varie légèrement en fonction de la méthodologie utilisée. En gradient de saccharose, celle des nucléoïdes isolés est de 1,28 [163] et celle des particules virales intactes de 1,17 [95]. La composition chimique globale du matériel de densité 1,17 se répartit comme suit : ARN 1,9 %, protéines : 68 %, hydrates de carbone : 3,5 % et lipides : 27 % [95]. La structure du génome viral est typique de celle des rétrovirus en général [15]. L'ARN a un coefficient de sédimentation de 60-70 S et une masse moléculaire relative (Mr) de 6,45 10^6 [47]. Purifié, il se présente sous la forme de deux sous-unités ayant chacune un coefficient de sédimentation de 35 S et une Mr de 2,93 10^6. La forme 60-70 S constitue donc vraisemblablement un complexe où les deux sous-unités sont associées par des liaisons hydrogènes à leurs extrémités 5' comme Bender et Davidson [11] l'ont établi pour d'autres rétrovirus. Chacun de ces ARN est polyadénylé à l'extrémité 3' [149] et il est hautement probable qu'une structure *cap* constituée de 5'mG⁷pppGm soit présente à l'extrémité 5' [108]. Il s'agit donc, sur le plan structural, d'ARN messagers (Fig. 5-2).

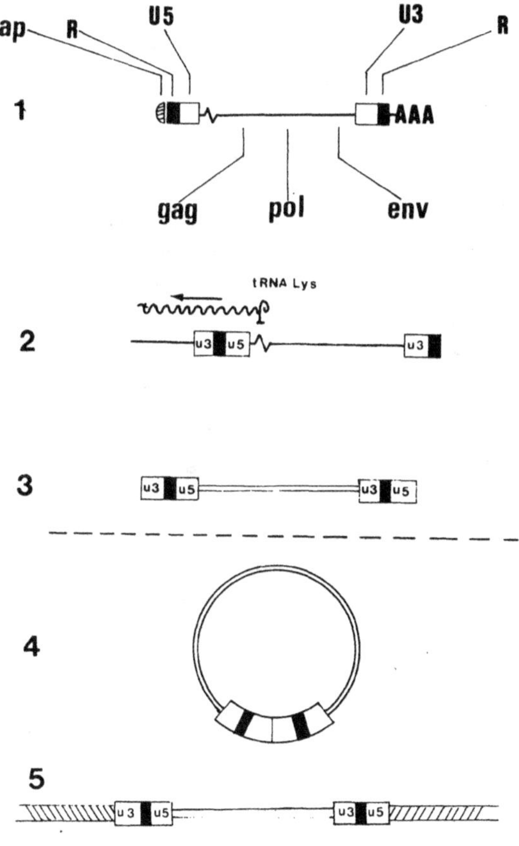

Fig. 5-2 **Premières étapes de la réplication des rétrovirus.** 1. génome viral, ARN (+) monocaténaire ; 2. début de la synthèse d'ADN (−) à partir de l'amorce ARNt Lys ; 3. copie ADN double chaîne ; 4. circularisation et passage dans le noyau ; 5. copie ADN double chaîne intégrée dans le génome de l'hôte (provirus). D'après Michalides et Nusse [108], Dubois-Dalcq et al [45].

La transcriptase inverse est associée à ce génome au sein du nucléoïde. Cette enzyme caractéristique des rétrovirus a été découverte par Baltimore [10] et Temin et Mizutani [169] et identifiée dans le MMTV par Schlom et Spiegelman en 1971 [150]. Sur le plan quantitatif, c'est un constituant mineur du virion, l'estimation la plus précise suggérant la présence d'au maximum soixante-dix molécules par particule virale [129]. La transcriptase inverse de MMTV se distingue de celles des autres rétrovirus murins par sa préférence pour le cation Mg^{++} au lieu de Mn^{++} [34, 100]. Cette caractéristique a permis d'établir un test de détection de MMTV dans un milieu où des virus de type C sont également présents [41].

Réplication et assemblage

Lorsque le virus infecte une cellule appropriée, la transcriptase inverse qu'il emporte avec lui va recopier le génome viral ARN (+) en un ADN double chaîne qui s'intègre dans le génome selon un processus tout à fait généralisé chez les rétrovirus (Fig. 5-3). La synthèse d'ADN (−) débute en un site localisé à approximativement 130 nucléotides de l'extrémité 5' de l'ARN viral [156], grâce à une amorce ARNt Lys [133]. Elle progresse vers l'extrémité 3' du même ARN sous forme circulaire ou bien sur celle de l'autre ARN génomique empaqueté dans le même virion. Cette étape est rendue possible par l'existence de séquences directement répétées (R dans la figure 5-2) aux deux extrémités de l'ARN viral. Ce dernier, grâce à une activité RNasique virale, est progressivement détruit au cours de la synthèse d'ADN (−), qui à son tour sert de matrice pour la synthèse de l'ADN (+) complémentaire. L'ADN viral double chaîne migre alors vers le noyau de la cellule-hôte, où il prend une forme circulaire avant d'être intégré dans le génome selon des mécanismes mal connus, mais qui impliquent une activité endonucléasique virale (intégrase) et des interactions précises entre l'ADN de l'hôte et les séquences répétitives flanquant l'ADN viral [190]. Sous sa forme intégrée, le génome viral, appelé provirus, a une longueur approximative de 9 kb et possède la structure suivante (Fig. 5.3a) :

● DR : *(direct repeat)*. Les deux extrémités du provirus MMTV sont flanquées de courtes régions cellulaires directement répétées (six paires de bases), qui sont différentes pour chaque site d'intégration connu. Elles résultent de la duplication d'une zone unique de l'ADN cellulaire intervenant lors du processus d'intégration [93].

● LTR : *(long terminal repeat)*. De longues régions répétitives (1 332 bp) constituent les deux extrémités du provirus. Elles n'existent pas en tant que telles dans l'ARN viral, et résultent de la duplication, lors de la transcription en ADN, des séquences uniques situées à l'extrémité 3' ou 5' de l'ARN viral sur l'extrémité opposée du provirus. Chacune contient, dans l'ordre, des segments baptisés IR, U_3, R, U_5 et IR.

— IR *(inverted repeat)* est une courte séquence de six bases inversement répétées aux extrémités du LTR.

— U_3 *(unique 3' region)* est une longue région de 1 190 bp, qui contient, outre de nombreux signaux régulateurs (boîte TATA, site de polyadénylation, site du *cap*), un site d'interactions particulières déterminant la sensibilité de la transcription du provirus aux glucocorticoïdes [142].

— R *(short repeat region)* correspond à la petite région (dix nucléotides) directement répétée qui constitue les deux extrémités de l'ARN viral [87, 185].

— U_5 *(unique 5' région)* est le segment du génome viral situé entre la région R et le site d'ancrage de l'amorce ARNt Lys nécessaire à la synthèse du brin ADN (—) (PB, *primer binding site*) [133, 189].

Tous les rétrovirus possèdent des LTR organisés selon ce modèle, mais ceux de MMTV sont particulièrement longs. L'étude de leur séquence a révélé l'existence dans la région U_3 d'une séquence codante *(open reading frame)* susceptible d'être dans le LTR de droite le support de la synthèse d'un polypeptide de Mr 36 000 *(Orf)* [44, 50, 86].

• L *(leader region)* est une séquence non codante située juste en amont des gènes correspondant aux protéines de structure du virus. Elle contient entre autres un site particulier (d'une longueur approximative de 20 bp) appelé site d'emballage *(packaging site)* [97] qui détermine l'encapsidation de l'ARN viral.

• *Gag-pol-env* sont les gènes de structure qui codent pour, respectivement, les protéines internes *(gag*, pour *group specific antigen)*, pour l'ADN-polymérase ARN-dépendante et les activités RNAsique et endonucléasique qui lui sont associées *(pol)* et pour les polypeptides constitutifs des glycoprotéines d'enveloppe *(env)*.

La transcription du provirus fait vraisemblablement appel à l'ARN-polymérase II cellulaire [154]. Dans le cytoplasme des cellules productrices de virus, trois espèces d'ARNm viraux peuvent être décelées (Fig. 5-3). La plus grande (7,8 kb) a un coefficient de sédimentation de 35 S et correspond à la totalité du génome viral. Les deux autres ont une

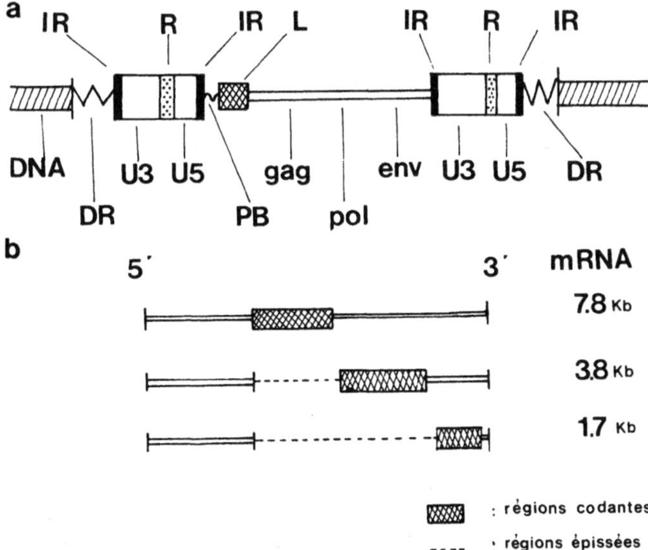

Fig. 5-3   Structure générale d'un provirus MMTV (a) et des ARNm qui résultent de son expression (b). Les différentes portions du provirus ne sont pas à la même échelle. D'après Michalides et al. [110].

longueur de 3,8 kb (24 S) et de 1,7 kb, et correspondent respectivement à l'information *env* et *orf* [46, 146, 191]. Ces deux messagers subgénomiques sont dérivés de l'ARNm 35 S par un processus d'épissage qui implique l'élimination des séquences codant pour l'information *gag-pol* dans le cas de l'ARNm 24 S et pour *gag-pol-env* dans le cas de l'ARNm de 1,7 kb. Dans les deux cas, cependant, le site d'épissage du côté 5' est le même et est situé à 153 nucléotides en aval de l'extrémité 3' du LTR de gauche [50]. La traduction de ces ARNm aboutit à la synthèse des précurseurs des différents polypeptides viraux. L'ARNm 35 S sert de support à la synthèse des protéines *gag* et *pol*. Celles-ci, dans la plupart des systèmes rétroviraux, résultent du découpage d'un grand précurseur contenant l'information *gag* et *pol* (Pr$^{gag-pol}$).

Dans le cas de MMTV, un polypeptide de Mr 160 000, produit de traduction primaire de l'ARNm 35 S, est candidat à ce rôle, mais les modalités de son découpage pour donner naissance à la transcriptase inverse mature de Mr 105 000 ne sont pas élucidées [102]. L'enzyme a été alternativement décrite comme étant constituée d'une seule [41] ou de deux [100] sous-unités. Sa structure détaillée reste un sujet de controverse que les données récentes sur la séquence nucléotidique du gène *pol* de MMTV devraient aider à résoudre.

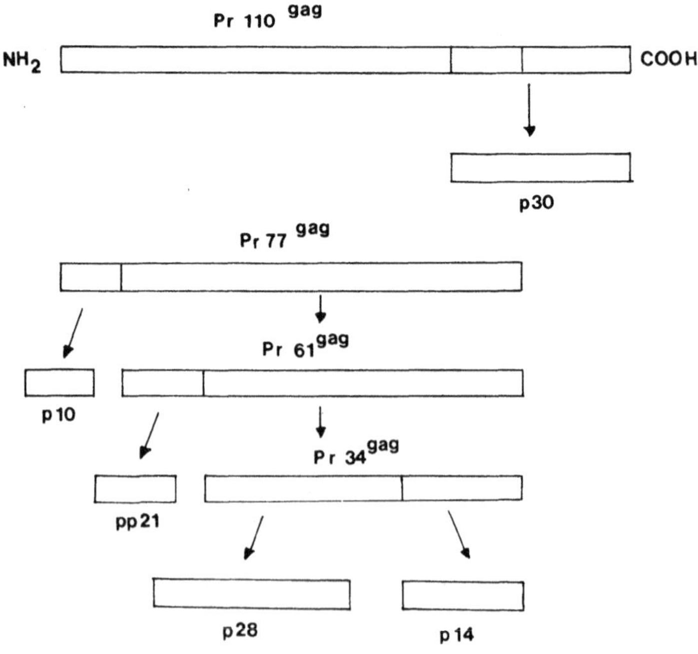

Fig. 5-4   Séquences des clivages des précurseurs des polypeptides codés par le gène *gag*. La protéine p8, dont l'origine précise n'est pas connue, n'est pas présentée sur ce schéma. D'après Dickson et Peters [37].

Beaucoup mieux connus sont les produits du gène *gag* (Fig. 5-4) qui sont dérivés d'un précurseur Pr110^{gag} (*) dont il n'existe pas d'équivalent chez les autres rétrovirus murins [35]. Il contient toutes les séquences d'acides aminés qui définissent un second précurseur Pr77^{gag}, et donne aussi naissance à des polypeptides particuliers. Le plus caractéristique de ceux-ci est p30 dont la fonction n'est pas connue et qui contient, outre une portion qui lui est propre, les séquences d'acides aminés qui constituent l'extrémité droite du Pr77^{gag} et qui correspondent à la protéine de structure p14 [35, 58].

La séquence des clivages de Pr77^{gag} progresse de l'extrémité —NH$_2$ vers l'extrémité — COOH et donne naissance à des polypeptides distincts : p10, pp21 (phosphorylée), p28 et p14 [4, 7, 35, 125, 138, 153] dont les caractéristiques sont présentées au tableau 5-1. Un petit polypeptide (p8) a également été identifié mais ni son origine ni sa fonction ne sont connues à ce jour [37].

Tableau 5-1   Caractéristiques des protéines correspondant au gène *gag*[a]

Protéine	Propriétés	pI[b]	Fonction supposée
p10	Hydrophobe	7,5	Associée à l'enveloppe (protéine « M »)
p28	Contient un domaine hydrophobe	6,5-6,8	Principal constituant du nucléoïde.
pp21	Principale phosphoprotéine	4,5-5,0	Structurale ?
p14	Basique ; se lie à l'ADNss	8,8	Forme des complexes avec la ARN génomique viral ; (rôle dans l'emballage ?)
p30	Basique	8,0	Inconnue
p8	Basique	?	Inconnue

[a] : d'après Dickson et Peters (1983)
[b] : d'après Nusse et al. (1980)

La séquence nucléotidique du gène *env* a été décrite par Redmond et Dickson en 1983 [140]. Le principal précurseur est une glycoprotéine gPr73^{env} qui contient la totalité des séquences d'acides aminés correspondant aux deux glycoprotéines virales matures gp52 et gp36 disposées dans l'ordre NH$_2$-gp52-gp36-COOH (Fig. 5-5). Le blocage du processus de glycosylation par la tunicamycine montre que la forme non glycosylée du précurseur *env* a une masse moléculaire relative (Mr) de 60 000 [7, 36].

Le traitement de l'ARNm *env* (24 S) dans des systèmes de traduction acellulaires donne naissance à un Pr67-69^{env} qui contient la totalité de Pr60^{env} et les séquences caractéristiques du peptide signal, qui est clivé au cours de la synthèse transmembranaire du précurseur dans le réticulum endoplasmique de la cellule productrice.

(*) La nomenclature utilisée pour désigner les protéines virales est celle de August et al. [8]. Les lettres p et gp sont attribuées aux polypeptides et aux glycopolypeptides et les lettres Pr et gPr, à leurs précurseurs. Elles sont suivies d'un nombre qui indique leur Mr approximatif (X 10^{-3}) estimé par électrophorèse en gel de polyacrylamide.

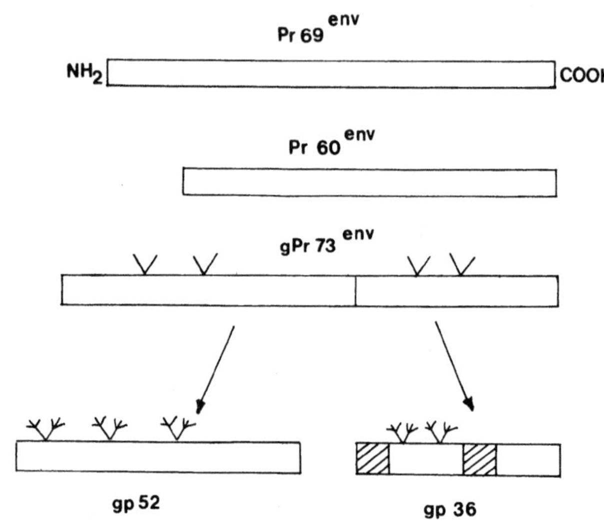

Fig. 5-5   Séquences des clivages des polypeptides codés par le gène *env*. Pr69 est le produit de traduction primaire in vitro, Pr60 le précurseur non glycosylé observé dans les cellules traitées à la tunicamycine, et gPr73 le précurseur cytoplasmique observé in vivo. Les sites de glycosylation (∨∨∨) et les régions hydrophobes (▨) sont déduits de la séquence nucléotidique. D'après Dickson et Peters [37] ; Redmond et Dickson [140].

Ensemble, les deux glycoprotéines gp52 et gp36 représentent approximativement 40 % des protéines totales du virion [21, 170, 193]. Leurs propriétés sont présentées au tableau 5-2.

Tableau 5-2   Caractéristiques des glycoprotéines correspondant au gène *env*[a]

Glycoprotéine	Propriétés	pI[b]	Fonction supposée
gp52	Contient 9 % de sucres	5,6-7,5	Principale glycoprotéine externe
gp36	Très hydrophobe ; contient de 11 à 19 % de sucres	4,5-5,0	Glycoprotéine transmembranaire, éventuelles propriétés immunosuppressives.

[a] : d'après Dickson et Peters (1983) ; [b] : d'après Nusse et al. (1980) ; l'hétérogénéïté de pI observés est vraisemblablement due à de légères variations dans la glycosylation d'un même squelette d'acides aminés (Forchammer 1978)

L'assemblage de la particule virale comprend l'emballage des ARN génomiques au sein des nucléocapsides. Celles-ci peuvent s'accumuler dans le cytoplasme et portent le nom de particules A [14, 197, 198]. Ces particules A migrent alors vers les portions de la membrane plasmique modifiées par l'insertion des glycoprotéines virales. Le processus de bourgeonnement donne naissance à ces virions dits immatures. (Fig. 5-6). Cette appellation,

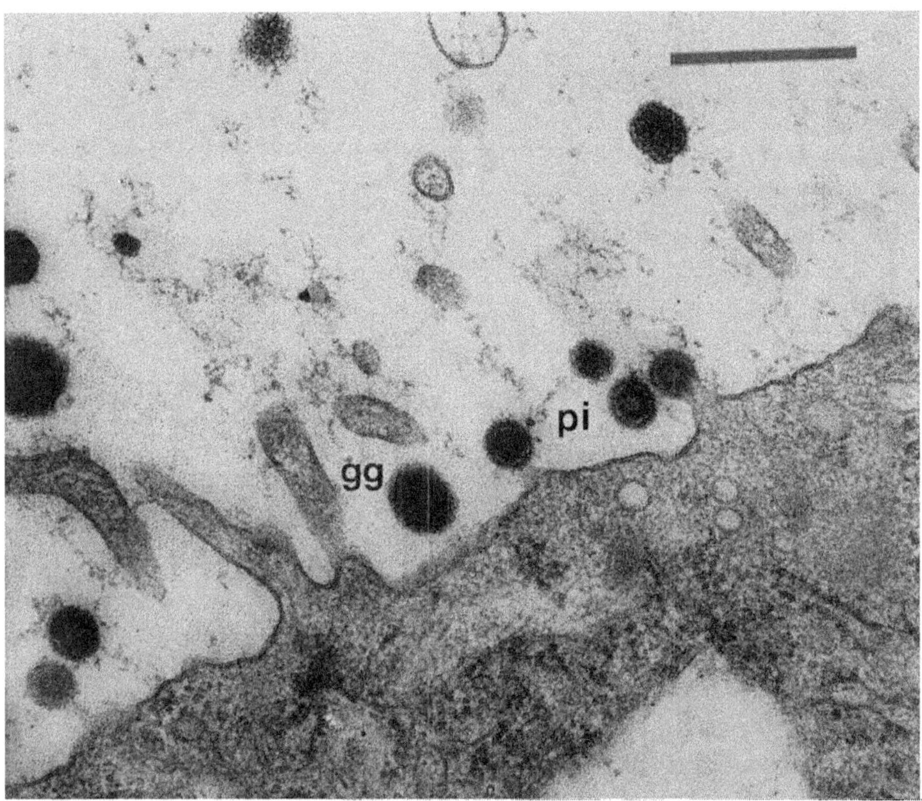

Fig. 5-6   Production de particules virales à la surface de la cellule épithéliale mammaire sécrétante. Le bourgeonnement donne naissance à des particules dites immatures (pi) qui vont évoluer en virions MMTV typiques. gg : globule de graisse. L'échelle représente 0,5 μm. Cliché Dr Calberg-Bacq.

purement morphologique, ne recouvre dans l'état actuel des connaissances aucune signification biologique précise [67]. La maturation consiste en la condensation de la structure interne de la particule en un nucléoïde excentrique entouré d'une fine couche transparente aux électrons.

La figure 5-7 montre la disposition probable des différents polypeptides viraux au sein du virion mature. Les produits du gène *gag* constituent le nucléoïde, à l'exception du polypeptide p10, qui s'insère à la surface interne de l'enveloppe [24] où il joue un rôle dans les relations entre les particules A et l'enveloppe au cours du processus de bourgeonnement (protéine M) [45]. Des marquages par des isotopes radioactifs ont démontré que gp52 est le constituant viral le plus exposé, tandis que gp36, bien qu'accessible à la surface de la particule, est essentiellement transmembranaire [158]. L'association de ces deux protéines forme les projections caractéristiques de l'enveloppe virale [42, 139, 141].

Au cours du bourgeonnement, les rétrovirus éliminent les protéines typiquement cellulaires de la portion de membrane plasmique qu'ils utilisent. De très faibles quantités de

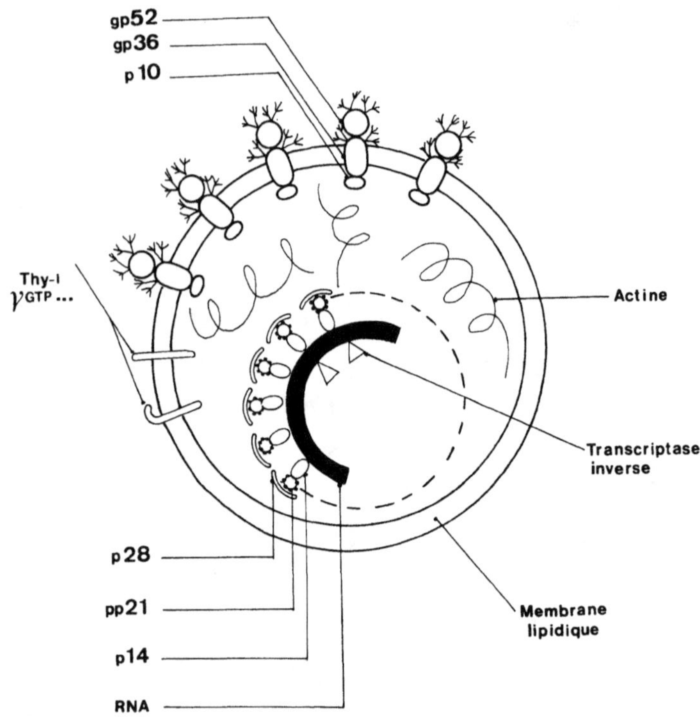

Fig. 5-7   Localisation des principaux polypeptides au sein du virion. D'après Hilgers et Bentvelzen [74].

l'antigène cellulaire Thy-I ont cependant été mises en évidence à la surface du virion par immuno-électromicroscopie [19]. En revanche, la démonstration de l'antigène H-2 dans des conditions expérimentales identiques s'est avérée être due à la présence d'anticorps anti-glycoprotéines virales contaminant le sérum anti-H-2 de souris utilisé [20]. De façon plus reproductible, l'enzyme glutamyl transpeptidase a été détectée dans des particules virales purifiées à partir de lait de souris Swiss [55]. Kozma [88] a démontré la présence dans cette enveloppe virale d'une gp220 dérivée de la surface apicale de la cellule mammaire en lactation. Enfin, une glycoprotéine de Mr 69 000, également dérivée de la surface apicale de la cellule mammaire, constitue le contaminant cellulaire le plus important sur le plan quantitatif puisqu'à lui seul il peut représenter 5 % des protéines de l'enveloppe virale. Cette protéine est aussi un constituant majeur de la membrane de globules de graisse du lait (*milk fat globule membrane*, MFGM) et est vraisemblablement l'homologue murin de la butyrophiline bovine [70].

En général, la composition lipidique des virus enveloppés reflète celle de la membrane plasmique où ils bourgeonnent [157]. Les constituants lipidiques de MMTV se sont révélés identiques à ceux des MFGM, qui sont produites à la surface de la cellule mammaire d'une manière analogue au virus : leurs proportions relatives sont néanmoins différentes [21, 59]. De plus, un glycolipide particulier a été découvert dans le matériel viral purifié à partir du lait [60].

Expression virale au cours de
l'infection naturelle et de la tumorigenèse

Différents systèmes MMTV-souris

Le développement de différentes souches de souris consanguines a permis la fixation de systèmes MMTV-souris définis, à la fois, par la susceptibilité des souris à l'infection et par la pathogénicité du MMTV particulier qu'elles véhiculent. Ces caractères ont été démontrés par des expériences in vivo de longue durée : croisements entre souris de souches différentes et expériences d'infection artificielle de souris d'une souche donnée par un MMTV provenant d'une autre souche [67, 74]. Ces expériences ont démontré que des tumeurs mammaires peuvent apparaître chez des souris qui n'ont pas reçu de virus par le lait. Elles ont conduit à la découverte de l'existence, dans toutes les lignées de souris de laboratoire, de plusieurs MMTV présents dans le génome de toutes les cellules sous forme de provirus généralement silencieux et transmis comme des éléments génétiques endogènes [12, 26, 117]. On peut donc distinguer les virus transmis par le lait, appelés virus exogènes, qui ne sont effectivement présents que dans certaines lignées de souris, et des séquences provirales endogènes, transmises génétiquement, dont des combinaisons particulières selon la généalogie existent chez toutes les souris de laboratoire.

L'ensemble de ces facteurs préside à la classification des différentes souris de laboratoire en lignées à haut ou à faible risque de tumeur mammaire selon des critères qui tiennent compte à la fois de la fréquence et du délai d'apparition des tumeurs mammaires [73] (Tabl. 5-3).

Les lignées C3H et RIII, caractérisées par une fréquence élevée de tumeurs apparaissant avant l'âge d'un an, sont à haut risque de tumeurs mammaires. Chacune est porteuse de son propre variant MMTV, naturellement transmis par le lait. Les différents MMTV sont très semblables et portent des déterminants antigéniques de « groupe » qui leurs sont communs [78]. On peut cependant les différencier par l'utilisation de dosages radio-immunologiques spécifiques de « type » [171, 172, 173], par l'utilisation d'anticorps monoclonaux [29, 99, 100], par la mesure de leur activité chez des souris récipientes bien déterminées [66, 112, 162] et par la longueur des fragments d'ADN produits par la digestion des provirus correspondants par des enzymes de restriction ayant plus d'un site de coupure dans le gène viral [187].

A l'opposé, les lignées C57Bl et Balb/c ne possèdent par de virus exogène et constituent des lignées à faible risque de tumeur mammaire. La présence de protéines liées à l'expression de séquences provirales endogènes n'a jamais été détectée chez les souris C57Bl saines et n'a été observée qu'occasionnellement chez des souris Balb/c [94, 174].

La lignée C3HfC57Bl (*) est en fait une lignée de souris C3H débarrassée du virus exogène par mise en nourrice chez des souris C57Bl. Elles expriment néanmoins un MMTV

(*) Dans cette appellation, la première souche citée correspond à celle dont proviennent les souris, et la seconde à celle dont provient la mère nourricière ; la lettre f signifie *foster nursed* (mise en nourrice).

Tableau 5-3   Caractéristiques des variants MMTV exprimés et des tumeurs mammaires observées chez quelques lignées de souris [a]

Lignée	MMTV exprimé	Mode de transmission [b]	Locus génétique (localisation chromosomique)	Tumeurs		
				Délais (mois)	Fréquence (%)	Type
C3H	MMTV (C3H)	EX		7	100	Croissance rapide, HI [c]
	MMTV (C3Hf) (NIV) [d]	EN (ex)	mtv-1 (7)	18	35	HAN [e], puis tumeurs HI
RIII	MMTV (RIII)	EX		9	96	HI, parfois plaques
	?	EN (ex?)	?			
GR	MMTV (GR)	EN (EX)	mtv-2 (18)	3	100	Plaques
	?	EN	mtv-3 (11)	-	-	Non tumorigène
Balb/c	?	EN	?	14	10	Croissance lente, acanthomes
C57B1	?	EN	?	24	1	HI

[a] : d'après Schlom et al. 1973, Hageman et al. 1981, Weiss et al. 1982, Michalides et al. 1983
[b] : Ex : virus exogène ; EN : virus endogène ; ex : occasionnellement transmis comme un virus exogène
[c] : HI : tumeurs hormono-indépendantes
[d] : NIV : nodule inducing virus
[e] : HAN : Hyperplastic alveolar nodule

endogène, qui peut se manifester sous la forme de particules virales dans le lait de la souris âgée et qui détermine un statut à faible risque de tumeurs. Il correspond à un provirus assigné à un locus bien défini sur le chromosome 7, appelé mtv-1 [182, 188].

De même, chez des souris de la lignée GR, l'expression d'une séquence provirale endogène a aussi pour résultat la production d'un virus (MMTV GR), comme l'indiquent sa transmission tant par les mâles que par les femelles et l'apparition de tumeurs mammaires chez des souris débarrassées du virus du lait [179]. L'étude de sa ségrégation au cours de croisements entre des souris GR et des souris à faible risque de tumeur a permis de l'assigner à un locus baptisé mtv-2 sur le chromosome 18 [109].

Au contraire de mtv-1, la présence d'un provirus dans le locus mtv-2 est associée à un haut risque de tumeur. Une lignée de souris GR congénique ne possédant pas de provirus au locus mtv-2 (GR mtv-2⁻, [126, 184]) ne développe donc pas de tumeurs mammaires. Des dosages radio-immunologiques ont toutefois démontré une expression virale chez ces souris, caractérisée par la présence des produits d'expression du gène *gag* exclusivement [126]. Cette expression partielle du génome viral a été attribuée à un second locus GR, localisé sur le chromosome 11 et baptisé mtv-3 [111].

L'hybridation de l'ADN cellulaire avec les ADN complémentaires spécifiques de MMTV (ADNc) montre que des séquences provirales endogènes existent aussi chez des souris où l'on n'a pas mis en évidence une expression d'antigènes ou d'ARNm viraux [98, 107, 187]. L'introduction des techniques d'analyse moléculaire par des endonucléases de restriction a permis de caractériser ces locus proviraux considérés comme silencieux. Une classification de ces provirus a été établie sur la base des fragments qu'ils produisent après digestion par l'enzyme Eco RI [27]. Plus de vingt locus ont été génétiquement identifiés à ce jour (Tabl. 5-4a) [26, 61, 63, 80, 99, 111, 135, 137, 175]. Chaque souche de souris peut donc se caractériser par une combinaison particulière de locus mtv (Tabl. 5-4b). Le caractère silencieux des provirus présents dans la plupart de ces locus pourrait être lié à la méthylation de leur ADN [65] ainsi qu'à des altérations de leur potentiel codant [137].

Infection par le virus exogène

Le MMTV exogène est absorbé par les souriceaux dans les heures qui suivent la naissance mais sa voie de pénétration et son mode de dissémination dans l'organisme ne sont pas connus. En l'absence d'un test d'infectiosité in vitro, la distribution de MMTV dans les différents organes a été explorée par des tests biologiques réalisés in vivo avec des extraits d'organes [67, 115, 120, 200], par immunofluorescence sur coupes d'organes, par dosages radio- et enzymo-immunologiques [68, 88, 89, 123, 131] et par quantification des ARNm viraux dans différents organes [101]. Chez les souris à haute fréquence de tumeurs, le lait peut contenir plus d'un milligramme de protéines virales par ml [69]. La plus grande partie de ce matériel viral est détruite au cours du transit intestinal chez le nouveau-né, de telle sorte que seule une faible proportion du virus ingéré est réellement susceptible de concourir à l'infection [68]. Les particules virales intactes peuvent être détectées en association étroite avec la membrane apicale des entérocytes de l'intestin grêle, ainsi que dans les espaces intercellulaires entre les cellules folliculaires dendri-

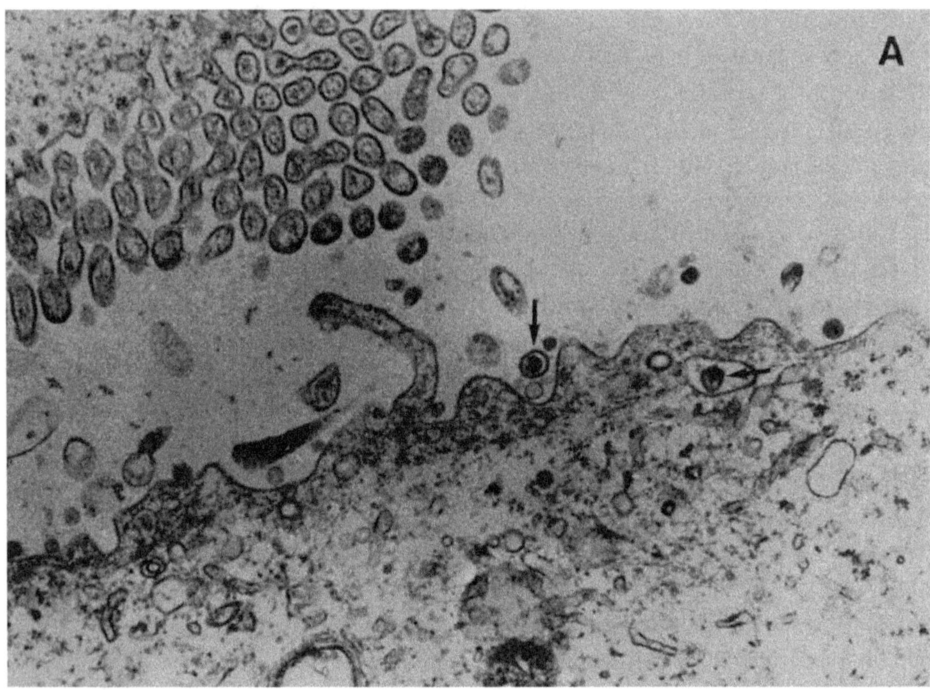

Fig. 5-8   Présence de particules virales dans l'intestin du souriceau nouveau-né nourri avec du lait infecté. A : particules virales en étroite relation avec la membrane apicale d'entérocytes de l'intestin grêle supérieur ; **B** : présence d'une particule virale dans les espaces intercellulaires entre les cellules folliculaires dendritiques et les cellules lymphoïdes de la plaque de Peyer.

tiques et les lymphocytes de la plaque de Peyer (Fig. 5-8 A et B). Au-delà de l'intestin ou du tissu lymphoïde qui lui est associé, le premier organe où une activité MMTV a été détectée tant par test d'infectiosité in vivo que par hybridation moléculaire est la rate [141], mais on ne sait s'il s'agit d'un site de réplication du virus ou d'une étape de dissémination de l'infection.

On ne détecte pas de particules virales dans le sang, mais les cellules lymphoïdes circulantes sont porteuses du pouvoir infectieux [13, 66]. Chez l'adulte, l'expression virale varie en fonction du statut reproductif et de l'âge de la souris [88, 131]. De faibles quantités d'antigènes viraux sont présentes dans plusieurs organes, mais la formation de particules virales n'est détectée que dans les glandes mammaires chez les femelles et les organes reproducteurs chez les mâles [67, 148, 162]. Ce dernier résultat est en accord avec l'observation d'une transmission de l'infection exogène par des mâles dans certaines lignées de souris [165, 176]. Parmi les autres organes où une expression MMTV a été décelée figure la glande salivaire [88, 89].

L'ensemble de ces résultats suggère que le système lymphoïde pourrait jouer un rôle d'intermédiaire au cours de la dissémination de l'infection dans l'organisme. En particulier, il est vraisemblable que le virus, au-delà de la barrière intestinale, infecte les lymphocytes

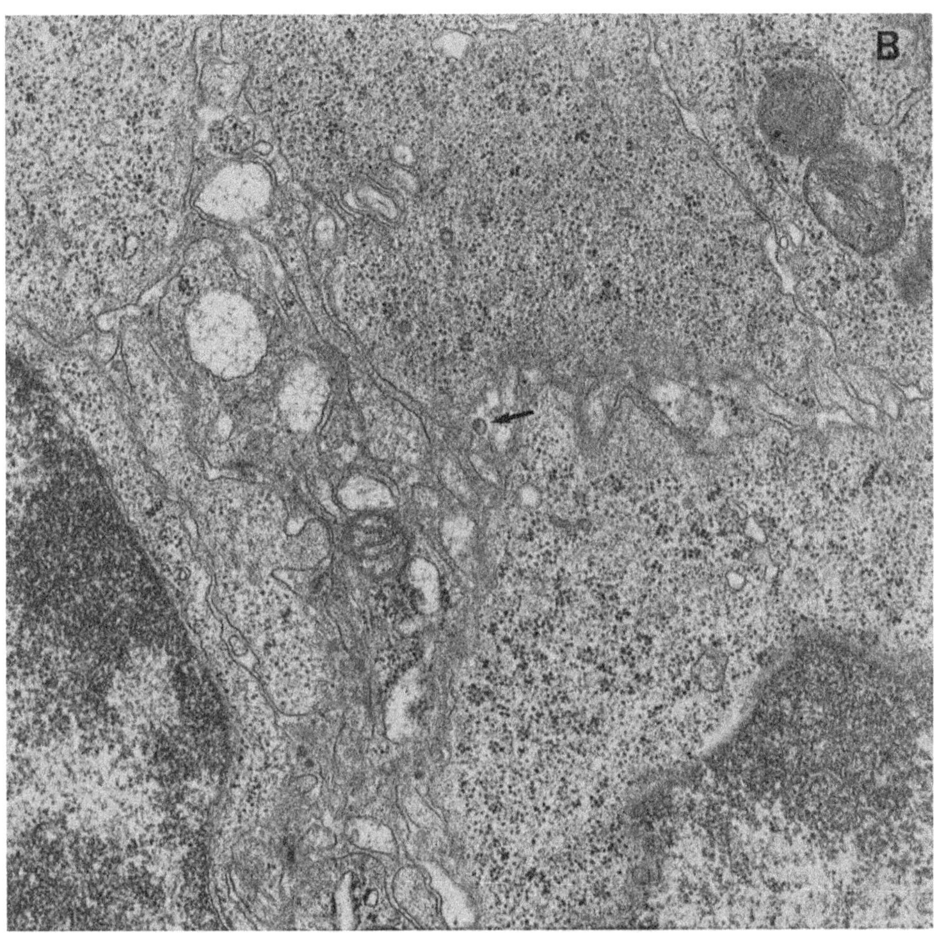

de la plaque de Peyer. Ceux-ci, au cours de la vie, migrent dans l'organisme pour peupler sélectivement les sous-muqueuses des tissus épithéliaux sécréteurs où ils sont responsables de la production d'IgA sécrétoires. Un transport de l'infection par ces cellules pourrait donc rendre compte de la distribution tissulaire très particulière de MMTV.

Dans la glande mammaire, les particules virales sont excrétées dans la lumière glandulaire par les cellules épithéliales en phase de sécrétion [52, 157]. L'expression virale est en outre soumise à un contrôle hormonal direct. Dans des cellules tumorales en culture, la production de MMTV peut être multipliée par dix ou par vingt en présence de dexaméthasone ou de progestérone qui augmentent le taux de synthèse des ARNm viraux [39, 53, 143]. Le clonage de provirus et leur transfection dans des cellules récipientes [17, 81] ont démontré que ce phénomène est lié à la présence d'une structure-signal faisant partie du gène proviral et non des régions adjacentes de l'ADN cellulaire [179]. La position exacte de cette structure (HRE, ou *hormone response element*) a été déterminée expérimentalement par l'utilisation de chimères contenant un fragment de taille bien précise du LTR viral associé à un gène marqueur [79, 91]. Ces chimères ont été transfectées dans des cellules récipiantes adéquates, et l'étude de leur activité en présence de dexaméthasone a permis de définir un domaine situé dans la région U_3 du LTR, s'étendant de -59 à -202 bp en aval du site d'initiation de transcription du provirus et auquel le complexe glucocorticoïde-récepteur cellulaire aux glucocorticoïdes [194] peut se lier spécifiquement [18, 50, 137]. Cette propriété fait du LTR de MMTV un matériel de choix pour l'étude de la régulation et la manipulation de l'expression de gènes eucaryotes.

Réponse immunitaire à MMTV

Jusqu'à la fin des années 1960, MMTV a été considéré comme étant non immunogène chez son hôte naturel, la souris. En 1968, Blair a été la première à montrer la génération d'anticorps neutralisants chez des souris hyperimmunisées par MMTV purifié. Ces anticorps sont capables de conférer aux souris la résistance à l'infection [149], mais pas à la transplantation de tumeurs [30]. Dans le cas de l'infection naturelle, la première démonstration de l'existence d'anticorps a été réalisée par *micro-ouchterlony* [118], et confirmée par immunofluorescence indirecte sur coupes d'organes [119] et par immuno-électromicroscopie [112]. D'après ces travaux, l'importance de la réponse constitue un bon marqueur de l'infection par le virus exogène, mais des anticorps peuvent être également ment détectés chez les souris qui expriment spontanément un virus endogène, ainsi que chez les mâles et chez les femelles vierges.

Expression des virus endogènes et résistance à l'infection par un virus exogène

L'expression des antigènes viraux à partir de provirus endogènes pourrait induire une résistance à l'infection pathogène par le virus exogène correspondant. Cela a été montré pour les provirus endogènes de poulet ev-3, 6 et 9 qui sont responsables de la résistance à l'infection par le virus ALV [147] et pour les provirus Fv-4^r et Akv^r dont l'expression est directement associée à la résistance à l'infection par le virus MuLV [82, 83, 84]. L'expression de MMTV endogènes peut induire une réponse immunitaire chez la souris. Par exemple, la souche de souris Swiss qui exprime le virus endogène mtv-3 développe une réactivité anti-MMTV beaucoup plus forte que les souris ne portant pas ce gène. Les souches de souris possédant le virus endogène mtv-3 sont plus résistantes à l'infection par le virus du lait que celles ne le portant pas. Ces observations nous ont amenés à formuler l'hypothèse que des anticorps dirigés contre les antigènes du virus endogène pouvaient protéger la souris contre l'infection par le virus exogène.

Pour étudier cette question, une lignée congénique de la souris Balb/cHeA a été établie. Les souris de cette lignée, appelée Balb/c mtv-3, portent les provirus silencieux de la souche Balb/c et un provirus entier supplémentaire mtv-3. Ce système permet d'étudier l'effet de l'expression de ce virus endogène sur la résistance à l'infection pour le virus exogène.

Le provirus mtv-3 s'exprime spécifiquement dans la glande mammaire et dans la rate des souris Balb/c-mtv-3. L'analyse des ARN viraux à l'aide des techniques de *dot blot* et de *northern blot* montre la présence des ARN messagers de 7,8 kb, 3,8 kb et 1,7 kb, l'ARN messager 24S de 3,8 kb étant le plus abondant. Cette expression est régulée par les hormones, la synthèse d'ARN messager étant fortement stimulée pendant la gestation.

Au niveau de la synthèse des protéines virales, la glande mammaire de souris Balb/c contient des traces de protéine p28 et pas de protéine gp52 ; celle de la souris Balb/c-mtv-3 produit des quantités importantes de protéine p28 et très peu de protéine gp52. Cette expression partielle du virus mtv-3 résulte d'une régulation traductionnelle ou post-traductionnelle. Le provirus mtv-3 ne s'exprime pas dans le foie, le rein, le thymus et la moelle épinière. Toutefois des quantités relativement importantes d'ARN et de protéines virales ont été détectées dans les rates de souris mâles et femelles Balb/c-mtv-3.

Tableau 5-4a : Caractérisation moléculaire et localisation des différents locus contenant un provirus MMTV chez les souris de laboratoire [a]

Locus [b]	Fragments EcoRI [c] (kb)			Localisation chromosomique
	5'	3'		
mtv-1	6,5	4,5		7
mtv-2	6,9	11,7		18
mtv-3	21,6	7,6	1,3	11
mtv-6	—	16,7		16
mtv-7	16,7	11,7		1
mtv-8	8,5	6,7		6
mtv-9	7,8	10,0		12
mtv-11	15,0	5,8		14
mtv-13	9,0	5,8		4
mtv-14	—	1,7		6
mtv-17	10,0	8,3		4
mtv-20	13,0	15,3		—

[a] : d'après Traina-Dorge et Cohen (1983), revu par Kozak et Callahan (comm. pers.)
[b] : d'après Michalides et al. 1985 ; Ponta et al. 1985 ; Vaira et al. (in press)
[c] : des locus mtv-21 à 24 ont été récemment identifiés, mais leur caractérisation complète n'est pas encore publiée (Peters et al. 1986 a)

Les souris Balb/c-mtv-3 sont peu ou pas sensibles à l'infection par le virus du lait alors que les souris Balb/c développent des tumeurs après injection intrapéritonéale de virus purifié à 1 μg de protéine/ml. La susceptibilité des souris à l'infection est mesurée par dosage des antigènes p28 et gp52 dans le lait des souris infectées lors de la première lactation. Le lait des souris Balb/c infectées contient beaucoup de gp52 et de p28 alors que les souris Balb/c-mtv-3 n'en sécrètent pas, sauf pour une souris infectée par une dose élevée de virus. Ainsi l'expression du provirus endogène non tumorigène (mtv-3) dans la glande mammaire et la rate pourrait protéger les souris contre une infection par le virus MMTV exogène. La résistance des souris Swiss à l'infection est directement corrélée avec la présence d'anticorps anti-MMTV dans leur sérum. Le développement de cette immunité pourrait résulter d'une expression du provirus mtv-3 spécifiquement dans la rate, l'expression des provirus de la glande mammaire étant peu immunogène et ne protégeant pas contre le développement tumoral [2, 3].

Tableau 5-4b : Combinaison de locus proviraux détectés chez quelques lignées de souris consanguines [a]

Lignée	Locus proviraux
GR	mtv-2, mtv-3, mtv-7, mtv-17, mtv-9, mtv-14
Balb/c	mtv-6, mtv-8, mtv-9
C3H	mtv-1, mtv-6, mtv-8, mtv-11, mtv-14
C57bl	mtv-8, mtv-9, mtv-17

[a] : d'après Traina-Dorge et Cohen (1983), revu par Kozak et Callahan (comm. pers.)

Un autre mécanisme de résistance lié à l'expression du provirus mtv-3 pourrait être le modèle d'interférence proposé pour les virus RSV et ALV [168]. Ce modèle propose que l'infection préalable par un variant viral peu ou pas pathogène soit capable d'induire une protection contre le variant pathogène en « saturant » les récepteurs cellulaires pour le virus. Bien que le provirus mtv-3 soit entier, l'expression non coordonnée des protéines virales ne conduit pas à la formation de particules virales dans la rate. L'expression des antigènes p28 et/ou gp52 pourrait interférer avec les premiers stades de l'infection par le virus exogène. Cette interférence ne doit pas exister dans la glande mammaire, car l'expression du provirus mtv-3 dans la glande mammaire des souris GR ne les protège pas contre l'infection par le virus résultant de l'expression du provirus mtv-2 [182].

En conclusion, l'expression de provirus oncogènes défectifs ou l'expression partielle de provirus complets pourrait, en protégeant leurs hôtes des infections exogènes, avoir une signification évolutive. Un tel phénomène pourrait donner un avantage sélectif aux animaux et pourrait expliquer la persistance de séquences provirales endogènes dans le génome de nombreux organismes. Des travaux récents ont établi que la séquence orf située dans le LTR 3' du provirus code pour un superantigène murin (Mls). L'expression de ce superantigène chez des souris transgéniques confère la résistance à l'infection par le virus exogène 58bis. Il est possible qu'un tel mécanisme contribue à la résistance observée chez les souris qui expriment mtv−3.

Tumorigenèse mammaire

Dans la glande mammaire infectée, plus de 50 % des cellules épithéliales peuvent produire des antigènes viraux sans que ne se manifestent des changements anatomiques spectaculaires [167]. Le peu d'effet de la réplication du virus sur le comportement de la cellule est un trait typique des virus transformants lents. La transformation de la cellule-hôte est donc un événement rare par rapport à la fréquence avec laquelle le virus peut infecter des cellules mammaires. De plus, l'infection n'est pas le seul critère déterminant l'apparition d'une lésion mammaire : le statut reproductif et hormonal, la prédisposition génétique des facteurs épigénétiques tels que le stress ou la diète ont également une influence démontrée [115, 120]. Quoi qu'il en soit, les lésions du tissu mammaire que l'on voit apparaître chez les souris infectées sont de trois types :

• des nodules alvéolaires hyperplasiques (HAN), qui sont des groupes d'alvéoles mammaires très développées même en dehors des périodes de lactation [181] ; elles constituent des lésions prénéoplasiques qui peuvent évoluer en tumeurs malignes [33] ;

• des tumeurs de type plaque ou tumeurs hormono-dépendantes qui se développent dans les glandes mammaires des souris en gestation et régressent après la parturition ; après quelques cycles de reproduction, ces plaques ne régressent plus et évoluent en tumeurs mammaires hormono-indépendantes [181] ;

• des tumeurs hormono-indépendantes, qui s'établissent directement comme telles ou qui résultent de l'évolution des plaques ou des HAN. Ce sont principalement des adénocarcinomes de type B selon la classification de Dunn [48], qui présentent une structure glandulaire plus ou moins différenciée. Elles donnent rarement naissance à des métastases, qui sont généralement pulmonaires [180]. La grande majorité des tumeurs qui apparaissent suite à l'infection par MMTV exogène appartiennent à cette dernière catégorie.

Plusieurs travaux récents ont permis d'aborder l'étude des mécanismes moléculaires impliqués dans la cancérogenèse mammaire consécutive à l'infection par MMTV. Le génome viral ne contient pas d'oncogène, même si l'attribution d'un rôle transformant à un éventuel produit de la séquence *orf* constitue une hypothèse séduisante. L'ARNm de 1,7 kb correspondant à cette séquence a été détecté dans du tissu normal et néoplasique [185] mais sa présence dans les cellules tumorales n'est pas systématique [145]. Enfin, la séquence *orf* ne constitue pas un oncogène au sens où ce terme est actuellement accepté puisqu'elle n'a pas de contrepartie cellulaire autre que les domaines correspondants des provirus endogènes [38].

Les tumeurs induites par MMTV exogène résultent de la prolifération d'une seule ou d'un petit nombre de cellules infectées, et contiennent toutes au moins un nouveau provirus résultant de l'infection [28, 64]. Cette observation est la base de l'hypothèse selon laquelle l'insertion d'un nouveau provirus dans un site donné de l'ADN cellulaire pourrait activer la transcription d'un oncogène cellulaire normalement silencieux. L'étude de l'ADN flanquant les provirus intégrés dans les cellules tumorales de certaines lignées de souris a conduit à la définition de plusieurs régions particulières d'intégration, les plus communes étant appelées int-1, détectée chez les souris C3H [124], et int-2, détectée chez les souris BR6 [134]. Il s'agit de longs domaines (approximativement 20 kb) situés sur des chromosomes différents (chromosome 18 pour int-1 et chromosome 7 pour int-2) [40], que l'insertion du provirus vient interrompre et auxquels correspondent dans les cellules tumorales des ARNm particuliers 2,6 kb pour int-1 [110], et 2,8 à 3,2 kb pour int-2. Le produit de int-1, à présent rebaptisé Wnt-1, est homologue au produit du gène *wing less* de la drosophile, qui code pour un facteur de croissance impliqué dans l'organogenèse de la région thoracique. Des souris transgéniques porteuses du gène int-1 activé développent des adénocarcinomes mammaires [178], et l'introduction du gène dans des cellules épithéliales mammaires en culture provoque leur transformation partielle [16]. La séquence nucléotidique de int-2 détermine une protéine de 27 kD glycosylée et vraisemblablement sécrétée [116]. Elle présente une importante homologie avec le b-FGF *(basic fibroblast growth factor)*, facteur angiogénique intervenant dans les mécanismes de régénération et de mise en place des capillaires sanguins [135]. Les protéines int-1 et int-2

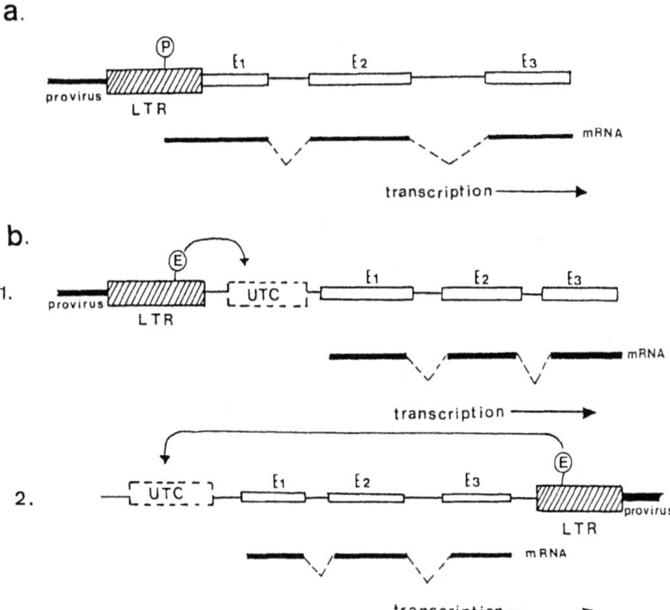

Fig. 5-9   Modèles proposés pour l'activation par l'insertion d'un provirus MMTV de gènes cellulaires présents dans les domaines int-1 ou int-2. L'oncogène cellulaire est représenté sous la forme d'un gène comportant trois introns (I1, I2, I3) dont l'expression est régulée au niveau d'une unité de contrôle de la transcription (UC). a : insertion de promoteur (P) ; b : effet *enhancer* (E). D'après Dickson et Peters [38].

pourraient donc être des facteurs de croissance, ce qui favorise l'hypothèse d'une multiplication cancéreuse par stimulation autocrine ou paracrine.

L'insertion d'un nouveau provirus peut donc permettre l'activation de gènes cellulaires adjacents. Deux modèles sont actuellement envisagés pour expliquer cette activation (Fig. 5-9). Tous deux supposent une influence des séquences régulatrices que contiennent les LTR viraux sur la transcription de gènes cellulaires situés en continuité avec le provirus intégré ou à proximité immédiate de celui-ci. Le premier modèle (insertion de promoteur) implique la synthèse d'ARNm hybrides dont l'initiation se trouve dans le LTR qui n'ont été détectés que dans un cas de tumeur où seul un LTR (et non un provirus complet) est intégré à moins de 400 pb du début de la séquence codante de la région int-2 chez une souris BR6 [116].

Ce n'est donc vraisemblablement pas le seul mécanisme impliqué, puisque le site d'insertion et d'orientation du provirus dans les régions int-1 et 2 varie d'une tumeur à l'autre. Le second modèle suggère l'existence dans le LTR d'un secteur définissant une activité *enhancer* particulièrement puissante dans la cellule épithéliale mammaire [38]. Quoi qu'il en soit, ce système présente des similitudes avec celui décrit pour le provirus ALV, dont l'insertion dans l'ADN d'un lymphocyte B de poulet peut activer la transcription de l'oncogène c-myc.

Les proto-oncogènes int-1 et int-2 jouent probablement un rôle au cours du développement embryonnaire. Chez l'adulte normal, int-2 semble complètement silencieux et l'expression de int-1 n'est détectée que dans les testicules. Chez l'embryon, des ARN correspondant à int-1 sont présents en milieu de gestation, tandis qu'int-2 est exprimé à des stades plus précoces de l'embryogenèse. L'expression des deux gènes semble donc faire l'objet d'une régulation différente [155]. Enfin, int-1 est particulièrement exprimé lors de la formation de la crête neurale chez l'embryon. Il est donc vraisemblable que l'intégration de MMTV dans les domaines int-1 ou int-2 puisse déclencher des événements cellulaires distincts. La mise en évidence de leur activation concertée dans certaines tumeurs suggère en outre qu'un effet coopératif pourrait influencer favorablement la transformation [136]. Il est également possible que l'expression de int-1 ou de int-2 ne représente qu'une étape dans l'ensemble des événements moléculaires responsables de la tumorigenèse, et que l'activation séquentielle d'oncogènes secondaires soit indispensable au développement de la tumeur [38].

Enfin, les modalités par lesquelles MMTV induit des lésions dans les tissus qu'il infecte ne se limitent toutefois pas à celles que laisse présager la définition des domaines d'intégration connus actuellement. Au sein des lignées où ils ont été mis en évidence, ils ne sont pas activés chez toutes les souris, et il est possible que d'autres sites analogues puissent être définis chez d'autres souches de souris. De plus, des sites d'intégration particuliers ont été démontrés dans le cas des nodules alvéolaires prénéoplasiques (int-h) [62] et dans le cas d'un adénocarcinome rénal particulier où MMTV est impliqué (int-41) [57].

Recherche chez l'homme d'un virus apparenté à MMTV

L'homme, la souris, le chien sont trois organismes qui occupent la même biocénose et chez lesquels le cancer mammaire est une pathologie particulièrement fréquente. Cette observation, en plus de l'incidence familiale très nette du cancer du sein, a longtemps constitué un argument en faveur d'une étiologie virale de ce type de tumeur.

Au cours des années 1970, de nombreuses données expérimentales sont venues appuyer cette hypothèse. De très faibles quantités de particules morphologiquement semblables à des virions ont été observées au microscope électronique dans des laits humains [113, 114, 199]. De plus, une activité transcriptase réverse Mg^{++}- dépendante [150] ainsi que des ARN de haut poids moléculaires possédant des homologies de séquence avec MMTV [9, 151] y ont été détectés. Des parentés immunologiques ont aussi été établies entre gp52 et une gp50 humaine détectée par immunoperoxydase indirecte dans des cancers du sein [43, 106]. Des particules d'aspect viral ont été détectées dans une lignée de cellules épithéliales dérivées d'un cancer du sein, T47D [130] ainsi que dans des monocytes de patients atteints de cancer du sein [1]. D'autre part, la recherche systématique d'antigènes apparentés à MMTV dans des tissus mammaires normaux et néoplasiques a donné des résultats négatifs [72, 196]. Enfin, la plupart des résultats faisant état de la présence d'anticorps anti-MMTV chez la femme cancéreuse [105, 127, 192, 198] se sont avérés difficilement reproductibles et sont fortement controversés. En tout état de cause, la présence d'anticorps réagissant avec la protéine p14 de MMTV dans une série de 20 sérums de patients sur 52 testés suggère plus la reconnaissance de déterminants antigéniques communs à MMTV et à des antigènes cellulaires qu'une réponse dirigée spécifiquement contre un constituant viral [201].

Les données concernant l'existence d'un éventuel virus du cancer mammaire humain sont donc très fragmentaires et sujettes à discussion. En particulier, aucune étude statistique n'a pu mettre en évidence un lien quelconque entre l'allaitement maternel et la fréquence de cancer. Si un agent viral peut être occasionnellement impliqué dans la cancérogenèse mammaire humaine, il semble donc exclu que sa transmission s'opère, comme chez la souris, par le lait.

Par ailleurs, le génome humain contient plusieurs séquences distinctes présentant de fortes homologies avec MMTV et organisées comme des provirus pseudogènes [22, 23, 31, 129]. Certains sont des pseudogènes, mais d'autres sont susceptibles de s'exprimer au moins dans certains tissus [56]. A la lumière de nos résultats sur la résistance à l'infection induite par le provirus mtv-3 chez les souris Balb/c, on pourrait émettre l'hypothèse que ces séquences représenteraient le vestige, au niveau moléculaire, de l'adaptation de notre espèce à un virus humain voisin de MMTV et aujourd'hui disparu.

Oncogènes et anti-oncogènes impliqués dans le développement du cancer du sein

Si les données actuellement disponibles permettent d'écarter l'hypothèse d'une étiologie virale dans le cancer du sein, il est toutefois possible que certains des mécanismes moléculaires identifiés dans les tumeurs de souris jouent aussi un rôle dans la genèse des néoplasies mammaires humaines. En effet, des séquences homologues aux gènes int-1 et int-2 ont été mises en évidence chez l'homme [93, 186]. Bien que l'on n'ait pas observé d'expression spécifique de ces gènes dans les tumeurs, environ 12 % des carcinomes du sein présentent une amplification du segment chromosomique contenant le gène int-2 (localisé en 11q13) [195]. Cette amplification pourrait être liée à un mauvais pronostic chez les jeunes malades [177]. La région chromosomique amplifiée contient également le gène HST, qui, comme int-2, code pour un facteur de croissance de la famille du FGF (*fibroblast growth factor*) [195]. On pense aujourd'hui que d'autres gènes présents dans la même région sont également impliqués.

Un des événements moléculaires les plus caractéristiques du cancer du sein est l'activation fréquente du gène neu/erbB-2 [161, 177]. Ce gène code pour un récepteur transmembranaire à activité tyrosine kinase intrinsèque qui est un proche parent du récepteur de l'EGF. Le ligand de ce récepteur vient d'être identifié (réguline). Ce gène a été identifié à partir d'un neuroblastome de rat, où une mutation ponctuelle dans la portion transmembranaire de la molécule conduit à son activation constitutive. Dans les cancers du sein, la séquence codante du gène n'est pas altérée, mais son expression est augmentée dans à peu près 25 % des tumeurs. Cette sur-expression est souvent corrélée avec l'acquisition de l'hormono-indépendance et est un facteur de mauvais pronostic.

Le gène le plus fréquemment altéré dans les cancers du sein est le gène codant pour la protéine p53, qui est affecté dans près de 50 % des cancers [25, 77]. Il ne s'agit pas d'un phénomène spécifique de la cancérogenèse mammaire car l'altération de p53 est l'événement moléculaire le plus fréquent pour tous les types de cancers humains confondus [77, 122]. La p53 est une phosphoprotéine à la localisation nucléaire prédominante, capable de se lier à l'ADN, et dont le rôle normal dans le contrôle de la prolifération cellulaire reste mal compris. Elle s'associe spécifiquement avec des antigènes produits par les virus oncogènes à ADN (tels que les protéines Grand T de SV40, E6 du virus du polyome et E1B de l'adénovirus). Cette association aboutit à l'inactivation fonctionnelle de p53 et est une étape essentielle dans la transformation induite par ces virus. Les altérations dont p53 est l'objet dans les cancers du sein peuvent être des pertes d'allèles ou, plus fréquemment, des mutations ponctuelles. Ces mutations peuvent affecter près d'une centaine d'acides aminés différents localisés dans la portion centrale de la molécule. Sous sa forme non mutée, p53 se comporte comme un suppresseur de tumeurs. La mutation ponctuelle du gène aboutit non seulement à l'inactivation de la fonction « suppresseur » de p53, mais aussi à l'activation oncogénique de p53, qui devient capable de coopérer avec d'autres oncogènes (tels que les membres de la famille RAS) pour transformer des fibroblastes en culture primaire. La p53 est donc une protéine bivalente, capable de se comporter comme un anti-oncogène (sous sa forme sauvage) ou comme un oncogène (dans le cas de certains mutants). Les mutations ponctuelles conduisant à l'activation oncogénique de p53 induisent un changement dans la structure tertiaire de la protéine, qui se traduit par l'exposition d'une structure antigénique normalement masquée dans la protéine sauvage (pour revue, voir [92]). L'utilisation de l'anticorps PAb240, spécifique de cette structure, permet de repérer la protéine mutée par immuno-histochimie sur des prélèvements de tumeurs et même sur des biopsies de très petite taille. La présence d'une p53 mutée est un indicateur de mauvais pronostic, et il est possible que l'altération de p53 soit un événement tardif dans l'évolution du processus cancéreux. Dans le cas du cancer du côlon, par exemple, il existe une corrélation entre l'altération de p53 et l'apparition de métastases.

Il est enfin bien établi que d'autres gènes peuvent jouer un rôle central dans le développement des cancers du sein. En particulier, des pertes d'allèles ont été identifiées, notamment au niveau du chromosome 11p [85], ce qui laisse présager que d'autres anti-oncogènes existent dans ce type de tumeur. De plus, il faut garder à l'esprit que l'apparition et le développement d'une tumeur requièrent vraisemblablement l'activation séquentielle de plusieurs oncogènes, certains d'entre eux correspondant à des étapes spécifiques dans l'aggravation du phénotype cancéreux, telle que l'acquisition de l'hormono-indépendance ou la capacité à former des métastases. Il semble raisonnable d'imaginer que, à moyen terme, l'analyse moléculaire des gènes impliqués dans la cancérogenèse mammaire démontrera l'implication de gènes codant pour des régulateurs essentiels de la prolifération et du cycle cellulaire, qui ne sont pas spécifiques aux tumeurs du sein, et de gènes dont les produits sont spécifiquement responsables du développement et de la différentiation des cellules de la glande mammaire. Dans ce cadre, l'étude de la biologie du virus MMTV et de sa capacité à transformer des cellules épithéliales mammaires est susceptible de révéler des informations cruciales sur la séquence des événements moléculaires conduisant à l'apparition d'une des pathologies cancéreuses les plus fréquentes en Occident.

Remerciements Nous remercions N. Clausse pour sa contribution à ce travail et nous dédions ce chapitre au Dr C. Failly-Crépin qui nous a quittés très récemment. Les analyses en microscopie électronique sont de C.M. Calberg-Bacq et P. Hageman.

RÉFÉRENCES

1. AL SUMIDAIE AM, LEINSTER SJ, HART CA, GREEN CD, MCCARTHY K (1988) Particles with properties of retroviruses in monocytes from patients with breast cancer. *Lancet* **i** : 5-8

2. ALTROCK BW, CARDIFF RD, BLAIR PB (1981) Murine mammary tumor virus seroepidemiology in Balb/cfCH mice : correlation with tumor development. *J Natl Cancer Inst* **67** : 163-168

3. ARTHUR LO, FINE DL (1978) Naturally occuring humoral immunity to murine mammary tumor virus (MMTV) and MMTV gp52 in mice with low mammary tumor incidence. *Int J Cancer* **22** : 734-740

4. ARTHUR LO, BAUER RF, ORME LS, FINE DL (1978a) Coexistence in the mouse mammary tumor virus (MMTV) major glycoprotein and natural antibodies to MMTV in sera of mammary tumor-bearing mice. *Virology* **87** : 266-275

5. ARTHUR LO, LONG CA, SMITH GH, FINE DL (1978b) Immunological characterization of the low-molecular weight DNA binding protein of mouse mammary tumor virus. *Int J Cancer* **22** : 734-740

6. ARTHUR LO, FINE DL, HILGERS J (1978c) 11th Meeting on mammary cancer in experimental animals and man. Detroit, Michigan, 25-28 June 1978

7. ARTHUR LO, COPELAND TD, OROSZLAN S, SCHOCHETMAN G (1982) Processing and amino acid sequence analysis of the mouse mammary tumor virus env gene product. *J Virol* **41** : 414-422

8. AUGUST JT, BOLOGNESI DP, FLEISSNER E, GILDEN RV, NOWINSKI RC (1974) A proposed nomenclature for the virion proteins of oncogenic RNA viruses. *Virology* **60** : 491-509

9. AXEL R, SCHOLM J, SPIEGELMAN S (1972) Presence in human breast cancer of RNA homologous to mouse mammary tumor virus RNA. *Nature* **236** : 32-36

10. BALTIMORE D (1970) Viral RNA dependent DNA polymerase. *Nature* **226** : 1209-1211

11. BENDER W, DAVIDSON N (1976) Sequences in the electron microscope reveals unusual structure of type C oncorna-virus RNA molecules. *Cell* **7** : 595-607

12. BENTVELZEN P, DAAMS JH (1969) Hereditary infections with mammary tumor virus in mice. *J Natl Cancer Inst* **43** : 1025-1035

13. BENTVELZEN P, BRINKHOFF J (1977) Organ distribution of exogenous murine mammary tumour virus as determined by bioassay. *Eur J Cancer* **13** : 241-245

14. BERNHARDT W (1958) Electron microscopy of tumour cells and tumour viruses. A review. *Cancer Res* **18** : 194-509

15. BISHOP JM (1978) Retroviruses. *Annu Rev Biochem* **47** : 35-89

16. BROWN AMC, WILDIN RS, PRENDEGAST TJ, VARMUS HE (1986) A retrovirus vector expressing the putative mammary oncogene int-1 causes partial transformation of a mammary epithelial cell line. *Cell* **46** : 1001-1009

17. BUETTI E, DIGGELMANN H (1981) Cloned mammary tumour virus DNA is biologically active in transfected mouse cells and its expression is stimulated by glucocorticoid hormones. *Cell* **23** : 335-345

18. BUETTI E, DIGGELMANN H (1983) Glucocorticoid regulation of mouse mammary tumour virus, identification of a short essential DNA region. *EMBO J* **2** : 1423-1429

19. CALAFAT J, BRUS F, HAGEMAN PC, LINKS J, HILGERS J, HEKMAN A (1974) Distribution of virus particles and mammary tumour antigens in mouse mammary tumours transformed Balb-c mouse kidney cells and GR ascites leukemia cells. *J Natl Cancer Inst* **53** : 917-922

20. CALAFAT J, JANSSEN H, DEMANT P, HILGERS J, ZAVADA J (1983) Specific selection of host cell glycoproteins during assembly of murine leukemia virus and vesicular stomatitis virus : presence of Thy-1 glycoprotein in the envelope of these virus particles. *J Gen Virol* **64** : 1241-1253

21. CALBERG-BACQ CM, FRANÇOIS C, KOZMA S, GOSSELIN L, OSTERRIETH PM, RENTIER-DELRUE F (1976) Comparative study of the milk fat globule membrane and the mouse mammary tumour virus prepared from the milk of the infected strain of Swiss Albino mice. *Biophys Biochim Acta* **49** : 458-478

22. CALLAHAN B, DROHAN W, TRONICK S, SCHLOM J (1982) Detection and cloning of human DNA sequences related to the mouse mammary tumour virus genome. *Proc Natl Acad Sci USA* **79** : 5503-5507

23. CALLAHAN B, CHIU IM, WONG JFH, TRONICK SR, ROE BA, AAROSON SA, SCHLOM J (1985) A new class of endogenous human retroviral genomes. *Science* **228** : 1208-1210

24. CARDIFF R, PUENTES MJ, YOUNG LTJ, SMITH GH, TERAMOTO YA, ALTROCK BW, PRATT TS (1978) Serological and biochemical characterization of the mouse mammary tumour virus with localization of p10. *Virology* **85** : 157-167

25. CATORETTI G, RILKE F, ANDREOLA S, D'AMATO L, DELIA D (1988) P53 expression in breast cancer. *Int J Cancer* **41** : 178-183

26. COHEN JC, VARMUS HE (1979) Endogenous mammary tumor virus DNA varies among wild mice and segregates during inbreeding. *Nature* **278** : 418-423

27. COHEN JC, MAJOR JE, VARMUS HE (1979a) Organization of mouse mammary tumor virus specific DNA endogenous to Balb-c mice. *J Virol* **32** : 483-496

28. COHEN JC, SHANK PR, MORRIS VL, CARDIFF R, VARMUS HE (1979b) Integration of the DNA of mouse mammary tumor virus in virus infected normal and neoplastic tissue of the mouse. *Cell* **19** : 333-345

29. COLCHER D, HORAND-HAND D, TERAMOTO YA, WUNDERLICH O, SCHLOM J (1981) Use of monoclonal antibodies to define the diversity of mammary tumor viral gene products in virions and mammary tumors of the genus Mus. *Cancer Res* **41** : 1451-1459

30. CREEMERS P, WESTERBRINK F, BRINFHOFF J, BENTVELZEN P (1979) Failure to induce protection against transplanted mammary tumours by vaccination with the purified murine mammary tumor virus structural proteins gp52 and p28. *Eur J Cancer* **15** : 679-684

31. CRÉPIN M, LIDEREAU R, CHERMAN JC, POUILLARD P, MAGDELENAT X, MONTAGNIER L (1984) Sequences related to mouse mammary tumor virus genome in tumor cells and lymphocytes from patients with breast cancer. *Biochem Biophys Res Commun* **118** : 324-331

32. DAAMS JH (1969) Immunofluorescence studies on the biology of the mouse mammary tumor virus. *In* I Severi (ed) : *Immunity and tolerance in oncogenesis*. 4th Perugia Conference on Cancer. Perugia, Italy

33. DE OME KB, FAULKIN LJ, GERN HA, BLAIR BP (1959) Development of mammary tumors from hyperplasic alveolar nodules transplanted into gland free mammary fat pads of female C3H mice. *Cancer Res* **19** : 515-520

34. DICKSON C (1973) Mouse mammary tumor virus RNA dependent DNA polymerase : requirement acid products. *J Gen Virol* **20** : 243-247

35. DICKSON C, ATTERWILL M (1979) Composition, arrangement and cleavage of the mouse mammary tumor virus polyprotein precursor Pr77 *gag* and p110 *gag*. *Cell* **17** : 1003-1012

36. DICKSON C, ATTERWILL M (1980) Structure and processing of the mouse mammary tumor virus glycoprotein precursor Pr 73 env. *J Virol* **35** : 349-361

37. DICKSON C, PETERS G (1983) In vitro synthesis of polypeptides encoded by the long terminal repeat region of mouse mammary tumor virus DNA. *In* PK Vogt, H Koprowski (eds) : *Current topics in microbiology and immunology : Mouse mammary tumor virus.* Springer Verlag, Berlin-Heidelberg

38. DICKSON C, PETERS G (1985) Tumorigenesis by mouse mammary tumor virus : proviral activation of a cellular gene in the common integration region int-2. *In* PWJ Rigby, NM Wikie (ed) : *Virus and cancer.* The Society for General Microbiology, Cambridge University Press, Cambridge, USA

39. DICKSON C, HASLAM S, NANDI S (1974) Conditions for MTV synthesis in vitro and the effect of steroid hormones on virus production. *Virology* **62** : 242-252

40. DICKSON C, SMITH R, BROOKES S, PETERS G (1984) Tumorigenesis by mouse mammary tumor virus proviral activation of a cellular gene in common integration region int-2. *Cell* **37** : 529-536

41. DION AS, VAIDYA AB, FOUT GS (1974a) Cation preferences for synthesis by RNA tumor virus and human milk particulates. *Cancer Res* **34** : 3509-3515

42. DION AS, POMENTI AA, FARWELL DC (1979) Vicinal relationships between the major structural proteins of murine mammary tumor virus. *Virology* **96** : 249-257

43. DION AS, FARWELL DC, POMENTI AA, GIRARDI J (1980) A human protein related to the major envelope protein of murine mammary tumor virus : Identification and characterization. *Proc Natl Acad Sci USA* **77** : 1301-1305

44. DONNEHOWER LA, HUANG AL, HAGER GL (1981) Regulatory and coding potential of the mouse mammary tumor virus long terminal redundancy. *J Virol* **37** : 226-238

45. DUBOIS-DALCQ M, HOLMES KV, RENTIER B (1985) *Assembly of enveloped RNA viruses.* Springer Verlag, New York

46. DUDLEY JP, VARMUS HE (1981) Purification and translation of murine mammary tumor virus mRNAs. *J Virol* **39** : 207-218

47. DUESBERG PH, CARDIFF RD (1968) Physical properties of Rous sarcoma virus RNA, *Virology* **36** : 696-700

48. DUNN TB (1959) *In* PB Homburger (ed) : *Physiopathology of cancer, 2ᵉ ed.* Hoeber Inc, New York, pp. 38-44

50. FASEL NK, PEARSON EK, BUETTI E, DIGGELMANN H (1982) The region of mouse mammary tumor virus DNA containing the long terminal repeat includes a long coding sequence and signals hormonally regulated transcription. *EMBO J* **1** : 3-7

51. European Collaborative study (1992) : Risk factors for mother to child transmission of HIV-1. *Lancet* **339** : 1007-1012

52. FELDMAN DG (1963) Origin and distribution of virus like particles associated with mammary tumors in DBA strain mice. III- Virus like particles transplanted tumors. *J Natl Cancer Inst* **30** : 517-521

53. FINE DL, PLOWMAN JK, KELLEY SP, ARTHUR LO, HILLMAN EA (1974) Enhance production of mouse mammary tumor virus in dexamethasone-treated, 5-iododeoxyuridine-stimulated mammary tumor cell cultures. *J Natl Cancer Inst* **52** : 1881-1886

54. FINE DL, ARTHUR LO, GARDNER MB (1978a) Prevalence of murine mammary tumor virus antibody and antigens in normal and tumor-bearing fetal mice. *J Natl Cancer Inst* **61** : 485-491

55. FRANÇOIS C, CALBERG-BACQ CM, GOSSELIN L, KOZMA S, OSTERRIETH PM (1979) Identification, partial purification and biochemical characterization of gamma-glutamyl transpeptidase present in membrane component in skimmed milk and milk-fat globules membranes, and in mammary tumor virus from milk infected mice. *Biophys Biochim Acta* **567** : 106-115

56. FRANKLIN GC, CHRETIEN S, HANSON IM, ROCHEFORT H, MAY SEB, WESTLEY BR (1988) Expression of human sequences related to those of mouse mammary tumor virus. *J Virol* **62** : 1203-1210

57. GARCIA M, WELLINGER M, VESSAZ A, DIGGELMAN H (1986) A new site of integration of mouse mammary tumor virus proviral DNA common to Balb/cf (C3H) mammary and kidney adenocarcinomas. *EMBO J* **5** : 127-134

58. GAUTCH JW, LERNER L, HOWARD D, TERAMOTO YA, SCHLOM J (1978) Strain specific markers for the structural proteins of highly oncogenic murine mammary tumor viruses tryptic peptid analysis. *J Virol* **27** : 688-699

58bis. GOLOVKINA TV, CHERVONSKI A, DUDLEY JP, ROSS SR (1992) Transgenic mouse mammary tumour virus superantigen expression prevents viral infection. *Cell* 637-645

59. GOSSELIN L, CALBERG-BACQ CM, FRANÇOIS C, GOSSELIN-REY C, KOZMA S, OSTERRIETH PM (1977) Phospholipids of the milk fat-globule membrane and the mouse mammary tumor virus isolated from the milk of infected mice. *Biochem Soc Trans* **5** : 1142-1144

60. GOSSELIN-REY C, GOSSELIN L, CALBERG-BACQ CM, FRANÇOIS C, KOZMA S, OSTERRIETH PM, VAN DESSEL G (1980) The ganglioside content of the milk fat-globule membrane and the mouse mammary tumor virus isolated from the milk of infected mice, partial characterization of a new disialoganglioside. *Eur J Biochem* **107** : 25-30

61. GRAY DA, LEE CHAN ECM, MCINNES JI, MORRIS VL (1986a) Restriction endonucleasemap of endogenous mouse mammary tumor virus loci in GR, DBA and NFS mice. *Virology* **148** : 237-242

62. GRAY DA, MCGRATH CM, JONES RF, MORRIS VL (1986b) A common mouse mammary tumor virus integration site in chemically induced precancerous mammary hyperplasias. *Virology* **148** : 360-368

63. GRONER B, HYNES NE (1980) Number and location of mouse mammary tumor virus proviral DNA in mouse DNA of normal tissue and of mammary tumors. *J Virol* **33** : 1013-1025

64. GRONER B, BUETTI E, DIGGELMAN H, HYNES NE (1980) Characterization of endogenous and exogenous mouse mammary tumor virus proviral DNA with site specific molecular clones. *J Virol* **36** : 734-745

65. GUNSBURG WH, GRONER B (1984) The chromosomal integration site determines the tissue specific methylation of mouse mammary tumor virus proviral genes. *EMBO J* **3** : 1129-1135

66. HAGEMAN PC, CALAFAT J (1972) *In* J Mouriquand (ed) : *Recherches fondamentales sur les tumeurs mammaires.* Ed. INSERM, Paris, pp. 119-126

67. HAGEMAN PC, CALAFAT J, HILGERS J (1981) *In* J Hilgers, M Sluyser : *Mammary tumors in the mouse.* Elsevier North-Holland, Amsterdam, pp. 391-464

68. HAINAUT P, FRANÇOIS C, CALBERG-BACQ CM, VAIRA D, OSTERRIETH PM (1983) Peroral infection of suckling mice with milk borne mammary tumor virus uptake of the main viral antigens by the gut. *J Gen Virol* **64** : 2535-2548

69. HAINAUT P, VAIRA D, FRANÇOIS C, CALBERG-BACQ CM, OSTERRIETH PM (1985) Natural infection of swiss mice with mouse mammary tumor virus (MMTV) : viral expression in milk and transmission of infection. *Arch Virol* **83** : 195-206

70. HAINAUT P, VAIRA D, FRANÇOIS C, CLOES JM, OSTERRIETH PM, CALBERG-BACQ CM (1986) Isolation and immunological characterization of a cellular glycoprotein common to mouse milk-fat globule membrane (MFGM) and mouse mammary tumor virus (MMTV) envelope. *Arch Int Physiol Biochim* **94** : B77

71. HAYWARD WS, NELL BG, ASTRIN SM (1981) Activation of cellular oncogene by promoter insertion in ALV-induced lymphoid leukosis. *Nature* **290** : 475-480

72. HENDRICK JC, FRANÇOIS C, CALBERG-BACQ CM, COLIN C, FRANCHIMONT P, GOSSELIN L, KOZMA S, OSTERRIETH PM (1978) Radioimmunoassay for protein p28 of murine mammary tumor virus in organs and serum of mice and search for related antigens in human sera and breast cancer extracts. *Cancer Res* **38** : 1826-1831

73. HILGERS J (1979) *In* DL Altmon, D Dittmer-Katz (eds) : *Inbred and genetically defined strains of laboratory animals,* Part 1 : *Mouse and rat.* Fed. Am Soc Exp Biol, Bethesda, Maryland, pp. 157-161

74. HILGERS J, BENTVELZEN P (1978) Interaction between viral and genetic factors in murine mammary cancer. *Adv Cancer Res* **26** : 143-195

75. HILGERS J, NOWINSKY RC, GEERING G, HARDY W (1973) Detection of avian and mammalian oncogenic RNA viruses (oncornaviruses) by immunofluorescence. *Cancer Res* **32** : 98-106

76. HILGERS J, THEUNIS GJ, VAN NIE R (1975) Mammary tumor virus (MTV) antigens, in normal and mammary tumor-bearing mice. *Int J Cancer* **12** : 568-576

77. HOLLSTEIN M, SIDRAUSKY D, VOGELSTEIN B, HARRIS CC (1991) p53 mutations in human cancers. *Science* **253** : 49-53

78. HORAND-HAND P, TERAMOTO YA, CALLAHAN R, SCHLOM J (1980) Interspecies radioimmunoassay of the major internal protein of mammary tumor viruses. *Virology* **101** : 61-71

79. HUANG AL, OSTROWSKI MC, BERARD D, HAGER GL (1981) Glucocorticoid regulation of the Ha-MSV p21 gene conferred by sequences from mouse mammary tumor virus. *Cell* **27** : 245-255

80. HYNES NE, GRONER B, DIGGELMAN H, VAN NIE R, MICHALIDES R (1979) Genomic location of mouse mammary tumor virus proviral DNA in normal mouse tissue and in mammary tumors. *Cold Spring Harbor Symp Quant Biol* **44** : 1161-1168

81. HYNES NE, KENNEDY N, RAMSDORF U, GRONER B (1981) Hormone responsive expression of an endogenous proviral gene of mouse mammary tumor virus after molecular cloning and gene transfer into culture cells. *Proc Natl Acad Sci USA* **78** : 2038-2042

82. IKEDA H, ODAKA T (1983) Cellular expression of murine leukemia virus gp70 related antigen on thymocytes of uninfected mice correlates with Fv-4 gene controlled resistance to Friend leukemia virus infection. *Virology* **128** : 127-139

83. IKEDA H, ODAKA T (1984) A cell membrane gp70 associated with Fv-4 gene : immunological characterization and tissues and strain distribution. *Virology* **133** : 65-76

84. IKEDA H, LAIGRET F, MARTIN MA, REPASKE R (1986) Characterization of a molecular cloned retroviral sequence associated with Fv-4 resistance. *J Virol* **55** : 768-777

85. IQBAL INNISA A, LIDEREAU R, TEHEILLET C, CALLAHAN R (1987) Reduction to homozygosity of genes and chromosome 11 in human breast neoplasia. *Science* **238** : 185-188

86. KENNEDY N, KNEDLISTSCHEK G, GRONER B, HYNES NE, HERRLICH P, MICHALIDES R, VAN OOYEN AJJ (1982) Long terminal repeats of endogenous mouse mammary tumor virus contain a long open reading frame which extends into adjacent sequences. *Nature* **285** : 622-624

87. KLEMENZ R, REINHARDT M, DIGGELMAN H (1981) Sequence determination of the 3'end of mouse mammary tumor virus RNA. *Mol Biol Rep* **7** : 123-126

88. KOZMA S, CALBERG-BACQ CM, FRANÇOIS C, OSTERRIETH PM (1979) Detection of virus antigens in Swiss albino mice infected by milk borne mouse mammary tumor virus : the effect of age, sex and reproductive status. I- localisation by immunofluorescence of four antigens in mammary tissues and other organs. *J Gen Virol* **45** : 27-40

89. KOZMA S, OSTERRIETH PM, FRANÇOIS C, CALBERG-BACQ CM (1980) Distribution of mouse mammary tumor virus antigens in RIII mice as detected by immunofluorescence on tissue sections and by immunoassay in sera and organ extracts. *J Gen Virol* **51** : 327-339

90. KOZMA S (1982) Thèse de Doctorat ès Science, Faculté de Médecine, Université de Liège, Belgique

91. LEE F, MULLIGAN R, BERG R, RINGOLD G (1981) Glucocorticoids regulate expression of dihydrofolate reductase cDNA in mouse mammary tumor virus chimaeric plasmids. *Nature* **294** : 228-232

92. LEVINE AJ, MOMAND J, FINLAY C (1991) The p53 tumour suppressor gene. *Nature* **351** : 453-456

93. LIDEREAU R, CALLAHAN R, DICKSON C, PETERS G, ESCOTT C, IQBAL INNISA A (1988) Amplification of the int-2 gene in primary human breast tumors. *Oncogene Res* **2** : 285-294

94. LOPEZ D, CHARYULU V, PAUL RD (1985) B cell subsets in spleens of Balb/c mice : identification and isolation of MMTV-expressing and MMTV-responding subpopulations. *J Immunol* **134** : 603-607

95. LYONS MJ, MOORE DH (1965) Isolation of mouse mammary tumor virus : chemical and morphological studies. *J Natl Cancer Inst* **35** : 549-565

96. MAJORS JE, VARMUS HE (1981) Nucleotide sequences at host-proviral junctions for mouse mammary tumor virus. *Nature* **289** : 253-258

97. MANN R, MULLIGAN RC, BALTIMORE DB (1983) Construction of a retrovirus packaging mutant and its use to produce helper-free defective retrovirus. *Cell* **33** : 153-159

98. MCGRATH CM, MARINEAU EJ, VOYLER BA (1978) Changes in MuMTV DNA and RNA levels in Balb/c mammary epithelial cells during malignant transformation by exogenous MuTV and by hormones. *Virology* **87** : 339-353

99. MCINNES JI, MORRIS VL, FLINTHOFF WF, KOZAK CA (1984) Characterization and chromosomal location of endogenous mouse mammary tumor virus loci in GR, NFS and DBA mice. *Virology* **132** : 12-35

100. MARCUS SL, SARKAR NH, MODAK MJ (1976) Purification and properties of murine mammary tumor virus polymerase. *Virology* **71** : 242-254

101. MARCUS SL, SMITH SW, SARKAR NH (1981) Quantitation of murine mammary tumor virus-related RNA in mammary tissues of low and high mammary tumor incidence mouse strains. *J Virol* **40** : 87-95

102. MASSEY RJ, SCHOCHETMAN G (1979) Gene order of mouse mammary tumor virus precursors polyproteins and their interaction leading to the formation of a virus. *Virology* **99** : 358-371

103. MASSEY RJ, SCHOCHETMAN G (1981) Topographical analysis of viral epitopes using monoclonal antibodies : mechanism of virus neutralization. *Virology* **115** : 20-32

104. MASSEY RJ, ARTHUR LO, NOWINSKI RC, SCHOCHETMAN G (1980) Monoclonal antibodies identify individual determinants of mouse mammary tumor virus glycoprotein gp52 with group, class or type specificity. *J Virol* **34** : 635-643

105. MEHTA SP, SIRSAT NH, GOOD RA, JUSSAWALA DJ (1978) Humoral antibodies to mouse mammary tumor virus in sera from breast cancer patients. *Indian J Exp Biol* **16** : 1126-1128

106. MESA-TEJADA R, KEYDAR I, RAMANARAMANAYAN A, OHNO T, FENOGLIO C, SPIEGELMAN S (1978) Detection in human breast carcinomas of an antigen immunologically related to a group-specific antigen of mouse mammary tumor virus. *Proc Natl Acad Sci USA* **75** : 1529-1533

107. MICHALIDES R, SCHLOM J (1975) Relationship in nucleic acid sequences between mouse mammary tumor virus variants. *Proc Natl Acad Sci USA* **72** : 4635-4639

108. MICHALIDES R, NUSSE R (1981) Structure, stability, methylation, expression and glucocorticoid induction of endogenous and transfected proviral genes of mouse mammary tumor virus in mouse fibroblasts. *In* J Hilgers, M Sluyser (eds) : *Mammary tumors in the mouse*. Elsevier North-Holland, Amsterdam, pp. 465-504

109. MICHALIDES R, VAN DEEMTER L, NUSSE R, VAN NIE R (1978) Identification of the mtv-2 gene responsible for the early appearance of mammary tumors in the GR mouse by nucleic acid hybridization. *Proc Natl Acad Sci USA* **75** : 2368-2372

110. MICHALIDES R, VAN OOYEN AA, NUSSE R (1983) Mouse mammary tumor virus expression and mammary tumor development. *In* PK Vogt, H Koprowski (ed) : *Current topics in microbiology and immunology*. Springer Verlag, Berlin **106** : 57-78

111. MICHALIDES R, VERSTRAETEN R, SHEN FW, HILGERS J (1985) Characterization and chromosomal distribution of endogenous mouse mammary tumor viruses of european mouse strains 5TS/A and GR/A. *Virology* **142** : 278-290

112. MILLER MF, DMOCHOWSKI L, BOWEN JM (1977) Immunoelectron microscopic studies of antibodies in mouse sera directed against mouse mammary tumor virus. *Cancer Res* **37** : 2086-2091

113. MOORE DH, CHARNEY J, HOLBEN JA (1974) Titrations of various mouse mammary tumor viruses in different mouse strains. *J Natl Cancer Inst* **52** : 1757-1761

114. MOORE DH, CHARNEY J, KRAMARSKY B, LASFARGUES EY, SARKAR NH, BRENNAN MJ, BURROWS JH, SIRSAT SM, PAYMASTER JC, VAIDYA AB (1971) Search for a human breast cancer virus. *Nature* **229** : 611-615

115. MOORE DH, LONG CA, VAIDYA AB, SHEFFIELD JB, DION AS, LASFARGUES EY (1979) Bioactivities and the effect of dilution on various milk borne murine mammary tumor viruses. *Adv Cancer Res* **29** : 347-418

116. MOORE R, CASEY G, BROOKES S, DIXON M, PETERS SG, DICKSON C (1986) Sequence, topography and protein coding potential of mouse int-2 : a putative oncogen activated by mouse mammary tumor virus. *EMBO J* **5** : 919-924

117. MORRIS VL, MEDEIROS E, RINGOLD GJ, BISHOP MJ, VARMUS HE (1977) Comparison of mouse mammary tumor virus-specific DNA in inbred, wild and Asian mice, and in tumors and normal organs from inbred mice. *J Mol Biol* **114** : 73-91

118. MULLER M, HAGEMAN PC, DAAMS JH (1971) Spontaneous occurrence of precipitating antibodies to the mammary tumor virus in mice. *J Natl Cancer Inst* **47** : 801-806

119. MULLER M, ZOTTER S (1973) Mammary tumor virus (MTV) infection of CA/Bln mice involving production of antibodies to MTV. *J Natl Cancer Inst* **50** : 713-718

120. NANDI S, McGRATH CM (1973) Mammary neoplasia in mice. *Adv Cancer Res* **17** : 353-414

121. NEWGARD KW, CARDIFF RD, BLAIR PB (1976) Human antibodies binding to the mouse mammary tumor virus : a non specific reaction ? *Cancer Res* **36** : 765-768

122. NIGRO JM, BAKER SJ, PREISINGER AC, JESSUP JM, HOSTETLER R, CLEARY K, BIGNER SH, DAVIDSON N, BAYLIN S, DEVILER P, GLOVER T, COLLINS FS, WESTON A, MODALI R, HARRIS CC, VOGELSTEIN B (1989) Mutations in the p53 gene occur in diverse human tumour types. *Nature* **342** : 705-708

123. NOON MC, WOLFORD RG, PARKS WP (1975) Expression of mouse mammary tumor viral polypeptides in milks and tissues. *J Immunol* **115** : 653-658

124. NUSSE R, VARMUS HE (1982) Many tumors induced by the mouse mammary tumor virus contain a provirus integrated in the same regions of the host genome. *Cell* **31** : 99-109

125. NUSSE R, VAN DER PLOEG L, VAN DUIJN L, MICHALIDES R, HILGERS J (1979) Impaired maturation of mouse mammary tumor virus precursor polypeptides in lymphoid leukemia cells, producing intracytoplasmic A particles and no extracellular B-type virions. *J Virol* **32** : 251-258

126. NUSSE R, DE MOES J, HILKENS J, VAN NIE R (1980) Localization of a gene for expression of mouse mammary tumor virus antigens in the GR/Mtv-2-mouse strain. *J Exp Med* **152** : 712-719

127. OGAWA H, TANAKA H (1978) Occurrence of antibody against intracytoplasmic A-particles of mouse mammary tumor virus in sera from breast cancer patients. *Gann* **69** : 539-544

128. ONO M (1986) Molecular cloning and long terminal repeat sequences of human endogenous retrovirus genes related to types A and B retrovirus genes. *J Virol* **58** : 937-944

129. ONO M, YASONGA T, MIYATA, USHIKOBO H (1986) Nucleotide sequence of human endogenous retrovirus genome related to the mouse mammary tumor virus genome. *J Virol* **60** : 589-598

130. ONO M, KAWAKAWI M, USHIKOBO H (1987) Stimulation of expression of the human endogenous retrovirus genome by female steroid hormones in human breast cancer cell line T47D. *J Virol* **61** : 2059-2062

131. OSTERRIETH PM, KOZMA S, HENDRICK JC, FRANÇOIS C, CALBERG-BACQ CM, FRANCHIMONT P, GOSSELIN L (1979) Detection of virus antigens in Swiss albino mice infected by milk borne mouse mammary tumour virus : the effect of age, sex and reproductive status. II-Radioimmunoassay of two virus components, gp47 and p28 in serum and organ extracts. *J Gen Virol* **45** : 41-50

132. PANET A, BALTIMORE D, HANAFUSA H (1975) Quantitation of avian RNA tumor virus reverse transcriptase by radioimmunoassay. *J Virol* **16** : 156-152

133. PETERS G, GLOVER C (1980) tRNA's and priming of RNA-directed synthesis in mouse mammary tumor virus. *J Virol* **35** : 31-40

134. PETERS G, BROOKES S, SMITH R, DICKSON C (1983) Tumorigenesis by mouse mammary tumor virus : evidence for a common region for provirus integration in mammary tumors. *Cell* **33** : 369-377

135. PETERS G, PLACZEK M, BROOKES S, KOZAK C, SMITH R, DICKSON C (1986a) Characterization, chromosome assignment, and segregation analysis of endogenous proviral units of mouse mammary tumor virus. *J Virol* **59** : 535-544

136. PETERS G, LEE AE, DICKSON C (1986b) Concerted activation of two potential protooncogenes in carcinomas induced by mouse mammary tumour virus. *Nature* **320** : 628-631

137. PONTA H, GUNZBURG WH, SALMONS B, GRONER B, HERRLICH P (1985) Mouse mammary tumour virus : a proviral gene contributes to the understanding of eukaryotic gene expression and mammary tumorigenesis. *J Gen Virol* **66** : 931-943

138. RACEVSKIS J, SARKAR NH (1978) Synthesis and processing of precursor polypeptides to murine mammary tumor virus structural proteins. *J Virol* **25** : 374-383

139. RACEVSKIS J, SARKAR NH (1980) Murine mammary tumor virus structural protein interactions : formation of oligomeric complexes with cleavable cross linking agents. *J Virol* **35** : 937-948

140. REDMOND SMS, DICKSON C (1983) Sequence and expression of the mouse mammary tumour virus *env* gene. *EMBO J* **2** : 125-131

141. REDMOND SMS, PETERS G, DICKSON C (1984) Mouse mammary tumor virus can mediate cell fusion at reduced pH. *Virology* **133** : 393-402

142. RINGOLD GM (1983) Regulation of mouse mammary tumor virus gene expression by glucocorticoid hormones. *In* PK Vogt, H Koprowski (eds) : *Current topics in microbiology and immunology*, 106 : *Mouse mammary tumor virus*. Springer Verlag, Berlin

143. RINGOLD GM, YAMAMOTO KR, BISHOP JM, VARMUS HE (1977) Glucocorticoid-stimulated accumulation of mouse mammary tumor virus RNA : increased rate of synthesis of viral RNA. *Proc Natl Acad Sci USA* **74** : 2879-2883

144. RITTER RI, NANDI S (1968) Time of appearance of viral activity in red blood cells of mice infected naturally or artificially with mammary tumor virus. *J Natl Cancer Inst* **40** : 1313-1318

145. ROBERTSON DL, VARMUS HE (1979) Structural analysis of the intracellular RNAs of murine mammary tumor virus. *J Virol* **30** : 576-589

146. ROBERTSON DL, VARMUS HE (1981) Dexamethasone induction of the intracellular RNAs of mouse mammary tumor virus. *J Virol* **40** : 673-682

147. ROBINSON HL, ASTRIN SM, SENIOR AM, SALAZAR FH (1981) Host susceptibility to endogenous viruses : defective, glycoprotein-expressing proviruses interfere with infections. *J Virol* **40** : 745-751

148. RONGEY RW, ABTIN AH, ESTES JD, GARDNER MB (1975) Mammary tumor virus particles in the submaxillary gland, seminal vesicle and promammary tumors of wild mice. *J Natl Cancer Inst* **54** : 1149-1156

149. SARKAR NH, MOORE DH (1978) Immunization of mice against murine mammary tumor virus infection and mammary tumor development. *Cancer Res* **38** : 1468-1472

150. SCHLOM J, SPIEGELMAN S (1971) Simultaneous detection of reverse transcriptase and high molecular weight RNA unique to oncogenic RNA viruses. *Science* **174** : 840-843

151. SCHLOM J, SPIEGELMAN S (1974) Breast cancer : molecular basis for a viral etiology. *NY State J Med* **74** : 1373-1383

152. SCHLOM J, COLCHER D, SPIEGELMAN S, GILLESPIE S, GILLESPIE D (1973) Quantitation of RNA tumor viruses and virus-like particles in human milk by hybridization to polyadenylic acid sequences. *Science* **179** : 696-698

153. SCHOCHETMAN G, LONG CW, OROSZLAN S, ARTHUR LO, FINE DL (1978) Isolation of separate precursor polypeptides for the mouse mammary tumor virus glycoproteins and non glycoproteins. *Virology* **85** : 168-174

154. SCOLNICK EM, YOUNG HA, PARKS WP (1976) Biochemical and physiological mechanisms in glucocorticoid hormone induction of mouse mammary tumor virus. *Virology* **69** : 148-156

155. SHACKLEFORD G, JAKOBOVITZ A, JOYNER A, MARTIN G, VARMUS H (1986) Cold Spring Harbour Meeting, Abstract book, p. 156

156. SHANK PR, COHEN JC, VARMUS HE, YAMAMOTO KR, RINGOLD GM (1978) Mapping of linear and circular forms of mouse mammary tumor virus DNA. *Proc Natl Acad Sci USA* **75** : 2112-2116

157. SHANNON JM, AIDELLS BD, DANIELS CW (1974) Mammary tumor virus in strain GR mice in relation to age and tissue type. *J Natl Cancer Inst* **52** : 1157-1159

158. SHEFFIELD JB, DALY TM (1976) Extrinsic labeling of MuMTV with a galactose oxidase-tritiated borohydride method. *Virology* **70** : 247-250

159. SHIMKIN J (1963) Cancer of the breast. *J Am Med Ass* **183** : 146-149

160. SIMONS K, GAROFF H (1980) The budding mechanisms of enveloped animal viruses. *J Gen Virol* **50** : 1-22

161. LIU E, THOR A, HE M, BARCOS M, LJUNG BM, BENZ C (1992) The HER-2 (c-erbB2) oncogene is frequently amplified in in situ carcinomas of the breast. *Oncogene* **7** : 1027-1032

162. SMITH GH (1966) Role of the milk agent in disappearance of mammary cancer in C3H/StWi mice. *J Natl Cancer Inst* **36** : 685-701

163. SMITH GH, WIVEL NA (1973) Intracytoplasmic A particles : mouse mammary tumor virus nucleoprotein cores ? *J Virol* **11** : 575-584

164. SMITH R, PETERS G, DICKSON C (1988) Multiple RNAs expressed from the int-2 gene in mouse embryonal carcinoma cell lines encode a protein with homology to fibroblast growth factors. *EMBO J* **7** : 1013-1022

165. SQUARTINI F, BOLIS GB (1971) Mammary noduligenic activity of the sperm from various high mammary tumor strain mice in histocompatible recipients of different ages. *Lav Anat Pat Perugia* **XXXI** : 59-63

166. SQUARTINI F, BISTOCCHI M (1977) Bioactivity of C3H an RIII mammary tumor viruses in virgin female Balb/c mice. *J Natl Cancer Inst* **58** : 1845-1847

167. SQUARTINI F, BASOLO F, BISTOCCHI M (1983) Lobuloalveolar differentiation and tumorigenesis : two separate activities of mouse mammary tumor virus. *Cancer Res* **43** : 5879-5882

168. STECK FT, RUBIN H (1965) The mechanism of interference between an Avian leukosis virus and Rous sarcoma virus. II-Early steps of infection by RSV of cells under condition of interference. *Virology* **29** : 642-653

169. TEMIN HM, MIZUTANI S (1970) RNA dependent DNA polymerase in virions of Rous sarcoma virus. *Nature* **226** : 1211

170. TERAMOTO YA, PUENTES MJ, YOUNG LJT, CARDIFF RD (1974) Structure of the mouse mammary tumor virus : polypeptides and glycoproteins. *J Virol* **13** : 411-418

171. TERAMOTO YA, KUFE D, SCHLOM J (1977a) Multiple antigenic determinants on the major surface glycoprotein of murine mammary tumor viruses. *Proc Natl Acad Sci USA* **74** : 3564-3568

172. TERAMOTO YA, KUFE D, SCHLOM J (1977b) Type-specific antigenic determinants on the major external glycoprotein of high- and low oncogenic murine mammary tumor viruses. *J Virol* **24** : 525-533

173. TERAMOTO YA, SCHLOM J (1978) Radioimmunoassays that demonstrate type-specific and group-specific antigenic reactivities for the major internal structural protein of murine mammary tumor viruses. *Cancer Res* **38** : 1990-1995

174. TERAMOTO YA, MEDINA D, MCGRATH CM, SCHLOM J (1980) Noncoordinate expression of murine mammary tumor virus gene products. *Virology* **107** : 345-353

175. TRAINA-DORGE V, COHEN JC (1983) Molecular genetics of mouse mammary tumor virus. *In* PK Vogt, H Koprowski (ed) : *Current topics in microbiology and immunology*, 106 : *Mouse mammary tumor virus*. Springer Verlag, Berlin.

176. TSUBURA Y (1977) Paternal transmission of mammary tumor virus from DD/Tbr strain of mice by crossing with Balb/c or C57BL/6J strains. *Gann* **68** : 257-268

177. TSUDA H, HIROHASHI S, SHIMOSATO Y, HIROTA T, TSUGANE S, YAMAMOTO H, MIYAJIMA N, TOYOSHIMA K, YAMAMOTO T, KOKOTA J, YOSHIDA T, SAKAMOTO H, TERADA M, SUGIMURA T (1989) Correlation between long-term survival in breast cancer patients and amplification of two putative oncogene-coamplification units : hst-1/int-2 and c-erbB-2/ear-1. *Cancer Res* **49** : 3104-3108

178. TSUKAMOTO AS, GROSSCHEDL R, GUZMAN RC, PARSLOW T, VARMUS HE (1988) Expression of the int-1 gene in transgenic mice is associated with mammary gland hyperplasia and adenocarcinomas in male and female mice. *Cell* **55** : 619-625

179. UCKER DC, ROSS SR, YAMAMOTO KR (1981) Mammary tumor virus DNA contains sequences required for its hormone-regulated transcription. *Cell* **27** : 257-266

180. VAN DER VALK MA (1981) Protein of murine mammary tumor viruses. *In* J Hilgers, M Sluyser (eds) : *Mammary tumors in the mouse*. Elsevier North-Holland, Amsterdam

181. VAN NIE R (1981) Development of a congenic line of the GR mouse strain without early mammary tumors. *In* J Hilgers, M Sluyser (eds) : *Mammary tumors in the mouse*. Elsevier North-Holland, Amsterdam

182. VAN NIE R, VERSTRAETEN AA (1975) Studies of genetic transmission of mammary tumour virus by C3Hf mice. *Int J Cancer* **16** : 922-931

183. VAN NIE R, VERSTRAETEN AA, DE MOES J (1977) Genetic transmission of mammary tumor virus by GR mice. *Int J Cancer* **19** : 383-390

184. VAN NIE R, DE MOES J (1977) Development of a congenic line of the GR mouse strain without early mammary tumours. *Int J Cancer* **20** : 588-594

185. VAN OOYEN AA, MICHALIDES R, NUSSE R (1983) Structural analysis of a 1.7-kilobase mouse mammary tumor virus specific RNA. *J Virol* **46** : 362-370

186. VAN OOYEN AA, KWEE V, NUSSE A (1985) The nucleotide sequence of the human int-1 mammary oncogene ; evolutionary conservation of coding and non-coding sequences. *EMBO J* **4** : 2905-2909

187. VARMUS HE, BISHOP JM, NOWINSKI RC, SARKAR NH (1972) Mammary tumour virus specific nucleotide sequence in mouse DNA. *Nature* **238** : 189-191

188. VERSTRAETEN AA, VAN NIE R (1978) Genetic transmission of mammary tumour virus in the DBAf mouse strain. *Int J Cancer* **21** : 473-475

189. WATERS LC (1978) Lysine tRNA is the predominant tRNA in murine mammary tumor virus. *Biochem Biophys Res Commun* **81** : 822-827

190. WEISS R, TEICH N, VARMUS HE, COFFIN J (1982) RNA tumor viruses. *In : Molecular biology of tumor virus*. Cold Spring Harbour Press, New York, pp. 110-119

191. WHEELER DA, BUTEL JS, MEDINA D, CARDIFF R, HAGER GL (1983) Transcription of mouse mammary tumor virus : identification of a candidate in RNA for the long terminal repeat gene product. *J Virol* **46** : 42-49

192. WITKIN SS, SARKAR NH, GOOD RA, DAY NK (1980) An enzyme-linked immunoassay for the detection of antibodies mouse mammary tumor virus : application to human breast cancer. *J Immunol Meth* **32** : 85-91

193. WITTE ON, WEISSMAN IL, KAPLAN HS (1973) Structural characteristics of some murine RNA tumor viruses lactoperoxidase iodination. *Proc Natl Acad Sci USA* **70** : 36-40

194. YAMAMOTO KR, ALBERTS BM (1976) Steroid receptors : elements for modulation of eukaryotic transcription. *Annu Rev Biochem* **45** : 721-746

195. YOSHIDA MC, WADA M, SATOH H, YOSHIDA T, SAKAMOTO H, MIYAGAWA K, YOKOJA J, KODA T, KAKINUMA M, SAGIMURA T, TERADA M (1988) Human HST1 (HSTF1) gene maps to chromosome band 11q13 and coamplifies with the int-2 gene in human cancer. *Proc Natl Acad Sci USA* **85** : 4861-4864

196. ZANGERLE L, KOZMA S, OSTERRIETH PM (1977) Radioimmuno assay for glycoprotein gp47 of murine mammary tumor virus in organs and serum of mice and search for related antigens in human sera. *Cancer Res* **37** : 4326-4331

197. ZOTTER S, KRUYIKOWA IN, BUKRINSKAIA AG, LESZHNEVA OM, ILYIN KV, MILLER GG, MULLER M (1976a) Presence of the p27 antigenicity and absence of the gp52 antigenicity and leukemia virus antigens in intracytoplasmic A particles (iAp) of mouse mammary tumour origin. *Arch Geshwultforsh* **46** : 621-629

198. ZOTTER S, LOSSNITZER A, KEMMER C, KLAHR G (1976b) *Acta Biol Med Germ* **35** : 252-257

199. ZOTTER S, KEMMER C, LOSSNITZER A, GROSSMANN H, JOHANSSEN BA (1980) Mouse mammary tumour virus-related antigens in core-like density fractions from large samples of women's milk. *Eur J Cancer* **16** : 455-467

200. ZOTTER S, KEMMER C, MULLER M (1981) Mammary tumor virus. Investigations in mouse and man. *Exp Pathol* (Suppl 6). VEB Gustav Fisher Yerlag, Jena, RDA, Elsevier North-Holland, Amsterdam

201. ZOTTER S, GROSSMANN H, FRANÇOIS C, KOZMA S, HAINAUT P, CALBERG-BACQ CM, OSTERRIETH PM (1983) Among the human antibodies reacting with intracytoplasmic A particles of mouse mammary tumor virus, some react with MMTV p14, the nucleid-acid-binding protein, and others with MMTV p28, the main core protein. *Int J Cancer* **32** : 27-35

6

Régulation multifactorielle de la sécrétion de prolactine des cellules lactotropes : mécanismes de transduction

A. Enjalbert

La prolactine est l'hormone adénohypophysaire pour laquelle a été décrit le plus grand nombre de neurohormones agissant au niveau hypophysaire.

Régulation multifactorielle

La dopamine du système tubéroinfundibulaire est clairement le facteur inhibiteur (PIF) majeur [5]. L'amine assure un contrôle inhibiteur tonique de la sécrétion de prolactine. Elle semble également responsable d'une boucle de rétroaction courte qui implique l'effet stimulateur de la prolactine sur les neurones tubéroinfundibulaires qui stabilisent ainsi les niveaux plasmatiques de l'hormone [31]. La dopamine ne semble pas, en revanche, impliquée dans la plupart des stimulations de la sécrétion de prolactine induites dans diverses situations physiologiques. C'est ainsi que la forte augmentation de sécrétion de prolactine induite par la succion des petits chez la femelle lactante n'est pas associée à une diminution du tonus dopaminergique. Au contraire, une augmentation paradoxale de la vitesse de renouvellement de l'amine a été décrite [47]. D'autres neurohormones agissant au niveau des cellules lactotropes doivent donc être responsables de ces réponses prolactiniques.

Le GABA inhibe également directement la sécrétion de prolactine [30]. Le rôle physiologique de cette inhibition gabaergique n'est pas connu, cependant elle ne semble pas contrôler la sécrétion de prolactine de manière tonique.

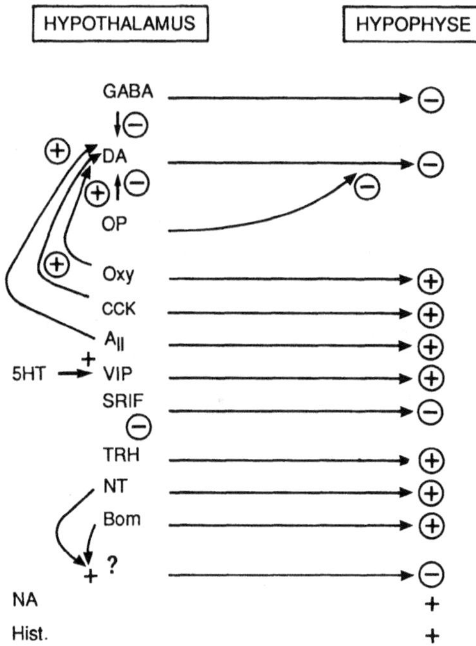

Fig. 6-1   Régulation de la sécrétion de prolactine au niveau hypothalamique et hypophysaire. De très nombreuses neurohormones agissent directement au niveau de cellules lactotropes pour réguler leur sécrétion. GABA : acide γ-hydroxybutyrique ; DA : dopamine ; OP : peptides opiacés ; Oxy : ocytocine ; CCK : cholecystokinine ; AII : angiotensine II ; VIP : peptide vasoactif intestinal ; SHT : sérotonine ; SRIF : somatostatine ; TRH : thyrotropin releasing hormone ; NT : neurotensine ; Bom : bombésine ; NA : noradrénaline ; Hist : histamine.

La somatostatine inhibe la sécrétion de prolactine. Cet effet est augmenté par l'œstradiol qui agit sur le nombre de récepteurs du peptide au niveau des cellules lactotropes [37]. Chez le rat mâle la somatostatine supprime les effets du VIP et du TRH sur la sécrétion de prolactine in vitro [16]. Des immunisations passives avec des anticorps antisomatostatine augmentent les taux plasmatiques chez les rats jeûneurs, ce qui suggère que la somatostatine endogène est impliquée dans la régulation de la sécrétion de prolactine [9]. De plus, la somatostatine apparaît capable de compenser partiellement la diminution d'inhibition dopaminergique induite par un traitement par les œstrogènes [37].

La neurotensine [15], le CCK [68], la bombésine [69] et l'angiotensine II [2] sont tous capables de stimuler la sécrétion de prolactine in vitro, mais la signification physiologique de ces effets n'est pas encore connue.

Un effet direct de l'ocytocine sur la sécrétion de prolactine a également été décrit [43]. Les effets de ce peptide sur les taux plasmatiques de prolactine semblent plus importants dans des conditions de stress [28], il pourrait être impliqué dans la stimulation de sécrétion de prolactine observée dans ces conditions. Cependant, un effet direct du CRF sur la sécrétion de PRL des cellules adénohypophysaires prétraitées à l'œstradiol a également été rapporté.

La TRH a été le premier facteur stimulateur de la sécrétion de prolactine (PRF) décrit [66]. Elle pourrait être impliquée dans l'augmentation de la sécrétion induite par l'œstradiol puisque ce stéroïde augmente le nombre de récepteurs à la TRH [27].

L'effet neuroendocrinien le plus important du VIP est représenté par la stimulation de la sécrétion de prolactine directement au niveau des cellules lactotropes [14, 55]. Physiologiquement, le VIP semble participer à la stimulation de la sécrétion de prolactine induite par la tétée [1] et par le stress [36]. En effet, dans ces conditions, des immunisations passives avec un anticorps anti-VIP peuvent atténuer les augmentations de prolactine plasmatique.

Les opiacés, quant à eux, interfèrent avec l'inhibition dopaminergique de la sécrétion de prolactine à la fois au niveau hypothalamique et hypophysaire [11, 13]. Ces peptides paraissent essentiellement mis en jeu devant les stress et la tétée [53, 58]. Des récepteurs opiacés μ et K [4, 45, 60] sont impliqués dans la régulation de prolactine. Dans ce cadre, des sites de liaison pour l'étorphine ont été décrits au niveau hypophysaire [54].

A côté de ces régulations hypothalamo-hypophysaires, il est possible qu'il existe également des régulations paracrines [4]. En effet, de nombreux neuropeptides semblent présents dans les cellules hypophysaires. C'est le cas de la dynorphine [38], de l'angiotensine II [61] et de la substance P [50]. Ces peptides pourraient par exemple rendre compte de la stimulation paradoxale de la sécrétion de prolactine observée après LHRH [6, 9, 44, 73]. Enfin des mécanismes autocrines peuvent également exister. C'est ainsi que le VIP [49] a été décrit dans les cellules lactotropes.

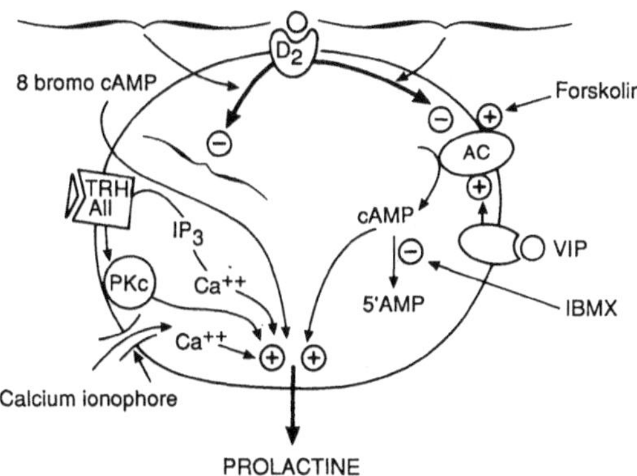

Fig. 6-2   Mécanismes intracellulaires impliqués dans la régulation de la sécrétion de prolactine. La dopamine, par l'intermédiaire de protéines G, semble capable d'affecter l'ensemble de ces mécanismes. 8-Bromo-cAMP : analogue de l'AMP cyclique capable de pénétrer dans les cellules ; forskolin : agent pharmacologique stimulant directement la sous-unité catalytique de l'adénylate cyclase ; IBMX : isobutylméthylxantine inhibiteur des phosphodiestérases, enzyme responsable de la dégradation de l'AMP cyclique ; PKC : protéine kinase C, enzyme activable par le diacylglycérol, produit par l'hydrolyse du phosphatidylinositol diphosphate, sous l'action de la phospholipase C ; IP3 : inositol triphosphate, produit de l'hydrolyse du phosphatidylinositol diphosphate, induisant la mobilisation des stocks de calcium interne. Les récepteurs membranaires (D2 dopaminergiques, du VIP, du TRH, de l'angiotensine II) sont couplés à ces différents mécanismes de transduction par l'intermédiaire de protéines liant le GTP, appelées protéines G.

Mécanismes de transduction
dans les cellules lactotropes

Les augmentations des concentrations intracellulaires d'AMP cyclique et de calcium, par influx depuis le milieu externe ou par mobilisation de calcium interne, conduisent toutes deux à une sécrétion accrue de prolactine.

Adénylate cyclase

De nombreuses neurohormones impliquées dans la régulation de la sécrétion de prolactine affectent l'activité adénylate cyclase des cellules lactotropes. C'est le cas du VIP [52], de la dopamine [17, 52] et de la somatostatine [7, 18].

Dans le cas de la dopamine, un prétraitement des cellules avec de la toxine de Bordetella pertussis supprime l'inhibition dopaminergique de l'activité adénylate cyclase et de la sécrétion de prolactine [21]. Cette toxine inactive par ADP-ribosylation la protéine Gi (liant le GTP) qui est impliquée dans le couplage négatif des récepteurs avec l'adénylate cyclase. Il semble donc que cette inhibition de la production d'AMP cyclique soit l'un des mécanismes par lequel la dopamine régule la sécrétion de prolactine. La même toxine supprime également l'inhibition de l'activité adénylate cyclase de même que celle de la sécrétion de prolactine induite par la somatostatine. L'angiotensine II inhibe également l'adénylate cyclase des cellules lactotropes [21]. Cette effet semble s'expliquer par un couplage direct des récepteurs de l'angiotensine II à l'enzyme puisque, comme dans le cas de la dopamine, l'effet est aboli par un prétraitement des cellules avec la toxine de Bordetella pertussis. Cependant, l'angiotensine étant un stimulateur efficace de la sécrétion de prolactine, cette inhibition apparaît paradoxale.

En fait, comme cela a déjà été décrit pour l'inhibition de l'activité adénylate cyclase par la thrombine dans les plaquettes sanguines [51], cet effet de l'angiotensine observé sur des préparations membranaires n'est pas retrouvé sur cellules entières. Il semble donc que le couplage des récepteurs de l'angiotensine à une protéine G sensible à la toxine de Bordetella pertussis et inhibitrice de l'adénylate cyclase ne se produise que dans des membranes isolées. L'existence de rétroactions par l'intermédiaire d'autres mécanismes de transduction mis en jeu par l'angiotensine II, et n'intervenant que dans des cellules entières, pourrait expliquer de telles différences [3 bis].

Nous verrons plus loin que l'angiotensine induit des augmentations de calcium interne et l'activation de la protéine kinase C, ces deux mécanismes semblant responsables du faible effet stimulateur du peptide sur l'accumulation d'AMP cyclique mesuré dans les cellules.

En tout état de cause, les inhibitions de l'activité adénylate cyclase membranaire induites par la dopamine et l'angiotensine présentent une différence majeure puisqu'elles nécessitent des concentrations de GTP très différentes.

Un dernier aspect intéressant de la régulation de l'activité de l'adénylate cyclase par les neurohormones est représenté par les modifications de réponses induites par les hormones stéroïdes. C'est ainsi que l'œstradiol module de manière opposée les effets de la dopamine et de la somatostatine (Fig. 6-3).

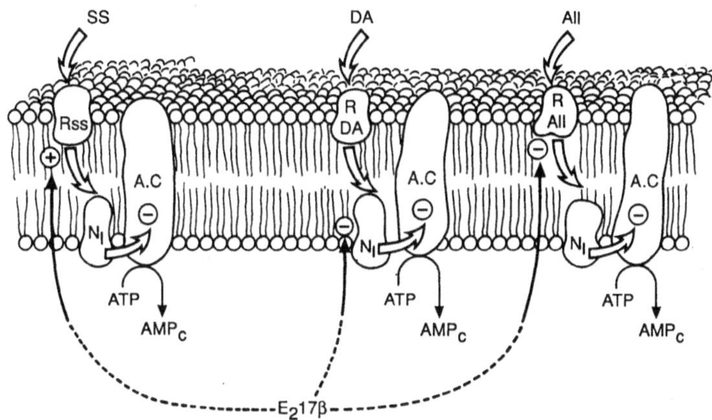

Fig. 6-3 Modulation par l'œstradiol des récepteurs de neurohormones et de leur couplage à l'adénylate cyclase dans la cellule lactotrope. L'œstradiol, par un mécanisme génomique impliquant probablement des récepteurs nucléaires, peut affecter le nombre de récepteurs de la somatostatine (SS) ou de l'angiotensine (AII), ou le couplage des récepteurs dopaminergiques (DA) à l'adénylate cyclase. Ce dernier effet pourrait impliquer une modification du nombre ou de l'état d'activation des protéines G (Ni) impliqués dans ce couplage.

L'inhibition dopaminergique est fortement réduite tandis que l'effet de la somatostatine est potentialisé [22, 48]. Parmi les hormones hypophysaires affectées par ce peptide, seule l'inhibition de la sécrétion de prolactine est augmentée par le prétraitement à l'œstradiol, les réponses de la GH et de la TSH n'étant pas affectées [37]. Dans de nombreux cas, des modifications de la sensibilité hypophysaire à des neurohormones par les hormones périphériques s'expliquent par une variation du nombre de récepteurs à ces neurohormones. Cela a été décrit pour les récepteurs de la TRH des cellules lactotropes et des récepteurs de la LHRH des cellules gonadotropes. L'effet de l'œstradiol sur les récepteurs dopaminergiques et somatostatinergiques implique des mécanismes différents [22].

Le stéroïde augmente le nombre de sites de liaison de la somatostatine, un effet qui peut expliquer l'augmentation de l'inhibition de l'adénylate cyclase comme de la sécrétion de prolactine. En revanche, l'œstradiol semble affecter les mécanismes de couplages des récepteurs dopaminergiques sans modifier leur nombre ou leur affinité [48]. Cet effet semble impliquer une modification de l'état d'activation de protéines G associées au récepteur dopaminergique davantage que le niveau d'expression de ces protéines dans les cellules lactotropes.

Phospholipase C

La TRH, l'angiotensine II et la neurotensine stimulent la production d'inositol phosphates dans les cellules lactotropes [21, 35]. Ces effets impliquent une stimulation directe de la phospholipase C par l'intermédiaire de protéines G insensibles à la toxine de Bordetella pertussis [35]. Ce mécanisme apparaît responsable des stimulations de la sécrétion de prolactine induites par ces neurohormones.

A l'inverse, la dopamine apparaît capable d'inhiber l'activité de la phospholipase C [21, 35, 67]. Cet effet implique des protéines G sensibles à la toxine de Bordetella pertussis [35]. En revanche, il apparaît indépendant de l'inhibition de l'activité adénylate cyclase. Cette inhibition de la production d'inositol phosphate par les récepteurs dopaminergiques D2 pourrait être indirecte et mettre en jeu les effets de l'amine sur des canaux calciques que nous décrirons plus loin. En effet, des dihydropyridines antagonistes des canaux calcium voltage dépendants sont capables d'inhiber partiellement la production d'inositol phosphate de base ou induite par la TRH ou l'angiotensine II [20].

Cela suggère qu'il pourrait exister un mécanisme de rétroaction positive courte dans l'activation de la production d'inositol phosphate par les neurohormones dans la cellule lactotrope. Par un couplage direct ou par l'intermédiaire de l'activation de la kinase C, les récepteurs de la TRH pourraient activer des canaux calciques, cet effet augmentant l'activation de la phospholipase C. La dopamine pourrait être capable d'interrompre ce mécanisme facilitateur et modulerait ainsi négativement l'activité de la phospholipase C. En effet, les effets des antagonistes des canaux calciques voltage dépendants, bien qu'inférieurs à ceux de la dopamine, ne sont pas additifs avec ces derniers [20].

Canaux ioniques

A côté de l'adénylate cyclase et de la phospholipase C, la régulation de la sécrétion de prolactine implique également des influx de calcium à travers la membrane plasmique [63, 64]. De plus, dans différents modèles de cellules lactotropes animales et humaines, une activité électrique spontanée a été décrite qui implique des potentiels d'action calciques [32, 65].

Récemment, une nouvelle classe de dihydropyridine a été développée, comme le BAY-K-8644 qui augmente les influx de calcium. Ces drogues augmentent le temps d'ouverture des canaux calcium voltage dépendants. Elles stimulent de ce fait la sécrétion de prolactine [8, 23, 25].

Cet effet sur la sécrétion hormonale est dose-dépendant et peut être reversé par des antagonistes des mêmes canaux calciques. La présence de potentiels d'action spontanés sur ces cellules explique que, contrairement à d'autres cellules excitables [26], le BAY-K-8644 stimule la sécrétion de prolactine en absence de tout agent dépolarisant bien qu'il ne soit pas capable d'activer lui-même les canaux calciques [15].

La dopamine inhibe complètement la sécrétion de prolactine induite par le BAY-K-8644, par l'intermédiaire des récepteurs D2 dopaminergiques dont nous avons précédemment rapporté les couplages à l'adénylate cyclase et la phospholipase C. Ce résultat est en accord avec la capacité de la dopamine à bloquer les influx de calcium dans des conditions basales comme après stimulation par la TRH [57].

La dopamine inhibe également les potentiels d'action calciques et cet effet pourrait s'expliquer par une augmentation de conductance potassique qui conduit à une hyperpolarisation et donc à l'inactivation des canaux calciques voltage dépendants [33, 34]. A cet égard, il est intéressant de noter que la dopamine inhibe moins la sécrétion de prolactine induite par le BAY-K-8644 en présence de potassium, suggérant que le mécanisme d'action de la dopamine est affecté par la dépolarisation [23]. Quel que soit le canal ionique, calcique ou potassique, l'effet de la dopamine implique une protéine G sensible à la toxine de Bordetella pertussis.

L'hypothèse la plus simple est que les récepteurs dopaminergiques D2 des cellules lactotropes soient directement couplés à des canaux calcium ou potassium par l'intermédiaire d'une protéine G [41 bis, 41 ter]. En effet, dans différents tissus, différents récepteurs semblent couplés à des canaux ioniques membranaires par l'intermédiaire de protéines G [3, 56]. Des récepteurs dopaminergiques ont d'ailleurs été décrits comme couplés à des canaux ioniques dans d'autres tissus [56]. Cependant cet effet de la dopamine pourrait également s'expliquer par des modulations de mécanismes intracellulaires.

L'inhibition des concentrations d'AMP cyclique par la dopamine pourrait par exemple réguler la sécrétion de prolactine induite par une entrée de calcium. Cependant, la sécrétion de prolactine induite par le BAY-K-8644 ne s'accompagne pas d'une modification de concentration d'AMP cyclique intracellulaire. La modulation de la vitesse de renouvellement du phosphatidylinositol biphosphate pourrait également affecter des conductances membranaires ; d'une part, l'activation de la kinase C par le diacylglycérol pourrait conduire à la phosphorylation de canaux ioniques, d'autre part, les inositols phosphates tel l'IP4 pourraient participer au contrôle des influx de calcium à travers la membrane plasmique.

Comme la dopamine, la somatostatine semble pouvoir réduire les concentrations de calcium intracellulaire indépendamment des fluctuations des taux d'AMP cyclique. Là encore, cet effet est bloqué par la toxine de Bordetella pertussis [39, 40]. Il semble également que la somatostatine inhibe les entrées de calcium par l'intermédiaire d'une activation d'une conductance potassique [71]. En revanche, la somatostatine ne semble pas affecter la production d'inositol phosphate [70]. Le récepteur somatostatinergique pourrait donc être comme le récepteur D2 dopaminergique couplé à des canaux ioniques par l'intermédiaire de protéines G.

Récepteurs à couplages multiples

Quelques exemples de récepteurs associés à plusieurs mécanismes de transduction ont déjà été décrits. Les récepteurs hypophysaires de la dopamine, de la somatostatine et de l'angiotensine II semblent également couplés à plusieurs mécanismes de transduction.

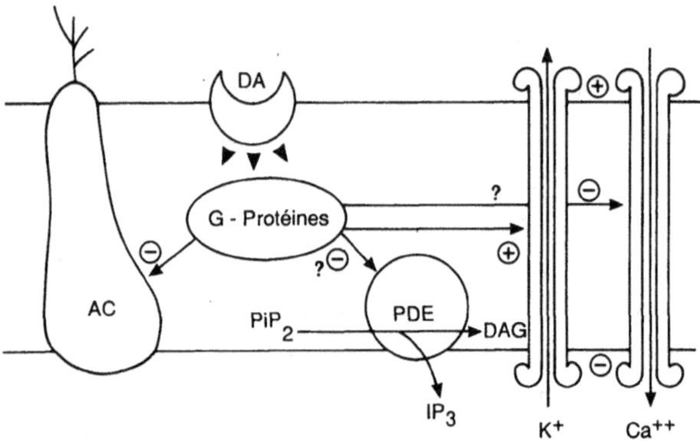

Fig. 6-4 Mécanismes de transduction multiples associés au récepteur dopaminergique des cellules lactotropes. Par l'intermédiaire d'une ou plusieurs protéines G, toutes sensibles à la toxine de Bordetella pertussis, la dopamine peut affecter l'adénylate cyclase (AC), la phospholipase C (PDE, phosphodiestérase) et des canaux ioniques, potassiques et/ou calciques.

Le récepteur D2 dopaminergique apparaît ainsi couplé par l'intermédiaire de protéines G sensibles à la toxine de Bordetella pertussis, à l'adénylate cyclase, à des canaux ioniques et peut-être à la phospholipase C. Ceci n'implique pas que la même protéine G soit responsable de ces différents mécanismes. En effet, les cellules adénohypophysaires contiennent au moins trois sous-unités de protéines G sensibles à la toxine de Bordetella pertussis. En plus de $\alpha 1$ (41 αD), on trouve une αo (39 αD) également présente en grande quantité dans le système nerveux central et une sous-unité de 40 αD qui se révèle être le substrat le plus important de la pertussis toxine dans ces cellules [35].

Ces trois sous-unités pourraient interagir avec le récepteur dopaminergique ou somatostatinergique pour le coupler à différents effecteurs membranaires.

Le récepteur D2 dopaminergique au cours de sa purification est associé à une sous-unité distincte de $\alpha 1$ [59]. Le rôle de chacune de ces protéines G reste à déterminer.

La régulation multifactorielle de la sécrétion de prolactine implique donc de multiples mécanismes de transduction au niveau des membranes des cellules lactotropes, et l'interaction de ces différents mécanismes, de même que leur modulation par les hormones périphériques, permet une régulation très fine de la libération comme probablement de la biosynthèse de la prolactine.

RÉFÉRENCES

1. ABE H, ENGLER D, MOLITCH ME, BOLLINGER J, REICHLIN S (1985) Vasoactive intestinal peptide is a physiological mediator of prolactin release in the rat. *Endocrinology* **116** : 1383-1390

2. AGUILERA RA, HYDE C, CATT K (1982) Angiotensin II receptors and prolactin release in pituitary lactotrophs. *Endocrinology* **111** : 1045-1050

3. ANDRADE R, MALENKA RC, NICOLL RA (1986) A G protein couples serotonin and GABA receptors to the same channels in hippocampus. *Science* **234** : 1261-1263

3 bis. AUDINOT V, RASOLONJANAHARY R, BERTRAND P, PRIAM M, KORDON C, ENJALBERT A. (1991) Involvement of protein kinase C in the effect of angiotensin II on adenosine 3', 5'-monophosphate modulation in lactotroph cells. *Endocrinology* **129** : 2231-2239

4. BAES M, ALLAERT W, DENEF C (1987) Evidence for functional communication between folliculo stellate cells and hormone secreting cells in perifused anterior pituitary cell aggregates. *Endocrinology* **120** : 685-691

5. BEN-JONATHAN N (1985) Dopamine : a prolactin-inhibiting hormone. *Endocrinol Rev* **6** : 564-589

6. CATANIA A, CANTALAMESSA L, RESCHINI E (1976) Plasma prolactin response to luteinizing hormone releasing hormone in acromegalic patients. *J Clin Endocrinol Metab* **43** : 689-691

7. CHNEIWEISS H, BERTRAND P, EPELBAUM J, KORDON C, GLOWINSKI J, PRÉMONT J, ENJALBERT A (1987) Somatostatin receptors on cortical neurons and adenohypophysis. Comparison between specific binding and adenylate cyclase inhibition. *Eur J Pharmacol* **138** : 240-255

8. CRONIN MJ, ANDERSON JM, ROGOL AD, KORITNIK DR, THORNER MO, EVANS WS (1985) Calcium channel agonist BAY-K-8644 enhances anterior pituitary secretion in rat and monkey. *Am J Physiol* **249** : E326-E329

9. DENEF C, ANDRIES M (1983) Evidence for paracrine interaction between gonadotrophs and lactotrophs in pituitary cell aggregates. *Endocrinology* **112** : 813-820

10. DUBINSKY JM, OXFORD GS (1984) Ionic currents in two stains of rat anterior pituitary tumor cells. *J Gen Physiol* **83** : 309-339

11. ENJALBERT A, RUBERG M, ARANCIBIA S, PRIAM M, KORDON C (1979) Endogenous opiates block dopamine inhibition of prolactin secretion in vitro. *Nature* **280** : 595-597

12. ENJALBERT A, RUBERG M, ARANCIBIA S, FIORE L, PRIAM M, KORDON C (1979) Independant inhibition of prolactin secretion by dopamine and aminobutyric acid in vitro. *Endocrinology* **105** : 823-827

13. ENJALBERT A, RUBERG M, FIORE L, ARANCIBIA S, PRIAM M, KORDON C (1979) Effect of morphine on the dopamine inhibition of prolactin release in vitro. *Eur J Pharmacol* **53** : 211-212

14. ENJALBERT A, ARANCIBIA S, RUBERG M, PRIAM M, BLUET-PAJOT MT, ROTSZTEJN WH, KORDON C (1980) Stimulation of in vitro prolactin release by vasoactive intestinal peptide. *Neuroendocrinology* **31** : 200-204

15. ENJALBERT A, ARANCIBIA S, PRIAM M, BLUET-PAJOT MT, KORDON C (1982) Neurotensin stimulation of prolactin secretion in vitro. *Neuroendocrinology* **34** : 95-98

16. ENJALBERT A, EPELBAUM J, ARANCIBIA S, TAPIA-ARANCIBIA L, BLUET-PAJOT MT, KORDON C (1982) Reciprocal interactions of somatostatin with thyrotropin releasing hormone and vasoactive intestinal peptide on prolactin and growth hormone secretion in vitro. *Endocrinology* **111** : 42-47

17. ENJALBERT A, BOCKAERT J (1983) Pharmacological characterization of the D2 dopamine receptor negatively coupled with adenylate cyclase in rat anterior pituitary. *Mol Pharmacol* **23** : 576-584

18. ENJALBERT A, BOCKAERT J, EPELBAUM J, MOYSE E, KORDON C (1984) Modulation of prolactin secretion at the pituitary level : involvement of adenylate cyclase. *In* McKerns (ed) : *Hormonal control of the hypothalamo pituitary gonadal axis.* Plenum Press, New York, pp. 367-383

19. ENJALBERT A, BERTRAND P, LE DAFNIET M, EPELBAUM J, HUGUES JN, KORDON C, MOYSE E, PEILLON F, SHU C (1986) Somatostatin and regulation of prolactin secretion. *Psychoneuroendocrinology* **11** : 155-165

20. ENJALBERT A, GUILLON G, MOUILLAC B, AUDINOT V, RASOLONJANAHARY R, KORDON C, BOCKAERT J (1990) Dual mechanism of inhibition by dopamine of basal and thyrotropin-releasing hormone stimulated inositol phosphate production in anterior pituitary cells. *J Biol Chem* **265** : 18816-18822

21. ENJALBERT A, SLADECZEK F, GUILLON G, BERTRAND P, SHU C, EPELBAUM J, GARCIA-SAINZ A, JARD S, LOMBARD C, KORDON C, BOCKAERT J (1986) Angiotensin II and dopamine modulate both cAMP and inositol phosphate production in anterior pituitary cells. Involvement in prolactin secretion. *J Biol Chem* **261** : 4071-4075

22. ENJALBERT A, BERTRAND P, BOCKAERT J, DROUVA S, KORDON C (1987) Multiple coupling of neurohormone receptors with cyclic AMP and inositol phosphate production in anterior pituitary cells. *Biochimie* **69** : 271-279

23. ENJALBERT A, MUSSET F, CHENARD C, PRIAM M, KORDON C, HEISLER S (1988) Dopamine inhibits the calcium agonist BAY-K-8644 stimulated prolactin secretion through a pertussis toxin sensitive G protein in anterior pituitary cells. *Endocrinology* **123** : 406-412

24. ENYEART JJ, AIZAWA T, HINKLE PM (1986) Interaction of dihydropyridine Ca^{++} agonist BAY-K-8644 with normal and transformed pituitary cells. *Am J Physiol* **250** : C95-C102

25. ENYEART JJ, SHEU SS, HINKLE PM (1987) Dihydropyridine modulators of voltage sensitive Ca^{++} channels specifically regulate prolactin production by GH4 Cl pituitary tumor cells. *J Biol Chem* **262** : 3154-3159

26. FREEDMAN SB, MILLER RJ (1984) Calcium channel activation, a different type of drug action. *Proc Natl Acad Sci USA* **81** : 5580-5583

27. GERSCHENGORN MC, MARCUS-SAMUELS BE, GERAS E (1979) Estrogens increase the number of thyrotropin releasing hormone receptors on mammotropic cells in culture. *Endocrinology* **105** : 171-177

28. GIBBS DM (1986) Vasopressin and oxytocin : hypothalamic modulators of the stress responses : a review. *Psychoneuroendocrinology* **11** : 131-140

29. GOURDJI D, BATAILLE D, VAUCLIN D, GROUSELLE G, ROSSELIN G, TIXIER-VIDAL A (1979) Vasoactive Intestinal Peptide, VIP, stimulated prolactin (PRL) release and cAMP production in a rat pituitary cell line (GH3/B6). Additive effects of VIP and TRH on PRL release. *FEBS Lett* **104** : 165-169

30. GRANDISON L, GUIDOTTI A (1979) γ-amino-butyric acid receptor functions in rat anterior pituitary : evidence for control of prolactin release. *Endocrinology* **105** : 754-759

31. GUDELSKY G, PORTER JC (1980) Release of dopamine from tuberoinfundibular neurons into pituitary stalk blood after prolactin or haloperidol administration. *Endocrinology* **106** : 526-529

32. HAGIWARA S, AH MORI H (1983) Studies of single calcium channel currents in rat clonal pituitary cells. *J Physiol (London)* **336** : 649-661

33. ISRAEL JM, JACQUET P, VINCENT JD (1985) The electrical properties of isolated human prolactin secreting adenoma cells and their modifications by dopamine. *Endocrinology* **117** : 1448-1455

34. ISRAEL JM, KIRK C, VINCENT JD (1987) Electrophysiological responses to dopamine of rat hypophysial cells in lactotroph-enriched primary cultures. *J Physiol (London)* **390** : 1-22

35. JOURNOT L, HOMBURGER V, PANTALONI C, PRIAM M, BOCKAERT J, ENJALBERT A (1987) An IAP sensitive G protein is involved in dopamine inhibition of angiotensin and TRH stimulated inositol phosphate production in anterior pituitary cells. *J Biol Chem* **262** : 15106-15110

36. KAJI H, CHIHARA K, KITA T, KASHIO Y, OKIMURA Y, FUJITA T (1985) Administration of antisera to vasoactive intestinal polypeptide and peptide histidine isoleucine attenuates ether induced prolactin secretion in rats. *Neuroendocrinology* **41** : 529-531

37. KIMURA N, HAYAJUFI C, KONAGAYA H, TAKAHASHI K (1986) 17 β-Estradiol induces somatostatin inhibition of prolactin release and regulates SRIF receptors in rat anterior pituitary cells. *Endocrinology* **111** : 42-47

38. KNEPEL N, SCHWANINGER M, HELM C, KIESEL L (1986) Top concentration of dynorphin like immunoreactivity in fractions of rat anterior pituitary cells enriched in gonadotrophs. *Life Sci* **38** : 2363-2370

39. KOCH BD, BLALOCK JB, SCHONBRUNN A (1988) Characterization of the cyclic AMP-independant actions of somatostatin in GH cells. I. An increase in potassium conductance is responsible for both the hyperpolarization and the decrease in intracellular free calcium produced by somatostatin. *J Biol Chem* **263** : 216-225

40. KOCH BD, SCHONBRUNN A (1988) Characterization of the cyclic AMP-independent actions of somatostatin in GH cells. II. An increase in potassium conductance initiate somatostatin induced inhibition of prolactin secretion. *J Biol Chem* **263** : 226-234

41. KOENIG JJ, MAYFIELD MA, McCANN SM, KRUHLIH L (1984) Differential role of the opioid μ and K receptors in the activation of prolactin and growth hormone secretion by morphine in the male rat. *Life Sci* **34** : 1829-1837

41 bis. LLEDO PM, LEGENDRE P, ISRAEL JM, VINCENT JD (1990) Dopamine inhibits two characterized voltage-dependent calcium currents in identified rat lactotroph cells. *Endocrinology* **127** : 990-1001

41 ter. LLEDO PM, LEGENDRE P, ZHANG J, ISRAEL JM, VINCENT JD (1990) Effects of dopamine on voltage-dependant potassium currents on identified rat lactotroph cells. *Neuroendocrinology* : 545-555

42. LOGOTHETIS DE, KURACHI Y, GALPER J, NEER EJ, CLAPHAM DE (1987) The B subunits of GTP-binding proteins activate the muscarinic K$^+$ channel in heart. *Nature* **325** : 321-325

43. LUMPKIN MD, SAMSON WK, McCANN SM (1983) Hypothalamic and pituitary sites of action of oxytocin to alter prolactin secretion in the rat. *Endocrinology* **112** : 1711-1717

44. MAIS V, MELIS GB, PAOLETTI AM, STRIGINI F, ANTONORI D, FIORETTI D (1986) Prolactin releasing action of a low dose of exogenous gonadotropin releasing hormone throughout the human menstrual cycle. *Neuroendocrinology* **44** : 326-330

45. MATSHUSHITA N, KATO Y, SHIMATSU A, KATAKAMI H, FUJINO M, MATSUO H, IMURA H (1982) Stimulation of prolactin secretion in the rat by α neo-endorphin, β neo-endorphin and dynorphin. *Biochem Biophys Res Commun* **107** : 735-741

46. MATTESON DR, ARMSTRONG CM (1984) Na and Ca channels in a transformed line of anterior pituitary cells. *J Gen Physiol* **83** : 371-394

47. MENA F, ENJALBERT A, CARBONELL A, PRIAM M, KORDON C (1976) Effect of suckling on plasma prolactin and hypothalamic monoamine levels in the rat. *Endocrinology* **99** : 445-452

48. MOOS M, BERTRAND P, DROUVA S, RASOLONJANAHARY R, KORDON C, GLOWINSKI J, PRÉMONT J, ENJALBERT A (1989) Differential modulation of D1 and D2 dopamine-sensitive adenylate cyclase by 17 β-Estradiol in cultured striatal neurons and anterior pituitary cells. *J Neurochem* (in press)

49. MOREL G, BESSON J, ROSSELIN G, DUBOIS PM (1982) Ultrastructural evidence for endogenous vasoactive intestinal peptide like immunoreactivity in the pituitary gland. *Neuroendocrinology* **34** : 85-89

50. MOREL G, CHAYVIALLE JA, KERDELHUÉ B, DUBOIS PM (1982) Ultrastructural evidence for endogenous substance P like immunoreactivity in the rat pituitary gland. *Neuroendocrinology* **35** : 86-92

51. MURAYAMA T, UI M (1985) Receptor mediated inhibition of adenylate cyclase and stimulation of arachidonic acid release in 3TB fibroblasts. *J Biol Chem* **260** : 7226-7233

52. ONALLI J, SCHWARTZ JP, COSTA E (1981) Dopaminergic modulation of adenylate cyclase stimulation by vasoactive intestinal peptide in anterior pituitary. *Proc Natl Acad Sci USA* **78** : 6531-6534

53. ROSSIER J, FRENCH ED, RIVIER C, LING N, GUILLEMIN R, BLOOM FE (1977) Foot shock induced stress increase β-endorphin levels in brain. *Nature* **270** : 618-620

54. ROTTEN D, LEBLANC P, KORDON C, WEINER RI, ENJALBERT A (1986) Interference of endogenous β-endorphin with opiate binding in the anterior pituitary. *Neuropeptides* **8** : 377-392

55. RUBERG M, ROTSZTEJN WH, ARANCIBIA S, BESSON J, ENJALBERT A (1978) Stimulation of prolactin release by vasoactive intestinal peptide (VIP). *Eur J Pharmacol* **51** : 319-320

56. SASAKI K, SATO M (1987) A single GTP-binding protein regulates K^+ channels coupled with dopamine, histamine and acetylcholine receptors. *Nature* **6101** : 259-262

57. SCHOFIELD JG (1983) Use of a trapped fluorescent indicator to demonstrate effects of thyroliberin and dopamine on cytoplasmic calcium concentrations in bovine anterior pituitary cells. *FEBS Lett* **159** : 79-82

58. SELMANOFF M, GREGERSON KA (1986) Suckling induced prolactin release is suppressed by naloxone and stimulated by β-endorphin. *Neuroendocrinology* **42** : 255-259

59. SENOGLES SE, BENOVIC JL, AMLAIKY N, UNSON C, MILLIGAN G, VINITSKY R, SPIEGEL AM, CARON MG (1987) The D2 dopamine receptor of anterior pituitary is functionally associated with a pertussis toxin sensitive guanine nucleotide binding protein. *J Biol Chem* **262** : 4860-4867

60. SPIEGEL K, KONRID GW, PASTERNAK GW (1982) Prolactin and growth hormone release by morphine in the rat : different receptor mechanisms. *Science* **217** : 745-747

61. STEELE MK, BROWNFIELD MS, GANONG WF (1982) Immunocytochemical localization of angiotensin immunoreactivity in gonadotrops and lactotrops ot the rat anterior pituitary gland. *Neuroendocrinology* **35** : 155-158

62. SWENNEN S, DENEF L (1982) Physiological concentrations of dopamine decrease adenosine 3', 5' monophosphate levels in cultured rat anterior pituitary cells and enriched populations of lactotrophs : evidence for a causal relationship to inhibition of prolactin release. *Endocrinology* **111** : 398-403

63. TAN KN, TASHJIAN AM (1984) Voltage dependent calcium channels in pituitary cells in culture - I : characterization by $^{45}Ca^{++}$ fluxes. *J Biol Chem* **59** : 418-426

64. TAN KN, TASHJIAN AM (1984) Voltage dependent calcium channels in pituitary cells in culture - II : participation in thyrotropin releasing hormone on prolactin release. *J Biol Chem* **259** : 427-436

65. TARASKEVICH PS, DOUGLAS WW (1977) Action potentials occur in cells of the normal anterior pituitary gland and are stimulated by the hypophysiotropic peptide thyrotropin releasing hormone. *Proc Natl Acad Sci USA* **74** : 4064-4067

66. TASHJIAN AR, BOROWSKY NJ, JENSEN DK (1971) Thyrotropin releasing hormone : direct evidence for stimulation of prolactin production by pituitary cells in culture. *Biochem Biophys Res Commun* **43** : 516-522

67. VALLAR L, VICENTINI LH, MELDOLESI J (1988) Inhibition of inositol phosphate production is a late Ca^{2+} dependent effect of D2 dopaminergic receptor activation in rat lactotroph cells. *J. Biol Chem* **263** : 10127-10134

68. VIJAYAN E, SAMSON WK, MCCANN SM (1979) In vitro and in vivo effects of cholecystokinin on gonadotropin, prolactin, growth hormone and thyrotropin release in the rat. *Brain Res* **172** : 295-302

69. WESTENDORF JM, SCHONBRUNN A (1982) Bombesin stimulates prolactin and growth hormone release by pituitary cells in culture. *Endocrinology* **110** : 352-359

70. YAJIMA Y, AKITA Y, SAITO T (1986) Pertussis toxin blocks the inhibitory effects of somatostatin on cAMP-dependent vasoactive intestinal peptide and cAMP-independent thyrotropin hormone releasing hormone stimulated prolactin secretion of GH3 cells. *J Biol Chem* **261** : 2684-2691

71. YAMASHITA N, SHIBUYA N, OGATA E (1986) Hyperpolarisation of the membrane potential caused by somatostatin in dissociated human pituitary adenoma cells that secrete growth hormone. *Proc Natl Acad Sci USA* **83** : 6198-6205

72. YATANI A, CODINA J, BROWN AM, BIRNBAUMER L (1987) Direct activation of mammalian atrial muscarinic potassium channels by GTP regulatory protein GK. *Science* **235** : 201-203

73. YEN SSC, HOFF JD, LASLEY BL, CASPER RF, SHEEHAN K (1980) Induction of prolactin release by LRF and LRF agonist. *Life Sci* **26** : 1963-1967

7

Adénomes à prolactine et hyperprolactinémies fonctionnelles

F. Peillon

Dans les vingt dernières années, le rôle de la prolactine en pathologie de la reproduction, dans l'espèce humaine, est devenu primordial. L'hyperprolactinémie est en effet responsable de différents désordres hormonaux allant, chez la femme, de la galactorrhée avec ou sans troubles des règles et d'anomalies de l'ovulation, à la stérilité dans les deux sexes et à l'impubérisme chez l'enfant. C'est d'ailleurs par le biais de la pathologie que l'on comprend le rôle de la prolactine dans la reproduction, rôle qui dépasse largement celui, physiologique, bien connu, du déclenchement et de l'entretien de la lactation.

Nous décrirons dans ce chapitre les différents aspects des adénomes à prolactine et des hyperprolactinémies fonctionnelles en sachant qu'actuellement les anomalies de la sécrétion de la prolactine sont responsables chez la femme de 20 à 30 % des troubles de l'ovulation et donc, pour une part importante, de la stérilité hormonale.

Adénomes à prolactine

Ce sont les adénomes hypophysaires les plus fréquents et ils représentent actuellement près de 60 % de toutes les tumeurs hypophysaires. Leur histoire commence au siècle dernier avec les observations recueillies par Chiari et Frommel (1855-1882), de jeunes femmes ayant une aménorrhée et une galactorrhée persistant dans le post-partum [7]. En 1909 Erdheim et Stumme, étudiant l'hypophyse de 118 femmes enceintes, constatent la présence de 14 microadénomes, 6 étant composés de cellules appelées alors cellules de grossesse [12]. Il s'agit là de la première description des microadénomes à prolactine (PRL) et l'on sait leur fréquence actuelle dans toutes les séries, qu'ils soient latents et découverts seulement au cours de nécropsies (10 à 30 % selon les auteurs [5, 9]) ou qu'ils soient à l'origine de désordres hormonaux.

Alors qu'en 1954, la PRL humaine n'était pas encore considérée comme une hormone distincte de l'hormone somatotrope (elle ne le sera qu'en 1970 avec Frantz et Kleinberg [15] et en 1971 avec Hwang, Guyda et Friesen [20] pour le premier dosage radioimmunologique), Forbes et Albright décrivent de façon détaillée les premiers cas de tumeur à PRL [13].

Depuis cette date, les observations se sont multipliées, et grâce aux techniques biologiques, histologiques et radiologiques, les adénomes à PRL sont devenus, à côtés des autres causes d'hyperprolactinémie, l'affection tumorale hypophysaire la plus fréquente (Tabl. 7-1). Les possibilités de traitement médical et/ou chirurgical en font un domaine privilégié de la pathologie endocrinienne et les succès thérapeutiques l'emportent largement sur les échecs.

Tableau 7-1   Principales étiologies des hyperprolactinémies organiques et fonctionnelles

Hyperprolactinémies organiques

- Tumorales
    - Adénomes hypophysaires à PRL
    - Adénomes hypophysaires mixtes (GH-PRL, TSH-PRL, etc.)
    - Adénomes « non sécrétants »
    - Tumeurs hypothalamiques (gliomes, astrocytomes, etc.)
    - Craniopharyngiomes intra- ou supra-sellaires

- Lésionnelles
    - Hypothalamiques (histocytose, maladie de Recklinghausen, traumatisme crânien, etc)
    - Selle turcique vide

Hyperprolactinémies fonctionnelles

- Physiologiques
    - Sommeil, stress, exercice
    - Grossesse (200 ng/ml en fin de grossesse), lactation

- Pathologiques
    - Aménorrhée-galactorrhée du post-partum (en dehors de la lactation)
    - Aménorrhée-galactorrhée iatrogène (post-pilule, neuroleptiques, etc.)
    - Aménorrhée, spanioménorrhée avec ou sans galactorrhée (stress psychologique ou physique, hyperandrogénie, sans étiologie apparente, etc.), l'hyperprolactinémie peut être intermittante
    - Insuffisance thyroïdienne primitive
    - Insuffisance rénale

Aspects cliniques

Chez la femme

Il s'agit d'une pathologie de la femme jeune, l'âge moyen du moment du diagnostic est de 24 à 28 ans (Tabl. 7-2). En fait le plus souvent le premier symptôme est apparu plusieurs années auparavant vers l'âge de 18 ou 20 ans [10].

Tableau 7-2   Adénomes à prolactine chez la femme : principaux signes cliniques dans 120 cas. D'après [10].

Signes cliniques	Nombre de cas	Pourcentage
Aménorrhée		
Primaire	13	10,5
Secondaire	104	86
Spanioménorrhée		
Précédant l'aménorrhée	39	33
Sans aménorrhée	3	2,5
Troubles pubertaires	4	3
Stérilité involontaire	33	27
Grossesses antérieures	26	22
Galactorrhée	102	85
Insuffisance hypophysaire	8	7
Prise de poids > 5 kg	53	44
Diabète insipide	0	0

Les symptômes endocriniens dominent le tableau clinique. Les troubles des règles sont constants : aménorrhée secondaire précédée souvent d'une spanioménorrhée[1]. La spanioménorrhée peut être isolée mais même si les règles sont régulières, les cycles sont anovulatoires ou dysovulatoires. La galactorrhée spontanée ou provoquée accompagne les troubles des règles dans plus de la moitié des cas. Elle peut être le symptôme inaugural et rester le seul témoin apparent de l'hyperprolactinémie. Les femmes se plaignent d'une absence de libido, de frigidité et parfois même de dyspareunie sévère. Enfin la stérilité constitue un des motifs importants de consultation.

Il est rare, en revanche, de voir une atteinte des autres fonctions endocriniennes et il n'y a jamais de diabète insipide. Les symptômes tumoraux et en particulier les troubles visuels sont rares, les microadénomes ou adénomes intrahypophysaires de moins de 10 mm étant actuellement la forme la plus fréquente rencontrée chez la femme [18]. Des céphalées de topographie et de caractère mal systématisés existent dans 30 à 40 % des cas ; elles sont sans rapport avec le volume tumoral. Des troubles visuels avec baisse brutale de l'acuité, hémianopsie bitemporale[2] ou même quadranopsie[3], traduisent la présence d'une expansion suprasellaire de l'adénome comprimant le chiasma ou les voies optiques [10, 38].

Chez l'homme

C'est également une pathologie de l'adulte jeune et l'âge moyen au moment de la découverte de la tumeur est de 30 à 35 ans (Tabl. 7-3). Contrairement aux cas féminins, ce sont souvent les symptômes tumoraux qui révèlent l'affection, mais le diagnostic aurait pu être fait parfois plusieurs années auparavant, sur des symptômes endocriniens [11, 37]. Ils sont, pour l'essentiel, caractérisés par des troubles de la fonction sexuelle avec perte

---

1. Irrégularité et allongement de l'intervalle entre deux menstruations.
2. Perte de la vision dans une moitié du champ visuel.
3. Perte de la vision limitée à un quart du champ visuel.

Tableau 7-3   Adénomes à prolactine chez l'homme : principaux signes cliniques dans 80 cas. D'après [11].

Signes cliniques	Nombre de cas	Pourcentage
Signes tumoraux		
Céphalées	10	12,5
Troubles visuels	49	61
Signes endocriniens		
Troubles pubertaires	8	10
Troubles des fonctions sexuelles	55	68
Gynécomastie	24	39*
Galactorrhée	15	24*
Insuffisance hypophysaire	48	60
Prise de poids	26	31

* Pourcentage sur 61 cas.

de la libido et impuissance. Si, chez la jeune femme, les troubles des règles attirent précocement l'attention, chez l'homme les troubles sexuels sont dissimulés par le patient lui-même ou considérés comme fonctionnels et amènent à des thérapeutiques erronées. La stérilité est habituelle avec un spermogramme montrant une oligoasthénospermie[4] importante [33].

L'hypoandrisme avec régression des caractères sexuels secondaires est exceptionnel. Une gynécomastie[5] existe dans 30 % des cas avec ou sans galactorrhée et une prise de poids de 5 à 10 kg ou davantage est fréquente. Une insuffisance hypophysaire plus ou moins complète peut se voir ; elle est due à une compression ou à une destruction par la tumeur du tissu hypophysaire sain.

L'adénome à prolactine peut se voir dans les deux sexes au moment de la puberté

Chez la jeune fille, la puberté ne se déclenche pas ou reste inachevée. Il existe une pilosité pubienne et axillaire mais le développement mammaire est stoppé et les règles n'apparaissent pas (aménorrhée primaire). Il y a peu ou pas de signes d'imprégnation œstrogénique et le comportement psychologique est puéril. Chez le jeune homme, le développement des organes génitaux externes et de la pilosité va être stoppé. L'hypoandrisme se manifeste par un aspect gynoïde[6] avec une peau pâle et fine, un développement musculaire insuffisant, une voix incomplètement muée et un psychisme encore puéril. Il faut souligner à cet âge, et dans les deux sexes, la fréquence de tumeurs volumineuses, invasives et prolifératives dont le traitement s'avère particulièrement difficile.

Plus rares sont les tumeurs survenant chez l'enfant [6]. A cet âge, le retard de croissance est associé ou non à une insuffisance thyroïdienne ou surrénalienne et toujours à des signes

4. Réduction du volume du sperme éjaculé, et faible motricité des spermatozoïdes.
5. Développement pathologique de la glande mammaire.
6. Aspect de type féminin.

tumoraux. Il n'y a jamais de diabète insipide contrairement à ce qui est observé dans les craniopharyngiomes. Les tumeurs sont volumineuses et prolifératives.

Enfin, chez le sujet âgé, l'adénome à PRL est peu fréquent. La gynécomastie chez l'homme et la galactorrhée dans les deux sexes sont rares. Les signes tumoraux sont au premier plan.

Aspects biologiques et radiologiques

Le dosage de la PRL plasmatique par radioimmunologie (RIA) permet le plus souvent de faire le diagnostic d'adénome à PRL, quel que soit l'aspect clinique envisagé plus haut. Un chiffre supérieur à 200 ng/ml (taux normal inférieur à 20 ng/ml dans la plupart des laboratoires) est un argument important. Il existe un rapport entre le volume de l'adénome et le taux de PRL plasmatique et un taux de 1 000 à 2 000 ng/ml se voit dans les adénomes volumineux alors qu'il peut être inférieur à 100 ng/ml dans les microadénomes. Cependant cette règle n'est pas constante ; il existe des adénomes à PRL volumineux avec un taux de PRL inférieur à 100 ng/ml et des microadénomes avec des taux de PRL supérieurs à 500 ng/ml. Dans le premier cas, il peut s'agir d'adénomes kystiques, nécrotiques et/ou hémorragiques, ou encore d'adénomes à potentiel sécrétoire faible. A l'inverse, dans les microadénomes où la PRL est élevée, il s'agit souvent de formes où l'activité de synthèse et de sécrétion de la PRL est importante et les résultats thérapeutiques sont moins bons que dans les formes habituelles.

Si le taux de base de PRL permet la plupart du temps d'affirmer le diagnostic, des chiffres supérieurs à 100 ng/ml existent dans des cas de selle turcique « vide », au cours de syndromes aménorrhée-galactorrhée par tumeur intra- ou suprasellaire non adénomateuse, comme le craniopharyngiome ou dans certaines tumeurs hypothalamiques. Ces taux se voient aussi dans le cadre d'adénomes « non sécrétants ». Dans tous ces cas, c'est l'inhibition du facteur contrôlant la sécrétion de PRL, la dopamine, qui va permettre la libération de PRL par le tissu hypophysaire sain.

Les tests dynamiques peuvent aider au diagnostic. Non pas tant la freination de la PRL par la L-Dopa pratiquement toujours observée, que le test de stimulation par la thyrolibérine (TRH). Le plus souvent la PRL n'est pas stimulée par la TRH (Fig. 7-1). Cependant il existe des cas rares où la TRH augmente le taux de PRL plasmatique alors que, à l'inverse, le taux de PRL peut être inchangé dans des syndromes fonctionnels. A l'exception de la fonction gonadotrope, les autres fonctions endocriniennes sont le plus souvent normales lorsque l'adénome est de petit volume. En définitive le diagnostic peut être fait dans la plupart des cas sur la clinique, le taux de PRL plasmatique de base et sur les résultats de l'examen radiologique.

Les dosages de PRL lors du nycthémère sont sans intérêt diagnostique car l'hyperprolactinémie entraîne, le plus souvent, une disparition des pics post-prandiaux et de la montée de la PRL au cours du sommeil (Fig. 7-1).

Les examens neuroradiologiques sont nécessaires au diagnostic d'adénome à PRL. Les radiographies du crâne standard montrent si la selle turcique est augmentée de volume,

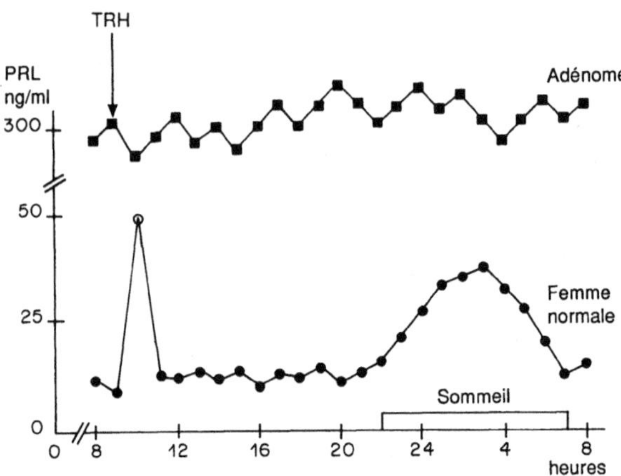

Fig. 7-1   Cycle nycthéméral de la PRL et réponse de la PRL à la thyrolibérine. (TRH). Sujet normal (●) et patient ayant un adénome à PRL (■).

mais c'est surtout la tomodensitométrie (ou scanner) et, plus récemment, l'imagerie magnétique nucléaire (IRM) qui précisent s'il s'agit d'un adénome purement intrasellaire ou d'un adénome avec expansions supra-, infra- ou latérosellaires. Certains cas rares nécessitent des examens plus poussés comme l'artériographie carotidienne. L'encéphalographie gazeuse n'a pratiquement plus d'indication.

Les microadénomes ou les adénomes intrasellaires entraînent des modifications discrètes de la selle turcique. Il peut exister sur les clichés de profil un double fond du plancher sellaire avec, de face, une inclinaison latérale du plancher s'accompagnant d'un amincissement localisé de la corticale. Le scanner et l'IRM sont indispensables et davantage encore lorsque la selle turcique apparaît strictement normale. Ils peuvent mettre en évidence des microadénomes de petite taille (3 à 5 mm) de siège le plus souvent latéral et la déviation de la tige hypophysaire est un signe indirect mais de valeur.

Les différents aspects anatomiques des adénomes à PRL sont représentés sur la figure 7-2 [38]. Ces mêmes aspects sont montrés sur les scanners et l'IRM de patients ayant soit un microadénome (Fig. 7-3a), soit un adénome avec expansions supérieures et latérales (Fig. 7-3b), soit un adénome géant (Fig. 7-3c). Dans ces cas les troubles visuels sont constants et l'urgence thérapeutique évidente.

Données thérapeutiques

Le traitement des adénomes à PRL a été bouleversé par la découverte des agonistes dopaminergiques inhibant la sécrétion pathologique de PRL. Le fait que la sécrétion physiologique de PRL soit contrôlée de façon prépondérante par la dopamine, facteur inhibiteur d'origine hypothalamique, a entraîné la mise au point de différents agonistes dopaminergiques au premier plan desquels se situe la bromocryptine. Très rapidement après

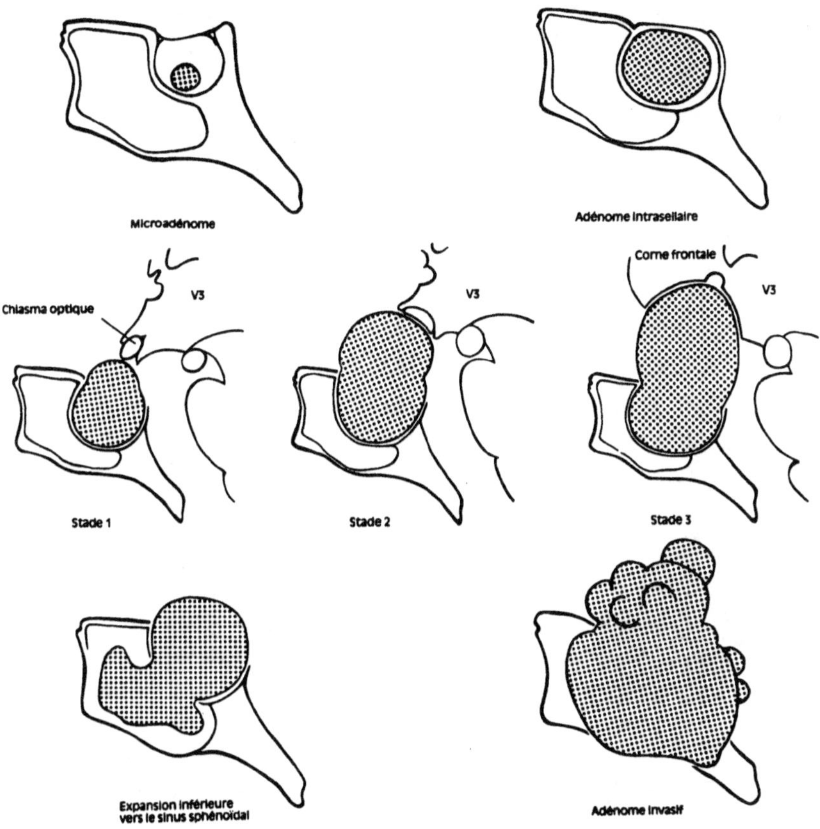

Fig. 7-2   Aspects anatomiques des adénomes à prolactine. Stade 1 : expansion modérée dans la citerne suprasellaire ; stade 2 : compression du chiasma optique et des récessus antérieurs du 3ᵉ ventricule ; stade 3 : énormes expansions amputant le 3ᵉ ventricule et atteignant les trous de Monro. Classification selon Derome et Guiot [10] (schéma P. Derome, avec la permission de Sandoz ed. [38]).

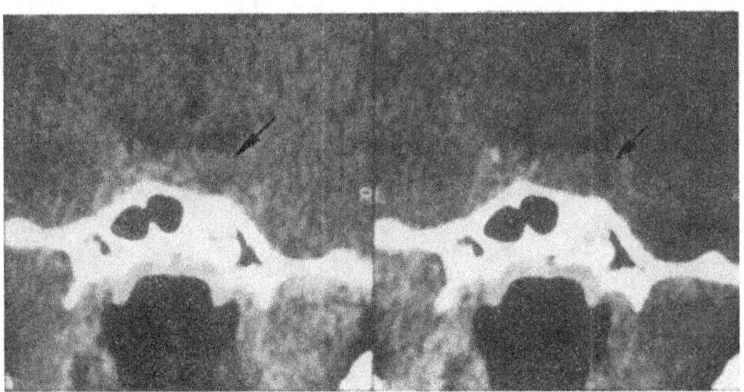

Fig. 7-3   a : Scanner coupe coronale : image de microadénome situé dans la partie inférieure droite de l'hypophyse (cliché dû à la courtoisie de J.-F. Bonneville).

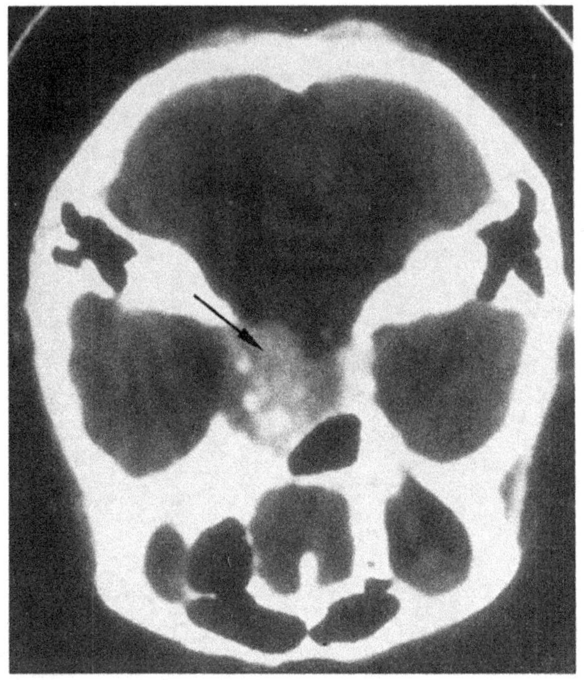

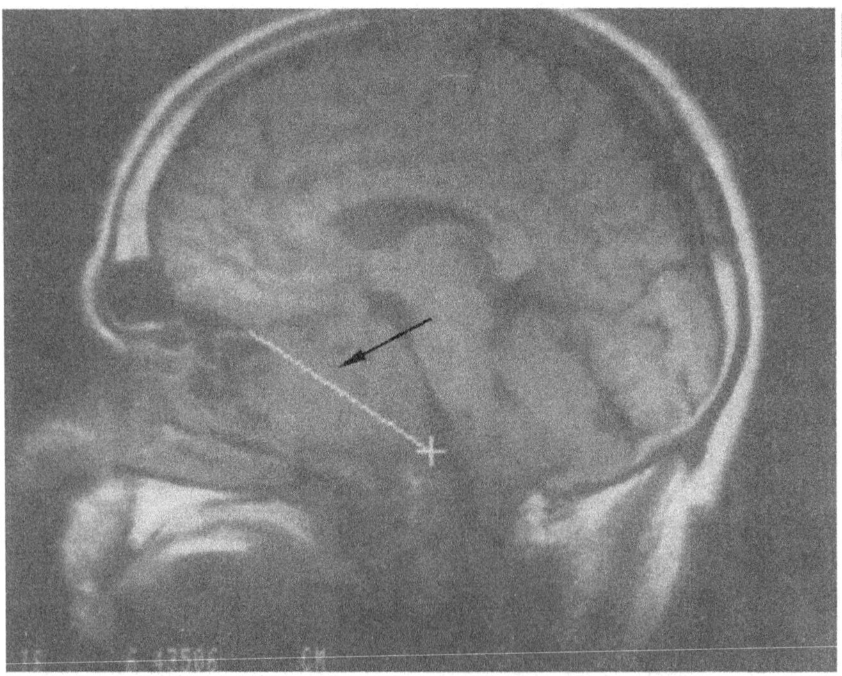

Fig. 7-3   b : Scanner : adénome avec expansions supra- et latérosellaires.
Fig. 7-3   c : IRM (coupe sagittale) : énorme tumeur invasive.

1971, date du premier dosage radioimmunologique de la PRL, des essais thérapeutiques utilisant la bromocryptine ont montré son efficacité dans les adénomes à PRL, non seulement sur le taux de PRL mais aussi sur le volume de l'adénome [28, 50].

Ces notions acquises dans les quinze dernières années ont modifié l'attitude thérapeutique des médecins et neurochirurgiens confrontés à cette pathologie tumorale. Auparavant, l'intervention chirurgicale par voie transphénoïdale, introduite en France par G. Guiot, était la règle quel que soit l'aspect évolutif de l'adénome [17]. Actuellement cette règle est largement nuancée par les possibilités de traitement médical. La chirurgie garde cependant une place privilégiée dans le cas des microadénomes où l'on peut réaliser une adénomectomie sélective, permettant la guérison clinique et biologique dans près de 80 % des cas lorsque le taux de PRL plasmatique est inférieur à 200 ng/ml. Le succès clinique diminue (50 à 60 %) lorsque le taux de PRL est plus important, pour une raison qui échappe encore en partie. Il est probable que ces petits adénomes aient un *turn over* de leur sécrétion très rapide et une capacité de synthèse de la PRL particulière. Il suffit alors de cellules tumorales encore présentes pour que le patient ne guérisse pas. Il est difficile pour le neurochirurgien de connaître les limites exactes de la tumeur car l'adénome n'est pas encapsulé, et la crainte d'une insuffisance hypophysaire, gonadotrope en particulier, est sa préoccupation. De toute façon cette intervention ne doit être pratiquée que par des neurochirurgiens dont l'expérience justifie qu'on leur confie ces patients. La guérison est acquise dans la majorité des cas et sans séquelle. La grossesse, désirée par la patiente depuis de nombreuses années, apporte un témoignage heureux de la guérison.

Bien que beaucoup plus rares, les microadénomes existent aussi chez l'homme. Ils sont décelés sur des symptômes purement endocriniens (impuissance, gynécomastie, stérilité) et avec un taux de guérison proche de celui obtenu chez la femme. Nous en avons plus d'une quinzaine actuellement opérés dans les mêmes conditions. Il est probable que dans les années à venir l'attention portée à cette affection et les méthodes de détection en feront découvrir davantage dans ce sexe.

L'alternative au traitement chirurgical est le traitement médical par la bromocryptine. Il est prôné de façon systématique par certains. Cette attitude est justifiée s'il existe un doute sur le diagnostic ou une contre-indication à l'intervention chirurgicale ou encore s'il n'existe pas de centre spécialisé permettant une intervention de qualité. Le traitement médical permet, chez la femme, le retour de règles ovulatoires et donc de grossesse et, chez l'homme, la régression des symptômes. Il est dans l'ensemble bien supporté et les nausées ou les vertiges cèdent assez souvent après quelques jours ou semaines.

Il peut exister une non-réponse ou « résistance » au traitement par les agonistes dopaminergiques. Elle est rare (10 à 20 % des cas) et il faut alors en chercher la raison. Soit existe un autre traitement tel que des antivomitifs (métoclopramide ou dompéridone) ou des neuroleptiques (antagonistes des récepteurs dopaminergiques), soit la prise de pilule ou d'œstroprogestatifs. Dans certains cas, existe une anomalie des récepteurs dopaminergiques et de l'adénylate cyclase au niveau du tissu tumoral et, dès lors, seule l'intervention chirurgicale est efficace [41].

Dans les adénomes plus volumineux avec signes tumoraux, le traitement chirurgical apporte dans la majorité des cas une régression de ces signes. Il guérit parfois l'hyperprolactiné-mie, même lorsque l'adénome est volumineux et sécrète de forts taux de PRL (15 à 30 % de guérison dans ces cas). Il ne guérit pas l'adénome lorsqu'il est invasif, dans le sinus sphénoïdal, dans le sinus caverneux, ou lorsqu'il existe des « coulées » tumorales pouvant aller très loin en arrière, ou latéralement dans le cerveau. Certaines tumeurs vont dans le nasopharynx et le patient arrive avec une voix nasonnée que l'on attribue à une sinu-site ou à un polype nasal. Dans ces cas, la chirurgie est évidemment impuissante ; la bro-mocryptine permet alors une régression tumorale en même temps que la diminution du taux de PRL [14, 28, 55].

Parfois la régression de ces volumineuses tumeurs est importante ; on a la surprise de les voir « fondre » sous bromocryptine en même temps que la PRL redevient normale. Ces cas se voient surtout chez l'homme mais certaines femmes et surtout l'enfant peu-vent présenter ce type de tumeur. Chez l'enfant, le traitement doit très souvent être pro-longé et le retour à une puberté normale peut demander de nombreux mois, voire des années, s'il se produit. Il faut parfois associer à la bromocryptine un traitement hormo-nal, pour obtenir une puberté complète.

Aspects histophysiologiques

Comme la PRL, hormone hypophysaire la plus tardivement individualisée, les adénomes à PRL sont restés longtemps méconnus, car englobés dans le cadre des adénomes dits « chromophobes », appelés actuellement « non sécrétants ». Le progrès des techniques his-tologiques — microscopie optique avec des colorations spécifiques telles que tétrachrome de Herlant, microscopie électronique et l'immunocytochimie — a permis de mettre en évidence les cellules à PRL normales et pathologiques et d'en préciser les caractères [19]. De nombreuses publications montrent l'aspect de ces cellules qui se distinguent sur de nombreux points des cellules dites « chromophobes » ou « non sécrétantes » [19, 45]. La PRL, élaborée dans l'ergastoplasme et l'appareil de Golgi, est stockée dans des grains de sécrétion qui sont rapidement libérés hors de la cellule par un processus d'exocytose. Plus l'extrusion est importante et rapide, plus les grains sont de petite taille et peu visi-bles en microscopie optique ordinaire. C'est dire l'intérêt de la microscopie électronique et de l'immunocytochimie qui peut marquer l'hormone, présente même en faible quan-tité, dans la cellule. La plupart du temps, l'adénome à PRL perd la structure cordonale de l'hypophyse normale et prend un aspect de type parenchymateux massif. Les capillai-res sont irréguliers et on trouve souvent des microhémorragies ou des hématies extrava-sées. La nécrose massive peut se voir, soit spontanément, soit après un traitement par les œstroprogestatifs, les agonistes dopaminergiques ou encore après une grossesse [39]. Des calcosphérites sont fréquentes et parfois si volumineuses qu'elles entraînent un doute diagnostique, au niveau radiologique, avec les craniopharyngiomes. Au niveau ultrastruc-tural, les grains sont souvent sphériques et leur taille peut varier entre 100 et 700 nm. Ils sont localisés à proximité ou dans l'appareil de Golgi ou encore près de la membrane cytoplasmique. Le noyau est volumineux avec un nucléole bien visible et l'ergastoplasme

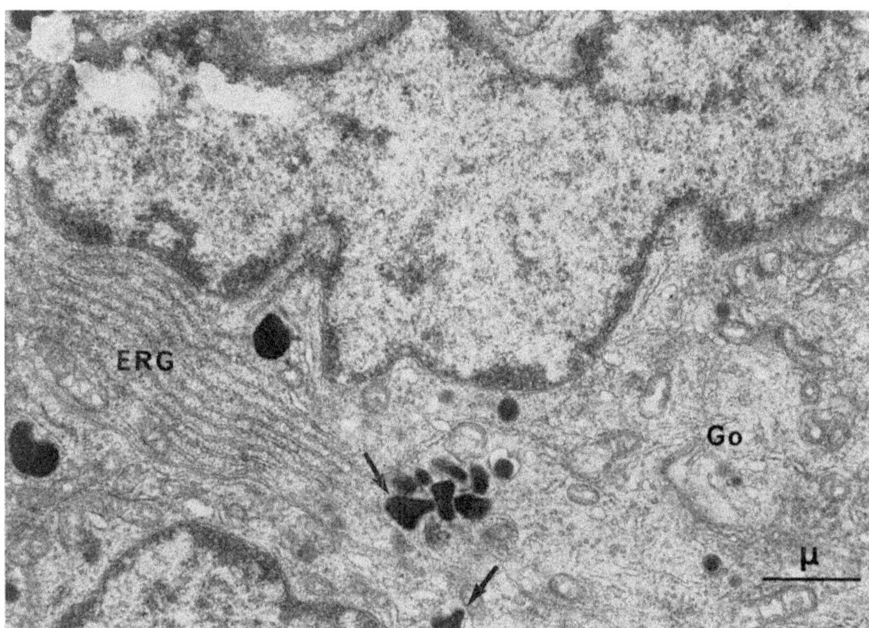

Fig. 7-4   Adénome à PRL. Microscopie électronique. La cellule contient des grains de différentes tailles (flèches), un ergastoplasme (ERG) développé et un appareil de Golgi volumineux [45].

est important (Fig. 7-4). La disparition de la lame basale, qui limite normalement les cordons épithéliaux, explique la présence d'hématies extravasées et l'aspect facilement dissocié des cellules. Dans la majorité des cas, le diagnostic de prolactinome est fait actuellement grâce à l'immunocytochimie. Elle permet de montrer que des adénomes apparemment « chromophobes » en microscopie optique (grains rares et très petits) sont en fait des adénomes à PRL. Elle montre parfois une autre population cellulaire de type somatotrope ou thyréotrope. Elle permet d'écarter le diagnostic d'autres tumeurs intrasellaires (craniopharyngiome, méningiome, etc.) dont la symptomatologie pourrait être celle d'un prolactinome. L'examen histologique permet plus rarement une évaluation pronostique de l'affection tumorale. Si la présence de mitoses nombreuses et d'atypies cytologiques sont des indices du caractère prolifératif de l'adénome et invitent à une surveillance très particulière de ces cas, bien souvent ces éléments sont en défaut [31].

En définitive et dans la grande majorité des cas, les adénomes à PRL sont actuellement bien caractérisés et les indications thérapeutiques de mieux en mieux précisées. Cependant, l'analyse de plus en plus poussée des symptômes cliniques, biologiques et radiologiques apporte une fréquence plus grande de cas où la frontière entre prolactinome de petite taille (microadénome) et hyperprolactinémie fonctionnelle devient de plus en plus ténue. La connaissance de ces hyperprolactinémies fonctionnelles constitue un des domaines de l'endocrinologie en plein développement, domaine où la stérilité est au premier plan des préoccupations.

Hyperprolactinémies fonctionnelles

Elles sont beaucoup plus fréquentes que les hyperprolactinémies organiques et, en particulier, celles dues aux adénomes à PRL. Les études faites chez des femmes ayant une aménorrhée isolée sans galactorrhée montrent que 20 à 30 % d'entre elles ont une hyperprolactinémie. Lorsque l'aménorrhée s'accompagne de galactorrhée, le pourcentage d'hyperprolactinémie devient beaucoup plus élevé et de l'ordre de 60 à 70 % [54]. Ces hyperprolactinémies fonctionnelles comprennent différentes étiologies, certaines bien établies, d'autres moins évidentes, mais de toute façon de mieux en mieux décelées. La possibilité de les traiter montre l'intérêt d'en connaître l'étiologie.

Hyperprolactinémies iatrogènes[7] (Tabl. 7-4 et [56])

Le contrôle dopaminergique inhibiteur prépondérant de la PRL explique que de nombreuses drogues interférant avec la dopamine soient à l'origine d'une hyperprolactinémie. Ces traitements interviennent au niveau de la biosynthèse de la dopamine, comme l'alpha méthyl-dopa (inhibiteur périphérique de la dopa-décarboxylase) utilisé comme hypotenseur, ou en provoquant une déplétion hypotalamique en dopamine, comme la réserpine. Ils agissent aussi au niveau des récepteurs dopaminergiques, comme les *neuroleptiques*, facteur iatrogène le plus fréquent et qui sont des antagonistes des récepteurs dopaminergiques D_2.

Parmi les antidépresseurs, d'autres drogues peuvent augmenter la PRL, tels certains antidépresseurs tricycliques dont la structure est proche des benzodiazépines ou les IMAO administrés de façon chronique. Les substances comme la sérotonine, le L-tryptophane ou encore la quipazine (agoniste de la sérotonine), augmentent également la sécrétion de PRL.

Les différents traitements antidépresseurs entraînent une hyperprolactinémie variable mais parfois importante. Ainsi pour les neuroleptiques, la PRL peut atteindre 100 à 200 ng/ml dans un délai de 30 minutes à 6 heures selon la voie d'administration. En traitement chronique le taux peut rester élevé à 100 ng/ml et s'accompagner de troubles endocriniens : aménorrhée-galactorrhée chez la femme, impuissance chez l'homme, surcharge pondérale et stérilité dans les deux sexes. Cet effet endocrinien constitue un des témoins de l'efficacité des traitements. La diminution des doses et l'arrêt des thérapeutiques doit entraîner un retour à la normale du taux de PRL et une disparition des symptômes endocriniens. La persistance des anomalies cliniques et biologiques quelques mois après l'arrêt des traitements doit faire rechercher une autre cause d'hyperprolactinémie.

Les antihistaminiques (anti-récepteurs H_2) utilisés dans le traitement des ulcères d'estomac (comme la cimétidine) ou les antihistaminiques de type H_1 sont également des stimulants de la sécrétion de PRL. Les **opiacés** (héroïne, méthadone), les analogues des enképhalines, la β-endorphine entraînent des hyperprolactinémies plus ou moins importan-

---

7. Maladie ou état morbide lié aux traitements médicamenteux.

Tableau 7-4   Substances stimulant la sécrétion de prolactine.

Psychotropes

- Neuroleptiques
    - Phénothiazines : chlorpromazine, lévomépromazine
    - Butyrophénones : halopéridol, pimozide
    - Benzamides : métoclopramide, sulpiride

- Antidépresseurs
    - Tricycliques : imipramine
    - IMAO

- Anxiolytiques
    - Benzodiazépine

Hypotenseurs

- Réserpiniques
- Alpha-méthyl-dopa
- Guanéthidine

Anti-histaminiques

- Cimétidine (anti-H_2)

Anti-émétiques

- Métoclopramide
- Dompéridone

Amphétamines

Opiacés et stupéfiants

- Morphine
- Méthadone

Hormones

- Œstrogènes
- Androgènes (par transformation périphérique en œstrogènes)
- TRH

---

tes : PRL à 100 ng/ml en administration aiguë, et 30 à 40 ng/ml en administration chronique. Enfin des galactorrhées avec hyperprolactinémie ont été constatées avec le vérapamil (inhibiteur calcique) et la liste des traitements stimulant la sécrétion de la PRL s'allonge de plus en plus.

Les traitements stéroïdiens sont également à l'origine d'hyperprolactinémie. La fréquence de l'aménorrhée post-pilule contraceptive est variable selon les auteurs (de 2 à 15 %, voire davantage). L'accord est cependant général pour constater une plus grande fréquence de l'aménorrhée post-pilule (de 30 à 50 %) lorsque existent, avant la prise de contraceptifs, des antécédents d'aménorrhée spontanée ou de spanioménorrhée [35]. La fertilité est compromise pendant la durée de l'aménorrhée, mais celle-ci est réversible spontanément dans la majorité des cas.

Il est donc nécessaire, avant de prescrire une contraception par les œstroprogestatifs, de connaître les antécédents de la patiente et de ne pas les donner à titre thérapeutique pour « régulariser » les règles. Il faut être aussi particulièrement prudent chez la jeune fille au moment de la période pubertaire ou post-pubertaire où existe physiologiquement une insuffisance en progestérone avec un décalage entre œstrogènes et progestérone qui risque d'augmenter au profit des œstrogènes. Enfin, les pilules fortement dosées en œstrogènes ou les pilules séquentielles provoquent une augmentation du taux de PRL [47] et il est préférable de prescrire des pilules faiblement dosées en œstrogènes ou des progestatifs naturels s'il existe une contre-indication aux œstrogènes.

Les anti-androgènes, comme l'acétate de cyprotérone utilisé dans les pubertés précoces, le cancer de la prostate et l'hirsutisme entraînent une hyperprolactinémie s'ils sont prescrits à des doses dépassant 100 mg/jour. Utilisés à des doses plus faibles, ils ne modifient pas le taux de PRL.

Parmi les causes non médicamenteuses d'hyperprolactinémie, nous ne citerons que certaines affections de la région thoracique et mammaire (traumatismes, brûlures, mastectomie, etc.). Certaines anesthésies et greffes d'organes peuvent augmenter de façon transitoire la PRL.

Quelle que soit l'étiologie de ces hyperprolactinémies, le terme de « fonctionnel » ne peut leur être appliqué que si elles régressent complètement après cessation de leur cause. La persistance de symptômes cliniques et biologiques doit faire rechercher une autre étiologie, soit fonctionnelle associée, soit organique.

Hyperprolactinémie secondaire à une hypothyroïdie primitive

Il s'agit d'une étiologie apparemment peu fréquente mais qui mérite d'être individualisée, le diagnostic étant rarement fait devant des symptômes inhabituels, et le traitement efficace.

Le premier cas de syndrome aménorrhée-galactorrhée au cours de l'hypothyroïdie primitive a été rapporté en 1968 [48]. Par la suite d'autres observations se sont accumulées [23]. Il s'agit de jeunes femmes ayant une hypothyroïdie primitive, la fixation d'iode 131 au niveau du corps thyroïde étant nulle et non réactivable par la TSH. L'hypothyroïdie peut être d'intensité modérée et c'est l'aménorrhée-galactorrhée, apparaissant souvent après une grossesse, qui motive la consultation. Son étiologie n'est pas toujours évidente. On trouve rarement une thyroïde en position ectopique ou des troubles de l'hormonosynthèse. Le plus souvent, il s'agit d'une thyroïdite autoimmune et les anticorps antithyroïdiens sont positifs. Les hormones thyroïdiennes, thyroxine (T4) et triiodotyronine (T3), sont effondrées alors que la thyréostimuline (TSH) est augmentée et répond nettement à la TRH. La PRL est parfois élevée à 150 ou 200 ng/ml. Au scanner ou à l'IRM, on constate une déformation de l'hypophyse qui présente un aspect triangulaire avec extension suprasellaire pouvant affleurer le chiasma. Des troubles visuels ont été décrits. Ces signes font croire qu'il s'agit d'un adénome à PRL et si quelques patientes ont été opérées avec ce diagnostic, le neurochirurgien n'a pas trouvé de tumeur ; c'est l'ensemble de l'hypophyse qui est hypertrophié [58]. L'histologiste trouve une hyperplasie des cellules à PRL et à TSH et la disposition cordonale des cellules persiste comme dans l'hypophyse normale.

En fait il suffit de traiter ces patientes par la thyroxine (T4) et le taux de PRL redevient normal, la galactorrhée disparaît et des cycles ovulatoires réapparaissent. Il faut maintenir le traitement longtemps, voire définitivement, car l'hypothyroïdie reste responsable de tous les symptômes. Cette affection mérite d'être connue car ces hypothyroïdies à l'origine d'hyperprolactinémie et de dysovulation sont assez fréquentes et le bénéfice apporté par le traitement substitutif par la T4 est important.

Hyperprolactinémie fonctionnelle idiopathique[8]

L'hyperprolactinémie idiopathique peut être définie par une augmentation de la PRL plasmatique en l'absence de toute cause évidente d'hyperprolactinémie organique ou fonctionnelle. Avant d'établir ce diagnostic, il faut s'assurer qu'il n'existe pas, si l'hyperprolactinémie est chronique, un microadénome à PRL non décelé par la radiologie. En effet, la plupart des hyperprolactinémies, sinon toutes, persistant plusieurs années sans étiologie décelable sont dues à des microadénomes. Les méthodes radiologiques actuelles ne permettent pas toujours de mettre en évidence des adénomes de très petite taille (de 1 à 3 mm).

En dehors de ce cadre où l'hyperprolactinémie permanente donne des symptômes identiques à ceux décrits dans les prolactinomes (galactorrhée, spanioménorrhée, aménorrhée, stérilité) et où le traitement médical par les agonistes dopaminergiques donne d'excellents résultats, il existe des hyperprolactinémies *intermittentes* et entrecoupées de périodes de normoprolactinémie [1, 2, 8, 36, 40, 53]. La description de ces cas nous paraît importante car ils sont relativement fréquents et non décelés la plupart du temps. En effet si les signes cliniques sont les mêmes que ceux décrits précédemment, le taux de PRL plasmatique de base peut être normal et la patiente orientée vers des examens ou des traitements inutiles. La stérilité sera mise sur le compte d'une affection ovarienne ou tubaire, et hystérographie, cœlioscopie, voire intervention (pour kyste de l'ovaire par exemple), vont se succéder. En fait les dosages répétés de PRL et un simple test à la TRH permettent de déceler, chez ces patientes, des anomalies de la sécrétion de la PRL responsables de tous les symptômes. La réponse de la PRL à la TRH peut être anormale car excessive et multipliée par 10 ou davantage (Fig. 7-5). Chez la même patiente, des taux de base itératifs de PRL peuvent être élevés à 30 ou 40 ng/ml, voire plus, et en fait on retrouve dans les antécédents une spanioménorrhée ou un syndrome prémenstruel important, une oligoménorrhée[9] et/ou une stérilité. Parfois les symptômes sont apparus après un stress affectif ou physique dont la patiente ne fait état qu'après un interrogatoire prolongé. La pilule ou les œstroprogestatifs ont été prescrits pour « traiter » les troubles des règles post-pubertaires et, arrêtés depuis longtemps, ils ont été oubliés. L'anxiété est importante, soit résultant des troubles endocriniens, soit les entretenant ou encore les précédant. Certaines patientes ont un déséquilibre œstroprogestatif, au profit des œstrogènes, expliquant l'existence de règles, mais anovulatoires, et l'absence de symptômes d'hypo-œstrogénie. Certaines ont des céphalées et des troubles visuels et les images au

8. Trouble ayant une existence propre, n'étant pas la conséquence d'une autre pathologie.
9. Menstruation très peu abondante.

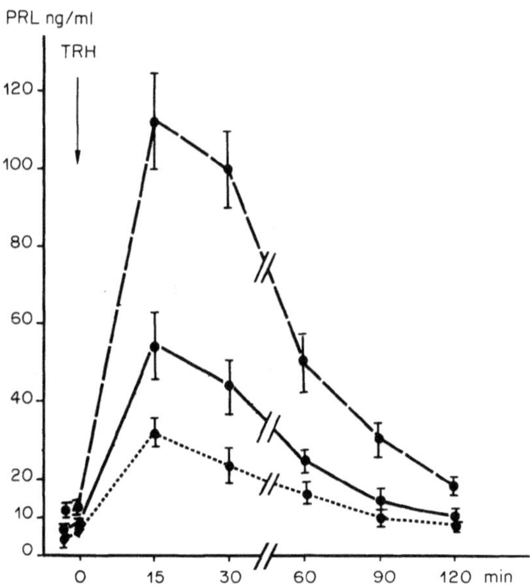

**Fig. 7-5   Réponse de la PRL à la TRH chez des patientes ayant une normoprolactinémie appa-
rente** (− −) (M±ESM). Comparaison avec les résultats observés chez des femmes « témoins » (−)
(M±ESM) et chez l'homme (⋯) (M±ESM).

scanner et à l'IRM permettent de comprendre ces symptômes. Si la selle turcique est
de volume normal, la tente de l'hypophyse est soulevée, englobant la partie inférieure
de la tige pituitaire donnant un aspect triangulaire à l'hypophyse, identique à celle des
« hyperplasies » de l'aménorrhée-galactorrhée par hypothyroïdie primitive (Fig. 7-6). Quelques cas ont été opérés avec le diagnostic d'adénome à PRL, le chirurgien n'a pas retrouvé
d'adénome, l'histologiste trouvant en revanche un aspect d'hyperplasie des cellules à PRL.
Plus rarement, il trouve des cordons de cellules hyperplasiques intriqués avec des cellules
adénomateuses. Cela suggère que la frontière entre ces deux aspects est mince et qu'il
existe peut-être un passage d'un état, l'hyperplasie, dans un autre, la tumeur.

La nécessité de connaître ce cadre nous semble fondamentale. En effet, cette normoprolactinémie apparente est fréquente et trompeuse ; de plus, le traitement médical par les
agonistes dopaminergiques ou la progestérone peut entraîner la disparition des symptômes. Les examens tels que cœlioscopie et hystérographie sont inutiles et s'il faut rassurer
totalement la patiente, il est préférable d'éviter les traitements anxiolytiques[10] qui risquent d'augmenter la PRL.

Il semble bien que ces anomalies de la sécrétion de PRL ne soient qu'au début de leur
détection. Les médecins, endocrinologues et gynécologues, y sont de plus en plus confrontés
et le seront encore davantage dans les années à venir.

10. Calmants de l'angoisse.

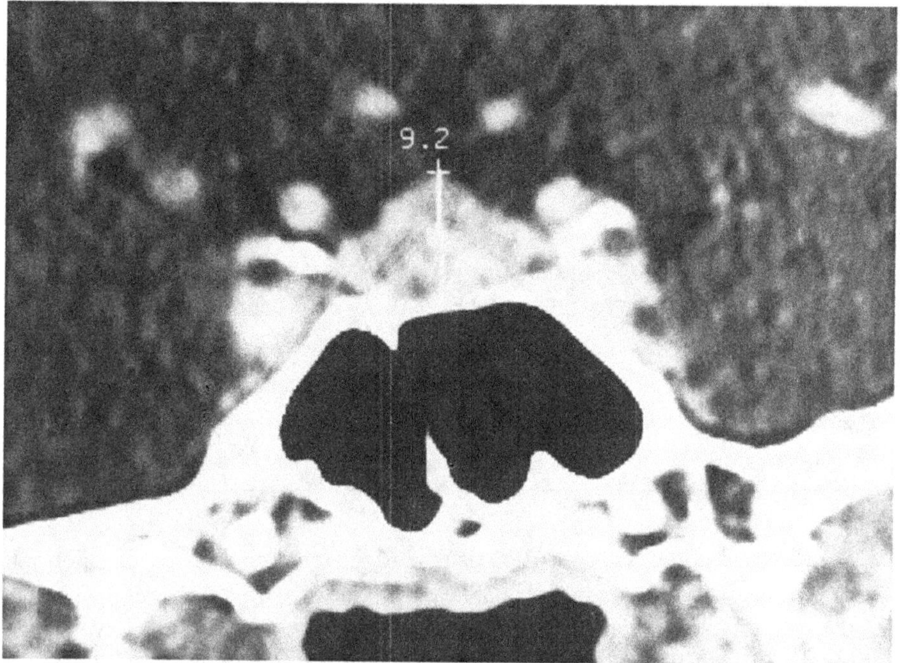

Fig. 7-6   Aspect, au scanner, d'un cas d'aménorrhée-galactorrhée avec PRL plasmatique de base normale mais réponse excessive à la TRH [36]. L'hypophyse, « hypertrophiée » mais de densité homogène, a un aspect triangulaire et affleure le chiasma optique. Il n'y a pas de microadénome.

Données physiopathologiques

Hyperprolactinémie et troubles de la fonction gonadique

L'hyperprolactinémie, qu'elle soit organique ou fonctionnelle, entraîne des troubles identiques de la fonction gonadique. Les différents niveaux d'atteinte de l'axe gonadotrope sont résumés sur le tableau 7-5. Ces données et leur interprétation ne peuvent être que schématiques, les interactions entre la PRL et son contrôle neuroendocrinien et périphérique étant multiples.

• *Au niveau gonadique*, il existe sans doute un effet direct des taux élevés circulants de PRL. Cela est suggéré par des faits cliniques : réponse des stéroïdes ovariens diminuée sous l'effet des gonadotrophines chorioniques chez les patientes hyperprolactinémiques et par des expériences in vitro [29, 43]. L'adjonction de PRL à des concentrations supérieures à 25 ng/ml dans le milieu de culture de cellules de la granulosa diminue ou inhibe la production de progestérone par ces cellules, même stimulées par les gonadotrophines chorioniques.

Tableau 7-5   Anomalies biologiques dues à l'hyperprolactinémie.

Hypothalamus-hypophyse

- Sécrétion LHRH ↘
- Décharge cyclique de LH et FSH ↘
- Réponse LH au LHRH ↘
- Feedback positif des œstrogènes sur LH ↘

Gonades

- Défaut de maturation et de lutéinisation du follicule
- Sécrétion d'œstrogènes et de progestérone ↘
- Testostérone (T) ↘
- T → Dihydrotestostérone (DHT) ↘
- Spermatogenèse ↘

Surrénales

- Sulfate DHA ↗

• *Au niveau hypophysaire*, la constatation de taux normaux ou abaissés des gonadotrophines hypophysaires dans l'hyperprolactinémie chronique constitue une première anomalie en présence d'une insuffisance œstroprogestative. Il existe de plus une réserve en LH[11] diminuée [22] et une réponse faible de LH au LHRH dans certains cas. Cette réserve en LH diminuée associée à un taux plasmatique faible d'E_2 explique sans doute l'absence de réponse au test par le citrate de chlomiphène. Après réduction de l'hyperprolactinémie, une amélioration du taux basal de LH et de la réponse au LHRH[12] peut être observée [32] et le test au citrate de chlomiphène devient positif [51]. Il est difficile de savoir s'il s'agit là d'un effet direct de la PRL ou d'un effet indirect par l'intermédiaire d'une augmentation de la sensibilité des cellules gonadotropes à un niveau plasmatique redevenu normal d'œstradiol (E_2).

• *Au niveau hypothalamique*, l'hyperprolactinémie peut être à l'origine d'une diminution de la sécrétion de gonadolibérine (LHRH) par augmentation de la dopamine infundibulaire [59]. Mais ce mécanisme reste à prouver et les rapports entre PRL et dopamine en pathologie ne sont pas clairs [3] ; il en est de même pour le contrôle opioïde. Le caractère pulsatile de la sécrétion de LH est modifié au cours de l'hyperprolactinémie avec une moindre fréquence des pulses qui surviennent seulement toutes les quatre heures [49].

Adénomes à prolactine et hyperprolactinémie fonctionnelle idiopathique. Esquisse pathogénique

L'histoire clinique des adénomes à PRL chez la femme est marquée par une séquence d'événements souvent rencontrée (Fig. 7-7). L'insuffisance en progestérone de la période post-pubertaire est fréquente avec un rapport œstroprogestatif en faveur des œstrogènes.

---

11. LH : hormone lutéinisante.
12. LHRH ou gonadolibérine : hormone hypothalamique stimulant la sécrétion des gonadotrophines par l'hypophyse antérieure.

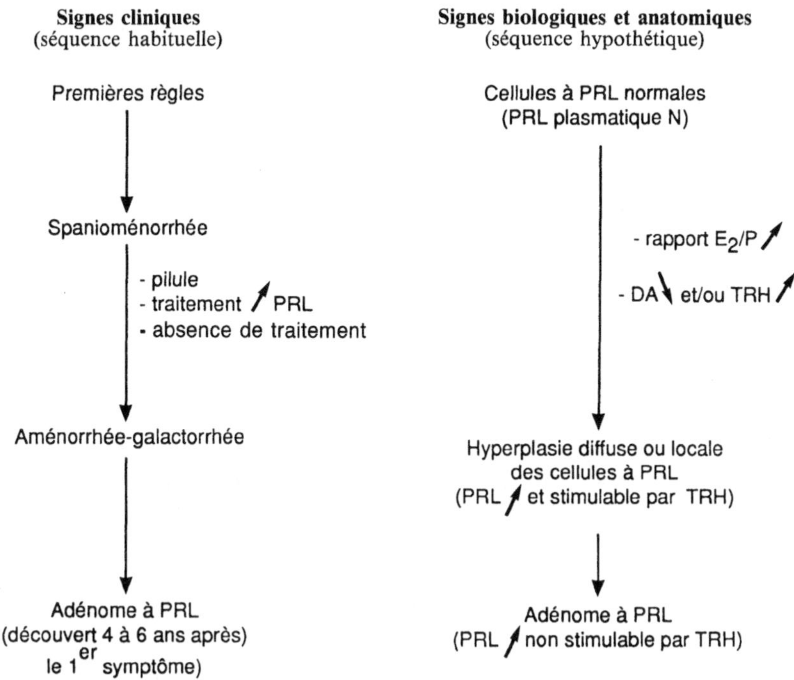

Fig. 7-7   Adénome à PRL chez la femme, hypothèse pathogénique. La séquence des symptômes cliniques, avant la découverte de l'adénome, est habituelle. Celle des signes biologiques et anatomiques est hypothétique car il existe aussi des microadénomes « silencieux » et présents avant les autres modifications anatomiques.

La réponse de la PRL à la TRH[13] est d'ailleurs plus importante à cette époque que par la suite [27]. En présence d'une spanioménorrhée, les traitements à base d'œstrogènes (cycles artificiels ou pilule) risquent d'aggraver les symptômes et d'entraîner une hyperprolactinémie. C'est peut-être le mécanisme des hyperprolactinémies fonctionnelles ou des cas de normoprolactinémie apparente avec réponse excessive de la PRL à la TRH (Fig. 7-8). Si certains arguments font penser que l'hyperplasie des cellules à PRL observée dans ces cas est un élément qui précède l'adénome à PRL — il a été montré que la fréquence de ces adénomes était plus importante lorsque l'aménorrhée était précédée par une spanioménorrhée traitée par les œstroprogestatifs [21] —, la certitude manque encore pour l'affirmer.

Le rôle des œstrogènes est important car ils augmentent la sécrétion et la synthèse de PRL en même temps qu'ils entraînent une hyperplasie des cellules à PRL [16, 30, 34]. Ils sont responsables des modifications de l'hypophyse de la femme enceinte. En fin de grossesse, l'hypophyse a doublé en poids et en volume et on trouve de volumineux cordons de cellules à PRL [12]. On sait aussi que les syndromes aménorrhée-galactorrhée du post-partum

---

13. TRH : hormone hypothalamique stimulant la sécrétion des gonadotrophines, agissant également sur la libération de la prolactine (PRL).

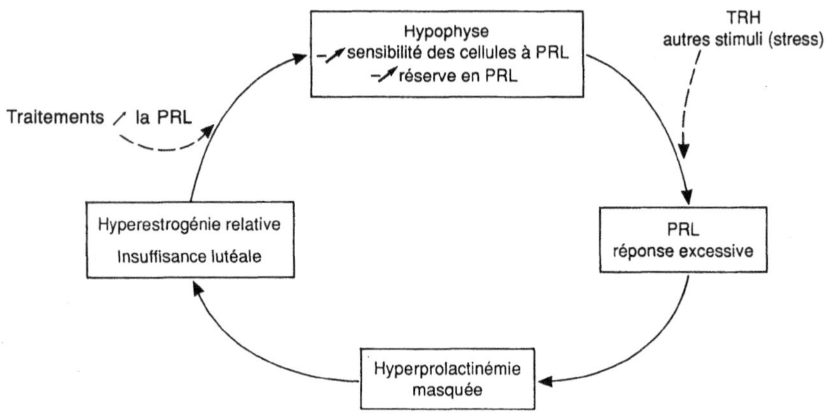

Fig. 7-8   Schéma de la physiopathologie hypothétique de la normoprolactinémie apparente. L'insuffisance lutéale avec hyperœstrogénie relative est peut-être un des éléments responsables, au départ, de ce syndrome fonctionnel.

ne sont pas rares et que des adénomes à PRL peuvent survenir électivement dans cette période [10]. Il y a donc là passage d'une hyperplasie diffuse des cellules à PRL à la formation d'un adénome bien circonscrit. L'étape précise à l'origine de cette modification fondamentale n'est pas encore connue. C'est en tout cas ce qui est également observé en expérimentation animale où, sous l'effet des œstrogènes, on obtient une tumeur à prolactine bien individualisée, précédée par un stade d'hyperplasie diffuse du parenchyme [16]. Il faut cependant citer des travaux récents qui font état de l'origine monoclonale des adénomes [19bis].

Si le rôle des œstrogènes n'est pas évident dans tous les cas, soulignons cependant que, quel que soit le sexe ou l'âge, des récepteurs des œstrogènes existent au niveau des cellules à PRL adénomateuses [42].

Le rôle des neurohormones contrôlant la sécrétion de PRL est également important. En effet, différents travaux font état d'un défaut du contrôle dopaminergique au niveau hypothalamique (défaut de sécrétion) et/ou hypophysaire (défaut d'apport de la dopamine) [3, 46]. En faveur d'un défaut d'apport au niveau tumoral, des études ont montré dans les tumeurs un développement important des vaisseaux artériels, provoquant sans doute une dilution ou une exclusion du sang venu du système porte, et diminuant, de ce fait, le contrôle par les neurohormones hypothalamiques [44, 52]. De plus, le nombre des récepteurs dopaminergiques dans les cellules adénomateuses est moindre que dans les cellules hypophysaires normales [4] ; dans le tissu adénomateux lui-même, le taux de dopamine est faible, voire nul, par rapport à celui du tissu hypophysaire normal [24].

Si le contrôle dopaminergique est donc probablement diminué, en revanche, le contrôle par la TRH semble persister et les récepteurs à la TRH existent au niveau du tissu tumoral [25]. Ainsi l'absence de réponse de la PRL à la TRH n'est pas due à l'absence de récepteurs mais sans doute à d'autres mécanismes, parmi lesquels, peut-être, une excrétion spontanée très rapide des grains de sécrétion de PRL [57]. Enfin, récemment, de la TRH a été mise en évidence dans le tissu tumoral hypophysaire et sa sécrétion in vitro à des taux élevés suggère une synthèse in situ de cette neurohormone [26]. Cette sécrétion pourrait intervenir dans le contrôle local (autocrinie ou paracrinie) des récepteurs à la TRH et donc de la sécrétion de PRL.

Il est difficile de résumer les connaissances concernant la pathogénie des hyperprolactinémies organiques ou fonctionnelles, et rien ne permet d'affirmer actuellement quelle est l'anomalie responsable. Cependant, le rôle des hormones périphériques (stéroïdes sexuels) est important dans cette pathologie et il existe dans les adénomes à PRL une anomalie du contrôle de la PRL par les neuropeptides, et de la dopamine en particulier. Il est également probable que, compte tenu de la complexité du contrôle de la sécrétion de PRL, d'autres anomalies existent, aussi bien au niveau hypothalamo-hypophysaire que périphérique ou cellulaire.

Les années qui viennent apporteront certainement davantage de clarté sur cette pathologie qui affecte profondément la vie des patients et en particulier la reproduction.

RÉFÉRENCES

1. ARCHER DF (1987) Prolactin response to thyrotropin-releasing hormone in women with infertility and/or randomly elevated serum prolactin levels. *Fertil Steril* **47** : 559-564

2. BEN-DAVID M, SCHENKER JG (1983) Transient hyperprolactinemia. *J Clin Endocrinol Metab* **57** : 442-444

3. BEN-JONATHAN N (1985) Dopamine : a prolactin-inhibiting hormone. *Endocr Rev* **6** : 564-589

4. BRESSION D, BRANDI AM, MARTRES MP, NOUSBAUM A, CESSELIN F, RACADOT J, PEILLON F (1980) Dopaminergic receptors in human prolactin-secreting adenomas, a quantitative study. *J Clin Endocrinol Metab* **51** : 1037-1043

5. BURROW GN, WORTZMAN G, REWCASTLE NB, HOLGATE RC, KOVACS K (1981) Microadenomas of the pituitary and abnormal sellar tomograms in an unselected series. *N Engl J Med* **304** : 156-158

6. CHAUSSAIN JL, BARRIO R, PIERSON M, JOB JL (1980) Pituitary adenomas in childhood. *In* PJ Derome, CP Jedynak, F Peillon (eds) : *Pituitary adenomas, biology, physiopathology and treatment*. Asclepios, Paris, pp. 113-118

7. CHIARI J, BRAUN C, SPAETH J (1855) Report of diseases of women during the years 1848-1855 in department of gynecology in Vienna. Klinik der Geburtshilge und Gynäkologie Erlanger Ferdinand Euke, 371.

8. CORENBLUM B, TAYLOR PJ (1980) A rationale for the use of bromocriptine in patients with amenorrhea and normoprolactinemia. *Fertil Steril* **34** : 239

9. COSTELLO RT (1936) Sub-clinical adenoma of the pituitary gland. *Am J Pathol* **12** : 205-216

10. DEROME PJ, PEILLON F, BARD RH, JEDYNAK CP, RACADOT J, GUIOT G (1979) Adénomes à prolactine : résultats du traitement chirurgical. *Nouv Presse Med* **8** : 577-583

11. DUPUY M, DEROME PJ, PEILLON F, JEDYNAK CP, VISOT A, RACADOT J, GUIOT G (1984) L'adénome à prolactine chez l'homme. Étude pré- et postopératoire de 80 cas. *Sem Hop Paris* **60** : 2243-2954

12. ERDHEIM J, STUMME E (1909) Uberdie Schwanger-Schaftsveränderung der Hypophyse. *Betr Path Anat* **46** : 1-132

13. FORBES AP, HENNEMAN PH, GRISWOLD GC, ALBRIGHT F (1954) Syndrome characterized by galactorrhea-amenorrhea and low urinary FSH. *J Clin Endocrinol Metab* **14** : 265-271

14. FOSSATI P, STRAUCH G, TOURNIAIRE J (1976) Étude de l'activité du CB 154 (bromocriptine) dans les états d'hyperprolactinémie. Résultats d'un essai coopératif chez 135 patients. *Nouv Presse Med* **5** : 1687-1691

15. FRANTZ AG, KLEINBERG DL (1979) Prolactin ; evidence that it is separate from growth hormone in human blood. *Science* **170** : 745-747

16. FURTH J, CLIFTON KH (1966) Experimental pituitary tumors. *In* GW Harris, BT Donovan (eds) : *The pituitary gland.* Butterworths, London. **3** : 460-497

17. GUIOT G, THIBAUT B (1959) L'extirpation des adénomes hypophysaires par voie transphénoïdale. *Neuro-chirurgie* **1** : 133-138

18. HARDY J (1980) Ten years after the recognition of pituitary microadenomas. *In* G Faglia, MA Giovanelli, RM McLeod (eds) : *Pituitary microadenomas.* Academic Press, New York, p. 7-14

19. HERLANT M, LAINE E, FOSSATI P, LINQUETTE M (1965) Syndrome aménorrhée-galactorrhée par adénome hypophysaire à prolactine. *Ann Endocrinol* **26** : 65-71

19bis. HERMAN V, FAGIN J, GONSKY R, KOVACS K, MELMED S (1990) Clonal origin of pituitary adenomas. *J Clin Endocrinol Metab* **71** : 1427-1433

20. HWANG P, GUYDA H, FRIESEN H (1971) A radioimmunoassay for human prolactin. *Proc Nat Acad Sci USA* **68** : 1902-1906

21. KIRWOOD KS, MCTIERNAN AN, DALING JR, WEISS NS (1983) Oral contraceptive use and the occurence of pituitary prolactinoma. *J Am Med Ass* **249** : 2204

22. LACHELIN GCL, ABU-FADIL S, YEN SSC (1977) Functional delineation of hyperprolactinemia-amenorrhea. *J Clin Endocrinol Metab* **44** : 1163-1174

23. LAURENT MF, PEILLON F, GILBERT-DREYFUS (1973) Hypothyroïdie primaire de l'adulte et syndrome aménorrhée-galactorrhée non tumorale. *Sem Hop Paris* **49** : 2839-2844

24. LE DAFNIET M, BLUMBERG-TICK J, GOZLAN H, BARRET A, JOUBERT (BRESSION) D, PEILLON F (1989) Altered balance between thyrotropin-releasing hormone and dopamine in prolactinomas and other pituitary tumors compared to normal pituitaries. *J Clin Endocrinol Metab* **69** : 267-271

25. LE DAFNIET M, BRANDI AM, BRESSION D, RACADOT J, PEILLON F (1983) Evidence of receptors for thyrotropin-releasing hormone (TRH) in human prolactin-secreting adenomas. *J Clin Endocrinol Metab* **57** : 425-427

26. LE DAFNIET M, LEFEBVRE P, BARRET A, MÉCHAIN C, FEINSTEIN MC, BRANDI AM, PEILLON F (1990) Normal and adenomatous human pituitaries secrete thyrotropin-releasing hormome in vitro : modulation by dopamine, haloperidol and somatostatin. *J Clin Endocrinol Metab* **71** : 480-486

27. LEMARCHAND-BÉRAUD TH, ZUFFEREY M, REYMOND M, REY-STOCKER I (1978) Pituitary responsiveness to LHRH and TRH in adolescent girls. *Bull Schweiz Akad Med Wiss* **34** : 241-244

28. L'HERMITE M, DESIR D, NOEL P, SZYPER M, COPINSCHI G (1980) Prolactinomas : long-term bromocriptine treatment and prolactin nycthemeral rhythm. *In* PJ Derome, C Jedynak, F Peillon (eds) : *Pituitary adenomas, biology, physiopathology and treatment.* Asclepios, Paris, pp. 299-303

29. MCNATTY KP, SAWERS RS, MCNEILLY AS (1974) A possible role for prolactin secretion in control of steroid secretion by the human graafian follicle. *Nature* **250** : 653-655

30. MAURER RA, GORSKI J (1977) Effects of estradiol-17 β and pimozide on prolactin synthesis in male and female rats. *Endocrinology* **101** : 76

31. OLIVIER L, VILA-PORCILE E, RACADOT O, PEILLON F, RACADOT J (1975) Ultrastructure of pituitary tumor cells. A critical study. *In* A Tixier-Vidal, MG Farquhar (eds) : *The anterior pituitary : Ultrastructure in biological systems.* Acad Press, New York, **7** : 231-276

32. PEILLON F (1977) Tumeurs à prolactine chez l'homme et chez la femme et traitement par la bromocriptine. *In* Sandoz (ed) : *La Bromocriptine* pp. 187-191

33. PEILLON F (1980) Prolactine et stérilité chez la femme et chez l'homme. *In* R Scholler (ed) : *Hormonologie de la stérilité, explorations et thérapeutique.* SEPE, Paris, pp. 469-503

34. PEILLON F, BERCOVICI JP (1986) Physiologie de la prolactine humaine. *In* P Mauvais-Jarvis, R Sitruk-Ware (eds) : *Médecine de la reproduction* (2e éd). Flammarion, Paris, pp. 130-151

35. PEILLON F, BRESSION D, BRANDI AM, RACADOT J (1984) Pathogenesis of prolactinomas. The role of estrogens and dopamine receptors. *In* SW Lamberts, FJ Tilders, EA Van der Veen, J Assies (eds) : *Trends in diagnosis and treatment of pituitary adenomas.* Free University Press, Amsterdam, pp. 103-113

36. PEILLON F, DUPUY M, LI JY, KUJAS M, VINCENS M, MOWSZOWICZ I, DEROME P (1991) Pituitary enlargement with suprasellar extension in functional hyperprolactinemia due to lactotroph hyperplasia. A pseudotumoral disease. *J. Clin Endocrinol Metab* **73** : 1008-1015

37. PEILLON F, GILBERT-DREYFUS, SCHAISON G (1971) Syndromes prolactiniques et galactorrhée chez l'homme. *Actual Endocrinol Expansion ed* **12** : 123-131

38. PEILLON F, RACADOT J, DEROME PJ (1981) Aspects cliniques, histologiques et chirurgicaux des adénomes à PRL. *In* : *Les adénomes hypophysaires à prolactine.* Sandoz, Paris

39. PEILLON F, VILA-PORCILE E, OLIVIER L, RACADOT J (1970) L'action des œstrogènes sur les adénomes hypophysaires chez l'homme. *Ann Endocrinol* **31** : 259-270

40. PEILLON F, VINCENS M, CESSELIN F, DOUMITH R, MOWSZOWICZ I (1982) Exaggerated prolactin response of thyrotropin-releasing hormone in women with anovulatory cycles : possible role of endogenous estrogens and effect of bromocriptine. *Fertil Steril* **37** : 350

41. PELLEGRINI I, RASOLONJANAHARY R, GUNZ G, BERTRAND P, DELIVET S, JEDYNAK CP, KORDON C, PEILLON F, JAQUET P, ENJALBERT A (1989) Resistance to bromocriptine in prolactinomas. *J Clin Endocrinol Metab* **69** : 500-509

42. PICHON MF, BRESSION D, PEILLON F, MILGROM F (1980) Estrogen receptors in human pituitary adenomas. *J Clin Endocrinol Metab* **51** : 897-902

43. POLAN ML, LAUFER N, DLUGI AM, TARLATZIS BC, HASELTINE FP, DE CHERNEY AH, BEHRMAN HR (1984) Human chorionic gonadotropin and prolactin modulation of early luteal function and luteinizing hormone receptor-binding activity in culture human granulosa-luteal cells. *J Clin Endocrinol Metab* **59** : 773-779

44. RACADOT J, GREMAIN J, KUJAS M, DROUET Y, OLIVIER L (1986), La participation des vaisseaux artériels à l'irrigation sanguine des adénomes de l'hypophyse humaine, implications fonctionnelles. *Bull Assoc Anat* **70** : 5-12

45. RACADOT J, VILA-PORCILE E, PEILLON F, OLIVIER L (1971) Adénomes hypophysaires à cellules à prolactine : étude structurale et ultrastructurale. Corrélations anatomo-cliniques. *Ann Endocrinol* **32** : 298-305

46. REICHLIN S, MOLITCH M (1984) Neuroendocrine aspect of pituitary adenoma. *In* F Camanni, EE Müller (eds) : *Pituitary hyperfunction : Physiopathology and clinical aspects.* Raven Press, New York, pp. 47-70

47. REYMOND M, LEMARCHAND-BERAUD T (1976) Effects of estrogens on prolactin and thyrotropin responses to TRH in women during the menstrual cycle and under oral contraceptive treatment. *Clin Endocrinol* **5** : 429-437

48. ROSS F, NUSYNOWITZ ML (1968) A syndrome of primary hypothyroidism, amenorrhea and galactorrhea. *J Clin Endocrinol* **28** : 591

49. SAUDER SE, FRAGER M, CASE GD (1984) Abnormal patterns of pulsatile luteinizing hormone secretion in women with hyperprolactinemia and amenorrhea : response to bromocriptine. *J Clin Endocrinol Metab* **59** : 941-948

50. SCHAISON G (1986) Pathologie de la prolactine. *In* P Mauvais-Jarvis, R Sitruk-Ware (eds) : *Médecine de la reproduction* (2e éd.). Flammarion, Paris, pp. 361-384

51. SCHAISON G, MOWSZOWICZ I, CESSELIN F, LAGOGUEY M (1977) Actions antigonadotropes de la prolactine. *Nouv Presse Med* **6** : 425-428

52. SCHECHTER J, GOLDSMITH P, WILSON C, WEINER R (1988) Morphological evidence for the presence of arteries in human prolactinomas. *J Clin Endocrinol Metab* **67** : 713-719

53. SEPPALA M, HIRVONEN E, RANTA T (1976) Hyperprolactinemia and luteal insufficiency. *Lancet* **I** : 229

54. STRAUCH G, BONNEFOUS S, PAULIAN B, ZAKS P, PAGES YP, BRICAIRE H (1978) Studies on epidemiology and mechanisms of hyperprolactinemic anovulation. *In* C Robyn, M Martes (eds) : *Progress in prolactin physiology and pathology.* Elsevier Amsterdam-New York, pp. 267-279

55. THORNER MO, SCHRAN HF, EVANS WS, ROGOL AD, MORRIS JL, MCLEOD RM (1980) A broad spectrum of prolactin suppression by bromocriptine in hyperprolactinemic women : a study of serum prolactin and bromocriptine levels after acute and chronic administration of bromocriptine. *J Clin Endocrinol Metab* **50** : 1026-1033

56. VINCENS M, ENJALBERT A, KELLY P (1988) La prolactine et ses modulations. *In* YP Giroud, G Mathé, G Meyniel (eds) : *Pharmacologie clinique. Bases de la thérapeutique.* Expansion Scientifique, pp. 2220-2236

57. WALKER AM, FARQUHAR MG, PENG P (1980) Preferential release of newly synthesized prolactin granules is the result of functional heterogeneity among mammotrophs. *Endocrinology* **107** : 1095-1104

58. WEINTRAUB BD, GERSHENGORN MC, KOURIDES IA, FEIN H (1981) Inappropriate secretion of thyroid-stimulating hormone. *Ann Intern Med* **95** : 339

59. YEN SSC (1991) Physiology of human prolactin. *In* SSC Yen, RB Jaffe (eds) : *Prolactin in human reproduction.* WB Saunders, Philadelphia, pp. 357-389

8

Structure, fonction et expression du récepteur de la prolactine chez les mammifères

D. I. Linzer, J. A. Davis, D. L. Clarke, K. Young

La prolactine (PRL) stimule un grand nombre de mécanismes cellulaires et physiologiques, dont le développement et le fonctionnement de la glande mammaire. Comme les autres hormones protéiques, PRL se lie par un récepteur à la surface des cellules : c'est la première étape dans l'induction de la réponse cellulaire. L'interaction de la prolactine avec son récepteur se fait avec une grande affinité (la constante d'association est de 10^9 à 10^{10} M^{-1}) et une stricte spécificité (bien que certains membres de la famille PRL, comme l'hormone placentaire des rongeurs, se lient sur ces récepteurs). Cette revue tente de mettre en lumière les faits les plus récents sur la structure, l'expression et les fonctions du récepteur de la PRL, et d'explorer les questions qui se posent à son sujet. Des revues détaillées sur l'expression et les activités du récepteur de la PRL ont déjà été publiées [27, 13, 11, 33]. Nous ne parlerons ici que des récepteurs des mammifères, mais il faut rappeler que la PRL joue un rôle important dans la physiologie des poissons et des amphibiens.

Structure du récepteur de la prolactine

De nombreuses études ont identifié une activité de liaison de PRL sur divers tissus de mammifères. Ces études reposent sur l'association de PRL marquée à l'iode radioactif avec des préparations de membranes protéiques. Par la modification du complexe hormone-récepteur avec un réactif bifonctionnel, on peut générer un complexe covalent résistant

Reçu en janvier 1990.

aux détergents et aux agents réducteurs. Par ce procédé, on peut déterminer, en électrophorèse sur gel, à partir de la taille du complexe radioactif, la taille du polypeptide qui se lie à la PRL ; d'une autre façon, la taille du complexe récepteur-ligand marqué peut être déterminée par filtration moléculaire ou sédimentation. Les estimations sur le poids moléculaire du récepteur de la PRL varient de 30 000 à 300 000 [11].

L'origine de ces grandes différences dans l'estimation de la taille n'est pas complètement éclaircie. Les travaux qui donnent le récepteur de la PRL comme une protéine de plus de 200 000 de poids moléculaire peuvent s'expliquer par l'agrégation non spécifique du récepteur avec d'autres protéines ou avec le détergent. Toutefois, la majorité des variations de taille observées semblent dues à des différences de structures. Les variations de taille peuvent s'expliquer par la précence du récepteur sous la forme de sous-unités multiples, bien que l'on n'ait aucune évidence sur l'existence de ces sous-unités.

La diversité dans la structure du récepteur peut également trouver son origine dans la duplication du gène et sa divergence, ce qui expliquerait les différences de taille du récepteur entre les espèces. De plus, la divergence du gène du récepteur au cours de l'évolution est à l'origine des différences spécifiques de structures.

Dans la majorité des cas, le récepteur de la PRL est défini comme une glycoprotéine, dont les modifications post-translationnelles peuvent jouer un rôle dans la taille de la protéine maturée du récepteur. L'isolement récent de clones d'ADNc du récepteur PRL permet une approche plus précise de la taille et de la structure de sa molécule.

Le clonage de l'ARNm du récepteur PRL a été fait par Kelly, Djiane et al. [7]. Ces chercheurs ont montré que le récepteur de la PRL qui s'exprime dans le foie de rat est synthétisé comme une protéine précurseur de 310 acides aminés (le foie, du fait de sa richesse en récepteurs et en ARNm, sert à fournir le matériel de base à ces études). La protéine maturée est obtenue après clivage des acides aminés de la séquence signal, produisant ainsi une protéine dont le poids moléculaire est de 33 000. La différence entre la taille prévue et celle observée par électrophorèse sur gel, de la protéine purifiée (pm : 41 000) peut être mise au crédit des modifications post-traductionnelles. Trois sites potentiels de N-glycosylation sont présents dans la séquence de la protéine et deux de ces sites sont modifiés par addition d'un sucre comme cela est montré lors du séquençage direct du récepteur purifié [7]. D'autre part, on a détecté, en plus de la séquence signal prévue avec 19 résidus, une extension de la région hydrophobe commençant au 230e acide aminé. Cette deuxième extension hydrophobe qui comprend 24 acides aminés non chargés est supposée servir à l'ancrage du récepteur dans la membrane.

Les trois sites potentiels de glycosylation sont tous dans la région amino-terminale de ce domaine putatif d'ancrage, indiquant que cette région de la protéine du récepteur doit avoir été à l'intérieur de la lumière du réticulum endoplasmique (et avoir ainsi pu être glycosylée), et ensuite à l'extérieur de la cellule lorsque le récepteur gagne la surface de celle-ci. Ainsi le récepteur est-il prévu pour ne franchir qu'une fois la double couche lipidique membranaire, pour avoir son extrémité amino-terminale à l'extérieur de la cellule et la partie C-terminale à l'intérieur. Cela est en accord avec ce qui a été observé pour le récepteur de l'hormone de croissance (GH) qui lui est proche [23]. L'unique domaine de liaison membranaire du récepteur de la PRL est séparé de la région extracellulaire (220 amino-acides) par une courte queue cytoplasmique de 57 résidus. La longueur du domaine cytoplasmique est logique vu la taille relativement petite du récepteur, mais il est cependant inattendu de le trouver si court si l'on considère qu'il doit transmettre le signal généré par la liaison de l'hormone au domaine extracellulaire. Cette région cytoplasmique ne montre pas d'homologie évidente avec les régions cytoplasmiques d'autres récepteurs, y compris ceux qui ont une activité tyrosine kinase. Cette forme du récepteur paraît être impliquée dans le transport de la protéine PRL dans le foie (peut-être pour la clairance dans la circulation), plutôt que dans la transduction du signal. D'autres exemples de récepteurs hormonaux avec une courte queue cytoplasmique ont été trouvés. Il est intéressant de noter que le récepteur du *human granulocyte-macrophage colony-stimulating factor* (GM-CSF) a non seulement une taille proche de celle du récepteur de la PRL, mais partage avec lui des séquences communes [18].

Les récepteurs de la PRL, du GM-CSF, de l'interleukine 2 (chaîne β), de l'interleukine 6 et de l'érythropoïétine ont en commun la position des résidus cystéine et tryptophane dans leur domaine extracellulaire, ainsi qu'environ 30 % de la séquence totale des acides aminés [18, 1]. Ces analogies de séquences et de structure suggèrent que le récepteur de la PRL est un des membres d'une super-famille de récepteurs de facteurs de croissance hématopoïétiques. Cette relation n'est pas surprenante dans la mesure où la PRL a des effets profonds sur le système immunitaire. De plus l'une des méthodes de dosage les plus sensibles de la PRL est fondée sur son activité mitogène sur la lignée cellulaire Nb2 T du lymphome du rat [28].

D'autres analyses du récepteur de la PRL par clonage de l'ADNc ont apporté d'autres éléments sur les hétérogénéités dans la taille de cette protéine. Le clonage d'autres ADNc isolés d'autres tissus et d'autres espèces laisse présager que les protéines de récepteurs ont une grande stabilité dans la séquence signal, le domaine extracellulaire et le domaine transmembranaire. Cette similitude de séquence se poursuit dans le domaine cytoplasmique sur 27 résidus, puis se termine brutalement. A ce point, la séquence des acides aminés prévue pour le récepteur PRL du foie de rat diverge de celle attendue pour la protéine du récepteur du foie de souris [12], de glande mammaire de lapin [15], des cellules humaines d'hépatome et de cancer mammaire [7].

Les clones d'ADNc de foie laissent prévoir la synthèse de trois différentes formes de récepteurs avec de courts domaines cytoplasmiques, dont une serait similaire à l'extrémité cytoplasmique C-terminale du récepteur PRL de foie de rat. Ainsi, de multiples formes du récepteur de la PRL sont exprimées dans un même tissu. La variation dans l'extrémité C-terminale du récepteur peut également donner naissance à des récepteurs de longueurs différentes. La protéine maturée du récepteur produite dans la glande mammaire de lapin [15] et par les cellules tumorales humaines [7] doivent avoir respectivement 592 et 598 résidus soit 66 et 67 000 Da, une taille similaire à celle du récepteur de la GH [23]. Cette plus longue région cytoplasmique d'approximativement 360 acides aminés peut comprendre le domaine de transmission du signal mais, encore une fois, la séquence des acides aminés ne laisse pas prévoir le mode d'action de cette forme de récepteur.

Une similarité de séquence existe entre le récepteur de la PRL et de la GH pour plusieurs régions des domaines extracellulaire et cytoplasmique [7]. Ces zones de ressemblance contiennent 4 des 5 résidus cystéine du domaine extracellulaire. La conservation de ces séquences suggère qu'elles peuvent jouer un rôle central dans l'interaction récepteur-ligand. A l'intérieur du domaine cytoplasmique, une séquence proche de la région transmembranaire est également identique dans les récepteurs PRL et GH. Cette région est présente dans toutes les formes du récepteur PRL déduites des différents clones d'ADNc, et peut représenter un domaine essentiel pour les fonctions des récepteurs de PRL et de GH. D'autres parties du domaine cytoplasmique de la forme longue du récepteur de la PRL sont similaires aux régions correspondantes du récepteur de la GH, laissant penser à l'implication de ces zones dans les fonctions de transmission du signal par ces protéines. L'expression des récepteurs de PRL et de GH est possible en utilisant des clones d'ADNc. La synthèse de protéines ayant subi des mutations ponctuelles destinées à analyser leur mécanisme d'action est accessible aux chercheurs.

Les travaux en cours n'excluent pas l'existence d'autres formes du récepteur de la PRL. La caractérisation de récepteurs de la PRL à partir d'autres tissus cibles (pratiquement tous les tissus des mammifères) sera nécessaire pour identifier la panoplie complète des récepteurs naturels.

Différents tissus, même parmi ceux qui sont physiologiquement impliqués dans les fonctions de la PRL comme la glande mammaire ou l'ovaire, ont des taux très bas d'ARNm et de protéine du récepteur PRL [7, 12]. Quand ils sont détectés, ces ARNm peu abondants sont effectivement de différentes longueurs, même à l'intérieur d'un unique tissu, ce qui montre qu'ils doivent coder pour différentes protéines de récepteur [7] (Davis et Linzer, résultats non publiés). Le clonage de ces ARNm peu abondants peut être un moyen d'identifier les structures du récepteur de la PRL dans ces tissus.

Transduction du signal par le récepteur de la prolactine

Les récepteurs exprimés par transfection de divers clones d'ADNc dans des cellules de mammifères ne montrent pas de différences significatives dans l'affinité pour la PRL [7] ; cela est en accord avec la conservation de la séquence du domaine de liaison avec le ligand (extracellulaire). Bien que ces récepteurs lient la PRL d'une façon équivalente, les régions C-terminales des différents récepteurs de la PRL peuvent générer des seconds messagers différents à l'intérieur de la cellule, induisant ainsi des réponses cellulaires distinctes. L'existence de multiples récepteurs de la PRL peut alors expliquer, au moins partiellement, la multiplicité des activités attribuées à la PRL.

L'existence de ces seconds messagers et la façon dont ils sont reliés au récepteur de la PRL sont jusqu'alors inconnues. On a prêté beaucoup d'attention à l'analyse des mécanismes de transmission de l'information par les récepteurs des autres hormones et facteurs de croissance, mais aucune séquence définitive d'événements produits par la PRL n'a encore pu être formulée. Différentes évidences semblent suggérer que la protéine kinase C et le GMP cyclique (cGMP) peuvent être des médiateurs importants dans la réponse cellulaire à la PRL.

Protéine kinase C

Le traitement de cultures de tissu mammaire par la PRL se traduit par une augmentation de plusieurs ARNm mammaires spécifiques et protéines, telles que les caséines et l'α-lactalbumine. La PRL stimule également la synthèse d'ARNm ubiquitaires et de protéines impliquées dans la prolifération cellulaire, comme l'ornithine-décarboxylase, et dans la synthèse de lipides. L'induction de la synthèse de ces ARNm, protéines et lipides dans des explants de glande mammaire de souris, est observée, non seulement après traitement par la PRL, mais aussi après traitement par l'ester de phorbol 12-O-tétradécanoyl-phorbol-13-acétate (TPA) [31]. Comme le TPA se lie et active la protéine kinase C, la capacité du TPA de mimer l'action de la PRL dans ce système laisse penser que la PRL peut agir à travers la protéine kinase C dans les cellules mammaires. En effet, la PRL et le TPA individuellement stimulent le mouvement rapide de la protéine kinase C cytosolique vers la membrane des cellules mammaires. Un traitement prolongé de ces cellules par un de ces facteurs entraîne une régulation négative de l'activité de la protéine kinase C [31]. Un autre argument en faveur de cette hypothèse est apporté par le fait que le gossypol, un inhibiteur de la protéine kinase C, bloque également les réponses des cultures de tissu mammaire à la PRL [16].

L'induction de la protéine kinase C n'est pas limitée aux explants mammaires. La PRL stimule la croissance du foie, et l'administration de PRL à des rats déclenche la translocation de la protéine kinase C cytosolique vers la membrane des cellules hépatiques [8]. D'autre part, la PRL est réputée stimuler, chez le rat, le niveau de l'activité protéine kinase C dans les noyaux isolés de foie et de rate [9]. On ne sait pas clairement si cet effet observé sur les noyaux isolés passe par des récepteurs spécifiques de la PRL, mais d'autres hormones qui sont incapables de se lier au récepteur de la PRL (la GH ovine par exemple) ne peuvent pas produire le même effet. Dans la lignée de cellules lymphomateuses Nb2, une implication directe de la protéine kinase C dans la mitogenèse déclenchée par la PRL n'est pas certaine. Bien que l'effet mitogène du TPA sur les cellules Nb2 ait été démontré [26], la capacité du TPA seul pour stimuler la croissance des cellules Nb2 est encore une question posée [19] ce qui suggère que l'activation de la protéine kinase C ne peut être suffisante pour provoquer la prolifération des cellules Nb2. Cependant, un traitement par le TPA renforce l'effet de la PRL sur ces cellules lymphomateuses en culture [19].

L'activation de la protéine kinase C par plusieurs facteurs de croissance est en relation avec diverses étapes du métabolisme de phospholipides. La phospholipase C clive une forme phosphorylée de phosphatidyl-inositol pour générer de l'inositol-triphosphate, qui stimule la libération du calcium dans le cytosol et du diacylglycérol. Les niveaux élevés de calcium et de diacylglycérol stimulent la protéine kinase C. La PRL ne peut induire ce schéma directement : des changements rapides d'inositol phosphate ne sont pas observés après traitement d'explants de glande mammaire par la PRL, toutefois leurs concentrations sont altérées [16]. En accord avec ces résultats, la GH humaine (qui se lie aux récepteurs de la PRL des rongeurs) ne stimule pas l'utilisation et le renouvellement de l'inositol phosphate dans les cellules lymphomateuses Nb2 de rat [20]. L'augmentation de la concentration cytosolique du calcium paraît être importante pour l'action de la PRL, ainsi, les inhibiteurs de la mobilisation du calcium peuvent interrompre la réponse de la PRL dans les explants mammaires [10, 5]. Toutefois, la seule augmentation de la concentration en calcium ne peut mimer l'activité de la PRL sur ces explants, ce qui indique que le calcium peut être nécessaire, mais pas suffisant, pour l'action de la PRL [5].

Toutes ces études indiquent que la protéine kinase C participe aux événements induits par la PRL. Elles suggèrent également que l'activation de la protéine kinase C par le complexe PRL-récepteur peut survenir par un mécanisme qui n'est pas communément utilisé par les autres facteurs de croissance ; que la PRL ne peut stimuler la kinase C qu'indirectement, peut-être par une première action sur d'autres facteurs qui, à leur tour, induisent la protéine kinase C ; ou que la protéine kinase C ne peut être la seule cible pour le récepteur de la PRL. Avec le clonage des récepteurs de la PRL, il devrait être possible d'exprimer une quantité suffisante de protéine du récepteur pour étudier ces interactions biochimiques, soit à l'intérieur des cellules soit dans des extraits cellulaires. Cela devrait conduire à décrire le cheminement entre la liaison de l'hormone et l'induction de la protéine kinase C.

Nucléotides cycliques

De nombreuses études ont permis d'évaluer les effets de la PRL sur les niveaux des nucléotides cycliques. La majorité, mais pas la totalité de ces résultats, montre que le récepteur de la PRL ne stimule pas la synthèse de l'AMP cyclique (AMPc), ce qui suggère que le récepteur de la PRL ne stimule pas l'activité adénylate cyclase. Dans les cas où il y a des modifications dans la concentration AMPc après un traitement par la PRL, la modification est en général dans le sens de la décroissance. De plus, la PRL et l'AMPc ont souvent des effets inverses sur les tissus cibles, bien que, par exemple, PRL et AMPc stimulent l'activité ornithine décarboxylase (et donc la synthèse de polyamine) dans des explants mammaires [32]. Au contraire le GMPc peut produire des effets semblables à ceux de la PRL dans des cultures de mamelle, et la PRL stimule l'activité guanylate cyclase dans de nombreux tissus, y compris la glande mammaire, laissant penser que le GMPc peut fonctionner comme un intermédiaire dans le signal PRL [30]. Les niveaux élevés de GMPc à leur tour diminuent les niveaux d'AMPc à travers l'induction d'activité AMPc phosphodiestérase, bloquant de ce fait les voies antagonistes de la PRL.

L'augmentation PRL-dépendante du GMPc apparaît médiée par une protéine G qui active la guanylate cyclase. Les toxines cholérique et pertussis, qui inhibent la fonction de la protéine G, peuvent bloquer la mitogenèse des cellules Nb2 induite par la PRL [29]. Ces résultats permettent de formuler l'hypothèse que plusieurs protéines G sont impliquées dans l'action de la PRL : une protéine G stimulant la guanylate cyclase et une protéine G inhibitrice pour l'adénylate cyclase. Si le récepteur activé par la PRL est capable d'interagir avec plus d'une seule protéine G, il se peut que les récepteurs avec des domaines cytoplasmiques dissemblables agissent sur des protéines G distinctes. Les lignées cellulaires exprimant différents clones d'ADNc du récepteur de la PRL peuvent rendre possible l'accouplement de différentes formes du récepteur de la PRL avec les protéines G cibles correspondantes.

Destin des récepteurs de la prolactine

Le traitement d'explants de glande mammaire de lapin avec des anticorps bivalents, et non monovalents, contre le récepteur de la PRL mime l'effet de la PRL en augmentant les synthèses de caséines et de l'ADN [14]. Cela suggère que l'agrégation des récepteurs est nécessaire à la transmission efficace du signal dans la cellule. Au contraire, à la fois, les anticorps monovalents et bivalents entraînent une internalisation du récepteur, ce qui se traduit par une régulation négative de la présence des récepteurs à la surface de la cellule [14]. Une fois à l'intérieur de la cellule le complexe récepteur-ligand est transporté dans le compartiment lysosomial où se produit la séparation entre le récepteur et le ligand et où le ligand est dégradé. Il n'est pas démontré si les récepteurs de la PRL internalisés sont recyclés vers la surface de la cellule, mais le déficit de récepteurs à la surface de la cellule (régulation négative) peut indiquer que le processus de recyclage, s'il existe, est relativement lent. Certains de ces récepteurs (peut-être les formes les plus courtes) pourraient servir à retirer la PRL du sérum en vue de sa dégradation, régulant ainsi les concentrations de PRL circulante.

La PRL n'est pas toujours dégradée rapidement après son internalisation, et de la PRL intacte a été trouvée à l'intérieur des cellules cibles. Certains chercheurs ont suggéré que de la PRL active est libérée à l'intérieur de la cellule où elle pourrait stimuler certains processus cellulaires comme la transcription de gènes spécifiques et la réplication de l'ADN [33]. Des recherches sont encore nécessaires pour déterminer si la PRL internalisée participe à la réaction cellulaire induite par l'hormone. Même si la PRL intracellulaire montre quelque activité, il semble plus vraisemblable que les récepteurs de la PRL jouent le rôle majeur en transformant l'événement extracellulaire de la liaison de l'hormone en une cascade d'étapes moléculaires intracellulaires.

La décroissance des récepteurs de surface qui suit la liaison de la PRL réduit probablement la sensibilité à la PRL des tissus cibles. Cela peut être particulièrement important car elle permet des réponses différentielles dans des cellules exposées à la même concentration de PRL circulante. Les cellules qui rapidement refont le plein de leurs récepteurs de surface peuvent continuer de répondre à l'hormone, tandis que celles qui restaurent plus lentement l'ensemble de ces récepteurs restent peu sensibles à l'hormone durant une période plus longue. Cette réponse différentielle à la PRL peut être cruciale dans les conditions de hauts niveaux d'hormone, par exemple durant la deuxième moitié de la gestation chez les rongeurs, lorsque le niveau de l'hormone lactogène placentaire peut être cent fois plus élevé que les concentrations de PRL chez les non-gestantes [25].

Des études récentes de la liaison de la PRL à son récepteur révèlent que les récepteurs de surface de la PRL ne représentent qu'une petite fraction de la population des récepteurs de la cellule. Les récepteurs intracellulaires de la PRL sont trouvés principalement dans l'appareil de Golgi et dans des vésicules [2], des récepteurs solubles de la PRL sont également présents dans le cytoplasme [34] ; on ne sait pas si les récepteurs solubles et ceux qui sont associés à des membranes sont issus de gènes différents. L'ensemble des récepteurs intracellulaires associés à des membranes peut constituer un réservoir, d'où sont mobilisés de nouveaux récepteurs à transporter rapidement vers la surface de la cellule sans qu'il soit nécessaire de faire appel aux récepteurs recyclés ou à une synthèse de novo de molécules de récepteur. Le faible besoin en synthèse de nouveaux récepteurs peut expliquer le niveau très bas d'ARNm trouvé dans tous les tissus excepté le foie [7, 12]. La vitesse avec laquelle les récepteurs intracellulaires sont transportés vers la surface de la cellule doit être un facteur déterminant pour la sensibilité d'un tissu spécifique à l'hormone. De plus cette vitesse peut dépendre des conditions physiologiques.

Régulation du niveau de récepteurs de la prolactine

Effets hormonaux

L'un des principaux facteurs réglant le nombre des récepteurs de la PRL est la PRL elle-même. Comme nous l'avons vu précédemment, la liaison de la PRL peut être à l'origine d'une régulation négative. Toutefois, le niveau des récepteurs de la PRL ne décroît pas toujours après une exposition à la PRL ou à une autre hormone lactogène. Dans certaines situations, une exposition soutenue des cellules contribue à déclencher une régulation positive des récepteurs. Cela se déroule d'abord lors d'une mobilisation cellulaire des réserves des récepteurs de la PRL, puis une augmentation de la synthèse de récepteurs qui est propre à soutenir ce processus de restockage avec augmentation du nombre des récepteurs en surface de la cellule. Cette régulation positive peut permettre aux cellules de profiter d'un niveau élevé d'hormone pour développer rapidement une prolifération ou une différenciation cellulaire. Selon les quantités de récepteurs intracellulaires disponibles pour un transport vers la surface de la cellule, et selon la capacité des cellules à synthétiser rapidement des molécules de récepteur, les changements de concentration de la PRL provoquent une régulation positive ou négative.

On ne connaît pas les facteurs limitant la synthèse des récepteurs de la PRL. Selon la disponibilité d'ADNc pour le récepteur, des quantités relatives d'ARNm peuvent être mesurées dans différentes conditions. De plus, le/ou les gènes du récepteur peuvent maintenant être isolés et étudiés pour déterminer la contribution à la régulation transcriptionnelle et post-transcriptionnelle dans la synthèse du récepteur de la PRL. Une modification du taux transcriptionnel du gène du récepteur peut s'avérer cruciale dans la régulation de la synthèse du récepteur, de même le processus post-transcriptionnel de l'ARN est également important. Étant donné l'existence de plusieurs formes du récepteur dont la séquence diverge en un point commun, il semble probable que la partie primaire transcrite subit un épissage différentiel proche de l'extrémité 3'. Les quantités relatives d'ARNm formées lors de ces épissages différents peuvent être contrôlées par le type de cellule ou par le stade physiologique.

D'autres hormones provoquent également des variations du nombre de molécules de récepteur. Ces hormones ne se lient pas au récepteur de la PRL, mais elles activent des phénomènes cellulaires qui, au moins partiellement, régulent la concentration des récepteurs. Les hormones stéroïdes ont des effets significatifs sur le niveau de récepteurs de la PRL, mais ces effets sont en général très complexes [27, 33]. Les œstrogènes peuvent provoquer soit une augmentation, soit une décroissance du niveau des récepteurs de la PRL, selon les espèces, le tissu et le stade physiologique. Ces effets peuvent être indirects. Les œstrogènes sont connus pour stimuler la transcription du gène de la PRL [24] conduisant à une augmentation de la synthèse et de la sécrétion de PRL par l'hypophyse. Les augmentations de la concentration plasmatique de PRL peuvent entraîner une régulation positive ou négative. La progestérone et les glucocorticoïdes participent aussi à cette régulation, la progestérone provoquant une décroissance, et les glucocorticoïdes une augmentation des récepteurs de la PRL. Les hormones stéroïdes se lient à des récepteurs intracellulaires qui agissent comme des facteurs de transcription hormono-dépendants, peuvent alors réguler directement le niveau des récepteurs de la PRL en induisant ou en réprimant la synthèse de l'ARN du récepteur. Cela peut être testé en introduisant un fragment cloné du gène du récepteur de la PRL dans des cellules contenant le récepteur de ce stéroïde et en examinant l'effet des hormones stéroïdes sur la régulation de la transcription de ce fragment.

Les hormones stéroïdes ne sont pas les seules à moduler le niveau des récepteurs de la PRL, des hormones protéiques autres que la PRL contribuent à cette régulation. L'hypophysectomie entraîne une disparition des récepteurs de la PRL dans le foie de rat [21]. Il est clair que la disparition de la PRL circulante après l'hypophysectomie est cruciale dans la régulation du niveau des récepteurs de la PRL, mais d'autres facteurs pituitaires sont aussi impliqués dans cette régulation. L'injection d'hormones pituitaires purifiées à des rats hypophysectomisés a montré que la GH et l'hormone adrénocorticotrophique (ACTH) sont des modulateurs du niveau des récepteurs de la PRL [4]. Ces hormones pituitaires peuvent induire un passage des récepteurs de l'état cryptique à l'état actif, plus qu'une synthèse de nouveaux récepteurs [33]. L'hormone thyroïdienne affecte également le niveau des récepteurs de la PRL : un traitement avec cette hormone de souris hypothyroïdiennes stimule le niveau des récepteurs PRL dans la glande mammaire, d'une manière qui n'affecte pas leur synthèse [3].

Effets de la membrane

Le microenvironnement du récepteur de la PRL peut avoir une profonde influence sur son activité. La composante de cet environnement est la membrane elle-même. La composition en acides gras de la membrane affecte sa fluidité, et les déficiences alimentaires pour certains acides gras peuvent en augmenter la viscosité et diminuer la liaison de la PRL pour le tissu [22]. Au contraire, les agents qui augmentent la fluidité membranaire (par exemple, les prostaglandines) augmentent les capacités des cellules à lier la PRL [33]. Cet effet de la fluidité de la membrane peut permettre à un plus fort pourcentage de récepteurs de surface d'adopter une conformation adéquate pour se lier à la PRL (ce qui aboutit à en accroître apparemment le nombre), ou peut améliorer les capacités de la cellule pour déplacer les récepteurs intracellulaires vers sa surface.

Perspectives pour la recherche
sur les récepteurs de la prolactine

Avec le clonage des ARNm du récepteur de la PRL, nous avons en main tous les outils nécessaires pour l'analyse de la structure, de l'expression et des fonctions du récepteur. Cette analyse devrait permettre de définir, s'il y a différents épissages des ARN, l'existence de multiples gènes, ou une combinaison d'épissages variables et de plusieurs gènes qui seraient responsables des différentes formes du récepteur de la PRL. De plus, ces études devraient permettre de découvrir les mécanismes transcriptionnels et post-transcriptionnels de régulation de la synthèse du récepteur. Comment les nouveaux récepteurs sont-ils stockés dans la cellule et comment le rythme du transport vers la surface de la cellule est-il déterminé ? Pour résoudre ces questions une approche intéressante serait de suivre la destinée de récepteurs mutants, de telles protéines peuvent être produites par transfection de cellules de mammifère par des ADNc mutés de récepteur.

Une recherche majeure doit être menée pour connaître le mécanisme d'action du récepteur de la PRL. Maintenant que des séquences du domaine cytoplasmique des différentes formes du récepteur sont connues, il doit être possible d'identifier les facteurs cellulaires qui interagissent avec ces domaines et fonctionnent comme un second messager. La mutagenèse doit permettre de déterminer quelles peuvent être les fonctions de ces régions cytoplasmiques. D'autres approches comme la production d'anticorps contre des peptides du domaine cytoplasmique pourraient permettre de suivre l'évolution de ces régions après la liaison avec l'hormone. Le clonage de l'ADNc du récepteur doit ouvrir la voie à la cristallographie par rayons X et à la spectroscopie par RMN pour déterminer la structure tridimensionnelle du récepteur et du complexe hormone-récepteur. La connaissance d'une structure détaillée du complexe récepteur-ligand serait utile pour dessiner la structure des réactifs susceptibles de bloquer ou d'activer les fonctions du récepteur de la PRL, avec une perspective d'intervention clinique dans les cas de désordre ou de maladies dépendants de la PRL.

RÉFÉRENCES

1. BAZAN JF (1989) A novel family of growth factor receptors : a common binding domain in the growth hormone, prolactin, erythropoietin, and IL-6 receptors, and the p. 75 IL-2 β-chain. *Biochem Biophys Res Commun* **164** : 788-795

2. BERGERON JJM, SEARLE N, KHAN MN, POSNER BI (1986) Differential and analytical subfractionation of rat liver components internalizing insulin and prolactin. *Biochemistry* **25** : 1756-1764

3. BHATTACHARYA A, VONDERHAAR BK (1979) Thyroid hormone regulation of prolactin binding to rabbit mammary gland. *Biochem Biophys Res Commun* **88** : 1405-1411

4. BOHNET HG, ARAGONA C, FRIESEN HG (1976) Induction of lactogenic receptors in the liver of hypophysectomized female rats. *Endocr Res Commun* **3** : 187-198

5. BOLANDER FFJr. (1985) Possible roles of calcium and calmodulin in mammary gland differentiation in vitro. *J Endocrinol* **104** : 29-34

6. BOUTIN JM, JOLICŒUR C, OKAMURA H, GAGNON J, EDERY M, SHIROTA M, BANVILLE D, DUSANTER-FOURT I, DJIANE J, KELLY PA (1988) Cloning and expression of the rat prolactin receptor, a member of the growth hormone/prolactin receptor gene family. *Cell* **53** : 69-77

7. BOUTIN JM, EDERY M, SHIROTA M, JOLICŒUR C, LESUEUR L, ALI S, GOULD D, DJIANE J, KELLY PA (1989) Identification of a cDNA encoding a long form of prolactin receptor in human hepatoma and breast cancer cells. *Mol Endocrinol* **3** : 1455-1461

8. BUCKLEY AR, PUTNAM CW, EVANS R, LAIRD HE, SHAH GN, MONTGOMERY DW, RUSSELL DH (1987) Hepatic protein kinase C : translocation stimulated by prolactin and partial hepatectomy. *Life Sci* **41** : 2827-2834

9. BUCKLEY AR, CROWE PD, RUSSELL DH (1988) Rapid activation of protein kinase C in isolated rat liver nuclei by prolactin, a known hepatic mitogen. *Proc Natl Acad Sci USA* **85** : 8649-8653

10. CAMERON CM, RILLEMA JA (1983) Extracellular calcium ion concentration required for prolactin to express its actions on casein, ribonucleic acid, and lipid biosynthesis in mouse mammary gland explants. *Endocrinology* **113** : 1596-1600

11. COSTLOW ME (1987) Prolactin interaction with its receptors and the relationship to the subsequent regulation of metabolic processes. *In* JA Rillema (ed) : *Actions of prolactin on molecular processes.* CRC Press, Boca Raton, Florida, pp. 5-26

12. DAVIS JA, LINZER DIH (1989) Expression of multiple forms of the prolactin receptor in mouse liver. *Mol Endocrinol* **3** : 674-680

13. DJIANE J, KELLY PA, KATOH M, DUSANTER-FOURT I, BERTHON P (1985a) The prolactin receptor. *In* AD Stosberg (ed) : *The molecular biology of receptors : Techniques and applications of receptor research.* VCH Publ, New York, pp. 92-127

14. DJIANE J, KELLY PA, KATOH M, DUSANTER-FOURT I, (1985b) Prolactin receptor : identification of the binding unit by affinity labeling and characterization of poly-and monoclonal antibodies. *Hormone Res* **22** : 179-188

15. EDERY M, JOLICŒUR C, LEVI-MEYRUEIS C, DUSANTER-FOURT I, PETRIDOU B, BOUTIN JM, LESUEUR L, KELLY PA, DJIANE J (1989) Identification and sequence analysis of a second form of prolactin receptor by molecular cloning of complementary DNA from rabbit mammary gland. *Proc Natl Acad Sci USA* **86** : 2112-2116

16. ETINDI RN, RILLEMA JA (1987) Effect of a kinase C inhibitor, gossypol, on the actions of prolactin cultured mammary tissues. *Biochim Biophys Acta* **927** : 345-349

17. ETINDI RN, RILLEMA JA (1988) Prolactin induces the formation of inositol bisphosphate and inositol trisphosphate in cultured mouse mammary gland explants. *Biochim Biophys Acta* **968** : 385-391

18. GEARING DP, KING JA, GOUGH NM, NICOLA NA (1989) Expression cloning of a receptor for human granulocyte-macrophage colony-stimulating factor. *EMBO J* **8** : 3667-3676

19. GERTLER A, WALKER A, FRIESEN HG (1985) Enhancement of human growth hormone-stimulated mitogenesis of Nb2 node lymphoma cells by 12-O-tetradecanoyl-phorbol-13-acetate. *Endocrinology* **116** : 1636-1644

20. GERTLER A, FRIESEN HG (1986) Human growth hormone-stimulated mitogenesis of Nb2 node lymphoma cells is not mediated by an immediate acceleration of phospho-inositide metabolism. *Mol Cell Endocrinol* **48** : 221-228

21. KELLY PA, POSNER BI, FRIESEN HG (1975) Effects of hypophysectomy, ovariectomy, and cycloheximide on specific binding sites for lactogenic hormones in rat liver. *Endocrinology* **97** : 1408-1415

22. KNAZEK RA, LIU SC (1979) Dietary essential fatty acids are required for maintenance and induction of prolactin receptors. *Proc Soc Exp Biol Med* **162** : 346-350

23. Leung DW, Spencer SA, Cachianes G, Hammonds RG, Collins C, Henzel WJ, Barnard R, Waters MJ, Wood WI (1987) Growth hormone receptor and serum binding protein : purification, cloning and expression. *Nature* **330** : 537-543

24. Maurer RA (1982) Estradiol regulates the transcription of the prolactin gene. *J Biol Chem* **257** : 2133-2136

25. Ogren L, Talamantes F (1987) Prolactins of pregnancy and their cellular source. *Int Rev Cytol* **112** : 1-65

26. Russell DH, Buckley AR, Montgomery DW, Larson NA, Gout PW, Beer CT, Putnam CW, Zukoski CF, Kibler R (1987) Prolactin-dependent mitogenesis in Nb 2 node lymphoma cells : effects of immunosuppressive cyclopeptides. *J Immunol* **138** : 276-284

27. Shiu RPC, Friesen HG (1981) Regulation of prolactin receptors in target cells. *In* RJ Lefkowitz (ed) : *Receptor regulation*. Chapman and Hall, New York, pp. 68-81

28. Tanaka T, Shiu RPC, Gout PW, Beer CT, Noble RL, Friesen HG (1980) A new sensitive and specific bioassay for lactogenic hormones : measurement of prolactin and growth hormone in human serum. *J Clin Endocrinol Metab* **51** : 1058-1063

29. Too CKL, Murphy PR, Friesen HG (1989) G-proteins modulate prolactin-and interleukin-2-stimulated mitogenesis in rat Nb2 lymphoma cells. *Endocrinology* **124** : 2185-2192

30. Vesely DL (1984) Cation-dependent prolactin activation of guanylate cyclase. *Biochem Biophys Res Commun* **123** : 1084-1090

31. Water SB, Rillema JA (1989) Role of protein kinase C in the prolactin-induced responses in mouse mammary gland explants. *Mol Cell Endocrinol* **63** : 159-166

32. Wing LYC, Rillema JA (1983) Effects of cyclic nucleotides on ornithine decarboxylase activity in mammary gland explants from mid-pregnant mice. *Biochim Biophys Acta* **756** : 266-270

33. Witorsch RJ, Dave JR, Adler RA (1987) Prolactin receptors : the status of knowledge and current concepts concerning the mechanism of action of prolactin. *In* MY Kalime, JR Hubbard (eds) : *Peptide hormone receptors*. Walter de Gruyter, New York, pp. 63-127

34. Ymer SI, Herington AC (1986) Binding and structural characteristics of a soluble lactogen-binding protein from mammary gland cytosol. *Biochem J* **237** : 813-820

9

Physiologie et biochimie de la lactogenèse Stimulation de la montée laiteuse par les antiprogestatifs

R.P. Deis, G.A. Jahn, A. Périer

La glande mammaire est un organe très particulier puisque la même hormone, la progestérone, est simultanément, selon le stade de développement mammaire, stimulante et inhibitrice. Durant la gestation, la progestérone produite par le corps jaune (et par le placenta dans certaines espèces) facilite la croissance et la différenciation du tissu alvéolaire sécrétoire, et, en même temps, inhibe la mise en route des phénomènes sécrétoires de ces mêmes cellules. Au moment de la fin de la gestation, le placenta involue, les corps jaunes régressent et la disparition de la progestérone induit la parturition proprement dite et déclenche la lactogenèse.

Parturition et lactogenèse

L'hypothèse du blocage de la motricité myométriale par la progestérone a été confirmée et démontrée, et la modification du rapport œstrogènes-progestérone est le premier pas vers l'initiation de la parturition (29). Dans de nombreuses espèces (femme, cobaye, mouton, rat, vache, etc.) les niveaux d'hormones ovariennes au cours de la fin de la gestation ont les mêmes caractéristiques, révélant une décroissance plus ou moins brutale de la progestérone qui précède la parturition. La progestérone est d'origine lutéale ou placentaire selon les espèces. Cette décroissance est toujours accompagnée par une rapide augmentation des œstrogènes sériques. Il a été montré que cette chute du taux de progestérone, avec la levée de ce qui a été appelé le *progesterone block* [9], et l'augmentation des niveaux d'œstrogènes constituent les conditions essentielles du bon déroulement de la parturition, de l'apparition du comportement maternel et de la lactation [8]. Ces trois phénomènes indispensables assurent les premières étapes de la vie des nouveau-nés.

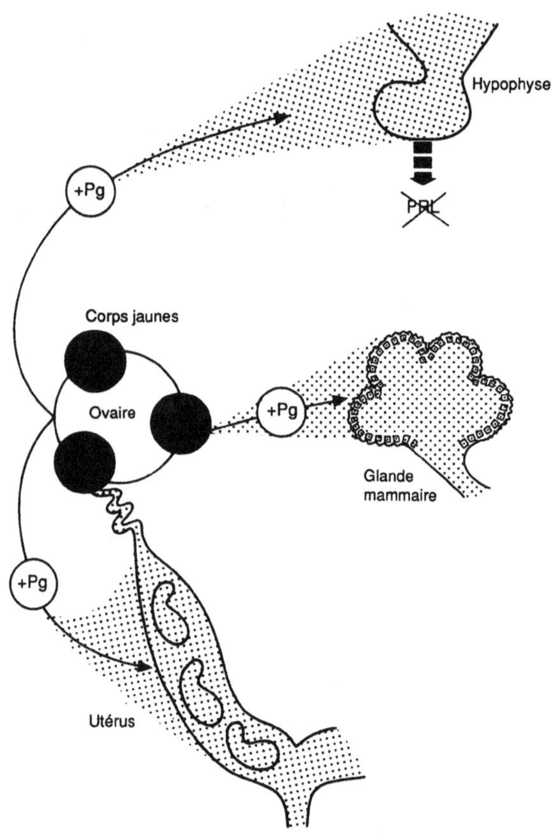

Fig. 9-1   Activités de la progestérone circulante (PG), à la fin de la gestation sur la glande pituitaire, la glande mammaire et l'utérus. La progestérone bloque centralement la recharge de prolactine, dans la glande mammaire elle induit un développement lobuloalvéolaire et prévient toute sécrétion. Au niveau utérin, elle protège la gestation.

Nous avons montré que la progestérone est le principal facteur inhibiteur agissant sur la mamelle au niveau périphérique et central en empêchant toute décharge de prolactine (PRL) [12, 61]. La progestérone joue donc un rôle d'organisation et de régulation des phénomènes touchant à la fin de la gestation et à la montée laiteuse ou lactogenèse.

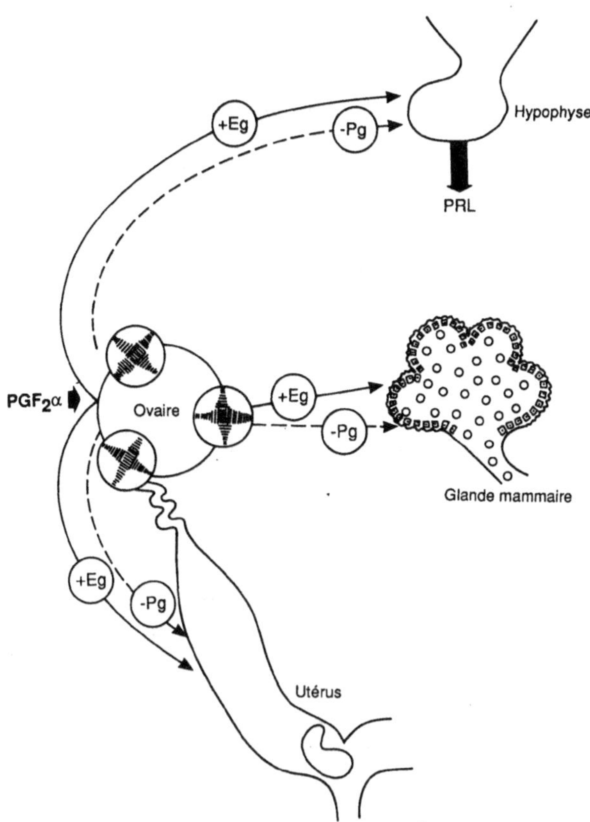

Fig. 9-2   Effets de la PgF2α sur le corps jaune et conséquences sur le retrait de la progestérone dans l'hypophyse, la glande mammaire et l'utérus. La diminution du niveau de la progestérone dans le sang induit une décharge de prolactine, une synthèse de lait (caséines, lactose, enzymes correspondantes) et parturition. Les œstrogènes (Eg) stimulent la réponse au retrait de la progestérone.

Contrôle hormonal de la lactogenèse

Effet central des hormones ovariennes

A la fin de la gestation, l'augmentation des œstrogènes survient lorsque la progestérone commence à diminuer [46, 49]. Dès 1933 Selye et al. [56] montraient que l'ablation des ovaires lutéinisés chez la ratte gestante induisait une lactation si l'hypophyse était présente. Desclins en 1956 [20] démontrait que l'injection d'œstrogènes à des rats hypophysectomisés et porteurs de greffe d'hypophyse antérieure sous la capsule rénale, donc sans relation directe entre l'hypothalamus et l'hypophyse, répondait à l'injection d'œstrogènes par une élévation notable du niveau de prolactine. D'autre part, on sait que de petits implants d'œstradiol dans l'éminence médiane ou dans l'adénohypophyse de rats femelles font libérer de grandes quantités de PRL, avec développement lobuloalvéolaire et présence de sécrétion lactée [65]. D'où la conclusion que les œstrogènes exercent une action stimulante directe et indirecte, par l'hypothalamus, sur la synthèse et la libération de la prolactine par l'hypophyse.

A la même période physiologique, chez le rat et la brebis, nous avons constaté [4, 32] que les variations rapides de la progestérone étaient synchrones d'oscillations inverses des taux de prolactine sérique.

L'effet inhibiteur de la progestérone sur la libération de la PRL est démontré par les expériences de castration ou d'ablation du corps jaune. Cette intervention qui supprime la source de progestérone sans toucher aux autres fonctions de l'ovaire, faite au jour 18 à 19 de la gestation chez le rat [60, 7], entraîne une augmentation du niveau sanguin de la PRL 4 à 8 heures après l'ablation. Cette décharge de PRL est retardée ou supprimée par l'administration de progestérone (Fig. 9-2).

Le fait important est que la chute du niveau de progestérone (lutéale ou placentaire) accompagnant la fin de la gestation entraîne une augmentation de la sécrétion de prolactine qui agit sur la glande mammaire et permet la lactogenèse. Mais la relation, apparemment simple, est multi-hormonale et joue à différents niveaux.

Interaction entre la prolactine et les hormones stéroïdiennes au niveau mammaire

Les tests de la lactogenèse ont été établis par des méthodes physiologiques [11] chez le rat, puis par des méthodes biochimiques, plus précises chez le rat [4, 14, 44], la souris [58], la brebis [30], la lapine [19].

Dans de nombreuses espèces, la lactogenèse apparaît au moment où la sécrétion d'œstrogènes augmente. Chez la ratte gestante, les œstrogènes sériques atteignent des niveaux élevés entre le 18 et le 21e jour [64]. Durant cette phase où les œstrogènes augmentent, on observe dans le tissu mammaire l'apparition des synthèses de caséines et de lactose [27, 44]. Nous avons montré un effet des œstrogènes sur l'activité lactose synthétase chez la ratte gestante et castrée [14]. Cette activité des œstrogènes est plus évidente en présence de taux très faibles de progestérone sérique (très inférieurs aux taux gestatifs).

Le maintien d'une certaine concentration de progestérone dans le tissu mammaire par injection de ce stéroïde est capable, selon une relation dose-réponse, d'inhiber l'effet des œstrogènes. Toutefois si la progestérone est injectée 12 heures après les œstrogènes, l'activité lactose synthétase dans la glande mammaire n'est pas affectée, ce qui indique que lorsque la synthèse du lactose a été induite, la progestérone n'est plus en état de l'arrêter.

Nous avons vu que l'ablation des corps jaunes était une bonne méthode pour éliminer la progestérone de la circulation chez la rate gestante ; cette intervention, qui laisse l'ovaire capable de sécréter des œstrogènes, induit une synthèse de lactose dans la glande mammaire plus importante que celle provoquée par la castration [7].

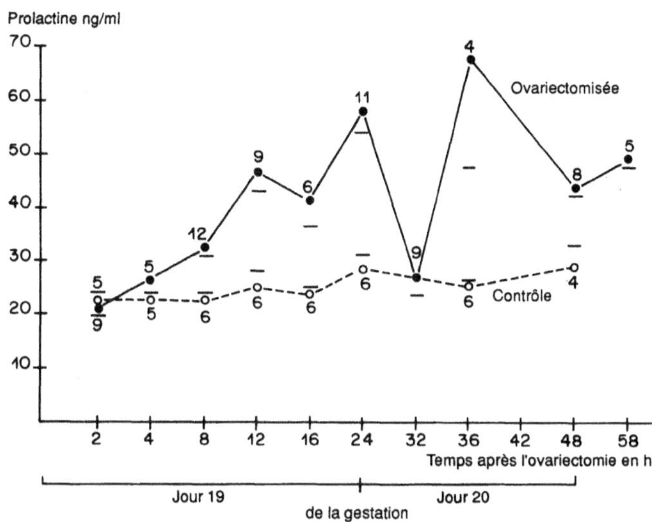

Fig. 9-3   Réponse phasique de la prolactine induite par la castration au jour 19 de la gestation chez le rat.

L'administration de prostaglandine F2α, aux propriétés lutéolytiques, à des rattes ou des lapines gestantes [4, 15], espèces où le placenta ne sécrète pas de progestérone, déclenche l'involution des corps jaunes, la décroissance des taux circulants de progestérone une parturition prématurée et la lactogenèse [12, 59]. Les mêmes effets sont observés chez la femme [57] et la chèvre [10].

Chez la brebis, la décroissance brutale de la progestérone durant les 3 ou 4 jours précédant la parturition et l'augmentation notable des œstrogènes maternels et fœtaux le jour de la parturition sont en relation étroite avec l'augmentation de la prolactine (PRL) dans le sang et du lactose dans la glande mammaire [42].

L'effet inhibiteur de la progestérone a été démontré sur l'activité lactose synthétase c'est-à-dire l'interaction galactosyltransférase et α-lactalbumine, induite par la PRL [58]. L'étude sur des explants de glande mammaire de souris ou de lapine [17, 58] montre que des niveaux plus élevés de progestérone suppriment l'induction de la galactosyltransférase alors que des niveaux plus bas inhibent l'induction de l'α-lactalbumine. Ainsi la décroissance de la progestérone à l'approche de la parturition peut induire une synthèse séquentielle de galactosyl transférase puis d'α-lactalbumine.

Chez la ratte gestante, l'activité galactosyltransférase augmente 24 heures après la castration précédant de 6 heures celle de l'α-lactalbumine, ce qui montre que la progestérone inhibe les deux protéines. En revanche, la galactosyl transférase n'est pas affectée par les œstrogènes qui ne stimulent que la lactose synthétase [14] et contrôlent ainsi le taux de synthèse de l'α-lactalbumine.

Dans la mamelle, la gamma-glutamyl transférase est impliquée dans la translocation des acides aminés [62]. Cette enzyme augmente progressivement dans la glande mammaire

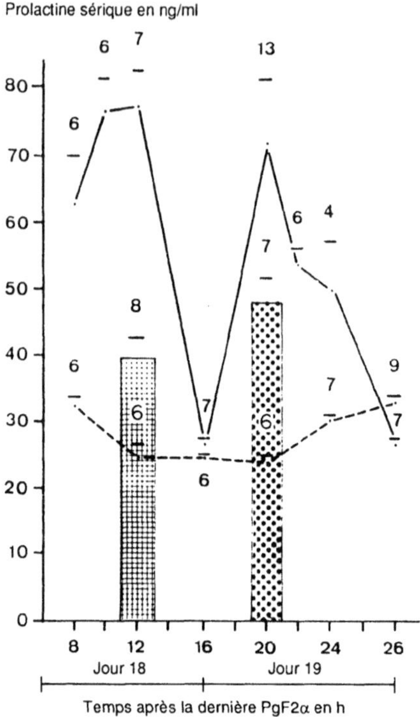

Fig. 9-4   Réponse phasique de la prolactine induite par PgF2α (●—●) (300 μg×2) administrées le jour 18 de la gestation chez le rat. Effet inhibiteur de la progestérone (− − −) contrôle ; ▤▤▤ Pg 5 mg, 14 h et 4 h avant ; ▦▦▦ Pg 10 mg 4 h avant.

de gestante, et développe son activité après la parturition [51]. Chez le rat, la castration induit une augmentation de cette enzyme, la progestérone inhibe cet effet de l'ovariectomie. Au contraire l'activation de l'enzyme n'est pas affectée par un traitement par les œstrogènes [5]. Il est probable que le retrait de la progestérone est suffisant pour amener l'enzyme au maximum de son activité rendant impossible tout effet visible des œstrogènes.

Interaction entre la prolactine et les hormones stéroïdiennes sur les récepteurs hormonaux et leur modulation

La prolactine est l'hormone essentielle pour la croissance et la différenciation de la glande mammaire, ses effets sont modulés par les stéroïdes sexuels et les glucocorticoïdes.

Les glucocorticoïdes et la progestérone agissent sur la croissance et la différenciation de la glande mammaire, mais ils ont des effets opposés sur l'induction de synthèse de lait. Les glucocorticoïdes, qui sont inactifs seuls, potentialisent l'activité de la prolactine [18, 21, 23], même si cette dernière est présente à un taux très faible. La progestérone inhibe la sécrétion de PRL, elle bloque aussi directement l'activité prolactinique sur la mamelle [4, 35, 36, 37].

Les activités décrites pour les glucocorticoïdes, la prolactine, les œstrogènes et la progestérone s'exercent directement sur la glande par l'intermédiaire de récepteurs spécifiques.

Les œstrogènes agissent essentiellement durant la phase de croissance de la glande, ils sont mitogènes. Leur action s'exerce par le moyen de récepteurs spécifiques localisés dans le tissu épithélial, conjonctif et adipeux. Ils sont en revanche sans effet sur les synthèses de lait.

Les œstrogènes sont capables d'induire des récepteurs de la progestérone dans la mamelle d'animaux vierges ou gestants [33] ou en lactation chez le rat [52]. Les récepteurs de la progestérone sont très nombreux dans la glande mammaire des animaux vierges, leur concentration diminue durant la gestation et atteint le niveau le plus bas, parfois indétectable dans certaines espèces (souris et vache [31, 43]), pendant la lactation. En revanche, les récepteurs des glucocorticoïdes augmentent durant la gestation [43].

La concentration des récepteurs de la prolactine s'accroît modérément durant la gestation puis rapidement après la parturition [25]. Leur nombre semble augmenter sous l'effet de la PRL elle-même et aussi des glucocorticoïdes [24], tandis que la progestérone diminue leur nombre, mais ce résultat n'est pas vrai pour la glande en lactation. Chez le rat, on a montré que les récepteurs de la prolactine se multiplient avant la parturition, juste après la décroissance du niveau de progestérone [4].

Les récepteurs des glucocorticoïdes sont présents dans la glande mammaire à tous les stades de la reproduction, ils sont induits par les glucocorticoïdes et la PRL [55], ils augmentent durant la gestation, puis présentent des niveaux variables selon les espèces après la parturition.

Il y a donc une interaction entre le nombre des récepteurs de la prolactine et ceux des hormones stéroïdiennes. Ainsi la prolactine induit elle-même ses propres récepteurs, les glucocorticoïdes y contribuent ; en revanche la progestérone en réduit le nombre dans le tissu mammaire.

Cultures de tissus mammaires

La majorité des activités décrites pour la prolactine, la progestérone et les glucocorticoïdes peuvent être reproduites sur des explants de glandes mammaires ou des cellules épithéliales isolées. On a démontré, dans des cellules en culture, la présence de récepteurs de la prolactine, des glucocorticoïdes, des œstrogènes et de la progestérone. Ces récepteurs se maintiennent actifs pour des périodes variables et sont régulés comme in vivo [54, 55]. Ainsi, chez la ratte, la lapine et la souris, la prolactine stimule les synthèses d'acides gras à courte chaîne, de caséines, d'α-lactalbumine et d'autres protéines associées au lait. Les glucocorticoïdes potentialisent l'activité de la prolactine, mais les activités inhibitrices de la progestérone n'ont pu être mises en évidence in vitro [17, 22, 45, 39, 40, 58] qu'en utilisant des doses largement supra-physiologiques et dont les effets peuvent être supprimés en ajoutant des glucocorticoïdes au milieu de culture. Cela est en contradiction avec les types d'inhibitions progestéroniques observées in vivo [11, 14, 15, 18, 44].

L'hypothèse a été avancée que la progestérone pouvait exercer son effet inhibiteur à travers son activité antiglucocorticoïde, en occupant les sites récepteurs des glucocorticoïdes comme un antagoniste de ces sites. Toutefois, l'affinité de la progestérone pour ces

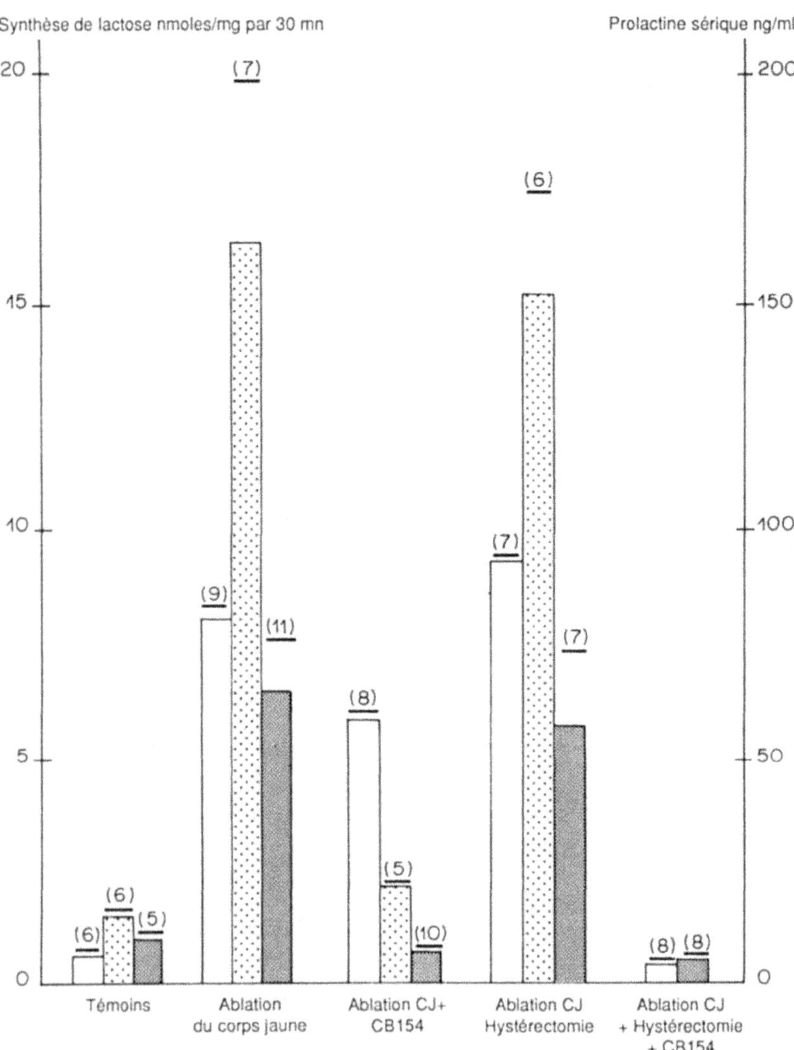

Fig. 9-5   Synthèse de lactose (▭) chez le rat, 28 heures après une pseudo-opération, une ablation du corps jaune, une ablation du corps jaune avec hystérectomie, avec ou sans ergocryptine (CB 154). L'ablation du corps jaune avec ou sans hystérectomie, induit une élévation du niveau de prolactine et de la lactose-synthétase. Le traitement avec le CB 154 abaisse le niveau de prolactine jusqu'au niveau des témoins. L'activité de la lactose-synthétase est également abaissée au niveau des animaux contrôles, opposé à l'élévation de cette activité chez les rats lutectomisés, et traités au CB 154, chez lesquels l'hormone placentaire est présente. Ainsi, l'hormone placentaire en l'absence de prolactine et de progestérone induit une synthèse de lactose (et de caséines). ▦ prolactine après 24 h ; ▩ prolactine après 28 h.

sites est très basse et elle peut facilement être déplacée par une très faible concentration de glucocorticoïdes [39]. Il semble que l'interaction entre les récepteurs liés aux glucocorticoïdes et à la progestérone dans la régulation des différentes fonctions cellulaires s'exerce sur les éléments hormono-régulateurs des gènes cibles, ce qui réglerait l'interaction hormonale au niveau génomique lors de l'expression de ces gènes [63]. L'utilisation du bloqueur des récepteurs de la progestérone, RU486 (Roussel-UCLAF France), a contribué à élucider le mécanisme de l'interaction glucocorticoïdes-progestérone dans l'induction de la lactogenèse in vivo et in vitro.

Ainsi la progestérone peut inhiber la lactogenèse en cours de gestation, en agissant, au niveau central, sur la libération de la prolactine par l'hypophyse, et au niveau périphérique mammaire, en empêchant l'action de la prolactine et des autres hormones lactogènes.

Effets in vivo et in vitro du stéroïde antiprogestérone et antiglucocorticoïde RU486 sur la lactogenèse

L'un des outils les plus importants dans l'étude du mode d'action d'une hormone est l'utilisation d'un antagoniste. L'antagoniste de la progestérone, RU486, est tout à fait adéquat pour étudier le rôle de la progestérone sur la lactogenèse. Il a été utilisé la première fois en 1982 dans des études de la physiologie de la reproduction en vue de la contraception.

Le RU486 est un stéroïde de synthèse qui est un puissant antagoniste de la progestérone et des glucocorticoïdes, avec peu de propriétés agonistes [50]. Il se lie avec une forte affinité aux deux sortes de récepteurs, avec un coefficient supérieur, de plusieurs ordres de grandeur, à ceux des ligands naturels [48]. Cette très forte affinité peut être due au fait qu'il se dissocie très lentement des récepteurs cytosoliques non activés [47].

Quoi qu'il en soit, au moins certains ensembles récepteurs-RU486 sont partiellement activés et capables de se lier à l'ADN d'une façon semblable à celle du complexe récepteur-hormone [53]. Ce fait peut expliquer certaines des activités antagonistes du RU486.

Toutefois, il semble probable que l'interaction du récepteur lié au RU486 et de l'ADN doit impliquer un site d'action distal du processus d'activation, peut-être par une interaction altérée avec les sites génomiques régulateurs.

Le RU486, d'une part, est décrit comme un pur antiglucocorticoïde, sans activité agoniste et, d'autre part, il se comporte comme un antiprogestérone puissant dans presque toutes les situations expérimentales. Toutefois il se révèle avoir quelques activités agonistes de la progestérone mêlées à des effets antagonistes, en particulier sur des cellules mammaires normales ou tumorales [2, 34]. Il bloque les effets de la progestérone sur les organes de la reproduction dans de nombreuses espèces, y compris l'homme [3, 50].

Le RU486 se lie fortement dans la glande mammaire de lapine aux récepteurs de la progestérone et des glucocorticoïdes avec une affinité comparable à celle des agonistes les plus puissants, comme la dexaméthasone pour les récepteurs des corticoïdes ou le R5020 (Roussel-UCLAF France) pour ceux de la progestérone [40]. Il s'est révélé comme un puissant inducteur de parturition et de lactogenèse sur les rattes en fin de gestation. Son effet lactogène in vivo ne peut s'expliquer que par son activité antiprogestérone, car l'activité antiglucocorticoïde serait plutôt inhibitrice de la lactogenèse.

In vivo chez le rat

L'induction de la lactogenèse à la fin de la gestation est un bon modèle expérimental pour étudier l'activité des hormones ovariennes et surrénales sur la glande mammaire. Si nous considérons le rôle régulateur des glucocorticoïdes sur les récepteurs de la prolactine dans les cellules mammaires, l'interférence de la progestérone avec la liaison des glucocorticoïdes pourrait influencer la fonction lactogénique de la prolactine ; en effet, la corrélation entre la décroissance de la progestérone sérique et le pic de prolactine à la fin de la gestation est bien établie [59, 60].

Cet effet inhibiteur central de la progestérone sur la sécrétion de prolactine n'est pas aboli par le RU486 à la dose de 2 mg/kg. Si l'on augmente la dose à 10 mg/kg, la prolactine est libérée, mais, chez le rat, sa concentration plasmatique reste plus basse que celle induite par le retrait de la progestérone. Ainsi l'antiprogestérone à la dose utilisée a-t-il un effet léger chez le rat, notable chez la brebis sur les mécanismes de libération hypothalamo-hypophysaires de la prolactine.

Des travaux récents ont montré que le RU486, à faible dose, est capable de prévenir l'effet inhibiteur central de la progestérone sur les mécanismes de libération de la prolactine induits par le stress [16].

Néanmoins, nous avons montré [13] que le traitement de rattes gestantes par le RU486 (2 mg/kg) induit une synthèse de caséines et de lactose en absence de prolactine circulante. Cela s'explique par le fait que l'hormone lactogène placentaire participe, en l'absence de prolactine, aux mécanismes de synthèse du lactose [7] et des caséines [6]. En présence du RU486, qui n'induirait pas une libération de prolactine, au moins chez le rat, l'hormone lactogène placentaire serait capable de déclencher une lactogenèse.

Chez les rattes gestantes traitées avec le RU486, les synthèses de caséines commencent plusieurs heures avant que ne soit détectée la présence significative de lactose [13]. Ce qui suggère que l'antagonisme qu'exerce la progestérone sur l'expression du gène des caséines est plus faible que celui exercé sur le gène du lactose. Les travaux de Kuhn [44] avaient d'ailleurs montré que, chez le rat, l'augmentation des synthèses des caséines précèdent celle du lactose.

La castration à la fin de la gestation est connue pour induire une synthèse de caséines et de lactose. Toutefois, lorsque l'hystérectomie est pratiquée en même temps que la castration, la synthèse des caséines augmente, mais celle du lactose est significativement abaissée ; cet effet est inversé par le RU486. Chez les rattes gestantes ovariectomisées et hystérectomisées, il est possible que les stéroïdes surrénaliens, progestérone et corticoïdes, puissent entrer en compétition au niveau mammaire, et l'inhibition due à la progestérone dominerait l'effet stimulant des glucocorticoïdes sur la synthèse de lactose. L'administration de RU486, antagoniste de la progestérone, à des rattes castrées et/ou

hystérectomisées, stimule la synthèse de lactose, soit en bloquant l'action de la progestérone surrénalienne, soit en chassant la progestérone restée fixée sur ses récepteurs après
la castration.

L'effet antiglucocorticoïde puissant du RU486 sur différents tissus a été montré [47, 50],
mais il ne semble pas être très évident sur le tissu mammaire de rattes gestantes.

In vivo chez la brebis

Au cours d'induction de lactation (voir chap. 10) nous savons que des doses très importantes d'œstrogènes et de progestérone sont injectées quotidiennement durant sept jours,
et l'un des facteurs de variation dans les résultats obtenus est la rémanence, plus ou moins
longue, de la progestérone après la fin du traitement stéroïdien.

Par ailleurs, on pouvait se demander si, lors de la lactogenèse normale,un retrait plus
précoce de la progestérone circulante ne pouvait pas stimuler la lactogenèse.

Usage du RU486 lors de l'induction de lactation

Le rôle inhibiteur de la progestérone a été démontré in vivo chez la brebis et la chèvre
après une induction de lactation. Celle-ci est déclenchée par un traitement court avec
œstrogènes et progestérone, du jour 1 au jour 7, puis traitement avec des glucocorticoïdes durant les jours 17 à 20. La traite commence au jour 21. Le RU486 est injecté en
même temps que les glucocorticoïdes, c'est-à-dire à un stade qui pourrait être celui de
la lactogenèse lors de la « gestation contractée » qu'est une induction de lactation. Nous
avons constaté alors que le caractère explosif de la lactogenèse normale est restitué par
l'usage d'un antagoniste de la progestérone comme le RU486. La production de lait durant
les vingt-quatre premiers jours de traite est de 1 576 ml par animal pour les témoins (stéroïdes + glucocorticoïdes) contre 6 900 ml chez les brebis pour lesquelles le traitement
d'induction de mammogenèse-lactogenèse a été complété, durant les trois jours qui précèdent la mise à la traite, par le RU486. Ce dernier a remplacé la progestérone inhibitrice au niveau de ses récepteurs.

RU486 lors de la lactogenèse normale

Les effets du RU486 injecté au cours des quatre derniers jours de la gestation chez la
brebis sont moins évidents que ceux obtenus au cours de l'induction artificielle de la
lactation. Chez les brebis primipares ou multipares, les productions laitières au cours des
trois premières semaines post-partum ne sont pas significativement différentes de celles
des témoins, et les niveaux de prolactine sanguine ne sont pas clairement modifiés. Il
a cependant été montré que chez la brebis gestante, le RU486 injecté entre le 70ᵉ et
le 120ᵉ jour de la gestation, à faible dose pour ne pas être abortif, entraîne une augmentation importante du taux de PRL circulante [1]. Le taux de PRL passe en deux heures
de 30 à 5 ou 600 ng par ml, et l'effet du RU486 se prolonge et s'amplifie durant deux
à trois jours (Fig. 9-6) [1]. On peut donc en conclure que chez les animaux qui reçoivent
le RU486 en fin de gestation, les récepteurs de la progestérone de la mamelle, de l'utérus

et de l'axe hypothalamo-hypophysaire sont bloqués, ce qui pourrait entraîner une élévation du taux de prolactine circulante ; cette élévation ne doit pas être perceptible car,
à ce stade proche du part, les taux de prolactine sont déjà naturellement très hauts. En
revanche, on observe une élévation du niveau de progestérone circulante qui est plus

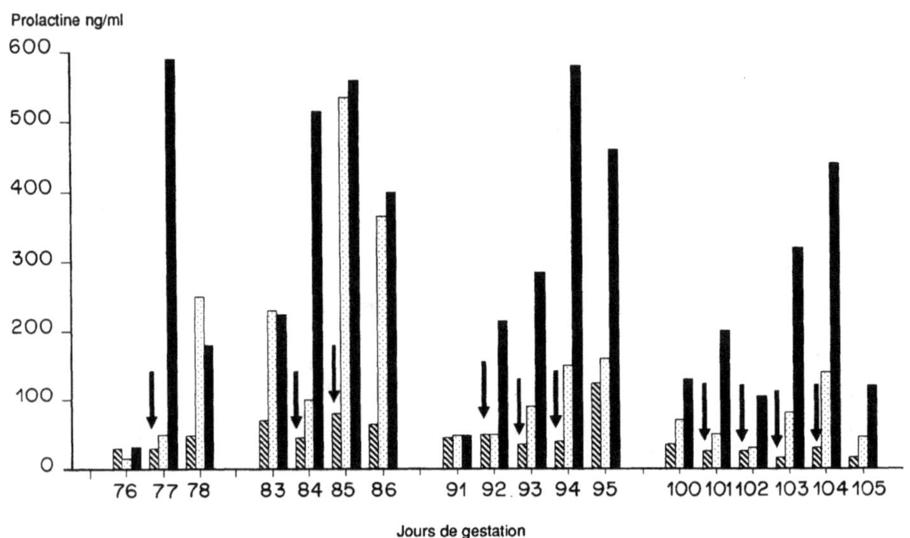

Fig. 9-6   Effets du RU486 (intraveineux, 50 mg à la flèche, à 9 h) **chez la brebis gestante, injecté
à quatre stades de gestation, sur le niveau de prolactine mesuré à 8 h, 11 h et 13 h.** Le RU486
chasse la progestérone au niveau de ses récepteurs et génère une élévation du niveau de prolactine
avec des effets potentialisés à partir du 2ᵉ jour d'injection. A la dose injectée le RU486 n'a pas
provoqué d'avortement. Les niveaux de progestérone sont inchangés. Prolactine à : ▧▧▧ 8 h ;
▭ 11 h ; ■■■ 13 h.

**Tableau 9-1   Niveaux de progestérone sérique chez les brebis contrôles et chez les brebis trai-
tées par le RU486 les jours −7 à −4 avant la parturition (en ng/ml)**

Jours avant la parturition	Animaux contrôles*	Animaux traités*	Erreur standard	F	Signification
J−3	9,26	12,18	0,851	11,8	p < 1 %
J−2	7,43	10,65	1,07	9,00	p < 1 %
J−1	4,66	7,77	1,06	8,68	p < 1 %
J 0	0,89	2,62	0,864	3,98	p < 10 %

* Les moyennes sont calculées par analyse de variance avec une covariable calculée sur la base des niveaux
de progestérone dosés les jours J−6 à J−4 avant la parturition, il y a 16 animaux par lot.

élevée que chez les témoins non traités (Tabl. 9-1). Cette élévation peut être attribuée à la non-fixation de la progestérone sur ses récepteurs occupés par le RU486, à l'inhibition d'un rétrocontrôle de la sécrétion de progestérone et/ou à l'augmentation du niveau de prolactine circulante qui suivrait rapidement l'injection du RU486 et stimulerait à son tour l'activité stéroïdogène du corps jaune de gestation et du placenta.

In vitro chez la lapine

L'utilisation d'explants de tissus mammaires de lapine en culture a constitué un moyen incomparable pour élucider les mécanismes de l'activité antilactogénique de la progestérone. Cet effet inhibiteur sur la synthèse des composants du lait peut s'expliquer soit par la liaison de la progestérone sur les récepteurs des glucocorticoïdes, comme un antagoniste, soit par un effet inhibiteur sur la prolactine et les glucocorticoïdes au niveau génomique.

L'activité du RU486 sur de la glande mammaire en culture serait due à une inhibition de la synthèse du lait stimulée par la prolactine dans le cas ou l'effet antiglucocorticoïde prédominerait ; au contraire, si l'effet antiprogestérone apparaît dominer le système, on pourrait s'attendre alors à voir le RU486 stimuler l'activité de la prolactine.

Les explants de glande mammaire de lapine obtenus en milieu de gestation sont sensibles à une stimulation de la synthèse de caséines par des doses croissantes de prolactine après 24 ou 48 heures de culture [22, 38, 40]. Si la culture est faite en présence de concentrations physiologiques d'insuline, la progestérone est capable d'inhiber l'action de doses physiologiques de prolactine [41]. Lorsque le RU486 est ajouté au milieu de culture, il potentialise significativement, dans tous les cas, l'activité stimulante de la prolactine. Cette stimulation est dose-dépendante et significative à la concentration de 10 nM de progestérone dans le milieu. A forte dose, la progestérone, comme son agoniste le R5020 (Roussel UCLAF France), sont capables de réduire significativement l'effet du RU486, ce qui indique bien que la stimulation qu'il produit est due à sa propriété antiprogestérone.

Ces résultats suggèrent qu'il subsiste bien de la progestérone résiduelle dans le tissu mammaire après son transfert en culture, qui continue à exercer son effet inhibiteur pendant environ 48 heures.

Cela a été prouvé en cultivant les explants durant cinq jours dans un milieu sans hormone, pour éliminer les effets résiduels des stéroïdes. Après ce délai, la prolactine seule produit un effet stimulant beaucoup plus important sur la synthèse des caséines que durant les premières 48 heures de culture, et ni la progestérone ni le RU486 ne modifient l'induction des synthèses de caséines par la prolactine.

Ces résultats mettent en lumière l'effet de la progestérone sur la glande mammaire en culture. Cet effet passe par l'intermédiaire de récepteurs spécifiques, en dépit de leur faible concentration trouvée dans les tissus d'animaux gestants, persiste après le transfert in vitro pouvant masquer l'activité inhibitrice de la progestérone ajoutée dans le milieu de culture. L'effet résiduel de la progestérone semble plus important qu'une action rémanente des glucocorticoïdes.

Dans ce modèle expérimental à mi-gestation, l'effet inhibiteur de la progestérone résiduelle est plus puissant qu'on ne l'imaginait. Il en résulte que, sur les explants de glande mammaire de lapine en culture, l'addition de glucocorticoïdes peut surmonter l'action inhibitrice de la progestérone [39, 45]. L'activité antiprogestérone du RU486 se montre dans ce cas beaucoup plus efficace que son activité antiglucocorticoïde.

Conclusions

Les expérimentations in vivo ont bien montré le rôle inhibiteur de la progestérone lors de la montée laiteuse ou lactogenèse. Les composantes du verrou progestéronique avaient été suggérées par des expérimentations de lactogenèse artificielles après césarienne effectuée aux derniers stades de la gestation chez la brebis [42]. Dans ce cas, l'absence quasi totale de prolactine avant la césarienne était suivie d'une absence de lactogenèse et d'une lactation inexistante. Puisque l'injection de RU486 à une dose non abortive provoque, chez la brebis gestante, une augmentation notable du niveau de prolactine [1] (Fig. 9-6), on peut ainsi confirmer le rôle central inhibiteur de la progestérone sur la sécrétion de prolactine ; c'est cet effet central qui empêche le déclenchement d'une montée laiteuse en cours de gestation. De même, la prolongation après la césarienne de niveaux de progestérone élevés (par injection du stéroïde), désynchronisant les effets hormonaux de la césarienne et la baisse des taux de progestérone, entraîne également une lactogenèse très tardive et une lactation faible.

Les expériences d'injection du RU486 au cours d'inductions de lactation confirment l'importance de la disparition rapide de la progestérone pour que se déclenche une lactogenèse puissante, initiatrice de la lactation. Cet effet est moins évident lorsque le RU486 est utilisé pour intensifier la lactogenèse lors d'une gestation normale, vraisemblablement parce que le processus de disparition de la progestérone est déjà engagé lorsque le RU486 est injecté, et aussi parce que lors de la gestation normale comparée à une induction, la séquence des modifications endocriniennes qui accompagnent la lactogenèse est plus étalée dans le temps.

Les cultures de tissus de glande mammaire ont été très utiles pour déterminer si l'activité antilactogénique de la progestérone était un effet direct sur l'épithélium sécrétoire, la progestérone se liant aux récepteurs des glucocorticoïdes et inhibant ainsi leur rôle stimulant de la lactogenèse, ou si elle agissait plutôt comme un antagoniste des effets de la prolactine et des glucocorticoïdes au niveau génomique.

L'action de la progestérone sur la mamelle de lapine en culture passe par la liaison à ses récepteurs spécifiques, en dépit de leur faible concentration chez les animaux gestants. Ces récepteurs conservent un certain temps de la progestérone liée qui masque l'effet du stéroïde ajouté dans le milieu de culture d'explants de glande mammaire de lapine.

La glande mammaire de lapine à mi-gestation semble être sous l'influence prédominante de la progestérone qui empêche la lactogenèse inductible par la prolactine ou tout autre hormone lactogène. Chez la lapine, si, en culture, l'addition de glucocorticoïdes peut contrecarrer l'effet inhibiteur de la progestérone, l'induction d'une lactation aux derniers stades de la gestation pourrait être la conséquence d'une amplification de l'action des glucocorticoïdes à travers la décroissance des concentrations en progestérone plasmatiques.

RÉFÉRENCES

1. AL-GUBORY K, MARTINET J (1991) Résultats communiqués par le laboratoire de physiologie animale, INRA, Jouy-en-Josas, France

2. BARDON S, VIGNON F, CHALBOS D, ROCHEFORT H (1985) RU486, a progestin and glucocorticoid antagonist inhibits the growth of breast cancer cells via the progesterone receptor. *J Clin Endocrinol Metab* **60** : 692-697

3. BEAULIEU EE (1985) RU486 ; an antiprogestin steroid with contragestive activity in women. *In* Segal SJ et Beaulieu EE (eds) : *The antiprogestin RU486 and human fertility control.* Plenum Press, pp. 49-68

4. BUSSMANN LE, DEIS RP (1979) Studies concerning the hormonal induction of lacogenesis by prostaglandin F2A in pregnant rats. *J Steroid Biochem* **11** : 1485-1489

5. BUSSMANN LE, DEIS RP (1984) Gamma glutamyl transferase activity in mammary gland of pregnant rats and its regulation by ovarian hormones, prolactin and placental lactogen. *Biochem J* **223** : 275-277

6. BUSSMANN LE, DEIS RP (1985) Hormonal regulation of casein synthesis at the end of pregnancy. *Mol Cell Endocrinol* **39** : 115-118

7. BUSSMANN LE, KONINCKX A, DEIS RP (1983) Effect of estrogen and placental lactogen on lactogenesis in pregnant rats. *Biol Reprod* **29** : 535-541

8. CATALA S, DEIS RP, Effect of estrogen upon parturition, maternal behaviour and lactation in ovariectomized pregnant rats. (1973) *J Endocrinol* **56** : 219-225

9. CSAPO A (1956) Progesterone « block ». *Am J Anat* **98** : 273-291

10. CURRIE WB, THORBURN GD (1973) Induction of premature parturition in goats by prostaglandin F2A administered into the uterin vein. *Prostaglandins* **4** : 201-214

11. DEIS RP (1968) Oxytocin test to demonstrate the initiation and end of lactation in rats. *J Endocrinol* **40** : 133-134

12. DEIS RP (1970) Induction of lactogenesis and abortion by prostaglandin F2A in pregnant rats. *Nature* **229** : 568

13. DEIS RP, BUSSMANN LE (1986) Lactogenesis inducida por RU486 en rata prenada ; Xe Meeting of the Association latino-americana de investigaciones en Reproduccion Humana Abstr n° R003

14. DEIS RP, DELOUIS C (1983) Lactogenesis induced by ovariactomy in pregnant rats and its regulation by estrogen and progesterone. *J Steroid Biochem* **18** : 687-690

15. DEIS RP, HOUDEBINE LM, DELOUIS C (1980) Lactogenesis induced by Prostaglandin F2A in pregnant rabbits. *In* Samuelson B Ramwell PW et Paoletti R (eds) : *Advances in prostaglandin an thromboxan research.* Raven Press, New York, vol. 8, pp. 1317-1320

16. DEIS RP, LEGUIZAMON E, JAHN GA (1989) Feed-back regulation by progesterone of stress-induced prolactin release. *J Endocrinol* (in press)

17. DELOUIS C (1975) Milk protein synthesis in vitro. *Mod Prob Paediat* **15** : 16-30

18. DENAMUR R (1971) Hormonal control of lactogenesis. *J Dairy Res* **38** : 237-264

19. DENAMUR R et DELOUIS C (1972) Effects of progesterone and prolactin on the secretory activity and the nucleic acid content of the mammary gland of pregnant rabbits. *Acta Endocr* **70** : 603-613

20. DESCLINS L (1956) Hypothalamus et libération d'hormone lutéotrophique. Expérience de greffe hypophysaire chez la ratte hypophysectomisée. Action lutéotrophique de l'ocytocine. *Ann Endocrinol* **17** : 586-595

21. DEVINOY E, HOUDEBINE LM (1977) Effects of glucocorticoids on casein gene expression in the rabbit. *Eur J Biochem* **75** : 411-416

22. DEVINOY E, HOUDEBINE LM, DELOUIS C (1978) Role of prolactin and glucocorticoids in the expression of casein genes in rabbit mammary gland organ culture. *Biochim Biophys Acta* **517** : 360-366

23. DEVINOY E, HOUDEBINE LM, OLLIVIER-BOUSQUET M (1979) Role of glucocorticoids and progesterone in the development of rough endoplasmic reticulum involved in casein biosynthesis. *Biochimie* **61** : 453-461

24. DJIANE J, DURAND P (1977) Prolacting-progesterone antagonism in self-regulation of prolactin receptors in the mammary gland. *Nature* **266** : 641-643

25. DJIANE J, DURAND P, KELLY PA (1977) Evolution of prolactin receptors in rabbit mammary gland during pregnancy and lactation. *Endocrinology* **100** : 1348-1356

26. DRUMMOND-ROBINSON G, ASDELL SA (1926) The relation between the corpus luteum and the mammary gland. *J Physiol* (London) **61** : 608-614

27. EDERY M, HOUDEBINE LM, DJIANE J, KELLY PA (1984) Studies of beta casein content of normal and neoplastic rat mammary tissues by a homologous radioimmuno assay. *Mol Cell Endocrinol* **34** : 145-151

28. GROTA KJ, EIK-NEIS KB (1967) Plasma progesterone concentration during pregnancy and lactation in rats. *J Reprod Fertil* **13** : 83-91

29. HALBAN J (1905) Die innere Secretion von Ovrium und Placenta und ihre Bedeutung für die Function der Milchdrusen. *Archiv für Gynaekologie* **75** : 353-441

30. HARTMAN PE, TREVERTHAN P, SHELTON JN (1973) Progesterone and estrogen and the initiation of lactation in ewes. *J Endocrinol* **59** : 249-259

31. HASLAM SZ, SHYAMALA G (1980) Progesterone receptors in normal mammary gland : receptor modulations in relation to differentiation. *J Cell Biol* **86** : 730-737

32. HASLAM SZ, LEVELY ML (1985) Estrogen responsiveness of normal mammary cells in primary cells culture : association of mammary fibroblasts with estrogenic regulation of progesterone receptors. *Endocrinology* **116** : 1835-1844

33. HASLAM SZ (1988) Acquisition of estrogen-dependent progesterone receptors by normal mouse mammary gland, entogeny of mammary progesterone recepros. *J Steroid Biochem* **31** : 9-13

34. HORWITZ KB (1985) The antiprogestin RU 38 486 : receptor-mediated progestin versus antiprogestin actions screened in estrogen-intensive T47Deo human breast cancer cells. *Endocrinology* **116** : 2236-2245

35. HOUDEBINE LM, GAYE P (1975) Regulation of casein synthesis in the rabbit mammary gland. *Mol Cell Endocrinol* **3** : 37-55

36. HOUDEBINE LM (1976) Effects of prolactin and progesterone on expression of casein genes. *Eur J Biochem* **68** : 219-225

37. HOUDEBINE LM, TEYSSOT B, DEVINOY E, OLLIVIER-BOUSQUET M, DJIANE J, KELLY PA, DELOUIS C, KANN G, FEVRE J (1983) Role of progesterone in the development and the activity of the mammary gland. *In* Bardin CW, Mildgrom E, Mauvais-Jarvis P (eds) : *Progesterone & Progestins*. Raven Press.

38. HOUDEBINE LM, DJIANE J, DUSANTER-FOUR I, MARTEL P, KELLY PA, DEVINOY E, SERVELY JL (1985) Hormonal action controlling mammary activity. *J Diary Sci* **68** : 489-500

39. JAHN GA, MOGUILEWSKY M, HOUDEBINE LM, DJIANE J (1987) Binding an action of corticoids and mineralocorticoids in rabbit mammary gland. *Mol Cell Endocrinol* **57** : 205-212

40. JAHN GA, HOUDEBINE LM, DJIANE J (1987) Antiprogesterone and antiglucocorticoid actions of RU 486 on rabbit mammary gland explant cultures. Evidence of a persistent inhibitory action of residual progesterone upon mammary tissue. *J Steroid Biochem* **28** : 371-377

41. JAHN GA, HOUDEBINE LM, DJIANE J (1989) Inhibition of casein synthesis by progestagens in vitro : modulation in relation to concentration of hormones that synergize with prolactin. *J Steroid Biochem* **32** : 373-379

42. KANN G, CARPENTIER MC, FEVRE J, MARTINET J, MAUBON M, MEUSNIER C, PALY J, VERMEIRE N (1978) InRobyn C, Harter M (eds) : *Progress in Prolactin Physiology and Pathology.* pp. 201-212

43. KELLY PA, DJIANE J, MALENCON R (1983) Characterization of estrogen, progesterone and glucocorticoid receptors in rabbit mammary glands and their mesurement during pregnancy and lactation. *J Steroid Biochem* **18** : 215-221

44. KUHN NJ (1969) Progesterone withdrawal as a lactogenic trigger in the rat, *J Endocrinol* **44** : 39-54

45. MARTYN P, FALCONER IR (1984) Effect of progesterone alone in combination with either corticosterone, 17$_b$ estradiol or insulin on prolactin-stimulated fatty acid synthesis in mammary explants from pseudopregnant rabbits. *Aust J Biol Sci* **37** : 79-84

46. MEITES J, TURNER JW (1948) Studies concerning the induction and maintenance of lactation. I. The mechanism controlling the initiation of lactation and parturition. *Res Bull Mo Agric Exp Sta* **415** : 1-65

47. MOGUILEWSKY M, PHILIBERT D (1984) RU38486 ; Potent antiglucocorticoid activity correlated with strong binding to the cytosolic glucocorticoid receptor followed by an impaired activation. *J Steroid Biochem* **20** : 271

48. MOGUILEWSKY M, PHILIBERT D (1985) Biochemical profile of RU 486. In Beaulieu EE, Segal SJ (eds) : *The antiprogestin RU 486 and Human Fertility Control.* Plenum Press, pp. 87-97

49. NELSON WO (1934) Studies of the physiology of lactation. 3. The reciprocal hypophyseal-ovarian relationship as a factor in the control of lactation. *Endocrinology* **18** : 33-46

50. PHILIBERT D, MOGUILEWSKY M, MARY I, LECAQUE D, TOURNEMIRE C, SECCHI J, DERAEDT R (1985) Pharmacological profile of RU 486 in animals. *In* Beaulieu EE, Segal SJ (eds) : *The antiprogestin RU 486 and human fertility control.* Plenum Press, pp. 49-68

51. PUENTE JA, VARAS MA, BECKHAUS G, SAPAG-HAGAR M (1979) A Glutamyltranspeptidase activity and cyclic AMP levels in rat liver and mammary gland during the lactogenic cycle and in the oestradiol-progesterone pseudo-induced pregnancy. *Febs Ltt* **99** : 215-218

52. QUIRK SJ, GANNEL JE, FUNDER JW (1984) Estrogen administration induces progesterone receptors in lactating rat mammary gland. *J Steroid Biochem* **20** : 803-806

53. RAUCH M, LOOSFELT H, PHILIBERT D, MILGROM E (1985) Mechanism of action of an antiprogesterone, RU 486 in the rabbit endometrum. Effets of RU 486 on the progesterone receptor and on the expression of the uteroglogin gene. *Eur J Biochem* **148** : 213-218

54. SCHNEIDER W, GAUTHIER Y, SHYAMALA G (1988) *J Steroid Biochem* **29** : 599-604

55. SCHNEIDER W, SHYAMALA G (1985) Glucocorticoid receptors in primary cultures of mouse mammary epithelial cells : characterization and modulation by prolactin and cortisol. *Endocrinology* **116** : 2656-2662

56. SELYE H, COLLIP JB, THOMSON DL (1933) Anterior pituitary and lactation. *Proc Soc Exp Biol Med* **30** : 388-389

57. SMITH ID, SHERMAN RP, KORDA AR (1972) Lactation following therapeutic abortion with Prostaglandin F2 alpha. *Nature* **240** : 411

58. TURKINGTON RW, HILL RL (1969) Lactose synthetase : progesterone inhibition of induction of alpha lactalbumin. *Science* **163** : 1458-1460

59. VERMOUTH NT, DEIS RP (1972) Prolactin release induced by prostaglandin F2 alpha in pregnant rats. *Nature* **238** : 248-250

60. VERMOUTH NT, DEIS RP (1974) Prolactin and lactogenesis after ovariactomy in pregnants rats : effet of ovarian hormones. *J Endocrinol* **63** : 13-20

61. VERMOUTH NT, DEIS RP (1975), Inhibitory effect of progesterone on the lactogenic and abortive action of Prostaglandin F2 alpha. *J Endocrinol* **66** : 21-29

62. VINA J, PUENTE IR, ESTRELLA JM, VINA JR, GALBIS JL (1981) Involvement of gammaglutamyl transferase in amino-acid uptake by the lactating mammary gland. *Biochem J* **194** : 99-102

63. VON DER AHE D, RENOIR JM, BOUCHOU T, BEAULIEU EE, BEATO M (1986), Receptors for glucocorticoid and progesterone recognize distinct features of a DNA regulatory element. *Proc Nat Acad Sci USA* **83** : 2817-2821

64. YOSHINAGA K, HAWKINS RA, STOCKER JF (1969), Serum luteinizing hormone, prolactin and progesterone levels during pregnancy in the rat. *Endocrinology* **92** : 1527-1530

65. ZAMBRANO D, DEIS RP (1970) The adenohypophyse of female rats after hypothalamic oestradiol implants : an electron microscopic study. *J Endocrinol* **47** : 101-110

10

Induction artificielle de la lactation

H.H. Head

Introduction

Avant la gestation ou après le tarissement, le réseau canaliculaire de la glande mammaire est peu développé. C'est à partir de cet état que des tentatives ont été faites pour obtenir un développement artificiel, une croissance aussi complète que possible et une synthèse de lait. Une lactation satisfaisante ne survient que si la glande a atteint le stade, de développement adéquat. Pour arriver à ce stade, il faut la participation des hormones pituitaires : prolactine (PRL) et hormone de croissance (GH), en conjonction avec des œstrogènes et de la progestérone.

D'une manière générale, c'est le nombre de cellules épithéliales qui détermine le potentiel de production laitière des animaux. L'objectif est donc de porter au maximum le nombre de cellules mammaires et de les rendre actives. Le procédé d'induction doit également aboutir à un changement dans le métabolisme général pour que les nutriments et les précurseurs nécessaires soient disponibles afin d'atteindre un niveau de production élevé.

Quel est l'intérêt d'induire la lactation ?

• pour le chercheur, recomposer les prémices de la lactation en vue d'en analyser les différentes régulations ;

• pour l'éleveur, rendre productif un animal qui pour des raisons diverses n'a pu poursuivre le cours normal de sa reproduction.

En effet il peut survenir des difficultés pathologiques entravant la reproduction, entre autres, des anomalies anatomiques du tractus génital qui provoquent des pertes annuelles de 25 à 35 % dans les troupeaux d'animaux laitiers. Parmi ces animaux, certains ayant un potentiel génétique élevé doivent être rentabilisés et sauvegardés pour la production laitière. Ces animaux peuvent être récupérés, provisoirement ou définitivement, si l'on dispose d'une méthode valable pour induire la lactation.

Pour qu'une méthode d'induction de lactation soit valable, elle doit être peu coûteuse, simple et rapide, et utiliser des hormones et des facteurs de croissance d'usage courant. Cette méthode doit également être suivie d'un pourcentage important de succès avec un niveau de production élevé. Le lait produit doit être propre à la consommation humaine et le procédé doit être commercialisable et légal. Dans ce chapitre, nous apporterons diverses informations sur les schémas qui ont été utilisés pour induire la lactation, leurs limitations, et nous donnerons quelques suggestions en vue de leur amélioration.

De nombreuses tentatives ont été faites durant ces cinquante dernières années pour induire la lactation avec des hormones exogènes. Œstrogènes et progestérone, en combinaison, ont été utilisés dans la majorité des cas. Les traitements, souvent de longue durée (plus de 90 jours), ont donné des résultats variables en terme de lait produit. La majorité des animaux induits donnaient des quantités de lait beaucoup moins importantes que lors d'une lactation normale. Le but de ces longs traitements était de mimer, tant bien que mal, une gestation. Les succès étaient faibles car les auteurs n'avaient pas la connaissance des phénomènes complexes qui conditionnent le développement de la glande et la lactogenèse. Ces méthodes ont été décrites dans des revues auxquelles le lecteur pourra se reporter.

Stimulation hormonale de la croissance mammaire

Traitement par les œstrogènes et la progestérone

L'intérêt pour les inductions artificielles de lactation a été renouvelé lorsque des travaux de recherche ont montré que des traitements courts avec de fortes doses d'œstrogènes et de progestérone, suivis d'une ou deux semaines de repos, déclenchaient une croissance mammaire, suivie d'une sécrétion ; l'animal peut alors être trait.

Le travail de base a été fait sur des vaches non gestantes et non lactantes par Smith et Schanbacher [21]. Les animaux recevaient en injection de l'œstradiol-17β et de la progestérone (0,1 et 0,25 mg/kg/jour) durant une semaine. Les stéroïdes sont dissous dans de l'alcool absolu et injectés par voie sous-cutanée, la dose étant répartie en deux injections par jour. On observe une croissance soutenue des concentrations plasmatiques.

Des essais chez la chèvre et la brebis ont porté sur des doses de une à cinq fois supérieures à celles appliquées aux bovins [2]. La voie intramusculaire s'est révélée inefficace.

Lorsque la durée du traitement est réduite de moitié, le pourcentage d'animaux répondant reste le même, mais la production est moindre. Les résultats ne sont pas meilleurs si la durée du traitement est portée à 10 jours, ou si le nombre des injections est réduit et le nombre de jours augmenté.

Quand la quantité de stéroïdes injectée durant les 7 jours est doublée ou si les injections sont prolongées durant 14 ou 21 jours, le pourcentage d'animaux répondant reste le même, les quantités produites ne sont pas améliorées [10]. Si l'injection des stéroïdes est portée à 21 jours, avec des doses divisées par 4 entre le jour 8 et le jour 21, il n'y a pas d'effet ni positif ni négatif [18], sauf dans le cas de brebis vierges et pubères.

La quantité de stéroïdes injectée en 7 jours pour induire une lactation est semble-t-il adéquate, bien qu'elle puisse paraître excessive. Les maximum de concentrations de ces stéroïdes dans le plasma d'animaux induits ou en prépartum sont similaires.

Lorsque des brebis vierges et pubères sont traitées seulement durant 7 jours avec une dose cinq fois supérieure à celle utilisée chez les bovins, l'hyperplasie des cellules épithéliales mammaires ne survient pas au jour 21. Chez ces animaux, le poids frais, le contenu en ADN et en ARN, l'activité lactose synthétase des glandes mammaires sont équivalents à ceux des brebis contrôles non injectées [7]. Si les deux groupes d'animaux sont traits à partir de 21 jours et pour 7 ou 21 jours, il n'y a pas de différence entre les deux groupes, leur production est nulle.

En revanche, si la durée des injections est prolongée de 7 jours (au total, 14 jours), le poids frais, l'ADN, l'ARN et l'activité lactose synthétase augmentent dans les glandes mammaires. Comme précédemment, la production laitière est très faible après 7 jours de traite, quelle que soit la durée du traitement stéroïdien. Puis la production augmente très notablement après 21 jours de traite, mais seulement pour les brebis traitées durant 14 jours. Chez ces animaux, l'hyperplasie cellulaire apparaît en réponse aux stimulations de la traite. Elle résulte probablement des effets des hormones libérées par la traite. Lorsque l'hyperplasie survient, le poids de la glande mammaire après 21 jours de traite est seulement d'environ 50 % du poids des glandes de brebis lactantes, 30 jours après la parturition.

Il est clair que chez les brebis vierges — dont la glande mammaire n'a jamais subi l'environnement hormonal de la gestation —, le traitement avec les stéroïdes seuls est incapable d'induire une mammogenèse significative même après une période de traite manuelle. D'autres hormones et/ou facteurs mammogéniques semblent donc être indispensables.

Le besoin d'administrer de grandes quantités de stéroïdes pour obtenir l'effet désiré limite les moyens de délivrance du traitement. Davis et al. [6] ont essayé de donner les stéroïdes par le moyen d'éponges vaginales imprégnées de 500 mg d'œstradiol-17ß et 1 000 mg de progestérone. Cette éponge est bien retenue dans le vagin des animaux et l'absorption des hormones est bonne. Après son insertion, la concentration en œstrogènes augmente rapidement dans le plasma jusqu'à un niveau observé chez les vaches juste avant la parturition. L'usage des éponges donne des résultats sensiblement équivalents à ceux obtenus par injection sous-cutanée ; en outre, il réduit le travail et les manipulations d'animaux et permet d'éliminer rapidement la source de stéroïde, à un moment donné, et éventuellement de lui en substituer une autre.

Traitements secondaires

Durant la gestation, la glande mammaire des animaux domestiques développe un réseau de canaux et d'alvéoles. Après la parturition, chez les bovins, les ovins et les chèvres, on n'observe qu'une croissance mammaire relativement faible. La différenciation cytologique, souvent appelée différenciation terminale, et le développement de la pleine capacité de synthétiser du lait (lactogenèse) sont normalement retardés jusqu'à la période voisine de la parturition. Alors qu'il y a des différences interspécifiques entre les croissances, les niveaux des hormones et des facteurs de croissance stimulant le développement de la mamelle durant la gestation, en revanche, la mise en route de la lactogenèse est à peu près semblable dans les différentes espèces : la décroissance brutale de concentration de la progestérone plasmatique lève l'inhibition qu'elle fait peser sur la glande mammaire, déclenche la lactogenèse et domine la mise en route de la parturition. Pendant ce temps, les concentrations de prolactine (PRL) et des autres hormones lactogènes augmentent notablement.

Les traitements secondaires visent à améliorer, plus spécifiquement, la lactogenèse que la mammogenèse chez des animaux déjà traités par les stéroïdes. Toutefois, dans les inductions de lactation, on peut difficilement séparer mammogenèse de lactogenèse, car ces phases sont plus intriquées qu'au cours d'une fin de gestation.

De nombreux traitements secondaires ont été couplés avec le traitement stéroïdien court (7 jours) ou de durée moyenne (30 ou 60 jours). Ils comprennent des injections d'hydro-cortisone, de dexaméthasone, de réserpine, d'hormone stimulant la thyroïde (TRH), d'insu-line, d'ocytocine, de GH, d'analogues des prostaglandines, dans des combinaisons les plus diverses, avec traite à la main ou à la machine et de durées variables.

·Les raisons de ces traitements secondaires furent de deux ordres : tout d'abord, aucun traitement primaire n'a donné pleinement satisfaction en terme de développement mam-maire, de pourcentage de succès et de production laitière. Ensuite, les traitements pri-maires ne reproduisaient pas fidèlement les évolutions hormonales caractéristiques de l'approche de la parturition, en particulier pour les stéroïdes ovariens, la prolactine et les glucocorticoïdes.

Réponse aux traitements

Critères de réussite d'une induction de lactation

Le succès dans une induction de lactation peut être évalué selon différents critères. Les plus fréquemment utilisés sont : le pourcentage d'animaux qui produisent du lait parmi ceux qui sont traités ; la quantité de lait produit ; la durée de la lactation induite ; enfin le pourcentage représentant la lactation induite par rapport à la lactation précédente ou suivante chez le même animal.

On utilise généralement chez les vaches laitières la quantité absolue de lait produit stan-dardisée sur une durée de 305 jours. Chez les petits ruminants, la production est évaluée par jour ou par semaine. L'interprétation des résultats peut donc varier en fonction du critère choisi.

Nombre d'animaux induits en lactation et production laitière

Le tableau 10-1 résume les différents traitements ; on peut voir qu'au moins 60 % des vaches répondent positivement au traitement d'induction.

Tableau 10-1   Productions de lait, absolues et relatives, par animal induit en lactation par traitement court par les stéroïdes ovariens

Espèce	Nombre d'ani-maux	Succès[a] (%)	Lactation[b] (kg (min-max))	Pourcentage précédente lactation[c] (%)	Références
Bovin	16	62,5	2190 − 5765		Collier et al. [3]
	19	73,7	1859 − 5354	68	Chakriyarat et al. [23]
	15	86,7	2110 − 7055	78	Head et al. [11]
	10	70,0	2578 − 6773	82	Smith et Schanbacher [21]
	48	79,2			,,
	18	84,0	1451 − 3284		Narendran et al. [28]
	34	94,1	1701 − 3960[d]	80 (21)	Delouis et al. [25]
	363	76	3808 ± 137[e]	69 (16)	Pont et Delouis [19]
	14	78	997 ± 4698	63 (12)	Fleming et al. [8]
Chèvres	4	100	15/9 ± 1,9[f]	56 (4)	Chilliard et al. [2]
	45	100		65 (45)	Delouis et Head [24]
Brebis	48	66,7	200 ml/j[g]	25-50 (32)	Head et al. [12]
	40	50,0	200 ml/j[g]		Alifakiotis et al. [22]

[a] Nb induites ÷ nb lactantes.
[b] Production laitière de vaches standardisée à 305 jours.
[c] Production induite/production de la lactation naturelle précédente ou suivante, nombre d'observations entre parenthèses.
[d] Production pour 300 jours.
[e] Moyenne ± SEM.
[f] Kg lait/semaine.
[g] Production laitière supérieure à 200 ml par jour.

Lorsque la lactation induite est exprimée en pourcentage des lactations naturelles, elle se situe entre 68 et 82 %. En général, le pourcentage de succès varie inversement avec le niveau de lactation choisi pour être considéré comme un succès. D'autre part, le pourcentage sera plus élevé si les animaux considérés comme un échec sont éliminés des calculs. Certaines vaches [3, 12, 17] et chèvres [2] produisent du lait à des niveaux qui peuvent être avantageusement comparés à des productions naturelles. Mais elles ne représentent que 10 à 20 % des animaux induits. La variabilité caractéristique des résultats est due en partie aux traitements secondaires, elle révèle qu'il est possible d'améliorer les traitements pour augmenter le pourcentage des succès et l'importance des productions induites.

L'étude de Pont et Delouis [19], portant sur plusieurs années, décrit probablement le mieux les succès attendus dans les fermes ; ces auteurs utilisent le traitement standard de 7 jours [21] avec injection de 25 mg d'hydrocortisone durant les 3 à 5 jours précédant le début de la traite. Sur une période de trois ans, 363 vaches ont été induites en lactation ; parmi les vaches traitées, 76 % produisent plus de 10 kg de lait par jour, seulement 43 % des animaux ont une lactation qui dépasse 200 jours. Pour 116 vaches, la lactation induite représente 69 % des lactations précédentes. La production laitière est en corrélation positive (r=0,38 à 0,39) avec la lactation naturelle. Ces corrélations concernent même les vaches qui produisent peu de lait. Si l'on cherche à se baser sur une production laitière induite pour prévoir l'importance de la production naturelle, la précision de l'évaluation est plus mauvaise que ne le laissent penser les coefficients de corrélation.

Pour les petits ruminants, les lactations induites par les traitements courts et à fortes doses de stéroïdes [12, 2, 7] ou par les traitements à long terme (plus de 30 jours) sont semblables chez les chèvres et les brebis, et les productions laitières restent moins importantes que lors d'une lactation naturelle.

Forme des courbes de lactation

La mise en route de la lactation et l'augmentation de la production diffèrent de ce que l'on observe après la parturition, aussi bien chez les vaches que les chèvres ou les brebis. La courbe de lactation chez les vaches induites est plus plate (pic de production plus bas) et les animaux atteignent le maximum de production plus tardivement (3e ou 4e mois) [4, 11, 12]. La plus grande partie du lait produit au cours de l'induction se situe au cours des deux derniers tiers de la lactation.

Lors d'une lactation normale, les vaches produisent habituellement les deux tiers de leur production totale durant la première moitié de la lactation et atteignent leur maximum après 3 à 8 semaines. Cela signifie que si la production, lors d'une lactation partielle, est extrapolée à 305 jours en utilisant les facteurs correctifs développés pour les lactations naturelles, on sous-estimera la lactation d'au moins 20 % [10]. L'erreur faite en normalisant la lactation partielle défavorise la lactation induite. Toutefois, les productions induites, normalisées ou non, restent plus faibles que les lactations naturelles.

Il y a au moins deux explications possibles à cette différence dans les courbes de lactation : 1 - la montée lente en production et le maximum tardif peuvent être dus à une croissance continue du nombre de cellules sécrétrices après la mise à la traite ; 2 - la différenciation cytologique des cellules épithéliales mammaires formées durant 21 jours ne commence qu'après le début de la traite régulière.

Le contenu en ADN du tissu mammaire, qui est une mesure du nombre de cellules [7], révèle que de nouvelles cellules mammaires sont formées au cours de l'induction par les stéroïdes. La différenciation cytologique de ces cellules peut survenir au cours de l'induction par les stéroïdes, et elle se poursuit au cours de la lactation. La différenciation terminale survient comme une conséquence de la libération des hormones provoquée par le stimulus de la traite [8].

Finalement ces résultats suggèrent que la croissance mammaire, le développement lobuloalvéolaire et la lactogenèse sont plus clairement séparés au cours de la période prépartum naturelle. On peut conclure que la lactogenèse est relativement inefficace tant que le processus de traite n'est pas commencé. Que faut-il faire pour améliorer l'induction de la lactation ? Il faut trouver le moyen de stimuler la croissance de la glande en freinant la lactogenèse et déclencher la lactogenèse au moment où la traite commence.

Comparaison des taux hormonaux au cours de la période prépartum et au cours de l'induction de la lactation

Évolution au cours du prépartum

La figure 10-1 montre les variations des taux hormonaux durant le prépartum comparées à celles observées au cours des inductions courtes, par les stéroïdes, chez les animaux domestiques.

Durant la gestation, l'ovaire et le placenta produisent des quantités significatives de stéroïdes. L'activité stéroïdogène du placenta augmente avec la croissance fœto-placentaire. Cette croissance est accompagnée dans certaines espèces par la production d'une hormone lactogène placentaire. Les taux circulants d'hormone placentaire lactogène (HPL) sont élevés durant la deuxième moitié de la gestation chez la chèvre et la brebis, et bas chez les bovins.

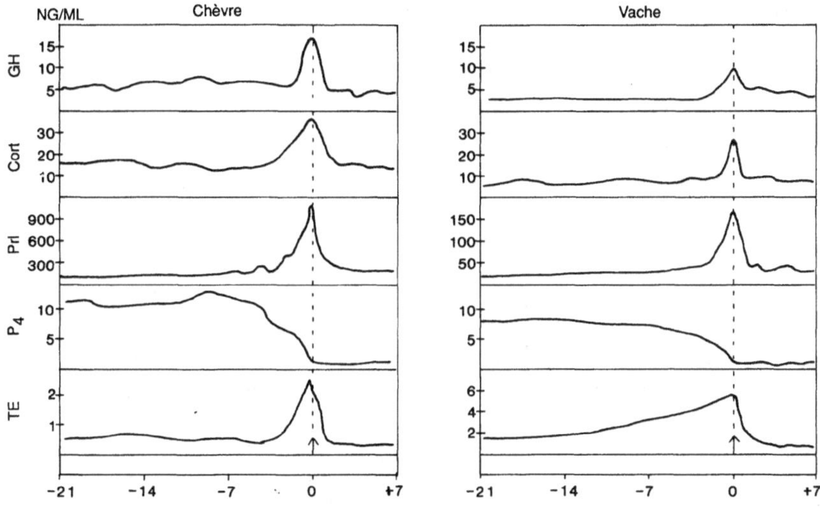

Fig. 10-1 **Concentrations plasmatiques (ng/ml) d'œstrogènes non conjugués totaux (TE), progestérone (P4), prolactine (PRL), corticoïdes (cort), et hormone de croissance (GH) pendant la période prépartum chez la chèvre et la vache.** La traite est commencée au moment de la parturition (↑).

A l'approche de la parturition, la concentration de PRL et des œstrogènes totaux continuent à augmenter tandis que le taux de progestérone décline plus ou moins rapidement. Simultanément, augmente le taux du métabolite circulant des prostaglandines (PGFM)*. Finalement la taux de PGFM croît rapidement et le niveau de progestérone s'effondre.

* PGFM : Prostaglandine F métabolite (13-14 dihydro 15 keto PGF).

Ces modifications sont associées avec la régression du corps jaune et le déclenchement de la parturition. Les concentrations de glucocorticoïdes, de GH et de prostaglandines augmentent brutalement lors du stress de la parturition et sous l'effet de l'expulsion du fœtus. Ces ultimes modifications hormonales sont très importantes pour la lactogenèse.

La majeure partie de la croissance mammaire des génisses et des animaux à gestation saisonnière se produit au cours de la gestation. Chez les animaux multipares, où gestation et lactation sont simultanées, la majorité de la croissance mammaire se passe entre le tarissement et la parturition (45 à 60 jours chez les bovins). Cette période présente conjointement l'involution du tissu épithélial en fin de lactation et la mise en route de la lactation suivante. Ces modifications hormonales servent de modèle pour les traitements à court terme par les stéroïdes et pour les traitements secondaires.

Comme la glande mammaire est capable d'involuer et de se régénérer dans un si court laps de temps, il a semblé possible de reproduire artificiellement ces modifications hormonales en absence de gestation.

Évolution au cours des inductions de lactation

Dès que les injections commencent, les niveaux plasmatiques des œstrogènes totaux, de l'œstradiol-17ß, de l'œstrone et de la progestérone augmentent rapidement. Les variations quotidiennes pour les œstrogènes et la progestérone sont presque superposables. Le maximum des concentrations plasmatiques survient environ 24 heures après la dernière injection, puis la décroissance s'étale sur 7 à 14 jours.

Pendant cette dernière période, les glandes se remplissent rapidement de lait et la traite commence aux jours 19 à 21. Le maximum de concentration plasmatique observé chez les bovins est de 1 à 5 ng/ml d'œstrogènes et 2 à 6 ng/ml de progestérone.

Elles sont proportionnellement plus grandes chez les brebis qui sont traitées par des doses de stéroïdes cinq fois supérieures. Entre les animaux, la variabilité des concentrations hormonales plasmatiques est grande. Les concentrations moyennes chez les animaux traités approchent celles observées au cours des deux semaines qui précèdent la parturition, l'évolution, en revanche, n'est pas parfaitement mimée. Le niveau de production laitière est partiellement associé aux changements de concentration des hormones dans le temps.

Nous avons illustré (Fig. 10-1 et 2) les profils hormonaux caractéristiques de la période prépartum, ils ne sont pas réellement identiques lors d'une induction stéroïdienne rapide. L'importance relative et absolue des modifications hormonales et de leurs interactions durant l'induction de la lactation n'a pas été évaluée, et les traitements secondaires qui modifient un ou plusieurs niveaux hormonaux n'ont pas été globalement jugés. Enfin, les critères de succès ont été limités au nombre d'animaux ayant répondu à l'induction et à leur production.

Des productions laitières basses sont associées à des fortes concentrations d'œstrogènes plasmatiques vers le jour 7, à l'incapacité de les maintenir suffisamment hautes jusqu'au jour 17-18 ou à l'incapacité de faire décroître rapidement le niveau de progestérone, en conjonction avec une lente décroissance des taux d'œstrogènes et une faible augmentation de la PRL après le jour 17.

Rôle des hormones

Œstrogènes et progestérone

Il est généralement admis que les stéroïdes jouent un rôle important dans la stimulation de la croissance mammaire au cours de la gestation. Les œstrogènes provoquent l'élongation des canaux mammaires et augmentent le nombre des récepteurs de la progestérone. La progestérone stimule la dichotomie des canaux et le développement lobuloalvéolaire [14] ; de plus, elle inhibe la lactogenèse durant la gestation. Une fois la lactation commencée, aucun stéroïde n'est indispensable à son maintien.

Le traitement d'animaux non gravides avec de larges et multiples doses d'œstrogènes et de progestérone induit une rapide augmentation dans la différenciation structurale et fonctionnelle du tissu mammaire. Les modifications dans la morphologie de ce tissu surviennent durant les 7 jours de traitement stéroïdien. Il y a formation de petits canaux ramifiés et apparition d'extrémités bourgeonnantes [7, 8].

Les injections de stéroïdes ne doivent pas durer nécessairement 7 jours ou plus pour sensibiliser le tissu mammaire à l'action des autres hormones mammogènes et lactogènes. Quand du tissu mammaire est excisé d'une brebis pubère, vierge et injectée avec des stéroïdes, un ou deux jours de traitement suffisent pour qu'in vitro il soit sensibilisé à l'action de la PRL et des glucocorticoïdes [7].

Cet amorçage par les stéroïdes est analogue à ce qui se passe chez la brebis gestante avant le 85e jour de la gestation. C'est seulement après ce laps de temps que la sensibilité aux autres hormones est capable d'aboutir au plein développement du système lobuloalvéolaire. Les variations des stéroïdes au cours du cycle sexuel sont insuffisantes pour provoquer cette sensibilisation.

Les œstrogènes agissent en synergie avec la progestérone. Ils sont moins actifs seuls, tandis que la progestérone seule est sans effet. L'œstrone est inefficace. Les œstrogènes stimulent les récepteurs de la progestérone, puis les stéroïdes participent ensemble au développement lobuloalvéolaire en présence des hormones polypeptidiques, comme cela a été montré in vitro [7]. Les œstrogènes par eux-mêmes agissent localement, directement ou indirectement, comme un mammogène ductal, en stimulant la synthèse locale de facteurs de croissance.

Quand des vaches sont injectées avec des stéroïdes ovariens durant 7 ou 21 jours, on observe, au jour 7 de l'induction, une augmentation des concentrations de l'ADN avec un accroissement de l'épithélium et une diminution des tissus de soutien dans une glande en développement [8]. Au jour 8, les structures lobulaires et les alvéoles immatures se développent, et les sécrétions contiennent du lactose [29]. Ces changements précèdent l'injection des glucocorticoïdes en traitement secondaire.

Lors de la lactogenèse, les deux stéroïdes agissent en opposition. Si l'on poursuit les injections de progestérone après l'arrêt des injections d'œstradiol, la croissance mammaire est favorisée, mais la lactogenèse est retardée ou inhibée [7]. L'œstradiol stimule la synthèse et la libération de PRL, particulièrement après l'arrêt des injections de progestérone, ce qui explique pourquoi, chez les animaux induits, on observe une croissance rapide du niveau de la PRL plasmatique dans les deux semaines qui suivent la fin du traitement stéroïdien.

L'incompréhension de la variabilité des résultats vient probablement du fait que les stéroïdes produisent leurs effets biologiques sur les cellules cibles de la glande mammaire par l'intermédiaire de récepteurs dont le fonctionnement n'est pas encore bien connu.

Prolactine (PRL)

La prolactine est importante pour la mammogenèse, la formation des structures lobuloalvéolaires, la différenciation cytologique des cellules épithéliales [1, 13] ; au cours de la période prépartum, lors des ultimes stimulations hormonales, elle vise les cellules mammaires afin d'aboutir au développement maximal, suivi d'une importante sécrétion de lait. Chez les animaux induits, cette phase correspond à la période qui suit les injections de stéroïdes ovariens. Durant cette période l'attention est particulièrement portée sur la PRL, sur les moyens pour en augmenter la sécrétion, et ainsi stimuler la lactogenèse.

Les effets de la PRL sur la croissance mammaire et la lactogenèse lors des inductions ont été délimités par l'usage expérimental de l'ergocryptine et de la réserpine, soit pour en bloquer, soit pour en stimuler la sécrétion.

La suppression de la PRL chez des brebis gestantes est sans effet sur le développement mammaire car l'hormone placentaire lactogène remplace partiellement la PRL hypophysaire. Chez la vache, la chèvre et la brebis, les traitements par l'ergocryptine, relativement courts, juste avant la parturition, font diminuer la sécrétion de PRL et inhibent la lactogenèse et la production laitière. Chez la vache, dix jours d'injection d'ergocryptine prépartum n'ont pas d'effet sur l'accumulation de l'ADN mammaire durant les dix jours post-partum (augmentation de 44 %) mais provoquent un déficit important de l'ARN (−36 %), du rapport ARN/ADN et de la production laitière (−40 %). Le fait dominant dans le tissu mammaire de vaches injectées avec de l'ergocryptine, comparé à celui d'animaux ayant reçu une ou plusieurs injections de PRL en même temps que l'ergocryptine, est la non-différenciation des cellules épithéliales.

Lors d'induction, l'augmentation des concentrations de PRL à la suite de l'arrêt du traitement par les stéroïdes coïncide avec le moment où la glande mammaire commence à contenir des caséines et du lactose, et où débutent les modifications ultrastructurales [5], histologiques et métaboliques. Les faibles niveaux de PRL sont liés à une faible lactogenèse et à une production laitière réduite. De même, la diminution saisonnière de la sécrétion de PRL due à l'abaissement des températures environnantes et au raccourcissement de la durée du jour est associée à une baisse des succès dans l'induction des lactations.

Lorsque la PRL est bloquée durant la période stéroïdienne (jours 1 à 7), ni la croissance mammaire ni la production laitière qui s'ensuit ne sont freinées [7]. En revanche, les chèvres comme les brebis traitées avec l'ergocryptine *durant et après* la période stéroïdienne ne montrent que peu de croissance mammaire et une production laitière très faible [9].

Ces résultats ne distinguent pas les effets sur la croissance de ceux obtenus sur la lactogenèse [13] car la PRL est réduite durant la totalité de la période précédant le début de la traite. Toutefois, la suppression de la PRL durant les 21 jours de l'induction inhibe l'augmentation de l'ARN et de l'ADN mammaire au jour 21, même si les glucocorticoïdes sont administrés du 18 au 21e jour en traitement secondaire.

Lorsque l'ergocryptine est utilisée pour bloquer la sécrétion de PRL *après* le traitement stéroïdien d'induction chez la chèvre et la brebis, la formation des alvéoles et la lactogenèse sont bloquées [9]. Cette période correspond à celle pendant laquelle la concentration de PRL doit augmenter (Fig. 10-2). Les effets de la suppression de la PRL à cette période de l'induction sont identiques à ceux trouvés chez des femelles traitées par l'ergocryptine à l'approche de la parturition.

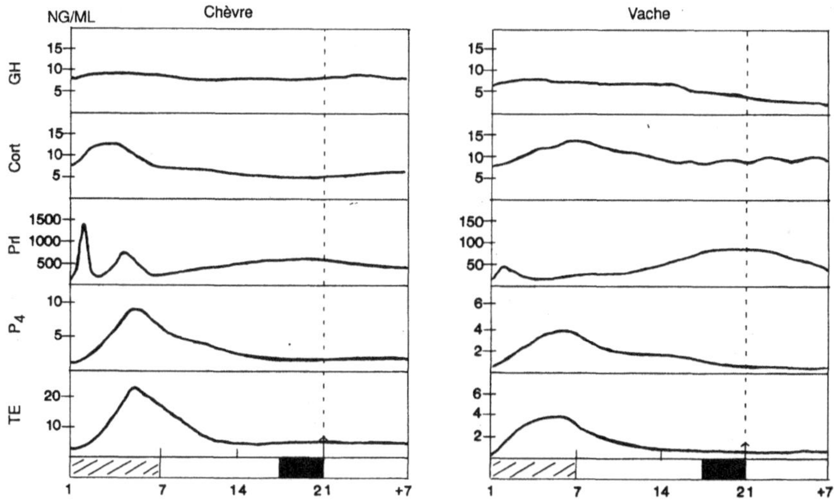

Fig. 10-2 **Concentrations plasmatiques (ng/ml) des œstrogènes non conjugués totaux (TE), progestérone (P4), corticoïdes (cort), et hormone de croissance (GH) pendant la lactation induite par les œstrogènes et la progestérone** ( ) injectés durant 7 jours à des brebis (0,5 et 1,25 mg/kg/j) et à des vaches (0,1 et 0,25 mg/kg/j) et des corticoïdes pour 3 jours ( ), la traite est commencée le jour 21 (↑).

Pour la croissance mammaire, de faibles quantités de PRL sont indispensables pour l'induction de la prolifération ductale par les stéroïdes, et l'ergocryptine n'entraînant pas une inhibition totale, des quantités encore suffisantes de PRL circulent.

Le rôle critique de taux élevés de PRL dans le complet développement lobulo-alvéolaire et la totale différenciation est suggéré par la corrélation positive trouvée entre les concentrations de PRL dans le plasma entre l'arrêt des stéroïdes et le début de la traite, et le maximum de production laitière (r=0,65), avec la lactation à 100 jours (r=0,64) [84]. Les lactations induites sont plus importantes quand les niveaux de PRL sont plus élevés durant cette période.

Il est également possible de décrire le rôle de la PRL en augmentant sa sécrétion à différentes périodes de l'induction. La réserpine augmente la sécrétion de PRL, sans modifier le niveau des autres hormones lactogènes. Chez les vaches traitées par les stéroïdes, les injections de réserpine font diminuer la variabilité de la production laitière mais n'augmentent pas toujours les quantités moyennes de lait produites [3, 18, 15].

On peut attendre d'une augmentation du niveau de la PRL (soit naturelle, soit due à la réserpine) après le traitement stéroïdien une augmentation des quantités de lait sécrété, des quantités de citrate et de lactose dans un lait physiquement normal. L'augmentation de la sécrétion de PRL après la période stéroïdienne et avant le début de la traite augmente le pourcentage de la surface des alvéoles (+55 %) dans des biopsies de mamelles de vaches traitées.

L'injection à la brebis, de thyroxine, de GH et de TRH* pour augmenter la libération de PRL est relativement inefficace, injectées seules ou en combinaisons variables, à moins que des glucocorticoïdes soient injectés simultanément [12, 16]. Ces traitements secondaires sont habituellement utilisés durant une courte période précédant la traite ; ils n'ont pas été essayés durant la phase de croissance mammaire. Il n'est donc pas possible de discriminer clairement toutes leurs qualités dans l'amélioration du traitement.

Récepteurs hormonaux de la prolactine

Les hormones polypeptidiques, pour provoquer la réponse cellulaire, doivent se lier à leurs récepteurs spécifiques afin de délivrer leur message. On connaît assez peu de choses sur les relations entre les tissus de la glande mammaire et le milieu durant l'induction. Il en est de même de la contribution des tissus adipeux, hépatiques et musculaires dans la mise en œuvre et le maintien des lactations induites.

Le nombre des récepteurs de la PRL est bas dans le tissu mammaire de brebis non gestantes mais augmente rapidement entre le 60e et le 80e jour de gestation. Dès lors, la glande mammaire croît rapidement mais le nombre de récepteurs reste stable ou augmente légèrement. Une seconde augmentation du nombre des récepteurs de la PRL se produit au début de la lactation (jours 21 à 28). Cet aspect de l'évolution des récepteurs de la PRL est simulé presque complètement lors des lactations induites. L'augmentation du nombre des récepteurs se produit entre les jours 8 et 14, après la période stéroïdienne. Celle-ci précède les augmentations de l'ADN, de l'ARN et de l'activité lactose synthétase dans le tissu mammaire. Toutefois, au cours de la lactation induite chez la brebis, l'affinité de liaison du récepteur de la PRL est environ deux fois plus faible que celle rencontrée au 30e jour d'une lactation naturelle. Ces différences dans la liaison spécifique peuvent refléter des différences dans les types cellulaires présents au cours du développement des glandes induites ou normales. Cela peut expliquer les productions laitières plus faibles lors des inductions. Il est aussi possible que ce niveau bas de la liaison spécifique soit trouvé pour d'autres tissus ou d'autres hormones qui jouent un rôle dans le déroulement de la lactation induite.

* TRH : Thyrotrophine Releasing Hormone.

Glucocorticoïdes

L'importance des glucocorticoïdes dans le complexe lactogénique a été démontrée in vitro [3] et in vivo.

L'administration de glucocorticoïdes à des vaches ou des brebis gestantes intactes en dehors de la parturition induit la lactation. Les glucocorticoïdes potentialisent l'activité de la PRL pour induire une synthèse de lait et une accumulation des ARNm des caséines du lait [13]. Chez la vache et la brebis, la concentration des glucocorticoïdes plasmatiques augmente plusieurs fois quelques jours avant la parturition (Fig. 10-1), mais leur concentration n'augmente pas spontanément lors de l'induction de la lactation par les stéroïdes ovariens (Fig. 9-2) [11].

L'injection de corticoïdes a été tentée aux divers stades de l'induction, y compris durant la période de traite. Le plus souvent ils sont injectés juste avant le début de la période de traite pour simuler la montée prépartum observée chez les espèces domestiques (Fig. 9-1), moment où ils servent de déclencheur lactogénique.

Chez la vache et la brebis, injectées durant la période stéroïdienne, ils diminuent la variabilité des résultats en augmentant le pourcentage d'animaux répondant positivement, mais ils n'augmentent pas quantitativement la production laitière [12].

Chez la brebis il est indispensable de les inclure dans l'induction pour provoquer l'hyperplasie cellulaire.

Les brebis recevant des stéroïdes durant 7 jours, sans glucocorticoïdes, ne voient pas augmenter leur ADN mammaire au jour 21 ou même après 7 jours de traite (jour 28). L'injection de glucocorticoïdes commençant au jour 18 et se poursuivant pour 3 ou 10 jours consécutifs entraîne une augmentation supérieure à 100 % du poids frais de la glande mammaire et de son contenu en ADN. L'ARN est multiplié par 5 et l'accroissement de la production laitière après le début de la traite est très substantiel. Ces réponses aux injections de glucocorticoïdes surviennent après une semaine de traite lorsque la durée des injections est de 10 jours, elles sont plus tardives quand la durée n'est que de 3 jours. Cette observation met en évidence le rôle joué par les hormones libérées en réponse à la traite dans la poursuite du développement mammaire.

Insuline, hormone de croissance (GH) et facteurs de croissance

S'il est possible de moduler l'établissement de la lactogenèse en modifiant les concentrations de progestérone, de PRL et de glucocorticoïdes, il est sûr que d'autres facteurs et hormones jouent un rôle dans l'ensemble des phénomènes d'induction de la lactation. Tout d'abord on constate l'absence des hormones et stéroïdes placentaires ; ces facteurs peuvent jouer un rôle important par interaction avec les récepteurs de la glande mammaire, ou avec les récepteurs somatogéniques des tissus non épithéliaux (tissus hépatique et adipeux entre autres) dans la préparation de ces tissus à la lactation.

Un aspect inconnu de l'action des glucocorticoïdes au cours de l'induction est la possibilité d'une activité médiée par les récepteurs de l'insuline et des IGF 1 dans le tissu mammaire. L'injection de dexaméthasone ou d'hydrocortisone augmente de 2 à 5 fois les concentrations d'insuline dans le plasma. Les concentrations en sont élevées au cours de la période d'injection des glucocorticoïdes [8]. Une réponse du même type est observée chez les animaux intacts non induits. Insuline et cortisol sont des amplificateurs de l'action de la PRL, mais cette action de l'insuline se produit à des doses largement supraphysiologiques. L'insuline est mitogène, elle stimule la multiplication cellulaire dans les explants mammaires et, généralement, il est nécessaire de l'inclure dans le milieu de culture pour maintenir les tissus mammaires et pour induire la différenciation provoquée par la PRL et les glucocorticoïdes.

Les niveaux élevés d'insuline en réponse aux glucocorticoïdes pourraient contribuer à la croissance mammaire en mimant l'action des facteurs de croissance proches de l'insuline. Toutefois, l'injection de 4 UI d'insuline un jour avant le début de la traite ne modifie pas la production de lait induite. Il est vraisemblable que ce résultat provient des effets négatifs sur le métabolisme et non d'effets directs sur la croissance mammaire, le développement lobuloalvéolaire et la lactogenèse.

L'hormone de croissance et les divers facteurs de croissance sont intéressants car ils sont disponibles et vont pouvoir entrer prochainement dans les systèmes de production. L'utilisation de la GH pour augmenter la production laitière est déjà connue. Les effets de la GH sur la glande mammaire semblent être indirects. L'utilisation de la GH au cours de la période précédant la mise à la traite [12] est sans effet. Il n'y a pas de preuve que les concentrations plasmatiques de GH sont augmentées par le traitement stéroïdien durant l'induction [9] ni durant la gestation. Toutefois la GH peut stimuler la production de facteurs de croissance qui, à leur tour, directement, stimuleraient la croissance mammaire. On sait, par exemple, que la concentration des IGF 1 est doublée et se maintient élevée dans le plasma de vaches après une ou plusieurs injections de GH.

Des récepteurs fonctionnels de IGF 1 et IGF 2 ont été identifiés dans la glande mammaire. IGF 1 et EGF sont mitogènes pour les cellules épithéliales. Infusés dans la citerne d'une demi-glande de brebis ou de bovin, durant une période de douze jours, ils augmentent la synthèse de l'ADN et le poids frais total de la glande comparés aux demi-glandes non injectées. La réplication des cellules épithéliales mammaires bovines, transplantées chez des souris « nudes » athymiques, est stimulée par l'EGF en présence d'œstrogènes et de progestérone.

De plus l'EGF inhibe la différenciation fonctionnelle des cellules mammaires et est impliqué dans la synthèse de collagène de type IV par le tissu mammaire. Cette dernière fonction est importante dans la prolifération des cellules épithéliales car le collagène produit est étroitement couplé avec la réplication cellulaire.

Comme la production laitière d'un animal induit en lactation dépend de la croissance de sa glande mammaire, donc de l'ADN qu'elle contient, et que cette glande n'atteint pas toujours sa taille maximale avec les traitements stéroïdiens courts, un fructueux domaine de recherche est ouvert avec l'utilisation de la GH et/ou des facteurs de croissance. Les résultats obtenus jusqu'à ce jour indiquent que les traitements additionnels doivent être appliqués durant la phase de croissance.

Finalement les inductions dont les résultats sont les meilleurs résultent d'une rapide décroissance des stéroïdes dans le plasma après la fin des injections, et d'une élévation du niveau de la PRL entre les jours 14 et 35. Les concentrations de progestérone supérieures à 0,5 ng/ml après le jour 17 retardent ou inhibent la mise en route de la lactation. L'augmentation de la durée des injections de progestérone sans modifier celles de l'œstradiol favorise la croissance mammaire et retarde la lactogenèse [7]. Ces résultats sont autant d'arguments en faveur de l'idée que le retrait de la progestérone lève un état d'inhibition et déclenche la lactogenèse [7].

D'une manière générale, le résultat de l'action de la PRL et des glucocorticoïdes lors de l'induction est semblable à celui joué au cours de la gestation. Il semble que de très petites quantités de ces hormones soient indispensables lors de la phase de croissance mammaire. La suppression de la PRL durant la période d'injection des stéroïdes ovariens n'inhibe pas la synthèse de l'ADN ni la capacité de l'hydrocortisone à augmenter la croissance mammaire qui se produit même quand les concentrations plasmatiques en PRL sont inférieures à 2 ng/ml. Quand une croissance mammaire avec développement lobuloalvéolaire se produit, la lactogenèse normale est bloquée si la PRL est absente et ce malgré la présence des glucocorticoïdes. L'injection de glucocorticoïdes permet une lactogenèse normale, même si les concentrations de PRL sont fortement réduites par l'ergocryptine. La PRL joue un rôle majeur, et l'effet des glucocorticoïdes est d'amplifier l'activité de la PRL au cours de la lactogenèse. Les deux hormones sont donc indispensables simultanément pour induire une lactation.

Composition des sécrétions mammaires et du lait

Durant l'induction

Des sécrétions sont faciles à obtenir des glandes mammaires durant la gestation et au cours de l'induction de la lactation sans affecter la course normale des événements. Ces sécrétions analysées ont permis d'apprécier les évolutions des activités cellulaires aux différents stades physiologiques.

Leur composition montre des changements lents qui sont suivis de modifications brutales au cours de l'immédiat prépartum et post-partum. Ces changements sont présentés sur la figure 10-3, et nous permettent de décrire deux stades au cours de la lactogenèse des animaux domestiques gestants. Les constituants spécifiques du lait font leur apparition au cours du stade I. L'augmentation rapide de la synthèse de lait se produit au cours du stade II qui est court et associé à la mise en route de la parturition. Alors les synthèses s'amplifient avec sécrétion des graisses du lait, des protéines, caséines, α-lactalbumine,

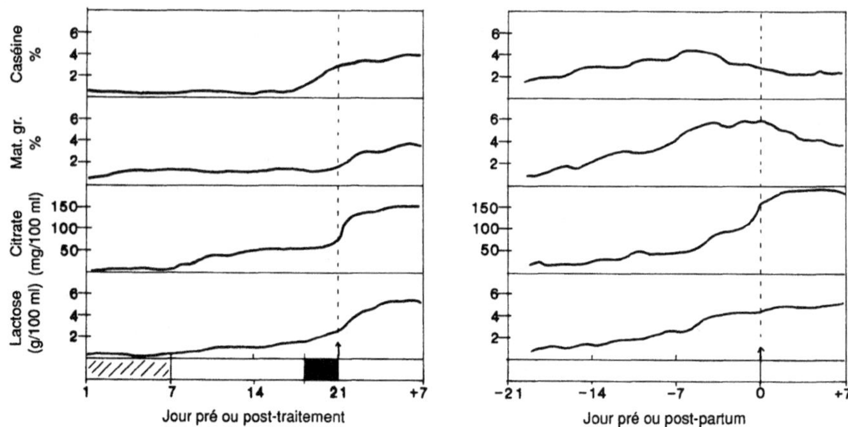

Fig. 10-3 Comparaison des changements dans la composition des sécrétions mammaires durant la lactation induite par injection d'œstrogènes et de progestérone pour 7 jours ( ) et les corticoïdes durant 3 jours ( ) ou durant la période prépartum. La traite est commencée le jour 21 pour les lactations induites et au moment de la parturition (↑).

lactose et citrate. Ces modifications se produisent en même temps que décroît la concentration sanguine de progestérone et augmentent les taux de PRL, glucocorticoïdes et autres hormones.

Il est beaucoup plus difficile de déceler ces deux étapes au cours de la lactogenèse de l'induction de lactation. Volume et composition des sécrétions évoluent très progressivement. Les constituants spécifiques lors des lactations induites peuvent changer brutalement lors des traitements secondaires qui provoquent des augmentations des concentrations de PRL et peut-être de glucocorticoïdes. Cela est illustré par l'accumulation de lactose et de citrate en réponse au traitement par la réserpine qui augmente les taux de PRL (Fig. 10-4). Dans ce cas on déclenche une lactogenèse au moins dans un certain nombre de cellules mammaires.

Pendant et immédiatement après les injections de stéroïdes, les constituants sécrétés à travers les vésicules de Golgi commencent à augmenter (citrate, lactose, α-lactalbumine, caséines). Le volume sécrété reste faible, les sécrétions sont jaunâtres et aqueuses, avec des taux faibles en matière sèche et en activité lipasique, elles sont acides (pH 5 à 6). Durant les deux semaines suivant les injections de stéroïdes, une certaine proportion des protéines du sérum et des acides gras à longue, moyenne et courte chaînes sont similaires aux sécrétions au cours du prépartum. Leur évolution en concentration est également identique. Quand les sécrétions sont collectées avant la montée normale de la PRL (après le jour 14), ou lorsqu'un traitement secondaire est appliqué, ces sécrétions ont un taux élevé en cholestérol, phospholipides et acides gras insaturés que l'on trouve essentiellement dans les membranes. Ces sécrétions précoces ressemblent à celles que l'on trouve lors de l'involution de la glande mammaire en fin de lactation.

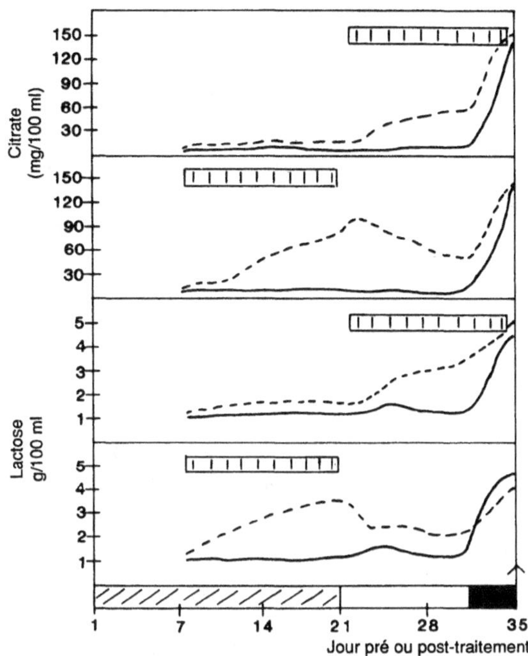

Fig. 10-4 **Effet de la réserpine** (2 mg/j, les jours alternés) **sur le lactose et le citrate des sécrétions mammaires.** Œstrogènes et progestérone sont injectés durant 21 jours (0,1 et 0,25 mg/kg/j, ▨▨▨) et les corticoïdes pour 3 jours (▮▮▮). La traite est commencée au jour 35 ; réserpine injectée (⊞⊞⊞). Traités réserpine (...), contrôle (—).

Avec le schéma d'induction de 7 jours, une accumulation rapide de citrate et de lactose survient en réponse à l'augmentation de la PRL dans le plasma dès que le taux de stéroïdes baisse [7, 12]. Ces modifications ont lieu dès le jour 10 quand la réserpine est injectée au jour 8 pour stimuler la libération de PRL (Fig. 10-4). Si la sécrétion de la PRL est bloquée par l'ergocryptine, l'apparition du lactose dans les sécrétions est retardée.

Durant la période de traite

La première sécrétion produite par les vaches induites en lactation par les stéroïdes est invariablement du colostrum dont le contenu est élevé en protéines, surtout en immunoglobulines IgG [7]. Après 5 ou 6 traites, les sécrétions induites ont le plus souvent l'aspect de lait, mais fréquemment les concentrations en lactose et citrate sont réduites et les protéines totales légèrement plus élevées que la normale ; d'autre part, la proportion d'acides gras à courte chaîne est doublée, et celle des acides gras à longue chaîne est réduite d'autant pendant les 4 premières semaines de la lactation ; les acides gras à chaîne moyenne sont inchangés.

Une fois la lactation complètement établie, les taux de graisses du lait, de protéines et de lactose pour une même race d'animaux sont identiques à ce que l'on observe lors d'une lactation naturelle [2]. Le niveau de lipase dans le tissu mammaire est plus faible que la normale durant 12 semaines chez la brebis [2] et plus faible chez les vaches durant 8 semaines. Ces retards dans l'augmentation de l'activité lipo-protéine lipase semble correspondre à un retard dans la montée de la production laitière. Cette lente évolution vers un lait complètement normal suggère une mise en route de la lactogenèse relativement inefficace, particulièrement en ce qui concerne le stade II.

Hormones dans le lait

La liste des hormones présentes dans le lait des divers mammifères est longue et leur rôle physiologique ou physiopathologique est inconnu. Les stéroïdes ovariens, les glucocorticoïdes, la PRL et divers facteurs de croissance sont détectés dans le colostrum et dans le lait normal des animaux domestiques et de la femme. Les concentrations sont proches ou parfois excèdent celles trouvées dans le plasma.

Quand des hormones stéroïdiennes radioactives sont injectées durant 7 jours pour induire une lactation, la radioactivité trouvée dans les fèces et dans l'urine retourne au niveau de départ 10 à 14 jours plus tard. Il n'y a pas de preuves que le taux de stéroïdes soit plus haut que la normale dans le lait au-delà de 14 à 21 jours après la dernière injection de stéroïdes [16]. Les hormones polypeptidiques, tyroïdiennes ou les facteurs de croissance dans le colostrum et le lait des animaux induits, et qui auraient reçu ou non des traitements secondaires, n'ont pas été dosés. On ne connaît pas le rôle des hormones contenues dans le lait normal ni dans le lait des lactantes induites. L'usage de traitements secondaires précède toujours la mise à la traite, il est donc possible qu'ils puissent causer des variations dans le contenu hormonal du lait au début de la période de lactation. Toutefois cela demande à être précisément évalué pour s'assurer de l'absence de différences importantes de composition susceptibles d'affecter l'utilisation de ce lait pour la consommation humaine.

Modifications du comportement, risques physiques, reproduction

Comportement

Le comportement des animaux est modifié rapidement après le début du traitement stéroïdien. Dans les 12 à 24 heures après la première injection, les animaux présentent les différents aspects d'un comportement d'œstrus. Cette activité se maintient plus ou moins après l'arrêt des injections de stéroïdes et parfois revient et persiste pour deux mois environ. La fréquence, l'intensité et la durée de l'œstrus sont très variables selon les animaux. Les modifications du comportement et les changements dans le tractus génital sont rassemblés dans le tableau 10-2.

Tableau 10-2 Comportement et changements du tractus femme durant une induction de croissance de mamelle et de lactation. Les œstrogènes et la progestérone sont injectés durant les 7 jours 1 à 7. D'après [16, 21, 23, 26].

Jour de traitement	Observations physiques et comportement
1-3	Activité d'œstrus, monte, nervosité, mucosités vulvaires, vulve tuméfiée et rouge
—	Régression ovarienne, mucosités, utérus ferme et congestionné, œstrus permanent possible
17	Régression ovarienne ou petit développement folliculaire, mucus abondant et aqueux, vulve gonflée, œstrus permanent possible
21	Œstrus permanent, monte fréquente et intense, utérus œdémateux à tonicité décroissante, mucus aqueux, pas d'activité ovarienne
35	Activité ovarienne variable (inactive, ou petite activité folliculaire, ou follicules kystiques de taille variable) décroissance du tonus utérin
42-49	Gros follicules (>2 cm) ; formation de corps jaunes
80-100	Retour à une activité cyclique ovarienne normale

Risques physiques

L'existence d'un œstrus permanent nécessite la séparation des animaux traités des non traités pour diminuer les risques d'accident. L'intense œstrus permanent provoqué chez les animaux injectés entraîne un comportement de monte pouvant provoquer des fractures pelviennes, déchirures ligamentaires et problèmes dorsaux [18]. Il est clair que ces effets secondaires sont gênants ; il est possible de les réduire en diminuant les quantités de stéroïdes injectés [16] ou en utilisant une éponge vaginale comme moyen d'administration [6], ce qui réduit la fréquence de l'apparition d'ovaires kystiques lorsque le traitement est appliqué à des animaux normaux. Chez ces animaux, un traitement avec HCG permet le retour à des cycles sexuels normaux dans les 80 à 100 jours.

Reproduction

La fertilité des animaux induits en lactation comparée aux non injectés est difficile à évaluer d'une manière critique car les animaux induits sont souvent ceux qui ont des problèmes de reproduction, avec ou sans anomalies du tractus génital. Généralement la fertilité de ces animaux s'améliore après le traitement d'induction, et 38 à 80 % d'entre eux deviennent gestants après un accouplement en cours de lactation induite. L'intervalle entre le traitement stéroïdien et le premier cycle avec fécondation est très variable, parce que les causes de l'infécondité sont diverses et souvent inconnues (Tabl. 10-3). Cela indique qu'il est nécessaire d'avoir une bonne connaissance de l'état reproductif du troupeau pour apprécier avec exactitude les effets du traitement d'induction.

Tableau 10-3   Situation de la reproduction chez les vaches induites. a : saillies répétées ; b : non fournies ; c : saillies naturelles.

Nombre d'animaux	Nombre de saillies	Saillies pour conception	Nombre de conceptions	Références
36	11	1-3	6	Narendran et Hacker [28]
16	9	1-2	5	Collier et al. [4]
10	3	-	3	Smith et Schanbacher [22]
19	7	a	-	Chakriyarat et al [23]
11	11	a	7	Erb et al. [26]
24	22	b	19	Delouis et al. [25]
24	22	b	18	Jordan et al. [16]
363	b	b	137	Pont et Delouis [19]
39	39	c	35	Peel et al. [18]
88	88	-	77	Pont et Delouis [19]
23	18	1-9	7	Lembowicz et al. [27]

Conclusions et perspectives

Le nombre des animaux induits en lactation et les productions qui en résultent sont bien en dessous de ce qui est produit après une lactation naturelle, que les traitements soient courts et longs.

Si nous gardons à l'esprit le fait que la quantité de lait produit est en relation directe avec le nombre de cellules épithéliales, les efforts doivent porter sur le contrôle de la croissance mammaire et le développement lobuloalvéolaire.

Il faut définir les critères permettant d'évaluer le développement mammaire, les concentrations en ADN, ARN et en enzymes, la quantité et les qualités de la production de lait. Si les conditions hormonales qui accompagnent la croissance mammaire au cours de la gestation puis de la lactogenèse doivent être contractées au cours d'une induction durant 21 jours, il est certain que la simulation sera difficile à obtenir. Des études sont encore nécessaires pour caractériser simultanément les changements et les évolutions des stéroïdes, des hormones polypeptidiques et des facteurs de croissance chez les préparturientes et chez les femelles induites en lactation par les stéroïdes.

Les différents moyens employés ont montré que la sensibilisation de la glande mammaire et le début de sa croissance commencent durant la période d'injection des stéroïdes (jours 1 à 7), et que la lactogenèse résulte de la décroissance des niveaux plasmatiques de progestérone et de l'élévation de la PRL et/ou des glucocorticoïdes. Malheureusement peu de corrélations importantes ont été détectées entre les concentrations d'hormones et la croissance mammaire, le développement lobuloalvéolaire, la lactogenèse et la production de lait. Il est clair toutefois que des traitements secondaires existent pour lancer la lactogenèse. Ils ne sont cependant pas toujours efficaces, peut-être à cause d'une asynchronie du développement des tissus. Cette asynchronie est plus marquée que dans le postpartum naturel, et ainsi la croissance continue au cours de la lactation induite, à un degré plus élevé qu'au cours des lactations naturelles.

La possibilité d'induire en trois semaines la croissance, le développement lobuloalvéolaire, la lactogenèse et la lactation est un moyen expérimental permettant de clarifier le rôle respectif des hormones mammogènes et lactogènes ainsi que des facteurs de croissance. Il est maintenant bien établi que la combinaison des œstrogènes et de la progestérone est supérieure à tout stéroïde seul ou avec d'autres hormones et/ou facteurs de croissance. Les progrès dans cette technique pourront être atteints lorsque l'on comparera les réponses physiologiques positives à celles des animaux en gestation et lactation naturelles et aux animaux qui répondent négativement au traitement stéroïdien. Pour réduire la variabilité des réponses, il faut identifier précocement la qualité des animaux et cela n'est pas encore facile. Il y a des changements spécifiques dans les quantités et l'activité du tissu mammaire, l'évolution des concentrations des hormones dans le sang et des récepteurs durant l'induction, la composition des sécrétions. Tous ces facteurs pourraient être associés avec l'importance de la production laitière, or aucune règle générale n'émerge, et cela ne facilite pas la réduction de la variabilité des réponses au traitement d'induction.

Développer des moyens permettant de réduire les doses et la durée de la période stéroïdienne offrirait l'avantage de réduire l'intensité du comportement d'œstrus permanent avec les risques qu'il engendre et de réduire les risques d'apparition de kystes sur les ovaires en diminuant l'importance des niveaux de stéroïdes plasmatiques. Il est clair que des recherches sont nécessaires pour développer utilement les procédures d'induction par des traitements de courte durée en vue d'une application en élevage. Les petits ruminants, chèvres ou brebis, représentent un matériel d'étude intéressant et peu coûteux. Les études doivent comprendre des mesures des effets sur les cellules épithéliales aussi bien que sur les cellules non épithéliales pour tenter de déterminer les facteurs majeurs qui limitent la croissance et le développement lobuloalvéolaire. Une fois la variabilité réduite, croissance et développement lobuloalvéolaire doivent être maximisés et synchronisés avec une lactogenèse. L'induction de la lactation reste en tout état de cause un outil important pour l'étude des mécanismes des différentes étapes physiologiques et biochimiques qui président à la production de lait.

RÉFÉRENCES

1. AKERS RM (1985) Lactogenic hormones : binding sites, mammary growth, secretory cell differentiation, and milk biosynthesis in ruminants. *J Dairy Sci* **68** : 501-519

2. CHILLIARD Y, DELOUIS C, SMITH MC, SAUVANT D, MORAND-FEHR P (1986) Mammary metabolism in the goat during normal or hormonally induced lactation. *Reprod Nutr Dev* **26** : 607-615

3. COLLIER RJ, BAUMAN DE, HAYS RL (1977) Effect of reserpine on milk production and serum prolactin of cows hormonally induced into lactation. *J Dairy Sci* **60** : 896-901

4. COLLIER RJ, CROOM WJ, BAUMAN DE, HAYS RL, NELSON DR (1976) Cellular studies of mammary tissue from cows hormonally induced into lactation : Lactose and fatty acid synthesis. *J Dairy Sci* **59** : 1226-1231

5. CROOM WJ, COLLIER RJ, BAUMAN DE, HAYS RL (1976) Cellular studies of mammary tissue from cows hormonally induced into lactation : histology and ultrastructure. *J Dairy Sci* **59** : 1232-1245

6. DAVIS SR, WELCH RAS, PEARCE MG, PETERSON AJ (1983) Induction of lactation in nonpregnant cows by estradiol-17β and progesterone from an intravaginal sponge. *J Dairy Sci* **66** : 450-457

7. DELOUIS C (1988) Contribution à l'étude de la différenciation structurale et fonctionnelle de la glande mammaire de la brebis. Thèse Docteur en Sciences, Université de Paris-Sud, Centre d'Orsay

8. FLEMING JR, HEAD HH, BACHMAN KC, BECKER HN, WILCOX CJ (1986) Induction of lactation : histological and biochemical development of mammary tissue and milk yields of cows injected with estradiol-17β and progesterone for 21 days. *J Dairy Sci* **69** : 3008-3021

9. HART IC, MORANT SV (1980) Roles of prolactin, growth hormone, insulin, and thyroxine in steroid induced lactation in goats. *J Endocrinol* **84** : 343-351

10. HEAD HH, CHAKRIYARAT S, THATCHER WW, WILCOX CJ, BECKER HN (1982) Induction of lactation : comparaison of injections of estradiol-17β and progesterone for 7 or 21 days on prolactin response to thyrotropin releasing hormone and milk yield in dairy cattle. *J Dairy Sci* **65** : 927-936

11. HEAD HH, DELOUIS C, FEVRE J, KANN G, TERQUI M, DJIANE J (1982) Hormone levels in plasma of ewes induced into lactation. *Reprod Nutr Dev* **22** : 641-650

12. HEAD HH, DELOUIS C, TERQUI M, KANN G, DJIANE J (1980) Effects of various hormone treatments on induction of lactation in the ewe. *J Anim Sci* **50** : 706-712

13. HOUDEBINE LM (1986) Contrôle hormonal du développement et de l'activité de la glande mammaire. *Reprod Nutr Dev* **26** : 523-541

14. HOUDEBINE LM, TEYSSOT LM, DEVINOY E, OLLIVIER-BOUSQUET M, DJIANE J, KELLY PA, DELOUIS C, KANN G, FEVRE J (1983) Role of progesterone in the development and the activity of the mammary gland. *In* Progesterone and Progestins. Ed. C Wayne, Bardin, E Milgrom, P Mauvais-Jarvis. Raven Press, NY, pp. 297-319

15. JOHKE T, HODATE K, TAKAHASHI T (1981) Effects of reserpine and season on plasma prolactin, growth hormone, and lactogenesis in hormonally induced lactation of dairy heifers. *Jap J Zootech Sci* **52** : 63-66

16. JORDAN DL, ERB RE, MALVEN PV, CALLAHAN C, VEENHUIZEN EL (1981) Artificial induction of lactation in cattle : Effect of modified treatments on milk yield fertility and hormones in blood plasma and milk. *Theriogenology* **16** : 315-329

17. KENSINGER RS, BAUMAN DE, COLLIER RJ (1979) Season and treatment effects on serum prolactin and milk yield during induced lactation. *J Dairy Sci* **62** : 1880-1888

18. PEEL CJ, TAYLOR JW, ROBINSON IB, HOOLEY RD (1979) The use of œstrogen, progesterone and reserpine in the artificial induction of lactation in cattle. *Aust J Biol Sci* **32** : 251-259

19. PONT J, DELOUIS C (1987) Induction hormonale de la lactation chez la vache : résultats de trois années d'expérimentation en ferme. *Ann Zootech* **36** : 237-248

20. SAWYER GJ, FULKERSON WJ, MARTIN GB, GOW C (1986) Artificial induction of lactation in cattle : initiation of lactation and œstrogen and progesterone concentrations in milk. *J Dairy Sci* **69** : 1536-1544

21. SMITH KL, SCHANBACHER FS (1973) Hormone induced lactation in the bovine. I. lactational performance following injections of 17 β-estradiol and progesterone. *J Dairy Sci* **56** : 738-743

Références citées dans les tableaux

22. ALIFAKIOTIS TA, KATANOS I, HATJIMINAOGLOU I, ZERVAS N, ZERFIRIDES G (1980) Induced lactation in dairy Ewes by various brief hormone teatments. *J Dairy Sci* **63** : 750-755

23. CHAKRIYARAT S, HEAD HH, THATCHER WW, NEAL FC, WILCOX CJ (1978) Induction of lactation : lactational, physiological and hormonal responses in the bovine. *J Dairy Sci* **61** : 1715-1724

24. DELOUIS C, HEAD HH (1978) Induction of lactation in the cow and the goat. Proc 20th. *Int Dairy Cong* 171-172

25. DELOUIS C, DJIANE J, KANN G, TERQUI L, HEAD HH (1978) Induced lactation in cows and heifers by short-term treatment with steroïd hormones. *Ann Biol Anim Bioch Biophys* **18** : 721-734

26. ERB RE, MONK EL, MOLLETT TA, MALVEN PV, CALLAHAN CJ (1976) Estrogen, progesterone, prolactin and other changes associated with bovine lactation induced with estradiol-17 β and progesterone. *J Anim Sci* **42** : 644-654

27. LEMBOWICZ K, RABEK A, SKRZECZKOWSKI L (1982) Hormonal induction of lactation in the cow. *Br Vet J* **138** : 203-208

28. NARENDRAN R, HACKER RR, BATRA TR, BURNSIDE EB (1974) Hormonal induction of lactation in the bovine : mammary gland histology and milk composition. *J Dairy Sci* **57** : 1334-1340

11

Somatotropine, montée laiteuse et production laitière

K.C. Bachman, F. Elvinger, H.H. Head

Introduction

La somatotropine (STH ou hormone de croissance ou GH) est un polypeptide de 191 acides aminés (PM : 22 000) qui est synthétisé par les cellules acidophiles (somatotrophiques) du lobe antérieur de la glande hypophysaire. Les effets positifs sur le métabolisme de la croissance, sur la production laitière et sur la composition de la carcasse ont entraîné des études approfondies sur les activités de la somatotropine, surtout chez les bovins, les ovins et les caprins.

Les premiers extraits hypophysaires bruts injectés pour améliorer la croissance contenaient de la somatotropine et de la prolactine. On a ainsi reconnu que la prolactine était indispensable pour le développement mammaire durant la fin de la gestation et pour la lactogenèse. De même, on a déterminé, en utilisant des chèvres hypophysectomisées, que la somatotropine était nécessaire pour le maintien de la lactation et permettait l'amélioration de la production laitière chez le ruminant. A l'époque, les quantités de somatotropine obtenues, à des degrés de pureté variables, de glandes hypophysaires d'animaux abattus étaient insuffisantes et l'étude des mécanismes d'action de la somatotropine a été retardée.

Depuis que la séquence de l'ADN nécessaire à l'expression et à la synthèse de la somatotropine a été reconstruite et incorporée au colibacille en vue de son expression lors de la fermentation bactérienne, de grandes quantités de somatotropine extrêmement pure furent alors synthétisées et disponibles pour la recherche. D'autre part, les effets de la somatotropine peuvent être étudiés en augmentant la synthèse endogène. Sa synthèse et sa sécrétion sont contrôlées par des facteurs libérés par les terminaisons nerveuses dans l'éminence médiane de l'hypothalamus. Le polypeptide stimulateur GRF (*growth hormone releasing factor*) avec le tripeptide stimulateur TRH (*thyrotropin releasing hormone*) et le peptide inhibiteur, la somatostatine (SRIF), après leur libération, sont transportés vers les cellules somatotropiques où ils contrôlent la sécrétion de GH ou somatotropine (Fig. 11-1). Il s'ensuit que l'amélioration de la lactation par la somatotropine est possible par le traitement au GRF, au TRH ou par la suppression de la sécrétion de la somatostatine.

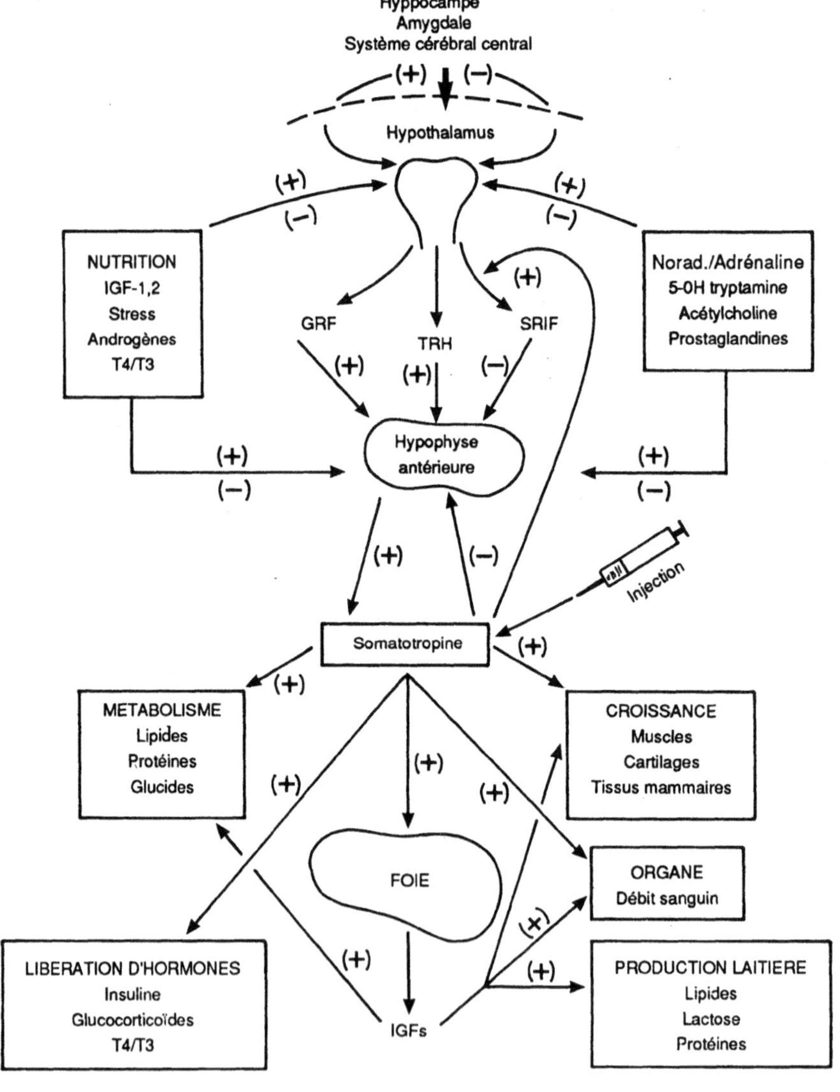

Fig. 11-1   Sécrétion de la somatotropine et actions chez les animaux domestiques.

La disponibilité de la somatotropine et des somatocrinines, qui comprennent le GRF et des substances analogues puissantes, produits en quantités industrielles par des techniques de recombinaison génétique, nous ont amenés à utiliser ces produits au niveau de la production animale, à la ferme. Mais avant d'utiliser ces hormones dans la pratique, nous devons nous assurer, par une étude approfondie des mécanismes d'action physiologiques de la somatotropine que les animaux traités ne souffrent pas de problèmes de santé et de productivité lors des traitements à long terme et que les modes de conduite de troupeau et d'alimentation sont adéquats. Nous centrerons ce chapitre sur l'utilisation de la somatotropine, ou GH (*growth hormone*), surtout chez les animaux domestiques et sur les effets de ces traitements sur la croissance de la glande mammaire, sur le métabolisme, sur la santé animale, sur la qualité du lait produit et la sécurité de sa consommation.

Production laitière

La production de la somatotropine par les techniques de recombinaison génétique et l'identification, l'isolement et la synthèse des somatocrinines ont permis d'étudier les mécanismes d'action et de modifier la production laitière. Les mécanismes d'adaptation métabolique durant la lactation ont été étudiés par des traitements à court et à long termes.

Traitements de courte durée

L'injection de la somatotropine à des vaches à potentiel de production laitière moyen ou élevé à différents stades de la lactation provoque un accroissement moyen de 2 à 5 kg de lait par jour, ce qui représente une augmentation de la production laitière de 5 à 40 %. Les différences de réponse sont dues à la durée des injections, la dose, le stade de lactation, les conditions d'entretien et à des facteurs non identifiés. La sécrétion de somatotropine endogène, résultant d'injections de somatocrinines (GRF), entraîne des augmentations de la production laitière du même ordre chez les brebis, les chèvres ou les vaches. Les augmentations de production se manifestent 24 à 48 heures après le début du traitement. Des résultats obtenus dans les expériences à court terme en injectant de la GH naturelle ou recombinée, ou des somatocrinines, sont présentés dans le tableau 11-1.

Le traitement de courte durée ne modifie pas l'ingestion de la ration alimentaire. La production laitière par unité d'aliment consommé augmente, tandis que l'efficacité de la production laitière n'est pas modifiée. L'augmentation de la production doit donc être supportée par la mobilisation des réserves corporelles. Généralement, si les animaux ne se trouvent pas carencés en énergie ou en protéines, les taux des composants du lait ne sont pas affectés par les traitements par la GH ou par les somatocrinines. Les augmentations de production de lait et de ses constituants sont parallèles (Tabl. 11-1).

Tableau 11-1 **Résumé des réponses de vaches laitières en lactation à de courtes périodes d'injection de somatotropine** (5 à 21 j) **ou de somatocrinine** (GRF, 10 j), **production laitière, ingestion d'énergie et balance énergétique (abrév.).** D'après Chilliard [7]. N : nombre de vaches traitées ; S : stade de lactation en mois ; Lait : production laitière en Kg/j. MSI : matière sèche ingérée en Kg/j ; Lip,Prot,Lact : changements dans les lipides, les protéines et le lactose en g/1000 ; Bal : balance énergétique en Mcal d'énergie nette/j.

Références	N	S	Dose (u/j)	Témoins		Effet de la somatotropine ou de la somatocrinine (traitées-témoins)					
				Lait	Bal	Lait	Lip	Prot	Lact	MSI	Bal
Somatotropine											
Peel et al. [46]	5	3	51	34,4	−5,5	+3,3	+4,6	−1,3	+2,4	−1,7	−5,5
Bauman et al. [25]	4	4	35[a]	32,6	—	+3,5	0	0	0	0	−2,5
Tyrrell et al. [57]	6	—	51	27,5	−1,2	+3,3	+8,7	−2,0	—	−0,7	−6,6
Fronk et al. [37]	4	9	51	13,4	+2,7	+4,5	−0,1	−4,8	−0,5	−0,8	−4,3
McDowell et al. [43]	5	5	40	19,3	+2,6	+2,6	+2,5	−1,1	+0,1	−0,3	−3,1
Peel et al. [47]	4	3-4	51	28,3	+7,0	+4,3	+0,4	−0,5	+2,4	−0,6	−4,0
		9	51	12,8	+5,5	+3,9	+3,6	−3,8	+1,9	−2,6	−7,5
Chalupa et al. [29, 32]	8	5	25	21,8	+4,0	+3,6	+1,7	−0,4	+0,1	+0,4	−2,5
Eppard et al. [35]	6	7	25	26,7	+7,3	+4,8	−0,6	−0,9	+0,2	+0,6	−2,1
			50	—	—	+7,6	+2,0	−1,6	+0,2	−0,3	−6,1
Richard et al. [52]	8	3	50	34,6	+0,4	+4,1	+2,8	+0,8	—	−0,6	−5,0
French et al. [36]	6	4	54	27,9	+6,7	+2,5	+2,0	0	0	−0,1	−2,1
McCutcheon et Bauman [42]	4	9	25	17,7	+4,2	+5,7	−3,5	−0,3	+1,7	+1,6	−0,9
Pocius et Herbein [50]	4	5	50	24,6	+11,9	+5,4	+5,1	−2,3	−0,9	−2,1	−8,4
Lough et al. [41]	4	9	50	21,5	—	+3,3	+2,0	−2,4	—	−0,4	−1,4
Somatocrinine (GRF)											
Pelletier et al. [49]	18	6	μg[b]	23,4	—	+3,9	+8,9	+5,1	—	0	−1,4
		6	μg[c]	23,4	—	+3,1	+11,5	+5,1	—	−0,1	−1,0
Enright et al. [34]	4	7-10	20 μg	25,4	—	+2,3	+ 0,8	+3,1	+4,3	0	−2,1
Lapierre et al. [40]	12	7	10 μg	22,2	—	+1,8	+5,4	2,1	—	−0,8	−1,8

[a] mg/j ; [b] 1,00 μg/kg GRF(1-44) NH2 ou [c] 0,66 μg/kg GRF(1-29) NH2 injecté 6 fois par jour.

Tableau 11-2 Résumé des réponses de vaches laitières en lactation à de longues périodes d'injection de somatotropine (70-266 j), production laitière, ingestion d'énergie et balance énergétique. Abréviations, voir tableau 10-1. D'après Chilliard [7].

Références	N	Temps de traitement (jours)	Dose (mg)	Contrôle		Effet de la somatotropine		
				Lait	MSI	Lait	MSI	Bal
Bauman et al. [26]	6	188	27	27,9	21,9	+10,1	+3,3	−1,9
Peel et al. [48]	5	147*	50	19,8	15,5	+ 3,5	+1,6	−0,3
Baird et al. [24]	8	266*	20,6	25,7	21,3	+ 4,7	+1,1	−1,5
Chalupa et al. [30]	8	260*	20,6	24,2	17,0	+ 5,3	+0,5	−2,9
Hutchison et al. [39]	6	188	27	26,0	—	+ 7,3	0	−4,9
Soderholm et al. [55]	9	260*	20,6	28,5	21,8	+ 8,7	+2,2	−2,7
Annexstad et al. [23]	7	259*	20,6	29,8	23,7	+ 7,0	+3,7	+0,9
Burton et al. [28]	9	266*	20,6	26,7	19,5	+ 4,8	+1,0	−1,8
Chalupa et al. [31]	30	266*	20,6	27,7	20,2	+ 4,4	+1,0	−2,1
Elvinger et al. [33]	9	266*	20,6	21,1	19,1	+ 8,2	+2,1	−5,7
Thomas et al. [56]	20	259*	20,6	20,1	—	+ 4,8	+1,3	−1,6
McGuffey et al. [44]	7	84	46[a,c]	22,9	20,2	+ 4,1	+0,8	−1,7
McGuffey et al. [45]	63	84	11,69[b]	26,4	19,9	+ 5,0	+0,5	−2,4
Remond et al. [51]	24	70	36[c]	23,9	16,8	+ 2,2	0	−1,5
Bauman et al. [27]	12	252	34,6[c]	25,3	17,4	+ 2,7	+0,9	+0,2
	28	252	34,6[c]	28,2	20,3	+ 2,9	+0,7	−0,6

* Les injections de somatotropine ont commencé 28 à 35 jours post-partum, toutes les autres au-delà de 56 jours post-partum ;
[a] quatre injections de 960 mg à 3 semaines d'intervalle ;
[b] neuf groupes de 7 vaches injectées avec 320, 640 ou 960 mg à 14,21 ou 28 jours d'intervalle ;
[c] injections d'une forme retard à 14 jours de distance.

Traitements de longue durée

Les traitements par la somatotropine chez la vache et la chèvre, durant plusieurs centaines de jours, provoquent des augmentations de la production laitière en pourcentage comparables aux essais à court terme. Ces augmentations, qui vont jusqu'à 10 kg de lait par jour chez des vaches Holstein à haute production (> 25 kg de lait par jour), représentent 8 à 40 % de la production journalière moyenne. Ce traitement n'a pas d'effet sur la composition du lait ; il en résulte donc une augmentation de la production de matières grasses, de protéines et de lactose. Un résumé des résultats les plus représentatifs est présenté dans le tableau 11-2.

Comme lors des traitements à court terme, l'augmentation de la production laitière a lieu généralement dans les quelques jours qui suivent le début du traitement. La modification de la courbe de lactation est brutale et spectaculaire. L'augmentation maximale de la production laitière, chez la vache, a lieu 4 à 10 semaines après le début du traitement.

L'amplitude de l'augmentation dépend de l'âge des animaux, du stade de la lactation au début du traitement, de la dose injectée, de l'état nutritionnel et hormonal des animaux traités et de facteurs non identifiés [3, 4, 6, 17, 18]. L'importance relative de chacun de ces facteurs n'est pas précisément déterminée. Si le traitement est interrompu durant la lactation, le niveau de production laitière met une à trois semaines pour retourner vers une production sans traitement. Cette variation de la production laitière représente la réponse galactopoïétique décrite dans toutes les études avec traitement à long terme. Cette réponse a été observée lors de la stimulation par la somatotropine naturelle et recombinée, en injection journalière ou sous une forme « retard » à résorption lente injectée à intervalles de 2, 3 ou 4 semaines, ou par les somatocrinines [1, 6, 13, 17].

Que l'on commence le traitement 4 à 5 semaines après la mise-bas, ou plus tard au cours de la lactation, les réponses sont identiques (Fig. 11-2). Les animaux traités sont capables de mobiliser des réserves corporelles en énergie et nutriments nécessaires pour faire face aux besoins dus à l'accroissement de la production laitière. Il en résulte une diminution du poids corporel observable durant la première moitié de la lactation et due à l'apport insuffisant de nutriments. Cette tendance est inversée quand la ration ingérée augmente et qu'une remise en place des réserves corporelles se produit. Des changements semblables, quoique moins importants, ont lieu chez les vaches à forte production laitière, non traitées, en début, milieu ou fin de lactation (Fig. 11-3).

L'amplitude ou le pourcentage de l'augmentation de la production laitière dépend de la quantité de somatotropine ou de somatocrinine, injectée quotidiennement ou sous forme « retard », et dépend également des niveaux de GH endogène. Pour un traitement journalier à court terme, la courbe dose-réponse est une hyperbole, avec des réponses diminuant lorsque la dose augmente. En pleine lactation, les comparaisons de doses-réponses ne peuvent être faites, même avec des protocoles de traitement identiques. Il faudrait au moins cinquante vaches par dose étudiée, dans des conditions de conduite de troupeau identiques, pour établir une courbe dose-réponse valable. Des courbes ont pu être établies pour la production de lait à 3,5 % de matière grasse, pour des vaches primi- et multipares recevant de 0 à 17,2 mg/j de somatotropine. Les doses utilisées en production

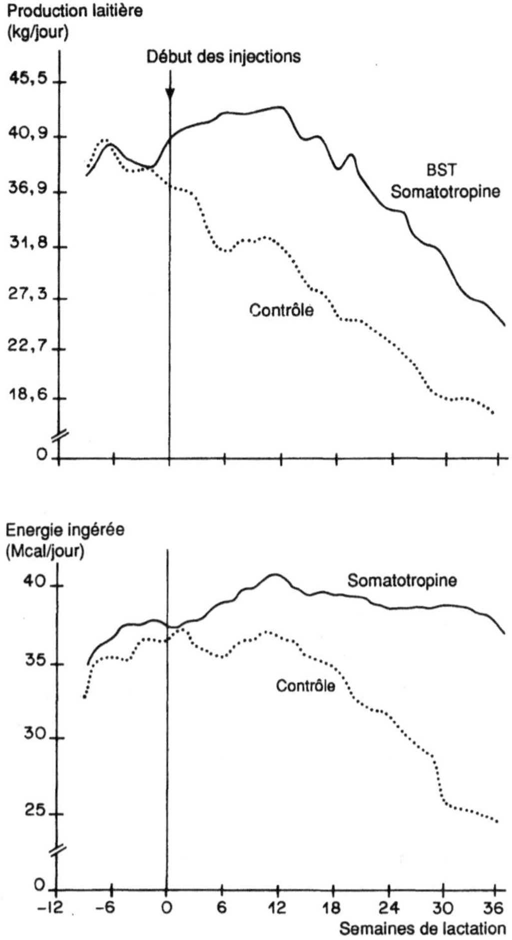

Fig. 11-2 Production laitière et énergie ingérée chez des vaches laitières au cours d'un traitement par la somatotropine. (BTS : bovine somatotropine)

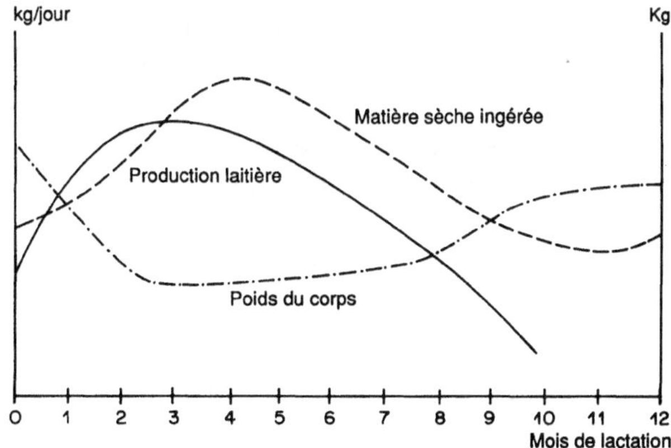

Fig. 11-3 Évolutions relatives de la production laitière, la matière sèche ingérée et le poids du corps au cours du cycle gestation-lactation.

fermière seraient de l'ordre de 20 à 40 mg par jour et se placeraient dans la partie ascendante de la courbe dose-réponse.

Malgré les bonnes réponses obtenues avec les traitements journaliers par la GH ou les somatocrinines, il semble peu probable que ce mode d'injection puisse être utilisé à la ferme, en raison des frais de main-d'œuvre qu'il entraîne et du risque de déclenchement de troubles du comportement chez les animaux, dus à la multiplication des injections. Des injections, tous les deux jours, de doses équivalentes ont entraîné des réponses réduites, comparées à celles des injections quotidiennes.

Des formes « retard » ont été développées et testées. Ces formes « retard » contenaient 140 à 960 mg de somatotropine par injection et étaient administrées à intervalles de 2, 3 ou 4 semaines afin de délivrer 14 à 35 mg de somatotropine par jour. Ces formes sont galactopoïétiques et la réponse laitière est dans l'ensemble proportionnelle à la dose injectée, mais le lait et ses constituants sont sécrétés en moins grande quantité que lors d'injections quotidiennes de doses équivalentes. On a démontré, dans ces cas, le caractère cyclique des concentrations de GH dans le sang, qui entraîne une évolution semblable de la production de lait, des taux butyreux et protéiques, mais non du lactose. Pour une injection de 500 mg faite en début d'une période de 14 jours, les niveaux de GH les plus bas sont en début et en fin de cycle, avec les concentrations plasmatiques les plus élevées entre le 6e et le 9e jour. Il faut remarquer que la ration ingérée ne suit pas la cyclicité de la production, ce qui laisse penser que les cycles de la production sont dus aux cycles des niveaux de somatotropine et non à des modifications des nutriments. Malgré cela, il est probable que des injections de fortes doses de somatotropine à intervalles longs et réguliers, qui entraînent des augmentations de production de 15 à 20 %, seront choisies pour l'usage de la somatotropine dans la pratique de l'élevage (Tabl. 11-2).

Effets de la ration ingérée, de l'efficacité alimentaire et de l'état corporel de l'animal

Une augmentation de la ration ingérée doit survenir lors d'une stimulation prolongée de la lactation par la GH, sinon les réserves d'énergie et de nutriments disparaîtraient, la santé de l'animal serait compromise et la réponse laitière ne pourrait être maintenue [9, 17, 18]. Cette règle générale ne s'applique pas aux animaux dans la dernière partie de la lactation car les vaches sont alors en bilan énergétique positif, indépendant de l'importance des réserves tissulaires. L'ingestion de nutriments est suffisante pour permettre une augmentation de la production et la reconstitution des réserves. Cela explique que les traitements par la GH ou les somatocrinines, pour une longue durée, en milieu ou fin de lactation, n'entraînent pas ou peu de modification dans l'ingestion de la ration.

Lorsque la balance énergétique de l'animal est négative ou devient négative pendant le traitement, la quantité d'aliments ingérés augmente dans les 3 à 8 semaines et peut rester élevée durant toute la lactation. L'augmentation de la production dépassant l'équivalent en terme de ration ingérée, il en résulte une amélioration de l'efficacité alimentaire (kg de lait à 3,5 ou 4 % de matière grasse par kg de ration ou de matière sèche ingérée).

Les mécanismes responsables de l'augmentation de l'ingestion d'aliments ne sont pas connus. Différentes hypothèses sont vraisemblables : effet direct de la somatotropine, des IGF (*insulin-like growth factors*), ou des nutriments sur l'hypothalamus (peut-être sur le centre de l'appétit) [13], ou effets indirects. De nombreux organes, entre autres le tractus digestif, s'hypertrophient normalement durant la lactation ; il se pourrait que leur taille augmente encore plus durant le traitement par la GH. Mais on ne sait pas comment cette augmentation se transforme en augmentation de l'ingestat.

Il est certain que les vaches traitées par la somatotropine doivent avoir des réserves pour permettre une augmentation de la production lorsque celle-ci est stimulée. Ces réserves peuvent être évaluées subjectivement en examinant la condition physique de l'animal et en mesurant son poids vif. Toutefois, la corrélation entre les indices de condition physique et les réponses laitières au traitement par la GH est très faible (r=0,12) [18]. Il se peut que cette faible corrélation soit due au fait que les traitements commencent durant une période (après 60 jours post-partum) où les vaches sont généralement en bonne condition physique.

Tout déficit d'énergie, qui entraîne une mobilisation des réserves de l'animal pour soutenir la lactation, est accompagné d'une diminution de poids ; celle-ci est compensée ultérieurement par une augmentation des aliments ingérés [9]. Il en résulte que les vaches en mauvaise condition physique et qui manquent de réserves mobilisables sont de mauvaises candidates à l'usage efficace de la somatotropine.

Effets du stade de la lactation, de la parité, du phénotype et du génotype

Ces effets sont difficiles à identifier. Malgré les nombreuses études, l'importance de ces facteurs et les interprétations des résultats aboutissent à des conclusions qui sont souvent contradictoires. Dans tous les cas, les vaches en bonne santé et en bonne condition physique au début du traitement répondent toujours par une augmentation notable de leur production laitière, même si les injections commencent dès la 4e ou 5e semaine post-partum (Tabl. 11-2 et 11-3).

Il n'est pas recommandé de commencer le traitement par la GH immédiatement après le vêlage ; à ce stade, les vaches viennent de subir l'épreuve physiologique de la mise-bas et leurs besoins en nutriments sont grands pour la mise en marche de la lactation. Les résultats combinés de quinze études dans des exploitations laitières, avec plusieurs centaines de vaches injectées toutes les 2 semaines, pendant 12 semaines, avec 500 mg de somatotropine, montrent que l'augmentation de la production (lait à 3,5 % de matière grasse) tend à être plus importante quand le traitement commence plus tardivement dans la lactation (Tabl. 11-3) [18].

Les effets de la parité sur les résultats du traitement par la GH ne sont pas clairement connus. En rassemblant les résultats de nombreuses expériences sur des vaches injectées avec 25 mg de GH par jour, on peut déduire qu'une plus grande quantité de GH est nécessaire pour obtenir la même réponse lactogène chez des primipares que chez des multipares. La comparaison entre les réponses de multipares d'âges différents aboutit à la

Tableau 11-3 Effets d'une injection de somatotropine soutenue par une forme retard (500 mg/2 semaines) sur la production de vaches primi- et multipares dans des conditions d'élevage. Moyennes de production de vaches laitières dans quinze fermes, exprimées en kg/jour. D'après [8].

Jours de lactation*	Vaches primipares			Vaches multipares		
	Contrôle	GH	Augmentation (%)	Contrôle	GH	Augmentation (%)
57-100	27,4	30,6	11,7	33,3	37,3	12,0
101-140	25,6	30,7	20,3	28,0	34,6	23,6
141-189	24,8	29,0	16,9	23,9	29,9	25,1

* Jours de lactation où commencent les traitements somatotropine ; ils se poursuivent ensuite pendant douze semaines.

même conclusion. La réponse semble donc augmenter avec le numéro de la lactation (Tabl. 11-3). Cette différence pourrait être attribuée au fait que la croissance des primipares n'est pas achevée et que l'on se trouve devant la première croissance de leur glande mammaire.

La courbe de lactation typique chez les vaches primipares est plus plate, avec un pic de production plus bas et une persistance plus prononcée que celle des multipares. La persistance plus longue pourrait trouver son origine dans une meilleure activité cellulaire. Cette activité cellulaire, proche du maximum, limiterait la possibilité d'augmentation des synthèses par un traitement par la somatotropine. Les différences entre primipares et multipares pourraient aussi être dues au fait que les primipares produisent généralement moins de lait (kg par jour) et que leur condition physique n'est pas aussi bonne au moment du vélage. Les indices de condition corporelle adéquats sont de 3 à 3,5 pour les primipares lors de la mise-bas et de 3,5 à 4 pour les multipares.

Il n'est pas évident que la réponse à la somatotropine soit en corrélation positive avec la production de lait initiale donc avec le phénotype [17, 18]. En fait, les corrélations sont négatives dans les études à long terme mentionnées plus haut. L'amplitude de la réponse au traitement ne peut être déduite du niveau de production antérieur au traitement. La répétabilité de la réponse lactogène pour une même vache, d'une lactation à la suivante, est peu élevée. Dans certaines études, les vaches à production basse répondent mieux que les vaches à haute production.

Il n'y a pas d'interaction entre le mérite génétique pour la production laitière et l'efficacité de la somatotropine (injectée à quatre doses) ; aucun effet du père de la vache sur la réponse à la somatotropine n'a été trouvé. Jusqu'à présent, tout indique que les vaches à haut mérite génétique répondent aussi bien à la somatotropine que les animaux à plus bas niveau génétique. Les fortes augmentations de production par la somatotropine, en absolu ou en pourcentage, chez les fortes ou les moyennes productrices, aboutissent à la même conclusion.

Ainsi, l'usage de la somatotropine à la ferme serait donc initialement recommandé pour toutes les vaches du troupeau. Cela paraît être la meilleure stratégie tant que nous ne disposerons pas d'informations plus complètes sur les effets du stade de lactation, de la parité et du phénotype. On donnera une réponse plus complète aux questions sur la façon d'utiliser la somatotropine, lorsque nous disposerons de résultats obtenus sur des lactations consécutives dans différentes conditions de conduite du troupeau, avec, par exemple, des modifications de la fréquence de traite (2, 3 ou 4) ou toute autre variante. Les conditions qui permettront une augmentation maximale ou, au moins, une augmentation rentable de la production laitière des vaches, durant leur vie productive, seront alors définies.

Production laitière et alimentation

Bien que nous ne puissions prévoir avec précision la production laitière d'une vache traitée par la somatotropine, il est clair que les vaches laitières répondent par une augmentation de leur production durant une, deux, et même trois lactations consécutives [18].

Si les aliments sont fournis en quantité et qualité suffisantes en relation avec le lait produit, les réponses au traitement en production de lait, en absolu et en pourcentage, sont semblables d'une lactation à la suivante. Il n'y a pas d'effet résiduel négatif d'une lactation avec traitement sur la suivante sans traitement, sauf si les animaux reçoivent une alimentation en inadéquation avec leur production [18]. Une carence alimentaire et une condition physique défectueuse ont un impact négatif sur la lactation qui la suit ; elles entraînent une réponse lactogène réduite et une efficacité alimentaire plus basse. Il faut donc fournir aux vaches des rations adéquates pour assurer l'avenir des résultats du traitement par la GH [6, 21].

L'autre défi nutritionnel amplifié par l'usage de la somatotropine est celui de la traite trois fois par jour. La production laitière des vaches traites trois fois par jour augmente de 5 à 20 % et une adaptation proportionnelle de leur ration est nécessaire. Si les vaches traites trois fois par jour sont, en plus, traitées par la somatotropine (25 mg/j durant 12 semaines), des augmentations supplémentaires de 18 à 21 % (au moins 6 kg/j) sont escomptées. Dès lors, l'utilisation à long terme de ces deux procédés impose la satisfaction des exigences du métabolisme des animaux et requiert une excellente stratégie alimentaire pour maintenir les productions au niveau où elles ont été portées. Il reste à déceler si les vaches peuvent maintenir ces augmentations de production durant une lactation entière sans souffrir de problèmes de santé et de reproduction que l'on rencontre souvent chez les animaux à production élevée.

Activités de la somatotropine

L'action galactopoïétique de la somatotropine (GH) passe par une meilleure utilisation des nutriments disponibles pour la synthèse du lait. Les modifications dans la répartition des nutriments sont probablement dues à des effets directs et indirects de la somatotropine sur le foie, le tissu adipeux, les tissus de la glande mammaire et autres tissus dans lesquels des changements métaboliques doivent se produire pour fournir plus de nutriments à l'épithélium sécrétoire mammaire (Fig. 10-1) [2, 3, 4, 16, 17]. Plusieurs questions se posent quant au mode d'action de la GH pour maintenir et améliorer la lactation chez les ruminants :

• l'effet galactopoïétique de la GH est-il totalement ou partiellement relayé par l'action d'autres hormones ou facteurs de croissance ?

• la somatotropine affecte-t-elle le nombre et/ou l'activité des cellules mammaires durant la lactation ?

• l'augmentation de la production laitière représente-t-elle une réponse active ou passive des tissus de la glande mammaire à l'augmentation de nutriments disponibles grâce aux activités diabétogène et lipolytique de la somatotropine ?

Effets directs de la somatotropine sur les tissus mammaires

Une action directe de la somatotropine sur les cellules de la glande mammaire est peu probable. En effet, la présence de récepteurs spécifiques est une condition préalable ; or, aucun récepteur de la GH n'a été trouvé dans l'épithélium mammaire. Toutefois l'identification d'un faible niveau de récepteurs à haute affinité reste difficile dans la glande mammaire, en raison de la présence de lait et de matières grasses dans les broyats. Dans la plupart des études in vitro sur les tissus mammaires, la somatotropine n'a pas d'effet stimulant sur la synthèse du lait, excepté dans une étude où les auteurs rapportent une action de la GH en synergie avec la prolactine, augmentant la synthèse des caséines dans le tissu mammaire de chèvre en culture. D'autre part, la perfusion artérielle de somatotropine, dans une demi-mamelle de brebis, ne provoque pas de réponse différente de celle de la demi-glande non traitée [13]. Si nous n'observons pas d'effet direct de la GH sur la glande, nous devons voir au-delà pour expliquer ces augmentations importantes de production. On peut envisager des effets directs de la GH sur d'autres tissus, ou des effets indirects par l'intermédiaire d'autres hormones ou facteurs de croissance agissant sur les tissus mammaires ou sur d'autres tissus et organes.

Facteurs de croissance ressemblant à l'insuline (IGF)

Les IGF (*insulin-like growth factors*) font partie d'une famille de peptides dont la structure chimique est voisine de celle de la pro-insuline et de la relaxine. Ce sont des mitogènes puissants pour plusieurs catégories de cellules ayant deux types de récepteurs ; le type 1 a une préférence pour l'IGF-1, mais se lie également à l'IGF-2 et à l'insuline, tandis que le type 2 a une affinité préférentielle pour l'IGF-2 : il se lie à l'IGF-1, mais non à l'insuline. Ces deux types de récepteurs se trouvent dans les tissus mammaires des ovins et des bovins. Le nombre de récepteurs du type 1 augmente plus durant la lactation que celui des récepteurs de type 2.

Chez les ruminants, les concentrations de l'IGF-1 dans le sang dépendent de la somatotropine qui en stimule la production par le foie ; cela n'est pas vrai pour l'IGF-2. Quand la somatotropine (40 mg) est injectée à des vaches en lactation, les concentrations d'IGF-1 augmentent après un temps de latence de 5 à 7 heures. Cette latence est nécessaire pour la liaison hépatique de la somatotropine suivie de l'expression du gène de l'IGF-1, qui est alors synthétisé et sécrété. Une latence de plus courte durée aurait indiqué que la sécrétion de l'IGF-1 se faisait à partir d'une réserve hépatique. Un niveau d'IGF-1 trois fois supérieur au niveau de base est ainsi maintenu aussi longtemps que continuent les injections quotidiennes de GH, une augmentation de la production laitière l'accompagne. Lors de l'arrêt des injections, les diminutions de la production laitière et du niveau de l'IGF-1 sont simultanées et aucune modification de l'IGF-2 n'est observée.

On ne sait pas s'il y a une synthèse paracrine ou autocrine des IGF dans le tissu de la glande mammaire. Durant la lactation, par immunofluorescence [12], on peut détecter une liaison de l'IGF-1 au stroma mammaire de vaches non traitées. Les cellules du stroma intralobulaire, les petits vaisseaux sanguins et les capillaires contiennent de l'IGF-1 immunoréactif, mais le cytoplasme des cellules épithéliales n'en contient pas. La liaison de l'IGF-1 n'a lieu dans le cytoplasme des cellules épithéliales et dans le stroma que si les vaches sont traitées par la somatotropine. Ces modifications pourraient être responsables de l'élévation légère des concentrations de l'IGF-1 dans le lait lors des traitements par la GH. La présence de l'IGF-1 dans les vaisseaux sanguins et les capillaires est intéressante car l'IGF-1 affecte la perméabilité des cellules endothéliales. La perfusion directe de l'IGF-1 dans les artères de la glande mammaire, chez la chèvre, entraîne une augmentation du flux sanguin et de la sécrétion laitière, tandis que la même perfusion systémique n'a qu'une influence modeste et qui ne se manifeste qu'après plusieurs jours de traitement [19]. Par la voie systémique, l'IGF-1 est moins efficace que la somatotropine pour améliorer la production laitière.

Quel que soit leur lieu de synthèse, il est clair que les IGF jouent un rôle et des études sont nécessaires pour le préciser et surtout pour élucider si les IGF agissent sur le fonctionnement et/ou la multiplication cellulaire.

Sur l'animal en croissance, les activités mitogènes de la somatotropine pourraient être transmises en grande partie par IGF-1. L'augmentation de l'IGF-1 due à la somatotropine serait à l'origine de mitoses, accroissant ainsi le nombre de cellules mammaires durant la lactation.

En fait, l'expérience semble montrer que la cause majeure de l'effet galactopoïétique n'est pas l'augmentation du nombre de cellules dans la glande. Les temps relatifs pour l'augmentation de la production laitière et pour celle des concentrations périphériques de l'IGF-1, lors du traitement par la somatotropine, ne sont pas synchrones : l'augmentation de la production laitière est rapide, tandis que l'augmentation de la concentration de l'IGF-1 et les multiplications cellulaires apparaissent plus tardivement. De plus, lors d'essais à court terme (5 jours), l'injection de GH provoque une augmentation de la production laitière (15 %) et un gain du poids mammaire, mais l'ADN total dans la glande mammaire (en g/organe) et l'ADN par gramme de poids métabolique de l'animal n'augmentent pas. Les glandes mammaires de vaches laitières collectées après un traitement de 8 semaines, à partir de la 11e semaine post-partum, ne sont pas plus développées que celles de vaches témoins non traitées. Les rapports relatant des augmentations de poids mammaires dues à la GH ne prennent pas en considération l'effet de l'accumulation du lait dans la glande mammaire sur la taille de l'organe. Cette accumulation est responsable, pour la plus grande partie, de l'augmentation macroscopique de la glande. Une simulation du fonctionnement du modèle mammaire par ordinateur semble démontrer que l'augmentation de la production laitière par la somatotropine peut être complètement expliquée par une augmentation de l'activité métabolique des cellules, sans qu'une augmentation du nombre de cellules par la voie de l'IGF-1 soit requise. Ce qui ne veut pas dire qu'elle n'existe pas.

Il semble donc peu probable que les injections de GH sur un court terme augmentent le nombre de cellules mammaires. En revanche, les traitements à long terme pourraient être à l'origine d'un tel phénomène. Il serait dû principalement à l'IGF-1 produit localement, ou transporté vers la glande mammaire. Les facteurs de croissance produits par la présence de somatotropine pourraient retarder la diminution du nombre de cellules mammaires observée lorsque la lactation progresse. La montée rapide de la courbe de lactation et la persistance accrue peuvent être expliquées par chacun de ces deux facteurs (Fig. 11-2). Il faut reconnaître que l'augmentation durable de l'activité métabolique des cellules épithéliales entraînerait le même résultat, le recours à une prolifération cellulaire plus intense durant la lactation pour expliquer les effets de la GH ne serait pas nécessaire.

Le rôle que jouent l'IGF-I libre et le complexe protéine liante-IGF dans la prolifération des cellules mammaires et les fonctions cellulaires en général ne sont pas encore bien connus. Par exemple, le complexe IFG-1 lié est un mitogène plus puissant que l'IGF-1 libre et pratiquement tout l'IGF-1 endogène dans le sang est sous forme liée. L'IGF-1 et ses effets sont les seuls responsables des conséquences galactopoïétiques dues à la somatotropine, mais font partie d'un système coordonné qui concourt à la réalisation des augmentations continues de la production laitière. Il est certain que d'autres adaptations et processus métaboliques jouent un rôle important lors des lactations stimulées par la somatotropine.

Hormones de la glande thyroïde

La thyroxine (T4) est sécrétée uniquement par la glande thyroïde, mais la plus puissante des hormones thyroïdiennes est la 3,3',5-triiodothyronine (T3), qui est produite dans l'organisme par la 5'-monodéiodination de T4. Cette activité semble être présente dans toutes les cellules du corps. La monodéiodinase, enzyme importante de la régulation de l'activité des hormones thyroïdiennes, pourrait relayer certains des effets de la somatotropine.

Quand la somatotropine est injectée à des vaches pendant 4 à 5 jours, on observe un doublement du niveau d'activité de la monodéiodinase et de la transformation de T4 en T3 [5]. Il est important de noter que cette augmentation se limite aux tissus mammaires et que l'activité de l'enzyme dans le foie et les reins reste inchangée ou, même, diminue. Les concentrations périphériques de T4 et de T3 ne sont pas modifiées. Il est possible que la somatotropine agisse sur les tissus de la glande mammaire en modifiant l'effet de T3 sur le niveau du métabolisme cellulaire et soutienne ainsi la réponse galactopoïétique. D'une augmentation locale du métabolisme peut résulter une augmentation du flux sanguin vers la glande mammaire. La T3 stimule l'activité mitochondriale dans les tissus mammaires du rat.

Si le flux sanguin augmente avec le métabolisme, l'approvisionnement en nutriments nécessaires aux synthèses accrues de protéines, de matières grasses et de lactose est amélioré, l'augmentation du métabolisme anaérobie du glucose est observée et l'ensemble de ces phénomènes favorise l'augmentation de la production laitière [3,4,5,8,15].

Peu d'études ont pris en considération les effets directs des hormones thyroïdiennes sur les tissus mammaires des ruminants. La triiodothyronine potentialise la stimulation par la prolactine de la synthèse d'α-lactalbumine dans des explants de tissu mammaire de rat. Il faudrait déterminer si une transformation plus importante de T4 en T3 a lieu dans les tissus mammaires durant les traitements de longue durée par la somatotropine. Les effets à court terme de la T4 sur la lactation ne dépendent pas des concentrations de l'IFG-1, qui d'ailleurs ne changent pas, la T3 peut agir comme un stimulant additionnel de l'activité des cellules mammaires. Cette activité combinée avec les autres effets dus à la somatotropine entraînerait un niveau accru des synthèses et donc de la sécrétion du lait.

Effets de la somatotropine sur les débits sanguins, les apports de nutriments et le métabolisme général

L'augmentation de la production de lait et de ses composants qui survient après les injections de GH varie selon le niveau métabolique des animaux traités. Lorsque les animaux sont en balance énergétique positive, le taux butyreux du lait n'est pas affecté, et production de lait et de matière grasse évoluent parallèlement. Les pourcentages de lactose et de protéines ne changent pas sauf si la dose quotidienne de somatotropine est élevée ; le taux de protéines décroît alors légèrement. Quand les vaches sont en bilan énergétique négatif, le taux butyreux et les lipides totaux augmentent, le profil des acides gras se modifie, le taux protéique et les protéines totales diminuent et le pourcentage de lactose reste inchangé [17].

En dehors des problèmes de balance énergétique, au cours des traitements à court terme, on constate une augmentation nette de l'exportation d'énergie par le lait (Mcal/j). Les changements rapides dans la production de lait et dans sa composition se produisent sans modifications de la prise alimentaire. Les modifications de cette dernière ne se produisent qu'après 3 à 8 semaines de traitement. L'évolution de la production laitière et sa composition sont associées à une utilisation des réserves corporelles, d'abord les lipides, utilisation relative selon l'état de la balance énergétique des animaux traités (plus grande quand elle est négative, ou moindre si elle est positive). La mobilisation lipidique commence déjà normalement avant la parturition et se poursuit au début de la lactation [16], elle augmente sous l'effet de la somatotropine. La capacité de la somatotropine de provoquer et de maintenir une augmentation de la production de lait n'est pas une simple question de nutriments disponibles. Les nutriments supplémentaires (glucose, caséines, lipides) fournis aux vaches artificiellement après le rumen ne donnent pas une réponse équivalente à celle de la somatotropine ; les effets simultanés de la somatotropine et des extra-nutriments ne sont pas additifs [17].

Les nutriments supplémentaires ne viennent pas du tractus digestif en réponse à une digestibilité accrue par la somatotropine. En effet, la digestibilité apparente de la matière sèche, de l'énergie et des protéines n'est pas modifiée par les traitements à court terme [2, 21, 22]. Pour un régime donné, les vaches non traitées sont parfaitement équivalentes dans leur capacité de convertir l'énergie brute en énergie digestible ou métabolisable. De petites variations sont observées entre vaches, en termes de digestion, d'absorption de nutriments et d'énergie métabolisable utilisée pour la synthèse du lait. Ces mesures ne sont pas modifiées par le traitement par la somatotropine.

Les résultats de la majorité des expériences à court terme montrent la capacité de la GH de coordonner la répartition des nutriments au bénéfice de la glande mammaire. C'est ce phénomène qui déclenche et entretient la croissance de la production du lait. Dès lors il est important de prendre en considération les changements dans la disponibilité des nutriments et dans le métabolisme car ils provoquent, sous l'effet de la somatotropine, l'augmentation importante et rapide de la sécrétion du lait et des modifications dans la composition du lait. Malheureusement, il n'y a que très peu d'études qui évaluent les modifications du débit sanguin et des métabolites dans la glande mammaire, elles sont toujours de trop courte durée.

Débit sanguin dans la glande mammaire

La disponibilité des métabolites dans la glande mammaire dépend du débit sanguin et de la concentration des nutriments dans le sang. La glande mammaire d'un animal en lactation a de fortes exigences pour les substrats qui servent aux synthèses du lait. Nous savons que l'approvisionnement de la mamelle en substrats ne permet pas d'atteindre le taux maximal de sécrétion de lait [15]. Le niveau des synthèses est une fonction du nombre de cellules épithéliales et de leur activité. Modifier en plus ou en moins l'apport des nutriments vers la mamelle peut affecter ces deux facteurs au cours de la lactation.

La fraction du flux cardiaque qui perfuse la glande mammaire d'un bovin en lactation peut jouer un rôle dans la régulation de la répartition des nutriments entre la mamelle et le reste de l'organisme. La mamelle d'une vache en lactation reçoit en 4 minutes approximativement l'équivalent du sang présent dans le reste du corps. Lorsque des vaches ou des chèvres sont stimulées par la somatotropine, le pourcentage du flux cardiaque allant vers la mamelle est augmenté proportionnellement à l'accroissement de la production laitière. Par exemple, chez la vache, quand le lait augmente de 20 % (de 16,3 à 19,6 kg/j), le flux sanguin vers la mamelle passe de 14,6 à 17,6 %, accompagné d'une élévation non significative du rythme cardiaque. Plus de 50 % de ce flux cardiaque additionnel est dû à l'augmentation de la perfusion sanguine de la mamelle ; en effet sur une demi-mamelle perfusée par un sang enrichi en GH, le flux sanguin augmente de 33 % (de 3,3 à 4,4 l/min). Il serait intéressant de savoir si cet effet sur le flux cardiaque se maintient durant toute une lactation. On ne connaît pas ce qui provoque ces changements dans les phénomènes circulatoires et contrôle, de ce fait, les concentrations des nutriments.

La majeure partie de nos connaissances dans ce domaine vient de la comparaison entre les réponses obtenues chez des animaux en lactation et chez des bovins en état de suralimentation ou de jeûne, mais ces causes sont trop extrêmes et les effets au-delà de la normale. Ces réponses ne sont probablement pas comparables avec ce que l'on peut attendre d'animaux traités par la somatotropine et convenablement nourris.

On peut se demander si c'est le métabolisme accru dans la glande mammaire qui appelle une augmentation du flux artériel, ou si c'est l'élévation du débit sanguin qui accroît l'activité métabolique des cellules épithéliales. Le premier de ces mécanismes semble le plus plausible. L'élévation du métabolisme cellulaire mammaire peut générer la libération d'agents vasoactifs locaux capables de provoquer vasoconstriction ou dilatation dans la zone vasculaire régulant le flux sanguin mammaire. On connaît des facteurs provoquant des vasodilatations locales : CO_2, lactates, adénosine, prostaglandines F2α. L'ocytocine, qui n'est pas produite localement, libérée lors de la traite, est responsable d'une augmentation du débit sanguin mammaire causée par un recrutement de capillaires mammaires [8]. L'existence de vasoconstricteurs locaux n'est pas envisageable car la survie des cellules mammaires serait compromise.

Il serait intéressant de mesurer le flux sanguin, les concentrations de nutriments et leur utilisation aux différents stades de lactation sous l'effet de la somatotropine injectée. Les sondes ultrasoniques sont des outils efficaces pour ces mesures précises et pour quantifier les facteurs régulant les débits sanguins au cours de longues périodes expérimentales.

Effets sur le métabolisme des glucides

Dans toutes les conditions (normale, jeûne, choc thermique, cétose), les quantités de lait sont en relation linéaire avec la capture du glucose par la mamelle, telle qu'elle a pu être estimée après mesure du débit sanguin et bilan artérioveineux [8, 15]. En moyenne, la mamelle utilise 60 à 85 % du rythme de renouvellement du glucose total chez les vaches grandes productrices de lait. Chaque kilo de lait produit consomme 72 à 76 grammes de glucose. Ainsi, finalement, la production du lait est tributaire de l'approvisionnement en glucose ou des nutriments capables d'être transformés en glucose par la fonction glycogénique du foie. Les métabolites glycogéniques tels que les acides aminés, les propionates, le glycérol, viennent du tractus digestif et de transformations par le métabolisme du tissu adipeux.

Le premier rôle du glucose dans la synthèse du lait résulte de sa conversion en lactose dans l'appareil de Golgi des cellules épithéliales. Le lactose est le principal régulateur de l'incorporation de l'eau dans le Golgi et dans les vésicules sécrétoires. Si la vitesse maximale d'activité de la lactose synthétase est plus grande que le rythme normal de sécrétion du lait, d'une augmentation de la capture de glucose doit résulter une élévation de la production de lactose qui, à son tour, augmentera le taux de sécrétion du lait (kg de lait/jour). Le glucose est aussi une importante source d'énergie lorsqu'il est métabolisé par glycolyse anaérobie et par la voie des pentoses. Cette dernière voie métabolique conduit à la production de substances réductrices qui sont nécessaires à la synthèse de novo d'acides gras dans les cellules épithéliales.

Le glucose supplémentaire qui est nécessaire pour la synthèse du lactose du lait dans les mamelles des animaux traités par la GH doit trouver son origine dans un surplus de capture de glucose par la glande. Cela implique un accroissement de la synthèse de glucose et/ou une diminution du glucose oxydé en CO_2 dans les tissus non mammaires. La quantité de glucose capturé par les cellules épithéliales mammaires dépend de sa concentration dans le sang, de sa capacité de franchissement de la membrane cellulaire, et du débit sanguin. Pour augmenter la production laitière, la somatotropine doit donc, par des activités directes ou indirectes, modifier les facteurs qui contrôlent la capture du glucose par la mamelle.

Les vaches hautes productrices ont des réserves négligeables de glycogène, ce dernier n'est donc qu'une source mineure de glucose. Le traitement par la somatotropine ne provoque pas d'élévation du glucose plasmatique — ni chronique ni transitoire — ni de l'insuline [7, 13, 17]. Inversement, on observe une augmentation de la concentration du glucose sanguin quand la sécrétion du lait s'accroît durant un traitement par la thyroxine. Pourtant, thyroxine et somatotropine élèvent le débit sanguin [8].

L'augmentation du flux sanguin mammaire semblerait donc être le premier responsable de l'augmentation de l'utilisation du glucose par les tissus mammaires. Un gradient abrupt existe entre les concentrations du glucose dans le plasma sanguin (3 à 3,5 mM) et le fluide intracellulaire des cellules épithéliales (0,1 à 3 mM). Une augmentation de ce gradient par une élévation du glucose sanguin n'est pas de nature à favoriser une augmentation du glucose transféré dans les cellules épithéliales. De plus, l'efficacité des cellules mammaires à extraire le glucose du sang est relativement faible (25 %). Ce taux est le même pour les faibles et les hautes productrices. L'implication directe de la GH dans les mouvements transmembranaires de glucose est peu probable puisqu'on n'a pas trouvé de récepteurs de la GH dans les cellules épithéliales.

En conséquence, il est vraisemblable que la somatotropine augmente le taux de capture du glucose dans le tissu mammaire et la sécrétion du lait, en coordonnant des changements dans le métabolisme des tissus périphériques qui maintiennent les concentrations du glucose sanguin tandis qu'une plus grande proportion du flux cardiaque irrigue le tissu mammaire.

Des mesures cinétiques du métabolisme du glucose peuvent être utilisées pour détecter les modifications survenant dans sa disponibilité pour la mamelle lors d'injections de somatotropine. De telles mesures montrent que la perte irréversible de glucose chez les vaches laitières augmente de 12 %, tandis que la concentration du glucose plasmatique reste inchangée. Il y a une forte corrélation (r=0,82) entre l'augmentation de la sécrétion du lactose par le lait et cette irréversible perte de glucose. Simultanément, on observe une diminution de 19 % dans l'oxydation du glucose en CO_2 (2,1 vs 1,7 mol/j) et du pourcentage de la perte irréversible totale de glucose oxydé en CO_2/jour (de 17,4 à 12,3 %). La perte irréversible de glucose est égale à la somme du glucose utilisé pour la synthèse du lactose plus celui qui est oxydé en CO_2, toutefois les quantités totales et relatives sont différentes [2].

Des informations sont encore nécessaires pour déterminer quels sont les tissus qui consomment moins de glucose et quels précurseurs sont utilisés pour produire le glucose supplémentaire. Lors du traitement par la somatotropine, la capture du glucose par les muscles du membre postérieur du mouton diminue tandis que celle de la glande mammaire augmente. Chez les vaches laitières, en début et mi-lactation, 1,3 mol de glucose supplémentaire est nécessaire par jour sous somatotropine, elle provient de 1,5 mol d'accroissement dans la perte irréversible de glucose et d'une réduction de 0,4 mol dans l'oxydation du glucose en CO_2. Ainsi 1,9 mol devient disponible quotidiennement à travers ces adaptations métaboliques.

La glycogénolyse peut représenter une source supplémentaire de glucose. Les propionates provenant des fermentations du rumen constituent le précurseur majeur de la glycogenèse hépatique, mais les acides aminés et le glycérol sont également des précurseurs importants. Du tissu hépatique de vaches traitées par la GH, incubé in vitro, augmente de 60 % sa capacité d'utiliser les propionates pour la synthèse du glucose. Il augmente également de 60 % sa capacité d'oxyder les proprionates en CO_2. Mais, après huit semaines de traitement, l'oxydation des propionates, des acétates et lactates en CO_2 dans le tissu hépatique de vaches est plus faible que chez les animaux contrôles. Mise à part cette déviation apparente vers le CO_2 du flux de carbone allant des propionates au glucose, il n'y aura pas d'augmentation nette de la production de glucose venant des propionates sauf si la production de propionates s'accroît. La production des propionates ne pourra probablement pas augmenter en absence d'une augmentation de la prise alimentaire au cours des traitements à court terme par la somatotropine. Cela ne se produira que durant les traitements à long terme, au cours desquels la matière sèche ingérée s'accroît de 5 à 10 %.

Les acides aminés sont aussi une source importante de carbone pour la néoglucogenèse, mais ils interviennent peu lors des traitements par la GH. L'excrétion d'azote urinaire n'augmente pas et, dans la majorité des travaux, il a été difficile de démontrer, par une étude de la composition corporelle totale, la réalité d'une mobilisation des protéines. D'autre part, il y a une compétition avec la demande en acides aminés pour les synthèses des caséines du lait.

Le glycérol produit par l'hydrolyse des triglycérides des adipocytes [14, 16] est un précurseur potentiel pour la néoglucogenèse, particulièrement durant la réponse précoce à la somatotropine, lorsque la mobilisation des lipides est intense. Approximativement 0,8 mol de glycérol est disponible par jour, qui, si elle est exclusivement destinée à la synthèse de glucose, pourra accroître sa production de 27 %. Ce précurseur glycogénique diminuera en importance si la balance en énergie est satisfaisante et si l'accumulation des lipides et protéines corporelles s'est produite. Vers la fin de la lactation, une augmentation dans la disponibilité en propionates et en acides aminés, par une prise alimentaire plus adéquate, sera capable de faire face à la demande en précurseurs pour la néoglucogenèse.

Effets sur le métabolisme des lipides

Les quantités d'énergie stockées dans le tissu adipeux se modifient brutalement lorsque la quantité de lait sécrété augmente avec un traitement par la somatotropine. L'utilisation des réserves corporelles lipidiques pour soutenir l'effort de lactation est un phénomène naturel [9, 16]. La mobilisation des lipides stockés est particulièrement importante chez les vaches fortes productrices (plus de 40 kg de lait/j), en particulier si les formules alimentaires ne permettent pas à la vache de consommer assez d'énergie pour couvrir ses besoins d'entretien (maintien du poids corporel) et de la production laitière durant les 30 à 60 jours post-partum [9, 21] (Fig. 11-3). L'utilisation de la somatotropine durant cette période augmente encore le déficit énergétique, et il en résulte une faible augmentation du pourcentage de lait produit (6 % versus 15 à 40 %). Le début du traitement par la somatotropine après 60 jours post-partum va prolonger ce déficit énergétique inhérent au début de la lactation. Cela conduit à se demander si l'amplitude et la persistance de la réponse positive à la GH est totalement ou partiellement dépendante des quantités de lipides ou autres tissus corporels mobilisables.

A la parturition, environ 50 à 60 % des lipides corporels sont mobilisables. L'influence de la condition corporelle est plus importante en début de lactation et diminue ensuite. Le taux maximal de mobilisation lipidique (chez une vache, jusqu'à 1 500 à 2 000 g de lipides/j) peut survenir durant la première ou la deuxième semaine post-partum. Au moment du pic de production laitière, par exemple à 30 kg de lait/j au 14e jour de la lactation, 445 g/j de lipides sont mobilisés, cette valeur sera multipliée par 3 soit 1 335 g/j si la vache produit 50 kg de lait/j.

La mobilisation des lipides corporels qui survient normalement en début de lactation est intensifiée et élargie en cas de traitement par la somatotropine. La GH génère une lipolyse du tissu adipeux en potentialisant les effets des catécholamines sur la lipase hormonosensible [14, 16]. Cette lipase est inhibée par l'adénosine, facteur antilipolytique produit dans les cellules adipeuses. Dès la levée de cette inhibition il y a une rapide lipolyse du tissu adipeux. La somatotropine ne semble pas impliquée dans une modification des récepteurs des $\alpha2$-adrénergiques durant la lactation, mais elle doit décroître la transmission du signal inhibiteur $\alpha2$-adrénergique. Le résultat net de l'activité de la somatotropine sur le tissu adipeux est la libération d'acides gras non estérifiés (AGNE) et de glycérol.

Les études cinétiques montrent que la perte irréversible et l'oxydation des AGNE augmentent sous somatotropine. L'élévation de l'utilisation des AGNE peut aller jusqu'à 76 %. Une corrélation négative significative (r=−0,64) existe entre l'utilisation des AGNE et la balance énergétique. La réponse des AGNE en termes de concentration, renouvellement et oxydation, est dépendante de l'équilibre énergétique de l'animal, comme l'est l'augmentation du lait produit durant le traitement par la GH. Lorsque les animaux traités sont en balance énergétique positive, les taux de matières grasses du lait ne sont pas affectés et l'augmentation du lait produit et des matières grasses totales sont sensiblement parallèles.

Les effets de la somatotropine sur le tissu adipeux ne se résument pas à l'augmentation de la lipolyse à travers l'activité de la lipase hormonosensible. La somatotropine est un antagoniste de l'insuline et, de ce fait, diminue la synthèse des acides gras à partir des acétates dans les adipocytes, et du glycérol à partir du glucose. Quand les acides gras ne sont pas produits à partir des acétates, le glucose n'est pas indispensable à la partie glycérol des molécules de triglycérides, et il n'est pas utilisé dans la production des éléments réducteurs (NADPH) nécessaires pour la synthèse de novo des acides gras. De l'absence de lipogenèse à partir des acétates dans les adipocytes résultera alors une augmentation de la disponibilité en acétate et en glucose pour aider le métabolisme des cellules mammaires dans la production de lactose et la synthèse de novo d'acides gras à courte chaîne.

Un autre effet de la somatotropine dans le métabolisme des lipides est la suppression de l'activité de la lipoprotéine lipase associée au tissu adipeux. Cette diminution de la capture des lipides circulants par le tissu adipeux les rend disponibles pour le tissu mammaire et pour la synthèse de graisses du lait. Inversement l'activité lipoprotéine lipase du tissu mammaire augmente en réponse à la prolactine et n'est pas inhibée par la somatotropine.

L'augmentation des graisses sécrétées entraîne une modification de la composition en acides gras des lipides du lait (Tabl. 11-4). En début de lactation, les AGNE dérivés du tissu adipeux constituent une grande proportion des acides gras estérifiés du lait. Le taux d'acides gras à longue chaîne augmente relativement plus que les acides gras à courte chaîne. Les acides gras à courte et moyenne chaîne (C4 à C14) et de l'acide palmitique (C18) proviennent des synthèses de la mamelle à partir des acétates et des β-hydroxybutirates. La capture par la mamelle d'acides gras préformés, venant de l'absorption alimentaire ou de la mobilisation des acides gras, est à l'origine d'une partie de l'acide palmitique et des acides gras à longue chaîne. Une corrélation positive existe (r=0,82) entre la perte irréversible des AGNE et la qualité de lait sécrété durant le traitement par la somatotropine.

Tableau 11-4   Effets de la somatotropine sur le profil des acides gras du lait. D'après Bitman et al. (1984) *J Dairy Sci* **67** : 2873-2880.

Origine des acides gras	Traitement		Modifications	
	Contrôle	GH	Absolu	Pourcentage
Synthèse de novo (C4-C15)				
% total	26,0	21,4	−4,6	−17,6
g/j	250	289	+39	+15,6
De novo et préformés* (C16)				
% total	29,1	27,8	−1,3	−4,5
g/j	279	375	+96	+34,4
Préformés (C17-C18)				
% total	39,7	44,5	4,8	−12,1
g/j	381	601	+220	+57,7

* En supposant une moitié préformée, une moitié synthétisée de novo.

On observe une augmentation de l'oxydation des acides gras qui coïncide avec une augmentation de leur transport et de leur incorporation dans les graisses du lait durant le début de la lactation. Par exemple : 1,3 mol/j d'augmentation de la sécrétion d'acides gras est accompagnée par une augmentation de leur oxydation de 0,5 mol/j. Cela correspond pour la majeure partie aux 2,3 mol/j d'augmentation de l'irréversible perte des AGNE [2]. Ce taux est dépendant de l'état de la balance énergétique de l'animal. Il n'y a pas d'effets chroniques de la somatotropine sur la perte irréversible des AGNE quand les vaches sont en balance équilibrée ou légèrement positive, en dépit de l'augmentation du lait et des lipides totaux sécrétés.

En plus de la libération d'acides gras par le tissu adipeux, la lipolyse entretenue par la somatotropine entraîne une libération du glycérol qui ne peut être utilisé par les adipocytes pour la synthèse des triglycérides à cause de leur carence en glycérol kinase. Comme nous l'avons vu, ce glycérol devient disponible pour la synthèse du glucose par le foie.

Effets de la somatotropine sur le métabolisme des protéines

Les animaux producteurs de lait traités par la somatotropine durant de courtes périodes synthétisent plus de protéines. L'augmentation des protéines totales sécrétées accompagne l'accroissement du lait seulement dans le cas où les animaux sont en balance azotée positive. Si ce n'est pas le cas, il se produit une légère diminution du pourcentage de protéines dans le lait, et il en résulte une plus petite augmentation des protéines totales sécrétées. Cela implique que les acides aminés sont en quantités suffisantes pour supporter cette augmentation de sécrétion laitière. La synthèse des protéines est très sensible aux quantités, à la qualité et à la digestibilité des protéines de l'alimentation. Une alimentation adéquate en protéines brutes est nécessaire pour obtenir la réponse maximale à la stimulation par la somatotropine. Apparemment les réserves corporelles de protéines ne se comportent pas comme les réserves lipidiques durant le début de la lactation, que la somatotropine soit injectée ou non ; elles ne sont pas prêtes à être directement et complètement mobilisées pour fournir des acides aminés additionnels nécessaires à la synthèse des protéines du lait [9].

Lorsque la ration énergétique est sévèrement restreinte, on estime jusqu'à 24 kg la mobilisation protéique chez une vache, et seulement à 10 kg quand elle est nourrie normalement [9]. Les vaches semblent capables de supporter 30 g/j de balance azotée négative durant une courte période avec un déclin du lait sécrété. Du point de vue pratique, les protéines corporelles ne semblent pas être la source majeure d'acides aminés pour la lactation. Toutefois elles peuvent jouer un rôle important pour contribuer à la croissance de divers organes (foie, tractus digestif, cœur, volume sanguin) qui augmentent de taille au cours de la lactation. Ces acides aminés mobilisés viennent des muscles et aussi des protéines ingérées. Nous avons aussi la preuve que des acides aminés additionnels sont oxydés dans le foie pour aider aux apports d'énergie : l'azote de l'urée sanguine tend à diminuer durant les traitements par la somatotropine.

La contribution quantitative en acides aminés mobilisés pour la synthèse des protéines du lait est inconnue. En utilisant diverses méthodes de mesure de la mobilisation : après abattage, ou par modèle mathématique, ou par dosage de l'hydroxyproline et de la 3-méthyl-histidine, marqueurs de la dégradation du collagène et des myofibrilles, on ne trouve pas une mobilisation évidente chez les animaux contrôles ou traités. Comme les quantités ingérées n'augmentent pas durant le début de la lactation, ou durant les expériences de traitement court, les protéines d'origine alimentaire ne sont pas suffisantes pour fournir le substrat des quantités sécrétées. Cela ajouté à l'absence de mobilisation substantielle de protéines explique la légère décroissance du pourcentage de matière azotée dans le lait ainsi que des protéines totales sécrétées quand les animaux sont en balance azotée négative.

La synthèse, la mobilisation et le métabolisme des glucides, des lipides et des protéines sont en interrelation. Le glucose et les AGNE libérés du tissu adipeux au début de la lactation et lors de traitement par la somatotropine ont un effet conservateur pour les protéines et acides aminés. Au début de la lactation, les protéines de la ration alimentaire ne sont pas suffisantes pour satisfaire la demande en acides aminés et certaines protéines de la masse musculaire de la mère doivent être mobilisées. Pour ces raisons et afin que l'intégrité structurale et métabolique de l'animal soit préservée, la conservation des acides aminés est obtenue grâce à la mise à disponibilité de glucose et d'AGNE par la mobilisation de lipides. Ils peuvent fournir l'énergie pour la dégradation dynamique et la resynthèse de protéines qui se produit en permanence dans le tissu musculaire. Ainsi la proportion des acides aminés utilisés pour fournir de l'énergie est-elle diminuée, ce qui signifie que la répartition de leur utilisation est modifiée, ils peuvent être disponibles pour la croissance de tissus spécifiques ou/et pour la synthèse des protéines du lait. Cet effet de la somatotropine sur l'économie protéique, à travers le métabolisme du tissu adipeux, est révélé par la réduction de l'azote uréique observée lorsque de la somatotropine est administrée aux vaches en lactation. L'origine des acides aminés nécessaires pour les synthèses protéiques du lait supplémentaire, qui surviennent avant que la balance azotée soit positive, peut provenir d'une meilleure efficacité de la mamelle pour extraire les acides aminés du sang. Cela serait dû à de subtils changements dans la métabolisation tissulaire et à une réduction de l'oxydation des acides aminés [8, 9].

Effets de la somatotropine sur la qualité du lait

Pour être utilisables, les traitements par la somatotropine ne doivent pas rendre le lait impropre à la consommation humaine, par modification des qualités organoleptiques ou nutritives ou par l'apparition de composants nocifs. Les pourcentages de lipides, protéines et lactose du lait sont inchangés lorsque les vaches laitières reçoivent des traitements prolongés par la somatotropine, car les quantités d'aliments ingérés augmentent pour assurer les besoins en nutriments et l'équilibre de la balance énergétique. Avant que les quantités ingérées augmentent, on constate une légère décroissance du pourcentage de protéines et une augmentation du taux lipidique du lait ; les animaux étant en balance énergétique négative, ils mobilisent leurs réserves lipidiques et protéiques. Les changements durant les traitements par la somatotropine sont semblables, mais d'amplitude plus faible, à ceux qui se produisent naturellement lors de la lactogenèse et au début de la lactation [16, 17].

Les modifications qui pourraient se produire, dans la proportion relative des constituants du lait, dans les diverses classes de protéines et de lipides, affecteraient les qualités nutritionnelles et techniques du lait. Une légère diminution du pourcentage de caséines (−2,3 %) et une augmentation du pourcentage protéique du petit lait (+11,3 %) et de l'azote non protéique (+11,52 %) ont été constatées chez des vaches Jersey recevant de la somatotropine durant de courtes périodes. Toutefois des résultats inverses ont été vus au cours de traitements à long terme avec de la somatotropine retard (500 mg/14 j). Protéines, caséines et protéines du sérum sont toutes augmentées ; les variations des protéines du petit lait sont dues à une augmentation des β-lactoglobulines variant génétique B, et aussi légère augmentation du pourcentage de l'α-lactalbumine. La composition des acides gras, le pourcentage relatif d'acides gras dans les lipides du lait, le cholestérol et les points de fusion ne sont pas affectés. Le phosphore total, le phosphore soluble et le magnésium restent inchangés. Le calcium total est augmenté et le calcium soluble est plus faible dans le lait des animaux traités. Certaines de ces modifications sont analogues à celles qui se produisent chez les vaches fortes productrices et sont les conséquences des effets de la GH sur le métabolisme.

La distribution de la lipase dans le lait est inchangée, le goût, l'acidité titrable, le pH et la résistance au développement d'arôme d'oxydation sont identiques à ce qui est mesuré dans le lait d'animaux non traités. S'il n'y a pas de modifications importantes détectées pour les constituants majeurs du lait, il y a peu de chance pour qu'une différence soit observée dans les constituants mineurs. Des études limitées n'ont détecté aucune différence dans la croissance de cinq souches de culture utilisées dans la fabrication du fromage de Cheddar. Des travaux détaillés sont encore nécessaires pour apprécier les qualités d'arôme et de texture dans des produits manufacturés, surtout les produits laitiers gras comme le beurre ou certains fromages.

Le lait de toutes les espèces de mammifères contient des hormones en quantités qui dépendent, en partie, de leur concentration dans le sang circulant [13, 17]. Les injections de somatotropine augmentent sa concentration sanguine de 10 à 20 fois, et les quantités transférées dans le lait durant la lactation ne sont pas affectées, se situant entre 0,3 et 2,5 ng/ml. L'absence de récepteurs de la GH dans les cellules épithéliales est la raison possible de cette observation. Savons-nous si de telles quantités dans le lait sont biologiquement actives chez l'humain, car il y a 60 % d'homologie entre les séquences d'acides aminés de la somatotropine humaine et bovine ? La spécificité de la somatotropine a été montrée au cours des années 1950 quand les médecins espéraient combattre le nanisme des enfants, cette tentative s'est révélée peu efficace sur la croissance, mais n'a pas provoqué d'effets marginaux indésirables. Les IGF sont aussi présents dans le lait à de très bas niveaux et leur concentration est inchangée ou très légèrement augmentée lors des traitements par la somatotropine. Leur concentration en présence ou en absence de somatotropine est comprise entre 2,9 et 8,2 ng/ml de lait. La consommation de lait entraîne donc l'ingestion de très faibles quantités de somatotropine et d'IGF. Le lait de vaches traitées avec de la somatotropine retard (500 mg/14 j) n'a aucun effet sur la croissance quand il est ingéré par des souris. Les molécules protéiques et peptidiques sont dégradées par les enzymes digestives protéolytiques et lysosomales. Enfin, une fois digérés, les acides aminés participent au métabolisme général et normal quelle que soit leur origine. La somatotropine et les IGF ne sont pas lipophiles et ne sont pas stockés durant de longues périodes dans le tissu adipeux des animaux traités, à l'inverse de ce qui peut survenir au cours des longs traitements par les stéroïdes.

Ainsi peut-on affirmer que la composition et les qualités organoleptiques et techniques du lait et des produits laitiers venant d'animaux traités par la GH ne subissent que des modifications très mineures, qui ne mettent pas en cause le caractère sain de leur consommation par l'homme.

Effets de la somatotropine sur la santé et la reproduction des animaux

Pour être économiquement utilisable, la somatotropine ne doit pas compromettre la santé des animaux traités. Certains phénomènes physiologiques sont affectés par la somatotropine et il est indispensable de savoir si la manipulation de ces systèmes provoque une dérégulation d'une ou de plusieurs fonctions. D'autre part, il est possible que le traitement hormonal améliore certaines fonctions.

Les souris transgéniques qui expriment des taux élevés de GRF, de GH et d'IGF dans le sang accusent des effets négatifs sur leur santé. Mais il n'est pas démontré que ces dysfonctions ou lésions sont dues seulement au taux très élevé d'hormones et de facteurs de croissance. Les aspects pathologiques diffèrent selon les hormones qui sont produites en excès. Les souris qui sécrètent en excès du GRF et de la somatotropine présentent des lésions du foie et des reins, tandis que l'excès d'IGF est lié à des lésions dégénératives du derme et à une augmentation des dépôts de graisse sous-cutanés.

Le problème chez ces animaux transgéniques est que les hormones sont sécrétées par la majorité, sinon la totalité, des organes du corps, et dans ces organes la sécrétion des hormones n'est pas soumise aux systèmes de régulation normaux, ce qui doit être une des causes des dysfonctions observées. Chez les animaux transgéniques, la sécrétion excessive qui commence durant la vie fœtale peut être à l'origine de la croissance non allométrique du foie et de la rate. L'élévation de la sécrétion de GH chez l'homme (dans le cas de tumeur hypophysaire, par exemple) provoque un gigantisme quand elle se produit avant la soudure des cartilages épiphysaires et une acromégalie si elle se produit après.

L'usage de la somatotropine chez les animaux domestiques se ferait principalement après la fin de la croissance osseuse. D'autre part les doses utilisées entraînent des élévations du niveau sanguin de GH qui n'ont rien de commun avec les taux trouvés chez les animaux transgéniques (rapport de 1 à 1 000 ; ng versus μg/ml de sang). Enfin, des effets pathologiques chroniques, s'ils existent, pourraient être masqués par le fait que la vie de ces animaux est limitée à leur vie productive.

Aucun trouble pathologique n'a été détecté chez les vaches soumises à des essais à court et à long termes. On n'a pas observé de modifications de la température rectale, ni des rythmes cardiaques et respiratoires dans des conditions normales d'environnement et sous des régimes de vie et d'alimentation normaux. Les jambes et les pieds restent sains. Dans de nombreuses études, le nombre de leucocytes dans le sang périphérique est légèrement plus élevé, tout en restant dans les limites de la normalité. L'augmentation porte sur les polymorphonucléaires ou les lymphocytes. Le nombre de cellules somatiques présentes dans le lait n'est pas modifié, et il n'y a pas de modifications de la fréquence des mammites cliniques. Il n'a pas été détecté d'effets délétères chez les vaches traitées avec des doses normales multipliées par trois ou par cinq et durant deux lactations. Dans une expérience de toxicité, la dose a été multipliée par trente durant deux semaines sans que l'on n'ait provoqué de dysfonctions ni vu de lésions à l'examen post-abattage.

Si les vaches sont soumises à un stress thermique, comme cela se produit dans les climats tropicaux ou subtropicaux, la température rectale des animaux traités par la somatotropine est légèrement plus élevée que celle des non traités. Une des conséquences de l'élévation de production de lait est une augmentation métabolique de la production de chaleur, et donc de la nécessité de dissiper cette chaleur, ce qui est difficile en zone chaude ; les vaches traitées sont donc plus sensibles au choc thermique.

Somatotropine et fonctions immunitaires

En dépit de la relative courte vie des animaux producteurs de lait, une évaluation critique des potentialités de santé de ces animaux, en ce qui concerne les immunodéficiences, doit être effectuée, surtout pour les animaux qui recevraient de la somatotropine durant plusieurs lactations successives. L'augmentation des cellules dans le sang périphérique peut indiquer une altération du système immunitaire chez les vaches traitées. Il y a des effets directs de la somatotropine sur les cellules du système immunitaire des bovins et d'autres espèces.

L'administration de somatotropine à des animaux déficients en GH modifie les fonctions des divers composants du système immunitaire. Selon le type de déficience et l'espèce animale, la somatotropine a des effets contraires ou pas d'effets. La GH peut alléger certaines immunodéficiences provoquées par le stress. Quand l'ACTH est administré à des rats immunisés contre une protéine extraite de Pasteurella pestis, il y a une diminution marquée du niveau d'anticorps. La somatotropine améliore ce niveau d'anticorps, le portant au-dessus de celui des non-traités, et le titre moyen des rats traités simultanément avec l'ACTH et la somatotropine reste stable.

Dans le cas d'un choc thermique aigu, la production de cortisol est accrue, et la sécrétion de somatotropine dans le plasma des vaches est réduite. Dès lors, la somatotropine exogène doit améliorer les effets négatifs causés par la baisse de la GH endogène et réduire les effets du choc thermique sur le système immunitaire.

Les thymocytes bovins et murins ont des récepteurs de la somatotropine bovine et les lymphocytes humains ont des récepteurs de la GH humaine. Les lymphocytes de l'homme et du rat produisent une somatotropine immunoréactive qui est semblable, mais non identique, à la somatotropine hypophysaire en termes de bioactivité, antigénicité et poids moléculaire. Cette somatotropine purifiée par affinité pour les leucocytes humains multiplie jusqu'à dix fois l'incorporation de ^{3}H-thymidine dans les cellules de lymphome Nb2 en culture. La somatotropine humaine augmente la transcription par les ARNr, d'une manière dose-dépendante, chez des lymphocytes humains périphériques activés par la phytohémagglutinine.

L'existence de récepteurs de la somatotropine sur les cellules d'origine myéloïde n'a pas été rapportée. Les granulocytes isolés du sang périphérique de nains pituitaires traités avec de la somatotropine humaine montrent une augmentation de l'activité réductase, à la fois dans les conditions de repos et après stimulation de la phagocytose par l'amidon. Une légère augmentation de l'activité tétrazolium est observée lorsqu'on ajoute de la somatotropine aux granulocytes humains. L'incubation de phagocytes mononucléaires dérivés de sang porcin avec de la somatotropine native ou recombinante porcine conduit à une multiplication par dix-huit de la production de O_2 après stimulation avec du zymosan. La production de O_2 par des neutrophiles venant de vaches laitières est augmentée significativement durant cinq à huit jours après le début du traitement par la somatotropine. Il est important de noter que ces stimulations sont obtenues avec des cellules venant d'animaux ayant suffisamment de somatotropine et probablement immunocompétents.

Les vaches laitières qui ont des niveaux normaux de somatotropine ont en général un système immunitaire présumé satisfaisant. Dans de nombreuses études portant sur l'usage de la somatotropine chez les vaches laitières, les animaux utilisés sont en général déficients en somatotropine et présentent une dépression de leur système immunitaire. Dans ce cas, il faut savoir si les injections de somatotropine vont ou doivent modifier l'état immunitaire à partir d'un niveau immunologique normal ou présumé satisfaisant.

Somatotropine et états pathologiques

Les effets potentiels de la somatotropine sont importants pour la prévention et la thérapie des maladies. On a peu d'informations sur ces problèmes. Le traitement par la GH ne modifie pas la thérapie avec la sulphadimidine (20 mg/kg IV) et l'antipyrine (50 mg/kg IV).

Le fonctionnement de tous les composants du système immunitaire et des autres systèmes dépend de la santé métabolique des animaux traités. Les vaches laitières dont la production est augmentée requièrent une répartition adéquate des nutriments et de sévères ajustements de l'homeorhésis. L'augmentation des risques de cétose est logique [15] mais il n'y a pas d'incidences sur les risques de déficiences métaboliques, aussi bien dans les essais à court et à long termes [6, 13, 17].

Effets de la somatotropine sur la reproduction

La durée et la sévérité de la balance énergétique négative en début de lactation affectent le bon fonctionnement des fonctions de reproduction. Si le nombre total de follicules par ovaire n'est pas modifié par la balance énergétique chez les vaches au cours de l'immédiat post-partum, le nombre des follicules de plus de 10 mm de diamètre augmente chez les animaux ayant la balance plus positive. Inversement, le nombre des petits follicules (diamètre inférieur à 10 mm) est plus petit. Plus tard au cours de la lactation, le nombre total de follicules augmente quand la balance énergétique devient meilleure. Plus longue est la période où augmente la concentration des AGNE (associée à la balance énergétique négative du post-partum) plus tardive sera la première ovulation. L'administration de somatotropine peut donc augmenter le temps avant la première ovulation du fait de l'extension et/ou de l'augmentation du déficit énergétique. La forte production laitière chez la vache est associée à une réduction des performances de la reproduction [6]. Ces vaches attendent plus longtemps pour présenter leur première ovulation et, pour la première saillie, leur taux de conception est plus bas et les œstrus plus longs. Certains travaux avec un traitement à long terme par la somatotropine montrent une augmentation de l'intervalle entre deux mises-bas et du nombre de jours avec œstrus, d'autres n'indiquent pas ou peu d'effets. La difficulté dans la détection des effets de la somatotropine sur les performances de reproduction vient du fait qu'il faut un grand nombre d'animaux pour appréhender de légères déviations des réponses physiologiques.

Quand un grand nombre de vaches a été traité par la somatotropine, un certain nombre de conséquences sur la reproduction semblent apparaître. Si la période référence d'accouplement post-partum est limitée à 200 jours, le nombre de gestations complètes diminue de 10 %. Sous somatotropine il y a allongement de l'intervalle entre les périodes d'œstrus, modification de l'expression de l'œstrus et diminution du taux de détection. Le nombre des naissances multiples a tendance à augmenter. La réduction du taux de vélages pourrait être due à une mortalité embryonnaire précoce chez les jumeaux. La mortalité embryonnaire précoce avant 35 à 42 jours de gestation représente une perte d'environ 30 % du taux de gestation total chez les vaches, mais la période la plus critique semble se situer entre 16 et 21 jours. Ces périodes coïncident avec celles où la somatotropine serait utilisée, c'est-à-dire au moment où le haut niveau de production de lait se développe et où la balance énergétique est négative. Pour les gestations et les vélages réussis, il n'y a pas d'effets sur le poids des veaux, leur développement, les constantes cardiaques, ou les constituants du sang. Ainsi la somatotropine peut affecter la reproduction si elle est administrée dans la période initiale de la lactation ; une fois la gestation établie durant la lactation stimulée, il n'y a pas d'effets sur la descendance.

La réponse superovulatoire semble améliorée chez les vaches ou les primipares traitées. Comme nous l'avons vu, le taux de jumeaux est accru, ce qui révèle une influence sur la croissance folliculaire. Les GH bovine et ovine ont un effet direct et dose-dépendant sur les fonctions des cellules de granulosa de rat en culture. Le traitement augmente dans ces cellules la formation de récepteurs d'hormone lutéinisante (LH) sous l'influence d'une même dose d'hormone folliculostimulante (FSH). Chez le porc, la somatotropine, en combinaison avec FSH et œstradiol, et chez le rat, avec FSH, induit une biosynthèse de progestérone par les cellules de granulosa in vitro. L'augmentation est détectée avec 30 ng de GH/ml de milieu, concentration sensiblement égale à celle que l'on mesure dans le sang au cours des expériences à long terme chez les vaches laitières traitées. Chez le porc et le rat, cet effet peut être transmis par les IGF, la somatotropine développant dans l'ovaire des sites IGF immunoréactifs in vivo, comme chez les vaches laitières.

Somatotropine,
croissance mammaire et production laitière

Il y a au moins trois périodes majeures de croissance de la glande mammaire pendant lesquelles la somatotropine pourrait modifier la vitesse et/ou le développement de cette croissance : de la naissance à la puberté (période péripubertaire) ; durant le dernier tiers de la première gestation ; durant la période de croissance accélérée de la mamelle qui survient entre le tarissement et la parturition (période sèche).

Ces périodes peuvent être particulièrement critiques à l'égard de la croissance qui s'y développe normalement. Augmenter la croissance augmenterait le potentiel de production laitière. Ces périodes sont importantes pour étudier les effets de la GH sur la croissance et sur les interactions avec les autres hormones et les facteurs de croissance.

De la naissance à la puberté

De la naissance jusqu'à l'âge de trois mois, la mamelle des bovins a une croissance isométrique avec le reste du corps. Cette croissance devient positivement allométrique à trois mois et le reste jusqu'à neuf mois, après quoi elle redevient isométrique. Il en est de même pour les autres ruminants domestiques.

De nombreuses études ont confirmé que la production laitière au cours de la première lactation est plus faible si les génisses ont eu une croissance supérieure à 600 à 700 g/j durant la période allométrique, probablement en raison d'une croissance réduite du parenchyme mammaire.

Par exemple, les génisses qui croissent de 1 275 g/j entre 175 et 320 kg de poids corporel accusent une déficience de 23 % du parenchyme mammaire total, 32 % de moins d'ADN et 64 % en plus de lipides dans la mamelle que les génisses qui ont eu une croissance de 673 g/j. Cet effet négatif ne survient pas si la croissance rapide est limitée à la période post-pubertaire. D'autres études montrent que des croissances rapides chez des génisses dans la période péripubertaire peuvent modifier les concentrations de certaines hormones (ex : somatotropine, prolactine, glucocorticoïdes). Il est clairement établi que dans ce cas la GH peut diminer de 45 % et la prolactine augmenter de 60 %. La relation entre l'énergie de la prise alimentaire, le taux de croissance corporelle, les concentrations hormonales, la croissance mammaire et la production lors de la première croissance mammaire et la production lors de la première lactation a été confirmée, mais les mécanismes restent inconnus.

La croissance mammaire et le développement durant la période péripubertaire sont sous le contrôle d'un complexe hormonal qui peut être influencé par l'état nutritionnel. La nutrition est, nous l'avons vu, un des facteurs qui influent sur les activités de la somatotropine et des IGF (Fig. 11-1). Ce fait soulève deux importantes questions : les changements dans le développement de la mamelle à cette période sont-ils liés directement à la production laitière durant les lactations successives ? S'ils sont liés, pouvons-nous accroître le développement de la glande chez les animaux qui ont eu une croissance normale en leur administrant de la somatotropine ou de la somatocrinine (GRF) ?

Autrement dit, est-il possible, par un traitement par la somatotropine, de pousser rapidement la croissance mammaire durant la période de développement allométrique péripubertaire ou de compenser toute diminution des concentrations en somatotropine induite par l'état nutritionnel, et, dès lors, maintenir ou améliorer la croissance mammaire et les lactations qui s'ensuivent ?

Chez les génisses recevant de la somatotropine, lorsque le tissu parenchymateux et extraparenchymateux de la glande mammaire est estimé par tomographie en rayons X durant la période péripubertaire, les résultats sont variables et difficiles à interpréter (Tabl. 11-5) malgré les qualités de la méthode d'investigation qui sépare les différents tissus plus finement qu'une dissection. On trouve des effets positifs, négatifs ou nuls sur la croissance du tissu sécrétoire. A cette période, l'effet dominant semble être une réduction du développement des tissus extraparenchymateux et, plus particulièrement, des coussinets adipeux de la glande mammaire. Cela est en accord avec l'effet lipolytique-antilipogénique de la somatotropine, connu in vivo, mais est en opposition avec la croissance attendue ; en effet, des coussinets adipeux plus petits limitent l'opportunité de l'expansion ductale lors des périodes de croissance.

Chez les génisses exposées à une photopériode longue (16 heures de lumière, 8 heures d'obscurité) la sécrétion de prolactine augmente et, dans certains cas, se développe une croissance extraparenchymateuse et de la glande mammaire globale. Cela suggère une action positive de la prolactine sur la lipogenèse qui pourrait contrarier l'effet liporéducteur de la somatotropine. Les traitements simultanés par la photopériode et la somatotropine stimulent-ils au maximum la croissance mammaire durant la période péripubertaire ? En fait il semble que ce soit plutôt l'inverse qui se produise. Les volumes parenchymateux et extraparenchymateux de la mamelle augmentent seulement quand la période lumineuse est courte et les concentrations de prolactine plus faibles. Les effets séparés de la photopériode à long jour et de la somatotropine sur la croissance mammaire ne sont pas additifs. De plus l'usage de la GH ne maintient pas une croissance mammaire normale chez les génisses qui se développent à un rythme supérieur à 875 g/j durant la période péripubertaire (Tabl. 11-5).

A ce jour, il n'y a pas de preuves que le traitement par la somatotropine aux alentours de la puberté puisse affecter la production laitière de génisses. Les génisses traitées ne produisent ni plus ni moins de lait que les animaux non traités. L'injection de somatotropine pendant cinq mois au moment de la fécondation n'a pas d'effet sur l'importance de la première lactation. Les actions respectives et les interactions de la prolactine et de la GH en période péripubertaire doivent attirer notre attention mais ne sont pas claires.

Tableau 11-5 Effets de la somatotropine ou de la somatocrinine sur la croissance mammaire de génisses laitières durant la période péripubertaire. La croissance mammaire est évaluée par mesure des volumes de parenchyme et extraparenchymateux par tomographie en rayon X (Sorensen et al. (1987) *J Dairy Sci* **70** : 265-271).

	Sejrsen et al. [54]		Ringuet et al. [53]		Head et al. [38]	
	Contrôle	Traité	Contrôle	Traité	Contrôle	Traité
Nombre d'animaux	9	9	24	24	26	23
Injection type	GH		GR		GH	
	20 ui/j		5 µg × 2/j		8,1 mg/j	
Age au début (mois)	8		3,3		7	
Poids au début (kg)	179		99		166	
Durée du traitement (jours)	109		245		120	
Age à la fin (mois)	11,6		11,3		12,1	
Poids à la fin (kg)	274		338		260	308
Volume mammaire (cm³)						
Total	1 801	1 570	1 200	1 059	1 700	1 640
Parenchyme	61	89*	76	77	133	71*
Extraparenchym.	1 739	1 480	1 124	982	1 567	1 568

* Différence significative avec le contrôle.

Somatotropine, gestation et période sèche (entre tarissement et parturition)

La somatotropine est l'une des hormones qui stimulent la croissance des cellules épithéliales mammaires pendant la gestation au moment de la lactogenèse et après la parturition. Si elle ne stimule pas en période péripubertaire, elle peut en revanche être efficace durant la période sèche. Chez les ruminants laitiers, la lactation se superpose à la gestation, et le tarissement de la mamelle est effectué par l'éleveur environ un mois avant la parturition suivante, cet espace tarissement/mise-bas est appelé période sèche. Sur des vaches, des chèvres et des brebis, le traitement par la somatotropine durant la période sèche est capable d'augmenter le nombre de cellules sécrétoires et donc, à long terme, d'augmenter la sécrétion laitière.

La perfusion intraveineuse d'arginine à des vaches laitières en fin de gestation provoque une élévation à court terme du taux circulant de somatotropine, de prolactine et d'insuline. Quand ce traitement est poursuivi durant une semaine ou plus, la production laitière est augmentée pour plusieurs semaines, mais cette expérience n'a pas été répétée sur un nombre assez grand de bovins. Le haut niveau initial de production et la croissance de la courbe de lactation laissent penser que la lactogenèse est plus précoce et plus puissante. C'est un effet direct de la prolactine, plus qu'une lente augmentation du nombre des cellules. Les trois hormones qui augmentent sont impliquées dans la mammogenèse, la lactogenèse et la galactopoïèse et il est difficile de déterminer leurs effets respectifs.

Différents faits suggèrent que les accroissements de concentration de somatotropine durant la fin de la gestation ne stimulent pas directement ou indirectement la mammogenèse mais favorisent la mise en route de la lactogenèse. Une grande étude portant sur 135 vaches laitières multipares, injectées quotidiennement par 25 mg/j de somatotropine entre le jour −21 et −7 soit 14 jours avant la date prévue pour la parturition, n'a pas montré d'accroissement de la production laitière. Les courbes de lactation n'étaient pas affectées. Chez des chèvres injectées du jour 145 jusqu'à la parturition, il n'y a pas d'effet sur la lactation. Toutefois, il semblerait que la lactogenèse et le départ de la lactation soient plus lents chez les animaux témoins. Une expérience du même type a été réalisée chez des brebis (n=10) injectées avec de la somatocrinine (GRF) entre le jour 105 et 115 de la gestation. Les niveaux sanguins de la GH et de IGF-1 augmentent et la production laitière croît de 22 % pendant les six premières semaines de lactation. L'IGF-1 accentue les effets de la prolactine sur la lactogenèse et son niveau est accru par la somatotropine.

Ainsi le dernier quart de la gestation semble être une période hormonale sensible et critique en liaison avec la mammogenèse. Les résultats des traitements par la somatotropine durant cette période semblent plus ou moins clairs et contradictoires. Apparemment les concentrations de somatotropine ne semblent pas être un facteur limitant la mammogenèse ; d'autre part, le nombre des récepteurs de la prolactine et de la progestérone comme ceux des hormones placentaires lactogènes (chez la chèvre et la brebis surtout) peut être un facteur très fortement impliqué dans la régulation de la mammogenèse. Enfin, l'effet de la somatocrinine sur les niveaux endogènes de GH peut être différent de celui obtenu par l'injection directe de somatotropine.

Des études restent encore indispensables pour améliorer nos connaissances sur ces régulations, les interactions hormonales et les facteurs de croissance sur la mammogenèse.

Somatotropine et sélection pour la production laitière

La mesure de la production laitière est le critère majeur de sélection des vaches laitières. Il est peu probable que l'usage de la somatotropine modifie l'importance de ce choix pour la sélection. Toutefois, si un accroissement de la production perturbe grandement les animaux laitiers, avec les conséquences possibles sur la reproduction, mammites, sensibilité aux accidents pathologiques, on pourrait se poser la question de la modification des rythmes de réforme des vaches laitières. L'état de santé général des vaches laitières est aussi important économiquement que la production laitière dans la décision de conserver ou non un animal dans un troupeau.

Il y a peu d'études sur la relation entre les fonctions endocrines et les potentialités génétiques des vaches laitières. Actuellement les seules mesures qui permettent un choix raisonné pour la production laitière sont des diminutions ou des augmentations de concentration des constituants du lait. Toutefois, il est vraisemblable que les concentrations sériques en somatotropine pourraient être considérées pour la sélection en vue d'améliorer la production de lait.

L'augmentation du taux sérique de somatotropine paraît caractéristique de la descendance d'un taureau de haute valeur génétique comparée à la descendance d'un mâle non sélectionné. De la sélection intensive de vaches laitières durant vingt ans résulte une élévation de 20 % du taux sanguin de la GH et une décroissance de 16 % du niveau d'insuline, sans différences pour les taux de prolactine et de thyroxine. Apparemment, l'hypophyse d'animaux génétiquement supérieurs maintient un taux de base de somatotropine plus élevé et est capable de libérer plus d'hormone de croissance si elle est stimulée par la TRH (Fig. 11-1). On ne connaît pas le mécanisme de ce phénomène, mais il est associé avec l'utilisation d'une plus grande quantité d'énergie chez des vaches génétiquement supérieures.

Quand la somatotropine est utilisée pour accroître la production de lait commercialisable et non pour élever la valeur génétique du troupeau, les conséquences génétiques sont minimes. Si les vaches et les taureaux sont classés génétiquement à mérite égal, qu'elles reçoivent ou non de la somatotropine, il n'y a pas de problème ; dans le cas contraire, des mesures de la production, spéciales et adaptées, sont indispensables.

Comme l'usage de la somatotropine augmente dans certains pays, l'identification et la sélection d'animaux de grande valeur génétique peuvent être confuses ou falsifiées si les productions laitières enregistrées sont issues d'animaux traités.

Un problème similaire existe à propos des processus de sélection pour les éleveurs qui augmentent de deux à trois le nombre de traites quotidiennes. En tout état de cause, l'utilisation de la somatotropine permet de biaiser largement la sélection car elle peut être administrée sélectivement aux animaux pour produire une augmentation immédiate et substantielle du lait produit. Dans ce cas, il y a une appréciation fausse des valeurs génétiques des animaux et des taureaux dont ils sont issus.

Habituellement, des ajustements sont faits en fonction de la fréquence des traites, de la longueur et du numéro de lactation. Des ajustements du même ordre n'existent pas et seraient difficiles à faire en cas d'usage de la somatotropine ou de somatocrinine, en raison de l'hétérogénéité des réponses individuelles, entre les troupeaux, selon la dose et l'origine de la préparation et selon les protocoles d'injection. Trois problèmes se posent donc en raison de l'usage des préparations tendant à élever le taux sanguin de somatotropine :

• Définir une politique des contrôles laitiers pratiqués en vue de la sélection génétique laitière indispensable à l'amélioration du cheptel producteur de lait.

• Envisager à terme une sélection sur la capacité génétique d'un animal à répondre à une sollicitation par la somatotropine.

• Pour une raison physiologique différente, on devra envisager, à terme, la sélection génétique sur la capacité de l'hypophyse des animaux laitiers à répondre à une sollicitation par la somatocrinine.

Conclusions et perspectives

La production laitière — comme la reproduction et la santé en général — des vaches supplémentées par la somatotropine, ou traitées par la somatocrinine, n'est pas différente de celle des animaux de qualité génétique supérieure. L'organisme de ces animaux oriente plus de nutriments vers la mamelle pour la synthèse du lait, devient plus efficace, consomme plus d'aliments et utilise un plus fort pourcentage de ses ressources en énergie pour produire du lait et réserve moins d'énergie pour l'entretien des autres fonctions vitales [6, 17, 21] (Tabl. 11-6). Globalement on peut dire que la somatotropine ou hormone de croissance conforte artificiellement chez la vache « courante » les phénomènes physiologiques et biochimiques qui se déroulent naturellement chez les vaches fortes productrices de lait. Pour maintenir cette réponse productive, la conduite de l'élevage doit fournir aux animaux un environnement idéal en terme d'alimentation, de climat et de mode de vie.

Les vaches hautes productrices élaborent plus de chaleur métabolique que les plus faibles laitières. La production de chaleur augmente avec la prise d'énergie métabolisable. Par exemple, une vache adulte de 590 kg, produisant environ 40 kg de lait/j dans un environnement thermique neutre et consommant juste assez d'aliments pour subvenir à ses besoins d'entretien corporel et de production mammaire, produit environ 36 Mcal de chaleur par jour. Cette production de chaleur augmente si la somatotropine est utilisée. Comme la priorité est assignée au maintien de la température corporelle, la réponse initiale au stress thermique et à une élévation de la température du corps sera la diminution de la prise alimentaire. En conséquence, la réponse à la somatotropine sera atténuée si les animaux sont en dehors de leur neutralité thermique. Les changements nutritionnels seront donc indispensables pour augmenter l'efficacité métabolique et diminuer la production de chaleur. L'adjonction de lipides supplémentaires en quantités correspondant aux graisses sécrétées dans le lait est un bon moyen d'augmenter la densité énergétique de la ration. La modification des conditions d'habitat — installation de zones d'ombre, de structures bien ventilées et de zones avec douches ou micro-arrosages corporels — est importante, surtout dans les régions tropicales ou subtropicales où le stress thermique sévit en permanence.

La période la plus rationnelle pour commencer le traitement se situe après le pic de lactation ; il pourra être poursuivi par la suite [6, 17]. Cela permettra un résultat rentable si les animaux ont des réserves corporelles mobilisables suffisantes. Avec un bon plan d'alimentation, le rétablissement des réserves se fera durant les dernières périodes de la lactation, avec ou sans traitement par la somatotropine ; la période sèche complétera ce rétablissement avec toutefois une efficacité moindre.

L'utilisation de la somatotropine nécessitera un soin plus grand pour formuler l'alimentation afin d'éviter les excès ou les sous-alimentations. Équilibrer l'énergie de la ration, choisir le type de fibres (neutres ou acides), le type de protéines (solubles, dégradables ou non dégradables), ajouter des graisses et des tampons pour maintenir au mieux la fonction du rumen, seront des attentions utiles et rentables [6, 9, 21]. Si les conditions ali-

Tableau 11-6 Comparaison des modifications obtenues durant la lactation entre des vaches génétiquement supérieures et des vaches injectées de somatotropine. D'après Peel et Bauman [17].

Variable	Vaches « supérieures »	Vaches injectées
Lait produit (kg/j)	Augmente après la parturition vers des hauts niveaux, bonne persistance de la lactation	Augmente vers les hauts niveaux après le début des injections. Persistance augmentée
Consommation alimentaire (kg matière sèche/j)	Forte consommation. Augmentation après la parturition	Consommation augmentée après plusieurs semaines pour atteindre les fortes productions de lait
Digestibilité	Différences mineures	Différences mineures
Réserves corporelles	Grandes mobilisations dès le début de la lactation	Grandes mobilisations dès le début des injections de somatotropine
Maintien énergétique	Différences mineures	Différences mineures
Glandes mammaires	Beaucoup de tissu sécrétoire, grande activité cellulaire, fort débit sanguin	Probablement pas d'augmentation du tissu sécrétoire, forte activité cellulaire, augmentation du débit sanguin
Efficacité (kg lait/ kg matière sèche	Augmentée	Augmentée
Performance reproduction	Nécessite une amélioration de l'entretien, intervalle entre parturitions accru	Nécessite une amélioration de l'entretien, intervalle entre parturitions accru

mentaires et l'environnement sont bons, la rentabilité de l'opération sera bonne et les effets nuisibles sur la santé et la reproduction des animaux seront absents.

Dans l'avenir, des travaux doivent être poursuivis pour connaître et expliquer les modifications causées par la somatotropine aux niveaux organique et cellulaire. A travers ces travaux sur l'activité de la somatotropine, on peut espérer approfondir notre connaissance des régulations hormonales et enzymatiques du fonctionnement mammaire et, ainsi, mieux contrôler la lactation des animaux domestiques.

RÉFÉRENCES

1. BAILE CA, BUONOMO FC (1987) Growth-hormone releasing factor effects on pituitary function, growth, and lactation. *J Dairy Sci* **70** : 467-473

2. BAUMAN DE, PEEL CJ, STEINHOUR WD, REYNOLDS PJ, TYRRELL HF, BROWN ACG, HAALAND GL (1988) Effect of bovine somatotropin on metabolism of lactating dairy cows : influence on rates of irreversible loss and oxidation of glucose and nonesterified fatty acids. *J Nutr* **118** : 1031-1040

3. BINES JA, HART IC (1981) Metabolic limits to milk production, especially roles of growth hormone and insulin. *J Dairy Sci* **65** : 1375-1389

4. BROCKMAN RP, LAARVELD B (1986) Hormonal regulation of metabolism in ruminants : a review. *Livestock Prod Sci* **14** : 313-334

5. CAPUCO AV, KEYS JE, SMITH JJ (1989) Somatotropin increases thyroxine-5'-monodeiodinase activity in lactating mammary tissue of the cow. *J Endocrinol* 121 : 205-211

6. CHALUPA W, GALLIGAN DT (1989) Nutritional implications of somatotropin for lactating cows. *J Dairy Sci* **72** : 2510-2524

7. CHILLIARD Y (1988) Rôles et mécanismes d'action de la somatotropine (hormone de croissance) chez le ruminant en lactation. *Reprod Nutr Dev* **28** : 39-59

8. DAVIS SR, COLLIER RJ (1985) Mammary blood flow and regulation of substrate supply for milk synthesis. *J Dairy Sci* **68** : 1041-1058

9. ERDMAN RA, ANDREW SM (1989) Methods for and estimates of body tissue mobilization in the lactating dairy cow. Proc Pre symp Monsanto Cornell Nutr Conf, pp. 17-26

10. FELIX AM, HEIMER EP, MOWLES TF (1985) Growth hormone releasing factors (somatocrinins). *Annu Rep Med Chem* **20** : 185-192

11. FORSYTH IA (1989) Growth factors in mammary gland function. *J Reprod Fert* **85** : 759-770

12. GLIMM DR, BARACOS VE, KENNELLY JJ (1988) Effect of bovine growth hormone on distribution of immunoreactive insulin-like growth factor-1 in lactating bovine mammary tissue. *J Dairy Sci* **71** : 2923-2935

13. GLUCKMAN PD, BREIER BH, DAVIS SR (1987) Physiology of the somatotropic axis with particular reference to the ruminant. *J Dairy Sci* **70** : 442-466

14. GOODMAN HM (1988) The role of growth hormone in fat mobilization. *In Designing foods.* National Academy Press, Washington DC, pp. 163-172

15. KRONFELD DS (1982) Major metabolic determinants of milk volume, mammary efficiency and spontaneous ketosis in dairy cows. *J Dairy Sci* **65** : 2204-2212

16. MCNAMARA JP (1989) Regulation of bovine adipose tissue metabolism during lactation. 5. Relationships of lipid synthesis and lipolysis with energy intake and utilization. *J Dairy Sci* **72** : 407-418

17. PEEL CJ, BAUMAN DE (1987) Somatotropin and lactation. *J Dairy Sci* **70** : 474-486

18. PEEL CJ, HARD DL, MADSEN KS, DE KERCHOVE G (1989) Bovine somatotropin : mechanism of action and experimental results from different world areas. Proc Pre symp Monsanto Cornell Nutr Conf, pp. 9-18

19. PROSSER CG, FLEET IR, CORPS AN, HEAP RB, FROESCH ER (1988) Increased milk secretion and mammary blood flow during close-arterial infusion of insulin-like growth factor 1 (IGF-1) into the mammary gland of the goat. *J Endocrinol* **117** (Suppl.) : 248

20. SHAMAY A, COHEN N, NIWA M, GERTLER A (1988) Effect of insulin-like growth factor 1 on deoxyribonucleic acid synthesis and galactopoiesis in bovine undifferentiated and lactating mammary tissue in vitro. *Endocrinology* **123** : 804-809

21. SNIFFEN CJ, CHALUPA W, FERGUSON J (1989) The impact of controlling protein, amino acid and carbohydrate fractions on productivity and body weight change in BST herds. Proc Pre symp Monsanto Cornell Nutr Conf, pp. 27-33

22. TYRRELL HF, BROWN ACG, REYNOLDS PJ, HAALAND GL, BAUMAN DE, PEEL CJ, STEINHOUR WD (1988) Effect of bovine somatotropin on metabolism of lactating dairy cows : energy and nitrogen utilization as determined by respiration calorimetry. *J Nutr* **118** : 1024-1030

Références des tableaux

23. ANNEXSTAD RJ, OTTERBY DE, LINN JG, HANSEN WP, SODERHOLM CG, EGGERT RG (1987) Responses of cows to daily injections of recombinant bovine somatotropin (BST) during a second consecutive lactation. *J Dairy Sci* **70** (Suppl. 1) : 176 (abstr)

24. BAIRD LS, HEMKEN RW, HARMON RJ, EGGERT RG (1986) Response of lactating dairy cows to recombinant bovine growth hormone (rbGH). *J Dairy Sci* **69** (Suppl. 1) : 118 (abstr)

25. BAUMAN DE, DEGEETER MJ, PEEL CJ, LANZA GM, GOREWIT RC, HAMMOND RW (1982) Effets of recombinantly-derived bovine growth hormone (bGH) on lactational performance of high yielding dairy cows. *J Dairy Sci* **65** (Supp. 1) : 121 (abstr)

26. BAUMAN DE, EPPARD PJ, DEGEETER MJ, LANZA GM (1985) Responses of high-producing dairy cows to long-term treatment with pituitary somatotropin and recombinant somatotropin. *J Dairy Sci* **68** : 1352-1362

27. BAUMAN DE, HARD DL, CROOKER BA, PARTRIDGE MS, GARRICK K, SANDLES LD, ERB HN, FRANSON SE, HARTNELL GF, HINTZ RL (1989) Long-term evaluation of a prolonged-release formulation of N-methionyl bovine somatotropin in lactating dairy cows. *J Dairy Sci* **72** : 642-651

28. BURTON JH, MCBRIDE BW, BATEMAN K, MCLEOD GK, EGGERT RG (1987) Recombinant bovine somatotropin : effects on production and reproduction in lactating cows. *J Dairy Sci* **70** (Suppl. 1) : 175 (abstr)

29. CHALUPA W, HAUSMAN B, KRONFELD DS, KENSINGER RS, MCCARTHY RD, ROCK DW (1984) Responses of lactating cows to exogenous growth hormone and dietary sodium bicarbonate. 1. Production. *J Dairy Sci* **67** (Suppl. 1) : 107 (abstr)

30. CHALUPA W, VECCHIARELLI B, SCHNEIDER P, EGGERT RG (1986) Long-term response of lactating cows to daily injection of recombinant somatotropin. *J Dairy Sci* **69** (Suppl. 1) : 151 (abstr)

31. CHALUPA W, BAIRD C, SODERHOLM C, PALMQUIST DL, HEMKEN R, OTTERBY D, ANNEXSTAD R, VECCHIARELLI B, HARMON R, SINHA A, LINN J, HANSEN W, EHLE F, SCHNEIDER P, EGGERT R (1987) Responses of dairy cows to somatotropin. *J Dairy Sci* **70** (Suppl. 1) : 176 (abstr)

32. CHALUPA W, MARSH WE, GALLIGAN DT (1987) Bovine somatotropin : lactational responses and impacts on feeding programs. *Proc Md Nutr Conf Feed Manuf*, pp. 48-57

33. ELVINGER F, HEAD HH, WILCOX CJ, NATZKE RP (1987) Effects of administration of bovine somatotropin on lactation, milk yield and composition. *J Dairy Sci* **71** : 1515-1525

34. ENRIGHT WJ, CHAPIN LT, MOSELEY WM, ZINN SA, TUCKER HA (1986) Growth hormone-releasing factor stimulates milk production and sustains growth hormone release in Holstein cows. *J Dairy Sci* **69** : 344-351

35. EPPARD PJ, BAUMAN DE, MCCUTCHEON SN (1985) Effect of dose of bovine growth hormone on lactation of dairy cows. *J Dairy Sci* **68** : 1109-1115

36. FRENCH NJ, DEBOER G, KENNELLY JJ (1986) Effect of feeding frequency and growth hormone injection on milk production in dairy cows. *J Dairy Sci* **69** (Supp. 1) : 153 (abstr)

37. FRONK TJ, PEEL CJ, BAUMAN DE, GOREWIT RC (1983) Comparison of different patterns of exogenous growth hormone administration on milk production in Holstein cows. *J Anim Sci* **57** : 699-705

38. HEAD HH, BACHMAN KC, RICHARDS MA, WILCOX CJ (1990) Normal and stimulated mammary gland growth, body growth, and milk yields of normal and rapidly raised dairy heifers (unpublished results)

39. HUTCHISON CF, TOMLINSON JE, MCGEE WH (1986) The effects of exogenous recombinant or pituitary extracted bovine growth hormone on performance of dairy cows. *J Dairy Sci* **69** (Supp. 1) : 152 (abstr)

40. LAPIERRE H, PELLETIER G, PETITCLERC D, DUBREUIL P, MORISSET J, GAUDREAU P, COUTURE Y, BRAZEAU P (1988) Effect of human growth hormone-releasing factor (1-29) NH_2 on growth hormone release and milk production in dairy cows. *J Dairy Sci* **71** : 92-98

41. LOUGH DS, MULLER LD, KENSINGER RS, GRIEL LG Jr, AZZARA CD (1989) Effect of exogenous bovine somatotropin on mammary lipid metabolism and milk yield in lactating dairy cows. *J Dairy Sci* **72** : 1469-1476

42. McCUTCHEON SN, BAUMAN DE (1986) Effect of pattern of administration of growth hormone on lactational performance of dairy cows. *J Dairy Sci* **69** : 38-43

43. McDOWELL GH, HART IC, BINES JA, LINDSAY DB (1983) Effects of exogenous growth hormone in lactating cows. *Proc Nutr Soc Aust* **8** : 165 (abstr)

44. McGUFFEY RK, GREEN HB, FERGUSON TH (1987a) Lactation performance of dairy cows receiving recombinant bovine somatotropin by daily injection or in a sustained release vehicle. *J Dairy Sci* **70** (Suppl. 1) : 176 (abstr)

45. McGUFFEY RK, GREEN HB, BASSON RP (1987b) Performance of Holsteins given bovin somatotropin in a sustained delivery vehicle. Effect of dose and frequency of administration. *J Dairy Sci* **70** (Suppl. 1) : 177 (abstr)

46. PEEL CJ, BAUMAN DE, GOREWIT RC, SNIFFEN CJ (1981) Effect of exogenous growth hormone on lactational performance in high yielding dairy cows. *J Nutr* **111** : 1662-1671

47. PEEL CJ, FRONK TJ, BAUMAN DE, GOREWIT RC (1983) Effect of exogenous growth hormone in early and late lactation on lactational performance of dairy cows. *J Dairy Sci* **66** : 776-782

48. PEEL CJ, SANDLES LD, QUELCH KJ, HERINGTON AC (1985) The effects of long-term administration of bovine growth hormone on the lactational performance of identical-twin dairy cows. *Anim Prod* **41** : 135-142

49. PELLETIER G, PETITCLERC D, LAPIERRE H, BERNIER-CARDON M, MORISSET J, GAUDREAU P, COUTURE Y, BRAZEAU P (1987) Injection of synthetic human growth hormone-releasing factors in dairy cows. 1. Effect on feed intake and milk yield and composition. *J Dairy Sci* **70** : 2511-2517

50. POCIUS PA, HERBEIN JH (1986) Effects of in vivo administration of growth hormone on milk production and in vitro hepatic metabolism in dairy cows. *J Dairy Sci* **69** : 713-720

51. REMOND B, CHILLIARD Y, CISSE M (1987) Effets d'injections bimensuelles de somatotropine sur l'ingestion, les performances et le métabolisme de vaches laitières recevant deux niveaux d'aliments concentrés. *In* Chilliard, 1987

52. RICHARD AL, McCUTCHEON SN, BAUMAN DE (1985) Responses of dairy cows to exogenous bovine growth hormone administered during early lactation. *J Dairy Sci* **68** : 2385-2389

53. RINGUET H, PETITCLERC D, SORENSEN MT, GAUDREAU P, PELLETIER G, MORISSET J, COUTURE Y, BRAZEAU P (1989) Effect of human somatotropin-releasing factor and photoperiods on carcass parameters and mammary gland development of dairy heifers. *J Dairy Sci* **72** : 2928-2935

54. SEJRSEN K, FOLDAGER J, SORENSEN MT, AKERS RM, BAUMAN DE (1986) Effect of exogenous bovine somatotropine on pubertal mammary development in heifers. *J Dairy Sci* **69** : 1528-1535

55. SODERHOLM CG, OTTERBY DE, EHLE FR, LINN JG, HANSEN WP, ANNEXSTAD RJ (1986) Effects of different doses of recombinant bovine somatotropin (rbSTH) on milk production, body composition, and condition score in lactating cows. *J Dairy Sci* **69** : (Suppl. 1) : 152 (abstr)

56. THOMAS C, JOHNSON ID, FISHER WJ, BLOOMFIELD GA, MORANT SV, WILKINSON JM (1987) Effect of somatotropin on milk production, reproduction and health of dairy cows. *J Dairy Sci* **70** (Suppl. 1) : 175 (abstr)

57. TYRRELL HF, BROWN ACG, REYNOLDS RJ, HAALAND GL, PEEL CJ, BAUMAN DE, STEINHOUR WD (1982) Effect of growth hormone on utilization of energy by lactating Holstein cows. *In* A Ekern, F Sundstol (eds) : *Energy metabolism of farm animals*. EAAP Publ, **29**

12

Physiologie de l'éjection du lait Conséquences sur la traite

J. Labussière

Introduction

Après sa synthèse par l'assise monocouche des cellules épithéliales qui bordent la cavité de chaque acinus mammaire, le lait est momentanément stocké dans la lumière de ces alvéoles (diamètre 100 à 300 μ) avant d'être transféré, par le réseau des canaux galactophores, vers les régions proches du trayon. Chez certaines espèces (ratte, lapine), ce transfert n'intervient que pendant la tétée, alors que chez d'autres, généralement pourvues de volumineuses citernes (chèvres, brebis, vaches), il peut avoir lieu également entre les séquences d'allaitement ou de traite.

Dans un cas comme dans l'autre, l'obtention du lait par la progéniture ou par le trayeur s'en trouve facilitée et l'activité des cellules sécrétrices, stimulée, puisque la stagnation prolongée du lait dans les régions alvéolaires conduit au tarissement [54, 66, 67, 144, 153, 235]. Au contraire, des évacuations fréquentes et complètes ont un puissant effet galactopoïétique [126, 132, 149].

La succion créée par le jeune ou par la machine à traire ne semble pas suffisante pour extraire le lait alvéolaire car des phénomènes de tension superficielle retiennent le lait dans les plus petits canalicules dont le diamètre n'excède pas quelques microns. Ainsi, depuis les travaux d'Ely et Petersen (1941), on admet que le lait est activement expulsé hors de la lumière des acinus grâce à un réflexe neuroendocrinien qui peut être décrit schématiquement de la façon suivante. L'influx nerveux, induit au niveau des terminaisons sensitives de la mamelle par les stimulations du nouveau-né ou par celles des interventions manuelles ou mécaniques de la traite, gagne les noyaux magnocellulaires supraoptiques et paraventriculaires du complexe hypothalamo-posthypophysaire par les nerfs mammaires et la moelle épinière. Il provoque une décharge d'ocytocine posthypophysaire qui, par la voie sanguine, va provoquer la contraction des cellules myoépithéliales qui enserrent chacun des acinus ; ceux-ci s'aplatissent et le lait est expulsé.

Sans être exhaustifs, nous nous proposons au cours de cet article de décrire :

• Les différents chaînons de ce réflexe, ainsi que les régulations facilitatrices ou inhibitrices auxquelles il est soumis par les structures nerveuses supérieures. Nous n'oublierons pas toutefois les autres mécanismes susceptibles d'intervenir également lors de l'évacuation du lait : participation de l'ocytocine lutéale, contrôle sympathique de la motricité des canaux galactophores, etc.

• Quelques-unes des conséquences que l'éleveur peut espérer tirer de la maîtrise de ces phénomènes pour alléger ses contraintes de traite et améliorer, non seulement ses conditions de travail, mais aussi la quantité et la qualité du lait qu'il recueille.

Contrôles neuroendocriniens de l'éjection du lait

Voies nerveuses conduisant au complexe hypothalamo-hypophysaire

Innervation de la mamelle

Les nerfs mammaires sont composés de fibres sensitives, appartenant au système cérébrospinal, et de fibres motrices sympathiques (provenant des ganglions paravertébraux) qui rejoignent les troncs rachidiens par les rameaux communicants gris. Ces contrôles moteurs sympathiques s'exercent essentiellement sur les parois des vaisseaux et sur la musculature lisse des canaux galactophores et du trayon (voir p. 275) ; aucune innervation parasympathique n'a pu être mise en évidence [54, 55].

Chez la ratte, on note une grande hétérogénéité [93] dans le diamètre des fibres nerveuses (1 à 25 μ) et donc dans leur vitesse de conduction (6 à 36 m/s). Ce sont en général les plus lentes et sans myéline (type c) qui sont les plus nombreuses. Chez la vache [172], il existe aussi beaucoup de fibres amyéliniques et parmi celles qui sont myélinisées, le type Aβ est majoritaire. Leur réseau est parfois suffisamment dense pour que l'on puisse parler de plexus, comme c'est le cas par exemple à la base du mamelon de la lapine et surtout à son extrémité apicale [11].

Les parois du trayon des ruminants sont également richement innervées, mais les avis divergent quant à la nature des terminaisons sensorielles ; en effet, selon plusieurs auteurs [85], on y trouverait des mécanorécepteurs (corpuscules de Merkels, de Golgi Mazzoni, de Pacini et de Meissner) et des thermorécepteurs (corpuscules de Krause) dont la présence pourrait justifier les recommandations généralement données aux trayeurs (par exemple, massage vigoureux de la mamelle avec un linge humide et chaud [25]). Mais en réalité il semble bien que dans la plupart des espèces le nombre de ces formations encapsulées reste très limité. C'est le cas dans le téton de la femme [80] et leur existence est contestée chez la lapine [51] et chez la vache [172] où l'on rencontrerait surtout des terminaisons libres au niveau des trayons, des muscles lisses et des vaisseaux.

Le parenchyme glandulaire est beaucoup moins innervé que les régions périphériques : des chémorécepteurs y seraient toutefois présents chez la chèvre [85] et chez la vache [103] alors que des barorécepteurs et des nocicepteurs sont signalés chez la lapine [49, 71].

L'emplacement des mamelles étant très variable d'une espèce à l'autre (thoracique chez les primates, abdominal chez les cétacés, inguinal chez les ruminants ou occupant l'ensemble de ces positions chez les rongeurs), on conçoit que l'innervation mammaire soit rattachée à des niveaux du névraxe très différents et qu'il soit difficile de présenter un schéma homogène. Cette diversité peut même toucher des espèces voisines puisque, chez la chèvre, les branches ventrales des nerfs lombaires L1 et L2 se prolongent sur les régions antérolatérales du pis, respectivement chez 48 % et 60 % des animaux alors que leur projection sur la mamelle des brebis n'a pu être démontrée [143]. Certes, il est bien acquis que dans les deux espèces :

• L3 et L4 participent au nerf inguinal (qui se ramifie vers les parois latérales de la glande, les citernes, les trayons et le parenchyme profond) mais c'est seulement chez la chèvre que L2 s'associe partiellement à cet imposant « tronc » nerveux, et c'est seulement chez la brebis que certaines fibres du nerf rotulien (appartenant à L5) s'étendent du plat de la cuisse au bord latéral du pis.

• Les racines sacrées S3 et S4 sont à l'origine du nerf périnéal qui innerve la face postérieure de la mamelle, mais c'est seulement chez la brebis que l'on peut trouver dans ce nerf quelques fibres provenant de S2.

L'innervation de la mamelle de vache (Fig. 12-1) serait aussi antérieure que celle de la chèvre au niveau lombaire (participation de L1 et L2) et aussi antérieure que celle de la brebis au niveau sacré (participation de S2).

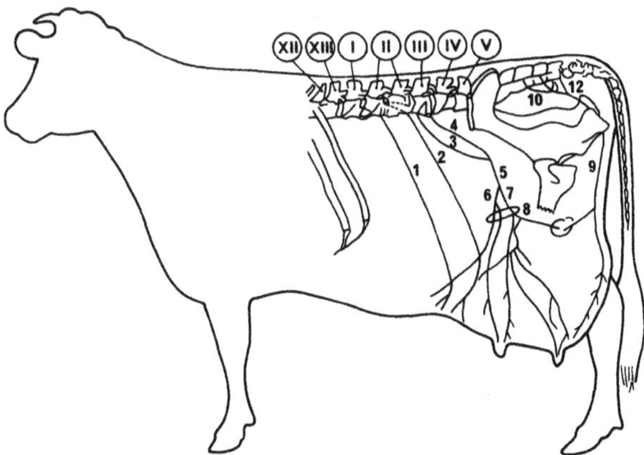

Fig. 12-1   Innervation de la mamelle chez la vache. 1 : branche ventrale du premier nerf lombaire ; 2 : branche ventrale du second nerf lombaire : 3 : composante ventrale du nerf inguinal ; 4 : composante dorsale du nerf inguinal ; 5 : nerf inguinal ; 6 : nerf inguinal antérieur ; 7 : nerf inguinal postérieur ; 8 : anneau inguinal externe ; 9 : nerf périnéal ; 10 : 2e paire sacrée du nerf pudique ; 11 : 3e paire sacrée du nerf pudique ; 12 : 4e paire sacrée du nerf pudique. D'après Saint-Clair [207].

Voies spinales et supraspinales afférentes aux cellules hypothalamiques sécrétrices d'ocytocine

Chez la brebis, l'hémisection des cordons ventrolatéraux au niveau du 10e segment thoracique de la moelle épinière [200] supprime les activités électriques évoquées dans le thalamus (VPL) par la stimulation du nerf inguinal contralatéral. Le faisceau spino-réticulo-hypothalamique étant également ventrolatéral pourrait donc être un bon candidat pour convoyer vers l'hypothalamus les informations provenant de la mamelle.

Toutefois, dans cette espèce, il est aussi accordé un rôle important au faisceau spino-cervico-thalamique [200], qui ne croise pas dans la moelle, mais passe progressivement d'une position dorsolatérale aux niveaux lombaire et thoracique, à une position ventrale au niveau cervical. Sa section à la hauteur de la 10e vertèbre thoracique abolit le 2e pic observé [120] sur les courbes d'émission du lait au cours de la traite (voir Fig. 12-5). Il est possible que, par des collatérales, il puisse faciliter, dans la formation réticulée, l'acheminement des influx spino-réticulo-hypothalamiques vers les cellules sécrétrices d'ocytocine (Fig. 12-2).

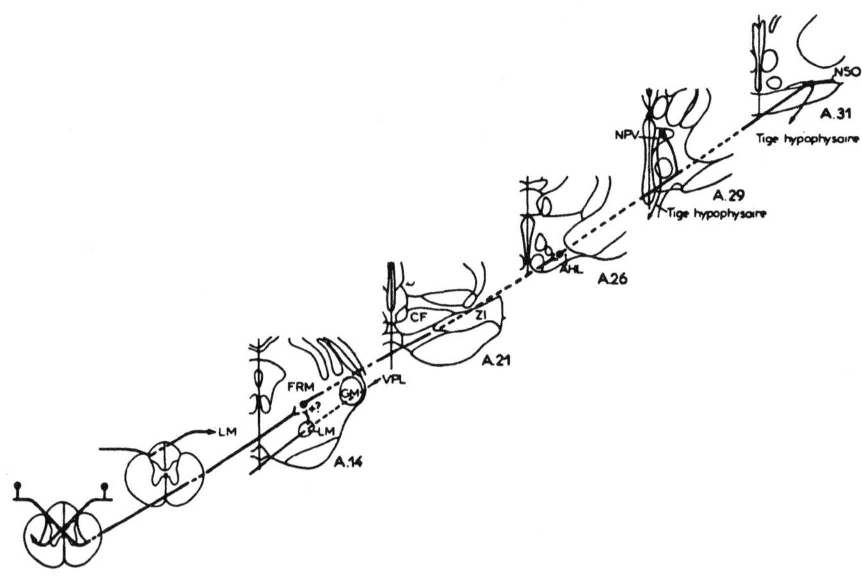

Fig. 12-2   Schéma des voies nerveuses du réflexe d'éjection du lait chez la brebis. (LM), lemnisque médian ; (FRM), formation réticulée mésencéphalique ; (GM), corps genouillé médian ; (VPL), noyau ventral postérieur ; (ZI), zone incertaine ; (CF), champs de Forel ; (AHL), hypothalamique latérale ; (NPV), noyau paraventriculaire ; (NSO), noyau supra-optique. D'après Richard [200].

Si l'on se réfère à la revue bibliographique de Wakerley et al. (1988), il semble que chez la ratte les impulsions provenant du mamelon ne se croisent pas dans la moelle [79] et qu'elles empruntent prioritairement le faisceau spino-cervico-thalamique situé, dans cette espèce, en position latérale (et non dorsale puis ventrale comme chez la brebis) ; sa lésion bloque en effet le réflexe d'éjection, alors que sa stimulation entraîne une augmentation de la pression intramammaire analogue à celle enregistrée lors de la tétée [193]. Des faits analogues sont rapportés chez la lapine [154].

Après un relais dans le noyau cervical latéral (NCL) [62], ces fibres se croisent (Fig. 12-3) et rejoignent le lemnisque médian, puis le noyau ventral postéro-latéral (VPL) du thalamus [165]. Il semble bien établi que les fibres qui interviennent dans la réalisation du réflexe d'éjection du lait n'accompagnent pas le système lemniscal au-delà du mésencéphale, et qu'il existe à ce niveau des projections dans les zones tegmento-latérales proches du colliculus inférieur (noyau externe), dont la stimulation provoque l'expulsion

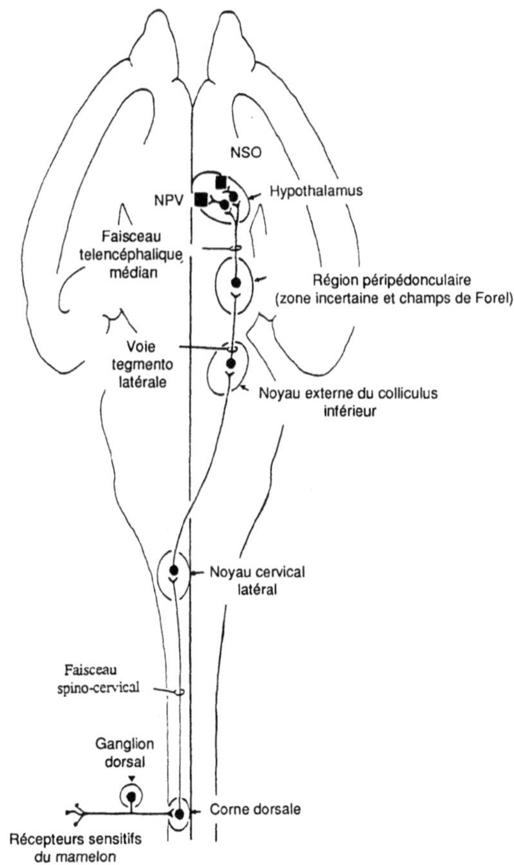

Fig. 12-3 Schéma des voies nerveuses du réflexe d'éjection du lait chez le rat. (NSO), noyaux supra-optiques ; (NPV), noyaux paraventriculaires. D'après Wakerley, Clarke et Summerlee [242].

lactée [227, 228] et dont la destruction entraîne son abolition [61, 107]. D'autres régions mésencéphaliques semblent également être impliquées ; des lésions de l'aire ventrale du toit [107] et de sa partie caudale [41] entraînent en effet des perturbations de la périodicité des séquences d'éjection du lait chez la ratte. Enfin, chez la brebis, les zones évocatrices de potentiels reçus dans la tige posthypophysaire sont circonscrites à l'ensemble de la formation réticulée (FRM) [200] ; cette formation représente un premier système analyseur-intégrateur [169] des influx ascendants et sa destruction doit être complète pour que les influx provenant de la mamelle n'atteignent plus l'hypothalamus [200].

Comme l'activité électrique de la tige pituitaire n'est jamais modifiée par la stimulation du thalamus ou par son ablation totale, on peut conclure que le message nerveux, responsable de la décharge d'ocytocine, emprunte une voie extrathalamique et plus précisément sub-thalamique [201] à travers les champs de Forel et la zone incertaine. Il existerait, dans ces régions péripédonculaires, des relais [249] dont la présence est confirmée par l'utilisation de la peroxydase du raifort [61] et par l'instillation de neurotoxine qui y bloque l'éjection du lait [94].

Si le faisceau longitudinal dorsal de Schutz peut alors constituer une des voies afférentes à l'hypothalamus, il est malgré tout plus probable que le principal itinéraire soit celui du faisceau ventral télencéphalique médian, riche en fibres multisynaptiques ; après avoir reçu certaines afférences qui quittent le faisceau de Schutz, celui-ci se projette sur l'aire hypothalamique latérale.

Entre ce carrefour et les noyaux supra-optiques et paraventriculaires sécréteurs d'ocytocine, il existerait encore au moins une synapse, puisque des traceurs rétrogrades, appliqués dans ces structures magnocellulaires, ne sont pas capables de marquer directement les champs de Forel et la Zone Incertaine.

Contrôles facilitants ou inhibiteurs
exercés par les structures supradiencéphaliques

Des fibres du faisceau télencéphalique médian se terminent à la fois dans le septum, qui possède des relations directes [104, 195] et indirectes (via le cortex frontal [196]) avec les noyaux supra-optiques et paraventriculaires [46], et dans l'amygdale, qui reçoit également des afférences des tubercules olfactifs et qui envoie des projections multiples vers l'hypothalamus [200].

Ainsi certains influx d'origine mammaire pourraient donc passer par ces structures diencéphaliques avant d'atteindre la pars nervosa de l'hypophyse. En réalité, chez la brebis [200], des lésions totales du septum ou de l'amygdale et de larges destructions du cortex n'entraînent pas de modifications des potentiels évoqués dans la tige hypophysaire par les stimulus mammaires et n'empêchent pas, au cours de la traite, l'apparition du 2e pic qui matérialise l'éjection active du lait alvéolaire (voir Fig. 12-5). Des constatations analogues ayant été faites chez le rat [238] et chez le cobaye [230], on peut donc conclure que les structures supradiencéphaliques ne sont pas indispensables à la réalisation du réflexe ; toutefois, nous allons voir qu'elles peuvent le moduler (voire l'inhiber) et qu'elles jouent probablement un rôle important au cours de certains processus de conditionnement (voir p. 282).

L'amygdale, le septum, l'hippocampe, font partie du système limbique et l'on sait que ces aires paléocorticales, impliquées dans la coordination de nombreuses réactions émotionnelles, sont abondamment connectées à l'hypothalamus [30, 177] et plus particulièrement aux noyaux supra-optiques (NSO) et paraventriculaires (NPV) [234] par des liaisons rarement directes où le temps de latence des influx n'excède pas 7 à 8 m/s [247].

C'est ainsi que, chez la ratte, la stimulation du septum élève l'activité électrique du noyau paraventriculaire [170] et que, chez la lapine, celle du septum [50], du cortex prélimbique [9] et de la région médiane de l'amygdale [214] entraîne respectivement un accroissement de la pression intramammaire (deux premiers cas) et des contractions utérines (3e cas).

Mais l'excitation des structures limbiques ne se traduit pas toujours par une décharge d'ocytocine. Celle du noyau basal latéral de l'amygdale peut au contraire l'empêcher [10] ; cette dualité d'action se manifeste également pour l'hippocampe, puisque la facilitation de l'éjection du lait par les stimulus auditifs de la tétée est supprimée par la section du tractus cortico-hypothalamique médian, reliant l'hypothalamus à l'hippocampe [53] alors que des décharges spontanées d'ocytocine et des contractions prolongées de la mamelle sont observées lorsqu'on coupe le subilicum qui conduit de l'hippocampe vers les noyaux magnocellulaires, des informations exerçant normalement sur ceux-ci une inhibition tonique [231].

Cette inhibition pourrait d'ailleurs être d'origine mésencéphalique, car, lorsqu'on sépare l'hippocampe de la partie ventrale du noyau gris (ou des régions proches de la formation réticulée), on provoque également cette libération spontanée d'ocytocine [229].

Enfin, l'isocortex peut aussi participer au blocage de l'éjection lactée, car en le neutralisant par un dépôt de chlorure de potassium, chez la ratte, on lève l'inhibition du réflexe induite par un stress [225].

Ces quelques exemples illustrent l'extrême complexité des relations multiples et réciproques qui font respectivement des formations limbiques et corticales [169], des systèmes analyseurs-intégrateurs de 2e et de 3e ordre, où naissent des mécanismes facilitateurs et inhibiteurs encore mal connus.

Ainsi chez la ratte où chaque phase d'allaitement dure environ une demi-heure (voire plus), il est possible que ces mécanismes contrôlent les manifestations intermittentes de l'éjection du lait, qui n'apparaissent parfois que 10 à 15 minutes après le début de la tétée et qui ne se renouvellent ensuite que toutes les 4 à 6 minutes.

Activité du tractus hypothalamo-posthypophysaire

Lieux de sécrétion et de stockage de l'ocytocine

Les cellules productrices d'ocytocine et de vasopressine sont localisées dans les noyaux supra-optiques et paraventriculaires de l'hypothalamus ; la réunion de leurs prolongements axoniques, non myélinisés, forme la tige, puis le lobe nerveux de la posthypophyse, où les deux hormones, après migration dans des vésicules de 150 nm, seront stockées puis libérées dans le courant sanguin.

Les extrémités terminales de ces cellules, qui présentent des gonflements et des dilatations (corps de Herring) où s'accumulent ces vésicules, sont en contact étroit avec le réseau de capillaires fenestrés, situés à l'extérieur de la barrière hémato-encéphalique ; elles sont aussi enveloppées de cellules gliales nommées pituicytes dont les mouvements de rétraction, ou d'expansion, peuvent respectivement faciliter, ou gêner, la décharge hormonale.

Comme les autres neurones, les grandes cellules des noyaux supra-optiques et paraventriculaires renferment de la substance de Nissl et des neurofibrilles [98] mais leur aspect sécrétoire est nettement affirmé. La mesure du diamètre de leur volumineux noyau et de leur nucléole dense peut constituer une estimation indirecte, mais précise, de cette activité [65]. Dans l'abondant réticulum endoplasmique, aux membranes rugueuses, est synthétisé un peptide, dont le poids moléculaire est proche de 20 000 ; dans l'appareil de Golgi, ce peptide est empaqueté à l'intérieur des vésicules qui migreront, à environ 2 mm/h, le long des axones conduisant à l'hypophyse postérieure [213, 220].

Au cours de ce transport, ce peptide précurseur se scinderait en ocytocine ou en arginine-vasopressine[1] et en deux autres fragments (les neurophysines I et II) qui seront libérés dans le sang en même temps que la fraction hormonale active [3, 70, 138]. Si, chez la ratte, l'ocytocine et la neurophysine I sont produites par environ la moitié des cellules des noyaux supra-optiques et paraventriculaires et la vasopressine (associée à la neurophysine II) par l'autre moitié (cette proportion peut varier d'une espèce à l'autre [57]), il est malgré tout intéressant de noter que les supra-optiques, qui contiennent trois fois plus de neurones à ocytocine que les paraventriculaires, peuvent, à eux seuls, assurer l'éjection du lait.

Électrophysiologie des cellules neurosécrétrices et libération de l'ocytocine

Les potentiels d'action qui se propagent sur les cellules neurosécrétoires, lorsque celles-ci sont excitées par les fibres nerveuses afférentes, se traduisent par un flux entrant de Ca^{2+} qui entraîne successivement la fusion de la membrane des terminaisons axonales avec celle des vésicules puis l'exocytose de leur contenu. Au microscope électronique, les vésicules apparaissent alors optiquement vides [158, 209] et, après séquestration du calcium libre dans des microgranules [215], les charges membranaires sont rétablies (−60 à −80 mV) grâce à un système d'échange sodium-potassium.

C'est la ratte qui a surtout été utilisée pour l'étude électrophysiologique des noyaux supra-optiques et paraventriculaires au cours de la tétée. Cette espèce a l'avantage de présenter, sous anesthésie, des réponses identiques à celles observées chez les animaux vigiles

---

1. A l'exception des suidés dont la post-hypophyse contient de la lysine-vasopressine, on peut dire que l'arginine-vasopressine est présente chez presque toutes les espèces étudiées. Parmi ses neuf acides aminés, deux diffèrent de ceux de l'ocytocine : l'arginine remplace la leucine et la phénylalanine remplace l'isoleucine.

disposant d'électrodes chroniques [221] et, dans ces conditions, le réflexe d'éjection persiste, ce qui n'est pas le cas chez la brebis [120].

Ainsi, sur une activité électrique de base caractérisée par une faible fréquence de potentiels d'action (de 1 à 5/s, voire 10/s) apparaissent épisodiquement des bouffées d'influx nerveux à forte fréquence (20 à 80/s) qui durent environ 2 à 4 secondes et qui sont suivies d'une phase d'inactivité d'une vingtaine de secondes, probablement due à l'inhibition des courants calciques d'activation membranaire [6].

Entre les bouffées de potentiels, espacées de 4 à 6 minutes chez la ratte et distantes seulement de 30 à 60 secondes chez la lapine, les cellules hypothalamiques sont totalement réfractaires aux stimulus de la tétée ; le niveau et la nature du blocage ne sont pas connus. On peut supposer que ce blocage a pour but d'empêcher un afflux de lait continu et trop abondant vers le mamelon (où, en l'absence de citerne, les capacités de stockage sont pratiquement inexistantes) afin de fractionner l'apport alimentaire, en l'adaptant aux capacités de succion et d'absorption du jeune ; en effet 12 secondes environ après chacune des bouffées de potentiels, on constate une augmentation de pression intramammaire qui résulte d'une décharge d'ocytocine. Si l'on sait que cette hormone met environ 10 secondes pour atteindre la mamelle [142], on peut en conclure que l'ocytocine franchit rapidement les membranes vésiculaires et neuronales, puis les parois des capillaires sanguins. Il n'est pas certain qu'il en soit de même chez la brebis (ou chez la vache) car, pour ces espèces, le temps de transport entre la jugulaire et les cellules myoépithéliales est relativement court comparé au temps de latence du réflexe d'éjection du lait qui excède fréquemment une demi-minute [131].

L'analyse des prélèvements sanguins multiples [222] suggère que les décharges d'ocytocine seraient pulsatiles et indique que les taux plasmatiques s'élèvent à la vitesse de 2 à 3 pmol/l/s et passent en 4 à 5 minutes, de niveaux indétectables, à 300 ou 400 pmol/l ; par analogie avec les augmentations de pression induites par injection intraveineuse, les quantités totales libérées à cette occasion seraient de l'ordre de 0,5 mUI [242]. Comme l'activation des 9 000 cellules à ocytocine est simultanée et comme pour chaque cellule on dénombre, par bouffée, environ 60 potentiels d'action, il y a donc environ 540 000 potentiels qui atteignent la posthypophyse pour provoquer une telle décharge [142]. Chaque potentiel serait donc responsable de la libération de 2 à 3 fg (correspondant au contenu d'une quarantaine de vésicules). Cette efficacité individuelle est environ 100 fois moindre lorsque la fréquence des potentiels est faible (1 à 5 /s) [139]. Comme ce sont également les hautes fréquences de stimulation électrique (30 à 50 Hz) qui paraissent optimales pour activer la posthypophyse [95], on peut admettre que le rapprochement excessif des potentiels conduit à une accumulation de Ca^{2+} interne aux extrémités axonales et donc à ce phénomène de facilitation.

Il n'est toutefois par exclu que des basses fréquences, proches de celles observées au cours de l'activité de base, puissent également entraîner de petits *pulses* d'ocytocine [141] susceptibles, au niveau périphérique, d'induire des contractions mammaires rythmiques qualifiées de spontanées [194] et au niveau central (par un mécanisme d'autoentrainement) d'être les catalyseurs de décharges beaucoup plus importantes.

Régulation de la libération d'ocytocine par différents neurotransmetteurs et neuromodulateurs

Influence de l'ocytocine sur sa propre décharge

Malgré les hypothèses formulées par Carroll et al. (1968), il semble qu'il faille écarter l'éventualité d'un rétrocontrôle négatif de l'ocytocine sur sa propre libération [140] qui aurait eu le mérite d'expliquer l'intermittence des décharges chez la ratte. En revanche, Freund-Mercier et Richard [75] suggèrent l'existence d'un rétrocontrôle positif. En effet, en injectant 1 mUI dans le 3e ventricule, ces auteurs constatent à la fois un accroissement de la fréquence et de l'amplitude des réponses de pression intramammaire provoquées par la tétée et observent parallèlement des bouffées de potentiels d'action deux à trois fois plus rapprochées, ainsi qu'une élévation du nombre de potentiels par bouffée (80 à 90 vs 50 à 60).

Cette potentialisation pourrait se situer dans les noyaux paraventriculaires comme cela a été montré in vitro ; [101, 164] in vivo, l'ocytocine passant dans le liquide cérébrospinal pourrait jouer un tel rôle au voisinage des parois du 3e ventricule.

Néanmoins, la signification physiologique de ce phénomène reste à éclaircir puisque l'ocytocine, normalement retrouvée dans ce fluide, proviendrait principalement des zones parvocellulaires des noyaux paraventriculaires alors que ce sont surtout les régions magnocellulaires qui sont alertées par la tétée, sans laquelle l'ocytocine intraventriculaire s'avère inefficace [75]. Toutefois il vient d'être démontré que l'ocytocine n'était pas uniquement déchargée aux extrémités axonales de la posthypophyse mais aussi au niveau des noyaux magnocellulaires eux-mêmes [76] ; l'immunocytochimie a permis d'y révéler des connexions où les éléments pré- et postsynaptiques sont ocytocinergiques et pourraient aider à l'action activatrice de l'ocytocine sur les cellules voisines et à leur embrasement généralisé. Cette action facilitatrice pourrait se situer au niveau de certaines structures de contrôle des voies afférentes du réflexe ; l'hippocampe serait l'une de ces structures [167] dont certains neurones sont effectivement excités par l'ocytocine.

Effet facilitateur de l'acétylcholine

L'acétylcholine administrée par voie générale stimule la décharge des hormones posthypophysaires ; chez la chienne, 0,2 mg à 100 mg par voie intraveineuse entraînent une diminution de la diurèse de 41 à 100 %, et 200 g par voie intracarotidienne provoquent une expulsion lactée comparable à celle induite par 20 mUI d'ocytocine par voie intraveineuse [191, 192].

La présence d'acétyl transférase dans les noyaux supra-optiques suggère qu'ils pourraient recevoir directement des projections cholinergiques [110] mais il n'est pas certain que celles-ci concernent les neurones à ocytocine car, en déposant 2 à 40 g d'acétylcholine dans la partie caudale des NSO, on obtient seulement une libération de vasopressine et une anti-diurèse importante [1].

En dehors de ces quelques observations, nos connaissances sur la localisation des chaînons cholinergiques restent encore très limitées. Il est toutefois probable que ceux qui se trouvent sur les trajets de l'influx de la mamelle à l'hypothalamus sont de type nicoti-nique ; en effet, seuls les antagonistes de la nicotine, comme la mécamylamine, bloquent le réflexe d'éjection du lait à point de départ mammaire [36], alors que les antimuscarini-ques, comme l'atropine, sont à cet égard inefficaces aux doses physiologiques.

En revanche, les autres voies afférentes aux noyaux supra-optiques et paraventriculaires par lesquelles arrivent des influx visuels, olfactifs ou auditifs (après analyse et intégration par les structures diencéphaliques) feraient appel à des relais muscariniques que l'on trouve en abondance dans le cortex cérébral [114] ; en effet l'administration d'acétylcholine (ou de carbachol) dans les ventricules cérébraux provoque une libération abondante d'ocy-tocine et une augmentation prolongée de la pression intramammaire [36], qui ne peut être inhibée que par des antagonistes muscariniques et en aucun cas par des bloqueurs nicotiniques.

Effets facilitateurs ou inhibiteurs des mono-amines

NORADRÉNALINE

Lorsque des substances anti-adrénergiques, comme le dibénamide, sont administrées, 2 heures avant la tétée, à des rattes ou à des cobayes en lactation, on constate chez ces deux espèces une inhibition non périphérique de l'éjection du lait, puisque l'injection d'ocytocine est alors capable de rétablir l'évacuation normale de la mamelle [33, 88].

Bien que l'innervation aminergique directe des noyaux supra-optiques et paraventriculaires [29] ne puisse concerner que les neurones sécréteurs de vasopressine [208], ces résultats indiquent que des relais adrénergiques participent à la décharge d'ocytocine. Cet effet facilitateur se ferait par l'intermédiaire des récepteurs α [28] car les augmentations de pression intramammaire, constatées après administration intraventriculaire de noradré-naline, peuvent être également obtenues à l'aide de phényléphrine (α-mimétique) alors qu'a contrario elles peuvent être inhibées par des α-bloquants comme la phentolamine [37, 233].

Par son activité β, la noradrénaline semble au contraire en mesure d'empêcher la réalisa-tion du réflexe d'éjection, puisque le propranolol (β-bloquant) autorise son apparition chez des femelles retenant leur lait à cause d'un stress [35, 233] sans modifier la fréquence des potentiels d'action au niveau des cellules neurosécrétoires. Ainsi, les effets inhibi-teurs β de la noradrénaline et ceux de ses agonistes injectés par voie générale tel que l'isoprotérénol [160] pourraient résulter d'une perturbation de la décharge d'ocytocine [13, 233] consécutive à une réduction du débit sanguin dans le réseau capillaire posthy-pophysaire [18]. Les effets inhibiteurs β pourraient être encore plus périphériques [136] et résulter en particulier d'une diminution des réponses du myoépithélium à l'ocytocine [26, 32] due à son excessive relaxation [156]. Cet effet peut être évité par une imprégna-tion préalable au propranolol [217, 239].

Nous verrons, en revanche, ultérieurement que les β-agonistes peuvent faciliter l'éva-cuation du lait hors de la mamelle en provoquant la relaxation de la musculature lisse des canaux galactophores et du trayon [20, 21, 22] alors que les α-mimétiques, qui ont l'effet inverse, seraient à l'origine de vasoconstrictions freinant l'arrivée de l'ocytocine sur le myoépithélium [156].

DOPAMINE

L'expérimentation a bien montré que l'injection dans le 3ᵉ ventricule de dopamine (ou de l'un de ses agonistes, l'apomorphine) augmente la fréquence et l'amplitude des activations neurosécrétoires d'ocytocine chez des rattes où le réflexe d'éjection s'établit rapidement lorsque les jeunes stimulent les tétons [161, 162] ; ces substances sont aussi capables d'induire les activités neurosécrétoires chez des femelles sans éjection jusqu'à une heure après le début de la tétée. Dans des conditions expérimentales voisines, certains expérimentateurs [37] observent également une libération abondante d'ocytocine, tandis que d'autres [207] observent des effets inverses avec des antidopaminergiques (halopéridol, αflupentixol). Ainsi la dopamine pourrait contrôler les décharges posthypophysaires et plus précisément leur périodicité [162].

5-HYDROXYTRYPTAMINE (SÉROTONINE)

La signification des fibres à 5-hydroxytryptamine (5HT) qui se projettent sur les cellules à ocytocine des noyaux paraventriculaires [208] n'est pas parfaitement éclaircie ; c'est ainsi que la suppression du réflexe d'éjection du lait consécutive à l'administration intraventriculaire de sérotonine n'est observée que chez les rattes anesthésiées [163] et pourrait traduire indirectement l'activation du système sympathique [115].

Chez les rattes vigiles, la sérotonine n'affecterait pas le réflexe [163] ; toutefois l'effet inhibiteur exercé sur celui-ci par ses antagonistes [163] suggère que dans les conditions normales d'allaitement, des neurones sérotoninergiques pourraient faciliter la décharge d'ocytocine. Des effets stimulateurs de la 5-hydroxytryptamine ont été rapportés récemment par Clarke et Whright [40] mais ces auteurs pensent malgré tout que cette substance pourrait interrompre la transmission de l'influx au niveau de la corne dorsale de la moelle épinière.

Inhibition par les opiacées

L'inhibition du réflexe d'éjection du lait par les opiacées est un fait bien établi. En effet, chez la ratte, l'injection de morphine ne permet plus aux petits de s'alimenter [204] et interdit les augmentations de pression intrammamaire induites par la tétée ou la stimulation électrique de la tige hypophysaire ; son antagoniste, la naloxone, est capable de rétablir les réponses [38].

Des résultats analogues étant également observés in vitro sur des neurohypophyses en culture [39], l'action inhibitrice semble donc se situer à ce niveau, surtout si l'on rappelle que l'on a découvert dans les terminaisons axonales, de l'enképhaline, et de la proopiomélacortine, précurseur de la β-endorphine [146]. Cette dernière est également présente dans le lobe intermédiaire [173] et sa diffusion vers le lobe postérieur est envisageable.

Comme la morphine ne modifie pas l'activité électrique des neurones sécrétoires [38], il faut admettre que ce sont essentiellement les mécanismes de décharge de l'ocytocine qui sont affectés, soit à cause d'une perturbation des flux entrants de Ca^{2+}, soit à la suite d'un colmatage efficace des extrémités axonales par les pituicytes qui ont la particularité de posséder de nombreux récepteurs aux opiacées [236].

Compte tenu du fait que la naloxone peut, à elle seule, renforcer la décharge d'ocytocine évoquée par la stimulation des mamelons (surtout chez les femelles malades ou chez celles soumises à un environnement défavorable et qui retiennent une partie de leur lait), il faut admettre que les opiacées endogènes peuvent être, avec d'autres médiateurs (β-sympathicomimétiques, sérotonine ?) des agents qui inhibent l'éjection du lait lorsque se présentent des situations de stress.

Transfert de l'ocytocine vers la mamelle

Stocks d'ocytocine hypophysaire et quantités libérées

Les quantités d'ocytocine libérées au cours de la tétée ou de la traite semblent trop faibles pour influencer sensiblement (et a fortiori pour épuiser) le contenu hormonal de la posthypophyse, qui est compatible avec l'existence de plusieurs décharges successives.

Les valeurs rapportées pour les stocks dépendent certes de la sensibilité et de la spécificité des dosages utilisés et du statut physiologique de la femelle (gestation, lactation, parturition, etc.). Les réserves diffèrent malgré tout considérablement d'une espèce à l'autre [55] et semblent d'autant plus abondantes que la taille de la femelle est grande : de 31 000 à 71 100 mUI chez la vache ; de 11 000 à 13 000 mUI chez la truie ; de 4 600 à 10 800 mUI chez la brebis [135, 245] ; de 1 222 à 1 608 mUI chez la lapine [12] ; et enfin entre 130 et 830 mUI chez la ratte [2, 56, 135].

La vache pourrait malgré tout libérer, au cours d'une traite, jusqu'à un tiers de l'ocytocine présente dans la posthypophyse (814 μg)[2], mais en dehors de cette période d'intense sollicitation, il ne circulerait pas plus de 3 % du stock [83].

Il n'est d'ailleurs pas facile d'estimer les quantités totales libérées, puisqu'une seule prise d'échantillon sanguin n'indique que le taux plasmatique existant au moment (et à l'endroit) où celle-ci a été réalisée et puisque la multiplication de prélèvements suffisamment rapprochés (pour tracer la cinétique de décharge et calculer l'ampleur de la déplétion posthypophysaire) est difficile à réaliser sans perturber la femelle, et sans la priver d'une grande partie de son sang (lorsque l'espèce est petite). C'est la raison pour laquelle on a eu fréquemment recours à des méthodes où sont comparés les effets de la traite ou de la tétée (accroissement de pression intramammaire, volume de lait recueilli) à ceux induits par des doses connues d'ocytocine.

Les quantités libérées au cours de l'allaitement seraient mimées par l'injection intrapéritonéale de 250 mUI chez la ratte [45] ou par l'injection intraveineuse de 50 à 100 mUI (voire 250 mUI en fin de lactation) chez la lapine [47, 78]. De même, au cours de la traite, on peut observer des équivalences avec l'administration intraveineuse de 10 à 100 mUI (et même 1 000 mUI) chez la chèvre [45, 147] et de 500 à 1 000 mUI chez la vache [122, 181].

La grande variabilité des résultats s'explique dans les différentes espèces, domestiques ou non, par la diversité des stimulus appliqués aux mamelons (nombre et âge des jeunes allai-

---

2. On peut estimer que 1 mUI correspond approximativement à 2,2 ng ou à 2,2 pmol d'ocytocine.

tés ; force et durée de la préparation du pis, température de l'eau de lavage ; rapport et vitesse de pulsation de la machine à traire ; taille, forme et élasticité des manchons trayeurs, etc.). Ces paramètres peuvent influencer le temps de traite ainsi que le volume et la composition du lait trait ou retenu [117] ; peu d'études, en revanche, rapportent des dosages de l'ocytocine circulante.

La diversité des conditions de stimulations mammaires (ou extramammaires) doit être également prise en considération pour l'examen des concentrations plasmatiques. Celles-ci culmineraient semble-t-il à des valeurs plus élevées chez la ratte (300 à 400 pmol/1 soit environ 150 UI/ml [222] ou 800 à 1 000 pg/ml soit environ 400 µUI/ml [92]) et chez la lapine (375 µUI/ml [27]) que chez la chèvre (86 µUI/ml [145]; 43 pg/ml soit environ 20 µUI/ml [166]), la brebis (40 µUI/ml [73]) ou la vache. Chez les bovins, les valeurs dépassent en effet rarement 50 µUI/ml [152, 212, 240] sauf lorsque les auteurs font appel aux dosages biologiques [42, 111].

La figure 12-4 [241] décrit l'évolution de l'ocytocine plasmatique la plus fréquemment rencontrée chez des vaches traites à la machine, sans stimulation préalable de la mamelle. Les concentrations s'élèvent au cours des 2 minutes qui suivent la pose des gobelets. Après

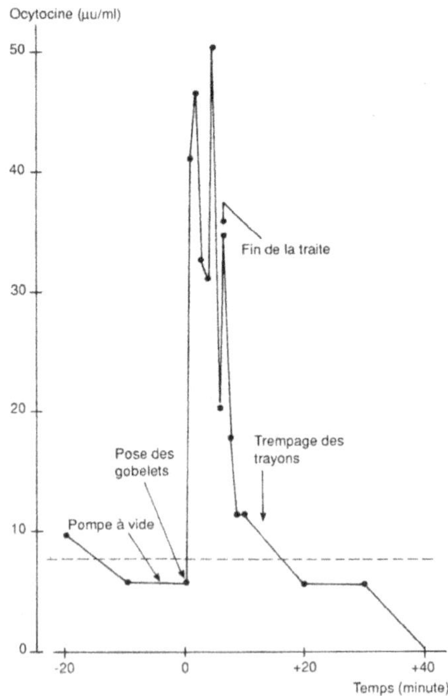

Fig. 12-4   Concentrations plasmatiques d'ocytocine au cours de la traite d'une vache en milieu de lactation. D'après Wachs et al. [240].

avoir atteint leur maximum (qui est de plus en plus faible avec l'avancement de la lactation), les taux observés sont souvent fluctuants ; ils ont tendance à baisser pendant la traite elle-même. Dès que la machine à traire est désolidarisée du pis, les valeurs deviennent plus faibles que celles du niveau de départ.

Période de l'ocytocine ; durée et contrôle du transit sanguin

Dans la plupart des espèces (sauf peut-être chez la chienne [134]), l'ocytocine se lie, dès sa libération, à certaines protéines plasmatiques et plus particulièrement à des β-globulines, chez la ratte [226] ou chez la femme [8], pour former des complexes facilement dissociables. Néanmoins, après injection intraveineuse, l'hormone disparaît rapidement du compartiment sanguin en suivant une courbe exponentielle correspondant, d'une part, à l'équilibre qui s'établit avec les espaces extravasculaires, d'autre part, à sa destruction et à son élimination au niveau de différents organes : reins, mamelle, utérus, foie, etc. [55].

On considère depuis longtemps que la demi-vie de l'ocytocine est brève puisqu'elle ne dépasserait pas 2 minutes chez la ratte [81] et 1 minute chez la brebis et la femme [73] ; cette dernière est semble-t-il la seule à posséder une ocytocinase [210]. Des travaux plus récents font toutefois la distinction entre une demi-vie courte (1,94 minute chez la chèvre [99] ; 3,87 minutes chez la vache [241]) qui traduit la diffusion hormonale à l'extérieur des vaisseaux et une demi-vie longue (22,3 minutes chez la chèvre ; 25,5 minutes chez la vache) qui résulte de son catabolisme et de son excrétion. Quoi qu'il en soit, le trayeur ne devra donc pas attendre entre la stimulation, responsable de la décharge d'ocytocine, et le branchement de la machine à traire, s'il veut profiter de l'effet bénéfique mais fugace de l'hormone.

La durée du transit entre la posthypophyse et la glande mammaire est en moyenne de 24,3 secondes chez la chèvre [147] et de 16,9 secondes chez la brebis [122] ; chez la vache, elle semble d'autant plus longue que la dose injectée est faible : 16, 18 et 29 secondes, respectivement pour 1, 0,5 et 0,1 UI [122].

Une frayeur ou une douleur peut considérablement ralentir (voire arrêter) le transit de l'ocytocine sous l'effet de la vasoconstriction des artérioles mammaires ; celle-ci est contrôlée par les fibres sympathiques accolées aux parois vasculaires ou par la libération d'adrénaline et de noradrénaline par les médullosurrénales.

Plusieurs auteurs [97, 147, 180] ont montré que l'adrénaline bloque plus efficacement l'expulsion du lait que la noradrénaline à cause d'un effet vasoconstricteur quatre à cinq fois plus fort. Cette action serait α-dépendante car l'injection préalable d'α-bloquants est capable de l'annuler [26, 32, 239] et de provoquer, à elle seule, une vasodilatation. Il n'est toutefois pas certain que, chez les bovins, les glandes médullosurrénales interviennent fréquemment dans l'inhibition du réflexe d'éjection, car les concentrations plasmatiques d'adrénaline varient peu au cours de la traite et ne s'élèvent d'une façon sensible que si l'animal est soumis à des situations de stress importantes [137].

Contraction des cellules myoépithéliales et contrôle du tonus des canaux galactophores

Motricité du myoépithélium

Le tissu myoépithélial, qui a été mis en évidence par imprégnation argentique [143, 202], est constitué de cellules en panier, étoilées et rameuses qui ne forment pas un véritable syncitium ; l'accolement des membranes peut malgré tout faciliter la synchronisation et la généralisation de la réponse motrice à l'ocytocine ou à d'autres médiateurs.

La contraction des cellules myoépithéliales qui entourent chaque acinus provoque l'expulsion du lait par collapsus des parois alvéolaires, alors que le raccourcissement de celles qui sont le long des plus petits canaux facilite l'évacuation du flux lacté par élargissement tonique des galactophores [143]. La motricité du myoépithélium n'est pas placée sous commande nerveuse (la stimulation de l'extrémité périphérique des nerfs mammaires est à cet égard sans effet [54]), mais dépend principalement de la fixation de l'ocytocine sur ses récepteurs membranaires, dont le nombre varie avec le stade physiologique de l'animal. Chez la ratte, ce nombre s'accroît modérément au cours de la gestation pour s'accélérer à l'approche de la parturition, puis passer par un maximum en fin de lactation, avant de s'effondrer dans les deux jours qui suivent le sevrage [218] ; la régulation hormonale de cette évolution, qui diffère de celle des récepteurs utérins, n'est pas encore parfaitement connue.

La brièveté des réponses de pression intramammaire, observées chez la ratte ou chez la brebis après l'injection d'une dose physiologique d'ocytocine, suggère que cette hormone est détruite (avec ou sans ses récepteurs) en quelques secondes ; la décontraction du myoépithélium est rapide lorsque les taux circulants ne sont pas maintenus par un nouvel apport ou une nouvelle décharge d'ocytocine.

Toutefois, l'ocytocine posthypophysaire n'est pas seule à agir sur le myoépithélium et, en tout premier lieu, il importe de citer également l'ocytocine d'origine lutéale. Il est maintenant bien établi que le corps jaune peut sécréter, stocker et libérer ce nonapeptide [129, 244] qui, en stimulant la décharge de prostaglandine $F_2\alpha$ utérine, va entraîner la lutéolyse après une série de rétrocontrôles positifs successifs [69, 159, 211].

Entre les traites ou les tétées, l'ocytocine lutéale pourrait participer activement au transfert du lait vers les parties basses de la mamelle d'où il serait plus facile de l'extraire. En effet, chez des brebis ayant subi un traitement en vue de la super-ovulation, donc ayant plusieurs corps jaunes, le volume de lait alvéolaire est d'autant plus faible et le volume de lait citernal d'autant plus fort que le nombre de corps jaunes est élevé ; ce phénomène de descente de lait et la vacuité qui en résulte dans la lumière des acinus se traduit par une augmentation importante de la sécrétion lactée [130].

Afin de diagnostiquer rapidement un début de gravidité chez la vache, il est d'ores et déjà envisageable, vingt jours après l'insémination artificielle, d'administrer une très faible dose de $PGF_2\alpha$ qui provoquera une décharge d'ocytocine et une expulsion lactée dans le cas où le corps jaune a été maintenu après la fécondation [130].

D'autre part, la vasopressine posthypophysaire qui est libérée lors d'une déshydratation avec augmentation de pression osmotique, mais également en réponse aux influx nerveux d'origine mammaire [55], possède également une activité d'éjection du lait qui correspond, mole pour mole, à environ 25 % de celle de l'ocytocine [19].

Enfin des substances telles que l'histamine, la kallikréine ou la bradykinine, sont également susceptibles de provoquer une contraction des cellules myoépithéliales [100, 127, 143], sans que l'on sache exactement si elles interviennent dans l'expulsion normale du lait. Elles pourraient être les médiateurs des éjections à latence brève (1 à 2 s) constatées lorsque des chocs sont appliqués à la mamelle (coups de tête du jeune lors de la tétée, par exemple) [48, 89].

Motricité des canaux galactophores et des parois du trayon

Des préparations in vitro de glande mammaire de rate sont sensibles à l'adrénaline, la noradrénaline ou l'acétylcholine [55] bien que l'absence de fibres parasympathiques dans la mamelle incite à s'interroger sur le rôle physiologique de ce médiateur. En ce qui concerne les catécholamines, l'effet vasoconstricteur des α-agonistes semble reconnu, et il est également plausible d'admettre une relaxation β-dépendante des cellules myoépithéliales qui contrarierait l'action de l'ocytocine puisque les bloqueurs des récepteurs β abolissent in vitro l'effet inhibiteur de l'adrénaline [26].

L'approche pléthysmographique, ou l'observation attentive, révèle que le mamelon présente des relaxations puis des contractions qui peuvent non seulement faciliter sa préhension buccale lors de la tétée, mais aussi contrôler l'ouverture et la fermeture du canal terminal. Entre les traites de la vache, l'activation des récepteurs β à l'aide d'isoprénaline provoque un relâchement des fibres musculaires du trayon qui autorise l'échappement d'un filet de lait, alors que celle des récepteurs α, à l'aide de la phényléphrine, arrête cet écoulement [20].

Pendant la traite mécanique, seuls les β-agonistes sont actifs et s'avèrent capables d'augmenter significativement le débit du lait alors que les α-agonistes ne peuvent le réduire [21, 22]. Ces observations suggèrent que la machine à traire entretient un état de contraction mammaire qui rend inopérantes les injections d'α-mimétiques et plusieurs auteurs rapportent l'existence d'un contrôle adrénergique permanent du tonus des canaux galactophores [91, 133, 219] particulièrement au niveau des constrictions annulaires [248] et des fibres musculaires sphinctériennes qui y ont été observées [72].

Des dénervations de la mamelle se traduisent d'ailleurs par une plus grande flaccidité de la glande chez la brebis et la chèvre [147, 180] ; l'évacuation du lait est alors facilitée chez la ratte [90] et il en serait de même chez la brebis puisque le transfert du lait, des acinus vers la citerne, est plus efficace dans la moitié de mamelle dénervée que dans celle, contralatérale, restée intacte [120].

Ces résultats, qui plaident en faveur de l'existence d'un tonus permanent des galactophores susceptible d'opposer une résistance à l'écoulement du lait, infirment les hypothèses [17] selon lesquelles un réflexe segmentaire contrôlerait, épisodiquement, l'ouverture des sphincters situés à la jonction des conduits lactifères.

Traite et éjection du lait chez les ruminants

Effets de la suppression de l'égouttage après la traite mécanique chez les femelles retenant ou non leur lait alvéolaire : exemples de la brebis et de la vache

L'égouttage est une pratique qui, à la fin de la traite mécanique, consiste à extraire à la main le lait que la machine n'a pu évacuer [117]. Ce lait peut être retenu dans les régions citernales à cause d'un étranglement de l'attache du trayon ; mais, quand la glande mammaire reste dure et tendue, il est également retenu dans les régions alvéolaires car le réflexe d'éjection ne s'est pas produit.

L'enregistrement automatique des débits de lait au cours de la traite permet d'apprécier [116] globalement l'efficacité du réflexe d'éjection. Il est ainsi possible, dans de bonnes conditions, d'évaluer les aptitudes de chaque femelle à répondre aux stimulations appliquées à la mamelle par le trayeur ou la machine et aux sollicitations de l'environnement.

A cet égard il a été décrit [124] deux types de brebis (Fig. 12-5) :

• celles faciles à traire, libérant leur lait en deux émissions successives, correspondant d'abord à l'extraction du lait citernal, puis à l'expulsion du lait alvéolaire sous l'effet du réflexe. Ce dernier n'apparaît jamais si la traite est faite sous anesthésie générale ou après dénervation bilatérale de la mamelle [120] ;

• celles qui ne présentent que l'émission citernale et qui produisent en moyenne 25 % en moins que les précédentes [118] ; on observe chez ces animaux une rétention du lait et surtout des matières grasses (jusqu'à 75 % du total sécrété) dans la lumière des acinus [121].

Cette inaptitude à la traite, qui ne dépend pas d'une sensibilité trop faible des cellules myoépithéliales à l'ocytocine [123], interdit la suppression de l'égouttage manuel chez ce type de brebis car il en résulterait une perte de lait supérieure à 30 % [131]). Elle est en revanche envisageable (perte de l'ordre de 5 %) chez les brebis à deux émissions qui présentent régulièrement un réflexe d'éjection (Fig. 12-5). Il semblerait que le lait laissé dans la mamelle ne doit pas stagner à proximité des cellules sécrétrices mais peut rester quelques heures supplémentaires dans les cavités citernales proches du trayon. Il ressort d'une étude récente [131] que, pour certaines races ovines plus de la moitié des brebis n'évacuent pas leur lait alvéolaire.

En France, dans les Causses, où se fabrique le fromage de Roquefort, grâce aux efforts de sélection, il est maintenant possible, en supprimant l'égouttage, de traire à la machine 150 à 200 brebis Lacaune par homme et par heure (contre seulement 40 à 60 lorsque l'égouttage était imposé par l'absence de réflexe).

Chez la vache, en fin de traite lorsque le débit du lait devient inférieur à 200 ml/min, une traction vers le bas sur la griffe[3], associée à une manipulation d'environ 5 secondes

---

3. La griffe est la pièce, généralement métallique, qui collecte le lait de chacun des trayons et le dirige vers les lactoducs ou les récipients de mesure et de stockage.

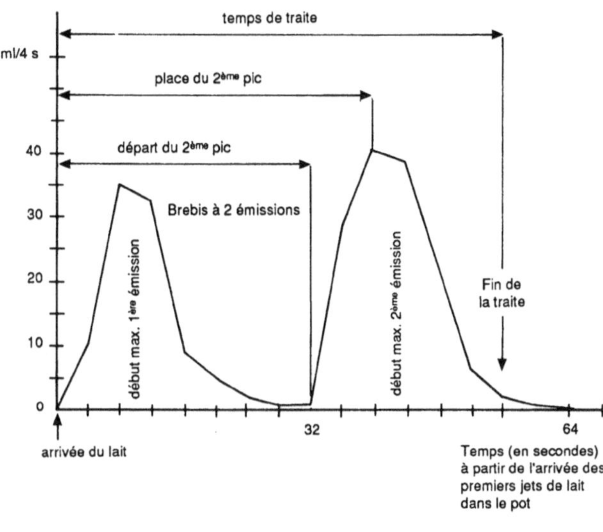

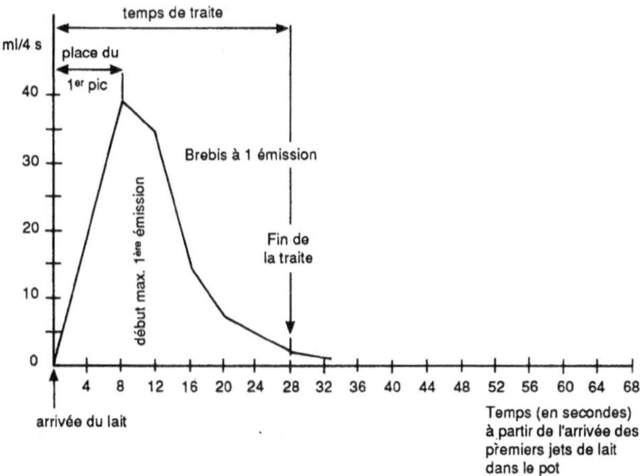

Fig. 12-5 Les deux types de courbe d'émission du lait chez la brebis. En haut : brebis fournissant successivement son lait citernal (1re émission) puis son lait alvéolaire (2e émission) ; en bas : brebis retenant son lait alvéolaire. (D'après Labussière et Ricordeau [124]).

sur chacune des quatre citernes, suffit pour extraire le lait retenu au-dessus de l'étranglement qui se forme à l'attache du trayon lorsque celui-ci est progressivement aspiré par le vide présent dans les manchons trayeurs.

La suppression de cet égouttage par la machine n'entraîne jamais de perte de production laitière supérieure à 5 % [43, 44, 82, 184]. Elle permet de traire 20 à 25 % de vaches en plus par heure.

Stimulation de la mamelle par la seule machine à traire ou par un massage manuel avant la pose des gobelets trayeurs

Délais entre la fin du massage mammaire et la pose des gobelets trayeurs

Chez la vache, un massage mammaire de 30 secondes avec un linge humide et chaud provoque, environ 1 minute plus tard, un accroissement de 15 à 20 mm/Hg de la pression intramammaire, celle-ci se maintient peu de temps à son niveau maximal, avant de décroître plus ou moins rapidement, selon les animaux, au cours du quart d'heure qui suit (Fig. 12-6a) [122].

Comme l'injection intraveineuse de 0,5 UI d'ocytocine mime cette évolution (Fig. 12-6b), on peut admettre que le massage a induit la décharge posthypophysaire d'une dose d'ocytocine voisine ; la diminution progressive de pression résulte de la disparition de l'hormone du compartiment sanguin et du relâchement progressif de la contraction du myoépithélium.

En effet, après le pic plasmatique d'ocytocine induit par la stimulation de la glande mammaire, tous les auteurs observent un retour à des taux circulants très faibles dans des délais brefs : 4 minutes [14] ; 5 minutes [157, 217] ; 6 minutes [178] ; 10 à 15 minutes [96, 197] ; en outre le profil de la courbe de cinétique hormonale est très semblable à celui de l'évolution de la pression intramammaire (Fig. 12-6c).

Dans ces conditions [108, 150, 151, 198], il n'est donc pas surprenant que la quantité de lait recueillie à la machine soit de plus en plus faible au fur et à mesure que le délai entre la préparation de la mamelle et la pose des gobelets trayeurs augmente (Fig. 12-6d) [128]. La baisse de production, qui est linéaire jusqu'à 16 minutes, est confirmée par plusieurs auteurs [34, 59, 105, 150, 168] ; en revanche, Phillips [185] ne décèle pas de différences entre la pose immédiate et celle pratiquée après 3 minutes ; d'autres [243] ne mentionnent des effets néfastes sur la production qu'au-delà de 12 minutes.

Si le délai dépasse 20 minutes, la pose des gobelets de la machine pourrait provoquer une nouvelle décharge d'ocytocine [150, 168] et une extraction normale du lait [117].

La traite pour être rapide et complète doit donc suivre de près le massage mammaire ; par ailleurs les attentes prolongées dans les stalles [232] sont à éviter car elles peuvent provoquer des décharges conditionnées et prématurées d'ocytocine.

Température de l'eau de lavage de la glande mammaire avant la traite

L'intérêt physiologique de l'utilisation d'eau chaude pour le lavage et le massage de la mamelle avant la traite mécanique est aussi controversé que la présence de thermorécepteurs dans les tissus de cette glande (voir p. 260). De nombreux auteurs n'ont obtenu aucune amélioration de l'évacuation du lait tant que les comparaisons se font entre des températures basses (10° C) ou tièdes, voisines de celle du corps [7, 58, 77, 117].

En revanche, avec de l'eau entre 50 et 55 °C, plusieurs auteurs [23, 176, 224] signalent un effet bénéfique, principalement sur l'extraction des matières grasses et suggèrent même l'existence d'un réflexe segmentaire liposécréteur [179] qui justifierait la construction

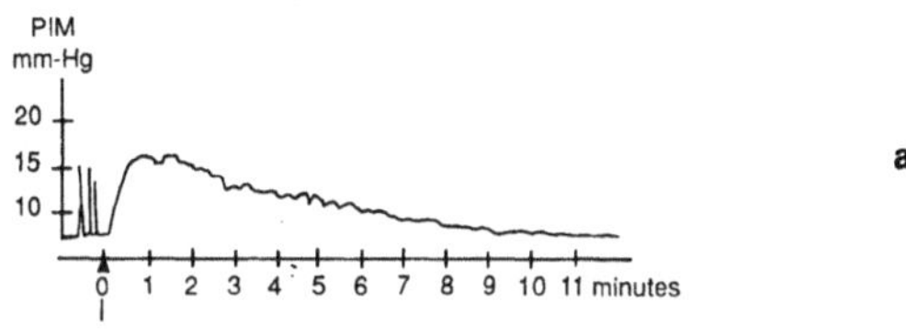

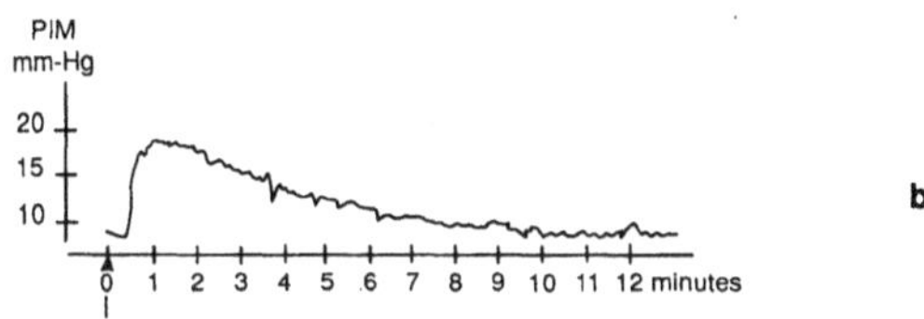

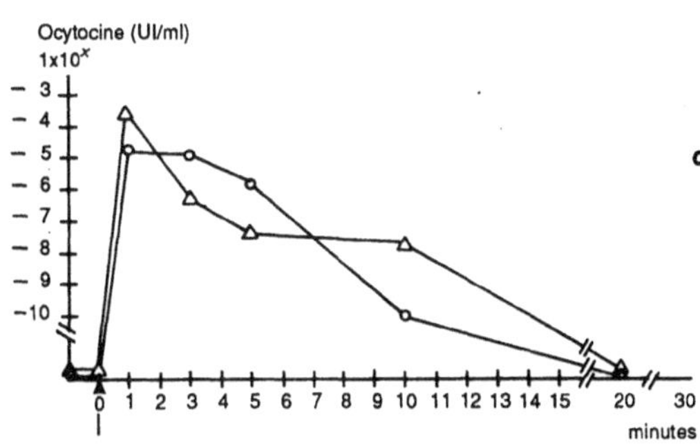

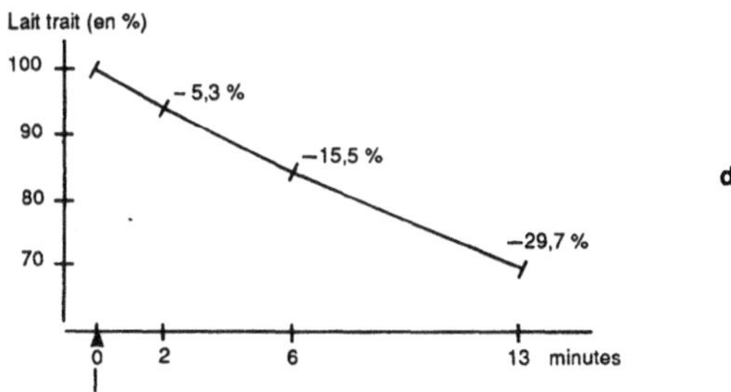

Fig. 12-6   Évolutions comparées de la pression intramammaire de la vache, des taux plasmatiques d'ocytocine et des pourcentages de lait trait lorsque l'on attend entre la fin du massage de la mamelle et la pose des gobelets. a : Pression intramammaire (PIM) après massage de la mamelle (↑ fin du massage) (d'après [122]). **b :** Pression intramammaire après injection intrajugulaire (↑) de 0,5 UI d'ocytocine (d'après [122]). **c :** Évolution de l'ocytocinémie après massage de la mamelle (↑ fin du massage) (d'après [96]). **d :** Pourcentage de lait recueilli après différents temps d'attente entre fin du massage et pose des gobelets.

de gobelets chauffants [24, 179]. L'existence de ce réflexe est toutefois contestée [120], et finalement ces fortes températures présenteraient surtout l'intérêt de réduire le temps de massage de la mamelle permettant de provoquer une décharge d'ocytocine [187].

Durée du massage mammaire et effets de sa suppression

La figure 12-7 [128] indique que la proportion de vaches fournissant leur lait alvéolaire augmente avec l'allongement de la durée de la stimulation [84, 168, 186, 190]. A cet égard, il importe de remarquer qu'un massage de 5 secondes est physiologiquement inefficace sur environ la moitié des animaux, et toujours dangereux pour la qualité bactériologique du lait car l'eau de lavage, qui peut être polluée, ruisselle le long des trayons et, de ce fait, passe dans les canalisations de collecte du lait.

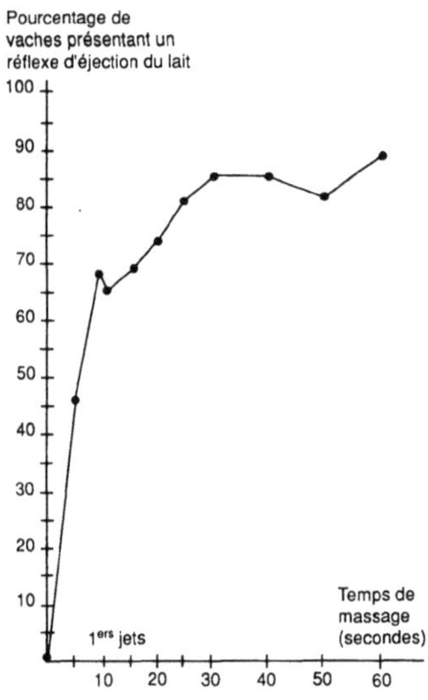

Fig. 12-7   Effet de la durée du massage des mamelles sur la proportion de vaches présentant une augmentation de pression intramammaire.

Toutefois, le gain escompté au-delà de 30 secondes de massage en matière de qualité de l'éjection ne justifie pas le temps de travail supplémentaire qu'impliquerait cette prolongation. (20 à 30 secondes pour masser et nettoyer la mamelle est donc une durée optimale [84, 128]).

Les meilleures laitières sont les moins exigeantes, mais nécessitent une stimulation plus longue au fur et à mesure que la lactation avance [188] ; ainsi, en maintenant chaque jour le même stimulus, les quantités d'ocytocine libérées diminuent progressivement au cours de la lactation [188] et il est souhaitable de réadapter continuellement le temps de massage à chaque vache pour recueillir le maximum de lait [189].

Mais l'effectif des troupeaux destinés à la production laitière permet de moins en moins cette individualisation. Les premiers travaux [183, 246] entrepris pour supprimer le massage aboutirent à des pertes de production de 16 à 32 %. Ces résultats ne sont plus retrouvés aujourd'hui dans la même race (Jerseyaise) [190] car les progrès génétiques et les perfectionnements de la machine à traire permettent cette simplification, sans baisse de production. D'une façon générale, la suppression du massage de la glande avant la traite entraîne des pertes de production allant, selon les auteurs, de 0 à 5 % [16, 87, 112, 125, 157, 237] parfois jusqu'à 9 % [106]. Si l'on prend soin des litières pour maintenir les mamelles propres (et produire du lait contenant moins de 100 000 germes/ml), le seul inconvénient (largement compensé par les économies de main-d'œuvre) est l'allongement de 30 à 60 secondes du temps d'écoulement du lait [205] car c'est alors la machine à traire qui induit la décharge d'ocytocine suffisante pour provoquer une évacuation du lait alvéolaire [151, 152]. Les taux circulants d'ocytocine sont identiques à ceux rencontrés chez les animaux pour lesquels la décharge d'hormone est provoquée par un massage mammaire [157, 206].

Influence de l'environnement sur la décharge d'ocytocine

Les machines à traire sont donc capables d'induire une décharge d'ocytocine au même titre que la stimulation de la mamelle par un massage préalable. Celui-ci, moyennant quelques précautions hygiéniques, peut être supprimé chez la vache, la chèvre [203] et la brebis [148]. Dans la race de brebis Lacaune, on a montré que la pose des gobelets est suffisante pour provoquer le réflexe d'éjection, sur une proportion très importante d'animaux [131].

Chez les ovins, les stimulus d'origine mammaire ne sont d'ailleurs pas indispensables à l'entretien d'une lactation puisqu'une dénervation complète de la glande entraîne une réduction de la production mais n'interrompt pas la lactation [54]. L'ocytocine pourrait être libérée, soit sous l'effet de sollicitations d'ordre systémique (modification de la pression osmotique [63]), soit sous l'effet des facteurs d'environnement.

Effets de la présence du jeune

Les signaux émis par le jeune peuvent provoquer une décharge d'ocytocine, chez la femme percevant les cris de son bébé [171], chez la ratte soumise aux enregistrements sonores d'une autre femelle allaitante [52] et chez la vache, la chèvre ou la brebis à qui l'on présente respectivement son veau [181, 182] son chevreau [145] ou son agneau. La présence de ce dernier près de sa mère au cours de la traite facilite l'apparition de l'éjection du lait (82 % vs 48 % en son absence [131]).

Les stimulus ayant prouvé leur efficacité seraient visuels et auditifs chez les ovins [15], visuels chez les bovins [181] et auditifs chez les rongeurs [52] (uniquement pour de basses fréquences [174, 175]).

Effets de l'environnement dans les locaux de traite

Certaines recherches n'ont pu montrer l'existence [74, 152, 212] d'une décharge d'ocytocine en réponse à l'environnement de la traite ; il semble toutefois admis que l'expulsion du lait soit facilitée par le rituel de la traite, le rassemblement des vaches dans le parc d'attente [223], l'arrivée du vacher [14, 42, 223], l'entrée dans la salle de traite [4, 128] ou la distribution d'aliment concentré [109, 128, 248]. Ces deux derniers stimulus provoquent l'éjection du lait, respectivement dans 17 % et 57 % des essais [128].

Il est admis qu'une éjection conditionnée est associée avec des bruits de seaux [64] ou avec l'abreuvement [155]. Il n'est toutefois pas certain que la distribution d'aliment en salle de traite agisse comme stimulus conditionnel de la décharge d'ocytocine, car celle-ci peut être obtenue par une dilatation des parois stomacales [86] ou par stimulation électrique du nerf vague [63].

Ainsi les latences relativement longues (supérieures à 2 minutes) observées entre la consommation de la ration et l'augmentation de pression intramammaire (Fig. 12-8c)

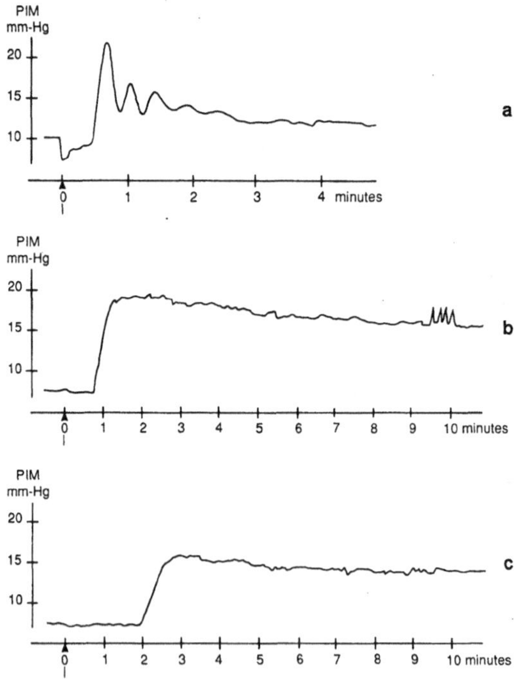

Fig. 12-8 **Évolution de la pression intramammaire. a :** Après pose (↑) des gobelets chez la brebis ; **b :** Après pose (↑) des gobelets chez la vache ; **c :** Après distribution d'aliment concentré (↑) chez la vache.

s'expliqueraient par la durée du transit du bol alimentaire vers les extrémités sensorielles stomacales du nerf pneumogastrique.

Respect des rituels de la traite et conclusions

L'efficacité du réflexe de l'éjection du lait dépend pour une grande part de la nature et de la succession des stimulus auxquels a été soumise la femelle en lactation.

L'analyse et l'intégration de ces informations au niveau des structures mésencéphaliques et supradiencéphaliques concourent à ces facilitations ou à ces conditionnements de la décharge d'ocytocine. Au contraire, celle-ci sera plus ou moins inhibée selon la typologie nerveuse de l'animal [113]. A titre d'exemple, on peut citer les baisses parfois importantes de production laitière consécutives à une permutation de place pendant la traite [223] ou à un changement de salle de traite [128], de stabulation [216] ou de pâturage avec mélange de deux troupeaux [60].

On peut également citer à cet égard les difficultés rencontrées dans certaines races de bovins (par exemple, dans la race Salers) pour traire à la machine des vaches préalablement tétées par leur veau. En effet, celui-ci exercera une influence durable sur le déroulement de l'éjection du lait [5] car il sera alors le seul à pouvoir déclencher la libération d'ocytocine. Sa présence pendant la traite serait alors difficile à éviter ; il est donc préférable de séparer le jeune de sa mère immédiatement après la naissance, avant que celle-ci ait eu la possibilité de pratiquer sur le nouveau-né les léchages et les flairages de reconnaissance ; la traite mécanique peut alors être pratiquée aussi facilement qu'avec d'autres races bovines telle que la Frisonne Pie Noire [148, 199].

Le respect des séquences habituelles du travail de traite est finalement un des meilleurs conseils que nous croyons pouvoir donner aux trayeurs, en leur rappelant toutefois que leur choix doit être guidé par le souci de recueillir, sans mammites, le maximum de lait dans le minimum de temps, et nous avons vu à ce sujet que certains stimulus d'environnement pouvaient parfois se substituer à des manipulations mammaires, généralement longues et souvent mal effectuées.

RÉFÉRENCES

1. ABRAHAMS VC, PICKFORD M (1956) The effect of cholinesterases injected into the supraoptic nu-clei of chloralosed dogs on the release of the oxytocic factor of the posterior pituitary. *J Physiol (Lond)* **133** : 330-333

2. ACHER R, CHAUVET J, OLIVRY G (1956) Sur les relations entre l'ocytocine et la vasopressine d'une part et la protéine de Van Dyke d'autre part. *Biochim Biophys Acta* **16** : 155-156

3. ACHER R (1960) Biochemistry of the protein hormones. *Annu Rev Biochem* **29** : 547-576

4. ADMIN EI, SAVRAN VP (1974) Readiness for milk ejection in cows in milking parlours and cowsheds (en russe). *Vestnik Sel'skokh Nauki Moscow* **3** : 72-76

5. AKERS MR, LEFCOURT AM (1982) Milking and suckling-induced secretion of oxytocin and prolactin in parturient dairy cows. *Horm Behav* **16** : 87-93

6. ANDREW RD, DUDEK FE (1984) Intrinsic inhibition in magnocellular neuroendocrine cells of rat hypothalamus. *J Physiol (Lond)* **353** : 171-185

7. ANGELOV M (1976) Study on the milk let-down reflex in cows. *Anim Sci (Sofia)* **13** : 24-28

8. ARIMURA A, YAMAGUCHI T (1964) Serum protein vasopressin binding and its influence on the pressor activity of the hormone. *Jpn J Physiol* **14** : 90-101

9. AULSEBROOK LH, HOLLAND RC (1969a) Central regulation of oxytocin release with and without vasopressin release. *Am J Physiol* **216** : 818-829

10. AULSEBROOK LH, HOLLAND RC (1969b) Central inhibition of oxytocin release. *Am J Physiol* **216** : 830-842

11. BALLANTYNE B, BUNCH GA (1966) The neurohistology of quiescent mammary tissue in lepus albus. *J Comp Neurol* **127** : 471-487

12. BARER R, HELLER H, LEDERIS K (1963) The isolation identification and properties of the hormonal granules of the neurohypophysis. *Proc Roy Soc B* **158** : 388-416

13. BAROWICZ T (1969) Inhibitory effect of adrenaline on oxytocin release in the ewe during the milk ejection reflex. *J Dairy Res* **46** : 41-46

14. BAROWICZ T, EWY Z (1973) Oxytocic activity measurements in blood plasma with some observations on oxytocin disappearance rates in lactating cows. *Bull Acad Pol Sci* **21** : 615-618

15. BAROWICZ T, EWY Z (1974) Oxytocic activity in the blood plasma of the sheep in relation to suckling stimuli. *Bull Acad Pol Sci* **22** : 111-116

16. BAROWICZ T, STYCZYNSKI H (1974) Oxytocic activity measurements in blood plasma of cows during milking ejection. *Endokr Polska* **25** : 83-94

17. BARYSHNIKOV IA, BORSUK VN, ZAKS MG, ZOTIKOVA ES, PAVLOV GN, TOLBUKHIN VI (1953) On nervous regulation of the activity of the mammary gland. *Zhurn Obshch Biologii* **14** : 257-274

18. BAUMGARTEN HG, BJORKLUND A, HOLSTEIN AF, NOBIN A (1972) Organization and ultrastructural identification of the catecholamine nerve terminals in the neural lobe and pars intermedia of the rat pituitary. *Z Zellforsch* **126** : 483-517

19. BERDE B, BOISSONNAS RA (1968) Basic pharmacological properties of synthetic analogues and homologues of the neuro-hypophysial hormones. *Hand Exp Pharm* **23** : 802-870

20. BERNABE J, PEETERS G (1980) Studies on the motility of smooth muscles of the teats in lactating cows. *J Dairy Res* **47** : 259-275

21. BERNABE J, RICORDEL MJ (1985a) Modification des conditions d'extraction du lait sous l'effet d'un β mimétique (isoprénaline) administré par voie intrajugulaire pendant la traite mécanique de la vache. *Reprod Nutr Dev* **25** : 61-74

22. BERNABE J, RICORDEL MJ (1985b) Effets de l'adrénaline et de la phényléphrine sur l'extraction du lait au cours de la traite mécanique de la vache. *Reprod Nutr Dev* **25** : 379-388

23. BILEK J, DOLEZALEK J (1954) Étude des influences thermiques sur l'activité de la glande mammaire (en tchèque). *Sborn Cesl Akad Zemed Ved* **28** : 423-429

24. BILEK J, ZUDA V (1958) Effect of thermal stimulation of mammary gland on secretion and ejection of milk (en tchèque). *Sborn Cesl Akad Zemed Ved* **31** : 397-414

25. BILEK J, ZUDA V (1959) Thermoreceptors and the contractility of smooth muscles of the mammary gland. *15ᵉ Int Dairy Congr* **1** : 40-45

26. BISSET GW, CLARK BJ, LEWIS GF (1967) The mechanism of the inhibitory action of adrenaline on the mammary gland. *Br J Pharmacol Chem* **31** : 550-559

27. BISSET GW, CLARK BJ, HALDAR J (1970) Blood levels of oxytocin and vasopressin during suckling in the rabbit and the problem of their independent release. *J Physiol* **206** : 711-722

28. BOURQUE CW, DAY TA, RANDLE JCR, RENAUD LP (1983) In vivo and in vitro evidence that noradrenaline activate putative vasopressinergic neurones in the rat supraoptic nucleus. *J Physiol* **345** : 118 P

29. CARLSSON A, FALCK B, HILLARP NA (1962) *Acta Physiol Scand* **56** : (suppl. 196)

30. CARPENTER MB, SUTIN J (1983) *The hypothalamus in human neuroanatomy.* Williams and Williams, Baltimore, pp. 552-578.

31. CARROLL EJ, JACOBSEN MS, KASSOUNY M, SMITH NE (1968) An inhibitory effect of oxytocin on the milk ejection reflex. *Endocrinology* **82** : 179-182

32. CHAN WY (1965) Mechanism of epinephrin inhibition of the milk ejecting response to oxytocin. *J Pharmacol Exp Ther* **147** : 48-53

33. CHAUDHURY RR, CHAUDHURY MR, LU FC (1961) Stress-induced block of milk ejection. *Br J Pharmacol* **17** : 305-309

34. CICOGNA M (1967) A new cause of reduction in milk fat content. *Riv Zootec* **40** : 684-692

35. CLARKE G, LINCOLN DW (1976) Central and peripheral inhibition of the milk ejection reflex : studies with mu-adrenoceptor antagonists. *Br J Pharmacol* **58** : 464-465

36. CLARKE G, FALL CHD, LINCOLN DW, MERRICK LP (1978) Effects of cholinoceptor antagonists on the suckling-induced and the experimentally evoked release of oxytocin. *Br J Pharmacol* **63** : 519-527

37. CLARKE G, LINCOLN DW, MERRICK LP (1979) Dopaminergic control of oxytocin release in lactating rats. *J Endocrinol* **83** : 409-420

38. CLARKE G, WOOD P, MERRICK L, LINCOLN DW (1979) Opiate inhibition of peptide release from the neurohumoral terminals of hypothalamics neurones. *Nature* **282** : 746-748

39. CLARKE G, PATRICK G (1983) Differential inhibitory action by morphine on the release of oxytocin and vasopressin from the isolated neural lobe. *Neurosci Lett* **39** : 175-180

40. CLARKE G, WRIGHT DM (1985) Effect of 5-hydroxytryptamine on oxytocin release in anaesthetized lactating rats. *J Physiol (Lond)* **369** : 128 P

41. CLARKE G, JUSS TS, WAKERLEY JB (1985) Effects of lesions of the medial raphe on EEG patterns and reflex milk ejections in the urethane anaesthetized rat. *J Physiol (Lond)* **364** : 57 P

42. CLEVERLEY JD, FOLLEY SJ (1970) The blood levels of oxytocin during machine milking in cows with some observations on its half-life in the circulation. *J Endocrinol* **46** : 347-361

43. CLOUGH P (1964) Machine stripping. *Agriculture (Lond)* **71** : 361-363

44. COWHIG MJ, NYHAM JF (1965) Machine stripping of cows. *Agric Inst Anim Prod Div Res Rep* : 33-36

45. COWIE AT (1952) Aspects of pituitary-mammary gland relationship. *Recent Prog Horm Res* **7** : 107-133

46. CROSBY EC, HUMPHREY T, LAUER EW (1962) *Correlative anatomy of the nervous system.* Mac Millan, New York, 731 p.

47. CROSS BA, HARRIS GW (1952) The role of the neurohypophysis in the milk ejection reflex. *J Endocrinol* **8** : 148-161

48. CROSS BA (1954) Milk ejection resulting from mechanical stimulation of mammary myoepithelium in the rabbit. *Nature* **173** : 450

49. CROSS BA, GREEN JD (1959) Activity of single neurons in the hypothalamus : effects of osmotic and other stimuli. *J Physiol (Lond)* **148** : 554-569

50. CROSS BA (1961) Neural control of oxytocin secretion. *In* R Caldeyro-Barcia, H Heller (eds) : *Oxytocin.* Pergamon Press, New York, pp. 24-27

51. CROSS BA, FINDLAY LR (1969) Comparative and sensory aspects of milk ejection. *In* M Reynold, SJ Folley (eds) : *Lactogenesis. The initiation of milk secretion at parturition.* University of Pennsylvania Press, Philadelphia, p. 245-252

52. DEIS R (1968) The effect of an exteroceptive stimulus on milk ejection in lactating rats. *J Physiol* **197** : 37-46

53. Deis RP, Prilusky J (1984) Participation of the hippocampus in the facilitatory effect of an exteroceptive stimulus on milk ejection. *Exp Brain Res* **55** : 177-179

54. Denamur R, Martinet J (1959) Le rôle du système nerveux de la glande mammaire dans l'entretien de la lactation. *Arch Sci Physio* **13** : 271-352

55. Denamur R (1965) The hypothalamo-neurohypophysial system and the milk ejection reflex. *Dairy Sci Abstr* **27** : 193-254 ; 263-280

56. Dicker SE, Tyler C (1953) Vasopressor and oxytocic activities of the pituitary glands of rats, guinea pigs and cats and of human fœtuses, *J Physiol (Lond)* **121** : 206-214

57. Dierickx K (1980) Immunocytochemical localization of the vertebrate cyclic nonapeptide neurohypophyseal hormones and neurophysins. *Int Rev Cytol* **62** : 119-185

58. Dodd FH, Foot AS (1947) Experiments on milking technique. 1) Effect of washing the udder with hot water. 2) Effect of reducing milking time. *J Dairy Res* **15** : 1-17

59. Dodd FH, Foot AS, Henriques E (1949) Experiments on milking technique. 5) Effect of temporary changes in the interval between washing and milking. 6) Comparison of established washed and milking routines. *J Dairy Sci* **16** : 301-309

60. Donker JD, Klobasa F, Senft B, Huth FW (1973) Milk ejection of cow turned to pasture after barn confinement. *Milchwissenschaft* **28** : 201-204

61. Dubois-Dauphin M, Armstrong WE, Tribollet E, Dreifuss JJ (1985a) Somatosensory systems and the milk ejection reflex. I. Lesions of the mesencephalic lateral tegmentum disrupt the reflex and damage mesencephalic somatosensory connections. *Neuroscience* **15** : 1111-1129

62. Dubois-Dauphin M, Armstrong WE, Tribollet E, Dreifuss JJ (1985b) The effects of lesions in the ventroposterior thalamic complex dorsal columns and lateral cervical nucleus-dorso lateral fasciculus. *Neuroscience* **15** : 1131-1140

63. Dyball REJ (1968) Stimuli for the release of neuro-hypophysial hormones. *Br J Pharmacol Chemother* **33** : 319-328

64. Dyusembin KH (1963) Milking without suckling (en russe). *Konevodstvo i Konnyi Sport* **33** : 10

65. Edstrom JE, Eichner D (1958) Relation between nucleolar volume and cell body content of ribonucleic acid in supra-optic neurones. *Nature* **181** : 619

66. Edwards J (1950) Factors influencing the relationship between the secretion of milk and fat. *J Agri Sci* **40** : 100

67. Elliott G (1959) The direct effect of milk accumulation in the udder of the dairy cow upon milk secretion rate. *Dairy Sci Abstr* **21** : 435-439

68. Ely E, Petersen WE (1941) Factors involved in the ejection of milk. *J Dairy Sci* **24** : 211-223

69. Fairclough RJ, Moore LG, Peterson AJ, Watkins WB (1984) Effect of oxytocin on plasma concentration of 13, 14 dihydro-15-keto prostaglandin F and the associated neurophysin during the œstrous cycle and early pregnancy in the ewe. *Biol Reprod* **31** : 36-43

70. Fawcett CP, Powell AE, Sachs A (1968) Biosynthesis and release of neurophysin. *Endocrinology* **83** : 1299-1310

71. Findlay ALR (1966) Sensory discharges from lactating mammary glands. *Nature* **211** : 1183-1184

72. Findlay ALR, Grosvenor CE (1969) The role of mammary gland innervation in the control of motor apparatus of the mammary gland : a review. *Dairy Sci Abstr* **31** : 109-116

73. Fitzpatrick RJ (1961) Estimation of small amounts of oxytocin in blood. *In* R Caldeyro-Barcia, H Heller (eds) : *Oxytocin.* Pergamon, Oxford, pp. 360-379

74. Folley SJ, Knaggs GS (1966) Milk ejection activity (oxytocin) in the external jugular vein blood of the cow, goat and sow in relation to the stimulus of milking or suckling. *J Endocrinol* **34** : 197-214

75. FREUND-MERCIER MJ, RICHARD P (1984) Electrophysiological evidence for facilitatory control of oxytocin neurones by oxytocin in the rat. *J Physiol (Lond)* **352** : 447-466

76. FREUND-MERCIER MJ, MOOS F, POULAIN DA, RICHARD P, RODRIGUEZ F, THEODOSIS D, VINCENT JD (1988) Role of central oxytocin in the control of the milk ejection reflex. *Brain Res Bull* **20** : 737-741

77. FROMMHOLDT W (1973) Effect of pressure and temperature stimuli on the speed and completeness of machine milking. *Tierzucht* **27** : 76-78

78. FUCHS AR, WAGNER G (1963) Quantitative aspects of release of oxytocin by suckling in unanaesthetized rabbits. *Acta Endocrinol (Copenh)* **44** : 581-592

79. FUKUOKA T, NEGORO H, HONDA K, HIGUCHI T, NISHIDA E (1984) Spinal pathway of the milk ejection reflex in the rat. *Biol Reprod* **30** : 74-81

80. GIACOMETTI L, MONTAGNA W (1962) The nipple and the areola of the human female breast. *Anat Rec* **144** : 191-197

81. GINSBURG M, SMITH MW (1959) The fate of oxytocin in male and female rats. *Br J Pharmacol* **14** : 327-333

82. GOFF KR, SCHMIDT GN (1967) Effect of eliminating machine stripping of dairy cows on milk production, residual milk and mastitis. *J Dairy Sci* **50** : 1787-1791

83. GOREWIT RC, WACHS EA, SAGI R, MERRILL WG (1983) Current concepts on the role of oxytocin in milk ejection. *J Dairy Sci* **66** : 2236-2250

84. GOREWIT RC, GASSMAN KB (1984) Effects of duration of udder stimulation on milking dynamics and oxytocin release. *J Dairy Sci* **68** : 1813-1818

85. GRATCHEV IT (1949) Reflexes from the mammary gland (en russe). *Zh Obshch Biol Mosk* **10** : 401-420

86. GRATCHEV IT (1954) Influence du cortex cérébral sur la sécrétion du lait (en russe). *CR Acad Sci USSR* **97** : 941-944

87. GRIFFIN TK (1969) Machine milking and lactation general discussion. *Proceeding Symp. Machine Milking, NIRD, Reading* : 133-134

88. GROSVENOR CE, TURNER CW (1957) Evidence for adrenergic and cholinergic components in milk letdown reflex in lactating rats. *Proc Soc Exp Biol Med* **95** : 719-722

89. GROSVENOR CE (1965) Contraction of lactating rat mammary gland in response to direct mechanical stimulation. *Am J Physiol* **208** : 214-218

90. GROSVENOR CE, FINDLAY ALR (1968) Effect of denervation on fluid flow into rat mammary gland. *Am J Physiol* **214** : 820-824

91. GROSVENOR CE, DE NUCCIO DJ, KING SF, MAIWEG H, MENA F (1972) Central and peripheral neural influences on the oxytocin - induced pressure response of the mammary gland of the anaesthetized lactating rat. *J Endocrinol* **55** : 299-309

92. GROSVENOR CE, SHYR SW, GOODMAN GT, MENA F (1986) Comparison of plasma profiles of oxytocin and prolactin following suckling in the rat. *Neuroendocrinology* **43** : 679-685

93. HALLER EW (1985) Neural and anatomical characteristics of peripheral afferent fibres in the milk ejection reflex. *Brain Res Bull* **15** : 563-567

94. HANSON S, KOHLER C (1984) The importance of the peripeduncular nucleus in the neuroendocrine control of sexual behaviour and milk ejection in the rat. *Neuroendocrinology* **39** : 563-572

95. HARRIS GW, MANABE Y, RUF KB (1969) A study of the parameters of electrical stimulation of myelinated fibres in the pituitary stalk. *J Physiol (Lond)* **203** : 67-81

96. HAYS RL, PRITCHARD DE (1967) Oxytocin in blood of cows during milking. The hormone oxytocin for release of milk, declines rapidly after udder is washed. *Illinois Res Bull* 16-17

97. HEBB O, LINZELL JL (1951) *Q J Exp Physiol* **36** : 159

98. HELLER H (1964) *In* D Richter (ed) : *Comparative neurochemistry.* Oxford, Pergamon Press, p. 303

99. HOMEIDA AM, COOKE RG (1984) Biological half-life of oxytocin in the goat. *Res Vet Sci* **37** : 364-365

100. HOUVENAGHEL A, PEETERS G (1967) Influence de la bradykinine sur l'éjection du lait chez la brebis et la chèvre. *Arch Int Pharmacodyn* **167** : 483-486

101. INENAGA K, YAMASHITA H (1986) Excitation of neurons in the rat paraventricular nucleus in vitro by vasopressin and oxytocin. *J Physiol (Lond)* **370** : 165-180

102. IPSEN EJ (1964) Milking and byre conditions of 5 000 milk recorded herds with special reference to the effect of these conditions on level of production. *Tidsskr Landokon* **5** : 247-267

103. JANOVSKY M, BILEK J (1961) Signification de la pression intraciternale (barorécepteurs) dans la mamelle lors de l'éjection du lait (en tchèque). *Sborn Csl Akad Zemed Ved (Zivocisna Vyroba)* **34** : 501-505

104. JOHNSON TN (1965) An experimental study of the fornix and hypothalamo tegmental tracts in the cat. *J Comp Neurol* **125** : 29-40

105. JURCO V, FRTUS J (1974) Effect of length of interval between udder preparation and cluster attachment on milk yield. *Zivocisna Vyroba* **19** : 21-30

106. JURCO V, FRTUS J (1975) The effect of different lengths of udder preparation on the ejection and composition of cow milk. *Zivocisna Vyroba* **20** : 135-142

107. JUSS TS, WAKERLEY JB (1981) Mesencephalic areas controlling pulsatil oxytocin release in the succkled rats. *J Endocrinol* **91** : 233-244

108. KAVESHNIKOVA KI (1968) Effect of milking stimuli on oxytocic activity of goat's blood. *Sechenov Physiol J USSR* **12** : 1468-1474

109. KELPIS EA, LUSIS ME, MEZHALE ZA, SERZHANE MK, LAURS AR (1971) Study of stimulation of milk ejection in automated milking installations (en russe). *Trudy Latvüsk Sel'skokhoz Akad* **34** : 23-30

110. KIMURA H, MCGEER PL, PENG JH, MCGEER EJ (1981) The central cholinergic system studied by choline acetyltransferase immunocytochemistry in the cat. *J Comp Neurol* **200** : 151-201

111. KNAGGS GS (1963) Blood oxytocin levels in the cow during milking and in the parturient goat. *J Endocrinol* **26** : XXIV-XXV

112. KNOOP P, MONROE CF (1950) Influence of pre-milking preparation of cow's udder upon the let down of milk. *J Dairy Sci* **33** : 623-632

113. KOKORINA EP (1959) Particularités du réflexe d'éjection du lait chez les vaches de typologie nerveuse différente (en russe). *Trudy Instituta Physiologii Pavlov* **8** : 46-50

114. KRNJEVIC K, PHILLIS JW (1963) Pharmacological properties of Ach-sensitive cells in the cerebral cortex. *J Physiol (Lond)* **166** : 328-350

115. KRSTIC MK, DJURKOVIC D (1980) Analysis of cardiovascular responses to central administration of 5-hydroxytryptamine in rats. *Neuropharmacology* **19** : 455-463

116. LABUSSIÈRE J, MARTINET J (1964) Description de deux appareils permettant le contrôle automatique des débits de lait au cours de la traite à la machine. *Ann Zootech* **13** : 199-212

117. LABUSSIÈRE J, RICHARD P (1965) La traite mécanique. Aspects anatomiques, physiologiques et technologiques. *Ann Zootech* **14** : 63-131

118. LABUSSIÈRE J (1966) Relations entre le niveau de production laitière des brebis et leurs aptitudes à la traite. XVIIᵉ Cong Int Laiterie, Munich, Section A1 : 43-51

119. LABUSSIÈRE J, COINDET J (1968) Effets de la suppression de la traite du dimanche soir chez les bovins de race française Frisonne Pie Noire. *Ann Zootech* **17** : 231-234

120. LABUSSIÈRE J, MARTINET J, DENAMUR R (1969) The influence of the milk ejection reflex on the flow rate during the milking of ewes. *J Dairy Res* **36** : 191-201

121. LABUSSIÈRE J (1969) Importance, composition et signification des différentes fractions de lait obtenues successivement au cours de la traite mécanique des brebis. *Ann Zootech* **18** : 185-191

122. LABUSSIÈRE J, DURAND A (1970) La pression intramammaire chez les bovins après une stimulation de la mamelle ou une injection intrajugulaire d'ocytocine. *Ann Zootech* **19** : 385-397

123. LABUSSIÈRE J, MARTINET J (1970) Étude de la sensibilité des cellules myoépithéliales de la glande mammaire de brebis en fonction des caractéristiques de traite. *Ann Zootech* **19** : 27-36

124. LABUSSIÈRE J, RICORDEAU G (1970) Aptitude à la traite mécanique des brebis de race Préalpes du Sud et croisées Frison × Préalpes. Étude à différents stades de la lactation. *Ann Zootech* **19** : 159-190

125. LABUSSIÈRE J, RICHARD J, COMBAUD JF, de La CHEVALERIE FA (1976) Suppression du massage et du lavage de la mamelle chez les vaches laitières. Effets sur les caractéristiques de traite et sur la qualité bactériologique du lait. *Ann Zootech* **25** : 551-565

126. LABUSSIÈRE J, COMBAUD JF, PÉTREQUIN P (1978) Influence respective de la fréquence quotidienne des évacuations mammaires et des stimulations du pis sur l'entretien de la sécrétion lactée chez la brebis. *Ann Zootech* **27** : 127-137

127. LABUSSIÈRE J, RUIZ MC, COMBAUD JF (1980) Essai d'interprétation de l'action de l'eau injectée dans l'artère inguinale sur l'augmentation de pression intramammaire chez la brebis. *Reprod Nutr Develop* **20** : 1503-1513

128. LABUSSIÈRE J (1981) Organisation de la traite et perspectives de simplification. *In : La Production laitière française*. INRA Publ, Versailles, pp. 308-318

129. LABUSSIÈRE J, EYI NGUI V, COMBAUD JF (1986) Effets des prostaglandines $PGF_2\alpha$ sur l'éjection du lait de la brebis. Conséquences de l'ovariectomie accompagnée ou non d'une complémentation œstroprogestative. *Reprod Nutr Dev* **26** : 933-942

130. LABUSSIÈRE J, THOMAS P, COMBAUD JF, de La CHEVALERIE FA (1988) Éjection du lait induite par $PGF_2\alpha$ pendant les deux premiers mois qui suivent l'insémination des vaches. Applications à un diagnostic de gravidité. *Reprod Nutr Dev* **28** : 899-907

131. LABUSSIÈRE J (1988) Review of physiological and anatomical factors influencing the milking ability of ewes and the organisation of milking. *Livestock Prod Sci* **18** : 253-274

132. LAKSHMANAN S, SHAW JC, McDOWELL RE, ELLEMORE MF, FOHRMAN (1958) Short interval milking as a physiological technique. I. Effect of frequent milking with the aid of oxytocin on milk and milk fat production. *J Dairy Sci* **41** : 1601-1608

133. LAU C, HENNING SJ (1987) Mammary resistance : a possible controlling factor in milk ejection. *J Endocrinol* **112** : 379-385

134. LAUSON HD (1960) *In* X Autoniades (ed) : *Hormones in human plasma*. Boston, Little Brown, p. 225

135. LEDERIS K (1961) Vasopressin and oxytocin in the mammalian hypothalamus. *Gen Comp Endocrinol* **1** : 80-89

136. LEFCOURT AM, AKERS RM (1983) Is oxytocin really necessary for efficient milk removal in dairy cows. *J Dairy Sci* **66** : 2251-2259

137. LEFCOURT AM, AKERS RM (1984) Small increase in peripheral noradrenaline inhibit the milk ejection response by means of a peripheral mechanism. *J Endocrinol* **100** : 337-344

138. LEGROS JJ, REYNAERT R, PEETERS G (1974) Specific release of bovine neurophysin A during milking and suckling in the cow. *J Endocrinol* **60** : 327-332

139. LINCOLN DW (1974a) Dynamics of oxytocin secretion. *In* F Knowles, L Vollrath (eds) : *Neurosecretion : the final neuroendocrine pathway*. Springer-Verlag, Heidelberg, pp. 192-194

140. LINCOLN DW (1974b) Does a mechanism of negative feedback determine the intermittent release of oxytocin during suckling ? *J Endocrinol* **60** : 193-194

141. LINCOLN DW, RENFREE MB (1981) Milk ejection in a marsupial, macropus agilis. *Nature* **289** : 504-506

142. LINCOLN DW, PAISLEY AC (1982) Neuroendocrine control of milk ejection. *J Reprod Fert* **65** : 571-586

143. LINZELL JL (1955) Some observations on the contractile tissue of the mammary glands. *J Physiol (Lond)* **130** : 257-267

144. LINZELL JL, PEAKER M (1971) The effects of oxytocin and milk removal on milk secretion in the goat. *J Physiol (Lond)* **216** : 717-734

145. McNEILLY AS (1972) The blood levels of oxytocin during suckling and hand-milking in the goat with some observations on the pattern of hormone release. *J Endocrinol* **52** : 177-188

146. MARTIN R, VOIGT KH (1981) Enkephalin co-exists with oxytocin and vasopressin in nerve terminals of rat neurohypophysis. *Nature* **289** : 502-504

147. MARTINET J, DENAMUR R (1960) Étude préliminaire des mécanismes de l'évacuation du lait de la glande mammaire chez la chèvre et la brebis. *Arch Sci Physiol* **14** : 35-96

148. MARTINET J, LABUSSIÈRE J, RICHARD P (1963) Observations relative to the udder preparation anterior to the milking examplified by milking of Salers cows and ewes. *Proceed of Symp Mechanical Milking*. Alfa-Laval, Stockholm, pp. 114-129

149. MARTINET J, MORAG M, DENAMUR R (1976) The role of exogenous oxytocin in lactating ewe. *Ann Biol Anim Bioch Biophys* **16** : 833-849

150. MAYER H, SCHAMS D, PROKOPP A, WORSTORFF H (1984a) Effects of manual stimulation and delayed milking on secretion of oxytocin and milking characteristics in dairy cows. *Milchwissenschaft* **39** : 666-670

151. MAYER H, SCHAMS D, WORSTORFF H, PROKOPP A (1984b) Secretion of oxytocin and milk removal as affected by milking with and without manual stimulation. *J Endocrinol* **103** : 355-361

152. MAYER H, SCHAMS D, WORSTORFF H, KARG H (1986) Oxytocin release during prestimulation and milking and its significance for milk removal in dairy cows. *Vlaams Diergen Tijdschrift* **55** : 286-296

153. MEITES J, NICOLL CS, TALWALKER PK (1960) Local action of oxytocin on mammary glands of postpartum rats after litter removal. *Proc Soc Exp Biol Med* **103** : 118-122

154. MENA F, BEYER C (1968) Effects of spinal cord lesion on milk ejection in the rabbit. *Endocrinology* **83** : 615-617

155. MIELKE H, BRABANT W (1963) Permanent disorder of normal unconditioned milk ejection reflex in lactating cattle. *Zh Vet Med* **18** : 493-499

156. MISONOVA GG, RAKHIMBERDIEV SA, TULEGENOV B (1978) Effects of adrenergic blocking agents and adrenaline on milk ejection in goats. *Izv Akad Nauk Kazakh SSR Biologic* **16** : 65-67

157. MOMONGAN VG, SCHMIDT GH (1970) Oxytocin levels in the plasma of Holstein-Friesian cows during milking with and without a premilking stimulus. *J Dairy Sci* **53** : 747-751

158. MONROE BG (1962) Electron microscopy of the pituitary stalk and neural lobe. *Anat Rec* **142** : 260

159. MOORE LG, CHOY VJ, ELLIOT RL, WATKINS WB (1986) Evidence for the pulsatile release of PGF_2 inducing the release of ovarian oxytocin during luteolysis in the ewe. *J Reprod Fert* **76** : 159-166

160. MOOS F, RICHARD P (1979) The inhibitory role of beta-noradrenergic receptors in oxytocin release during suckling. *Brain Res* **169** : 595-599

161. MOOS F, RICHARD P (1982) Excitatory effect of dopamine on oxytocin and vasopressin reflex releases in the rat. *Brain Res* **241** : 249-260

162. MOOS F, FREUND-MERCIER MJ, RICHARD P (1983) Contrôle aminergique et peptidergique des activations neurosécrétrices des cellules ocytocinergiques pendant la tétée. *In* A Tixier-Vidal, P Richard (eds) : *Régulations cellulaires multihormonales en neuroendocrinologie.* Colloque INSERM, Paris **110** : 121-144

163. MOOS F, RICHARD P (1983) Serotonergic control of oxytocin release during suckling in the rat : opposite effects in conscious and anesthetized rats. *Neuroendocrinology* **36** : 300-306

164. MOOS F, FREUND-MERCIER MJ, GUERNE JM, STOECKEL ME, RICHARD P (1984) Release of oxytocin and vasopressin by magnocellular nuclei in vitro : specific facilitatory effect of oxytocin on its own release. *J Endocrinol* **102** : 63-72

165. MORIN F, GARDNER ED (1955) Spinal pathways for touch in the cat. *Fed Proc* **14** : 337

166. MOSDOL G, SJAASTAD OV, BLOM AK (1981) Plasma concentrations of oxytocin and intramammary pressure in goats during manual stimulation of the udder and hand milking. *J Endocrinol* **90** : 159-166

167. MUHLETHALER M, SAWYER WH, MANNING MM, DREIFUS JJ (1983) Characterization of a uterine-type oxytocin receptor in the rat hippocampus. *Proc Natl Acad Sci USA* **80** : 6713-6717

168. MURRAY AJW, LIGHTBODY LG (1962) Effect of different pre-milking methods on the milking characteristics of Australian Illawarra Shorthorn cows. *Qd J Agric Sci* **19** : 255-265

169. NAUTA WJH (1963) Central nervous organisation and the endocrine motor system. *In* AV Nalbandov (ed) : *Advances in neuroendocrinology.* University of Illinois Press, Urbana, pp. 5-21

170. NEGORO H, VISESSUWAN S, HOLLAND RE (1973) Inhibition and excitation of units in paraventricular nucleus after stimulation of the septum, amygdala and neurohypophysis. *Brain Res* **57** : 479-483

171. NEWTON N, NEWTON M (1967) Psychological aspects of lactation. *N Engl J Med* **277** : 1179-1188

172. NIGGLI-STOKAR U (Von) (1961) Faseranalyse der Euternerven and die Nervendformationen in der zitzenhaut des Rindes. *Acta Anat* **46** : 104-126

173. O'DONOHUE TL, DORSA DM (1982) The opiomelatropinergic neuronal and endocrine systems. *Peptides* **3** : 353-395

174. OGLE CW, LOCKETT MF (1966) The release of neurohypophysial hormone by sound. *J Endocrinol* **36** : 281-290

175. OGLE CW (1969) The effect of high frequency sound stimulation on plasma oxytocic activity in rats. *Life Sci* **8** : 163-166

176. OLENOV UM, NIOKKANEN LA (1954) Influence des excitations thermiques du pis sur la production et la synthèse des matières grasses du lait (en russe). *Zh Obshch Biologü* **15** : 414-427

177. PALKOVITS M, ZABORSZKY L (1979) Neural connections of the hypothalamus. *In* PJ Morgane, J Panksepp (eds) : *Handbook of the hypothalamus.* Marcel Dekker, New York, pp. 379-510

178. PARKASH V, ANDERSON RR (1971) Pituitary and blood plasma oxytocic activity and oxytocin disappearance rates in cattle. *J Dairy Sci* **55** : 75-79

179. PAVLOV EF, MARKARYAN AK (1957) The secretion of fat in the mammary gland. *Izv Arm Akad Nauk* **10** : 23-24

180. PEETERS GH, BOUCKAERT R, OYAERT W (1952) The influence of unilateral lumbar sympathectomy on the udder of the sheep. *Arch Int Pharmacodyn* **88** : 197

181. PEETERS GH, STORMORKEN H, VANSCHOUBROEK F (1960) The effect of different stimuli on milk ejection and diuresis in the lactating cow. *J Endocrinol* **20** : 163-172

182. PEETERS G, BUYSSCHER EDE, VANDEVELDE M (1973) Milk ejection in primiparous heifers in the presence of their calves. *Zentralbl Veterinarmed* **20** : 531-536

183. PHILLIPS DSM (1960) The effect of pre-milking stimulation on milk and butterfat production. *Proc N Soc Anim Prod* **20** : 93

184. PHILLIPS DSM (1966) How important is machine stripping. *Proc Ruakura Farm Conf Week*, Hamilton, NZ, pp. 136-147

185. PHILLIPS DSM (1984a) Studies on pre-milking preparation. 2) The effect of delay between pre-milking stimulus and milking. *NZJ Agric Res* **27** : 31-33

186. PHILLIPS DSM (1984b) Studies on pre-milking preparation. 3) Comparison of 2 preparation procedures. *NZJ Agric Res* **27** : 337-340

187. PHILLIPS DSM (1984c) Studies on pre-milking preparation. 4) Estimation of the pre-milking stimulus requirement of cows. *NZJ Agric Res* **27** : 495-499

188. PHILLIPS DSM (1986a) Studies on pre-milking preparation. 5) Minimum wash procedure compared with stimulus to individual requirement. *NZJ Agric Res* **29** : 55-61

189. PHILLIPS DSM (1986b) Studies on pre-milking preparation. 6) Stepwise increase of pre-milking stimulus during lactation. *NZJ Agric Res* **29** : 63-67

190. PHILLIPS DSM (1986c) Studies on pre-milking preparation. 8) A comparison of 10 and 45 seconds of wash and stimulus. *NZJ Agric Res* **29** : 667-672

191. PICKFORD M (1939) The inhibitory effect of acetylcholine on water diuresis in the dog and its pituitary transmission. *J Physiol (Lond)* **95** : 226-238

192. PICKFORD M (1960) Factors affecting milk release in the dog and the quantity of oxytocin libetated by suckling. *J Physiol (Lond)* **152** : 515-526

193. POULAIN DA, DYER RG (1984) Reproducible increases in intramammary pressure after spinal cord stimulation in lactating rats. *Exp Brain Res* **55** : 313-316

194. POULAIN DA, TASKER JG (1985) Recurrent mammary gland contractions induced by a low tonic release of oxytocin in rats. *J Endocrinol* **107** : 89-96

195. POWELL EW, RORIE DK (1967) Septal projections to nuclei functioning in oxytocin release. *Am J Anat* **120** : 605-610

196. PRIBRAM KH, LENNOX MA, DUNSMORE RH (1950) Some connections of the orbito-frontal-temporal, limbic and hippocampal areas of macaca mulatta. *J Neurophysiol* **13** : 127-135

197. PRITCHARD DE, HAYS RL (1966) Oxytocin concentration in bovine blood plasma during normal milking. *J Dairy Sci* **49** : 736-737

198. RANDY HA, GRAF GC (1973) Factors affecting endogenous plasma oxytocic activity in lactating Holstein cows. *J Dairy Sci* **56** : 446-450

199. RAZI R (1968) Milk let-down following different udder stimulations in dairy-type Sarabi cows. *Rev Fac Vet Uni Teheran* **24** : 64-75

200. RICHARD P (1969) Contribution à l'étude des voies nerveuses du réflexe neuroendocrinien d'éjection du lait chez la brebis. Thèse Doct. Paris, N° CNRS A 03710,172 p

201. RICHARD P (1972) The reticulo-hypothalamic pathway controlling the release of oxytocin in the ewe. *J Endocrinol* **53** : 71-83

202. RICHARDSON KC (1949) Contractile tissues in the mammary gland with special reference to myoepithelium in the goat. *Proc R Soc Lond (Biol)* **136** : 30-45

203. RICORDEAU G, LABUSSIÈRE J (1970) Traite à la machine des chèvres - Comparaison de deux rapports de pulsation et efficacité de la préparation de la mamelle avant la traite. *Ann Zootech* **19** : 37-43

204. RUSSEL JA, SPEARS N (1984) Morphine inhibits suckling-induced oxytocin secretion in conscious lactating rats but also disrupts maternal behaviour. *J Physiol (Lond)* **346** : 133 P

205. SAGI R, GOREWIT RC, ZINN SA (1980) Milk ejection in cows mechanically stimulated during late lactation. *J Dairy Sci* **63** : 1957-1960

206. SAGI R, GOREWIT RC, MERRILL WG, WILSON DB (1980) Pre-milking stimulation effects on milking performance and oxytocin and prolactin release in cows. *J Dairy Sci* **63** : 800-806

207. SAINT CLAIR LE (1942) The nerve supply to the bovine mammary gland. *Am J Vet Res* **3** : 10-16

208. SAWCHENKO PE, SWANSON LW (1983) The organization and biochemical specificity of afferent projections to the para-ventricular and supraoptic nuclei. *In* BA Cross, G Leng (eds) : *Prog Brain Res* vol 60 : *The Neurohypophysis : structure, function and control*. Elsevier, Amsterdam, pp. 19-29

209. SAWYER CH (1961a) *Int Congr Physiol Sci Leiden* **1** : 749

210. SAWYER WH (1961b) *Pharmacol Rev* **13** : 225

211. SCHALLENBERGER E, SCHAMS D, BULLERMANN B, WALTERS DL (1984) Pulsatile secretion of gonadotrophins, ovarian steroïds and ovarian oxytocin during prostaglandin-induced regression of the corpus luteum in the cow. *J Reprod Fert* **71** : 493-501

212. SCHAMS D, MAYER H, PROKOPP A, WORSTORFF H (1984) Oxytocin secretion during milking in dairy cows with regard to the variation and importance of a threshold level for milk removal. *J Endocrinol* **102** : 337-343

213. SCHARRER E, SCHARRER B (1954) Hormones produced by neurosecretory cells. *Recent Progr Horm Res* **10** : 183-240

214. SETEKLEIV J (1964) Uterine motility of the œstrogenized rabbit ; V. Response to brain stimulation. *Acta Physiol Scand* **62** : 313-322

215. SHAW FD, MORRIS JF (1980) Calcium localization in the rat neurohypophysis. *Nature* **287** : 56-58

216. SHINDE Y (1972) Effects of changes of the milking condition on the intramammary pressure, milking rate and milk yield of dairy cow. *Jpn J Anim Reprod* **17** : 99-104

217. SIBAJA RA, SCHMIDT GH (1975) Epinephrine inhibiting milk ejection in lactating cows. *J Dairy Sci* **58** : 344-348

218. SOLOFF MS, WIEDER MH (1983) Oxytocin receptors in rat involuting mammary gland. *Can J Biochem Cell Biol* **61** : 631-635

219. STURMER E (1968) Biossay procedures for neurohypophysial hormones and similar polypeptides. *In* B Berde (ed) : *Neurohypophysial hormones and similar peptides*. Springer-Verlag, Berlin, pp. 130-189

220. STUTINSKY F (1962) Histophysiologie de la neurosécrétion. *Biol Med Paris* **51** : 140-148

221. SUMMERLEE AJS, LINCOLN DW (1981) Electrophysiological recordings from oxytocinergic neurones during milk ejection in the unanaesthetized lactating rat. *J Endocrinol* **90** : 255-265

222. SUMMERLEE AJS, PAISLEY AC, O'BYRNE KT, FAIRHALL KM, ROBINSON ICAF, FLETCHER J (1986) Aspects of the neuronal and endocrine components of reflex milk ejection in conscious rabbits. *J Endocrinol* **108** : 143-149

223. SUSSUKINE AA (1956) Réflexes conditionnés de la sécrétion du lait chez les vaches (en russe). *Zurn Obscej Biologii* **17** : 228-232

224. SZAJKOS L (1967) Impact of preparation methods on result of machine milking empty milking (blind milking) and manual after dropping. *Moson Agrar Forskola Allatten Tanzzek* : 173-187

225. TALEISNIK S, DEIS RP (1964) Influence of cerebral cortex in inhibition of oxytocin release induced by stressful stimuli. *Am J Physiol* **207** : 1394-1398

226. THORN NA, SILVER L (1957) Chemical form of circulating antidiuretic hormone in rats. *J Exp Med* **105** : 575-583

227. TINDAL JS, KNAGGS GS, TURVEY A (1967) The afferent path of the milk ejection reflex in the brain of the guinea-pig. *J Endocrinol* **38** : 337-349

228. TINDAL JS, KNAGGS GS, TURVEY A (1969) The afferent path of the milk ejection reflex in the brain of the rabbit. *J Endocrinol* **43** : 663-671

229. TINDAL JS, BLAKE LA (1980) A neural basis for central inhibition of milk ejection in the rabbit. *J Endocrinol* **86** : 525-531

230. TINDAL JS, KNAGGS GS (1981) Determination of the detailed hypothalamic route of the milk ejection reflex in the guinea-pig. *J Endocrinol* **50** : 135-152

231. TINDAL JS, BLAKE LA (1984) Central inhibition of milk ejection in the rabbit ; involvement of hippocampus and subilicum. *J Endocrinol* **100** : 125-129

232. TRETEVICH I, SLOBODYANIK KF, LAGODYUK PZ, DUBINKA IA, ZAPOROZHETS OM (1971) Effect of certain factor on the milking rate of machine milked cows. *Visnik Sil's'kogospodars'koyi Nauki* **3** : 93-96

233. TRIBOLLET E, CLARKE G, DREIFUSS JJ, LINCOLN DW (1978) The role of central adrenergic receptors in the reflex release of oxytocin. *Brain Res* **142** : 69-84

234. TRIBOLLET E, ARMSTRONG WE, DUBOIS-DAUPHIN M, DREIFUSS JJ (1985) Extrahypothalamic afferent inputs to the supraoptic nucleus area of the rat as determined by retrograde and anterograde tracing techniques. *Neuroscience* **15** : 135-148

235. TVERSKOY GB (1955) The role of pressure fluctuations in the udder cavity system in the stimulation of milk secretion. *Trud Inst Fiziol I P Pavlova* **4** : 6874

236. VAN LEEUWEN FW, POOL CW, SLUITER A (1983) Enkephalin immunoreactivity in synaptoïd elements in glial cells in the rat neural lobe. *Neuroscience* **8** : 229-241

237. VILJOEN GD, NOWERS JH (1964) The effect of four types of stimulus on different phases of milk flow in friesian cows. *Proc S Afr Soc Anim Prod* **3** : 181-183

238. VOLOSCHIN LM, TRAMEZZANI JH (1973) The neural input of the milk ejection reflex in the hypothalamus. *Endocrinology* **92** : 973-983

239. VORHERR H (1971) Catecholamine antagonism to oxytocin-induced milk ejection. *Acta Endocrinol* **(suppl)** **154** : 5-38

240. WACHS EA, GOREWIT RC, CURRIE WB (1984a) Oxytocin concentrations of cattle in response to milking stimuli through lactation and mammary involution. *Domest Anim Endocrinol* **1** : 141-154

241. WACHS EA, GOREWIT RC, CURRIE WB (1984b) Half-life, clearance and production rate for oxytocin in cattle during lactation and mammary involution. *Domest Anim Endocrinol* **1** : 121-140

242. WAKERLEY JB, CLARKE G, SUMMERLEE AJS (1988) Milk ejection and its control. *In* E Knobil, J Neill (eds) : *The physiology of reproduction*. Raven Press, New York, chap. 58

243. WARD GM, SMITH VR (1949) Total milk production as affected by time of milking after application of a conditioned stimulus. *J Dairy Sci* **32** : 17-21

244. WATHES DC, SWANN RW (1982) Is oxytocin an ovarian hormone ? *Nature* **297** : 225-227

245. WHITTLESTONE WG (1952) The milk ejecting activity of extracts of the posterior pituitary gland. *J Endocrinol* **8** : 89-95

246. WHITTLESTONE WG, PARKINSON RDJ, McFETRIDGE MJ (1957) Improving the efficiency of the cowshed. *Proc Ruakura Farm Conf*, pp. 206-222

247. WOODS WH, HOLLAND RC, POWELL EW (1969) Connections of cerebral structures functioning in neurohypophysial hormone release. *Brain Res* **12** : 26-46

248. ZAKS MG (1962) *In* DG Fry (ed) : *The motor apparatus of the mammary glands*. Springfield, Thomas, p. 16

249. ZEMLAN FP, LEONARD CM, KOW LM, PFAFF DW (1978) Ascending tracts of the lateral columns of the spinal cord : A study using the silver impregnation and horseradish peroxidase techniques. *Exp Neurol* **62** : 298-334.

13

Psychologie de l'allaitement chez la femme

M. Brossard-Le Grand

L'aspect psychologique de l'allaitement est un sujet d'étude et de réflexion. Comme le dit Winnicott, « l'allaitement est affaire de relation entre la mère et le bébé : c'est la mise en pratique d'une relation d'amour entre deux êtres humains ». Toutefois il existe des similitudes biologiques et anatomiques avec les mammifères supérieurs, famille à laquelle la femme appartient et dont nous ne pouvons la dissocier.

Sur le plan anatomique, les mamelles (en allemand : *Milchdrüsen* ; en anglais : *mammary glands*), que l'on désigne encore sous le nom de seins, sont des organes destinés à sécréter le lait. Ce sont elles qui, pendant toute la période de l'allaitement, assurent l'alimentation du nouveau-né et nous pouvons, à ce titre, les considérer comme de véritables annexes de l'appareil de génération. Ces mamelles ont pour origine, chez l'embryon comme chez l'animal, la ligne mammaire primitive, véritables ébauches mammaires qui apparaissent chez l'homme trente à trente-cinq jours après le début de la gestation. Dans l'immense majorité des cas, toutes les ébauches mammaires, sauf l'ébauche principale, disparaissent sans laisser de trace et l'adulte ne présente alors que deux mamelles, l'une droite, l'autre gauche : tel est le type humain. Il n'est pas rare cependant de rencontrer une ou deux mamelles surnuméraires (polymammie) qui peuvent elles-mêmes produire du lait dans quelques cas exceptionnels. Les Vénus polymammes comme l'Arthémis d'Éphèse ont représenté, dans l'Antiquité, le symbole de la fécondité.

Les mamelles de la femme, en raison de la fonction bien définie et particulièrement active qui leur est dévolue, arrivent à un développement parfait : seins admirablement disposés à la hauteur des bras pour que l'enfant, porté par sa mère, puisse facilement prendre le mamelon.

L'homme possède, lui aussi, deux mamelles pectorales et, jusqu'à l'âge de 13 ou 14 ans, elles vont évoluer de la même façon. En sommeil jusqu'à la puberté, ces mamelons peuvent alors gonfler, le petit corps glandulaire qu'ils contiennent devenant actif. Malgré cet effort impuissant vers une organisation supérieure, le sein de l'homme revient à ses dimensions infantiles et ceci pendant toute la vie, exception faite de certaines manifestations pathologiques.

Certains mammifères, comme les singes anthropoïdes, la baleine, le kangourou, la chauve-souris et quelques autres, ne portent que deux mamelles mais, bien sûr, les seins n'appartiennent qu'à la femme.

Petites papules pendant l'enfance, semblables à celles des garçons, le sein de la fillette va naître et prendre forme dès la puberté pour s'épanouir avec plus ou moins d'harmonie tout au cours de la vie. La petite fille va devenir femme jusqu'aux bouts des seins... Seul le déclenchement de la lactation va répondre aux mêmes appels hormonaux que ceux de l'animal mais, chez lui, il ne sera tenu compte que du contenu de la mamelle, le lait, pour dispenser son instinct maternel dans un temps déterminé. La femme, elle, par l'élaboration psychique de l'image du corps, va intégrer le sein qui jouera un rôle primordial dans l'identification de son moi : bien avant l'apparition du lait, l'enveloppe, le contenant, le sein, est déjà une des symboliques essentielles de l'identité féminine. Chez l'animal, au contraire, la mamelle ne joue aucun rôle dans l'économie affective — si affectivité il y a — de la reproduction : les avantages antérieurs de la femelle ne participent pas aux jeux de l'amour. L'existence, le « vécu » de la mamelle animale est court, intégré seulement dans un circuit instinctif qui est celui de la conservation de l'espèce et de la survie du jeune. A la fin de la lactation, la glande, ayant perdu son unique fonction, s'évanouira tout entière avec le lait, comme si celui-ci l'avait emportée dans ses canaux.

Chez la femme tout est différent. Les seins alourdis par le lait vont redevenir ces beaux reliefs tant appréciés par les poètes, les peintres, les sculpteurs et... les hommes, lesquels chanteront moins leurs louanges si des maternités trop nombreuses ont transformé « les mignons coquins en vilains pendards ». Agressifs ou affaissés, les seins seront toujours là et nous verrons qu'il existe des variations ethniques, socio-culturelles ou individuelles.

Il nous paraît difficile d'aborder l'aspect psychologique de la mère allaitante sans faire référence à la perception de l'image du corps chez la fillette adolescente : c'est, avec l'allaitement, un facteur événementiel très important chez la femme. La découverte du sein naissant est source d'une grande émotion lors de la puberté. Émotion de l'adolescente qui voit apparaître sous ses mamelons, jusque-là semblables à ceux des garçons, une légère boursouflure, son premier relief de femme. C'est l'identification à la mère dans la perception, enfouie, confuse, de la première relation d'objet : le sein nourricier. Femme, la fillette le devient davantage en cachant ses premières formes : elle montrera peut-être le premier poil de son aisselle mais cachera ses seins de Lolita : beauté, sexualité, maternité sont alors étroitement confondues, indépendamment des sensations tactiles dans l'image optique du corps que lui renvoie son miroir : c'est la naissance du sein. Il faut se faire à une autre image du corps, à d'autres limites, d'autant que nous sommes le seul mammifère qui porte sa masse sur ses deux pieds d'une façon constante.

Le temps passe et la fillette devient femme. Dès la conception de l'enfant survient une poussée mammaire et les deux premiers mois de grossesse sont parfois très mal vécus par la future mère. Si l'aréole s'élargit et se pigmente, cette modification mineure s'efface devant le volume croissant des avantages antérieurs. Alors que le reste du corps ne subit pas de changements, la présence d'un embryon — fût-il largement souhaité — bouleverse l'équilibre du corps, non pas où le fœtus va se développer, dans le ventre, mais dans les seins.

Les prémices de la lactation sans la présence du lait, quel bouleversement ! Jamais femmes n'ont porté enfant dans leur sein que celles qui décrivent les débordements généreux de leur corsage au début de la grossesse.

Pendant la gestation, sexualité et maternité future se conjuguent bien ; insensiblement la future mère va s'habituer à sa nouvelle identité ; la beauté, remise en cause, va-t-elle prévaloir sur la maternité ? Un choix va devoir se faire : nourrir ou ne pas nourrir. Pourtant les deux options sont largement compatibles.

Si le petit animal trouve lui-même le chemin du lait comme l'embryon kangourou à la sortie du cloaque, lorsque la mère trace pour lui, avec sa salive, la route de la poche marsupiale, le petit d'homme tend ses lèvres sans pouvoir trouver lui-même le lait nourricier : il faut l'aider. La mère va présenter le sein, presser sur la mamelle d'où jaillira le colostrum puis le lait : point n'est besoin de coups de tête ou de pétrissages pour faire sourdre les gouttes et donner à téter. En touchant le bébé, en approchant le sein de sa bouche, la mère envoie les stimulations tactiles qui vont agir très vite et très tôt sur le fonctionnement et le développement de son organisme.

La bouche, pour le nouveau-né, sert autant à toucher les objets qu'à absorber la nourriture, ce qui le différencie considérablement de l'animal. Le bébé incorpore l'objet-sein par sa bouche comme il a déjà senti le monde à travers sa mère au cours de la vie intra-utérine. Ce contact corporel entre mère et petit est un facteur essentiel du développement affectif, cognitif et social du bébé. La douceur de la peau, comme celle de la fourrure d'ailleurs, est un élément important.

La peau, surface du corps, le cerveau, poste de commande du système nerveux, dérivent de la même structure, l'ectoderme. La peau, chez le mammifère, souvent couverte de poils, pelage plutôt que peau, permet un agrippement facile et donc un contact plus continu : longtemps accroché mais parfois très vite autonome, le petit mammifère percevra en un temps très court tous les messages jusqu'au jour où protection et nourriture ne seront plus nécessaires à sa survie par l'intermédiaire de sa mère. Chez le petit d'homme, au contraire, la peau nue rend l'agrippement difficile et la relation de peau à peau n'est pas permanente tout au moins dans notre contexte socioculturel ; seuls le sein, le rituel de la tétée et ses répétitions vont permettre la transmission des communications tactiles, visuelles, sonores, olfactives, prélude à l'apparition du langage. Liens instinctifs et affectifs autour du sein, liens purement instinctifs autour de la mamelle non intégrée mais tétée par l'animal et très vite oubliée.

Quelques mères, encore maladroites pour porter le bébé, lui communiquent, bien involontairement, une angoisse qui peut être source de cris et de pleurs. Il faut savoir que l'enfant « a peur de ne pas cesser de tomber » lorsqu'il est mal tenu : c'est ce que Winnicott appelle « les angoisses impensables ». Celles-ci peuvent apporter une dysharmonie dans le rituel de l'allaitement, ce qui est parfois le cas pour l'animal, instinctivement bien accroché à la mamelle, lorsqu'un jeune de la portée n'est pas reconnu par la mère.

Le bébé, lui aussi, se cramponne aux seins, aux mains, aux vêtements mais avec le secours des bras de sa mère (holding), et c'est parfois un véritable arrachement que la séparation d'avec le sein, même si le bébé est repu. Le sein ne peut être dissocié des mains qui soutiennent, qui caressent, qui lavent... (handling). Chez l'animal, la peau avec ses poils et sa graisse ne deviendra jamais une peau souvenir comme chez l'homme car ce moi-peau qui va s'ébaucher chez le jeune enfant est l'intégration progressive et imperceptible d'une partie de la mère avec ses mains, avec ses seins et avec son lait. Ce contact va être intériorisé et servira de support, non seulement à la structure psychique, mais aussi à la position assise, puis debout, puis à la marche. Didier Anzieu a fort bien traduit le vide intérieur terrible que ressentit par exemple Blaise Pascal, très tôt orphelin de mère et privé de ce sein nourricier vu comme objet-support contre lequel l'enfant se serre et qui, en échange, reçoit l'étreinte.

Pour le nouveau-né, le premier contact avec le monde c'est la peau de sa mère et, en tant que première fonction, c'est le sein. C'est le sein qui contient et relie l'intérieur, le bon et le plein que donnent l'allaitement et les soins : sein est associé au premier geste d'amour. S'il y a nourriture sans ces gestes, c'est un vide intérieur, c'est une frustration, « il n'y a pas de soleil ». Dans ce double lien qui s'établit, si la mère apporte chaleur et amour, le bébé, lui, a besoin de communiquer et d'interroger. Il envoie des signaux, à la mère de les capter. Le bébé est un partenaire actif et la mère doit prendre le temps de décoder les messages, il y a réciprocité entre la mère et l'enfant. L'allaitement maternel est donc le pivot de ces échanges comme peut l'être le biberon, substitut du sein mais jamais dépouillé des rituels d'amour et des caresses : un biberon bien calé sur un oreiller apporte la nourriture mais pas la chaleur et ce manque peut bousculer l'avenir affectif. Le sein allaitant doit être un sein rassurant, servant de référence.

Les premiers boucliers arabes, ronds et munis d'un téton central ne rappelaient-ils pas le sein protecteur ? Siegfried, dans Wagner, avant d'affronter le monstre, ne réclame-t-il pas sa mère ? Sein rassurant, enfoui sous la psyché défaillante d'un septuagénaire atteint de ramollissement, et qui ne pouvait trouver le sommeil qu'allongé sur son illustre lit au côté de sa femme tétant comme un nourrisson des mamelles vieillies depuis longtemps, il trouvait là la sécurité de son souvenir d'enfant.

Pendant l'allaitement, c'est la mère qui prévaut sur la femme, toute l'attention étant centrée sur l'enfant dans cette « préoccupation maternelle primaire » que Winnicot a si bien décrite. Puis l'équilibre se fait peu à peu et la mère redevient femme, épouse, amante.

Ce double rôle des seins est une caractéristique de l'espèce humaine ; la différence morphologique entre l'homme et la femme s'appuie plus sur les seins que sur le sexe, et l'on peut se demander si les gros seins des Vénus stéatopyges ou callipyges étaient sculptés dans un rituel de fécondité ou dans une traduction d'érotisme.

En dehors de la mythologie, il existe, il est vrai, des variations très nettes du volume des seins selon les ethnies et les civilisations. Les mamelles seraient plus volumineuses dans les climats chauds que dans les pays froids, et certaines races se caractérisent par un développement remarquable des seins. Qui ne connaît pas les Boschimanes, citées et photographiées dans de nombreux manuels et qui ont des mamelles si pendantes et si longues qu'elles peuvent les basculer par-dessus les épaules et nourrir ainsi le nourrisson bien sanglé dans leur dos ! Les Mélanésiens, eux, comparent les seins de leurs compagnes à des fruits de pandanus, sorte de calebasses longues et étirées... Variations ethniques mais aussi variations individuelles quel que soit le contexte socioculturel : grandes femmes à petits seins, femmes menues et fragiles aux poitrines opulentes assurent une diversité agréable des silhouettes de nos régions.

En France et dans notre civilisation, Testut, célèbre anatomiste, a fait au début du siècle une étude comparative des femmes des villes et des femmes de la campagne. Il s'est avéré que ces dernières avaient des seins beaucoup plus volumineux que ceux de leurs compagnes citadines ; il en expliquait ainsi les raisons : les femmes des villes avaient, pour les plus évoluées et les plus jeunes, une activité intellectuelle intense et concentraient donc leur énergie essentiellement sur leur circuit mental au détriment d'autres organes. Il y avait, pour Testut, un certain équilibre entre les préoccupations culturelles ou affectives et les fonctions sexuelles : l'impact psychologique de cette agitation intellectuelle n'incitait pas les femmes à allaiter leurs enfants : il était de règle que l'enfant soit confié à une nourrice.

L'illustre médecin avait affirmé que des seins qui ne fonctionnent pas, sur lesquels la psyché fait une impasse, subissent le sort de tous les organes devenus inutiles : ils s'atrophient. « Il n'est pas irrationnel de penser, concluait-il, que si nos femmes des villes continuent à ne pas allaiter leurs enfants, un jour viendra où leurs seins, leurs glandes mammaires tout au moins, se trouveront réduites aux proportions minuscules que nous présentent celles de l'homme. » Les précisions de Testut, fortement contestées, datent de 1901... Quatre-vingt-dix ans plus tard, les seins des villes sont toujours là : le transformisme, il est vrai, n'attend pas le nombre des années mais celui des siècles...

L'importance et la diversité des facteurs que nous venons d'évoquer met l'accent sur la complexité de l'allaitement maternel. L'allaitement est un sujet riche en réflexion pour les femmes qui consentent à s'y arrêter mais qu'en est-il pour l'enfant ? Comment le bébé va-t-il vivre sa relation avec le sein de sa mère ? Dans la première année de sa vie, le bébé mord, griffe, donne des coups de pieds sans être totalement conscient de ce qu'il fait. « L'enfant a des pulsions instinctuelles et des idées prédatrices. La mère a un sein et le pouvoir de produire du lait et l'idée qu'elle aimerait être attaquée par un bébé affamé. » Ces deux phénomènes seront en relation au moment où la mère et l'enfant ont un vécu commun : « c'est le moment d'illusion... que l'enfant peut prendre soit comme son hallucination, soit comme une chose qui appartient à la réalité extérieure. C'est en se fondant sur la monotonie qu'une mère peut réussir à enrichir le monde de son enfant. » Ainsi apparaît l'adaptation à la réalité. Puis, petit à petit, la peur de détruire ce qu'il aime va l'envahir : va-t-il détruire ce sein qui est justement là où il le souhaite, cette mamelle qui n'est pas encore un objet ? Ce sein, il le crée puisque sa mère lui donne à l'instant même de son désir, d'où ce paradoxe : « est-ce que tu l'as trouvé ou est-ce que tu l'as créé », personne ne s'y appesantira. Mère et enfant vivent dans un espace commun, mais il arrive un moment où l'on peut observer que l'enfant évolue « dans une aire intermédiaire, champ d'expérience entre le moi et le non-moi » souvent décrit par philosophes, poètes et artistes, espace où apparaissent ces « phénomènes transitionnels » pour reprendre l'expression de ce médecin pédiatre devenu psychanalyste qu'était D.W. Winnicott.

Dès la naissance ne remarque-t-on pas l'utilisation que font les bébés de leurs mains, de leurs doigts à la fois pour trouver avec un plaisir manifeste leur bouche et pour rechercher la quiétude. Quelques mois plus tard ils privilégieront un objet autre que la mère — la cuiller, un bout de tissu, l'ours en peluche — et s'y attacheront d'une « façon habituelle et tyrannique ». Ainsi s'accomplira le voyage qui mène le petit enfant de la subjectivité pure à l'objectivité.

Vers le quatrième mois, s'instaure souvent le jeu entre lui et sa mère. Le bébé met le doigt dans la bouche de celle qu'il tète, doigt que la mère fait semblant de manger. C'est une magnifique réciprocité ; tout passe par le jeu : « jouer c'est vivre » (Winnicott).

Il existe une transformation progressive qui va de l'ignorance totale du monde lors de la naissance, aux découvertes des premiers mois. L'enfant ne sait pas qu'il y a un bébé et une mère et le monde va lui être présenté à petites doses. Comment ? Par la répétition.

Cette répétion de changes, de biberons ou de sein, de promenades et de bains peut paraître fastidieuse, envahissante ou monotone ; c'est pourtant le seul moyen pour l'enfant de créer l'environnement de sa future vie. « La répétition c'est la vie... Ce n'est qu'en se fondant sur la monotonie qu'une mère peut enrichir le monde de son enfant. » Ce jeune loup affamé qui se jette vers le biberon ou le sein, toutes griffes dehors et hurlements à l'appui, va engloutir le lait. Quand le jeune loup a mangé, qu'il est repu, il n'est plus le même, il se pose des questions : s'il avait détruit, s'il avait cassé quelque chose ? Un bébé, avant la tétée ou après celle-ci, n'est pas le même bébé, il a conscience qu'il a fait un « trou », il a peur de ce qui se passe et il le sent bien lui-même. A travers la sensation de plénitude qui l'envahit, il a besoin de tendresse pour regarder cette mère devenue si différente depuis qu'il l'a « mangée ». Le sein créé est toujours recréé par l'enfant à partir de sa capacité d'aimer, on pourrait dire à partir de son besoin car il a besoin de sa mère pour vivre. En fournissant à l'enfant « la parcelle simplifiée du monde » qu'il va connaître à travers elle, la mère lui assure des bases sur lesquelles va s'édifier l'objectivité, c'est-à-dire les bases sur lesquelles il va reconnaître le jouet, le chaud, le froid, le bruit du biberon et percevoir en même temps les odeurs qui l'environnent.

Brigitte et Nelly sont deux jumelles homozygotes si semblables qu'aucun étranger ne peut dire qui est l'une ou l'autre. Brigitte eut un jour un fils qu'elle ne quitta pas pendant plusieurs semaines. Prise d'une rage de dents, elle s'éloigna de la maison pour quelques heures et confia à sa sœur jumelle, Nelly, le soin de garder le bébé endormi. Au réveil, l'enfant se mit à crier et à refuser toute nourriture jusqu'au retour de sa mère. Par ses cris incessants, il prouva que lui seul pouvait reconnaître sa mère à travers son odeur alors que nul ne distinguait généralement les deux sœurs.

Et le temps va passer... Un bon espace doit se créer entre la mère et l'enfant quand celui-ci va grandir. Espace ni trop serré, pour ne pas étouffer, ni trop lâche pour qu'il ne ressemble pas à l'abandon. « Le bon espace doit créer l'illusion. » L'illusion n'est-elle pas inhérente à la condition humaine. Car un jour le bébé connaîtra la désillusion, mais dans la joie. La désillusion, c'est la découverte du temps, de l'espace qui sépare les tétées, le début de l'activité mentale, le développement de l'auto-érotisme avec le pouce que l'on suce ou le gazouillis qui permet d'attendre. Si le bon espace est trouvé, l'évolution progressive du cerveau va permettre au bébé d'intégrer le passé, le présent et le futur.

Quel tour de force est réalisé par les mères ou les nourrices répétant leurs gestes et dispensant leur tendresse inlassablement ; elles vont créer une nouvelle fois, non plus un bébé mais une personne à part entière de notre société ! Dans toutes les cultures et les civilisations, cette élaboration progressive vers la maturation se fait de la même façon : elle est universelle.

Puis vient l'heure du sevrage : fin naturelle de l'allaitement chez l'animal lorsque la glande se tarit, décision arbitraire, personnelle ou socio-culturelle dans nos civilisations. L'enfant privé de lait va désirer autre chose que le sein réel : repu de rituels et de maternage, habité mais non envahi par sa mère, il va emporter, avec ses premiers pas, l'image du sein qui, bien au-delà du lait, est l'enveloppe secrète de notre psychisme, le relief de notre plénitude.

Le sein, symbolique totale de la femme, objet à la fois le plus réel, le plus palpable dans sa forme et dans ses contours, mais aussi le plus ténébreux, caché et obscur. Tota mulier in utero ou tota mulier in mammae ? Vaine bataille de mots.

Si les dédales infinis de notre psyché ne sont pas aisément pénétrables, notre jardin secret reste notre refuge et nul ne pourra jamais y accéder. Mais un jardin encore plus secret se cache au fond du sein de la femme, source de lait, source de vie et pourtant aussi impénétrable que l'âme. « Sein, organe le plus profond » dit le poète Paul Valéry et « la belle au matin » l'enferme dans ses bras pour connaître la forme ou le poids de ses seins, d'après Paul Éluard.

Le lait, son existence, le mécanisme et les facteurs de la lactation, étudiés dans cet ouvrage, ne cessent de nous émerveiller. Fonction constante chez le mammifère, l'allaitement se module selon l'espèce dans sa durée et son abondance. Bref et rapide chez les espèces à cycle de vie courte, plus prolongé dans les familles à cycle de vie longue, où le jeune ne prendra son autonomie qu'après quelques mois ou années, l'allaitement est indispensable à la vie du mammifère.
Le petit baleineau n'aura que quelques mois pour téter sa mère, il devra prendre cent kilos par jour et il lui faudra six mois pour devenir autonome ; pour ces espèces, seul l'instinct sera le guide.

Mais le petit d'homme, lui, combien de temps lui faudra-t-il après avoir quitté la mamelle pour accéder à l'autonomie ? Celle-ci est variable selon les civilisations : les plus primitives, centrées surtout sur la survie et la conservation de la race, montrent très vite à leur lignée le chemin de l'indépendance, par l'observation ou le mimétisme : ils apprennent aussi à se défendre contre un environnement souvent hostile et parfois dangereux pour leur vie : instinct et intelligence sont totalement intriqués.
Dans nos civilisations plus élaborées, si l'instinct n'est pas négligeable dans les rapports mère-enfant, il est surtout enfoui dans une relation d'affectivité et d'amour. Si la répétition c'est la vie, cette répétition apporte, petit à petit, les informations qui procèdent à l'élaboration psychique de la structure du moi et à ses mécanismes de défense. C'est un long et très beau travail qui donnera à chacun de nous sa propre personnalité.

Chez les mammifères, la vie ne peut se perpétuer que par l'intermédiaire d'une mamelle ou d'un sein, dans un cortège de manifestations simples qui vont du léchage, du signal sonore chez l'animal, à la caresse, aux bercements, aux jeux du langage chez l'homme. L'universalité du lait permet même à l'animal d'assurer la survie de l'espèce humaine.

Au-delà de la légende selon laquelle Rome ne serait pas si la Louve n'avait pas nourri Remus et Romulus, combien d'enfants depuis des millénaires ne se sont-ils pas endormis repus par la grâce de la mamelle nourricière d'une de nos sœurs mammifères, vache, brebis, ânesse... dans la plus authentique des complémentarités : celle de l'homme et de l'animal.

BIBLIOGRAPHIE

ANZIEU D (1983) *Le moi-peau*. Paris, Dunod

BROSSARD-LE GRAND M (1989) *Le sein ou la vie des femmes*. Paris, Renaudot

CLANCIER A, KALMANOVITCH J (1984) *Le paradoxe de Winnicott*. Paris, Payot

SCHILDER P (1986) *L'image du corps*. Paris, Gallimard

TESTUT *Traité d'anatomie*

WINNICOTT DW (1989) Traduit par KELMANOVITCH J (1989) *De la pédiatrie à la psychanalyse*. Paris, Payot

WINNICOTT DW Traduit par STRONCK A (1971) *L'enfant et sa famille, les premières relations*. Paris, Payot

14

Lactation et contrôle physiologique du comportement maternel chez les mammifères

P. Poindron

Chez certains mammifères, tels que les ongulés, il existe généralement une relation étroite entre l'existence d'un comportement maternel et la lactation. Ainsi, chez la brebis, les soins aux jeunes n'apparaissent le plus souvent qu'au moment de la parturition, pour s'estomper au sevrage. Cependant, chez d'autres espèces, les relations entre le comportement maternel et la phase de production lactée semblent beaucoup moins strictes, allant même parfois jusqu'à donner l'impression d'une juxtaposition relevant de la coïncidence. Par exemple, chez la souris, il est extrêmement facile de déclencher des réactions maternelles chez des femelles en dehors du cycle normal de parturition-lactation, y compris chez des souris vierges et n'ayant par conséquent aucune expérience maternelle préalable. Il est même possible d'observer ces comportements de soins aux jeunes chez des mâles, là encore avec des latences courtes (quelques minutes). La seule présence des souriceaux est donc suffisante pour déclencher chez la souris un comportement maternel immédiat. On pourrait en conclure qu'il n'existe pas de lien particulier entre l'aptitude à materner à un instant donné et la lactation. Le cas de la ratte pourrait être qualifié d'intermédiaire entre ces deux extrêmes (brebis et souris), dans la mesure où la présence des jeunes peut induire l'apparition de réactions maternelles chez des femelles en dehors de la phase normale d'allaitement, mais avec des latences plus longues que chez la souris, au moins chez des femelles naïves.

Il n'est donc pas possible d'emblée de proposer une règle générale permettant de comprendre les relations existant entre la lactation et le comportement maternel. De plus, l'expression « comportement maternel » ou « comportement de soins aux jeunes » recouvre le plus souvent, pour une même espèce, un ensemble de conduites qui peuvent avoir des déterminismes différents, certains liés peut-être de façon étroite à l'état de lactation, et d'autres pas. Enfin, et c'est sans doute un point essentiel, une apparente liaison temporelle entre la manifestation du comportement maternel et la lactation n'est pas nécessairement l'indication d'une relation causale entre les deux phénomènes. Et, de fait, comme nous le verrons dans la première partie de ce chapitre, ce n'est pas lorsque l'association temporelle paraît la plus évidente que ces relations sont les plus étroites. Ce n'est en réalité que par l'analyse des facteurs internes impliqués dans le contrôle du comportement maternel qu'on peut espérer dégager les relations, le plus souvent indirectes, qui existent entre la physiologie de la lactation et le contrôle de la motivation maternelle. Ce sera l'objet de la deuxième partie de ce chapitre. Enfin, si certains des facteurs physiologiques impliqués dans le contrôle de la lactation peuvent influencer le comportement maternel, il est vrai aussi que l'établissement d'une relation mère-jeune n'est pas sans conséquence sur certains paramètres de la lactation et de la physiologie maternelle. Cet aspect des relations entre les deux phénomènes sera brièvement évoqué dans une troisième partie. Mais il convient d'abord d'examiner un peu plus en détail les exemples que nous avons déjà évoqués, afin de présenter l'évolution du comportement maternel au cours de la lactation chez les quelques espèces qui ont été étudiées.

Étude du comportement maternel en relation avec la lactation

Les travaux expérimentaux concernant les relations mère-jeunes ont porté surtout sur les rongeurs et le lapin, d'une part, et sur les ovins, d'autre part. Nous limiterons donc l'essentiel de nos exemples à ces deux groupes.

Relations temporelles lactation - comportement maternel chez les petits mammifères de laboratoire

La possibilité d'induire un comportement maternel en l'absence de lactation est un phénomène connu depuis longtemps chez les rongeurs. Dès 1963, Cosnier [11] avait montré que, chez la ratte, la présentation répétée de ratons à des femelles non gravides et sèches permettait la manifestation de soins aux jeunes, incluant la construction d'un nid, le ramassage des ratons placés en dehors de celui-ci et la prise d'une position d'allaitement. Les latences d'apparition de ces comportements sont très courtes chez des rattes expérimentées (très inférieures à 24 heures) ; elles sont de l'ordre de la semaine chez des femelles vierges ou des mâles. Ces résultats ont été largement confirmés et ce modèle utilisé pour analyser les mécanismes d'induction non hormonale du comportement maternel chez les rongeurs [55]. Un phénomène similaire, et encore plus marqué, existe chez la souris, où les latences d'apparition sont de l'ordre de quelques minutes, non seulement chez des femelles expérimentées, mais aussi chez des souris vierges ou des mâles [46].

Ces résultats indiquent clairement que la lactation n'est pas un état indispensable à l'expression des soins aux jeunes. Mais cela n'exclut pas non plus que la lactation puisse influencer certains aspects du comportement maternel au cours d'un cycle parental normal (c'est-à-dire lorsque tous les processus physiologiques liés à la gestation, la parturition et la phase d'allaitement se déroulent normalement). C'est par exemple le cas lorsqu'on s'intéresse à l'agression maternelle manifestée par la femele envers des congénères adultes. Cette agression maternelle, qui a été bien étudiée chez divers rongeurs, n'apparaît pas de façon très marquée chez des rattes ayant subi une induction non hormonale du comportement maternel. En revanche, un niveau élevé d'agression est observé après la parturition [35] avec un maximum pendant la deuxième semaine de lactation [12, 13]. Chez la souris, il existe également une évolution de cette composante au cours du cycle parental ; toutefois le maximum d'agression est observé à la parturition, pour décroître ensuite pendant la lactation [47, 60]. Là encore, des femelles vierges ne présentent pas un niveau d'agression comparable à celui de femelles subissant un cycle reproductif normal. En fait la stimulation tactile fournie par la tétée juste après le part est un facteur important dans la facilitation de l'agression maternelle [60]. Enfin, chez le hamster, l'agression maternelle est très marquée pendant la phase d'allaitement, avec un maximum vers la troisième semaine. Ce comportement, déjà présent à la mise-bas, semble bien dépendre de l'équilibre physiologique lié à la lactation [72].

Nous mentionnerons enfin un dernier comportement dont les rapports avec la lactation ont été étudiés, et dont nous analyserons le contrôle physiologique dans la deuxième partie. Il s'agit de l'évolution du temps de contact mère-jeune au nid, particulièrement étudié chez la ratte [73]. Celui-ci, qui détermine les tétées, évolue de façon marquée au cours de la lactation, avec une chute progressive au cours de la deuxième semaine de la vie. Ce comportement est intimement lié à la régulation thermique de la mère et de sa portée.

Par conséquent il semblerait que, chez les rongeurs, des aspects particuliers du comportement maternel soient liés à la lactation, bien qu'il n'y ait pas globalement de relation stricte entre motivation maternelle et production de lait. Paradoxalement, chez la brebis, où l'association entre l'aptitude à materner un jeune et la lactation est temporellement plus étroite, les liens entre les deux phénomènes sont loin d'être évidents.

Relations lactation - comportement maternel chez les ovins

En conditions normales l'intérêt pour un jeune n'apparaît qu'à la parturition ou dans les heures qui précèdent [4, 51]. Il est exceptionnel, bien que non exclu, qu'une brebis manifeste un intérêt prolongé pour un nouveau-né à d'autres moments [1, 51]. Ce comportement est caractérisé, dans un premier temps, par un attrait envers tout nouveau-né, accompagné de léchages, de bêlements caractéristiques (ou bêlements « bas ») et de l'acceptation du jeune à la mamelle. Après quelques heures, les léchages disparaissent et l'allaitement devient sélectif, la brebis rejetant tout agneau autre que le sien. L'acceptation d'un jeune à la mamelle est, comme nous l'avons souligné, observée uniquement pendant la période de lactation. Par ailleurs, en conditions de sevrage spontané, il existe une corrélation positive entre la production laitière et la durée de la phase d'acceptation à la mamelle, y compris lorsque la production est modifiée expérimentalement [5]. Cependant, comme chez les rongeurs, il ne semble pas y avoir de dépendance stricte entre la lactation et l'aptitude comportementale de la brebis à accepter un jeune à la mamelle (où à manifester d'autres comportements indicateurs d'une motivation maternelle, tels que léchages ou bêlements bas). En effet on peut induire un comportement d'acceptation du jeune chez la brebis non gestante et non lactante par une seule injection d'œstradiol [51], et la diminution de la production laitière par le CB 154 ne provoque pas de baisse notable de l'acceptation à la mamelle [23, 51], mais plutôt une augmentation de la fréquence des tétées.

Relations entre la tétée et la lactation

Lorsqu'on se place à une échelle de temps plus courte, les relations entre les facteurs déterminant l'accès à la mamelle à un instant donné chez une femelle maternelle et la lactation ne sont pas encore complètement établies. D'une manière générale, la fréquence et/ou la durée des tétées n'est pas limitée par la mère au cours des premiers jours de la vie des jeunes. Ceci est vrai chez des jeunes à maturation précoce tels que les ongulés [17, 32], ou des jeunes moins développés comme le lapin [16]. Chez la brebis, dans la grande majorité des cas, c'est l'agneau qui met fin aux périodes d'allaitement pendant les premiers jours de sa vie. Par la suite celles-ci deviennent déterminées par la mère.

Toutefois les processus susceptibles de contrôler les rythmes d'allaitement restent peu analysés. S'il existe des variations cycliques de l'activité d'allaitement (par exemple, de l'ordre de l'heure chez les ovins), celles-ci sont probablement le fruit d'une interaction entre des rythmes propres au jeune et la capacité laitière de la mère. L'augmentation de la fréquence des tétées, suite à une baisse de la production laitière provoquée par un traitement au CB 154, en est un exemple. D'après des travaux effectués chez la lapine, la stimulation tactile de la tétée et l'engorgement de la mamelle seraient des facteurs régulant la durée et l'initiation des tétées par la mère [14].

Pour résumer ces quelques données, on pourrait dire qu'il n'existe en définitive que peu d'arguments permettant de penser que la lactation est un élément majeur dans la stimulation des conduites maternelles. Une telle remarque s'étend également aux primates, chez lesquels la manifestation d'intérêt pour un jeune n'est pas rare [15, 40, 64]. D'une façon générale, le nouveau-né apparaît comme un centre d'intérêt très attractif pour le groupe social dont les membres cherchent à approcher, toucher, et prendre l'enfant. Cet intérêt, qu'on pourrait qualifier de « socio-parental », est le plus souvent le fait d'autres femelles, y compris des nullipares ou des non-gestantes, ainsi que de mâles dans certains cas. Le jeune apparaît donc comme un stimulus capable de provoquer des comportements de soins, même chez des animaux en dehors de la phase de lactation.

Les seuls paramètres sur lesquels la production lactée semble jouer un rôle assez direct sont les rythmes et les durées des phases d'allaitement, mais les études dans ce domaine restent assez limitées. En fait, si les données sont peu nombreuses, c'est peut-être en partie parce que les recherches sur le comportement maternel ont été développées en fonction d'une autre optique. L'apparition soudaine de l'intérêt pour le jeune à la parturition, l'importance des premières interactions entre la mère et sa progéniture pour le devenir ultérieur de la relation mère-jeune, ont conduit à une focalisation des recherches sur les déterminants physiologiques de *l'apparition* du comportement maternel à la parturition, plutôt que sur ceux de sa manifestation pendant la lactation. Ces travaux permettent cependant de clarifier certains liens qui existent entre comportement maternel et lactation.

Facteurs physiologiques impliqués dans le contrôle du comportement maternel

Parmi les facteurs internes impliqués dans le contrôle du comportement maternel, plusieurs se trouvent également liés, de façon plus ou moins directe, à la lactation. On peut en distinguer trois catégories : les stéroïdes ovariens et placentaires, la prolactine et la GH, et l'ocytocine.

Stéroïdes

De nombreux travaux effectués chez la ratte ont permis de mettre en évidence le rôle facilitant des œstrogènes dans l'apparition du comportement maternel chez des rattes sans expérience maternelle antérieure [56]. Aussi bien chez des femelles vierges que chez des primigravides subissant une ovariectomie et une hystérectomie pour contrôler la sécrétion des stéroïdes, l'administration d'œstradiol réduit la latence d'apparition des réactions maternelles. L'effet de l'œstradiol est par ailleurs potentialisé par une action préalable de la progestérone associée à son retrait avant le part.

Chez la souris, bien que l'apparition des soins aux jeunes soit largement indépendante de l'équilibre hormonal, il existe aussi une facilitation de certains comportements par les stéroïdes. Mais à l'inverse de ce qui est observé chez la ratte, c'est la progestérone qui facilite la construction du nid, en synergie avec de faibles taux d'œstradiol [38]. A forte concentration, l'œstradiol aurait une action inhibitrice sur ce comportement. Par ailleurs, l'agression maternelle est aussi facilitée par la progestérone et inhibée par l'œstradiol [47, 61]. Toutefois il semble que cette action des stéroïdes sur l'agression maternelle chez la souris ne soit qu'indirecte. En effet, elle ne se manifeste que si les souriceaux peuvent téter. C'est en fait la stimulation tactile des mamelons qui est le facteur essentiel de contrôle. Les stéroïdes interviennent car ils favorisent le développement des mamelons, permettant ainsi la tétée et la stimulation tactile nécessaire à l'agression [62, 63].

La situation chez la brebis semble se rapprocher de celle observée chez la ratte. Il est possible de faciliter le comportement maternel chez des femelles non gestantes par l'administration de traitements combinant œstradiol et progestérone, et connus par ailleurs pour leur capacité à induire la lactation. Cependant, une seule injection d'œstradiol est suffisante pour induire un comportement maternel en moins de 24 heures, indiquant que l'induction d'une lactation n'est pas nécessaire pour la manifestation du comportement maternel [51]. Le rôle exact de la progestérone reste à élucider, les résultats obtenus jusqu'ici ne permettant pas de conclure à une action facilitatrice ou inhibitrice sur le comportement maternel. Il ressort donc de l'ensemble de ces résultats que les stéroïdes ovariens influencent la manifestation des réactions maternelles, même si leur action varie d'une espèce à une autre.

Prolactine et GH

C'est de loin et presque exclusivement la prolactine (PRL) qui a fait l'objet des études les plus nombreuses. Son action est restée longtemps très controversée chez la ratte. Les premiers travaux effectués dans les années 1970 suggéraient que cette hormone avait une action facilitante sur le comportement maternel chez la ratte [45, 75]. Plusieurs études ultérieures n'ont cependant pas permis de confirmer ces résultats [55]. Mais une série d'expériences récentes [7, 8, 39] a conduit à une réévaluation du rôle de la PRL dans la stimulation du comportement maternel chez la ratte. Il a été montré, en particulier, que des femelles castrées et induites par un traitement aux stéroïdes présentent des latences d'apparition du comportement maternel beaucoup plus longues après traitement au CB 154. Cet effet du CB 154 est réduit si les rates reçoivent également un apport exogène de PRL. La latence d'apparition des réactions maternelles est également réduite par des implants ectopiques d'antéhypophyse. L'action des œstrogènes serait donc en partie modulée par la PRL. Par ailleurs, deux conditions semblent importantes pour pouvoir mettre en évidence l'effet facilitant de cette hormone ; il faudrait, d'une part, une action prolongée et, d'autre part, une action associée à celle des stéroïdes. L'absence de l'une ou l'autre de ces conditions expliquerait les échecs des travaux antérieurs.

La prolactine joue également un rôle facilitant chez la lapine. Il avait été montré dans cette espèce que les stéroïdes facilitent la construction du nid [57]. En fait cette action est indirecte et passe par la sécrétion de PRL, comme l'ont montré des études ultérieures sur des femelles hypophysectomisées ou traitées à l'ergocornine [75].

Le mode d'action de la PRL n'est pas élucidé à l'heure actuelle, mais il est probable que celui-ci se situe à un niveau central. La PRL est mesurable dans le liquide céphalorachidien et il semble que cette hormone puisse passer la barrière hémato-encéphalique [69]. Chez la souris, l'implantation de progestérone et de PRL dans l'hypothalamus renforce le comportement de ramassage des jeunes, ainsi que celui de construction du nid [68].

Les études concernant des périodes postérieures à l'apparition du comportement maternel à la parturition sont moins nombreuses. Cependant des influences de la prolactine sur les performances maternelles ont été également rapportées chez des animaux déjà engagés dans des activités de soins aux jeunes. Par exemple, chez des rattes vierges castrées et déjà maternelles en réponse à une induction non hormonale, des implants d'antéhypophyse renforcent le comportement de ramassage des jeunes, de groupage et d'allaitement de la portée [6]. La PRL intervient également dans la régulation du temps passé au nid par la ratte. Ce comportement, qui est étroitement dépendant de la thermorégulation maternelle, est contrôlé en partie par les hormones surrénaliennes et aussi par la prolactine. Alors que le temps passé au nid diminue de façon marquée en conditions normales au cours de la deuxième semaine post-partum, le blocage de la sécrétion de

PRL conduit à un maintien du temps passé au nid [73]. Cet effet passe par l'intermédiaire de la sécrétion de progestérone. Enfin, la prolactine intervient également dans la production de phéromone maternelle pendant la lactation, par l'augmentation de la prise alimentaire, qui se traduit elle-même par un excès de production de cæcotrophe impliqué dans la synthèse de la phéromone [33].

Par conséquent, si l'on prend en compte les influences directes et indirectes de la PRL sur les relations entre la mère et sa progéniture, cette hormone joue un rôle important dans l'organisation de ces relations. En particulier, il semble que l'importance de la PRL dans le contrôle hormonal de l'apparition du comportement maternel soit en passe d'être réévaluée. De plus, des travaux effectués par Bridges et al. indiquent qu'une facilitation du comportement maternel est également possible chez des rattes vierges hypophysectomisées et traitées par les stéroïdes, grâce à l'injection de GH [9]. Il n'est pas exclu par ces auteurs que l'hormone placentaire lactogène ait aussi une action similaire.

Ocytocine

Cette hormone, qui est libérée au moment de la tétée dans la circulation générale par la post-hypophyse, présente également un pic au moment de la parturition. Toutefois, cela n'est pas suffisant en soi pour que cette hormone joue un rôle dans le comportement maternel. En effet, elle ne traverse la barrière hémato-encéphalique que de façon restreinte (par exemple 2 % chez la brebis [24]). En revanche, il est maintenant bien établi qu'il y a aussi libération intracérébrale d'ocytocine au moment de la parturition chez la brebis [24]. Plusieurs expériences réalisées chez la ratte et la brebis suggèrent que l'ocytocine libérée intracérébralement facilite l'apparition du comportement maternel à la parturition. La stimulation du tractus génital provoque une libération réflexe d'ocytocine, à la fois dans le sang périphérique (réflexe de Ferguson) et dans le cerveau chez la brebis [24, 26]. Or, cette stimulation facilite différents aspects du comportement maternel [29, 52], et sa suppression par anesthésie péridurale au moment de la mise-bas inhibe le comportement maternel [30]. Il est pratiquement certain que cette action de la stimulation vaginale passe en partie par une libération intracérébrale d'ocytocine. En effet, l'administration intracérébroventriculaire d'ocytocine chez des brebis non gestantes traitées par l'œstradiol provoque l'apparition temporaire d'un intérêt pour l'agneau [27]. De plus, l'effet inhibiteur de l'anesthésie péridurale est en partie contrecarré par l'injection intracérébroventriculaire d'ocytocine au moment du travail [36].

Chez la ratte des résultats similaires ont été obtenus ; il a été montré, d'une part, que la stimulation vaginale pouvait faciliter la manifestation du comportement maternel [74] chez des rattes non gestantes et expérimentées ; d'autre part, que l'administration intracérébrale d'ocytocine facilitait les réactions maternelles chez des rattes non gestantes [28, 49, 56]. Toutefois des différences très marquées existent en fonction des souches, des procédures de test et des performances olfactives des sujets [56, 70]. En tout état de cause, et même si une certaine prudence est nécessaire dans l'interprétation des résultats obtenus chez la ratte, il semble bien que l'ocytocine libérée intracérébralement facilite l'apparition des réactions maternelles. Des résultats récents chez la brebis indiquent des variations de concentration d'ocytocine à l'intérieur des bulbes olfactifs au moment du part [25], renforçant l'hypothèse d'une interaction entre olfaction et stimulation vaginale [52] chez la brebis. On peut également se demander si les résultats obtenus chez des rattes anosmiques à la suite d'injection intracérébroventriculaire d'ocytocine [70] ne sont pas le reflet d'une situation comparable. Enfin, et compte tenu de l'effet très rapide observé lors de traitements par l'ocytocine, on ne saurait exclure une action de type neurotransmetteur pour cette hormone.

Conclusions

Deux faits principaux émergent de ce chapitre concernant les déterminants physiologiques du comportement maternel chez les mammifères.

• Le contrôle de l'apparition des réactions maternelles dépend de multiples facteurs, impliqués également dans le contrôle de la gestation, de la parturition et de la lactation. Bien que les différents facteurs ne jouent pas nécessairement un rôle identique dans les différentes espèces étudiées, on retrouve d'une façon générale les sécrétions de l'ovaire, du placenta et de l'hypophyse. L'ocytocine reste quelque peu à part, dans la mesure où ses modalités d'action restent encore à préciser.

• L'absence relative d'études sur le contrôle du comportement maternel pendant la lactation. Il est admis que ce contrôle est de type neurosensoriel et que l'équilibre endocrinien de la mère est très secondaire. Même si, dans l'ensemble, cette interprétation semble justifier les résultats connus jusqu'ici, il n'en reste pas moins vrai qu'à l'heure actuelle les mécanismes assurant le maintien et l'extinction de la motivation maternelle ne sont pas connus de façon précise. En fait les travaux effectués aussi bien chez la ratte que chez la brebis indiquent que c'est grâce à la présence des jeunes que la transition entre un contrôle interne par des facteurs physiologiques et un contrôle neurosensoriel va s'effectuer [51, 55]. Cette transition qui marque la consolidation durable du lien mère-jeune va ensuite se traduire, entre autres, par une influence des réactions entre la mère et son jeune sur certains paramètres physiologiques de celle-ci. Nous allons donc présenter maintenant quelques aspects de ces relations, sans toutefois les détailler complètement, dans la mesure où elles sont classiquement connues, ou bien traitées dans d'autres chapitres de cet ouvrage.

Influences des relations mère-jeunes
sur la physiologie de la mère et la lactation

Effets généraux de la présence des jeunes

La présence du jeune entraîne un certain nombre de conséquences sur la physiologie de la mère. Certains de ces effets sont également observables chez des rattes non gestantes lors d'une induction non hormonale du comportement maternel. Par exemple, l'apparition de soins aux jeunes chez des rattes vierges peut s'accompagner d'une sécrétion de prolactine, voire même du démarrage d'une lactation [21, 42]. Si chez des femelles en lactation des facteurs tels que les émissions ultrasoniques des ratons peuvent provoquer une décharge de PRL [65], la plupart du temps ces effets dépendent en partie de la stimulation tactile fournie par le jeune ou la portée au cours de l'allaitement. Un exemple classique de ces effets des jeunes sur la mère consiste dans la prolongation du comportement maternel et de la lactation chez la ratte allaitante par l'échange régulier de la portée par une portée plus jeune [10]. Dans de nombreuses espèces, la présence des jeunes bloque l'ovulation ou rallonge la durée de l'anœstrus post-partum. L'effet peut être fonction du nombre de jeunes dans la portée, comme cela a été montré chez la ratte [67]. L'influence du jeune sur la reprise de la reproduction a également été rapportée, par exemple, chez les ongulés [15, 22] et les primates [41, 71]. La taille de la portée influence aussi la production laitière de la mère, une action qui passe par l'intensité de la stimulation mammaire.

Cependant, les effets dus à la présence des jeunes sur la mère ne s'expliquent pas toujours uniquement par le biais d'une action physiologique due à l'allaitement. Par exemple, des rattes mamectomisées auxquelles on fournit régulièrement des jeunes peuvent maintenir un état d'anœstrus malgré l'absence de la stimulation tactile due à la tétée [44]. Cela peut être mis en rapport avec le fait déjà mentionné que des rattes allaitantes sont capables de répondre par une élévation de PRL aux émissions ultrasoniques des ratons [65]. Chez les babouins ou les lions, la présence des jeunes au-delà du sevrage est associée à un retard de la reprise de fertilité [2, 59].

Importance de la sélectivité du lien mère-jeune

La mise en place d'une relation sélective — c'est-à-dire l'acceptation exclusive de la portée, comme c'est le cas par exemple chez les ongulés — peut également moduler les effets mécaniques de la stimulation mammaire sur la réponse physiologique à la tétée, voire même intervenir de façon primordiale dans son maintien. Nous citerons deux exemples pour illustrer ce fait. Une comparaison de la réponse PRL à la tétée a été effectuée chez des vaches frisonnes traites ou allaitant des veaux avec lesquels elles avaient pu établir ou non un lien sélectif [50]. Les résultats indiquent que la réponse à la tétée par un veau étranger est plus faible (voire nulle) chez des vaches ayant établi un lien sélectif, que lorsque c'est un des veaux adoptés qui tète. Par ailleurs, on peut observer, comme chez la ratte [18], une libération de prolactine même en l'absence de stimulation mammaire, par la simple présentation des jeunes. Ces résultats ont été obtenus chez des vaches frisonnes, c'est-à-dire sélectionnées pour la traite et donc peu sélectives sur la nature du stimulus nécessaire pour l'éjection du lait et l'entretien de la lactation. L'influence des facteurs « jeune » et « lien sélectif » est sans doute encore plus déterminante si l'on s'adresse à des vaches qui n'ont pas été sélectionnées pour la traite. Par exemple, lors d'essais de substitutions de veaux chez des vaches de race Salers, on assiste à un tarissement des mères [31]. De la même façon le passage à la traite de tels animaux après qu'ils ont établi un lien avec leur jeune conduit à une chute brutale de la production laitière en moins d'une semaine, et le retour du veau permet une reprise de la lactation.

Modifications neurobiologiques associées à la maternité

Ces exemples soulignent que, même si les paramètres physiologiques nécessaires à l'entretien de la lactation et à l'éjection du lait sont présents, l'existence d'un comportement maternel peut être un facteur non négligeable dans la limitation de leur action. Les mécanismes neurobiologiques impliqués dans la médiation de ces effets, que nous pourrions qualifier de comportementaux, restent à élucider. Toutefois des travaux récents effectués chez la ratte peuvent peut-être en donner une première idée. Dans cette espèce, les cellules neuroendocrines magnocellulaires des noyaux supraoptique et paraventriculaire présentent des changements structuraux importants en fonction de l'état physiologique, et notamment en association avec la maternité et la lactation [20, 43, 66]. On assiste à un bourgeonnement dendritique, à la formation de doubles synapses et à une augmentation de l'activité électrique synchrone entre cellules. De tels changements s'observent lorsqu'il y a un besoin accru de sécrétion des hormones concernées (ocytocine et vasopressine), comme c'est le cas à la parturition. Mais ces modifications structurales sont également présentes chez des rattes vierges ayant subi une induction non hormonale du comportement maternel. Enfin une stimulation électrique de dix minutes des voies olfactives chez de telles femelles — uniquement lorsqu'elles sont maternelles — conduit à une augmentation significative du couplage entre cellules [43]. Les informations olfactives transmises au niveau supra-optique sont donc capables de moduler de façon relativement rapide l'activité synchrone des cellules neurosécrétrices, en particulier des cellules à ocytocine. Enfin, il ne faut pas oublier que ces phénomènes se déroulent normalement dans un contexte d'imprégnation œstrogénique. On peut se demander, par conséquent, s'ils ne sont pas facilités par de telles conditions, dans la mesure où des effets de type organisateur semblent prendre place même chez l'adulte sous l'influence des stéroïdes sexuels, au moins chez les oiseaux [3].

Dans le cadre des résultats que nous avons commentés plus haut, ces recherches conduisent à émettre certaines remarques.

• L'existence d'un lien sélectif repose en partie chez les ongulés domestiques sur des critères olfactifs. On peut se demander par conséquent dans quelle mesure les effets observés sur la lactation en fonction de l'identité du jeune ne pourraient pas impliquer des processus similaires à ceux mis en évidence chez la ratte.

• Sur un plan plus général, ces résultats vont dans le sens de ceux évoqués dans la deuxième partie de ce chapitre et concernant les rôles de l'olfaction, de la stimulation vaginale et de l'ocytocine intracérébrale dans le contrôle du comportement maternel ; il est de plus en plus classiquement admis : 1 - que l'ocytocine intracérébrale est impliquée dans la facilitation du comportement maternel à la parturition ; 2 - qu'il existe une interaction entre ocytocine intracérébrale ou stimulation cervicovaginale, d'une part, et l'olfaction maternelle, d'autre part [52, 70] ; 3 - qu'il existe, dans la phase post-partum, une période sensible ou de transition au cours de laquelle les informations sensorielles fournies par les jeunes permettent une consolidation du comportement maternel et un passage de son contrôle à un niveau neurosensoriel [54]. Or, l'olfaction maternelle joue certainement un rôle à ce moment. Cela a été particulièrement bien établi chez la brebis, où les informations olfactives sont essentielles, alors que d'autres, telle la stimulation tactile fournie par la tétée, apparaissent secondaires [51, 52].

On peut donc se demander si les résultats mis en évidence chez la ratte n'illustrent pas en partie l'un des processus qu'on pourrait invoquer dans la transition qui s'opère au cours de la période sensible, entre un contrôle neuroendocrinien et un contrôle neurosensoriel du comportement maternel. Si une telle hypothèse devait être confirmée, ces travaux représenteraient alors une base intéressante pour entreprendre des études théoriques plus systématiques des déterminants du comportement maternel pendant la lactation et, à terme, des mécanismes d'extinction de ce comportement au moment du sevrage. Par ailleurs, ces résultats ne sont pas sans implications possibles sur le plan pratique de la production laitière, en particulier dans les systèmes mixtes utilisant à la fois la tétée par le jeune et la traite dans la valorisation de la production.

Conclusion

Il ressort de l'ensemble des travaux évoqués ici qu'il n'existe pas de relation causale stricte entre la lactation et l'existence d'un comportement maternel chez les mammifères. En fait, les facteurs physiologiques internes à la mère, ceux liés à l'environnement et dont nous n'avons pas parlé (par exemple la nutrition), la lactation, le(s) jeune(s), la motivation maternelle, forment un ensemble de paramètres interactifs ; la modification au sein de cet ensemble de l'un quelconque des facteurs est susceptible d'influencer les autres de façon plus ou moins directe, rendant une analyse de type causal difficile. Cependant, les facteurs physiologiques importants pour la préparation et le démarrage de la lactation sont également impliqués dans la facilitation du comportement maternel au moment de la parturition. Dans les deux cas plusieurs facteurs interagissent de façon complexe pour préparer, puis assurer la mise en place rapide du comportement maternel et de la lactation au moment propice. Mais l'analogie peut encore être poussée plus loin. Aussi bien en ce qui concerne les soins aux jeunes, reflets de la motivation maternelle, que la production lactée, la progéniture joue un rôle clé dans le maintien de ces processus au-delà de la phase initiale d'activation. S'il est clair qu'en l'état actuel des recherches, on connaît encore peu de choses sur le contrôle du comportement maternel pendant la lactation, la prise en compte des acquisitions récentes dans le domaine de la neurobiologie du système ocytocinergique devrait apporter des voies de développement prometteuses. Il sera également nécessaire d'y intégrer les données connues dans le domaine de la physiologie de la lactation. Par exemple on sait que la tétée, outre la décharge d'ocytocine, s'accompagne de la libération de nombreuses autres hormones (vasopressine, PRL, TSH, GH, ACTH) [18]. Cependant le rôle éventuel de ces hormones, dans le contrôle du comportement maternel à la parturition et pendant la lactation, reste peu étudié, mis à part les quelques résultats que nous avons évoqués concernant la PRL et la GH.

Enfin, il est un autre domaine qui, bien que sortant du champ de cette revue, mérite d'être mentionné compte tenu de son importance d'une manière générale. Il s'agit des relations existant entre la lactation et toutes ses implications pour le développement du jeune, tant sur le plan de la physiologie que de son comportement. En particulier les études restent peu nombreuses quant à l'influence de la tétée sur les processus d'attachement ou l'apprentissage des caractéristiques de la mère. Divers travaux, tant chez l'animal que chez l'homme, permettent de souligner les capacités précoces d'acquisition des jeunes (ratons : 19, 33, 34 ; ongulés : 37, 48 ; humains : 53, 58). Ces recherches, qui apportent une perspective nouvelle aux études sur le développement du nouveau-né, méritent d'être intensifiées, en particulier sur les mammifères précoces qui restent à l'heure actuelle encore peu étudiés.

RÉFÉRENCES

1. ALEXANDER G (1960) Maternal behaviour in the Merino ewe. *Proc Aust Soc Anim Prod* **3** : 105-114

2. ALTMANN J, ALTMANN S, HAUSFATER G (1978) Primate infant's effects on mother's future reproduction. *Science* **201** : 1028-1030

3. ARNOLD AP, BREEDLOVE SM (1985) Organizational and activational effets of sex steroids on brain and behavior : a reanalysis. *Horm Behav* **19** : 469-498

4. ARNOLD GW, MORGAN PD (1975) Behaviour of the ewe and lamb at lambing and its relationship to lamb mortality. *Appl Anim Ethol* **2** : 25-46

5. ARNOLD GW, WALLACE SR, MALLER RA (1979) Some factors involved in natural weaning processes in sheep. *Appl Anim Ethol* **5** : 43-50

6. BRIDGES RS (1990) Endocrine regulation of parenting behavior in Rodents. *In* NA Krasnegor, RS Bridges (eds) : *Mammalian parenting*. Oxford University Press, Oxford, pp. 93-117

7. BRIDGES RS, DIBIASE R, LOUNDES DD, DOHERTY PC (1985) Prolactin stimulation of maternal behavior in female rats. *Science* **227** : 782-784

8. BRIDGES RS, DUNCKEL PT (1987) Hormonal regulation of maternal behavior in rats : stimulation following treatment with ectopic pituitary grafts and progesterone. *Biol Reprod* **37** : 518-526

9. BRIDGES RS, MILLARD WJ (1988) Growth hormone is secreted by ectopic pituitary grafts and stimulates maternal behavior in rats. *Horm Behav* **22** : 194-206

10. BRUCE HM (1961) Observations on the suckling stimulus and lactation in the rat. *J Reprod Fertil* **2** : 17-34

11. COSNIER J (1963) Quelques problèmes posés par le "comportement maternel provoqué" chez la rate. *C R Soc Biol Lyon* **157** : 1611-1613

12. ESKRINE MS, BARFIELD RJ, GOLDMAN BD (1978a) Intraspecific fighting during late pregnancy and lactation in rats and effects of litter removal. *Behav Biol* **23** : 206-218

13. ESKRINE MS, DENENBERG VH, GOLDMAN BD (1978b) Aggression in the lactating rat : Effect of intruder age and test arena. *Behav Biol* **23** : 52-66

14. FINDLAY ALR (1968) The effects of teat anaesthesia on the milk ejection reflex in the rabbit. *J Endocrinol* **40** : 127-128.

15. FLETCHER IC (1971) Relationship between frequency of suckling, lamb growth and post-partum oestrus behaviour in ewes. *Anim Behav* **19** : 108-111

16. FUCHS AR, WAGNER G (1963) Quantitative aspects of release of oxytocin by suckling in unaesthetized rabbits. *Acta Endocrinol* **44** : 581-592

17. GEIST V (1971) *In* V Geist (ed) : *Mountain Sheep*. University of Chicago Press, Chicago

18. GROSVENOR CE, MENA F (1971) Effect of suckling upon the secretion and release of prolactin from the pituitary of the lactating rat. *J Anim Sci* **23** : 115-135

19. HALL WG (1987) Early motivation, reward, learning, and their neural bases : Developmental revelations and simplifications. *In* NA Krasnegor, EM Blass, MA Hofer, WP Smotherman (eds) : *Perinatal Development : A psychobiological perspective*. Academic Press, Orlando, 169-193

20. HATTON GI, ELLISMAN MH (1982) A restructuring of hypothalamic synapses is associated with motherhood. *J Neurosci* **2** : 704-707

21. JAKUBOWSKY M, TERKEL J (1980) Induction by young of prolonged diestrus in virgin rats behaving maternally. *J Reprod Fertil* **58** : 55-60

22. KANN G, MARTINET J (1975) Prolactin levels and duration of post-partum anoestrus in lactating ewes. *Nature* **257** : 63-64

23. KANN G, CARPENTIER MC, FÈVRE J, MARTINET J, MAUBON M, MEUSNIER C, PALY J, VERMIÈRE N (1978) Lactation and prolactin in sheep, role of prolactin in initiation of milk secretion. *In* C Robyn, M Harter (eds) : *Progress in Prolactin Physiology and Pathology*. Elsevier-North Holland Biomedical Press, Amsterdam, pp. 201-212

24. KENDRICK KM, KEVERNE EB, BALDWIN BA, SHARMAN DF (1986) Cerebrospinal fluid levels of Acetylcholinesterase, Monoamines and oxytocin during labour, parturition, vaginocervical stimulation, lamb separation and suckling in sheep. *Neuroendocrinology* **44** : 149-156

25. KENDRICK KM, KEVERNE EB, SHARMAN DF, BALDWIN BA (1988a) Intracranial dialysis measurement of oxytocin, monoamine and uric acid release from the olfactory bulb and substantia nigra of sheep during parturition, suckling, separation from lambs and eating. *Brain Res* **439** : 1-10

26. KENDRICK KM, KEVERNE EB, SHARMAN DF, BALDWIN BA (1988b) Microdialysis measurement of oxytocin, aspartate, -aminobutyric acid and glutamate release from the olfactory bulb of the sheep during vaginocervical stimulation. *Brain Res* **442** : 171-174

27. KENDRICK KM, KEVERNE EB, BALDWIN BA (1987) Intracerebroventricular oxytocin stimulates maternal behaviour in the sheep. *Neuroendocrinology* **46** : 56-61

28. KEVERNE EB (1988) Central mechanisms underlying the neural and neuro endocrine determinants of maternal behaviour. *Psychoneuroendocrinology* **13** : 127-141

29. KEVERNE EB, LEVY F, POINDRON P, LINDSAY DR (1983) Vaginal stimulation : an important determinant of maternal bonding in sheep. *Science* **219** : 81-83

30. KREHBIEL D, POINDRON P, LEVY F, PRUD'HOMME MJ (1987) Effects of peridural anesthesia on maternal behavior in primiparous and multiparous parturient ewes. *Physiol Behav* **40** : 463-472

31. LE NEINDRE P (1984) La relation mère-jeune chez les bovins. Influences de l'environnement social et de la race. Thèse de Doctorat ès Sciences Naturelles. Université de Rennes (France)

32. LENT PC (1974) Mother-infant relationships in ungulates. *In* V Geist, F Walther (eds) : *The behavior of Ungulates and its relation to management, Volume 1*. IUCN New series n° 24, pp. 14-55

33. LEON M (1978) Filial responsiveness to olfactory cues in the laboratory rat. *Adv Study Behav* **8** : 117-153

34. LEON M, COOPERSMITH R, LEE S, SULLIVAN RM, WILSON DA, WOO CC (1987) Neural and behavioral plasticity induced by early olfactory learning. *In* NA Krasnegor, EM Blass, MA Hofer, WP Smotherman (eds) : *Perinatal Development : A psychobiological perspective*. Academic Press, Orlando, pp. 145-167

35. LE ROY LM, KREHBIEL DA (1978) Variations in maternal behavior in the rat as a function of sex and gonadal state. *Horm Behav* **11** : 232-247

36. LEVY F, KEVERNE EB, PIKETTY V, POINDRON P (1988) Physiological determinism of olfactory attraction for amniotic fluids in sheep. In DW McDonald, D Müller-Schwarze, SE Natynczvk (eds) : *Chemical signals in Vertebrates* (5). Oxford University Press, Oxford, pp. 162-165

37. LICKLITER RE, HERON JR (1984) Recognition of mother by newborn goats. *Appl Anim Behav Sci* **12** : 187-192

38. LISK RD (1971) Œstrogen and progesterone synergism and elicitation of maternal nest-building in the mouse (Mus musculus). *Anim Behav* **17** : 730-738

39. LOUNDES DD, BRIDGES RS (1986) Length of prolactin priming differentially affects maternal behavior in female rats. *Biol Reprod* **34** : 495-501

40. MAC KENNA JJ (1981) Primate infant caregaving behavior : origins, consequences and variability with emphasis on the common indian Langur Monkey. In DJ Gubernick, PH Klopfer (eds) : *Parental Care in Mammals*. Plenum Press, New York, pp. 389-416

41. MANECKJEE R, SRINATH BR, MOUDGAL NR (1976) Prolactin suppresses release of luteinising hormone during lactation in the monkey. *Nature* **262** : 507-508

42. MARINARI MT, MOLTZ H (1978) Serum prolactin levels and vaginal cyclicity in concaveated and lactating female rats. *Physiol Behav* **21** : 525-528

43. MODNEY BK, HATTON GI (1990) Motherhood modifies magnocellular neuronal interrelationships in functionnally meaningful ways. In NA Krasnegor, RS Bridges (eds) : *Mammalian parenting*. Oxford University Press, Oxford, pp. 305-323

44. MOLTZ H, GELLER D, LEVIN R (1967) Maternal behavior in the totally mammectomized rat. *J Comp Physiol Psychol* **64** : 225-229

45. MOLTZ H, LUBIN M, LEON M, NUMAN M (1970) Hormonal induction of maternal behavior in the ovariectomized nulliparous rat. *Physiol Behav* **5** : 1373-1377

46. NOIROT E (1972) The onset and development of maternal behavior in rats, hamster and mice. *Adv Study Behav* **4** : 107-145

47. NOIROT E, GOYENS J, BUHOT M (1975) Aggressive behavior of pregnant mice towards males. *Horm Behav* **6** : 9-17

48. NOWAK R, POINDRON P, LE NEINDRE P, PUTU IG (1987) Ability of 12 hours old merino and crossbred lambs to recognize their mothers. *Appl Anim Behav Sci* **17** : 263-271

49. PEDERSEN CA, PRANGE AJ (1985) Oxytocin and mothering behavior in the rat. *Pharmacol Therap* **28** : 287-302

50. PEREZ O, JIMENEZ DE PEREZ N, POINDRON P, LE NEINDRE R, RAVAULT JP (1980) Relations mère-jeune et réponse prolactinique à la stimulation mammaire chez la vache : influences de la traite et de l'allaitement libre ou entravé. *Reprod Nutr Dev* **25** : 605-618

51. POINDRON P, LE NEINDRE P (1980) Endocrine and sensory regulation of maternal behavior in the ewe. *Adv Study Behav* **11** : 75-119

52. POINDRON P, LEVY F, KREHBIEL D (1988) Genital, olfactory and endocrine interactions in the development of maternal behaviour in the parturient ewe. *Psychoneuroendocrinology* **13** : 99-125

53. PORTER RH, MAKIN JW, SCHAAL B (1990) Responses of human neonates to odours of lactating females. In DW McDonald, D Müller-Schwarze, SE Natynczvk (eds) : *Chemical signals in Vertebrates* (5). Oxford University Press, Oxford, pp. 289-294

54. ROSENBLATT JS, SIEGEL HI (1981) Factors governing the onset and maintenance of maternal behavior among nonprimate Mammals. In DJ Gubernick, PH Klopfer, (eds) : *Parental Care in Mammals*. Plenum Press, New York, pp. 13-76

55. ROSENBLATT JS, SIEGEL HI, MAYER AD (1979) Progress in the study of maternal behavior in the rat : hormonal, nonhormonal, sensory, and developmental aspects. *Adv Study Behav* **10** : 225-311

56. ROSENBLATT JS, MAYER AD, GIORDANO AL (1988) Hormonal basis during pregnancy for the onset of maternal behavior in the rat. *Psychoneuroendocrinology* **13** : 29-46

57. ROSS S, SAWIN PB, ZARROW MX, DENENBERG VH (1963) Maternal behavior in the rabbit. *In* HL Rheingold (ed) : *Maternal behavior in Mammals*. Wiley, New York, pp. 94-121

58. SCHAAL B, MONTAGNER H, HERTLING E, BOLZONI D, MOYSE A, QUINCHON R (1980) Les stimulations olfactives dans les relations entre l'enfant et la mère. *Reprod Nutr Dev* 20 : 843-858

59. SCHALLER GB (1972) *In* GB Schaller (eds) : *The Serengeti Lion*. University of Chicago Press, Chicago

60. SVARE BB (1981) Maternal aggression in mammals. *In* DJ Gubernick, PH Klopfer (eds) : *Parental care in mammals*. Plenum Press, New York, pp. 179-210

61. SVARE BB, GANDELMAN R (1975) Post-partum aggression in mice : Inhibitory effect of œstrogen. *Physiol Behav* 14 : 31-36

62. SVARE BB, GANDELMAN R (1967a) Suckling stimulation induces aggression in virgin female mice. *Nature* 260 : 606-608

63. SVARE BB, GANDELMAN R (1967b) Post-partum aggression in mice : The influence of suckling stimulation. *Horm Behav* 7 : 407-416

64. SWARTZ KB, ROSENBLUM LA (1981) The social context of parental behavior : A perspective on Primate socialization. *In* DJ Gubernick, PH Klopfer (eds) : *Parental care in mammals*. Plenum Press, New York, pp. 447-454

65. TERKEL J, DAMASSA DA, SAWYER CH (1979) Ultrasonic cries from infant rats stimulate prolactin release in lactating mothers. *Horm Behav* 12 : 95-102

66. THEODOSIS DT, MONTAGNESE C, RODRIGUEZ F, VINCENT JD, POULAIN DA (1986) Oxytocin induces morphological plasticity in the adult hypothalamo-neurohypophysial system. *Nature* 322 : 738-740

67. TUCKER HA, TATCHER WW (1968) Pituitary growth hormone and luteinizing hormone content after various nursing intensities. *Proc Soc Exp Biol Med* 129 : 578-580

68. VOCI VE, CARLSON NR (1973) Enhancement of maternal behavior and nest building following systemic and diencephalic administration of prolactin and progesterone in the mouse. *J Comp Physiol Psychol* 83 : 388-393

69. WALSH RJ, POSNER BI, KOPRIWA BM, BRAWER JR (1978) Prolactin binding sites in the rat brain. *Science* 201 : 1041-1043

70. WAMBOLDT MZ, INSEL TR (1987) The ability of oxytocin to induce short latency maternal behavior is dependent on peripheral anosmia. *Behav Neurosci* 101 : 439-441

71. WEISS G, BUTLER WR, HOTCHKISS J, DIERSCHKE DJ, KNOBIL E (1976) Periparturitional serum concentrations of prolactin, the gonadotrophins, and the gonadal hormones in the rhesus monkey. *Proc Soc Exp Biol Med* 153 : 330-331

72. WISE DA, PRYOR TL (1977) Effects of ergocornine and prolactin on aggression in the post-partum golden hamster. *Horm Behav* 8 : 30-39

73. WOODSIDE B, JANS JE (1988) Neuroendocrine basis of thermally regulated maternal responses to young in the rat. *Psychoneuroendocrinology* 13 : 79-98

74. YEO JAG, KEVERNE EB (1986) The importance of vaginal-cervical stimulation for marternal behaviour in the rat. *Physiol Behav* 37 : 23-26

75. ZARROW MW, GANDELMAN R, DENENBERG VH (1971) Prolactin : Is it an essential hormone for maternal behavior in the mammal ? *Horm Behav* 2 : 343-354

15

Génétique moléculaire des protéines du lait et de leurs gènes

J.-C. Mercier, F. Grosclaude

Introduction

La glande mammaire, qui synthétise et sécrète en grandes quantités plusieurs types de protéines sous contrôle multihormonal complexe, représente un excellent modèle pour analyser la structure, l'évolution, l'expression et la régulation des gènes.

Avant que soient opérationnelles les techniques permettant de déterminer la séquence nucléotidique des copies d'ADN complémentaires d'ARN messagers (ADNc) et des gènes, et de détecter et identifier leurs mutations, le développement des connaissances sur les gènes de structure des protéines du lait est resté tributaire des recherches sur la structure primaire de ces protéines et sur leur polymorphisme génétique. La séquence en acides aminés d'une protéine donne en effet, au travers du code génétique, une image, peut-être imprécise, mais fidèle de la partie codante du gène.

La première contribution à la génétique des protéines du lait est une publication de 1957 dans laquelle Aschaffenburg et Drewry [4] procèdent à l'analyse du polymorphisme de la β-lactoglobuline ovine et identifient ainsi le gène qui le contrôle. L'année suivante, Blumberg et Tombs [8] décrivent un polymorphisme de l'α-lactalbumine chez les zébus africains et, par analogie avec le travail précédent, identifient également le gène correspondant.

La β-lactoglobuline et l'α-lactalbumine étaient alors des protéines bien caractérisées que l'on savait, depuis une trentaine d'années, purifier jusqu'à cristallisation [55]. En revanche, beaucoup de chemin restait encore à parcourir, à cette époque, pour purifier et identifier les quelque vingt fractions de caséine mises en évidence par électrophorèse en gel [75]. Une quinzaine d'années furent nécessaires pour aboutir à la conclusion que l'ensemble de ces fractions représentait quatre protéines monocaténaires différentes, les caséines αs1, αs2, β et $\varkappa$. L'hétérogénéité observée est due à la présence de groupements prosthétiques (groupes phosphate et motifs glucidiques) et à l'hydrolyse partielle par la plasmine des chaînes néosynthétisées (les caséines mineures γ, R, S et TS et certaines protéose-peptones dérivent par exemple de la caséine β [22, 31]). Ainsi, quoique étant réellement présentes dans le lait, ces caséines mineures n'avaient pas d'identité génétique propre. L'extension des études structurales aux lactoprotéines d'espèces autres que les bovins, qui se poursuit encore de nos jours, a permis de préciser les modalités d'évolution de ces protéines, donc de la partie codante de leurs gènes.

Parallèlement à ces études structurales, et après les travaux déjà cités sur les deux protéines principales du lactosérum, l'analyse électrophorétique d'échantillons individuels de lait ou de « caséine entière » a mis en évidence un polymorphisme génétique de chacune des quatre caséines. Or la mise en évidence du polymorphisme d'une protéine signifie aussi le marquage de son locus, et permet alors d'opérer sur celui-ci. Ainsi, l'analyse mendélienne des ségrégations des allèles contrôlant les variants des caséines bovines a montré que les quatre gènes de structure de ces protéines étaient très étroitement liés.

Les travaux sur les protéines avaient donc permis de dresser un premier tableau précis :
• Existence chez les ruminants de six lactoprotéines principales, contrôlées par six gènes de structure, α-La, β-Lg, αs1-Cn, αs2-Cn, β-Cn et $\varkappa$-Cn, les quatre derniers formant une seule unité génétique.
• Mise en évidence de séquences similaires intra- et/ou interchaînes dans le cas des précaséines αs1, αs2 et β, ce qui suggérait que les gènes correspondants avaient évolué par duplications successives à partir d'un ancêtre commun, et à une vitesse très rapide comme en témoignait la faible similitude observée entre lactoprotéines homologues d'espèces relativement éloignées sur le plan phylogénétique [57].
• Apparentement phylogénétique de l'α-lactalbumine et du lysozyme.
• Mise en évidence de quelques similitudes de séquence entre la caséine $\varkappa$ et le fibrinogène γ dont le rôle fonctionnel dans la coagulation du lait et du sang, respectivement, est équivalent. Plus récemment, une protéine majeure du lactosérum (WAP : *whey acidic protein*) a été identifiée chez le rat [54] et d'autres rongeurs (souris, lapin) ainsi que chez le chameau [7].

Les recherches engagées depuis 1978 sur la structure des ADN complémentaires des ARNm (ADNc), puis sur celle des gènes eux-mêmes, ainsi que sur leur polymorphisme, ont déjà apporté une masse importante de résultats nouveaux, inaccessibles par la seule étude des protéines. Désormais, les données acquises sur les gènes de protéines du lait au travers de l'étude de ces protéines et celles découlant de l'analyse directe des structures nucléotidiques se recoupent et se complètent, formant un ensemble particulièrement cohérent. On retrouvera donc les contributions de ces deux approches dans les sections qui vont suivre, consacrées à la structure des ARN messagers et des gènes, à leur polymorphisme et à la localisation chromosomique des gènes.

Structure des ARN messagers et des gènes

Une dizaine d'espèces animales (bovins, ovins, caprins, porcins, buffle, lapin, rat, souris, cobaye, homme) sont actuellement étudiées et les séquences nucléotidiques complètes d'une trentaine d'ARN messagers (ARNm) et d'une quinzaine de gènes ont déjà été publiées (Fig. 15-1).

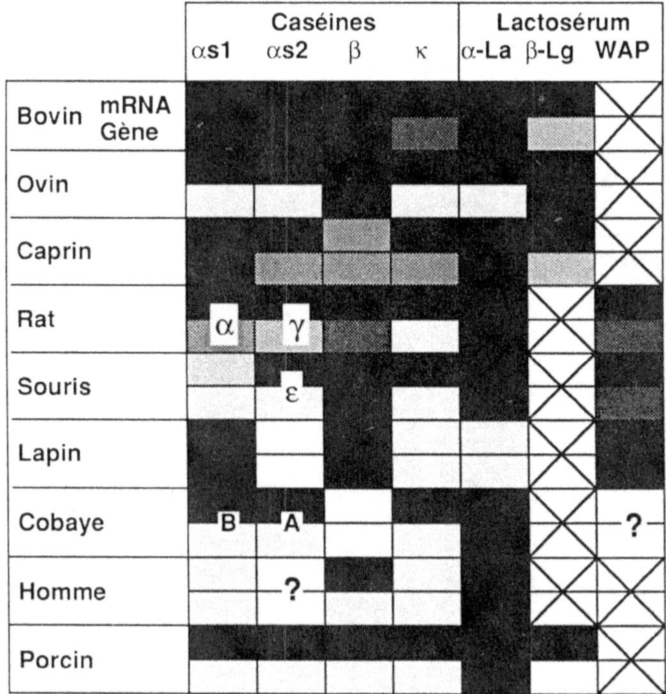

Fig. 15-1   ARN messagers et gènes séquencés complètement (noir) ou partiellement (grisé) dans diverses espèces (tableau basé sur des articles publiés ou soumis à publication). Le gris foncé indique que la séquence est presque complète. Les lettres α, γ, ε, A et B correspondent au nom usuel de la protéine dans l'espèce considérée. ? indique l'absence probable de la protéine.

ARN messagers

La taille de ces ARNm varie de 0,55 à 0,7 kb (WAP, α-lactalbumine) à 1,35 kb (caséine αs1 de rat) en faisant abstraction de la séquence poly(A) terminale qui peut contenir jusqu'à 150-200 unités désoxyadénosine 5'-phosphate. La région traduite sous forme de protéine représente en moyenne moins de 60 % de l'ARNm, séquence poly(A) exclue. Ce cadre de lecture est encadré par deux régions non codantes : la séquence 5' très courte coiffée du chapeau 7-méthyl-Gppp et la séquence 3' beaucoup plus longue qui contient

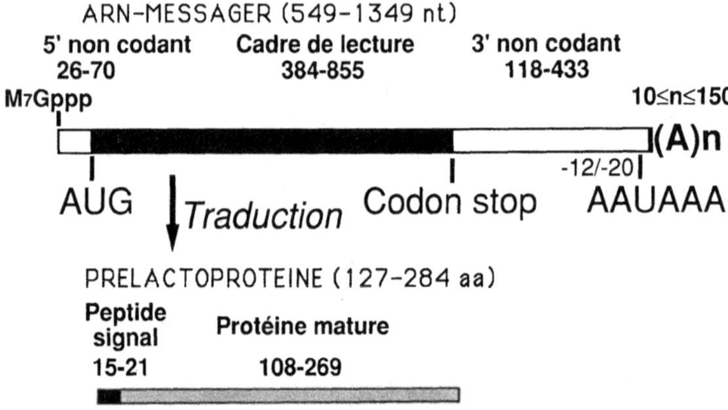

Fig. 15-2   Représentation schématique d'un ARN messager mammaire et d'une prélactoprotéine majeure. Les chiffres indiquent les tailles extrêmes des ARNm mammaires majeurs et des sept lactoprotéines correspondantes (les quatre caséines, l'α-lactalbumine, la β-lactoglobuline et la WAP) dans les huit espèces de mammifères étudiées. nt=nucléotide ; aa=acide aminé.

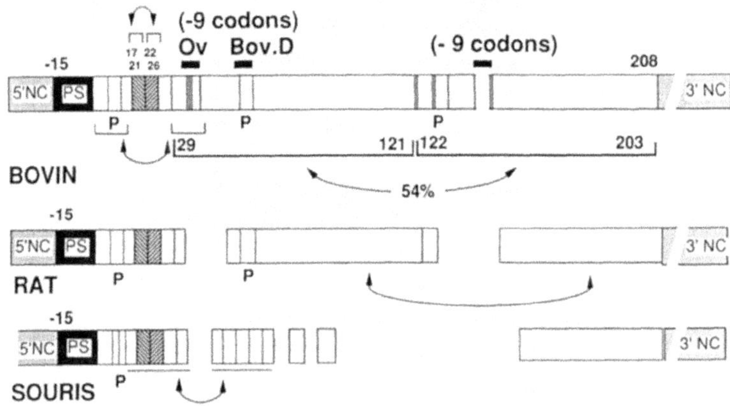

Fig. 15-3   Homologies internes et évolution de l'ARNm codant pour la caséine αs2. 5'NC et 3'NC : régions non codantes ; PS : région codant pour le peptide signal. Les nombres indiquent la position des codons du peptide signal (−) et de la protéine mature (+) dans l'ARNm bovin. La similitude de séquence est de 54 % entre les deux régions 29-121 et 122-203. Le variant D bovin est caractérisé par l'absence de neuf nucléotides (perte de l'exon 51-59). L'organisation des ARNm de mouton, de chèvre et de cobaye (209 codons [10, 34]) est proche de celle du bovin. Toutefois, quatre types d'ARNm, différant par l'absence ou la présence de deux séquences de 44 et 27 nucléotides dans la partie 5' non codante et le cadre de lecture, respectivement, sont présents dans les espèces ovine et caprine. Ils proviennent d'un épissage anormal correspondant à l'excision partielle de deux exons, dont l'un correspond aux codons 34-42 [9]. Les ARNm de rat (165 codons [38]) et de souris (129 codons [36]) sont très différents comme cela est illustré sur le schéma. D'après Stewart et al. [69].

le site de reconnaissance de polyadénylation AAUAAA en position $-12/-20$ par rapport à la séquence poly(A) (Fig. 15-2).

Les similitudes de séquence intra-chaîne ont été confirmées au niveau nucléotidique dans les ARNm codant pour les caséines αs1 et αs2. Ainsi, dans l'espèce bovine, le cadre de lecture du premier contient notamment les deux séquences 320-343 et 440-463 identiques à un nucléotide près et celui du second comporte deux longues séquences similaires (54 %) délimitées par les codons 33-119 et 126-203 (Fig. 15-3).

La comparaison inter-espèces des ARNm homologues a confirmé l'évolution rapide des gènes initialement mise en évidence par l'étude des protéines [57], mais a aussi montré que la structure primaire du cadre de lecture des caséines, à l'exception des séquences codant pour le peptide signal et les sites majeurs de phosphorylation des caséines sensibles au calcium, αs1, αs2 et β, est moins bien conservée que celle des régions 5' et 3' non codantes (Fig. 15-4). Cette caractéristique propre aux ARNm des caséines suggère que la pression de sélection est plus forte au niveau de ces dernières régions. La région 5' est structuralement impliquée (accessibilité du chapeau, structure secondaire) dans la régulation sélective de l'initiation de la traduction, processus biochimique extrêmement complexe où interviennent de façon concertée les deux sous-unités ribosomiques 40 et 60 S, le Met-tARN^{Met} initiateur, des nucléosides triphosphate et une douzaine de facteurs d'initiation [63]. La structure de la région 3' non codante, quant à elle, pourrait jouer un rôle important dans la stabilité de l'ARNm [64].

La fonction essentielle de la cellule épithéliale mammaire étant d'assurer la sécrétion d'une grande quantité de protéines destinées à l'alimentation de la progéniture, il est primordial que la vitesse de passage des chaînes polypeptidiques naissantes à travers la membrane du réticulum endoplasmique soit aussi rapide que possible. Dans le cas des caséines sensibles au calcium, la remarquable conservation de la séquence codant pour le peptide signal (Fig. 15-5) dont la conformation est probablement optimale du point de vue fonctionnel, reflète bien cette contrainte. On notera par ailleurs que les quelques mutations observées sont, en règle générale, soit neutres (la substitution du nucléotide ne modifie pas l'expression du codon), soit conservatives (remplacement d'un acide aminé par un autre dont les propriétés sont similaires, e.g. Ala/Thr ; Lys/Arg).

En revanche, le reste du cadre de lecture, à l'exception des sites multiphosphorylés, peut subir sans dommage de nombreuses mutations, pourvu que la chaîne polypeptidique correspondante conserve la faculté de s'associer avec la caséine $\varkappa$ pour former des micelles, propriété qui ne semble pas requérir la présence d'une séquence particulière.

Les gènes sont de type mosaïque

Les gènes codant pour les principales protéines du lait contiennent entre trois et une vingtaine d'introns de différentes tailles (81 à 5 800 pb) selon le gène considéré (Fig. 15-6 et 15-7), et leur organisation a été remarquablement conservée au cours de l'évolution comme cela est illustré par ceux codant pour la caséine β et l'α-lactalbumine qui ont été étudiés dans plusieurs espèces.

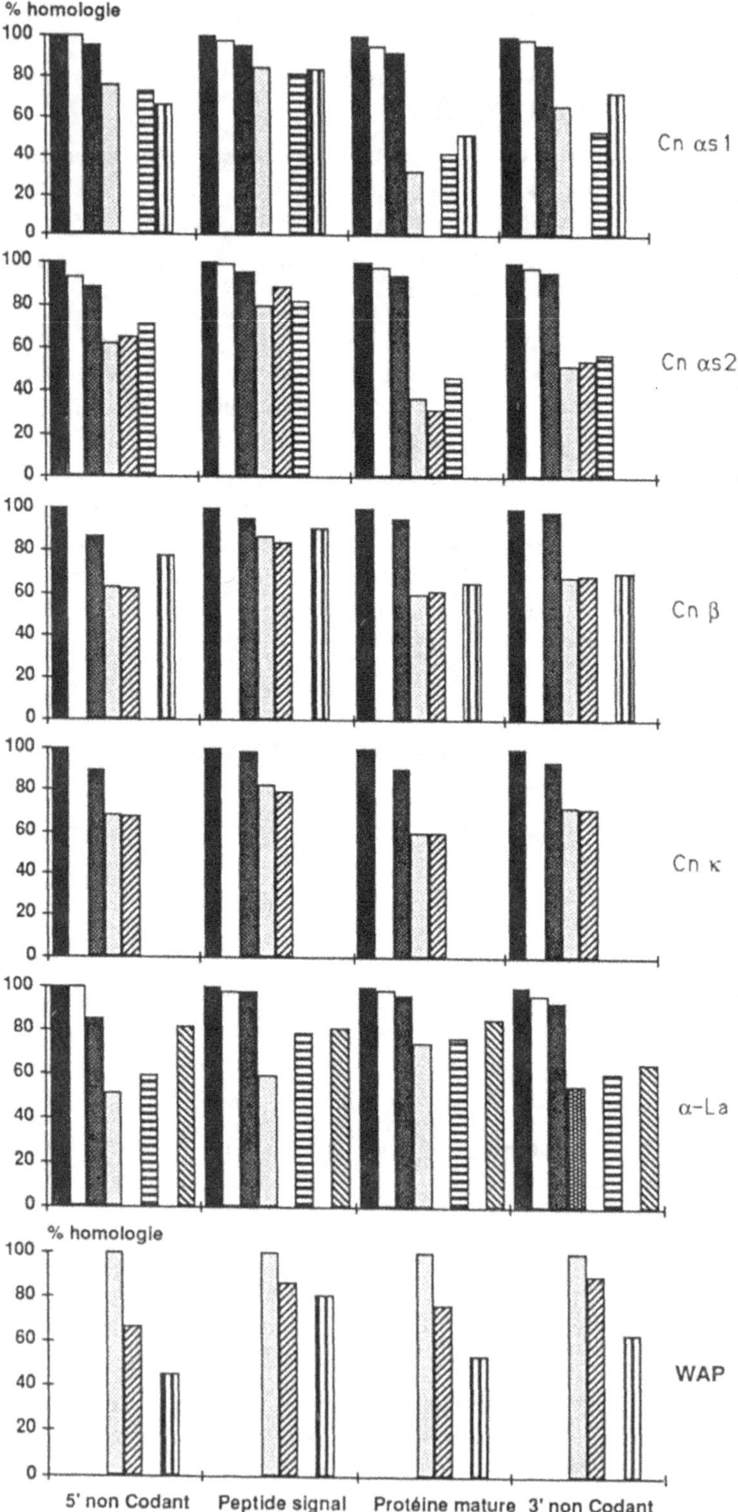

Fig. 15-4, voir légende page suivante haut.

← **Fig. 15-4   Comparaisons inter-espèces des ARNm homologues codant pour diverses protéines du lait.** Les ARNm du mouton ont été choisis arbitrairement comme références, sauf dans le cas de la WAP où l'ARNm de rat a été choisi comme base. Le pourcentage d'homologie, basé sur les alignements de séquences obtenus à l'aide du logiciel Microgénie, représente le rapport « nombre de positions occupées par un même nucléotide/longueur de l'alignement des deux séquences exprimée en nucléotides ». On remarquera que la séquence codant pour la protéine mature est mieux conservée dans le cas de l'α-lactalbumine et de la whey acidic protein (WAP), ce qui suggère une contrainte évolutive liée au maintien d'un rôle fonctionnel : l'α-lactalbumine est effectivement une sous-unité de la lactose synthétase ; mais la fonction biologique de la WAP n'est pas connue. ■ Ovin ; □ Caprin ; ▨ Bovin ; ▦ Rat ; ▨ Souris ; ▤ Cobaye ; ▥ Lapin ; □ Homme.

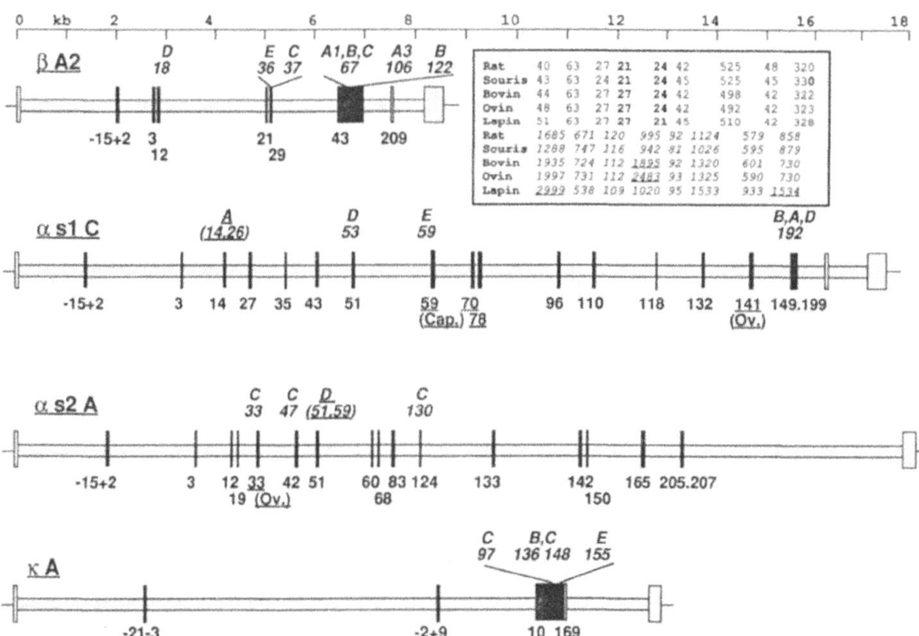

Fig. 15-6   **Organisation des gènes codant pour les caséines bovines, et localisation des codons mutés (niveau du gène) ou délétés (au cours de l'épissage du pré-ARNm).** Les exons sont représentés par les rectangles : les parties noires et foncées codent respectivement pour le peptide signal et la protéine mature. Les séquences complète et partielle des gènes codant respectivement pour les caséines β[11] et χ[1] bovines sont connues. La comparaison des gènes de structure de la caséine β de quatre autres espèces, rat [41], souris [77], lapin [71] et ovin [61] (encadré), montre la conservation de l'organisation générale : les nombres indiquent les tailles respectives des exons et des introns (en italique) exprimées en nucléotides ; les introns soulignés sont ceux dont la taille est très supérieure à celle de leurs homologues ; les exons en caractères gras sont ceux dont l'épissage génère un site de phosphorylation multiple. L'organisation probable du gène αs1-Cn bovin est calquée sur celle de son homologue caprin (Leroux et al., résultats non publiés). L'organisation du gène αs2-Cn est basée sur les données de Groenen et al. ([23], communication personnelle). Les lettres et les nombres en italique indiquent respectivement le variant génétique et les codons substitués, ainsi que ceux qui sont délétés au cours de la maturation du pré-ARNm de l'allèle. Les exons éventuellement délétés dans les espèces caprine (Ca) ou ovine (Ov) sont soulignés (se reporter à la Fig. 15-12). Les nombres indiquent la position des codons (— peptide signal ; + protéine mature) délimitant un exon. On notera la similitude d'organisation des unités de transcription des gènes αs1-, αs2- et β-Cn, au niveau des deux premiers exons.

	5' non codant peptide signal	Protéine mature

Cn αs1

Position markers: −15 (ATG), −10 (CTC), −5 (GCT), −1 (GCC), +1 (AGG), +5 (CCT)

Espèce	Séquence
Bovin	CTT GACAACC ATG AAA CTT CTT ATC CTC ACC TGT CTT GTG GCT GTT GCT CTT GCC AGG CCT AAA CAT CCT ATC AAG CAC
Ovin	--- ------- --- --- --- --C --- --T --- --- --- --- --- --- --- --- --- --- --- --- --- --- --- --- ---
Caprin	--- ------- --- --- --- --C --- --T --- --- --- --- --- --- --- --- --- --- --- --- --- --- --- --T ---
Rat	--- AG----- --- --- --- --- --- --- --C --C --- --- --- -C- --- --- --T CT- --- -G- GC- -A- CGT -GA A-T
Cobaye	--C AG----- --- --G --- --- --- --- --C --G --- --- --- TC- --- G-G --- -T- --G --- TT- --C T-- -G- ---
Lapin	--G ---C--- --- --G --- --C --- --T --C --- --- --- --- AC- --- --- --- --- -A- --- TT- -A- T-A GGA ---
Acide aminé	M K L L I L T C L V A V/A(S/T) A L/V A R/L(M) P/H K/R H/A(F) P/H IRF(L) KRG H/N

Cn αs2

Position markers: −15 (ATG), −10 (TTT), −5 (GCT), −1 (GCA), +1 (AAG), +5 (GAA)

Espèce	Séquence
Bovin	ACAAAGCAAAC ATG AAG TTC TTC ATC TTT ACC TGC CTT TTG GCT GTT GCC CTT GCA AAG AAT ACG ATG GAA CAT GTC TCC
Ovin	-TC---T---- --- --- --- --- --- --T --- --- --- --- --C --- --- --- --- --- C-- -A- --- --- --- --- ---
Caprin	--C---T---- --- --- --- --- --- --T --- --- --- --- --C --- --- --- --- --- C-- -A- --- --- --- --- ---
Rat	-TC---T--C- --- --- --- --- --C --- --- --G G-- --- -C- --T --G --T --- C-- G-- G-A A-G G-- AAA CCC ---
Cobaye	--TC--T--C- --- --- C-- --- --C --- --- --C --- --- --G --T --C --- --C C-C -A- TCA --G --A CAG --- ---
Souris	--TC-TT--T- --- --- A-- --T C-G --T --- --- --- --- --C --- --T --- --- C-G -G- --- --G --A TA- AT- ---
Porcin	-TT---T---- --- --- --- --- --- --- --- --- --- --- --C --- --T T-- --- C-- GA- --- --G --- --- --- ---
Acide aminé	M K F/L F/I I F/L T C L L/V A V/A A L/F A K/N NHQ TKA(R/E) MVS E/K HDQ VKQ(Y) SPI

Cn β

Position markers: −15 (ATG), −10 (CTT), −5 (GCT), −1 (GCA), +1 (AGA), +5 (GAA)

Espèce	Séquence
Bovin	AATTGAGAGCC ATG AAG GTC CTC ATC CTT GCC TGC CTG GTG GCT CTG GCC CTT GCA AGA GAG CTG GAA GAA CTC AAT GTA
Ovin	---C------- --- --- --- --- --- --- --- --T --- --- --- --- --- --- --- --- --- -A- --- --- --- --- ---
Rat	-C----C---- --- --- --- T-- --- --- --- --T --- --A --T --T --- --- --G --- AA- --T -C- T-- -C- --G
Lapin	-C--GC--T-- --- --- --- --- --T --- --- --- --C --T --- --- --G --- AA- --- C-- --- -G- --T
Souris	-C----C---- --- --- --- T-- --- --C --- --T --- --C --T --T --- --- --- ACT AC- TTT ACT GTA TCC
Homme	CGG --- --- --- --- --- A-C --- --- --T --T --- --- --G --- ACC AT- --- AG- CTT TC-
Porcin	-C----TC--- --- --- C-- --- --- --- --- T-C --- --- --T --- --- --- --- -C- AA- --- --- --- -C-
Acide aminé	M K V/L L/F I L A C L/F V A L A L A R E/A L/Q(K/T) E/D(T/I) E/A(Q/F) LFT(S) NTS(L/V) VSA

Consensus αs1, αs2 β

Position markers: −15 (M), −10, −5, −1

	Séquence
Consensus αs1, αs2 β	M K LFV LFI I L/F T/A C L/F L/V A VAS(T/L) A LVF A

Alignement : colonnes « 5' non codant » | « peptide signal » | « Protéine mature » (à partir de +1).

Cn κ (caséine kappa)

Espèce	5' NC	−21						−15					−10					−5				−1	+1	
Bovin	GGAAAGGTGCA	ATG	ATG	AAG	AGT	TTT	TTC	CTA	GTT	GTG	ACT	ATC	CTG	GCA	TTA	ACC	CTG	CCA	TTT	TTG	GGT	GCC	CAG	GAG
Ovin	-----------	---	---	---	---	---	---	---	---	---	---	---	--A	---	---	---	---	---	---	---	---	---	---	---
Caprin	-----------	---	---	---	---	---	---	---	---	---	---	---	---	---	---	---	---	---	---	---	---	---	---	---
Rat	-TG--------	---	---	-G-	-A-	---	A--	G--	---	A--	-A-	---	--A	---	C--	--T	---	--C	---	---	-C-	--A	G--	-T-
Souris	AT---------	---	---	-G-	-A-	---	A--	G--	--G	A--	-A-	--T	---	---	---	--T	---	--C	---	---	-C-	--A	G--	ATA
Cobaye	AA---------	---	---	--A	TC-	---	C-T	---	---	-A-	--A	G--	---	---	---	--T	---	--T	---	---	-C-	--A	G--	-T-
Porcin	-----------	---	---	---	---	-C-	---	---	A--	---	C--	---	---	---	--A	---	--T	---	---	---	--A	G--	---	---
Acide aminé		M	M	K/R	S/N	F/S	FLI	L/V	V/I	V/M	T/N (P)	I	V/L	A	L	T	L	P	F	L	G/A	A	Q/E	EVI

β-Lg

Espèce	5' NC	−18			−15					−10					−5				−1	+1				+5
Ovin	CAGCTGCAGCC	ATG	AAG	TGC	CTC	CTG	CTT	GCC	CTG	GGC	CTG	GCC	CTC	GCC	TGT	GGC	GTC	CAG	GCC	ATC	ATC	GTC	ACC	CAG
Bovin	-G---------	---	---	---	---	---	---	---	---	---	---	---	---	A--	---	---	-C-	---	---	C--	---	---	---	---
Caprin	-----------	---	---	---	---	---	---	---	---	---	---	---	---	A--	---	---	---	---	---	---	---	---	---	---
Acide aminé		M	K	C	L	L	L	A	L	G	L	A	L	A/T	C	G	VAI	Q	A	I/L	I	V	T	Q
Acide aminé (porc)		-	R	-	-	-	-	T	-	-	-	-	-	L	-	-	-	-	-	V	E	-	-	P

α-La

Espèce	5' NC	−19				−15					−10			(ins)			−5				−1	+1		
Bovin	GGGTCACCAAA	ATG	ATG	TCC	TTT	GTC	TCT	CTG	CTC	CTA	GTA	GGC	ATC		CTA	TTC	CAT	GCC	ACC	CAG	GCT	GAA	CAG	TTA
Ovin	----A------	---	---	---	---	---	---	---	---	--G	---	---	---		---	---	---	---	---	---	---	---	--A	---
Caprin	----A------	---	---	---	---	---	---	---	---	--G	---	---	---		---	---	--C	---	---	---	---	---	--A	---
Rat	-A-C-GG----	---	---	CGT	---	--T	C--	---	T--	---	-CG	T-T	--T		TCG	C-G	-C-	---	TTT	--A	--C	AC-	G--	--T
Souris	-A-CAGT----	---	---	CAT	--C	--T	C--	T--	T--	---	--G	T-T	--T	TTG	TCG	--G	-C-	---	TTT	--A	--C	AC-	G--	C-T
Cobaye	CA-CAG-----	---	---	---	---	T--	C--	---	T-G	--G	--G	---	---		--G	--T	-C-	---	GTG	---	--C	A-G	--A	C-T
Homme	----AG-----	---	-G-	-T-	---	---	C--	---	T--	--G	--G	---	---		--G	---	-C-	---	-T-	-T-	--C	A-G	--A	--C
Kangourou	AA-CAG---GG	---	---	--T	C-G	C--	---	T--	---	--G	C-T	---	--T		GCG	C--	-CA	---	---	---	--C	AT-	G-T	-AC
Acide aminé		M	M/R	SRH/F	F/L	VFL	S/P	L	L/F	L	VAL	G/C	I	L	LSA	F/L	H/P	A	TFV/I	Q/L	A	ETK/I	QED	LFY

WAP

Espèce	5' NC	−19				−15					−10					−5				−1	+1			
Rat	CCGCCGACACC	ATG	CGC	TGT	TCG	ATC	AGC	CTC	GTT	CTT	GGC	CTG	CTG	GCC	CTG	GAG	GTA	GCC	CTT	GCT	CGG	AAC	CTA	CAG
Souris	A-A---GT---	---	--T	--C	CTC	---	---	--T	---	---	---	---	---	---	---	---	--G	---	--C	---	-A-	---	---	G--
Lapin	-ACCT-CC---	---	---	---	CTC	---	---	--G	-CC	--C	---	---	--C	---	---	---	-CG	---	--C	---	-T-	GC-	-CC	A--
Acide aminé		M	R	C	S/L	I	S	L	V/A	L	G	L	L	A	L	E	V/A	A	L	A	RQL	N/A	L/P	QEK

Fig. 15-5, voir légende page suivante.

Fig. 15-5   Comparaison inter-espèces des séquences nucléotidiques des ADNc des lactoprotéines majeures, dans la région codant pour le peptide signal. Les tirets représentent les nucléotides identiques à ceux de la séquence de référence. Les nombres en italique indiquent la position des codons du peptide signal (−) et de la protéine mature (+). Les résidus d'acides aminés sont désignés par leur symbole. Les séquences codantes des peptides signaux des caséines αs1, αs2 et β d'une même espèce ont été comparées deux à deux : l'homologie est comprise entre 73 et 80 %. Au niveau polypeptidique, l'homologie est comprise entre 60 % et 80 %.

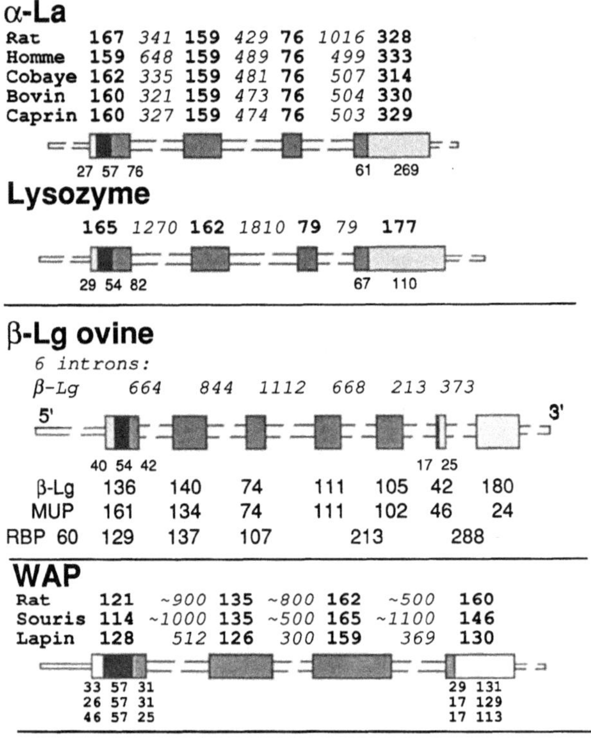

Fig. 15-7   Organisation des gènes codant pour les protéines majeures du lactosérum : α-lactalbumine, β-lactoglobuline et WAP (se reporter à la légende de la Fig. 15-6). 1 - α-lactalbumine : la longueur de l'unité de transcription est de 2 kb chez le rat [62], les bovins [72], les caprins [73] et le cobaye [44], et de 2,3 kb chez l'homme [33]. Celle d'un gène apparenté, le lysozyme, est de 3,7 kb [42]. 2 - β-lactoglobuline [2, 35] et protéines apparentées (MUP, protéine urinaire majeure des rongeurs ; RBP, protéine fixant le rétinol). La région 5' non codante du gène RBP est divisée en deux exons, et les deux derniers exons correspondent aux paires d'exons IV-V et VI-VII du gène β-lactoglobuline. 3 - WAP (whey acidic protein [15, 70]) : seules les extrémités 5' et 3' des introns ont été séquencées chez le rat et la souris [15].

L'organisation des quelques gènes déjà analysés est conforme au schéma canonique des gènes eucaryotes « tissu-spécifiques » [14] : l'unité de transcription (Fig. 15-8) — qui comporte les séquences consensus impliquées dans le chapeautage du pré-ARNm, l'excision des introns et l'épissage des exons, et la reconnaissance du site de polyadénylation — est précédée des motifs TATA et accessoirement CAAT permettant à l'ARN polymérase II de reconnaître le début du site de transcription [65]. L'activation spécifique de ces gènes nécessite en outre la reconnaissance d'autres séquences consensus probablement situées en amont de l'unité de transcription et responsables de l'induction, de la modulation et de la spécificité temporelle et tissulaire de l'expression [40, 59]. Les gènes des caséines, de l'α-lactalbumine et de la β-lactoglobuline comportent également des séquences répétitives localisées dans un ou plusieurs introns ou en amont de l'unité de transcription, ce qui exclut l'utilisation, comme sondes spécifiques, des fragments génomiques les contenant.

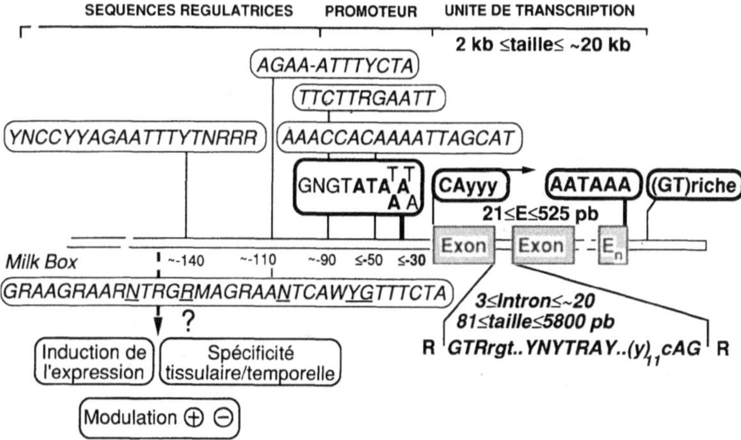

Fig. 15-8   Représentation schématique d'un gène codant pour une protéine du lait. Les tailles extrêmes des introns et des exons ainsi que le nombre d'introns indiqués sur ce schéma sont ceux observés dans les huit espèces de mammifères étudiées. Les motifs en caractères gras indiquent les séquences consensus communes aux gènes eucaryotes codant pour des protéines sécrétoires [14] : Boîte ATA, impliquée dans la reconnaissance par la polymérase II, du site de début de transcription CAyyy ; RGTRrgt..YNYTRAY. (Y)$_{11}$cAGR, séquences consensus impliquées dans le processus d'excision des introns-épissage des exons ; AATAAA et (GT)n, signaux de terminaison et/ou de polyadénylation. Les autres motifs sont spécifiques des gènes codant pour les protéines du lait, mais leur rôle fonctionnel n'est pas connu : ceux du haut de la figure caractérisent les gènes codant pour les trois caséines « sensibles au calcium », αs1, αs2 et β ; l'existence commune de ces motifs ainsi que l'organisation similaire du début de l'unité de transcription (Fig. 15-6) confortent l'hypothèse d'une origine commune de ces trois gènes, initialement basée sur la forte homologie caractérisant leurs peptides signaux (Fig. 15-5) et les sites majeurs de phosphorylation ; la *milk box* [33, 44, 73] est une séquence consensus commune aux trois gènes précités, et à celui codant pour l'α-lactalbumine ; elle semble absente des gènes codant pour la caséine ϰ, la β-lactoglobuline et la WAP. Les gènes codant pour les protéines du lait contiennent également d'autres motifs reconnus par divers effecteurs responsables de l'induction de la transcription, de la modulation de l'expression et de la spécificité tissulaire et temporelle : facteurs nucléaires, second messager de la prolactine, complexes récepteur-hormone. Ces motifs ne sont pas nécessairement localisés en amont de l'unité de transcription

N=A/G/C/T ; R=A/G ; Y=C/T ; M=A/C ; W=A/T. Une lettre minuscule indique le nucléotide le plus fréquemment trouvé à une position donnée. Le tiret représente un ou plusieurs nucléotides. Les nucléotides soulignés ne sont pas toujours présents.

Sur le plan théorique, l'analyse des séquences des gènes et les comparaisons intra- et inter-espèces ont conduit à des informations intéressantes :

• Localisation, essentiellement en amont de l'unité de transcription, de sites potentiels de reconnaissance par divers effecteurs tels que des complexes hormone-récepteur (glucocorticoïdes, progestérone) et des protéines régulatrices nucléaires (facteurs CTF/NF-1, SpI, TGGCA-protéine, etc.).

• Organisation similaire d'une partie de l'unité de transcription des gènes codant pour les trois caséines sensibles au calcium (Fig. 15-6) et présence en amont de plusieurs motifs structuraux communs [79] (Fig. 15-8). Ainsi se trouve confortée l'hypothèse de l'origine commune de ces trois gènes, initialement basée sur la similitude de séquence existant respectivement entre les peptides signaux des précaséines correspondantes [58] et les sites majeurs de phosphorylation [56]. Ces derniers sont d'ailleurs codés par une séquence résultant de l'épissage de deux exons (Fig. 15-9).

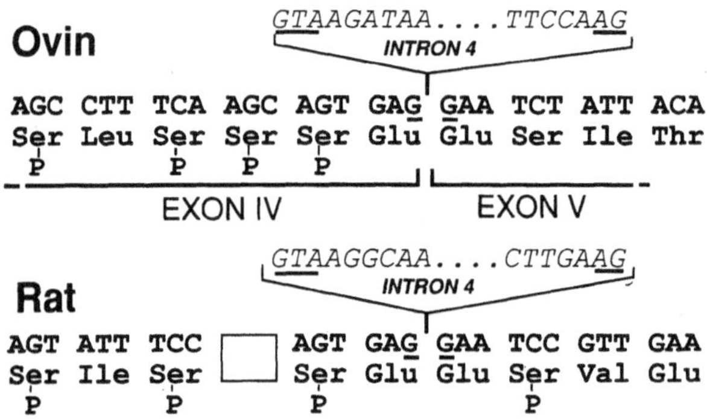

Fig. 15-9 **Séquence nucléotidique codant pour le site majeur de phosphorylation de la caséine β.** Dans les deux espèces étudiées, le site majeur de phosphorylation résulte de l'épissage de deux exons [41, 61]. Les nucléotides soulignés sont ceux des séquences consensus d'excision-épissage. La phosphorylation des caséines nécessite la reconnaissance enzymatique d'une séquence tripeptidique Ser-X-A [56] : X représente un résidu d'acide aminé quelconque ; le déterminant A désigne un résidu d'acide aminé chargé négativement, soit un résidu glutamyle (site primaire de phosphorylation), soit un résidu séryl déjà phosphorylé (site secondaire).

En revanche, le gène codant pour la caséine ϰ est très différent, du point de vue organisation et séquence, des trois gènes de structure des caséines précitées. Ce gène serait en fait un parent éloigné de la famille des gènes de structure des fibrinogènes : la comparaison des séquences nucléotidiques des gènes de la caséine ϰ et du fibrinogène γ a mis en évidence une similitude de séquence au niveau d'un exon [1] dont l'origine pourrait être commune.

• L'organisation similaire et la similitude des séquences des gènes α-La et lysozyme (Fig. 15-7) confortent également l'hypothèse d'un ancêtre commun déduite initialement de l'étude comparative des séquences protéiques. De même, l'apparentement de la β-lactoglobuline avec des protéines urinaire, placentaire, et fixatrices de rétinol a été confirmé au niveau génomique par la similitude d'organisation et de structure primaire des gènes correspondants [2].

La présence d'une séquence consensus située à une centaine de paires de bases (pb) du départ de transcription des gènes codant pour les lactoprotéines spécifiques majeures a été suggérée [33, 44], mais l'ubiquité de cette *milk box* est sujette à caution du fait de son absence dans les gènes codant pour la caséine $\varkappa$, la β-lactoglobuline, et la WAP (Fig. 15-8).

Le fonctionnement de ces gènes est encore très mal connu et les données expérimentales sont relativement peu nombreuses à l'échelle moléculaire. Deux types d'expérimentation ont été récemment mis en œuvre :

• Modifications structurales du gène, par exemple délétions de la région 5', et étude des altérations fonctionnelles dans des lignées cellulaires ou des animaux transgéniques. Les premiers résultats indiquent que certains des éléments constitutifs nécessaires à une bonne expression de ces gènes sont proches du site de transcription. En particulier, le(s) domaine(s) responsable(s) de l'expression temporelle et tissulaire mammaire serai(en)t situé(s) à moins de 1 kb en amont de l'unité de transcription [3, 24, 60, 66, 67, 74, 78].

• Étude des interactions entre les facteurs nucléaires mammaires et les gènes de lactoprotéines, détectées par le retard de migration électrophorétique de fragments du gène mis en présence d'extraits nucléaires, ou la protection de certains domaines vis-à-vis de nucléases (technique des empreintes). Des sites préférentiels de liaison avec des facteurs nucléaires ont ainsi été détectés dans la région $-170/-20$ des gènes de la WAP et de l'α-La [48-50].

Polymorphisme

En dehors du champ de recherches qu'elle ouvre sur la protéine elle-même, l'analyse du polymorphisme d'une protéine donne aussi une image du polymorphisme du gène qui la code. Mais cette image, bien que fidèle, est appauvrie par la conjugaison de trois facteurs, dont les deux premiers sont inhérents à l'organisation même du vivant, donc inévitables, mais dont le troisième est lié aux limites de la technique de séparation utilisée :
• les données sur la protéine mature renseignent seulement sur la structure des exons qui la codent. Or la région codante ne représente en général qu'une faible partie de l'unité de transcription : 18 % pour l'α-lactalbumine seulement 4 % pour la caséine $\varkappa$;
• par suite de la « dégénérescence du code génétique », le quart environ des mutations de l'ADN n'a pas d'effet sur la structure de la protéine ;
• les techniques d'électrophorèse les plus utilisées (gel d'amidon ou d'acrylamide) séparent les protéines en fonction de leur charge nette. Comme une substitution d'acide aminé sur trois seulement, en moyenne, se traduit par une différence de charge, ces techniques ne permettent donc a priori de détecter que le tiers de la variabilité existant au niveau de la protéine.

Ainsi seul le quart environ des mutations $(3/4 \times 1/3)$ de la partie codante d'un gène est décelable par électrophorèse de la protéine, et, pour un gène dont la partie codante représente 10 % de sa longueur totale, on ne détecte donc que 2 à 3 % du polymorphisme réel de l'ADN. Rappelons que ce polymorphisme est élevé puisqu'un calcul fait chez l'homme l'estime à un site hétérozygote toutes les 1 000 paires de bases.

On dispose désormais, pour le décryptage du polymorphisme de l'ADN, d'une technique qui se prête aux déterminations en série requises par les études génétiques, la technique d'analyse du polymorphisme de longueur des fragments de restriction, connue sous le sigle anglo-saxon de RFLP. Cette technique permet de visualiser toute région de l'ADN génomique pour laquelle on possède une sonde spécifique. Toute mutation ponctuelle se traduisant par l'apparition ou la disparition d'un site de restriction, ainsi que toute insertion ou délétion d'un fragment d'ADN suffisamment long seront donc détectées. Cette technique permet alors d'opérer sur la totalité du gène. Encore faut-il posséder et mettre en œuvre un ensemble de sondes couvrant tout ce gène, ce qui n'a pas été le cas jusqu'ici dans les travaux effectués sur les gènes des lactoprotéines. Par ailleurs, plus on souhaitera détecter une partie importante du polymorphisme existant, plus on devra mettre en œuvre d'enzymes de restriction différentes, ce qui sera long et coûteux mais aussi aléatoire, puisqu'on n'a pas connaissance des structures nucléotidiques de tous les allèles, qui guideraient dans le choix des enzymes. La technique a donc ses limites, mais son efficacité est importante, et, de plus, elle présente l'avantage, dans le cas des gènes des lactoprotéines qui ne s'expriment que chez la femelle et à partir de sa première mise-bas, de pouvoir être pratiquée dans les deux sexes et dès la naissance.

Analyse au niveau protéique

L'ampleur des travaux effectués sur le polymorphisme des lactoprotéines varie beaucoup d'une espèce à l'autre, la mieux connue étant de loin l'espèce bovine (Bos taurus) qui sert ainsi de référence en la matière. Dans cette espèce, toutes les fractions électrophorétiques des lactoprotéines sont bien identifiées, l'inventaire des variants a été effectué dans des dizaines de populations et les particularités biochimiques de ces variants ont été élucidées, mises à part quelques formes rares ou récemment découvertes. Par ailleurs, l'extension des recherches à d'autres espèces du même genre, zébu (Bos indicus) et yak (Bos grunniens), confère une dimension supplémentaire à ce corps de données. En dehors du genre Bos, les travaux ont surtout porté sur la chèvre, où une situation originale a été observée au locus de la caséine $\alpha s1$, la brebis, la bufflesse, la truie et la jument. Nous nous limiterons ici à un exposé des principaux résultats acquis dans le genre Bos et sur la caséine $\alpha s1$ caprine, qui illustrent de manière complète le champ des acquis et des perspectives de l'étude du polymorphisme des lactoprotéines.

Lactoprotéines du genre Bos

RÉPARTITION ET FRÉQUENCE DES VARIANTS

Le tableau 15-1 donne la répartition, en termes de présence ou d'absence, des variants des lactoprotéines identifiés chez les taurins, les zébus et les yaks. Certains de ces variants sont présents dans les trois espèces, d'autres sont communs aux taurins et aux zébus, les autres paraissant spécifiques de l'une des trois espèces. On voit qu'il existe plus de points communs entre taurins et zébus qu'entre chacune de ces espèces et le yak, chez lequel est notamment fixée une forme de β-lactoglobuline différente de celles observées dans les deux autres espèces.

Tableau 15-1   **Répartition des variants génétiques des six lactoprotéines principales dans le genre Bos**

Protéines	Bos taurus (taurins)	Bos indicus (zébus)	Bos grunniens (yaks)
α_{s1}–Cn	< —————————— C —————————— >		
	< ——— B ————————————— E ——— >		
	< ——— A, D ———>		
α_{s2}–Cn	< ———————————— A, B ———————————— >		
	< ——— D ———>	< ——— C ——— >	
β–Cn	< ———————————— A^2 ———————————— >		
	< ————— A^1, B —————>		
	< ——— A^3, C, E—> < ——— D ———>		
$\varkappa$–Cn	< ———————————— A, B ———————————— >		
	< ——— C, D ———>		
α–La	< ———————————— B ———————————— >		
	< ——————— A ———————>		
β–Lg	< ——————— A, B ———————> < ——— D_{Yak}=E ——— >		
	< ——— C, D ———> < ——— Dr ———>		

En ce qui concerne les fréquences alléliques, la seule différence vraiment notable entre bovins et zébus est l'inversion, entre ces deux espèces, du rapport des fréquences de leurs deux allèles communs de la caséine αs1, αs1-Cn^B et αs1-Cn^C. Ce dernier est toujours plus fréquent dans les populations de zébus, alors qu'αs1-Cn^B prédomine nettement dans les races bovines, sauf dans l'isolat que représente la race Jersiaise dans l'île de Jersey et dans la race Calabraise en Italie. Le tableau 15-2 présente les fréquences alléliques estimées dans 21 races exploitées en France, y compris des races à viande et de petits effectifs [26]. Ces données sont très représentatives de l'ensemble des résultats obtenus sur les bovins dans le monde : le polymorphisme est de règle à quatre locus (αs1-Cn, β-Cn, $\varkappa$-Cn, β-Lg), alors que les deux autres locus (α-La, αs2-Cn) sont en général monomorphes ; pour les quatre locus polymorphes, certains allèles sont présents dans toutes les races (αs1-Cn^B et ^{C}, β-Cn^{A1}, ^{A2} et ^{B}, $\varkappa$-Cn^A et ^{B}, β-Lg^A et ^{B}) alors que d'autres sont plus (β-Cn^C) ou moins (αs1-Cn^D) répandus, parfois rares (αs1-Cn^A, β-Cn^{A3}, β-Lg^D) ; la physionomie du locus αs1-Cn où un allèle (αs1-Cn^B) prédomine toujours contraste avec celle des autres locus où aucun allèle n'est systématiquement majoritaire.

La figure 15-10 représente schématiquement les grandes tendances observées dans les races européennes examinées jusqu'ici, en sachant que les données sur les races françaises, italiennes et allemandes sont assez complètes, alors que celles sur les races britanniques et balkaniques sont partielles, et que tout reste à faire sur les races ibériques.

Comme les premiers résultats sur le polymorphisme de l'α-lactalbumine avaient été acquis dans les races nord-européennes qui sont monomorphes pour l'allèle α-La ^{B}, on a pu considérer que l'allèle α-La^A était spécifique du zébu. Toutefois, cet allèle a désormais

Tableau 15-2   Fréquences alléliques aux locus des six lactoprotéines principales dans les races bovines françaises [25, 52] (Balland et Mahé, données non publiées ; Nuyts et Mahé, communication personnelle).

Race	Année	Effectif	αs1-Cn A	B	C	D	αs2-Cn A	D	β-Cn A1	A2	A3	B	C	κ-Cn A	B	α-La A	B	β-Lg A	B	D
Abondance	1985	127	—	0,78	0,22	—	1	—	0,12	0,79	—	0,07	0,02	0,56	0,44	—	1	0,62	0,37	0,1
Aubrac	1982	94	—	0,97	0,02	0,01	1	—	0,08	0,90	—	0,01	0,01	0,62	0,38	—	1	0,54	0,46	—
Bazadaise	1965	44	—	0,90	0,09	0,01	1	—		(0,97)[2]	—	0,03	—	n.a.		—	1	0,46	0,54	—
Blonde d'Aquitaine	1968	161	—	0,84	0,14	0,02	1	—	0,21	0,71	—	0,08	—	0,65	0,35	n.a.[1]			n.a.	
Bretonne Pie noire	1985	83	—	0,93	0,07	—	1	—	0,31	0,55	—	0,04	0,10	0,60	0,40	—	1	0,30	0,70	—
Brune des Alpes	1979	155	—	0,93	0,06	0,01	1	—	0,33	0,46	—	0,18	0,03	0,52	0,48	—	1	0,52	0,48	—
Charolaise	1986	152	—	0,92	0,08	—	1	—	0,10	0,76	—	0,13	0,01	0,49	0,51	—	1	0,67	0,33	—
Ferrandaise	1979	81	—	0,91	0,09	—	1	—	0,22	0,72	—	0,02	0,04	0,72	0,28	—	1	0,61	0,39	—
Flamande	1971	298	—	0,80	0,12	0,08	1	—	0,41	0,53	—	0,06	—	0,85	0,15	—	1	0,58	0,42	—
F.F.P.N.	1965	366	—	0,99	0,01	—	1	—		(0,95)[2]	—	0,05	—	0,66	0,34	—	1	0,56	0,44	—
Holstein	1967	281	<0,01	0,97	0,03	—	1	—	0,53	0,45	0,01	0,01	—	0,71	0,29	n.a.			n.a.	
Limousine	1973	40	—	0,70	0,29	0,01	1	—	0,09	0,74	—	0,12	0,05	0,40	0,60	0,01	0,99	0,62	0,38	—
Maine-Anjou	1973	39	—	0,96	0,04	—	1	—	0,60	0,36	—	0,03	0,01	0,72	0,28	n.a.			n.a.	
Montbéliarde	1965	350	—	0,91	0,09	—	n.a.[1]		0,15	0,64	—	0,19	0,02	0,63	0,37	—	1	0,52	0,46	0,02
"	1976	646	—	0,87	0,13	<0,01	0,99	0,01	0,22	0,60	—	0,17	<0,01	0,63	0,37	—	1	0,39	0,59	0,02
"	1987	1 696	—	0,87	0,13	—	n.a.		0,19	0,64	—	0,17	oui	0,63	0,37	—	1	0,47	0,53	<0,01
Normande	1965-66	155	—	0,81	0,19	—	1	—	0,20	0,32	0,02	0,45	0,01	0,34	0,66	—	1	0,48	0,52	—
"	1972	318	—	0,82	0,18	—	1	—	0,19	0,29	0,04	0,47	0,01	0,34	0,66	n.a.			n.a.	
"	1988	1 818	—	0,77	0,23	—	1	—	0,20	0,35	0,01	0,44	oui	0,23	0,77	—	—	0,46	0,54	—
Parthenaise	1984	174	—	0,85	0,15	—	1	—	0,29	0,47	—	0,22	0,02	0,56	0,44	—	1	0,37	0,63	—
Salers	1979	161	—	0,96	0,04	—	1	—	0,19	0,70	—	0,11	—	0,53	0,46	—	1	0,63	0,37	—
Tarentaise	1989	328	—	0,81	0,19	—	0,93	0,07	0,27	0,54	—	0,02	0,17	0,59	0,41	—	1	0,35	0,65	—
Tachetée de l'Est	1979	142	—	0,90	0,10	—	1	—	0,28	0,63	—	0,03	0,06	0,60	0,40	—	1	0,38	0,62	—
Villars de Lans	1976	56	—	0,86	0,10	0,04	1	—	0,21	0,68	—	0,11	—	0,47	0,53	—	1	0,50	0,50	—
Vosgienne	1975	246	—	0,91	0,09	—	0,91	0,09	0,24	0,70	—	0,02	0,04	0,48	0,52	0,01	0,99	0,57	0,43	<0,01

[1]n.a. : non analysé
[2]fréquence de $\beta\text{-CnA}^1 + \beta\text{-CnA}^2 + \beta\text{-CnA}^3$

Fig. 15-10   Représentation schématique de la répartition de quelques variants génétiques des protéines du lait dans les races bovines européennes. Ligne discontinue grasse : au nord, β-Cn^{A1} tend à être le variant prédominant et β-Cn^{C} est pratiquement absent ; au sud, β-Cn^{C} est souvent présent. Cercles : races ayant une fréquence élevée ($\geq 0,3$) de β-Cn^{B} ; du sud au nord : Reggiana, Valdotana et Castana, Rendena, Hérens, Brune des Alpes, Normande, Jersey et Hereford ; les races signalées par un cercle en grisé ont aussi une fréquence élevée de $\varkappa$-Cn^{B} (haplotype αs1-Cn^{B}, β-Cn^{B}, $\varkappa$-Cn^{B}). + : existence d'un polymorphisme de la caséine αs2 (αs2-Cn^{D} en France, αs2-Cn^{B} en Italie). O : existence du variant α-La^{A} (les trois dimensions de points correspondent aux fréquences suivantes : $f < 0,05$; $0,05 \leq f \leq 0,10$; $0,10 < f \leq 0,23$) ; D : existence du variant β-Lg^{D} ; l'aire de diffusion principale est délimitée par la ligne discontinue fine.

été trouvé dans 17 races italiennes, roumaines, russes ou françaises, presque toutes localisées dans la partie méridionale de l'Europe ; une moitié d'entre elles environ, d'origine podolique, se rattache au groupe « Primigenius » de Baker et Manwell [5]. Il s'agit du groupe de bovins de l'Europe méridionale considéré comme le plus proche du type sauvage, à partir duquel, selon Epstein [18], s'est effectuée en Asie du Sud-Ouest la domestication des bovins et des zébus. La présence de l'allèle α-La^{A} chez les zébus, d'une part, et dans ce groupe de races, d'autre part, apporte ainsi un élément de cohérence aux conceptions actuelles sur l'origine des races domestiques.

Au locus de la β-lactoglobuline, l'allèle β-Lg^{D} a surtout été observé dans les races jurassiennes et alpines que Baker et Manwell [5] rattachent au groupe « Brachyceros des hauteurs » (*Upland Brachyceros*). Il s'agit sans doute d'un allèle apparu dans cette zone et n'ayant guère diffusé au dehors, donc plutôt récent à l'échelle de l'évolution des bovins.

La répartition des allèles de la caséine β présente des traits originaux dont les principaux peuvent se définir par rapport à une ligne suivant sensiblement le 50e parallèle. Au nord de cette ligne, la fréquence de $\beta\text{-Cn}^{A1}$ dépasse 0,4 dans la plupart des races : races britanniques Ayrshire et Shorthorn, race hollandaise Pie-Noire, races Rouges. Toutes ces races appartiennent, dans la classification de Baker et Manwell, aux trois groupes nordiques, « Nord européen », « Pie des Plaines » et « Brachyceros rouge européen ». Par ailleurs, comme $\beta\text{-Cn}^{A1}$ est associé à $\alpha s1\text{-Cn}^{B}$ (voir ci-après) la fréquence d'$\alpha s1\text{-Cn}^{B}$ atteint souvent dans ces races des valeurs élevées (0,95-0,99). La même ligne délimite l'aire d'extension de l'allèle $\beta\text{-Cn}^{C}$, absent dans les races du Nord, en général présent dans celles du Sud. Quant à l'allèle $\beta\text{-Cn}^{B}$, qui paraît universellement répandu, sa fréquence n'est élevée ($>0,25$) que dans quatre grandes races (Hereford, Jersey, Normande, Brune des Alpes) et une série de très petites races (Pie-Noire Valdotaine, Hérens, Rendera et Reggiano). Dans la Brune des Alpes, les fréquences de deux haplotypes comportant cet allèle ($\alpha s1\text{-Cn}^{B}$, $\beta\text{-Cn}^{B}$, $\varkappa\text{-Cn}^{A}$ et $\alpha s1\text{-Cn}^{B}$, $\beta\text{-Cn}^{B}$, $\varkappa\text{-Cn}^{B}$) sont équivalentes ; en revanche, dans les races Normande, Jersey et Hereford, ce dernier haplotype prédomine largement, ce qui fait que ces races sont aussi celles où la fréquence de l'allèle $\varkappa\text{-Cn}^{B}$ est la plus élevée.

PARTICULARITÉS BIOCHIMIQUES DES VARIANTS

Les connaissances acquises sur la fréquence relative des variants, sur leurs particularités structurales et sur leurs homologies de structure avec les mêmes protéines d'autres espèces, permettent d'identifier, pour chacune des lactoprotéines, le variant d'origine (forme « sauvage ») et de représenter les relations entre variants par des arbres phylogénétiques (Fig. 15-11). Certains variants ($\alpha s1\text{-Cn}^{B}$, $\beta\text{-Cn}^{A1}$, $\beta\text{-Lg}^{A}$ et ^{E}) apparaissent alors comme des intermédiaires entre la forme d'origine et d'autres variants. En d'autres termes, $\alpha s1\text{-Cn}^{A}$ et $\alpha s1\text{-Cn}^{D}$, par exemple, sont plus récents dans l'évolution du genre Bos qu'$\alpha s1\text{-Cn}^{B}$, lui-même moins ancien qu'$\alpha s1\text{-Cn}^{C}$. Les 22 comparaisons de variants deux à deux ont permis de mettre en évidence deux cas de délétion, l'un de 13 résidus ($\alpha s1\text{-Cn}^{A}$), l'autre de 9 ($\alpha s2\text{-Cn}^{D}$), qui représentent des amputations non négligeables de ces protéines (respectivement 6,5 et 4,3 %). Dans 19 cas la différence de mobilité électrophorétique entre variants s'explique par la substitution d'un acide aminé par un autre, mais dans cinq de ces cas l'analyse biochimique a mis en plus en évidence une ou deux autres substitutions n'ayant pas d'effet sur la charge de la protéine. Enfin le variant $\beta\text{-Lg}^{G}$ du banteng, qui diffère de $\beta\text{-Lg}^{E}$ par une substitution de ce type et ne s'en distingue donc pas en électrophorèse, a été identifié fortuitement au cours d'une étude biochimique.

Dans le cas du variant $\beta\text{-Cn}^{C}$, la substitution par un résidu lysyl du résidu glutamyl 37 annule la phosphorylation du résidu séryl 35, ce qui accentue la différence de charge entre $\beta\text{-Cn}^{A1}$ et $\beta\text{-Cn}^{C}$. Cette observation a contribué, avec d'autres, à préciser le mécanisme de fixation des groupements phosphate sur les caséines [56]. On notera au passage que le nombre de ces groupements est modifié dans quatre des variants ($\alpha s1\text{-Cn}^{D}$, $\alpha s2\text{-Cn}^{D}$, $\beta\text{-Cn}^{C}$, $\beta\text{-Cn}^{D}$). De manière plus atypique, la substitution spécifique du variant $\beta\text{-Lg}^{Dr}$ provoque l'apparition sur la β-lactoglobuline, par ailleurs non glycosylée, d'une copule glucidique. Enfin, $\beta\text{-Lg}^{Dyak}$ et le variant $\beta\text{-Lg}^{E}$ du banteng dérivent de $\beta\text{-Lg}^{B}$ par la même substitution. Il reste toutefois à vérifier s'il s'agit dans les deux cas de la même mutation, ce qui rapprocherait alors le yak du banteng.

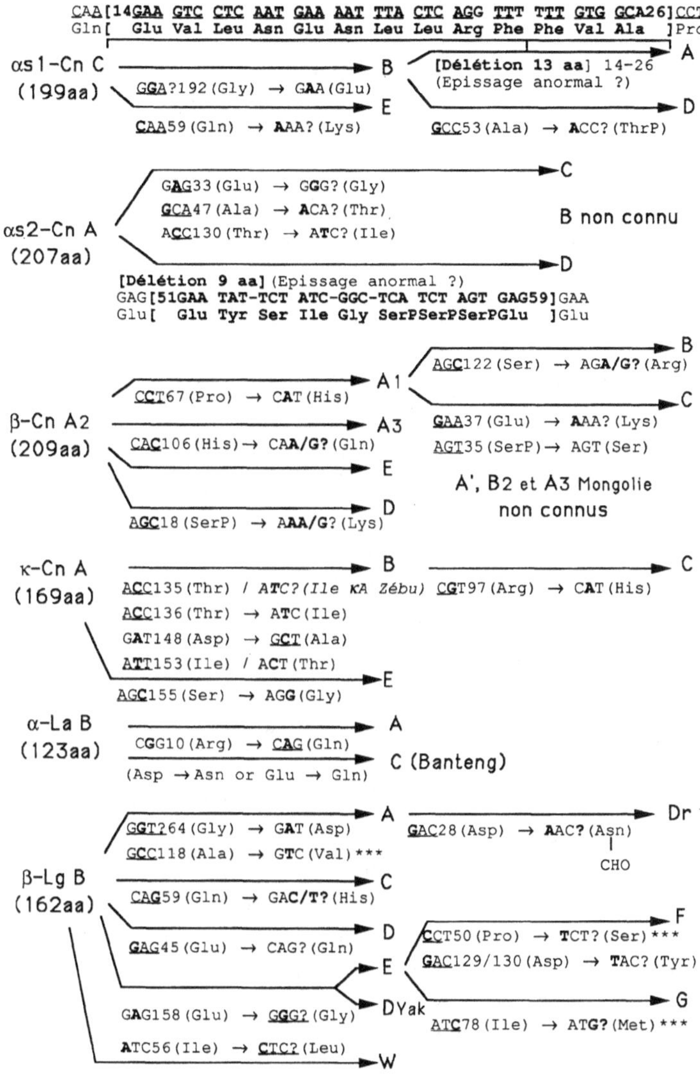

Fig. 15-11 Caractérisation et phylogénie des variants du genre Bos. Seules les mutations non silencieuses du cadre de lecture sont indiquées. Les nucléotides soulignés sont ceux observés dans les ADNc homologues ovins et/ou caprins. ? : codon probable.

On rappellera aussi que l'identité de deux variants en électrophorèse n'implique pas nécessairement leur identité biochimique, ce qui incite à une certaine prudence dans l'interprétation des résultats. On aura ainsi remarqué que le variant de β-lactoglobuline commun chez le yak est identique en électrophorèse à β-Lg^D, mais diffère de β-Lg^B par une autre substitution d'acides aminés et dérive donc d'une autre mutation. De même, le variant rare β-Cn^{A3} Mongolie, trouvé chez les bovins mongols, est différent du variant β-Cn^{A3} des races nord-européennes. Il n'est pas exclu que des travaux ultérieurs conduisent à subdiviser certains des variants actuellement reconnus.

Caséine αs1 caprine

On peut attendre que certaines des mutations d'un gène de structure affectent le taux de synthèse de la protéine qu'il code. Dans le cas des lactoprotéines bovines, on en connaît un exemple avec le locus de la β-lactoglobuline dont l'allèle β-Lg^A se comporte vis-à-vis de β-Lg^B comme un gène majeur pour le taux de cette protéine dans le lait (en termes de taux, β-Lg$^{A/A}$ /β-Lg$^{B/B}$ $\simeq$ 1,5 et β-Lg$^{A/A}$ $-$ β-Lg$^{B/B}$ > 3 g/l). Mais le locus de la caséine αs1 caprine (Fig. 15-12) en fournit un exemple encore plus spectaculaire. A ce locus, les sept allèles jusqu'ici mis en évidence [29, 53] ne sont pas tous associés au même taux de synthèse : αs1-Cn^A, ^{B} et ^{C} sont associés à un taux élevé (environ 3,6 g/l), αs1-Cn^E à un taux intermédiaire (1,6 g/l), αs1-Cn^D et αs1-Cn^F à un taux faible (0,6 g/l), αs1-Cn^O étant un allèle nul. La différence entre un homozygote « fort » (αs1-Cn$^{A/A}$) et un homozygote « faible » (αs1-Cn$^{F/F}$) est ainsi d'environ 6 g/l. Or le coefficient de régression du taux de caséine entière sur le taux de caséine αs1 est d'environ 2/3, ce qui fait que le lait d'un homozygote αs1-Cn$^{A/A}$ contient en moyenne 4 g/l de caséine de plus (+20%) que le lait d'un homozygote αs1-Cn$^{F/F}$. Comme les allèles αs1-Cn^F (faible) et αs1-Cn^E (intermédiaire) prédominent largement dans les races laitières françaises, Alpine et Saanen (environ 0,41 et 0,34 dans la première, 0,43 et 0,41 dans la seconde), on peut envisager d'augmenter le taux de caséine des laits en sélectionnant en faveur des allèles « forts » dont la fréquence d'ensemble n'est que de 0,20 en race Alpine et 0,13 en race Saanen.

Des recherches ont commencé pour identifier les mutations responsables de ces différences de taux de synthèse. On sait dès à présent que les variants « faibles » αs1-Cn^D et αs1-Cn^F, se caractérisent chacun par une délétion, les deux délétions débutant au même résidu de la protéine (Fig. 15-12) et affectant notamment le phosphopeptide principal. Compte tenu des connaissances actuelles sur la structure des gènes des caséines, et plus précisément sur celle des exons codant les phosphopeptides, on peut émettre l'hypothèse que les deux délétions de la caséine αs1 caprine sont dues, non pas à des délétions géniques, mais à des mutations affectant la maturation des ARN messagers [13].

Analyse au niveau nucléotidique

La détermination de la séquence des ADNc ou des gènes codant pour les lactoprotéines majeures a permis de préciser la nature de la plupart des substitutions de nucléotides responsables de l'existence des variants génétiques connus (Fig. 15-11, 15-12). De même, la comparaison inter-espèces des ADNc ou gènes homologues a donné des informations sur le variant pouvant être considéré comme celui d'origine.

Les séquences ADNc codant pour des variants génétiques, par exemple celles des caséines $\varkappa^A$ et ^{B} bovines, diffèrent, comme cela était prévisible, par d'autres altérations dans les parties codantes et non codantes. Dans le cas précité, la différence porte sur 18 nucléotides dont 10 situés dans le cadre de lecture. Cette connaissance de la séquence nucléotidique est évidemment très utile pour la caractérisation génotypique des animaux à l'aide de diverses techniques : RFLP *(restriction fragment length polymorphism)*, amplification d'ADN in vitro (PCR), sondes alléliques.

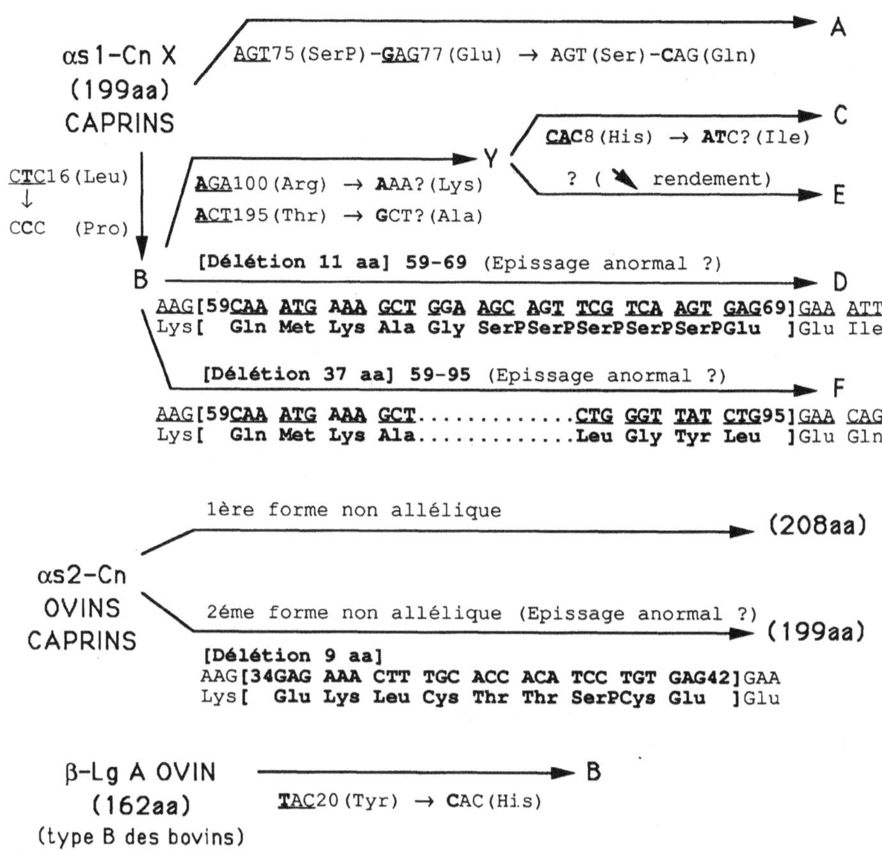

Fig. 15-12   Mutations non silencieuses du cadre de lecture des allèles caprins ou ovins aux locus αs1-Cn et β-Lg, et formes non alléliques de la caséine αs2. Les nucléotides soulignés sont ceux trouvés dans les variants bovins αs1-Cn B (dans la séquence ovine, tous les codons soulignés sont conservés), αs2-Cn A et β-Lg B. ? : codon probable.

Relations génétiques entre locus et localisation chromosomique

Analyse des liaisons génétiques au niveau protéique (bovins, caprins) ou nucléotidique (ovins)

Grosclaude et al. [27, 28, 30] ont montré, à partir d'analyses de ségrégations mendéliennes, que les locus αs1-Cn, β-Cn, κ-Cn et αs2-Cn étaient très étroitement liés. Leurs résultats sur les trois premiers locus avaient été confirmés par Larsen et Thymann [46], qui avaient cependant conclu à un phénomène de pléiotropie. Dans l'ensemble des données de ces deux équipes, aucun cas de recombinaison n'a été observé sur un total de 448 familles (père-mère-produit) informatives (148 utilisées pour la liaison entre $\alpha s1$-Cn et β-Cn, 251 pour celle entre $\alpha s1$-Cn ou β-Cn et $\varkappa$-Cn, et 49 pour celle entre ces trois derniers et $\alpha s2$-Cn), ce qui souligne l'étroitesse de la liaison entre les locus du groupe. Deux autres équipes [37, 51] ont publié des résultats de ségrégations comportant, au contraire, un taux de recombinaison non négligeable (6 gamètes recombinants sur 41 pour $\alpha s1$-Cn et $\varkappa$-Cn dans le travail de Hines et al. [37] par exemple), mais il est vraisemblable que ces auteurs ont utilisé des animaux de filiation erronée.

Cette liaison étroite fait que ce groupe de locus se comporte formellement comme une seule unité génétique dont les allèles sont des combinaisons, appelées haplotypes, associant un allèle de chacun des quatre locus. L'analyse génétique peut s'appliquer à ces haplotypes comme elle le ferait pour des allèles ordinaires : fréquence dans les populations, phylogénie ($\alpha s1$-Cn^C, $\alpha s2$-Cn^A, β-Cn^{A2}, $\varkappa$-Cn^A est la forme originelle), utilisation comme marqueurs du génome... Le tableau 15-3 donne, à titre d'exemple, la fréquence des haplotypes observés dans cinq races françaises. On y voit, entre autres, que β-Cn^{A1} et β-Cn^B ne sont pratiquement jamais associés à $\alpha s1$-Cn^C, qu'en race Holstein, β-Cn^{A2} tend à être associé à $\varkappa$-Cn^A plus qu'à $\varkappa$-Cn^B, ou qu'en race normande β-Cn^B est presque toujours associé à $\varkappa$-Cn^B, ce qui n'est pas le cas pour β-Cn^{A1}. A noter que

Tableau 15-3 Fréquences (en %) des haplotypes du groupe des caséines $\alpha s1$, β et $\varkappa$ bovines dans cinq races laitières françaises. Le locus de la caséine $\alpha s2$, très peu polymorphe, n'est pas pris en compte. Les effectifs d'animaux sont entre parenthèses.

Haplotypes [1]	Flamande (293)	Holstein (281)	Montbéliarde (350)	Normande (318)	Tarentaise (235)
AA^{1}A	—	0,2	—	—	—
BA^{2}A	30,6	37,1	31,3	13,6	30,4
BA^{2}B	3,6	7,2	23,9	1,3	15,6
BA^{1}A	39,3	31,1	10,3	13,8	18,2
BA^{1}B	1,3	21,4	5,1	5,2	7,4
BBA	5,2	—	15,4	1,9	2,9
BBB	—	0,5	3,1	45,3	0,8
BCA	—	—	0,5	—	11,1
BCB	—	—	1,4	0,9	—
CA^{2}A	5,1	1,1	5,7	0,8	0,5
CA^{2}B	7,1	—	3,3	13,6	13,1
CA^{3}A	—	1,4	—	3,6	—
CBA	—	—	—	—	—
CBB	—	—	[2]	—	—
DA^{2}A	4,6	—	—	—	—
DA^{2}B	2,4	—	—	—	—
DA^{1}A	0,8	—	—	—	—

[1]Pour AA^{1}A, lire $\alpha s1$-Cn^A, β-Cn^{A1}, $\varkappa$-Cn^A, etc.
[2]Haplotype très rare, trouvé en dehors de cet échantillon

la non-association de β-Cn^B avec αs1-Cn^C avait été observée dès 1965 par King et al. [43] qui en avaient déduit, indépendamment de Grosclaude et al. [27], que les locus αs1-Cn et β-Cn étaient liés. L'analyse statistique de ce déséquilibre de liaison entre les allèles des locus αs1-Cn, β-Cn et $\varkappa$-Cn (αs2-Cn est très peu polymorphe) dans une trentaine de races révèle qu'il est en général plus accusé entre les allèles des locus αs1-Cn et β-Cn d'une part, et β-Cn et $\varkappa$-Cn d'autre part, qu'entre ceux des locus αs1-Cn et $\varkappa$-Cn, ce qui pouvait laisser supposer que β-Cn est situé entre αs1-Cn et $\varkappa$-Cn.

Les données encore fragmentaires obtenues dans d'autres espèces suggèrent, comme on pouvait s'y attendre, que la liaison des locus des caséines est un phénomène général. Chez la chèvre, l'analyse n'a pu porter sur β-Cn et $\varkappa$-Cn, faute de polymorphisme dans les races considérées, mais αs1-Cn et αs2-Cn y sont liés [12]. Chez la brebis, une analyse appliquée au polymorphisme de longueur des fragments de restriction confirme que les quatre locus sont également liés [47].

En revanche, le locus de la β-lactoglobuline est génétiquement indépendant, chez les bovins, du groupe de locus des caséines [45]. Quant au locus de l'α-lactalbumine, aucune étude de *linkage* n'a été effectuée, mais on n'a pas observé de déséquilibre de liaison avec les locus précédents, ce qui paraît, au minimum, exclure une liaison étroite. A l'heure actuelle, dans les espèces d'élevage, seul le groupe de locus de structure des caséines a été localisé sur un chromosome, à savoir le n° 6 bovin [76].

Étude des groupes de synténie et de la localisation des gènes par hybridation somatique et chromosomique in situ

La synténie des gènes de caséine ainsi que leur localisation chromosomique ont été établies chez la souris [20, 32], le lapin [16, 21] et les bovins [76]. Dans ces espèces, ce groupe de gènes est situé respectivement sur les chromosomes 5 (région W), 12 et 6. Selon des travaux récents [6, 19], le groupe des locus de structure des quatre caséines bovines s'étendrait sur une distance de l'ordre de 185 à 250 kb.

Les gènes de l'α-lactalbumine et de la WAP ont été localisés, respectivement, sur le chromosome 12 humain [17] et 11 murin [32]. L'analyse d'hybrides somatiques hamster-mouton a mis en évidence une synténie entre le locus de l'α-lactalbumine et une série de six locus marqueurs déjà localisés sur le chromosome 3 de mouton [39] qui est l'équivalent du chromosome 5 des bovins et caprins. Une seule copie des gènes de caséine serait présente par génome haploïde, mais plusieurs séquences apparentées à l'α-lactalbumine ont été mises en évidence chez les bovins, ovins et caprins [68, 73]. Un pseudogène de la β-lactoglobuline a également été détecté dans l'espèce ovine (Clark, communication personnelle).

Conclusion : intérêt de l'étude du polymorphisme sur les plans académique et appliqué

L'étude du polymorphisme génétique des gènes se faisait initialement d'une manière indirecte par analyse qualitative et quantitative de leur produit d'expression, les protéines. L'analyse structurale des protéines du lait de bovins, et ultérieurement d'autres espèces, a largement contribué à l'amélioration de nos connaissances sur les gènes correspondants comme nous l'avons rappelé dans les sections précédentes.

Toutefois, cette analyse était limitée à une faible partie du gène, celle codant pour la protéine mature. De plus, seules étaient détectables les mutations se traduisant par une variation de la charge nette ou une différence de taille notable de la chaîne polypeptidique. D'où l'intérêt des techniques de biologie moléculaire qui permettent l'analyse directe du polymorphisme de l'ensemble du gène et des régions adjacentes. La technique RFLP est la plus utilisée car ne nécessitant pas la connaissance préalable de la séquence. Elle permet de visualiser toute région d'ADN génomique contenant un gène pour lequel on dispose d'une sonde spécifique, et donc de comparer le profil électrophorétique des individus. Toute mutation ponctuelle se traduisant par l'apparition ou la disparition d'un site de restriction, ainsi que toute insertion ou délétion d'un fragment d'ADN suffisamment long, seront donc détectées. Du fait de son spectre plus large, la méthode RFLP a déjà à son actif la mise en évidence de nouveaux allèles des gènes de lactoprotéines, mais dans un premier temps, l'effort a surtout porté sur la détection des allèles déjà connus pour leur intérêt pratique, c'est-à-dire ceux associés à un fort taux de synthèse ou des propriétés technologiques particulières de la protéine : par exemple l'allèle B de la caséine $\varkappa$.

La technique RFLP, inopérante pour la détection de mutations ponctuelles n'affectant pas un site de restriction et relativement laborieuse à mettre en œuvre, peut être remplacée avantageusement par d'autres techniques lorsque la séquence nucléotidique de la région polymorphe est connue. L'utilisation combinée de sondes oligonucléotidiques (19-mer) spécifiques d'allèles et de la technique PCR (*polymerase chain reaction*) d'amplification in vitro de la région mutée permet en principe de déterminer le génotype en 24 heures. Cette méthodologie semble particulièrement indiquée pour la caractérisation des allèles ß-Lg[A] et [B] indifférenciables par RFLP, l'allèle B étant associé à une plus forte teneur du lait en caséine (+5%).

Sur le plan appliqué, l'étude du polymorphisme a donc conduit à la mise en évidence d'allèles associés à des caractères d'intérêt économique et, grâce aux techniques de la biologie moléculaire, il est maintenant possible de prendre en compte le génotype des géniteurs dans les schémas de sélection. Par ailleurs, la connaissance structurale et fonctionnelle des gènes codant pour les protéines du lait, bien qu'imparfaite, permet déjà la construction de gènes hybrides capables de s'exprimer dans des animaux transgéniques. L'objectif est de faire produire par des animaux laitiers des protéines à haute valeur ajoutée, d'intérêt pharmaceutique par exemple, qui seront ensuite extraites du lait et purifiées en vue de leur commercialisation. Citons par exemple le facteur VIII de la coagulation sanguine, le plasminogène activateur tissulaire (tPA), l'α1-antitrypsine.

L'étude du polymorphisme génétique, indépendamment de son intérêt dans le domaine de l'analyse de la variabilité intra- et inter-espèces qui renseigne sur l'évolution, est une voie d'approche prometteuse sur le plan de la compréhension des relations structure-fonction, que ce soit au niveau de la protéine ou du gène. Les exemples abondent où c'est l'analyse de mutants qui a permis d'élucider les mécanismes de nombreux phéno-mènes biologiques.

Actuellement, les possibilités d'études comparatives de l'expression de gènes normaux ou modifiés dans des cellules mammaires ou des animaux transgéniques sont relative-ment limitées : les lignées cellulaires mammaires disponibles ont perdu une partie de leur potentialité et chaque animal transgénique diffère par le nombre de copies et la localisa-tion du gène intégré.

L'analyse structurale des allèles des gènes de lactoprotéines caractérisés par une diffé-rence de taux de synthèse ou des différences de structure des ARN messagers va très cer-tainement donner des informations très utiles et fiables sur les domaines impliqués dans l'expression de ces gènes ou la maturation des transcrits. De ce point de vue, l'espèce caprine est particulièrement intéressante en raison de la plus grande variabilité généti-que observée par rapport aux espèces bovine et ovine où la sélection est certainement responsable de l'élimination progressive de nombreux animaux atypiques sur le plan lai-tier. Les résultats préliminaires sont d'ailleurs encourageants : ainsi, l'analyse de la séquence des ADNc des caséines αs1 caprines de type D et F indique que la délétion des variants protéiques résulte probablement de l'élimination d'un ou plusieurs exons consécutive à une mutation d'une séquence consensus impliquée dans l'excision-épissage du pré-ARN messager et non pas d'une délétion au niveau du gène lui-même. De même, dans les espè-ces ovine et caprine, la présence simultanée de deux caséines αs2 se différenciant par une délétion interne au niveau d'un site majeur de phosphorylation serait due à une matu-ration incomplète d'un transcrit primaire unique. Enfin, des chèvres produisant un lait dépourvu de caséine β ont été récemment observées.

La recherche systématique d'animaux laitiers produisant un lait atypique devra donc être poursuivie dans les différentes espèces domestiques, car elle fournit un matériel de choix pour l'étude fonctionnelle des gènes codant pour les protéines du lait.

RÉFÉRENCES

1. ALEXANDER LJ, STEWART AF, MacKINLAY AG, KAPELINSKAYA TV, TKACH TM, GORODETSKY SI (1988) Isolation and characterization of the bovine ϰ-casein gene. *Eur J Biochem* **178** : 395-401

2. ALI S, CLARK J (1988) Characterization of the gene encoding ovine β-lactoglobulin. Simila-rity to the genes for retinol binding protein and other secretory proteins. *J Mol Biol* **199** : 415-426

3. ANDRES AC, SCHONENBERGER CA, GRONER B, HENNIGHAUSEN L, LEMEUR M, GERLINGER P (1987) Ha-*ras* oncogene expression directed by a milk protein gene promoter : tissue specificity, hormonal regulation, and tumor induction in transgenic mice. *Proc Natl Acad Sci USA* **84** : 1299-1303

4. ASCHAFFENBURG R, DREWRY J (1957) Genetics of the β-lactoglobulins of cow's milk. *Nature* **180** : 376-378

5. BAKER CMA, MANWELL C (1980) Chemical classification of cattle. 1. Breed groups. *Anim Blood Grps Biochem Genet* **11** : 127-150

6. BANERJEE AK (1980) 5' terminal cap structure in eukaryotic messenger ribonucleic acids. *Microbiol Rev* **44** : 175-205

7. BEG OU, BAHR-LINDSTRÖM H, ZAIDI ZH, JÖRNVALL H (1986) A camel milk whey protein rich in half-cystine. Primary structure, assessment of variations, internal repeat patterns, and relationship with neurophysin and other active polypeptides. *Eur J Biochem* **159** : 195-201

8. BLUMBERG BS, TOMBS MP (1958) Possible polymorphism of bovine α-lactalbumin. *Nature* **181** : 683-684

9. BOISNARD M, HUE D, BOUNIOL C, MERCIER JC, GAYE P (1991) Multiple mRNA species code for two non-allelic forms of ovine αs2-casein. *Eur J Biochem* **201** : 633-641

10. BOISNARD M, PÉTRISSANT G (1985) Complete sequence of ovine αs2-casein messenger RNA. *Biochimie* **67** : 1043-1051

11. BONSING J, RING JM, STEWART AF, MACKINLAY AG (1988) Complete nucleotide sequence of the bovine β-casein gene. *Aust J Biol Sci* **41** : 527-537

12. BOULANGER A, GROSCLAUDE F, MAHÉ MF (1984) Polymorphisme des caséines αs1 et αs2 de la chèvre (*Capra hircus*). *Genet Sel Evol* **16** : 157-176

13. BRIGNON G, MAHÉ MF, RIBADEAU-DUMAS B, MERCIER JC, GROSCLAUDE F (1990) Two of the three genetic variants of caprine αs1-casein which are synthesized at a reduced level have an internal deletion possibly due to an altered RNA splicing. *Eur J Biochem* **193** : 237-241

14. BUCHER P, TRIFONOV EN (1986) Compilation and analysis of eukaryotic POL II promoter sequences. *Nucleic Acids Res* **14** : 10009-10026

15. CAMPBELL SM, ROSEN JM, HENNIGHAUSEN LG, STRECH-JURK U, SIPPEL AE (1984) Comparison of the whey acidic protein genes of the rat and mouse. *Nucleic Acids Res* **12** : 8685-8697

16. DALENS M, GELLIN J (1986) The gene map of the rabbit III. α and β casein gene synteny. *Génét Sél Evol* **18** : 99-104

17. DAVIES MS, WEST LF, DAVIS MB, POVEY S, CRAIG RK (1987) The gene for human α-lactalbumin is assigned to chromosome 12q13. *Ann Hum Genet* **51** : 183-188

18. EPSTEIN H (1971) *The origin of the domestic animals of Africa*. Africana Publishing Corporation, New York, pp. 1-573.

19. FERRETTI L, LEONE P, SGARAMELLA V (1990) Long range restriction analysis of the bovine casein genes. *Nucleic Acids Res* **18** : 6829-6833

20. GEISSLER EN, CHENG SV, GUSELLA JF, HOUSMAN DE (1988) Genetic analysis of the dominant white-spotting (W) region on mouse chromosome 5 : identification of clones DNA markers near W. *Proc Natl Acad Sci USA* **85** : 9635-9639

21. GELLIN J, ECHARD G, YERLE M, DALENS M, CHEVALET C, GILLOIS M (1985) Localization of the α and β casein genes to the q24 region of chromosome 12 in the rabbit (*Oryctolagus cuniculus* L.) by in situ hybridization. *Cytogenet Cell Genet* **39** : 220-223

22. GORDON WG, GROVES ML, GREENBERG R, JONES SB, KALAN EB, PETERSON RF, TOWNEND RE (1972) Probable identification of gamma, TS-, R- and S-caseins as fragments of β-casein. *J Dairy Sci* **55** : 261-263

23. GROENEN MAM, DIJKHOF RJM, VAN DER POEL JJ (1990) Organization and regulation of the bovine αs2-casein gene. Proc of the 4th World congress on Genetics applied to livestock production. Edinburgh, 23-27 july 1990, XIII, pp. 79-82 (abstract)

24. GRONER B, SCHONENBERGER CA, ANDRES AC (1987) Targeted expression of the *ras* and *myc* oncogenes in transgenic mice. *Trends Genet* **3** : 306-308

25. GROSCLAUDE F (1979) Polymorphism of milk proteins : some biochemical and genetical aspects. Proc 16th Int Conf Anim Blood Grps Biochem Polymorphisms. International Society for Animal Blood Group Research (ed), Leningrad, pp. 54-92

26. GROSCLAUDE F (1988) Le polymorphisme génétique des principales lactoprotéines bovines. Relations avec la quantité, la composition et les aptitudes fromagères du lait. *INRA Prod Anim* **1** : 5-17

27. GROSCLAUDE F, GARNIER J, RIBADEAU-DUMAS B, JEUNET R (1964) Étroite dépendance des loci contrôlant le polymorphisme des caséines αs et β. *CR Acad Sci (Paris)* **259** : 1569-1571

28. GROSCLAUDE F, JOUDRIER P, MAHÉ MF (1978) Polymorphisme de la caséine αs2 bovine : étroite liaison du locus αs2-Cn avec les loci αs1-Cn, β-Cn et ϰ-Cn ; mise en évidence d'une délétion dans le variant αs2-Cn^D. *Ann Génét Sél Anim* **10** : 313-327

29. GROSCLAUDE F, MAHÉ MF, BRIGNON G, DI STASIO L, JEUNET R (1987) A Mendelian polymorphism underlying quantitative variations of goat αs1-casein. *Génét Sél Evol* **19** : 399-412

30. GROSCLAUDE F, PUJOLLE J, GARNIER J, RIBADEAU-DUMAS B (1965) Déterminisme génétique des caséines ϰ du lait de vache ; étroite liaison du locus ϰ-Cn avec les loci αs-Cn et β-Cn. *CR Acad Sci Paris* **261** : 5229-5232

31. GROVES ML, GORDON WG, KALAN EB, JONES SB (1973) TS-A2, TS-B, R- and S-caseins : their isolation, composition and relationship to the β and γ-casein polymorphs A2 and B. *J Dairy Sci* **56** : 558-568

32. GUPTA P, ROSEN JM, D'EUSTACHIO P, RUDDLE FH (1982) Localization of the casein gene family to a single mouse chromosome. *J Cell Biol* **93** : 199-204

33. HALL L, EMERY DC, DAVIES MS, PARKER D, CRAIG RK (1987) Organization and sequence of the human α-lactalbumin gene. *Biochem J* **242** : 735-742

34. HALL L, LAIRD JE, PASCALL JC, CRAIG RK (1984) Guinea-pig casein A cDNA. Nucleotide sequence analysis and comparison of the deduced protein sequence with that of bovine αs2-casein. *Eur J Biochem* **138** : 585-589

35. HARRIS S, ALI S, ANDERSON S, ARCHIBALD AL, CLARK AJ (1988) Complete nucleotide sequence of the genomic ovine β-lactoglobulin gene. *Nucleic Acids Res* **16** : 10379-10380

36. HENNIGHAUSEN LG, STEUDLE A, SIPPEL AE (1982) Nucleotide sequence of cloned cDNA coding for mouse ε-casein. *Eur J Biochem* **126** : 569-572

37. HINES HC, KIDDY CA, BRUM EV, ARAVE CW (1968) Linkage among cattle blood and milk polymorphisms. *Genetics* **62** : 401-412

38. HOBBS AA, ROSEN JM (1984) Sequence of rat α - and γ-casein mRNAs : evolutionary comparison of the calcium-dependent rat casein multigene family. *Nucleic Acids Res* **10** : 8079-8098

39. IMAM-GHALI M, SAIDI-MEHTAR N, GUÉRIN G (1991) Sheep gene mapping. Additional DNA markers included (CASB, CASK, LALBA, IGF-1 and AMH). *Anim Genet* **22** : 165-172

40. JONES NC, RIGBY PWJ, ZIFF EB (1988) Trans-acting protein factors and the regulation of eukaryotic transcription : lessons from studies on DNA tumor viruses. *Genes Dev* **2** : 267-281

41. JONES WK, YU-LEE LY, CLIFT SM, BROWN TL, ROSEN JM (1985) The rat casein multigene family. Fine structure and evolution of the β-casein gene. *J Biol Chem* **260** : 7042-7050

42. JUNG A, SIPPEL AE, GREZ M, SHUTZ G (1980) Exons encode functional and structural units of chicken lysozyme. *Proc Natl Acad Sci USA* **77** : 5759-5763

43. KING JWB, ASCHAFFENBURG R, KIDDY CA, THOMPSON MP (1965) Non-independent occurrence of αs1- and β-casein variants in cow's milk. *Nature* **206** : 324-325

44. LAIRD JE, JACK L, HALL L, BOULTON A, PARKER D, CRAIG RK (1988) Structure and expression of the guinea-pig α-lactalbumin gene. *Biochem J* **254** : 85-94

45. LARSEN B (1971) Blood groups and polymorphic protein in cattle and swine. *Ann Genet Sel Anim* **3** : 54-70

46. LARSEN B, THYMANN M (1966) Studies on milk protein polymorphism in Danish cattle and the interaction of the controlling genes. *Acta Vet Scand* **7** : 189-205

47. LEVÉZIEL H, MÉTÉNIER L, GUÉRIN G, CULLEN P, PROVOT C, BERTAUD M, MERCIER JC (1991) Restriction fragment length polymorphism of ovine casein genes. Close linkage between the αs1-, αs2-, β- and ϰ-Cn loci. *Anim Genet* **22** : 1-10

48. LUBON H, HENNIGHAUSEN L (1987) Nuclear proteins from lactating mammary glands bind to the promoter of a milk protein gene. *Nucleic Acids Res* **15** : 2103-2121

49. LUBON H, HENNIGHAUSEN L (1988) Conserved region of the rat α-lactalbumin promoter is a target site for protein binding in vitro. *Biochem J* **256** : 391-396

50. LUBON H, PITTIUS CW, HENNIGHAUSEN L (1989) In vitro transcription of the mouse whey acidic protein promoter is affected by upstream sequences. *FEBS Lett* **251** : 173-176

51. MÁCHA J, MÜLLEROVA Z (1969) A contribution of the study of associations between loci controlling cow's milk protein synthesis. *Acta Univ Agric Fac Agron Brno* **17** : 139-147

52. MAHÉ MF (1981) *Analyse biochimique de deux variants de caséine bovine, αs2 C et αs2 D*. Thèse 1-56, Université Paris-Sud, Orsay

53. MAHÉ MF, GROSCLAUDE F (1989) αs1-Cn^D, another allele associated with a decreased synthesis rate at the caprine αs1-casein locus. *Genet Sel Evol* **21** : 127-129

54. MCKENZIE RM, LARSON BL (1978) Purification and partial characterization of a unique group of phosphoproteins from rat milk whey. *J Dairy Sci* **61** : 723-728

55. MCMEEKIN TL (1970) Milk proteins in retrospect. *In* HA McKenzie (ed) : *Milk proteins*. Academic Press, New York, pp. 3-15

56. MERCIER JC (1981) Phosphorylation of caseins. Present evidence for an amino acid triplet code post-translationally recognized by specific kinases. *Biochimie* **63** : 1-17

57. MERCIER JC, CHOBERT JM, ADDEO F (1976) Comparative study of the amino acid sequences of the caseinomacropeptides from seven species. *FEBS Lett* **72** : 208-214

58. MERCIER JC, GAYE P (1983) Milk protein synthesis. *In* TB Mepham (ed) : *Biochemistry of lactation*. Elsevier, Amsterdam, pp. 177-227

59. MITCHELL PJ, TJIAN R (1989) Transcriptional regulation in mammalian cells by sequence-specific DNA binding proteins. *Science* **245** : 371-378

60. PITTIUS CW, HENNIGHAUSEN L, LEE E, WESTPHAL H, NICOLS E, VITALE J, GORDON K (1988) A milk protein gene promoter directs the expression of human tissue plasminogen activator cDNA to the mammary gland in transgenic mice. *Proc Natl Acad Sci USA* **85** : 5874-5878

61. PROVOT C, PERSUY MA, MERCIER JC (1993) Nucleotide sequence of the gene encoding ovine β-casein. *Biochimie* (submitted)

62. QASBA PK, SAFAYA SK (1984) Similarity of the nucleotide sequences of rat α-lactalbumin and chicken lysozyme genes. *Nature* **608** : 377-380

63. RHOADS RE (1988) Cap recognition and the entry of mRNA into the protein synthesis initiation cycle. *Trends Biochem Sci* **13** : 52-56

64. ROSS J (1989) La dégradation des ARN messagers. *Pour la Science* **140** : 56-63

65. SALTZMAN AG, WEINMANN R (1989) Promoter specificity and modulation of RNA polymerase II transcription. *FASEB J* **3** : 1723-1733

66. SIMONS JP, MCCLENAGHAN M, CLARK AJ (1987) Alteration of the quality of milk by expression of sheep β-lactoglobulin in transgenic mice. *Nature* **328** : 530-532

67. SIMONS JP, WILMUT I, CLARK AJ, ARCHIBALD AL, BISHOP JO, LATHE R (1988) Gene transfer into sheep. *Biotechnology* **6** : 179-183

68. SOULIER S, MERCIER JC, VILOTTE JL, ANDERSON J, CLARK AJ, PROVOT C (1989) The bovine and ovine genomes contain multiple sequences homologous to the α-lactalbumin-encoding gene. *Gene* **83** : 331-338

69. STEWART AF, BONSING J, BEATTIE CW, SHAH F, WILLIS IM, MACKINLAY AG (1987) Complete nucleotide sequences of bovine αs2- and β-casein cDNAs : comparison with related sequences in other species. *Mol Biol Evol* **4** : 231-241

70. THÉPOT D, FONTAINE ML, HOUDEBINE LM, DEVINOY E (1990) Complete sequence of the rabbit whey acidic protein gene. *Nucleic Acids Res* **18** : 3641

71. THÉPOT D, FONTAINE ML, HOUDEBINE LM, DEVINOY E (1991) Structure of the gene encoding rabbit β-casein. *Gene* **97** : 301-306

72. VILOTTE JL, SOULIER S, MERCIER JC, GAYE P, HUE-DELAHAIE D, FURET JP (1987) Complete nucleotide sequence of bovine α-lactalbumin gene. Comparison with its rat counterpart. *Biochimie* **69** : 609-620

73. VILOTTE JL, SOULIER S, PRINTZ C, MERCIER JC (1991) Complete nucleotide sequence of goat α-lactalbumin-encoding gene : comparison with its bovine counterpart and evidence of α-lactalbumin related sequences in the goat genome. *Gene* **98** : 271-276

74. VILOTTE JL, SOULIER S, STINNAKRE MG, MASSOUD M, MERCIER JC (1989) Efficient tissue-specific expression of bovine α-lactalbumin in transgenic mice. *Eur J Biochem* **186** : 43-48

75. WAKE RG, BALDWIN RL (1961) Analysis of caseins fractions by zone electrophoresis in concentrated urea. *Biochim Biophys Acta* **47** : 225-239

76. WOMACK JE, THREADGILL DW, MOLL YD et al. (1989) Syntenic mapping of 37 loci in cattle. Chromosomal conservation with mouse and man. *Cytogenet Cell Genet* **51** : 1109 (abstract)

77. YOSHIMURA M, OKA T (1989) Isolation and structural analysis of the mouse β-casein gene. *Gene* **78** : 267-275

78. YU-LEE KF, DEMAYO FJ, ATIEE SH, ROSEN JM (1988) Tissue-specific expression of the rat β-casein gene in transgenic mice. *Nucleic Acids Res* **16** : 1027-1041

79. YU-LEE LY, RICHTER-MANN L, COUCH CH, STEWART AF, MACKINLAY AG, ROSEN JM (1986) Evolution of the casein multigene family : conserved sequences in the 5' flanking and exon regions. *Nucleic Acids Res* **14** : 1883-1902

16

Régulation de la synthèse des protéines du lait

L.-M. Houdebine

Introduction

La glande mammaire est un des organes qui produit une très grande quantité de protéines lorsqu'elle est en plein fonctionnement. On admet que chez un certain nombre d'espèces, elle synthétise quotidiennement l'équivalent de son propre contenu en protéines. Si l'on considère qu'elle synthétise également des lipides et du lactose, on peut dire que l'activité de la glande mammaire est si élevée qu'elle fabrique quotidiennement l'équivalent d'une glande mammaire. Cela suppose un équipement moléculaire et cellulaire et une organisation tissulaire particulièrement efficaces.

La glande mammaire a une activité par essence irrégulière puisque, chez une femelle, les périodes d'allaitement ne sont que transitoires. Le contraste est d'autant plus frappant qu'en dehors des périodes de fonctionnement, le tissu épithélial sécréteur est presque totalement absent de la glande mammaire et qu'alors la synthèse protéique est réduite à peu de chose puisqu'elle n'intervient que dans l'entretien des tissus mammaires résiduels. Pour passer d'une quasi-non-activité à l'état de très haute activité synthétique, la glande va devoir subir une série de transformations morphologiques, cellulaires et moléculaires. Ces modifications ont lieu progressivement au cours de la gestation et au début de la lactation pour finalement être réduites à néant au sevrage qui voit la glande mammaire profondément involuer et se maintenir dans cet état jusqu'au prochain cycle de reproduction. Il est clair que les diverses transformations qui s'opèrent au cours de la gestation et de la lactation sont autant d'éléments d'une amplification progressive menant finalement au degré ultime de différenciation et d'activité synthétique. Cette série d'amplifications est probablement inévitable. Il est en effet difficilement concevable que la variation de quelques paramètres cellulaires suffise à faire passer l'organe du repos à son

Reçu en mai 1990.

activité maximum. Chaque mécanisme cellulaire ou moléculaire ne peut varier que dans un intervalle d'activité réduit et ce n'est que la somme des stimulations de chaque paramètre qui peut assurer la très ample stimulation de l'ensemble. On peut donc s'attendre à ce que la régulation de la synthèse des protéines du lait ne s'exerce pas à un seul niveau mais, au contraire, à plusieurs des étapes qui vont du gène à la protéine mature. Il est bien évident que, seule l'induction de l'expression des gènes des protéines du lait et des enzymes impliqués dans la synthèse des composants du lait (lactose, lipides) est spécifique de la glande mammaire. Tous les autres mécanismes de la synthèse protéique sont utilisés pour les mêmes fins par d'autres organes (tels que le foie, l'oviducte d'oiseau, la thyroïde, etc.), eux aussi programmés pour synthétiser des macromolécules en abondance. Ainsi, la cellule hépatique ou pancréatique est équipée, comme la cellule épithéliale mammaire, d'un nombre élevé de ribosomes, de mitochondries et de membranes golgiennes.

Le développement et l'activité de la glande mammaire sont sous le contrôle d'une série d'hormones (prolactine, glucocorticoïdes, progestérone, œstrogènes, insuline, IGF, etc.). Il est aisément concevable que l'action de ces hormones s'exerce aux différentes étapes de la différenciation de la cellule mammaire. La mise en évidence de ces phénomènes est l'objet d'un relativement grand nombre d'études depuis plus de vingt ans. Cet aspect de la biologie de la lactation constitue pour les expérimentateurs un système attrayant puisque la glande mammaire synthétise massivement ou pas du tout une famille de protéines sous le contrôle de deux hormones protéiques au moins, l'insuline et la prolactine, dont le mécanisme d'action est à peu près inconnu.

Variations de la synthèse des protéines du lait au cours du développement de la glande mammaire

Une des questions qui se pose lorsqu'on envisage l'étude de la différenciation des cellules d'un organe défini est celle de savoir à partir de quel stade du développement d'un individu les cellules ont acquis une compétence pour répondre aux stimulus hormonaux.

En ce qui concerne la cellule mammaire, il n'est pas aisé de répondre de manière simple et tranchée. Une simple observation suffit à montrer toute l'ambiguïté du problème. Il est bien connu qu'à la naissance, les enfants mâles et femelles ont dans leur glande mammaire une petite quantité de lait stocké, le lait de sorcière. Il est généralement admis que ce sont les stimulus de type prolactinique, que l'embryon reçoit de manière abondante tout au long de la gestation, qui sont responsables de cette différenciation précoce. Il est donc difficile de définir le moment où les cellules mammaires acquièrent leur compétence. Il est vraisemblable qu'elles commencent à synthétiser de petites quantités de protéines du lait dès le moment où la glande mammaire est à l'état d'ébauche chez l'embryon. Il semble donc qu'in vivo, les cellules mammaires, quel que soit le stade de développement, synthétisent toujours une faible quantité de protéines du lait. Ceci tient probablement au fait qu'une des hormones lactogènes essentielles est la prolactine. Cette hormone a de nombreuses fonctions, et elle est, de ce fait, sécrétée dans de nombreuses situations physiologiques à des taux plus ou moins élevés.

In vivo, la cellule épithéliale mammaire ne paraît donc jamais totalement inactive. Elle peut l'être par contre in vitro lorsqu'elle est maintenue en culture même pendant quelques jours en l'absence d'hormones.

Chez la femelle vierge pubère, les cellules mammaires sont également sensibles aux stimulus des hormones lactogènes. Ainsi, des injections de prolactine à des lapines vierges provoquent une accumulation des ARNm des caséines [37]. Un phénomène semblable peut être observé in vitro lorsque des fragments de glande mammaire sont cultivés en présence d'hormone [79]. Le phénomène reste toutefois d'amplitude limitée comme si les cellules présentes à ce stade n'avaient qu'une compétence incomplète. Les cellules mammaires ne sont alors que les cellules souches de type canaliculaire qui donneront naissance au véritable tissu épithélial sécréteur au cours de la gestation. Cette observation suggère que si les cellules mammaires chez la femelle vierge sont déjà sensibles aux hormones, elles ne peuvent exprimer complètement leur potentialité que lorsqu'elles se sont multipliées et que les cellules filles se sont organisées en alvéoles et non plus seulement en canaux.

Au cours de la gestation, les cellules épithéliales destinées à la synthèse du lait apparaissent progressivement. Ce phénomène peut être observé à l'aide d'examens histologiques et quantifié par la mesure de l'accumulation progressive d'ADN dans la glande mammaire [18]. L'apparition des premières alvéoles mammaires correspond à une augmentation globale de la concentration des ARNm des caséines [67, 74]. Ce point qui n'a pas été examiné plus en détail suggère que les cellules alvéolaires dérivées des cellules souches des canaux sont spontanément plus riches en ARNm des caséines et ont donc gagné un degré dans le processus de différenciation. Le phénomène s'accentue au cours du développement du tissu mammaire sécréteur tout au long de la gestation. En effet, les ARNm des protéines du lait s'accumulent de manière importante jusqu'à la fin de la gestation. Parallèlement, le tissu mammaire synthétise progressivement de plus en plus de caséines. Dans le même temps, le tissu mammaire devient plus sensible aux hormones ajoutées in vitro au fur et à mesure que la gestation progresse. Ce phénomène est observé aussi bien chez la brebis [18] que chez la ratte [61, 67] et la lapine [74]. La glande mammaire commence donc à synthétiser du lait en quantité biochimiquement décelable bien avant la parturition. La véritable amplification de ce phénomène n'a toutefois lieu que pendant les premiers jours de la lactation.

Ces faits inspirent plusieurs remarques. Il est clair que le déclenchement de la synthèse des protéines du lait n'est pas un phénomène de tout-ou-rien, mais est au contraire un processus essentiellement progressif. On peut imaginer qu'ainsi la glande mammaire se prépare petit à petit à synthétiser du lait en fonctionnant au ralenti. Ce mécanisme constitue peut-être une assurance que la sécrétion lactée démarrera bien dès le lendemain de la parturition. En effet, la veille de la parturition, la synthèse de lait peut être nuisible puisque la glande ne peut stocker le lait qui serait produit alors que dès le lendemain, une sécrétion lactée relativement abondante est déjà nécessaire.

Une simple observation des profils hormonaux et du taux de synthèse des caséines chez plusieurs espèces montre une corrélation négative entre le taux de progestérone circulant et le niveau de synthèse des protéines du lait. La progestérone apparaît donc comme une hormone favorisant la croissance mammaire tout en freinant la biosynthèse des protéines du lait.

Un autre fait est particulièrement frappant. Le niveau des ARNm des protéines du lait atteint des niveaux relativement élevés au cours de la gestation alors que la synthèse des caséines reste à un niveau modeste. Cette observation suggère que la progestérone freine plus intensément la traduction des ARNm des caséines que leur accumulation. Les gènes des protéines du lait semblent donc avoir au moins deux niveaux de régulation : l'accumulation des ARN messagers, la traduction de ces ARN en protéines.

Induction expérimentale
de la synthèse des caséines in vivo

Des injections de prolactine induisent la synthèse des protéines du lait. Toutefois, chez la femelle prépubère, ce phénomène est de très faible amplitude à moins que le traitement soit prolongé et d'une grande intensité. Chez la femelle vierge mais pubère, les stimulus œstrogéniques des cycles sexuels induisent une sensibilisation de la cellule mammaire vis-à-vis des hormones, une légère croissance mammaire et une réorganisation du tissu épithélial [60]. Une plus franche induction de la synthèse des caséines est alors possible par des injections de prolactine [37, 70]. Au cours de la gestation, des injections de prolactine n'ont pas d'effets très spectaculaires sauf chez la lapine. Chez cette espèce, l'hormone induit rapidement un développement complet de la glande mammaire et une abondante synthèse de lait. Les raisons pour lesquelles la lapine est plus sensible in vivo que les autres espèces sont mal connues. Il est possible que le niveau constitutivement élevé des récepteurs à la prolactine et la relativement faible progestéronémie au cours de la gestation contribuent à rendre la lapine exceptionnellement sensible à la prolactine in vivo.

Chez la plupart des espèces, des injections de glucocorticoïdes à diverses périodes de la gestation stimulent très vivement l'expression des gènes des protéines du lait [19, 30]. Les glucocorticoïdes peuvent donc être considérés comme limitants pour l'induction de la sécrétion lactée. Ils ne semblent pas l'être au cours de la lactation pendant laquelle les glucocorticoïdes sont incapables de stimuler la production de lait.

La progestérone injectée au cours de la gestation ralentit l'induction naturelle de la synthèse de lait et elle freine de manière très nette les effets de la prolactine injectée simultanément [40]. La progestérone a donc au moins deux impacts : l'hypophyse où elle agit en freinant la sécrétion de prolactine, et la cellule mammaire où elle atténue les effets de la prolactine.

Contrôle de la synthèse des protéines du lait in vitro

A l'aide d'explants mammaires

Des fragments de glande mammaire prélevés chez des femelles gestantes peuvent être cultivés pendant plusieurs jours dans des milieux de culture simples ne contenant pas de sérum. Dans ces conditions, le tissu mammaire étant partiellement développé, l'induction de la synthèse du lait par les hormones peut se faire indépendamment de la multiplication cellulaire. Avec cette technique, il a pu être démontré qu'une association d'insuline à haute concentration, de glucocorticoïde et de prolactine à concentrations physiologiques étaient nécessaires et suffisantes pour induire une franche synthèse de caséine. Dans tous les cas, il semble qu'il y ait une excellente corrélation entre le niveau d'ARNm et le taux de synthèse de la protéine correspondante, ce qui suggère que la quantité d'ARNm est le facteur limitant essentiel in vitro et que le mécanisme de contrôle de la traduction de ces ARNm ne s'exprime pas ou peu dans les conditions de la culture [20, 36]. Dans le meilleur des cas, le taux de synthèse des protéines du lait obtenu in vitro ne dépasse pas 10 % de ce qui peut être observé chez l'animal allaitant. Les conditions de la culture doivent limiter la possibilité métabolique des cellules et l'hypertrophie des cellules n'a de toute évidence pas vraiment lieu in vitro.

En absence de prolactine, chez toutes les espèces, la synthèse des caséines reste à un très bas niveau et l'insuline et le cortisol, seuls ou associés, apportent une forte stimulation des effets de la prolactine.

La progestérone, à des concentrations nettement supraphysiologiques, limite significativement l'induction de l'expression des gènes des caséines déclenchée par la prolactine [57]. La raison pour laquelle la progestérone doit être ajoutée en relativement grande quantité peut tenir au fait qu'elle est très liposoluble et qu'elle peut être piégée dans les lipides des explants. Il est en tout cas clair qu'on ne retrouve dans les milieux de culture qu'une partie relativement modeste de la progestérone ajoutée initialement.

Ainsi, l'essentiel des régulations hormonales observées in vivo peut être reproduit in vitro avec des explants mammaires dans des conditions de culture bien définies.

A l'aide de cellules isolées

Les cellules épithéliales mammaires peuvent être isolées par un traitement enzymatique de tissu frais. Des cellules isolées et des organoïdes contenant des agrégats de cellules non totalement dispersées peuvent être maintenus plusieurs semaines en culture. Les cellules épithéliales peuvent dans ces conditions se différencier sous l'influence des hormones lactogènes. De nombreux travaux ont démontré que les cellules épithéliales mammaires isolées de leur contexte tissulaire et cultivées sur support plastique perdaient très rapidement leur sensibilité aux hormones. Ces mêmes cellules cultivées sur un gel de collagène I ou sur des matrices extracellulaires plus complexes comme celles extraites des tumeurs de Engelbreth-Holm-Swarm retrouvent leur capacité à synthétiser du lait sous l'influence des hormones [1, 8]. Les cellules ainsi cultivées gardent une partie essentielle de leurs caractéristiques, tout au moins en ce qui concerne leur réponse vis-à-vis des hormones.

La culture des cellules épithéliales pendant plusieurs mois est plus problématique. Dans les conditions de culture traditionnelle, les cellules épithéliales se multiplient lentement et disparaissent rapidement au profit des fibroblastes. Plusieurs modifications des conditions de culture ont été proposées pour tenter de résoudre ces problèmes. En présence de faibles concentrations d'ion calcium (<0,06 mM), les cellules épithéliales mammaires se multiplient assez rapidement sans se différencier. Elles se détachent spontanément du support plastique au moment où elles atteignent la confluence. Après une augmentation de la concentration de calcium, les cellules ralentissent considérablement leur croissance et elles peuvent alors se différencier sous l'influence des hormones lactogènes [58]. Des cellules épithéliales peuvent être ainsi obtenues en abondance puisqu'elles subissent jusqu'à 50 divisions successives. Des cellules épithéliales isolées à partir de glande mammaire de souris vierges peuvent également se diviser dans un gel de collagène I, pendant plusieurs semaines, dans des milieux synthétiques contenant ou non des hormones et ensuite se différencier sous l'influence des hormones lactogènes [50]. Des cellules mammaires de rat maintenues six mois en culture dans des conditions plus traditionnelles gardent leur capacité à synthétiser des protéines du lait [65]. Un milieu synthétique contenant entre autres un extrait hypophysaire de bœuf permet également à des cellules épithéliales de se diviser pendant plusieurs mois jusqu'à 50 divisions successives [7]. La démonstration que des cellules épithéliales mammaires cultivées pendant des périodes aussi prolongées dans ces conditions peuvent se différencier sous l'influence des hormones et sécréter du lait reste à faire.

Plusieurs lignées spontanément immortalisées ont pu être obtenues. La lignée Comma 1D, obtenue il y a plusieurs années à partir de glande mammaire de souris normale, se différencie sous l'influence des hormones et en présence de collagène I. Cette lignée semble en fait composée de plusieurs clones mélangés ayant des caractéristiques différentes qui ne sont pas totalement stables [13]. Plusieurs clones stables ont pu être isolés à partir de cette lignée. L'un d'eux, le clone HC11, est capable de synthétiser des caséines en quantité relativement abondante en présence des hormones lactogènes, mais à condition d'être maintenu à l'état d'hyperconfluence pendant la phase d'induction. Le clone HC11 se différencie dans ces conditions sur un support plastique et le collagène I ne modifie pas sa sensibilité aux hormones. On peut imaginer que les cellules HC11 font elles-mêmes spontanément à confluence les éléments de la membrane basale qui lui sont nécessaires pour se différencier [6].

Un autre clone cellulaire de souris composé de cellules épithéliales mammaires et de fibroblastes a été également obtenu par une immortalisation spontanée. Ce clone, IM_2, peut être décomposé en ces deux types cellulaires : des cellules épithéliales et des fibroblastes. Les cellules épithéliales ne peuvent fonctionner qu'au contact intime des fibroblastes qui synthétisent les éléments de la membrane basale dont la laminine qui va se déposer sur la surface des cellules épithéliales. Les cellules épithéliales s'enrichissent alors en cytokératine [66]. De la même manière, une coculture des fibroblastes préadipocytaires avec les cellules épithéliales mammaires permet à ces dernières de récupérer leur sensibilité aux hormones lactogènes [52]. Ces expériences reproduisent de manière élégante les phénomènes de coopération entre les différents types de cellules de la glande mammaire. Plus récemment, des cellules épithéliales mammaires bovines (BME) ont été isolées après une immortalisation spontanée [31]. Ces cellules cultivées sur collagène I ont gardé certaines caractéristiques des cellules d'origine dont la capacité de synthétiser des caséines.

Un certain nombre de lignées tumorales mammaires ont été établies (MCF7, T47D, HBL100...). Aucune de ces lignées n'a gardé une capacité significative à synthétiser du lait. C'est probablement parce qu'elles dérivent de tumeurs relativement évoluées qu'elles ont perdu leur caractère différenciable. En effet, les tumeurs jeunes induites par le DMBA contiennent encore des cellules différenciables [68]. Il est vraisemblable que cette dédifférenciation progressive résulte de l'induction, elle-même progressive, de certains oncogènes. Ainsi, la glande mammaire de souris transgénique perd séquentiellement sa capacité à synthétiser du lait lorsqu'elle exprime les oncogènes myc et ras [3] et les tumeurs bien établies surexpriment plusieurs oncogènes. De manière inattendue toutefois, l'oncogène myc amplifie l'action de la prolactine dans un clone dérivé de la lignée Comma-1D [5]. Ces faits illustrent la complexité des relations entre les oncogènes et les mécanismes d'action des hormones différenciatrices.

Les gènes des protéines du lait, pour s'exprimer sous l'influence des hormones lactogènes, doivent donc normalement se trouver dans un contexte cellulaire particulier que n'ont plus les cellules tumorales et que peuvent avoir les cellules primaires et les cellules immortalisées lorsqu'elles sont au contact d'une matrice extracellulaire appropriée. Les gènes des protéines du lait ne s'expriment normalement que dans les cellules épithéliales mammaires. Des facteurs de transcription spécifiques de la cellule mammaire doivent donc contribuer à réguler l'expression de ces gènes. Des expériences récentes utilisant des cellules non mammaires, les cellules CHO, ont permis de démontrer que le gène du récepteur de la prolactine, lorsqu'il est surexprimé après transfection, est capable d'induire l'expression du gène de la chloramphénicol acétyltransférase (CAT) fusionné au promoteur du gène de la β-lactoglobuline [49]. On peut penser que, dans ces conditions, la surexpression du récepteur de la prolactine a permis à l'hormone de générer un grand nombre de signaux intracellulaires qui vont stimuler de manière significative le gène cible cotransfecté, même en l'absence de facteurs de transcription spécifiques de la glande mammaire.

Rôle des différentes hormones
sur l'expression des gènes des protéines du lait

Prolactine

Il ne fait pas de doute que la prolactine joue le rôle essentiel dans l'induction de l'expression des gènes des protéines du lait. Les expériences réalisées in vivo l'ont depuis longtemps démontré. Les expériences réalisées in vitro l'ont amplement confirmé. Les gènes des caséines, de la WAP et de la β-lactoglobuline sont sous la dépendance stricte de la prolactine [20, 64]. Chez la lapine, la prolactine seule, ajoutée à des milieux de culture d'explants ou de cellules épithéliales, suffit à induire une synthèse relativement abondante de caséines [43]. Cet effet de la prolactine est amplifié par l'insuline, les glucocorticoïdes et l'IGF$_1$ [26]. Chez les autres espèces, la prolactine est, pour des raisons inconnues, moins efficace et l'effet des amplificateurs est plus marqué. Chez la souris, la présence des trois hormones lactogènes essentielles, prolactine, insuline et glucocorticoïdes, est indispensable [62].

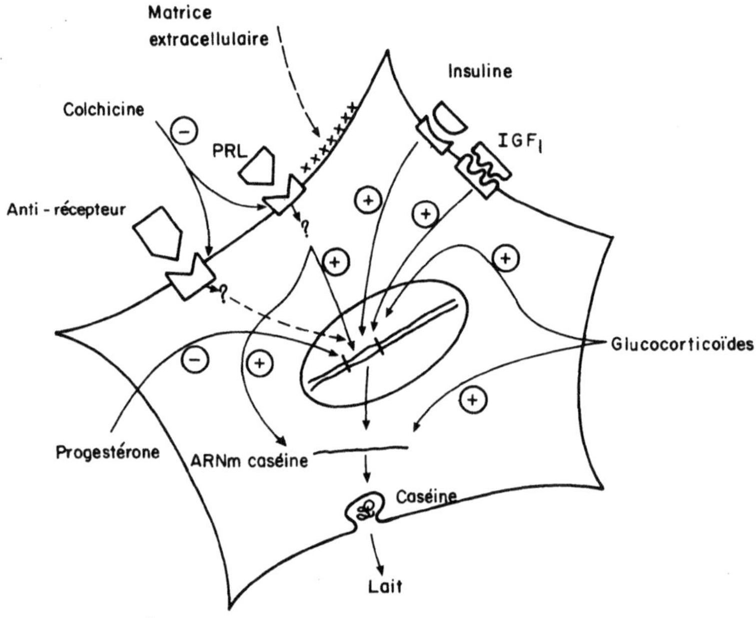

Fig. 16-1   Schéma récapitulatif de l'action des hormones qui contrôlent l'expression des gènes des protéines du lait. 1 - la prolactine, en se fixant sur son récepteur, envoie dans la cellule mammaire un message dont la nature chimique est inconnue ; 2 - la prolactine et l'insuline stimulent la transcription des gènes des caséines, la progestérone l'inhibe ; 3 - la stabilité des ARNm des caséines est augmentée par la prolactine, les glucocorticoïdes ainsi que par la matrice extracellulaire ; 4 - la prolactine active la phospholipase A$_2$ membranaire qui dégrade les phospholipides. Les leucotriènes qui en dérivent stimulent la sécrétion des caséines.

La prolactine stimule la transcription des gènes des protéines du lait mais en même temps la stabilité des ARNm [15, 28, 33, 44, 76]. La part attribuée à la transcription et à la stabilisation des ARNm est très variable selon les auteurs. Des expériences récentes utilisant le gène marqueur CAT, fusionné à des promoteurs de la caséine β de rat, de la caséine

αs_1 de souris, de la caséine αs_1 de lapin et de la WAP de lapin, font apparaître sans ambiguïté que la transcription est un des mécanismes sur lequel la prolactine agit de manière intense [24, 47, 54, 80]. Ces expériences ont permis de définir grossièrement la région des gènes des protéines du lait située en amont de la partie transcrite qui perçoit le message prolactinique. En amont de ces gènes se trouvent des séquences qui sont conservées et qui pourraient être impliquées dans l'action des hormones [20, 21, 34, 69, 82].

L'action de la prolactine sur les gènes des protéines du lait est très rapide puisqu'une accumulation des ARNm est déjà décelable une heure après addition de l'hormone [21]. Le cycloheximide ainsi que d'autres inhibiteurs de la synthèse protéique s'opposent à l'action inductrice de la prolactine [21, 63, 81]. Cette inhibition ne se manifeste toutefois pas immédiatement puisque la prolactine agit pendant les deux premières heures après son addition dans le milieu de culture, même en présence de cycloheximide [21]. Ces résultats indiquent de toute façon qu'un facteur protéique instable est nécessaire pour que la prolactine puisse agir. Ce facteur pourrait être le récepteur de l'hormone elle-même dont on sait qu'il disparaît rapidement sous l'action du cycloheximide.

Insuline

L'insuline, totalement inactive seule, amplifie fortement in vitro l'effet inducteur de la prolactine. Le rôle de l'insuline reste mal compris. Chez la souris, des doses physiologiques d'hormones provoquent un effet substantiel [10] tandis que chez la lapine et la brebis, par exemple, seules des doses nettement supraphysiologiques ont un effet significatif [43]. La dégradation très rapide de l'insuline in vitro peut fausser l'idée que l'on se fait du rôle de cette hormone. Il est cependant probable que l'insuline à dose supraphysiologique agit via le récepteur de l'IGF$_1$ qui, lui-même, a un effet amplificateur à des doses physiologiques sur l'action de la prolactine [26]. Quoi qu'il en soit, l'insuline semble agir essentiellement en augmentant le taux de transcription des gènes des protéines du lait sans modifier la stabilité des produits de transcription [15, 28]. Le mécanisme de transduction du message insulinique du récepteur de l'hormone à ses gènes cibles est totalement inconnu. L'effet stimulateur de l'insuline ne s'exprime que relativement lentement. Il faut en effet au moins dix heures pour que l'insuline commence à augmenter la concentration des ARNm de la caséine β dans les explants mammaires de lapine en culture [20]. Ce fait suggère que l'insuline n'exerce pas un rôle direct sur les gènes des protéines du lait. Plus vraisemblablement, cette hormone induit la synthèse d'une protéine qui interfère avec le mécanisme de transduction du signal prolactinique au niveau membranaire, cytoplasmique ou nucléaire.

Glucocorticoïdes

Les glucocorticoïdes exercent une action puissante sur la synthèse des protéines du lait, essentiellement en augmentant le nombre des ARNm disponibles pour la traduction. Une partie de l'effet des glucocorticoïdes semble s'exercer aux étapes post-transcriptionnelles de l'expression des gènes [28, 41]. Des mesures directes de la transcription à l'aide de noyaux isolés indiquent toutefois qu'une partie essentielle de l'action des glucocorticoïdes sur les gènes des protéines du lait s'exerce au niveau transcriptionnel [16]. Des expériences utilisant la transfection de constructions contenant le promoteur de gènes de protéines du lait et le gène rapporteur CAT sont venues confirmer que les glucocorticoïdes agissaient au niveau de la transcription [24, 54, 81]. Il est maintenant bien établi que les glucocorticoïdes et, plus généralement, les hormones stéroïdiennes, agissent en reconnaissant le récepteur spécifique qui va se lier à l'ADN à transcrire. Il n'est pas du tout certain que les glucocorticoïdes stimulent la synthèse des protéines du lait par un mécanisme de ce type. Plusieurs faits viennent étayer cette hypothèse. Les glucocorticoïdes ne stimulent que lentement l'accumulation des ARNm des caséines en présence de prolactine [21, 25, 54] et il est vraisemblable que la synthèse d'une protéine intermédiaire est impliquée dans le mécanisme d'action des glucocorticoïdes. Des expériences réalisées chez le lapin montrent toutefois que les glucocorticoïdes provoquent une accumulation très rapide des ARNm de la WAP dans des explants prétraités par la prolactine et l'insuline (Puissant et al., non publiés). Les glucocorticoïdes pourraient donc exercer un effet rapide et direct sur la transcription du gène de la WAP et un effet plus lent et indirect sur la stabilisation des ARNm et sur la transcription des gènes des caséines.

Le gène WAP se comporte vis-à-vis des glucocorticoïdes d'une manière nettement différente de ceux des caséines. Chez le rat comme chez le lapin [20, 36, 54], le gène WAP est plus dépendant des glucocorticoïdes que les gènes des caséines. Par ailleurs, les cellules mammaires isolées ne peuvent plus exprimer le gène de la WAP tant qu'elles n'ont pas acquis une architecture tridimensionnelle en relation étroite avec la matrice extracellulaire [14, 72]. De manière inattendue, les cellules qui ne sont pas placées dans un environnement architectural approprié sécrètent un facteur diffusible qui pourrait être le TGF-β et qui déstabilise spécifiquement l'ARNm de la WAP [14].

D'autre part, des expériences récentes ont montré que l'acide linoléique peut remplacer le cortisol pour stimuler la synthèse des protéines du lait dans des cellules de souris en culture [50].

Progestérone

La progestérone empêche l'accumulation des ARNm des caséines normalement provoquée par la prolactine en s'opposant à l'augmentation de la transcription des gènes correspondants [42, 77]. Des séquences susceptibles de fixer le récepteur de la progestérone ont été localisées en amont des gènes des caséines [69]. Rien n'indique toutefois que ces séquences sont réellement impliquées dans le mécanisme d'action de la progestérone.

Il a été proposé que la progestérone s'oppose aux effets des corticoïdes en occupant par compétition leurs récepteurs [29]. De nombreuses études in vitro ont en effet montré que, dans les extraits cellulaires, la progestérone occupait avec une relative efficacité le récepteur des glucocorticoïdes. Il ne semble pas en être de même lorsque les deux stéroïdes sont ajoutés à des cellules entières. En effet, dans ces conditions, la progestérone n'exerce un effet inhibiteur qu'à des doses très élevées sans rapport avec la proportion des deux stéroïdes in vivo. D'autre part, la progestérone est capable d'exercer son effet inhibiteur sur des explants de glande mammaire de lapine cultivés en présence de prolactine mais en absence de glucocorticoïdes [45, 56].

Expression des gènes des protéines du lait chez les animaux transgéniques

La possibilité de réintroduire un gène isolé dans un animal entier par la technique de transgenèse offre de nouvelles possibilités très intéressantes aux expérimentateurs. Les gènes de la β-lactoglobuline de mouton [75], de l'α-lactalbumine de vache [78] et de la WAP de rat [9] s'expriment à un taux élevé et spécifiquement dans la glande mammaire de souris transgénique. Le gène de la caséine β de ratte ne s'exprime en revanche qu'à un taux très faible bien que de manière spécifique [46]. Il est vraisemblable que la région promotrice du gène de la caséine β utilisée ne comporte pas tous les amplificateurs de la transcription. Le taux d'expression des transgènes est variable et dépend très vraisemblablement de son site d'insertion dans le génome hôte. Cette technique, tout comme la transfection, permet de définir les régions régulatrices d'un gène. Ainsi, le gène de la β-lactoglobuline est exprimé à un taux élevé avec seulement 800 paires de bases en amont de la région transcrite [35] et le gène de la caséine β de ratte a des éléments qui contrôlent son expression dans les 500 paires de bases en amont du site d'initiation de la transcription [47]. Une étude plus approfondie permettra, avec la transfection, de définir les régions promotrices qui confèrent aux gènes des protéines du lait la capacité de n'être exprimés que dans la glande mammaire.

La glande mammaire est un organe qui sécrète des protéines en abondance. La possibilité d'y faire exprimer un gène préalablement isolé a poussé les expérimentateurs à tenter d'utiliser cet organe pour produire en masse des protéines ayant un intérêt clinique ou vétérinaire et qui ne peuvent être produites sous leur forme fonctionnelle ou mature par des micro-organismes. De cette manière, plusieurs protéines ont déjà été synthétisées par la glande mammaire de souris ou de brebis. Parmi ces protéines, on peut citer l'activateur de plasminogène [32], le facteur IX de coagulation [17, 75], l'α-antitrypsine [4], l'interleukine-2 [12], l'urokinase [59] et l'hormone de croissance humaine (Thépot et al., résultats non publiés). Cette technique semble à l'heure actuelle particulièrement intéressante pour certaines protéines, bien que très lourde à mettre en œuvre. L'efficacité des constructions de gène reste à l'heure actuelle assez imprévisible et l'obtention d'animaux transgéniques de grande taille susceptibles de produire des quantités importantes de protéines est encore un exercice difficile.

Transduction du message prolactinique aux gènes des protéines du lait

Plusieurs mécanismes types ont été définis pour rendre compte de la transduction des messages hormonaux dans les cellules. Un certain nombre d'expériences ont permis de conclure que la prolactine n'empruntait pas les voies faisant intervenir le système cAMPkinase A, le système Ca^{++}-calmoduline, le système diacylglycérol-kinase C [20, 38, 43, 44]. Divers inhibiteurs de kinase et, en particulier, la 6-diméthylaminopurine (Puissant et al., résultats non publiés) et l'amiloride [55], inhibent spécifiquement l'induction de l'expression des gènes des protéines du lait par la prolactine. Des kinases dont la nature et le rôle sont inconnus pourraient donc être impliquées dans la transduction du message prolactinique à ses gènes cibles.

La colchicine, ainsi qu'un certain nombre d'autres drogues se liant directement à la tubuline, inhibe très fortement les actions de la prolactine [73]. D'autres substances, telle que l'estramustine, qui détruisent les microtubules en se liant aux protéines associées au microtubule plutôt qu'à la tubuline, n'altèrent pas les actions de la prolactine [83]. Il est donc vraisemblable que la molécule de tubuline, plutôt que les microtubules eux-mêmes, est intimement impliquée dans le mécanisme de transduction du signal prolactinique [39]. Des expériences dans lesquelles le gène hybride contenant le promoteur de la caséine αs_1 de lapin et le gène CAT a été transfecté dans des cellules mammaires primaires de lapin, indiquent que la colchicine s'oppose à l'induction du gène CAT par la prolactine (Malienou N'Gassa et al., résultats non publiés). La colchicine agit donc vraisemblablement dans les étapes précoces de la transduction du message prolactinique et peut-être même au niveau membranaire.

Des anticorps antirécepteur de la prolactine inhibent à forte concentration l'induction de la synthèse des caséines par la prolactine. A plus faible concentration, ces anticorps miment l'action de la prolactine sur la synthèse des caséines ainsi que sur la synthèse d'ADN qui est également augmentée par l'hormone. Les effets des anticorps sont bloqués comme ceux de l'hormone par la colchicine [22]. Certains anticorps monoclonaux qui se lient au site de fixation de la prolactine miment également l'action de l'hormone, tandis que d'autres ne partagent pas cette propriété [23]. Les anticorps bivalents mais non les monovalents sont capables de mimer l'action de l'hormone [27]. Ces faits indiquent sans ambiguïté que la molécule de prolactine n'est pas absolument indispensable au-delà du récepteur pour activer les gènes des protéines du lait. Ils suggèrent qu'un médiateur intracellulaire de nature inconnue doit se former au niveau membranaire lorsque le récepteur est occupé et être véhiculé jusqu'aux gènes cibles de l'hormone.

Conclusions

Les mécanismes qui contrôlent l'expression des gènes des protéines du lait sont encore bien loin d'être compris. Le rôle de chaque hormone a été mieux défini par les travaux menés récemment. Les interférences entre les différents messages hormonaux et la matrice extracellulaire font de la cellule mammaire un système biologique complexe. La détermination de la structure des gènes apportera dans un proche avenir des informations précises sur les séquences régulatrices de la transcription et sur les facteurs protéiques qui s'y lient [53]. Rien n'est encore connu des mécanismes qui contrôlent la stabilité des ARNm des caséines ni même sur les séquences nucléotidiques impliquées. Le problème paraît complexe dans la mesure où certains des événements post-transcriptionnels de contrôle semblent se dérouler dans le noyau et doivent être en relation avec la maturation des ARNm [28].

La prolactine est de toute évidence essentielle pour que soit activée l'expression des gènes des protéines du lait. Un effort particulier porte logiquement sur l'étude du mécanisme d'action de cette hormone. Des travaux récents ont permis d'identifier le récepteur de cette hormone, et de cloner son gène et d'en déterminer la structure [11]. Un outil nouveau est donc désormais à la disposition des expérimentateurs. Cet outil devrait permettre de mieux comprendre les mécanismes de transduction du signal hormonal aux différents compartiments de la cellule mammaire et en particulier aux gènes des protéines du lait.

RÉFÉRENCES

1. AGGELER J, PARK CS, BISSEL MJ (1988) Regulation of milk protein and basement membrane gene expression : the influence of the extracellular matrix. *J Dairy Sci* **71** : 2830-2842

2. ANDRES AC, SCHONENBERGER CA, GRONER B, HENNIGHAUSEN L, LEMEUR M, GERLINGER P (1987) Ha-Ras oncogene expression directed by a milk protein gene promoter. Tissue specificity, hormonal regulation and tumor induction in transgenic mice. *Proc Natl Acad Sci USA* **84** : 1299-1303

3. ANDRES AC, VAN DER VALK MA, SCHONENBERGER CA, FLUCKIGER F, LEMEUR M, GERLINGER P, GRONER B (1988) H-ras and c-myc oncogen expression interferes with morphological and functional differentiation of mammary epithelial cells in single and double transgenic mice. *Genes Dev* **2** : 1486-1495

4. ARCHIBALD AL, McCLENAGHAN M, HONSEY V, SIMONS JP, CLARK AJ (1990) High level expression of biologically active human α_1-antitrypsin in the milk of transgenic mice. *Proc Natl Acad Sci USA* **87** : 5178-5182

5. BALL RK, ZIEMIECKI A, SCHONENBERGER CA, REICHMANN E, REDMOND SMS, GRONER B (1988) V-myc alters the response of a cloned mouse mammary epithelial cell line to lactogenic hormones. *Mol Endocrinol* **2** : 133-142

6. BALL RK, FRIIS RR, SCHONENBERGER CA, DOPPLER N, GRONER B (1988) Prolactin regulation of β-casein gene expression and of a cytosolic 120 kd protein in a cloned mouse mammary epithelial cell line. *EMBO J* **7** : 2089-2095

7. BAND V, SAGER R (1989) Distinctive traits of normal and tumor-derived human mammary epithelial cells expressed in a medium that supports long-term growth of both cell types. *Proc Natl Acad Sci USA* **86** : 1249-1253

8. BARCELLOS-HOFF MH, AGGELER J, RAM TG, BISSEL MJ (1989) Functional differentiation and alveolar morphogenesis of primary mammary cultures on reconstituted basement membrane. *Development* **105** : 223-235

9. BAYNA EM, ROSEN JM (1990) Tissue-specific, high level expression of the rat whey acidic protein gene in transgenic mice. *Nucleic Acids Res* **18** : 2977-2985

10. BOLANDER FF, NICHOLAS KR, WANWYCK JJ, TOPPER YJ (1981) Insulin is essential for accumulation of casein mRNA in mouse mammary epithelial cells. *Proc Natl Acad Sci USA* **78** : 5682-5686

11. BOUTIN JM, JOLICŒUR C, OKAMURA H, GAGNON J, EDERY M, SHIROTA M, BANVILLE D, DUSANTER-FOURT I, DJIANE J, KELLY PA (1988) Cloning and expression of the rat prolactin receptor, a member of the growth hormone/prolactin receptor gene family. *Cell* **53** : 69-77

12. BUHLER TA, BRUYERE T, WENT DF, STRANZINGER G, BURKI K (1990) Rabit β-casein promoter directs secretion of human interleukin-2 into the milk of transgenic rabbits. *Biotechnology* **8** : 140-143

13. CAMPBELL SM, TAHA MM, MEDINA D, ROSEN JM (1988) A clonal derivative of mammary epithelial cell line Comma-D retains stem cell characteristics of unique morphological and functional heterogeneity. *Exp Cell Res* **177** : 109-121

14. CHEN LH, BISSEL MJ (1989) A novel regulatory mechanism for whey acidic protein gene expression. *Cell Regul* **1** : 45-54

15. CHOMCZYNSKI P, QASBA P, TOPPER YJ (1984) Essential of insulin in transcription of the rat 25 000 molecular weight casein gene. *Science* **222** : 1326-1328

16. CHOMCZYNSKI P, QASBA P, TOPPER YJ (1986) Transcriptional and post-transcriptional roles of glucocorticoid in the expression of the rat 25 000 molecular weight casein gene. *Biochem Biophys Res Comm* **134** : 812-818

17. CLARK AJ, BESSOS H, BISHOP JO, BROWN P, HARRIS S, LATHE R, MCCLENAGHAN M, PROWSE C, SIMONS JP, WHITELAW CBA, WILMUT I (1989) Expression of human anti-hemophilic factor IX in the milk of transgenic sheep. *Biotechnology* **7** : 487-492

18. DELOUIS C, DJIANE J, HOUDEBINE LM, TERQUI M (1980) Relation between hormones and mammary gland function. *J Dairy Sci* **63** : 1492-1513

19. DEVINOY E, HOUDEBINE LM (1977) Effects of glucocorticoids on casein gene expression in the rabbit. *Eur J Biochem* **75** : 411-416

20. DEVINOY E, HUBERT C, JOLIVET G, THEPOT D, CLERGUE N, DESALEUX N, DION M, SERVELY JL, HOUDEBINE LM (1988) Recent data on the structure of rabbit milk protein genes and on the mechanism of the hormonal control of their expression. *Reprod Nutr Dev* **28** : 1145-1164

21. DEVINOY E, JOLIVET G, THEPOT D, HOUDEBINE LM (1989) Prolactin control of milk protein gene expression in the rabbit mammary gland. *In* N Josso (ed) : *Development function of the reproductive organs* (Vol. III). Ares Serono Symposia, pp. 21-36

22. DJIANE J, HOUDEBINE LM, KELLY PA (1981) Prolactin-like activity of anti-prolactin receptor antibodies on casein and DNA synthesis in the mammary gland. *Proc Natl Acad Sci USA* **78** : 7445-7448

23. DJIANE J, DUSANTER-FOURT I, KATOH M, KELLY PA (1985) Biological activities of binding site specific monoclonal antibodies to prolactin receptors of rabbit mammary gland. *J Biol Chem* **260** : 11430-11435

24. DOPPLER W, GRONER B, BALL RK (1989) Prolactin and glucocorticoid hormones synergistically induce expression of transfected rat β-casein gene promoter constructs in a mammary epithelial cell line. *Proc Natl Acad Sci USA* **86** : 104-108

25. DOPPLER W, HOCK W, HOFER P, GRONER B, BALL RK (1990) Prolactin and glucocorticoid hormone control transcription of β-casein gene by kinetically distinct mechanism. *Mol Endocrinol* **4** : 912-919

26. DUCLOS M, HOUDEBINE LM, DJIANE J (1989) Comparison of insulin-like growth factor 1 and insulin effects on prolactin-induced lactogenesis in the rabbit mammary gland *in vitro*. *Mol Cell Endocrinol* **65** : 129-134

27. DUSANTER-FOURT I, DJIANE J, KELLY PA, HOUDEBINE LM, TEYSSOT B (1984) Differential biological activities between mono-and bivalent fragments of anti-prolactin receptor antibodies. *Endocrinology* **114** : 1021-1027

28. EISENSTEIN RS, ROSEN JM (1988) Both cell substantrum regulation and hormonal regulation of milk protein gene expression are exerted primarily at the post-transcriptional level. *Mol Cell Biol* **8** : 3183-3190

29. GANGULY R, MAJUMDER PK, GANGULY N, BANERJEE MR (1982) The mechanism of progesterone-glucocorticoid interaction in regulation of casein gene expression. *J Biol Chem* **257** : 2182-2187

30. GAYE P, HUE-DELAHAIE D, MERCIER JC, SOULIER S, VILOTTE JL, FURET JP (1986) Ovine β-lactoglobulin messenger RNA : nucleotide sequence and mRNA levels during functional differentiation of the mammary gland. *Biochimie* **68** : 1097-1107

31. GIBSON CA, VEGA JR, BAUMRUCKER CR (1989) *J Cell Biol* **109** part 2 329a : Abstract n° 1806

32. GORDON K, LEE E, VITALE JA, SMITH AE, WESTPHAL H, HENNIGHAUSEN L (1987) Production of human tissue plasminogen activator in transgenic mouse milk. *Biotechnology* **5** : 1183-1187

33. GUYETTE WA, MATUSIK RJ, ROSEN JM (1979) Prolactin mediated transcriptional and post-transcriptional control of casein gene expression. *Cell* **17** : 1013-1023

34. HALL L, EMERY D, DAVIES MS, PARKER D, CRAIG RK (1987) Organization and sequence of the human α-lactalbumin gene. *Biochem J* **242** : 735-742

35. HARRIS S, McCLENAGHAN M, SIMONS JP, ALI S, CLARK AJ (1990) Gene expression in the mammary gland. *J Reprod Fert* **88** : 707-715

36. HOBBS AA, RICHARDS DA, KESSLER DJ, ROSEN JM (1982) Complex hormonal regulation of rat casein gene expression. *J Biol Chem* **257** : 3598-3605

37. HOUDEBINE LM (1979) Role of prolactin in the expression of casein genes in the virgin rabbit. *Cell Diff* **8** : 49-59

38. HOUDEBINE LM (1989) Recent data on the mechanism of action of prolactin. *Exp Clin Endocrinol* **8** : 157-166

39. HOUDEBINE LM (1990) The possible involvement of tubulin in the transduction of the prolactin signal. *Reprod Nutr Dev* **30** : 431-438

40. HOUDEBINE LM, GAYE P (1975) Regulation of casein synthesis in the rabbit mammary gland. Titration of mRNA activity for casein under prolactin and progesterone treatments. *Mol Cell Endocrinol* **3** : 37-55

41. HOUDEBINE LM, DEVINOY E, DELOUIS C (1978) Stabilization of casein mRNA by prolactin and glucocorticoids. *Biochimie* **60** : 57-63

42. HOUDEBINE LM, TEYSSOT B, DEVINOY E, OLLIVIER-BOUSQUET M, DJIANE J, KELLY PA, DELOUIS C, KANN G, FEVRE J (1983) Role of progesterone in the development and the activity of the mammary gland. *In* CW Bardin, E Milgrom, P Mauvais Jarvis (eds) : *Progesterone and progestins*. Raven Press, New York, pp. 297-319

43. HOUDEBINE LM, DJIANE J, DUSANTER-FOURT I, MARTEL P, KELLY PA, DEVINOY E, SERVELY JL (1985) Hormonal action controlling mammary activity. *J Dairy Sci* **68** : 484-500

44. HOUDEBINE LM, OLLIVIER-BOUSQUET M, DEVINOY E, MARTEL P (1989) Effect of phorbol esters and phospholipid derivatives on multiplication and differentiation of mammary cells. *In* J Kabara (ed) : *Pharmacological effects of lipids. Lipids and cancer* (Vol. III). Lauricidin Inc, Galena (Il) USA, pp. 100-109

45. JAHN G, DJIANE J, HOUDEBINE LM (1989) Inhibition of casein synthesis by progestagens *in vitro* : modulation in relation to the intensity of response to prolactin. *J Ster Biochem* **32** : 373-379

46. LEE KF, DEMAYO FJ, ATIEE SH, ROSEN JM (1988) Tissue-specific expression of rat β-casein gene in transgenic mice. *Nucleic Acids Res* **16** : 1027-1041

47. LEE KF, ATIEE SH, HENNING SJ, ROSEN JM (1989a) Relative contribution of promoter and intragenic sequences in the hormonal regulation of rat β-casein transgenes. *Mol Endocrinol* **3** : 447-453

48. LEE KF, ATIEE SH, ROSEN JM (1989b) Differential regulation of rat β-casein-chloramphenicol acetyl transferase fusion gene expression in transgenic mice. *Mol Cell Biol* **9** : 560-565

49. LESUEUR L, EDERY M, PALY J, CLARK J, KELLY PA, DJIANE J (1990) Prolactin stimulates milk protein promoter in CHO cells cotransfected with prolactin cDNA. *Mol Cell Endocrinol* **71** : R7-R12

50. LEVAY-YOUNG BK, BANDYOPADHYAY GK, NANDI S (1987) Linoleic acid, but not cortisol, stimulates accumulation of casein by mouse mammary epithelial cells in serum-free collagen gel culture. *Proc Natl Acad Sci USA* **84** : 8448-8452

51. LEVAY-YOUNG BK, HAMAMOTO S, IMAGAWA W, NANDI S (1990) Casein accumulation in mouse mammary epithelium after growth stimulated by different hormonal and non-hormonal agents. *Endocrinology* **126** : 1173-1182

52. LEVINE JF, STOCKDALE FE (1985) Cell-cell interactions promote mammary epithelial cell differentiation. *J Cell Biol* **100** : 1415-1422

53. LUBON H, HENNIGHAUSEN L (1987) Nuclear proteins from lactating mammary gland bind to the promoter of a milk protein gene. *Nucleic Acids Res* **15** : 2103-2111

54. MALIENOU N'GASSA R, THERON MC, DEVINOY E, PUISSANT C, JOLIVET G, THEPOT D, GRABOWSKI H, FONTAINE ML, ATTAL J, BAYAT-SAMARDI M, HOUDEBINE LM (1990) Utilisation de cultures de cellules mammaires pour l'étude des fonctions des glandes mammaires. Opportunité et problèmes. 23e Congrès international de laiterie, Montréal (sous presse)

55. MARTEL P, HOUDEBINE LM (1990) Effects of amiloride on the induction of DNA synthesis and casein gene expression in rabbit mammary explants. *Reprod Nutr Dev* **30** : 85-90

56. MARTYN P, FALCONER IR (1984) Effects of progesterone alone and in combination with either corticosterone, 17β-estradiol or insulin or prolactine-stimulated fatty acid synthesis in mammary explants from pseudopregnant rabbits. *Aust J Biol Sci* **37** : 79-84

57. MATUSIK RJ, ROSEN JM (1978) Prolactin induction of casein mRNA in organ culture. A model system for studying peptide hormone-regulation of gene expression. *J Biol Chem* **253** : 2343-2350

58. MCGRATH CM, SOULE HD (1984) Calcium regulation of normal human mammary epithelial cell growth in culture. *In Vitro* **20** : 652-662

59. MEADE H, GATES L, LACY E, LONBERG N (1990) Bovine αs_1-casein gene sequences direct high level expression of active human urokinase in mouse milk. *Biotechnology* **8** : 443-446

60. MOHANAM S, SALOMON DS, KIDWELL WR (1988) Substratum modulation of epidermal growth factor receptor expression by normal mammary cells. *J Dairy Sci* **71** : 1507-1514

61. NAKHASI HL, QASBA PK (1979) Quantitation of milk proteins and their mRNAs in rat mammary gland at various stages of gestation and lactation. *J Biol Chem* **254** : 6016-6025

62. PITTIUS CW, SANKARAN L, TOPPER YJ, HENNIGHAUSEN L (1988) Comparison of the regulation of the whey acidic protein gene with that of a hybrid gene containing the whey acidic protein gene promoter in transgenic mice. *Mol Endocrinol* **2** : 1027-1032

63. POYET P, HENNING SJ, ROSEN JM (1989) Hormone dependent β-casein mRNA stabilization requires ongoing protein synthesis. *Mol Endocrinol* **3** : 1961-1968

64. PUISSANT C, ATTAL J, HOUDEBINE LM (1990) The hormonal control of ovine-β lactoglobulin gene in cultured ewe mammary explants. *Reprod Nutr Dev* **30** : 245-251

65. RAY DB, HORST IA, JANSEN RW, MILLS NC, KOWAL J (1981) Normal mammary cells in long term culture. Prolactin, corticosterone, insulin and triiodothyronine effects on α-lactalbumin production. *Endocrinology* **108** : 584-590

66. REICHMANN E, BALL R, GROBER B, FRIIS RR (1989) New mammary epithelial and fibroblastic cell clones in coculture form structures competent to differentiate functionnally. *J Cell Biol* **108** : 1127-1138

67. ROSEN JM, GUYETTE WA, MATUSIK RJ (1979) Hormonal regulation of casein gene expression in the mammary gland. *In* TH Hamilton, JH Clark, WA Sadler (eds) : *Ontogeny of receptors and reproductive hormone action*. Raven Press, New York, pp.

68. ROSEN JM, MATUSIK RJ, GUYETTE WA, SUPOWIT SC (1980) Prolactin regulation of casein gene expression : a model system for studying peptide hormone action. *In : Breast Cancer : New concepts in etiology and control*. Academic Press, New York, pp. 121-145

69. ROSEN JM, JONES WK, ROGERS JR, COMPTON JG, BISBEE CA, DAVID-YNOUYE Y, YU-LEE LY (1986) Regulatory sequences involved in the hormonal control of casein gene expression. *Ann NY Acad Sci* **464** : 87-99

70. SAWADOGO L, HOUDEBINE LM (1988) Induction de la synthèse de caséine-β dans la glande mammaire de rates traitées par des extraits de plantes. *CR Acad Sci Paris* **306** : 167-172

71. SCHONENBERGER CA, ANDRES AC, GRONER B, VAN DER VALK M, LEMEUR M, GERLINGER P (1988) Targeted c-myc gene expression in mammary glands of transgenic mice induces mammary tumors with constitutive milk protein gene transcription. *EMBO J* **7** : 169-175

72. SCHONENBERGER CA, ZUK A, GRONER B, JONES W, ANDRES AC (1990) Induction of endogenous WAP gene and WAP-myc hybrid gene in primary murine mammary organoids. *Dev Biol* **139** : 327-337

73. SERVELY JL, GEUENS GM, MARTEL P, HOUDEBINE LM, DE BRABANDER M (1987) Effect of tubulozole, a new synthetic microtubule inhibitor on the induction of casein gene expression by prolactin. *Biol Cell* **59** : 121-128

74. SHUSTER RC, HOUDEBINE LM, GAYE P (1976) Studies on the synthesis of casein messenger RNA during pregnancy in the rabbit. *Eur J Biochem* **71** : 193-199

75. SIMONS JP, McCLENAGHAN M, CLARK AJ (1987) Alteration of the quality of milk by expression of sheep β-lactoglobulin in transgenic mice. *Nature* **328** : 530-532

76. TEYSSOT B, HOUDEBINE LM (1980) Role of prolactin in the transcription of β-casein and 28S ribosomal genes in the rabbit mammary gland. *Eur J Biochem* **110** : 263-272

77. TEYSSOT B, HOUDEBINE LM (1981) Role of progesterone and glucocorticoids in the transcription of β-casein and 28S ribosomal genes in the rabbit mammary gland. *Eur J Biochem* **114** : 597-608

78. VILOTTE JL, SOULIER S, STINNAKRE MG, MASSOUD M, MERCIER JC (1989) Efficient tissue-specific expression of bovine α-lactalbumin in transgenic mice. *Eur J Biochem* **186** : 43-48

79. VON DERHAAR BK, SMITH GH, PAULEY RJ, ROSEN JM, TOPPER YJ (1978) A difference between mammary epithelial cells from mature virgin and primiparous mice. *Cancer Res* **38** : 4059-4065

80. YOSHIMURA M, OKA T (1990a) Transfection of β-casein chimeric gene and hormonal induction of its expression in primary murine mammary epithelial cells. *Proc Natl Acad Sci USA* **87** : 3670-3674

81. YOSHIMURA M, OKA T (1990b) Hormonal induction of β-casein gene expression : requirement of ongoing protein synthesis for transcription. *Endocrinology* **126** : 427-433

82. YU-LEE LY, ROSEN JM (1988) A transfected α-casein minigene by passes post-transcriptional control by hormones but retains cell-substratum regulation in mammary epithelial cells. *Mol Endocrinol* **2** : 431-443

83. ZWIERCHOWSKI L, FLECHON J, OLLIVIER-BOUSQUET M, HOUDEBINE LM (1988) Effect of estramustine, a new antimicrotubule drug on the induction of casein gene expression by prolactin. *Biol Cell* **61** : 51-57

17

Sécrétion des caséines : régulation hormonale

M. Ollivier-Bousquet

Introduction

L'ensemble des cellules épithéliales mammaires, des cellules myoépithéliales, des cellules sanguines qui composent l'épithélium mammaire, fonctionne, selon les termes de Pitelka [87], comme une « équipe ». Les jonctions intercellulaires assurent une cohésion et une polarité déterminantes dans ce fonctionnement et finalement dans la production du lait.

Les caractéristiques morphologiques des cellules épithéliales mammaires en lactation ont été abondamment décrites depuis les premières études au microscope électronique [2, 56]. L'apport des données biochimiques, associé à la connaissance de la structure des cellules, a contribué à la description de la fonction sécrétoire de l'épithélium mammaire [85]. Cet épithélium déverse ses produits de sécrétion dans la lumière des acinus. Le lait est transitoirement stocké, puis transporté dans les canaux vers le téton de la mamelle au moment de la tétée. Cependant, une quantité importante de produits de sécrétion (en cours de synthèse ou stockés) est observable à l'intérieur des cellules tout au long de ce cycle.

Cet épithélium a aussi la caractéristique de transporter des constituants d'origines très diverses.

TRANSPORT DE MOLÉCULES PROVENANT DU SANG

Ces molécules peuvent être les immunoglobulines, l'albumine sérique, les transferrines [42, 53], des hormones [51, 114]. Le transport des IgA à travers la cellule mammaire, par l'intermédiaire d'un composant sécrétoire qui fixe l'IgA au niveau de la membrane basale de la cellule et dont des fragments protéolytiques sont libérés dans le lait, en même temps que l'IgA au niveau de la membrane apicale [70], en est un exemple.

TRANSPORT DES CONSTITUANTS SYNTHÉTISÉS DANS LA CELLULE

Après leur synthèse, ces constituants sont transportés, soit dans les vésicules issues de l'appareil de Golgi (caséines, lactose, protéines du petit lait), soit dans les globules lipidiques (graisses du lait) [88]. Le transport des protéines du lait est initié après la rupture sélective d'une séquence de 18 à 19 acides aminés (séquence signal) pendant le transfert à travers la membrane de l'ergastoplasme (β-lactoglobuline ovine et porcine [68, 69]). Les glycosylations et phosphorylations des chaînes polypeptidiques se produisent au cours du transport qui suit dans l'appareil de Golgi, puis dans les vésicules de sécrétion [67]. Ensuite, l'exocytose des protéines a lieu par une fusion entre la membrane des vésicules de sécrétion et la membrane apicale (Fig. 17-1).

Les membranes des vésicules de transport qui contiennent aussi le lactose, le calcium et le citrate ont été bien caractérisées et diffèrent, par leur composition polypeptidique, des membranes des globules gras sécrétés, qui sont directement issues de la membrane plasmique [47]. Une répartition sélective des constituants membranaires se produit vraisemblablement au cours de l'exocytose. Cette sécrétion des constituants du lait (protéines et lipides), par deux processus différents et reliés entre eux par l'intermédiaire des membranes intracellulaires et plasmiques, a donné lieu à la notion de « flux de membrane » [46].

TRANSPORT D'IONS ET DE CONSTITUANTS DE LA PHASE AQUEUSE

Les vésicules golgiennes contenant les caséines sont en même temps le véhicule de sécrétion du lactose, du Ca^{2+}, du K^+, d'eau et de protéines du petit lait [46, 102]. Une ATPase Na^+/K^+ fonctionne dans les membranes basales et latérales des cellules mammaires en lactation [49, 56], maintenant dans la cellule un rapport Na^+/K^+ identique à celui du lait bien que les concentrations respectives de ces ions soient plus basses dans le lait.

Cette activité sécrétoire de la cellule épithéliale mammaire est mise en place à la suite d'effets hormonaux au cours de la gestation (phase de lactogenèse) et se maintient pendant la lactation dans un environnement hormonal précis (phase de galactopoïèse).

Est-ce que les hormones qui contrôlent cette phase de galactopoïèse agissent directement sur les cellules épithéliales mammaires [56] ? Bien que des réponses partielles soient maintenant apportées à cette question, notamment en ce qui concerne la fixation de la prolactine (PRL) à son récepteur membranaire (voir chap. 6) et la régulation de la synthèse des protéines (voir chap. 16), de nombreuses inconnues persistent. Notre propos ici est d'envisager quelques aspects d'un contrôle hormonal de l'activité sécrétoire de la cellule épithéliale mammaire. Étant donné la grande diversité de produits de sécrétion de cette cellule et des nombreuses revues réalisées sur son fonctionnement, nous nous limiterons essentiellement aux aspects concernant la sécrétion des caséines.

Influences hormonales sur la production du lait pendant la lactation

L'initiation de la sécrétion du lait qui se produit, selon les espèces, légèrement avant la mise-bas, à la mise-bas ou après la mise-bas, correspond à des changements d'équilibre hormonaux importants qui conditionnent l'établissement d'une sécrétion lactée abondante [44]. Le maintien de la lactation nécessite la présence de plusieurs hormones considérées comme ayant des effets galactopoïétiques et la notion de complexe hormonal a été définie [17, 18]. Ainsi, l'entretien de la lactation requiert, par exemple, chez la rate : la présence de PRL et de corticoïdes surrénaliens, chez la chèvre : la PRL, l'hormone de croissance bovine (bGH), les corticoïdes surrénaliens et les hormones thyroïdiennes. Chez la lapine, la PRL seule restaure la lactation chez la femelle hypophysectomisée. Cet effet galactopoïétique de la PRL a été confirmé par le traitement de lapines et de brebis en lactation par la bromocryptine, qui supprime la sécrétion hypophysaire de PRL et entraîne une forte inhibition de la production du lait. Cette production peut être rétablie par administration de PRL [44, 111].

L'hormone de croissance (GH) joue un rôle particulièrement important dans le complexe hormonal lactogène [17, 18]. L'administration de GH augmente la production du lait chez les bovins [34]. Cependant, le mécanisme par lequel cette hormone provoque une augmentation de production n'est pas totalement connu (voir ci-dessous).

L'insuline exerce des effets essentiellement métaboliques et un rôle direct sur la production du lait n'a pas été mis en évidence. Les concentrations plasmatiques en insuline diminuent après la mise-bas et restent relativement inchangées pendant la lactation ainsi qu'en cas de malnutrition de courte durée [115]. Ce n'est que pour des périodes plus longues de malnutrition que les concentrations plasmatiques en insuline diminuent [93] ainsi que le taux de lipogenèse [41]. Les modifications métaboliques induites par l'insuline dans la glande mammaire semblent de plus nécessiter des facteurs alimentaires additionnels [16].

L'ocytocine qui est déchargée massivement par la neurohypophyse à chaque tétée joue un rôle essentiel dans la contraction des cellules myoépithéliales qui entourent les cellules épithéliales mammaires et provoque ainsi l'éjection du lait accumulé dans les acinus. Cependant, des injections répétées d'ocytocine sont capables de provoquer une augmentation de la production laitière chez la vache, la chèvre et la brebis, et de modifier la composition du lait (réf. en [73]). Il a dès lors été émis l'hypothèse que l'ocytocine pourrait exercer, en plus de son effet contractile sur les cellules myoépithéliales, un effet direct sur les activités synthétiques des cellules épithéliales mammaires.

Il est donc clair que des hormones dont les concentrations plasmatiques varient énormément pendant la lactation, en fonction de la tétée, comme c'est le cas pour la PRL et l'ocytocine, interviennent étroitement dans le contrôle de la production du lait. Les autres hormones impliquées dans la lactation (GH, hormones thyroïdiennes, insuline, adrénaline...) interviennent à titres divers mais, comme c'est le cas pour la GH, de façon plus indirecte. Toutefois, l'étude in vivo de l'action de ces hormones, si elle met en évidence l'importance de l'environnement hormonal de la glande mammaire pendant la lactation, ne donne pas d'indication sur les effets éventuels directs des hormones sur les cellules épithéliales elles-mêmes. De plus, cette approche ne permet pas de dissocier les effets hormonaux sur les activités de synthèse des effets s'exerçant sur la sécrétion des produits. Seule l'étude in vitro a permis d'aborder ces phénomènes.

Méthodes d'études in vitro
de la sécrétion des protéines du lait

L'avantage évident des études in vitro est de pouvoir faire varier les conditions expérimentales et d'exercer une action directe sur les cellules étudiées. La mise en œuvre de ces techniques est relativement facile pour mesurer la sécrétion des cellules isolées telles que les cellules sanguines (plaquettes, mastocystes, neutrophiles), mais doit tenir compte de la complexité des interrelations cellulaires dans le cas d'un épithélium sécrétoire.

La survie de fragments de tissu mammaire dans des milieux d'incubation synthétiques (Krebs-Ringer-bicarbonate, milieu de Hank, 199, etc.) permet un bon maintien morphologique et fonctionnel du tissu pendant des intervalles de temps courts de quelques heures [35, 79]. Dans ce cas, les tissus sont dans un état le plus proche possible de leur état physiologique mais la population cellulaire est hétérogène du fait de la présence du tissu adipeux et conjonctif et de cellules sanguines. La séparation des acinus par la collagénase permet d'obtenir des tissus débarrassés de collagène et de tissu adipeux et assure un bon contact avec le milieu tout en conservant l'organisation générale des groupes de cellules. Cette technique a présenté des avantages pour étudier la lipogenèse [45] et le métabolisme du glucose [94]. Elle a aussi été utilisée pour étudier la synthèse et la sécrétion des protéines chez les bovins [82] et la rate [104, 105].

Les cellules mammaires complètement dissociées par la collagénase présentent des caractéristiques ultrastructurales comparables aux cellules fonctionnelles [89] et lient les hormones lactogènes [108]. Cependant, elles perdent rapidement leur aspect différencié et polarisé et sont peu adaptées à l'étude de la sécrétion. La mise en évidence d'une activité fonctionnelle de ces cellules, lorsqu'elles sont cultivées sur du collagène flottant, c'est-à-dire détaché du support plastique [24], a permis de développer de nombreux travaux. Les interactions entre le substrat et les cellules sont extrêmement importantes dans le contrôle des fonctions spécifiques du tissu [55]. Ainsi, les cellules cultivées sur un gel de collagène flottant synthétisent une membrane basale contenant de grandes quantités d'héparane sulfate et d'autres glycosaminoglycanes sulfatés, de collagène de type IV et de laminine [84]. Ces cellules synthétisent et sécrètent les principales protéines du lait [54, 95]. Des cellules mammaires de souris, au 17e jour de la gestation, développent des structures multicellulaires en forme de sphères creuses qui ressemblent à des alvéoles sécrétoires quand elles sont cultivées sur une matrice de tumeur Engelbreth-Holm-Swarm (EHS) [1]. Enfin, dans des cultures de cellules épithéliales mammaires sur lamelles de verre ou sur filtres de nitrocellulose, un protéoglycane de la membrane plasmatique joue un rôle important dans la liaison entre la matrice extracellulaire et le cytosquelette de la cellule lorsque la cellule est polarisée in vitro [90]. Il ne fait plus de doute que ces interactions entre la matrice extracellulaire et la cellule sont importantes, tant pour la transmission d'un signal extracellulaire que pour l'expression des gènes [55]. La présence de protéines localisées dans la surface basolatérale des cellules, qui possèdent un site de liaison avec des molécules de la matrice extracellulaire et un site de liaison capable de lier des molécules associées au cytosquelette, a été mise en évidence dans de nombreux tissus. Cette famille de protéines appelées intégrines [37] conditionne l'adhésion et le fonctionnement de ces tissus. L'étude de la sécrétion sur des cellules en culture doit tenir compte de la nécessité du bon maintien de ces structures.

Étude in vitro de quelques effets hormonaux sur la sécrétion des protéines du lait

Conformément au schéma de transit intracellulaire mentionné plus haut, les protéines sécrétoires synthétisées dans l'ergastoplasme migrent vers des directions précises dans la cellule. Certaines protéines, dites constitutives, atteignent leur destination (la membrane plasmique et le milieu extérieur ou différents organites cellulaires) sans avoir besoin de stimulus spécifique. D'autres protéines, dites régulées, ne sont sécrétées que sous l'effet d'un stimulus spécifique (glucose pour l'insuline [81], carbamylcholine pour les enzymes pancréatiques [110], TSH pour la PRL sécrétée par les cellules GH_3 [112]).

La cellule épithéliale mammaire déverse ses produits de sécrétion dans la lumière alvéolaire. Pendant les intervalles entre les tétées, ces produits s'accumulent dans les lumières. En outre, au moment de la tétée, sous l'effet de la prolactine et de l'ocytocine qui sont déchargées massivement, les alvéoles sont vidées. On peut donc se demander si ces hormones sont capables, en plus de leurs effets sur les synthèses, d'exercer un effet stimulant sur le processus de transport et de libération des protéines dans le milieu extérieur. Avant de considérer les effets in vitro de quelques hormones sur la sécrétion des protéines du lait, il est intéressant de noter que, au cours du cycle sécrétoire, chez la rate, la localisation de la PRL endogène est différente dans les cellules épithéliales d'acinus vidés et d'acinus remplis de lait [72]. Les cellules épithéliales aplaties, bordant des acinus distendus par le lait, ne contiennent pas de PRL détectée par immunocytochimie bien que la PRL soit présente dans le lait. Quand les acinus sont vidés, les cellules épithéliales sont hautes et contiennent de la PRL intracytoplasmique basale et apicale ainsi que nucléaire. Cette observation d'une variation de la localisation intracellulaire de la PRL suggère que les interactions entre hormones et phénomènes sécrétoires peuvent être très variables selon les périodes du cycle sécrétoire.

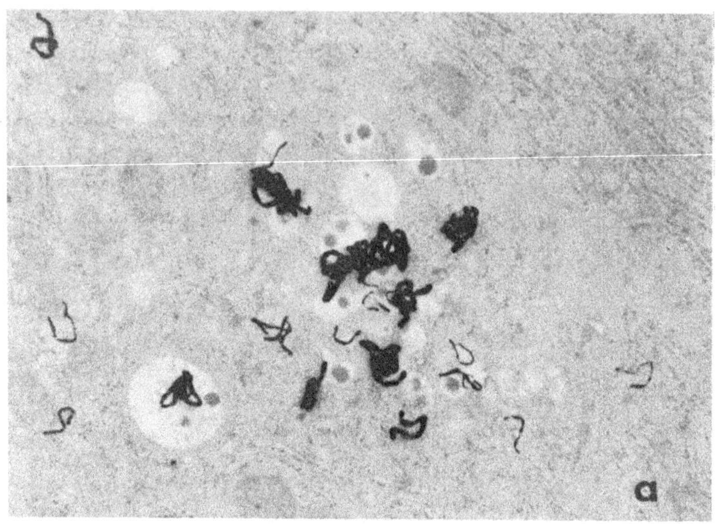

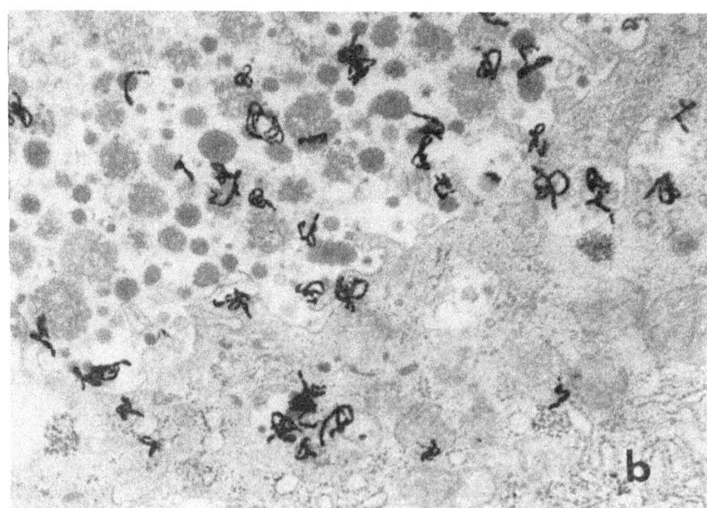

Fig. 17-1 Protéines marquées localisées par autoradiographie. Quinze minutes après le début du marquage en « pulse » par la leucine ^{3}H, les protéines sont accumulées dans l'appareil de Golgi (a). Quinze minutes plus tard, elles sont libérées dans la lumière des acinus (b). Grossissement : 16 000.

Insuline

Le niveau de récepteurs à l'insuline atteint dans la cellule épithéliale mammaire sa plus haute concentration pendant la lactation [40]. Bien que les effets les plus étudiés de l'insuline sur la glande mammaire concernent la lipogenèse (voir plus haut), il a été montré que l'insuline augmente l'incorporation d'acides aminés dans les tissus mammaires de souris [57]. Dans les acinus de glande mammaire bovine en incubation, l'addition d'insuline stimule la libération de protéines néosynthétisées [83]. Ces auteurs font l'hypothèse que cette augmentation est due à l'accroissement de l'incorporation et du transport d'acides aminés.

Somatomédines

Les somatomédines ou *insulin-like growth factors* (IGF) sont des peptides du sérum impliqués dans de nombreuses activités cellulaires. Les cellules mammaires porcines [32] et ovines [19] possèdent des récepteurs de haute affinité pour IGF−I et IGF−II. Les récepteurs pour IGF−I sont plus nombreux au cours de la gestation qu'à vingt jours de lactation [19], ce qui est en accord avec les effets d'IGF−I sur la prolifération de l'épithélium mammaire de brebis gestantes [117], de vaches gestantes et lactantes [4, 5]. Des effets éventuels des IGFs sur les tissus en lactation sont controversés. Baumrucker [5] décrit une stimulation de la production de lactose par IGF−I dans les acinus bovins en culture. Au contraire, Shamay et al. [99] n'observent aucun effet sur la sécrétion d'α-lactalbumine par des cellules épithéliales mammaires bovines en culture. Hadsell et al. [33] suggèrent que les IGFs pourraient jouer des rôles de modulateur dans l'activité métabolique de la glande mammaire de bovins.

Hormone de croissance

L'hormone de croissance bovine augmente la production du lait chez les bovins (voir plus haut). Cependant, cet effet a été considéré jusqu'à présent comme un effet indirect sur les cellules mammaires : il n'a pas été possible de mettre en évidence de récepteurs à la GH bovine (bGH) sur les membranes de cellules épithéliales mammaires bovines [28, 86]. L'infusion directe de GH ovine (oGH) dans l'artère mammaire n'augmente pas la production de lait chez la brebis [62]. Enfin, la bGH n'a pas d'activité galactopoïétique sur des cultures d'organe de glande mammaire bovine en lactation [29]. L'hormone de croissance humaine (hGH) présente des activités lactogènes dans plusieurs systèmes in vitro [21, 26] et se lie spécifiquement aux récepteurs de la PRL de glande mammaire bovine [28] et de lapine [101]. Elle provoque une augmentation de la sécrétion d'α-lactalbumine dans les explants de glande mammaire de vaches en lactation [29] comparable à celle obtenue par la PRL bovine, mettant bien en évidence l'importance du récepteur de la PRL dans cette réponse sécrétoire (voir ci-dessous). Parmi les hypothèses formulées pour expliquer la stimulation de production de lait par la GH, il a été envisagé que cette hormone augmente entre autres la production d'IGFs par le foie. Ces IGFs pourraient modifier le métabolisme de la cellule mammaire [15].

Toutefois, la mise en évidence d'ARNm du récepteur GH dans le tissu mammaire de vache en lactation [30] suggère que les cellules mammaires peuvent synthétiser le récepteur de la GH. Dès lors, on peut envisager que des récepteurs de la GH existent dans des compartiments cellulaires non préservés dans la préparation des membranes. Dans ce cas, il n'est pas exclu que la GH exerce un effet sur la fonction sécrétoire de la cellule épithéliale mammaire.

Facteur de croissance de l'épiderme

Le facteur de croissance de l'épiderme (EGF) est un petit polypeptide mitogène [14] qui a des effets prolifératifs sur le tissu mammaire et des effets inhibiteurs sur la synthèse des caséines dans les cellules épithéliales mammaires en culture [39, 109]. La quantité de récepteurs à l'EGF est élevée pendant la gestation et diminue pendant la lactation [22], suggérant que le rôle de l'EGF est minime pendant cette période. Cependant, l'EGF est un agent de croissance sécrété dans le lait humain [13]. Les récepteurs EGF présents pendant la lactation pourraient assurer le transport de ce polypeptide vers le lait. Il n'est pas exclu, de plus, que le tissu mammaire puisse produire l'EGF.

Adrénaline

Des récepteurs β-adrénergiques sont étroitement couplés à la membrane des cellules épithéliales mammaires [16]. L'hypothèse d'un rôle inhibiteur de l'adrénaline dans la régulation de la lipogenèse dans le tissu mammaire, identique à celui décrit dans le tissu adipeux et le foie, avait été suggérée. Cependant, aucun effet de l'adrénaline sur la lipogenèse ne semble pouvoir être mis en évidence in vitro sur les acinus de rates en lactation [16]. Des récepteurs β-adrénergiques, fonctionnellement couplés au système adénylate cyclase, ont été décrits dans la glande mammaire de rates en lactation [64]. Cette population de récepteurs est sous le contrôle des hormones ovariennes et de la PRL [65]. Les catécholamines pourraient interagir avec les stéroïdes et la PRL dans la régulation de l'activité de la glande mammaire.

Ocytocine

L'ocytocine joue un rôle important dans l'éjection du lait et des injections régulières participent à l'augmentation de la production laitière. Cette hormone provoque une augmentation du transit intracellulaire des protéines néosynthétisées entre l'ergastoplasme, l'appareil de Golgi et les vésicules sécrétoires, et l'augmentation de la sécrétion des caséines néosynthétisées, dans les glandes mammaires de lapine in vitro [73]. Lorsque les tissus incubés proviennent de lapines traitées pendant 48 heures par la bromocryptine, l'ocytocine ne provoque plus de stimulation du transit intracellulaire et de la sécrétion des caséines. Cela suggère que cette stimulation intracellulaire nécessite la présence de structures réceptrices dépendantes de la PRL.

Prolactine

La PRL se lie à ses récepteurs sur la cellule épithéliale mammaire [100]. Différentes approches biochimiques ont montré l'évolution des récepteurs de la PRL au cours du cycle gestation-lactation (voir chap. 6) et ont abouti à la description de la séquence primaire du récepteur de la PRL du foie de rat [10] et de glande mammaire de lapine [23]. Les événements post-récepteurs conduisant aux effets biologiques de la PRL sont encore incomplètement connus. Après fixation à son récepteur, la PRL est endocytée dans la cellule épithéliale mammaire (Fig. 17-2) et son transport intracellulaire est associé à un important trafic membranaire [43, 63]. Des quantités importantes de PRL sont transportées à travers la cellule jusque dans le lait [27]. Les récepteurs de la PRL dans la cellule mammaire, localisés par immunocytochimie, sont décelables dans le cytoplasme et sur la membrane basale (Fig. 17-3). Les mouvements de ces récepteurs sont extrêmement rapides puisque, après 1 heure d'incubation en présence de monensine, ils ont disparu de la membrane [98]. Les effets les plus étudiés de la PRL dans la cellule mammaire sont les effets lactogènes (voir chap. 16). Or, des effets sécrétagogues de cette hormone sur le tissu mammaire ont été mis en évidence. La PRL exerce un double effet rapide sur des fragments de glande mammaire de lapines incubés dans un milieu de survie : un accroissement du volume des microvésicules de l'appareil de Golgi et une augmentation de la sécrétion des caséines néosynthétisées [74]. La possibilité de bloquer la sécrétion stimulée par la PRL, à l'aide de chloroquine ou de chlorure d'ammonium [75] et de monensine [80], sans affecter la sécrétion de base, met en évidence que ces deux voies de sécrétion peuvent être dissociées dans la cellule mammaire.

Par quel système de transmission la PRL exerce-t-elle cet effet sécrétagogue sur la cellule mammaire en lactation ? La PRL ne provoque pas d'augmentation du taux d'AMP cyclique dans les tissus de glande mammaire de lapines en lactation, dans les conditions où elle provoque une stimulation de la sécrétion des caséines [78]. Cette hormone n'agit donc pas par l'intermédiaire du système adénylate cyclase.

L'activation de la phospholipase C qui pourrait passer par l'intermédiaire de protéines liées au GTP, suivie de la libération, à partir des phospho-inosites membranaires, d'inositol triphosphate (IP$_3$) qui agit comme un médiateur intracellulaire sur le calcium, est une des voies de transmission possible d'un signal hormonal [6, 8]. Dans les explants mammaires de souris en gestation, la PRL provoque une hydrolyse transitoire des phospho-inosites avec un délai de 60 minutes qui suggère que cet effet n'est pas lié à l'action primaire de l'hormone [25].De plus, le métabolisme des phospho-inosites, dans les cellules épithéliales d'animaux en lactation, n'est pas relié à l'effet sécrétagogue de la PRL emprunte cette voie.

Les modifications de concentration de calcium intracellulaire sont importantes dans le contrôle de nombreuses fonctions cellulaires, y compris la sécrétion [6]. La cellule mammaire est riche en calcium intracellulaire lié aux produits de sécrétion et séquestré dans les vésicules sécrétoires [71], ce qui rend difficile l'étude des modifications de flux de calcium. Toutefois, l'ionophore du calcium, A23187, et l'augmentation en calcium extracellulaire provoquent une augmentation de la sécrétion des protéines de glandes mam-

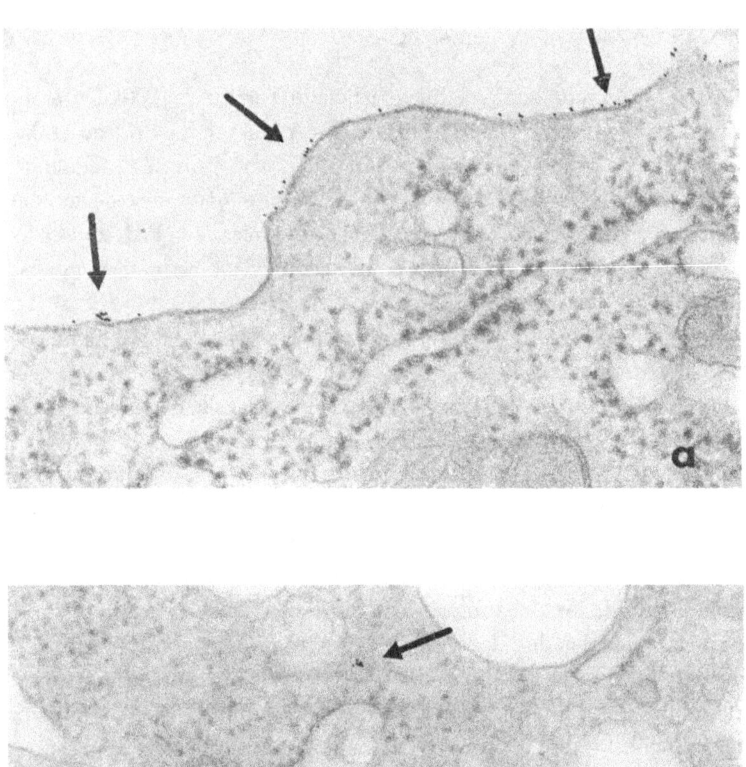

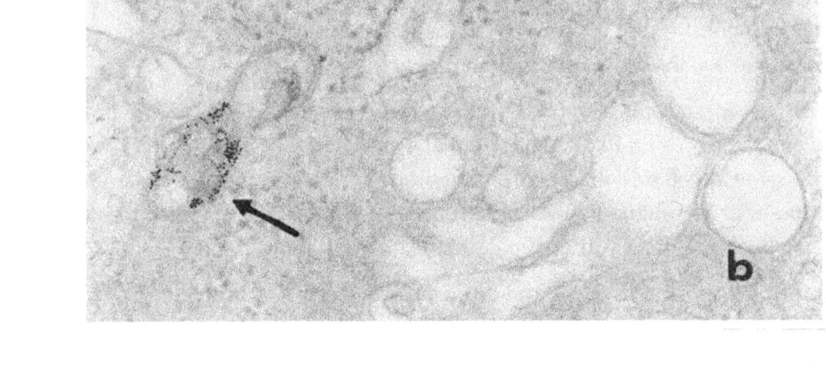

Fig. 17-2   La PRL marquée à l'or colloïdal (5 nm) (→) se fixe en quelques secondes sur des récepteurs membranaires (a). Quinze minutes plus tard, la PRL s'accumule dans des vésicules intracellulaires (b). Grossissement : 70 000.

maires de rates en lactation [106]. La stimulation prolactinique de la sécrétion nécessite l'intégrité des mouvements du calcium [76].

L'activation de la phospholipase A_2, décrite dans de nombreux cas d'effets hormonaux [12], a pour conséquence l'hydrolyse des phospholipides membranaires et la libération d'acide arachidonique (AA) qui est la source de nombreux métabolites [52]. Ces métabolites (prostaglandines, thromboxanes, leucotriènes) sont des médiateurs intracellulaires à très large champ d'action. Dans les fragments de glande mammaire de lapines en lactation, la PRL provoque une libération transitoire rapide (de 1 à 5 min) d'AA [7]. La phos-

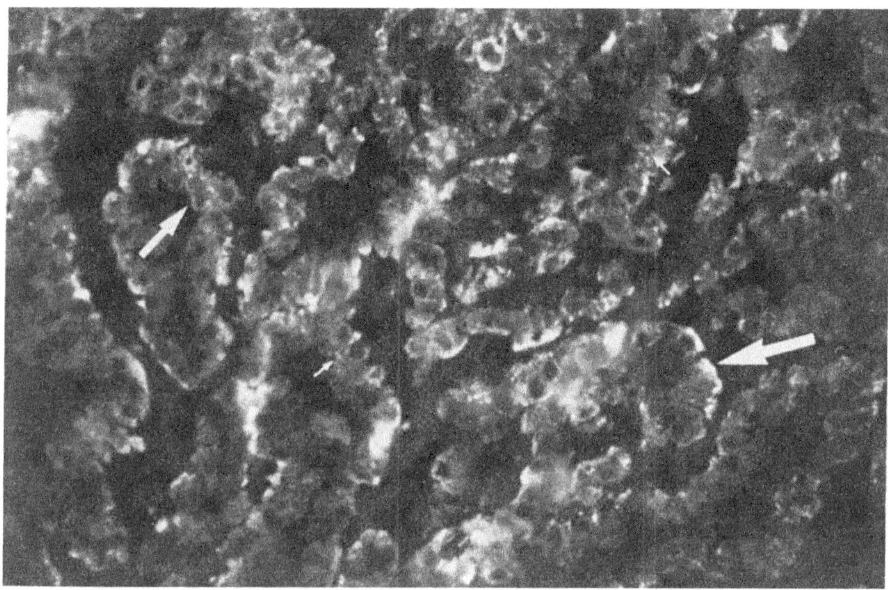

Fig. 17-3 Les récepteurs de la PRL décelés par immunofluorescence à l'aide d'un anticorps monoclonal sont situés sur la membrane basale (→) et apicale (→) des cellules ainsi que dans le cytoplasme (→). Grossissement : 540.

pholipase A_2 mime tous les effets de la PRL sur la sécrétion des caséines [77] d'une façon dépendante des mouvements du Ca^{2+} [76]. Enfin, les inhibiteurs du métabolisme de l'AA modifient la sécrétion de base et la sécrétion stimulée des caséines néosynthétisées sécrétées. Ces travaux ont permis de mettre en évidence que l'intégrité de la voie lipoxygénase est nécessaire à la stimulation prolactinique [7]. La voie des cyclooxygénases jouerait un rôle régulateur sur la sécrétion de base et serait inhibitrice de la sécrétion stimulée (Fig. 17-4). Ces résultats mettent en évidence, pour la première fois, une voie de transmission intracellulaire de l'effet sécrétagogue de la PRL par l'intermédiaire de l'activation des phospholipases A_2, libération de l'acide arachidonique et formation des métabolites de cet acide gras polyinsaturé.

L'intervention éventuelle de la PRL sur le cytosquelette mérite d'être mentionnée. Les événements intracellulaires aboutissant à l'exocytose des protéines mettent en cause le cytosquelette à de nombreux niveaux : interactions entre le cytosquelette et la matrice extracellulaire, relations entre le cytosquelette, l'endocytose, les étapes golgiennes et la fusion des vésicules sécrétoires avec la membrane apicale. Le rôle potentiel de la tubuline et des microtubules dans la régulation de la sécrétion de la cellule mammaire a donné lieu à une revue très complète [59]. Nous nous contenterons donc de souligner l'importance de développer l'étude des interrelations entre ces structures et la transmission intracellulaire des informations à tous les niveaux de la cellule.

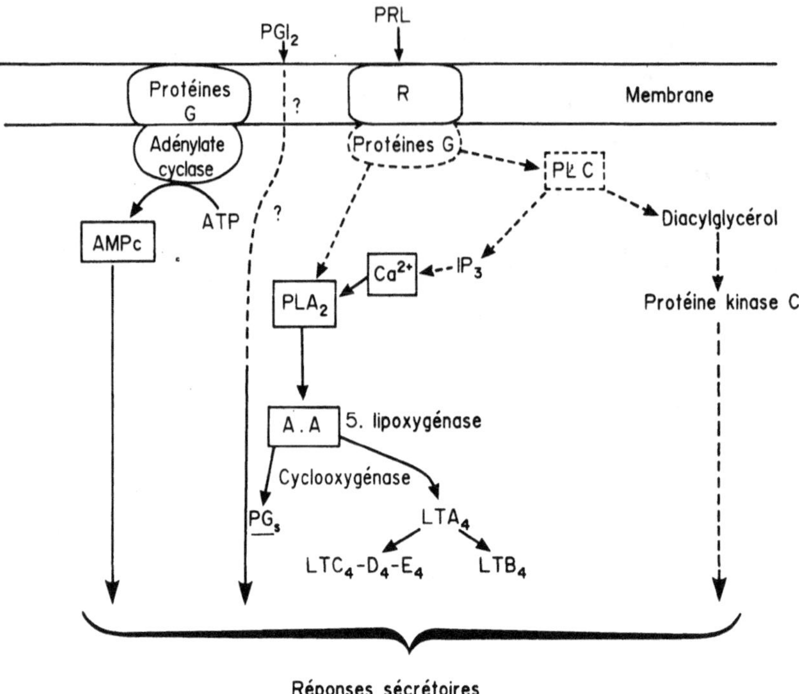

Fig. 17-4   Schéma hypothétique du couplage entre la fixation de la PRL sur son récepteur(R) et la sécrétion des caséines. Le récepteur de la PRL pourrait interagir avec des protéines G membranaires [117]. Des phospholipases (PLC et PLA$_2$) pourraient être activées. L'activation de la phospholipase A$_2$ (PLA$_2$) provoque une libération d'acide arachidonique (AA) libre qui est métabolisé par les voies des cyclooxygénases et des lipoxygénases. La production des prostaglandines (PG$_s$) et des leucotriènes (LTs) qui s'ensuit est impliquée dans les réponses sécrétoires (---- voies hypothétiques).

AMP cyclique

L'AMPc est considéré comme un messager secondaire de nombreuses hormones [36]. L'intervention de l'AMPc intracellulaire dans la cellule épithéliale mammaire reste un sujet de controverse. La concentration de l'AMPc augmente pendant la gestation et diminue brutalement à la mise-bas chez le rat [61, 96], la souris [91], le cobaye [58], ce qui suggère un rôle inhibiteur de l'AMPc intracellulaire sur la production du lait. Plusieurs fonctions cellulaires sont inhibées in vitro par le dibutyryl AMPc (dbAMPc) : c'est le cas pour la synthèse de l'ADN, de l'ARN, des acides gras et de plusieurs enzymes de la glande mammaire de rate [97] et de lapine [107], pour la synthèse des protéines dans la glande mammaire de souris [92], la synthèse du lactose dans la glande mammaire de cobaye [60] et l'incorporation du glucose dans la glande mammaire de rate [116].

Cependant, l'AMPc semble jouer un rôle tout à fait différent sur l'exocytose des protéines du lait pendant la lactation. En effet, le dbAMPc augmente le transit intracellulaire

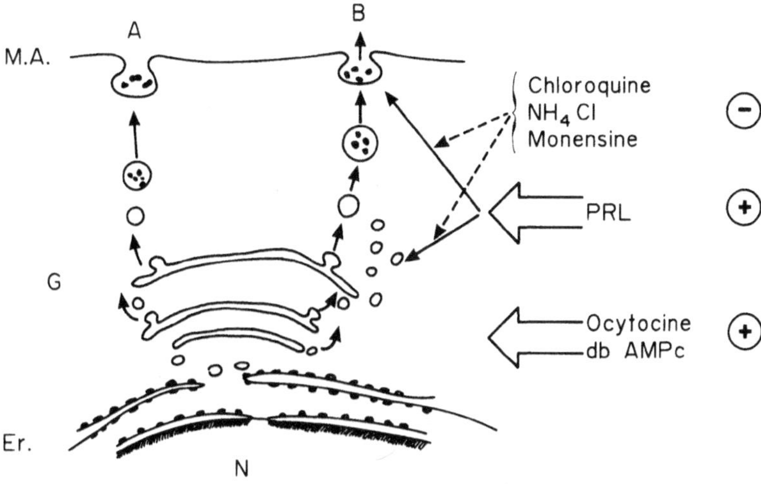

Fig. 17-5   Voies possibles de transit intracellulaire des caséines. A : Les caséines sont transportées vers la membrane apicale (MA) dans des vésicules de sécrétion [sécrétion de base ou constitutive non affectée par la chloroquine, le chlorure d'ammonium (NH_4Cl) et la monensine] ; **B :** le transit intracellulaire des caséines transportées dans cette voie peut être accéléré entre l'ergastoplasme (Er) et l'appareil de Golgi (G) par le dbAMPc et l'ocytocine. La PRL provoque un accroissement du volume relatif des vésicules situées dans la région golgienne et favoriserait la fusion des vésicules de transport avec la membrane apicale. Ces effets sont inhibés par la chloroquine, le NH_4Cl et la monensine.

de la sécrétion des caséines néosynthétisées dans des fragments de tissus mammaires de lapines in vitro [79], l'AMPc stimule la synthèse protéique des acinus de glande mammaire de vache [82] et le dbAMPc, seul ou associé à l'insuline, stimule la sécrétion des protéines néosynthétisées [83]. Des agents qui augmentent artificiellement le taux intracellulaire d'AMPc dans la cellule mammaire, comme la forskoline et la toxine cholérique, stimulent parallèlement la sécrétion des caséines néosynthétisées [78] (voir Fig. 17-4).

En résumé, la sécrétion des protéines du lait peut donc être stimulée (Fig. 17-5). On a pu mettre en évidence une stimulation du transit intracellulaire de cette sécrétion entre l'ergastoplasme, l'appareil de Golgi et la membrane apicale par l'AMPc, dont le rôle physiologique reste encore indéterminé, et par l'ocytocine. Enfin, la PRL est fortement impliquée dans le contrôle de cette sécrétion. Une voie intracellulaire d'action de cette hormone passe vraisemblablement par l'activation de la phospholipase A_2 et la synthèse de métabolites issus de l'AA. Cette voie pourrait ne pas être la seule mise en jeu par la PRL, et les interrelations entre ces différents systèmes (activation de la phospholipase A_2, AMPc, activation de la phospholipase C) et l'influx de calcium pourraient jouer un rôle important dans la modulation de l'exocytose.

Conclusions et perspectives

Les protéines synthétisées dans les cellules épithéliales mammaires, destinées à être sécrétées dans le lait, sont transportées à travers l'ergastoplasme, maturées dans l'appareil de Golgi et empaquetées dans les vésicules sécrétoires. La fusion des vésicules sécrétoires avec la membrane plasmique pourrait être un phénomène continu (sécrétion de base). Les effets hormonaux décrits ici montrent que cette sécrétion peut être stimulée en réponse à un signal extérieur comme cela a été montré dans plusieurs types cellulaires [48]. Les mécanismes contrôlant ces voies sécrétoires sont susceptibles de concerner plusieurs stades dans le processus stimulus-sécrétion. La stimulation de la sécrétion par la PRL en est un bon exemple.

Il est maintenant clair que le rôle du récepteur est prépondérant dans la première étape de la stimulation prolactinique [23]. L'identification de formes différentes de récepteurs de la PRL dans le foie de rat et dans la glande mammaire de lapine, qui se caractérisent par des domaines cytoplasmiques de longueurs variables dans ces différents tissus [10, 23], ouvre un vaste champ d'investigations. Le domaine cytoplasmique de la molécule de plusieurs récepteurs paraît étroitement impliqué dans la fonction de transduction du message. Il a été montré récemment que des mutations dans le domaine cytoplasmique de plusieurs récepteurs membranaires servant au transport intracellulaire de ligands provoquent l'inhibition de l'endocytose de ces récepteurs [38]. On peut se demander si, dans la glande mammaire, les effets biologiques de la PRL (information transmise aux gènes et action rapide sur les phénomènes post-traductionnels) pourraient dépendre du type de récepteur mis en jeu. Les techniques de construction d'ADNc du récepteur de la PRL, de mutagenèse dirigée de cet ADNc et de transfection dans des cellules hôtes devraient fournir des outils pour la compréhension de cette première étape dans l'action de la PRL sur la sécrétion.

Les événements qui suivent cette première étape de fixation de la PRL se manifestent par des modifications morphologiques dans les cellules épithéliales mammaires stimulées par la PRL, en particulier par la prolifération en quelques minutes de microvésicules dans la région golgienne. Comment cet effet rapide peut-il être relié à la stimulation hormonale ? On ne peut actuellement pas répondre à cette question. Cependant, il faut rapprocher cette observation des expériences effectuées sur les cellules β du pancréas, dans lesquelles l'hémagglutinine, qui est synthétisée après infection des cellules par le virus de l'influenza, est transportée d'une manière constitutive dans des vésicules lisses, non épaissies, alors que la pro-insuline, dont la sécrétion est stimulable, se concentre dans les parties dilatées des citernes trans du Golgi et dans des vésicules épaissies [81]. La caractérisation des membranes des vésicules, servant au transport intracellulaire des protéines du lait et modulables par la PRL, est une étape indispensable à la compréhension d'un éventuel contrôle au niveau de ces vésicules.

L'effet sécrétagogue de la PRL se manifeste par la production d'AA, qui peut être produit directement par l'action de la phospholipase A_2 ou à partir de phospholipides d'inositol par l'action séquentielle de phospholipase C et de diacylglycérol lipase. Il est maintenant connu que l'hydrolyse des phospho-inositides est contrôlée par des récepteurs agissant par l'intermédiaire de protéines liées aux nucléotides (protéines G) [20]. La phospholipase A_2 pourrait aussi être contrôlée par l'intermédiaire d'une protéine G par une action passant par un récepteur [12]. De plus, des gènes de type ras qui ont été impliqués dans des mécanismes sécrétoires, codent pour des protéines liant le GTP. Des micro-injections de l'oncogène H-ras dans des fibroblastes activent la phospholipase A_2 [3]. L'importance de ces protéines de la famille des protéines G et des proto-oncogènes ras est particulièrement bien étudiée dans des mutants de levures qui sont défaillants dans des étapes précises de la sécrétion. Des sites d'action des protéines G pour le passage de l'ergastoplasme vers l'appareil de Golgi, puis au cours de la fusion exocytotique avec la membrane plasmique, ont été proposés [11]. Des protéines sécrétoires liant le GTP pourraient contrôler directement le transport vectoriel de chaque vésicule. Ces protéines donneraient la direction à chaque vésicule ou étape sécrétoire entre les compartiments cellulaires [9, 81].

Un vaste champ d'investigations est envisageable. Est-ce que, dans la cellule épithéliale mammaire, la stimulation prolactinique qui provoque une libération d'AA par activation de la phospholipase A_2 passe par l'intermédiaire de protéines G ? Est-ce que les protéines transportées jouent un rôle direct dans la sécrétion ? Une voie importante d'étude de ces mécanismes pourrait être la modification d'ADN qui codent pour les protéines du lait. En injectant des ADN altérés dans des cellules, on peut espérer faire produire des protéines mutantes et ainsi déterminer les domaines qui contrôlent les processus de sortie.

Ces techniques sont désormais envisageables puisqu'il est possible de transférer chez la souris des gènes de protéines du lait (β-lactoglobuline de brebis [103]) et de protéines étrangères (l'activateur du plasminogène humain [31]) et d'obtenir l'expression de ces gènes sous forme de protéines du lait.

Les applications de ces nouvelles techniques d'introduction de gènes étrangers dans les organismes vivants sont prometteuses pour la production de protéines étrangères par le lait [66]. Elles devraient aussi permettre de comprendre et de maîtriser l'empaquetage et le transport vers l'extérieur de la cellule des protéines sécrétoires.

Remerciements   Nous remercions très vivement Mme J. Brugnolo pour la préparation du manuscrit.

RÉFÉRENCES

1. BARCELLOS-HOFF MH, AGGELER J, RAM TG, BISSEL MJ (1989) Functional differentiation and alveolar morphogenesis of primary mammary cultures on reconstituted basement membrane. *Development* **105** : 223-235

2. BARGMANN W, KNOOP A (1959) Uber die Morphologie der Milchsekretion, Licht und Electonenmikroskopische Studien an der Milchdrüse der Ratte. *Z Zellforsch* **49** : 344-388

3. BAR-SAGI D, FERAMISCO JR (1986) Induction of membrane ruffling and fluid-phase pinocytosis in quiescent fibroblasts by ras proteins. *Science* **233** : 1061-1068

4. BAUMRUCKER CR (1986 a) Insulin-like growth factor I (IGF-I) and insulin stimulates DNA synthesis in bovine mammary tissues explants obtained from pregnant cows. *J Dairy Sci (Suppl. 1)* **69** : 120 (abstract)

5. BAUMRUCKER CR (1986 b) Insulin-like growth factor I (IGF-I) and insulin stimulates lactating bovine mammary tissue DNA synthesis and milk production in vitro. *J Dairy Sci (Suppl. 1)* **69** : 120 (abstract)

6. BERRIDGE MJ (1987) Inositol triphosphate and diacylglycerol : two interacting second messenger. *Annu Rev Biochem* **56** : 159-193

7. BLACHIER F, LACROIX MC, AHMED-ALI M, LEGER C, OLLIVIER-BOUSQUET M (1988) Arachidonic acid metabolism and casein secretion in lactating rabbit mammary epithelial cells : effects of inhibitors of prostaglandins and leukotrienes synthesis. *Prostaglandins* **35** : 259-276

8. BOURNE HR (1986) GTP-binding proteins. One molecular machine can transduce diverse signals. *Nature* **321** : 814-816

9. BOURNE H (1988) Do GTPases direct membrane traffic in secretion ? *Cell* **53** : 669-671

10. BOUTIN JM, JOLICOEUR C, OKAMURA H, GAGNON J, EDERY M, SHIROTA M, BANVILLE D, DUSANTER-FOURT I, DJIANE J, KELLY PA (1988) Cloning and expression of the rat prolactin receptor, a member of the growth hormone/prolactin receptor gene family. *Cell* **53** : 69-77

11. BURGOYNE RD (1988) Yeast mutants illuminate the secretory pathway. *Trends Biochem Sci* **13** : 241-242

12. BURGOYNE RD, CHEEK TR, O'SULLIVAN AJ (1987) Receptor activation of phospholipase A_2 in cellular signalling. *Trends Biochem Sci* **12** : 332-333

13. CARPENTER G (1980) Epidermal growth factor is a major growth-promoting agent in human milk. *Science* **210** : 198-199

14. CARPENTER G, COHEN S (1979) Epidermal growth factor. *Annu Rev Biochem* **48** : 193-216

15. CHILLIARD Y (1988) Rôles et mécanismes d'action de la somatotropine (hormone de croissance) chez le ruminant en lactation. *Reprod Nutr Dev* **28** : 39-59

16. CLEGG RA (1987) Regulation of fatty acid synthesis in the mammary gland. *Hannah Res. Book of the year.* 97-107

17. COWIE AT (1970) Influence of hormones on mammary growth and milk secretion. *In* IR Falconet (ed) : *Lactation.* Butterworths, pp. 123-140

18. DENAMUR R (1971) Hormonal control of lactogenesis. *J Dairy Res* **38** : 237-264

19. DISENHAUS C, BELAIR L, DJIANE J (1988) Caractérisation et évolution physiologique des récepteurs pour les « insulin-like growth factors » I et II (IGFs) dans la glande mammaire de brebis. *Repr Nutr Dev* **28** : 241-252

20. DOLPHIN AC (1987) Nucleotide binding proteins in signal transduction and disease. *Trends Neurosci* **10** : 53-58

21. DOWEN B (1976) Biological activities of mammalian and teleostean prolactins and growth hormones on mouse mammary gland and teleost urinary bladder. *Gen Comp Endocrinol* **30** : 34-42

22. EDERY M, PANG K, LARSON L, COLOSI T, NANDI S (1985) Epidermal growth factor receptor levels in mouse mammary gland in various physiological states. *Endocrinology* **117** : 405-411

23. EDERY M, JOLICOEUR C, LEVI C, DUSANTER I, PETRIDOU B, BOUTIN JM, LESUEUR L, KELLY PA, DJIANE J (1989) Identification and sequence analysis of a second form of prolactin receptor by molecular cloning of complementary DNA from rabbit mammary gland. *Proc Natl Acad Sci USA* **86** : 2112-2116

24. EMERMAN JT, PITELKA DR (1977) Maintenance and induction of morphological differenciation in dissociated mammary epithelium on floating collagen membranes. *In Vitro* **13** : 316-327

25. ETINDI RN, RILLEMA JA (1988) Prolactin induces the formation of inositol biphosphate and inositol triphosphate in cultured mouse mammary gland explants. *Biochim Biophys Acta* **968** : 385-391

26. FORSYTH IA, FOLLEY SJ, CHADWICK A (1965) Lactogenic and pigeon crop-stimulating activities of human pituitary growth hormone preparations. *J Endocrinol* **31** : 115-126

27. GALA RR, FORSYTH IA, TURVEY A (1980) Milk prolactin is biologically active. *Life Sci* **26** : 987-993

28. GERTLER A, ASHKENAZI A, MADAR Z (1984) Binding sites of human growth hormone and ovine and bovine prolactins in the mammary gland and the liver of lactating dairy cow. *Mol Cell Endocrinol* **34** : 51-57

29. GERTLER A, COHEN N, MAOZ A (1983) Human growth hormone but not ovine or bovine growth hormones inhibits galactopoietic prolactin-like activity in organ culture from bovine lactating mammary gland. *Mol Cell Endocrinol* **33** : 169-182

30. GLIMM DR, BARACOS VE, KENNELLY JJ (1990) Molecular evidence for the presence of growth hormone receptors in the bovine mammary gland. *J Endocrinol* **126** : R5-R8

31. GORDON K, LEE E, VITALE JA, SMITH AE, WESTPHAL H, HENNIGHAUSEN L (1987) Production of human tissue plasminogen activator in transgenic mouse milk. *Biotechnology* **5** : 1183-1187

32. GREGOR P, BURLEIGH BD (1985) Presence of high affinity somatomedin/insulin like growth factor receptors in porcine mammary gland. 67th Annual meeting of the Endocrine Society, Baltimore MD 233 (abstract)

33. HADSELL DL, CAMPBELL PG, BAUMRUCKER CR (1990) Characterization of the change in type I and II insulin-like growth factor receptors of bovine mammary tissue during the pre and post-partum periods. *Endocrinology* **126** : 637-643

34. HART IC, BINES JA, JAMES S, MORANT SV (1985) The effect of injecting or infusing low doses of bovine growth hormone on milk yield, milk composition and the quantity of hormone in the milk serum of cows. *Anim Product* **40** : 243-250

35. HEALD CW, SAACKE RG (1972) Cytological comparison of milk protein synthesis of rat mammary tissue in vivo and in vitro. *J Dairy Sci* **55** : 621-628

36. HELMREICH EJM, ZENNER HP, PFEUFFER T, CORI CF (1976) Signal transfer from hormone receptor to adenylate cyclase. *In* BL Horecker, ER Stadtman (eds) : *Currents topics cellular regulation* (vol. 10). Academic Press, New York, pp. 41-87

37. HYNES RO (1987) Integrins : a family of cell surface receptors. *Cell* **48** : 549-554

38. IACOPETTA BJ, ROTHENBERGER S, KÜHN LC (1988) A role for the cytoplasmic domain in transferrin receptor sorting and coated pit formation during endocytosis. *Cell* **54** : 485-489

39. IMAGAWA W, TOMOOKA Y, NANDI S (1982) Serum-free growth of normal and tumor mouse mammary epithelial cells in primary culture. *Proc Natl Acad Sci USA* **79** : 4074-4077

40. INAGAKI Y, KOHMOTO K (1982) Changes in scatchard plots for insulin binding to mammary epithelial cells for cycling, pregnant and lactating mice. *Endocrinology* **110** : 176-182

41. JONES RG, ILIC V, WILLIAMSON DH (1984) Regulation of lactating rat mammary gland lipogenesis by insulin and glucagon in vivo. *Biochem J* **223** : 345-351

42. JORDAN SJ, MORGAN EH (1970) Plasma protein metabolism during lactation in the rabbit. *Am J Physiol* **219** : 1549-1554

43. KANE S, RAYMOND MN, DUSANTER-FOURT I, HOUDEBINE LM, DJIANE J, OLLIVIER-BOUSQUET M (1983) Endocytose de la prolactine dans la cellule épithéliale mammaire : effets des agents lysosomotropes et des inhibiteurs de la transglutaminase. *Eur J Cell Biol* **30** : 244-253

44. KANN G, CARPENTIER MC, FEVRE J, MARTINET J, MAUBON M, MEUSNIER C, PALY J, VERMEIRE N (1978) Lactation and prolactin in sheep, role of prolactin in initiation of milk secretion. *In* C Robin, M Harier (eds) : *Progress in prolactin physiology and pathology*. Elsevier, North Holland, pp. 201-212

45. KATZ J, WALS PA, VAN DE VELDE RL (1974) Lipogenesis by acini from mammary gland of lactating rats. *J Biol Chem* **249** : 7348-7357

46. KEENAN TW, DYLEWSKI DP (1985) Aspects of intracellular transit of serum and lipid phases of milk. *J Dairy Sci* **68** : 1025-1040

47. KEENAN TW, SASAKI M, EIGEL WN, MORRE DJ, FRANKE WW, ZULAK IM, BUSHWAY AA (1979). Characterization of a secretory vesicle-rich fraction from lactating bovine mammary gland. *Exp Cell Res* **124** : 47-61

48. KELLY RB (1985) Pathways of proteins secretion in eukaryotes. *Science* **230** : 25-32

49. KINURA (1969) An electron microscopic study of the mechanism of milk secretion. *J Jpn Obstet Gynecol Soc* **21** : 301-308

50. KLEINBERG DL, TODD J (1980) Evidence that human growth hormone is a potent lactogen in primates. *J Clin Endocrinol Metab* **51** : 1009-1013

51. KOLDOVSKY MD (1980) Hormones in milk. *Life Sci* **26** : 1833-1836

52. LANDS WEM (1979) *Annu Rev Physiol* **41** : 633-652

53. LARSON BL, HEARY HL Jr, DEVERY JE (1980) Immunoglobulin production and transport by the mammary gland. *J Dairy Sci* **63** : 665-671

54. LEE EYH, PARRY G, BISSEL MJ (1984) Modulation of secreted proteins of mouse mammary epithelial cells by the collagenous substrata. *J Cell Biol* **98** : 146-155

55. LI ML, AGGELER J, FARSON DA, HATIER C, HASSELL J, BISSEL MJ (1987) Influence of a reconstituted basement membrane and its components on casein gene expression and secretion in mouse mammary epithelial cells. *Proc Natl Acad Sci USA* **84** : 136-140

56. LINZELL JL, PEAKER M (1971) Mechanism of milk secretion. *Physiol Rev* **51** : 564-597

57. LOBITZ CJ, NEVILLE MC (1977) Control of aminoacid transport in the mammary gland of the pregnant mouse. *J Supramol Struct* **6** : 355-362

58. LOIZZI RF (1983) Cyclic AMP changes in guinea pig mammary gland and milk. *Am Physiol Soc* **245** : E549-E554

59. LOIZZI RF (1987) Prolactin and the regulation of secretion including membrane flow : potential roles for tubulin and microtubules. *In* JA Rillema (ed) : *Action of prolactin on molecular processes*. CRC Press, London, pp. 153-178

60. LOIZZI RF, DEPONT JJ, BONTING SL (1975) Inhibition by cyclic AMP of lactose production in lactating guinea pig mammary gland slices. *Biochim Biophys Acta* **392** : 20-25

61. LOUIS SL, BALDWIN RL (1975) Changes in the cyclic 3'5' adenosine monophosphate system of rat mammary gland during lactation cycle. *J Dairy Sci* **58** : 861-869

62. McDOWELL GH, HART IC (1984) Responses to infusion of growth hormone into the mammary arteries of lactating sheep. *Can J Animal Sci (Suppl.)* **64** : 306 (abstract)

63. MALVEN PV, KEENAN TW (1983) Immunoreactive prolactin in subcellular fractions from bovine mammary tissue. *J Dairy Sci* **66** : 1237-1242

64. MARCHETTI B, FORTIER MA, POYET P, FOLLEA N, PELLETIER G, LABRIE F (1990) β-Adrenergic receptors in the rat mammary gland during pregnancy and lactation : characterization, distribution and coupling to adenylate cyclase. *Endocrinology* **126** : 565-574

65. MARCHETTI B, LABRIE F (1990) Hormonal regulation of β-adrenergic receptors in the rat mammary gland during the estrous cycle and lactation : role of sex steroids and PRL. *Endocrinology* **126** : 575-586

66. MERCIER JC (1986) Genetic engineering applied to milk producing animals : some expectations. *In* C Smith, JWB King, JC McKay (eds) : *Exploiting new technologies in animal breeding*. Oxford Science publication, pp. 122-131

67. MERCIER JC, GAYE P (1982) Early events in secretion of main milk proteins : occurrence of precursors. *J Dairy Sci* **65** : 299-316

68. MERCIER JC, HAZE G, GAYE P, HUE D (1978) Amino terminal sequence of the precursor of ovine β-lactoglobulin. *Biochem Biophys Res Commun* **82** : 1236-1245

69. MERCIER JC, HAZE G, ADDEO F, GAYE P, HUE D, RAYMOND MN (1980) Amino terminal sequence of porcine pre-β-lactoglobuline : comparison with its ovine counterpart. *Biochem Biophys Res Commun* **97** : 802-810

70. MOSTOV KE, KRAEHENBUHL JP, BLOBEL G (1980) Receptor-mediated transcellular transport of immunoglobulin : synthesis of secretory component as multiple and larger transmembrane forms. *Proc Natl Acad Sci USA* **77** : 7257-7261

71. NEVILLE MC, PEAKER M (1979) The secretion of calcium and phosphorus into milk. *J Physiol* **290** : 59-67

72. NOLIN JM (1979) The prolactin incorporation cycle of the milk secretory cell. *J Histochem Cytochem* **27** : 1203-1204

73 OLLIVIER-BOUSQUET M (1976) Effet de l'ocytocine in vitro sur le transit intracellulaire et la sécrétion des protéines du lait. *CR Acad Sci Paris* **282** : 1433-1436

74. OLLIVIER-BOUSQUET M (1978) Early effects of prolactin on lactating rabbit mammary gland. *Cell Tiss Res* **187** : 25-43

75. OLLIVIER-BOUSQUET M (1980) Effet des agents lysosomotropes sur la stimulation par la prolactine de la sécrétion des protéines du lait. *Biol Cell* **39** : 21-30

76. OLLIVIER-BOUSQUET M (1983) Rôle du Ca^{2+} dans la sécrétion des caséines du lait par la cellule épithéliale mammaire de lapine en lactation. *Biol Cell* **49** : 127-136

77. OLLIVIER-BOUSQUET M (1984) Effet de la prolactine sur la sécrétion des caséines du lait : métabolisme de l'acide arachidonique. *Biol Cell* **51** : 327-334

78. OLLIVIER-BOUSQUET M (1989) The actions of forskolin, cholera toxin and iloprost on casein secretion by lactating doe mammary glands. *Mol Cell Endocrinol* **65** : 27-33

79. OLLIVIER-BOUSQUET M, DENAMUR R (1975) Effet de l'état physiologique et du 3'5'-adenosine monophosphate cyclique sur le transit intracellulaire et l'excrétion des protéines du lait. Étude autoradiographique en microscopie électronique. *J Microsc Biol Cell* **23** : 63-82

80. OLLIVIER-BOUSQUET M, AHMED-ALI M (1988) Effets de la monensine sur la sécrétion des caséines dans les cellules épithéliales mammaires de lapines en lactation. *Reprod Nutr Dev* **28** : 303-317

81. ORCI L, VASSALLI JD, PERRELET A (1988) The insulin factory. *Sci Amer* **259** : 3, 50-61

82. PARK CS, SMITH JJ, SASAKI M, EIGEL WN, KEENAN TW (1979 a) Isolation of functionally active acini from bovine mammary gland. *J Dairy Sci* **62** : 537-545

83. PARK CS, SMITH JJ, EIGEL WN, KEENAN TW (1979 b) Selected effects on protein secretion and amino acid uptake by acini from bovine mammary gland. *Int J Biochem* **10** : 889-894

84. PARRY G, LEE EYH, FARSON D, KOVAL M, BISSEL MJ (1985) Collagenous substrata regulate the nature and distribution of glycosamine glycans produced by differenciated cultures of mouse mammary epithelial cells. *Exp Cell Res* **156** : 487-491

85. PATTON S, JENSEN RG (1976) *Biomedical aspects of lactation with special reference to lipid metabolism and membrane functions of the mammary gland.* Pergamon Press

86. PEEL CJ, BAUMAN DE (1987) Somatotropin and lactation. *J Dairy Sci* **70** : 474-486

87. PITELKA DR (1985) Teamwork in the community of mammary cells. *Hannah Res* 63-74

88. PITELKA DR, HAMAMOTO ST (1977) Form and function in mammary epithelium : the interpretation of ultrastructure. *J Dairy Sci* **60** : 643-654

89. PITELKA DR, KERKOF PR, GAGNE HT, SMITH S, ABRAHAM S (1969) Characteristics of cells dissociated from mouse mammary gland. *Exp Cell Res* **57** : 43-62

90. RAPRAEGER A, JALKANEN M, BERNFIELD M (1986) Cell surface proteoglycan associates with the cytoskeleton at the baso-lateral cell surface of mouse mammary epithelial cells. *J Cell Biol* **103** : 2683-2696

91. RILLEMA JA (1976 a) Cyclic nucleotides, adenylate cyclase and cyclic AMP phosphodiesterase in mammary glands from pregnant and lactating mice. *Proc Soc Exp Biol Med* **151** : 748-751

92. RILLEMA JA (1976 b) Possible interaction of cyclic nucleotides with the prolactin stimulation of casein synthesis in mouse mammary gland explants. *Biochim Biophys Acta* **432** : 348-352

93. ROBINSON AM, GIRARD JR, WILLIAMSON DH (1978) Evidence for a role of insulin in the regulation of lipogenesis in lactating rat mammary gland. *Biochem J* **176** : 343-346

94. ROBINSON AM, WILLIAMSON DH (1977) Comparison of glucose metabolism in the lactating mammary gland of the rat in vivo and in vitro. *Biochem J* **164** : 153-159

95. ROCHA V, HWANG SI, ORTIZ L (1987) Casein secretion by mammary gland epithelia from collagen gel cultures and lactating glands. *J Cell Physiol* **132** : 343-348

96. SAPAG-HAGAR M, GREENBAUM AL (1973) Changes in the activities of adenyl cyclase and cAMP phosphodiesterase and of the level of 3'5' cyclic adenosine monophosphate in rat mammary gland during pregnancy and lactation. *Biochem Biophys Res Commun* **53** : 982-987

97. SAPAG-HAGAR M, GREENBAUM AL, LEWIS DJ, HALLOWES RC (1974) The effects of dibutyryl cAMP on enzymatic and metabolic changes in explants of rat mammary tissue. *Biochem Biophys Res Commun* **59** : 261-268

98. SEDDIKI T, DJIANE J, OLLIVIER-BOUSQUET M (1988) Localisation par immunofluorescence des récepteurs de la prolactine dans les cellules épithéliales mammaires de lapines en lactation à l'aide d'un anticorps monoclonal. *CR Acad Sci Paris* **307** : 427-432

99. SHAMAY A, COHEN N, NIWA M, GERTLER A (1988) Effect of insulin-like growth factor I on desoxyribonucleic acid synthesis and galactopoeiesis in bovine undifferentiated and lactating mammary tissue in vitro. *Endocrinology* **123** : 804-809

100. SHIU RPC (1980) The prolactin target cell and receptor. *Prog Reprod Biol* **6** : 97-112

101. SHIU RPC, FRIESEN HG (1974) Solubilization and purification of a prolactin receptor from the rabbit mammary gland. *J Biol Chem* **249** : 7902-7911

102. SILCOLK WR, PATTON S (1972) Correlative secretion of protein, lactose and K^+ in milk of the goat. *J Cell Physiol* **79** : 151-154

103. SIMONS JP, McCLENAGHAN M, CLARK AJ (1987) Alteration of the quality of milk by expression of sheep β-lactoglobulin in transgenic mice. *Nature* **328** : 530-532

104. SMITH JJ, NICKERSON SC, KEENAN TW (1982 a) Metabolic energy and cytoskeletal requirements for synthesis and secretion by acini from rat mammary gland. I. Ultrastructural and biochemical aspects of synthesis and release of milk proteins. *Int J Biochem* **14** : 87-98

105. SMITH JJ, NICKERSON SC, KEENAN TW (1982 b) Metabolic energy and cytoskeletal requirements for synthesis and secretion by acini from rat mammary gland. II. Intracellular transport and secretion of protein and lactose. *Int J Biochem* **14** : 99-109

106. SMITH JJ, PARK CS, KEENAN TW (1982 c) Calcium and calcium ionophore A23187 alter protein synthesis and secretion by acini from rat mammary gland. *Int J Biochem* **14** : 573-576

107. SPEAKE BK, DILS R, MAYER RJ (1976) Regulation of enzyme turnover during tissue differentiation. Interactions of insulin, prolactin and cortisol in controlling the turnover of fatty acid synthetase in rabbit mammary gland in organ culture. *Biochem J* **154** : 359-370

108. SUARD YML, KRAEHENBUHL JP (1979) Dispersed mammary epithelial cells. *J Biol Chem* **254** : 10466-10475

109. TAKETANI Y, OKA T (1983) Epidermal growth factor stimulates cell proliferation and inhibits functionnal differentiation of mouse mammary epithelial cells in culture. *Endocrinology* **113** : 871-877

110. TARTAKOFF A, VASSALLI P (1978) Comparative studies of intra-cellular transport of secretory proteins. *J Cell Biol* **79** : 694-707

111. TAYLOR JC, PEAKER M (1975) Effects of bromocriptine on milk secretion in the rabbit. *J Endocrinol* **67** : 313-314

112. TIXIER-VIDAL A, MOREAU MF, PICART R, GOURDJI D (1979) Endocytosis and lysosomes in cultured prolactin cells under stimulation by thyroliberin. *Biol Cell* **36** : 167-174

113. TOO CKL, SHIU RPC, FRIESEN HG (1990) Cross-linking of G-proteins to the prolactin receptor in rat NB2 lymphoma cells. *Biochem Biophys Res Commun* **173** : 48-52

114. WEST DW (1985) Hormones and related substances in milk. *Hannah Res* 95-114

115. WILDE CJ, KUHN NJ (1979) Lactose synthesis in the rat, and the effects of litter size and malnutrition. *Biochem J* **182** : 287-294

116. WILDE CJ, KUHN NJ (1981) Lactose synthesis and the utilization of glucose by rat mammary acini. *Eur J Biochem* **13** : 311-316

117. WINDER SJ, FORSYTH IA (1986) Insulin-like growth factor I (IGF-I) is a potent mitogene for ovine mammary epithelial cells. *J Endocrinol* **vol** : 108-141 (abstract)

18

Facteurs immunitaires des sécrétions mammaires

P. Berthon, H. Salmon

Introduction

Les sécrétions mammaires assurent trois fonctions : la nutrition du jeune, la protection immunitaire de la glande mammaire et la protection immunitaire du jeune. Cette dernière fonction, objet de cette revue, fut considérée jusque dans les années 1950 comme peu importante, jusqu'à ce que des études épidémiologiques sur la morbidité et la mortalité néonatales révèlent que les enfants nourris exclusivement par le lait maternel présentent une fréquence plus faible d'infections (gastro-entérites, otites, maladies respiratoires) et d'allergies que ceux nourris artificiellement [18, 21]. Mais le concept d'immunité lactogène a été initialement défini à la suite d'observations faites sur la gastro-entérite transmissible du porc, causée par un coronavirus entéropathogène. Au cours de cette infection intestinale, mortelle chez les porcelets de moins de 15 jours, il fut observé que :

• les porcelets sous la mamelle d'une truie guérie d'infection naturelle sont protégés contre l'infection virulente par voie orale ;

• retirés d'une truie convalescente et placés sous une truie non immune, les porcelets perdent leur protection et deviennent, en quelques heures, sensibles à l'infection virulente ;

• inversement, retirés d'une truie non immune et placés sous une truie immune, les porcelets initialement sensibles deviennent rapidement protégés ;

• présents dans la circulation sanguine, les anticorps d'origine colostrale ou dérivés d'un antisérum administré par voie parentérale n'ont pas d'effet protecteur [3, 37].

Dans ces conditions, l'immunité lactogène est définie par la protection acquise passivement contre l'infection orale et conférée par la présence en continu de lait de truie immune dans l'intestin du jeune. Très rapidement, ce concept d'immunité lactogène s'est appliqué à de nombreuses espèces animales, en particulier aux monogastriques, pour diverses infections virales (coronavirus, rotavirus et entérovirus) ou bactériennes (Escherichia coli,

Vibrio cholerae) du tube digestif [32, 46, 61, 73, 94, 100]. Dans l'espèce humaine, l'allaitement joue un rôle prépondérant dans la survie du nouveau-né dans les régions où les conditions sanitaires sont faiblement développées. Jusqu'au sevrage, l'immunité lactogène confère au jeune une protection contre les agents pathogènes endémiques, tels que le vibrion cholérique [88] ou certains parasites intestinaux [23]. En assurant une protection locale principalement au niveau du tractus digestif du jeune, l'immunité lactogène constitue un reflet de l'état du système immunitaire sécrétoire, essentiellement intestinal, de la mère.

Hormis l'espèce humaine, les lagomorphes et les rongeurs qui bénéficient d'un passage transplacentaire d'anticorps sériques maternels au cours de leur développement embryonnaire, les autres mammifères euthériens (ongulés), dont le placenta est imperméable aux immunoglobulines (Ig), naissent hypo- ou agammaglobulinémiques et sont très vulnérables à la naissance vis-à-vis d'infections septicémiques telles que les colibacilloses et les salmonelloses [8, 94]. Leur survie dépend, durant les toutes premières heures de leur vie, de l'ingestion de colostrum, première sécrétion mammaire constituée par une transsudation de protéines sériques — dont les immunoglobulines — et qui apporte au nouveau-né les anticorps sériques maternels résultant de stimulations antigéniques au niveau du système immunitaire périphérique ou systémique de la mère.

En d'autres termes, immunocompétent à la naissance pour certaines espèces animales, mais suite à un développement embryonnaire à l'abri des stimulations antigéniques, le jeune mammifère requiert une protection immunitaire durant les premières semaines de sa vie, jusqu'à ce que ses propres mécanismes immuns se soient amplifiés sous l'influence des antigènes de l'environnement. En période néonatale, la survie du jeune est donc dépendante de l'acquisition passive de l'immunité maternelle, constituée de plusieurs composantes :

• une immunité humorale systémique, sous forme d'IgG, transmise à travers le placenta et/ou par le colostrum. Ces anticorps sériques maternels rejoignent la circulation sanguine du nouveau-né, soit directement lors du transfert in utero, soit après absorption intestinale lors du transfert par voie colostrale ;

• une immunité humorale locale, essentiellement sous forme d'IgA sécrétoires (IgAs), transmise principalement par le colostrum chez les primates et les lagomorphes, et par le lait (immunité lactogène) ; les anticorps présents dans les sécrétions mammaires possèdent une spécificité dominante pour les antigènes et les micro-organismes présents dans le tractus digestif maternel. Après ingestion, ces immunoglobulines ne sont pas absorbées par la muqueuse intestinale du jeune mais demeurent in situ où elles assurent une protection locale contre les micro-organismes endémiques et les antigènes alimentaires ;

• enfin, une immunité cellulaire transmise par l'intermédiaire des cellules immunocompétentes maternelles présentes dans les sécrétions mammaires.

Ces différents points seront développés successivement, mais avant d'aborder la transmission de l'immunité humorale sécrétoire, un rappel sur la notion de système immunitaire local a été jugé nécessaire.

Transmission de l'immunité humorale systémique

Le transfert de l'immunité humorale systémique de la mère au jeune mammifère varie, selon les espèces animales, par sa voie et sa durée, ceci en fonction du type de placentation (Tabl. 18-1). Ces variations se reflètent aussi au niveau des concentrations relatives des différentes classes d'immunoglobulines présentes dans le colostrum, comparées à celles observées dans le sang (Tabl. 18-2). Ainsi, parmi les mammifères euthériens, on distingue trois groupes [8].

• Le groupe I concerne les primates et les lagomorphes chez lesquels le transfert d'anticorps sériques s'effectue en fin de gestation, à travers le placenta hémochorial et le sac vitellin, respectivement. A la naissance, le jeune possède une concentration sérique d'immunoglobulines identique à celle observée chez la mère. Dans ce cas, le colostrum renferme de faibles quantités d'anticorps sériques maternels, en particulier peu d'IgG, et la classe dominante parmi les immunoglobulines colostrales est représentée par l'isotype A [14, 94].

• Le groupe III est constitué par les ongulés (artiodactyles et périssodactyles) à placentation syndesmochoriale et épithéliochoriale. La persistance de l'épithélium utérin pendant la gestation rend les enveloppes embryonnaires imperméables au transfert d'anticorps in utero. Le colostrum, particulièrement riche en IgG suite à un phénomène de concentration spécifique au niveau du tissu mammaire (Tabl. 18-2), assure alors l'apport en anticorps sériques maternels. Ingérées pendant les premières heures de la vie, ces immunoglobulines colostrales sont ensuite absorbées au niveau de l'épithélium intestinal du nouveau-né et gagnent la circulation sanguine par l'intermédiaire de la lymphe intestinale [46].

• Le groupe II, intermédiaire entre les groupes I et III, comprend les rongeurs et les carnivores à placentation hémochoriale et endothéliochoriale. Chez ces animaux, le transfert de l'immunité systémique s'effectue à la fois in utero et par le colostrum.

Transfert prénatal

Chez le lapin (lagomorphes) le taux de transfert des anticorps sériques maternels augmente à partir de la 3e semaine de gestation et atteint un maximum quelques jours avant la parturition. Chez l'homme, les IgG peuvent être détectées dans le sérum fœtal dès le 38e jour de gestation et leur concentration s'accroît rapidement pendant le 3e trimestre de la vie embryonnaire [46]. Bien que les mécanismes du transfert transplacentaire ne soient pas totalement élucidés, il semble s'agir d'un processus actif, spécifique des IgG et, chez l'homme, favorisant le passage des IgG1 et IgG3 par rapport aux IgG2 et IgG4 [94]. Les anticorps sériques maternels présents dans la cavité utérine interagissent avec des sites de reconnaissance pour le fragment Fc des IgG (récepteur Fcγ) présents à la surface des cellules endodermiques du sac vitellin (lagomorphes) et des cellules ectodermiques du syncytiotrophoblaste (primates). La liaison des IgG aux récepteurs Fcγ est suivie d'une endocytose et de la formation de vésicules de transport de ces molécules (*coated vesicles*) vers la membrane basale de la cellule, où les IgG sont ensuite libérées par un

Tableau 18-1 Voie et durée du transfert de l'immunité humorale systémique de la mère au jeune mammifère, en fonction des espèces animales. D'après [8, 46, 94].

Ordre	Espèce	Placentation	Transfert		Durée du transfert postnatal
			prénatal	postnatal	
Primates	homme	hémochoriale	placenta	0	–
	singe	"	"	0	–
Lagomorphes	lapin	hémochoriale	sac vitellin	0	–
Rongeurs	rat	hémochoriale	sac vitellin	+ +	20 j
	souris	"	"	+ +	16 j
Carnivores	chien	endothélio-choriale	placenta et/ou	+ +	24-48 h
	chat		sac vitellin	+ +	24-48 h
Artiodactyles	vache	syndesmo-choriale	0	+ + +	24-36 h
	chèvre		0	+ + +	24-36 h
ruminants	mouton	"	0	+ + +	24-36 h
suidés	porc	épithélio-choriale	0	+ + +	24-36 h
Périssodactyles	cheval	épithélio-choriale	0	+ + +	24 h

Tableau 18-2 Concentrations et proportions relatives des différentes classes d'immunoglobulines présentes dans le sérum et les sécrétions mammaires chez différentes espèces de mammifères. Ig : immunoglobulines ; col : colostrum. D'après [6, 14, 46, 94].

Ordre	Espèce	Ig	Concentration (mg/ml)			% des Ig totales*		
			sérum	col	lait	sérum	col	lait
Primates	homme	G	12,10	0,43	0,04	77,9	2,2	3,5
		A	2,50	17,35	1,00	16,1	89,5	87,7
		M	0,93	1,60	1,10	6,0	8,3	8,8
Lagomorphes	lapin	G	7,50	1,50	0,10	99,8	4,7	2,0
		A	0,005	30,00	5,00	0,1	95,2	98,0
		M	0,01	0,01	traces	0,1	0,1	–
Rongeurs	rat	G	7,80	0,72	1,50	87,3	38,5	57,9
		A	0,18	1,15	1,09	2,0	61,5	42,0
		M	0,95	–	0,002	10,7	–	0,1
Artiodactyles	porc	G	21,50	58,70	1,40	88,1	80,9	22,2
		A	1,80	10,70	3,00	7,4	14,7	47,6
		M	1,10	3,20	1,90	4,5	4,4	30,2
Artiodactyles	vache	G1	12,00	47,60	0,53	47,9	79,8	73,6
		G2	9,60	2,77	0,03	38,3	4,6	4,2
		A	0,47	4,27	0,10	1,9	7,2	13,9
		M	3,00	5,03	0,06	11,9	8,4	8,3

* Pourcentages déterminés d'après les concentrations exprimées en mg/ml

phénomène d'exocytose [46]. Ces anticorps rejoignent ensuite le sang fœtal en traversant l'endothélium des capillaires de l'embryon. Des récepteurs Fcγ ont été aussi mis en évidence à la surface des cellules endothéliales fœtales du placenta hémochorial [49].

Transfert postnatal

Chez les ongulés, l'acquisition passive par le jeune de l'immunité systémique maternelle s'effectue entièrement par le colostrum ingéré pendant les 24 à 36 premières heures après la naissance. Durant cette période, les anticorps colostraux présents dans la lumière intestinale du nouveau-né sont absorbés par les entérocytes immatures, fortement vacuolisés et perméables aux macromolécules [57, 94]. Effectif sur l'ensemble de l'intestin grêle, ce mode de transport n'est pas spécifique des IgG. La sélection s'effectue au niveau de la glande mammaire où les cellules épithéliales, par l'intermédiaire de récepteurs Fcγ à leur surface, concentrent les IgG sériques afin de les accumuler dans les sécrétions colostrales. Identique au mécanisme décrit pour le placenta hémochorial, ce transport se réalise selon un processus actif, hautement sélectif pour les IgG, et chez les ruminants, spécifique des IgG1 et non des IgG2 [94]. Chez la vache, le transfert transépithélial des IgG1 au niveau mammaire, éventuellement régulé par les œstrogènes et la progestérone [82], est maximal en phase de synthèse colostrale, deux à trois semaines avant la parturition, puis est maintenu à un faible taux pendant la lactation [14, 94]. Une relation inverse semble exister au niveau du tissu mammaire entre le taux de transport spécifique des IgG1 et l'activité de synthèse de novo des différents constituants du lait [94]. L'absorption intestinale des anticorps colostraux se termine lorsque les entérocytes du nouveauné sont remplacés par des cellules épithéliales intestinales matures, n'endocytant plus les macromolécules. Cette « fermeture » de l'intestin se produit dans les 36 heures après la naissance [94].

Chez les carnivores et les rongeurs (groupe II), espèces chez lesquelles les anticorps maternels sont transmis avant et après la naissance, les IgG sériques n'apparaissent pas concentrées dans le colostrum. Principalement étudié chez les rongeurs, ce mécanisme de transport des IgG qui persiste pendant la lactation doit sa spécificité à l'existence de récepteurs Fcγ à la surface apicale des entérocytes du duodénum et du jéjunum proximal du jeune [46]. Ces cellules, différentes des entérocytes présents dans l'iléon ou chez l'adulte, possèdent un système développé de vésicules d'endocytose (*coated vesicles*) issues de la surface apicale de la cellule, à la base des microvillosités, et assurant le transport sélectif des IgG vers la membrane basolatérale. Les travaux de Rodewald et al. [74] ont démontré que les récepteurs Fcγ, à la surface apicale des entérocytes, lient spécifiquement les IgG au pH normal du contenu intestinal (6,0 - 6,5) mais non à pH 7,4. La liaison des IgG aux récepteurs situés sur la membrane basolatérale est soumise à la même dépendance de pH. Ainsi, il semble que ces anticorps soient transportés dans l'entérocyte sous forme de complexes ligand-récepteur qui se dissocient seulement après une exposition au pH de 7,4 de l'environnement, lors de l'exocytose au niveau de la membrane basale. Le gradient de pH de part et d'autre de l'épithélium intestinal pourrait déterminer ce transport directionnel des anticorps et laisse supposer l'existence d'un éventuel recyclage des récepteurs Fcγ. Ces travaux ont aussi révélé que la liaison des IgG à leur récepteur est une des conditions du transport spécifique. Suite à un phénomène de sélection intracellulaire encore inconnu, les complexes ligand-récepteur membranaire ne subissent pas de dégradation lysosomiale, contrairement aux molécules libres présentes à l'intérieur des vésicules d'endocytose [74]. L'absorption des anticorps au niveau de l'intestin grêle du jeune rongeur cesse lorsque les cellules épithéliales du duodénum et du jéjunum sont remplacées par des entérocytes matures, issus des cryptes et dépourvus de récepteurs Fcγ à leur surface [46].

Lors du transfert par voie colostrale, plusieurs facteurs assurent le maintien de l'intégrité des anticorps maternels. Le colostrum présente un pouvoir tampon élevé qui atténue la dénaturation des immunoglobulines par les protéases gastriques et les pH extrêmes. Chez la vache, les IgG1 colostrales paraissent plus résistantes à la protéolyse par la chymotrypsine que les autres classes d'anticorps. Enfin, le colostrum renferme un inhibiteur de la trypsine bloquant l'activité lytique de cette enzyme [94].

Système immunitaire local

Chez les mammifères, la défense des muqueuses intestinale, respiratoire et urogénitale ainsi que celle des épithéliums des glandes exocrines (salivaires, lacrymales et mammaires) résultent d'interactions complexes entre des mécanismes immuns et non immuns. Les réponses immunes sont élaborées par un système immunitaire « local » ou « sécrétoire », indépendant du système immunitaire systémique [12], ayant pour support anatomique le MALT *(mucosa-associated lymphoid tissue)* essentiellement constitué par le GALT *(gut-associated lymphoid tissue)* au niveau intestinal et le BALT *(bronchus-associated lymphoid tissue)* au niveau pulmonaire. Ces réponses immunitaires sont caractérisées par une production locale d'anticorps parmi lesquels prédomine l'isotype A, classe d'immunoglobulines découverte par Heremans et al. [35]. Les IgA présentes dans les sécrétions possèdent une structure particulière (IgA 11S ou IgA sécrétoires (IgAs)) caractérisée par un déterminant antigénique supplémentaire, absent au niveau des IgA sériques [91].

Le système immunitaire local se distingue du système immunitaire systémique par au moins quatre aspects :

• Ce système immunitaire local réagit vis-à-vis d'antigènes situés à l'extérieur de l'organisme, dans les sécrétions, et qui tendent à adhérer aux épithéliums. Les réponses immunes systémiques sont en revanche initiées par des antigènes présents dans l'organisme, captés par la rate ou les ganglions lymphatiques.

• Les cellules effectrices des réponses immunitaires locales se répartissent dans la lamina propria des muqueuses et dans les espaces interstitiels entre les acinus des glandes exocrines, soit à des sites distants des structures lymphoïdes organisées dans lesquelles se réalisent la prolifération et la maturation de leurs précurseurs. Au cours de la réponse immune, la dissémination des cellules effectrices vers la muqueuse offre potentiellement une protection spécifique de l'antigène des sites non infectés de la muqueuse, voire même des autres muqueuses, limitant de ce fait la propagation de l'agent infectieux au sein de l'organisme.

• L'isotype majeur parmi les anticorps synthétisés est l'IgA, contrairement aux IgG prédominantes dans le sang. Par une plus grande résistance à la protéolyse, les IgAs paraissent mieux adaptées pour assurer leurs fonctions au niveau des sécrétions.

• Enfin, les mécanismes immuns locaux impliquent souvent des coopérations cellulaires entre les lymphocytes effecteurs et les cellules épithéliales, comme cela a été démontré, par exemple, au niveau de la production des anticorps sécrétoires [67].

Anatomie du système immunitaire local

Le MALT présente trois types de structures lymphoïdes :

• Des structures folliculaires (follicules lymphoïdes) situées dans la lamina propria des muqueuses telles que les amygdales, l'appendice et surtout les plaques de Peyer au niveau du GALT. Ces organes lymphoïdes sont recouverts par un épithélium particulier, différent de l'épithélium glandulaire, pauvre en cellules à mucus et possédant un grand nombre de cellules épithéliales spécialisées, caractérisées par des microvillosités courtes et irrégulières : les cellules M (*microfold cells*) (Fig. 18-1). La fonction essentielle de ces cellules M est le transport transépithélial des antigènes, de la lumière intestinale ou bronchique vers des espaces intraépithéliaux situés à proximité immédiate des follicules lymphoïdes et riches en lymphocytes et macrophages [62]. Ces structures sont considérées comme le site privilégié des stimulations antigéniques et d'initiation des mécanismes effecteurs de l'immunité locale [47, 67].

• Des ganglions lymphatiques régionaux, ganglion mésentérique de l'intestin et ganglions trachéo-bronchiques des poumons, où s'effectuent les phases de prolifération et de maturation partielle (jusqu'au stade lymphoblastique) des cellules effectrices.

• Une structure lymphoïde diffuse constituée par l'ensemble des lymphocytes disséminés dans la lamina propria et l'épithélium des muqueuses, lieux de différenciation terminale des lymphoblastes vers le stade de cellule effectrice des réponses immunitaires locales [67].

Structure et transport des IgA sécrétoires

Comme les immunoglobulines des autres classes, les IgA sont constituées de sous-unités monomériques formées de quatre chaînes polypeptidiques, deux chaînes lourdes (H) et deux chaînes légères (L), mais celles-ci, de manière identique aux IgM et contrairement aux IgG, peuvent se polymériser, augmentant ainsi l'avidité de la molécule d'anticorps vis-à-vis de l'antigène. En effet, les chaînes lourdes des IgA et des IgM présentent une extension de la partie C-terminale, avec une extra-cystéine qui participe à la liaison entre les monomères par l'intermédiaire d'un peptide supplémentaire : la chaîne J (PM : 15 kDa). Alors que les IgM sont sécrétées par les plasmocytes IgM(+) sous forme de pentamères, les IgA polymériques produites par les plasmocytes d'isotype A sont habituellement des dimères.

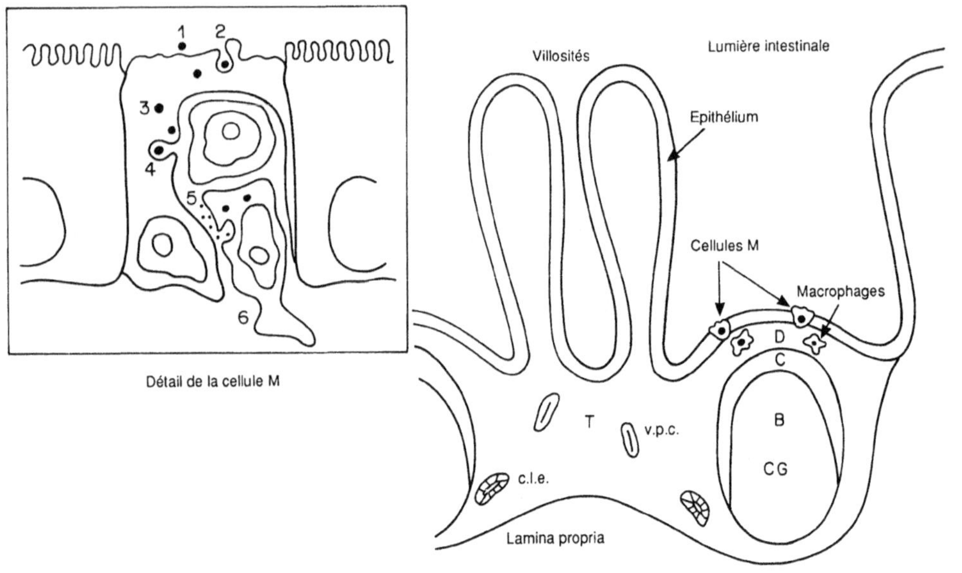

Fig. 18-1   Schéma des plaques de Peyer. Les follicules lymphoïdes, renfermant essentiellement des lymphocytes B, sont constitués d'un centre germinatif (CG) entouré d'une couronne de petits lymphocytes (C). Entre l'épithélium intestinal et les follicules lymphoïdes se situe une zone mixte, à la fois T et B dépendante : le dôme (D). Les lymphocytes T se localisent dans les zones interfolliculaires où se situent également les veinules post-capillaires (v.p.c.) et les canaux lymphatiques efférents (c.l.e.). Au niveau des plaques de Peyer, les villosités intestinales s'interrompent et l'épithélium de la muqueuse renferme des cellules M (voir l'encadré) spécialisées dans le transport transépithélial des antigènes. 1 : adhésion ; 2 : pinocytose par la cellule M ; 3 : transport intracytoplasmique de l'antigène ; 4 : passage dans l'espace intercellulaire entre la cellule M et les lymphocytes et macrophages ; 5 : contact entre l'antigène et les lymphocytes ; 6 : migration lymphocytaire [47, 72].

Le nombre de gènes codant pour les IgA est variable selon les espèces animales et il est reflété phénotypiquement par le nombre de sous-classes observées parmi l'isotype A. Avec une structure unique chez la souris, les IgA semblent être représentées par au moins trois sous-classes chez le lapin et deux chez l'homme (IgA1 et IgA2) [93]. Chez le rat, la souris et le lapin, la forme polymérique des IgA prédomine à la fois dans le sang et les sécrétions [54]. En revanche, chez l'homme, les IgA sériques constituées à 80 % d'IgA1 existent principalement (80 %) sous forme de monomères alors que les IgA sécrétoires composées à 40 % d'IgA2 sont essentiellement (90 %) dimériques [20, 93].

Les anticorps sécrétoires — IgAs et en quantité moindre IgMs — différent des anticorps sériques par l'existence d'une protéine additionnelle (PM : 80 kDa) : le composant sécrétoire (SC). L'association des anticorps avec le SC semble être dépendante de la structure polymérique de ces molécules. En effet, la présence de la chaîne J induirait un changement de conformation de la molécule d'immunoglobuline polymérique, favorisant sa liaison au SC. En outre, le SC stabiliserait aussi la molécule d'anticorps et lui conférerait une résistance à la protéolyse [20]. Par des techniques immunohistologiques, aucune trace de SC n'a été révélée dans les plasmocytes synthétisant des IgA au niveau des muqueuses, le SC étant uniquement détecté dans les cellules épithéliales avoisinantes. Une partie de l'activité est localisée vers la membrane basolatérale, face à la source d'IgA, suggérant que la liaison des IgA au SC est la première étape du processus de transport transépithélial de ces anticorps [93]. Par immunofluorescence, il a été possible de localiser le SC et les IgA dans les mêmes zones de la membrane basolatérale des cellules épithéliales et de détecter leur présence simultanée dans des vésicules intracytoplasmiques [9, 11, 19, 60]. Ces résultats confirment l'hypothèse selon laquelle le SC exprimé à la surface des cellules épithéliales sert de récepteur des immunoglobulines polymériques. Après liaison non covalente avec les anticorps polymériques (Igp), produits par les plasmocytes sous-jacents dans la lamina propria, les complexes SC-Igp sont endocytés et transportés vers la membrane apicale des cellules épithéliales dans des vésicules intracytoplasmiques, à l'intérieur desquelles les complexes se stabilisent par l'établissement de liaisons covalentes (ponts disulfures entre le SC et une sous-unité monomérique de l'anticorps) [19]. Avant l'exocytose, ces complexes subissent une protéolyse clivant la partie N-terminale du SC de son précurseur transmembranaire et permettant la sécrétion des immunoglobulines polymériques sécrétoires vers le milieu extérieur [20, 47, 59, 83, 95]. Le SC libre, résultant du clivage de la molécule transmembranaire ou associé aux anticorps sécrétoires, est une molécule constituée de cinq domaines dont la séquence présente une forte homologie avec celle des régions variables des immunoglobulines. Donc, par sa structure, le SC appartient à la superfamille des immunoglobulines [47].

Physiologie du système immunitaire local

Les travaux réalisés en immunologie sur la localisation des lymphocytes à des sites spécifiques du système immunitaire ont révélé que la migration des cellules immunocompétentes est très sélective et dépend de l'organe d'origine de ces cellules [25], renforçant ainsi le concept de compartimentalisation du système immunitaire en systèmes systémique et local.

Concernant le système immunitaire local, la plupart des études effectuées sur le GALT ont montré que la majorité des plasmocytes à IgA de la lamina propria intestinale semble être issue des plaques de Peyer [15] bien que, chez le lapin, une réponse immunitaire locale, spécifique de l'antigène, ait été obtenue au niveau intestinal dans des zones dépourvues de ces organes lymphoïdes [31]. Néanmoins, les plaques de Peyer sont considérées comme étant le site privilégié des stimulations antigéniques. Une épreuve antigénique réalisée au niveau d'anses intestinales isolées, renfermant des plaques de Peyer, engendre une réponse humorale à la fois dans l'anse stimulée et les anses distantes du site d'épreuve, alors qu'une stimulation au niveau d'anses intestinales dépourvues de plaques de Peyer n'induit qu'une faible réponse voire aucune [16]. L'excision des plaques de Peyer de l'anse intestinale, préalablement à la stimulation antigénique, résulte en une diminution de la population de lymphoblastes sensibilisés dans la lymphe drainant cette portion d'intestin [39]. D'autre part, par expansion clonale sur huit générations, Cebra et al. [17] ont démontré que les lymphocytes des plaques de Peyer étaient capables de générer un très grand nombre de cellules IgA(+). Des expériences de transfert cellulaire par voie intraveineuse ont permis d'observer que les cellules des plaques de Peyer, injectées à des lapins irradiés, migrent sélectivement vers la muqueuse intestinale dans un délai supérieur à 48 heures après le transfert [68], plus exactement dans les cinq à six jours suivant l'injection [92]. Ce temps de latence, observé lors de la migration des cellules des plaques de Peyer vers la lamina propria de l'intestin, suggère la possibilité qu'une étape intermédiaire de maturation existe à un site différent de la muqueuse. Par transferts cellulaires successifs, il a été démontré que les lymphocytes issus de plaques de Peyer migrent vers le ganglion mésentérique et que ces cellules, après un deuxième transfert, présentent une aptitude accrue à migrer vers la muqueuse intestinale dans les 24 heures suivant leur transfert [75].

Les lymphoblastes à IgA acquièrent donc la capacité à migrer vers la muqueuse intestinale au niveau du ganglion mésentérique. Cette aptitude semble nécessiter un pré-engagement dans la voie de synthèse des IgA [53, 95]. De manière générale, cette capacité de migration du ganglion mésentérique vers la lamina propria de l'intestin (via le canal thoracique et la circulation sanguine) paraît être une propriété essentiellement ou seulement exprimée par des lymphocytes en phase de synthèse d'ADN (lymphoblastes), particulièrement abondants dans le ganglion mésentérique [26, 50, 52, 67] et comportant aussi des lymphoblastes de la lignée T issus du GALT [26, 27, 66, 67]. Le fait que les cellules IgA(+) dérivées du ganglion mésentérique peuvent migrer vers d'autres sites sécrétoires, tels que l'appareil urogénital et les poumons [50], suggère l'existence d'une immunité locale généralisée à l'ensemble des muqueuses.

Le mécanisme de la migration ou du *homing* des lymphocytes vers les muqueuses semble être indépendant de l'antigène comme cela a été observé au cours d'expériences de transfert cellulaire. Les lymphoblastes peuvent migrer vers la muqueuse intestinale de rats nouveaunés [29] ou vers des anses intestinales fœtales de souris, greffées sous les capsules rénales [66]. Mais une stimulation antigénique locale semble également générer des plasmocytes à partir des cellules-mémoire résidantes [70]. Par ailleurs, les cellules-mémoire peuvent migrer vers des sites muqueux immunologiquement « naïfs » et exposés à l'antigène auquel elles ont été préalablement sensibilisées [69]. L'administration de ferritine par voie orale induit, chez la souris, l'apparition de plasmocytes sécrétant des IgA spécifiques de l'antigène au niveau des poumons, confirmant le concept d'une immunité locale généralisée. Lorsque ces animaux sont restimulés avec le même antigène, mais par voie intrabronchique, le nombre de cellules synthétisant des IgA antiferritine au niveau pulmonaire est alors cinq fois plus élevé [95, 99]. Ces résultats suggèrent que si l'antigène n'est pas essentiel à l'apparition des cellules à IgA dans les muqueuses, sa présence peut localement amplifier l'attraction et la rétention de ces cellules et/ou stimuler la prolifération des précurseurs des plasmocytes d'isotype A [95].

La majorité des lymphoblastes à IgA du GALT semble être originaire des plaques de Peyer, peuplées par les précurseurs des lymphoblastes B issus de la moelle osseuse [2]. Bien que les mécanismes déterminant l'expression préférentielle de l'isotype A parmi les cellules B du MALT ne soient pas totalement connus, plusieurs facteurs semblent être impliqués. Le milieu extérieur au contact des muqueuses est un environnement riche en antigènes microbiens et en mitogènes. La permanence des stimulations antigéniques à laquelle se superpose la modulation par les cellules T avoisinantes pourrait induire l'engagement des cellules B non sensibilisées vers la voie de production des IgA [22]. Cela suppose que les précurseurs précoces des cellules de la lignée B sont pluripotents du point de vue de l'expression isotypique. En revanche, il peut exister une sous-population particulière de lymphocytes B, orientée vers la production d'IgA bien avant que cet isotype soit exprimé par ces cellules [93]. Quoi qu'il en soit, l'induction de la sécrétion d'IgA au niveau intestinal semble être liée à l'environnement particulier des plaques de Peyer et paraît dépendre des interactions des cellules B avec les cellules T et les cellules dendritiques dérivées de ces follicules lymphoïdes [84, 85].

La plupart des réponses immunitaires humorales, générées spécifiquement par des lymphocytes B vis-à-vis d'agents pathogènes ou d'antigènes solubles, sont soumises à une régulation positive exercée par une sous-population de lymphocytes T : les cellules T *helper* (Th). Actuellement, dans le modèle murin, ces cellules sont subdivisées en deux groupes (Th1 et Th2) en fonction du spectre de médiateurs solubles (ou lymphokines) qu'elles sécrètent. Les lymphocytes Th1 produisent de l'interleukine 2 (IL-2) et de l'interféron-γ alors que les cellules Th2 synthétisent de l'IL-4, IL-5 et IL-6 [58]. Les études sur les propriétés physiologiques de ces différentes lymphokines ont permis de démontrer que les lymphocytes Th2 assurent un rôle fondamental dans la régulation de la réponse immune humorale à médiation IgA [89].

Au niveau du site d'induction de la réponse humorale à IgA (plaques de Peyer), les lymphocytes Th2 participent à l'amplification du pool de cellules B exprimant des IgA membranaires (mIgA(+)) par l'intermédiaire de l'IL-4. L'action biologique de cette interleukine s'exerce sur des lymphocytes B déjà engagés dans la voie de synthèse des IgA et résulte en la stimulation de la transcription des ARN messagers codant pour la chaîne lourde de ces immunoglobulines [34, 51].

Les lymphocytes Th2 interviennent également plus tardivement, au niveau des sites effecteurs de la réponse immune (muqueuse intestinale), en contrôlant la production d'anticorps d'isotype A à l'aide de la sécrétion d'IL-5 et IL-6. L'IL-5 favorise la production d'IgA, à partir de cellules B mIgA(+) stimulées par un mitogène ou un antigène, en augmentant le nombre de cellules sécrétant des IgA sans modifier le taux de multiplication de ces cellules. Son action semble se situer uniquement au niveau de la phase de différenciation terminale des cellules B IgA(+) en plasmocytes produisant des IgA [33, 34, 51]. Les effets de L'IL-6 sur la réponse humorale locale ne sont observés qu'en présence simultanée d'IL-5. Il est probable que cette dernière permette aux cellules B IgA(+) de devenir sensibles à l'IL-6. L'action de l'IL-6 se situe au niveau du plasmocyte à IgA et se traduit par une augmentation du taux de synthèse des anticorps [34].

Les étapes précoces de l'induction de la réponse immunitaire locale au niveau des plaques de Peyer, au cours desquelles se détermine l'engagement des lymphocytes B dans la voie de synthèse des IgA, demeurent mal connues. Cependant, il semblerait que certains clones de lymphocytes T (cellules T *switch* (Tsw)), isolés des plaques de Peyer de souris, soient capables d'induire l'expression d'IgA membranaires à partir de lymphocytes B mIgM(+), mIgA(−), préalablement stimulés par du lipopolysaccharide (LPS). Mais ces cellules Tsw, jusqu'à présent caractéristiques des plaques de Peyer, n'induisent pas de sécrétion d'IgA, même lorsqu'elles sont incubées dans des cultures cellulaires enrichies en lymphocytes B mIgA(+) [41, 42, 43, 51].

Enfin, des lymphocytes T caractérisés par la présence de récepteurs Fcα à leur surface agiraient sur les cellules B IgA(+), soit pour amplifier, soit pour inhiber la sécrétion d'IgA [38, 44, 87]. Les signaux responsables de cette modulation de la production d'IgA seraient assurés par une forme soluble du récepteur Fcα qui se lierait aux IgA, antérieurement identifiée comme *IgA-binding factor* (IgA-BF) [45, 51, 93, 102].

Transmission de l'immunité humorale sécrétoire

Particulièrement bien développé chez les mammifères monogastriques, le transfert de l'immunité humorale sécrétoire de la mère au jeune par les sécrétions mammaires (ou immunité lactogène) joue un rôle prépondérant dans la survie du nouveau-né. Du fait de l'absence de sensibilisations antigéniques préalables, le jeune mammifère ne peut développer ses propres réponses immunes locales et protéger ses muqueuses intestinale et respiratoire, premiers sites d'invasion et d'épreuve par les antigènes de l'environnement.

Immunité lactogène

Chez de nombreux mammifères, dont l'homme, l'ingestion du lait maternel confère aux nouveau-nés un certain degré d'immunité contre les infections du tube digestif et diminue la fréquence des infections de l'appareil respiratoire supérieur [46, 95]. Bien que de nombreux facteurs non spécifiques aient été identifiés dans le lait [73], cette protection semble être essentiellement assurée par les anticorps sécrétoires présents dans les sécrétions mammaires [95].

Les propriétés anti-infectieuses du lait comportent néanmoins certaines composantes humorales non spécifiques. Le lait maternel renferme de la lactoferrine, du lysozyme et de la lactoperoxydase : trois facteurs particulièrement efficaces contre les gastro-entérites néonatales. La lactoferrine est une glycoprotéine qui assure une activité bactériostatique en liant le fer, élément indispensable à la croissance de certaines bactéries intestinales. Le lysozyme est une enzyme responsable de la lyse des parois bactériennes. Son activité bactéricide s'exerce par dégradation des peptidoglycanes au niveau des structures mucopolysaccharidiques. Enzyme synthétisée par le tissu mammaire, la lactoperoxydase agit sur le peroxyde d'hydrogène élaboré par les lactobacilles de la flore intestinale et catalyse la libération d'oxygène fortement toxique pour de nombreuses bactéries.

Dans l'espèce porcine, la membrane des globules gras du lait possède des récepteurs de nature mucoprotéique, voisins des récepteurs présents à la surface des entérocytes et permettant l'attachement d'Escherichia coli par le facteur K88. Ces récepteurs peuvent, de manière spécifique in vitro, inhiber la fixation des colibacilles K88 sur les entérocytes de porcelet. Certains monoglycérides et acides gras insaturés libres, présents dans le lait, semblent capables d'inactiver différents virus enveloppés. Enfin, en favorisant la prolifération des lactobacilles au sein de la flore bactérienne intestinale du jeune, le lait induit une acidification du contenu intestinal renforçant ainsi l'effet barrière de la microflore résidante contre les agents pathogènes [3, 95].

A ces facteurs non spécifiques de l'immunité lactogène se superposent des composantes spécifiques représentées par les anticorps du lait. Durant la lactation, les sécrétions mammaires renferment de fortes concentrations en immunoglobulines parmi lesquelles prédominent, chez les mammifères monogastriques, les IgA (voir Tabl. 18-2).

Étant donné l'importance quantitative de ce transfert d'immunoglobulines, l'absence de tissu lymphoïde organisé, tel que le GALT ou le BALT, au niveau de la mamelle, suggère que l'immunité lactogène dérive d'un site autre que la glande mammaire [46]. L'immunisation, par voie orale, de truies gravides contre le virus entéropathogène de la gastro-entérite transmissible induit l'apparition d'IgA spécifiques dans le lait alors qu'une immunisation par voie intramammaire pendant la gestation génère une réponse humorale systémique, caractérisée par une production prédominante d'IgG détectées à la fois dans le lait et le sérum [5]. Des études similaires effectuées dans d'autres espèces animales et chez l'homme ont révélé que les IgA du lait présentent des spécificités dirigées contre les antigènes et les micro-organismes intestinaux et respiratoires [46].

Origine des immunoglobulines A du lait

Deux hypothèses permettent d'expliquer la présence d'IgA dans les sécrétions mammaires : la première suppose l'existence d'un transport sélectif des IgA sériques au niveau du tissu mammaire grâce à la présence de composants sécrétoires à la surface des cellules épithéliales alvéolaires ; la seconde est fondée sur une production locale d'IgA par des plasmocytes situés dans la glande. Ce dernier modèle implique deux possibilités : soit des cellules à IgA sont en permanence localisées dans le tissu mammaire et leur prolifération est induite sous l'influence de la lactation, soit, simultanément au développement de la glande mammaire durant la lactation, les lymphoblastes B à IgA migrent en plus grand nombre vers cet organe [95].

Le fait que la plupart des plasmocytes localisés entre les acinus mammaires, comme ceux de la lamina propria des muqueuses, produisent des anticorps d'isotype A [91] et l'observation que les IgA présentes dans le lait humain sont des IgA dimériques sécrétoires (11S) alors que le pool d'IgA sériques est formé de monomères [90], suggèrent l'éventualité d'une synthèse locale d'anticorps. Les travaux de Hochwald et al. [36] révélant que le tissu mammaire est capable de synthétiser de novo tous les constituants des IgA sécrétoires, ainsi que ceux de Brandtzaeg [10] suggérant que les nombreux plasmocytes localisés dans la glande mammaire, chez la femme, constituent la principale source des IgA du lait humain, argumentent en faveur de la réalité d'une production in situ d'anticorps. Des résultats identiques ont été obtenus chez la truie. Alors que parmi les anticorps colostraux, 100 % des IgG, 80 % des IgM et 40 % des IgA dérivent du pool d'immunoglobulines sériques, la majorité des anticorps du lait (70 % des IgG, plus de 90 % des IgM et des IgA) résulte d'une synthèse locale au niveau de la mamelle [7].

Une étude a été réalisée par immunofluorescence afin de dénombrer, en fonction de l'isotype exprimé, les plasmocytes présents dans la glande mammaire de souris CAF1 pendant la gestation et la lactation [97]. La glande mammaire de souris vierges contient très peu de structures alvéolaires, et de rares plasmocytes y sont détectés (de l'ordre de sept cellules pour vingt champs microscopiques). Au cours de la gestation, le nombre de plasmocytes par unité de surface s'accroît mais cette augmentation est particulièrement évidente pendant la lactation, comme le montrent les résultats observés pour les cellules d'isotype A (Tabl. 18-3). Parallèlement, des IgA apparaissent en position intraépithéliale. Le pic de la densité en plasmocytes se situe en fin de lactation lorsque le tissu mammaire présente un développement maximal. Après sevrage, l'involution de la glande s'accompagne d'une chute du nombre de cellules contenant des immunoglobulines. Une cinétique identique mais de plus faible amplitude est observée pour les cellules d'isotypes M et G. En considérant le développement du tissu mammaire pendant la lactaction, alors que le poids de la glande mammaire augmente de six fois, le nombre de plasmocytes à IgA par unité de surface est multiplié par cent cinquante [95, 97].

Une étude similaire, mais portant sur l'ensemble des lymphocytes de la glande mammaire, a été effectuée sur des truies primipares [77]. Les résultats indiquent que, chez la truie, le nombre de leucocytes et de lymphocytes (T, B et nuls) présents dans le tissu mammaire augmente dès le 80e jour de gestation, simultanément au développement des structures alvéolaires ; cette augmentation se poursuivant pendant la lactation. Chez ces animaux, aucun plasmocyte n'a été détecté dans la mamelle avant la mise-bas. Ils apparaissent en tout début de lactation et leur nombre s'accroît très rapidement tout au long de la lactation. Des travaux plus récents, réalisés par immunofluorescence, ont révélé que la densité en cellules à IgA intracytoplasmiques (lymphoblastes et plasmocytes) augmente d'un facteur 10 du 80e jour de gestation au 16e jour de lactation.

Qu'il soit lié à une prolifération locale des lymphocytes résidants et/ou à une migration plus intense des lymphoblastes du sang vers la mamelle, le développement du système immunitaire local mammaire se réalise de manière concomitante à celui du tissu mammaire, suggérant l'éventualité d'un déterminisme hormonal. Le traitement de souris vierges

Tableau 18-3 Nombre de plasmocytes, en fonction de leur isotype, dans la glande mammaire de souris CAF1 pendant la gestation et la lactation. Isotypes : nombre de cellules ($\overline{x}\pm$SD) pour 20 champs microscopiques (x250) de coupes de tissu congelé, traitées avec des anticorps spécifiques des classes d'immunoglobulines de souris et observées sous UV. SG : semaines de gestation ; JL : jours de lactation ; JS : jours après le sevrage. D'après [95, 97].

Stade de gestation ou de lactation	Isotype des immunoglobulines (a)		
	IgA	IgM	IgG
1 SG	100± 20	10± 4	7±3
2 SG	150± 15	20± 5	11±4
3 SG	200± 11	30± 8	15±3
4 JL	700± 80	—	—
10 JL	900±200	40± 8	32±4
20 JL	1 100±255	60±16	42±5
5 JS	900± 70	—	—
10 JS	350± 30	—	—
15 JS	300± 23	15±17	8±2

par une association d'hormones mammotropes (progestérone, œstrogènes et prolactine) induit le développement de la glande mammaire et une augmentation simultanée du nombre de plasmocytes à IgA dans cet organe. La plus grande amplitude de développement, induit par l'utilisation individuelle de ces hormones, est observée après traitement par la prolactine [98]. Chez la truie, nous avons mis en évidence une corrélation entre la densité en récepteurs de la prolactine dans le tissu mammaire et l'accumulation des lymphocytes totaux dans cet organe (Fig. 18-2). L'évolution du niveau en récepteurs prolactiniques dans la glande mammaire, pendant la gestation et la lactation, présente un profil identique à celui définissant la cinétique d'apparition des lymphocytes dans cet organe [4, 77]. Les hormones mammotropes semblent également influencer la liaison des anticorps aux cellules épithéliales mammaires ainsi que leur transport transépithélial. Dans des cultures in vitro de cellules épithéliales alvéolaires, isolées de glande mammaire de souris en lactation, le traitement hormonal par la progestérone et les œstrogènes en association avec la prolactine induit la production des différents constituants du lait tels que les caséines mais induit également une fixation et une internalisation préférentielles des IgA dimériques par rapport aux autres types d'immunoglobulines [96].

Bien que l'ensemble de ces travaux suggère que la majorité des IgA du lait résulte d'une production locale au niveau de la glande mammaire, il ne faudrait pas négliger l'apport éventuel d'IgA par le pool d'anticorps sériques. Chez les rongeurs, notamment la souris,

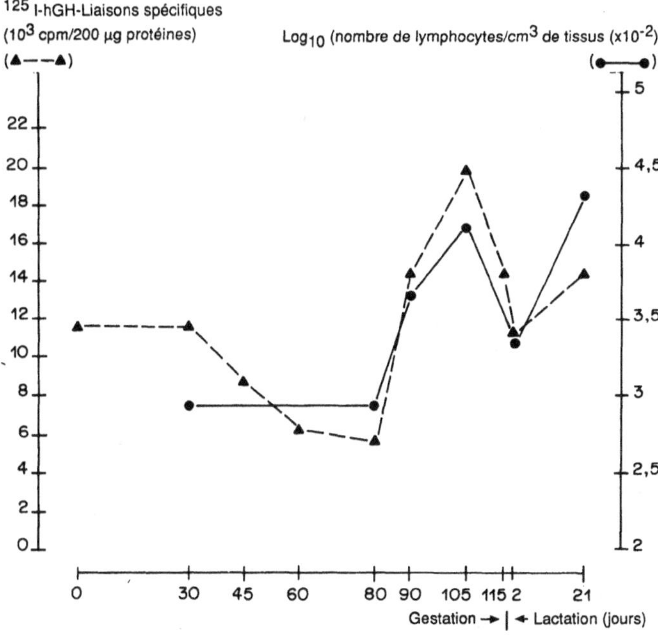

Fig. 18-2 **Cinétiques comparées d'apparition des lymphocytes par unité de volume de tissu et du niveau en récepteurs de la prolactine pour une quantité donnée de protéines tissulaires.** Glande mammaire de truies primipares au cours de la gestation et de la lactation [4, 77].

chez lesquels les IgA sériques sont également dimériques, il semble que le transport des IgA circulantes du sang vers le lait soit relativement important en début de lactation. Mais après la première semaine, la production locale devient prédominante [28]. Chez la brebis, les IgA sécrétoires sont produites localement pendant la phase d'involution de la mamelle. Durant la lactation les IgA du lait dérivent du pool sérique. Une relation inverse a été observée entre l'amplitude de la synthèse locale d'anticorps par les plasmocytes mammaires et l'intensité du transport sélectif transépithélial des IgA sériques, suggérant que ce transport est dépendant de la présence de molécules de composant sécrétoire disponibles à la surface des cellules épithéliales mammaires [81].

Origine des plasmocytes à IgA de la glande mammaire

La détection d'IgA spécifiques d'Escherichia coli O83 dans le lait de femmes immunisées par voie orale contre cette bactérie [24] et la présence d'anticorps anti-pneumocoque dans le lait de lapines exposées à cet antigène intestinal [56], en absence de réponses humorales systémiques, suggèrent l'existence d'une relation entre l'immunité lactogène et l'immunité locale intestinale. L'absence de preuves concernant une dissémination de l'antigène intestinal vers la glande mammaire et la mise en évidence d'une migration des lymphoblastes dans l'organisme laissent supposer que les cellules du GALT seraient capables de migrer, via le ganglion mésentérique, le canal thoracique et le sang, vers le tissu mammaire pendant la gestation et la lactation. Après une différenciation in situ en plasmocytes, ces cellules assureraient, par l'intermédiaire du lait, l'apport en IgA spécifiques au nouveau-né [67, 95].

Cette hypothèse a été éprouvée par l'étude de la localisation des lymphoblastes (spécifiquement marqués par la ^{125}I-iododéoxyuridine) issus, soit du ganglion mésentérique, soit des ganglions périphériques de souris vierges, 16 à 24 heures après transfert par voie intraveineuse chez des animaux syngéniques à des stades physiologiques différents. En fin de gestation et pendant la lactation, le pourcentage de radioactivité présente dans la glande mammaire est plus élevé chez les souris ayant reçu les cellules du ganglion mésentérique que chez les animaux receveurs des cellules des ganglions périphériques, le rapport des pourcentages étant de l'ordre de 3 à 4. A mi-gestation, après le sevrage ou chez des animaux vierges, aucune différence de migration n'est observée en fonction de l'organe d'origine des cellules transférées. Donc peu avant la mise-bas et pendant la lactation, les lymphoblastes du ganglion mésentérique, comparés à ceux des ganglions périphériques, migrent préférentiellement vers la glande mammaire, sans que leur migration vers l'intestin ne soit modifiée. Avant transfert, le pool de cellules mésentériques contient 5 à 10 % de cellules à IgA intracytoplasmiques. Ces cellules observées dans la glande mammaire, 16 à 24 heures après transfert, renferment alors 84 à 93 % de cellules à IgA. Seulement 24 à 49 % des cellules des ganglions périphériques, moins fréquentes dans le tissu mammaire, sont d'isotype A. Comme dans le cas du *homing* vers l'intestin, il semble que l'engagement des cellules mésentériques dans la voie de synthèse des IgA soit une des conditions préalables à leur migration vers la glande mammaire. Cette hypothèse a été confirmée par la déplétion en cellules d'un isotype donné par un prétraitement de la population de cellules mésentériques transférées avec des sérums spécifiques des classes d'immuno-globulines de souris en présence de complément. Le traitement par les sérums spécifiques des isotypes M et G ne modifie en rien la migration des lymphoblastes du ganglion mésen-térique vers la mamelle et l'intestin, alors que ce *homing* est totalement inhibé lorsque les cellules transférées subissent une déplétion en cellules d'isotype A [50, 76]. Comme cela a été observé dans l'intestin, la migration des lymphoblastes à IgA du ganglion mésen-térique vers la glande mammaire en lactation semble être indépendante de l'antigène. Des plasmocytes sécrétant des IgA spécifiques de l'antigène apparaissent dans la glande mammaire de souris oralement immunisées contre la ferritine, ainsi que dans la glande mammaire d'animaux non immuns ayant reçu les cellules du ganglion mésentéri-que de souris sensibilisées à cet antigène [99]. Enfin, le fait que certains lymphocytes T présents dans le lait humain ou murin sont spécifiques d'antigènes intestinaux suggère que les cellules T du GALT pourraient effectuer un cycle analogue à celui observé pour les lymphoblastes B du ganglion mésentérique [27, 65].

L'étude réalisée par marquage in vivo à l'aide de la fluorescéine pour les lymphocytes du ganglion mésentérique et de la rhodamine pour ceux du ganglion inguinal, chez une truie au 90e jour de gestation, révèle que 24 heures après le marquage, les lymphocytes originaires des deux types de ganglions apparaissent à la même fréquence dans le tissu mammaire [78]. Alors qu'un axe entéromammaire a été mis en évidence pour les lympho-blastes à IgA chez la souris, l'étude effectuée sur les lymphocytes totaux de truie gravide indique qu'une proportion des cellules immunocompétentes de la glande mammaire de truie dérive du pool systémique de lymphocytes.

Chez le rat, par transfert de cellules, il a été démontré que les lymphoblastes à IgA du ganglion mésentérique ne se localisent pas préférentiellement dans le tissu mammaire, alors que ces cellules migrent vers la muqueuse intestinale de manière identique à celle observée chez la souris [48, 64]. Les plasmocytes à IgA de la mamelle de rat ont pour précurseurs des cellules, soit issues d'une source autre que le ganglion mésentérique, soit d'origine mésentérique et proliférant en très grand nombre dans le tissu mammaire. La mesure de l'incorporation de thymidine déoxyriboside tritiée révèle que les lymphocytes à IgA intracytoplasmiques de la mamelle de rat, en fin de gestation et au début de lacta-tion, présentent un index mitotique peu différent de celui déterminé pour les cellules de l'intestin ; cet index diminuant au cours de la lactation. Ces résultats suggèrent qu'une proportion des plasmocytes mammaires d'isotype A dérive d'un pool, différent du pool mésentérique, constitué par une population apparemment non proliférative de lymphocytes [63, 80].

Si les plasmocytes à IgA de l'intestin semblent avoir pour organe d'origine le ganglion mésentérique, les cellules précurseurs des plasmocytes d'isotype A de la glande mammaire diffèrent, soit par leur origine, soit par leur cycle cellulaire, en fonction de l'espèce ani-male considérée.

Migration des lymphocytes et immunité locale

Au cours de la circulation et de la recirculation dans les différents organes lymphoïdes, les lymphocytes migrent vers les aires thymo-dépendantes des follicules lymphoïdes en traversant la paroi des veinules post-capillaires des ganglions lymphatiques. La paroi de ces vaisseaux est constituée par un endothélium spécialisé : le HEV ou *high endothelium venule*. Les différentes voies de migration des lymphocytes dans l'organisme, reflétées par la compartimentalisation du système immunitaire en systèmes systémique et local, seraient déterminées par l'expression d'antigènes particuliers à la surface des cellules endothéliales ; antigènes reconnus par les récepteurs spécifiques présents à la surface des lymphocytes : les récepteurs de *homing*. Ainsi chez l'homme, le rat et la souris, il semble que les petits lymphocytes recirculants sont capables de discriminer les HEV des plaques de Peyer par rapport à ceux des ganglions périphériques, par l'intermédiaire de glycoprotéines de surface favorisant la liaison des lymphocytes aux HEV de l'un ou l'autre site. Chez la souris, l'interaction entre les lymphocytes et les HEV des ganglions lymphatiques périphériques serait déterminée par un récepteur du *homing*, défini par l'anticorps monoclonal MEL 14, exprimé par les petits lymphocytes recirculants et reconnaissant spécifiquement une structure de surface des cellules endothéliales des veinules post-capillaires de ces ganglions, à l'exclusion de celles exprimées par les HEV des plaques de Peyer et des HEV synoviales [13, 30, 101].

Au niveau des muqueuses telles que la lamina propria de l'intestin, les endothéliums des capillaires sanguins ne présentent pas la morphologie typique des endothéliums spécialisés présents dans les ganglions lymphatiques. Néanmoins, les cellules endothéliales de certains de ces capillaires peuvent exprimer des structures de surface caractéristiques des HEV des organes lymphoïdes, suggérant qu'au niveau des muqueuses, ces vaisseaux sanguins peuvent représenter le site spécifique d'immigration des lymphocytes circulants [40].

Des travaux réalisés chez la souris ont démontré qu'une sous-population particulière de lymphoblastes à IgA du ganglion mésentérique, exprimant simultanément les isotypes M et A, adhère préférentiellement à l'endothélium des capillaires sanguins de la lamina propria intestinale, contrairement aux sous-populations définies par l'isotype A seul ou les autres isotypes et contrairement aux lymphoblastes des ganglions périphériques. Cette sous-population de lymphoblastes semble également se lier spécifiquement aux cellules endothéliales des capillaires sanguins du tissu mammaire [95]. Récemment, à l'aide d'anticorps monoclonaux, il a été possible de mettre en évidence, à la surface des cellules endothéliales, une structure impliquée dans les interactions entre les lymphocytes et les HEV au niveau de l'axe immunitaire entéromammaire. Inhibant totalement in vivo la migration des lymphocytes vers les plaques de Peyer et réduisant leur localisation dans le ganglion mésentérique, sans modifier la migration au niveau des ganglions périphériques, ces anticorps monoclonaux marquent spécifiquement in vitro les endothéliums des capillaires sanguins de la muqueuse intestinale et de la glande mammaire ainsi que les HEV des plaques de Peyer et du ganglion mésentérique. L'un d'entre eux, l'anticorps monoclonal MECA 367, inhibe spécifiquement la liaison des lymphocytes du ganglion mésentérique aux cellules endothéliales des plaques de Peyer et du ganglion mésentérique alors que la liaison aux HEV des ganglions périphériques demeure inchangée. Le *homing* des lymphocytes paraît être déterminé par des structures de surface des cellules endothéliales, de spécificités différentes selon les organes. Ces « adressines » vasculaires semblent agir comme marqueurs ou comme signaux de localisation, spécifiques des tissus, pour la reconnaissance par les lymphocytes circulants du sang [86].

Fonctions des anticorps sécrétoires

Les anticorps sécrétoires (IgAs et IgMs), présents dans les sécrétions mammaires, ne sont pas réabsorbés au niveau du tube digestif du jeune mais demeurent dans la lumière intestinale où ils assurent la protection des entérocytes. Les IgA sécrétoires possèdent l'avantage d'être plus résistantes à la protéolyse par les enzymes présentes dans les sécrétions, telles que la trypsine, la chymotrypsine et la papaïne [95].

La pathogénie de nombreuses bactéries à tropisme entérique, telles qu'Escherichia coli ou Vibrio cholerae, dépend de l'aptitude de ces micro-organismes à adhérer à la surface des entérocytes et à produire des entérotoxines, et ne dépend pas de leur pouvoir d'invasion. Les fonctions essentielles des IgAs et des IgMs présentes à la surface des muqueuses sont de bloquer la première phase d'adhésion des bactéries entéropathogènes sur les entérocytes, en masquant les récepteurs de surface de ces cellules. Ces anticorps sont également responsables de la neutralisation des entérotoxines bactériennes et de la neutralisation du pouvoir infectieux des virus entérotropes. Ils possèdent une activité agglutinante sur une grande variété de micro-organismes entéropathogènes, favorisant leur élimination par le péristaltisme intestinal, mais exercent une activité bactéricide seulement en présence de complément et de lysozyme. Il faut noter que les IgAs activent le complément par la voie alterne et non par la voie classique et, de ce fait, sont incapables d'induire des lésions à la surface des entérocytes au cours des réactions antigène-anticorps [3, 46, 95]. Un autre aspect du rôle des IgAs dans les mécanismes de défense de l'hôte est constitué par le phénomène d'exclusion immune vis-à-vis des antigènes alimentaires et des antigènes au contact des muqueuses. La formation de complexes entre les IgAs et ces antigènes, au niveau de la lumière intestinale, empêche l'absorption intestinale de ces molécules, donc réduit leur passage dans la circulation sanguine. Chez l'homme, une déficience en IgA est souvent corrélée avec l'apparition de titres sériques élevés en anticorps dirigés contre des antigènes du bol alimentaire ou de bactéries entérotropes. Les IgA sécrétoires semblent donc jouer un rôle important dans le contrôle de l'absorption de substances allergènes et contribuent à la protection de l'hôte contre le développement d'allergies d'origine alimentaire ou environnementale [95].

Transmission de l'immunité cellulaire

Selon l'individu et l'espèce animale considérés, le lait renferme 2×10^5 à 10^7 cellules/ml : des cellules épithéliales (31 % des cellules totales du lait de truie) et des fragments cellulaires anucléés, des granulocytes principalement représentés par les neutrophiles (47 %)

et quelques éosinophiles (1 %), des lymphocytes (12 %) et des macrophages (9 %) [79]. Les macrophages, relativement abondants dans les sécrétions mammaires humaines, pourraient constituer un vecteur cellulaire éventuel pour le transport des anticorps [71]. Parmi les lymphocytes du lait humain, 40 à 50 % sont des lymphocytes T, 30 % appartiennent à la lignée B (la moitié d'entre eux exprimant l'isotype A) et les 20 à 30 % restants sont des lymphocytes nuls. Le lait de vache contient 45 cellules T et 20 cellules B pour 100 lymphocytes totaux [46].

Après stimulation antigénique par voie orale, des plasmocytes sécrétant des anticorps spécifiques de l'antigène peuvent apparaître dans le lait, en absence de toute réponse systémique [24] suggérant que ces lymphocytes B issus du tissu mammaire sont originaires du GALT. L'étude de la réponse des lymphocytes du lait vis-à-vis de certains mitogènes, tels que la phytohémagglutinine (PHA) ou le *pokeweed mitogen* (PWM), ou de leur réponse en culture lymphocytaire mixte, révèle que ces cellules possèdent une réactivité inférieure à celle obtenue avec les lymphocytes sanguins autologues. En revanche, une forte réponse proliférative des cellules T du lait peut être induite par certains antigènes entériques alors qu'aucune stimulation n'est observée avec les lymphocytes périphériques. Cette différence de réactivité laisse supposer que les lymphocytes accumulés dans le tissu mammaire correspondent à une population sélectionnée [46, 65].

Le lait renferme donc toutes les composantes immunitaires permettant le transfert passif de l'immunité cellulaire spécifique. Certains travaux réalisés chez l'homme et chez les rongeurs démontrent la transmission de la mère au jeune, par les sécrétions mammaires, de réactions d'hypersensibilité à médiation cellulaire [55] et de réactions de rejet de greffe de peau [1]. Néanmoins, l'efficacité de ce transfert dépend de l'aptitude des cellules à survivre dans le tractus digestif du jeune, à moins que l'acquisition passive par le jeune de l'immunité à médiation cellulaire maternelle résulte du passage de facteurs solubles produits par les lymphocytes, tels que le facteur de transfert, plutôt que du transfert des lymphocytes eux-mêmes [94].

Conclusion

Cette étude concernant l'immunité lactogène et la protection du nouveau-né met en évidence une compartimentalisation du système immunitaire en systèmes systémique et local. L'importance biologique de la transmission de la mère au jeune des anticorps sécrétoires, assurant la protection des muqueuses — premiers sites d'épreuve antigénique —, nécessite l'acquisition d'une meilleure compréhension de la physiologie de la réponse immunitaire humorale à IgA. Celle-ci peut se situer à différents niveaux.

Dans un premier temps, il semble nécessaire d'approfondir nos connaissances sur les mécanismes d'induction de l'expression de l'isotype A par les précurseurs des cellules B, localisés par exemple au niveau des plaques de Peyer, sans négliger le rôle joué par les cellules T auxiliaires, les cellules présentatrices de l'antigène et la nature de l'antigène lui-même.

Par ailleurs, les voies de circulation des lymphoblastes à IgA demeurent actuellement mal connues, surtout si l'on considère les variations éventuelles liées à la diversité des espèces animales. Des travaux récents ayant mis en évidence l'existence de marqueurs spécifiques d'organes, au niveau des endothéliums vasculaires, déterminant le *homing* des cellules immunocompétentes, il semble intéressant de vérifier que ce modèle peut être appliqué à l'ensemble des mammifères.

Localisés au niveau des muqueuses, les lymphoblastes à IgA se différencient en plasmocytes produisant localement des anticorps sécrétoires spécifiques. Peu de données concernent une éventuelle régulation in situ de cette réponse humorale locale par des lymphokines et/ou des facteurs tissulaires libérés par les cellules environnantes.

Enfin, une meilleure connaissance du déterminisme de l'expression d'antigènes membranaires au niveau des cellules endothéliales, spécifiquement reconnus par les récepteurs du *homing* présents à la surface des lymphocytes, permettrait d'envisager un contrôle de la circulation des lymphocytes dans l'organisme. Ce contrôle, conduisant à l'induction d'une migration spécifique des cellules immunocompétentes vers un organe donné, donnerait la possibilité d'initier ou d'amplifier localement une réponse immunitaire humorale spécifique, qui se traduirait, par exemple, au niveau de la glande mammaire, par une amélioration des qualités immunologiques du lait.

RÉFÉRENCES

1. BEER AE, BILLINGHAM RE, HEAD J (1974) The immunologic significance of the mammary gland. *J Invest Dermatol* **63** : 65-74

2. BENNER R, HIJMANS W, HAAIJMAN JJ (1981) The bone marrow : the major source of serum immunoglobulins, but still a neglected site of antibody formation. *Clin Exp Immunol* **46** : 1-8

3. BERNARD S, AYNAUD JM, SALMON H (1983) Le lait de truie : composantes humorales et cellulaires de la protection pour le jeune porcelet. *Journées Rech Porc France* **15** : 401-412

4. BERTHON P, KATOH M, DUSANTER-FOURT I, KELLY PA, DJIANE J (1987) Purification of prolactin receptors from sow mammary gland and polyclonal antibody production. *Mol Cell Endocrinol* **51** : 71-81

5. BOHL EH, SAIF LJ, GUPTA RKP, FREDERICK GT (1974) Secretory antibodies in milk of swine against transmissible gastroenteritis virus. *Adv Exp Med Biol* **45** : 337-342

6. BOURNE FJ (1973) The immunoglobulin system of the suckling pig. *Proc Nutr Soc* **32** : 205-215

7. BOURNE FJ, CURTIS F (1973) The transfer of immunoglobulins IgG, IgA and IgM from serum to colostrum and milk in the sow. *Immunology* **24** : 157-162

8. BRAMBELL FWR (1970) The transfer of passive immunity from mother to young. *In* A Neuberger, EL Tatum (eds) : *Frontiers of biology*. North Holland, Amsterdam, **18** : 1-385

9. BRANDTZAEG P (1981) Transport models for secretory IgA and secretory IgM. *Clin Exp Immunol* **44** : 221-232

10. BRANDTZAEG P (1983) The secretory immune system of lactating human mammary glands compared with other exocrine organs. *Ann NY Acad Sci* **409** : 353-381

11. BROWN WR, ISOBE Y, NAKANE PK (1976) Studies on translocation of immunoglobulins across intestinal epithelium. II- Immunoelectron-microscopic localization of immunoglobulins and secretory component in human intestinal mucosa. *Gastroenterology* **71** : 985-995

12. BURROWS W, HARRENS I (1948) Studies of asiatic cholera. V- The absorption of immune globulin from the bowel and its excretion in the urine and feces of experimental animals and human volonteers. *J Infect Dis* **82** : 231

13. BUTCHER EC (1988) Lymphocyte migration and mucosal immunity. *In* MF Heyworth, AL Jones (eds) : *Immunology of the gastrointestinal tract and liver*. Raven Press, New York, pp. 93-103

14. BUTLER JE (1974) Immunoglobulins of the mammary secretions. *In* BL Larson, VR Smith (eds) : *Lactation*. Academic Press, New York **3** : 217-255

15. CEBRA JJ, GEARHART PJ, HALSEY JF, HURWITZ JL, SHAHIN RD (1980) Role of environmental antigens in the ontogeny of the secretory immune response. *J Reticuloendothel Soc* **28** : (Suppl) 61s

16. CEBRA JJ, GEARHART PJ, KAMAT R, ROBERTSON SM, TSENG J (1976) Origin and differentiation of lymphocytes involved in the secretory IgA response. *Cold Spring Harbor Symp Quant Biol* **41** : 201-215

17. CEBRA JJ, KAMAT R, GEARHART PJ, ROBERTSON SM, TSENG J (1977) The secretory IgA system of the gut. Ciba Foundation Symp : *Immunology of the gut*. Elsevier North-Holland, Amsterdam **46** : 5-22

18. CHANDRA RK (1982) Immunological components of human milk, morbidity and growth. *J Can Diet Assoc* **43** : 293-299

19. CRAGO SS, KULHAVY R, PRINCE SJ, MESTECKY J (1978) Secretory component on epithelial cells is a surface receptor for polymeric immunoglobulins. *J Exp Med* **147** : 1832-1837

20. CRAGO SS, TOMASI TB (1988) Immunoglobulin circulation and secretion. *In* MF Heyworth, AL Jones (eds) : *Immunology of the gastrointestinal tract and liver*. Raven Press, New York, pp. 105-124

21. DOLAN SA, BOESMAN-FINKELSTEIN M, FINKELSTEIN RA (1986) Antimicrobial activity of human milk against pediatric pathogens. *J Infect Dis* **154** : 722-725

22. ELSON CO, HECK JA, STROBER W (1979) T cell regulation of murine IgA synthesis. *J Exp Med* **149** : 632-643

23. GILLIN FD, REINER DS (1983) Human milk kills parasitic intestinal protozoa. *Science* **221** : 1290-1291

24. GOLDBLUM RM, AHLSTEDT S, CARLSSON B, HANSON LA, JODAL U, LIDIN-JANSON G, SOHL-AKERLUND A (1975) Antibody-forming cells in human colostrum after oral immunization. *Nature* **257** : 797-798

25. GRISCELLI C, VASSALI P, MCCLUSKEY RT (1969) The distribution of large dividing lymph node cells in syngeneic recipient rats after intravenous injection. *J Exp Med* **130** : 1427-1451

26. GUY-GRAND D, GRISCELLI C, VASSALI P (1974) The gut-associated lymphoid system : nature and properties of the large dividing cells. *Eur J Immunol* **4** : 435-443

27. GUY-GRAND D, GRISCELLI C, VASSALI P (1978) The mouse gut T lymphocyte, a novel type of T cell. Nature, origin and traffic in mice in normal and graft-versus-host conditions. *J Exp Med* **148** : 1661-1677

28. HALSEY JF, MITCHELL C, MEYER R, CEBRA JJ (1982) Metabolism of immunoglobulin A in lactating mice : origins of immunoglobulin A in milk. *Eur J Immunol* **12** : 107-112

29. HALSTEAD TE, HALL JG (1972) The homing of lymph-borne immunoblasts to the small gut of neonatal rats. *Transplantation* **14** : 339

30. HAMANN A, JABLONSKI-WESTRICH D, SCHOLZ KL, DUIJVESTIJN A, BUTCHER EC, THIELE HG (1988) Regulation of lymphocyte homing. I- Alterations in homing receptor expression and organ-specific high endothelial venule binding of lymphocytes upon activation. *J Immunol* **140** : 737-743

31. HAMILTON SR, KEREN DF, YARDLEY JH, BROWN G (1981) No impairment of local intestinal immune response to keyhole limpet haemocyanin in the absence of Peyer's patches. *Immunology* **42** : 431-435

32. HANSON LA (1982) The mammary gland as an immunological organ. *Immunol Today* **3** : 168-172

33. HARRIMAN GR, KUNIMOTO DY, ELLIOTT JF, PAETKAU V, STROBER W (1988) The role of IL-5 in IgA B cell differentiation. *J Immunol* **140** : 3033-3039

34. HARRIMAN GR, STROBER W (1990) Cytokine/lymphokine regulation of IgA B cell differentiation. *In* TT McDonald, SJ Challacombe, PW Bland, CR Stokes, RV Heatley, AMI Mowat (eds) : *Advances in mucosal immunology.* Kluwer Academic Publ, Dordrecht, pp. 109-113

35. HEREMANS JF, HEREMANS MT, SCHULTZE HE (1959) Isolation and description of a few properties of the γ2A-globulin of human serum. *Clin Chim Acta* **4** : 96-102

36. HOCHWALD GM, JACOBSON EB, THORBECKE GJ (1964) ^{14}C-amino-acid incorporation into transferrin and β2A-globulin by ectodermal glands. *Fed Proc Fed Am Soc Exp Biol* **23** : 557 (abstr)

37. HOOPER BE, HAELTERMAN EO (1966) Concepts of pathogenesis and passive immunity in transmissible gastroenteritis in swine. *J Am Vet Med Assoc* **149** : 1580-1586

38. HOOVER RG, LYNCH RG (1983) Isotype specific regulation of IgA : suppression of IgA responses in orally immunized mice by Tα cells. *J Immunol* **130** : 521-523

39. HUSBAND AJ, GOWANS JL (1978) The origin and antigen-dependent distribution of IgA-containing cells in the intestine. *J Exp Med* **148** : 1146-1160

40. JEURISSEN SHM, DUIJVESTIJN AM, SONTAG Y, KRAAL G (1987) Lymphocyte migration into the lamina propria of the gut is mediated by specialized HEV-like blood vessels. *Immunology* **62** : 273-277

41. KAWANISHI H, SALTZMAN LE, STROBER W (1982) Characteristics and regulatory function of murine Con A-induced cloned T cells obtained from Peyer's patches and spleen : mechanisms regulating isotype specific immunoglobulin production by Peyer's patch B cells. *J Immunol* **129** : 475-483

42. KAWANISHI H, SALTZMAN LE, STROBER W (1983a) Mechanisms regulating IgA class-specific immunoglobulin production in murine gut-associated lymphoid tissues. I- T cells derived from Peyer's patches that switch sIgM B cells to sIgA B cells in vitro. *J Exp Med* **157** : 433-450

43. KAWANISHI H, SALTZMAN LE, STROBER W (1983b) Mechanisms regulating IgA class-specific immunoglobulin production in murine gut-associated lymphoid tissues. II- Terminal differentiation of post-switch sIgA-bearing Peyer's patch B cells. *J Exp Med* **158** : 649-669

44. KIYONO H, McGHEE JR, MOSTELLER LM, ELDRIDGE JH, KOOPMAN WJ, KEARNEY JF, MICHALEK SM (1982) Murine Peyer's patch T cell clones : characterization of antigen specific helper T cells for immunoglobulin A responses. *J Exp Med* **156** : 1115-1130

45. KIYONO H, MOSTELLER-BARNUM LM, PITTS AM, WILLIAMSON SI, MICHALEK SM, McGHEE JR (1985) Isotype-specific immunoregulation. IgA-binding factors produced by Fcα receptor-positive T cell hybridomas regulate IgA responses. *J Exp Med* **161** : 731-747

46. KRAEHENBUHL JP, BRON C, SORDAT B (1979) Transfer of humoral secretory and cellular immunity from mother to offspring. *Curr Topics Pathol* **66** : 105-157

47. KRAEHENBUHL JP, WELTZIN R, SCHAERER E, SOLARI R (1988) Mucosal immunity and the mammary gland. *In* : Hanson Nestlé nutrition workshop series. Nestec Ltd Vevey/Raven Press, New York **15** : 185-195

48. MANNING LS, PARMELY MJ (1980) Cellular determinants of mammary cell-mediated immunity in the rat. I- The migration of radioisotopically labeled T lymphocytes. *J Immunol* **125** : 2508-2514

49. MATRE R (1977) Similarities of Fcγ receptors on trophoblasts and placental endothelial cells. *Scand J Immunol* **6** : 953-958

50. McDERMOTT MR, BIENENSTOCK J (1979) Evidence for a common mucosal immunologic system. I- Migration of B immunoblasts into intestinal, respiratory and genital tissues. *J Immunol* **122** : 1892-1897

51. McGHEE JR, MESTECKY J, ELSON CO, KIYONO H (1989) Regulation of IgA synthesis and immune response by T cells and interleukins. *J Clin Immunol* **9** : 175-199

52. McWilliams M, Phillips-Quagliata JM, Lamm ME (1975) Characteristics of mesenteric lymph node cells homing to gut-associated lymphoid tissue in syngeneic mice. *J Immunol* **115** : 54-58

53. McWilliams M, Phillips-Quagliata JM, Lamm ME (1977) Mesenteric lymph node B lymphoblasts which home to the small intestine are precommitted to IgA synthesis. *J Exp Med* **145** : 866-875

54. Mestecky J (1987) The common mucosal immune system and current strategies for induction of immune responses in external secretions. *J Clin Immunol* **7** : 265-276

55. Mohr JA (1973) The possible induction and/or acquisition of cellular hypersensitivity associated with ingestion of colostrum. *J Pediatr* **82** : 1062-1064

56. Montgomery PC, Rosner BR, Cohn J (1974) The secretory antibody response. Anti-DNP antibodies induced by dinitrophenylated type III Pneumococcus. *Immunol Commun* **3** : 143-156

57. Moon HW (1972) Vacuolated villous epithelium of the small intestine of young pigs. *Vet Path* **9** : 3-21

58. Mosmann TR, Coffman RL (1989) Th1 and Th2 cells : different patterns of lymphokine secretion lead to different functional properties. *Annu Rev Immunol* **7** : 145-173

59. Mostov KE, Blobel G (1982) A transmembrane precursor of secretory component. The receptor for transcellular transport of polymeric immunoglobulins. *J Biol Chem* **257** : 11816-11821

60. Nagura H, Nakane PK, Brown WR (1979) Translocation of dimeric IgA through neoplastic colon cells in vitro. *J Immunol* **123** : 2359-2368

61. Newby TJ, Stokes CR, Bourne FJ (1982) Immunological activities of milk. *Vet Immunol Immunopathol* **3** : 67-94

62. Owen RL, Jones AL (1974) Epithelial cell specialization within human Peyer's patches : an ultrastructural study of intestinal lymphoid follicles. *Gastroenterology* **66** : 189-197

63. Parmely MJ (1985) Kinetics of mammary and intestinal IgA-producing cells in the lactating rat. *J Reprod Immunol* **8** : 89-93

64. Parmely MJ, Manning LS (1983) Cellular determinants of mammary cell-mediated immunity in the rat : kinetics of lymphocyte subset accumulation in the rat mammary gland during pregnancy and lactation. *Ann NY Acad Sci* **409** : 517-532

65. Parmely MJ, Reath DB, Beer AE, Billingham RE (1977) Cellular immune responses of human milk T lymphocytes to certain environmental antigens. *Transplant Proc* **9** : 1477-1483

66. Parrott DMV, Ferguson A (1974) Selective migration of lymphocytes within the mouse small intestine. *Immunology* **26** : 571-588

67. Phillips-Quagliata JM, Lamm ME (1987) Circulation and differentiation of lymphocytes in gut-associated lymphoid tissue and mammary glands. *In* J Brostoff, SJ Challacombe (eds) : *Food allergy and intolerance.* Baillere Tindall, Eastbourne, pp. 54-66

68. Phillips-Quagliata JM, Roux ME, Arny M, Kelly-Hatfield P, McWilliams M, Lamm ME (1983) Migration and regulation of B-cells in the mucosal immune system. *Ann NY Acad Sci* **409** : 194-202

69. Pierce NF, Cray WC Jr (1981) Cellular dissemination of priming for a mucosal immune response to cholera toxin in rat. *J Immunol* **127** : 2461-2464

70. Pierce NF, Cray WC Jr (1982) Determinants of the localization, magnitude and duration of a specific mucosal IgA plasma cell response in enterically immunized rats. *J Immunol* **128** : 1311-1315

71. Pittard WB III, Polmar SH, Fanaroff AA (1977) The breastmilk macrophage : a potential vehicle for immunoglobulin transport. *J Reticulo Soc* **22** : 597-603

72. Rambaud JC, Halphen M, Lemaire M (1985) L'immunité humorale intestinale. *Med/Sci* **1** : 350-357

73. REITER B (1981) The contribution of milk to resistance to intestinal infection in the newborn. *In* HP Lambert, CBS Wood (eds) : *Immunological aspects of infection in the fœtus and newborn.* Academic Press, New York, pp. 155-192

74. RODEWALD R, KRAEHENBUHL JP (1984) Receptor-mediated transport of IgG. *J Cell Biol* **99** : 159s-164s

75. ROUX ME, McWILLIAMS M, PHILLIPS-QUAGLIATA JM, LAMM ME (1981) Differentiation pathway of Peyer's patch precursors of IgA plasma cells in the secretory immune system. *Cell Immunol* **61** : 141-153

76. ROUX ME, McWILLIAMS M, PHILLIPS-QUAGLIATA JM, WEISZ-CARRINGTON P, LAMM ME (1977) Origin of IgA-secreting plasma cells in the mammary gland. *J Exp Med* **146** : 1311-1322

77. SALMON H, DELOUIS C (1982) Cinétique des sous-populations lymphocytaires et des plasmocytes dans la mamelle de truie primipare en relation avec la gestation et la lactation. *Ann Rech Vét* **13** : 41-49

78. SALMON H, OLIVIER M, DELOUIS C, PALY J, FEVRE J (1984) A study of lymphocyte migration into the mammary gland of pregnant sows by in vivo labelling of lymph nodes. *In* PJ Quinn (ed) : *Cell mediated immunity.* Seminar CEE, pp. 216-223

79. SCHOLLENBERGER A, DEGORSKI A, FRYMUS T (1986) Cells of sow mammary secretions. I-Morphology and differential counts during lactation. *J Vet Med A* **33** : 31-38

80. SEELIG LL Jr (1980) Dynamics of leukocytes in rat mammary epithelium during pregnancy and lactation. *Biol Reprod* **22** : 1211-1217

81. SHELDRAKE RF, HUSBAND AJ, WATSON DL, CRIPPS AW (1984) Selective transport of serum-derived IgA into mucosal secretions. *J Immunol* **132** : 363-368

82. SMITH KL, MUIR LA, FERGUSON LC, CONRAD HR (1971) Selective transport of IgG1 into the mammary gland : role of estrogen and progesterone. *J Dairy Sci* **54** : 1886-1894

83. SOLARI R, KRAEHENBUHL JP (1984) Biosynthesis of the IgA antibody receptor. A model for the transepithelial sorting of a membrane glycoprotein. *Cell* **36** : 61-71

84. SPALDING DM, GRIFFIN JA (1986) Different pathways of differentiation of pre-B cell lines are induced by dendritic cells and T cells from different lymphoid tissues. *Cell* **44** : 507-515

85. SPALDING DM, WILLIAMSON SI, KOOPMAN WJ, McGHEE JR (1984) Preferential induction of polyclonal IgA secretion by murine Peyer's patch dendritic cell-T cell mixtures. *J Exp Med* **160** : 941-946

86. STREETER PR, BERG EL, ROUSE BTN, BARGATZE RF, BUTCHER EC (1988) A tissue-specific endothelial cell molecule involved in lymphocyte homing. *Nature* **331** : 41-46

87. STROBER W, HAGUE NE, LUM LG, HENKART PA (1978) IgA-Fc receptors on mouse lymphoid cells. *J Immunol* **121** : 2440-2445

88. SVENNERHOLM AM, HANSON LA, HOLMGREN J, LINDBLAD BS, NILSSON B, QUERESHI F (1980) Different secretory immunoglobulin A antibody responses to cholera vaccination in Swedish and Pakistani women. *Infec Immunity* **30** : 427-430

89. TAGUCHI T, McGHEE JR, COFFMAN RL, BEAGLEY KW, ELDRIDGE JH, TAKATSU K, KIYONO H (1990) Analysis of Th1 and Th2 cells in murine gut-associated tissues. *J Immunol* **145** : 68-77

90. TOMASI TB, GREY HM (1972) Structure and function of immunoglobulin A. *Prog Allergy* **16** : 81-213

91. TOMASI TB, TAN EM, SOLOMAN A, PENDERGAST RA (1965) Characteristics of an immune system common to certain external secretions. *J Exp Med* **121** : 101-124

92. TSENG J (1981) Transfer of lymphocytes of Peyer's patches between immunoglobulin allotype congenic mice : repopulation of the IgA cells in the gut lamina propria. *J Immunol* **127** : 2039-2043

93. UNDERDOWN BJ, SCHIFF JM (1986) Immunoglobulin A : strategic defense initiative at the mucosal surface. *Annu Rev Immunol* **4** : 389-417

94. WATSON DL (1980) Immunological functions of the mammary gland and its secretion. Comparative review. *Aust J Biol Sci* **33** : 403-422

95. WEISZ-CARRINGTON P (1987) Secretory immunobiology of the mammary gland. *In* I Berczi, K Kovacs (eds) : *Hormones and immunity*. MTP Press Ltd, Lancaster, pp. 172-202

96. WEISZ-CARRINGTON P, EMANCIPATOR S, LAMM ME (1984) Binding and uptake of immunoglobulins by mouse mammary gland epithelial cells in hormone-treated cultures. *J Reprod Immunol* **6** : 63-75

97. WEISZ-CARRINGTON P, ROUX ME, LAMM ME (1977) Plasma cells and epithelial immunoglobulins in the mouse mammary gland during pregnancy and lactation. *J Immunol* **119** : 1306-1309

98. WEISZ-CARRINGTON P, ROUX ME, MCWILLIAMS M, PHILLIPS-QUAGLIATA JM, LAMM ME (1978) Hormonal induction of the secretory immune system in the mammary gland. *Proc Natl Acad Sci USA* **75** : 2928-2932

99. WEISZ-CARRINGTON P, ROUX ME, MCWILLIAMS M, PHILLIPS-QUAGLIATA JM, LAMM ME (1979) Organ and isotype distribution of plasma cells producing specific antibody after oral immunization : evidence for a generalized secretory immune system. *J Immunol* **123** : 1705-1708

100. WELSH JK, MAY JT (1979) Anti-infective properties of breast milk. *J Pediatr* **94** : 1-9

101. WOODRUFF JJ, CLARKE LM (1987) Specific cell-adhesion mechanisms determining migration pathways of recirculating lymphocytes. *Annu Rev Immunol* **5** : 201-222

102. YODOI J, ADACHI M, TESHIGAWARA K, MIYAMA-INABA M, MASUDA T, FRIDMAN WH (1983) T cell hybridomas coexpressing Fc receptors (FcR) for different isotypes. II- IgA-induced formation of suppressive IgA-binding factor(s) by a murine T hybridoma bearing $Fc\gamma R$ and $Fc\alpha R$. *J Immunol* **131** : 303-310

19

Protection immunitaire de la glande mammaire

P. Rainard, B. Poutrel

Les femelles des animaux domestiques sont traites par l'homme depuis plusieurs millénaires pour la consommation de leur lait. Il est probable que des mammites ont été constatées dès les premiers temps de cette pratique. Les premières observations publiées de la description et de l'étude étiologique des mammites de la vache et de la brebis ont été faites à la fin du XIXe siècle (Nocard et Mollereau, 1884, 1887, cité en [1]). Dans le premier tiers du XXe siècle, en Europe, on peut estimer que de 16 à 40 % des vaches avaient des infections mammaires streptococciques [1]. Dès lors, les mammites n'ont pas cessé de faire l'objet de très nombreuses publications, au point, par exemple, de constituer une catégorie à part entière dans le *Veterinary Bulletin* édité par le CAB (*Commonwealth Agricultural bureau*).

L'inflammation de la mamelle, ou mammite, peut être la conséquence de traumatismes divers ou d'infections, mais ce sont ces dernières qui sont économiquement les plus importantes, du fait de leur fréquence et de leurs répercussions défavorables pour la production laitière et les industries de transformation. Il n'est pas surprenant que la glande mammaire soit sujette aux infections. Chez la vache, par exemple, la mamelle est un organe sécrétant une quantité massive d'un liquide très nutritif, maintenu à 38° C, dans un système de canaux et de citernes débouchant sur un milieu extérieur très riche en bactéries.

Un grand nombre d'espèces bactériennes communes dans l'environnement des femelles laitières sont capables, lorsqu'elles pénètrent dans la mamelle, de provoquer une infection sévère. Pourtant, les bactéries responsables des mammites qui ont une réelle importance économique appartiennent à un petit nombre d'espèces : Staphylococcus aureus, trois espèces de streptocoques, les colibacilles, et quelques mycoplasmes (Tabl. 19-1).

La mamelle présente des particularités qui la distinguent du reste de l'organisme. La mamelle comprend quatre quartiers (vache) ou deux moitiés (petits ruminants) indépendants vis-à-vis de l'infection et le lait contenu dans ces quartiers est normalement stérile. L'absence de flore normale de la mamelle signifie que le système immunitaire de cet organe n'est pas stimulé en permanence par le contact avec des antigènes étrangers, notamment bactériens, comme l'est par exemple le tube digestif ou le système respiratoire supérieur. C'est sans doute en partie pour cette raison que la mamelle se comporte comme un organe dont le système immunitaire serait « dormant ». Le réveil ne semble pas très vigoureux puisqu'il est avéré qu'un quartier peut se réinfecter plusieurs fois avec la même espèce bactérienne, et avec la même souche durant la même lactation. Un examen plus attentif révèle que la glande mammaire possède bien un système immunitaire de défense.

Caractéristiques des infections mammaires

L'essentiel des connaissances concerne la vache laitière, qui est de loin l'espèce laitière la plus importante économiquement. Les caractéristiques de l'infection dépendent des micro-organismes impliqués (Tabl. 19-1). Ainsi, certaines espèces bactériennes ont une propension à provoquer des mammites cliniques (Escherichia coli) tandis que d'autres sont le plus souvent impliquées dans les infections chroniques (S. aureus) ou présentent un pouvoir contagieux plus élevé (Streptococcus agalactiae et mycoplasmes). Les infections les plus fréquemment rencontrées sont cliniquement inapparentes, durant plusieurs mois voire plusieurs années avec quelques épisodes cliniques. Ces infections sont diagnostiquées par l'examen bactériologique du lait. La composition du lait est modifiée, conséquence d'une diminution des capacités de synthèse du tissu sécrétoire et d'un passage accru dans le lait d'éléments venant du sang, passage dont l'importance est proportionnelle à la sévérité de l'infection. En particulier, la numération des polynucléaires neutrophiles recrutés par l'inflammation constitue le moyen de détection des mammites le plus utilisé à grande échelle, ce qui a permis l'établissement de seuils pris en compte dans les récentes directives communautaires visant à l'amélioration de la qualité du lait [51].

Tableau 19-1   Caractéristiques épidémiologiques et pathogéniques des principales espèces bactériennes responsables de mammite. D'après Poutrel [51].

Micro-organismes	Période d'infection		Expression de l'infection		Transfert pendant la traite
	Lactation	Tarissement	Subclinique	Clinique	
S. aureus	+++	+	+++	+	+++
Str. agalactiae	+++	+	+++	+++	+++
Str. dysgalactiae	++	++	+++	+	+
Str. uberis	++	+++	++	+++	+
Str. faecalis et faecium	++	+	+	+++	+
Escherichia coli	++	+++	+	+++	+
Pseudomonas	++	+	+++	+	+
Actinomyces pyogenes	+	+++	+	+++	++
Mycoplasmes	+++	+	+	+++	+++

L'infection de la mamelle par voie endogène est exceptionnelle. La grande majorité des mammites a pour cause le passage des bactéries par le canal du trayon, qui constitue la première barrière qui s'oppose à l'infection. Il est remarquable que chaque franchissement de ce canal, par ne serait-ce que quelques bactéries, peut déboucher sur une infection mammaire. On conçoit par conséquent le caractère essentiel de l'intégrité fonctionnelle du sphincter du trayon, qui peut notamment être altérée par une technique de traite défectueuse. Dans plus de 90 % des cas, on ne trouve dans le lait d'une glande infectée qu'une seule espèce bactérienne. Dans le lait d'une glande saine, les bactéries se multiplient rapidement. Une forte proportion des souches de streptocoques et de staphylocoques de mammite aurait la faculté d'adhérer à l'épithélium intramammaire [21]. Au bout de quelques heures, l'élaboration de toxines ou de métabolites irritants déclenche une réaction inflammatoire. L'infusion intramammaire d'endotoxine de E. coli, par exemple, reproduit tous les symptômes d'une mammite colibacillaire. L'intensité de cette réaction est très variable, sous la dépendance de la virulence des bactéries et des antécédents immunologiques de l'animal. Généralement, la réponse inflammatoire permet le contrôle de la multiplication des bactéries, mais pas leur élimination. S'installe alors un équilibre dynamique entre la population bactérienne et les défenses de la mamelle.

Systèmes de défense de la mamelle

Défenses à médiation humorale

Un certain nombre de protéines présentes dans le lait possède des activités antibactériennes. Elles agissent seules ou en collaboration avec certains types cellulaires déjà représentés dans le lait ou le tissu mammaire, ou qui affluent lors d'une inflammation.

Système du complément

Cet ensemble de protéines activables en cascade joue un rôle important dans la défense de l'organisme. Il exerce des fonctions cytolytiques, bactéricides, et intervient dans le déclenchement et le renforcement de l'inflammation.

Le complément est détectable dans le colostrum [5] mais son activité diminue rapidement pour devenir quasiment nulle au bout de quelques jours ; il est le plus souvent indétectable au cours de la lactation [64]. Dans les sécrétions de la mamelle tarie, son taux augmente quelque peu mais l'activité anti-complémentaire exercée par le lait [53] augmente également [54]. En revanche, le complément exerce son activité bactéricide au cours de la réaction inflammatoire de façon efficace puisque, par exemple, seules les souches sérorésistantes de colibacilles sont capables de provoquer une mammite [8]. Cependant, l'activité bactéricide du complément est d'un intérêt limité, car la plupart des espèces bactériennes de mammite résiste au complément, même en présence d'anticorps.

Système lactoperoxydase-thiocyanate-peroxyde d'hydrogène

Ce système inhibe la croissance de certaines espèces de streptocoques telles que Streptococcus agalactiae et Str. uberis [65]. Le peroxyde d'hydrogène semble être le facteur limitant de ce système qui pourrait cependant être responsable d'un retard de croissance de certains streptocoques de mammite.

Protéines liant le fer

La transferrine d'origine plasmatique et la lactoferrine sécrétée par les cellules épithéliales mammaires [38] peuvent inhiber ou ralentir la multiplication bactérienne. Le lait de vache est pauvre en lactoferrine et en transferrine (20-200 μg/ml) [62, 63]. Le colostrum contient 2 à 5 mg de lactoferrine par ml, pourtant il n'est pas bactériostatique à cause de la présence de citrate dans le lait qui inhibe l'activité des transferrines [66]. La sécrétion mammaire n'est bactériostatique que pendant la période sèche, les concentrations de lactoferrine dépassant alors 10 mg/ml [70], et pendant la phase aiguë d'une mammite sévère [56]. Il est vraisemblable que les transferrines jouent un rôle dans la défense de la mamelle contre les infections colibacillaires, en ralentissant la multiplication des bactéries, mais les staphylocoques et les streptocoques de mammite sont pratiquement insensibles à ce mécanisme de défense [59].

Immunoglobulines

Les immunoglobulines exercent deux types de fonctions : la reconnaissance de l'antigène et une fonction effectrice. Les activités effectrices les plus utiles pour la mamelle sont médiées par les antitoxines et les opsonines.

Certaines bactéries isolées de mammite, en particulier les staphylocoques, sécrètent des toxines. Il a été démontré que les animaux possédant des anticorps se liant aux toxines staphylococciques α et β ont des mammites dont les manifestations cliniques sont moins sévères [49]. Les principaux germes de mammite ne sont phagocytés in vitro dans le lait que s'ils sont opsonisés par des anticorps dirigés contre leurs antigènes de surface. Un fait remarquable est la présence dans le sang des ruminants adultes d'opsonines naturellement acquises, dirigées contre presque toutes les bactéries de mammite. Le lait d'une glande saine est pauvre en immunoglobulines (Tabl. 19-2). Il possède rarement une activité opsonisante suffisante mais, en règle générale, l'exsudation plasmatique contemporaine du déclenchement de la réaction inflammatoire apporte les opsonines nécessaires au contrôle de l'infection. Cependant, plus la quantité d'anticorps opsonisants circulants est faible, plus l'exsudation plasmatique requise pour obtenir un taux suffisant dans le lait est élevée, ce qui ne peut résulter que d'une inflammation sévère. Il est vraisemblable que le début de la phagocytose efficace est également retardé, ce qui laisse aux bactéries le temps d'atteindre des concentrations importantes, toujours associées à un dommage important de la glande.

Tableau 19-2   Comparaison des concentrations moyennes (mg/ml) des immunoglobulines dans le sérum et les sécrétions mammaires de quelques espèces représentatives. D'après Butler [7].

	IgG		IgA	IgM
	IgG1	IgG2		
Sérum				
Être humain	12		2,5	0,9
Truie	21		1,.8	1,1
Vache	11	8	0,5	2,5
Colostrum				
Être humain	0,4		17	1,6
Truie	55		11	3,2
Vache	50	3	3,5	4
Lait				
Être humain	0,04		1,0	0,1
Truie	3		7,7	0,3
Vache	0,6	0,02	0,14	0,05

Défenses à médiation cellulaire

Cellules immunitaires de la glande mammaire des ruminants

Des lymphocytes T et B sont présents dans le tissu mammaire des ruminants. Dans le lait de glandes non infectées les cellules sont peu nombreuses (< 200 000/ml) et ce sont les macrophages qui dominent. Les cellules épithéliales sont rares, et les lymphocytes peu nombreux [34]. Dans les sécrétions de la mamelle tarie, les macrophages restent prédominants, mais la proportion de lymphocytes s'accroît et le nombre de cellules atteint plusieurs millions par ml au cours de l'involution de la glande [30]. Les lymphocytes du lait se multiplient en réponse aux mitogènes et aux antigènes cependant moins activement que les lymphocytes circulants, en partie à cause d'un effet inhibiteur de la sécrétion de la mamelle tarie et du colostrum [13]. Le tissu mammaire ne renferme pas de structures folliculaires organisées comparables aux plaques de Peyer de l'intestin. Des plasmocytes épars sont visibles en position sous-épithéliale, avec une prédominance de cellules sécrétant des IgG1, apparemment sans relation avec le cycle de sécrétion [14]. Une zone particulière correspondant aux replis de l'extrémité distale de la citerne du trayon (rosette de Furstenberg) renferme une concentration beaucoup plus importante de lymphocytes, avec de rares centres germinatifs [14]. Suite à une infection, le nombre de lymphocytes, plasmocytes, monocytes, macrophages et neutrophiles augmente, préférentiellement dans la région entourant la citerne de la glande [41]. Les monocytes et surtout les neutrophiles migrent dans le lait où ils expriment leur potentiel bactéricide, constituant le moyen essentiel de contrôle de l'infection [47].

Phagocytose des bactéries par les polynucléaires

Le rôle protecteur des polynucléaires (PMN) est démontré par l'absence de contrôle de la multiplication bactérienne dans la mamelle d'animaux rendus neutropéniques [28]. Les PMN neutrophiles, très peu nombreux dans le lait d'une glande saine, sont recrutés massivement (plusieurs millions par ml) par la réaction inflammatoire et leur arrivée est contemporaine d'une diminution de la population bactérienne. Les tentatives d'infections expérimentales échouent lorsque le quartier inoculé est déjà enflammé et renferme un lait contenant plus de 500 000 PMN/ml [68]. Ces observations et bien d'autres ont conduit à la notion de barrière cellulaire, capable de prévenir l'infection pourvu que les cellules soient présentes au moment où les bactéries pénètrent dans la glande. Un quartier sain ne possède pas une telle barrière. Il semble alors que l'élément crucial qui détermine l'issue de l'infection soit la promptitude de l'afflux des polynucléaires : si la réaction initiale est faible ou retardée, l'infection s'installe et sera difficilement éliminée, au prix de dommages parfois irréparables du tissu sécrétoire [25, 69].

Le fait que des quartiers déjà infectés contractent moins souvent de nouvelles infections que des quartiers sains relève au moins en partie de la protection conférée par une inflammation, même modérée. Par exemple, les infections chroniques non cliniques induites par C. bovis réduisent l'incidence des infections par des bactéries plus pathogènes comme S. aureus ou les streptocoques de mammite [4]. Des expériences recourant à des infections expérimentales suggèrent que la protection est en grande partie prévisible sur la base de la numération cellulaire du quartier au moment de la pénétration des bactéries [52].

Le lait ne constitue pas pour les PMN un milieu très favorable. Pauvre en opsonines, il exerce également une activité inhibitrice sur la phagocytose due essentiellement aux globules gras et à la caséine [45]. En conséquence, les PMN sont inactivés quelques heures après leur arrivée dans le lait, et pourraient même devenir des sites de protection pour les bactéries ingérées.

Le recrutement des PMN, prompt et continu pour réaliser un apport constant de cellules actives, est assuré dans une glande sans antécédents infectieux par des mécanismes essentiellement non spécifiques. Les bactéries et leurs métabolites ne sont généralement pas capables d'attirer directement les PMN [9]. Les composants pro-inflammatoires du complément ont été incriminés, mais il semble bien, du moins en lactation, que leur rôle soit peu important dans la phase de déclenchement de l'inflammation [12], ce qui ne préjuge pas de leur rôle dans l'amplification et l'entretien de la réaction. L'amorce de la réaction inflammatoire pourrait être le fait des macrophages du lait, qui, stimulés par la phagocytose ou l'endotoxine de E.coli, sécrètent des substances chimiotactiques [15] qui ne seraient pas des dérivés de l'acide arachidonique [16]. Ce mécanisme, relativement non spécifique, serait sujet au phénomène de désensibilisation, c'est-à-dire l'absence de réaction faisant suite à des contacts répétés avec le stimulant, ce qui pourrait jouer un rôle défavorable dans la pathogénie de l'infection [36].

En conclusion, les défenses que possède la glande mammaire pour faire face à une invasion bactérienne sont peu efficaces. La mamelle doit compter sur le recrutement précoce et massif des systèmes de défense du reste de l'organisme pour juguler la multiplication bactérienne. On comprend qu'il est crucial que les mécanismes de mise en alerte soient très sensibles et couvrent l'ensemble des infections qui peuvent se présenter.

Contrôle génétique
de la résistance immunitaire aux mammites

Il existe des différences de sensibilité aux mammites entre des animaux placés dans des conditions d'environnement identiques. La distribution des infections entre les vaches n'est pas aléatoire : il y a beaucoup plus de mamelles entièrement saines, ou à l'opposé ayant trois ou quatre quartiers infectés, qu'attendu par le calcul de probabilité [23]. Ce biais dans la distribution des infections est en partie imputable à l'âge des animaux, aux infections croisées, mais des facteurs individuels sont également impliqués [61]. La sensibilité aux mammites est liée à des caractéristiques physiologiques de la vache, comme la vitesse de traite et la capacité de production, et à des caractéristiques morphologiques de la mamelle et des trayons, qui sont plus ou moins héritables [50].

Si l'on s'en tient aux défenses immunitaires de la mamelle, force est d'admettre que nous savons peu de choses quant à leur déterminisme génétique. Des variations individuelles de certains mécanismes directement impliqués dans le processus infectieux ont été signalées. L'adhérence des bactéries responsables de mammite aux cellules de l'épithélium du sinus lactifère est plus ou moins forte selon les vaches donneuses [21]. Des différences significatives entre vaches ont également été notées quant à la capacité phagocytaire de leurs PMN [46]. Si ces résultats suggèrent une origine génétique de cette variabilité, l'héritabilité de ces caractères n'est pas connue, ni même leur signification pathogénique.

Le complexe majeur d'histocompatibilité, système BoLA chez les bovins, est étroitement lié au contrôle de l'immunité. Les gènes du système BoLA, comme ceux déterminant les groupes sanguins, sont souvent multialléliques, générant une grande diversité au sein d'une population. Il semble que les allèles BoLA W16 et du groupe sanguin M sont portés par des animaux plus souvent atteints de mammite [35]. Ce type d'observation s'intègre dans la recherche de gènes majeurs exerçant un effet direct important sur un mécanisme de résistance, ou simplement de gènes marqueurs, situés à très faible distance chromosomique d'un gène majeur. La comparaison de lots de vaches à haut et bas niveaux d'infection repose plus souvent sur des critères d'inflammation, comme la numération cellulaire du lait, que sur l'examen bactériologique du lait, trop difficile à mettre en œuvre sur une large échelle [50]. Pourtant les deux modes de détection des infections n'orientent pas forcément vers les mêmes caractéristiques physiologiques : la numération cellulaire est un témoin de la réaction de la vache à l'infection, et permet de sélectionner sur l'intensité de l'inflammation. Le diagnostic bactériologique témoigne véritablement de la sensibilité à l'infection elle-même. Rien n'indique que les gènes liés à l'inflammation et ceux liés à la résistance aux infections mammaires soient forcément les mêmes. L'identification de tels gènes nécessite, et mérite, un important effort de recherche. Elle permettrait une sélection des animaux les plus résistants ou l'élimination des plus sensibles, sans recourir aux infections expérimentales.

Réponse immunitaire de la glande mammaire

Réponse anticorps

Les immunologistes ont obstinément tenté de renforcer l'efficacité des défenses antibactériennes de la mamelle. En accord avec le concept de système immunitaire des muqueuses, partiellement indépendant de l'immunité du reste de l'organisme, on imagine que l'infusion intramammaire d'antigène stimule une réponse locale, ce qui a été vérifié [31]. Est-il possible d'induire une forte réponse immunitaire sans utiliser la voie diathélique, qui comporte le risque d'infecter la glande ? Chang et al. [10] ont trouvé des titres d'anticorps et des nombres de cellules sécrétant des anticorps plus élevés dans le colostrum et le lait de vaches immunisées par infusion intramammaire d'antigène que dans les sécrétions d'animaux immunisés par voie sous-cutanée ou intrajéjunale. L'infusion d'antigène dans la lumière de la glande de la brebis est plus efficace que l'injection dans le tissu mammaire [73]. Une immunisation systémique résulte en des taux élevés d'anticorps circulants, surtout dans la classe IgG1, massivement transférés dans le colostrum où ils sont disponibles pour la défense du tube digestif du nouveau-né. Avec les antigènes et les adjuvants utilisés jusqu'ici, la contribution de l'immunisation systémique à la défense de la glande mammaire est insuffisante pour une protection efficace. L'axe intestin-mamelle, qui permettrait de faire produire des anticorps par la mamelle en introduisant l'antigène dans le tube digestif, est peu actif chez les ruminants [10, 40].

Le stade physiologique conditionne la réponse de la glande à un stimulus antigénique. Chez la brebis, l'infusion d'antigène provoque une importante synthèse locale d'IgA quand elle est réalisée un mois avant le part ou en période d'involution de la mamelle [31]. Chez la vache également, l'infusion en lactation est souvent inefficace, tandis qu'une combinaison d'injection parentérale au tarissement et d'infusion intramammaire pendant la période sèche a permis d'obtenir une production durable d'anticorps [76]. Le succès n'est cependant pas assuré, des staphylocoques tués, infusés dans la glande au tarissement puis deux semaines avant le part, n'ayant pas provoqué une présence durable d'anticorps dans le lait [2].

On peut avancer quelques hypothèses pour expliquer l'influence du stade de la lactation sur l'efficacité de la réponse locale :

• En lactation l'antigène est dilué dans un grand volume de lait, la fraction qui n'est pas résorbée avant la traite est éliminée.

• Dans la glande tarie, il pourrait y avoir une meilleure accessibilité des cellules immunocompétentes due à la désorganisation de l'épithélium intramammaire : les protéines passent environ six fois plus facilement de la lumière glandulaire dans le plasma [37].

• On observe un considérable accroissement du nombre de lymphocytes avec l'involution, surtout en position adjacente aux cellules épithéliales des petits canaux galactophores et des restes d'alvéoles [33]. L'infusion d'antigène dans la glande induit l'apparition de lymphocytes ressemblant à des plasmocytes en position sous-épithéliale, probablement en rapport avec la synthèse locale d'anticorps.

Il y a eu de nombreuses tentatives de prévention des mammites staphylococciques par administration parentérale de vaccins contenant des corps bactériens et des surnageants de culture contenant des toxines. Bien que souvent il y ait eu réduction de la sévérité des infections d'épreuve, les résultats ont été décevants car les infections se sont installées durablement. Il semblerait que la protection conférée, se manifestant par une diminution de la sévérité des symptômes et de la chute de production laitière, soit due presque exclusivement aux anticorps antitoxiques circulants [49]. C'est pourquoi très tôt la vaccination intramammaire a été utilisée, en espérant que la synthèse locale d'anticorps pourrait être plus efficace que les anticorps circulants, qui passent difficilement dans le lait. En général, une synthèse locale d'anticorps, notamment des IgA, a été obtenue par immunisation locale [48, 77], ainsi qu'une augmentation du pouvoir opsonisant du lait [24, 57]. Bien que meilleure qu'avec les vaccinations systémiques, la protection conférée n'était cependant pas complète. Des échecs sont même possibles [6]. Une des raisons invoquées est l'inadéquation des préparations antigéniques utilisées, qui pourraient ne pas contenir certains antigènes protecteurs, exprimés in vivo au cours de l'infection. Quelques cas de protection partielle mais significative induite par l'infection préalable ont été rapportés [22, 26]. Un vaccin vivant contenant des staphylocoques à virulence atténuée a été utilisé chez la vache sans pour autant faire preuve d'une efficacité très supérieure à celles des vaccins tués [74], bien que certains antigènes de surface ne soient exprimés qu'in vivo.

Le mode de présentation de l'antigène influe sur la réponse anticorps. Des staphylocoques vivants ou des staphylocoques tués administrés avec du sulfate de dextran ont stimulé une réponse anticorps dans la classe des IgG2, supérieure à celle obtenue avec des bactéries tuées administrées sans adjuvant ou avec adjuvant huileux [75]. Sachant que les IgG2 sont les plus utiles pour l'opsonisation [72], cela aurait dû favoriser la protection. Cependant un adjuvant huileux non métabolisable comme l'adjuvant incomplet de Freund favorise le maintien d'une réponse anticorps durable dans le lait quand l'antigène est administré dans la zone drainée par les ganglions inguinaux superficiels [43]. Mais dans ce cas ce sont plutôt les IgG1 qui sont favorisées, et elles ne jouent pas de rôle actif dans l'opsonisation. Il a même été supposé qu'elles pourraient diminuer l'efficacité de l'opsonisation en entrant en compétition avec les IgG2 [75].

Recrutement spécifique des polynucléaires

En fin de compte, on se demande encore s'il est indispensable d'induire une réponse anticorps durable dans le lait, ou s'il suffit d'avoir des titres élevés d'anticorps circulants, en comptant sur l'exsudation plasmatique accompagnant l'inflammation pour assurer sur les lieux de l'affrontement une concentration suffisante d'anticorps. Dans ce cas, le type de réponse immunitaire locale le plus important serait le recrutement des polynucléaires neutrophiles par la glande nouvellement infectée.

L'infusion intramammaire d'une culture tuée de Str. agalactiae provoque un afflux de PMN neutrophiles dans des quartiers ayant connu une infection par cette espèce bactérienne, mais pas dans des quartiers vierges [67]. Une immunisation sous-cutanée de vaches avec des staphylocoques tués renforce également la réaction cellulaire des glandes éprouvées avec des parois lavées des mêmes bactéries [71]. L'immunisation par voie systémique en lactation semble bien être active puisqu'elle sensibilise la glande mammaire à un antigène simple comme l'ovalbumine [19]. La réponse est spécifique du double point de vue de l'antigène et des cellules recrutées, les PMN neutrophiles, du moins dans les premières 48 heures, puisque, par la suite, il y a également une augmentation du nombre de macrophages et de lymphocytes [19]. La combinaison d'une vaccination systémique et locale dans la glande tarie provoque également un afflux renforcé de PMN neutrophiles durant la phase précoce de l'infection chez la brebis [11] et chez la vache [57], ce qui contribue très vraisemblablement à la diminution observée de la sévérité des infections. Le ou les mécanismes du recrutement spécifique des PMN sont inconnus et, par conséquent, l'étude des moyens nécessaires à leur induction reste très empirique.

Perspectives concernant l'augmentation des défenses de la glande mammaire

Il y a deux approches possibles pour augmenter la résistance des vaches aux infections mammaires : la première est d'induire une immunité spécifique de chacun des agents pathogènes ; la seconde de stimuler les résistances non spécifiques de la mamelle. Ces deux approches ne sont pas mutuellement exclusives [50].

L'efficacité des mécanismes non spécifiques peut être augmentée par la sélection génétique ou l'immunostimulation. Des marqueurs fiables de la résistance ou de la sensibilité aux mammites faisant défaut, la sélection génétique ne semble pas être utilisable, à court voire à moyen terme.

La stimulation non spécifique des défenses a fait l'objet de quelques tentatives, notamment avec le lévamisole [27, 44], mais dans l'état actuel des connaissances leur utilisation ne peut être qu'empirique. Surtout, les immunostimulants actuels n'ont qu'un effet très limité dans le temps, alors que les vaches peuvent contracter des mammites à n'importe quel stade physiologique. On peut rationaliser l'emploi des immunostimulants en ciblant les périodes de risque maximal, comme celles entourant le tarissement et le vêlage [3]. Les perspectives dans ce domaine, théoriquement séduisantes, sont difficiles à préciser [60].

L'augmentation des défenses spécifiques se heurte à une difficulté majeure : la diversité des antigènes. La phagocytose, qui est le mécanisme essentiel de défense, est aussi celui qui semble offrir le plus de possibilités de manipulation [17], avec un objectif double : d'abord, induire des anticorps opsonisants, si nécessaire localement, ensuite stimuler le recrutement des phagocytes. La grande majorité des bactéries responsables de mammite possède des capsules polysaccharidiques qui exercent un rôle antiphagocytaire, qui n'est levé qu'en présence d'anticorps spécifiques de ces molécules. La diversité des cibles des anticorps opsonisants explique l'absence de protection croisée entre des souches de la même espèce bactérienne. Par exemple, des vaches immunisées avec des staphylocoques peuvent exprimer une résistance accrue aux infections mammaires par la souche homologue mais pas nécessairement par des souches hétérologues [20]. Les colibacilles infectant la mamelle portent des polysaccharides de surface appartenant à une centaine de types différents [58]. La situation ne semble pas aussi inextricable avec les bactéries gram-positives. Les polysaccharides de surface de Str. uberis, encore mal connus, pourraient être au nombre d'une douzaine [18]. Une demi-douzaine de types capsulaires sont représentés parmi les souches de Str. agalactiae isolées de mammite [39]. Une large majorité de souches de S. aureus isolées du lait sont capsulées [42], avec deux types capsulaires dominants [55]. Il est donc envisageable, avec les bactéries gram-positives, d'incorporer dans une préparation vaccinale les principaux types d'antigènes capsulaires dans le but d'induire un large spectre d'anticorps opsonisants.

Il n'y a pas actuellement de raison de penser que le recrutement immun des PMN ne soit inductible qu'avec des antigènes capsulaires. Des molécules plus internes, qui présentent moins de variabilité antigénique, sont des candidats potentiels, surtout s'ils sont sécrétés par les bactéries.

L'utilisation de mélanges complexes d'antigènes, ou même le plus souvent de bactéries entières, a certainement handicapé les recherches sur la protection de la mamelle. La compétition antigénique en faveur des molécules les plus immunogènes, la présence de molécules à effet immunomodulateur, ont pu détourner le système immunitaire des réponses utiles. La purification d'antigènes de surface devrait permettre d'obvier à ces problèmes. Certains polysaccharides bactériens, une fois purifiés, perdent tout ou partie de leur pouvoir immunogène. Leur couplage à une protéine porteuse, ou leur association à des adjuvants puissants, peut restaurer leurs propriétés vaccinales [32].

La phagocytose des bactéries envahisseuses par des PMN spécifiquement recrutés est un événement précoce dans le déroulement de l'infection. L'élaboration de toxines en quantité suffisante pour provoquer des dommages notables est vraisemblablement un peu plus tardive, dans la mesure où une population bactérienne importante doit d'abord se développer. Les bactéries doivent aussi adapter leurs capacités de synthèse au milieu intra-mammaire, avant de produire suffisamment de toxine. On peut même espérer qu'une phagocytose efficace éliminerait l'infection avant le stade toxinogène. Même dans ce cas, l'induction d'anticorps neutralisant les principales toxines des bactéries de mammite constituerait une sécurité supplémentaire. Les toxines staphylococciques, qui jouent un rôle pathogène important, pourraient par exemple être couplées à des polysaccharides capsulaires, augmentant en même temps le pouvoir immunogène de ces derniers.

Resteront à résoudre les problèmes liés à l'administration des préparations vaccinales, en trouvant un compromis entre les contraintes liées à l'efficacité de la réponse (stade de lactation, voie) et celles du terrain. Un exemple de solution est l'utilisation de l'antigène par voie intramammaire, pendant la période sèche, associé à un antibiotique [29].

Dans les années à venir, il est envisageable de mettre au point des vaccins, en se limitant aux espèces bactériennes prévalentes, permettant de réduire l'incidence des infections mammaires économiquement importantes. Une surveillance épidémiologique serait alors nécessaire pour suivre l'évolution antigénique au sein des espèces prévalentes, voire même l'émergence de nouvelles infections, en conséquence de la pression de sélection exercée par les vaccins. A plus long terme, compte tenu de notre incapacité actuelle à identifier des gènes de résistance aux infections mammaires, la sélection génétique d'animaux moins sensibles aux mammites pourrait contribuer au contrôle des infections mammaires.

RÉFÉRENCES

1. ADAM J (1933) Recherches sur les mammites primitives de la vache. Thèse Doct Vét Vigot, Paris

2. ADLAM C, KERRY JB, EDKINS S, WARD PD (1981) Local and systemic antibody responses in cows following immunization with staphylococcal antigens in the dry period. *J Comp Pathol* **91** : 105-113

3. ANDERSON JC (1984) Levamisole and bovine mastitis. *Vet Rec* **114** : 138-140

4. BLACK RT, BOURLAND CT, MARSHALL RT (1972) California mastitis test reactivity and bacterial invasions in quarters infected with *Corynebacterium bovis*. *J Dairy Sci* **55** : 1016-1017

5. BROCK JH, ORTEGA F, PINEIRO A (1975a) Bactericidal and hemolytic activity of complement in bovine colostrum and serum : effect of proteolytic enzymes and ethylene glycol tetraacetic acid (EGTA). *Ann Immunol Inst Pasteur* **126C** : 439-451

6. BROCK JH, STEEL ED, REITER B (1975b) The effect of intramuscular and intramammary vaccination of cows on antibody levels and resistance to intramammary infection by *Staphylococcus aureus*. *Res Vet Sci* **19** : 152-158

7. BUTLER JE (1973) Synthesis and distribution of immunoglobulins. *J Am Vet Med Assoc* **163** : 795-798

8. CARROLL EJ, JAIN NC, SCHALM OW, LASMANIS J (1973) Experimentally induced coliform mastitis : inoculation of udders with serum-sensitive and serum-resistant organisms. *Am J Vet Res* **34** : 1143-1146

9. CARROLL EJ, MUELLER R, PANICO MT (1982) Chemotactic factors for bovine leukocytes. *Am J Vet Res* **43** : 1661-1664

10. CHANG CC, WINTER AJ, NORCROSS NL (1981) Immune response in the bovine mammary gland after intestinal, local and systemic immunization. *Infect Immun* **31** : 650-659

11. COLDITZ IG, WATSON DL (1982) Effect of immunization on the early influx of neutrophils during staphylococcal mastitis in ewes. *Res Vet Sci* **33** : 146-151

12. COLDITZ IG, MAAS PJCM (1987) The inflammatory activity of activated complement in ovine and bovine mammary glands. *Immunol Cell Biol* **65** : 433-436

13. COLLINS RA, OLDHAM G (1986) Proliferative responses and IL-2 production by mononuclear cells from bovine mammary secretions, and the effect of mammary secretions on peripheral blood lymphocytes. *Immunology* **58** : 647-651

14. COLLINS RA, PARSONS KR, BLAND AP (1986) Antibody-containing cells and specialised epithelial cells in the bovine teat. *Res Vet Sci* **41** : 50-55

15. CRAVEN N (1983) Generation of neutrophil chemoattractants by phagocytosing bovine mammary macrophages. *Res Vet Sci* **35** : 310-317

16. CRAVEN N (1986) Chemotactic factors for bovine neutrophils in relation to mastitis. *Comp Immun Microbiol Infect Dis* **9** : 29-36

17. CRAVEN N, WILLIAMS MR (1985) Defences of the bovine mammary gland against infection and prospects for their enhancement. *Vet Immunol Immunopathol* **10** : 71-127

18. CULLEN GA (1969) Streptococcus uberis : a review. *Vet Bulletin* **39** : 155-165

19. DE CUENINCK BJ (1979) Immune-mediated inflammation in the lumen of the bovine mammary gland. *Int Arch Allergy Appl Immun* **59** : 394-402

20. DERBYSHIRE JB (1961) Symposium on staphylococcal mastitis. The immunity of staphylococcal mastitis. *Vet Rec* **73** : 1011-1015

21. FROST AJ, WANASINGHE DD, WOOLCOCK JB (1977) Some factors affecting selective adherence of microorganisms in the bovine mammary gland. *Infect Immun* **15** : 245-253

22. GOURLAY RN, HOWARD CJ, BROWNLIE J (1975) Localized immunity in experimental bovine mastitis caused by Mycoplasma dispar. *Infect Immun* **12** : 947-950

23. GROOTENHUIS G (1975) Mastitis : a survey on the interdependence of the quarters of a cow. *Tijdschr Diergeneesk* **100** : 745-751

24. GUIDRY AJ, PAAPE MJ, PEARSON RE, WILLIAMS WF (1980) Effect of local immunization of the mammary gland on phagocytosis and intracellular kill of *Staphylococcus aureus* by polymorphonuclear neutrophils. *Am J Vet Res* **41** : 1427-1431

25. HILL AW (1981) Factors influencing the outcome of *Escherichia coli* mastitis in the dairy cow. *Res Vet Sci* **31** : 107-112

26. HILL AW (1988) Protective effect of previous intramammary infection with *Streptococcus uberis* against subsequent clinical mastitis in the cow. *Res Vet Sci* **44** : 386-387

27. ISHIKAWA H, SHIMUZU T (1983) Depression of β-lymphocytes by mastitis and treatment with levamisole. *J Dairy Sci* **66** : 556-561

28. JAIN NC, SCHALM OW, CARROLL EJ, LASMANIS J (1968) Experimental mastitis in leukopenic cows : immunologically induced neutropenia and response to intramammary inoculation of *Aerobacter aerogenes*. *Am J Vet Res* **29** : 2089-2097

29. JANOVICS A, ARMITAGE RE (1977) The effect of single intracisternal dry cow administration of staphylococcal antigens and antibiotics on the incidence of staphylococcal bovine mastitis. *J South Afr Vet Assoc* **48** : 155-161

30. JENSEN DL, EBERHART RJ (1981) Total and differential cell counts in secretions of the nonlactating bovine mammary gland. *Am J Vet Res* **42** : 743-747

31. LASCELLES AK, OUTTERIDGE PM, MACKENZIE DDS (1986) Local production of antibody by the lactating mammary gland following antigenic stimulation. *Aust J Exp Biol Med Sci* **44** : 169-180

32. LEE CJ (1987) Bacterial capsular polysaccharides. Biochemistry, immunity and vaccine. *Mol Immunol* **24** : 1005-1019

33. LEE CS, LASCELLES AK (1969) The histological changes in involuting mammary glands of ewes in relation to the local allergic response. *Aust J Exp Biol Med Sci* **47** : 613-623

34. LEE CS, WOODING FB, KEMP P (1980) Identification, properties and differential counts of cell populations using electron microscopy of dry cows secretions, colostrum and milk from normal cows. *J Dairy Res* **47** : 39-50

35. LIE O (1985) Genetic approach to mastitis control. *Kieler Milch Forschung* **37** : 487-496

36. MAAS PJCM, COLDITZ IG (1987) Desensitization of the acute inflammatory response in skin and mammary gland of sheep. *Immunology* **61** : 215-219

37. MCKENZIE DDS (1968) Studies on the transfer of protein across the glandular epithelium of the mammary gland during involution. *Aust J Exp Biol Med Sci* **46** : 273-283

38. MASSON PL, HEREMANS JF, SCHONNE E, CRABBÉ PA (1968) New data on lactoferrin, the iron-binding protein of secretions. *Protides Biol Fluids* **16** : 633-638

39. MORRISON JRA, WRIGHT CL (1984) *Streptococcus agalactiae* serotypes in the south west of Scotland. *Vet Rec* **115** : 439

40. NEWBY TJ, BOURNE FJ (1977) The nature of the local immune system of the bovine mammary gland. *J Immunol* **118** : 461-465

41. NICKERSON SC, HEALD CW (1982) Cells in local reaction to experimental *Staphylococcus aureus* infection in the bovine mammary gland. *J Dairy Sci* **65** : 105-116

42. OPDEBEECK JP, NORCROSS NL (1983) Frequency and immunologic cross-reactivity of encapsulated *Staphylococcus aureus* in bovine milk in New York. *Am J Vet Res* **44** : 986-988

43. OPDEBEECK JP, NORCROSS NL (1984) Comparative effect of selected adjuvants on the response in the bovine mammary gland to staphylococcal and streptococcal antigens. *Vet Immunol Immunopathol* **6** : 341-351

44. OVADIA H, FLESH J, NELKEN D (1978) Prevention of bovine mastitis by treatment with levamisole. *Israel J Med Sci* **14** : 394-396

45. PAAPE MJ, GUIDRY AJ (1977) Effect of fat and casein on intracellular killing of *Staphylococcus aureus* by milk leukocytes. *Proc Soc Exp Biol Med* **155** : 588-593

46. PAAPE MJ, PEARSON RE, SCHULTZE WD (1978) Variation among cows in the ability of milk to support phagocytosis and in the ability of polymorphonuclear leukocytes to phagocytose *Staphylococcus aureus*. *Am J Vet Res* **39** : 1907-1910

47. PAAPE MJ, WERGIN WP, GUIDRY AJ, PEARSON RE (1979) Leukocytes. Second line of defense against invading mastitis pathogens. *J Dairy Sci* **62** : 135-153

48. PLOMMET M (1968) Origine des anticorps du lait. *Ann Biol Anim Bioch Biophys* **8** : 407-417

49. PLOMMET M, LE GALL A (1963) Mammite staphylococcique de la brebis III. Recherches sur l'immunité antitoxique et antimicrobienne. *Ann Inst Pasteur* **104** : 779-796

50. POUTREL B (1983) La sensibilité aux mammites : revue des facteurs liés à la vache. *Ann Rech Vet* **14** : 89-104

51. POUTREL B (1986) L'amélioration de la qualité du lait par la lutte contre les mammites bovines. *Med Nut* **22** : 318-324

52. POUTREL B, LERONDELLE C (1980) Protective effect in the lactating bovine mammary gland induced by coagulase-negative staphylococci against experimental *Staphylococcus aureus* infections. *Ann Rech Vet* **11** : 327-332

53. POUTREL B, CAFFIN JP (1983) A sensitive microassay for the determination of hemolytic complement activity in bovine milk. *Vet Immunol Immunopathol* **5** : 177-184

54. POUTREL B, RAINARD P (1986) Hemolytic and bactericidal activities of bovine complement in mammary secretions of cows during the early nonlactating (dry) period. *Am J Vet Res* **47** : 1961-1962

55. POUTREL B, BOUTONNIER A, SUTRA L, FOURNIER JM (1988) Prevalence of capsular polysaccharide types 5 and 8 among *Staphylococcus aureus* isolates from cow, goat, and ewe milk. *J Clin Microbiol* **26** : 38-40

56. RAINARD P (1983 a) Experimental mastitis with *Escherichia coli* : kinetics of bacteriostatic and bactericidal activities. *Ann Rech Vet* **14** : 1-11

57. RAINARD P (1983 b) Experimental mastitis with *Escherichia coli* : sequential response of leukocytes and opsonic activity in milk of immunised and unimmunised cows. *Ann Rech Vet* **14** : 281-286

58. RAINARD P (1985) Les mammites colibacillaires. *Rec Med Vet* **161** : 529-537

59. RAINARD P (1986 a) Bacteriostatic activity of bovine milk lactoferrin against mastitic bacteria. *Vet Microbiol* **11** : 387-392

60. RAINARD P (1986 b) Immunostimulation et contrôle des mammites : perspective ou réalité ? *Bull Mens Soc Vet Prat France* **70** : 595-606

61. RAINARD P, POUTREL B (1984) Non-random distribution of udder infections among cows. Evaluation of some contributing factors. *Ann Rech Vet* **15** : 119-127

62. RAINARD P, POUTREL B, CAFFIN JP (1982) Lactoferrin and transferrin in bovine milk in relation to certain physiological and pathological factors. *Ann Rech Vet* **13** : 321-328

63. REITER B (1978) Review of non specific antimicrobial factors in colostrum. *Ann Rech Vet* **9** : 205-224

64. REITER B, BROCK JH (1975) Inhibition of *Escherichia coli* by bovine colostrum and post-colostral milk. I. Complement-mediated bactericidal activity of antibodies to a serum susceptible strain of *E. coli* of the serotype 0111. *Immunology* **28** : 71-82

65. REITER B, PICKERING A, ORAM JD, POPE GS (1963) Peroxidase thiocyanate inhibition of streptococi in raw milk. Proc Soc Gen Microbiol. *J Gen Microbiol* **33** : XII

66. REITER B, BROCK JH, STEEL ED (1975) Inhibition of *Escherichia coli* by bovine colostrum and post-colostral milk. II. The bacteriostatic effect of lactoferrin on a serum-susceptible and serum-resistant strain of *E. coli*. *Immunology* **28** : 83-95

67. SANGER VL, FRANK NA, POUNDEN WD (1959) Udder reactions to sterilized cultures and filtrates. *Am J Vet Res* **20** : 718-722

68. SCHALM OW, LASMANIS J, CARROLL EJ (1964) Effects of pre-existing leukocytosis on experimental coliform *(Aerobacter aerogenes)* mastitis in cattle. *Ann J Vet Res* **25** : 83-89

69. SCHALM OW, LASMANIS J, CARROLL EJ (1966) Significance of leukocytic infiltration into the milk in experimental *Streptococcus agalactiae* mastitis in cattle. *Am J Vet Res* **27** : 1537-1546

70. SMITH KL, OLIVER SP (1981) Lactoferrin : a component of nonspecific defense of the involuting bovine mammary gland. *Adv Exp Med Biol* **137** : 535-554

71. TARGOWSKI SP, BERMAN DT (1975) Leukocytic response of bovine mammary gland to injection of killed cells and cell walls of *Staphylococcus aureus*. *Am J Vet Res* **36** : 1561-1565

72. WATSON DL (1976) The effect of cytophilic IgG2 on phagocytosis by ovine polymorphonuclear leucocytes. *Immunology* **31** : 159-165

73. WATSON DL (1982) The influence of site of antigen deposition on the local immune response in the mammary gland of the ewe. *Microbiol Immunol* **26** : 423-430

74. WATSON DL (1984) Evaluation of attenuated, live staphylococcal mastitis vaccine in lactating heifers. *J Dairy Sci* **67** : 2608-2613

75. WATSON DL (1987) Serological response of sheep to live and killed *Staphylococcus aureus* vaccines. *Vaccine* **5** : 275-278

76. WATSON DL, LASCELLES AK (1975) The influence of systemic immunisation during mammary involution on subsequent antibody production in the mammary gland. *Res Vet Sci* **18** : 182-185

77. YOKOMIZO Y, NORCROSS NL (1978) Bovine antibody against *Streptococcus agalactiae*, type Ia, produced by preparturient intramammary and systemic vaccination. *Am J Vet Res* **39** : 511-516

20

Adaptations métaboliques et partage des nutriments chez l'animal en lactation

Y. Chilliard

Galactopoïèse, téléophorèse et homéostase

Après la mise en place de la lactation (lactogenèse, qui précède et accompagne la parturition), la sécrétion mammaire est entretenue par un ensemble de régulations neuroendocrines (galactopoïèse) ayant pour point de départ la tétée ou la traite [90].

Cette stimulation du métabolisme mammaire s'accompagne d'un accroissement considérable de la demande en nutriments chez les femelles fortes productrices de lait, allaitant une portée nombreuse (ratte, truie...) ou sélectionnées sur leur potentiel sécrétoire mammaire (vache, chèvre...). La demande mammaire est satisfaite en partie par des entrées accrues de nutriments, provenant d'un accroissement des capacités d'ingestion, de digestion et de métabolisation hépatique. D'autre part, les réserves corporelles minérales, protéiques et surtout lipidiques sont mobilisées, et utilisées par la mamelle et d'autres tissus. Enfin, l'utilisation de certains nutriments limitants (glucose, acides aminés essentiels...) peut être réduite dans les organes non prioritaires, au profit de la mamelle. Ces adaptations supposent une augmentation et une redistribution adéquates des flux sanguins, principalement dans le cœur, la mamelle, le tractus digestif et le foie [61, 139, 140]. Elles résultent de la mise en place de régulations coordonnées (téléophorèse*) du métabolisme des différents tissus et organes, assurant à la mamelle un approvisionnement prioritaire en nutriments.

* Bauman et Currie [7] ont proposé les termes *homeorhesis* ou *teleorhesis* pour décrire l'ensemble des mécanismes qui (ré)orientent les flux métaboliques pour soutenir une fonction physiologique particulière. Le terme « téléophorèse » *(teleophoresis)* semble préférable d'un point de vue étymologique, le radical « téléo » désignant une orientation vers une fin, et le radical « phorèse », un transport (Federspiel, communication personnelle).

La mise en place de priorités métaboliques en faveur de la lactation (phase ultime de la fonction de reproduction des mammifères) doit rester en harmonie avec les régulations homéostatiques, qui maintiennent les conditions du milieu intérieur maternel et permettent l'adaptation de l'organisme aux variations de son environnement. L'exacerbation de certaines régulations téléophorétiques peut cependant se traduire par des ruptures de l'homéostase [197, 198]), conduisant à diverses pathologies du début de lactation (acétonémie, stéatose hépatique, fièvre vitulaire, certains troubles de la reproduction,...). La reprise de l'ovulation après la mise-bas est, en particulier, conditionnée par l'évolution du bilan énergétique des animaux [31], donc par le degré de satisfaction des besoins mammaires et extramammaires en nutriments.

Les adaptations hormonales et métaboliques extramammaires de l'animal en gestation et en lactation ont été décrites dans plusieurs revues récentes [8, 41, 42, 104, 215, 216, 231]. Nous avons donc essayé dans ce chapitre d'en rappeler les éléments fondamentaux tout en soulignant les tendances des recherches actuelles. L'accent a été mis sur la lactation des ruminants domestiques, en les comparant lorsque c'est possible avec les rongeurs de laboratoire.

Adaptations métaboliques durant la lactation

Tissus adipeux

Les adaptations métaboliques des tissus adipeux sont étroitement liées aux variations du bilan énergétique des animaux. Les femelles fortes productrices sont en effet successivement en périodes de bilans négatifs et positifs (Fig. 20-1), du fait que leur niveau d'ingestion ne s'adapte qu'avec un temps de retard aux variations de leurs besoins (voir p. 442).

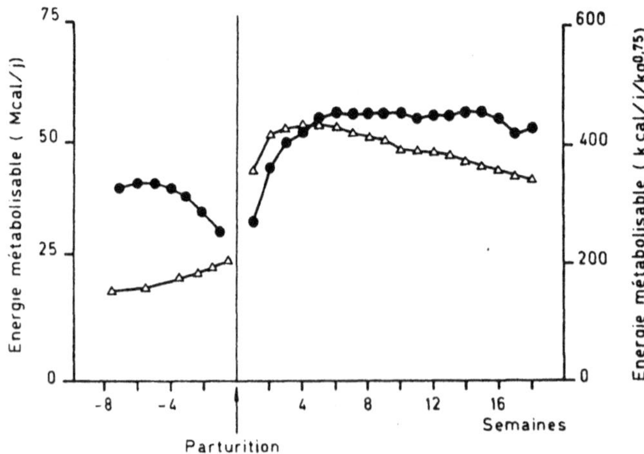

Fig. 20-1 Ingestion et besoins énergétiques chez la vache laitière au cours du cycle gestation-lactation (●) : ingestion ; (△) : besoins. D'après Chilliard [41].

Des vaches produisant 40 kg de lait par jour au pic de lactation (8 500 kg par an) présentent un déficit moyen d'environ 10 Mcal d'énergie nette par jour en deuxième semaine de lactation, et de 425 Mcal pendant les dix premières semaines [51, 79], représentant environ 550 kg de lait et l'équivalent d'une mobilisation de 55 kg de lipides (si ceux-ci sont utilisés avec un rendement énergétique de 80 %). Les acides gras mobilisés sont oxydés (60 % d'après des estimations indirectes [40]) ou directement utilisés comme précurseurs des acides gras à 16 et 18 atomes de carbone sécrétés par la mamelle, ce qui équivaudrait à 40-50 % de la sécrétion totale des matières grasses durant le premier mois [40, 232].

Les variations quantitatives des lipides corporels chez la vache, la brebis, la chèvre et la ratte en lactation sont récapitulées dans le tableau 20-1. Elles sont excessivement variables et conditionnées en intensité et en durée par trois facteurs principaux : le niveau de production laitière (les besoins), la qualité et la quantité de la ration (les apports), l'état d'engraissement à la parturition (les réserves disponibles). Ces deux derniers facteurs influencent l'intensité et la durée de la lactation [167]. Des interactions complexes peuvent avoir lieu. Ainsi, plusieurs auteurs rapportent qu'une amélioration de l'alimentation azotée peut accroître la mobilisation des lipides corporels, probablement du fait qu'elle stimule la sécrétion mammaire et les besoins énergétiques correspondants [214, 229]. La reconstitution des réserves s'effectue essentiellement après le sevrage chez les femelles allaitantes, mais aussi en grande partie pendant la phase descendante de la lactation chez la vache laitière [50, 51, 53, 154]. L'étude comparative de l'organisation anatomique des dépôts adipeux chez différents mammifères suggère que le cycle de dépôt-mobilisation des lipides corporels est une composante importante de « l'avantage évolutif » de la fonction de lactation [173].

Les adaptations métaboliques qui sous-tendent ces variations quantitatives sont assez bien connues [41, 42, 215]. Les voies métaboliques de la lipogenèse de novo (synthèse d'aci-

Tableau 20-1   Variations des lipides corporels chez la vache, la brebis, la chèvre et la ratte en début de lactation. Les plages de variations ont été observées sur des lots d'animaux abattus. Les variations physiologiques ont été estimées in vivo à partir de l'espace de diffusion de l'eau marquée, ou après abattage de lots d'animaux, pendant les 6 premières semaines de lactation (sauf pour la ratte, 3 semaines).

	Quantité de lipides	Variations physiologiques	
	kg (ou g)	kg (ou g)	g/kg^{0,75}/j
Vache laitière (pie noire)[a]	35 à 150	−15 à −70	−3 à −15
Vache allaitante (Hereford × Frisonne)[a,b]		−5 à −20	−1 à −4
Brebis allaitante[a]	1 à 20	0 à −10	0 à −12
Chèvre laitière	2 à 16[c]	−1 à −7[d]	−1 à −8
Ratte allaitante[e]	4 à 72	0 à −40	0 à −5

a. Revue de Chilliard [42].
b. Vaches recevant une alimentation restreinte au niveau de l'entretien.
c. D'après Dunshea et al. [66, 67, 69] et Bas et al. [4, 5].
d. Estimations effectuées en utilisant l'eau tritiée [67, 69] ou d'après les calculs de bilans énergétiques [40].
e. Revue de Chilliard [41].

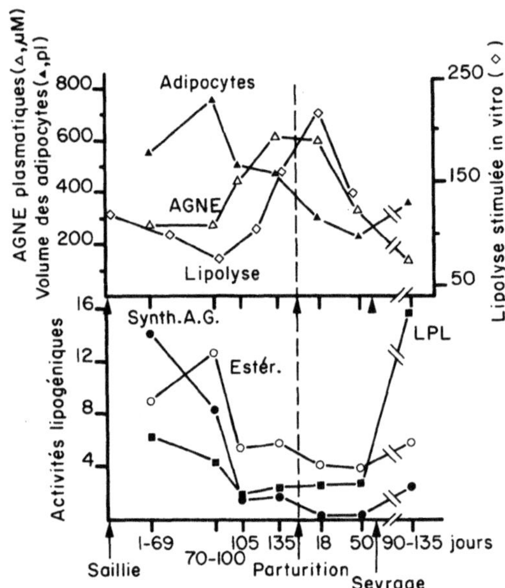

Fig. 20-2   Activité métabolique du tissu adipeux chez la brebis au cours du cycle gestation-lactation. (Données de Vernon et al [218], sauf pour la lipolyse in vitro, Guesnet [111]). (●) : Synth. A.G.=synthèse d'acidès gras (μmoles d'acétate incorporé/h/10^7 cellules). (○) : Estér.=synthèse du glycérol des glycérides (μmoles de glucose incorporé/h/10^8 cellules) (estérification). (■) : LPL=lipoprotéine-lipase (nmoles AG/min/mg protéines). (◇), Lipolyse in vitro=μg de glycérol libéré/2 h/10^6 cellules, en présence d'isoprénaline (10^{-6} M).

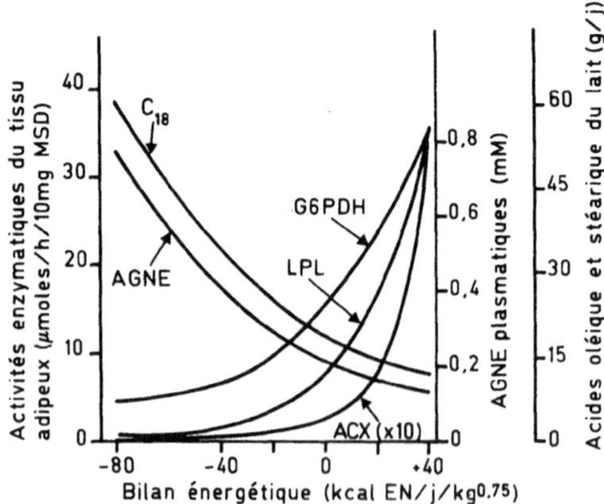

Fig. 20-3   Relations entre le bilan énergétique (BE) calculé et les paramètres du métabolisme lipidique chez la chèvre en lactation. (Chilliard et al. [54]) (MSD : matière sèche dégraissée ; C18 : acides oléique et stéarique ; EN : énergie nette lait ; AGNE : acides gras non estérifiés ; LPL : lipoprotéine-lipase ; ACX : acétyl CoA carboxylase ; G6PDH : glucose-6-phosphate deshydrogénase). C18 du lait-BE ; n=108 ; r=−0,85 ; AGNE plasmatiques-BE ; n=108 ; r=−0,71 ; Log LPL-BE ; n=42 ; r=+0,84 ; Log ACX-BE ; n=37 ; r=+0,73 ; Log G6PDH-BE ; n=37 ; r=+0,64.

des gras), du prélèvement des triglycérides sanguins et de l'estérification des acides gras, et les activités des enzymes qui les contrôlent, sont toutes fortement réduites en début de lactation et réactivées après le sevrage ou en fin de lactation lorsque l'animal reconstitue ses réserves [49, 155, 204] (Fig. 20-2). Elles sont étroitement et positivement liées au bilan énergétique des animaux [68, 153] (Fig. 20-3).

Les données sur l'activité lipolytique du tissu adipeux sont plus complexes à interpréter. La libération de glycérol in vitro est considérée comme un bon reflet de la lipolyse proprement dite (hydrolyse des triglycérides), et la libération des acides gras libres (bilan de la lipolyse et de la réestérification des acides gras) reflète la lipolyse nette (comparable à la lipomobilisation in vivo). Les libérations, basales ou stimulées par des agents lipolytiques, de glycérol et d'acides gras libres sont élevées en début de lactation chez la vache et la brebis, et tendent à rester élevées, ou parfois à s'accroître, pendant toute la lactation [42, 154, 215]. Toutefois, la plupart des résultats sont exprimés par gramme de tissu et il peut en résulter une surestimation ou une sous-estimation de l'activité par cellule lorsque la taille des adipocytes diminue (augmentation du nombre de cellules par gramme) on augmente pendant la lactation [53, 205]. Il existe malheureusement peu de données exprimées par adipocyte, et elles sont contradictoires : la libération de glycérol in vitro augmente [203] ou diminue [111] (Fig. 20-2) entre 18-20 et 40-50 jours de lactation chez la brebis, et elle diminue non significativement chez la vache entre la 3e et la 17 à 26e semaine de lactation alors que, simultanément, la libération d'acides gras libres diminue très fortement et significativement [(95] (Tabl. 20-2), en raison d'une forte augmentation de la réestérification qui était très faible en début de lactation. En mesurant in vivo les vitesses d'entrée du glycérol et des acides gras libres, Dunshea et al. [68] observent chez la chèvre que la vitesse d'entrée des acides gras diminue lorsque la lactation avance, alors que la vitesse d'entrée du glycérol augmente, ce qui suggère aussi que la réestérification joue un rôle primordial dans la régulation de la lipomobilisation (modulation de la libération effective des acides gras produits par la lipolyse), si l'on admet l'hypothèse des auteurs selon laquelle le glycérol provenant des tissus non-adipeux est négligeable par rapport à celui provenant des tissus adipeux. Ceci est cohérent avec la diminution du rapport acides gras/glycérol in vitro (ce rapport étant indépendant du mode d'expression des activités) avec l'avancement de la lactation [95, 155] (Tabl. 20-2).

Ces données sont confirmées par les études in vivo sur les teneurs en acides gras non estérifiés (AGNE) circulants (Tabl. 20-2) (qui reflètent bien la vitesse d'entrée des acides gras libres lorsqu'elles sont mesurées dans des conditions standardisées), qui sont généralement étroitement liées aux variations de lipides corporels, de tailles d'adipocytes et de bilan énergétique en fonction du stade de lactation, et intra-stade en fonction des conditions nutritionnelles et hormonales [10, 53, 67, 68, 95] (Fig. 20-3 et Tabl. 20-2). La forte réduction de la réestérification en début de lactation et donc du cycle triglycérides-acides gras libres dans l'adipocyte, permet une économie d'ATP pouvant représenter environ 3 % du besoin d'entretien [133].

Le maintien d'un potentiel lipolytique élevé pendant la phase de lactation descendante est aussi suggéré par les maintiens de l'activité de la lipase hormonosensible de ce tissu, exprimée par adipocyte [205] et des libérations de glycérol et d'acides gras in vitro en

Tableau 20-2   Activités lipolytiques du tissu adipeux in vitro, et teneurs en AGNE plasmatiques in vivo, chez la vache en lactation [95, 96] et chez la vache tarie non gravide selon l'apport énergétique (Y Chilliard, AM Sala, F Bocquier, non publié).

Stade physiologique	Début de lactation[f]	Milieu de lactation[g]	Tari « bas »[h]	Tari « haut »[i]
Bilan énergétique calculé				
(Mcal énergie nette/j)	−9,3	+1,2*	−4,0	+3,0*
In vitro				
Libération de glycérol[a]				
basale	0,25	0,13	—	—
sub-stimulée[b]	+0,51	+0,21*	—	—
maximale[c]	+1,07	+0,70	—	—
Libération d'acides gras libres[a]				
basale	0,52	0,06*	—	—
sub-stimulée[b]	+1,30	+0,50*	—	—
maximale[c]	+2,18	+1,33	—	—
In vivo				
Teneur en AGNE circulants (mM)				
basale (13 h 30, post-prandiale)	0,54	0,07*	0,25	0,08*
après isoprénaline[d]	+0,96	+0,04*	+0,78	+0,23*
après insuline[e]	−0,20	−0,02*	—	—

a. nanomoles/h/10^3 adipocytes.
b. (en présence d'isoprénaline, 4×10^{-7}M) moins (lipolyse basale).
c. (en présence d'isoprénaline, 4×10^{-5}M, adénosine désaminase, 0,5 unités/ml et théophylline, 1 mM) moins (lipolyse basale).
d. (teneur 15 min après 4 nanomoles/kg d'isoprénaline) moins (teneur basale).
e. (teneur 30 min après 0,12 unités/kg d'insuline) moins (teneur basale).
f. 6 vaches en 2e ou 3e semaine de lactation.
g. 9 vaches en 17e à 26e semaine de lactation.
h,i. 4 vaches en carré latin, recevant 60 % (h) ou 130 % (i) de leurs besoins énergétiques.
* valeur significativement différente (P<0,05) (f vs. g, ou h vs. i).

présence d'un mélange d'agents lipolytiques permettant d'estimer la lipolyse potentielle [95] (Tabl. 20-2). Ceci peut refléter une adaptation téléophorétique, qui maintiendrait le tissu adipeux potentiellement mobilisable pendant toute la lactation. La régulation à court terme, de nature homéostatique, s'effecturait d'abord, quant à elle, au niveau des voies lipogéniques et de la réestérification. Cette hypothèse est confirmée par le fait que l'activité lipolytique du tissu adipeux est plus influencée par le potentiel génétique laitier de l'animal que ne le sont les voies lipogéniques [153, 154]. Par ailleurs, la lipogenèse de novo à partir d'acétate peut produire un excès d'ATP (si le NADPH est produit à partir d'acétate plutôt que de glucose), qui peut être résorbé par le maintien d'un cycle lipolyse-réestérification actif [68]. En outre, le renouvellement du tissu adipeux est élevé chez la chèvre recevant en pleine lactation un régime riche en concentré favorisant la lipogenèse corporelle [143]. On peut donc penser que ce tissu agit en permanence comme un organe de synthèse et de mise en circulation d'acides gras utilisables par la mamelle, puisque ce rôle n'est pas ou très faiblement joué par le foie chez les ruminants.

Les résultats obtenus sur la lipolyse du tissu adipeux de ratte en lactation sont contradictoires [41], peut-être en raison d'une plus grande sensibilité des adipocytes à l'action antilipolytique de l'adénosine [222, 226], et de variations faibles de la sécrétion d'hormone de croissance chez cette espèce [216]. Cependant, même si l'augmentation de lipolyse est faible, elle suffit, conjuguée avec la moindre réestérification, à rendre compte des pertes de lipides corporels mesurées.

Les modifications observées en début de lactation se traduisent donc principalement chez toutes les espèces par une réduction des utilisations d'acétate, de glucose et de triglycérides plasmatiques par le tissu adipeux, et par une entrée accrue de glycérol et d'AGNE dans le compartiment sanguin.

Les différents sites anatomiques du tissu adipeux ne répondent pas tous de façon homogène. Chez la femme, le tissu adipeux sous-cutané de la région fémorale est plus fortement déposé pendant la gestation et mobilisé pendant la lactation [184]. Chez les ruminants, les tissus adipeux sous-cutanés semblent être plus rapidement sollicités que les tissus adipeux viscéraux et surtout intermusculaires [42].

Chez la ratte et la souris en lactation, on observe aussi des inhibitions de la lipogenèse, de l'activité lipoprotéine-lipasique et de la thermogenèse (par perte sélective de la protéine découplante des chaînes respiratoires) du tissu adipeux brun, conditionnées en partie par la taille de la portée [36, 125, 208]. Cette diminution de la thermogenèse permet une épargne énergétique représentant de 25 à 40 % du besoin d'entretien d'une femelle tarie. Elle se prolonge pendant environ trois semaines après le sevrage, ce qui favorise probablement la reconstitution des réserves dans les tissus adipeux blancs ou les muscles.

Muscles et protéines corporelles

Les mesures de bilan azoté [51] et d'excrétion urinaire de 3-méthyl-histidine [17, 161] montrent que la vache en début de lactation mobilise ses réserves protéiques. Les estimations quantitatives effectuées jusqu'ici par différentes méthodes suggèrent [50] qu'une vache haute productrice correctement alimentée peut mobiliser sans dommage jusqu'à 10 kg de protéines corporelles pendant les deux premiers mois de lactation, permettant de produire les protéines d'environ 200 kg de lait. Cette mobilisation s'accroît si le rapport protéines/énergie de la ration diminue [229]. Le potentiel de mobilisation ne dépasse toutefois pas 15 à 20 kg (environ 20 % des protéines corporelles), même en cas de forte sous-alimentation. Les mesures de flux de carbone-13 montrent que jusqu'à 34 % des caséines et 24 % du lactose proviendraient des réserves corporelles en début de lactation [232]. Ces chiffres, beaucoup plus élevés que ceux provenant des mesures de flux net, suggèrent que le renouvellement des protéines corporelles reste très rapide à ce stade de lactation.

Chez la vache laitière sous-alimentée, les protéines musculaires pourraient contribuer à la moitié environ de la mobilisation protéique [52] et la taille des fibres musculaires diminue [185, 190]. La cinétique de cette mobilisation après la mise-bas est peu connue. Elle semble s'effectuer surtout pendant les deux ou trois premières semaines [12, 17], et l'involution utérine y contribue de façon significative. En pleine lactation, le dépôt des protéines corporelles est prioritaire sur celui des lipides chez les vaches primipares, dont la croissance n'est pas achevée [213].

Chez la brebis en lactation, la mobilisation protéique est généralement faible mais peut dépasser 1 kg en six semaines en cas de sous-alimentation azotée modérée [18, 58, 59]. Elle tend à être plus faible chez des animaux dont le stock de protéines corporelles a été réduit par une sous-alimentation importante avant la mise-bas [99]. Les protéines de la carcasse semblent fournir plus des deux tiers des protéines mobilisées.

La situation est différente chez la truie en lactation, qui mobilise en trois semaines des quantités importantes de muscles (6 à 11 kg) et de protéines (0,5 à 1,5 kg), même lorsqu'elle reçoit une ration riche en énergie [73, 165]. Cette mobilisation peut toutefois être réduite en augmentant le taux protéique ou le taux de lysine de la ration [74]. Ceci reflète la moindre importance des relations digestives azote-énergie chez les monogastriques. La mobilisation lipidique de cette espèce (2 à 10 kg) est essentiellement liée au niveau énergétique de la ration.

La ratte en lactation ne mobilise que peu de protéines (0 à 3 g) lorsqu'elle reçoit ad libitum une ration contenant plus de 20 % de caséine. Par contre, elle en mobilise de 4 à 7 g lorsqu'elle est sous-alimentée en azote et/ou en énergie, ces chiffres devant être réduits chez des animaux en mauvais état corporel, et augmentés chez des rattes préalablement suralimentées pendant la gestation [132, 159, 162, 163, 168, 193]. On peut toutefois remarquer que par rapport à des témoins non-lactants de même âge et même histoire nutritionnelle, le différentiel de « mobilisation + dépôt » protéique est d'environ 4 à 7 g en trois semaines, ce qui peut fournir une estimation de la déviation du flux corporel vers la sécrétion lactée. Les chiffres correspondants pour les lipides sont de 15 à 35 g (trois à six fois plus).

Les mobilisations comparées des protéines et des lipides chez la ratte, la vache et la brebis (Tabl. 20-3) montrent que les trois espèces peuvent recourir dans les cas extrêmes

Tableau 20-3   Mobilisation des protéines corporelles et ses relations avec la mobilisation lipidique pendant la lactation. Voir Chilliard [41, 42] et le texte pour les références. Il s'agit de brebis allaitantes et de vaches laitières.

	Protéines		Lipides		Protéines/
	g ou kg	(%)	g ou kg	(%)	lipides
Potentiel de mobilisation[a]					
ratte	10	(18)	40	(80)	0,25
. vache	20	(22)	120	(75)	0,17
brebis	1,3	(17)	15	(75)	0,09
Mobilisation chez l'animal bien alimenté[b]					
ratte	1 (±2) (n=6)		15 (±12) (n=13)		0,07
vache	2 (±3) (n=8)		33 (±13) (n=6)		0,06
brebis	0,3 (±0,4) (n=12)		4,2 (±2,6) (n=12)		0,07

a. Animaux en bon état corporel et sous-alimentés.
b. Alimentation ad libitum, ration ingestible et riche en protéines. n : nombre de lots d'animaux retenus pour le calcul.

à environ 20 % de leurs protéines corporelles, et à environ 75 % de leurs lipides corporels. Le rapport des deux est plus élevé chez les espèces les moins adipeuses. Par contre, chez l'animal bien alimenté on observe des chiffres moyens représentant de 2 à 4 % des protéines corporelles, et un rapport protéines/lipides de 0,06 à 0,07. La contribution des protéines corporelles est donc faible sur le plan énergétique, mais qualitativement importante (apport d'acides aminés indispensables, ou de précurseurs de glucose, qui sont généralement les principaux facteurs limitants nutritionnels de la production laitière).

Le métabolisme protéique musculaire a été peu étudié. Chez la brebis en lactation, Bryant et Smith [23] utilisant la tyrosine rapportent une diminution de la protéosynthèse dans le muscle semitendinosis (mais pas dans le longissimus dorsi bien que celui-ci ait perdu 41% de ses protéines) et surtout une augmentation de la protéolyse ; Vincent et Lindsay [228] utilisant la thréonine observent une augmentation de ces deux voies métaboliques, avec prédominance de la protéolyse. Chez la chèvre en lactation, Champredon et al. [37] utilisant la méthionine constatent une diminution de la protéosynthèse extramammaire, notamment dans la peau, la carcasse et les muscles masseter et longissimus dorsi (mais pas dans le muscle tensor fasciae latae). En revanche, Riis [188], utilisant la leucine observe soit des augmentations, soit des diminutions, simultanées de la protéosynthèse et de la protéolyse extramammaires chez la chèvre en début de lactation, selon que le niveau énergétique de la ration est élevé ou faible. La mobilisation protéique résulterait donc, selon les situations nutritionnelles, soit d'une diminution plus accentuée de la protéosynthèse que de la protéolyse, soit d'un accroissement plus marqué de la protéolyse. Les augmentations des protéosynthèses hépatique (voir ci-dessous) et du tube digestif (voir p. 443) peuvent masquer en partie la diminution de la protéosynthèse musculaire. La protéosynthèse et le catabolisme musculaires ne semblent par contre pas être modifiés chez la ratte et la souris bien alimentées en lactation [158, 200].

Les quelques données existantes suggèrent donc que le métabolisme musculaire de l'animal en début de lactation est modifié de façon à épargner et/ou à mobiliser des acides aminés au profit des autres organes. Cela est important chez le ruminant où la satisfaction des besoins est difficile à atteindre du fait des limitations de la capacité d'ingestion et des interactions énergie-azote dans le rumen. Il serait intéressant de mieux préciser à l'avenir les variations de la protéosynthèse, car une diminution de celle-ci pourrait aussi permettre une épargne énergétique importante. Le métabolisme énergétique du muscle est en effet mal connu chez l'animal en lactation. Chez la brebis, les oxydations d'acétate et de glucose (qui est largement recyclé en lactate) sont réduites pendant la lactation [170, 219] (Tabl. 20-4), et ces substrats sont probablement remplacés par les AGNE et les corps cétoniques dont les concentrations circulantes augmentent.

Foie

Alors que l'absorption intestinale de glucose est généralement comprise entre 0,3 et 1 kg par jour, le besoin quotidien de glucose, dont plus de 80 % correspond au prélèvement mammaire, est supérieur à 3 kg par jour chez une vache produisant de 35 à 40 kg

Tableau 20-4   Production et oxydation du glucose chez la brebis. Les brebis reçoivent 1 200 g/j (a) ou 2 500 g/j (b) du même fourrage [233].

État physiologique	Tarie, non-gravide[a]	Fin de gestation[a] (2 fœtus)	Lactation[b] (2 agneaux)
Production (g carbone/j)	44	62	104
Oxydation (%)	64	61	30

de lait par jour. La néoglucogenèse hépatique et le renouvellement du glucose augmentent donc très fortement en début de lactation. Le poids du foie, son activité métabolique par unité de poids et le flux sanguin le traversant augmentent pendant la lactation, mais c'est probablement l'accroissement plus ou moins important des entrées de substrats glucogéniques (propionate, acides aminés, glycérol, lactate), provenant soit du tube digestif, soit de la mobilisation des réserves corporelles, qui est le principal facteur limitant la néoglucogenèse (pour revue, voir [8, 215]).

Les AGNE circulants sont en partie captés par le foie (environ 20 %) et leur estérification augmente pendant la lactation. Il est probable qu'une fraction des triglycérides ainsi formés est sécrétée en association avec des phospholipides, du cholestérol et des apoprotéines, sous forme de lipoprotéines de très faible densité (VLDL), bien que la teneur sanguine de celles-ci soit très faible en début de lactation [147] du fait de leur métabolisme intense dans la mamelle. On observe en effet, chez la vache en lactation, une augmentation de certaines lipoprotéines de faible densité (alpha-LDL) qui pourrait être liée au métabolisme accru des VLDL, puisqu'elles augmentent aussi lors d'infusions d'huile dans le duodénum (Mazur et Chilliard, non publié).

Toutefois, la sécrétion des triglycérides par le foie est inférieure à leur synthèse, si bien que les vaches tendent à développer de façon variable une stéatose hépatique pendant les premières semaines de la lactation, dont l'intensité est en partie liée à l'intensité de la lipomobilisation [183, 186]. La capacité de sécrétion hépatique des triglycérides et des lipoprotéines semble être faible chez les ruminants en période de lipomobilisation [1, 134, 146, 177]. La vache présente en début de lactation un taux hépatique plus faible d'ARN messager de l'apoprotéine B (constitutive des lipoprotéines légères) dont le taux circulant est faible [33] (Fig. 20-4). Ces différentes observations pourraient expliquer que l'on n'ait pas encore réussi à mettre clairement en évidence de facteurs limitants nutritionnels (donneurs de groupement méthyl, acides aminés...) de la synthèse des lipoprotéines. Le métabolisme hépatique des protéines et des lipoprotéines est un des secteurs-clés méritant un approfondissement des recherches chez le ruminant en lactation.

Une part importante des AGNE captés par le foie est par ailleurs oxydée, totalement (en CO_2) ou partiellement (en corps cétoniques). La production de corps cétoniques augmente lorsque la disponibilité hépatique en substrats glucoformateurs diminue, ce qui est généralement le cas en début de lactation du fait de la forte néoglucogenèse et de la limitation des entrées exogènes (capacité d'ingestion et de digestion). L'utilisation périphérique (muscles, mamelle...) des corps cétoniques peut aussi être limitée par une faible

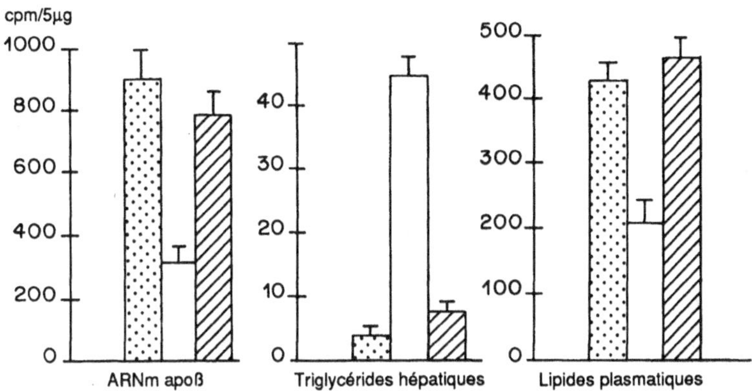

Fig. 20-4   Variation du taux d'ARN messager de l'apolipoprotéine B, des triglycérides hépatiques et de la lipémie chez la vache avant velage et au cours de la lactation. D'après Cardot et al. [33]). ⬚ : tarie ; postpartum (⬚ 6 jours, ▨ 20 jours).

insulinémie et/ou une faible disponibilité en composés glucoformateurs, ce qui prédispose encore plus les fortes productrices à l'acétonémie [186].

Le métabolisme hépatique de la ratte en lactation est sensiblement différent de celui des ruminants [41, 230]. En effet, chez la ratte, l'approvisionnement en glucose ne dépend pas essentiellement de la néoglucogenèse hépatique ; en outre, et contrairement aux ruminants, une fraction importante de la lipogenèse de novo a lieu dans le foie.

Après quelques jours de lactation, chez la ratte, on observe un accroissement de la glycolyse, qui fournit les précurseurs carbonés pour la lipogenèse de novo, qui augmente simultanément. En fait, l'augmentation importante du potentiel lipogénique du foie n'est pas toujours exprimée in vivo, du fait de la captation concurrente de précurseurs lipogéniques par la mamelle [234]. Les acides gras ainsi néosynthétisés par le foie (ou les AGNE provenant des lipides corporels) sont largement remis en circulation sous forme de VLDL. Contrairement au ruminant, la ratte sous-alimentée ne développe pas de stéatose hépatique, et on observe seulement une légère accumulation de triglycérides dans le foie lorsque la lipogenèse de novo [108] et la cholestérogenèse [81] y sont stimulées par une ration bien équilibrée ingérée ad libitum. Il est intéressant de remarquer que la capacité du foie à exporter des triglycérides varie selon les espèces en fonction de l'importance de cet organe pour la lipogenèse de novo (faible chez les ruminants, moyenne chez le rat, forte chez les oiseaux) [175]. Enfin, la cétogenèse est faible pendant la lactation (sauf chez les rattes obèses qui mobilisent des quantités énormes de lipides corporels), ce qui permet une utilisation préférentielle des acides gras par la mamelle.

La protéosynthèse hépatique est en outre fortement accrue pendant la lactation chez la ratte [200] et la souris [158]. Cet accroissement est proportionnel à celui de la masse protéique de l'organe. L'augmentation de l'ingestion et du flux de substrats peuvent expliquer l'augmentation de la protéosynthèse hépatique [133].

Os et métabolisme minéral

La sécrétion des minéraux du lait est très importante et comprend jusqu'à 60 g/j de calcium chez la vache en début de lactation, ce qui suppose que le calcium plasmatique se renouvelle 25 fois chaque jour [118]. L'efficacité de l'absorption intestinale du calcium est accrue pendant la lactation de façon proportionnelle à la sécrétion journalière de calcium et pourrait fournir jusqu'à 80 % du besoin supplémentaire [211]. Toutefois cette absorption n'augmente pas suffisamment pour couvrir le besoin, et les animaux mobilisent leur calcium osseux ainsi que d'autres minéraux. Cette mobilisation représente de 15 à 35 % des minéraux du squelette chez la ratte en lactation bien alimentée [22], et 20 % environ chez la brebis en fin de gestation et en début de lactation [3]. Ceci s'accompagne chez la ratte d'une accélération du renouvellement osseux, avec une augmentation simultanée de la minéralisation et de la résorption [145]. La fonte osseuse est plus importante si l'animal est sous-alimenté en calcium, mais elle n'est pas réduite par une suralimentation calcique pendant la lactation [22]. Chez la truie, la perte de minéraux osseux pendant la lactation est comparable au gain effectué pendant la gestation [76].

Ingestion et digestion

Le niveau d'ingestion volontaire des vaches en lactation s'accroît parallèlement à leur niveau de production [79]. De même, chez la ratte, le niveau d'ingestion est lié à la taille et à l'âge de la portée, donc au niveau de production laitière [41]. L'observation des courbes de lactation chez ces deux espèces montre toutefois que l'augmentation du niveau d'ingestion d'énergie a lieu postérieurement à celle du niveau de production (des besoins).

Le décalage dans le temps est plus important chez les ruminants (Fig. 20-1) pour deux raisons :

• les sécrétions de matières grasses et protéiques sont maximales dès la deuxième semaine de la lactation chez la vache, alors qu'elles s'accroissent régulièrement chez la ratte en fonction du développement de la portée ;

• les adaptations digestives sont beaucoup plus lentes chez les ruminants, en raison notamment des phénomènes physiques d'encombrement du rumen, liés à la vitesse de dégradation des fourrages grossiers par la microflore ruminale. Cela explique en partie que le niveau d'ingestion s'accroît plus rapidement lorsque le pourcentage de fourrages grossiers diminue dans la ration [129].

Le déficit énergétique du début de lactation tend toutefois à s'accroître avec l'augmentation du potentiel laitier des animaux, même avec des rations riches en concentrés, ce qui montre que la sélection agit plus fortement sur le potentiel mammaire que sur les facteurs déterminant la capacité d'ingestion [51]. Il est peu probable que l'augmentation de l'ingestion soit limitée par la place disponible dans la cavité abdominale après la mise-bas, car il n'y a pas de concomitance entre l'augmentation du contenu digestif, d'une part, et d'autre part, la libération de place par l'expulsion du fœtus, l'involution utérine et la mobilisation des graisses abdominales [89].

Le poids de la muqueuse digestive (la taille du compartiment digestif) augmente chez l'animal en lactation par multiplication cellulaire. Les études dissociant l'effet du niveau alimentaire de celui de l'état physiologique suggèrent que le développement de la muqueuse digestive est généralement la conséquence, et non la cause, de l'augmentation des quantités ingérées [65, 82]. Il est toutefois possible que la vitesse de réponse de la muqueuse, d'une part, et le développement de la flore microbienne du rumen, d'autre part, puissent limiter l'augmentation des quantités ingérées en début de lactation.

La protéosynthèse et la cholestérogenèse du tractus gastro-intestinal augmentent parallèlement à l'augmentation pondérale de celui-ci chez la souris [158], et la ratte [81, 200] en lactation. De même, l'activité métabolique par unité de poids de muqueuse ruminale n'est pas modifiée chez la brebis en lactation bien que l'activité totale augmente [82]. Les consommations de glucose et d'acétate par le tractus digestif total augmentent en conséquence [210]. Les accroissements de poids et d'activité métabolique du tractus digestif, du foie et du cœur (organes assurant pour l'essentiel l'approvisionnement de l'organisme en nutriments) expliqueraient près de la moitié de l'augmentation du besoin « d'entretien » de la vache en lactation [202].

Le transport actif des ions sodium et potassium représente une part importante (de 20 à 50 %) de la dépense d'entretien de l'animal, qui augmente en fonction du niveau d'alimentation et du volume des ingesta (donc dans les états physiologiques où ceux-ci augmentent) dans les muscles et surtout dans la muqueuse intestinale et le foie [133]. Selon ces auteurs, il est possible qu'un accroissement de la production d'EGF (*epidermal growth factor*) pendant la lactation soit à l'origine de la prolifération et de la différenciation des cellules du tractus digestif et de l'augmentation des dépenses énergétiques qui accompagne ces événements.

Des adaptations sélectives (liées à l'état physiologique ou nutritionnel) des sécrétions des enzymes digestives [8] et de la capacité d'absorption intestinale (cf supra pour le calcium, et Cripps et Williams [60] pour le glucose et la leucine) contribuent aussi, en plus du développement pondéral et volumétrique du tractus digestif, à accroître les entrées de nutriments chez la femelle en lactation.

Régulations hormonales

Les régulations hormonales du métabolisme dépendent, à la fois, des concentrations des hormones circulantes (résultant de leur sécrétion et de leur captation par les tissus) et des réponses des tissus à ces hormones, qui peuvent être caractérisées par la réponse potentielle (maximale) et par la sensibilité (teneur en hormone produisant 50 % de la réponse potentielle) du tissu considéré. La réponse tissulaire est elle-même déterminée par l'équipement des cellules en récepteurs hormonaux (nombre, affinité pour les hormones) et/ou en enzymes (quantité et état d'activation) qui contrôlent les voies métaboliques.

Métabolisme du calcium

La calcémie est finement régulée à court terme par trois hormones homéostatiques principales : l'hormone parathyroïdienne (PTH) et la 1,25-dihydroxy-vitamine D (1,25-DHD) qui élèvent la calcémie en stimulant notamment l'absorption intestinale et/ou la mobilisation du calcium osseux, et la calcitonine qui la diminue en inhibant le catabolisme osseux [19].

Toutefois, la mobilisation osseuse chez la ratte en lactation bien alimentée en calcium semble être en grande partie indépendante de la PTH et de la 1,25-DHD [22, 145], ce qui suppose l'existence d'une régulation téléophorétique, peut-être sous l'effet de la prolactine. Cette hormone stimule en effet la mobilisation du calcium osseux in vivo et in vitro chez cette espèce [22], ainsi que l'absorption intestinale des minéraux [144]. Il pourrait en être de même chez la brebis en gestation, chez laquelle la prolactine stimule l'absorption intestinale et le transfert placentaire du calcium [3]. En outre, la prolactine modifie la synthèse ou la sécrétion de 1,25-DHD ou de PTH [182].

La calcitonine circulante et/ou la réponse à cette hormone sont par ailleurs accrues chez les femelles monogastriques et ruminants en fin de gestation et pendant la lactation [2, 207], ce qui suggère que cette hormone prévient une déminéralisation excessive (homéostase à long terme, limitant la régulation téléophorétique). La calcitonine agirait aussi en limitant la sécrétion de prolactine [182].

Chez la vache, on a surtout étudié l'hypocalcémie vitulaire qui s'observe généralement chez les multipares pendant la première semaine de lactation. On assiste chez ces animaux à un retard dans la mise en place des mécanismes de mobilisation du calcium osseux* — malgré les augmentations simultanées de la PTH et de la 1,25-DHD —, retard qui résulterait d'une insensibilité tissulaire de l'os (et de l'intestin) à ces hormones homéostatiques [180]. Ce phénomène est accentué chez les animaux qui secrètent transitoirement beaucoup de calcitonine avant la mise-bas [2], particulièrement lorsque leur régime est riche en calcium [118]. On peut prévenir ce syndrome en diminuant l'apport calcique avant la mise-bas, de façon à « préconditionner » les réponses de l'os et de l'intestin aux régulations homéostatiques [8]. De ce point de vue, la fièvre vitulaire peut être considérée comme le résultat d'un retard dans la mise en place des régulations téléophorétiques, peut-être lié à des teneurs trop élevées en œstrogènes circulants peripartum [117].

La régulation homéostatique est en outre particulièrement fragile chez la vache en début de lactation, car l'hypocalcémie réduit la motricité ruminale et intestinale, ce qui peut réduire encore l'absorption du calcium [180] et des autres nutriments chez un animal dont le niveau d'ingestion est déjà faible. Des chutes cycliques de la calcémie en début de lactation (avec une périodicité de 7 à 10 jours), probablement liées à des discontinuités dans les régulations de l'absorption intestinale par la 1,25-DHD d'une part, et de la résorption osseuse d'autre part, ont été observées chez environ 50 % des vaches multipares étudiées par Hove [120]. Une élévation du rapport cations/anions de la ration pourrait, par ailleurs, stimuler l'absorption du calcium, et accroître la sensibilité de l'os aux hormones hypercalcémiantes [16].

* Le calcium mobilisable osseux des bovins passe de 6-20 % à 2-5 % lorsque l'âge s'accroît de 3 à 13 ans [114].

Insuline et glucagon

Le glucagon agit peu sur les tissus périphériques du ruminant, et son rôle principal est de stimuler en permanence la néoglucogenèse hépatique [6]. La glucagonémie augmente parfois en début de lactation [62, 110] mais ce seraient surtout les variations du rapport insuline/glucagon qui modifieraient la néoglucogenèse [196, 215]. Grizard et al. [110] observent une réponse hyperglycémique à une injection de glucagon légèrement accrue pendant la lactation chez la chèvre. Toutefois, le nombre de récepteurs hépatiques du glucagon n'est pas accru en début de lactation chez la brebis et la vache [102, 103].

La situation est différente chez la ratte, où la néoglucogenèse hépatique n'est pas permanente, et où le glucagon a des effets lipolytiques et antilipogéniques sur le tissu adipeux, mais n'a pas d'effet sur le tissu mammaire [234]. La sensibilité des adipocytes au glucagon est faible en début de lactation et s'accroît au pic de lactation [235].

L'insuline stimule les voies anaboliques et l'utilisation du glucose, de l'acétate et des acides aminés (lipogenèse dans les tissus adipeux et protéosynthèse dans les muscles) et inhibe les voies cataboliques des tissus extrahépatiques. Elle inhibe la néoglucogenèse et la cétogenèse hépatiques [20].

L'insuline, dont les teneurs circulantes sont faibles pendant la lactation, joue un rôle important dans la stimulation du métabolisme mammaire du glucose et des acides aminés chez la ratte, permise par l'augmentation du nombre et de l'affinité des récepteurs, et qui se traduit notamment par une stimulation des enzymes-clés de la glycolyse et de la lipogenèse de novo (sans modification de la synthèse du lactose), avec un rythme nycthéméral marqué, lié aux repas [24, 25, 27, 41, 109, 156, 231] (Fig. 20-5 et 20-6).

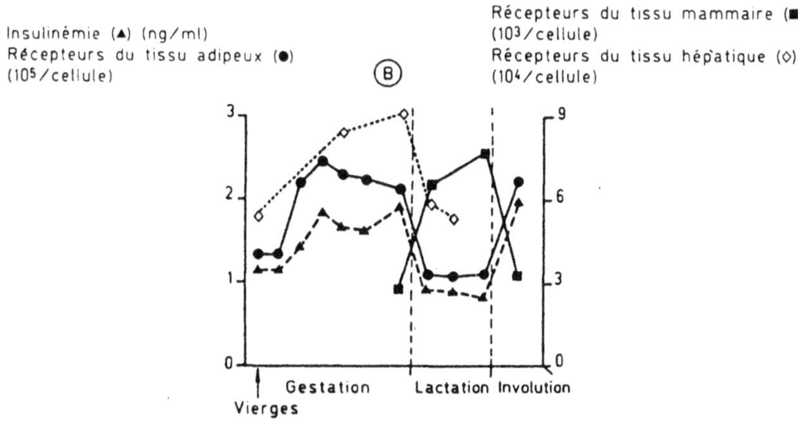

Fig. 20-5 Évolutions de l'insulinémie (▲) et du nombre de récepteurs de l'insuline dans les tissus adipeux (●), mammaire (■) et hépatique (◇) chez la ratte au cours du cyle gestation-lactation. D'après Flint [85, 86].

En revanche, le prélèvement des triglycérides circulants par la mamelle est insensible aux variations de l'insulinémie, ce qui permet de maintenir l'utilisation des acides gras longs pour la lipogenèse en période de jeûne [166].

Dans le tissu adipeux blanc, le nombre de récepteurs diminue par rapport à la gestation, ce qui s'ajoute à la faible insulinémie pour limiter les activités lipogéniques. Toutefois, la lipogenèse de novo et l'oxydation du glucose en CO_2 y sont plus faibles que chez les vierges, bien que celles-ci présentent une insulinémie et un nombre de récepteurs de l'insuline sur le tissu adipeux qui sont comparables à ceux des femelles en lactation (Fig. 20-5). Il existe donc une résistance « post-récepteur » à l'insuline [86], en particulier au niveau du second messager produit par la membrane de l'adipocyte qui stimule la pyruvate déshydrogénase et l'acétyl-CoA carboxylase [216]. La stimulation post-prandiale de la lipogenèse de novo du tissu adipeux n'est cependant pas abolie chez la ratte sous-alimentée en lactation, où elle est probablement suivie par une lipolyse intense [109]. En outre, l'incorporation du glucose dans le glycérol des triglycérides, ou son oxydation partielle en lactate recyclable, répondent normalement à l'insuline [26].

La diminution de l'utilisation du glucose par les muscles serait quant à elle plutôt régulée par les diminutions de la glycémie et de l'insulinémie, car les réponses à cette hormone sont peu modifiées pendant la lactation [25] (Fig. 20-6). Par ailleurs, la sécrétion d'insuline par le tissu pancréatique in vitro diminue pendant la lactation, ainsi que sa réponse au glucose et surtout aux acides aminés [121] (Tabl. 20-5). Cela pourrait fournir un mécanisme orientant l'utilisation des acides aminés vers la néoglucogenèse hépatique, qui est stimulée par l'hypoglycémie et la diminution du rapport insuline/glucagon, mais très sensible à l'inhibition par l'insuline [28]. Cette sensibilité accrue du foie à l'insuline est aussi suggérée par les accroissements de la glycolyse et de la lipogenèse (voir p. 441) malgré la chute de l'insulinémie, bien que le nombre et l'affinité des récepteurs de l'insuline ne varient pas [85] (Fig. 20-5).

Tableau 20-5 Influence de la lactation, du glucose et des acides aminés sur la sécrétion pancréatique d'insuline in vitro exprimée en micro U/90 min/îlot pancréatique [121].

État physiologique	Lactation	Non-lactant[a]
Témoin	15	24
Glucose (11 mM)	157	196
Leucine (10 mM) et glutamine (10 mM)	84	181

a. Rattes taries après la mise bas.

Chez la vache, l'insulinémie est faible en début de lactation et augmente en pleine lactation (Fig. 20-7). La sécrétion pancréatique post-prandiale d'insuline peut augmenter [116] ou diminuer [141]. Par contre sa réponse à une infusion de glucose ou de propionate [100, 194, 195] (Fig. 20-8) est beaucoup plus faible pendant la lactation que chez l'animal tari

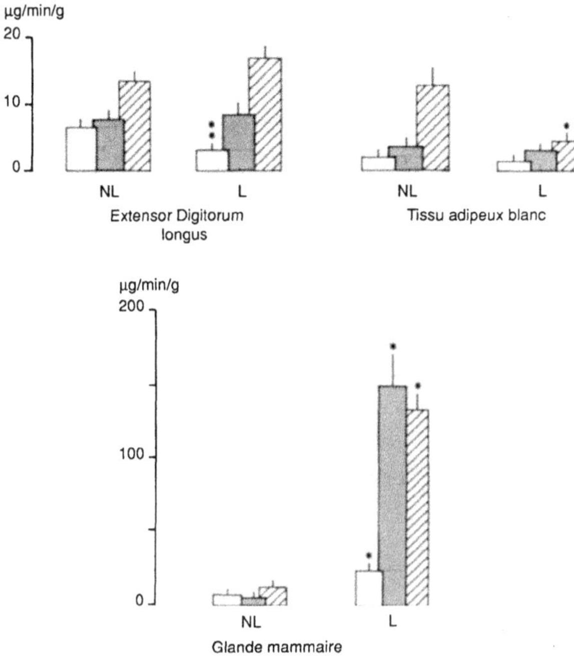

Fig. 20-6 Vitesse d'utilisation du glucose dans les muscles, le tissu adipeux blanc et la glande mammaire chez la ratte en lactation (L) ou non allaitante (NL). ▨ basal ; ▭ insuline 0,4/h/kg ; ▨ insuline 3U/h/kg. D'après Burnol et al. [25].

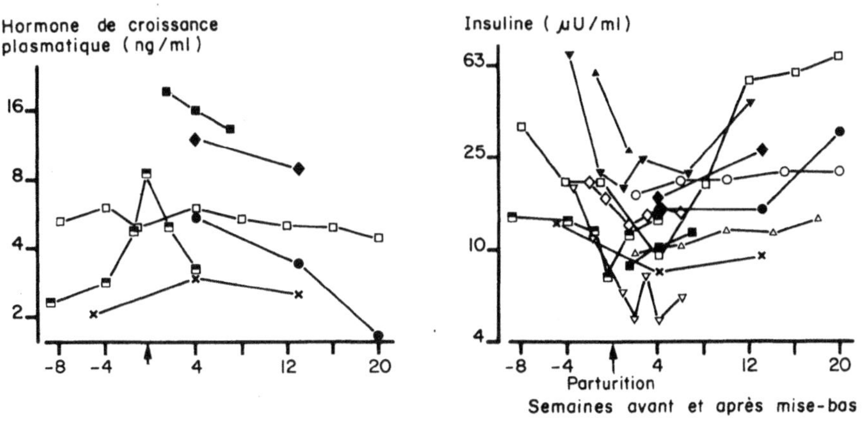

Fig. 20-7 Teneurs en insuline et en hormone de croissance du plasma chez la vache laitière. Revue de Chilliard [42].

et non gravide ou en fin de gestation. Cela crée des conditions favorables pour la néoglucogenèse et la cétogenèse hépatiques, tout en limitant l'utilisation de glucose par les tissus périphériques. De plus, les effets lipogéniques et antilipolytiques de l'insuline et du glucose sur le tissu adipeux sont réduits en début de lactation [42], mais sans que la réponse des AGNE plasmatiques (lipomobilisation et/ou utilisation métabolique) à l'insuline in vivo ne soit abolie (Tabl. 20-2). Chez la vache en début de lactation, les AGNE plasmatiques augmentent exponentiellement lorsque la teneur en insuline circulante devient inférieure à 10 mU/l [101]. En revanche, les prélèvements de glucose et d'acides aminés par la mamelle ne semblent pas être limités par l'insulinémie aux concentrations physiologiques [136]. La liaison de l'insuline diminue en début de lactation [30], bien que le tissu mammaire capte des quantités importantes de cette hormone [11].

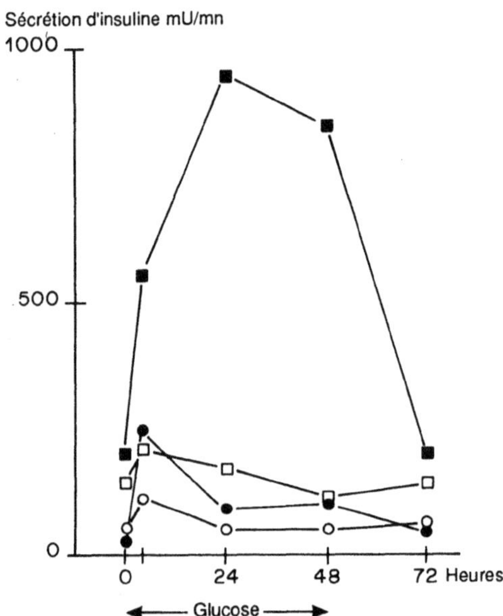

Fig. 20-8   Effet d'une infusion de glucose sur la sécrétion d'insuline chez la vache tarie ou en lactation. (□) tarie, contrôle ; (■) tarie, glucose infusé (4,2 mmole/min) ; (○) lactation, contrôle ; (●) lactation, glucose infusé. D'après Lomax et al. [141].

Des études détaillées de la régulation insulinique ont été effectuées chez la brebis [215, 216]. La réponse (utilisation du glucose, lipogenèse...) et la sensibilité à l'insuline diminuent dans les tissus adipeux et les muscles pendant la lactation, bien que ni l'affinité ni le nombre de récepteurs par cellule ne soient modifiés par rapport à l'animal tari et non gravide, ce qui suggère des modifications post-récepteur. Le nombre de récepteurs hépatiques de l'insuline est faible en début de lactation [102] ce qui pourrait annuler l'effet sur la néoglucogenèse des augmentations post-prandiales de l'insuline. Des concentrations élevées de cette hormone (40 mU/l) sous clamp euglycémique tendent par ailleurs à diminuer le prélèvement mammaire de glucose [138]. En revanche, l'inhibition de la production de glucose, la stimulation de son utilisation et la diminution des AGNE sanguins (lipomobilisation) restent sensibles à de faibles augmentations de l'insulinémie chez la brebis en lactation [78].

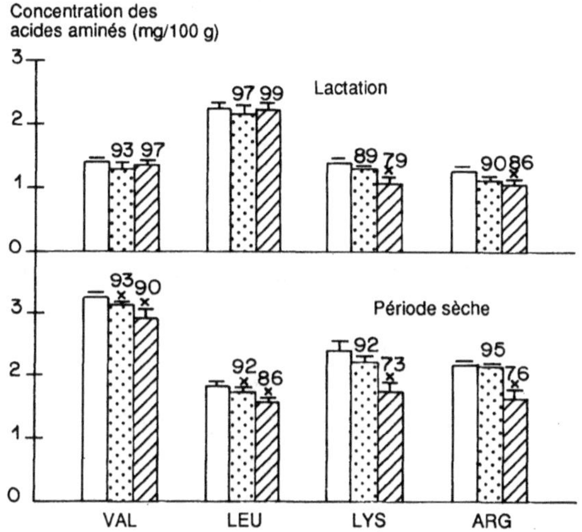

Fig. 20-9   Effet d'une injection d'insuline sur certains acides aminés essentiels plasmatiques. Les chiffres indiquent la valeur post-injection en pourcent de la valeur pré-injection. ⬜ basal ; ⬚ 18 à 60 min après injection ; ▨ 90 à 130 min après injection. D'après Grizard et al [110].

Les effets d'une infusion d'insuline (sous clamp euglycémique) sur l'utilisation du glucose (Tabl. 20-6) et les teneurs en acides aminés (Fig. 20-9) circulants sont plus faibles chez la chèvre en début de lactation que lorsqu'elle est en milieu de lactation ou tarie. Cette résistance à l'insuline s'accompagne toutefois du maintien ou du renforcement de l'effet inhibiteur de l'insuline aux concentrations physiologiques sur la néoglucogenèse hépatique (Tabl. 20-6), qui est en réalité stimulée par l'augmentation du rapport glucagon/insuline [38, 64, 110] et du flux entrant de substrats précurseurs. Ces auteurs observent en outre, chez la chèvre en pleine lactation, un accroissement de la sécrétion et de la dégradation de l'insuline, post-prandiale ou stimulée par infusion de glucagon. Par ailleurs, il est probable que les variations physiologiques de l'insulinémie ne soient pas suffisantes pour modifier significativement l'utilisation périphérique du glucose, notamment en début de lactation, contribuant ainsi à l'épargne de ce métabolite chez le ruminant. La lactation s'accompagne aussi, paradoxalement, d'une augmentation de la sensibilité à l'effet antiprotéolytique de l'insuline (cette adaptation étant toutefois supprimée par l'hyperaminoacidémie) [206]. Les modifications des effets de l'insuline pendant la lactation

Tableau 20-6   Effets d'une infusion d'insuline (10 μg/min) sur la production et l'utilisation du glucose chez la chèvre. D'après Debras et al. [64].

État physiologique	Début lactation	Milieu de lactation	Tari
Production ou utilisation basale de glucose (mg/min)	321	255	100
Stimulation de l'utilisation par l'insuline (maximum moins basale)	64	173	159
Inhibition de la production par l'insuline (basale moins minimum)	175	82	46

(inhibitions plus sensibles de la néoglucogenèse hépatique et de la protéolyse musculaire) pourraient représenter des mécanismes d'épargne des protéines corporelles et des acides aminés, lorsque ceux-ci sont limitants. Ces observations sont cependant délicates à interpréter car les modifications effectives des flux de nutriments dépendent simultanément de l'insulinémie (qui tend à diminuer) et des disponibilités en substrats (augmentation des entrées de précurseurs qui stimulent la néoglucogenèse, diminution des teneurs en certains acides aminés limitants pouvant stimuler la protéolyse et diminuer la protéosynthèse, qui semble être peu modulée in vivo par l'insuline [206]).

La synthèse du lactose n'est généralement limitée ni par la concentration artérielle en glucose, ni par l'activité de la lactose synthétase, mais par le transport du glucose dans la cellule mammaire [77], qui est très peu sensible à l'insuline [119]. Cette hormone ne modifie pas non plus le prélèvement des acides aminés par la glande mammaire de la chèvre [206].

L'ensemble des observations effectuées chez les ruminants montre donc qu'en début de lactation les tissus périphériques (adipeux et musculaires) répondent de façons modifiées aux effets insuliniques, ce qui peut faciliter ou au contraire limiter la mobilisation des réserves, tout en épargnant des nutriments (glucose, acides aminés, acétate) au profit de la glande mammaire, qui est peu dépendante de cette hormone. La situation est un peu différente chez la ratte en lactation, où la diminution de l'insulinémie s'accompagne d'une moindre réponse à cette hormone dans le tissu adipeux (non prioritaire) mais pas dans le muscle, et de réponses accrues dans la mamelle (prioritaire) et dans le foie (épargne de nutriments glucoformateurs en période post-prandiale).

Régulations adrénergiques et adénosine

La sécrétion des catécholamines (adrénaline et noradrénaline) par les glandes surrénales et/ou par le système nerveux sympathique est probablement accrue par la tétée ou la traite [57]. Ces hormones peuvent modifier le métabolisme des adipocytes de façon variable selon l'équipement des membranes cellulaires en récepteurs bêta- et alpha-2-adrénergiques, qui stimulent et inhibent, respectivement, la lipolyse [137].

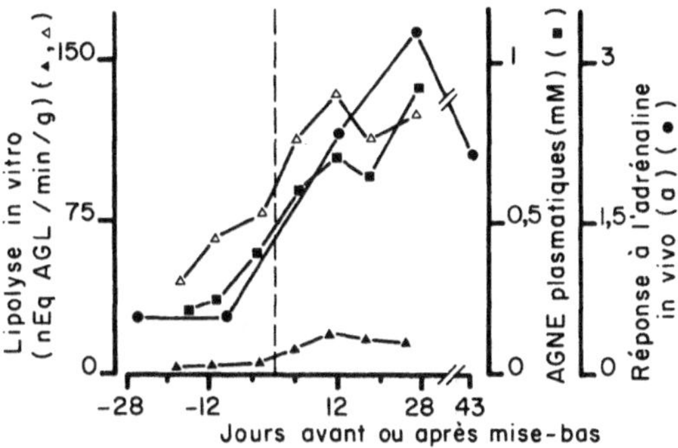

Fig. 20-10   Lipomobilisation peri-partum chez la vache laitière (adapté d'après Metz et Van den Bergh [157] (△, ▲, ■) et Bernal-Santos [13] (●). (▲) : Lipolyse basale, in vitro ; (△) : lipolyse en présence de noradrénaline ($2,5 \times 10^{-5}$M) ; (■) : AGNE plasmatiques ; (●) : réponse des AGNE plasmatiques in vivo pendant l'heure qui suit une injection IV d'adrénaline (0,7 μg/kg) (surface intégrée en mM×min).

La lactation s'accompagne d'une forte réponse lipolytique et d'une sensibilité élevée du tissu adipeux (in vivo et in vitro) aux catécholamines et aux bêta-agonistes, chez la brebis et la vache [42, 113, 122, 152, 224] (Fig. 20-10). Cette réponse peut s'expliquer au moins en partie par une élévation du nombre de récepteurs bêta par adipocyte [127]. On n'a pas détecté in vitro de différence importante en fonction du stade de lactation [95, 152], mais la réponse à l'isoprénaline des AGNE circulants en début de lactation est beaucoup plus importante in vivo qu'in vitro, par comparaison avec les données obtenues en milieu de lactation (Tabl. 20-2). La réponse des AGNE in vivo à une injection d'adrénaline [94] ou d'isoprénaline (Chilliard, Sala, Bocquier, non publié) est plus élevée le matin à jeun que le soir en période post-prandiale, suggérant que la réponse du tissu adipeux aux catécholamines et à leur composante β-adrénergique est modulée à court terme, par l'état nutritionnel. L'importance de l'état nutritionnel à plus long terme apparait aussi dans les données de la figure 20-13 et du tableau 20-2 montrant que la réponse in vivo à l'isoprénaline de vaches taries sous- ou suralimentées est comparable à celle de vaches en lactation ayant des bilans énergétiques comparables.

Chez la ratte, la sensibilité de la lipolyse du tissu adipeux à l'isoprénaline s'accroît avec la taille de la portée allaitée [179]. De plus l'effet stimulant de l'isoprénaline sur l'estérification des acides gras (via la glycolyse) est perdu pendant la lactation, ce qui augmente la libération d'acides gras en présence de catécholamines [115]. Cela peut expliquer que la baisse de l'estérification des acides gras observée in vivo [115] ne le soit pas toujours in vitro [26]. Contrairement aux observations effectuées sur l'organisme entier, le renouvellement de la noradrénaline est fortement diminué dans le tissu adipeux brun pendant la lactation [209], ce qui explique la diminution de la thermogenèse de ce tissu.

Plusieurs équipes ont rapporté récemment l'existence de réponses antilipolytiques de type alpha-2-adrénergique, chez les bovins [48, 201] et les ovins [215] adultes. Chez la vache en lactation, les réponses alpha-2-adrénergiques (antilipolytiques) augmentent parallèlement aux réponses bêta-adrénergiques (lipolytiques) [95]. Chez la ratte et la brebis le

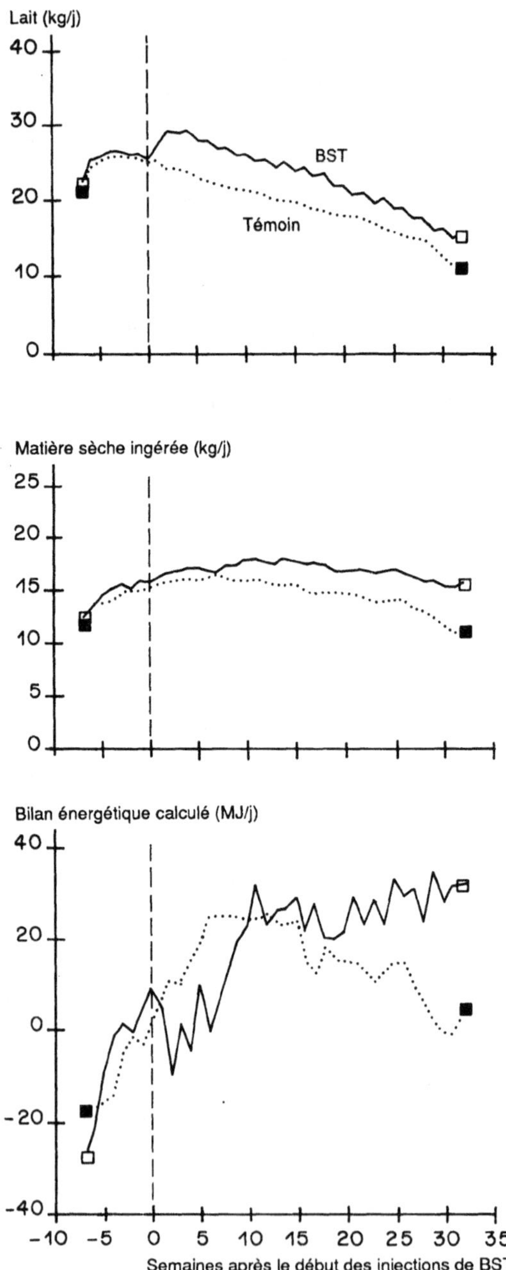

Fig. 20-11   Effets de la BST retard (*500 mg tous les 14 jours*) **sur la production, la consommation et le bilan énergétique de vaches recevant une ration complète à volonté.** D'après Phipps [171].

nombre des récepteurs et les effets antilipolytiques de l'adénosine augmentent pendant la lactation [123, 224]. La signification physiologique et la régulation des réponses alpha-2-adrénergiques et à l'adénosine sont mal connues ; on peut penser qu'elles permettraient d'affiner les réponses tissulaires aux catécholamines in vivo, tout en fournissant des mécanismes évitant une mobilisation excessive des lipides corporels pendant la lactation.

Les catécholamines peuvent aussi amplifier les modifications de la régulation du métabolisme du glucose (voir p. 445) en stimulant la glycogénolyse et la néoglucogenèse hépatiques, et en réduisant la sécrétion pancréatique d'insuline [20]. Leur effet sur le métabolisme mammaire est mal connu, et probablement faible en raison d'une forte activité de la phosphodiestérase dans ce tissu [216].

Hormone de croissance

Teneurs circulantes

L'hormone de croissance (GH ou somatotropine) est une des hormones essentielles du complexe galactopoïétique hypophysaire permettant de maintenir une lactation établie chez le ruminant [90]. Les teneurs en GH circulante (Fig. 20-7), et probablement sa sécrétion, sont accrues en début de lactation, particulièrement chez les vaches fortes productrices de lait, qui présentent en outre fréquemment une diminution de l'insulinémie. Ces modifications hormonales peuvent être liées au potentiel génétique des animaux ou à leur état physiologique post-partum, mais plus probablement à leur bilan nutritionnel négatif (Fig. 20-1) et à leur faible glycémie [18, 42].

Il est cependant possible que les races ou les individus à fort potentiel laitier présentent, à bilans nutritionnels comparables, des taux de GH endogène plus élevés, mais les données existantes sont contradictoires [43].

Effets zootechniques d'un traitement par l'hormone de croissance

Un traitement à court terme (moins de trois semaines) par l'hormone de croissance (25 à 50 unités par jour) se traduit chez la vache en pleine lactation par une forte stimulation de la production laitière (+ 4 kg/j, en moyenne dans 18 essais), par une diminution du niveau d'ingestion de matière sèche (-0,5 kg/j) et par un accroissement de la lipomobilisation et/ou une diminution du dépôt de lipides corporels [43].

Lors d'un traitement à long terme (six à huit mois, après le pic de lactation), la stimulation de la production laitière est au moins aussi importante et l'ingestion de matière sèche s'accroît après un temps de latence de 6 à 8 semaines (Fig. 20-11a,b). L'ampleur des réponses varie avec de nombreux facteurs, et en particulier selon la qualité de la ration distribuée [35, 44, 45]. Lorsque celle-ci est bonne, l'augmentation du niveau d'ingestion permet à l'animal de reconstituer en fin de période les réserves lipidiques qu'il a mobilisées en plus, ou déposées en moins, pendant les deux premiers mois de traitement [46, 47] [Fig. 20-11c et 20-12). Il est tentant d'utiliser l'image selon laquelle un tel traitement

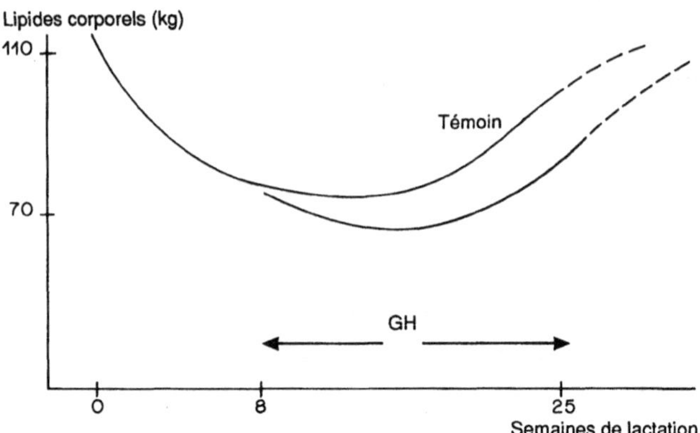

Fig. 20-12   Variations des lipides corporels chez la vache laitière pendant la lactation et au cours d'un traitement par l'hormone de croissance (GH). D'après Chilliard [42, 44] et Chilliard et al. [46, 47].

mimerait la mise en place d'une minilactation ajoutée à la lactation en cours, en ce qui concerne la séquence de réponses « lait - réserves corporelles - ingestion ». Les effets lipo-mobilisateurs de la GH sont plus marqués chez les vaches primipares [187], qui ont encore des besoins de croissance et dont la capacité d'ingestion est limitée.

La réponse à la GH exogène est nettement plus faible pendant les deux premiers mois de la lactation, ce qui suggère soit que la sécrétion endogène n'est alors pas limitante, soit que la réponse de l'animal est incomplète (voir ci-dessous). En pleine lactation, la variabilité de réponse individuelle (à l'intérieur d'un troupeau) et entre troupeaux (30 à 40 %) est extrêmement élevée, sans que l'on en connaisse les raisons.

Mécanismes d'action [9, 10, 43, 45, 106, 128, 148, 150]

L'effet de la GH sur les cellules secrétrices mammaires est probablement indirect car celles-ci ne possèdent pas de récepteurs à la GH. Les effets sur le métabolisme extramammaire sont complexes et variables au cours du temps (cf supra).

Les adaptations métaboliques ont été étudiées jusqu'ici lors d'essais à court terme, donc dans une situation où l'animal devait satisfaire les besoins mammaires accrus sans modifier son niveau d'ingestion. La GH ne semble modifier ni la digestibilité de la ration, ni le besoin d'entretien de l'animal, ni l'efficacité d'utilisation des nutriments absorbés.

Le flux de glucose vers la mamelle croît en premier lieu par suite d'une forte diminution de l'oxydation extramammaire, musculaire notamment, pouvant expliquer jusqu'à 30 % de l'accroissement de la sécrétion de lactose. Par ailleurs, la néoglucogenèse hépatique et la production de glucose augmentent, probablement à partir de précurseurs endogènes tels que le glycérol (27 % des besoins supplémentaires), le lactate ou les acides aminés. Les protéines musculaires pourraient être mobilisées [18], mais de façon limitée, car la GH stimule normalement l'anabolisme protéique chez l'animal en croissance, et le taux protéique du lait diminue lorsque les vaches traitées sont sous-alimentées. En outre, la

GH diminue l'oxydation des acides aminés et l'excrétion d'azote urinaire. Un accroissement du dépôt protéique a été rapporté chez les vaches traitées en fin de lactation [46].

Ces effets sur le métabolisme protéique sont probablement dus en partie aux somatomédines, notamment à l'*insulin-like growth factor-I* (IGF-I), dont la synthèse est accrue par la GH, en particulier dans le foie. La GH stimule aussi la production de somatomédines par les muscles et le tissu osseux, et cette stimulation peut montrer une spécificité tissulaire (par rapport au foie) selon la pulsatilité des sécrétions de GH [124]. La régulation de cette pulsatilité pourrait donc être un des mécanismes mis en jeu pour orienter les flux de nutriments vers des organes prioritaires.

Par ailleurs, les teneurs en IGF-I circulant sont réduites en début (vache) ou au pic (ratte) de lactation et chez l'animal sous-alimenté, bien que les teneurs en GH circulante soient élevées [39, 56, 191]. La réponse de l'IGF-I circulant à des injections de GH est plus forte en fin de gestation qu'en début de lactation, lorsque les vaches sont en bilan énergétique très négatif [192]. Cet état de résistance à la GH de l'animal sous-alimenté peut expliquer en partie les interactions entre les effets de la GH, le stade de lactation, et l'état nutritionnel des vaches [43, 45].

De nombreuses études effectuées in vivo et in vitro chez le rat ont montré que la GH exerce principalement des effets « permissifs » antilipogéniques et lipolytiques sur le tissu adipeux (notamment en réduisant les réponses à l'insuline et en amplifiant les réponses aux hormones lipolytiques à effet rapide, bêta-adrénergiques notamment) [105, 107, 112, 227]. L'administration de GH in vivo diminue les activités lipogéniques et l'oxydation du glucose du tissu adipeux in vitro chez le porc, les ovins et la vache laitière. Cela a été confirmé in vitro sur tissus adipeux bovin, ovin et porcin, incubés pendant 24 à 72 heures, où des concentrations physiologiques de GH inhibent l'effet stimulateur de l'insuline sur la lipogenèse [47, 72, 227]. La GH bloque, par exemple, l'activation ARN-dépendante de l'acétyl-CoA carboxylase par l'insuline [217].

La GH n'a probablement pas d'effet lipolytique direct sur le tissu adipeux [227]. L'administration de GH in vivo accroît la réponse lipolytique à une injection d'adrénaline et aussi, paradoxalement, la réponse antilipolytique à une injection d'insuline [142, 199], mais pas la réponse du tissu adipeux à l'effet lipolytique des catécholamines in vitro [47, 92]. Par contre, l'addition de GH à des cultures de tissu adipeux de mouton accroît la réponse lipolytique et les récepteurs bêta-adrénergiques et diminue la réponse antilipolytique alpha-2-adrénergique [227].

L'augmentation du taux des AGNE circulants chez la vache en lactation recevant de la GH dépend en grande partie des variations de l'état nutritionnel à court (effet repas) et à long terme (effet « stade ») [47, 56]. Toutefois, Gallo et Block [97] rapportent un accroissement à long terme chez des vaches en bilan énergétique positif. L'administration de GH accroît la réponse des AGNE circulants aux catécholamines in vivo chez la vache en lactation, en bilan énergétique diminué [142, 149, 199], et chez le bœuf en croissance, surtout en période de sous-alimentation [169]. Chez la vache tarie, en revanche, l'administration de GH est sans effet sur la réponse des AGNE à l'isoprénaline, que

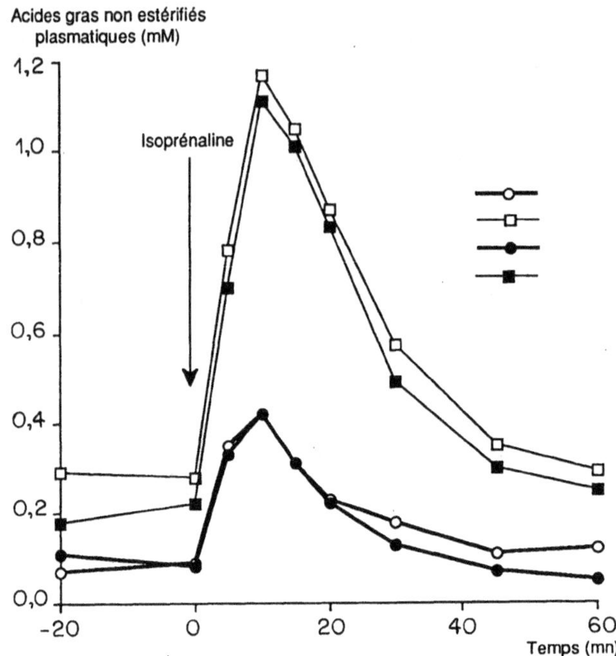

Fig. 20-13   Réponse des AGNE à l'isoprénaline (4 nmoles/kg) **chez la vache tarie traitée par la GH selon le niveau des apports énergétiques** (60 vs. 130 % des besoins). (o) : Haut-témoin ; (□) : bas-témoin ; (●) : haut-GH ; (■) : bas-GH. (Y Chilliard, AM Sala, F Bocquier, non publié).

les animaux soient sous- ou suralimentés (Fig. 20-13). L'effet de la GH sur le métabolisme du tissu adipeux pourrait donc dépendre, soit du bilan énergétique, soit de l'état physiologique, comme cela a été observé pour la prolactine dont l'effet antilipogénique varie selon que la ratte est tarie ou en lactation (voir p. 458).

Chez la ratte en lactation, l'administration de GH stimule l'activité lipolytique du tissu adipeux et diminue l'effet antilipolytique de l'adénosine in vitro, mais les effets sont moins nets pendant la lactation qu'après le sevrage [223].

La GH peut donc agir directement sur le tissu adipeux (qui possède des récepteurs à cette hormone) et le mettre en situation de répondre différemment aux régulations homéostatiques de la lipogenèse et de la lipolyse, mais sans modifier fondamentalement ces réponses. Des interactions complexes semblent toutefois exister avec l'état physiologique des animaux. Cela permet de mieux comprendre les effets très variables sur le métabolisme lipique du traitement par la GH chez la vache laitière in vivo, selon les bilans énergétiques et le stade de lactation des animaux traités et témoins (Fig. 20-11c) ; en effet, on observe, successivement, un accroissement de la lipomobilisation (perte irréversible d'AGNE et sécrétion d'acides gras à 18 atomes de carbone par la mamelle) et une diminution du dépôt lipidique puis, probablement, un accroissement de celui-ci lorsque le niveau d'ingestion augmente fortement [44, 47] (Fig. 20-12).

Le métabolisme lipidique ne semble pas être notablement altéré dans le foie des vaches laitières traitées par la GH ; ni la teneur du foie en lipides et en triglycérides [97], ni le potentiel cétogénique du foie in vitro, ni les teneurs en corps cétoniques, en phospho-lipides et en cholestérol circulants ne sont modifiés*. Le flux accru d'AGNE serait donc en grande partie utilisé par les tissus extra-hépatiques, soit directement pour la lipoge-nèse mammaire, soit comme source d'énergie se substituant au glucose et aux acides ami-nés, ainsi épargnés dans le métabolisme oxydatif.

En résumé, la GH exerce à court terme un certain nombre d'effets de type diabétogène (résistance à l'action périphérique de l'insuline et augmentation de sa sécrétion, réduc-tion de l'utilisation extramammaire du glucose,...) qui augmentent la disponibilité en glucose et rendent compte de l'augmentation importante de la synthèse du lactose par la mamelle (et de l'augmentation de la glycémie dans le cas des faibles productrices). Après quelques semaines pendant lesquelles l'animal mobilise ses réserves corporelles ou ralen-tit leur dépôt, l'organisme s'adapte par une augmentation du niveau d'ingestion (si la qualité de la ration le permet) qui fournit progressivement les nutriments nécessaires à la mamelle et à la néoglucogenèse hépatique, puis au retour à la « normale » des réserves corporelles.

Des infusions de nutriments ou un enrichissement des rations en éléments nutritifs ne permettent pas de reproduire, ni d'accroître à court terme, les effets de la GH sur la pro-duction laitière. On peut donc penser que l'effet premier de l'hormone chez le ruminant est de stimuler (au moins indirectement via l'IGF-I ou d'autres messagers) l'activité sécré-toire [32, 164, 174] ou la durée de vie [172] des cellules mammaires, ainsi que le flux sanguin mammaire [150]. Secondairement, et en complémentarité avec son effet pre-mier, la GH facilite à court et à long terme l'adaptation coordonnée des autres tissus et organes, pour satisfaire la demande en nutriments de la mamelle, tout en maintenant une régulation homéostatique normale à court terme (métabolites sanguins...) et à long terme (réserves corporelles...). Ce qui correspond tout à fait au concept d'hormone téléophorétique.

Les effets galactopoïétiques et métaboliques de la GH, et le rôle de l'IGF-I dans la stimu-lation du métabolisme mammaire, peuvent être rapprochés de l'absence d'effet de l'insu-line sur ce métabolisme chez les ruminants, alors que chez les rongeurs, où GH et IGF-1 ne jouent pas un rôle comparable [216], la mamelle est très sensible à l'insuline (voir p. 445), et la prolactine, principale hormone galactopoïétique, interagit avec les régula-tions du métabolisme extramammaire. Ces adaptations différentes permettent dans les deux cas à la mamelle de fonctionner normalement lorsque le métabolisme extramam-maire est modifié par une baisse d'insulinémie.

Prolactine

Contrairement à ce qui est observé chez plusieurs espèces monogastriques, la prolactine n'est pas une hormone galactopoïétique majeure chez la vache et la chèvre, et elle joue-rait un rôle intermédiaire chez la brebis [9, 131]. On connaît bien son rôle lactogénique chez le ruminant, mais on ne connaît pas ses éventuels effets sur le métabolisme extra-

---

* La GH stimule toutefois in vitro la production de glucose et la lipogenèse d'hépatocytes de rats hypophysec-tomisés [15] et in vivo l'estérification des acides gras [70].

mammaire pendant ou après la mise en place de la lactation. Elle intervient probablement dans la régulation du métabolisme minéral (voir p. 444), mais n'aurait pas d'effet direct sur le tissu adipeux ovin [111, 221] ni sur le métabolisme intermédiaire chez la chèvre [126].

Chez la ratte, le blocage de la sécrétion de prolactine stoppe la lactation et accroît simultanément l'insulinémie, les activités lipogéniques et le nombre de récepteurs de l'insuline dans le tissu adipeux. L'administration de prolactine permet d'inverser ces phénomènes, mais seulement si la mamelle reste fonctionnelle (lactation stoppée depuis moins de 48 heures). De même, la prolactine ne modifie pas à court terme le métabolisme du tissu adipeux de rattes vierges ou gravides, et n'a pas de récepteurs dans ce tissu [41, 87, 225]. Tout se passe donc comme si la prolactine induisait chez la ratte en lactation ou fraîchement tarie la production d'un signal (mammaire ?), qui pourrait interagir avec les régulations du métabolisme du tissu adipeux et éventuellement d'autres tissus extramammaires. La prolactine induit par ailleurs la sécrétion de facteurs mammotrophe et lactogénique puissants (synlactine ?), différents de l'IGF-I, par le foie [71, 91]. Récemment, Cabrera et al. [29] ont toutefois montré, chez la ratte vierge, qu'une hyperprolactinémie chronique induit une résistance post-récepteur à l'insuline dans les adipocytes, donc indépendamment de la présence d'une mamelle fonctionnelle. Par ailleurs, pendant la lactogenèse, c'est la chute de progestéronémie (induite par la prostaglandine F2-alpha), et non l'augmentation de la prolactinémie, qui semble stopper l'activité lipogénique du tissu adipeux [85].

Les effets de la prolactine sur l'activité lipolytique sont moins prononcés. Des injections de bromocryptine ne diminuent pas cette activité chez la ratte en lactation (contrairement au sevrage), mais des injections de prolactine tendent à l'accroître chez la ratte fraîchement tarie [222]. On peut donc penser que, chez les rongeurs en lactation, la lipogenèse est régulée en partie par des interactions prolactine-insuline, alors que la lipolyse le serait plutôt par les interactions entre hormone de croissance, catécholamines et adénosine (voir p. 456).

Autres hormones

Les sécrétions de nombreuses autres hormones (glucocorticoïdes, hormones thyroïdiennes, ocytocine, œstrogènes, progestérone...) varient pendant la lactation. Ces hormones ont toutes potentiellement des effets métaboliques propres, ou en interaction avec les régulations décrites ci-dessus [21, 41, 42, 112]. Toutefois, les relations de cause à effet avec les modifications du métabolisme pendant la lactation ne sont pas clairement établies. La gestation interagit avec la lactation en cours, lorsque celle-ci n'est pas terminée au moment de la fécondation, et aussi avec la lactation suivante dont elle prépare de façons variées les événements physiologiques et métaboliques. Ces interactions sont liées au prélèvement de nutriments par les fœtus, ainsi qu'aux sécrétions ovariennes et placentaires, susceptibles de modifier par exemple la quantité de réserves corporelles disponibles à la parturition, et les réponses tissulaires aux hormones (résistance à l'insuline en fin de gestation, taille des adipocytes...) lors du déclenchement de la lactation.

Les teneurs en hormones thyroïdiennes circulantes sont plus faibles chez les vaches hautes productrices en début de lactation [135]. Chez la chèvre, la sécrétion de thyroxine est réduite en début de lactation en liaison avec la diminution du bilan énergétique de l'animal [189]. Cela pourrait fournir un mécanisme réduisant le métabolisme oxydatif et le renouvellement des protéines dans les tissus non prioritaires de l'animal sous-alimenté [133] (voir p. 438). Par ailleurs, l'hypothyroïdie diminue la lipolyse du tissu adipeux par divers mécanismes [137], notamment en accroissant la réponse du tissu adipeux à l'effet antilipolytique de l'adénosine [224].

L'hypothyroïdie fonctionnelle observée chez les femelles en lactation s'accompagne d'une diminution de l'activité de transformation de la thyroxine en triiodothyronine de tissus tels que le foie et les reins, alors que cette activité augmente dans le tissu mammaire [130], ce qui suggère un autre mécanisme téléophorétique de redistribution des nutriments en faveur de la mamelle, éventuellement sous dépendance de la GH [32].

Régulation de l'ingestion volontaire

Début de lactation

La capacité d'ingestion en début de lactation est limitée par le développement de la muqueuse digestive et du foie, et de la flore ruminale (voir p. 442). Il est possible que la mobilisation des lipides corporels limite aussi l'ingestion [129], soit par un effet inhibiteur direct des AGNE circulants [34, 212] (qui ne semble cependant pas exister chez l'animal à jeun), soit en raison de la libération d'œstrogènes stockés dans les tissus adipeux en fin de gestation [89]. Cela expliquerait le plus faible appétit des vaches grasses [98] puisque la réponse lipolytique est plus élevée lorsque la taille des adipocytes s'accroît [220], en accord avec la théorie lipostatique de régulation de l'ingestion (retour de l'animal vers son point d'équilibre).

La faible capacité d'ingestion et la mobilisation des réserves en début de lactation peuvent aussi être considérées comme le reliquat d'adaptations au cours de l'évolution des espèces mammifères, permettant à la mère de consacrer moins de temps à la recherche de nourriture et plus de temps à la défense du jeune contre les prédateurs, ou bien de s'affranchir de la variabilité des ressources fourragères [181]. Le dépôt des réserves en fin de lactation, ou pendant la gestation, peut de même être considéré comme une anticipation des besoins ultérieurs, au-delà du simple retour au « point d'équilibre » de la composition corporelle.

Pleine lactation

En pleine lactation, le niveau d'ingestion peut être le double (ruminants) ou le triple (rongeurs) de celui des femelles taries. Malgré l'augmentation de la vitesse de transit des aliments dans le tube digestif, le taux de distension du rumen atteint des niveaux qui inhiberaient l'ingestion chez les autres ruminants. La vache en lactation, qui a un niveau d'ingestion plus élevé, est plus sensible que la vache tarie à l'effet négatif sur la prise alimentaire d'une infusion d'acides gras volatils [80]. Selon Forbes [89], c'est la somme des signaux provenant de mécanorécepteurs digestifs et de chémorécepteurs systémiques qui régulerait en partie l'ingestion. D'où l'hypothèse faite par cet auteur que le drainage mammaire abaisserait le niveau de stimulation des chémorécepteurs par un flux entrant donné de nutriments, ce qui permettrait une élévation du seuil de réponse aux mécanorécepteurs.

D'autres adaptations sont probables au niveau endocrinien. Selon Morgan et Winick [160] le niveau d'ingestion spontané de la ratte est corrélé au rapport noradrénaline/sérotonine de l'hypothalamus pendant la gestation et la lactation, et les variations de ce rapport seraient maintenues lors d'une restriction alimentaire. Cela n'a toutefois pas pu être confirmé par Freund et Fischer [93]. Par ailleurs McLaughlin et al. [151] rapportent, pendant la lactation, une diminution de sensibilité à l'effet de satiété produit par la cholécystokinine (CCK), dont la sécrétion accrue explique probablement l'hypertrophie du pancréas. La pulsatilité de la sécrétion d'hormones à effets métaboliques telles que la GH et l'insuline pourrait aussi intervenir dans la régulation de l'ingestion chez le rat [75], ainsi que les teneurs en insuline du sang et du fluide cérébrospinal [63], le rapport œstrogènes/progestérone et les hormones hypophysaires sécrétées en réponse au stimulus de la tétée ou de la traite [83, 84, 89].

Conclusion

La sélection de femelles hautes productrices de lait (ou l'utilisation d'hormone de croissance) s'est traduite par une augmentation considérable du potentiel de sécrétion mammaire (ou de son expression), qui n'est suivie que partiellement et avec un décalage de plusieurs semaines après la mise-bas (ou après le début du traitement par la GH) par l'accroissement du niveau d'ingestion et/ou des capacités digestives. Il en résulte, malgré les recherches d'optimisation de la qualité nutritionnelle des rations, une intensification des cycles de mobilisation et de reconstitution des réserves corporelles. Cela suppose une capacité de l'organisme à gérer des flux de nutriments de compositions très différentes, à la fois de ceux qui proviennent de la digestion des rations, et de ceux qui correspondraient aux besoins de la mamelle. Le foie, notamment, joue un important rôle tampon entre les trois sphères digestive, mammaire et extramammaire.

Les connaissances sur le métabolisme extramammaire au cours du cycle gestation-lactation se sont considérablement accrues au cours des dix dernières années, notamment dans la description des variations quantitatives des différents compartiments, et des voies métaboliques impliquées (Tabl. 20-7), en relation avec les processus digestifs qui conditionnent le type de nutriments disponibles, particulièrement chez les ruminants. On peut toutefois relever le faible niveau de connaissance des variations quantitatives chez les ruminants pendant la période critique du début de lactation (2 à 3 premières semaines). Les variations des voies métaboliques sont en outre moins bien connues dans le domaine des protéines que des lipides. Le carrefour hépatique reste quant à lui mal connu dans tous les domaines (rôle des acides aminés dans la néoglucogenèse, synthèse et sécrétion des lipoprotéines, etc), ainsi que le métabolisme énergétique des muscles.

Tableau 20-7   Adaptations métaboliques et hormonales chez les rongeurs et les ruminants en début de lactation[1].

Tissu	Variable	Rongeurs	Ruminants
Mamelle	Poids	+	+
	Activité métabolique	+	+
	Réponse à l'insuline	+	+
	Réponse au glucagon	=	(?)
	Réponse à l'IGF-I	=	+
Tube digestif	Poids	+	+
	Activité métabolique	+	+
	Absorption de nutriments	+	+
Foie	Poids	+	+
	Utilisation du glucose	+	(?)
	Néoglucogenèse	=	+
	Lipogenèse et lipotropie	+	=
	Cétogenèse	−	+
	Synthèse protéique	+	(?)
	Réponse à l'insuline	+	+
Pancréas	Réponse aux nutriments insulinostimulants	−	−
Tissus adipeux blancs	Poids	−	−
	Utilisation du glucose	−	−
	Lipoprotéine-lipase	−	−
	Lipogenèse de novo	−	−
	Estérification des acides gras	−	−
	Lipolyse	+	+
	Réponse à l'insuline	−	−
	Réponse au glucagon	+	=
	Réponse β-adrénergique	+(?)	+
	Réponse α-2-adrénergique	(?)	+(?)
	Réponse à l'adénosine	+	+
Tissu adipeux brun	Poids	−	=
	Lipogenèse	−	=
	Thermogenèse	−	=
	Réponse à l'insuline	−	=
	Activité neurosympathique	−	=
Muscles	Poids	=(ou−)	−
	Utilisation du glucose et de l'acétate	−	−
	Utilisation des acides gras et des corps cétoniques	+	+
	Synthèse protéique	=(ou−)	−(ou=)
	Protéolyse	=(ou+)	+(ou=)
	Réponse à l'insuline	=	−
Tissus osseux	Poids	−	−
	Ostéogenèse	+	(?)
	Ostéolyse	+	+
	Réponse à la calcitonine	+	+
	Réponse à la prolactine	+	+(?)
Hormones circulantes	Prolactine	+	+
	Hormone de croissance	=	+
	IGF-I	=(ou−)	−
	Insuline	−	−
	Glucagon	=	=
	Calcitonine	+	+

1. Voir le texte pour les références, et Vernon [216] ; +, =, − : augmente, ne varie pas ou diminue en début de lactation par rapport à l'animal tari non gravide.

Les efforts récents de recherche se sont logiquement déplacés vers l'étude des régulations endocriniennes (Tabl. 20-7), la plupart du temps sur des modèles in vitro. Il est toutefois évident que la pleine compréhension des relations inter-organes ne peut s'envisager qu'en intégrant les différentes approches, en les validant in vivo, et en tenant compte du contexte physiologique et nutritionnel de l'animal (sans se limiter à comparer des états physiologiques très différents, et en dépassant le modèle « à jeûn vs alimenté »). La régulation du métabolisme tissulaire est le résultat de variations simultanées d'un ensemble de mécanismes de même sens, qui peuvent être synergiques ou redondants, ou de sens opposés (contre-régulations anticipatrices). Ce qui renforce la nécessité d'études intégratives, ne se limitant pas à un mécanisme, une voie métabolique, un organe, etc.

La régulation endocrinienne du métabolisme chez l'animal en lactation doit s'envisager dans le contexte des modifications hormonales spécifiques du cycle gestation-lactation (notamment GH agissant sur les tissus adipeux et le foie chez les ruminants et prolactine agissant sur la mamelle et le foie chez les rongeurs). En effet, celles-ci interagissent avec les régulations métaboliques classiques (insulinique en particulier), et les modulent, permettant aux différents tissus de l'organisme de s'adapter de façons variées aux besoins mammaires prioritaires qu'elles ont contribué à accroître (cf. le concept de téléophorèse). Un exemple simplifié (voire simpliste) de ces interactions est donné dans la figure 20-14, concernant la GH chez les ruminants. Chez la ratte, la synlactine produite par le foie pourrait agir comme messager secondaire de la prolactine, notamment au niveau de la mamelle et des tissus adipeux. Le rôle éventuel de la glande mammaire comme glande endocrine intervenant dans la régulation du métabolisme extramammaire n'a pas été clairement démontré mais s'avère plausible. Nous n'avons encore qu'une idée grossière de l'enchaînement complexe des différents messages qui circulent entre les cellules des différents tissus, le milieu intérieur et les glandes endocrines. Cette complexité conditionne

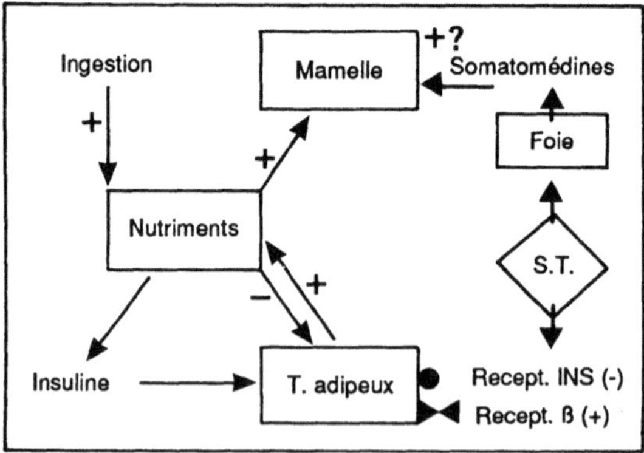

Fig. 20-14 Mécanismes téléophorétiques (Bauman et Currie [7] ; Chilliard [41]. Les régulations à long terme par les hormones téléophorétiques modifient le potentiel métabolique des différents tissus de façon à assurer la priorité de la fonction de lactation. Les régulations homéostatiques demeurent, mais seraient décalées vers des seuils de sensibilités tissulaires qui favorisent la lipomobilisation et la néoglucogenèse hépatique, et freinent la lipogenèse des tissus adipeux et l'oxydation musculaire du glucose, sans que la sécrétion d'insuline ne soit nécessairement modifiée. ST : somatotropine ; recept. INS (ß) : récepteurs de l'insuline (ß-adrénergiques).

probablement la souplesse d'adaptation et d'autonomie des espèces animales face à l'évolution de leurs potentiels génétiques et aux contraintes variables du milieu extérieur (disponibilités alimentaires en particulier). De ce point de vue, les mécanismes téléophorétiques peuvent être considérés comme des composantes de l'homéostasie génétique [14].

Les progrès récents dans les techniques de synthèse et de production d'effecteurs du métabolisme (hormones, agonistes et antagonistes spécifiques des récepteurs adrénergiques, anticorps spécifiques, etc), couplés au perfectionnement des méthodes d'études in vitro (cellules isolées en culture, sondes moléculaires...) et in vivo (estimation de la composition corporelle, bilans entrées-sorties par organe, flux de métabolites marqués, clamps euglycémique et eu-aminoacidémique...) permettent d'espérer dans les années qui viennent un approfondissement encore plus important des connaissances sur la physiologie nutritionnelle de l'animal en lactation. L'ampleur des adaptations métaboliques observées fait en effet de celui-ci un modèle de choix pour l'étude des mécanismes adaptatifs, aussi bien en nutrition et physiologie comparées, qu'au niveau des mécanismes cellulaires et moléculaires.

Remerciements   L'auteur tient à remercier Pascale Béraud, Yvette Fournier et Lucienne Souchet pour leur aide lors de la préparation du manuscrit.

RÉFÉRENCES

1. ARMENTANO LE, GRUMMER RR, BERTICS SJ, SKAAR TC, DONKIN SS (1991) Effects of energy balance on hepatic capacity for oleate and propionate metabolism and triglyceride secretion. *J Dairy Sci* **74** : 132-139

2. BARLET JP (1974) Rôle physiologique de la calcitonine chez la chèvre gestante ou allaitante. *Ann Biol Anim Bioch Biophys* **14** : 447-457

3. BARLET JP (1985) Prolactin and calcium metabolism in pregnant ewes. *J Endocrinol* **107** : 171-175

4. BAS P, CHILLIARD Y, MORAND-FEHR P, SCHMIDELY P, SAUVANT D (1990a) Estimation in vivo de l'état d'engraissement des chèvres laitières à partir des méthodes de l'eau lourde ou de l'urée. *Reprod Nutr Dev* suppl.2 : 253s-254s

5. BAS P, MORAND-FEHR P, SCHMIDELY P, ROUZEAU A (1990b) Variations relatives des réserves lipidiques chez la chèvre laitière. (Abstr.). 41e réunion Ann Féd Europ Zootech **2** : 253

6. BASSETT JM (1975) Dietary and gastro-intestinal control of hormones regulating carbohydrate metabolism in ruminants. *In* IW McDonald, ACI Warner (eds) : *Digestion and metabolism in the ruminant.* The University of New England Publishing Unit Australia, pp. 383-398

7. BAUMAN DE, CURRIE WB (1980) Partitioning of nutrients during pregnancy and lactation : a review of mechanisms involving homeostasis and homeorhesis. *J Dairy Sci* **63** : 1514-1529

8. BAUMAN DE, ELLIOT JM (1983) Control of nutrient partitioning in lactating ruminants. *In* TB Mepham (eds) : *Biochemistry of lactation.* Elsevier, pp. 437-468

9. BAUMAN DE, MCCUTCHEON SN (1986) The effects of growth hormone and prolactin on metabolism. In LP Milligan, WL Grovum, A Dobson (eds) : *Control and metabolism in ruminants*. VI Int. Symp. Ruminant Physiol. (1984). Reston Publish, Reston VA, pp. 436-455

10. BAUMAN DE, PEEL CJ, STEINHOUR WD, REYNOLDS PJ, TYRELL HF, BROWN ACG, HAALAND GL (1988) Effect of bovine somatotropin on metabolism of lactating dairy cows : influence on rates of irreversible loss and oxidation of glucose and non-esterified fatty acids. *J Nutr* **118** : 1031-1040

11. BECK NFG, TUCKER HA (1978) Mammary arterial and venous concentrations of serum insulin in lactating dairy cows. *Proc Soc Exp Biol Med* **159** : 394-396

12. BELYEA RL, FROST GR, MARTZ FM, CLARK JL, FORKNER LG (1978) Body composition of dairy cattle by potassium-40 liquid scintillation detection. *J Dairy Sci* **61** : 206-211

13. BERNAL-SANTOS G (1982) Changes in glucose and energy homeostasis with onset of lactation. M.S. Thesis, Cornell University, Ithaca (NY) USA

14. BLAKE W, CUSTODIO AA (1984) Feed efficiency : a composite trait of dairy cattle. *J Dairy Sci* **67** : 2075-2083

15. BLAKE WL, CLARKE SD (1989) Growth hormone acutely increases glucose output by hepatocytes isolated from hypophysectomized rats. *J Endocrinol* **122** : 457-464

16. BLOCK E (1988) The response to the balance of major minerals by the dairy cow. In PC Garnsworthy (ed) : *Nutrition and lactation in the dairy cow*. Butterworths, London, pp. 119-134

17. BLUM JW, REDING T, JANS F, WANNER M., ZEMP M, BACHMAN K (1985) Variations of 3-methylhistidine in blood of dairy cows. *J Dairy Sci* **68** : 2580-2587

18. BOCQUIER F, KANN G, THERIEZ M (1990) Relationships between secretory patterns of growth hormone, prolactin, and body reserves on milk yield in dairy ewes under different photoperiod and feeding conditions. *Anim Prod* **51** : 115-125

19. BRAITHWAITE GD (1976) Calcium and phosphorus metabolism in ruminants with special reference to parturient paresis. *J Dairy Res* **43** : 501-520

20. BROCKMAN RP (1986) Pancreatic and adrenal hormonal regulation of metabolism. In *Control of digestion and metabolism in ruminants*. Proc. 6th Int. Symp. Rum. Physiol., Banff, Canada, 1984. Prentice-Hall, pp. 405-419

21. BROCKMAN RP, LAARVELD B (1986) Hormonal regulation of metabolism in ruminants, a review. *Livest Prod Sci* **14** : 313-334

22. BROMMAGE R, DELUCA HF (1985) Regulation of bone mineral loss during lactation. *Am J Physiol* **248** : E182-E187

23. BRYANT DTW, SMITH RW (1982) The effect of lactation on protein synthesis in ovine skeletal muscle. *J Agric Sci Camb* **99** : 319-323

24. BURNOL AF, EBNER S, FERRE P, GIRARD J (1988) Regulation by insulin of glucose metabolism in mammary gland of anaesthetized lactating rats. *Biochem J* **254** : 11-14

25. BURNOL AF, FERRE P, LETURQUE A, GIRARD J (1987) Effect of insulin on in vivo glucose utilization in individual tissues of anesthetized lactating rats. *Am J Physiol* **252** : E183-E188

26. BURNOL AF, GUERRE-MILLO M, LAVAU M, GIRARD J (1986a) Effect of lactation on insulin sensivity of glucose metabolism in rat adipocytes. *FEBS Lett* **194** : 292-296

27. BURNOL AF, LETURQUE A, FERRE P, GIRARD J (1983) Glucose metabolism during lactation in the rat : quantitative and regulatory aspects. *Am J Physiol* **245** : E351-E358

28. BURNOL AF, LETURQUE A, FERRE P, KANDE J, GIRARD J (1986b) Increased insulin sensitivity and responsiveness during lactation in rats. *Am J Physiol* **251** : E537-E541

29. CABRERA R, MAYOR P, FERNANDEZ-RUIZ J, CALLE C (1988) Insulin binding and action on adipocytes from female rats with experimentally induced chronic hyperprolactinemia. *Mol Cell Endocrinol* **58** : 167-173

30. CAMPBELL PG, FREY DM, BAUMRUCKER CR (1987) Changes in bovine mammary insulin binding during pregnancy and lactation. *Comp Biochem Physiol* **87B** : 649-653

31. CANFIELD RW, BUTLER WR (1991) Energy balance, first ovulation and the effects of naloxone on LH secretion in early postpartum dairy cows. *J Anim Sci* **69** : 740-746

32. CAPUCO AV, KEYS JE, SMITH JJ (1989) Somatotrophin increases thyroxine-5'-monodeiodinase activity in lactating mammary tissue of the cow. *J Endocrinol* **121** : 205-211

33. CARDOT P, MAZUR A, PESSA M, CHAMBAZ J, RAYSSIGUIER Y (1988) Expression hépatique du gène d'apolipoprotéine B chez la vache au cours de la lactation. *Reprod Nutr Dev* **28** (suppl 1) : 169-170

34. CARPENTER RG, GROSSMAN SP (1983) Plasma fat metabolites and hunger. *Physiol Behav* **30** : 57-63

35. CHALUPA W, GALLIGAN DT (1989) Nutritional implications of somatotropin for lactating cows. *J Dairy Sci* **72** : 2510-2524

36. CHAMPIGNY O, HITIER Y (1987) Lipoprotein lipase activity in skeletal muscle and brown adipose tissue of pregnant and lactating rats. *J Nutr* **117** : 349-354

37. CHAMPREDON C, DEBRAS E, PATUREAU-MIRAND P, ARNAL M (1990) Methionine flux and tissue protein synthesis in lactating and dry goats. *J Nutr* **120** : 1006-1015

38. CHAMPREDON C, GRIZARD J, TESSERAUD S, DEBRAS E, ATTAIX D, ARNAL M (1988) Métabolisme protéique chez les ruminants en lactation et rôle de l'insuline sur la distribution des substrats. Proc. Symp. "Protein Feeding Systems and Nutrient Utilization in Ruminants". Varsovie, Pologne

39. CHIANG M, RUSSELL SM, NICOLL CS (1990) Growth-promoting properties of the internal milieu of pregnant and lactating rats. *Am J Physiol* **258** : E98-E102

40. CHILLIARD Y (1985) Métabolisme du tissu adipeux, lipogénèse mammaire et activités lipoprotéine-lipasiques chez la chèvre au cours du cycle de gestation-lactation. Thèse de Doctorat d'Etat, Université Pierre et Marie Curie, Paris, France

41. CHILLIARD Y (1986) Revue bibliographique : Variations quantitatives et métabolisme des lipides dans les tissus adipeux et le foie au cours du cycle gestation-lactation. 1re partie : chez la ratte. *Reprod Nutr Dev* **26** : 1057-1103

42. CHILLIARD Y (1987) Revue bibliographique : Variations quantitatives et métabolisme des lipides dans les tissus adipeux et le foie au cours du cycle gestation-lactation. 2e partie : chez la brebis et la vache. *Reprod Nutr Dev* **27** : 327-398

43. CHILLIARD Y (1988a) Rôles et mécanismes d'action de la somatotropine (hormone de croissance) chez le ruminant en lactation. *Reprod Nutr Dev* **28** : 39-59

44. CHILLIARD Y (1988b) Review. Long-term effects of recombinant bovine somatotropin (rBST) on dairy cow performances. *Ann Zootech* **37** : 159-180

45. CHILLIARD Y (1990) Somatotropine et lactation. Données récentes présentées au séminaire Monsanto (Telfs, Autriche, 9-11 mars 1990). *Rec Med Vet* **166** : 513-516

46. CHILLIARD Y, CISSE M, LEFAIVRE R, REMOND B (1991b) Body composition of dairy cows according to lactation stage, somatotropin and concentrate supplementation. *J Dairy Sci* **74** : 3103-3116

47. CHILLIARD Y, CISSE M, REMOND B (1990) Somatotropin, body reserves and adipose tissue metabolism in the lactating cow. *In : Sometribove : mechanism of action, safety and instructions for use. Where do we stand ?* Monsanto seminar, Telfs, Austria, March 9-11, 1990. pp. 49-66

48. CHILLIARD Y, FLECHET J (1988) Effets de la clonidine (alpha-2 agoniste) sur la lipolyse du tissu adipeux de bovin adulte, in vitro. *Reprod Nutr Dev* **28** : 195-196

49. CHILLIARD Y, GAGLIOSTRO G, FLECHET J, LEFAIVRE J, SEBASTIAN I (1991a) Duodenal rapeseed oil infusion in early and midlactation cows. 5. Milk fatty acids and adipose tissue lipogenic activities. *J Dairy Sci* **74** : 1844-1854

50. CHILLIARD Y, REMOND B, AGABRIEL J, ROBELIN J, VERITE R (1987a) Variations du contenu digestif et des réserves corporelles au cours du cycle gestation-lactation. *Bull Tech CRZV Theix INRA* **70** : 117-131

51. CHILLIARD Y, REMOND B, SAUVANT D, VERMOREL M (1983) Particularités du métabolisme énergétique. *In : Particularités nutritionnelles des vaches à haut potentiel de production. Bull Tech CRZV Theix INRA* **53** : 37-64

52. CHILLIARD Y, ROBELIN J (1983) Mobilization of body proteins by early lactating cows measured by slaughter and D20 dilution techniques. IVth Int. Symp. Protein metabolism and nutrition (Clermont-Ferrand). EAAP-Publ. n° 31. INRA Publ, Vol. II, pp. 195-198

53. CHILLIARD Y, ROBELIN J, REMOND B (1984) In vivo estimation of body lipid mobilization and reconstitution in dairy cattle. *Can J Anim Sci* **6** (suppl) : 236-237

54. CHILLIARD Y, SAUVANT D, MORAND-FEHR P, DELOUIS C (1987b) Relations entre le bilan énergétique et l'activité métabolique du tissu adipeux de la chèvre au cours de la première moitié de la lactation. *Reprod Nutr Dev* **27** : 307-308

55. CHILLIARD Y, VERITE R, PFLIMLIN A (1989) Effets de la somatotropine bovine sur les performances des vaches laitières dans les conditions françaises d'élevage. *INRA Prod Anim* **2** : 301-312

56. CISSE M, CHILLIARD Y, COXAM V, DAVICCO MJ, REMOND B (1991) Slow release somatotropin in dairy heifers and cows fed two levels of energy concentrate. II- Plasma hormones and metabolites. *J Dairy Sci* **74** : 1382-1394

57. CLAPP C, MARTINEZ-ESCALERA G, MORALES MT, SHYR SW, GROSVENOR CE, MENA F (1985) Release of catecholamines follows suckling or electrical stimulation of mammary nerve in lactating rats. *Endocrinology* **117** : 2498-2504

58. COWAN RT, ROBINSON JJ, McDONALD I, SMART R (1980) Effects of body fatness at lambing and diet in lactation on body tissue loss, feed intake and milk yield of ewes in early lactation. *J Agric Sci Camb* **95** : 497-514

59. COWAN RT, ROBINSON JJ, McHATTIE I, PENNIE K (1981) Effects of protein concentration in the diet on milk yield, change in body composition and the efficiency of utilization of body tissue for milk production in ewes. *Anim Prod* **33** : 111-120

60. CRIPPS AW, WILLIAMS VJ (1975) The effect of pregnancy and lactation on food intake, gastrointestinal anatomy and the absorptive capacity of the small intestine in the albino rat. *Br J Nutr* **33** : 17-32

61. DAVIS SR, COLLIER RJ (1985) Mammary blood flow and regulation of substrate supply for milk synthesis. *J Dairy Sci* **68** : 1041-1058

62. DE BOER G, TRENKLE A, YOUNG JW (1985) Glucagon, insulin, growth hormone and some blood metabolites during energy restriction ketonemia of lactating cows. *J Dairy Sci* **68** : 326-337

63. DE JONG A (1986) The role of metabolites and hormones as feedbacks in the control of food intake in ruminants. *In : Control of digestion and metabolism in ruminants.* Proc. 6th Int. Symp. Rum. Physiol., Banff, Canada, 1984. Prentice-Hall, pp. 459-476

64. DEBRAS E, GRIZARD J, AINA E, TESSERAUD S, CHAMPREDON C, ARNAL M (1989) Insulin sensitivity and responsiveness during lactation and dry period in goats. *Am J Physiol* **256** : E295-E302

65. DOREAU M, ROBELIN J, LESTRADE A (1985) Effects of physiological state and body fatness on digestive tract weight and composition in the dairy cow. *Livest Prod Sci* **12** : 379-385

66. DUNSHEA FR, BELL AW, CHANDLER KD, TRIGG TE (1988) A two-pool model of tritiated water kinetics to predict body composition in unfasted lactating goats. *Anim Prod* **47** : 435-445

67. DUNSHEA FR, BELL AW, TRIGG TE (1989) Relations between plasma non-esterified fatty acid metabolism and body fat mobilization in primiparous lactating goats. *Br J Nutr* **62** : 51-61

68. DUNSHEA FR, BELL AW, TRIGG TE (1990a) Non-esterified fatty acid and glycerol kinetics and fatty acid re-esterification in goats during early lactation. *Br J Nutr* **64** : 133-145

69. DUNSHEA FR, BELL AW, TRIGG TE (1990b) Body composition changes in goats during early lactation estimated using a two-pool model of tritiated water kinetics. *Br J Nutr* **64** : 121-131

70. ELAM MB, SIMKEVICH CP, SOLOMON SS, WILCOX HG, HEIMBERG M (1988) Stimulation of in vitro triglyceride synthesis in the rat hepatocyte by growth hormone treatment in vivo. *Endocrinology* **122** : 1397-1402

71. ENGLISH DE, RUSSELL SM, KATZ LS, NICOLL CS (1990) Evidence for a role of the liver in the mammotrophic action of prolactin. *Endocrinology* **126** : 2252-2256

72. ETHERTON TD, EVOCK CM, KENSINGER RS (1987) Native and recombinant bovine growth hormone antagonize insulin action in cultured bovine adipose tissue. *Endocrinology* **121** : 699-703

73. ETIENNE M, NOBLET J, DESMOULIN B (1985) Mobilisation des réserves corporelles chez la truie primipare en lactation. *Reprod Nutr Dev* **25** : 341-344

74. ETIENNE M, NOBLET J, DOURMAD JY, FORTUNE H (1989) Etude du besoin en lysine des truies en lactation. Journées Rech. Porcine en France, **21** : 1-17

75. EVEN P, DANGUIR J, NICOLAIDIS S, ROUGEOT C, DRAY F (1987) Pulsatile secretion of growth hormone and insulin in relation to feeding in rats. *Am J Physiol* **253** : R772-R778

76. FARRIES E, ANGELOWA L, REGIUS A (1984) Trächtigkeits- und laktationsabhängige Veränderungen in der Skelettzusammensetzung bei Jungsauen. *Landbauforsch Völkenrode* **34** : 23-30

77. FAULKNER A (1985) Glucose availability and lactose synthesis in the goat. *Biochem Soc Trans* **13** : 496-497

78. FAULKNER A, POLLOCK HT (1990) Metabolic responses to euglycaemic hyperinsulinaemia in lactating and non-lactating sheep in vivo. *J Endocrinol* **124** : 59-66

79. FAVERDIN P, HODEN A, COULON JB (1987) Recommandations alimentaires pour les vaches laitières. *Bull Tech CRZV Theix INRA* **70** : 133-152

80. FAVERDIN P, RICHOU B, PEYRAUD JL (1992) Effects of digestive infusions of volatile fatty acids or glucose on food intake in lactating or dry cows. *Ann Zootechn* **41** : 93

81. FEINGOLD KR, MOSER AH (1985) Effect of lactation on cholesterol synthesis in rats. *Am J Physiol* **249** : G203-G208

82. FELL BF, WEEKES TEC (1975) Food intake as a mediator of adaptation in the ruminal epithelium. *In* IW McDonald, ACI Warner (eds) : *Digestion and metabolism in ruminants*. Proc. 4th Int. Symp. Rum. Physiol., Sydney, Australia, 1974. Univ. New England Publ. Unit, Armidale, Australia, pp. 101-118

83. FLEMING AS (1976a) Control of food intake in the lactating rat : role of suckling and hormones. *Physiol Behav* **17** : 841-848

84. FLEMING AS (1976b) Ovarian influence on food intake and body weight regulation in lactating rats. *Physiol Behav* **17** : 969-978

85. FLINT DJ (1980) Changes in the number of insulin receptors of isolated rat hepatocytes during pregnancy and lactation. *Biochim Biophys Acta* **628** : 322-327

86. FLINT DJ (1983) The role of insulin receptors in insulin action. *Hannah Res Inst Rep* 1982 : 111-122

87. FLINT DJ, CLEGG RA, KNIGHT CH (1984) Effects of prolactin, progesterone and ovariectomy on metabolic activities and insulin receptors in the mammary gland and adipose tissue during extended lactation in the rat. *J Endocrinol* **102** : 231-236

88. FLINT DJ, CLEGG RA, VERNON RG (1980) Regulation of adipocyte insulin receptor number and metabolism during late-pregnancy. *Mol Cell Endocrinol* **20** : 101-111

89. FORBES JM (1986) The effects of sex hormones, pregnancy, and lactation on digestion, metabolism, and voluntary food intake. *In : Control of digestion and metabolism in ruminants*. Proc. 6th Int. Symp. Rum. Physiol., Banff, Canada, 1984. Prentice-Hall, pp. 420-435

90. FORSYTH IA (1983) The endocrinology of lactation. *In* TB Mepham (ed) : *Biochemistry of lactation.* Elsevier Science Publ, pp. 309-349

91. FRAWLEY LS, MILLER HA, BETTS JG, SIMPSON MT (1988) Liver tissue from lactating rats produces a factor that stimulates prolactin release and gene expression. *Endocrinology* **123** : 2014-2018

92. FRENCH N, DE BOER G, KENNELLY JJ (1990) Effects of feeding frequency and exogenous somatotropin on lipolysis, hormone profiles, and milk production in dairy cows. *J Dairy Sci* **73** : 1552-1559

93. FREUND HR, FISCHER JE (1986) Are brain neurotransmitters responsible for the physiological hyperphagia of the lactating rat ? *Nutr Rep Int* **34** : 189-196

94. FRÖHLI DM, BLUM JW (1988) Nonesterified fatty acids and glucose in lactating dairy cows : diurnal variations and changes in responsiveness during fasting to epinephrine and effects of beta-adrenergic blockade. *J Dairy Sci* **71** : 1170-1177

95. GAGLIOSTRO G, CHILLIARD Y (1991) Duodenal rapeseed oil infusion in early and midlactation cows. 4. In vivo and in vitro adipose tissue lipolytic responses. *J Dairy Sci* **74** : 1830-1843

96. GAGLIOSTRO G, CHILLIARD Y, DAVICCO MJ (1991) Duodenal rapeseed oil infusion in early and midlactation cows. 3. Plasma hormones and apparent mammary uptake of metabolites. *J Dairy Sci* **74** : 1893-1903

97. GALLO GF, BLOCK E (1990) Effects of recombinant bovine somatotropin on nutritional status and liver function of lactating dairy cows. *J Dairy Sci* **73** : 3276-3286

98. GARNSWORTHY PC (1988) The effect of energy reserves at calving on performance of dairy cows. In : *Nutrition and lactation in the dairy cow.* Proc of the 46th University of Nottingham Easter School in Agricultural Science. Butterworths, pp. 157-170

99. GEENTY KG, SYKES AR (1986) Effects of herbage allowance during pregnancy and lactation in feed intake, milk production, body composition and energy utilization of ewes at pasture. *J Agric Sci Camb* **106** : 351-367

100. GIESECKE D, STANGASSINGER M, VEITINGER W (1987a) Plasma-Insulin und Insulinantwort bei Kühen mit hoher Milchleistung. *Fortsch Tierphysiol Tierernährg* **18** : 20-30

101. GIESECKE D, MEYER H, LOIBL G (1987b) Lipidmobilisation und Fettsäurenmuster bei Kühen mit hoher Milchleistung. *Fortsch Tierphysiol Tierernährg* **18** : 43-56

102. GILL RD, HART IC (1980) Properties of insulin and glucagon receptors on sheep hepatocytes : a comparison of hormone binding and plasma hormones and metabolites in lactating and non-lactating ewes. *J Endocrinol* **84** : 237-247

103. GILL RD, HART IC (1984) The status of insulin and glucagon receptors on hepatocytes isolated from pregnant and lactating dairy cows. *Gen Comp Endocrinol* **53** : 476

104. GIRARD J, BURNOL AF, LETURQUE A, FERRE P (1987) Glucose homeostasis in pregnancy and lactation. *Biochem Soc Trans* **15** : 1028-1030

105. GLENN KC, ROSE KS, KRIVI GG (1988) Somatotropin antagonism of insulin-stimulated glucose utilization in 3T3-L1 adipocytes. *J Cell Biochem* **37** : 371-383

106. GLUCKMAN PD, BREIER BH, DAVIS SR (1987) Physiology of the somatotropic axis with particular reference to the ruminant. *J Dairy Sci* **70** : 442-466

107. GOODMAN HM, SCHWARTZ J (1974) Growth hormone and lipid metabolism. *In : Handbook of physiology and endocrinology (Vol. IV-2).* Am Physiol Soc, Washington DC, pp. 211-231

108. GRIGOR MR, ALLAN JE, CARRINGTON JM, CARNE A, GEURSEN A, YOUNG D, THOMPSON MP, HAYNES EB, COLEMAN RA (1987) Effect of dietary protein and food restriction on milk production and composition, maternal tissues and enzymes in lactating rats. *J Nutr* **117** : 1247-1258

109. GRIGOR MR, THOMPSON MP (1987) Diurnal regulation of milk lipid production and milk secretion in the rat : effect of dietary protein and energy restriction. *J Nutr* **117** : 748-753

110. GRIZARD J, CHAMPREDON C, AINA E, SORNET C, DEBRAS E (1988) Metabolism and action of insulin and glucagon in goat during lactating and dry period. *Horm Metabol Res* **20** : 71-76

111. GUESNET P (1984) Contribution à l'étude de la régulation du métabolisme lipidique au niveau du tissu adipeux de brebis au cours de la gestation et de la lactation. Thèse de doctorat de 3ᵉ cycle, Université de Paris X

112. GUESNET P, DEMARNE Y (1987) *La régulation de la lipogenèse et de la lipolyse chez les mammifères*. INRA Publ, Versailles, 153 p

113. GUESNET P, MASSOUD M, DEMARNE Y (1987) Effects of pregnancy and lactation on lipolysis of ewe adipocytes induced by ß-adrenergic stimulation. *Mol Cell Endocrinol* 50 : 177-181

114. HANSARD SL, COMAR CL, DAVIS GK (1954) Effects of age upon the physiological behavior of calcium in cattle. *Am J Physiol* 177 : 383-389

115. HANSSON P, NEWSHOLME EA, WILLIAMSON DH (1987) Effects of lactation and removal of pups on the rate of triacylglycerol/fatty acid substrate cycling in white adipose tissue of the rat. *Biochem J* 243 : 267-271

116. HART IC, BINES JA, MORANT SV (1980) The secretion and metabolic clearance rates of growth hormone, insulin and prolactin in high- and low-yielding cattle at four stages of lactation. *Life Sci* 27 : 1839-1848

117. HOLLIS BW, DRAPER HH, BURTON JH, ETCHES RJ (1981) A hormonal assessment of bovine parturient paresis : evidence for a role of œstrogen. *J Endocrinol* 88 : 161-171

118. HORST RL (1986) Regulation of calcium and phosphorus homeostasis in the dairy cow. *J Dairy Sci* 69 : 604-616

119. HOVE K (1978) Maintenance of lactose secretion during acute insulin deficiency in lactating goats. *Acta Physiol Scand* 63 : 173-179

120. HOVE K (1986) Cyclic changes in plasma calcium and the calcium homeostatic endocrine systems of the postparturient dairy cow. *J Dairy Sci* 69 : 2072-2082

121. HUBINONT CJ, DUFRANE SP, GARCIA-MORALES P, VALVERDE I, SENER A, MALAISE WJ (1986) Influence of lactation upon pancreatic islet function. *Endocrinology* 118 : 687-694

122. ILIOU JP, DEMARNE Y (1987a) Evolution of the sensitivity of isolated adipocytes of ewes to the lipolytic effects of different stimuli during pregnancy and lactation. *Int J Biochem* 19 : 253-258

123. ILIOU JP, DEMARNE Y (1987b) Evolution of the sensibility of isolated adipocytes of ewes to the antilipolytic action of adenosine during pregnancy and lactation. *Comp Biochem Physiol* 86A : 755-759

124. ISGAARD J, CARLSSON L, ISAKSSON OGP, JANSSON JO (1988) Pulsatile intravenous growth hormone (GH) infusion to hypophysectomized rats increases insulin-like growth factor I messenger ribonucleic acid in skeletal tissues more effectively than continuous GH infusion. *Endocrinology* 123 : 2605-2610

125. ISLER D, TRAYHURN P, LUNN PG (1984) Brown adipose tissue metabolism in lactating rats : the effect of litter size. *Ann Nutr Metab* 28 : 1011-09

126. JACQUEMET N, PRIGGE EC (1991) Effect of increased postmilking prolactin concentrations on lactation, plasma metabolites, and pancreatic hormones in lactating goats. *J Dairy Sci* 74 : 109-114

127. JASTER EH, WEGNER TN (1981) Beta-adrenergic receptor involvement in lipolysis of dairy cattle subcutaneous adipose tissue during dry and lactating states. *J Dairy Sci* 64 : 1655-1663

128. JOHNSSON ID, HART IC (1986) Manipulation of milk yield with growth hormone. *Recent Adv Anim Nutr* Vol : 105-123

129. JOURNET M, REMOND B (1976) Physiological factors affecting the voluntary intake of feed by cows : a review. *Livest Prod Sci* 3 : 129-146

130. KAHL S, BITMAN J, CAPUCO AV, KEYS JE (1991) Effect of lactational intensity on extrathyroidal 5'-deiodinase activity in rats. *J Dairy Sci* 74 : 811-818

131. KANN G, CARPENTIER MC, FEVRE J, MARTINET J, MAUBON M, MEUNIER C, PALY J, VERMEIRE N (1978) Lactation and prolactin in sheep : role of prolactin in initiation of milk secretion. In C Robyn, M Harter (ed) : *Progress in prolactin physiology and pathology*. Biomedical Press, Elsevier, Pays-Bas, p. 201

132. KANTO U, CLAWSON AJ (1980) Effect of energy intake during pregnancy and lactation on body composition in rats. *J Nutr* **110** : 1829-1839

133. KELLY JM, SUMMERS M, PARK HS, MILLIGAN LP, McBRIDE BW (1991) Cellular energy metabolism and regulation. *J Dairy Sci* **74** : 678-694

134. KLEPPE BB, AIELLO RJ, GRUMMER RR, ARMENTANTO LE (1988) Triglyceride accumulation and very low density lipoprotein secretion by rat and goat hepatocytes in vitro. *J Dairy Sci* **71** : 1813-1822

135. KUNZ PL, BLUM JW (1985) Relationships between energy balances and blood levels of hormones and metabolites in dairy cows during late pregnancy and early lactation. *Z Tierphysiol Tierernahrg Futtermittelkde* **54** : 239-248

136. LAARVELD B, CHRISTENSEN DA, BROCKMAN RP (1981) The effect of insulin on net metabolism of glucose and amino acids by the bovine mammary gland. *Endocrinology* **108** : 2217-2221

137. LAFONTAN M (1986) Physiologie et pharmacologie de la mobilisation des lipides : aspects actuels et futurs. *Cah Nutr Diét* **21** : 19-46

138 LEENANURUKSA D, NIUMSUP P, McDOWELL GH (1988) Insulin affects glucose uptake by muscle and mammary tissues of lactating ewes. *Aust J Biol Sci* **41** : 453-461

139. LINZELL JL (1974) Mammary blood flow and methods of identifying and measuring precursors of milk. In BL Larson, VR Smith (eds) : *Lactation. A comprehensive treatise (Vol I)*. Academic Press, N.Y., pp. 143-225

140. LOMAX MA, BAIRD GD (1983) Blood flow and nutrient exchange across the liver and gut of the dairy cow. Effect of lactation and fasting. *Br J Nutr* **49** : 481-496

141. LOMAX MA, BAIRD GD, MALLINSON CB, SYMONDS MW (1979) Differences between lactating and non-lactating dairy cows in concentration and secretion rate of insulin. *Biochem J* **180** : 281-289

142. LORMORE MJ, MULLER LD, DEAVER DR, GRIEL LC (1990) Early lactation responses of dairy cows administered bovine somatotropin and fed diets high in energy and protein. *J Dairy Sci* **73** : 3237-3247

143. MADSEN A (1985) *In vivo estimates of fat synthesis and lipolysis in adipose tissue of goats : effects of lactation, feeding and levels of insulin and thyroxin*. Proc. 13th Int. Congr. Nutrition, Brighton, UK, 96 p

144. MAINOYA JR (1975) Effects of bovine growth hormone, human placental lactogen and ovine prolactin on intestinal fluid and ion transport in the rat. *Endocrinology* **96** : 1165-1170

145. MARIE PJ, CANCELA L, LE BOULCH N, MIRAVET L (1986) Bone changes due to pregnancy and lactation : influence of vitamin D status. *Am J Physiol* **251** : E400-E406

146. MAZUR A, AL-KOTOBE M, RAYSSIGUIER Y (1987) Influence de la lipomobilisation sur la secrétion des triglycérides par le foie, chez le mouton. *Reprod Nutr Dev* (sous presse)

147. MAZUR A, GUEUX E, CHILLIARD Y, RAYSSIGUIER Y (1988) Changes in plasma lipoproteins and liver fat content in dairy cows during early lactation. *J Anim Physiol Anim Nutr* **59** : 233-237

148. McBRIDE BW, BURTON JL, BURTON JH (1988) Review. The influence of bovine growth hormone (somatotropin) on animals and their products. *Res Dev Agric* **5** : 1-21

149. McCUTCHEON SN, BAUMAN DE (1986) Effect of chronic growth hormone treatment on responses to epinephrine and thyrotropin-releasing hormone in lactating cows. *J Dairy Sci* **69** : 44-51

150. McDOWELL GH, ANNISON EF (1991) Hormonal control of energy and protein metabolism. *In* T Tsuda, Y Sasaki, R Kawashima (eds) : *Physiological aspects of digestion and metabolism in ruminants*. Proc. 7th Int. Symp. Ruminant Physiol., 1989. Academic Press, San Diego, USA, pp. 231-256

151. McLAUGHLIN CL, BAILE CA, PEIKIN SR (1983) Hyperphagia during lactation : satiety response to CCK and growth of the pancreas. *Am J Physiol* **244** : E61-E65

152. McNAMARA JP (1988) Regulation of bovine adipose tissue metabolism during lactation. 4. Dose-responsiveness to epinephrine as altered by stage of lactation. *J Dairy Sci* **71** : 643-649

153. McNAMARA JP (1989) Regulation of bovine adipose tissue metabolism during lactation. 5. Relationships of lipid synthesis and lipolysis with energy intake and utilization. *J Dairy Sci* **72** : 407-418

154. McNAMARA JP (1991) Regulation of adipose tissue metabolism in support of lactation. *J Dairy Sci* **74** : 706-719

155. McNAMARA JP, HILLERS JK (1986) Adaptations in lipid metabolism of bovine adipose tissue in lactogenesis and lactation. *J Lipid Res* **27** : 150-157

156. MERCER SW, WILLIAMSON DH (1987) The regulation of lipogenesis in vivo in the lactating mammary gland of the rat during the starved-refed transition. *Biochem J* **242** : 235-243

157. METZ SHM, VAN DEN BERGH SG (1977) Regulation of fat mobilization in adipose tissue of dairy cows in the period around parturition. *Neth J Agric Sci* **25** : 198-211

158. MILLICAN PE, VERNON RG, PAIN VM (1987) Protein metabolism in the mouse during pregnancy and lactation. *Biochem J* **248** : 251-257

159. MOORE BJ, BRASEL JA (1984) One cycle of reproduction consisting of pregnancy, lactation or no lactation, and recovery : effects on carcass composition in ad-libitum-fed and foodrestricted rats. *J Nutr* **114** : 1548-1559

160. MORGAN B, WINICK M (1981) A possible control of food intake during pregnancy in the rat. *Br J Nutr* **46** : 29-37

161. MOTYL T, BAREJ W (1986) Plasma amino acid indices and urinary 3-methyl histidine excretion in dairy cows in early lactation. *Ann Rech Vet* **17** : 153-157

162. NAISMITH DJ (1971) The role of body fat, accumulated during pregnancy, in lactation in the rat. *Proc Nutr Soc* **30** : 93A-94A

163. NAISMITH DJ, RICHARDSON DP, PRITCHARD AE (1982) The utilization of protein and energy during lactation in the rat, with particular regard to the use of fat accumulated in pregnancy. *Br J Nutr* **48** : 433-441

164. NIELSEN MO (1988) Effect of recombinantly derived bovine somatotropin on mammary gland synthetic capacity in lactating goats. *J Anim Physiol Anim Nutr* **59** : 263-272

165. NOBLET J, ETIENNE M (1987) Metabolic utilization of energy and maintenance requirements in lactating sows. *J Anim Sci* **64** : 774-781

166. OLLER DO NASCIMENTO CM, WILLIAMSON DH (1988) Tissue-specific effects of starvation and refeeding on the disposal of oral [1-14C]triolein in the rat during lactation and on removal of litter. *Biochem J* **254** : 539-546

167. PEAKER M (1989) Evolutionary strategies in lactation : nutritional implications. *Proc Nutr Soc* **48** : 53-57

168. PERISSE J, SALMON-LEGAGNEUR E (1960) Influence du niveau nutritionnel au cours de la gestation et de la lactation sur la production laitière de la rate. *Arch Sci Physiol* **14** : 105-129

169. PETERS JP (1986) Consequences of accelerated gain and growth hormone administration for lipid metabolism in growing beef steers. *J Nutr* **116** : 2490-2503

170. PETHICK DW, LINDSAY DB (1982) Acetate metabolism in lactating sheep. *Br J Nutr* **48** : 319-327

171. PHIPPS RH (1987) *The use of prolonged release bovine somatotropin in milk production.* Int. Dairy Fed. Congress, Helsinki, Finland, 23 p.

172. POLITIS I, BLOCK E, TURNER JD (1990) Effect of somatotropin on the plasminogen and plasmin system in the mammary gland : proposed mechanism of action for somatotropin on the mammary gland. *J Dairy Sci* **73** : 1494-1499

173. POND CM (1984) Physiological and ecological importance of energy storage in the evolution of lactation : evidence for a common pattern of anatomical organization of adipose tissue in mammals. *Symp Zool Soc Lond* **51** : 1-32

174. PROSSER CG, MEPHAM TB (1989) Mechanism of action of bovine somatotropin in increasing milk secretion in dairy ruminants. *In* K Sejrsen, M Vestergaard, A Neimann-Sorensen (eds) : *Use of somatotropin in livestock production.* Elsevier, London, pp. 1-17

175. PULLEN DL, LIESMAN JS, EMERY RS (1990) A species comparison of liver slice synthesis and secretion of triacylglycerol from nonesterified fatty acids in media. *J Anim Sci* **68** : 1395-1399

176. PULLEN DL, LIESMAN JS, EMERY RS (1990) A species comparison of liver slice synthesis and secretion of triacylglycerol from nonesterified fatty acids in media. *J Anim Sci* **68** : 1395-1399

177. PULLEN DL, PALMQUIST DL, EMERY RS (1989) Effect on days of lactation and methionine hydroxy analog on incorporation of plasma fatty acids into plasma triglycerides. *J Dairy Sci* **72** : 49-58

178. RADCLIFFE MA, COLVILLE C (1988) Effect of litter removal and prolactin on lipolysis in parametrial white fat cells of lactating rats. *Proc Nutr Soc* **47** : 110A

179. RADCLIFFE MA, HAY SC, CAMPBELL DM (1986) Effect of litter size on parametrial white fat cell size and lipolysis in lactating rats. *Proc Nutr Soc* **45** : 73A

180. RAMBERG CF, JOHNSON EK, FARGO RD, KRONFELD DS (1984) Calcium homeostasis in cows, with special reference to parturient hypocalcemia. *Am J Physiol* **246** : R698-R704

181. RANDOLPH PA, RANDOLPH JC, MATTINGLY K, FOSTER MM (1977) Energy costs of reproduction in the cotton rat, Sigmodon hispidus. *Ecology* **58** : 31-45

182. RAYMOND JP (1985) Prolactine et os. *Ann Endocrinol (Paris)* **46** : 367-368

183. RAYSSIGUIER Y, MAZUR A, REMOND B, CHILLIARD Y, GUEUX E (1986) Influence de l'état corporel au vêlage et du niveau d'alimentation en début de lactation sur la stéatose hépatique chez la vache laitière. *Reprod Nutr Dev* **26** : 359-360

184. REBUFFE-SCRIVE M, ENK L, CRONA N, LÖNNROTH P, ABRAHAMSSON L, SMITH U, BJÖRNTORP P (1985) Fat cell metabolism in different regions in women. Effect of menstrual cycle, pregnancy, and lactation. *J Clin Invest* **75** : 1973-1976

185. REID IM, ROBERTS CJ, BAIRD GD (1980) The effects of underfeeding during pregnancy and lactation on structure and chemistry of bovine liver and muscle. *J Agric Sci Camb* **94** : 239-245

186. REMESY C, CHILLIARD Y, RAYSSIGUIER Y, MAZUR A, DEMIGNE C (1986) Le métabolisme hépatique des glucides et des lipides chez les ruminants : principales interactions durant la gestation et la lactation. *Reprod Nutr Dev* **26** : 205-226

187. REMOND B, CISSE M, OLLIER A, CHILLIARD Y (1991) Slow release somatotropin in dairy heifers and cows fed two levels of energy concentrate. I- Performance and body condition. *J Dairy Sci* **74** : 1370-1381

188. RIIS PM (1988) Nitrogen balance, amino acid flux rates and rates of whole body protein synthesis in lactating and in pregnant goats at different energy intakes. *J Anim Physiol Anim Nutr* **60** : 86-95

189. RIIS PM, MADSEN A (1985) Thyroxine concentrations and secretion rates in relation to pregnancy, lactation and energy balance in goats. *J Endocrinol* **107** : 421-427

190. ROBERTS CJ, TURFREY BA (1983) Muscle fibre area as an indicator of protein mobilisation in early lactation. IVth Int. Symp. Protein metabolism and nutrition, Clermont-Ferrand (France), INRA Publ, Vol II, pp. 191-194

191. RONGE H, BLUM J, CLEMENT C, JANS F, LEUENBERGER H, BINDER H (1988) Somatomedin C in dairy cows related to energy and protein supply and to milk production. *Anim Prod* **47** : 165-183

192. RONGE H, BLUM JW (1989) Insulin-like growthfactor I responses to growth hormone in dry and lactating dairy cows. *J Anim Physiol* **62** : 280-288

193. SAINZ RD, CALVERT CC, BALDWIN RL (1986) Relationships among dietary protein, feed intake and changes in body and tissue composition of lactating rats. *J Nutr* **116** : 1529-1539

194. SARTIN JL, CUMMINS KA, KEMPPAINEN RJ, CARNES R, McCLARY DG, WILLIAMS JC (1985b) Effect of propionate infusion on plasma glucagon, insulin and growth hormone concentrations in lactating dairy cows. *Acta Endocrinol* **109** : 348-354

195. SARTIN JL, CUMMINS KA, KEMPPAINEN RJ, MARPLE DN, RAHE CH, WILLIAMS JC (1985a) Glucagon, insulin and growth hormone responses to glucose infusion in lactating dairy cows. *Am J Physiol* **248** : 108-114

196. SARTIN JL, KEMPPAINEN RJ, CUMMINS KA, WILLIAMS JC (1988) Plasma concentrations of metabolic hormones in high and low producing dairy cows. *J Dairy Sci* **71** : 650-657

197. SAUVANT D, CHILLIARD Y, MORAND-FEHR P (1991) Etiological aspects of nutritional and metabolic disorders of goats. *In* Goat nutrition. EAAP Publ. n° 46. Pudoc, Wageningen, Netherlands, pp. 124-142.

198. SAUVANT D, SOYEUX Y, CHILLIARD Y (1983) Réflexions sur l'étiopathogénie des maladies de la nutrition. *Bull Tech CRZV Theix INRA* **53** : 117-121

199. SECHEN SJ, McCUTCHEON SN, BAUMAN DE (1989) Response to metabolic challenges in early lactation dairy cows during treatment with bovine somatotropin. *Dom Anim Endocrinol* **6** : 141-154

200. SIEBRITS F, MARTINEZ JA, BUTTERY PJ (1985) The effect of lactation on the fractional synthetic rate of protein in the liver and muscle of rats. *Int J Biochem* **17** : 731-732

201. SMITH JD, McNAMARA JP (1989) Lipolytic response of bovine adipose tissue to alpha and beta adrenergic agents 30 days pre- and 120 days postpartum. *Gen Pharmac* **20** : 369-374

202. SMITH NE, BALDWIN RL (1974) Effects of breed, pregnancy, and lactation on weight of organs and tissues in dairy cattle. *J Dairy Sci* **47** : 1055-1060

203. SMITH RW, WALSH A (1984) Effect of lactation on the metabolism of sheep adipose tissue. *Res Vet Sci* **37** : 320-323

204. SMITH RW, WALSH A (1988) Effects of pregnancy and lactation on the metabolism of bovine adipose tissue. *Res Vet Sci* **44** : 349-353

205. SMITH TR, McNAMARA JP (1990) Regulation of bovine adipose tissue metabolism during lactation. 6. Cellularity and hormone-sensitive lipase activity as affected by genetic merit and energy intake. *J Dairy Sci* **73** : 772-783

206. TESSERAUD S (1991) Régulation du métabolisme protéique chez des chèvres taries et en lactation. Rôle de l'insuline et des acides aminés explorés par une nouvelle technique de "clamp". Thèse, Université de Rennes I

207. TOVERUD SU, COOPER CW, MUNSON PL (1978) Calcium metabolism during lactation : elevated blood levels of calcitonin. *Endocrinology* **103** : 472-479

208. TRAYHURN P, RICHARD D (1985) Brown adipose tissue thermogenesis and the energetics of pregnancy and lactation in rodents. *Biochem Soc Trans* **13** : 826-827

209. TRAYHURN P, WUSTEMAN MC (1987) Sympathetic activity in brown adipose tissue during lactation in mice. *Proc Nutr Soc* **46** : 27A

210. VAN DER WALT JG (1984) Metabolic interactions of lipogenic precursors in the ruminant. *In* FMC Gilchrist, RI Mackie (eds) : *Herbivore nutrition in the subtropics and tropics*. The Science Press, pp. 571-593

211. VAN'T KLOOSTER A TH (1976) Adaptation of calcium absorption from the small intestine of dairy cows to changes in the dietary calcium intake and at the onset of lactation. *Z Tierphysiol Tierrernährg Futtermittelkde* **37** : 169-182

212. VANDERMEERSCHEN-DOIZE F, PAQUAY R (1984) Effects of continuous long-term intravenous infusion of long-chain fatty acids on feeding behaviour and blood components of adult sheep. *Appetite* **5** : 137-146

213. VERITE R, CHILLIARD Y (1992) Effect of age of dairy cows on body composition changes throughout the lactation cycle as measured with deuteriated water. *Ann Zootech* **41** : 118

214. VERITE R, JOURNET M (1977) Utilisation des tourteaux traités au formol par les vaches laitières. II. Effets sur la production laitière du traitement des tourteaux et du niveau d'apport azoté au début de la lactation. *Ann Zootech* **26** : 183-207

215. VERNON RG (1988) The partition of nutrients during the lactation cycle. *In* PC Garnsworthy (ed) : *Nutrition and lactation in the dairy cow*. Butterworths, London, pp. 32-52

216. VERNON RG (1989) Endocrine control of metabolic adaptation during lactation. *Proc Nutr Soc* **48** : 23-32

217. VERNON RG, BARBER M, FINLEY E, GRIGOR MR (1988) Endocrine control of lipogenic enzyme activity in adipose tissue from lactating ewes. *Proc Nutr Soc* **47** : 100A

218. VERNON RG, CLEGG RA, FLINT DJ (1981) Metabolism of sheep adipose tissue during pregnancy and lactation. Adaptation and regulations. *Biochem J* **200** : 307-314

219. VERNON RG, FAULKNER A, FINLEY E, POLLOCK H, TAYLOR E (1987a) Enzymes of glucose and fatty acid metabolism of liver, kidney, skeletal muscle, adipose tissue and mammary gland of lactating and non-lactating sheep. *J Anim Sci* **64** : 1395-1411

220. VERNON RG, FINLEY E (1985) Regulation of lipolysis during pregnancy and lactation in sheep. Response to noradrenaline and adenosine. *Biochem J* **230** : 651-656

221. VERNON RG, FINLEY E (1986a) Endocrine control of lipogenesis in adipose tissue from lactating sheep. *Biochem Soc Trans* **14** : 635-636

222. VERNON RG, FINLEY E (1986b) Lipolysis in rat adipocytes during recovery from lactation. Response to noradrenaline and adenosine. *Biochem J* **234** : 229-231

223. VERNON RG, FINLEY E, FLINT DJ (1987b) Role of growth hormone in the adaptations of lipolysis in rat adipocytes during recovery from lactation. *Biochem J* **242** : 931-934

224. VERNON RG, FINLEY E, WATT PW (1991) Adenosine and the control of adrenergic regulation of adipose tissue lipolysis during lactation. *J Dairy Sci* **74** : 695-705

225. VERNON RG, FLINT DJ (1983) Control of fatty acids synthesis during lactation. *Proc Nutr Soc* **42** : 315-331

226. VERNON RG, FLINT DJ (1984) Adipose tissue : metabolic adaptation during lactation. *Symp Zool Soc Lond* **51** : 119-145

227. VERNON RG, FLINT DJ (1989) Role of growth hormone in the regulation of adipocyte growth and function. *In* RB Heap, CG Proser, GE Lamming (eds) : *Biotechnology in growth regulation*. Butterworths, London, pp. 57-71

228. VINCENT R, LINDSAY DB (1985) Effect of pregnancy and lactation on muscle protein metabolism in sheep. (Abstr). *Proc Nutr Soc* **44** : 77A

229. WHITELAW FG, MILNE JS, ORSKOV ER, SMITH JS (1986) The nitrogen and energy metabolism of lactating cows given abomasal infusions of casein. *Br J Nutr* **55** : 537-556

230. WILLIAMSON DH (1980) Integration of metabolism in tissues of the lactating rat. *FEBS Lett* **117** : K93-K105

231. WILLIAMSON DH (1986) Regulation of metabolism during lactation in the rat. *Reprod Nutr Dev* **26** : 597-603

232. WILSON GF, MACKENZIE DDS, BROOKES IM, LYON GL (1988) Importance of body tissue as sources of nutrients for milk synthesis in the cow, using 13C as a marker. *Br J Nutr* **60** : 605-617

233. WILSON S, MACRAE JC, BUTTERY PJ (1983) Glucose production and utilization in non-pregnant, pregnant and lactating ewes. *Br J Nutr* **50** : 303-316

234. ZAMMIT VA (1985) Regulation of lipogenesis in rat tissues during pregnancy and lactation. *Biochem Soc Trans* **13** : 831-832

235. ZAMMIT VA (1988) Changes in the sensitivity to glucagon of lipolysis in adipocytes from pregnant and lactating rats. *Biochem J* **254** : 661-665

21

Action lactogène de certains extraits de plantes

L. Sawadogo, J.-F. Thibault, X. Rouau, J. Guéguen, S. Berot,
M. Ollivier-Bousquet, H. Sepehri, L.-M. Houdebine

Introduction

Toutes les communautés humaines utilisent des extraits de plantes pour tenter de se soulager des maux dont elles souffrent. L'allaitement maternel est essentiel pour la survie des nouveau-nés dans les groupes humains qui ne disposent pas d'aliments pouvant se substituer au lait maternel. Il n'est donc pas surprenant que des extraits de plantes susceptibles de stimuler la sécrétion lactée aient été recherchés. Dans la plupart des civilisations, des plantes sont effectivement utilisées de diverses manières dans ce but. Les plantes qui ont été retenues de par le monde ne semblent pas avoir de grand rapport entre elles et il est donc a priori très difficile de prévoir à quel type de composé chimique un éventuel facteur lactogène végétal appartient. Il est toutefois remarquable que certaines catégories de plantes employées dans le continent sud-américain le sont aussi dans le continent africain et dans le Sud-Est asiatique.

Si de nombreux récits plus ou moins extraordinaires relatent les effets quasi miraculeux de certains extraits de plantes sur la sécrétion lactée [4], bien peu d'études approfondies concernant ce problème ont été menées. Le travail expérimental décrit ici a été entrepris dans le but de définir si certaines plantes contiennent réellement des composés lactogènes exprimant leurs effets dans des conditions expérimentales précisément définies, et de déterminer la nature de ces composés ainsi que leur mode d'action.

Reçu en mai 1990.

Recherche d'un critère permettant la mise en évidence d'un effet lactogène

La tradition populaire rapporte que les extraits de plantes sont capables d'induire de novo une sécrétion lactée ou de la stimuler une fois établie. Il est rapidement apparu qu'une induction de novo devait être plus facilement mise en évidence avec des critères biochimiques précis et sensibles que la stimulation de la sécrétion lactée établie que l'on sait sensible à de nombreux facteurs plus ou moins incontrôlables. Les extraits de certaines plantes ne sont par ailleurs pas très abondants et un petit animal de laboratoire paraissait le plus approprié. Les caséines constituent les protéines majeures du lait et il existe un dosage radioimmunologique de la caséine β de ratte mis au point au laboratoire [2]. La glande mammaire reçoit une stimulation à chaque cycle sexuel au cours duquel varient les stéroïdes ovariens et la prolactine. Cela se traduit par une légère accumulation de lait dans le tissu mammaire, qui masque le plus souvent une induction ultérieure par un agent galactogène. Des rattes vierges pubères âgées de 70 à 80 jours conviennent donc le mieux dans la mesure où elles sont sensibles aux stimulus lactogéniques sans avoir encore accumulé des quantités significatives de lait dans leurs glandes mammaires.

Des injections de prolactine ou d'acétate d'hydrocortisone (deux hormones du complexe lactogène chez toutes les espèces) induisent la synthèse et l'accumulation de la caséine β dans les glandes mammaires des rattes traitées [7]. Les glucocorticoïdes sont connus pour ne pas agir seuls mais en synergie avec la prolactine [3]. Une suppression de la sécrétion de prolactine endogène devrait donc supprimer les effets de l'acétate d'hydrocortisone. Le CB 154, un agent dopaminergique qui inhibe la sécrétion de prolactine, s'oppose à l'action de l'acétate d'hydrocortisone [7]. A l'inverse, un composé comme le sulpiride, qui est connu pour stimuler vivement la sécrétion de prolactine, provoque l'accumulation de la caséine β dans la glande mammaire des rattes aussi bien que la prolactine elle-même [7].

Le protocole ainsi défini peut donc être considéré comme approprié pour mettre en évidence in vivo l'action d'un agent lactogène.

Mise en évidence de l'effet lactogène de certains extraits de plantes africaines

Les extraits de plantes utilisés en Afrique pour stimuler la sécrétion lactée des femmes allaitantes sont le plus souvent préparés sous forme de décoction et ils sont absorbés par voie orale. Des extraits ont donc été ainsi préparés et administrés à des rattes par gavage, en respectant autant que possible les informations recueillies auprès des utilisatrices traditionnelles.

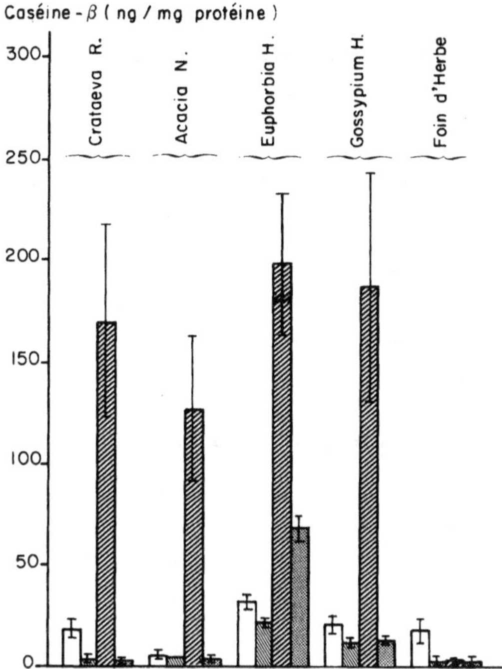

Fig. 21-1   Action d'extraits de différentes plantes. Les extraits ont été administrés par voie orale. Les résultats sont la moyenne (±SEM) obtenue à partir d'au moins quatre animaux. ☐ : témoin ; ▨ : témoin+CB 154 ; ▨ : +extrait de plante ; ▨ : +extrait de plante+CB 154.

Les extraits de plusieurs plantes réputées lactogènes sont effectivement capables d'induire la synthèse de caséine β dans la glande mammaire des rattes traitées deux fois par jour pendant quatre jours (Fig. 21-1) [7]. A titre de contrôle, le foin d'herbe a été également utilisé. L'extrait de ce végétal paraît dépourvu d'activité lactogène (Fig. 21-1).

Le critère biochimique utilisé, la mesure de la caséine β dans la glande mammaire permet de conclure sans ambiguïté que certains extraits de plantes sont effectivement dotés d'une action lactogène.

Action des extraits de plantes

sur la sécrétion des hormones lactogènes

Le déclenchement de la sécrétion lactée est le résultat de l'action de plusieurs hormones parmi lesquelles la prolactine joue un rôle essentiel chez toutes les espèces [3]. Les extraits de plantes peuvent agir directement sur le tissu mammaire en présence de la prolactine endogène non modifiée ou, plus vraisemblablement, ils stimulent la sécrétion de prolactine qui elle-même agit sur les cellules mammaires. Des expériences qui ne seront pas montrées ici indiquent sans ambiguïté qu'aucun des extraits de plante ayant in vivo une action lactogène n'est capable in vitro, en présence ou en absence de prolactine, d'induire la synthèse des caséines dans des explants mammaires [6].

Les extraits de plantes lactogènes injectés par voie intraveineuse à des brebis sont en revanche capables de stimuler de manière très intense la sécrétion de prolactine (Fig. 21-2). Dans les mêmes conditions, des extraits de plantes non lactogènes restent sans effet [9].

Afin de vérifier la spécificité de cet effet, les variations de plusieurs autres hormones ont été mesurées dans les mêmes plasmas sanguins. De manière inattendue, la sécrétion d'hormone de croissance (GH) et de cortisol est également fortement stimulée par les extraits de plantes lactogènes. La prolactine, l'hormone de croissance et le cortisol sont trois hormones du complexe hormonal lactogène [3]. Il n'est dès lors pas surprenant que les extraits de plantes induisent la synthèse de caséine.

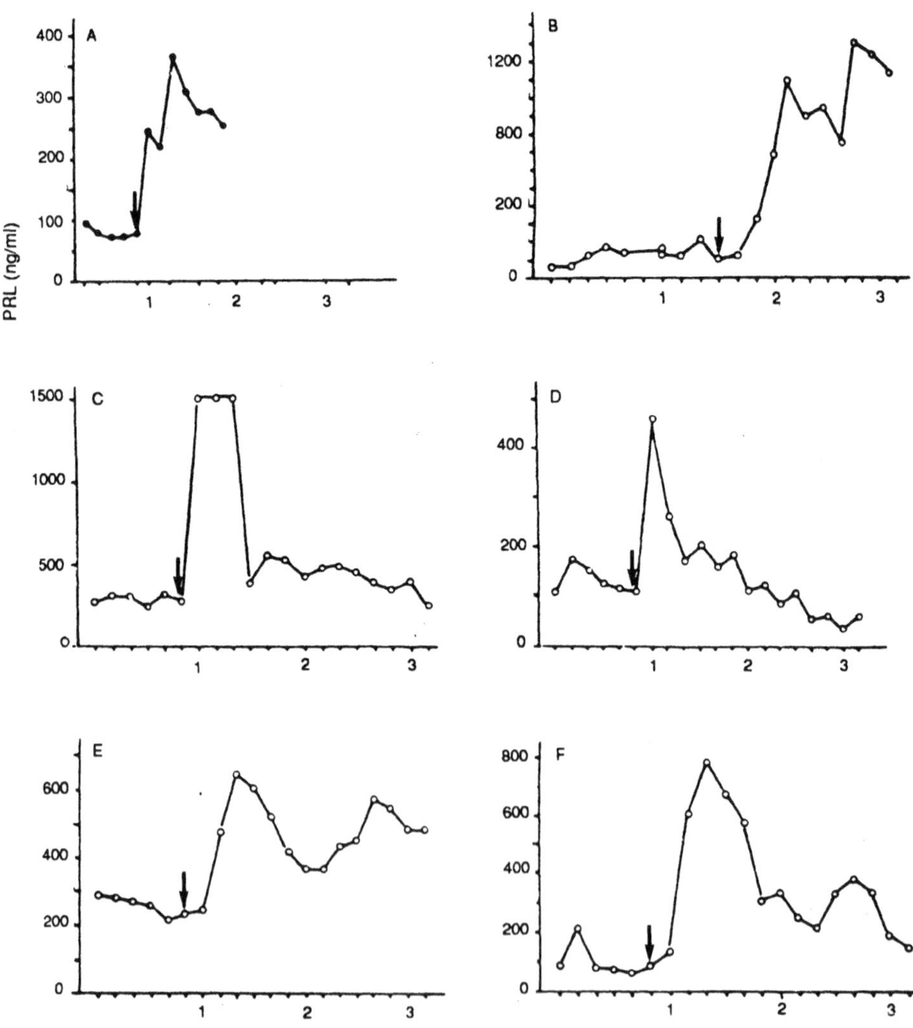

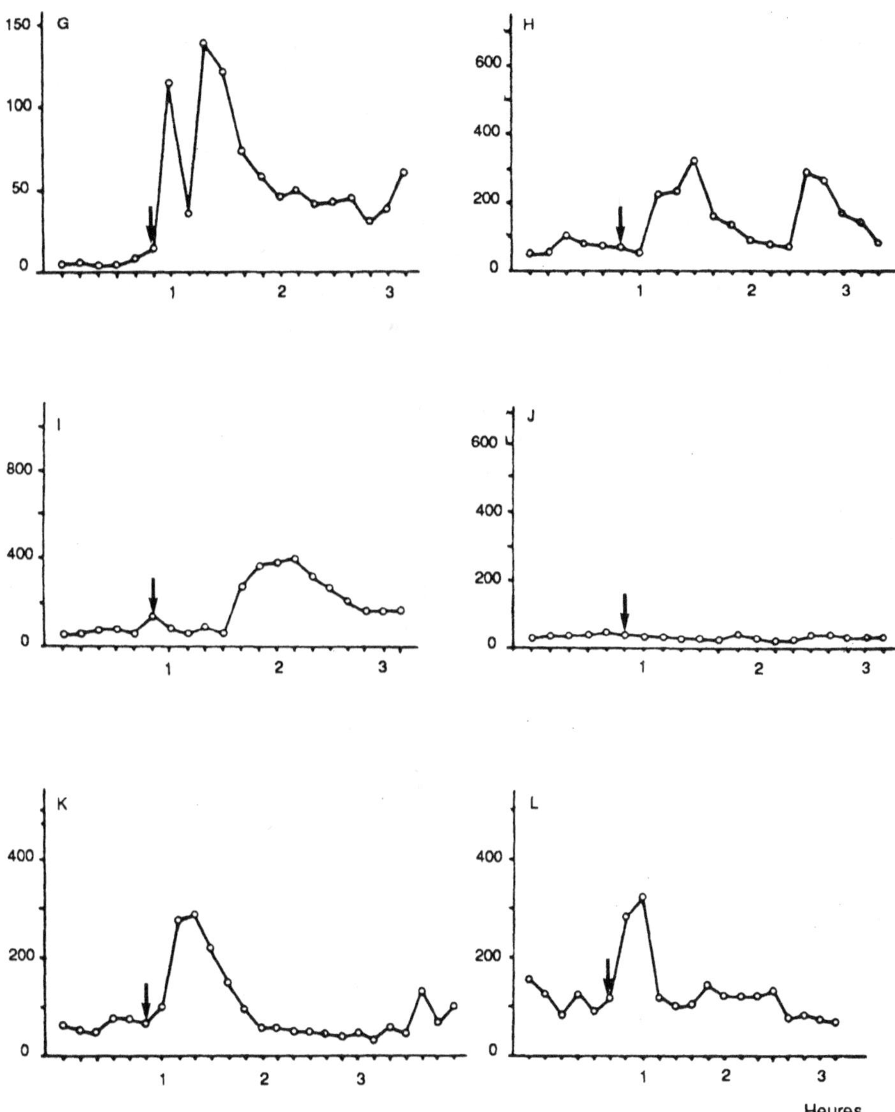

Fig. 21-2   Action de divers extraits bruns de plantes sur la sécrétion de prolactine. A : Eurphorbia hirta (3 g), B : Acacia nilotica (3 g), C : Gossipium herbaceum (1 g), D : Soja hispida (1 g), E : Avena (avoine) (1 g), F : Hordeum (orge) (1 g), G : Sorghum (1 g), H : Lenticula culinaris (lentille) (1 g), I : Parkia biglobossa (200 mg), J : Sérum physiologique, K : Crataeva religioso (2 g), L : Heliantus tuberosus (topinambours) (1 g).

Effets lactogènes de la bière
et des éléments qui la composent

La bière est de longue date recommandée aux femmes allaitantes pour augmenter leur sécrétion lactée. De la bière lyophylisée a été donnée à des rattes par voie orale de la même manière que les extraits de plantes. Ce traitement se traduit par une induction de la synthèse de caséine β dans la glande mammaire des animaux traités (Fig. 21-3). La même fraction administrée par voie intraveineuse stimule la sécrétion de prolactine (Fig. 21-4). Ces observations sont en parfait accord avec des données récentes indiquant qu'une absorption relativement massive de bière par une femme se traduit par une augmentation de la prolactinémie [1]. Il y a donc lieu de penser que la bière a des effets lactogènes réels médiés par une augmentation de la sécrétion des hormones lactogènes.

La nature du composé chimique présent dans la bière responsable de la sécrétion de prolactine est inconnue [1]. Afin de mieux connaître le principe actif de la bière, une recherche a été effectuée pour définir son origine. La bière contient en effet des éléments venant du houblon, du malt et des levures. Les extraits de fleurs de houblon ne sont pas actifs tandis que les extraits de malt et d'orge stimulent la sécrétion de prolactine, de GH (Fig. 21-4) ainsi que la synthèse de caséine [8].

De manière inattendue, il s'avère donc que le principe lactogène de la bière est un composé hydrosoluble présent dans l'orge et le malt.

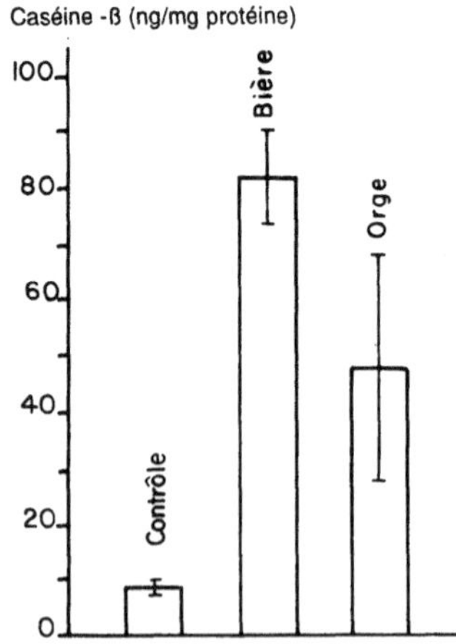

Fig. 21-3   Induction de la synthèse de la caséine β par des extraits de bière et d'orge. 1 g d'extraits a été administré matin et soir par voie orale pendant quatre jours. Le contenu en caséine β du tissu mammaire a été évalué par un test radioimmunologique décrit à la figure 21-1. Les résultats sont la moyenne de quatre animaux.

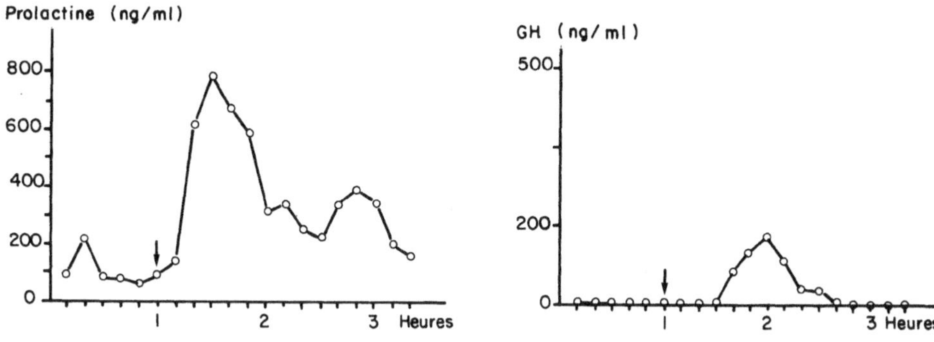

Fig. 21-4   **Effet des extraits d'orge sur la sécrétion de prolactine (PRL) et d'hormone de croissance (GH).** Les extraits ont été injectés à des brebis par voie intraveineuse. Extrait d'orge 1 g
(correspondant à 25 g d'orge).

Mise en évidence d'un principe lactogène
dans les sous-produits de préparation des protéines
de la graine de coton

La graine de coton (Gossipium herbaceum) contient un facteur qui induit la synthèse
de lait chez la ratte (Fig. 21-5). De cette même graine peuvent être extraites des protéines d'une haute qualité nutritive selon le procédé décrit précédemment [10]. Les sous-
produits de cette préparation contiennent, en grande quantité, un composé capable de
stimuler fortement la sécrétion de prolactine [10].

Cette observation suggère que le principe lactogène peut être obtenu en abondance à
partir de sous-produits de végétaux ayant déjà une utilisation industrielle.

Mise en évidence de la nature chimique
des composés lactogènes

Une étude qui ne sera pas détaillée ici a montré que, dans tous les cas, les composés
lactogènes sont hydrosolubles, insolubles dans l'alcool, insolubles dans le chloroforme,
non inactivés par la chaleur ou les protéases [10]. Ces observations laissent penser que
les principes galactogènes sont de nature polysaccharidique. L'analyse chimique des fractions les plus purifiées (après extraction par le chloroforme et précipitation à l'alcool)
a révélé que leurs composants majeurs sont des pectines ou, dans le cas du malt, des
β-glucanes.

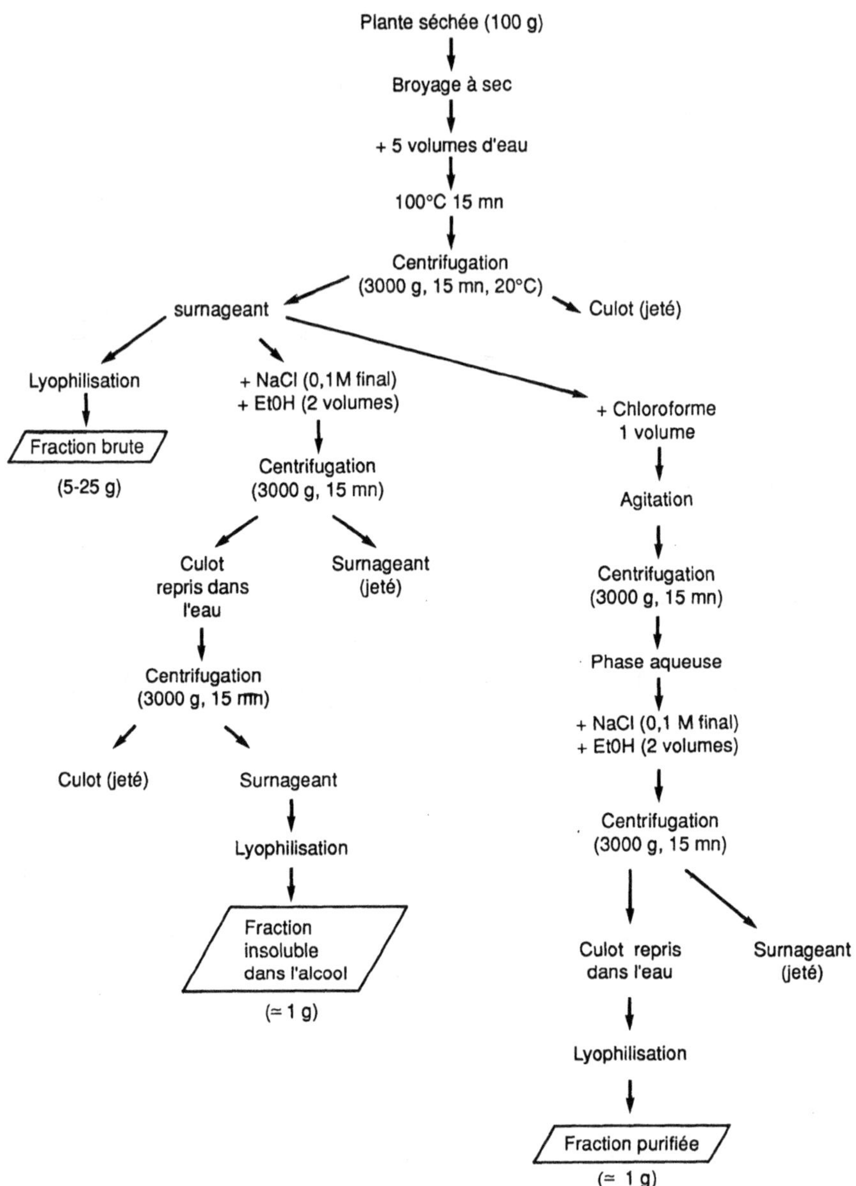

Fig. 21-5   Schéma d'extraction des composés lactogènes à partir des plantes. Les trois fractions contiennent le composé actif.

Des pectines pures et certains de leurs dérivés (acide pectique, acide polygalacturonique) ont donc été injectés à des brebis par voie intraveineuse et administrés à des rattes par voie orale. Tous ces composés ont les propriétés lactogènes des extraits de plantes [Fig. 21-6 et 21-7). L'acide oligogalacturonique garde une certaine activité, tandis que l'acide galacturonique monomère en est totalement dépourvu [11].

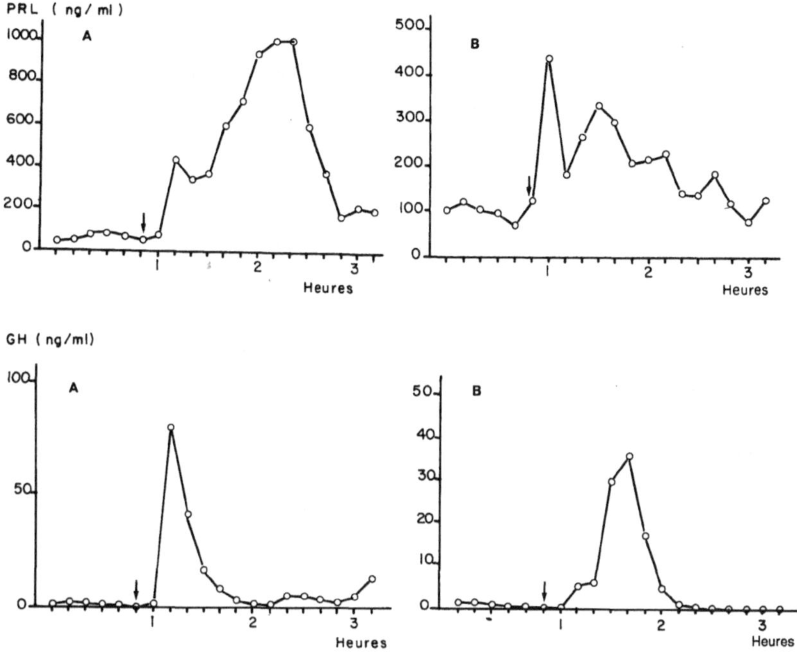

Fig. 21-6   **Effet de l'acide polygalacturonique sur la sécrétion de prolactine et de GH.** De l'acide polygalacturonique pur a été injecté par voie intraveineuse à des brebis. La prolactine et la GH ont été mesurées par un test radioimmunologique. A : acide polygalacturonique Sigma (100 mg) ; B : acide polygalacturonique Fluka (200 mg).

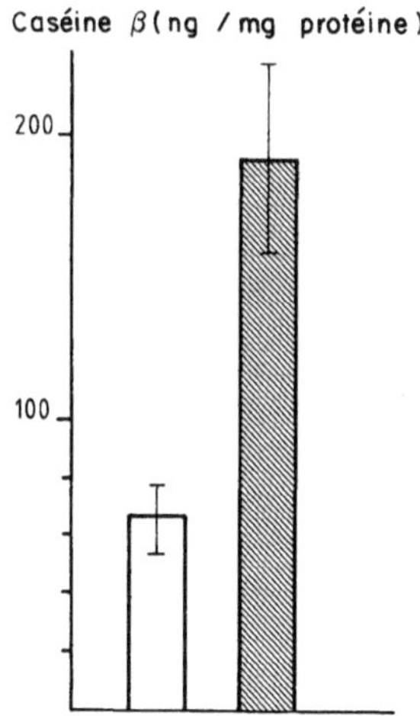

Fig. 21-7   **Induction de la synthèse de caséine, de la sécrétion de prolactine, et de GH par l'acide pectique.** De l'acide pectique en solution a été administré par gavage à des rattes (250 mg) le matin et le soir pendant quatre jours. La caséine β a été mesurée par les tests radioimmunologiques déjà décrits 6 ☐ : contrôle ; ▨ acide peptique).

De la même manière, le β-glucane, extrait de la graine d'orge, stimule la sécrétion de prolactine chez la brebis (Fig. 21-8) et la vache (non montré).

Ces expériences suggèrent fortement qu'il existe deux catégories de composés naturels lactogènes d'origine végétale : les pectines et les β-glucanes.

Mode d'action des composés lactogènes

Il est assez surprenant que les extraits de plantes stimulent à la fois la sécrétion de trois hormones (la prolactine, la GH et le cortisol) que l'on sait soumises chacune à des contrôles spécifiques par l'axe hypothalamo-hypophysaire. Cette observation suggère que les extraits

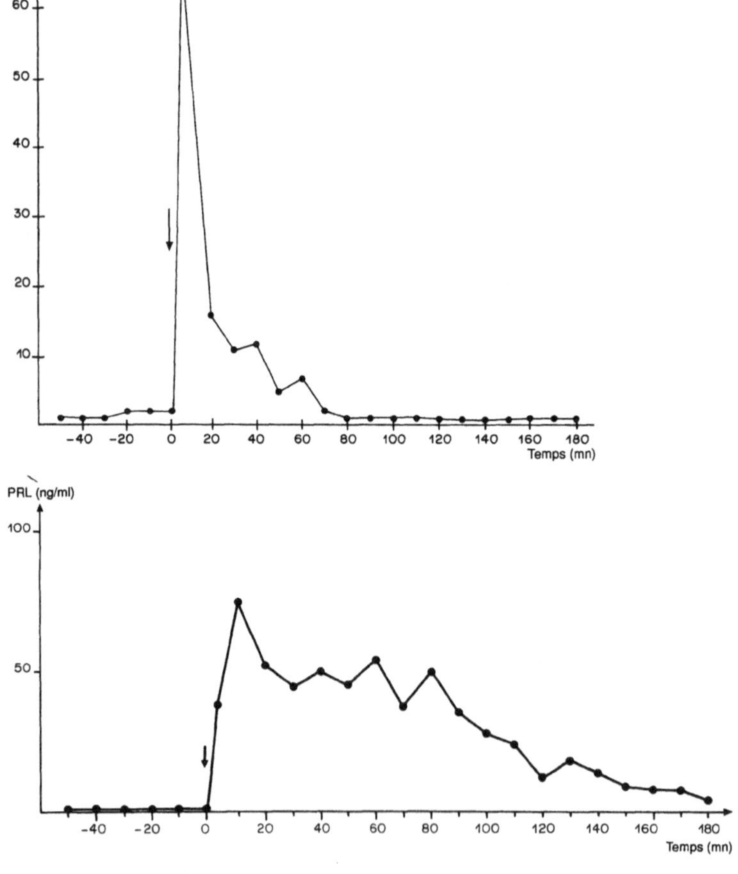

Fig. 21-8   Effet des β-glucanes sur la sécrétion de prolactine et de GH. Une solution de β-glucane extrait de l'orge (Sigma) a été injectée par voie intraveineuse à des brebis (100 mg dans 5 ml de sérum physiologique). La prolactine et la GH ont été mesurées par un test radioimmunologique.

de plantes n'agissent pas de manière spécifique sur le système hypophysaire mais qu'au contraire leurs effets ont un spectre assez large. Des expériences non montrées ici et réalisées par Kerdelhué et al. ont montré que l'acide pectique était capable de stimuler simultanément la sécrétion de prolactine, GH, LH et de β-endorphine par des hypophyses de ratte maintenues en périfusion [6].

Des fragments d'hypophyse de brebis et de glande mammaire de lapine allaitante soumis in vitro à l'action de l'acide pectique ou de β-glucane sécrètent, respectivement, davantage de prolactine et de caséines (Fig. 21-9) [12].

Après un traitement oral de quatre jours par des extraits de plantes lactogènes, les hypophyses des rattes traitées ne contiennent pas plus d'ARNm, de prolactine et de GH (résultats non montrés).

Les extraits de plantes lactogènes sont donc comme des agents sécrétagogues ayant une action relativement peu spécifique.

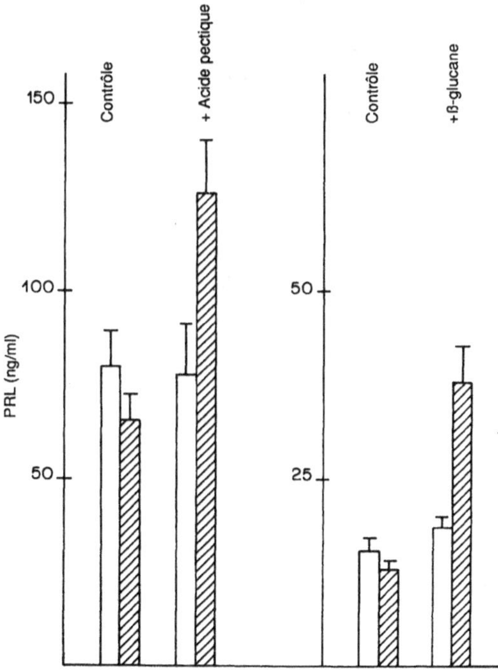

Fig. 21-9   Induction de la sécrétion de prolactine par l'hypophyse en présence de β-glucane et d'acide pectique. Des fragments d'hypophyse de brebis ont été incubés pendant 1 heure dans un milieu 199 ⬜ . Une partie des explants a ensuite été incubée une heure supplémentaire dans du milieu 199 seul ▨ (−) ou en présence de β-glucane 100 mg/ml ▨ (+) ou d'acide pectique 100 mg/ml ▨ (+). La prolactine a alors été mesurée dans les milieux d'incubation par un test radioimmunologique. Les résultats sont la moyenne (± SEM) de cinq incubations indépendantes.

Conclusions

Les expériences décrites dans ce chapitre démontrent que certaines plantes sont bien dotées de composés lactogènes actifs par voie orale. Ces composés qui sont de deux types, pectines et β-glucanes, agissent comme des sécrétagogues assez peu spécifiques. Le mode d'action de ces composés au niveau cellulaire et moléculaire reste à déterminer. Il est particulièrement intéressant de noter que des fragments de pectines et de certaines β-glucanes sont considérés comme des composés à action hormonale dans le règne végétal [5]. Il semble donc que ces molécules douées d'un pouvoir informatif pour les cellules végétales présentent des effets de même type vis-à-vis des cellules animales. Il serait sans doute intéressant de définir les récepteurs des cellules animales qui perçoivent et transmettent des pectines et des β-glucanes et de déterminer la nature des éventuelles molécules des organismes animaux qui sont normalement responsables de ce type d'action.

Sur le plan pratique, il est devenu concevable d'extraire massivement des pectines et des β-glucanes des plantes qui les contiennent et de les administrer par voie orale dans le but de stimuler la sécrétion lactée et, éventuellement, d'autres fonctions biologiques. Cela est particulièrement vrai en ce qui concerne l'espèce humaine. Il paraît désormais possible d'utiliser rationnellement des extraits de plantes plutôt que de la bière pour favoriser l'allaitement maternel. Il n'est toutefois pas certain que ces extraits puissent être utilisés chez toutes les espèces. En effet, des expériences qui n'ont pas été toutes décrites ici indiquent que les composés lactogènes sont actifs chez les ruminants aussi bien que chez les monogastriques lorsqu'ils sont administrés par voie intraveineuse. En revanche, les ruminants semblent insensibles aux extraits de plantes administrés par voie orale. Les travaux réalisés au laboratoire ne permettent évidemment pas d'affirmer que les composés lactogènes des plantes sont utilisables dans la pratique pour stimuler la sécrétion lactée. Des expériences restent à faire pour s'en assurer et pour évaluer l'impact réel d'une telle pratique.

RÉFÉRENCES

1. CARLSON HE, WASSER HL, REIDELBERGER RD (1985) Beer induced prolactin secretion : a clinical and laboratory study of the role os salsolinol. *J Clin Endocr Metab* **60** : 673-677

2. EDERY M, HOUDEBINE LM, DJIANE J, KELLY PA (1984) Studies of β-casein content of normal and neoplastic rat mammary tissues by a homologous radioimmunoassay. *Mol Cell Endocrinol* **34** : 145-151

3. HOUDEBINE LM (1986) Contrôle hormonal du développement et de l'activité de la glande mammaire. *Reprod Nutr Dev* **26** : 523-541

4. ROSENGARTEN F (1982) A neglective Mayan secretagogue - Ixbert (Euphorbia lancifolia). *J Ethnopharmacol* **5** : 91-112

5. RYAN CA (1987) Oligosaccharide signalling in plants. *Annu Rev Cell Biol* **3** : 295-317

6. SAWADOGO L (1987) Thèse de Doctorat d'État. Contribution à l'étude des plantes médicinales et de la pharmacopée traditionnelle africaine, Université de Tours

7. SAWADOGO L, HOUDEBINE LM (1988 a) Induction de la synthèse de caséine β dans la glande mammaire des rates traitées par des extraits de plantes. *CR Acad Sci Paris* **306** : 167-172

8. SAWADOGO L, HOUDEBINE LM (1988 b) Identification of the lactogenic compound present in beer. *Ann Biol Clin* **46** : 129-134

9. SAWADOGO L, HOUDEBINE LM, THIBAULT JF, ROUAU X (1988 a) Mise en évidence d'extraits de plantes possédant une activité galactogène. *Bull Med Trad* **2** : 19-27

10. SAWADOGO L, HOUDEBINE LM, GUEGUEN J, BEROT S (1988 b) Mise en évidence des propriétés galactogènes de divers extraits de graine de coton. *Bull Med Trad* **2** : 133-146

11. SAWADOGO L, HOUDEBINE LM, THIBAULT JF, ROUAU X, OLLIVIER-BOUSQUET M (1988 c) Effect of pectic substances on prolactin and growth hormone secretion in the ewe and on the induction of casein synthesis in the rat. *Reprod Nutr Dev* **28** : 293-301

12. SEPEHRI H, RENARD C, HOUDEBINE LM (1990) β-glucan and pectin derivatives stimulate secretion from hypophysis in vitro. *Proc Soc Biol Exp Med* **194** : 193-197

22

Protéines du lait : structure et fonctions

B. Ribadeau-Dumas

On ne réalise pas assez l'interdépendance des êtres vivants. Si certains micro-organismes, certains végétaux sont strictement autarciques, la sélection naturelle a « rapidement » généré des espèces qui ne peuvent se passer de ceux-ci. Bien rares sont maintenant les espèces animales qui ne dépendent pas, au moins pour leur alimentation, d'autres espèces déjà hétérotrophes.

Le statut du nouveau-né a suivi la même évolution. Chez de nombreux ovipares, le jeune ne dépend de sa mère qu'indirectement, par les aliments qu'elle lui apporte. Chez certains, comme le pigeon, une sécrétion maternelle contribue à son alimentation.

C'est devenu « la règle » chez les mammifères, où le lait est, chez les espèces sauvages, un intermédiaire obligatoire entre la mère et le jeune. Mais on aurait pu penser à un système plus « économique », dans lequel les composants du lait auraient été directement utilisables : nucléotides, acides aminés, acides gras, glycérol, glucose, vitamines, minéraux... En ce qui concerne notamment les composés azotés non vitaminiques du lait, essentiellement des protéines, leur utilisation par le jeune, principalement pour la synthèse de ses propres protéines et acides nucléiques, n'aura lieu qu'après un long chemin qui commencera par une dégradation complète en acides aminés libres dans le tractus digestif.

S'est ainsi posée aux biochimistes, depuis bien longtemps déjà, la question suivante : l'évolution, qui par ailleurs apparaît « intelligente », a-t-elle conduit la mère à synthétiser dans la glande mammaire une dizaine de protéines différentes qui participeraient toutes, malgré leurs structures variées, à une unique, et somme toute modeste, fonction, l'apport d'acides aminés, dont certains certes sont indispensables ?

Dans ce chapitre, l'auteur tentera de montrer, à partir des connaissances actuelles, qu'il n'en est rien, que les protéines du lait ont d'autres fonctions biologiques et que, par ailleurs, l'industrie laitière cherche aujourd'hui à exploiter au mieux ces fonctions et à en créer de nouvelles.

Concernant les protéines du lait, des données exhaustives et assez récentes, en anglais, d'autres plus brèves et plus récentes, en français, pourront être trouvées respectivement en [31, 32, 33] et en [88, 120], la dernière de ces références concernant le lait humain.

Pour l'objectif que nous nous sommes fixé, il nous paraît suffisant de présenter ce que l'on sait actuellement de la localisation des protéines dans le lait frais, de leurs sites de biosynthèse, de leur structure et de leurs fonctions. Le lecteur pourra retracer l'histoire de ces connaissances en se référant aux publications mentionnées ci-dessus.

Localisation des protéines dans le lait frais

Le lait contient plusieurs types d'éléments figurés, faciles à mettre en évidence : des globules gras entourés d'une membrane phospholipidique classique (MGG), des micelles, éléments sphériques plus petits (30-300 nm) qui donnent au lait écrémé son aspect blanc, des leucocytes de différentes classes et des fragments de membranes (plasmiques, réticulaires et golgiennes). Tous ces éléments, ainsi que la phase aqueuse (lactosérum), contiennent des protéines.

Protéines membranaires

Les protéines liées, plus ou moins fortement, aux différentes membranes présentes dans le lait, MGG, membranes cellulaires, fragments membranaires, sont quantitativement minoritaires dans toutes les espèces. Leur intérêt vient de ce que ce sont, pour la plupart, des enzymes qui peuvent agir dans la mamelle, durant le stockage du lait frais, au cours des traitement technologiques ou dans le tractus digestif du nouveau-né.

A la MGG sont associées la xanthine oxydase [18], la phosphatase alcaline, et la butyrophiline [43] dont on ne connaît pas l'activité.

La sulfhydryl oxydase et la Ca-ATPase sont liées aux membranes présentes dans le lait écrémé [33, 107].

La catalase est associée aux fractions membranaires de la crème et du lait écrémé. D'autres enzymes, enfin, se distribuent entre plusieurs phases. C'est le cas du plasminogène et de la plasmine, qui sont présents dans le lactosérum, mais sont également liés aux micelles et, dans une moindre mesure, à la MGG [33, 107].

Protéines micellaires

Les micelles, fortement hydratées, ne contiennent que des phosphosprotéines, les caséines, et du phosphate de calcium amorphe. Quelques enzymes (plasminogène-plasmine, lipoprotéine lipase) sont en partie liées à leur surface [33]. Nous verrons qu'aux plans structure et fonctions, les quatre caséines que l'on connaît chez tous les bovins, α_{s1}, α_{s2}, β et $\varkappa$, ont, et plus particulièrement les trois premières (groupe A), des points communs.

La structure micellaire, qui requiert la présence d'au moins une caséine du groupe A et de la caséine $\varkappa$, semble importante pour le jeune comme nous le verrons plus loin. Dans le lait humain, seules les caséines $\varkappa$ et surtout β sont présentes en quantité notable [24]. Des traces de caséine α_{s1} y ont été récemment décelées [136]. Chez certaines chèvres, selon le génotype, la caséine α_{s1} serait absente ou non [55]. Les proportions des caséines du groupe A peuvent varier fortement d'une espèce à l'autre, et parfois à l'intérieur d'une même espèce [55, 76].

Protéines du lactosérum

Le lactosérum contient un peu de caséines (1 à 2 % de la caséine totale à température ambiante), mais cette teneur peut augmenter fortement lorsque la température est abaissée, la caséine β étant prédominante dans cette « caséine soluble ». Après un stockage de 48 heures à 4 °C, 42 % de la caséine totale peuvent devenir solubles [31].

Chez la vache, les protéines du lactosérum les plus abondantes à température ambiante sont la β-lactoglobuline (β-Lg) et l'α-lactalbumine (α-La) ; chez la femme, ce sont la lactoferrine (LF ou lactotransferrine) et l'α-La. Cette dernière a été trouvée dans le lait de toutes les espèces, sauf l'otarie de Californie [76]. La β-Lg, dont le lait des primates et des rongeurs semble dépourvu [15], n'est pas seulement présente dans le lait des ruminants, comme on le pensait autrefois. Elle a été trouvée dans le lait de truie, de jument, d'ânesse, de chienne, de dauphin, de lamantin et de kangourou [50].

Une protéine phosphorylée, la WAP (*whey acidic protein*), n'a été trouvée que dans le lactosérum de trois rongeurs, rat, souris, lapin [34] et de chameau [7]. Notons enfin la présence, dans le lactosérum, d'immunoglobulines de type G (IgG), de type sécrétoire M et A (sIgM, sIgA), de sérum albumine, de lactoperoxydase (LP), de lysozyme (LZ) et d'un grand nombre d'autres enzymes [33], de protéine liant le folate [131], d'inhibiteurs de protéases, etc.

Sites de biosynthèse des protéines du lait

La majeure partie des protéines du lait est naturellement synthétisée dans les cellules sécrétoires de la glande mammaire. Cependant certaines proviennent de plasmocytes spécialisés, d'autres du sang.

Protéines synthétisées dans la glande mammaire

Ce sont les caséines, la β-Lg, l'α-La [98], la LF [93], la xanthine oxydase [18], la butyrophiline [43], probablement le LZ, la LP [33], la WAP [34]. Les laits de lapine, de rate et de chienne semblent dépourvus de LF, tandis que les laits de cobaye et de souris contiennent à la fois LF et transferrine sérique, cette dernière étant peut-être synthétisée dans la mamelle [93]. Les six premières protéines, dont les quatre caséines, ne se trouvent que dans la glande mammaire. En revanche, la LF, la LP et le LZ semblent synthétisés dans tous les épithéliums sécrétoires. Les espèces autres que les ruminants semblent avoir le même LZ, de type c, dans tous les organes. En revanche, les ruminants ont, à un faible niveau dans la plupart des tissus et dans le lait, un LZ de type g que l'on trouve avec le premier chez les oiseaux, le LZc étant surtout présent, à un niveau élevé, dans l'estomac [36].

Protéines issues de plasmocytes

Des plasmocytes provenant des tissus lymphoïdes associés au tube digestif et au tractus respiratoire se nichent dans la glande mammaire, au voisinage des cellules sécrétrices. Ils synthétisent des IgA (et des IgM) polymériques dont les monomères sont reliés par une protéine, la pièce de jonction (J). Ces Ig polymériques sont excrétés dans les espaces interstitiels subépithéliaux et se lient spécifiquement par la protéine J au composant sécrétoire (SC), une protéine transmembranaire exprimée sur les surfaces basolatérales des cellules épithéliales. Le complexe ligand-récepteur est internalisé par la cellule épithéliale sécrétoire, transporté vers la membrane apicale d'où l'anticorps fonctionnel, encore lié à une portion de SC, est libéré sous forme d'Ig sécrétoires (sIgA, sIgM) qu'on trouve dans le lait ainsi qu'une partie de SC à l'état libre [94]. Les sIgA, comme la LF, la LP et le LZ, sont présentes dans toutes les sécrétions.

Protéines issues du sang

Il a été montré par des techniques immunochimiques, il y a longtemps déjà, que pratiquement toutes les protéines du sérum sanguin se retrouvent, à un faible niveau en général, dans le lait. La sérum albumine du lait est identique à celle du sang [31] ; le passage du plasminogène du sang au lait a été clairement mis en évidence [38].

Chez les espèces dans lesquelles l'immunité n'est pas acquise in utero (bovins, ovins, caprins, porcins, équins...), les IgG qui proviennent du sang sont présentes dans le colostrum à un niveau très élevé [94].

Structure des protéines du lait

Caséines

Dans le lait, ces protéines sont associées, entre elles et avec du phosphate de calcium, principalement par l'intermédiaire d'interactions hydrophobes et ioniques, pour former des agrégats de taille très importante. Isolées, en l'absence de phosphate et de calcium, chacune existe en solution sous forme d'agrégats plus ou moins hétérodisperses. De plus, en mélange, elles forment des agrégats hétérologues. Ces propriétés sont, semble-t-il, dues à leur hydrophobicité et à leur teneur en proline élevée. Des études de dispersion rotatoire optique et de dichroïsme circulaire ont montré qu'il y a peu de structure secondaire régulière, particulièrement d'hélice α, dans les caséines [23, 31]. Isolées, les caséines du groupe A sont insolubles à température ambiante en présence de faibles concentrations de calcium, la caséine β soluble même à forte concentration en Ca^{2+} à basse température, la caséine $\varkappa$ est soluble à toutes températures. On sait depuis longtemps que, dans le lait, cette dernière stabilise les autres caséines en formant les agrégats que sont les micelles [31].

La caséine $\varkappa$ est la seule à être glycosylée. De courtes chaînes (les plus longues connues renferment six unités), linéaires ou avec un ou deux points de branchement, sont liées à la chaîne peptidique par liaisons O-glycosidiques. Elles sont constituées d'acide N-acétyl ou glycolylneuraminique, de galactose, de N-acétylgalactosamine, de N-acétylglucosamine et de fucose. La caséine $\varkappa$ de colostrum est particulièrement riche en sucres. Dans l'espèce humaine et chez la truie, la fraction glucidique représente environ 50 % de la caséine $\varkappa$ [124].

Les quatre caséines (Mr de 19 000 à 25 000) se distinguent très nettement de toutes les autres protéines du lait par leur comportement en solution et par leur structure tertiaire lâche, peu ordonnée. Cela les rend particulièrement sensibles à l'action des protéases et particulièrement insensibles aux traitements qui, d'habitude, dénaturent les protéines : chauffage, addition d'urée ou de Gu.HCl. C'est probablement la raison pour laquelle aucune n'a pu être cristallisée. Elles se distinguent également des protéines du lactosérum, sauf de la WAP, par le fait qu'elles sont phosphorylées, leurs groupements phosphate participant, en s'intercalant dans le réseau semi-cristallin de phosphate de calcium, à l'assemblage micellaire [31].

Une revue comparant les structures primaires connues et les structures secondaires prédites des caséines, en relation avec leurs fonctions biologiques, a été publiée récemment [70].

On trouvera dans la figure 22-1 la structure primaire des six principales protéines de lait de vache, dans le tableau 22-1 la liste des diverses protéines du lait de nombreuses espèces dont la structure primaire est connue, dans la figure 22-2 la structure des chaînes glycosidiques de la caséine $\varkappa$ bovine, dans la figure 22-3 les caractéristiques des sites de phosphorylation des caséines.

Protéines du lactosérum

A l'inverse des caséines, toutes les protéines connues du lactosérum ont une structure globulaire compacte qui les rend plus sensibles à la chaleur et moins sensibles aux protéases. Toutes sont, dans le lait, à l'état de monomères ou d'homo-oligomères.

β-Lactoglobuline

Cette protéine (βLg, Mr : 18 300) est dimérique dans le lait des ruminants et du kangourou, monomérique chez tous les monogastriques où elle a été mise en évidence : truie,

```
                                                                    30
L I V T Q T M K G L D I  Q K V A G T W Y S L A M A A S D I  S

                                                                    60
L L D A Q S A P L R V Y  V E E L K P T P E G D L E I L L  Q K
                         Q(3)                               H (2)
                                                                    90
W E N G E C A Q K K I I  A E K T K I P A V F K I D A L N E N
       D(2)
                                                                   120
K V L V L D T D Y K K Y L L F C M E N S A E P E Q S L A C Q
                                                           V   (1)
                                                                   150
SH
C L V R T P E V D D E A L E K F D K A L K A L P M H I R L S

                       162
F N P T Q L E E Q C H I
```

Fig. 22-1   A : Structure primaire de la β-lactoglobuline B bovine [11, 54]. Renvois n° 1, 2, 3 : substitutions correspondant aux variants A, B, D.

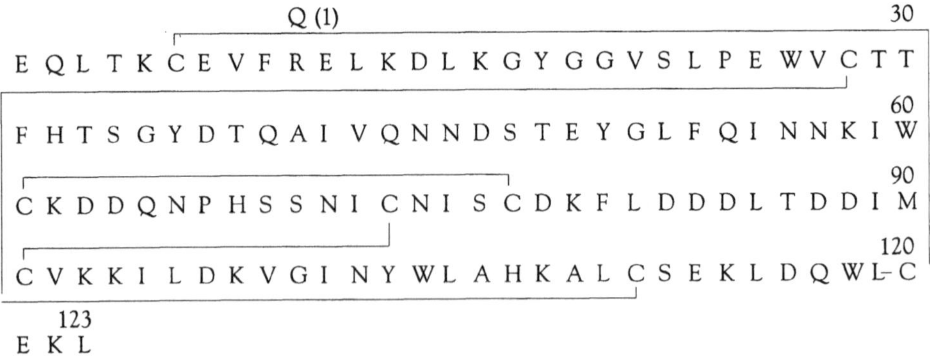

```
                    Q (1)                                    30
E Q L T K C E V F R E L K D L K G Y G G V S L P E W V C T T

                                                             60
F H T S G Y D T Q A I V Q N N D S T E Y G L F Q I N N K I W

                                                             90
C K D D Q N P H S S N I C N I S C D K F L D D D L T D D I M

                                                            120
C V K K I L D K V G I N Y W L A H K A L C S E K L D Q W L-C

    123
E K L
```

Fig. 22-1   B : Structure primaire de l'α-lactalbumine B bovine [12, 54, 73, 127]. Renvoi n° 1 : substitution correspondant au variant A.

```
                        ──────────── (1)────────────          30
R P K H P I  K H Q G L  P Q E V L N E N L  L R F F V A P F P E

                                            T-p (3)            60
V F G K E K V N E L S K D I  G S E S T E D Q A M E D I  K Q M
          p (4)              p   p
                                                          90
E A E S I  S S S E E I  V P N S  V E Q K H I  Q K E D V P S E R
    p      p p p              p
                                                         120
Y L G T L E Q L L R L K K Y K V P Q L E I  V P N S A E E R L
                                                  p
                                                         150
H S M K E G I  H A Q Q K E P M I  G V N Q E L A Y F Y P E L F

                                                         180
R Q F Y Q L D A Y P S G A W Y Y V P L G T Q Y T D A P S F S

                E (2)                199
D I  P N P I  G S E N S G K T T M P L W
```

Fig. 22-1   C : Structure primaire de la caséine α_{S1} **C bovine** [100, 54, 129]. Renvoi n° 1 de la figure : délétion du variant A ; renvois n° 2 et 3 : substitutions correspondant aux variants B, D ; renvoi n° 4 : sérine partiellement phosphorylée ; p : groupement phosphate.

```
                                                         30
K N T M E H V S S S E E S I  I  S Q E T Y K Q E K N M A I  N P
          (p) p p              p
                                ──────── (3) ──────────    60
S K E N L C S T F C K E V V R N A N E E E Y S I  G S S S E E
                                                p p p   90
S A E V A T E E V K I  T V D D K H Y Q K A L N E I  N Q F Y Q
p             (p)
                                                         120
K F P Q Y L Q Y L Y Q G P I  V L N P W D Q V K R N A V P I  T

                                                         150
P T L N R E Q L S T S E E N S K K T V D M E S T E V F T K K
              p     p                       p
                                                         180
T K L T E E E K N R L N F L K K I  S Q R Y Q K F A L P Q Y L

                                          207
K T V Y Q H Q K A M K W I  Q P K T K V I  P Y V R Y L
              L (2)
```

Fig. 22-1   D : Structure primaire de la caséine α_{S2} **A bovine** [14, 54, 128]. Renvoi n° 1 de la figure : délétion du variant D ; renvoi n° 2 : séquence déduite de l'ADNc [128].

```
                                                                    30
R E L E E L N V P G E I V E S L S S S E E S I T R I N K K I
                            p       p p p

      S(4)                                                          60
E K F Q S E E Q Q Q T E D E L Q D K I H P F A Q T Q S K V Y
      p K K(4)
        (5)

                                                                    90
P F P G P I P N S L P Q N I P P L T Q T P V V V P P F L Q P
          H(1)

                                                                   120
E V M G V S K V K E A M A P K H K E M P F P K Y P V E P F T
                          Q(2)

                                                                   150
E S Q S L T L T D V E N L H L P L P L L Q S W M H Q P H Q P
  R(3)

                                                                   180
L P P T V M F P P Q S V L S L S Q S K V L P V P Q K A V P Y

                                                                   209
P Q R D M P I Q A F L L Y Q E P V L G P V R G P F P I I V
```

Fig. 22-1   E : Structure primaire de la caséine β A^2 bovine [121, 5, 21, 54]. Renvois n° 1, 2, 3, 4 et 5 : substitutions correspondant aux variants A^1, A^3, B, C, E. Fragments 1-28, 29-105, 1-105 : protéose-peptones 8 *fast*, 8 *slow*, 5 ; fragments 29-209, 166-209, 108-209 : caséines γ_1, γ_2, γ_3 [31].

```
                                                                    30
Z E Q N Q E Q P I R C E K D E R F F S D K I A K Y I P I Q Y

                                                                    60
V L S R Y P S Y G L N Y Y Q Q K P V A L I N N Q F L P Y P Y

                                                                    90
Y A K P A A V R S P A Q I L Q W Q V L S N T V P A K S C Q A

                                    ↓                              120
Q P T T M A R H P H P H L S F M A I P P K K N Q D K T E I P

                                        I(1)              (1)A 150
T I N T I A S G E P T S T P T T E A V E S T V A T L E D S P
                        (p)                                      p
                                        169
E V I E S P P E I N T V Q T S T A V
```

Fig. 22-1   F : Structure primaire de la caséine $\varkappa$ A bovine [96, 54, 129]. Renvoi n° 1 : substitutions correspondant au variant B ; ↓ : site de coupure par la chymosine ; fragment 1-105 : paracaséine k ; fragment 106-169 : caséinomacropeptide [31] ; soulignés : sites probables de glycosylation partielle [140] ; Z, résidu pyroglutamyle.

Tableau 22-1   Protéines du lait de structure primaire connue par séquençage de la protéine (p), de l'ADN(c), du gène (g). Les chiffres correspondent aux références citées.

α-Lactalbumines

Vache (p : 12, 127, ; c : 73, g : 133), brebis (c : 46), chèvre (p : 90, 127), jument (p : 81), chamelle (p : 6), lapine (p : 71), cobaye (p : 13 ; c : 59 ; g : 86), rate (p : 115 ; c : 29 ; g : 117), kangourou (p : 127), femme (p : 13 ; c : 59 ; g : 60), truie (p : 51).

β-Lactoglobulines

Vache (p : 11 ; c : 74, 75, 135), bufflesse (p : 84), brebis (p : 83 ; c : 45 ; g : 3, 63), chèvre (p : 116), mouflon (p : 48), jument I (p : 25), jument II (p : 47), ânesse I (p : 50), truie I (p : 26), kangourou (p : 49).

Autres protéines du lactosérum

Protéine acide du lactosérum (*whey acidic protein*, WAP) de lapine (c : 34), de rate (c : 30 ; g : 20), de souris (c : 64 ; g : 20), de chamelle (p : 7) ; lactoferrine humaine (p : 101), de souris (c : 111) ; lysozyme humain (p : 79), de babouin (p : 66) ; β_2-microglobuline bovine (p : 57) ; protéine bovine liant le folate (p : 131) ; inhibiteur trypsique basique du colostrum bovin (p : 22) ; inhibiteur colostral bovin de protéases à cystéine (p : 67) ; angiogénine (p : 91).

Caséines α_{s1}

Vache (p : 100, 56 ; c : 52, 105, 129), brebis (c : 99), chèvre (p : 17), lapine (c : 35), cobaye (c : 58), rate (c : 68), souris (c : 40).

Caséines α_{s2}

Vache (p : 14 ; c : 128), brebis (c : 10), cobaye (c : 61), rate (c : 68 ; g : 138), souris (c : 65).

Caséines β

Vache (p : 21, 56, 121 ; c : 5, 128, 77, 52), brebis (p : 123), lapine (c : 126), rate (c : 9 ; g : 80) ; souris (c : 137), femme (p : 53 ; c : 89).

Caséines $\varkappa$

Vache (p : 96 ; c : 82, 129 ; g : 2), brebis (p : 78), chèvre (p : 97), rate (c : 106), souris (c : 132), femme (p : 16).

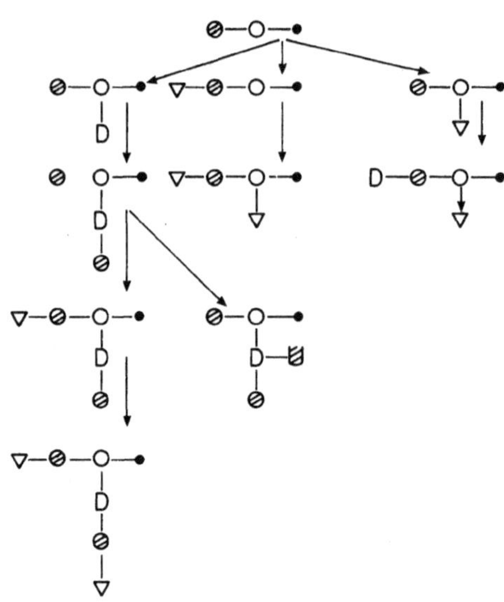

Fig. 22-2 Structures connues et filiation possible des chaînes glycosidiques de la caséine $\varkappa$ bovine (lait mature et colostrum) [41]. La caséine $\varkappa$ bovine est fortement hétérogène, essentiellement par suite de glycosylation incomplète et apparemment aléatoire (sites de glycosylation non occupés ou occupés par des chaînes glycosidiques différentes). De plus, si toutes ses fractions sont phosphorylées en position 149, certaines le sont également en position 127 ; d'autres enfin portent 3 groupements phosphate, le 3° étant en position inconnue. La caséine $\varkappa$, lorsqu'elle porte plusieurs groupements phosphate, ne semble pas glycosylée [134]. Treize oligosaccharides ont été caractérisés dans la caséine $\varkappa$ humaine [124]. —● : liaison avec Thr ou Ser ; ⊘ : Gal ; □ : Fuc ; ○ : Gal Nac ; D : Glc Nac ; ▽ : Neu Ac.

Caséine β

15
S̲ L S̲ S̲ S̲ E̲ E̲ S I T R I - N K̲ K̲ I E K̲ F̲ Q S E E Q Q̲ Q̲ T E̲ - D E̲

194
S̲ M S̲ S̲ S̲ E E - - - H A C Q K̲ K̲ L L K̲ F E A L - - Q Q̲ E E̲ G E E̲
Rfbp

Fig. 22-3 Sites de phosphorylation des caséines [95]. Le phosphate des caséines est toujours fixé par liaison ester à des résidus Ser ou Thr contenus dans la séquence Ser/Thr-X-A, X semblant être un résidu quelconque, A étant un résidu acide. Cependant certains de ces sites peuvent ne pas être phosphorylés. Les sites trouvés actuellement sont les suivants : Ser-X-Glu : très fréquent ; Ser-X-SerP : (site secondaire), fréquent ; Thr-X-Glu : 2 et 1 sites partiellement phosphorylés, respectivement dans la caséine α_{s2} bovine, et les caséines β ovine, caprine et humaine ; 1 site totalement phosphorylé dans la caséine α_{s1} D bovine ; Ser-X-Asp : 1 site partiellement phosphorylé dans la caséine α_{s1} bovine. Des sites tels que Thr-X-Asp, Thr-X-SerP/ThrP et Ser-X-ThrP n'ont jamais été mis en évidence.

Toutes les caséines de type α_{s1}, α_{s2}, et β renferment une (α_{s1} et β) ou deux (α_{s2}) régions comportant au moins 3 sérine-phosphate contigus, de type $(SerP)_n$-Glu-Glu. Les extrêmes connus sont les séquences $(SerP)_5$-Glu-Glu dans les caséines α_{s1} de chèvre et de brebis. Il y a tout lieu de penser que la séquence homologue $(Ser)_8$-Glu-Glu de la caséine α_{s1} de rate puisse être totalement phosphorylée [68].

Comme montrée ci-dessous, une homologie de séquence importante existe entre 2 segments d'une trentaine de résidus, comportant chacun un site majeur de phosphorylation, appartenant l'un à la partie N terminale de la caséine β bovine, l'autre à la partie C terminale de la *riboflavine binding protein* (Rfbp) du blanc d'œuf [70].

jument, ânesse, chienne, dauphin, lamantin. Le lait de jument contient 2 βLg différentes, dont l'une est la seule à ne pas avoir un thiol libre [47].

Cette protéine est remarquablement stable à pH acide, résiste bien à l'hydrolyse par la chymotrypsine et surtout la pepsine [118]. La structure de la β-Lg bovine, à 2,8 et à 2,5 Å de résolution respectivement, a été publiée récemment par deux groupes indépendants [103, 110]. La molécule a la forme d'un cône aplati dont le cœur est un *β-barrel* à 8 brins antiparallèles. Un 9ᵉ brin est impliqué dans la formation du dimère en établissant des interactions antiparallèles avec le brin correspondant du second protomère (Fig. 22-4).

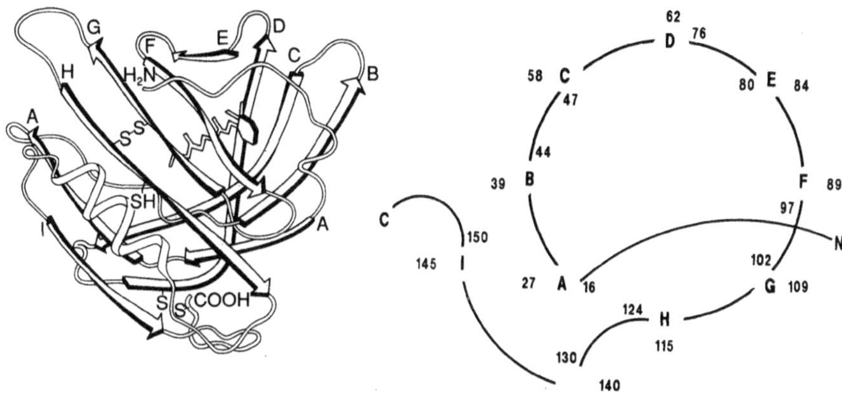

Fig. 22-4   Structure tertiaire de la β-lactoglobuline bovine [110]. A : Vue de l'ensemble de la molécule, avec la localisation proposée du rétinol. Les flèches indiquent les brins des feuillets bêta. **B :** Vue de la molécule en coupe perpendiculaire à l'axe du cône. A à H, brins antiparallèles de la structure bêta. Les brins B, D, F, H, I, ont leur N terminal vers le haut. Les brins A, B, C, D et E, F, G, H qui forment les faces opposées du cône sont orthogonaux. Le brin I est impliqué dans la formation du dimère par interactions antiparallèles avec le même brin du 2ᵉ protomère. Le cercle 130-140 est une hélice alpha formée de 3 tours.

Des homologies de séquences et des structures tertiaires très voisines ont montré que la β-Lg appartenait à une famille de protéines capables de transporter de petits ligands hydrophobes : *retinol binding protein* plasmatique humaine, aprolipoprotéine D plasmatique humaine, protéine urinaire HC, α1-microglobuline humaine, β-microglobuline des ongulés, α2μ-globuline des rongeurs, insecticyanine du *hornworm* du tabac, protéine BG de grenouille [87, 110]. Papiz et al. [110] postulent que le rétinol se lie au centre du cône que constitue la molécule de βLg, comme c'est le cas pour la RBP. Cependant Monaco et al. [103], par l'établissement d'un diagramme de densité électronique différentiel comparant la βLg native (sans rétinol) et le complexe β-Lg-rétinol, ont montré que le rétinol se fixe à la protéine dans une poche de surface hydrophobe.

α-Lactalbumine

Monomérique dans le lait, cette protéine (α-La, Mr : 14 200) n'est dégradée par la pepsine qu'au-dessous de pH 3,5 (Miranda, communication personnelle), pH où l'on sait qu'elle subit un changement de conformation et perd l'ion Ca^{2+} qu'elle contient.

La structure primaire de l'α-La d'un bon nombre d'espèces est connue (Tabl. 22-1). La protéine présente environ 40 % d'homologie avec les LZ de type c. Cette homologie a été retrouvée au niveau du gène [117]. La structure tertiaire de l'α-La de babouin a été déterminée récemment à 1,7 Å de résolution. Elle est très voisine de celle du LZ [1]. Si la séquence de cette protéine n'était pas connue, des études préliminaires suggéraient un nombre minime de différences entre les séquences des protéines de femme et de babouin. Il est apparu que l'α-La possédait une boucle liant le calcium qui ressemble à la *EF-hand* présente dans les protéines modulées par le calcium. Dans l'α-La, l'ion Ca^{2+} est lié aux carbonyles de la Lys 79 et de l'Asp 84, aux carboxylates d'Asp 82, 87 et 88, et à deux molécules d'eau. Il semble que cet ion stabilise la molécule [130] (Fig. 22-5). La plupart des LZ ne fixent pas le calcium. Il a été cependant montré il y a peu que le LZ de jument le fixe [114].

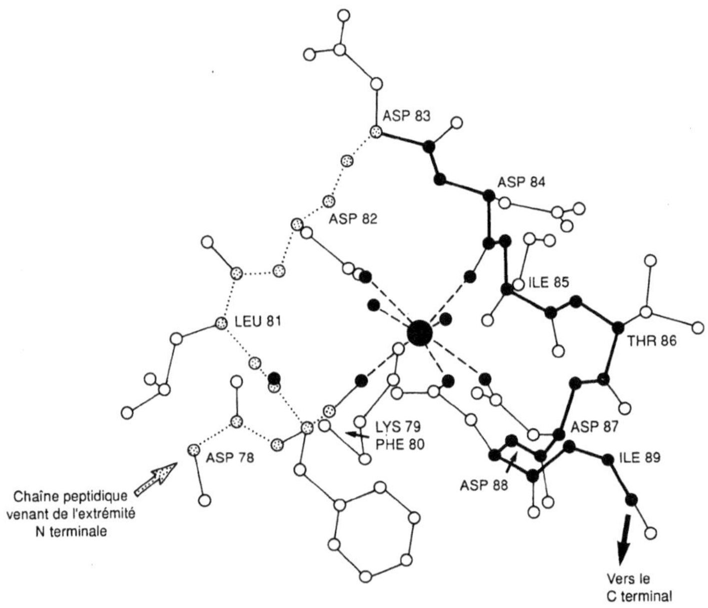

Fig. 22-5 Vue stéréoscopique de la boucle formée autour du calcium dans l'alpha lactalbumine. Cette boucle va de Asp 78 à Ile 89. Au centre, l'ion calcium (●) coordonné à ses 7 ligands (2 CO, 3 COO, 2 H_2). D'après Stuart et al. [130].

Lactoferrine

Cette protéine (LF, Mr : 80 000) est homologue de la transferrine sérique (sérotransferrine), de la conalbumine (ovotransferrine) et de la mélanotransferrine (de cellules de mélanome humain). La structure primaire de la LF humaine, sa structure tertiaire à une résolution de 3,2 Å sont connues. La protéine, qui contient 16 ponts disulfure, est formée de deux lobes homologues. Chacun a deux domaines, de structures supersecondaires similaires. Chaque lobe peut fixer, entre ses deux domaines, un ion ferrique et un ion CO_3^{2-} avec une constante d'association très élevée (10^{20}). Une chaîne glycannique est attachée à chaque lobe par liaison N-glycosidique. Il existe une similarité curieuse entre la structure de la LF et celle de protéines bactériennes liant l'arabinose, le galactose, la leucine, l'isoleucine, la valine et le sulfate. L'homologie la plus étroite est observée entre la LF et la *sulfate binding protein* de Salmonella typhimurium, dont la structure tertiaire est très voisine et dont le site de liaison du sulfate semble être homologue de celui du carbonate [4]. La structure primaire de la LF de souris a été déterminée récemment. Cette protéine présente 70 % d'homologie avec la LF humaine. Elle ne porte qu'un seul glycanne [111].

Autres protéines du lait

En ce qui concerne le LZ, mentionnons seulement que les structures primaires de LZ venant de nombreuses espèces (dans le lait, seules les enzymes humaine et de babouin ont été complètement séquencées) sont connues et que la structure tertiaire de l'enzyme humaine a également été élucidée.

La structure primaire de la lactoperoxydase bovine (LP) (Mr : 78 000, 612 résidus dont 15 demi-cystines, plus 26 résidus de mannose, 14 de N-acétylglucosamine, 4 de N-acétylgalactosamine et un hème) vient d'être élucidée dans notre laboratoire [19]. La LP présente une forte homologie (45 à 55 % d'identité) avec trois autres peroxydases de mammifères, dont les structures primaires (ADNc, gènes) ont été récemment obtenues chez plusieurs espèces. Ce sont la myéloperoxydase (MP) des leucocytes neutrophiles, l'éosinophile peroxydase des leucocytes éosinophiles (EP), et la thyroïde peroxydase (TP). Ces enzymes, dans l'organisme, agissent chacune en catalysant l'oxydation par H_2O_2 d'un halogénure ou pseudohalogénure : Cl^- pour le MP, Br^- pour l'EP, I^- pour la TP et SCN^- pour la LP. L'hème de la LP semble être lié à la chaîne peptidique par un pont disulfure avec une cystéine, et l'enzyme renfermerait sept ponts disulfure [19, 108].

Les WAP (rat, souris, lapin, chameau) sont des protéines comportant 117 à 126 résidus d'acides aminés et probablement huit (rat, chameau) ou six (souris) ponts disulfure. Quatorze demi-cystines sont en positions identiques dans les trois protéines. Les deux autres, qui sont absentes chez la souris, sont en positions identiques chez le rat et le chameau. Les trois protéines de rongeurs sont très voisines, et celle du chameau plus éloignée (40 % d'identité entre les protéines de rat et de chameau). A l'évidence, les WAP sont issues, par duplication, d'un gène ancestral (17 à 21 % d'identité entre les deux moitiés de la molécule). Elles possèdent en position proche du N-terminal une zone homologue des régions polyphosphorylées des caséines, qui comprend, selon l'espèce, un ou plusieurs sites potentiels de phosphorylation correspondant au code trouvé dans les caséines. Cependant, pour l'instant, la présence de groupements phosphate n'a été démontrée que pour la protéine de rat. Des similarités suggèrent une origine commune aux WAP, aux neurophysines et à une antiprotéase [7].

Des références concernant d'autres protéines du lait de structures primaires connues sont données dans le tableau 22-1.

Fonctions des protéines du lait

In fine, il ne fait pas de doute que toutes les protéines du lait ont une fonction purement nutritionnelle, étant converties dans leur quasi-totalité en acides aminés libres dans le tractus digestif. Mais il est également certain aujourd'hui que pratiquement chacune a une fonction propre, qui peut s'exercer chez la mère ou chez le jeune. Il se peut pourtant que la plupart des protéines venant du sang, présentes en faible quantité, ne soient là que par la suite de « fuites inévitables » et n'aient de ce fait, même si elles peuvent conduire à une évolution du lait lors de traitements technologiques, aucun rôle biologique précis.

Certaines protéines du lait sont impliquées dans la protection de la glande mammaire et du jeune vis-à-vis des agressions microbiennes, dans le transport d'ions minéraux ou de vitamines, dans la libération de peptides biologiquement actifs. On sait par ailleurs qu'il existe dans le lait des hormones peptidiques et des facteurs de croissance, et il a été montré récemment que l'EGF (*epidermal growth factor*) du lait a une action trophique sur les muqueuses gastrique et intestinale du jeune [8, 39]. On sait enfin que l'α-lactalbumine est directement impliquée dans la biosynthèse du lactose au sein des cellules épithéliales sécrétrices mammaires [98].

Fonction de protection

Chez certaines espèces, dont les ruminants, le jeune naît dépourvu d'IgG circulantes. Pour ces espèces, le colostrum est essentiel car ses IgG, très abondantes, passent très facilement dans le sang du jeune durant les premiers jours de la vie, avant que celui-ci ne commence à synthétiser ses propres immunoglobulines. Il est possible que les IgG absorbées massivement par le jeune ruminant aient aussi une action préventive (ou curative) dans le tractus digestif, car des préparations d'immunoglobulines bovines provenant de vaches vaccinées contre des pathogènes humains (souches de E coli, rotavirus) semblent avoir donné de bons résultats dans le traitement d'infections digestives chez le nouveau-né [119]. Dans la mamelle, également, il est certain que les IgG ont un rôle protecteur important durant la période colostrale.

L'effet antibactérien exercé par les IgG (et les IgM), par agglutination des micro-organismes antigéniques, par l'activation du complément et la stimulation de la phagocytose, est différent de celui exercé localement par les IgA que l'on trouve dans toutes les sécrétions externes et qui sont les immunoglobines prédominantes dans le lait des espèces où l'immunité passive est acquise par voie transplacentaire durant la gestation. Il a été montré que la liaison de s-IgA à des entérobactéries inhibe la division cellulaire et produit ainsi une forte action bactériostatique. De plus ces anticorps inhibent l'adhésion bactérienne aux muqueuses, comme d'ailleurs les IgG ; ils sont dirigés contre des épitopes du lipopolysaccharide de ces bactéries et contre des structures bactériennes impliquées dans l'adhésion, telles que les pili [62].

D'autres protéines du lait, LF, LP, LZ, exercent une fonction bactériostatique ou bactéricide dans la mamelle et dans le lait. Cependant leurs proportions dans le lait varient grandement selon les espèces, chacune ayant ainsi son propre système immunitaire : la teneur en LP du lait humain est négligeable, tandis que ce lait est particulièrement riche en LF et LZ ; la teneur du lait de vache en LZ est très faible. Chez certaines espèces, la LF est remplacée en partie ou en quasi-totalité par la transferrine sérique.

Le mécanisme d'action de la LP implique la présence de ses deux substrats « naturels », H_2O_2 et SCN^-. Le premier est produit par des micro-organismes catalase$^-$ comme les bactéries lactiques, ou par des enzymes telles que la glucose oxydase et la xanthine oxydase. L'ion SCN^- est ubiquiste dans les tissus et sécrétions. Il a une origine endogène (métabolisme des acides aminés soufrés) ou exogène (aliments contenant des glucosides qui produisent SCN^- par hydrolyse). Les cellules gastriques pariétales sécrètent SCN^-. La LP produit, à partir de ses deux substrats, l'ion $OSCN^-$ et des dérivés oxygénés supérieurs dont la toxicité pour les bactéries gram$^-$ est bien connue et semble provenir de l'oxydation de thiols essentiels à l'activité de certaines enzymes [119].

Le mode d'action de la LF est moins bien cerné : si son action bactériostatique a été bien montrée in vitro, aucune donnée concernant son action in vivo n'a été obtenue. Seules l'apo-LF (dépourvue de fer) ou la LF partiellement saturée ont une activité bactériostatique in vitro. Elle est due à leur activité chélatrice qui prive le milieu du fer nécessaire à la croissance des bactéries jusqu'à ce que celles-ci aient synthétisé et excrété des sidérophores en quantité suffisante. La LF est dans des conditions très favorables pour jouer un rôle de protection actif in vivo dans la mamelle après l'arrêt de la lactation : le citrate, défavorable à son activité, est rapidement réabsorbé et le bicarbonate, nécessaire à la fixation du fer sur la LF, diffuse à partir du sang [119]. En revanche la protection du nouveau-né par la LF est controversée. Des études conduites à l'INRA, sur des souris axéniques inoculées avec une souche d'E. coli sensible in vitro à la LF, sur des nouveau-nés humains inoculés avec la même souche dès la naissance, ont montré que des doses importantes d'un mélange LF bovine-IgG bovines, très efficace in vitro, n'avaient pas d'effet sur l'implantation intestinale de la souche [104].

L'activité du LZ est bien connue. Cette enzyme détruit le peptidoglycanne qui constitue la paroi de la plupart des bactéries en hydrolysant spécifiquement les liaisons β (1-4) qui joignent, en longues chaînes linéaires connectées par des segments oligopeptidiques, l'acide N-acétylmuramique et la N-acétylglucosamine. Bien que le lait humain contienne 10 mg de LZ pour 100 ml, son action in vivo sur la flore bactérienne du tractus digestif n'a jamais été montrée. En revanche, il se pourrait que le LZ, par l'intermédiaire des fragments de peptidoglycanne qu'il libère, joue un rôle d'immunomodulateur [119].

Ces différentes molécules antibactériennes semblent agir de façon synergique : par exemple, des immunoglobulines dirigées contre des sidérophores bactériens et leurs récepteurs membranaires renforcent l'activité de la lactoferrine [119].

Fonction de transport

Il est évident que tous les constituants du lait doivent se trouver dans un état compatible avec leur transfert de la mère au jeune et pouvoir atteindre leurs sites d'absorption respectifs sous une forme compatible avec cette absorption. Les protéines du lait sont particulièrement importantes pour le transfert de certains minéraux et de certaines vitamines.

Transfert de minéraux

La structure micellaire, par la fraction minérale colloïdale qui lui est associée, est particulièrement importante en ce domaine. Environ deux tiers du calcium, un tiers du magnésium et la moitié du phosphate inorganique présents dans le lait de vache sont sous une forme colloïdale essentiellement liée aux caséines. Une faible proportion du calcium et du magnésium est liée à l'α-La et à la β-Lg [69]. Déjà, la coagulation du lait et le début de la protéolyse des caséines dans l'estomac (Fig. 22-6) jouent sans nul doute un rôle important dans la régularisation et la spécificité de l'afflux peptidique au niveau duodénal. Les phosphopeptides issus de l'hydrolyse des caséines dans le tractus digestif ont une forte affinité pour le calcium tout en restant solubles ; sans qu'aucune preuve n'en ait été apportée, ils pourraient jouer un rôle dans le transport gastro-intestinal du calcium et peut-être d'autres ions minéraux.

On sait que le fer du lait de vache est lié à plusieurs protéines, dont les caséines, des protéines de la membrane des globules gras et la lactoferrine. Cette dernière possède de fortes homologies avec l'ovotransferrine, la mélanotransferrine et la transferrine sérique. Le rôle de cette dernière est connu depuis longtemps : elle transporte le fer, sous forme ferrique, des sites d'absorption et de dégradation de l'hème vers les sites de stockage, sous forme de ferritine, et d'utilisation (essentiellement le système hématopoïétique). Le passage du fer dans la cellule a lieu par l'intermédiaire d'un récepteur de la transferrine, molécule ancrée à la membrane plasmique, dont la structure primaire est connue. Il semble que le complexe transferrine-récepteur soit internalisé, la transferrine digérée et le récepteur recyclé [28]. Des rôles analogues sont postulés pour les autres transferrines. En ce qui concerne la LF, un récepteur spécifique a été mis en évidence sur la bordure en brosse de l'intestin grêle de souris, récepteur qui semble lier les lactoferrines de diverses espèces, mais non les autres transferrines [72]. Il serait séduisant de penser que la LF est responsable du transport de tout le fer, chez le jeune, jusqu'à des récepteurs intestinaux. Mais la question se pose alors de savoir où et comment la LF, qui ne renferme qu'une certaine proportion du fer contenu dans le lait, sans pourtant être saturée, « récupère » le fer dans le tractus gastro-intestinal.

Transfert des vitamines

Si les vitamines liposolubles semblent incluses dans la phase grasse du lait, les vitamines hydrosolubles sont soit libres, soit partiellement liées à des protéines (thiamine, riboflavine sous forme de FMN et FAD, acide pantothénique), soit liées totalement à des protéines de transport spécifiques. C'est le cas du folate et de la cyanocobalamine (*folate binding protein*, FBP ; *vit. B$_{12}$ binding protein*) [33]. Il a été montré récemment que la *ribo-flavin binding protein* (RfBP) du blanc d'œuf de poule présente, au niveau structure primaire, une homologie de plus de 30 % avec la FBP. Des neuf ponts disulfure de la RfBP, huit sont conservés dans la FBP de lait de vache [141].

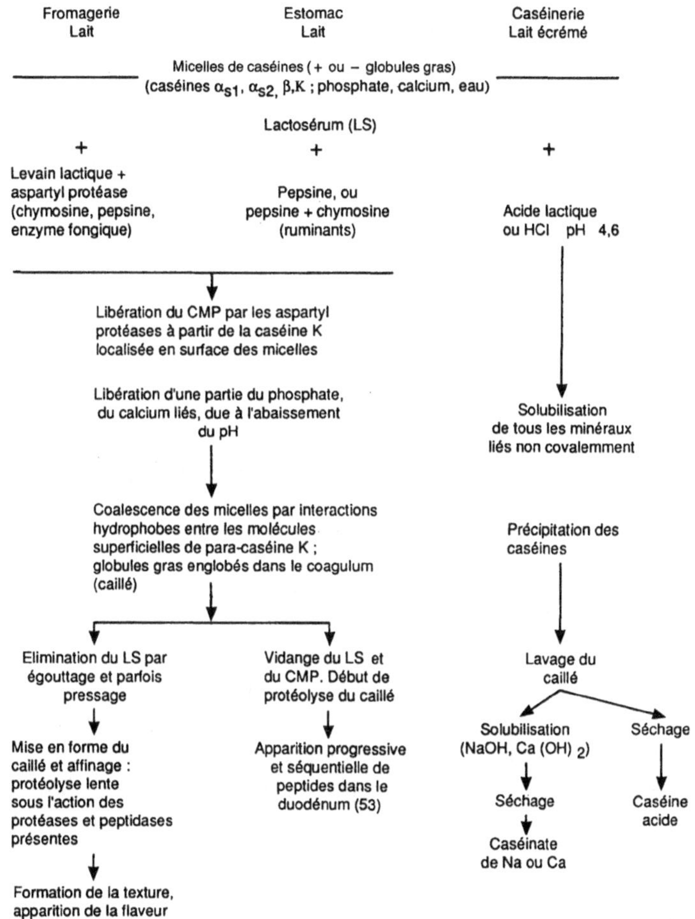

Fig. 22-6 Coagulation du lait.

La vitamine A est surtout présente dans le lait de vache sous forme de rétinol estérifié et de β-carotène. Il semble bien établi que ces deux formes se trouvent quasi-exclusivement dans la phase grasse [27]. Depuis longtemps on sait qu'in vitro la β-Lg lie une molécule de rétinol par monomère avec une constante d'association élevée (2×10^8 M) et que cette liaison ne dépend pas du pH entre 2 et 7,5 [44]. L'intérêt porté à la β-Lg s'est considérablement renforcé ces dernières années, lorsque l'élucidation de la structure tertiaire de cette protéine a montré des homologies étroites avec la *retinol binding protein* (RBP) du sang, qui transporte le rétinol de ses réserves hépatiques vers ses sites d'utilisation. Il a été montré que le complexe β-Lg-rétinol se lie spécifiquement à des membranes microvillaires purifiées à partir d'intestin grêle de veaux âgés de 1 mois, et que cette liaison n'a plus lieu chez des veaux de 6 mois [110]. On savait par ailleurs depuis plus de trente ans qu'une protéinurie se développe chez le veau nourri au colostrum, durant les trente ou quarante premières heures de la vie, et que la protéine majeure présente dans l'urine était la β-Lg, dont elle avait été cristallisée [113]. Bien que le rétinol ne semble pas lié à la β-Lg dans le lait, tout ceci suggère fortement un rôle de cette protéine dans l'absorption intestinale du rétinol. Les homologies trouvées récemment entre RBP, β-Lg et toute une série de molécules capables de fixer de petits ligands hydrophobes (voir plus haut) ouvrent également des perspectives intéressantes.

Rôle de l'α-lactalbumine

Sans rentrer dans les détails, cette protéine joue, dans la glande mammaire, un rôle essentiel à la biosynthèse du lactose. En s'associant à une galactosyl transférase du Golgi, elle en modifie la spécificité pour donner la lactose synthétase catalysant la dernière étape de la biosynthèse du lactose [85]. Il existe une corrélation étroite entre les teneurs en lactose et α-La dans les laits des espèces étudiées. Le grand excès d'α-La produite est probablement nécessaire à une action optimale de la lactose synthétase, la constante d'association entre α-La et galactosyl transférase étant faible [102].

Discussion - Aspects appliqués

Nous avons décrit schématiquement ce que l'on connaît des protéines du lait, notamment de leur structure et de leur fonction biologique. Nombre de points d'interrogation subsistent cependant quant à la fonction précise de protéines importantes telles que la β-lactoglobuline, la lactoferrine et, d'une manière générale, celles d'entre elles qui participent à l'immunité du jeune. Un gros effort de recherches de nature physiologique devrait confirmer et préciser ce que seules, dans la plupart des cas, la biochimie et la physicochimie ont apporté. A titre d'exemples, ce sont ces disciplines qui, en mettant en évidence in vitro l'aptitude de la β-Lg et de la LF à fixer respectivement le rétinol et le fer, ont permis d'envisager des fonctions précises pour ces protéines. S'agissant de la première, sa concentration dans le lait de vache est de l'ordre de 160 μM, alors que celle du rétinol est d'environ 2μM, mais environ 97 % de celui-ci est sous forme estérifiée [27] et la RBP plasmatique ne fixe pas cette forme. Le rétinol estérifié et le β-carotène se trouvent dans les globules gras. Il se pourrait que la β-Lg ne joue un rôle qu'au niveau de l'absorption intestinale du rétinol, après désestérification et transformation du β-carotène en rétinol. La lactoferrine, de même, pourrait avoir pour fonction la captation du fer (endogène et exogène) au niveau intestinal et son transfert à l'intérieur des cellules de la bordure en brosse par l'intermédiaire d'un récepteur.

En résumé, en ce qui concerne le rôle physiologique des différentes protéines du lait dans l'intestin du nouveau-né, un sérieux effort de recherche devrait être entrepris pour mieux connaître les mécanismes et les voies d'absorption intestinale de composés aussi variés que les acides aminés et les peptides, les minéraux, les vitamines...

En revanche, ce que l'on sait des protéines du lait et des activités qu'on leur connaît in vitro a déjà permis à des chercheurs et à des industriels laitiers de trouver des débouchés pour certaines d'entre elles, lorsque leur isolement ne pose pas trop de problème. Toutefois, trop d'attention est portée à ce qu'il est convenu d'appeler, dans le monde de la technologie alimentaire, les « propriétés fonctionnelles » de ces protéines (solubilité, pouvoir moussant, émulsifiant, gélifiant) aux dépens des caractéristiques nutritionnelles de celles-ci. Dans les aliments, en effet, ces propriétés sont tellement dépendantes de l'environnement qu'on peut se demander si leur mise en évidence sur des protéines purifiées sera de quelque utilité pour ceux qui utiliseront ces protéines, le plus souvent dans des mélanges complexes et variés. Il serait probablement préférable, et certains le font déjà, de valoriser les protéines du lait en fonction de leur abondance et surtout de leurs caractéristiques propres.

Les caséines sont particulièrement susceptibles à l'hydrolyse enzymatique et ce, contrairement aux protéines de réserve des céréales, sur toute la longueur de leurs chaînes peptidiques ; ce sont par ailleurs, avec certaines protéines de l'œuf, les seules phosphoprotéines produites à grande échelle. Il semble ainsi légitime, comme cela a été fait au Laboratoire de recherches de technologie laitière de Rennes (INRA), de les utiliser pour préparer des hydrolysats enzymatiques qui peuvent avoir divers usages (peptides de petite taille pour alimentation entérale, phosphopeptides...). L'obtention de peptides à activités physiologiques à partir d'hydrolysats de caséines paraît moins intéressante dans la mesure où ceux dont l'activité est connue (β-casomorphine en particulier), de petite taille, pourraient, peut-être, être obtenus de façon plus simple par synthèse enzymatique ou chimique.

Une protéolyse naturelle des caséines a lieu dans le lait exempt de contaminations microbiennes, et elle mérite qu'on s'y arrête. Le plasminogène du sang est le précurseur de la plasmine, une protéase à sérine qui présente des sites de liaison au fibrogène et à la fibrine. Cette enzyme, appelée aussi fibrinolysine, intervient dans la dissolution du caillot de fibrine. Il existe dans l'organisme un activateur tissulaire du plasminogène (tPA), qui est également une protéase à sérine, ainsi qu'un inhibiteur de cet activateur (PAI). Ces deux dernières protéines sont synthétisées par l'endothélium des capillaires [109]. Toutes ces molécules se retrouvent dans le lait, le plasminogène étant prédominant. La présence de plasmine active dans le lait est attestée par la présence, aussitôt après la traite, de produits de dégradation des caséines, notamment des caséines γ et de certaines protéosespeptones, caractéristiques de l'action de cette enzyme. Cet état de protéolyse causé par la plasmine est variable selon l'individu et le stade de lactation [122]. Il est accru lors de mammites et semble important dans le lait humain, notamment dans le colostrum [24]. Des études du système complet du lait, incluant le tPA, le PAI, et les inhibiteurs de la plasmine qui sont aussi présents, devraient être entreprises, car la protéolyse des caséines porte préjudice à l'industrie laitière (baisses de rendement, défauts organoleptiques, gélation du lait UHT). Les caséines β, α_{s2}, et, dans une moindre mesure, α_{s1}, sont particulièrement sensibles à l'enzyme. Une méthode d'appréciation de la protéolyse plasminique a été récemment mise en œuvre à l'INRA (D. Le Bars, J.-C. Gripon, communication personnelle) : elle repose sur la détection spécifique et le dosage par HPLC en phase inverse de peptides issus de la caséine α_{s2}.

Les protéines du lait autres que les caséines commencent à être isolées et exploitées en fonction de leurs activités propres (LF, LP, IgG). En ce qui concerne les deux protéines majeures du lactosérum, β-Lg et α-La, leur utilisation à l'état isolé est, pour l'instant, plus problématique, et les raisons avancées pour leur isolement à l'échelle industrielle sont plutôt spéculatives. Elles ont, très certainement, des « propriétés fonctionnelles » différentes. Compte tenu de ce que nous avons dit précédemment, est-ce une raison suffisante ? Ces propriétés sont-elles tellement différentes de celles de l'ensemble des protéines du lactosérum ? On cherche également aujourd'hui à éliminer la β-Lg de cet ensemble, et pour cela de bonnes méthodes existent, avec l'idée que le lactosérum dépourvu de β-Lg est préférable au lactosérum entier pour la préparation des laits maternisés pour nouveau-nés. Cette idée est-elle bien fondée ? Les deux arguments avancés sont, d'une part, que la β-Lg est absente du lait humain, ce qui n'est pas un argument valable, et, d'autre part, que la β-Lg est le principal composant allergénique du lait. Cela devrait être vérifié très sérieusement, car toutes les protéines du lait de vache peuvent être allergènes chez l'homme.

Il semble qu'au plan technologique ces deux protéines seraient mieux « exploitées » si l'on prenait en compte les particularités qui sont à l'origine de leur activité biologique. Certains y ont déjà pensé.

RÉFÉRENCES

1. ACHARYA KR, STUART DI, WALKER NPC, LEWIS M, PHILLIPS DC (1989) Refined structure of baboon α-lactalbumin at 1.7 Å resolution. Comparison with c-type lysozyme. *J Mol Biol* **208** : 99-127

2. ALEXANDER LJ, STEWART AF, MCKINLAY AG, KAPELINSKAYA TV, TKACH TM, GORODETSKY SI (1988) Isolation and characterization of the bovine $\varkappa$-casein gene. *Eur J Biochem* **178** : 395-401

3. ALI S, CLARK AJ (1988) Characterization of the gene encoding ovine β-lactoglobulin. Similarity to the genes for retinol binding protein and other secretory proteins. *J Mol Biol* **199** : 415-426

4. ANDERSON BF, BAKER HM, DODSON EJ, NORRIS GE, RUNBALL SV, WATERS JM (1987) Structure of human lactoferrin at 3.2 Å resolution. *Proc Natl Acad Sci USA* **84** : 1769-1773

5. BAYER AA, SMIRNOV IK, GORODETSKY SI (1987) The primary structure of bovine β-casein cDNA. *Mol Biol* **21** : 255-265

6. BEG OU, VON BAHR-LINDSTRÖM H, ZAIDI ZH, JÖRNVALL H (1985) The primary structure of α-lactalbumin from camel milk. *Eur J Biochem* **147** : 233-239

7. BEG OU, VON BAHR-LINDSTRÖM H, ZAIDI ZH, JÖRNVALL H (1986) A camel milk whey protein rich in half-cystine. *Eur J Biochem* **159** : 195-201

8. BERSETH CL (1987) Enhancement of intestinal growth in neonate rats by epidermal growth factors in milk. *Am J Physiol* **16** : G 662-665

9. BLACKBURN DE, HOBBS AA, ROSEN JM (1982) Rat β-casein cDNA ; sequence analysis and evolutionary comparisons. *Nucl Acids Res* **10** : 2295-2307

10. BOISNARD M, PÉTRISSANT G (1985) Complete sequence of ovine α_{s2}-casein messenger RNA. *Biochimie* **67** : 1043-1051

11. BRAUNITZER G, CHEN R, SHRANK B, STANGL A (1972) Automatische Sequenzanalyse eines Proteins (β-Lactoglobulin AB). *Hoppe Seyler's Z Physiol Chem* **353** : 832-834

12. BREW K, CASTELLINO FJ, VANAMAN TC, HILL RL (1970) The complete amino acid sequence of bovine α-lactalbumin. *J Biol Chem* **245** : 4570-4582

13. BREW K (1972) The complete amino acid sequence of guinea pig α-lactalbumin. *Eur J Biochem* **27** : 341-353

14. BRIGNON G, RIBADEAU-DUMAS B, MERCIER JC, PELISSIER JP, DAS BC (1977) Complete amino acid sequence of bovine α_{s2}-casein. *FEBS Lett* **76** : 274-279

15. BRIGNON G, CHTOUROU A, RIBADEAU-DUMAS B (1985) Does β-lactoglobulin occur in human milk ? *J Dairy Res* **52** : 249-254

16. BRIGNON G, CHTOUROU A, RIBADEAU-DUMAS B (1985) Preparation and amino acid sequence of human x-casein. *FEBS Lett* **188** : 48-54

17. BRIGNON G, MAHÉ MF, GROSCLAUDE F, RIBADEAU-DUMAS B (1989) Sequence of caprine α_{s1}-casein and characterization of those of its genetic variants which are synthesized at a high level, α_{s1}-CnA, B and C. *Protein Seq Data Anal* **2** : 181-188

18. BRUDER G, HEID HW, JARASCH ED, MATHER IH (1983) Immunological identification and determination of xanthine oxidase in cells and tissues. *Differentiation* **23** : 218-225

19. CALS MM, MAILLIART P, BRIGNON G, ANGLADE P, RIBADEAU-DUMAS B (1991) Primary structure of bovine lactoperoxidase, a fourth member of a heme peroxidase family. *Eur J Biochem* **198** : 733-739

20. CAMPBELL SM, ROSEN JM, HENNIGHAUSEN LG, STRECH-JURK U, SIPPEL AE (1984) Comparison of the whey acidic protein genes of the rat and mouse. *Nucl Acids Res* **12** : 8685-8697

21. CARLES C, HUET JC, RIBADEAU-DUMAS B (1988) A new strategy for primary structure determination of proteins : application to bovine β-casein. *FEBS Lett* **229** : 265-272

22. CECHOVA D, JONAKOVA V, SORM F (1971) *Col Czech Chem Commun* **36** : 3342-3357

23. CHAPLIN LC, CLARK DC, SMITH LJ (1988) The secondary structure of peptides derived from caseins : a circular dichroism study. *Biochim Biophys Acta* **956** : 162-172

24. CHTOUROU A, BRIGNON G, RIBADEAU-DUMAS B (1985) Quantification of β-casein in human milk. *J Dairy Res* **52** : 239-247

25. CONTI A, GODOVAC-ZIMMERMANN J, LIBERATORI J, BRAUNITZER G (1984) The primary structure of monomeric β-lactoglobulin I from horse colostrum (*Equus caballus*, Perissodactyla). *Hoppe Seyler's Z Physiol Chem* **365** : 1393-1401

26. CONTI A, GODOVAC-ZIMMERMANN J, PIRCHNER F, LIBERATORI J, BRAUNITZER G (1986) Pig-β-lactoglobulin I (*Sus scrofa*, Artiodactyla). The primary structure of the major component. *Biol Chem Hoppe-Seyler* **367** : 871-878

27. CREMIN FM, POWER P (1985) Vitamins in bovine and human milks. *In* [33], pp. 337-398

28. CRICHTON RR, CHARLOTEAUX-WAUTERS M (1987) Iron transport and storage. *Eur J Biochem* **164** : 485-506

29. DANDEKAR AM, QASBA PK (1981) Rat α-lactalbumin has a 17 residue-long COOH terminal hydrophobic extension as judged by sequence analysis of the cDNA clones. *Proc Natl Acad Sci USA* **78** : 4853-4857

30. DANDEKAR AM, ROBINSON EA, APPELLA E, QASBA PK (1982) Complete sequence analysis of cDNA clones encoding rat whey phosphoprotein : homology to a protease inhibitor. *Proc Natl Acad Sci USA* **79** : 3987-3991

31. Developments in dairy chemistry (1982) Vol. 1 : *Proteins* (PF Fox ed) Elsevier Applied Science Publ, New York, 409 p.

32. Developments in dairy chemistry (1984) Vol. 2 : *Lipids* (PF Fox ed) Elsevier Applied Science Publ, New York, 460 p.

33. Developments in dairy chemistry (1985) Vol. 3 : *Lactose and minor constituents* (PF Fox ed) Elsevier Applied Science Publ, New-York, 405 p.

34. DEVINOY E, HUBERT C, SCHAERER E, HOUDEBINE LM, KRAEHENBUHL JP (1988) Sequence of rabbit whey acidic protein cDNA. *Nucl Acids Res* **16** : 8180

35. DEVINOY E, SCHAERER E, JOLIVET G, FONTAINE ML, KRAEHENBUHL JP, HOUDEBINE LM (1988) Sequence of the rabbit α_{s1}-casein cDNA. *Nucl Acids Res* **16** : 11813

36. DOBSON DE, PRAGER EM, WILSON AC (1984) Stomach lysozyme of ruminants. *J Biol Chem* **259** : 11607-11616

37. DRAYNA D, FIELDING C, MCLEAN J, BEAR B, CASTRO G, CHEM E, COMSTOCK L, HENZEL W, KOHR W, RHEE L, WION K, LAWN R (1986) Cloning and expression of human apoliprotein D cDNA. *J Biol Chem* **261** : 16535-16539

38. EIGEL WN, HOFMANN CJ, CHIBBER BAK, TOMICH JM, KEENAN TW, MERTZ EF (1979) Plasmin-mediated proteolysis of casein in bovine milk. *Proc Natl Acad Sci USA* **76** : 2244-2248

39. FALCONER J (1987) Oral EGF is trophic for the stomach in the neonatal rat. *Biol Neonat* **52** : 347-350

40. FARUQUE SM, SKIDMORE CJ (1988) Transcription unit of the mouse α_1-casein gene. *Biochem Soc Trans* **16** : 1064

41. FIAT AM, CHEVAN J, JOLLES P, DE WAARD P, VLIEGENTHART JFG, PILLER F, CARTRON JP (1988) Structural variability of the neutral carbohydrate moiety of cow colostrum ϰ-casein as a function of time after parturition. Identification of a tetrasaccharide with blood group I specificity. *Eur J Biochem* **173** : 253-259

42. FINDLAY JBC, BREW K (1972) The complete amino acid sequence of human α-lactalbumin. *Eur J Biochem* **27** : 65-86

43. FRANKE WW, HEID HW, GRUND C, WINTER S, FREUDENSTEIN C, SCHMIDT E, JARASCH ED, KEENAN TW (1981) Antibodies to the major insoluble fat globule membrane-associated proteins : specific location in apical regions of lactating epithelial cells. *J Cell Biol* **89** : 485-494

44. FUGATE RD, SONG PS (1980) Spectroscopic characterization of β-lactoglobulin-retinol complex. *Biochim Biophys Acta* **625** : 28-42

45. GAYE P, HUÉ-DELAHAIE D, MERCIER JC, SOULIER S, VILOTTE JL, FURET JP (1986) Ovine β-lactoglobulin messenger RNA. Nucleotide sequence and mRNA levels during functional differentiation of the mammary gland. *Biochimie* **68** : 1097-1107

46. GAYE P, HUÉ-DELAHAIE D, MERCIER JC, SOULIER S, VILOTTE JL, FURET JP (1987) Complete nucleotide sequence of ovine α-lactalbumin mRNA. *Biochimie* **69** : 601-608

47. GODOVAC-ZIMMERMANN J, CONTI A, LIBERATORI J, BRAUNITZER G (1985) The amino acid sequence of β-lactoglobulin II from horse colostrum (*Equus caballus*, Perissodactyla) : β-lactoglobulins are retinol-binding proteins. *Biol Chem Hoppe-Seyler* **366** : 601-608

48. GODOVAC-ZIMMERMANN J, CONTI A, NAPOLITANO L (1987) The complete amino acid sequence of dimeric β-lactoglobulin from mouflon (*Ovis ammon musimon*) milk. *Biol Chem Hoppe-Seyler* **368** : 1313-1319

49. GODOVAC-ZIMMERMANN J, SHAW D (1987) The primary structure, binding site and possible function of β-lactoglobulin from eastern grey kangaroo (*Macropus giganteus*). *Biol Chem Hoppe-Seyler* **368** : 879-886

50. GODOVAC-ZIMMERMANN J, CONTI A, JAMES L, NAPOLITANO L (1988) Microanalysis of the amino acid sequence of monomeric β-lactoglobulin I from donkey (*Equus asinus*) milk. *Biol Chem Hoppe-Seyler* **369** : 171-179

51. GODOVAC-ZIMMERMANN J, CONTI A, NAPOLITANO L (1990) The complete primary structure of α-lactalbumine isolated from pig (*Sus scrofa*) milk. *Biol Chem Hoppe-Seyler* **371** : 649-653

52. GORODETSKY SI, ZAKHARYEV VM, KIARSHULITE DR, KAPELINSKAYA TV, SKRYABIN KG (1986) cDNA of cow α_{s1}-casein : cloning and nucleotide sequence. *Biokhimija* **51** : 1641-1648

53. GREENBERG R, GROVES ML, DOWER HJ (1984) Human β-casein. Amino acid sequence and identification of phosphorylation sites. *J Biol Chem* **259** : 5132-5138

54. GROSCLAUDE F (1988) Le polymorphisme génétique des principales lactoprotéines bovines. Relation avec la quantité, la composition et les aptitudes fromagères du lait. *INRA Prod Anim* **1** : 5-17

55. GROSCLAUDE F, MAHÉ MF, BRIGNON G, DI STASIO L, JEUNET R (1987) A Mendelian polymorphism underlying quantitative variations of goat α_{s1}-casein. *Genet Sel Evol* **19** : 399-412

56. GROSCLAUDE F, MAHÉ MF, RIBADEAU-DUMAS B (1973) Structure primaire de la caséine α_{s1} et de la caséine β bovines. Correctif. *Eur J Biochem* **40** : 323-324

57. GROVES ML, GREENBERG R (1982) Complete amino acid sequence of bovine β_2-microglobulin. *J Biol Chem* **257** : 2619-2626

58. HALL L, LAIRD JE, CRAIG RK (1984) Nucleotide sequence determination of guinea-pig casein B mRNA reveals homology with bovine and rat α_{s1}-caseins and conservation of the non-coding regions of the mRNA. *Biochem J* **222** : 561-571

59. HALL L, CRAIG RK, EDBROOKE MR, CAMPBELL PN (1982) Comparison of the nucleotide sequence of cloned human and guinea-pig pre-α-lactalbumin cDNA with that of chick pre-lysozyme cDNA suggests evolution from a common ancestral gene. *Nucl Acids Res* **10** : 3503-3515

60. HALL L, EMERY DC, DAVIES MS, PARKER D, CRAIG RK (1987) Organization and sequence of human α-lactalbumin gene. *Biochem J* **242** : 735-742

61. HALL L, LAIRD JE, PASCALL JC, CRAIG RK (1984) Guinea-pig casein A cDNA nucleotide sequence analysis and comparison of the deduced protein sequence with that of bovine α_{s2}-casein. *Eur J Biochem* **138** : 585-589

62. HANSON LA, AHLSTEDT S, CARLSSON B, KAIJSER B, LARSSON P, BALZER IM, AKERLUND AS, EDEN CS, SVENNERHOLM AM (1978) Secretory Ig A antibodies to enterobacterial virulence antigens : their induction and possible relevance. *In* JR McGhee, J Mestecky, JL Babb (eds) : *Secretory immunity and infection.* Plenum Press, New York, pp. 165-176

63. HARRIS S, ALI S, ANDERSON S, ARCHIBALD AL, CLARK AJ (1988) Complete nucleotide sequence of the genomic ovine β-lactoglobulin gene. *Nucl Acids Res* **16** : 10379-10380

64. HENNIGHAUSEN LG, SIPPEL AE (1982) Mouse whey acidic protein is a novel member of the family of « four disulfide » core proteins. *Nucl Acids Res* **10** : 2677-2684

65. HENNIGHAUSEN LG, STUDLE A, SIPPEL AE (1982) Nucleotide sequence of cloned cDNA coding for mouse ε-casein. *Eur J Biochem* **126** : 569-572

66. HERMANN J, JOLLÈS J, BUSS DH, JOLLÈS P (1973) Amino acid sequence of lysozyme from baboon milk. *J Mol Biol* **79** : 587-595

67. HIRADO M, TSUNASAWA S, SAKIYAMA F, NIINOBE M, FUJII S (1985) Complete amino acid sequence of bovine colostrum low-Mr cysteine proteinase inhibitor. *FEBS Lett* **186** : 41-45

68. HOBBS AA, ROSEN JM (1982) Sequence of rat α-and γ-casein mRNAs : evolutionary comparison of the calcium-dependent rat casein multigene family. *Nucl Acids Res* **10** : 8079-8098

69. HOLT C (1985) The milk salts. *In* [33] pp. 143-181

70. HOLT C, SAWYER L (1988) Primary and predicted secondary structures of the caseins in relation to their biological functions. *Protein Engin* **2** : 251-259

71. HOPP TP, WOODS KR (1979) Primary structure of rabbit α-lactalbumin. *Biochemistry* **18** : 5182-5192

72. HU WL, MAZURIER J, SAWATZKI G, MONTREUIL J, SPIK G (1988) Lactotransferrin receptor of mouse small intestinal brush border. *Biochem J* **249** : 435-441

73. HURLEY WL, SCHULER LA (1987) Molecular cloning and nucleotide sequence of a bovine α-lactalbumin cDNA. *Gene* **61** : 119-122

74. IVANOV VN, JUDINKOVA ES, GORODETSKY SI (1988) Molecular cloning of bovine β-lactoglobulin cDNA. *Biol Chem Hoppe-Seyler* **369** : 425-429

75. JAMIESON AC, VANDEYAR MA, KANG YC, KINSELLA JE, BATT CA (1987) Cloning and nucleotide sequence of the bovine β-lactoglobulin gene. *Gene* **61** : 85-90

76. JENNESS R (1982) Interspecies comparison of milk proteins. *In* [31], pp. 87-114

77. JIMENEZ-FLORES R, KANG YC, RICHARDSON T (1987) Cloning and sequence analysis of bovine β-casein cDNA. *Biochem Biophys Res Commun* **142** : 617-621

78. JOLLÈS J, FIAT AM, SCHOENTGEN F, ALAIS C, JOLLÈS P (1974) The amino acid sequence of sheep ϰA-casein. II. Sequence studies concerning the ϰA caseinoglycopeptide and establishment of the complete primary structure of the protein. *Biochim Biophys Acta* **365** : 335-343

79. JOLLÈS J, JOLLÈS P (1972) Comparison between human and bird lysozymes : note concerning the previously observed deletion. *FEBS Lett* **22** : 31-33

80. JONES WK, YU-LEE LY, CLIFT SM, BROWN TL, ROSEN JM (1985) The rat casein multigene family. Fine structure and evolution of the β-casein gene. *J Biol Chem* **260** : 7042-7050

81. KAMINOGAWA S, MCKENZIE HA, SHAW DC (1984) The amino acid sequence of equine α-lactalbumin. *Biochem Int* **9** : 539-546

82. KANG YC, RICHARDSON T (1988) Molecular cloning and expression of bovine ϰ-casein in *Escherichia coli*. *J Dairy Sci* **71** : 29-40

83. KOLDE HJ, BRAUNITZER G (1983) The primary structure of ovine β-lactoglobulin. 1. Isolation of the peptides and sequence. 2. Discussion and genetic aspects. *Milchwissenschaft* **38** : 18-20 et 70-72

84. KOLDE HJ, LIBERATORI J, BRAUNITZER G (1981) The amino acid sequence of the water buffalo β-lactoglobulin. *Milchwissenschaft* **36** : 83-86

85. KUHN NJ (1983) The biosynthesis of lactose. *In* TB Mepham (ed) : *Biochemistry of lactation*. Elsevier, New York, pp. 159-176

86. LAIRD JE, JACK L, HALL L, BOULTON AP, PARKER D, CRAIG RK (1988) Structure and expression of the guinea-pig α-lactalbumin gene. *Biochem J* **254** : 85-94

87. LEE KH, WELLS RG, REED RR (1987) Isolation of an olfactory cDNA : similarity of retinol-binding protein suggests a role in olfaction. *Science* **235** : 1053-1056

88. *Le lait, matière première de l'industrie laitière* (1987), INRA-CEPIL, Paris, 394 p.

89. LÖNNERDAL B, BERGSTRÖM S, ANDERSSON Y, HJALMARSSON K, SUNQVIST AK, HERNELL O (1990) Cloning and sequencing of a cDNA encoding human milk β-casein. *FEBS Lett* **269** : 153-156

90. MCGILLIVRAY RTA, BREW K, BARNES K (1979) The amino acid sequence of goat α-lactalbumin. *Arch Biochem Biophys* **197** : 404-414

91. MAES P, DAMART D, ROMMENS C, MONTREUIL J, SPIK G, TARTAR A (1988) The complete amino acid sequence of bovine milk angiogenin. *FEBS Lett* **241** : 41-45

92. MANSON W, CAROLAN T, ANNAN WD (1977) Bovine α_{s0}-casein : a phosphorylated homologue of α_{s1}-casein. *Eur J Biochem* **78** : 411-417

93. MASSON P (1970) *La lactoferrine*. Édition Arscia SA, Bruxelles

94. MEPHAM TB (1983) Physiological aspects of lactation. *In* TB Mepham (ed) : *Biochemistry of lactation*. Elsevier, New York, pp. 4-28

95. MERCIER JC (1981) Phosphorylation of caseins, present evidence for an amino acid triplet code posttranslationally recognized by specific kinases. *Biochimie* **63** : 1-17

96. MERCIER JC, BRIGNON G, RIBADEAU-DUMAS B (1973) Structure primaire de la caséine ϰ bovine. Séquence complète. *Eur J Biochem* **35** : 222-235

97. MERCIER JC, CHOBERT JM, ADDEO F (1976) Comparative study of the amino acid sequence of caseinomacropeptides from seven species. *FEBS Lett* **72** : 208-214

98. MERCIER JC, GAYE P (1983) Milk protein synthesis. *In* TB Mepham (ed) : *Biochemistry of lactation*. Elsevier, New York, pp. 177-227

99. MERCIER JC, GAYE P, SOULIER S, HUÉ-DELAHAYE D, VILOTTE JL (1985) Construction and identification of recombinant plasmids carrying cDNAs coding for ovine α_{s1}-, α_{s2}-, β-, ϰ-caseins and β-lactoglobulin. Nucleotide sequence of α_{s1}-casein cDNA. *Biochimie* **67** : 959-971

100. MERCIER JC, GROSCLAUDE F, RIBADEAU-DUMAS B (1971) Structure primaire de la caséine α_{s1} bovine. Séquence complète. *Eur J Biochem* **23** : 41-51

101. METZ-BOUTIGUE MH, JOLLÈS J, MAZURIER J, SCHOENTGEN F, LEGRAND D, SPIK G, MONTREUIL J, JOLLÈS P (1984) Human lactotransferrin : amino acid sequence and structural comparisons with other transferrins. *Eur J Biochem* **145** : 659-676

102. MITRANIC MM, PAQUET MR, MOSCARELLO MA (1988) The interaction of bovine milk galactosyl transferase with lipids and α-lactalbumin. *Biochim Biophys Acta* **956** : 277-284

103. MONACO HL, ZANOTTI G, SPADON P, BOLOGNESI M, SAWYER L, ELIOPOULOS EE (1987) Crystal structure of the trigonal form of bovine β-lactoglobulin and of its complex with retinol at 2.5 Å resolution. *J Mol Biol* **197** : 695-706

104. MOREAU MC, DUVAL-IFLAH Y, MULLER MC, RAIBAUD P, VIAL M, GABILAN JC, DANIEL N (1983) Effet de la lactoferrine bovine et des IgG bovines données *per os* sur l'implantation de *E. coli* dans le tube digestif de souris gnotoxeniques et de nouveau-nés humains. *Ann Microbiol (Inst Pasteur)* **134 B** : 429-441

105. NAGAO M, MAKI M, SASAKI R, CHIBA H (1984) Isolation and sequence analysis of bovine α_{s1}-casein cDNA clone. *Agric Biol Chem* **48** : 1663-1667

106. NAKHASI HL, GRANTHAM FH, GULLINO PM (1984) Expression of $\varkappa$-casein in normal and neoplastic rat mammary gland is under the control of prolactin. *J Biol Chem* **259** : 14894-14898

107. NAYL C (1985) Les enzymes du lait. Revue bibliographique. ENSFA, Rennes.

108. NICHOL AW, ANGEL LA, MOON T, CLEZY PS (1987) Lactoperoxidase haem, an iron-porphyrin thiol. *Biochem J* **247** : 147-150

109. PANNEBOEK H, VEERMAN H, LAMBERS H, DIERGAARDE P, VERWEIJ CL, VAN ZONNEVELD AJ, VAN MOURIK JA (1986) Endothelial plasminogen activator inhibitor (PAI) : a new member of the serpin gene family. *EMBO J* **5** : 2539-2544

110. PAPIZ MZ, SAWYER L, ELIOPOULOS EE, NORTH ACT, FINDLAY JBC, SIVAPRASADARAO R, JONES TA, NEWCOMER ME, KRAULIS PJ (1986) The structure of β-lactoglobulin and its similarity to plasma retinol-binding protein. *Nature* **324** : 383-385

111. PENTECOST BT, TENG CT (1987) Lactotransferrin is the major estrogen inducible proteine of mouse uterine secretions. *J Biol Chem* **262** : 10134-10139

112. PERVAIZ S, BREW K (1985) Homology of β-lactoglobulin, serum retinol-binding protein and protein HC. *Science* **228** : 335-337

113. PIERCE AE (1960) β-Lactoglobulin in the urine of the new-born suckled calf. *Nature* **188** : 940-941

114. PRAGER EM, WILSON AC (1988) Ancient origine of α-lactalbumin from lysozyme : analysis of DNA and amino acid sequences. *J Mol Evol* **27** : 326-335

115. PRASASD RV, BUTKOWSKI RJ, HAMILTON JW, EBNER KE (1982) Amino acid sequence of rat α-lactalbumin : a unique α-lactalbumin. *Biochemistry* **21** : 1479-1482

116. PRÉAUX G, BRAUNITZER G, SHRANK B, STANGL A (1979) The amino acid sequence of goat β-lactoglobulin. *Hoppe-Seyler's Z Physiol Chem* **360** : 1595-1604

117. QASBA PR, SAFAYA SK (1984) Similarity of the nucleotide sequence of rat α-lactalbumin and chicken lysozyme gene. *Nature* **308** : 377-380

118. REDDY IM, KELLA NKD, KINSELLA JE (1988) Structural and conformational basis of the resistance of β-lactoglobulin to peptic and chymotryptic digestion. *J Agric Food Chem* **36** : 737-741

119. REITER B (1985) The biological significance of the non-immunoglobulin protective proteins in milks : lysozyme, lactoferrin, lactoperoxidase. *In* [33]

120. RIBADEAU-DUMAS B, BRIGNON G (1986) Composition du lait humain. *In* B Salle, G Putet (eds) : *L'alimentation du nouveau-né et du prématuré.* Doin, Paris, pp. 4-22

121. RIBADEAU-DUMAS B, BRIGNON G, GROSCLAUDE F, MERCIER JC (1972) Structure primaire de la caséine β bovine. Séquence complète. *Eur J Biochem* **25** : 505-514

122. RICHARDSON BC (1983) Variation of the concentration of plasmin and plasminogen in bovine milk with lactation. *NZ J Dairy Sci Technol* **18** : 247-252

123. RICHARDSON BC, MERCIER JC (1979) The primary structure of the ovine β-caseins. *Eur J Biochem* **99** : 285-297

124. SAITO T, ITOH T, ADACHI S (1988) Chemical structure of neutral sugar chains isolated from human mature milk $\varkappa$-casein. *Biochim Biophys Acta* **964** : 213-220

125. SAITO T, ITOH T, ADACHI S, SUSUKI T, USUI T (1982) A new hexasaccharide chain isolated from bovine colostrum $\varkappa$-casein taken at the time of parturition. *Biochim Biophys Acta* **719** : 309-317

126. SHAERER E, DEVINOY E, KRAEHENBUHL JP, HOUDEBINE LM (1988) Sequence of the rabbit β-casein cDNA : comparison with other casein cDNA sequences. *Nucl Acids Res* **16** : 11814

127. SHEWALE JG, SINHA SK, BREW K (1984) Evolution of α-lactalbumins. The complete amino acid sequence of the α-lactalbumin from a marsupial (*Macropus rufogriseus*) and corrections to region of sequence in bovine and goat α-lactalbumins. *J Biol Chem* **259** : 4947-4956

128. STEWART AF, BONSING J, BEATTIE CW, SHAH F, WILLIS IM, MCKINLAY AG (1987) Complete nucleotide sequences of bovine α_{s2}-and β-casein cDNAs : comparisons with related sequences in other species. *Mol Biol Evol* **4** : 231-241

129. STEWART AF, WILLIS IM, MCKINLAY AG (1984) Nucleotide sequences of bovine α_{s1}-and $\varkappa$-casein cDNAs. *Nucl Acids Res* **12** : 3895-3907

130. STUART DI, ACHARYA KR, WALKER NPC, SMITH SG, LEWIS M, PHILLIPS DC (1986) α-Lactalbumin possesses a novel calcium binding loop. *Nature* **324** : 84-87

131. SVENDSEN I, HANSEN SI, HOLM J, LYNGBYE J (1984) The complete amino acid sequence of the folate binding protein from cow's milk. *Carlsberg Res Commun* **49** : 123-131

132. THOMPSON MD, JITENDRA RD, NAKHASI HL (1985) Molecular cloning of mouse mammary gland $\varkappa$-casein : comparison with rat $\varkappa$-casein and rat and human fibrinogen. *DNA* **4** : 263-271

133. VILOTTE JL, SOULIER S, MERCIER JC, GAYE P, HUÉ-DELAHAIE D, FURET JP (1987) Complete nucleotide sequence of bovine α-lactalbumin gene : comparison with its rat counterpart. *Biochimie* **69** : 609-620

134. VREEMAN HJ, VISSER S, SLANGEN CJ, VAN RIEL JAM (1986) Characterization of bovine $\varkappa$-casein fractions and the kinetics of chymosin-induced macropeptide release from carbohydrate-free and carbohydrate-containing fractions determined by high performance gel-permeation chromatography. *Biochem J* **240** : 87-97

135. WILLIS IM, STEWART AF, CAPUTO A, THOMPSON AR, MCKINLAY AG (1982) Constuction and identification by partial nucleotide sequence analysis of bovine casein and β-lactoglobulin cDNA clones. *DNA* **1** : 375-386

136. YOSHIKAWA M, CHIBA H (1988) Characterization of human α_{s1}- like casein. Abstr. « Casein Conference », *Hannah Dairy Research Institute*, 24-26 May

137. YOSHIMURA M, BANERJEE MR, OKA T (1986) Nucleotide sequence of a cDNA encoding mouse beta casein. *Nucl Acids Res* **14** : 8224

138. YU-LEE LY, ROSEN JM (1983) The rat casein multigene family. I. Fine structure of the γ-casein gene. *J Biol Chem* **258** : 10794-10804

139. YVON M, PÉLISSIER JP (1987) Characterization and kinetics of evacuation of peptides resulting from casein hydrolysis in the stomach of the calf. *J Agric Food Chem* **35** : 148-156

140. ZEVACO C, RIBADEAU-DUMAS B (1984) A study of the carbohydrate binding sites of bovine $\varkappa$-casein using high performance liquid chromatography. *Milchwissenschaft* **39** : 206-210

141. ZHENG DB, LIM HM, PENE JJ, WHITE HB (1988) Chicken riboflavin binding protein. cDNA sequence and homology with milk folate binding protein. *J Biol Chem* **263** : 11126-11129

23

Le lait humain est-il utile au nourrisson ?

V. Barrois-Larouze, R. Ducluzeau, P. Raibaud

L'accent est mis depuis plusieurs années sur les bénéfices de l'allaitement maternel dans le cadre de la relation mère-enfant. Pour cette raison, sans doute, la fréquence et la durée de l'allaitement maternel semblent augmenter en France, mais les chiffres demeurent très inférieurs à ceux de la plupart des pays européens [23, 44]. Le succès d'associations telles que Solidarilait, fédération de réseaux permettant aux mères d'échanger leurs expériences dans le domaine de l'allaitement maternel, témoigne d'un indiscutable regain d'intérêt non sans excès parfois (une mère qui ne peut allaiter serait-elle une mauvaise mère ?).

Mais cette supériorité, évidente pour certains, de l'allaitement maternel sur l'allaitement artificiel tiendrait-elle également à la supériorité du lait maternel dans les domaines de la nutrition et de la protection contre les infections ?

Lait et nutrition chez le nourrisson humain

Les bénéfices nutritionnels de l'allaitement maternel ont été largement développés de façon parfois finaliste en se basant sur les particularités du lait humain ; en ce qui concerne la répartition de l'azote dans le lait de femme, Royer [43] insiste sur trois caractéristiques du lait de femme par rapport au lait de vache :

- importance de l'azote non protéique (25 % chez la femme, 5 % chez la vache) ;
- concentration basse en protéines (0,9 % versus 3 % dans le lait de vache) ;
- importance des protéines solubles (70 % des protéines totales du lait de femme versus 20 % de celles du lait de vache).

Les caractéristiques les plus nettes du lait de femme sont l'absence de bêta-lactoglobulines et le taux élevé d'alpha-lactalbumines, d'IgAs, de lactotransferrine et du lyzozyme, ces derniers facteurs jouant un rôle dans la défense de l'organisme contre les infections.

Les lipides sont à la concentration de 3 à 5 mg/ml (5 à 5,8 g/100 Kcal) dans le lait de femme. Pour 98 % ce sont des triglycérides. Ils sont sous forme de gouttelettes de 3 à 4 microns de diamètre entourées d'une membrane issue de la membrane plasmique des cellules mammaires, membrane composée de cholestérol, de phospholipides et de vitamine A. Les caractéristiques des lipides du lait de femme sont la prédominance des acides gras à longue chaîne dans les triglycérides et la teneur élevée en cholestérol (20 à 25 mg/100 ml contre 10 à 15 dans le lait de vache et 1 à 3 mg/100 ml dans les graisses végétales [43]. La teneur en acide linoléique du lait de femme varie selon les habitudes alimentaires et la consommation de graisses végétales [43].

Le principal glucide du lait est le lactose dont la concentration est de 6 à 6,5 g/100 ml. Le lactose produit dans la lumière des vésicules en présence d'alpha-lactalbumine attire pour des raisons osmotiques de l'eau et non les électrolytes, ce qui explique la teneur inverse en lactose et en Na^+ par exemple. Au cours du sevrage, le lait devient plus salé, le taux de Na^+ augmente alors que le taux de lactose diminue.

D'autres glucides existent à un taux élevé dans le lait de femme (1 à 1,2 g/100 ml). Il s'agit d'oligosaccharides (facteurs bifides), de glycopeptides et de glycoprotéines dont la plus concentrée est la lactotransferrine. Celle-ci fixe le fer de façon indispensable à la croissance de certaines bactéries, l'effet bactériostatique in vitro de la lactotransferrine découle de son affinité pour ce métal.

La composition du lait varie tout au long de la première année de l'enfant. Les premiers jours, l'enfant tète du colostrum riche en protéines, acides aminés libres prêts à l'emploi, en sels minéraux et éléments de défense immunitaire (IgAs, lactotransferrine, lyzozyme, macrophages, lymphocytes) permettant à l'enfant de mieux s'adapter à la vie extra-utérine. Petit à petit, le lait contient plus de sucre qui favorise la croissance du cerveau, plus de graisses et moins de protéines.

Au cours d'une même tétée, la composition varie dans le temps. La concentration en lipides est multipliée par 2 ou 3 dès la 2e à la 4e minute de tétée. Cette modification contribue à réguler l'appétit du nourrisson.

Selon Atkinson [2], la teneur en azote du lait de mères de prématurés serait significativement plus élevée d'environ 20 % au cours des premiers mois de lactation. Ces différences seraient pour Senterre [46] liées à un allongement de la phase colostrale. Le prématuré tirera grand bénéfice de l'alimentation avec le lait de sa propre mère pendant la première semaine de vie.

A défaut du lait de sa mère, il pourra recevoir du lait de lactarium. Il existe en France vingt lactariums qui collectent et redistribuent plus de 100 000 litres de lait maternel par an. Afin de satisfaire les besoins nutritionnels des prématurés, le lait de lactarium est le plus souvent enrichi avec des hydrolysats de protéines de haute qualité biologique.

Les perfectionnements successifs apportés aux laits dits « maternisés » amènent périodiquement à rediscuter les avantages du lait maternel.

En ce qui concerne la protection contre les infections, l'accent est mis sur la présence de facteurs anti-infectieux humoraux et cellulaires dans le lait humain : la présence de lysosyme, de lactotransferrine et d'IgAs lui assure in vitro une indéniable action antibactérienne. L'action du lait humain sur certains protozoaires (Giardia) est également établie. Le rôle des éléments cellulaires (lymphocytes et macrophages), présents à des taux d'ailleurs très variables d'une femme à l'autre, est moins bien établi d'autant que le devenir de ces éléments dans le tractus digestif est mal connu. De nombreuses études comparant, chez des enfants nourris respectivement au lait maternel et au lait artificiel, la fréquence des infections intra-intestinales et extra-intestinales (otites notamment) ont été réalisées. Leurs résultats sont en apparence contradictoires et des synthèses récentes ont montré leurs failles méthodologiques faisant douter de la valeur des différences publiées dans les pays industrialisés [24, 51].

Le rôle du lait en tant que vecteur d'infection maternelle a été récemment soulevé. Ce rôle est établi notamment pour le cytomégalovirus et pour HTLV-1 [17] ; en revanche, le lait maternel ne semble pas être en cause dans la transmission d'agents tels que HIV1 et le virus de l'hépatite B.

En fait, si l'on fait abstraction des avantages psychologiques pour la mère et le nourrisson de l'allaitement maternel, les avantages liés au lait maternel ne sont pas évidents lorsque les environnements nutritionnel et anti-infectieux sont favorables, comme c'est le cas dans les pays industrialisés. En revanche, pour des raisons tenant par ailleurs aux modalités de préparation des biberons, l'allaitement maternel demeure irremplaçable dans les pays en voie de développement (une surmortalité hautement significative est observée chez les enfants nourris au lait artificiel [42]).

Un nouvel axe de recherche développé par notre groupe est actuellement constitué par l'isolement, comme cela est fait depuis longtemps pour le sang, de fractions de lait humain susceptibles de jouer un rôle non seulement nutritionnel mais préventif ou thérapeutique (addition, notamment, de facteurs anti-infectieux). Ainsi, en collaboration avec l'INRA (J.-L. Maubois), une poudre de lait enrichie en protéine a été obtenue par ultrafiltration : son efficacité nutritionnelle est actuellement testée chez le prématuré. Un rétentat protéique pauvre en lactose destiné à des enfants présentant une pathologie intestinale grave est en cours de préparation. L'action de ce type de préparation, riche en facteurs anti-infectieux, sur la flore intestinale de ces enfants sera étudiée. Dans ces situations anormales, les fractions du lait maternel isolées pourraient constituer un avantage significatif.

Dans ce domaine également, l'évaluation des avantages du lait maternel et de ses fractions se heurte à d'importantes difficultés méthodologiques. L'étude de l'action des différents types de laits sur l'écologie microbienne du tube digestif chez le nourrisson humain illustre les difficultés de ces approches comparatives.

Lait et écologie microbienne
du tube digestif chez le nourrisson humain

Le tube digestif des mammifères constitue un écosystème bactérien caractérisé par la taille énorme des populations bactériennes qui y interfèrent et leur extrême variété. L'homme adulte abrite dans son tube digestif des bactéries en nombre dix fois supérieur à celui des cellules dont son organisme est constitué.

Le niveau des populations microbiennes dominantes des fèces atteint dans le gros intestin et les fèces 10^{10} à 10^{11} bactéries par gramme de matière fraîche. Plus de 195 espèces microbiennes y ont été isolées [19], sans compter celles que l'on ne sait toujours pas faire croître in vitro. A l'opposé, le nouveau-né, stérile à la naissance, voit en 48 heures environ ses cavités digestives se peupler d'une flore beaucoup plus simple, composée seulement de quelques-unes des espèces bactériennes présentes chez l'adulte. Cette microflore spécifique du nouveau-né garde une certaine stabilité tant que le régime alimentaire reste strictement lacté ; elle subit ensuite un bouleversement profond dès le début du sevrage. Il est donc logique de penser que la nature de l'aliment lacté peut avoir une action importante sur l'équilibre de la flore du nouveau-né. De nombreux travaux ont cherché à démontrer ce point dans l'espoir de modifier la composition des laits pour nourrissons et de favoriser ainsi l'implantation des bactéries les plus utiles à l'hôte.

Équilibre de flore chez des nourrissons recevant divers types de lait

Études chez les nouveau-nés

La comparaison des espèces pionnières, capables de s'implanter les premières dans le tube digestif de nouveau-nés appartenant à différentes espèces animales, permet déjà de suggérer un rôle important du lait maternel. Ces espèces sont totalement différentes chez les rongeurs et le lièvre, par exemple. L'homme se singularise par une absence de lactobacilles. Porcs, veaux et agneaux sont très semblables et curieusement proches du poussin qui, pourtant, ne reçoit pas de lait [3, 7, 9, 13, 45] (Tabl. 23-1).

Tableau 23-1   Flore anaérobie stricte présente dans les selles de nouveau-nés âgés de 4 à 5 jours en fonction de la nature du lait.

Genres dominants anaérobies stricts*	Sein (N=20)	Lait de vache maternisé** (N=10)
Aucun	5 %	40 %
Un seul		
Bifidobacterium	85 %	10 %
Bacteroides	5 %	10 %
Plectridium	0	10 %
Fusobacterium	0	10 %
Coques	0	10 %
Plusieurs	5 %	10 %

* Taux > 10^8 bactéries/g de fèces
** Lait Gallia

L'administration au nourrisson humain d'aliments lactés, le plus souvent du lait maternisé, est une pratique qui a commencé à se répandre il y a plus d'un demi-siècle lorsqu'on a pris conscience des exigences nutritionnelles des nouveau-nés. Parallèlement, on a réalisé un grand nombre d'études comparatives sur les populations bactériennes trouvées dans les selles de groupes de nourrissons dont les uns sont allaités par leurs mères et les autres reçoivent du lait maternisé. Malheureusement, on observe de grandes différences entre les résultats ainsi collectés. Cette variabilité s'explique sans doute, pour une part, par des imperfections techniques : d'une étude à l'autre, l'âge des nourrissons diffère ainsi que les aliments lactés ; les techniques bactériologiques utilisées ne permettent pas de dénombrer sélectivement les mêmes groupes bactériens. Par ailleurs, il existe probablement de fortes variations individuelles et géographiques.

Ainsi, Moreau et al. [33] trouvent que la flore anaérobie stricte des fèces est exclusivement composée du genre Bifidobacterium chez 85 % de nouveau-nés de 5 jours allaités par leur mère alors que ce germe est absent (40 % des cas) ou accompagné des germes Clostridium et Bacteroides chez les enfants nourris au lait maternisé. Dans les deux groupes, on trouve les genres Streptococcus et Escherichia qui apparaissent les premiers dans le tube digestif (Fig. 23-1). Chez les enfants allaités par leur mère, la population de ce dernier germe décroît lorsque la population de Bifidobacterium augmente, alors que ce n'est pas le cas chez les enfants recevant le lait maternisé. Haenel et al. [22] trouvent qu'à l'âge de 5 jours les fèces d'enfants nourris par leur mère peuvent contenir soit un nombre plus élevé de Bifidobacterium, un nombre plus faible d'Escherichia et pas de Bacteroides, soit un nombre élevé d'Escherichia et un nombre faible de Bifidobacterium et de Bacteroides. Simhon et al. [47] trouvent que les bactéries prédominantes de la flore

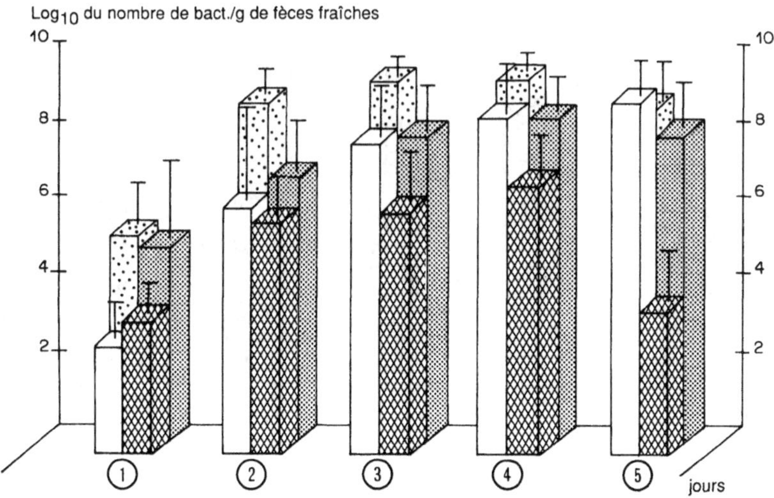

Fig. 23-1 Évolution de la flore fécale du nouveau-né au sein durant les 5 premiers jours de vie. [....] : E. coli ; [____] : Bifidobacterium ; [████] : Streptococcus ; [▓▓▓▓] : Bacteroides.

fécale des enfants anglais sont des Escherichia et des Streptococcus, quel que soit leur mode d'allaitement. Cela contraste avec la prédominance de Bifidobacterium que le même auteur trouve dans les fèces d'enfants nigériens. Dans une étude bien documentée portant sur 35 enfants japonais nourris par leur mère et 35 enfants recevant un lait maternisé, Benno et al. [4] trouvent que le genre Bifidobacterium est prédominant. Toutefois, les taux des populations de la plupart des autres genres bactériens présents au même moment sont significativement plus faibles chez les enfants allaités par leur mère.

Peu à peu, malgré ces variations dans les résultats publiés, se dégage un schéma d'évolution de la flore du nouveau-né en fonction de son alimentation. Quel que soit le type d'alimentation, Escherichia coli et Streptococcus s'installent les premiers dans les 24 à 48 heures qui suivent la naissance. Puis à l'âge de 2 à 3 jours apparaissent des espèces, sans doute variées, appartenant au genre Bifidobacterium et ces bactéries deviennent le plus souvent dominantes vers l'âge de 5 jours. Chez les enfants recevant un lait maternisé le nombre de Bifidobacterium est moins élevé (Fig. 23-2), et on voit le plus souvent apparaître en plus une flore anaérobie stricte fluctuante, très hétérogène, composée de genres bactériens divers dont les plus fréquents sont Bacteroides, Clostridium, Plectridium, Fusobacterium. Souvent aussi, des entérobactéries autres que E. coli s'ajoutent à cette espèce. Chez les enfants allaités par leur mère, la flore est généralement plus stable : on ne rencontre pas d'autres bactéries anaérobies strictes que Bifidobacterium, à l'exception parfois d'une population fluctuante de Bacteroides ; E. coli reste la seule des entérobactéries présente en dominance [12].

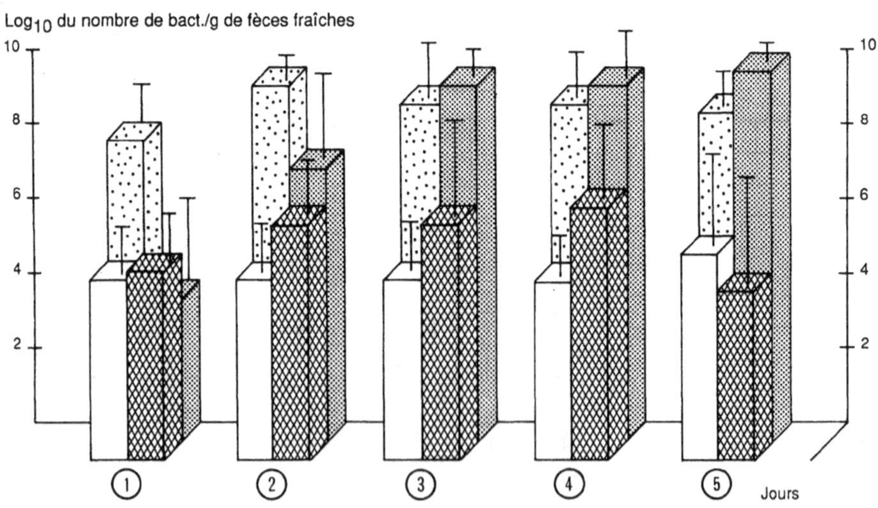

Fig. 23-2 Évolution de la flore fécale du nouveau-né soumis au lait maternisé durant les 5 premiers jours de vie. ☷ : E. coli ; ☐ : Bifidobacterium ; ▨ : Streptococcus ; ▨ : Bacteroides. On constate une grande stabilité des populations bactériennes d'enfants nourris au sein d'une semaine à l'autre (voir Fig. 23-1).

Depuis l'observation originale de Tissier en 1900 [50], c'est sûrement la population de Bifidobacterium des fèces du nourrisson qui a suscité le plus d'études. Les raisons de cet intérêt restent obscures : le rôle favorable de ces bactéries sur la santé de l'hôte, toujours mis en avant, n'a jamais pu être formellement démontré. On sait aujourd'hui que ce genre est composé de quatre espèces principales : B. bifidum, B. infantis, B. catenulatum et B. breve. Neut et al. [36] montrent que 72 % des souches isolées d'enfants allaités par leur mère et seulement 13 % des enfants recevant du lait maternisé possèdent B. bifidum dans leurs selles. Par ailleurs, Benno et al. [4] trouvent que B. breve est l'espèce dominante des enfants japonais nourris au sein. Là encore, des contradictions subsistent.

Études sur des modèles animaux gnotoxéniques

La spécificité de la flore du nouveau-né exposé à des contaminations très variables de l'environnement est un phénomène très surprenant, bien mis en évidence par Patte et al. [38]. Ces auteurs ont transféré dans des souris axéniques toutes les selles émises successivement par un nouveau-né humain allaité par sa mère pendant la première semaine de vie. On constate que des germes bactériens nombreux, en particulier anaérobies stricts, apparaissent dans le tube digestif des souris axéniques, alors que, chez l'enfant, l'établissement de la flore suit la cinétique habituelle décrite plus haut (Fig. 23-3). Le nouveau-né exerce donc un effet de tri puissant sur la flore complexe, le plus souvent issue de sa mère, qui pénètre dans son tube digestif. La nature du lait ingéré est sûrement un facteur

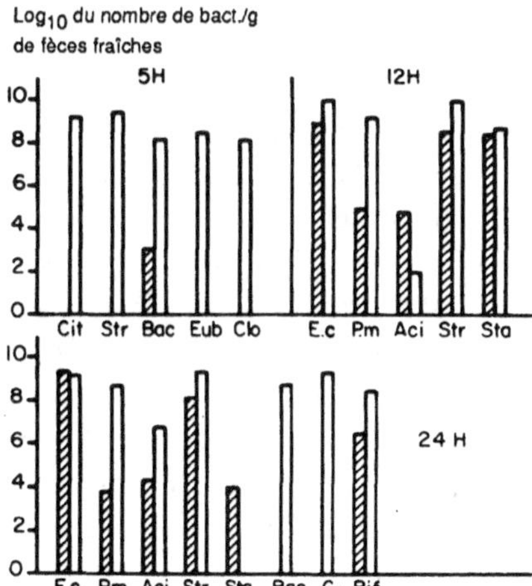

Cit : Citrobacter ; Str : Streptococcus ; Bac : Bacteroides ; Eub : Eubacterium ; Clo : Clostridium ; E.c. : Escherichia coli ; P.m. : Proteus morganii ; Aci : Acinetobacter ; Sta : Staphylococcus ; G− : Bacille à gram négatif non identifié ; Bif : Bifidobacterium. ▨ enfant ; ▢ souris.

Fig. 23-3 Comparaison entre la flore de trois échantillons de méconium d'un nouveau-né humain et la flore cæcale de souris axéniques ensemencées avec ces mêmes échantillons de méconium. On constate que la plupart des souches bactériennes, présentes dans le méconium de 5 heures et révélées chez la souris, ne se développent pas dans le tube digestif du nouveau-né dont la flore dominante à 24 heures se compose normalement d'E. coli, Streptococcus et B. bifidum. Le nouveau-né est donc capable d'effectuer un tri considérable parmi les bactéries qui transitent dans son tube digestif. D'après [38].

important de ce tri comme le montre l'expérience suivante [29]. Deux groupes de souris reçoivent deux régimes alimentaires différents : un régime commercial C et un régime semi-synthétique SS, à base de caséine et d'huile de maïs. Ces souris sont inoculées avec une seule espèce bactérienne, appartenant au genre Lactobacillus qui s'installe au même niveau dans leurs fèces (environ 10^9 par g). Ces souris ont des petits chez lesquels on suit l'implantation du Lactobacillus. Chez les souriceaux issus des mères recevant le régime C, la souche bactérienne s'établit à un niveau élevé dès le premier jour de vie ; chez les souriceaux dont les mères reçoivent le régime SS, le Lactobacillus ne s'implante pas jusqu'au sevrage. La différence de composition du lait induite par l'alimentation suffit donc à modifier totalement les possibilités d'implantation d'une souche chez les jeunes. Une étude ultérieure n'a pas réussi à définir les facteurs du régime alimentaire qui sont en cause, et a seulement pu éliminer le rôle des acides gras de ce régime.

Lait et rôle pathologique de la flore

De nombreux travaux ont examiné le rôle de l'alimentation lactée non plus sur la flore mais sur l'expression d'une pathologie digestive liée à cette flore. Là encore, on a acquis en vingt ans de recherches une masse de résultats concernant la mortalité ou la morbidité dans des pathologies de nature diarrhéique souvent difficiles à comparer. Il apparaît cependant clairement que, comparée à l'alimentation artificielle, l'alimentation maternelle confère une protection à l'égard des maladies diarrhéiques, et ce, même lorsqu'elle n'est que partielle — les effets étant alors moins nets que lors d'une alimentation maternelle stricte. Cet effet cesse à 1 an ou avant cet âge si l'on arrête l'alimentation maternelle. Ces résultats sont maintenant suffisamment clairs pour qu'une revue récente de l'OMS [18] avance des chiffres considérables d'abaissement de la prévalence des maladies diarrhéiques liées à une promotion de l'allaitement maternel : 40 % entre 0 et 2 mois, 30 % entre 3 et 5 mois, 10 % entre 6 mois et 1 an. Cet effet favorable s'explique certes par le meilleur équilibre nutritionnel et les meilleures conditions d'hygiène apportées par l'allaitement maternel, mais aussi par son effet sur l'équilibre de la flore et probablement sur l'expression de ses potentialités toxigéniques. En effet, la production de toxines dans le tube digestif par des bactéries anaérobies strictes pourrait expliquer nombre de pathologies, voire de morts inexpliquées [1]. Or, on a démontré que la nature du régime peut moduler fortement et même inhiber in vivo la production de toxines [30]. On peut donc penser que la caséine n'est pas le substrat le plus favorable à cette production.

Un autre exemple de relation entre l'alimentation lactée et le rôle pathologique de la flore du tube digestif a été récemment mis en évidence [47]. L'entérocolite nécrosante du nouveau-né est une redoutable maladie dont l'origine infectieuse restait mal établie jusqu'à maintenant. On la trouvait pourtant associée souvent à une bactérie considérée comme non pathogène, Clostridium butyricum, qui est également présente chez de nombreux enfants bien portants. Cette maladie a pu être reproduite dans un modèle expérimental, le poulet ou la caille axénique, ensemencé avec C. butyricum et recevant du lactose dans son régime. On voit alors apparaître dans la paroi cæcale des oiseaux de grosses bulles de gaz et des ulcérations pouvant aller jusqu'à des nécroses, comme chez l'enfant. L'oiseau présente deux particularités qui expliquent cette action pathogène :

sa muqueuse digestive est complètement dépourvue de lactase et les deux cæcums représentent une zone de stase naturelle. Dans cette zone, C. butyricum se développe abondamment et trouve en abondance un substrat facile à fermenter : le lactose. Il produit alors beaucoup d'acide butyrique, très actif sur la muqueuse et qui peut probablement y créer de minimes lésions par lesquelles s'introduit l'hydrogène produit en abondance par cette souche. L'arrêt de l'administration de lactose dans l'alimentation ne diminue pas la population de C. butyricum mais stoppe son activité fermentaire et donc son effet pathogène. Il est probable que chez l'enfant cette maladie n'apparaît que lorsqu'un déficit en lactase permet l'arrivée du lactose du lait dans le gros intestin, et lorsqu'une stase digestive existe en même temps. Là encore, l'arrêt de l'alimentation lactosée stoppe l'évolution de la maladie.

Facteurs du lait maternel actifs in vitro sur les bactéries intestinales

De grandes différences existent entre les composants majeurs du lait des différentes espèces de mammifères, ainsi qu'entre les nombreux composants mineurs, tels les immunoglobulines, les protéines liant le fer, surtout la lactoferrine, la lactoperoxydase, les oligosaccharides, les aminosucres, les peptides. On a pu démontrer in vitro que certains de ces composés sont actifs sur des bactéries issues du tube digestif. Ainsi, l'effet inhibiteur de l'acide linoléique sur la croissance de Lactobacillus acidophilus a été démontré en chémostat [31]. L'effet bactériostatique d'un mélange de lactoferrine et d'IgG à l'égard de E. coli a été étudié par divers auteurs dans des milieux de culture déficients en fer [6, 23, 27, 40, 48]. Le lyzozyme peut lyser certaines bactéries et aussi être un facteur de croissance pour certains Clostridium [19]. Il existe aussi des facteurs de croissance bactérienne dans le lait humain. Les plus étudiés sont les « facteurs bifides » nécessaires in vitro à la croissance de B. bifidum : le Bifidus factor I de György [21] est un polyoside contenant de la N-acétylglucosamine. Neut et al. [35] trouvent dans le lait humain des oligopolysaccharides dont le mélange est appelé gynolactose et qui sont absents dans d'autres laits. Kehagias et al. [26] isolent un produit d'hydrolyse de la caséine bovine qui agit spécifiquement comme un facteur de croissance in vitro de B. bifidum.

Mais le problème majeur reste de savoir si ces substances jouent réellement un rôle in vivo dans le tube digestif du nouveau-né. Cette question ne peut être abordée qu'à l'aide de modèles animaux.

Études expérimentales du rôle des composants du lait
sur l'établissement des bactéries dans l'intestin du nouveau-né

Le taux de population d'une souche donnée dans les parties distales du tube digestif où la densité bactérienne est maximale dépend de trois facteurs : le temps de génération in vivo des cellules bactériennes, le temps de transit du bol alimentaire et l'éventualité de l'attachement des bactéries à la muqueuse du tube digestif. Le temps de génération dépend de la disponibilité en substrats alimentaires et de la présence éventuelle de substances bactériostatiques ou bactéricides. De telles substances peuvent être soit exogènes, venant des aliments, soit endogènes, venant de l'hôte ou des bactéries antagonistes.

Le sort des substances ingérées varie selon leur nature. Certaines sont entièrement absorbées durant leur transit à travers l'intestin grêle et n'ont donc pas d'effet direct sur la flore bactérienne du gros intestin et du côlon, bien qu'elles puissent l'affecter indirectement en modifiant le péristaltisme ou les sécrétions de l'hôte. Les substances non absorbables ou partiellement absorbables atteignent les parties basses du tube digestif, sont utilisées comme nutriments par les bactéries et sont alors capables de moduler les mécanismes contrôlant l'écosystème bactérien. Elles peuvent avoir un effet direct en favorisant ou en réprimant la croissance d'une population bactérienne ; elles peuvent aussi avoir un effet indirect en modifiant les interactions.

L'effet direct ou indirect des composants du lait sur l'équilibre n'est encore que très partiellement connu à travers quelques rares résultats expérimentaux.

Effet direct des composants du lait

FACTEURS DE CROISSANCE BACTÉRIENS DU LAIT

Nous ne possédons actuellement aucune preuve expérimentale qu'il existe dans le lait des facteurs de croissance bactériens essentiels à la colonisation. C'est pourtant cette hypothèse qui est à la base d'une des plus anciennes tentatives pour « materniser » le lait de vache dans l'optique de favoriser l'implantation des souches de Bifidobacterium chez le nouveau-né. Il s'agit de l'adjonction au lait de « facteurs bifides ». Ces sucres aminés, voisins des acides sialiques, sont présents en quantité élevée dans le lait de femme et beaucoup plus rares dans le lait de vache. Il semblait donc logique de purifier ces facteurs et de les ajouter au lait maternisé et beaucoup de formules actuelles utilisent effectivement cet additif. En fait, la situation écologique est certainement plus complexe : les techniques bactériologiques modernes ont montré qu'une population de Bifidobacterium était capable de subsister même chez l'homme adulte après arrêt de tout apport de facteur bifide. Expérimentalement, on a constaté que les souches de B. bifidum, exigeantes en facteurs bifides in vitro, s'implantaient dans le tube digestif de souris axéniques adultes recevant un régime dépourvu de facteurs bifides (Tabl. 23-2), ou de porcelets axéniques recevant du lait de vache sans facteurs bifides. Il semble que ces bactéries puissent utiliser alors comme facteurs de croissance des produits de dégradation du mucus du tube digestif. Les cas où B. bifidum n'est pas présent dans la flore du nourrisson s'expliqueraient alors plus par la présence de facteurs inhibiteurs que par l'absence de facteurs bifides.

Reste à prouver l'intérêt d'une population dominante de B. bifidum pour l'hôte qui l'abrite. Certains auteurs pensent pouvoir leur attribuer un léger effet de barrière partiel à l'égard de la population de E. coli. Mais cet effet n'a pas pu être reproduit expérimentalement. Récemment, on a observé que certaines souches de B. bifidum pouvaient inhiber, dans le tube digestif de souris dixéniques, la production de toxines par une population de C. difficile sans pour autant limiter la croissance de cette souche [8]. Cet effet inhibiteur pourrait expliquer pourquoi la présence de cette souche toxinogène est si fréquente chez le nourrisson, alors que la pathologie correspondante n'apparaît que chez l'adulte.

Tableau 23-2   Influence de la présence de « facteur bifide » dans le régime sur l'établissement de Bifidobacterium bifidum dans le cæcum de souris axéniques. On constate que l'apport alimentaire de facteur bifide n'est pas indispensable à l'établissement in vivo d'une souche de B. bifidum exigeante in vitro pour ce facteur.

Régime	Titre en facteurs bifide		Nombre de B. bifidum/g de contenu	Nombre d'animaux
	dans l'aliment	dans le cæcum		
Lait humain stérilisé	1,6 (0,6)*	2,7 (0,1)**	9,8 (0,2)*	13
Lait de vache stérilisé	0	2,1 (0,1)	10,3 (0,1)	8

* Log_{10} de la moyenne et ESM (unités arbitraires pour le facteur bifide)
** Avant ensemencement de B. bifidum

PROPRIÉTÉS INHIBITRICES DES COMPOSANTS DU LAIT

Plusieurs substances présentes dans le colostrum et le lait humain sont douées d'activités antibactériennes clairement démontrées in vitro : lysozyme, immunoglobulines, lactoperoxydase, lactoferrine. Certaines d'entre elles ont déjà été ajoutées à des laits de remplacement, sans le plus souvent que leur activité in vivo ait été démontrée et sans même que l'on s'interroge sur leur spécificité d'action les amenant à éliminer les bactéries indésirables pour respecter les espèces utiles. Ainsi, on a mené une étude pour rechercher in vivo l'effet d'un mélange de lactoferrine et d'IgG bovines à l'égard de deux souches d'E. coli, l'une isolée de la souris, l'autre d'un nouveau-né humain [32]. Les deux souches sont très sensibles in vivo à l'effet bactériostatique du mélange. En revanche, in vivo, chez les souris axéniques inoculées avec cette souche et recevant ou non le mélange, on n'a observé aucune différence dans la cinétique d'établissement d'E. coli dans le tube digestif. Ces mêmes auteurs ont inoculé une souche non pathogène d'E. coli, très tôt après la naissance, à des enfants recevant soit du lait maternel, soit du lait maternisé additionné ou non de lactoferrine bovine et d'IgG. La croissance in vitro de la souche d'E. coli utilisée est inhibée par le mélange lactoferrine-IgG. Mais on constate in vivo (Fig. 23-4) que le niveau de population de cette souche d'E. coli n'est pas significativement différent entre les trois groupes d'enfants. Ces résultats sont logiques dans la mesure où la population d'E. coli est toujours la première à coloniser le tube digestif, quel que soit le mode d'alimentation, comme nous l'avons rapporté plus haut, alors que l'enfant nourri au lait maternel ingère toujours une dose élevée de lactoferrine et d'immunoglobulines présentes en particulier dans le colostrum. Ces résultats confirment aussi ceux d'autres auteurs [5] qui estiment qu'aucun effet de l'état immunitaire de l'hôte sur l'équilibre de sa flore dans la lumière intestinale n'a encore été démontré.

En revanche, les propriétés anti-adhésives des immunoglobulines sécrétoires (S.IgA) du colostrum de truie à l'égard des E. coli pathogènes ont été démontrées et sont importantes [34]. Elles expliquent pourquoi il est à peu près impossible d'éviter la diarrhée chez les porcelets qui n'ont pas reçu de colostrum maternel. Elles ont aussi été reconnues comme

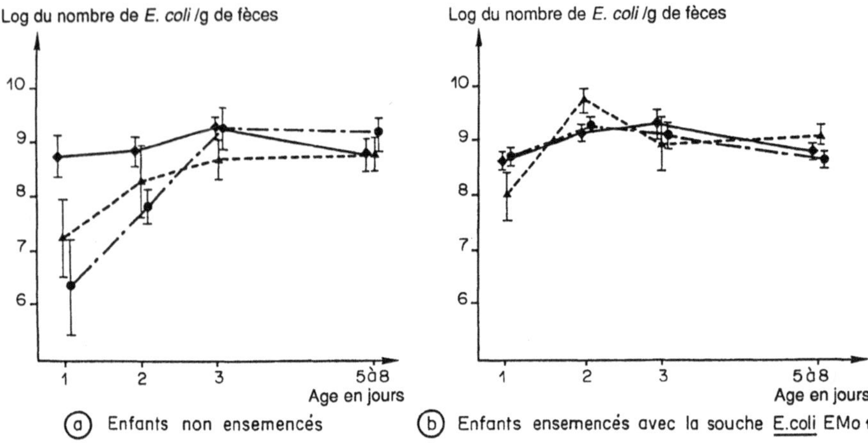

Fig. 23-4   Effet de l'adjonction de lactoferrine (LF) et d'immunoglobulines (IgG) à un lait maternisé (Nursie) sur le niveau de population d'E. coli dans les selles de nouveau-nés humains. (♦) : sein ; (▲) : lait Nursie ; (●) : Nursie + LF + IgG : erreur standard à la moyenne. On voit qu'après 2 jours il n'existe aucun effet ni du lait maternisé, ni des facteurs ajoutés sur la population de E. coli spontanément présente dans les selles (a), ou sur celle d'une souche d'E. coli volontairement ensemencée et sensible in vitro à l'action inhibitrice de LF et IgG.

très importantes dans la protection du veau contre les diarrhées dues à E. coli. On peut donc penser qu'elles jouent aussi un rôle chez le nouveau-né humain.

La composition en lipides du lait, largement variable selon les espèces, a souvent été avancée pour expliquer les différences de flore chez les nouveau-nés, mais il existe bien peu de travaux expérimentaux sur ce sujet. Le modèle de Lhuillery et al. [29] utilise des souris gnotoxéniques associées à une souche de Lactobacillus et recevant des laits artificiels de compositions diverses. Selon le régime de la mère, la souche de Lactobacillus s'implante ou non chez les petits, mais les résultats permettent de rejeter l'hypothèse selon laquelle la composition en lipides du régime maternel est à l'origine de la différence observée.

Dubos et al. [11] ont mis en évidence le rôle de la caséine dans un modèle où il est impossible d'implanter une souche de Clostridium perenne chez des souris axéniques recevant un régime semi-synthétique contenant de la caséine. Ils ont démontré que le facteur inhibiteur était un chélate fourni par le cuivre du régime et un dipeptide non absorbable, l'acide aspartique-lysine qui se forme lors du chauffage de la caséine du régime. Ce résultat permet donc d'imaginer le rôle de petites molécules non absorbables provenant du lait.

D'autres travaux rapportent l'action directe du lait sur certaines bactéries du tube digestif sans préciser quels composés sont réellement en cause. Pour démontrer l'effet « rémanent » du régime alimentaire [14], nous avons mis au point un régime synthétique dit « non permissif » (NP) qui empêche l'implantation dans le tube digestif de souris d'une souche de Clostridium anaérobie stricte. En revanche, quand les animaux reçoivent du lait comme nourriture, cette souche s'implante à un niveau élevé. Si, à ce moment, le lait est remplacé par le régime non permissif, la souche reste implantée à un niveau élevé.

On voit donc là que le rôle direct du lait permettant l'implantation d'une souche peut se prolonger même après l'arrêt de cet aliment, ce qui peut expliquer l'importance d'une phase, même courte, d'alimentation lactée maternelle, par exemple. En effet, on peut supposer que des souches pionnières seront alors capables de persister indépendamment du régime qui sera ensuite administré au nouveau-né.

Notons enfin qu'un certain nombre de substances absentes du lait ont été proposées comme additifs au lait de vache pour nourrir les enfants humains, par exemple le lactulose [40], le raffinose, le stachyose, l'inuline [52]. Ces sucres ne sont pas hydrolysés par les enzymes de l'hôte et atteignent donc la partie terminale de l'intestin où ils sont hydrolysés par les bactéries. Il ne faut pas oublier que certains des métabolites bactériens, lorsqu'ils sont produits en excès, peuvent avoir un effet très nocif sur l'hôte. Ainsi, la production d'une grande quantité d'acide D-lactique bactérien dans l'intestin d'enfants prématurés a été impliquée dans le déclenchement de colite entéronécrosante [20]. Dans un paragraphe précédent, nous avons vu que l'arrivée de lactose non absorbé et transformé en acide butyrique était à l'origine de l'effet pathogène de C. butyricum. Tout autre substrat fermenté par cette souche a naturellement le même effet. Il faut donc être très prudent avant d'ajouter de grandes quantités de substrats carbonés non absorbables et fermentescibles dans le lait des nouveau-nés.

Effets des composants du lait sur les interactions bactériennes in vivo

Les interactions bactériennes qui jouent un rôle majeur dans la régulation de l'écosystème intestinal sont de deux types :

• les interactions métaboliques qui interviennent entre populations bactériennes atteignant le même niveau ;

• les effets de barrière qui résultent en l'élimination partielle ou totale d'une population bactérienne par une autre.

Beaucoup de ces interactions ont été démontrées in vivo chez le nouveau-né, mais le rôle du lait sur ces interactions a été peu étudié.

Parmi les interactions métaboliques, nous avons rapporté plus haut l'exemple décrit par Corthier et al. [8]. Certaines souches de B. bifidum et d'E. coli réduisent in vivo la production de toxine par Clostridium difficile alors que la population de cette bactérie n'est pas affectée. Il serait intéressant de vérifier si le lait est capable de moduler cet effet protecteur, d'autant plus que d'autres travaux du même groupe ont montré que certains composants du régime, sans doute protéiques, sont capables d'influencer directement la production de toxine de C. difficile dans le tube digestif [30].

De nombreux effets de barrière décrits dans le tube digestif de nouveau-nés semblent indépendants du régime alimentaire. Ainsi, l'effet antagoniste à l'égard de C. difficile exercé par un mélange de bactéries anaérobies strictes de lièvre est actif chez le levraut gnotoxénique recevant du lait de lapine et chez la souris gnotoxénique recevant un régime commercial [10]. Duval et al. [15, 16] montrent qu'une souche d'E. coli dépourvue de plasmide est capable d'inhiber des souches d'E. coli de l'environnement porteuses de plasmides codant pour la résistance à divers antibiotiques à la fois chez le nouveau-né humain nourri par sa mère ou recevant du lait maternisé et chez la souris gnotoxénique recevant un régime commercial. Hudault et al. [25] observent l'élimination d'une souche de Lactobacillus casei par un mélange de quatre autres souches bactériennes dans le tube digestif d'un enfant recevant du lait maternisé. La même interaction peut être reproduite chez des souris gnotoxéniques recevant un aliment solide.

Inversement, Nicolas et al. [37] ont observé que l'effet antagoniste exercé par une association de trois souches anaérobies strictes isolées chez le porcelet à l'égard d'une souche de Clostridium perfringens était actif chez les souris gnotoxéniques recevant un régime commercial, mais ne l'était plus chez les porcelets gnotoxéniques recevant du lait de vache, alors que les niveaux des souches de barrière étaient les mêmes. Dans ce cas, on ne sait pas si le lait manque de facteurs permettant l'expression de l'effet de barrière ou s'il contient des facteurs inhibiteurs de cet effet. Enfin, les résultats obtenus par Moreau et al. [33] suggèrent fortement que la nature du lait maternel ou maternisé joue un rôle indirect sur les populations de Bifidobacterium des nouveau-nés recevant ces laits à l'âge de 4 à 5 jours (même si ce n'est pas par l'intermédiaire des facteurs bifides), alors que la population de Bacteroides de ces mêmes enfants n'est pas influencée par la nature du lait.

Conclusion

L'établissement de la flore microbienne chez le nouveau-né est un processus complexe se déroulant en une série d'étapes précises que l'on commence à mieux analyser aujourd'hui. Le mauvais déroulement de ce processus est à l'origine de multiples troubles de la sphère digestive qui atteignent le nourrisson et peuvent se prolonger bien au-delà du sevrage. Il est sûr que le lait ingéré par le nouveau-né est un facteur important, peut-être le principal, parmi ceux qui conditionnent le bon déroulement de la séquence d'implantation des espèces bactériennes, qui s'ajoutent peu à peu pour former la flore complexe de l'adulte. L'aliment lacté joue sans doute aussi un rôle important dans le tri exercé par le jeune à l'égard des multiples bactéries de son environnement.

Cependant, les exemples précédents montrent que l'on est encore loin de connaître la totalité des facteurs du lait capables d'agir sur l'établissement de la microflore : s'agit-il de facteurs de croissance favorisant telle ou telle souche, ou plus vraisemblablement de facteurs inhibiteurs s'opposant au développement de souches en transit ? Il n'est pas encore possible de répondre clairement à cette question et donc de reconstituer, par exemple, un lait humain artificiel présentant l'ensemble des activités du lait naturel à l'égard de la flore.

C'est bien pourquoi l'allaitement maternel, ou l'utilisation de lait de mère par les nourrissons, est une pratique qui a encore de beaux jours devant elle. Peut-être d'ailleurs n'est-il pas possible de reproduire totalement les avantages d'un lait de femme. Nous avons par exemple omis dans cette étude le rôle des cellules vivantes présentes dans le lait tété par le nourrisson et dont on ne connaît pas le rôle sur la flore bactérienne. Néanmoins, les premiers résultats obtenus avec les techniques modernes dont les chercheurs disposent maintenant pour réaliser des études in vivo montrent que les formules actuelles de lait maternisé doivent encore largement être perfectionnées, et qu'il est tout à fait possible par cette méthode d'améliorer la prévention de la santé humaine par des méthodes nutritionnelles.

RÉFÉRENCES

1. ARNON SS (1984) Breast feeding and toxinogenic infections : missing links in crib death ? *Rev Infect Dis* **6** Suppl 1 : S 191-201

2. ATKINSON SA, BRYAN MH, ANDERSON GH (1978) Human milk : Difference in nitrogen concentration in milk from mothers of term and premature infants. *J Pediatr* 93-67 vol :

3. BARNES EM, IMPEY CS, COOPER DM (1980) Manipulation of the crop and intestinal flora of the newly hatched chick. *Am J Clin Nutr* **33** : 2426-2433

4. BENNO Y, SAWADA K, MITSUOKA T (1984) The intestinal microflora of infants : composition of fecal flora in breast-fed and bottle-fed infants. *Microbiol Immunol* **28** : 975-986

5. BERG RD (1983) Host immune response to antigens of the indigenous intestinal flora. In DJ Hentges (ed) : *Human intestinal microflora in health and disease*. New York, Academic Press, pp. 101-126

6. BULLEN JJ, ROGERS HJ, LEICH L (1972) Iron-binding proteins in milk and resistance to *Escherichia coli* infection in infants. *Br Med J* 1 : 69-75

7. COOPERSTOCK MS, ZEDD AJ (1983) Intestinal flora of infants. In DJ Hentges (ed) : *Human intestinal microflora in health and disease*. New York, Academic Press, pp. 79-99

8. CORTHIER G, DUBOS F, RAIBAUD P (1985) Modulation of cytotoxin production by *Clostridium difficile* in the intestinal tracts of gnotobiotic mice inoculated with various human intestinal bacteria. *Appl Environ Microbiol* **49** : 250-252

9. DECUYPERE J, VAN DER HEYDE H (1972) Study of gastro-intestinal microflora of suckling piglets and early weaned piglets reared using different feeding systems. *Microbiol Hyg (A)* **221** : 492-510

10. DUBOS F, MARTINET L, DABARD J, DUCLUZEAU R (1984) Immediate postnatal inoculation of a microbial barrier to prevent neonatal diarrhea induced by *Clostridium difficile* in young conventional and gnotobiotic hares. *Am J Vet Res* **45** : 1242-1247

11. DUBOS F, PÉLISSIER JP, ANDRIEUX C, DUCLUZEAU R, RAIBAUD P (1985) Inhibitory effect of a copper-dipeptide complex on the establishment of a *Clostridium perenne* strain in the intestinal tract of gnotobiotic mice. *Appl Environ Microbiol* **50** : 1258-1261

12. DUCLUZEAU R (1987) Aliments lactés et écologie microbienne du tube digestif du nourrisson. *Rev Intern Pediat* **176** : 53-56

13. DUCLUZEAU R, DUBOS F, MARTINET L, RAIBAUD P (1975) Digestive tract microflora in healthy and diarrheic young hares born in captivity. Effect of intake of different antibiotics. *Ann Biol Anim Biochim Biophys* **15** : 529-539

14. DUCLUZEAU R, RAIBAUD P, DUBOS F, CLARA A, LHUILLERY C (1981) Remanent effect of some dietary regimens on the establishment of two *Clostridium* strains in the digestive tract of gnotobiotic mice. *Am J Clin Nutr* **34** : 520-526

15. DUVAL-IFLAH Y, OURIET MF, MOREAU C, DANIEL N, GABILAN JC, RAIBAUD P (1982) Implantation précoce d'une souche de *Escherichia coli* dans l'intestin de nouveau-nés humains : effet de barrière vis-à-vis de souches de *E. coli* antibiorésistantes. *Ann Microbiol (Inst Pasteur)* **133A** : 393-408

16. DUVAL-IFLAH Y, RAIBAUD P, ROUSSEAU M (1981) Antagonisms among isogenic strains of *Escherichia coli* in the digestive tracts of gnotobiotic mice. *Infect Immun* **34** : 957-969

17. DWORSKY H, YOW M, STAGNO S, PASS R, ALFORD C (1983) Cytomegalovirus infection of breast milk and transmission in infancy. *J Pediatr* **72** : 295-299

18. FEACHEM RG, KOBLINSKY MA (1984) Interventions contre les maladies diarrhéiques du jeune enfant : promotion de l'allaitement maternel. *Bull OMS* **62** : 271-291

19. FINEGOLD SM, SUTTER VL, MATHISEN GE (1983) Normal indigenous intestinal flora. *In* DJ Hentges (ed) : *Human intestinal microflora in health and disease.* New York, Academic Press, pp. 3-31

20. GARCIA J, SMITH FR, CUCINELL SA (1984) Urinary D-lactate excretion in infants with necrotizing enterocolitis. *J Pediatr* **104** : 268-270

21. GYORGY P (1971) The uniqueness of human milk : biochemical aspects. *Am J Clin Nutr* **24** : 970-975

22. HAENEL H, MULLER-BEUTHOW W, GRUTTE FK (1970) The fecal microecoloy of the suckling in dependence of nutrition : composition of microflora and occurrence of types of *Lactobacillus bifidus*. *Zentralbl Bakteriol* (Orig) **215** : 333-347

23. HELSING E (1981) Infant feeding practices in Northern Europe : breastfeeding and health. *UNICEF* **55-56** : 73-90

24. HOLMES G, HASSANEIN K, MILLER C (1983) Factors associated with infections among breast-fed babies and babies fed proprietary milks. *J Pediatr* **72** : 300-306

25. HUDAULT S, DUCLUZEAU R, DUBOS F, RAIBAUD P, GHNASSIA JC, GRISCELLI C (1976) Élimination du tube digestif d'un enfant « gnotoxénique » d'une souche de *Lactobacillus casei* issue d'une préparation commerciale : démonstration chez des souris « gnotoxéniques » du rôle antagoniste d'une souche de *Escherichia coli* d'origine humaine. *Ann Microbiol (Inst Pasteur)* **127B** : 75-82

26. KEHAGIAS C, JAO YC, MIKOLAJCIK EM, HANSEN PMT (1977) Growth response of *Bifidobacterium bifidum* to a hydrolytic product isolated from bovine casein. *J Food Sci* **42** : 146-150

27. LAW BA, REITER B (1977) The isolation and bacteriostatic properties of lactoferrin from bovine milk whey. *J Dairy Res* **44** : 595-599

28. LEJEUNE C, BOUSSOUGANT Y, DE PAILLERETS F, GHNASSIA JC, GALLET PP, RAIBAUD P, DUCLUZEAU R (1981) Séquence d'installation de la flore intestinale du nouveau-né. Étude par analyse différentielle quantitative. *Rev Pédiat* **4** : 223-242

29. LHUILLERY C, DEMARNE Y, DUBOS F, GALPIN JV, DUCLUZEAU R, RAIBAUD P (1981) Fatty acid composition of lipids in the maternal diet and establishment of a *Lactobacillus sp* strain in the digestive tract of suckling gnotobiotic mice and rats. *Am J Clin Nutr* **34** : 1513-1519

30. MAHE S, CORTHIER G, DUCLUZEAU R (1986) Production of toxins by various strains of *Clostridium* in the digestive tract of gnotobiotic animals. Effect of diet and associated flora. *Microecol Ther* **16** : 209-216

31. MICKELSON MJ, KLIPSTEIN FA (1975) Enterotoxigenic intestinal bacteria in tropical sprue. IV. Effect of linoleic acid on growth interrelationships of *Lactobacillus acidophilus* and *Klebsiella pneumoniae*. *Infect Immun* **12** : 1121-1126

32. MOREAU MC, DUVAL-IFLAH Y, MULLER MC et al. (1983) Effet de la lactoferrine bovine et des IgG bovines données per os sur l'implantation de *Escherichia coli* dans le tube digestif de souris gnotoxéniques et de nouveau-nés humains. *Ann Microbiol (Inst Pasteur)* **134B** : 429-441

33. MOREAU MC, THOMASSON M, DUCLUZEAU R, RAIBAUD P (1986) Cinétique d'établissement de la microflore digestive chez le nouveau-né humain en fonction de la nature du lait. *Reprod Nutr Dev* **26** : 745-753

34. NAGY LK, BHOGAL BS, MACKENZIE T (1979) Duration of anti-adhesive and bactericidal activities of milk from vaccinated sows on *Escherichia coli* 0149 in the digestive tract of piglets during the nursing period. *Res Vet Sci* **27** : 289-296

35. NEUT C, ASSY-SEKA N, ROMOND C, MIZON J, BEERENS H (1984) Extraction à partir du lait maternel de facteurs de croissance spécifiques à *Bifidobacterium bifidum*. *Rev Inst Pasteur Lyon* **17** : 1-11

36. NEUT C, ROMOND C, BEERENS H (1980) Contribution à l'étude de la répartition des espèces de *Bifidobacterium* dans la flore fécale de nourrissons alimentés soit au sein, soit par des laits maternisés. *Reprod Nutr Dev* **20** : 1679-1684

37. NICOLAS JL, RAIBAUD P, DUCLUZEAU R, CORPET D (1981) Antagonism against *Clostridium perfringens* in the digestive tract of gnotoxenic mice and piglets exerted by a small number of anaerobic bacteria isolated from the faecal flora of conventional piglets. *In* S Sasaki et al. (eds) : *Recent advances in germfree research.* Tokyo, Tokai University Press, pp. 201-205

38. PATTE C, TANCREDE C, RAIBAUD P, DUCLUZEAU R (1979) Premières étapes de la colonisation bactérienne du tube digestif du nouveau-né. *Ann Microbiol (Inst Pasteur)* **130A** : 69-84

39. PELISSIER JB, DUBOS F (1983) B-Aspartyl-e-lysine, a peptide of the fecal contents of axenic mice. *Reprod Nutr Dev* **23** : 509-515

40. PETUELY F (1957) *Biochemische Untersuchungen zur Regulation der Dickdarmflora des Säuglings (Über den Bifidusfaktor).* Vienna, Notring-Verlag

41. POPOFF M, SZYLIT O, RAVISSE P, DABARD J, OHAYON H (1985) Experimental cecitis in gnotoxenic chickens monoassociated with *Clostridium butyricum* strains isolated from neonatal necrotizing enterocolitis. *Infect Immun* **47** : 697-703

42. ROBINSON M (1951) Infant morbidity and mortality. *Lancet* : 788-796

43. ROYER P (1978) Nutrition et alimentation du nouveau-né. *Monaco* **3** : B5-B20

44. RUMEAU-ROUQUETTE C (1985) Naître en France, 10 ans d'évolution. Paris, Éditions INSERM, p. 98

45. SAVAGE DC (1977) Microbial ecology of the gastrointestinal tract. *Annu Rev Microbiol* **31** : 107-133

46. SENTERRE J (1900) Composition particulière du lait de mère d'un prématuré : mythe ou réalité ? *In* : *Progrès en néonatologie.* Basel, S Karger, pp. 6-18

47. SIMHON A, DOUGLAS JR, DRASAR BS, SOOTHILL JF (1982) Effect of feeding on infants' faecal flora. *Arch Dis Child* **57** : 54-58

48. SPIK G, CHERON A, MONTREUIL J, DOLBY JM (1978) Bacteriostasis of a milk-sensitive strain of *Escherichia coli* by immunoglobulins and iron-binding proteins in association. *Immunology* **35** : 663-671

49. STRANGE RE, DARK FA (1957) A cell-wall lytic enzyme associated with spores of *Bacillus* species. *J Gen Microbiol* **16** : 236-249

50. TISSIER H (1900) Recherches sur la flore intestinale des nourrissons. Thèse Médecine, Paris, 253 p

51. WELSH K, MAY J (1979) Anti-infective properties of breast milk. *J Pediatr* **94** : 1-9

52. YAZAWA K, IMAI K, TAMURA Z (1978) Oligosaccharides and polysaccharides specifically utilizable by bifidobacteria. *Chem Pharmacol Bull* **26** : 3306-3311

24

Levains lactiques
et levains non lactiques
Utilisation et perspectives

D. Hemme, M. Desmazeaud

Introduction

La fabrication des produits laitiers fermentés (yoghourts et fromages) sera bientôt réalisée — mises à part quelques exceptions, comme les fromageries artisanales de montagne (Jura, Alpes et Massif central) — dans de grandes unités mécanisées transformant chaque jour plusieurs centaines de milliers de litres de lait. Cette évolution inéluctable implique, entre autres choses, une maîtrise de mieux en mieux assurée de la fermentation lactique au cours de la fabrication de ces produits fermentés. Ainsi, la préoccupation des praticiens est d'avoir un levain lactique qui soit bien adapté, jour après jour, au lait de fabrication. Cela exige aussi de prendre en compte la variabilité de la matière première qu'est le lait (composition, variations saisonnières, qualité bactériologique) et d'agir sur les facteurs de variabilité lorsque c'est possible en particulier sur les micro-organismes de contamination.

De plus, les bactéries lactiques participent à l'affinage d'un certain nombre de fromages, et donnent, par leurs activités métaboliques secondaires, une partie au moins des caractéristiques recherchées pour les laits fermentés.

Enfin, dans les fromages, interviennent d'autres micro-organismes, au sein de la pâte ou en surface. Ils participent aux qualités gustatives et/ou à l'aspect extérieur, et sont souvent un mélange complexe. Une meilleure connaissance du rôle de chaque espèce ou souche doit permettre la mise au point de levains d'affinage nouveaux et de produire les levains d'affinage de façon mieux contrôlée.

Enfin, des études de plus en plus nombreuses montrent que les bactéries lactiques ou les produits laitiers les renfermant, peuvent avoir un rôle bénéfique pour la santé de l'homme ou des animaux qui les consomment (rôle « probiotique ») (Tabl. 24-1).

Tableau 24-1   Principaux rôles « probiotiques » des bactéries lactiques

- Effets sur le transit et sur la flore intestinale
  Amélioration du transit et lutte contre les diarrhées
  Effets bénéfiques des acides sur la composition de la flore intestinale (notamment contre les bactéries pathogènes)
  Effets bénéfiques sur le métabolisme de la flore intestinale (notamment dégradation des amines)
  Production de substances antibiotiques

- Le yaourt (non chauffé) permet l'absorption du lactose chez les sujets déficients en lactase

- Les laits fermentés permettraient de maintenir une cholestérolémie basse

- Les laits fermentés auraient un effet sur la réponse immunitaire

- Les laits fermentés auraient un rôle antitumeurs.

Rôle primaire de l'utilisation des bactéries lactiques : l'acidification

Le rôle primaire fondamental des bactéries lactiques est d'acidifier plus ou moins le lait selon le produit recherché, afin d'obtenir l'égouttage et la synérèse* voulue du caillé, dont le pH acide évite de plus le développement des micro-organismes de contamination ou entraîne une réduction de leur nombre. Selon le type de produit laitier, le caillé est obtenu par l'usage de la présure ou surtout par les bactéries lactiques.

Comportement dans le lait - milieu de culture

Le lait n'est malheureusement pas un milieu de culture optimal pour les bactéries lactiques (Tabl. 24-2). D'une part, sa composition en nutriments azotés, en vitamines ou certains facteurs de croissance indispensables, n'est pas optimale pour ces bactéries. D'autre part, le lait contient des inhibiteurs naturels, que l'abaissement de la température des traitements thermiques ne peut que favoriser (Tabl. 24-3). Les techniques modernes de production du lait (réfrigération du lait dès la ferme) ou de traitement à froid avec ultrafiltration ou microfiltration ne sont pas sans incidence sur la production d'acide par les levains.

Le maintien du lait à basse température, qui est hautement souhaitable pour obtenir une bonne qualité sanitaire, peut poser des problèmes nutritionnels pour certaines souches de bactéries lactiques, car le lait subit des modifications physicochimiques ou biochimiques au cours de cette conservation. Une lipolyse peut se produire lorsque l'agitation du lait est trop forte. Or, la présence d'acides gras libres constitue un facteur d'inhibition pour les activités acidifiantes ou protéolytiques des bactéries lactiques.

---

* Synérèse : contraction du caillé et rejet du sérum

Tableau 24-2 Le lait industriel n'est pas à coup sûr un milieu de culture optimum pour les bactéries lactiques

* Par sa composition
  Nutriments en concentrations insuffisantes et variables
  Présence de substances inhibitrices

* Par ses propriétés
  Pouvoir tampon limité
  Potentiel d'oxydo-réduction élevé

* Par les modifications qu'il a subies
  Lipolyse par les germes psychrotrophes
  Protéolyse
  Concentration par ultra-filtration

* Par ses contaminants
  Présence de bactériophages spécifiques des bactéries du levain
  Présence d'antibiotiques

Pour compenser les perturbations résultant du séjour au froid du lait, on peut pratiquer une maturation afin de permettre au lait d'être le meilleur milieu de culture possible pour les bactéries lactiques. La maturation du lait avec acidification est généralement effectuée par ensemencement avec des bactéries lactiques sélectionnées et un séjour plus ou moins prolongé, à basse température (4-12 °C). Cependant, la maîtrise de cette opération n'est pas parfaite et elle augmente les risques de propagation des bactériophages. Les Américains ajoutent au lait la glucono-delta-lactone (GDL) comme agent d'acidification dans la fabrication du *cottage cheese*. Ajouté au lait, la GDL s'hydrolyse lentement en libérant progressivement de l'acide gluconique. L'acidification qui en résulte mime celle que l'on aurait obtenue avec les levains lactiques, mais elle peut être strictement arrêtée au niveau voulu.

Tableau 24-3 Facteurs influant sur la maîtrise des bactéries lactiques

Facteurs extrinsèques
Le lait milieu de culture
  Facteurs inhibiteurs naturels
  Composition non optimum
  Conservation au froid
  Traitements physiques ou thermiques
Bactériophages
Présence de résidus d'antibiotiques

Facteurs intrinsèques
Instabilité génétique : plasmides
Lysogénie
Interactions entre souches (cultures mixtes)

Lever des contraintes au niveau des souches elles-mêmes

Problèmes nutritionnels et stabilité génétique

Une utilisation facilitée des bactéries lactiques passerait par des modifications génétiques de la régulation de leurs systèmes métaboliques, afin de les rendre moins dépendantes du lait milieu de culture, notamment vis-à-vis de l'utilisation du lactose ou des fractions azotées du lait.

La concentration des acides aminés libres dans le lait, comme la fraction peptidique, constituent une source d'azote insuffisante pour assurer une croissance normale des levains lactiques [3, 4]. De plus, un des acides aminés essentiels, la méthionine, est absent sous forme libre dans le lait. Il faut donc que les bactéries utilisent les protéines du lait, notamment les caséines, pour réaliser la fermentation lactique. Les bactéries lactiques, sauf les streptocoques thermophiles, possèdent des protéinases liées aux parois qui les rendent capables d'utiliser les oligopeptides et les protéines du lait. La température, le pH et la concentration en ions calcium interviennent pour réguler la liaison de la protéinase à la paroi cellulaire.

Or, il existe une instabilité génétique vis-à-vis de ce caractère. En effet, dans le lait, de nombreuses souches de lactocoques mésophiles produisent avec une fréquence élevée (de l'ordre de 1 %) des variants (*slow coagulating variants*) qui ne coagulent le lait que lentement. Ces variants se développent et produisent de l'acide dans du lait à la même vitesse que la souche parentale, mais s'arrêtent de croître à une densité cellulaire qui ne représente au mieux que 25 % de la densité maximale atteinte par la souche parentale. L'arrêt de la croissance de ces variants dans le lait est lié à l'épuisement rapide des faibles quantités d'acides aminés libres et de peptides présents dans le lait. Ces variants résultent de la perte de la protéinase de paroi. Ils peuvent apparaître avec une grande fréquence, parce que les gènes des protéinases ne sont pas situés sur le chromosome bactérien, mais sur des petits fragments d'acide désoxyribonucléique ou plasmides, qui peuvent être perdus quand les cellules se divisent au cours de la croissance.

L'instabilité des souches de bactéries lactiques est d'autant plus forte que d'autres caractères technologiques importants sont aussi codés par des gènes portés par des plasmides. Il faut citer notamment certaines étapes de la perméation et de l'hydrolyse du lactose, les souches donnant naissance à des clones « lents » Lac^-. De même, le métabolisme du citrate conduisant à des produits d'arôme peut être perturbé par la perte des plasmides. Le tableau 24-4 résume les principales fonctions codées par des plasmides chez les bactéries lactiques.

Pour l'avenir, il faut stabiliser ces caractères d'acidification, de protéolyse ou de production de certains composés d'arôme, par intégration dans le chromosome bactérien des gènes portés par les plasmides. Actuellement, il est effectivement possible d'insérer cet ADN étranger, au moins dans le chromosome de *Lactococcus lactis*. Cela permettra aussi d'éliminer ou de neutraliser des gènes indésirables, ou au contraire d'en stabiliser, d'en faire exprimer ou d'en amplifier d'autres.

Tableau 24-4   Principales fonctions codées par des plasmides chez les bactéries lactiques

- Certaines étapes de l'entrée et du métabolisme du lactose
- La synthèse de la protéase de paroi
- Certaines étapes de l'entrée du citrate conduisant à des produits d'arôme
- La synthèse d'antibiotiques (nisine) et de bactériocines
- La résistance aux systèmes inhibiteurs naturels du lait
- La non-adsorption des bactériophages
- La présence de systèmes de restriction-modification
- La résistance aux rayons ultraviolets

Problèmes posés par les bactériophages

Des virus spécifiques peuvent infecter les cellules bactériennes, s'y multiplier à la faveur des divisions cellulaires et entraîner la lyse des cellules qui les contiennent. Ces phages lytiques se répandent dans les ateliers de fabrication ou de préparation de levains, réinfectant ainsi de nouvelles souches avec pour conséquence des retards d'acidification [7].

D'autre part, il existe un type de phage beaucoup plus pernicieux, les phages tempérés ou prophages. Dans ce cas, une particule virale pénètre dans la cellule bactérienne, s'intègre à son chromosome et supporte plusieurs divisions cellulaires sans redevenir lytique. Donc, pendant un certain temps, cette souche lysogène peut être utilisée sans problème, jusqu'au jour où, sous l'influence de certains facteurs extérieurs, le bactériophage redevient lytique.

Il convient donc de mettre en œuvre tous les moyens pour lutter contre la présence des bactériophages ou pour rendre les souches de bactéries lactiques résistantes à ces virus ou guérir les souches lysogènes puis les utiliser dans des conditions aseptiques une fois guéries.

Par ailleurs, les techniques du génie génétique permettent actuellement d'augmenter la résistance naturelle des bactéries lactiques aux bactériophages, en amplifiant les activités de défense portées par certains gènes possédés par les souches. M.C. et A. Chopin (INRA), ont montré que Lc. lactis subsp. lactis et Lc. lactis subsp. cremoris présentaient plusieurs systèmes de restriction-modification* ; certaines souches possèdent aussi un système différent de la restriction inhibant la multiplication intracellulaire du phage. On tente donc d'améliorer la résistance des souches en y accumulant des mécanismes variés de résistance. Si chaque mécanisme pris indépendamment peut être contourné par un phage, la probabilité que ce phage parvienne à surmonter plusieurs mécanismes différents est beaucoup plus faible.

---

* Restriction-modification : système apte notamment à éliminer les ADN étrangers.

Développement des méthodes de production et d'utilisation des levains

Les levains concentrés congelés ou lyophilisés

Comme il convient de limiter la variabilité des levains lactiques, la mise au point et la production de ferments concentrés, indépendamment du lieu d'utilisation, a été un progrès décisif. On prépare des concentrés congelés ou des concentrés lyophilisés des souches les plus couramment utilisées, dans le but d'ensemencer directement le lait de fabrication. Cette technique permet d'ailleurs de limiter la prolifération des phages puisque tous les repiquages y sont supprimés.

Pour multiplier une nouvelle souche dans les fermenteurs, il faut maîtriser les milieux de culture qui doivent avoir un coût acceptable, enfin la récolte des cellules qui doit pouvoir s'effectuer facilement par centrifugation ou ultrafiltration. Le maintien du pH à une valeur neutre est impératif car il permet de multiplier la quantité de biomasse active par un facteur voisin de 10. Si les fermentations ont lieu actuellement dans des systèmes discontinus, pour l'avenir on peut penser qu'elles se réaliseront en continu, notamment grâce au développement des équipements d'ultra-filtration couplés à l'électrodialyse.

La biomasse active doit être congelée avec des cryoprotecteurs qui vont permettre de maintenir la flexibilité ou l'élasticité de la membrane cellulaire et, par là, améliorer la survie des bactéries lactiques pendant la congélation. En général, il convient de congeler les ferments lactiques* à un pH proche de la neutralité. Les agents protecteurs liant l'eau ont pour rôle essentiel de diminuer la formation de cristaux de glace et d'éviter leur grossissement car ils endommageraient la membrane et permettraient ainsi la fuite de composants cellulaires. Le protecteur le plus courant est le glycérol, associé ou non à du lactosérum, ou à du lait. En industrie, la meilleure conservation est obtenue à -196 °C dans l'azote liquide.

La production des ferments lactiques sous forme lyophilisée ajoute des contraintes supplémentaires, car cette opération peut entraîner des dommages spécifiques aux cellules en inhibant, notamment, leurs protéases de paroi. La composition du milieu intervient aussi sur la stabilité ultérieure des cellules ainsi que la méthode de neutralisation utilisée. L'humidité relative finale des suspensions concentrées lyophilisées doit être faible (2 à 5 %). L'oxygène étant néfaste, on peut ajouter des agents réducteurs, ou stocker sous des gaz inertes.

Simplification des systèmes de levains

La création de nouvelles souches aux propriétés améliorées par génie génétique sous-entend que celles-ci devront être ensuite utilisées seules ou, du moins, dans des mélanges simplifiés, pour qu'elles puissent exprimer totalement leurs potentialités.

Cependant, compte tenu de la structure des industries laitières et des techniques de fabrication, on peut penser que les levains seront encore utilisés longtemps sous forme de mélanges de souches, voire d'espèces. Ainsi, dans le monde, deux systèmes de levains

---

* Ferments en technologie laitière : le plus souvent mélange de souches bactériennes et/ou de levures ou de champignons (moisissures)

cohabitent depuis des décennies : les levains naturels ou mixtes dont la composition en souches est complexe et non définie (de type hollandais) et les levains à souches multiples sélectionnées (notamment les systèmes américains, néo-zélandais ou australiens). Ces systèmes ont pour but de lutter contre les bactériophages, tout en assurant une stabilité dans l'acidification et la production des métabolites secondaires. Cependant, la maîtrise des cultures mixtes pose un certain nombre de problèmes, puisque des phénomènes d'interactions entre souches peuvent conduire à l'élimination de certaines au bout de plusieurs divisions cellulaires. Une simple compétition pour les substrats les plus disponibles ou les plus rapidement métabolisés entraîne la dominance de certaines souches. D'autre part, de nombreuses souches de Lc. lactis produisent un antibiotique (la nisine) et d'autres bactéries lactiques (streptocoques et lactobacilles) produisent des bactériocines, facteurs bactéricides entraînant la non-stabilité des levains mixtes. Donc, dans tous les cas, une sélection des souches doit être basée sur leur compatibilité, facteur n'entrant pas en jeu dans les levains naturels pour lesquels l'équilibre existe avant utilisation.

LEVAINS NATURELS OU LEVAINS MIXTES

Ces cultures aux activités acidifiante et aromatisante satisfaisantes contiennent toujours des bactériophages, mais présentent une « résistance naturelle globale » car il y a une flore sous-dominante résistante aux phages contaminants, qui remplacera la flore principale si celle-ci est détruite par une attaque phagique. Les fluctuations de l'acidification sont la règle, et il faut recourir systématiquement aux concentrés congelés pour ensemencer le levain et adopter des méthodes aseptiques pour le préparer, afin de limiter au mieux ou d'éviter ces fluctuations incompatibles avec une production de masse régulière et uniforme.

LEVAINS À SOUCHES MULTIPLES

Dans les pays anglo-saxons sensibilisés de longue date au problème des phages, on a employé en rotation des mélanges composés de plusieurs souches sélectionnées de bactéries lactiques. Elles doivent toutes appartenir à des lysotypes phagiques différents et doivent être toutes compatibles entre elles. Il semblerait qu'il soit pratiquement impossible de composer à volonté des mélanges de souches sans aucune relation phagique entre elles. Ce système a évolué vers l'utilisation d'un seul mélange de six souches sélectionnées en fonction de leur résistance élevée aux bactériophages détectés dans les usines utilisatrices. Lorsqu'une des souches composant le mélange est attaquée par un bactériophage, on la remplace par une autre souche ou un mutant résistant obtenu par culture de la souche en présence du phage.

Il faut savoir que dans des écosystèmes très particuliers, il a été mis en place des systèmes de levain à une paire de souches (Nouvelle-Zélande). Le système australien à une souche est remplacé maintenant par un système voisin de celui de Nouvelle-Zélande. Sa particularité réside dans la sélection et l'utilisation de mutants résistants aux phages obtenus dans les usines mêmes.

Conclusions

Comme les techniques du génie génétique ne pourront être appliquées, en raison de leur complexité, qu'à un nombre réduit de souches, la maîtrise industrielle des levains ne sera possible que si l'on va vers une diminution du nombre de souches dans les mélanges, et que si le problème des bactériophages est strictement résolu dans le site industriel concerné. Les phénomènes d'interactions entre les souches devront aussi être connus. Il faut condamner avec force la pratique de l'utilisation sans discernement des mélanges de ferments de toutes origines. Cette pratique détermine à coup sûr l'apparition et la propagation de nombreux phages différents, venant ou non des souches éventuellement lysogènes.

On peut espérer que le génie génétique permettra de créer des souches ad hoc hautement résistantes aux attaques phagiques et aux propriétés technologiques bien adaptées aux différents types de fabrication. Le tableau 24-5 résume les différentes modifications du génome des bactéries lactiques qui sont actuellement en cours d'étude.

Tableau 24-5   Amélioration des bactéries lactiques

Par introduction de gènes étrangers

• Amélioration de la résistance aux bactériophages

• Augmentation de leur capacité protéolytique et lipolytique pour accélérer l'affinage des fromages

• Augmentation de leur propriété d'épaississement du lait par synthèse de polysaccharide

• Possibilité de produire des métabolites conférant un arôme

• Augmentation de leur capacité à produire des bactériocines ou de la nisine inhibant les germes nuisibles (Clostridium tyrobutyricum), voire pathogènes (Listeria), dans les fromages

• Acquisition de la résistance à certaines bactériocines

• Possibilité de produire de la chymosine de veau

Au niveau de la régulation de leurs gènes

• Moduler leur vitesse d'acidification par la sensibilité au pH ou à la température

• Améliorer la régularité de l'acidification ou de la production des arômes, en les rendant moins sensibles aux variations de la composition du lait, notamment en régulant leurs synthèses d'acides aminés ou leurs entrées dans les cellules

• Favoriser l'excrétion des aminopeptidases intracellulaires pour diminuer l'amertume des fromages

• Augmenter la sécrétion de molécules particulières leur conférant un rôle bactéricide

Rôles des micro-organismes d'intérêt laitier autres que la production d'acide

Le nombre de micro-organismes intervenant dans l'affinage, en plus des bactéries lactiques, est variable selon le type de produit laitier. L'action des micro-organismes peut par ailleurs s'effectuer sur des périodes courtes, ou au contraire longues avec alternance éventuelle d'actions purement chimiques.

Le tableau 24-6 résume les principaux rôles tenus par les bactéries, les levures et les moisissures pour les principales classes de fromages. On pourra se reporter aux revues récentes [9, 10, 11] pour la connaissance du rôle de ces micro-organismes.

Cette flore est apportée volontairement par le fromager (spores de Penicillium, ferments du rouge*), ou bien son apport est fortuit et se fait, soit par contamination du lait, de la mamelle à la cuve de fabrication, soit ensuite lors de l'affinage du produit et de sa conservation.

Comme pour la production d'acide lactique à partir du lactose, la technologie moderne souhaite n'utiliser qu'un nombre restreint de souches d'affinage. Il n'est pas certain que cette approche soit possible pour tous les types de fromages. Mais, de toute évidence, il est nécessaire de mieux connaître le rôle réel des micro-organismes autres que les bactéries lactiques, encore que ces dernières aient des rôles importants hormis la production d'acide et qui sont le plus souvent encore mal appréciés.

Un rôle très important des bactéries lactiques qui a été bien étudié est d'abaisser le potentiel redox (pour le rendre très électronégatif) et de créer ainsi des conditions défavorables à toute une flore aérobie jugée nuisible et des conditions favorables à une flore utile, et à des réactions chimiques nécessitant ce bas potentiel.

Une grande partie des micro-organismes d'affinage (Penicillium, bactéries corynéformes apparentées à Brevibacterium linens) appartient à la flore aérobie qui se développe le plus souvent en surface du fromage, mais aussi quelquefois à l'intérieur lorsque l'oxygène peut y pénétrer (cas des pâtes persillées en particulier) [5].

Modifications générales

Flore de contamination du lait

La qualité bactériologique du lait a fait, depuis une trentaine d'années, l'objet de nombreuses études qui ont permis de repérer les sources de pollution à la ferme et la nature de la flore. Les flores venant, d'une part, des mamelles et, d'autre part, du matériel ont été caractérisées au niveau des espèces.

Les bactéries coliformes, dont les deux espèces dominantes Escherichia coli (strictement mésophile) et Hafnia alvei (psychrotrophe, c'est-à-dire capable de croître au froid), sont

---

* Ferment du rouge des fromagers : Brevibacterium linens

Tableau 24-6   Principaux groupes microbiens intervenant au cours de l'affinage des fromages.
D'après Lenoir et al., 1985

Groupes microbiens	Types de fromages	Principales fonctions
BACTÉRIES		
Streptocoques lactiques		
• mésophiles		
Lc. lactis		Acidification
Lc. cremoris	Pâtes molles et pâtes pressées	Contribution à la protéolyse
Lc. lactis subsp. diacetilactis		
• thermophiles		
S. thermophilus	Pâtes cuites	
Leuconostocs		
Ln. lactis	Pâtes molles	Ouverture de la pâte
Ln. cremoris	Pâtes persillées	Production de composants
Ln. dextranicum	Pâtes pressées	d'arôme
Lactobacilles		
• mésophiles		
Lb. casei		Production de composants
Lb. plantarum	Différents types de pâtes	d'arôme
Lb. brevis		
• thermophiles		
Lb. helveticus		
Lb. bulgaricus		Acidification Contribution
Lb. d. subsp. bulgaricus	Pâtes cuites	à la protéolyse
Lb. d. subsp. lactis		
Lb. lactis		
Microcoques		
M. caseolyticus	Pâtes molles	
M. conglomeratus	Pâtes pressées	
M. freundenreichii	Pâtes cuites (morge)	Formation de la morge
Bactéries corynéformes		Protéolyse
Corynebacterium	Pâtes molles	Dégradation des acides aminés
Brevibacterium (B. linens)	Pâtes pressées	
Microbacterium	Pâtes cuites (morge)	
Arthrobacter		
Bactéries propioniques		Ouverture de la pâte
P. freundenreichii	Pâtes cuites	Production de composants
P. jensenii		de saveur et d'arôme
LEVURES		
Kluyveromyces	Pâtes molles	Désacidification
Debaryomyces	Pâtes persillées	Protéolyse-lipolyse
Saccharomyces	Pâtes pressées	Production de composants
Pichia	Pâtes cuites (morge)	d'arôme
Candida		
MOISISSURES		
• Penicillium		Feutrage superficiel - Désacidification - Protéolyse - Lipolyse
camemberti	Pâtes molles	Production de composants
roqueforti		d'arôme
		Protéolyse - Lipolyse
	Pâtes persillées	Production de composants d'arômes
		Aspect persillé
		Feutrage superficiel
• Geotrichum	Pâtes molles	Désacidification
candidum*	Pâtes pressées	Protéolyse - Lipolyse
		Production de composants d'arôme

* Espèce considérée par les taxonomistes des levures comme appartenant à ce groupe microbien.

considérées comme indicatrices d'une mauvaise hygiène à la ferme. De même les bactéries thermorésistantes, qui se multiplient peu dans le lait cru mais survivent à la pasteurisation, sont de bons indicateurs d'une contamination par le matériel de traite.

Parmi la flore psychrotrophe, seules les espèces de Pseudomonas (le plus fréquemment Ps. fluorescens et Ps. fragi) sont capables de se multiplier rapidement au froid et d'altérer la qualité du lait si leur nombre dépasse 10^6 à 10^7 par ml.

Contrairement à une idée largement répandue, les bactéries lactiques sont peu nombreuses dans le lait récolté avec du matériel propre. Leur source principale est le matériel de traite.

Le tableau 24-7 montre aussi comment a évolué quantitativement et qualitativement la flore bactérienne du lait cru. L'introduction de la traite mécanique en France dans les années 1950 à 1960 a eu indirectement pour résultat l'obtention d'un lait plus propre mais initialement plus contaminé en bactéries adaptées à la croissance dans le lait (bactéries lactiques et coliformes, Pseudomonas). En l'absence de tout refroidissement, ce lait était déjà acide en arrivant à l'usine, comme le lait obtenu par la traite manuelle. Un effort de formation des producteurs a permis une amélioration très nette (de 10^6 vers 10^5 germes/ml, voire moins) de la qualité bactériologique du lait.

C'est le recours à la réfrigération du lait à condition d'être suffisante (à une température inférieure à 4 °C), qui a permis d'aller plus loin dans la qualité, un lait mal réfrigéré

Tableau 24-7 **Évolution de quelques groupes bactériens d'intérêt industriel dans le lait cru en fonction de son mode de production** (valeurs-types) (données fournies par J. Richard). man. : traite manuelle ; méca. : traite mécanique ; ND : non déterminé.

Méthode de conservation du lait	Technique de traite					
	Tout de suite après la traite		Après 16-18 h à 20-25° C		Après 2 jours	Après 4 jours
	man.	méca.	man.	méca.	méca.	méca.
Bactéries coliformes	$<10^1$	10^1-10^3	10^5-10^6	10^6-10^7	$<10^3$	$<10^4$
Bactéries thermo-résistantes	$<10^3$	10^3-10^4	$<10^4$	$<10^4$	$<10^4$	$<10^4$
Pseudomonas psychrotrophes	$<10^1$	10^1-10^3	10^5-10^6	10^6-10^7	10^2-10^4	10^4-10^6
Bactéries lactiques	$<10^1$	10^1-10^3	ND	10^6-10^7	$<10^3$	$<10^3$
Flore totale	10^4-10^5	10^4-10^5	10^6-10^7	10^7-10^8	10^4-10^5	10^4-10^6

pouvant contenir plusieurs millions de bactéries par ml. L'introduction de cette technique a parallèlement permis de diminuer le coût du ramassage qui a été groupé pour quatre, voire six traites. Néanmoins, le tableau 24-7 rappelle également les limites à ne pas franchir pour ne pas annuler les progrès dus à la récolte dans de bonnes conditions d'hygiène et à la conservation au froid.

Addition de flores contrôlées

Pour des raisons que nous avons données au début de ce chapitre, ce lait, moins contaminé et, par là, moins aléatoirement modifié, n'est pas un bon milieu de culture. Pendant longtemps, certains transformateurs ont défendu la nécessité d'avoir un lait suffisamment contaminé pour obtenir le produit désiré (notamment au point de vue de l'arôme). S'il peut être vrai que des bactéries coliformes ou des Pseudomonas ou des streptocoques du groupe D peuvent, par les transformations qu'ils opèrent, donner lieu à la formation de composés désirés, leur utilisation comme levain est bien sûr exclue, pour le moment du moins, mais aussi leur utilisation involontaire en tant que contaminants pour des raisons sanitaires.

La plupart des transformateurs de lait ont pris conscience de la nécessité d'avoir une matière première de qualité régulière, les facteurs de variations saisonnières restant les plus difficiles à contrôler. Pour les pays de la zone nord de la CEE, leur politique est de chercher à éviter toute altération par les micro-organismes. De ce fait, les modifications à réaliser deviennent des modifications orientées, qui sont effectuées, soit avec des levains lactiques, soit avec d'autres micro-organismes ou leurs enzymes, notamment des protéases, dans les limites de la réglementation européenne.

Micro-organismes intervenant dans la texture

Bactéries lactiques

En plus de leur rôle acidifiant et réducteur influençant la texture via la teneur en eau et en minéraux, les bactéries lactiques interviennent dans l'évolution de la texture du caillé en participant en partie à la protéolyse des longues molécules de caséines, à côté des autres agents de protéolyse : présure, enzymes protéolytiques ajoutées au lait ou libérées par les autres micro-organismes, viables ou non, de la surface ou de l'intérieur du fromage [16].

La plupart des lactocoques lactiques mésophiles dégradent surtout la caséine β mais il n'a pas été observé de relation entre la teneur en azote soluble à pH 4,6 et la texture. Il en est de même pour les bactéries lactiques thermophiles intervenant dans la fabrication du gruyère de Comté pour lequel existe une relation plus nette entre la texture et la teneur en azote aminé qu'entre la texture et la teneur en azote soluble à pH 4,6.

Certaines bactéries lactiques ont un rôle dans la texture du fait de la production de gaz entraînant la formation de microbulles responsables d'une moindre compacité de la pâte. C'est le cas des bactéries du genre Leuconostoc notamment utilisées pour la fabrication du roquefort. Les lactobacilles hétérofermentaires sont probablement également responsables dans certains cas d'une modification de la texture. Ainsi les fromages à pâte molle au lait de chèvre présentant de belles pâtes renferment un nombre important de bactéries hétérofermentaires.

Enfin, les bactéries lactiques produisent des polymères de nature osidique ou non qui confèrent la texture filante ou visqueuse à certains laits fermentés, notamment le yoghourt.

Autres micro-organismes

La production de gaz peut aussi être due à des bactéries de contamination du lait ou à des levures (microtrous trouvés notamment dans les camemberts de lait cru). Comme nous l'avons rappelé plus haut, l'accroissement de l'hygiène et/ou la généralisation de la pasteurisation du lait tendent à faire disparaître la flore de contamination responsable de la production de gaz. L'addition de levures dans le but d'améliorer l'arôme peut également mener à des gonflements non désirés. C'est probablement le cas dans un certain nombre de spécialités à pâte molle issues de caillés peu acides.

Dans le cas des fromages à pâte cuite, les bactéries du genre Propionibacterium utilisent le lactate pour produire du propionate, de l'acétate et du gaz carbonique, ce dernier étant responsable de la formation de l'ouverture de la pâte (« trous »). Ces bactéries habituelles de contamination sont ajoutées au lait depuis quelques années lorsque leur nombre est trop faible (emmental suisse) ou que le temps d'affinage est diminué (emmental français). Si leur nombre n'est pas trop élevé et surtout pour les fromages à affinage court, les bactéries du genre Clostridium semblent tolérées alors qu'elles entraînent de graves défauts allant jusqu'à l'éclatement du fromage.

Agents de couverture

Action directe

Pour bon nombre de fromages à flore de surface, très nombreux parmi les quatre cents variétés françaises, l'aspect extérieur est dû à un ou plusieurs micro-organismes, le plus souvent ensemencés en surface en début d'affinage, leur développement pouvant être retardé par la technologie. Cet aspect comprend la couleur, d'une part, et le « relief », d'autre part.

Le feutrage blanc est typique des nombreux fromages au lait de vache (Penicillium camemberti) mais aussi de chèvre (Penicillium album). Il est plus ou moins important selon la souche et les conditions d'affinage. Moins visibles mais néanmoins presque toujours présentes, les souches de l'espèce Geotrichum candidum se développent avant Penicillium ou seules lorsque ce dernier n'est pas ensemencé. Si le fromage est peu égoutté par suite d'une acidification insuffisante, la croissance de Geotrichum donne à la surface un aspect caractéristique ondulé retrouvé notamment chez de nombreux fromages de lait de chèvre. Une croissance excessive aboutit au défaut dénommé « peau de crapaud » avec séparation de la croûte.

L'aspect rouge plus ou moins prononcé est dû à une implantation de Brevibacterium linens (ferment du rouge des fromagers), bactérie corynéforme renfermant des pigments caroténoïdes. Des bactéries voisines donnent des colorations plus orangées, voire jaunes.

Ce sont des souches de B. linens aux caractères très voisins qui s'implantent en surface de fromages à pâte molle (livarot, munster, camembert, brie, limburger...) et qui constituent la majeure partie de la morge* des fromages à pâte cuite (comté, beaufort, gruyère suisse, fribourg).

Action indirecte

Une partie de la flore de surface intervient pour modifier la composition chimique du caillé, par formation de composés qui seront des nutriments pour d'autres micro-organismes, mais surtout par neutralisation de la pâte.

Les levures et les souches de Geotrichum désacidifient le caillé en consommant l'acide lactique. Ce rôle dans la désacidification a trop longtemps été minoré par le passé au profit de la protéolyse, notamment pour ce qui concerne Geotrichum.

Ces micro-organismes, ainsi que des bactéries, produisent aussi des amines dont l'ammoniaque, un peu plus tardivement au cours de l'affinage.

La flore responsable de la neutralisation subsistera (Geotrichum) ou non (certaines levures) lors du développement des flores ultérieures. Les souches de Penicillium se développeront très précocement alors que le pH est encore acide, participant elles-mêmes à la neutralisation, alors que les bactéries, notamment B. linens, ne le feront que plus tardivement lorsque la neutralisation sera plus avancée.

Le cas des levures mérite d'être souligné du fait de leur faculté d'adaptation (métabolisme aérobie ou anaérobie, utilisation de substrats très divers), et de leur présence ubiquitaire. De ce fait elles interviennent toujours et cela très précocement, avec des rôles variés rappelés dans le tableau 24-8. Dans le cas du roquefort, elles favorisent l'implantation des microcoques.

Tableau 24-8 Rôle des levures en fromagerie

- **Neutralisation du caillé** (surtout en surface).
  Meilleure texture
  Implantation de bactéries

- **Facteurs de croissance de bactéries** (vitamines...)

- **« Ouverture » dans le roquefort**

- **Protéolyse du caillé**
  Texture
  Autres germes

- **Lipolyse du caillé**
  Acides gras (précurseurs d'arômes)

- **Produits volatils de l'arôme ou précurseurs**

---

* Morge : pellicule humide présente en surface des fromages à pâte pressée cuite (environ 1 mm).

Antagonisme entre micro-organismes

L'action antagoniste entre microorganismes existe au sein du caillé mais elle est exacerbée en surface. C'est le cas par exemple du développement de Geotrichum qui s'oppose à celui de Penicillium, le premier étant plus sensible au sel qui sert de facteur pour régler son implantation. D'une façon plus générale, la colonisation de la surface du fromage est le reflet d'un équilibre de flores parfois complexes, dont les mécanismes sont peu ou pas connus, et qui interviennent dans les conditions d'affinage (température des caves, importance du salage).

Lorsque le développement des moisissures ensemencées est trop lent, d'autres espèces peuvent se développer, donnant par exemple des colorations bleues ou vertes (diverses espèces de Penicillium dont P. roqueforti) ou noires (Mucor) le plus souvent indésirables, mais souhaitées dans certains cas (cas du Mucor sur les tomes de Savoie).

On peut espérer à terme implanter délibérément des souches qui puissent s'opposer au développement de contaminants indésirables, notamment en surface où l'humidité (plus précisément l'a_w*) offre des conditions particulièrement propices.

Agents d'acquisition de l'arôme

« Fond laitier »

Tous les produits laitiers obtenus par acidification présentent ce qu'il est convenu d'appeler un « fond laitier » (*clean acid odour*) dû à la présence de l'acide lactique notamment. Néanmoins, c'est une notion assez vague et dans les produits livrés au consommateur sont présents des composés d'arôme plus ou moins complexes qui s'ajoutent ou dominent ce fond d'arôme.

Fabrication des laits fermentés

Le yoghourt et de nombreux autres laits fermentés nécessitent l'usage de divers microorganismes. Le tableau 24-9 indique les principaux métabolites trouvés et les microorganismes responsables. Le plus souvent, ce sont des bactéries lactiques qui produisent l'arôme caractéristique, tel que l'acétaldéhyde dans le cas du yoghourt ou le diacétyle dans le cas du *buttermilk*. Dans le cas du kéfir, une flore complexe comprenant des levures, Lactobacillus kefir et d'autres lactobacilles formant le « grain de kéfir » mène à la formation d'acétaldéhyde, de diacétyle, d'acétoïne et de gaz carbonique, en plus de l'éthanol, formé en proportion variable, et de l'acide lactique.

---

* a_w : teneur en eau d'un produit. Exemple : eau $a_w = 1$; fromage de Comté $a_w = 0,9$).

Tableau 24-9 Métabolites formés dans les laits fermentés et micro-organismes responsables (D'après Marshall, 1984)

Lactate	Lc. cremoris, Lc. lactis, Lc. lactis subsp. diacetylactis, Ln. cremoris, Lactobacillus, S. thermophilus
Diacétyle	Lc. lactis subsp. diacetylactis Ln. cremoris
Acétaldéhyde	S. thermophilus, Lb. bulgaricus Kluyveromyces fragilis
Éthanol	Saccharomyces cerevisiae Candida kefir
Acétate	Lb. brevis
Gaz carbonique	Lb. brevis, S. cerevisiae, C. kefir, K. fragilis

Fromages

Les composés majeurs trouvés dans les différents types de fromages, ainsi que les flores responsables sont indiqués dans le tableau 24-10. Les voies métaboliques utilisées ou supposées pour obtenir ces composés sont données dans le tableau 24-11 (voir revues 1 et 2).

ARÔME À COMPOSANTS CONNUS PRÉDOMINANTS

Selon les souches utilisées, les acides gras et les composés qui en dérivent peuvent varier et entraîner des différences dans l'arôme final.

Pour le fromage frais français ou le *cottage cheese*, on retrouve le rôle prédominant des souches de Lc. lactis ou de Leuconostoc productrices de diacétyle et, en moindre quantité, d'acétaldéhyde.

Tableau 24-11 Voies métaboliques utilisées pour la formation des composés d'arôme des fromages. (D'après Law, 1984)

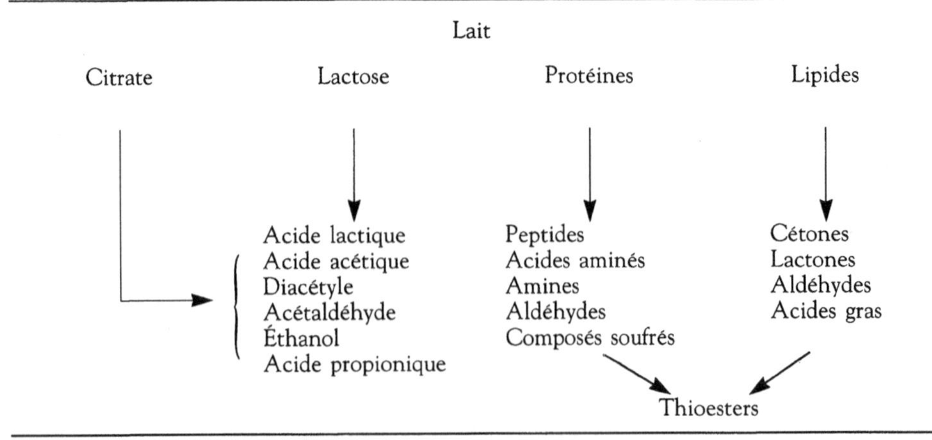

Tableau 24-10   Les grandes transformations biochimiques au cours de l'affinage. (Modifié d'après Lenoir et al., 1985)

Substrats	Types de transformations ou micro-organismes impliqués	Principaux produits formés
Protéines*		
Peptides	Protéolyse	Peptides, acides aminés
Acides aminés	Désamination	NH_3 : α-céto-acides.
	Décarboxylation	CO_2 : amines
	Dégradation des chaînes latérales	Phénols
		Indole
		Méthanethiol et autres composés soufrés
Amines	Désamination oxydative	NH_3, aldéhydes
α-céto-acides	Réduction	Aldéhydes
Aldéhydes	Réduction	Alcools
	Oxydation	Acides
Lactose*	Fermentation lactique (Bactéries lactiques homofermentaires)	Acide lactique
	(Bactéries lactiques hétérofermentaires)	Acide lactique : CO_2
	Fermentation alcoolique (levures)	Éthanol, acide acétique CO_2, éthanol
Acide citrique*	(Bactéries lactiques)	CO_2, acétaldéhyde Acétoïne, diacétyle
Diacétyle		Acétoïne, butane-diol
Acide Lactique	Fermentation propionique (Bactéries propioniques)	Acide propionique, CO_2 Acide acétique
	Oxydation - Cycles de Krebs (Levures, moisissures)	CO_2, H_2O
Triglycérides* (Glycérides partiels)	Lipolyse	Acides gras, Glycérides partiels, Glycérol
Acides gras (à chaîne moyenne ou courte C_{2n})	β-oxydation (Penicillium)	Méthylcétones, (C_{2n-1}) CO_2
Méthylcétones	Réduction (enzymatique)	Alcools secondaires (C_{2n-1})
Acides gras (à chaîne courte)+ Éthanol, alcools aliphatiques ou aromatiques	Estérification	Esters
ou		
Thiols	Thioestérification	Thioesters

* Constituants de départ présents dans le lait.

Dans le cas des pâtes persillées, P. roqueforti et des levures effectuent une hydrolyse des triglycérides et les acides gras libérés sont transformés en méthylcétones, notamment la 2-heptanone, qui donnent à ce fromage une grande partie de son arôme. Les méthyl-cétones peuvent être ensuite transformées en alcools secondaires par cette même flore.

Dans le cas des fromages à pâte molle et à croûte fleurie P. camemberti est apte notam-ment à libérer des acides gras à courte chaîne (arôme des fromages de lait de chèvre : acide caprylique, caproïque, isocaproïque...). Lorsque Geotrichum agit, il libère au contraire préférentiellement l'acide oléique et d'autres acides gras à longue chaîne (acides linoléi-que, linolénique...). L'octène-1-ol-3 donnant la caractéristique « champignon » des fromages à croûte moisie, proviendrait de l'acide oléique par oxydation alors que le 1-5-octadiénol-3, par exemple, serait obtenu à partir de l'acide linoléique.

Les fromages qui possèdent en surface des bactéries apparentées à B. linens ont une note aromatique soufrée participant à la *putrid odor* que décrivent les Anglo-Saxons, peu cou-tumiers de ces types de produits. Sans se multiplier au sein de la pâte, certaines souches au moins sont aptes à produire l'arôme soufré, d'autant plus qu'un précurseur adéquat a été également ajouté au lait, en l'occurrence la méthionine [6].

L'addition de certaines souches de Geotrichum candidum a également permis d'obtenir un arôme soufré en fabrication de camembert alors que l'addition d'autres souches n'entraî-nait pas l'apparition de cette composante.

Dans ces deux exemples, le ou les micro-organismes impliqués sont capables de faire des produits d'arôme ou des précurseurs d'arôme à partir des acides aminés ou des petits pep-tides issus de la protéolyse. C'est le cas d'un produit simple, l'ammoniac, libéré lors de la désamination très active des acides aminés, notamment la sérine, par B. linens ou Geo-trichum. L'ammoniac est responsable de la neutralisation de la pâte et sa présence, sans excès, participe au goût fort de nombreux fromages très affinés à croûte moisie (camem-bert, brie...) ou à croûte lavée (munster, livarot, pont-l'évêque, maroilles, époisses, vacherin...).

La neutralisation de la pâte peut aussi être obtenue par action chimique, à l'aide d'une ambiance d'ammoniac. Dans ce cas, malgré un développement limité de Penicillium, la texture du camembert évolue normalement. Cette technique [19] évite, par le moin-dre développement de Penicillium, l'apparition d'amertume due à la présence de peptides issus de la protéolyse par Penicillium (Tabl. 24-12).

ARÔME COMPLEXE

Il est en général difficile de savoir précisément quels composés donnent à la note aroma-tique finale ses caractéristiques, et quels micro-organismes ou réactions chimiques inter-viennent dans leur élaboration.

Les propriétés de ces micro-organismes utiles à l'affinage sont le plus souvent liées aux souches et non à une espèce ou un genre, ce qui accroît d'emblée les difficultés lors des recherches.

Ainsi l'addition de levures au lait n'entraîne pas d'amélioration de l'arôme, en fabrica-tion de fromages à pâte pressée. En revanche l'addition de certaines souches de Geotrichum candidum permet l'apparition d'un arôme spécifique.

Tableau 24-12 Évolution au cours de l'affinage de l'amertume des fromages incubés en présence ou en absence d'ammoniac. (D'après Vassal et Gripon, 1984)

Date de fabrication/traitement		Intensité de l'amertume[1] des fromages âgés de		
		21 jours	28 jours	35 jours
1.3	NH₃	1,6x	3,1x	3,1x
	témoin	5,6y	5,2x	6,8y
8.3	NH₃	0,6x	1,5x	2,9x
	témoin	3,8y	3,8y	5,0y

(1) Caractère noté sur une échelle structurée à 10 niveaux.
Pour chaque comparaison, les moyennes d'une même colonne qui ne portent pas le même indice diffèrent de façon significative.

Conclusion

Les micro-organismes jouent un rôle fondamental pour l'obtention de produits laitiers ayant les caractéristiques finales souhaitées, car c'est par les modifications successives qu'ils contrôlent que le produit acquiert les qualités relatives à sa texture ou à sa présentation. Ces rôles précis sont peu ou mal connus ; en outre, les types de micro-organismes intervenant sont très divers : bactéries ou moisissures, organismes anaérobies ou aérobies.

Les recherches se poursuivent pour déterminer le rôle des micro-organismes et pour en conserver les souches utiles que l'on sélectionnera.

Les nouvelles techniques biologiques devraient permettre de faciliter la production d'arôme (aromatisation du lait, du caillé, addition de systèmes bactériens entiers ou leurs enzymes, utilisation de liposomes), en respectant les contraintes de la législation.

Il pourrait être envisagé de rechercher des gènes codant pour des métabolismes intéressants présents chez des micro-organismes indésirables (coliformes, Pseudomonas, E. faecalis, par exemple), pour les transférer chez des bactéries habituellement utilisées comme levains.

On peut imaginer à terme effectuer un type de fabrication avec une seule souche de bactérie lactique dans laquelle auront été intégrées toutes les caractéristiques nécessaires à la fabrication du produit recherché (gène présure, gènes d'aromatisation, de texture...), ou bien avec une souche anaérobie (bactérie lactique) pour l'obtention du caillé et une souche aérobie (B. linens ou Penicillium) pour l'obtention de l'affinage adéquat.

Remerciements Nos remerciements vont à nos collègues L. Vassal, J. Richard et J.J. Devoyod de la Station de Recherches Laitières de Jouy-en-Josas, pour leurs apports dans la teneur de certaines parties du texte.

RÉFÉRENCES

1. ADDA J (1987) Les mécanismes de formation de la flaveur dans les fromages. *In : Milk - The vital force.* XXIIᵉ Congrès International de Laiterie, D Reidel Publ Co, pp. 169-177

2. ADDA J, GRIPON JC, VASSAL L (1982) The chemistry of flavour and texture generation in cheese. *Food Chem* **9** : 115-129

3. DE ROISSART HB (1986) Bactéries lactiques. *In* FM Luquet (éd) : *Laits et produits laitiers (vol. 3).* Lavoisier, Paris, pp. 343-415

4. DESMAZEAUD MJ (1983) La nutrition des bactéries lactiques. *Le Lait* **63** : 267-316

5. HEMME D, FERCHICHI M, DESMAZEAUD MJ (1986) L'avenir des levains lactiques et des levains non lactiques. *Indust Alim Agric* **103** : 318-324

6. KIM SC, OLSON NF (1989) Production of methanethiol in milk fat-coated microcapsules containing *Brevibacterium linens* and methionine. *J Dairy Res* **56** : 799-811

7. KLAENHAMMER TR (1984) Interactions of bacteriophages with lactic streptococci. *Adv Appl Microbiol* **30** : 1-29

8. LAW BA (1984) Flavour development in cheeses. *In* FL Davies, BA Law (eds) : *Advances in the microbiology and biochemistry of cheese and fermented milk.* Elsevier Applied Sciences Publ, London, pp. 153-186

9. LENOIR J, LAMBERET G, SCHMIDT JL (1983) L'élaboration d'un fromage : l'exemple du camembert. *Pour la Science* **69** : 30-42

10. LENOIR J, LAMBERET G, SCHMIDT JL, TOURNEUR C (1985) La maîtrise du bioréacteur fromage. *Biofutur* décembre : 23-50

11. LENOIR J, LAMBERET G, SCHMIDT JL, TOURNEUR C (1985) La main-d'œuvre microbienne domine l'affinage des fromages. *Revue laitière française* **444** : 50-64

12. MANNING DJ, NURSTEIN HE (1985) Flavour of milk and milk products. *In* PF Fox (ed) : *Developments in dairy chemistry (vol. 3).* Elsevier Applied Sciences Publ, London, pp. 217-238

13. MARSHALL VM (1984) Flavour development in fermented milks. *In* FL Davies, BA Law (eds) : *Advances in the microbiology and biochemistry of cheese and fermented milk.* Elsevier Applied Sciences Publ, London, pp. 153-186.

14. MARSHALL VM (1987) Fermented milks and their future trends. I. Microbiological aspects. *J Dairy Res* **54** : 559-574

15. MARSHALL VM (1987) Lactic acid bacteria : starters for flavour. *FEMS Microbiol Rev* **46** : 327-336

16. RANK TC, GRAPIN R, OLSON NF (1985) Secondary proteolysis of cheese during ripening : a review. *J Dairy Sci* **68** : 801-805

17. RICHARD J (1984) Évolution de la flore microbienne à la surface des camemberts fabriqués avec du lait cru. *Le Lait* **64** : 496-520

18. RICHARD J, ZADI H (1983) Inventaire de la flore bactérienne dominante des camemberts fabriqués avec du lait cru. *Le Lait* **63** : 25-42

19. VASSAL L, GRIPON JC (1984) L'amertume des fromages à pâte molle de type camembert : rôle de la présure et de *Penicillium caseicolum*, moyen de la contrôler. *Le Lait* **64** : 397-417

Ouvrages généraux

Advances in the microbiology and biochemistry of cheese and fermented milk (1984) FL Davies, BA Law (ed). Elsevier Applied Science, London

Cheese : chemistry, physics and microbiology (1987) 2 vol. PF Fox (ed). Elsevier Applied Science, London

Food enzymology (1991) PF Fox (ed). Elsevier Applied Science, London

Lactic acid bacteria (1988) Part 1-Biochemistry and physiology ; phages and phage resistance, pp.303-460. Part 2-Genetics and genetic exchange systems, pp. 461-590. *Biochimie* **70** n° 3 et 4

Laits et produits laitiers. Vache, brebis, chèvre (1986) 3 vol. FM Luquet (ed). Lavoisier, Paris

Le fromage (1984) A Eck (ed). Lavoisier, Paris

Third symposium on lactic acid bacteria. Genetics, metabolism and applications. Wageningen, 1990, *FEMS Microbiol Rev* **87** : 1-188

25

Résidus alimentaires dans les laits animaux et le lait de femme

G. Bories

Introduction

Le lait est un liquide biologique complexe qui contient un ensemble d'éléments nutritifs (glucides, lipides, protéines, vitamines, minéraux) et de constituants du système immunitaire (immunoglobulines) nécessaires à la croissance rapide et à la protection du jeune mammifère durant les premières semaines ou les premiers mois de sa vie. Il est élaboré par la femelle en lactation à partir de matériaux qu'elle synthétise ou qu'elle prélève dans les divers pools et réserves corporels. L'étape clé est la phase d'exportation de ces matériaux. Si la régulation des synthèses et le franchissement de la membrane biologique ultime de la cellule sécrétrice par les différents composants conduisent à l'assemblage d'un produit de composition et de nature bien particuliers, cette « sortie » n'est pas très discriminante, et de nombreuses autres molécules, y compris des peptides et des protéines de poids moléculaire relativement élevé, peuvent être exportées simultanément. De ce fait, le lait se trouve être le vecteur de nombre de métabolites endogènes de l'organisme maternel (hormones stéroïdiennes, peptidiques et protéiques par exemple), mais également de substances étrangères non nutritionnelles (xénobiotiques) introduites par l'alimentation ou résultant de traitements thérapeutiques directs (médicaments).

L'étude du passage qualitatif et quantitatif de ces substances dans le lait implique que l'on prenne en compte les paramètres suivants :

• l'ensemble de la chaîne alimentaire, dans la mesure où dans le contexte alimentaire humain, la nourriture lactée de l'enfant doit être considérée du point de vue intra-espèce par rapport à la femme allaitante, mais également inter-espèce lorsque le lait de femelle domestique constitue une fraction importante, voire exclusive, de la nourriture du jeune. Le cheminement des xénobiotiques et les biotransformations qu'ils subissent lors de leur passage dans les organismes vivants intermédiaires (bactérie, animal, plante) déterminent en effet la nature et les quantités de résidus atteignant les femelles en lactation ;

• les mécanismes de franchissement de la glande mammaire ;

• les aspects physiologiques de la lactation, c'est-à-dire son caractère discontinu dans le cycle physiologique de l'animal, mais en même temps sa dépendance des phases non sécrétoires, ses relations avec la nutrition et sa propre dynamique au cours du temps.

Les effets pharmacologiques, voire toxiques, des résidus alimentaires dans le lait constituent une préoccupation majeure des hygiénistes dans la mesure où la protection du jeune enfant est en cause. On sait en effet qu'un certain nombre d'activités enzymatiques impliquées dans la métabolisation des xénobiotiques sont pratiquement inexistantes à la naissance et n'apparaissent ou ne s'expriment qu'à des stades ultérieurs du développement, le jeune organisme se trouvant ainsi davantage exposé que l'adulte. Un ensemble de mesures réglementaires visent à fixer des conditions d'utilisation pour les substances « intentionnelles » et des limites maximales résiduelles pour les contaminants obligatoires, afin que la sécurité du consommateur soit assurée.

S'agissant des métabolites endogènes, on sait que les corticostéroïdes, les œstrogènes et progestagènes, la thyroxine et un certain nombre d'hormones protéiques (prolactine, hormone de croissance, gonadotrophines) et de polypeptides (facteurs de croissance) sont présents dans le lait. Leur rôle ou leur incidence sur la physiologie du nouveau-né constitue un domaine de recherche très actuel. Le transfert alimentaire direct des substances correspondantes synthétisées par les femelles domestiques, notamment lors d'une alimentation lactée prédominante à base de lait de vache, mérite une attention particulière.

En outre, le lait constitue une matière première que la technologie alimentaire transforme en aliments dérivés consommés par l'enfant et l'adulte. La présence de résidus est susceptible d'affecter les qualités technologiques des laits, notamment leur aptitude à la transformation. Enfin, les xénobiotiques s'associant préférentiellement, du fait de leurs propriétés physicochimiques (solubilité, affinité pour les protéines), à certaines fractions spécifiques (lipides, protéines, eau), on observe une redistribution (concentration ou élimination presque totale) dans les produits dérivés (beurre, fromage…).

Mécanismes de l'excrétion des xénobiotiques dans le lait

Origine des résidus alimentaires du lait

Dans le contexte alimentaire humain, le lait — ou plus précisément les laits — interviennent à deux niveaux distincts : l'alimentation lactée presque exclusive du jeune enfant, réalisée normalement à partir de la femme allaitante mais également du lait de femelle domestique (vache pour l'essentiel), et la consommation de produits de transformation du lait de vache, de chèvre et de brebis par l'enfant et l'adulte (beurre, yaourts, fromage).

Situés à deux niveaux différents de la chaîne alimentaire, les laits de femelles domestiques et le lait humain seront les vecteurs de résidus de xénobiotiques éventuellement différents en nature et en quantité. D'autre part le lait de femelles domestiques exporte des métabolites endogènes à ces espèces animales, qui prennent rang de résidus alimentaires pour le consommateur humain. Il convient donc d'envisager globalement la chaîne alimentaire (Fig. 25-1) et d'identifier les principales contaminations ou interventions susceptibles de conduire à des résidus exportables par le lait.

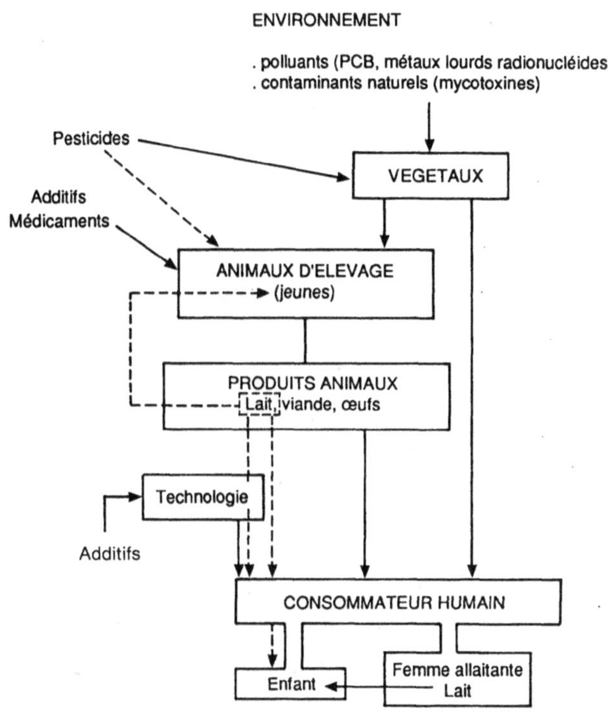

Fig. 25-1 Les xénobiotiques et la chaîne alimentaire animale et humaine.

Les principales sources de xénobiotiques sont résumées ci-dessous.

• *Polluants liés à l'environnement* Il s'agit d'éléments naturels d'origine tellurique et, surtout, de substances organiques de synthèse et de produits de pyrolyse liés à l'activité industrielle et dispersés au travers des déchets solides, liquides et gazeux. Ils contaminent directement l'eau à usage domestique, mais également les végétaux consommés par l'homme et les animaux. Les principaux groupes de substances présentant des risques pour le consommateur sont les métaux lourds (plomb, cadmium, mercure), les hydrocarbures aromatiques polycycliques, les composés organohalogénés (organochlorés, polychloro et polybromo/bi-et-terphényles) et les radionucléides (provenant de retombées d'émissions radioactives atmosphériques).

• *Contaminants dits « obligatoires »*   Il s'agit, d'une part, de substances naturelles provenant de la biosynthèse végétale, tels les alcaloïdes, les phyto-œstrogènes et diverses substances antinutritionnelles produites par les végétaux supérieurs, et, d'autre part, des mycotoxines résultant du développement de moisissures toxinogènes dans les produits végétaux mal conservés. A ce groupe appartiennent également les pesticides utilisés pour la protection des cultures et des produits récoltés, et les substances actives sur la physiologie des végétaux (hormones). Ces substances atteignent indifféremment l'homme et l'animal au travers des denrées alimentaires d'origine végétale.

• *Substances utilisées intentionnellement chez l'animal d'élevage à titre prophylactique (additifs de l'alimentation animale) thérapeutique, ou comme facteurs de production*   Ce groupe très important comprend des molécules de synthèse et des produits de biosynthèse (antibiotiques).

Des désinfectants et des détergents sont également utilisés lors de la traite pour la désinfection des trayons et le nettoyage des récipients.

• *Contaminants*   Il s'agit de contaminants néoformés au cours de certains processus technologiques, en particulier résultant du chauffage drastique des aliments (hydrocarbures aromatiques polycycliques et amines hétérocycliques).

• *Médicaments administrés à la mère durant la période de lactation*   Parmi les substances qui peuvent être considérées comme des médicaments figurent les hormones administrées, soit pour soigner la mère, soit comme facteurs de stimulation de la production laitière. Ces substances sont en général des molécules de synthèse souvent issues des biotechnologies (l'hormone de croissance bovine par exemple). Le cas de ces hormones sera traité dans la rubrique hormonale générale (voir p. 571).

• *Substances endogènes*   Il s'agit de substances sécrétées dans le lait des femelles domestiques, telles les hormones stéroïdes, peptidiques et protéiques ainsi que certains peptides doués de propriétés pharmacologiques (caséomorphines).

Le cheminement des résidus dans la chaîne alimentaire est complexe dans la mesure où les organismes vivants (plantes, animaux, homme) exercent une activité métabolique vis-à-vis d'un grand nombre de xénobiotiques. Ces biotransformations génèrent des métabolites qui, à leur tour, prennent rang de résidus et s'insèrent dans la même chaîne. Globalement, un organisme peut jouer le rôle de filtre en éliminant une fraction parfois importante des substances exogènes, soit au contraire concentrer dans un tissu ou orienter certaines de ces substances vers une voie d'excrétion. Généralement, les produits de métabolisation sont moins toxiques que le xénobiotique d'origine, mais il est des situations où certains des métabolites sont aussi toxiques (cas de l'aflatoxine M_1, métabolite de l'aflatoxine B_1 éliminé spécifiquement dans le lait), voire plus toxiques, ce que redoutent les hygiénistes et qui justifie une évaluation toxicologique approfondie des résidus. Parmi les substances endogènes importantes figurent les différentes hormones sécrétées par le mammifère producteur de lait. Ces hormones sont des substances obligatoires car nécessaires à la femelle pour l'entretien de ses fonctions physiologiques et de sa lactation en particulier. Le cas de ces hormones sera traité plus loin (voir p. 571).

Facteurs biochimiques et physiologiques intervenant dans le transfert des xénobiotiques dans le lait

De nombreux facteurs sont susceptibles d'affecter l'excrétion qualitative et quantitative des xénobiotiques dans le lait. Le tableau 24-1 présente les quatre partenaires qui sont impliqués [17].

Tableau 25-1   Facteurs affectant l'excrétion des xénobiotiques alimentaires dans le lait. (D'après Wilson et al., 1980).

Organisme maternel
  Dose alimentaire, fréquence
  Taux de clérance
  Liaison aux protéines plasmatiques
  Processus de métabolisation
  Physiologie de la lactation

Mamelle
  Débit sanguin et pH
  Mécanismes de transport
  Processus de métabolisation
  Réabsorption éventuelle

Lait
  Composition (lipides, protéines, eau)
  pH

Xénobiotique
  pK_a (ionisation au pH du plasma et du lait)
  Solubilité dans les lipides et l'eau
  Capacité de liaison aux protéines
  Poids moléculaire

Facteurs physicochimiques

Un certain nombre de propriétés physicochimiques des xénobiotiques, en particulier le poids moléculaire, le degré d'ionisation, la polarité, l'affinité pour les protéines et la lipophilicité, ont une répercussion directe sur le passage de ces substances du plasma maternel dans le lait. La connaissance de ces phénomènes remonte à une vingtaine d'années, et revient à l'étude approfondie du transfert des substances médicamenteuses [12].

LIAISON AUX PROTÉINES

L'étendue et le degré d'affinité de la liaison des xénobiotiques aux protéines du plasma et du lait ont une incidence directe sur la concentration de ces substances dans le lait total.

Il a été montré pour plusieurs sulfonamides que l'augmentation du taux de liaison aux protéines plasmatiques entraîne une diminution du rapport L/P de la concentration du médicament dans le lait total (L) et le plasma (P).

D'autre part, le rapport des concentrations dans les ultrafiltrats de lait et de plasma L_{ult}/P_{ult} est supérieur à L/P lorsque le taux de liaison aux protéines plasmatiques est supérieur à celui aux protéines du lait [12] (Fig. 25-2). Le degré de liaison aux protéines plasmatiques est généralement supérieur à celui mesuré pour les protéines du lait. Pour la vache et la chèvre, chez lesquelles six médicaments de nature chimique différente ont été testés [10], le taux de liaison dans le lait représente moins de 1 % de celui dans le plasma. Toutefois, on ne dispose d'aucune indication sur la prédominance éventuelle des liaisons avec la caséine, l'α-lactalbumine ou d'autres protéines du lait. De même la compétition de ligands endogènes ou d'autres substances pour les sites de liaison, et son incidence éventuelle sur le rapport L/P, n'ont pas été envisagées.

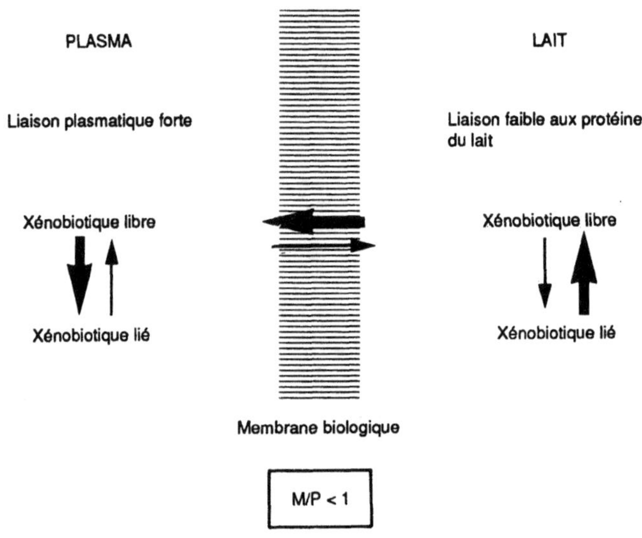

Fig. 25-2   Influence de la liaison aux protéines sur la concentration en xénobiotiques dans le lait.

IONISATION

Le degré d'ionisation de différents médicaments dans le plasma et le lait, et donc la proportion de substance non ionisée disponible pour traverser les membranes biologiques, a été étudié chez la vache et la brebis [11]. L'approche est basée sur deux équations dérivées de celle de Henderson-Hasselbach. Deux situations sont rencontrées selon qu'il s'agit de substances à caractère acide ou basique :

$$\text{Acide :} \quad \log \frac{NI}{I} = pK_a - pH$$

$$\text{Base :} \quad \log \frac{I}{NI} = pK_a - pH$$

pK_a est le cologarithme de la constante d'association de l'acide et de sa base conjuguée ; NI et I correspondent à la concentration des formes non ionisée et ionisée de la molécule ; NI+I est la concentration totale dans l'ultrafiltrat.

Partant, le rapport des concentrations de substance (NI+I) dans les ultrafiltrats de lait (ou L_{ult}) et de plasma (P_{ult}) est donné par les équations :

$$\text{Acide :} \qquad L_{ult}/P_{ult} = \frac{1+10\ (pH_L - pK_a)}{1+10\ (pH_P - pK_a)}$$

$$\text{Base :} \qquad L_{ult}/P_{ult} = \frac{1+10\ (pK_a - pH_L)}{1+10\ (pK_a - pH_P)}$$

où pH_L est le pH du lait et pH_P le pH du plasma.

L'utilisation des concepts de partage ionique pour le calcul de la distribution d'un médicament ou de tout autre xénobiotique suppose que les conditions suivantes soient réalisées :

• le pK_a et le pH sont les seuls déterminants de la distribution ;

• la forme non ionisée de la molécule est soluble dans la phase lipidique ;

• le rapport ne s'applique qu'à la fraction libre de la substance ;

• le rapport est indépendant de la concentration de la substance dans le plasma.

Il a été amplement montré expérimentalement qu'à l'état d'équilibre, les acides faibles, telle la pénicilline G, conduisent effectivement à des rapports inférieurs à 1, tandis que des bases faibles, comme l'érythromycine, présentent des rapports supérieurs à 1 [12]. Une étude conduite chez la brebis [18] au moyen de différents antibiotiques marqués permet de montrer la bonne correspondance entre les valeurs expérimentales et les valeurs théoriques (Tabl. 25-2) lorsque l'on considère la radioactivité totale, c'est-à-dire l'ensemble antibiotique plus métabolites. Des écarts importants apparaissent lorsque l'on mesure l'activité microbiologique, c'est-à-dire quand on prend en compte le seul antibiotique non métabolisé. Ces écarts sont liés en partie aux différences de taux de liaison des antibiotiques aux protéines. D'autre part il convient de noter la variation importante des rapports L_{ult}/P_{ult} en fonction du pH du lait.

Des différences inter-espèces existent concernant le pH du plasma, et surtout du lait, notamment entre les espèces domestiques et l'homme. Ces valeurs sont respectivement de 7,4 à 7,7 pour le plasma et de 6,6 à 6,8 pour le lait, chez la vache et la chèvre. Le pH du lait de femme est compris entre 7 et 7,25, et très proche du pH plasmatique (7,4). Pour les substances acides à pK_a élevé (phénol, sulfanilamide) et les substances basiques à pK_a faible (antipyrine, créatine), le rapport L_{ult}/P_{ult} n'indique pas de variation appréciable lorsque le pH du lait varie de 6,6 à 7,25, si l'on se réfère aux données de Wilson et al. [17]. En revanche, on constate une variation importante de ce rapport pour les substances basiques à pK_a élevé (éphédrine, érythromycine) et les substances acides à pK_a faible (pénicilline, acide salicylique), lorsque le pH du lait passe de 6,6 à 7 puis 7,25. Ainsi toute extrapolation à l'homme de résultats expérimentaux obtenus chez l'animal doit tenir compte des pH relatifs des liquides biologiques concernés.

Tableau 25-2   Comparaison des concentrations calculées et mesurées de quelques antibiotiques dans le sérum, le lait et les ultra-filtrats correspondants (ult) chez la brebis[a]. (D'après Ziv et al., 1973).

Antibiotique	pH lait	L_{ult} / P_{ult} calculé[b]	Radioactivité totale L_{ult} / P_{ult}	Activité antibiotique L_{ult} / P_{ult}
Pénicilline G	6,5	0,12	0,14	0,22
($pK_a=2,7$)	6,8	0,25	0,28	0,32
Dihydrostreptomycine	6,5	5,2	4,0	1,4
($pK_a=7,6$	6,8	2,8	2,0	0,8
Tétracycline	6,5	0,71	0,8	1,82
($pK_a=3,3$; 7,7 ; 9,7)	6,8	0,71	0,66	1,54
Chloramphénicol	6,5	1,00	1,20	1,30
	6,8	1,00	1,10	1,15
Spiramycine	6,5	7,6	7,4	6,6
($pK_a=8,0$)	6,8	3,8	3,5	3,2

a : Injections intramusculaires répétées des antibiotiques marqués afin de maintenir durant 3 à 5 heures un niveau sanguin constant

b : Distribution théorique des acides faibles et des bases à l'équilibre entre le sérum et le lait selon les équations dérivées de Henderson-Hasselbach (voir texte)

LIPOSOLUBILITÉ

Le degré de liposolubilité des formes non ionisées des médicaments, mesuré classiquement par le coefficient de partage octanol/eau, détermine leur capacité à traverser les membranes biologiques et, finalement, à passer dans le lait. En même temps cette solubilité favorise la concentration et l'exportation dans la fraction lipidique (globules gras) du lait. Ainsi, une substance pratiquement non ionisée (100 %) mais très faiblement soluble dans les lipides, comme l'urée, sera très lentement absorbée au travers d'une membrane lipidique. Les sulfonamides, qui ont une faible solubilité dans les lipides, se retrouvent principalement dans l'eau et la fraction protéique du lait, tandis que beaucoup de barbiturates, plus solubles, apparaissent dans la fraction lipidique [13].

Aspects pharmacocinétiques du transfert des xénobiotiques dans le lait

Les concepts classiques de pharmacocinétique [14] dans les études de biodisponibilité des médicaments ont introduit la notion de surface sous la courbe de représentation de la concentration sanguine en fonction du temps (*area under the blood level-tissue curve*, ou AUC). Il s'agit de la mesure de la quantité totale de médicament présente dans l'organisme, dérivée de la détermination de la concentration plasmatique en fonction du temps. Dans le cas d'une administration extravasculaire, telle l'ingestion d'un médicament, la courbe caractéristique obtenue est schématisée sur la figure 25-3.

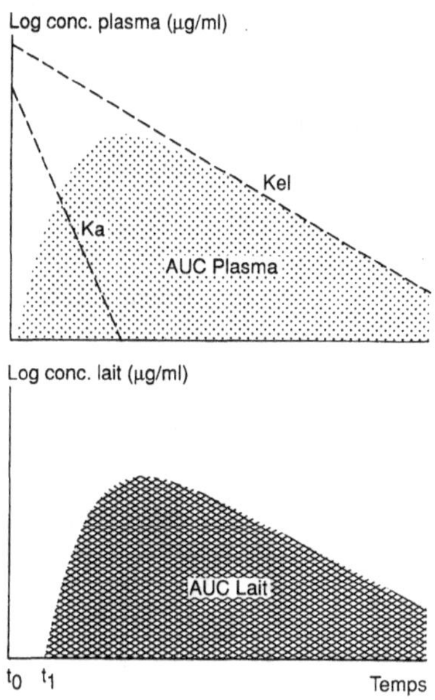

Fig. 25-3   Pharmacocinétique dans le plasma et dans le lait des xénobiotiques administrés par voie orale.

L'AUC est donnée par la relation suivante :

$$\text{AUC}_o\ [\mu g/ml)\ .h] = \frac{B}{K_{el}} - \frac{A}{K_a}$$

B : interception de la courbe mono-exponentielle d'élimination avec les ordonnées (μg/ml).

D'autre part
$$B = C(o) = \frac{D.f}{V_d}\ (\mu g/ml)$$

où D est la dose (μg) administrée, f est la fraction absorbée et V_d, le volume de distribution (ml).

A : interception de la courbe mono-exponentielle de distribution avec les ordonnées (μg/ml) ; K_{el} : constante d'élimination ou pente de la courbe mono-exponentielle d'élimination ; K_a : constante de distribution ou pente de la courbe exponentielle de distribution.

Si l'on mesure, parallèlement aux taux plasmatiques, la concentration de la même substance dans le lait, on peut tracer une courbe dont l'allure est analogue, décalée d'un intervalle de temps variable (t_0 à t_1) correspondant au délai nécessaire à l'absorption (Fig. 25-3). Une équation, analogue à la précédente, permet de calculer l'excrétion totale dans le lait.

Au point de vue méthodologique, l'étude pharmacocinétique d'un xénobiotique dans le plasma et le lait est généralement conduite en analysant spécifiquement la substance dans ces deux milieux biologiques. Dans la mesure où les produits de métabolisation peuvent présenter un intérêt pharmacologique ou toxicologique, il est possible de suivre la totalité du composé et de ses métabolites en administrant une molécule marquée par un traceur radioactif et en mesurant la radioactivité totale dans le plasma et dans le lait. Si l'on dispose des méthodes analytiques adéquates, on peut établir des profils métaboliques et déterminer des AUC pour un ou plusieurs métabolites du composé initial.

Les phénomènes de diffusion passive des substances non ionisées, et à caractère lipophile plus ou moins marqué, s'exercent en fonction des concentrations relatives de part et d'autre des barrières lipidiques qui règlent le sens et l'intensité des flux. Ainsi il a été montré [12] que la sulfacétamide et la sulfanilamide injectées dans les trayons diffusent vers le sang veineux et sont résorbées selon un processus de décroissance exponentiel. Un temps de demi-vie du médicament dans la lumière alvéolaire peut être calculé :

$$t_{1/2 \text{ absorption}} = \frac{2,303 \times \log 0,5}{-\text{lambda}}$$

où « lambda » est la pente de la courbe de décroissance.

Ce phénomène de réabsorption a été observé chez la femme allaitante en ce qui concerne la théophylline, et relié à la discontinuité de la sécrétion lactée en fonction de l'allaitement de l'enfant. Un modèle pharmacocinétique intégré (Fig. 25-4) a été proposé [17].

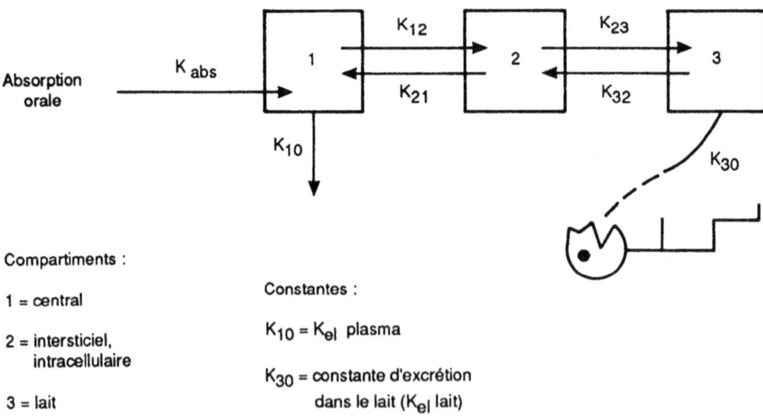

Fig. 25-4 Modèle pharmacocinétique à trois compartiments ouverts de l'excrétion des médicaments dans le lait.

Il tient compte de ce que les concentrations de médicament dans le lait au niveau du sein « 3 » peuvent avoir une rétroaction sur la cinétique de décroissance dans les compartiments profonds « 2 et 1 ». L'enfant est alors le modulateur de la cinétique : en dehors des périodes d'allaitement, le lait s'accumule, $k_{30}=0$, ce qui entraîne également une accumulation de substance dans le compartiment 3. Si le taux de réabsorption est conséquent, la substance est transférée vers le compartiment 2. On présume que k_{21} devient alors le facteur limitant de l'élimination du médicament à partir de 1. Ce phénomène devrait être accentué lorsque la substance a une demi-vie faible ou lorsque le rapport L/P est élevé. Effectivement, une prolongation dans le temps de la phase d'excrétion terminale de la théophylline chez la femme en lactation a été observée.

Variabilité de l'excrétion des xénobiotiques dans le lait selon l'espèce et l'état physiologique

Facteurs de variation indépendants de l'état de lactation

Voie d'administration

Il est bien connu en pharmacologie que la voie d'administration d'une substance a une incidence majeure sur la biodisponibilité dans l'organisme animal ou humain. En effet l'absorption au niveau du tractus digestif constitue un phénomène discriminant dans la mesure où les mêmes propriétés déjà évoquées des molécules exogènes (degré d'ionisation, lipophilicité, taille moléculaire) conditionnent le franchissement de cette barrière. La notion de biodisponibilité des résidus alimentaires, c'est-à-dire de fraction absorbable par un organisme consommateur, a été introduite afin de moduler le facteur de sécurité appliqué à l'évaluation toxicologique pour l'homme des résidus alimentaires.

D'autre part, la flore ruminale et la flore intestinale sont susceptibles d'exercer des biotransformations majeures à l'encontre des xénobiotiques, qui peuvent éliminer une partie ou la totalité d'une substance et donner naissance à des métabolites qui deviennent, à leur tour, des résidus potentiels pouvant être absorbés et éliminés par la voie galactophore.

Variabilité inter- et intra-espèces des processus de métabolisation

Il est parfaitement établi que des différences inter-espèces majeures existent en ce qui concerne les processus de métabolisation des xénobiotiques. Ces différences qualitatives et quantitatives ont d'abord pour origine la spécificité de l'équipement enzymatique réparti dans les divers tissus et organes, qui réalise les réactions fonctionnelles et de conjugaison nécessaires à l'élimination des molécules exogènes une fois celles-ci absorbées. Certaines espèces animales sont dépourvues de certaines enzymes et ne peuvent réaliser les biotransformations correspondantes. Bien qu'existant chez une espèce donnée, un système enzymatique déterminé peut ne pas s'exprimer, ou seulement faiblement. Par ailleurs, il existe généralement, pour chaque enzyme, des formes différentes (isoenzymes) dont la spécificité plus ou moins étroite constitue une adaptation à la prise en charge de substrats de nature extrêmement variable. L'étude comparée des activités enzymatiques chez différentes espèces domestiques montre qu'elles ne sont pas parallèles à la classification phylogénique, et qu'une activité enzymatique donnée est essentiellement variable en fonction du substrat considéré. Il est clair qu'une telle observation, qui interdit toute prédiction sur la base d'une étude avec un et même plusieurs substrats, est applicable à l'homme, et rend difficile le choix de modèles animaux représentatifs, notamment en matière de toxicologie expérimentale.

L'induction des systèmes enzymatiques impliqués dans la métabolisation des xénobiotiques entraîne une forte modulation de celle-ci au plan quantitatif. Les xénobiotiques peuvent auto-induire leur propre métabolisation ou induire celle d'autres substances. Ainsi le DDT augmente la vitesse de métabolisation de la dieldrine, mais le phénobarbital, la phénylbutazone et la phénytoïne diminuent la quantité de DDT excrétée dans le lait en favorisant sa biotransformation.

A l'intérieur d'une même espèce, il peut exister un polymorphisme génétique héréditaire et stable concernant l'expression de certaines activités enzymatiques [16]. Celui-ci a été mis en évidence pour une dizaine de médicaments chez l'homme. La N-acétylation de plusieurs amines aromatiques a montré l'existence d'individus fortement et faiblement acétyleurs. Ce contrôle de la N-acétylase correspondante est monogénique, et d'importantes différences de distribution de ce gène existent dans les populations. Ainsi, 10 % des Japonais sont de faibles acétyleurs contre 50 % pour les Américains blancs ou noirs. De même il a été montré que 7 % à 9 % des Britanniques appartiennent à un phénotype déficient en désobriquine hydroxylase (position 4-OH).

Distribution et stockage

Une fois absorbé, le résidu alimentaire est distribué dans l'organisme où un équilibre dynamique s'établit entre le flux entrant, les capacités métaboliques opérantes, et le flux d'excrétion.

L'existence d'un cycle entérohépatique, c'est-à-dire la réabsorption d'une molécule excrétée par voie biliaire lors d'un premier passage (il s'agit le plus souvent de substances conjuguées à l'acide glucuronique au niveau du foie, qui sont libérées au niveau intestinal par les β-glucuronidases bactériennes), contribue à la rémanence de celle-ci dans l'organisme. C'est le cas des stéroïdes endogènes et des anabolisants analogues de synthèse (diéthylstilbestrol) administrés aux animaux d'élevage, ainsi que des stéroïdes anticonceptionnels utilisés chez la femme.

Un élément important de la pharmacocinétique d'une substance est l'existence de compartiments corporels de stockage. Ceux-ci peuvent jouer un rôle tampon dans la mesure où la mobilisation est immédiate lorsque la concentration sanguine diminue. Lorsque la mobilisation est lente, ces compartiments constituent un moyen efficace d'épuration de l'organisme. On observe alors une lente accumulation du fait de la faible réversibilité du phénomène.

Ainsi le plomb présente une affinité particulière pour le tissu osseux, où il se fixe et reste peu mobilisable (diaphyse des os longs), de telle sorte que sa concentration augmente avec l'âge de l'individu. On constate qu'il se fixe également fortement aux mitochondries des cellules hépatiques et rénales ainsi qu'aux cellules de la lignée rouge de la moelle osseuse. Seule une fraction du plomb fixé reste mobilisable, et seulement en situation d'acidose [2]. De même, le cadmium administré sous forme de $CdCl_2$ est peu absorbé et se fixe essentiellement dans le rein. D'autre part, il est bien connu que les substances organochlorées (pesticides, polychlorobiphényles) sont métabolisées relativement lentement et s'accumulent dans les graisses de réserve de l'animal et de l'homme du fait de leur grande liposolubilité.

L'iode 131, contaminant volatil présent dans les émanations radioactives consécutives à des explosions nucléaires ou des accidents survenant sur des installations nucléaires, possède comme son congénère isotope stable une affinité pour la thyroïde.

Le strontium 90, qui se dépose sur la végétation à partir des nuages radioactifs, de par son étroite parenté chimique avec le calcium se retrouve dans les réserves minérales osseuses des herbivores. De ce fait, les taux de transfert de ces deux radionucléides dans le lait sont faibles (10^{-2} et 2.10^{-3} respectivement).

Facteurs liés à l'état de lactation

L'état de lactation représente une modification importante des paramètres métaboliques de l'organisme femelle ainsi que des régulations afférentes. En même temps, il offre une voie temporaire d'excrétion d'un certain nombre de molécules exogènes et endogènes, qui vient s'ajouter aux voies habituelles, fécale et urinaire. Comme pour la plupart des phénomènes biologiques, on trouve des différences importantes en fonction de l'espèce animale et de la nature chimique de la substance considérée.

Ainsi, la fraction de la dose d'heptachlore-^{14}C excrétée dans le lait consécutivement à l'administration de cet insecticide organochloré à la brebis en lactation est de 150 à 200 fois inférieure à celle mesurée chez la vache [5]. La demi-vie d'excrétion de cette substance dans le lait est de 11 jours chez la brebis et 6 à 8 semaines chez la vache. La brebis a donc probablement un autre mode d'excrétion plus rapide que celui de la vache.

Lorsqu'on considère l'excrétion du DDT dans le lait [7], une différence majeure existe également entre la vache et la femme. Par rapport aux quantités quotidiennes de pesticide ingérées, les proportions excrétées sont de 1,5 % et 125 % respectivement, indiquant, même chez la femme, une mobilisation du DDT préalablement stocké dans l'organisme.

L'administration de mercure sous forme minérale ($^{203}HgCl_2$) ou organique ($CH_3\,^{203}HgCl$) a une incidence directe sur l'excrétion de ce métal toxique dans le lait. En effet 0,22 et 1,12 % de la dose administrée sont excrétés respectivement 36 jours après l'ingestion et les demi-vies correspondantes sont de 78 jours et 22 jours.

A côté des éléments de caractère général qui viennent d'être mentionnés, il existe des paramètres plus spécifiques à l'état de lactation, qu'il convient d'examiner.

Modifications des paramètres d'absorption et de distribution

Durant la lactation, la consommation d'aliment et d'eau s'accroît de 3 à 4 fois chez la souris et de 2 à 3 fois chez le rat ; l'absorption du calcium est augmentée dans les mêmes proportions. Des études précises de l'absorption et de la rétention de métaux lourds tels que le cadmium et le plomb [2], abordées au moyen d'isotopes radioactifs (^{109}Cd et ^{210}Pb) chez la souris et le rat, ont montré que :

• l'absorption du cadmium est inchangée durant les trois premiers jours de lactation puis augmente ensuite de 2 à 3 fois. En ce qui concerne le plomb, l'absorption est plus importante (3,4 fois) chez l'animal en lactation, au moins pour les doses supérieures à 2 mg/l dans la boisson ;

• la fraction de cadmium et de plomb retenue dans l'organisme est multipliée par 2,3 et 3 fois, respectivement, au cours de la période de lactation ;

• le cadmium ingéré s'accumule dans le tissu mammaire au cours de la lactation, mais l'excrétion dans le lait est extrêmement faible. En ce qui concerne le plomb, il existe un transport très actif du plasma vers le lait, le rapport lait/plasma étant de l'ordre de 25 ; le plomb excrété dans le lait provient de l'ingestion durant la lactation, et non de la mobilisation du plomb préalablement stocké dans l'organisme.

La distribution et l'exportation des résidus alimentaires dans le lait sont en relation avec le stade de la lactation, l'état nutritionnel de la mère, le moment de la journée, voire le début ou la fin d'un même allaitement. Il a été montré que la teneur en protéines et en lipides du lait varie en sens inverse au cours de la lactation, le colostrum étant plus riche en protéines mais plus pauvre en lipides que le lait. Or, ces paramètres ont une incidence directe sur le transport des xénobiotiques : la capacité de liaison aux albumines plasmatiques, par exemple, peut être diminuée par les lipides, alors même que ces derniers favorisent la distribution des substances liposolubles.

Mobilisation des réserves

La femelle en lactation se trouve en état de balance énergétique négative et, de ce fait, mobilise ses graisses corporelles. Corrélativement, les substances liposolubles qui y sont stockées peuvent être relarguées. Ainsi, il a été montré que l'excrétion de l'ensemble DDT et ses métabolites (ou X-DDT) dans le lait excède l'ingestion journalière de DDT durant la période de lactation, ce qui indique une mobilisation des dépôts [1]. De même, les polychlorobiphényles (PCB) présents dans le lait humain reflètent, qualitativement et quantitativement, davantage le contenu des tissus adipeux de la mère que les PCB ingérés durant la lactation [8]. Toutefois, plusieurs autres études conduites avec les organochlorés concluent à une variation très limitée des taux sanguins chez la mère lors de la mise en place de la lactation, ainsi que des concentrations mesurées dans le sang et le lait tout au long de celle-ci. En fait, cette large famille de contaminants comprend des substances dont la liposolubilité est différente et dont la métabolisation est plus ou moins étendue et rapide.

Hormones et traitements hormonaux

HORMONES ENDOGÈNES

Les études les plus précises dont on dispose concernent les mécanismes de transfert de substances endogènes et, particulièrement, la progestérone, le sulfate d'œstrone et le facteur de croissance épidermique (EGF) dans le lait de chèvre [4]. Du point de vue méthodologique, les chercheurs ont mesuré in vivo la différence de concentration artérioveineuse entre la carotide et la veine épigastrique superficielle (veine mammaire), ainsi que le flux sanguin dans cette veine, afin de déterminer le taux de captage mammaire. Ils ont également ment extériorisé les vaisseaux sanguins (artère et veine) correspondant à une glande mammaire, afin d'infuser dans l'artère la molécule marquée étudiée et de mesurer le transfert quantitatif de celle-ci du sang vers le lait. Les propriétés physicochimiques, les caractéristiques de l'extraction mammaire, l'étendue de la métabolisation intramammaire et les mécanismes de transfert prouvés ou probables dans le lait de chèvre de ces trois substances, sont résumées dans le tableau 25-3.

Tableau 25-3   Paramètres physicochimiques, physiologiques et biochimiques du transfert dans le lait de chèvre de la progestérone, du sulfate d'œstrone et de l'EGF (*epidermal growth factor*). [15]

	Progestérone	Sulfate d'œstrone	EGF
Poids moléculaire	314	388 (sel de Na)	6000
Coefficient de partage éther : eau	116	0,06	0,0002
Extraction mammaire (%)[a] moyenne	45,3	41,3	49,8
Lait/infusat (%)[b] moyenne	<0,2	3,2	2,2
Substance non métabolisée dans le lait (%)	—	74,7	72
Mécanismes biochimiques du passage sang→lait			
Entrée	Diffusion passive	Diffusion facilitée	Récepteurs membrane baso-latérale Internalisation
Sortie	Diffusion passive dans la phase lipidique	Vésicules sécrétoires Appareil de Golgi	Sécrétion au travers de la membrane apicale

a : évalué à partir de la différence de concentration artéro-veineuse et du flux sanguin dans la mamelle
b : Infusion artérielle directe dans la mamelle

En ce qui concerne la progestérone, exemple de substance lipophile d'origine lutéale ou placentaire selon les espèces, les études cinétiques ont montré que l'extraction mammaire est de l'ordre de 20 % chez la chèvre en lactation. La progestérone-^{3}H captée est très faiblement stockée dans le tissu mammaire, mais largement métabolisée, principalement en 5-pregnanedione. Une très faible quantité (<0,2 %) est excrétée inchangée dans le lait. Chez la chèvre et la vache, la progestérone-^{3}H et ses métabolites sont localisés préférentiellement dans la fraction lipidique (72 %) du lait, le reste étant associé aux protéines (20 %) et à la phase aqueuse (8 %). L'apparition rapide de la radioactivité dans le lait (40 minutes) est en accord apparent avec un phénomène de simple diffusion, des capillaires vers les cellules épithéliales, le stéroïde diffusant ensuite au travers de la membrane apicale vers la lumière alvéolaire où il se concentre dans la fraction grasse du lait. Le transport est indépendant de la synthèse du globule gras du lait dont la durée est de 5 à 7 heures.

Le sulfate d'œstrone d'origine ovarienne est le type de molécule de petite dimension très polaire et hydrophile. L'extraction mammaire est de l'ordre de 40 %, et l'excrétion dans le lait représente 3,2 % de la quantité infusée par l'artère pudique. La plus grande partie (91 %) est associée à la phase aqueuse. La métabolisation du sulfate d'œstrone dans la mamelle est faible puisque environ 75 % de la radioactivité excrétée dans le lait correspondent au stéroïde inchangé. D'autre part, la concentration en sulfate d'œstrone dans le lait de la chèvre non gestante est sept fois plus élevée que celle mesurée dans le plasma, ce qui révèle l'existence d'un mécanisme actif de captage et de concentration au niveau de la glande mammaire. Le stéroïde administré par voie artérielle, directement dans la mamelle, apparaît dans le lait après 110 minutes, temps légèrement inférieur à celui nécessaire à l'incorporation d'acides aminés marqués dans les protéines du lait (170 minutes). Cela suggère que le sulfate d'œstrone diffuse directement ou se lie aux membranes de l'appareil de Golgi. Ce dernier phénomène a été montré par la liaison de la molécule marquée à des vésicules de Golgi enrichies, préparées à partir de glande mammaire de rats en lactation. La question de la pénétration d'un composé hydrophile, comme le sulfate d'œstrone, dans les cellules épithéliales mammaires reste posée. La simple diffusion permet une pénétration lente dans certaines cellules en culture. D'autres travaux ont pu montrer que les pores ou les espaces dans l'arrangement semi-cristallin des membranes lipidiques des cellules épithéliales mammaires ne laissent pénétrer que des molécules hydrophiles de faible poids moléculaire comme l'urée (PM=60), les composés hydrosolubles ionisés de poids moléculaire supérieur à 200 étant exclus. Il semble donc que le sulfate d'œstrone soit transporté initialement à travers les membranes cellulaires par un mécanisme de diffusion facilitée. La concentration dans le lait étant supérieure à celle mesurée dans le plasma, il faut admettre une possibilité de liaison avec les protéines du lait qui retienne le stéroïde une fois celui-ci excrété.

L'EGF (*epidermal growth factor* ou facteur de croissance de l'épiderme) est un polypeptide formé de 53 acides aminés en une chaîne unique, de poids moléculaire de 10 000 daltons, hydrophile, qui constitue un autre exemple de composé qui se concentre dans la sécrétion mammaire. Le taux d'extraction par la mamelle lors d'une infusion continue durant 1 heure varie de 20 à 83 % en fonction des différentes périodes du cycle de reproduction.

Le transfert dans le lait durant les trois premières heures représente 0,5 à 2,9 % de la dose infusée. Après injection d'EGF radioactif, plus de 90 % de la radioactivité du lait se trouvent dans la phase aqueuse, et 72 % correspondent à l'EGF non transformé. Des études cinétiques de transfert de l'EGF marqué à ^{125}I du sang vers le lait ont montré un pic d'activité dans le lait 160 minutes après le début de l'infusion. Cette durée suggère que l'EGF se lie à des récepteurs de la membrane basale, est internalisé par les cellules épithéliales, puis est sécrété à travers la membrane apicale dans la lumière alvéolaire. Plusieurs types de cellules se sont révélés capables d'internaliser l'EGF par ce processus, suivi en général par la dégradation lysosomale. L'excrétion dans le lait suggère un piégeage ou une protection temporaire du polypeptide.

La présence de la quasi-totalité des hormones stéroïdiennes et peptidiques d'origine maternelle dans le lait a été démontrée depuis longtemps, mais un renouveau d'intérêt s'est manifesté depuis une dizaine d'années du fait de la mise en évidence du transfert de ces substances du lait vers le jeune organisme animal ou humain au cours de l'allaitement, et de l'observation d'effets pharmacologiques éventuels. Ces travaux [9] ont montré que :

• Les hormones hypothalamo-hypophysaires (prolactine, somatostatine, ocytocine, GrF ou facteur de libération de l'hormone de croissance, GnrH ou facteur de libération des gonadotrophines, TRH ou facteur de libération de l'hormone thyréostimulante, TSH ou hormone de stimulation de la glande thyroïde), les hormones thyroïdiennes, adrénaliennes (corticostéroïdes), sexuelles et pancréatiques (insuline), les facteurs de croissance (EGF, prostaglandines) et d'autres peptides tels les β-caséomorphines, sont normalement excrétés dans le lait en quantités significatives.

• La biodisponibilité et l'absorption de ces substances sont très élevées chez le jeune durant les premiers jours de son existence, avant que survienne la fermeture de la muqueuse intestinale aux molécules de grande dimension. Une perméabilité extrêmement limitée subsiste jusqu'à l'âge adulte pour les peptides, alors que les molécules de petite taille et lipophiles, comme les stéroïdes et les prostaglandines, sont très bien absorbées.

• Des travaux expérimentaux ont montré que l'EGF induisait une prolifération cellulaire au niveau de la muqueuse gastro-intestinale, contribuant ainsi à la mise en place de ce tissu chez le jeune animal. Il a été montré également que les prostaglandines assumaient une protection de la muqueuse gastroduodénale contre les ulcères.

La thyroxine présente dans le lait serait suffisante pour rétablir l'enfant allaité hypothyroïdien. L'absorption de l'insuline administrée par voie gastrique ou intestinale a été étudiée chez le rat allaité ; une diminution significative de la concentration sanguine en glucose est observée lors de l'administration gastrique seulement, indiquant que l'absorption de l'insuline sous forme biologiquement active dépend du développement de l'activité protéolytique stomacale.

Il a été montré que des peptides à propriétés opioïdes, résultant de la digestion enzymatique de la β-caséine et de l'α-caséine (caséomorphines), sont présents dans le lait humain et en quantités beaucoup plus importantes que dans le lait des bovins. La pasteurisation ne détruit que partiellement un autre peptide, la relaxine, qui est présente dans le lait de vache.

HORMONES ADDITIONNELLES

Les traitements hormonaux constituent actuellement un élément essentiel des moyens thérapeutiques de la clinique humaine ou vétérinaire. Ces traitements hormonaux ont en général pour but l'amélioration et le contrôle des phénomènes de reproduction (ovulation à contre-saison, par exemple) ou au contraire le blocage des processus de reproduction (contrôle des naissances).

Il semble que les taux de transfert dans le lait des substances thérapeutiques aussi bien que des hormones endogènes soient normalement très faibles et que les doses mesurées soient éloignées des concentrations actives du point de vue pharmacologique ou toxique. Toutefois, deux études ont montré la féminisation d'enfants mâles nourris au sein de mères prenant des contraceptifs oraux, posant le problème important de la contamination médicamenteuse, problème qui doit rester, pour les stéroïdes, présent à l'esprit des cliniciens.

Le développement prévisible de l'utilisation de l'hormone de croissance bovine produite par génie génétique pour la stimulation de la production laitière pose le problème des résidus de ce peptide et de ses métabolites dans le lait, et des effets pharmacologiques ou toxiques que ceux-ci pourraient exercer vis-à-vis du consommateur humain (voir chapitre 11). Les données dont on dispose indiquent que la concentration de l'hormone de croissance naturellement présente dans le lait n'est pas modifiée lors du traitement. Cette hormone polypeptidique est complètement hydrolysée sous l'effet des protéases intestinales intraluminales et entérocytaires, de telle sorte que l'absorption en nature, si elle existe, est insignifiante. Enfin il est à noter que l'hormone de croissance bovine est inactive chez l'homme. Tout risque semble donc devoir être écarté. En revanche, l'utilisation de peptides actifs analogues, composés d'enchaînements additionnels d'acides aminés énantiomères ou chimiquement modifiés assurant une protection vis-à-vis des protéases, poserait un problème différent, dans la mesure où une partie ou la totalité de l'activité pharmacologique de l'hormone de croissance serait conservée.

Situation actuelle des résidus alimentaires dans les laits

Quelques cas d'effets nocifs de contaminants chimiques chez l'enfant, liés à l'exposition professionnelle de la mère allaitante, ont été mentionnés au siècle dernier. Depuis 1950, on a pu montrer que le lait humain pouvait renfermer de façon prolongée des substances contaminantes issues de l'environnement, et à des concentrations parfois supérieures à celles mesurées dans le lait de vache. Ces observations ont eu pour conséquence d'attirer l'attention des pédiatres et des hygiénistes sur les risques potentiels encourus par le jeune enfant allaité par sa mère ou consommant du lait de vache. Plus récemment, ce problème a accaparé l'attention du grand public et donné lieu à des débats dans différents pays, notamment en ce qui concerne la protection relative que peut assurer l'une ou l'autre forme d'alimentation de l'enfant.

De très nombreuses enquêtes ont été réalisées dans différents pays afin d'établir l'origine et les niveaux de contamination des laits de femelles domestiques, mais également des laits humains, dans différentes situations. Des revues très complètes ont été publiées, et notamment celles de Snelson et Tuinstra [15] concernant les résidus dans le lait de vache et celle de Jensen [6] consacrée au lait humain. Si l'on considère les données les plus nombreuses qui concernent les résidus de substances organochlorées, un élément majeur d'information ressort (Tabl. 25-4), qui est la très grande variabilité des résultats. Celle-ci s'explique par le fait qu'un très grand nombre de facteurs interviennent dans la modulation des niveaux résiduels rapportés. En plus de ceux qui ont déjà été développés (nature chimique des substances, espèce animale, variations inter-individuelles et particularités physiologiques de l'état de lactation), il convient de considérer :

• la localisation géographique des végétaux cultivés et pâturés, des animaux et du consommateur humain, en relation avec le degré de pollution de l'environnement. Ainsi les zones rurales éloignées des centres urbains et industriels sont généralement moins polluées ; il en est de même des pays en voie de développement peu souillés en général par les contaminants industriels. La contamination par les produits agrochimiques est plus importante dans les zones d'agriculture intensive. En revanche, certains pesticides sont utilisés massivement dans les pays intertropicaux, alors que leur usage est très sévèrement limité et contrôlé dans les pays développés : il en résulte des taux résiduels parfois très élevés dans les laits humains (notamment les taux de DDT) ;

• le régime alimentaire de l'individu, lié aux différences de culture et de classes sociales ;

• la superposition de contaminations d'origine non alimentaire, notamment celles liées aux occupations professionnelles (inhalation, absorption percutanée) et aux traitements médicamenteux (lutte contre les parasites tels que les poux au moyen de lindane) ;

• les difficultés de l'analyse des résidus dans les milieux biologiques complexes comme le lait, notamment les limites de détection des méthodes d'analyse qui peuvent conduire à des résultats divergents.

Tableau 25-4   Résidus de pesticides organochlorés et de PCB dans le lait de vache et le lait humain (mg/kg de matière grasse). D'après [21] et [39].

Organochlorés	Lait de vache		Lait humain	
	Valeur maximale	Moyenne	Valeur maximale	Moyenne
DDT+isomères et métabolites	6	0,36	60	4,20(87)*
Heptachlore+ heptachlore époxyde	1,4	0,06	2,6	0,27 (46)
Dieldrine	1,6	0,09	1,8	0,16 (65)
HCH+isomères	9	0,9	39	1,28 (29)
Polychloro-biphényles		0,5	39,7	1,30 (73)

* (...) nombre d'enquêtes.

Il ressort encore de cet ensemble d'enquêtes sur les résidus d'organochlorés dans les laits que :

• la contamination des laits humains est nettement plus importante que celle du lait de vache en ce qui concerne le DDT et l'heptachlore ;

• la plupart des laits humains sont contaminés : dans 65 enquêtes portant sur le DDT et 23 sur les PCB (polychlorobiphényles), les pourcentages d'échantillons positifs allaient de 75 à 100 %, avec une fréquence très dominante de cette dernière valeur ;

• les valeurs moyennes des teneurs en organochlorés mesurées se situent nettement en dessous des doses journalières acceptables pour l'homme fixées par les instances internationales sur la base de données toxicologiques avec des valeurs extrêmes se situant au-delà de cette limite. Dans ces situations exceptionnelles de forte contamination, on ne peut écarter les risques sanitaires pour les jeunes enfants allaités ;

• enfin, on note une tendance générale à l'abaissement des taux résiduels de DDT, HCH, aldrin, et heptachlore dans les laits durant les années 1970, et une stabilisation depuis lors. Les teneurs en PCB sont en revanche relativement stables, ce qui indique que des efforts très prolongés doivent être faits pour réduire de façon appréciable ces contaminants particulièrement rémanents.

Mesures recommandées pour réduire les contaminations

Des mesures ont été prises afin de réduire la contamination des denrées alimentaires, notamment des laits animaux et humains, en même temps que progressait l'évaluation toxicologique des résidus pour l'homme, qu'il s'agisse d'actions propres aux différents états ou d'actions concertées au niveau international (FAO et OMS, notamment). Plusieurs types d'interventions complémentaires ont été mis en place, qui contribuent à maîtriser les sources de contamination.

LIMITATION OU SUPPRESSION D'EMPLOI DES SUBSTANCES CHIMIQUES RÉMANENTES

La limitation, voire la suppression d'emploi des substances chimiques les plus rémanentes, tels certains pesticides organochlorés (DDT, isomères du HCH autres que le lindane) et les polychlorobiphényles, consiste en des opérations à très long terme, assorties d'efforts en matière de dépollution des effluents industriels et urbains, qui doivent se traduire, sur un grand intervalle de temps, par une lente épuration du sol et des organismes végétaux et animaux. L'arrêt de la courbe ascendante de pollution est effectivement observé dans les pays développés qui ont mis ces mesures en place, et une nette amélioration est constatée depuis quinze ans pour ce qui concerne, par exemple, les pesticides organochlorés.

FIXATION DE TOLÉRANCES

Des tolérances très strictes doivent être fixées pour certains contaminants obligatoires tels les résidus de pesticides, les mycotoxines, les métaux lourds et les radionucléides (iode, strontium, césium). Ainsi, les aliments destinés aux animaux d'élevage sont soumis à une directive européenne sur les « substances indésirables » qui fixe des valeurs limites en métaux lourds et mycotoxines. Les aliments concentrés destinés aux vaches laitières ne doivent pas renfermer plus de 0,02 mg/kg d'aflatoxine B_1, norme beaucoup plus stricte que celle appliquée aux aliments composés destinés aux autres espèces. Cette limitation tient compte de l'excrétion préférentielle dans le lait de vache du métabolite M_1 de l'aflatoxine *(milk-aflatoxine)* dont les propriétés mutagènes et cancérigènes sont voisines de celles de l'aflatoxine B_1 elle-même. Il est à noter que d'autres mycotoxines, tels la stérigmatocystine et l'acide cyclopiazonique, peuvent être produites directement par les moisissures se développant sur les produits laitiers, en particulier les fromages en cours d'affinage. Aucune norme n'a été fixée jusqu'à ce jour car on considère que les niveaux mesurés sont tels que les risques encourus sont négligeables.

FIXATION D'EXIGENCES PARTICULIÈRES

La fixation d'exigences particulières en matière d'étude de l'excrétion éventuelle dans le lait des substances utilisées intentionnellement chez l'animal d'élevage doit être préalable à l'autorisation d'emploi d'additifs et de médicaments. L'étude pharmacocinétique de l'excrétion de ces substances et de leurs métabolites par la voie galactophore constitue l'élément de base de la fixation des temps de retrait des additifs et des délais d'attente des médicaments vétérinaires, avant la consommation du lait.

CONTRÔLE ANALYTIQUE

Le contrôle analytique doit être réalisé au niveau des différents maillons de la chaîne alimentaire, jusqu'au lait des femelles domestiques et au lait humain. Ainsi la profession laitière (producteurs et industriels transformateurs) réalise un autocontrôle des producteurs en ce qui concerne la présence de résidus d'antibiotiques provenant des traitements des mammites. L'intervention thérapeutique par voie externe, au moyen de crayons ou d'émulsions antibiotiques introduits dans les trayons, conduit à une évacuation massive de ces produits dans le lait des premières traites, lequel doit être normalement éliminé.

Pharmacologie et toxicologie des résidus dans le lait

Les résidus alimentaires présents dans le lait de femelles domestiques et le lait humain peuvent exercer des effets pharmacologiques, voire toxiques, chez le consommateur, et en particulier chez le jeune enfant ayant une nourriture lactée presque exclusive.

Des manifestations toxiques aiguës ou/et chroniques liées à la consommation de lait contaminé ont été observées seulement après des contaminations alimentaires accidentelles graves, telles l'utilisation alimentaire détournée de semences traitées par des organomercuriels en Irak, et la consommation de poissons fortement pollués par des rejets industriels de PCB au Japon. En effet, les concentrations de résidus normalement rencontrées dans le lait, même si elles dépassent parfois les doses journalières admissibles pour l'homme, sont très éloignées des doses suscitant des manifestations toxiques majeures.

Les allergies alimentaires constituent cependant une forme particulière de réaction toxique aiguë, proche de la forme extrême du choc anaphylactique. La pénicilline, utilisée dans des traitements antimammites par voie externe, est un antibiotique réputé allergène. Quelques cas cliniques d'individus ayant présenté de tels chocs consécutivement à la consommation de lait renfermant des résidus de cet antibiotique ont été décrits. Il a été montré que seuls des individus génétiquement prédisposés et préalablement sensibilisés par un traitement thérapeutique à forte dose sont susceptibles de réagir ultérieurement à des doses très faibles. Cette probabilité existe en ce qui concerne le lait, mais demeure extrêmement faible, et ne justifie pas l'exclusion d'un antibiotique très efficace en élevage [3].

La toxicité à long terme, résultant de l'absorption répétée de faibles doses de résidus de xénobiotiques apportés par le lait, constitue une menace potentielle qui ne diffère pas de celle liée à la consommation d'aliments contaminés. Toutefois, le fait que de jeunes organismes puissent être affectés demande une attention particulière dans la mesure où leurs mécanismes de défense métabolique ne se mettent en place que progressivement au cours du développement.

Effets sur la technologie laitière de la présence de résidus dans le lait

La présence de résidus dans le lait est susceptible d'interférer avec certaines opérations de la technologie laitière, et même de provoquer des accidents de fabrication.

Les résidus à activité antibiotique présentent un problème majeur dans la mesure où ils sont susceptibles de stopper l'action de micro-organismes importants, comme le Lactobacillus thermophilus, utilisé pour la préparation du gruyère, et les lactobacilles et les bifides, utilisés pour la fabrication des produits fermentés (yaourts). Ces germes sont particulièrement sensibles à l'action de la pénicilline, dont la concentration minimale inhibitrice est très basse. Un système de contrôle suivi des producteurs de lait a été mis en place sur les lieux de production. Parallèlement, l'utilisation de pénicillinase permet de détruire les résidus de pénicilline dans le lait. En ce qui concerne les autres antibiotiques utilisés dans le même but (tétracyclines, chloramphénicol), la sensibilité des germes est beaucoup plus faible, et les niveaux résiduels ne peuvent atteindre les valeurs inhibitrices lorsque l'on considère les laits de mélange mis en œuvre par l'industrie laitière.

Des problèmes de fabrication ont également été rencontrés avec des laits provenant de bovins et d'ovins traités avec des quantités importantes de certains fasciolicides, tel le nitroxinil, et antihelminthiques, tel le thiabendazole. Les caractéristiques de coagulation (élastographie du caillé, temps de caillage) se trouvent modifiées dans le sens d'un ralentissement des phénomènes.

Conclusion

Un nombre considérable de substances chimiques naturelles ou synthétiques sont susceptibles d'entrer dans la chaîne alimentaire animale et humaine, sous forme de contaminations difficiles à maîtriser, mais également du fait de l'utilisation intentionnelle de produits agrochimiques. Les processus de transfert sont complexes dans la mesure où ils intègrent les biotransformations qui s'accomplissent au niveau de chacun des organismes maillons de la chaîne. Ces mécanismes sont globalement très efficaces et conduisent, la plupart du temps, à l'élimination pratiquement totale des xénobiotiques ingérés, les phénomènes de bioconcentration étant relativement peu fréquents.

La lactation, phénomène physiologique temporaire mobilisateur d'un certain nombre d'activités de l'organisme animal et humain, représente à la fois une capacité supplémentaire et une voie originale d'excrétion. Ces deux points méritent une attention particulière du fait qu'ils représentent des potentialités de drainage spécifiques vers un liquide biologique constituant l'aliment privilégié, voire exclusif, des très jeunes mammifères. Ainsi, le caractère d'aliment « sensible », attribué intuitivement au lait par le consommateur, trouve-t-il un fondement objectif, accentué par le fait qu'un certain nombre de paramètres physiologiques et biochimiques du très jeune organisme sont différents de ceux de l'adulte, rendant généralement le premier plus vulnérable.

L'évaluation des risques éventuels, d'ordre sanitaire ou technologique, associés à la présence de résidus alimentaires dans le lait, passe par une connaissance qualitative et quantitative préalable de ceux-ci. L'étude du devenir métabolique chez l'organisme femelle en lactation permet d'établir la nature et les quantités des métabolites excrétés dans le lait, base de la fixation de normes résiduelles pour les substances non intentionnelles et des temps de retrait ou délais d'attente pour les substances administrées intentionnellement. Il est évident que le non-respect de ces règles, du fait de leur transgression volontaire ou accidentelle, peut conduire à une contamination importante du lait pouvant avoir des répercussions ponctuelles négatives. Cependant, le fait que le lait soit devenu un véritable produit industriel, collecté puis rassemblé en très grandes quantités avant d'être redistribué ou transformé, dilue considérablement les risques, et rend notamment hautement improbables les effets toxiques aigus, chroniques et à long terme chez le consommateur humain. Il convient cependant de veiller, au travers d'enquêtes régulières, à ce que les efforts conduits pour enrayer les contaminations connues se traduisent par une diminution progressive puis une stabilisation des teneurs mesurées dans le lait, et à ce que les normes d'utilisation des substances intentionnellement ajoutées soient respectées.

RÉFÉRENCES

1. ADAMOVIC VM, SOKIC B, SMILJANSKA MJ (1978) Some observations concerning the ratio of the intake of organochlorine insecticides through food and amount excreted in milk of breastfeeding mothers. *Bull Environ Contam Toxicol* **20** : 280-289

2. BHATTACHARYYA MH (1983) Bioavailability of orally administered cadmium and lead to the mother, foetus and neonate during pregnancy and lactation : an overview. *Sci Total Environ* **28** : 327-342

3. DEWDNEY JM, EDWARDS RG (1984) Penicillin hypersensitivity - is milk a significant hazard ? : a review. *J Roy Soc Med* **77** : 866-877

4. HEAP RB, FLEET IR, HAMON M, BROWN KD, STANLEY CJ, WEBB AE (1986) Mechanisms of transfer of steroid hormones and growth factors into milk. *Endocrinol Exp* **20** : 101-118

5. HOLCOMBE DW, SMITH GS, KHAN MF, HALLFORD DM, ROZMAN K (1988). Elimination of ^{14}C-heptachlor from body stores of lactating ewes treated with ovine growth hormone. *J Anim Sci* **66** : 2200-2208

6. JENSEN AA (1983) Chemical contaminants in human milk. *Residue Rev* **89** : 1-128

7. KNOWLES JA (1974) Breast milk : a source of more than nutrition for the neonate. *Clin Toxicol* **7** : 69-82

8. KODOMA H, OTA H (1980) Transfer of polychlorobiphenyls in infants from their mothers. *Arch Environ Health* **35** : 95

9. KOLDOVSKY O, THORNBURG W (1987) Review : hormones in milk. *J Pediatr Gastroenterol Nutr* **6** : 172-196

10. MILLER GE, BANERJEE NC, STOWE CM (1967) Diffusion of certain weak organic acids and bases accross the bovine mammary gland membrane after systemic administration. *J Pharmacol Exp Ther* **157** : 245-253

11. RASMUSSEN F (1966) *Studies on the mammary excretion and absorption of drugs.* Carl F Fortensen Publ, Copenhagen

12. RASMUSSEN F (1971) Excretion of drugs in milk. *In* BB Brodie, JR Gilette (eds) : *Handbook of experimental pharmacology.* Vol. 28-1 : *Concepts in biochemical pharmacology.* Springer, Berlin, pp. 390-402

13. RASMUSSEN F (1973) The mechanism of drug secretion into milk : *In* Galli (ed) : *Dietary lipids and postnatal development.* Raven Press, New York, pp. 231-245

14. RITSCHEL WA (1986) *Handbook of basic pharmacokinetics including clinical applications* (Third edition). Drug intelligence publications Inc, 1241 Broadway, Hamilton (IL) USA

15. SNELSON JT, TUINSTRA LGMT (1979) Chemical residues in milk and milk products. 1. Chlorinated insecticides. *Bull Int Dairy Fed* **113** : 6-16

16. VESELL ES, PENNO MB (1983) Intraindividual and interindividual variations. Biological basis of detoxication. *In* J Caldwell, WB Jakoby (eds) : *Biochemical pharmacology and toxicology, a series of monographs.* Academic Press, New York, pp. 369-410

17. WILSON JT, BROWN RD, CHEREK DR, DAILEY JW, HILMAN B, JOBE PC, MANNO BR, MANNO JE, REDETZKI HM, STEWART JJ (1980) Drug excretion in human breastmilk : principles, pharmacokinetics and projected consequences. *Clin Pharmacokin* **5** : 1-66

18. ZIV G, BOGIN E, SHANI J, SULMAN FG (1973) Distribution and blood to milk transfer of labeled antibiotics. *Antimicrob Agents Chemother* **3** : 607-613

Index

Les chiffres en caractères gras renvoient aux entrées principales

C

Calcitonine, 444

Canaux ioniques, **136**

　galactophores, 4, 259, 274

　– motricité, **275**

Caséines, 7, 19, 37, 244, 320, 437, **494**

　β-, 84, 357, 478, 546

　rôle de, 528

　sécrétion, **367**

CB 154, voir Bromocryptine

Cellules épithéliales, 354, 393

　– mammaires bovines (BME), 355

　immuno-compétentes, migration, 397

　isolées, **353**

　neurosécrétrices, électrophysiologie,
266

　non mammaires (CHO), 355

Chondroïtine sulfatée, 78

Citernes, 259

Clone, 355

Choramphénicol acétyltransférase (CAT),
355

Colchicine, 360

Colibacilles, 415

Collagène, 14, 18, 78, 210

Colostrum, 6, 214, 390, 518

Complexe hypothalamo-
　posthypophysaire, 259, **260**

Comportement maternel, 180, **303**

Composant sécrétoire, 396

Composés lactogènes, **483**, **486**

Contaminants, 560

Corps jaune (CJ), 3, 11, 182, 274

Corticoïdes, 23

Cortisol, 50, 480

Coton, graine de, **483**

Croissance

　facteurs de, **3**, **13**, **209**, 234

　– bactériens, 526

　hormones (GH), 4, 12, **16**, 23, 41,
200, 203, 208, **209**, **308**, 437, **453**,
480

　mammaire, 249

C

Cycle sexuel, 478

Cycloheximide, 357

Cytochalasine D, 91

Cytosine bêta-D-arabinofuraside
　(AraC), 65

Cytosquelette, 88

D

Débit sanguin, **235**

Défenses immunitaires, 421

Descente du lait, 274

Dexaméthasone, 187, 200, 210

Différenciation, 349

Domaine extracellulaire, 169

　transmembranaire, 169

Dopamine, 131, 154, **270**

E

Eau de lavage, température, **278**

Effet lactogène, **478**

　antibactérien, 504

Egouttage, suppression, **276**

EGF, **15**, 18, 69, 81, 210

Ejection, physiologie, **259**

Embryon, 350

Engelberth-Holm-Swarm, tumeur de, 84

Environnement, influences, **281**

　– locaux de traite, **282**

Epidermal growth factor, voir EGF

Epissage différentiel, 174

Estramustine, 360

Explants mammaires, **353**

F

Faisceau spino-réticulo-hypothalamique,
262

　– cervico-thalamique, 262

　télencéphalique médian, 264

　longitudinal dorsal de Schutz, 264

Fichier préparé par Nicolas Perrier, société 4P
Imprimé pour vous par Books on Demand (Allemagne)